チャート式® 基礎からの 数学Ⅰ

チャート研究所　編著

JN096476

はじめに

CHART（チャート）とは何？

C.O.D.(*The Concise Oxford Dictionary*) には，CHART——Navigator's sea map, with coast outlines, rocks, shoals, *etc.* と説明してある。

海図——浪風荒き問題の海に船出する若き船人に捧げられた海図——問題海の全面をことごとく一眸の中に収め，もっとも安らかな航路を示し，あわせて乗り上げやすい暗礁や浅瀬を一目瞭然たらしめるCHART！

——昭和初年チャート式代数学巻頭言

本書では，この CHART の意義に則り，下に示したチャート式編集方針で問題の急所がどこにあるか，その解法をいかにして思いつくかをわかりやすく示すことを主眼としています。

チャート式編集方針

1
基本となる事項を，定義や公式・定理という形で覚えるだけではなく，問題を解くうえで直接に役に立つ形でとらえるようにする。

2
問題と基本となる事項の間につながりをつけることを考える——問題の条件を分析して既知の基本事項と結びつけて結論を導き出す。

3
問題と基本となる事項を端的にわかりやすく示したものが **CHART** である。**CHART** によって基本となる事項を問題に活かす。

問.

君の成長曲線を
描いてみよう。

まっさらなノートに、未来を描こう。

新しい世界の入り口に立つ君へ。
次のページから、チャート式との学びの旅が始まります。
1年後、2年後、どんな目標を達成したいか。
10年後、どんな大人になっていたいか。
まっさらなノートを開いて、
君の未来を思いのままに描いてみよう。

好奇心は、君の伸びしろ。

君の成長を支えるひとつの軸、それは「好奇心」。
この答えを知りたい。もっと難しい問題に挑戦してみたい。
数学に必要なのは、多くの知識でも、並外れた才能でもない。
好奇心があれば、初めて目にする公式や問題も、
「高い壁」から「チャンス」に変わる。
「学びたい」「考えたい」というその心が、君を成長させる力になる。

なだらかでいい。日々、成長しよう。

君の成長を支えるもう一つの軸は「続ける時間」。
ライバルより先に行こうとするより、目の前の一歩を踏み出そう。
難しい問題にぶつかったら、焦らず、考える時間を楽しもう。
途中でつまづいたとしても、粘り強く、ゴールに向かって前進しよう。
諦めずに進み続けた時間が、1年後、2年後の君を大きく成長させてくれるから。

その答えが、
君の未来を前進させる解になる。

本書の構成

章トビラ 各章のはじめに，SELECT STUDY とその章で扱う例題の一覧を設けました。
SELECT STUDY は，目的に応じ例題を精選して学習する際に活用できます。
例題一覧は，各章で掲載している例題の全体像をつかむのに役立ちます。

基本事項のページ

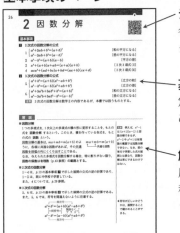

デジタルコンテンツ

各節の例題解説動画や，学習を補助するコンテンツにアクセスできます（詳細は，*p.*6 を参照）。

基本事項

定理や公式など，問題を解く上で基本となるものをまとめています。

解説

用語の説明や，定理・公式の証明なども示してあり，教科書に扱いのないような事柄でも無理なく理解できるようになっています。

例題のページ
基本事項などで得た知識を，具体的な問題を通して身につけます。

フィードバック・フォワード

関連する例題の番号や基本事項のページを示しました。

指針

問題のポイントや急所がどこにあるか，問題解法の方針をいかにして立てるかを中心に示しました。この指針が本書の特色であるチャート式の真価を最も発揮しているところです。

解答

例題の模範解答例を示しました。側注には適宜解答を補足しています。特に重要な箇所には ★ を付け，指針の対応する部分にも ★ を付けています。解答の流れや考え方がつかみづらい場合には指針を振り返ってみてください。

検討

例題に関連する内容などを取り上げました。特に，発展的な内容を扱う検討には，*PLUS ONE* をつけています。学習の取捨選択の目安として使用できます。

Point

重要な公式やポイントとなる式などを取り上げました。

練習

例題の反復問題を1問取り上げました。関連する EXERCISES の番号を示した箇所もあります。

基本例題 …… 基本事項で得た知識をもとに，基礎力をつけるための問題です。教科書で扱われているレベルの問題が中心です。（❶印は1個～3個）

重要例題 …… 基本例題を更に発展させた問題が中心です。入試対策に向けた，応用力の定着に適した問題がそろっています。（❷印は3個～5個）

演習例題 …… 他の単元の内容が絡んだ問題や，応用度がかなり高い問題を扱う例題です。「関連発展問題」としてまとめて掲載しています。（❷印は3個～5個）

コラム

まとめ …… いろいろな場所で学んできた事柄をみやすくまとめています。知識の確認・整理に有効です。

参考事項，補足事項 …… 学んだ事項を発展させた内容を紹介したり，わかりにくい事柄を掘り下げて説明したりしています。

ズーム UP …… 考える力を特に必要とする例題について，更に詳しく解説しています。重要な内容の理解を深めるとともに，**思考力，判断力，表現力**を高めるのに効果的です。

振り返り …… 複数の例題で学んだ解法の特徴を横断的に解説しています。解法を判断するときのポイントについて，理解を深めることができます。

CHART NAVI …… 本書の効果的な使い方や，指針を読むことの重要性について特集したページです。

EXERCISES

各単元末に，例題に関連する問題を取り上げました。

各問題には対応する例題番号を → で示してあり，適宜 **HINT** もついています（複数の単元に対して EXERCISES を1つのみ掲載，という構成になっている場合もあります）。

総合演習

巻末に，学習の総仕上げのための問題を，2部構成で掲載しています。

第1部 …… 例題で学んだことを振り返りながら，思考力を鍛えることができる問題，解説を掲載しています。大学入学共通テスト対策にも役立ちます。

第2部 …… 過去の大学入試問題の中から，入試実践力を高められる問題を掲載しています。

索　引

初めて習う数学の用語を五十音順に並べたもので，巻末にあります。

●難易度数について

例題，練習・EXERCISES の全問に，全5段階の難易度数がついています。

　　　　❶❷❸❹❺，① …… 教科書の例レベル
　　　　❶❷❸❹❺，② …… 教科書の例題レベル
　　　　❶❷❸❹❺，③ …… 教科書の節末，章末レベル
　　　　❶❷❸❹❺，④ …… 入試の基本～標準レベル
　　　　❶❷❸❹❺，⑤ …… 入試の標準～やや難レベル

デジタルコンテンツの活用方法

本書では，QR コード*からアクセスできるデジタルコンテンツを豊富に用意しています。これらを活用することで，わかりにくいところの理解を補ったり，学習したことを更に深めたりすることができます。

■ 解説動画

本書に掲載しているすべての例題（基本例題，重要例題，演習例題）の解説動画を配信しています。

数学講師が丁寧に解説しているので，本書と解説動画をあわせて学習することで，例題のポイントを確実に理解することができます。

例えば，

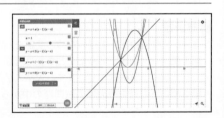

- ・例題を解いたあとに，その例題の理解を確認したいとき
- ・例題が解けなかったときや，解説を読んでも理解できなかったとき

といった場面で活用できます。

また，コラム CHART NAVI と連動した，本書を効果的に活用するためのコツを解説した動画も用意しています。

数学講師による解説を　**いつでも，どこでも，何度でも**　視聴することができます。

解説動画も活用しながら，チャート式とともに数学力を高めていってください。

■ サポートコンテンツ

本書に掲載した問題や解説の理解を深めるための補助的なコンテンツも用意しています。

例えば，関数のグラフや図形の動きを考察する例題において，画面上で実際にグラフや図形を動かしてみることで，視覚的なイメージと数式を結びつけて学習できるなど，より深い理解につなげることができます。

＜デジタルコンテンツのご利用について＞

デジタルコンテンツはインターネットに接続できるコンピュータやスマートフォン等でご利用いただけます。下記の URL，右の QR コード，もしくは「基本事項」のページにある QR コードからアクセスできます。

https://cds.chart.co.jp/books/3t39887g9b

※追加費用なしにご利用いただけますが，通信料はお客様のご負担となります。Wi-Fi 環境でのご利用をおすすめいたします。学校や公共の場では，マナーを守ってスマートフォンなどをご利用ください。

---

* QR コードは，(株)デンソーウェーブの登録商標です。

目　次

コラムの一覧

本書の活用方法

■ 方法 ① 「自学自習のため」の活用例

週末・長期休暇などの時間のあるときや受験勉強などで，本書の各ページに順々に取り組む場合は，次のようにして学習を進めるとよいでしょう。

第1ステップ …… **基本事項のページを読み，重要事項を確認。**
　　　　　　　　　問題を解くうえでは，知識を整理しておくことが大切。

第2ステップ …… **例題に取り組み解法を習得，練習を解いて理解の確認。**

① まず，**例題を自分で解いてみよう。**

　┊ ➡ 何もわからなかったら，指針を読んで糸口をつかもう。

② 指針を読んで，**解法やポイントを確認** し，自分の解答と見比べよう。
〈+α〉**検討** を読んで応用力を身につけよう。

　┊ ➡ ポイントを見抜く力をつけるために，指針は必ず読もう。また，解答の右の◀も理解の助けになる。

③ **練習** に取り組んで，そのページで学習したことを**再確認** しよう。

　┊ ➡ わからなかったら，指針をもう一度読み返そう。

第3ステップ …… **EXERCISES のページで腕試し。**
　　　　　　　　　例題のページの勉強がひと通り終わったら取り組もう。

■ 方法 ② 「解法を調べるため」の活用例　(解法の辞書としての使い方)

どうやって解いたらいいかわからない問題が出てきたときは，同じ(似た)タイプの例題があるページを本書で探し，**解法をまねる** ことを考えてみましょう。

同じ(似た)タイプの例題があるページを見つけるには

目次 (*p.*7)　や　例題一覧 (各章の始め)　を利用するとよいでしょう。

大切なこと　解法を調べる際，解答を読むだけでは実力は定着しません。

指針もしっかり読んで，その問題の急所やポイントをつかんでおく ことを意識すると，実力の定着につながります。

■ 方法 ③ 「目的に応じた学習のため」の活用例

短期間で取り組みたいときや，順々に取り組む時間がとれないときは，目的に応じた例題を選んで学習する ことも1つの方法です。
詳しくは，次のページの CHART NAVI 「学習計画を立てよう！」を参照してください。

問題数
1. **例題 194**
　　(基本 151，重要 40，演習 3)
2. **練習 194**　　3. **EXERCISES 134**
4. **総合演習 第1部 4，第2部 30**
　　　　　　　[1.～4. の合計 556]

CHART NAVI 章トビラの活用方法

本書（青チャート）の各章のはじめには，右ページのような **章トビラ** のページがあります。ここでは，章トビラの活用方法を説明します。

① 例題一覧

例題一覧では，その章で取り上げている例題の種類（基本，重要，演習），タイトル，難易度（p.5参照）を一覧にしています。

青チャートには，教科書レベルから入試対策まで，幅広いレベルの問題を数多く収録しています。章によっては多くの問題があり，不安に思う人もいるかもしれませんが，これだけの問題を収録していることには理由があります。

まず，数学の学習では，公式や定理などの基本事項を覚えるだけでなく，その知識を活用し，問題が解けるようになることが求められます。教科書に載っているような問題はもちろん，多くの入試問題も，基本の積み重ねによって解けるようになります。

また，基本となる考え方の理解だけでなく，具体的な問題，特に入試で頻出の問題を通じて問題解法の理解を深めることも，実力を磨く有効な方法です。

青チャートではこれらの問題を1つ1つ丁寧に解説していますから，基本となる考え方や入試問題の解き方を無理なく身につけることができます。

このように，幅広いレベル，多くのタイプの問題を収録しているため，目的によっては数が多く，負担に感じるかもしれません。そういった場合には，例えば，

    基本を定着させたいとき　　→　**基本** 例題 を中心に学習
    応用力を高めたいとき　　　→　**重要** 例題 を中心に学習
    短期間で復習したいとき　　→　難易度 ②，③ を中心に学習

のように，目的に応じて取り組む例題を定めることで，効率よく学習できます。

② SELECT STUDY

更に章トビラの **SELECT STUDY** では，3つの学習コースを提案しています。

    ● **基本定着コース**　　● **精選速習コース**　　● **実力練成コース**

これらは編集部が独自におすすめする，目的別の例題パッケージです。目標や学習状況に応じ，それに近いコースを選んで取り組むことができます。

以上のように，章トビラも活用しながら，青チャートとともに数学を学んでいきましょう！

数学Ⅰ 第1章

数と式

1

① 多項式の加法・減法・乗法
② 因数分解
③ 実数
④ 1次不等式

SELECT STUDY

●─── **基本定着コース**……教科書の基本事項を確認したいきみに
●─── **精選速習コース**……入試の基礎を短期間で身につけたいきみに
●─── **実力練成コース**……入試に向け実力を高めたいきみに

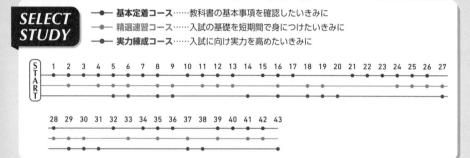

1 多項式の加法・減法・乗法

基本事項

1 単項式とその係数・次数

数や文字およびそれらを掛け合わせてできる式を **単項式** という。単項式において，数の部分をその単項式の **係数** といい，掛け合わせた文字の個数をその単項式の **次数** という。

2種類以上の文字を含む単項式において，特定の文字に着目して係数や次数を考えることがある。この場合，他の文字は数と同様に扱う。

2 多項式

いくつかの単項式の和として表される式を **多項式** といい，各単項式をこの多項式の **項** という。多項式のことを **整式** ともいう。

注意 単項式を項が1つである多項式と考えることもある。

3 同類項

多項式の項の中で，文字の部分が同じである項を **同類項** という。

多項式は，同類項を1つにまとめて整理することができる。

4 多項式の次数

同類項をまとめて整理した多項式において，最も次数の高い項の次数を，その多項式の **次数** といい，次数が n の多項式を **n 次式** という。

2種類以上の文字を含む多項式においても，特定の文字に着目して，他の文字は数と同様に扱うことがある。

多項式において，着目した文字を含まない項を **定数項** という。

解説

■ 定数の次数

1，-2 などの数（定数）はそれ自身で1つの単項式で，その次数は0と考える。

注意 数0の次数は考えない（次数が0となるわけではない）。

■ 特定の文字に着目

$5ax^2$ は次数が3で係数は5の単項式であるが，これを x に着目すると，次数は2で，係数は $5a$ となる。このように，2種類以上の文字を含む単項式においては，着目する文字（1種類とは限らない）によって，式の次数，係数は変わる。

◀ x に着目すると
$$5a \cdot x^2$$
↑
係数

■ 多項式

$5x^2 - 3x + 1$ などはもちろん，$\dfrac{1}{3}x^3 - \sqrt{2}\,x^2 + \dfrac{1}{2}x - \sqrt{5}$ などのように，項の係数が整数以外の数でも多項式である。

多項式を扱う場合，一定の形式に整理すると見やすくて便利なことが多い。普通は，同類項をまとめて，項の次数の高い方から順に並べる。

降べきの順に整理 …… 項の次数の高い方から順に並べる。

昇べきの順に整理 …… 項の次数の低い方から順に並べる。

◀ 例えば，$\dfrac{1}{x+1}$，
$x + \dfrac{3}{x}$，$x^2 - \sqrt{x} + 1$
などは多項式でない。

◀（例）$2x^2 - 5x + 4$

◀（例）$4 - 5x + 2x^2$

5 **多項式の計算における基本法則**

	加　法	乗　法
交換法則	$A+B=B+A$	$AB=BA$
結合法則	$(A+B)+C=A+(B+C)$	$(AB)C=A(BC)$
分配法則	$A(B+C)=AB+AC,\quad (A+B)C=AC+BC$	

6 **指数法則**

$m,\ n$ を正の整数とする。

1　$a^m a^n=a^{m+n}$　　　　2　$(a^m)^n=a^{mn}$　　　　3　$(ab)^n=a^n b^n$

7 **2次式の展開の公式**

1　$(a+b)^2=a^2+2ab+b^2,\quad (a-b)^2=a^2-2ab+b^2$

2　$(a+b)(a-b)=a^2-b^2$

3　$(x+a)(x+b)=x^2+(a+b)x+ab$

4　$(ax+b)(cx+d)=acx^2+(ad+bc)x+bd$

8 **3次式の展開の公式**

5　$(a+b)(a^2-ab+b^2)=a^3+b^3,\quad (a-b)(a^2+ab+b^2)=a^3-b^3$

6　$(a+b)^3=a^3+3a^2b+3ab^2+b^3,\quad (a-b)^3=a^3-3a^2b+3ab^2-b^3$

注意　3次式の展開の公式は数学Ⅱの内容であるが，本書では扱うものとする。

■ **多項式の加法・減法**

多項式の加法・減法とは，結局は同類項の整理という作業である。

　例　$A=5x^3-2x^2+3x+4,\ B=3x^3-5x^2+3$ に対して

$$A-B=(5x^3-2x^2+3x+4)-(3x^3-5x^2+3)$$
$$=5x^3-2x^2+3x+4-3x^3+5x^2-3$$
$$=(5-3)x^3+(-2+5)x^2+3x+(4-3)$$
$$=2x^3+3x^2+3x+1$$

のように，**横書きで計算** する方法と，右のように **縦書きで計算**
する方法がある。縦書きのときは同類項を縦にそろえる。このと
き，欠けている次数の項はあけておく。

◀$-(\ )$ は，$(\ )$ を
はずすときに $(\ )$
内の各項の係数の符
号を変える。

$$\begin{array}{r} 5x^3-2x^2+3x+4 \\ -\ )\ 3x^3-5x^2\qquad +3 \\ \hline 2x^3+3x^2+3x+1 \end{array}$$

■ **指数法則**

　例　$a^2a^3=(a\times a)\times(a\times a\times a)=a^{2+3}=a^5$

$$(a^2)^3=a^2\times a^2\times a^2=a^{2\times3}=a^6$$

$$(ab)^3=ab\times ab\times ab=(a\times a\times a)\times(b\times b\times b)=a^3b^3$$

◀ **6** 1～3で，$m=2,$
$n=3$ としたもの。
慣れるまでは，左の
ように実際に書き並
べるとよい。

■ **多項式の乗法**

(単項式)×(単項式) では，係数部分と文字部分の積をそれぞれ計算し
て整理する。(単項式)×(多項式)，(多項式)×(多項式) は分配法則を
利用する。

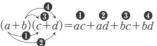

◀分配法則の使用例。

CHART NAVI 例題ページの構成と学習法 (1)

　このページでは，本書（青チャート）のメインである，例題ページの構成について説明します。数学の学習法として，問題をたくさん解くことは一つの方法ですが，単に問題を解くだけでなく，その問題のポイントを押さえることや，関連する内容をあわせて学ぶことも重要です。チャート式には，みなさんの学習の助けになるような要素がたくさんあります。右側のページにある 基本例題 1 を例として見てみましょう。

① 例題文，フィードバック，フィードフォワード

　例題ページでは，その項目で身につけてほしい重要な内容を取り上げています。また，例題文の右下に，／p.12 基本事項 3, 4 のようにフィードバック，フィードフォワードとして，基本事項のページや関連する例題の番号を示しています。前の内容に戻って復習をしたいときや，更に実力を高めたいときに参考にしてください。

② 指針

　指針 には，

> 解答を導き出すための道筋や，解法の着眼点がどこにあるか

といった，問題を解くためのポイントが書かれています。

　チャート式において，この指針が最も真価を発揮している部分です。

　例えば，基本例題 1 の指針には，「着目した文字以外の文字は数と考える」とあります。基本例題 1 の問題のうち，(3) は教科書であまり扱いのない複雑な式ですが，指針を読んでいれば，解答も理解しやすくなります。

　例題で思うように手が動かないときは，すぐに解答を見るのではなく，**まず指針を読んでみてください**。指針に書かれている考え方やポイントを押さえながら学習することで，より確かな数学力を身につけることができます。

③ 解答

　✎解答 の部分には，例題の解答が書かれています。指針を読んでもわからなかった場合は，解答を読んで理解しましょう。また，解答を読んでいて，考え方がつかみづらいときもあると思います。そんなときも指針を読み，どのように考えるかを確認すると，より理解しやすくなると思います。

④ 練習

　練習 には，例題の反復問題があります。この問題を解くことで，例題が理解できたかどうか確かめることができます。

例題ページにはこのほかに，🖩検討 や POINT といった，例題に関連する内容が書かれていることもあります。
詳しくは *p.19* の CHART NAVI を読んでください。
例題に取り組むときは，**指針を読んで学習する** ことを意識してみましょう。

基本 例題 1 同類項の整理と次数・定数項

次の多項式の同類項をまとめて整理せよ。また，(2), (3) の多項式において，[ ] 内の文字に着目したとき，その次数と定数項をいえ。

(1) $3x^2+2x-6-4x^2+3x+2$

(2) $2a^2-ab-b^2+4ab+3a^2+2b^2$ [b]

(3) $x^3-2ax^2y+4xy-3by+y^2+2xy-2by+4a$ [x と y], [y]

/p.12 基本事項 **3**, **4**

1 章

❶ 多項式の加法・減法・乗法

指針 同類項 は，係数の和を計算して 1 つの項にまとめることができる。

例えば，(1) では

$$3x^2-4x^2=(3-4)x^2=-x^2 \quad など。$$

また，(2), (3) において，[ ] 内の文字に着目したとき，着目した文字以外の文字は数と考える。

例えば，(3) で x と y に着目したら，残りの a，b は数とみる。

例 $4ab$	┌── 係数
a に着目 → $4b\cdot a$ … 1 次	
a と b に着目 → $4\cdot ab$ … 2 次	
└── 係数	

CHART 式の整理 同類項に着目して 降べきの順 に並べる

解答

(1) $3x^2+2x-6-4x^2+3x+2$
$\quad =(3x^2-4x^2)+(2x+3x)+(-6+2)$
$\quad =-x^2+5x-4$

◀同類項をまとめる。

(2) $2a^2-ab-b^2+4ab+3a^2+2b^2$
$\quad =(2a^2+3a^2)+(-ab+4ab)+(-b^2+2b^2)$
$\quad =5a^2+3ab+b^2$

次に，b に着目すると $b^2+3ab+5a^2$
次数 2，定数項 $5a^2$

◀同類項をまとめる。

◀●b^2+■$b+$▲ の形に整理。b 以外の文字は数と考える。

(3) $x^3-2ax^2y+4xy-3by+y^2+2xy-2by+4a$
$\quad =x^3-2ax^2y+(4xy+2xy)+y^2+(-3by-2by)+4a$
$\quad =x^3-2ax^2y+6xy+y^2-5by+4a$

次に，x と y に着目すると 次数 3，定数項 $4a$
また，y に着目すると
$\quad y^2+(-2ax^2+6x-5b)y+x^3+4a$
次数 2，定数項 x^3+4a

◀x と y について，3 次の項 → 2 次の項 → 1 次の項 → 定数項の順に整理（降べきの順）。

◀●y^2+■$y+$▲ の形に。y 以外の文字は数と考える。

練習 (1) 多項式 $-2x+3y+x^2+5x-y$ の同類項をまとめよ。

① 1 (2) 次の多項式において，[ ] 内の文字に着目したとき，その次数と定数項をいえ。

(ア) $x-2xy+3y^2+4-2x-7xy+2y^2-1$ [y]

(イ) $a^2b^2-ab+3ab-2a^2b^2+7c^2+4a-5b-3a+1$ [b], [a と b]

基本 例題 **2** 多項式の加法・減法　　　

$A=x^2+3y^2-2xy$, $B=y^2+3xy-2x^2$, $C=-3x^2+xy-4y^2$ であるとき，次の計算をせよ。

(1) $A+B$ 　　　　(2) $A-B$ 　　　　(3) $-3A+2B-C$

(4) $3(2A+C)-2\{2(A+C)-(B-C)\}$ 　　　　/p.13 基本事項 **5**

指針 (1), (2) はそれぞれ，多項式 A と B の和と差であるから，**同類項をまとめる**。

(2) $-(\ )$ は $(\ )$ をはずすと，$(\ )$ 内の各項の係数の符号が変わる。

(4) A, B, C の式を直接代入せず，まず **与えられた式を整理** してから代入する。

このとき，括弧 $(\ )$, $\{\ \}$ は内側からはずす。

CHART 式の計算　括弧は内側からはずす

解答

(1) $A+B=(x^2+3y^2-2xy)+(y^2+3xy-2x^2)$

$=(1-2)x^2+(-2+3)xy+(3+1)y^2$

$=\boldsymbol{-x^2+xy+4y^2}$

◀$+(\ )$ はそのまま $(\ )$
をはずす。

(2) $A-B=(x^2+3y^2-2xy)-(y^2+3xy-2x^2)$

$=x^2+3y^2-2xy-y^2-3xy+2x^2$

$=(1+2)x^2+(-2-3)xy+(3-1)y^2$

$=\boldsymbol{3x^2-5xy+2y^2}$

◀$-(\ )$ は符号を変えて
$(\ )$ をはずす。

(3) $-3A+2B-C$

$=-3(x^2+3y^2-2xy)+2(y^2+3xy-2x^2)$
$\qquad\qquad\qquad -(-3x^2+xy-4y^2)$

$=-3x^2-9y^2+6xy+2y^2+6xy-4x^2+3x^2-xy+4y^2$

$=(-3-4+3)x^2+(6+6-1)xy+(-9+2+4)y^2$

$=\boldsymbol{-4x^2+11xy-3y^2}$

(3) **縦書き** で，すべて加法
で計算すると
$$\begin{array}{r}-3x^2+\ 6xy-9y^2\\-4x^2+\ 6xy+2y^2\\+)\ \ \underline{\ \ 3x^2-\ \ xy+4y^2}\\-4x^2+11xy-3y^2\end{array}$$

(4) $3(2A+C)-2\{2(A+C)-(B-C)\}$

$=3(2A+C)-2(2A-B+3C)$

$=6A+3C-4A+2B-6C$

$=2A+2B-3C$

$=2(x^2+3y^2-2xy)+2(y^2+3xy-2x^2)$
$\qquad\qquad\qquad -3(-3x^2+xy-4y^2)$

$=2x^2+6y^2-4xy+2y^2+6xy-4x^2+9x^2-3xy+12y^2$

$=(2-4+9)x^2+(-4+6-3)xy+(6+2+12)y^2$

$=\boldsymbol{7x^2-xy+20y^2}$

◀まず，A, B, C について
整理する。

◀$-(\ )$ は符号を変えて
$(\ )$ をはずす。

練習 $A=-2x^3+4x^2y+5y^3$, $B=x^2y-3xy^2+2y^3$, $C=3x^3-2x^2y$ であるとき，次の計算
② **2** をせよ。

(1) $3(A-2B)-2(A-2B-C)$ 　　　　(2) $3A-2\{(2A-B)-(A-3B)\}-3C$

p.25 EX 1, 2

基本 例題 3 （単項式）×（単項式），（単項式）×（多項式）

次の計算をせよ。

(1) $(-xy^2)^2(-3x^2y)$　　　　　(2) $-a^2b(-3a^2bc^2)^3$

(3) $3abc(a+4b-2c)$　　　　　(4) $(-xy)^2(3x^2-2y-4)$

／p.13 基本事項 **5**, **6**

1章

❶ 多項式の加法・減法・乗法

指針 (1), (2)は（単項式）×（単項式）→ 各単項式の **係数の積，文字の積** を，それぞれ計算する。文字の積には **指数法則** を利用。

> **指数法則** $a^ma^n=a^{m+n}$, $(a^m)^n=a^{mn}$, $(ab)^n=a^nb^n$ （m, n は正の整数）

┌─係数の積　　　┌─文字の積
(1) $\{(-1)^2\times(-3)\}\times\{(xy^2)^2\times(x^2y)\}$

(3), (4)は（単項式）×（多項式）→ **分配法則** $A(B+C)=AB+AC$ を利用。
(3) $3abc(a+4b-2c)$ として計算。
　　　❶ ❷ ❸

解答

(1) $(-xy^2)^2(-3x^2y)$
$=(-1)^2x^2y^4\times(-3x^2y)$
$=1\cdot(-3)x^{2+2}y^{4+1}$ …… （＊）
$=-3x^4y^5$

(2) $-a^2b(-3a^2bc^2)^3$
$=-a^2b\times(-3)^3a^6b^3c^6$
$=(-1)\cdot(-27)a^{2+6}b^{1+3}c^6$
$=27a^8b^4c^6$

(3) $3abc(a+4b-2c)$
$=3abc\cdot a+3abc\cdot 4b+3abc\cdot(-2c)$
$=3a^2bc+12ab^2c-6abc^2$

(4) $(-xy)^2(3x^2-2y-4)$
$=x^2y^2\cdot 3x^2+x^2y^2\cdot(-2y)+x^2y^2\cdot(-4)$
$=3x^4y^2-2x^2y^3-4x^2y^2$

> $a\bullet a\blacksquare=a^{\bullet+\blacksquare}$
> $(a\bullet)\blacksquare=a^{\bullet\blacksquare}$
> $(ab)\bullet=a\bullet b\bullet$

（＊）の式にある・は積を表す記号である。$1\cdot(-3)=1\times(-3)$

◀符号だけ先に考えると，
＿＿の中の（－）は合計4個
→ 答えの符号は（＋）

◀分配法則
$A(B+C+D)$
$=AB+AC+AD$

◀$(-xy)^2=(-1)^2x^2y^2$
$=x^2y^2$

検討 $(-1)^2$, $(-1)^3$, …… の扱いのコツ ────

単項式の積を計算するときは **符号 → 係数 → 文字** の順に計算してもよい。
特に，符号については，負の数が何個あるかに注意して，次のように決定する。

$(-1)^{偶数}=1$ 　マイナス <ins>－</ins> が偶数個なら　　＋

$(-1)^{奇数}=-1$ 　マイナス <ins>－</ins> が奇数個なら　　－

 練習 次の計算をせよ。
① **3**

(1) $(-ab)^2(-2a^3b)$　　　　　(2) $(-2x^4y^2z^3)(-3x^2y^2z^4)$

(3) $2a^2bc(a-3b^2+2c)$　　　　(4) $(-2x)^3(3x^2-2x+4)$

p.25 EX 3

基本 例題 **4** （多項式）×（多項式）

次の式を展開せよ。

(1) $(3x+2)(4x^2-3x-1)$

(2) $(3x^3-5x^2+1)(1-x+2x^2)$

/ 基本 3

指針 いくつかの多項式の積の形をした式において，積を計算して単項式の和の形に表すことを，その式を **展開** するという。**分配法則** を用いて計算する。

$$(a+b)(c+d)=ac+ad+bc+bd$$

(2) $1-x+2x^2$ は，$2x^2-x+1$ と降べきの順に整理してから展開する。

解答

(1) $(3x+2)(4x^2-3x-1)$
$$=3x(4x^2-3x-1)+2(4x^2-3x-1)$$
$$=12x^3-9x^2-3x+8x^2-6x-2$$
$$=\boldsymbol{12x^3-x^2-9x-2}$$

(2) $(3x^3-5x^2+1)(1-x+2x^2)$
$$=(3x^3-5x^2+1)(2x^2-x+1)$$
$$=3x^3(2x^2-x+1)-5x^2(2x^2-x+1)+(2x^2-x+1)$$
$$=6x^5-3x^4+3x^3-10x^4+5x^3-5x^2+2x^2-x+1$$
$$=\boldsymbol{6x^5-13x^4+8x^3-3x^2-x+1}$$

◀ $(A+B)(C+D+E)$

$=AC+AD+AE$
$+BC+BD+BE$

◀後の（ ）内を降べきの順に整理してから展開するとまとめやすい。

◀降べきの順 に整理。

検討 **縦書きによる計算における注意点**

縦書きで計算するときは，式は 降べきの順に **整理** してから，同類項が縦に並ぶように，欠けている次数の項のところはあけておく。(2)の解答では〜〜〜のように順次あける。

(1)は掛ける順序を逆にするとよい。

① **1つの文字について，降べきの順に整理**
② **欠けている次数の項のところはあけておく**

(1)

$$
\begin{array}{r}
4x^2-3x\ -1 \\
\times\ )\ 3x\ +2 \\
\hline
12x^3-9x^2-3x \\
8x^2-6x-2 \\
\hline
12x^3-\ x^2-9x-2
\end{array}
$$

(2)

$$
\begin{array}{r}
3x^3-5x^2\underset{\sim}{}\ +1 \\
\times\ )\ 2x^2-x+1 \\
\hline
6x^5-10x^4\underset{\sim}{}\ +2x^2 \\
-\ 3x^4+5x^3\underset{\sim}{}\ -x \\
3x^3-5x^2\underset{\sim}{}\ +1 \\
\hline
6x^5-13x^4+8x^3-3x^2-x+1
\end{array}
$$

練習 次の式を展開せよ。

 4

(1) $(2a+3b)(a-2b)$

(2) $(2x-3y-1)(2x-y-3)$

(3) $(2a-3b)(a^2+4b^2-3ab)$

(4) $(3x+x^3-1)(2x^2-x-6)$

p.25 EX 5

CHART NAVI 例題ページの構成と学習法 (2)

p.14 の CHART NAVI では，例題ページの構成について説明しました。
このページでは，より深く学ぶために取り組んでほしいことを説明します。

① 指針と CHART

これまで学習してきた例題の指針の中に **CHART** というものがあります。
例えば，*p*.15 の基本例題 **1** や *p*.16 の基本例題 **2** では

> **CHART** 式の整理　同類項に着目して 降べきの順 に並べる

> **CHART** 式の計算　括弧は内側からはずす

と書かれています。このように，その問題に取り組むにあたり，基本となる事項を端的に
わかりやすく示したものを CHART として掲載しています。

問題が解けなかったときだけでなく，解けたときにも，指針 や CHART を確認するこ
とで，学習内容を整理し，確実に身につけることができます。

② 検討

📖検討 には，例題に関連する内容が書かれています。例えば

> 例題を解くうえでの注意点，
> 例題の内容を発展させたもの，
> 別の視点からの考え方

などがあります。例題の学習効果を更に高めるための情報が掲載されていますので，ぜひ
指針 に加えて，検討 の内容も確認するようにしてください。

> 例えば，基本例題 **4** の 検討 では，例題の解答で示したものとは違った，縦書きによ
> る計算方法を紹介しています。計算方法だけでなく，「欠けている次数の項のとこ
> ろはあけておく」といった計算の際の注意点にも触れられていますので，無理なく
> 理解できると思います。
> また，**POINT** として，重要な公式やポイントとなる式などを取り上げている箇所もあ
> ります（*p*.22 基本例題 **7** など）。

なお，検討の中には，教科書であまり扱いのない内容や発展的な内容を取り上げたものもあり，そ
ういったやや高度な内容には **PLUS ONE** をつけています。学習状況によっては無理に取り組む必要はあ
りませんが，より実力を高めたいときには是非読んでみてください。

また，高校数学では，最終的な答えが一致しているかだけでなく，そこに至るまでの過程
も大切で，解答として文章に書き表現する力が求められます。指針や検討を読んで理解を
深めることも大切ですが，**実際に自ら問題を解き，ノートに書いて学習する** ことを意識し
て取り組んでください。

基本 例題 5 公式による展開（2次式）

次の式を展開せよ。

(1) $(a+2)^2$ (2) $(3x-4y)^2$ (3) $(2a+b)(2a-b)$

(4) $(x+3)(x-5)$ (5) $(2x+3)(3x+4)$ (6) $(4x+y)(7y-3x)$

p.13 基本事項 **7**

指針 2次式についての展開の公式（p.13 **7** 参照）

1 $\begin{cases} (a+b)^2=a^2+2ab+b^2 & \text{［和の平方］} \\ (a-b)^2=a^2-2ab+b^2 & \text{［差の平方］} \end{cases}$

2 $(a+b)(a-b)=a^2-b^2$ ［和と差の積］

3 $(x+a)(x+b)=x^2+(a+b)x+ab$

4 $(ax+b)(cx+d)=acx^2+(ad+bc)x+bd$

が利用できる形。1～3 は中学で学習した。なお，4 の証明は下の **検討** を参照。

(6) 後の（ ）の項の順序を入れ替えて 4 を利用する。y を書き落とさないように。

解答

(1) $(a+2)^2=a^2+2\cdot a\cdot 2+2^2$ ◀公式 1（上）
　　　　　$=a^2+4a+4$

(2) $(3x-4y)^2=(3x)^2-2\cdot 3x\cdot 4y+(4y)^2$ ◀公式 1（下）
　　　　　　$=9x^2-24xy+16y^2$

(3) $(2a+b)(2a-b)=(2a)^2-b^2$ ◀公式 2
　　　　　　　$=4a^2-b^2$

(4) $(x+3)(x-5)=x^2+(3-5)x+3\cdot(-5)$ ◀公式 3
　　　　　　$=x^2-2x-15$

(5) $(2x+3)(3x+4)=2\cdot 3x^2+(2\cdot 4+3\cdot 3)x+3\cdot 4$ ◀公式 4
　　　　　　　$=6x^2+17x+12$

(6) $(4x+y)(7y-3x)$
　　$=(4x+y)(-3x+7y)$ ◀$(y+4x)(7y-3x)$
　　$=4\cdot(-3)x^2+\{4\cdot 7+1\cdot(-3)\}xy+1\cdot 7y^2$ として展開してもよい。
　　$=-12x^2+25xy+7y^2$

検討

公式 4 の証明 ——————

多項式の乗法は，分配法則を用いると，必ず計算できる。例えば，公式 4 は

$$(ax+b)(cx+d)=ax(cx+d)+b(cx+d)$$
$$=ax\cdot cx+ax\cdot d+b\cdot cx+b\cdot d$$
$$=acx^2+(ad+bc)x+bd \qquad \longleftarrow \text{同類項をまとめる。}$$

練習 次の式を展開せよ。

① **5** (1) $(3x+5y)^2$ (2) $(a^2+2b)^2$ (3) $(3a-2b)^2$

(4) $(2xy-3)^2$ (5) $(2x-3y)(2x+3y)$ (6) $(3x-4y)(5y+4x)$

基本例題 **6** 公式による展開（3次式） ⚪⚪⚪⚪⚪

次の式を展開せよ。

(1) $(x+3)(x^2-3x+9)$

(2) $(3a-2b)(9a^2+6ab+4b^2)$

(3) $(a+3)^3$

(4) $(2x-y)^3$

╱ p.13 基本事項 **8**

1章

❶ 多項式の加法・減法・乗法

指針 3次式についての展開の公式（*p.*13 **8** 参照）

$5 \begin{cases} (a+b)(a^2-ab+b^2)=a^3+b^3 & \text{［立方の和になる］} \\ (a-b)(a^2+ab+b^2)=a^3-b^3 & \text{［立方の差になる］} \end{cases}$

$6 \begin{cases} (a+b)^3=a^3+3a^2b+3ab^2+b^3 & \text{［和の立方］} \\ (a-b)^3=a^3-3a^2b+3ab^2-b^3 & \text{［差の立方］} \end{cases}$

が利用できる形。なお，5，6 の証明は下の 検討 を参照。

 解答

(1) $(x+3)(x^2-3x+9)=(x+3)(x^2-x\cdot3+3^2)$
$=x^3+3^3$
$=\boldsymbol{x^3+27}$

◀公式 5（上）

(2) $(3a-2b)(9a^2+6ab+4b^2)$
$=(3a-2b)\{(3a)^2+3a\cdot2b+(2b)^2\}$
$=(3a)^3-(2b)^3$
$=\boldsymbol{27a^3-8b^3}$

◀公式 5（下）

(3) $(a+3)^3=a^3+3\cdot a^2\cdot3+3\cdot a\cdot3^2+3^3$
$=\boldsymbol{a^3+9a^2+27a+27}$

◀公式 6（上）

(4) $(2x-y)^3=(2x)^3-3\cdot(2x)^2\cdot y+3\cdot2x\cdot y^2-y^3$
$=\boldsymbol{8x^3-12x^2y+6xy^2-y^3}$

◀公式 6（下）
2番目，4番目の項に
━がつく。

 検討

公式 5，6 の証明 ─────────

上の公式 5（上）の証明

$(\boldsymbol{a+b})(\boldsymbol{a^2-ab+b^2})=a(a^2-ab+b^2)+b(a^2-ab+b^2)$
$=a^3-a^2b+ab^2+a^2b-ab^2+b^3$
$=\boldsymbol{a^3+b^3}$

$\begin{array}{r} a^2-\ ab+\ b^2 \\ \times\ )\underline{\ \ a+\ \ b} \\ a^3-a^2b+ab^2 \\ \underline{\ \ \ a^2b-ab^2+b^3} \\ a^3\ \ \ \ \ \ \ \ \ +b^3 \end{array}$

上の公式 6（上）の証明

$(\boldsymbol{a+b})^3=(a+b)(a+b)^2=(a+b)(a^2+2ab+b^2)$
$=a(a^2+2ab+b^2)+b(a^2+2ab+b^2)$
$=a^3+2a^2b+ab^2+a^2b+2ab^2+b^3=\boldsymbol{a^3+3a^2b+3ab^2+b^3}$

上の公式 6（下）の証明

公式 6（上）において，b を $-b$ におき換えると
$\{a+(-b)\}^3=a^3+3a^2(-b)+3a(-b)^2+(-b)^3$
すなわち $(\boldsymbol{a-b})^3=\boldsymbol{a^3-3a^2b+3ab^2-b^3}$

公式 5（下）も公式 5（上）を用いて，同様に証明できる。

 練習 次の式を展開せよ。

① **6** (1) $(x+2)(x^2-2x+4)$

(2) $(2p-q)(4p^2+2pq+q^2)$

(3) $(2x+1)^3$

(4) $(3x-2y)^3$

22

基本 例題 **7** おき換えを利用した展開

次の式を展開せよ。
(1) $(a-b+c)^2$
(2) $(x+y+z)(x-y-z)$
(3) $(x^2+3x-2)(x^2+3x+3)$

重要9

指針 このまま，分配法則を用いて展開してもよいが，工夫すると公式（$p.13$ **7** 参照）を利用できることがある。

ここでは，**繰り返し出てくる式** を $=A$ と **おき換える** 方針で計算する。
(1) $\underline{a-b}=A$ とおくと $(A+c)^2$ → 公式 1 を利用。
(2) $(x+y+z)\{x-(y+z)\}$ → $\underline{y+z}=A$ とおくと $(x+A)(x-A)$ → 公式 2。
(3) $(x^2+3x-2)(x^2+3x+3)$ → $\underline{x^2+3x}=A$ とおくと $(A-2)(A+3)$ → 公式 3。
なお，実際は解答のように，おき換えるつもりで（ ）でくくって計算する。

CHART 共通な式 まとめておき換える

解答

(1) $(a-b+c)^2=\{(a-b)+c\}^2$
$\qquad =(a-b)^2+2(a-b)c+c^2$
$\qquad =(a^2-2ab+b^2)+2ac-2bc+c^2$
$\qquad =\boldsymbol{a^2+b^2+c^2-2ab-2bc+2ca}$

◀$a-b=A$ とおくと
$(A+c)^2=A^2+2Ac+c^2$

◀図の順番
（輪環の順）
に整理。

(2) $(x+y+z)(x-y-z)$
$\qquad =\{x+(y+z)\}\{x-(y+z)\}$
$\qquad =x^2-(y+z)^2$
$\qquad =x^2-(y^2+2yz+z^2)$
$\qquad =\boldsymbol{x^2-y^2-z^2-2yz}$

◀符号に注目して後の式を
（ ）でくくると，同じもの
$y+z$ が出てくる。
$y+z=A$ とおくと
$(x+A)(x-A)=x^2-A^2$

(3) $(x^2+3x-2)(x^2+3x+3)$
$\qquad =\{(x^2+3x)-2\}\{(x^2+3x)+3\}$
$\qquad =(x^2+3x)^2+(x^2+3x)-6$
$\qquad =x^4+6x^3+9x^2+x^2+3x-6$
$\qquad =\boldsymbol{x^4+6x^3+10x^2+3x-6}$

◀$x^2+3x=A$ とおくと
$(A-2)(A+3)$
$=A^2+A-6$

POINT 次の展開式はよく使うので，公式として覚えておくとよい。
$$(a+b+c)^2=a^2+b^2+c^2+2ab+2bc+2ca$$
(1)でこの公式を用いると，次のようになる。
$$(a-b+c)^2=a^2+(-b)^2+c^2+2a(-b)+2(-b)c+2ca$$
$$=\boldsymbol{a^2+b^2+c^2-2ab-2bc+2ca}$$

練習 次の式を展開せよ。
② **7** (1) $(a+3b-c)^2$
(2) $(x+y+7)(x+y-7)$
(3) $(x-3y+2z)(x+3y-2z)$
(4) $(x^2-3x+1)(x^2+4x+1)$

基本 例題 8 掛ける順序や組み合わせを工夫して展開(1)

次の式を展開せよ。

(1) $(x+y)(x^2+y^2)(x-y)$

(2) $(p+2q)^2(p-2q)^2$

(3) $(x+1)(x-2)(x^2-x+1)(x^2+2x+4)$

重要 9 ＼

指針 そのまま前から順に展開すると，計算が複雑になる。このようなときは，式の形を見て，**掛ける式の順序** や **掛ける式の組み合わせ** を工夫 する。

この例題では，次の公式が利用できる組み合わせから計算を始める。

(1), (2) $(a+b)(a-b)=a^2-b^2$

(3) $(a+b)(a^2-ab+b^2)=a^3+b^3$, $(a-b)(a^2+ab+b^2)=a^3-b^3$

CHART 多くの式の積 掛ける順序・組み合わせの工夫

解答

(1) $(x+y)(x^2+y^2)(x-y)=\underline{(x+y)(x-y)}(x^2+y^2)$
$\qquad =(x^2-y^2)(x^2+y^2)$
$\qquad =(x^2)^2-(y^2)^2=\boldsymbol{x^4-y^4}$

◀ ＿＿ を先に計算。
$(a+b)(a-b)=a^2-b^2$

◀$(a+b)(a-b)=a^2-b^2$

(2) $(p+2q)^2(p-2q)^2=\{(p+2q)(p-2q)\}^2$
$\qquad =(p^2-4q^2)^2$
$\qquad =\boldsymbol{p^4-8p^2q^2+16q^4}$

◀$A^2B^2=(AB)^2$,
$(a+b)(a-b)=a^2-b^2$

別解 $(p+2q)^2(p-2q)^2$
$\qquad =(p^2+4pq+4q^2)(p^2-4pq+4q^2)$
$\qquad =\{(p^2+4q^2)+4pq\}\{(p^2+4q^2)-4pq\}$
$\qquad =(p^2+4q^2)^2-(4pq)^2$
$\qquad =p^4+8p^2q^2+16q^4-16p^2q^2$
$\qquad =\boldsymbol{p^4-8p^2q^2+16q^4}$

◀$p^2+4q^2=A$ とおくと
$(A+4pq)(A-4pq)$
$=A^2-(4pq)^2$

(3) $(x+1)(x-2)(x^2-x+1)(x^2+2x+4)$
$\qquad =(x+1)(x^2-x+1)\times(x-2)(x^2+2x+4)$
$\qquad =(x^3+1)(x^3-8)$
$\qquad =(x^3)^2-7x^3-8$
$\qquad =\boldsymbol{x^6-7x^3-8}$

◀( )( )( )( )

◀$(a+b)(a^2-ab+b^2)$
$=a^3+b^3$,
$(a-b)(a^2+ab+b^2)$
$=a^3-b^3$

検討 **(2)の解答についての計算量の比較**

上の(2)の解答を比較すると，別解 の計算がやや複雑に感じられる。これは，$(a+b)^2$ の展開公式では，展開すると項が1つ増えるからである。これに対し，$(a+b)(a-b)$ の展開公式では項が増えない。よって，計算も比較的らくに行うことができる。

練習 次の式を展開せよ。

② **8** (1) $(x+3)(x-3)(x^2+9)$

(2) $(x-1)(x-2)(x+1)(x+2)$

(3) $(a+b)^3(a-b)^3$

(4) $(x+3)(x-1)(x^2+x+1)(x^2-3x+9)$

1章

❶ 多項式の加法・減法・乗法

重要 例題 9 掛ける順序や組み合わせを工夫して展開 (2)

次の式を計算せよ。
(1) $(x-1)(x-2)(x-3)(x-4)$
(2) $(a+b+c)^2+(b+c-a)^2+(c+a-b)^2+(a+b-c)^2$
(3) $(a+2b+1)(a^2-2ab+4b^2-a-2b+1)$

基本 7, 8

指針 前ページの例題同様，ポイントは **掛ける順序** や **組み合わせ** を工夫 すること。

(1) **多くの式の積** は，掛ける組み合わせに注意。

4つの1次式の定数項に注目する。$(-1)+(-4)=(-2)+(-3)=-5$ であるから
$(x-1)(x-4)\times(x-2)(x-3)=(\underline{x^2-5x}+4)(\underline{x^2-5x}+6)$ ← 共通の式 $\underline{x^2-5x}$ が出る。

(2) **おき換え** を利用して，計算をらくにする。$b+c=X$, $b-c=Y$ とおくと
$(与式)=(X+a)^2+(X-a)^2+(a-Y)^2+(a+Y)^2$

(3) （ ）内の式を1つの文字 a について整理してみる。

CHART 多くの式の積 掛ける順序・組み合わせの工夫

解答

(1) $(与式)=\{(x-1)(x-4)\}\times\{(x-2)(x-3)\}$
$=\{(x^2-5x)+4\}\times\{(x^2-5x)+6\}$
$=(x^2-5x)^2+10(x^2-5x)+24$
$=x^4-10x^3+25x^2+10x^2-50x+24$
$=\boldsymbol{x^4-10x^3+35x^2-50x+24}$

◀ ( )( )( )( )

◀ $x^2-5x=A$ とおくと
$(A+4)(A+6)$
$=A^2+10A+24$

(2) $(与式)=\{(b+c)+a\}^2+\{(b+c)-a\}^2$
$\qquad+\{a-(b-c)\}^2+\{a+(b-c)\}^2$
$=2\{(b+c)^2+a^2\}+2\{a^2+(b-c)^2\}$
$=4a^2+2\{(b+c)^2+(b-c)^2\}$
$=4a^2+2\cdot2(b^2+c^2)$
$=\boldsymbol{4a^2+4b^2+4c^2}$

◀ $(x+y)^2+(x-y)^2$
$=2(x^2+y^2)$ となることを利用。

(3) $(与式)=\{a+(2b+1)\}\{a^2-(2b+1)a+(4b^2-2b+1)\}$
$=a^3+\{(2b+1)-(2b+1)\}a^2$
$\qquad+\{(4b^2-2b+1)-(2b+1)^2\}a$
$\qquad+(2b+1)(4b^2-2b+1)$
$=a^3-6ba+(2b)^3+1^3$
$=\boldsymbol{a^3+8b^3-6ab+1}$

◀ $(a+●)(a^2-▲a+■)$ とみて展開。

◀ $(p+q)(p^2-pq+q^2)=p^3+q^3$

注意 問題文で与えられた式を，$(与式)$ と書くことがある。

練習 次の式を展開せよ。

③ **9** (1) $(x-2)(x+1)(x+2)(x+5)$ (2) $(x+8)(x+7)(x-3)(x-4)$
(3) $(x+y+z)(-x+y+z)(x-y+z)(x+y-z)$
(4) $(x+y+1)(x^2-xy+y^2-x-y+1)$

p.25 EX 6

◼️ **EXERCISES**   **1** 多項式の加法・減法・乗法

②1 $P=-2x^2+2x-5$, $Q=3x^2-x$, $R=-x^2-x+5$ のとき，次の式を計算せよ。
$$3P-[2\{Q-(2R-P)\}-3(Q-R)]$$
→2

③2   (1) $3x^2-2x+1$ との和が x^2-x になる式を求めよ。

     (2)   ある多項式に $a^3+2a^2b-5ab^2+5b^3$ を加えるところを誤って引いたので，答え が $-a^3-4a^2b+10ab^2-9b^3$ になった。正しい答えを求めよ。   →2

③3   次の計算をせよ。

     (1) $5xy^2\times(-2x^2y)^3$ 〔上武大〕   (2) $2a^2b\times(-3ab)^2\times(-a^2b^2)^3$

     (3) $(-2a^2b)^3(3a^3b^2)^2$ (4) $(-2ax^3y)^2(-3ab^2xy^3)$ →3

③4   次の式を展開せよ。   〔(1) 函館大，(2) 近畿大，(4) 函館大〕

     (1) $(a-b+c)(a-b-c)$ (2) $(2x^2-x+1)(x^2+3x-3)$

     (3) $(2a-5b)^3$ (4) $(x^3+x-3)(x^2-2x+2)$

     (5) $(x^2-2xy+4y^2)(x^2+2xy+4y^2)$ (6) $(x+y)(x-y)(x^2+y^2)(x^4+y^4)$

     (7) $(1+a)(1-a^3+a^6)(1-a+a^2)$ →4～8

③5   (1) $(x^3+3x^2+2x+7)(x^3+2x^2-x+1)$ を展開すると，x^5 の係数は ア□□，x^3 の係 数は イ□□ となる。   〔千葉商大〕

     (2)   式 $(2x+3y+z)(x+2y+3z)(3x+y+2z)$ を展開したときの xyz の係数は □□ である。   〔立教大〕

                                                →4

④6   次の式を計算せよ。

     (1) $(x-b)(x-c)(b-c)+(x-c)(x-a)(c-a)+(x-a)(x-b)(a-b)$

     (2) $(x+y+2z)^3-(y+2z-x)^3-(2z+x-y)^3-(x+y-2z)^3$ 〔(2) 山梨学院大〕

                                                →9

HINT   1   括弧をはずして P, Q, R の式を整理してから代入する。**括弧をはずすときは，内側からは ずす。**つまり ( )，{ }，[ ] の順にはずす。

       2   (1) 求める式を P とすると $P+(3x^2-2x+1)=x^2-x$

           (2) ある多項式（もとの式）を P，これに加えるべき式を Q，誤って式 Q を引いた結果の式 を R とすると $P-Q=R$ ゆえに $P=Q+R$ これをもとに，正しい答えを考える。

       4   (7) $\underline{(1+a)(1-a+a^2)}(1-a^3+a^6)$ として，3次式の展開の公式を利用する。

       5   (1) (ア) 2つの ( ) 内の，どの項の積が x^5 の項となるかを考える。

          (2) 3つの ( ) から，x の項，y の項，z の項を1つずつ掛け合わせたものの和が xyz の項 となる。

       6   そのまま展開してもよいがかなり大変。**1 文字について整理する，同じ式はおき換える** な どすると，見通しがよくなる。

          (1) （与式）$=(b-c)(x-b)(x-c)+(c-a)(x-c)(x-a)+(a-b)(x-a)(x-b)$

             x^2 の項の係数は，$b-c+c-a+a-b=0$ となる。

          (2) 似た式があるから，おき換えで計算をらくにする。

             例えば，$y+2z=A$ とおくと，$(x+y+2z)^3$ は $(x+A)^3$ となる。これに3次の展開の公 式を使う。

2 因 数 分 解

1 2次式の因数分解の公式

1 $\begin{cases} a^2+2ab+b^2=(a+b)^2 \\ a^2-2ab+b^2=(a-b)^2 \end{cases}$ 　　　　　　〔和の平方になる〕

　　　　　　　　　　　　　　　　　　　　〔差の平方になる〕

2 $a^2-b^2=(a+b)(a-b)$ 　　　　　　　　　　　　〔平方の差〕

3 $x^2+(a+b)x+ab=(x+a)(x+b)$ 　　　　〔2次3項式(I)〕

4 $acx^2+(ad+bc)x+bd=(ax+b)(cx+d)$ 　　〔2次3項式(II)〕

2 3次式の因数分解の公式

5 $\begin{cases} a^3+b^3=(a+b)(a^2-ab+b^2) \\ a^3-b^3=(a-b)(a^2+ab+b^2) \end{cases}$ 　　　　　　〔立方の和〕

　　　　　　　　　　　　　　　　　　　　　　　　〔立方の差〕

6 $\begin{cases} a^3+3a^2b+3ab^2+b^3=(a+b)^3 \\ a^3-3a^2b+3ab^2-b^3=(a-b)^3 \end{cases}$ 　　〔和の立方になる〕

　　　　　　　　　　　　　　　　　　　　　　〔差の立方になる〕

注意 3次式の因数分解は数学IIの内容であるが，本書では扱うものとする。

■ 因数分解

1つの多項式を，1次以上の多項式の積の形に変形することを，もとの式を **因数分解** するという。このとき，積を作っている各式を，もとの式の **因数** という。

因数分解の基本は，$ma+mb=m(a+b)$ のように，各項に共通な因数があれば，その共通因数を括弧の外にくくり出すことである。

$ma+mb=m(a+b)$
共通な因数

なお，与えられた多項式を因数分解する場合，特に断りがない限り，**因数の係数は有理数**（*p.*43参照）の範囲とする。

注意 例えば，x^2-1 は $(x+1)(x-1)$ と因数分解できるが，x^2-2 や x^2+1 は有理数の範囲では因数分解できない。なお，前の単元で学習した式の展開とは異なり，因数分解は常にできるわけではない。

■ 2次式の因数分解

1～4 は，*p.*13の基本事項 **7** で示した展開の公式の逆の計算であり，1～3 は，既に中学校で学習している。

また，4については，*p.*29参照。

■ 3次式の因数分解

5，6 は，*p.*13の基本事項 **8** で示した展開の公式の逆の計算である。

また，5，6 では，符号を間違えないように注意する。

異符号
$$a^3+b^3=(a+b)(a^2-ab+b^2)$$
同符号　関係なくプラス

$$a^3-b^3=(a-b)(a^2+ab+b^2)$$
異符号

◀符号が正しいかどうかは，展開することで確かめることができる。

基本 例題 10 因数分解（基本，2次式）

次の式を因数分解せよ。

(1) $9a^3x^2y-45ax^3y^2+18a^2xy^3$ (2) $(x-y)^2+yz-zx$

(3) $x^2+14x+49$ (4) $9x^2-12xy+4y^2$ (5) $6a^3b-24ab^3$

(6) $x^2+7x+10$ (7) $a^2+5a-24$

/ p.26 基本事項 **1**

1章

❷ 因数分解

指針 因数分解 …… 変形して多項式の積の形にすること。つまり，展開の逆の操作である。

(1), (2) 共通因数をくくり出す。

(3), (4) $p.26$ の公式 1 $\begin{cases} a^2+2ab+b^2=(a+b)^2 \\ a^2-2ab+b^2=(a-b)^2 \end{cases}$ を利用。

(5) まず，共通因数をくくり出す。その後，公式 2 $a^2-b^2=(a+b)(a-b)$ を利用。

(6),(7) x^2+px+q の因数分解は，q を2数の積に分け，その2数の和が p となる組み合わせ $(a,\ b)$ を見つけると，$x^2+px+q=(x+a)(x+b)$ と因数分解できる。（公式 3）

CHART 因数分解 **まず くくり出し 公式も利用**

解答

(1) $9a^3x^2y-45ax^3y^2+18a^2xy^3$
$\quad =9axy(a^2x-5x^2y+2ay^2)$

◀9, 45, 18 の最大公約数は 9

(2) $(x-y)^2+yz-zx=(x-y)^2-(x-y)z$
$\qquad\qquad\qquad\quad =(x-y)(x-y-z)$

◀$yz-zx$ を変形すると，共通因数 $x-y$ が見えてくる。

(3) $x^2+14x+49=x^2+2\cdot7x+7^2$
$\qquad\qquad\quad =(x+7)^2$

◀$a^2+2ab+b^2=(a+b)^2$

(4) $9x^2-12xy+4y^2=(3x)^2-2\cdot3x\cdot2y+(2y)^2$
$\qquad\qquad\qquad =(3x-2y)^2$

◀$a^2-2ab+b^2=(a-b)^2$

(5) $6a^3b-24ab^3=6ab(a^2-4b^2)$
$\qquad\qquad\quad =6ab(a+2b)(a-2b)$

◀共通因数 $6ab$ をくくり出す。

(6) $x^2+7x+10=x^2+(2+5)x+2\cdot5$
$\qquad\qquad =(x+2)(x+5)$

◀掛けて 10，足して 7

(7) $a^2+5a-24=a^2+(8-3)a+8\cdot(-3)$
$\qquad\qquad =(a+8)(a-3)$

◀掛けて -24，足して 5

練習 次の式を因数分解せよ。

① **10** (1) $(a+b)x-(a+b)y$ (2) $(a-b)x^2+(b-a)xy$

(3) $121-49x^2y^2$ (4) $8xyz^2-40xyz+50xy$

(5) $x^2-8x+12$ (6) $a^2+5ab-150b^2$ (7) $x^2-xy-12y^2$

28

基本 例題 11 因数分解（たすき掛け）

次の式を因数分解せよ。

(1) $3x^2+5x+2$ (2) $6x^2+x-2$ (3) $6x^2-7xy-24y^2$

p.26 基本事項 1

指針 x^2 の係数が 1 でない px^2+qx+r の因数分解は，$p.26$ の

公式 4 $acx^2+(ad+bc)x+bd=(ax+b)(cx+d)$

を利用して行う。px^2+qx+r に対して，次の手順で考えるとよい。

① $p=ac$，$r=bd$ となる数の組 $(a,\ c)$，$(b,\ d)$ を求める（この組み合わせはいくつか見つかる）。

② ① で求めた $(a,\ c)$，$(b,\ d)$ のうち，$q=ad+bc$ となる数 a，b，c，d を見つける。このような数 a，b，c，d は右のような図式を用いると見つけやすい。（このような図式を用いて a，b，c，d を求める方法を たすき掛け という。）

③ ② の a，b，c，d を用いて，$px^2+qx+r=(ax+b)(cx+d)$ と因数分解する。

たすき掛け
a ╲ b → bc
c ╱ d → ad
ac bd $ad+bc$

CHART 2 次の係数が 1 でない式の因数分解 **たすき掛けを利用**

解答

(1) 右のたすき掛けから
$3x^2+5x+2=(x+1)(3x+2)$

$$\begin{array}{ccc} 1 & 1 & \to 3 \\ 3 & 2 & \to 2 \\ \hline 3 & 2 & 5 \end{array}$$

(1) 次のようにたすき掛けをすると，$ad+bc=7$ となり失敗。

$$\begin{array}{ccc} 1 & 2 & \to 6 \\ 3 & 1 & \to 1 \\ \hline 3 & 2 & 7 \end{array}$$

失敗の場合は，組み合わせを変えて試すとよい。

(2) 右のたすき掛けから
$6x^2+x-2=(2x-1)(3x+2)$

$$\begin{array}{ccc} 2 & -1 & \to -3 \\ 3 & 2 & \to 4 \\ \hline 6 & -2 & 1 \end{array}$$

(2) ＜失敗例＞

$$\begin{array}{ccc} 1 & 2 & \to 12 \\ 6 & -1 & \to -1 \\ \hline 6 & -2 & 11 \end{array}$$

(3) 右のたすき掛けから
$6x^2-7xy-24y^2$
$\quad=(2x+3y)(3x-8y)$

$$\begin{array}{ccc} 2 & 3y & \to 9y \\ 3 & -8y & \to -16y \\ \hline 6 & -24y^2 & -7y \end{array}$$

参考 $6x^2-7xy-24y^2$ から y を除いた $6x^2-7x-24$ の因数分解を考え，後から y を付け加えてもよい。

$$6x^2-7x-24=(2x+3)(3x-8)$$
y を付け加える

(3) ＜失敗例＞

$$\begin{array}{ccc} 1 & -24y & \to -144y \\ 6 & y & \to y \\ \hline 6 & -24y^2 & -143y \end{array}$$

$$\begin{array}{ccc} 1 & -8y & \to -48y \\ 6 & 3y & \to 3y \\ \hline 6 & -24y^2 & -45y \end{array}$$

練習 次の式を因数分解せよ。

① **11** (1) $3x^2+10x+3$ (2) $2x^2-9x+4$ (3) $6x^2+x-1$

      (4) $8x^2-2xy-3y^2$ (5) $6a^2-ab-12b^2$ (6) $10p^2-19pq+6q^2$

p.41 EX 7

28

たすき掛けを利用した因数分解

●「たすき掛け」の手順

公式 $acx^2+(ad+bc)x+bd=(ax+b)(cx+d)$ における係数 a, b, c, d を見つけるのに，**たすき掛け** と呼ばれる図式を用いると便利である。
例題 11 (1) $3x^2+5x+2$ では次のように考える。

① $ac=3$, $bd=2$ より，

$(a,\ c)=(1,\ 3),\ (b,\ d)=(1,\ 2)$
$(a,\ c)=(1,\ 3),\ (b,\ d)=(2,\ 1)$

などの組み合わせを求める。

② 右の図式のように a, b, c, d を並べる。
斜めに掛け算した ad と bc を右側に書き，
それらの和 $ad+bc$ をその下に書く。

→ $ad+bc$ の値が 5 になれば成功。

　ならなければ失敗，別の組み合わせを試す。

③ 求めた a, b, c, d を用いて因数分解する。

$$3x^2+5x+2=(x+1)(3x+2)$$

たすき掛け		
a ✕ b →		bc
c ╳ d →		ad
ac	bd	$ad+bc$

| 1 ✕ 1 → 3 | | 1 ✕ 2 → 6 |
3 ╳ 2 → 2		3 ╳ 1 → ①
3　2　5		3　2　7
$ad+bc=5$ ↲		$ad+bc=7$ ↲
なので，成功！		なので，失敗…

補足 係数 a, b, c, d の組み合わせについては様々考えられるが，x^2 の係数にある a, c については，正の数の組み合わせだけを考え，$0<a\leqq c$ として見つければよい。

● 考える組み合わせを減らすには？

たすき掛けを利用する因数分解では，係数 a, b, c, d を効率よく見つけることが大切である。例題 11 (2) $6x^2+x-2$ を例にして，考えてみよう。
$ac=6$, $bd=-2$ であるから，次の 8 通りの組み合わせが考えられる。

① $\begin{matrix} 1 \\ 6 \end{matrix} ✕ \begin{matrix} 1 \\ -2 \end{matrix}$　② $\begin{matrix} 1 \\ 6 \end{matrix} ✕ \begin{matrix} -1 \\ 2 \end{matrix}$　③ $\begin{matrix} 1 \\ 6 \end{matrix} ✕ \begin{matrix} 2 \\ -1 \end{matrix}$　④ $\begin{matrix} 1 \\ 6 \end{matrix} ✕ \begin{matrix} -2 \\ 1 \end{matrix}$

⑤ $\begin{matrix} 2 \\ 3 \end{matrix} ✕ \begin{matrix} 1 \\ -2 \end{matrix}$　⑥ $\begin{matrix} 2 \\ 3 \end{matrix} ✕ \begin{matrix} -1 \\ 2 \end{matrix}$　⑦ $\begin{matrix} 2 \\ 3 \end{matrix} ✕ \begin{matrix} 2 \\ -1 \end{matrix}$　⑧ $\begin{matrix} 2 \\ 3 \end{matrix} ✕ \begin{matrix} -2 \\ 1 \end{matrix}$

◀$(a,\ c)$ は，$(1,\ 6)$, $(2,\ 3)$ の 2 通り。
$(b,\ d)$ は，$(1,\ -2)$, $(-1,\ 2)$, $(2,\ -1)$, $(-2,\ 1)$ の 4 通り。

このうち，①，②，⑦，⑧は，横に並んだ 2 つの数が 1 以外の公約数をもつため，候補外であることがすぐにわかる。

例えば，①を考えると，$(x+1)(6x-2)=(x+1)\times 2(3x-1)$ のように 2 でくくり出せるが，もとの式 $6x^2+x-2$ は 2 でくくり出すことはできないため，①の組み合わせで因数分解できることはない。

よって，③，④，⑤，⑥の組み合わせから，$ad+bc=1$ となるものを探せばよく，⑥が適することから $6x^2+x-2=(2x-1)(3x+2)$ と因数分解できる。

たすき掛けに慣れてきたら，考える組み合わせを減らす工夫をしてみよう。

基本 例題 **12** 因数分解(3次式)

次の式を因数分解せよ。

(1) x^3-27

(2) $64a^3+125b^3$

(3) $x^3+6x^2+12x+8$

(4) x^3+x^2-4x-4

p.26 基本事項 **2**

指針 (1) $27=3^3$ であるから **3乗の差**

(2) $64=4^3$, $125=5^3$ であるから **3乗の和**

(3), (4) このタイプはまず, p.26 の

公式6 $a^3+3a^2b+3ab^2+b^3=(a+b)^3$

が使えるかどうかを確かめる。

(3) は, $8=2^3$, $6x^2=3\cdot x^2\cdot 2$, $12x=3\cdot x\cdot 2^2$ で

あるから, 公式6 $(a=x,\ b=2)$ が使える。

(4)のように公式が使えない場合, **組み合わせを工夫** して **共通因数を作り出す**。

$$\overset{\text{異符号}}{a^3+b^3=(a+b)(a^2-ab+b^2)}$$
$$\underset{\text{異符号}}{\overset{\text{同符号}\quad\text{関係なく}}{a^3-b^3=(a-b)(a^2+ab+b^2)}}$$

解答

(1) $x^3-27=x^3-3^3$

$\qquad =(x-3)(x^2+x\cdot 3+3^2)$

$\qquad =\boldsymbol{(x-3)(x^2+3x+9)}$

◀3乗の差。

◀符号に要注意。

(2) $64a^3+125b^3=(4a)^3+(5b)^3$

$\qquad =(4a+5b)\{(4a)^2-4a\cdot 5b+(5b)^2\}$

$\qquad =\boldsymbol{(4a+5b)(16a^2-20ab+25b^2)}$

◀3乗の和。

◀符号に要注意。

(3) $x^3+6x^2+12x+8=x^3+3\cdot x^2\cdot 2+3\cdot x\cdot 2^2+2^3$

$\qquad =\boldsymbol{(x+2)^3}$

◀$a^3+3a^2b+3ab^2+b^3$
$=(a+b)^3$

別解 $x^3+6x^2+12x+8=(x^3+8)+(6x^2+12x)$

$\qquad =(x+2)(x^2-2x+4)+6x(x+2)$

$\qquad =(x+2)(x^2-2x+4+6x)$

$\qquad =(x+2)(x^2+4x+4)$

$\qquad =(x+2)(x+2)^2$

$\qquad =\boldsymbol{(x+2)^3}$

◀組み合わせを工夫。

◀$x^3+8=x^3+2^3$

◀共通因数 $x+2$ でくくる。

(4) $x^3+x^2-4x-4=(x^3+x^2)-(4x+4)$

$\qquad =x^2(x+1)-4(x+1)$

$\qquad =(x+1)(x^2-4)$

$\qquad =\boldsymbol{(x+1)(x+2)(x-2)}$

◀$(x^3-4x)+(x^2-4)$
と組み合わせてもよい。

◀共通因数 $x+1$ でくくる。

参考 (3)のように公式6が使える式であっても, 別解 のように「組み合わせを工夫して共通因数を作り出す」方法で因数分解ができる。

練習 次の式を因数分解せよ。

② **12** (1) $8a^3+27b^3$

(2) $64x^3-1$

(3) $8x^3-36x^2+54x-27$

(4) $4x^3-8x^2-9x+18$

p.41 EX 8

基本 例題 13 因数分解（おき換え利用）(1)

次の式を因数分解せよ。

(1) $2(x-1)^2-11(x-1)+15$

(2) x^2-y^2+4y-4

(3) x^4-10x^2+9

(4) $(x^2+3x)^2-2(x^2+3x)-8$

重要 14

1 章 ❷ 因 数 分 解

指針
(1) 繰り返し現れる式 $x-1$ に注目して，$x-1=X$ とおくと $2X^2-11X+15$
このXの2次式を因数分解する要領で。

(2) $x^2-(y^2-4y+4)$ であり $y^2-4y+4=(y-2)^2$
$y-2=Y$ とおくと，x^2-Y^2 の形（平方の差の形）になる。→$p.26$ の公式 2 を利用。

(3) $x^4=(x^2)^2$ であるから，$x^2=X$ とおくと $X^2-10X+9$ ← Xの2次式。
なお，(3) のように $x^2=X$ とおくと2次式 aX^2+bX+c となる式，すなわち
ax^4+bx^2+c の形の式を **複2次式** という。

(4) $x^2+3x=X$ とおくと，Xの2次式となる。

CHART 因数分解 同じ形のものは おき換え

解答

(1) $2(x-1)^2-11(x-1)+15=\{(x-1)-3\}\{2(x-1)-5\}$
$\qquad\qquad\qquad\qquad\qquad\qquad =(x-4)(2x-7)$

別解 $2(x-1)^2-11(x-1)+15=2(x^2-2x+1)-11x+26$
$\qquad\qquad\qquad\qquad\qquad\qquad =2x^2-15x+28$
$\qquad\qquad\qquad\qquad\qquad\qquad =(x-4)(2x-7)$

(2) $x^2-y^2+4y-4=x^2-(y^2-4y+4)=x^2-(y-2)^2$
$\qquad\qquad\qquad =\{x+(y-2)\}\{x-(y-2)\}$
$\qquad\qquad\qquad =(x+y-2)(x-y+2)$

(3) $x^4-10x^2+9=(x^2)^2-10x^2+9$
$\qquad\qquad\qquad =(x^2-1)(x^2-9)$
$\qquad\qquad\qquad =(x+1)(x-1)(x+3)(x-3)$

(4) $(x^2+3x)^2-2(x^2+3x)-8$
$\qquad =\{(x^2+3x)+2\}\{(x^2+3x)-4\}$
$\qquad =(x^2+3x+2)(x^2+3x-4)$
$\qquad =(x+1)(x+2)(x-1)(x+4)$

(1) $x-1=X$ とおくと
$2X^2-11X+15$
$=(X-3)(2X-5)$

$$\begin{array}{r} 1 \diagdown -3 \to -6 \\ 2 \diagup -5 \to -5 \\ \hline 2 \quad 15 \quad -11 \end{array}$$

(2) $y-2=Y$ とおくと
$x^2-Y^2=(x+Y)(x-Y)$

◀更に因数分解。

◀更に因数分解。

検討

因数分解はできるところまで行う
(3) で $(x^2-1)(x^2-9)$ を答えとしたら誤り！**因数分解はできるところまでしなければいけない。**
(4) も (3) と同じように，$(x^2+3x+2)(x^2+3x-4)$ を答えとしたら誤りである。

練習 次の式を因数分解せよ。 〔(4) 京都産大〕

② **13** (1) $6(2x+1)^2+5(2x+1)-4$ (2) $4x^2-9y^2+28x+49$

(3) $2x^4-7x^2-4$ (4) $(x^2-2x)^2-11(x^2-2x)+24$

p.41 EX9

重要 例題 14 因数分解（おき換え利用）(2)

次の式を因数分解せよ。

(1) $(x^2+x-5)(x^2+x-7)+1$ 　　　　　　　　　　　〔創価大〕

(2) $(x+1)(x+2)(x+3)(x+4)-24$ 　　　　　〔函館大，京都産大〕

(3) $(x+y)^4-(x-y)^4$ 　　　　　　　　　　　　　　/ 基本 13

指針 (1) （与式）$=\{(x^2+x)-5\}\{(x^2+x)-7\}+1$

x^2+x が 2 度現れているから，$x^2+x=X$ とおく。

(2) まず $(x+1)(x+2)(x+3)(x+4)$ の部分を展開してから因数分解を考える。その際，積の **組み合わせを工夫** すると，(1) と同じようにおき換えて計算することができる。

(3) （与式）$=\{(x+y)^2\}^2-\{(x-y)^2\}^2 \longrightarrow A^2-B^2$（平方の差）と見る。

CHART 因数分解 同じ形のものは おき換え

解答

(1) $(x^2+x-5)(x^2+x-7)+1$
$=\{(x^2+x)-5\}\{(x^2+x)-7\}+1$
$=(x^2+x)^2-12(x^2+x)+36$
$=(x^2+x-6)^2$
$=\{(x+3)(x-2)\}^2$
$=\boldsymbol{(x+3)^2(x-2)^2}$

◀ $x^2+x=X$ とおくと
　$(X-5)(X-7)+1$
　$=X^2-12X+36=(X-6)^2$

◀ ここで終わると **誤り！**
　（　）内を更に因数分解する。

◀ $(AB)^2=A^2B^2$

(2) $(x+1)(x+2)(x+3)(x+4)-24$
$=\{(x+1)(x+4)\}\times\{(x+2)(x+3)\}-24$
$=\{(x^2+5x)+4\}\{(x^2+5x)+6\}-24$
$=(x^2+5x)^2+10(x^2+5x)$
$=(x^2+5x)(x^2+5x+10)$
$=\boldsymbol{x(x+5)(x^2+5x+10)}$

◀ ｛ ｝内の展開式の x の係数が等しくなるように，（　）を 2 つずつ組み合わせる。
◀ 定数項は　$4\cdot6-24=0$

◀ $x^2+5x=x(x+5)$

(3) $(x+y)^4-(x-y)^4$
$=\{(x+y)^2\}^2-\{(x-y)^2\}^2$
$=\{(x+y)^2+(x-y)^2\}\{(x+y)^2-(x-y)^2\}$
$=\{(x^2+2xy+y^2)+(x^2-2xy+y^2)\}$
$\qquad\times\{(x+y)+(x-y)\}\{(x+y)-(x-y)\}$
$=(2x^2+2y^2)\cdot2x\cdot2y$
$=\boldsymbol{8xy(x^2+y^2)}$

◀ $(x+y)^2=A$,　$(x-y)^2=B$
とおくと
$A^2-B^2=(A+B)(A-B)$

練習 次の式を因数分解せよ。

④ **14** (1) $(x^2-2x-16)(x^2-2x-14)+1$ 　　(2) $(x+1)(x-5)(x^2-4x+6)+18$

(3) $(x-1)(x-3)(x-5)(x-7)-9$ 　　(4) $(x+y+1)^4-(x+y)^4$ 　〔(1) 専修大〕

p.41 EX11, 12 ↘

基本 例題 **15** 因数分解（1 つの文字について整理）

次の式を因数分解せよ。

(1) $9b^2+3ab-2a-4$　　(2) $x^3-x^2y-xz^2+yz^2$　　(3) $1+2ab+a+2b$

重要 18

指針　一般に、式は次数が低いほど扱いやすい。よって、複数の種類の文字を含む式の因数分解では、1 つの文字、特に **次数が最低の文字について整理する** とよい。

(1) a について **1 次**、b について **2 次** $\longrightarrow a$ について整理。

(2) x について **3 次**、y について **1 次**、z について **2 次** $\longrightarrow y$ について整理。

(3) a, b のどちらについても 1 次。このような場合、係数が簡単な文字（ここでは a）について整理してみるとよい。

CHART 因数分解の基本 **最低次の文字について整理**

解答

(1) $9b^2+3ab-2a-4=(3b-2)a+9b^2-4$　　◀a について整理。
$\qquad\qquad\qquad\qquad =(3b-2)a+(3b+2)(3b-2)$　　◀$3b-2$ が共通因数。
$\qquad\qquad\qquad\qquad =\boldsymbol{(3b-2)(a+3b+2)}$

(2) $x^3-x^2y-xz^2+yz^2=(z^2-x^2)y+x^3-xz^2$　　◀y について整理。
$\qquad\qquad\qquad\qquad\quad =(z^2-x^2)y-x(z^2-x^2)$　　◀z^2-x^2 が共通因数。
$\qquad\qquad\qquad\qquad\quad =(z^2-x^2)(y-x)$　　◀更に因数分解できる。
$\qquad\qquad\qquad\qquad\quad =(z+x)(z-x)(y-x)$　　◀これでも正解。
$\qquad\qquad\qquad\qquad\quad =\boldsymbol{(x-y)(x-z)(x+z)}$　　◀アルファベット順に整理。

(3) $1+2ab+a+2b=(2b+1)a+2b+1$　　◀a について整理。
$\qquad\qquad\qquad =\boldsymbol{(a+1)(2b+1)}$　　◀$2b+1$ が共通因数。

別解　$1+2ab+a+2b=(2a+2)b+a+1$　　◀b について整理。
$\qquad\qquad\qquad =2(a+1)b+a+1$　　◀$a+1$ が共通因数。
$\qquad\qquad\qquad =\boldsymbol{(a+1)(2b+1)}$

検討

上の例題(2)を例題 12(4)と同じ方法で解く
上の例題(2)は、次のように、項の組み合わせを工夫する方法でも因数分解できる。
(2)　（与式）$=x^2(x-y)-z^2(x-y)=(x-y)(x^2-z^2)=(x-y)(x+z)(x-z)$
しかし、式が複雑になると、項をうまく組み合わせるのも大変になるので、多くの文字を含む式では、「**最低次の文字について整理**」が最も確実な方法である。

練習 次の式を因数分解せよ。
② **15** (1) $a^3b+16-4ab-4a^2$　　(2) $x^3y+x^2-xyz^2-z^2$

(3) $6x^2-yz+2xz-3xy$　　(4) $3x^2-2z^2+4yz+2xy+5xz$

p.42 EX13

基本 例題 **16** 因数分解（2元2次式）

次の式を因数分解せよ。

(1) $x^2-xy-2y^2-x-7y-6$ 　　(2) $3x^2+7xy+2y^2-5x-5y+2$ 　／基本 **11, 15**

指針 (1) x, y どちらについても2次式であるが，x^2 の係数が1であるから，x について整理すると　　（与式）$=x^2-(y+1)x-(2y^2+7y+6)$ [x の2次3項式]

ここで，$2y^2+7y+6=(y+2)(2y+3)$ と因数分解し，更にたすき掛けにより，全体を因数分解する。…… ★

このとき，x^2 の係数が1であるとたすき掛けが考えやすい。

(2) x について整理すると　　（与式）$=3x^2+(7y-5)x+(2y^2-5y+2)$

定数項となる y の2次式の因数分解を行い，全体を因数分解する。

解答

(1) （与式）$=x^2-(y+1)x-(2y^2+7y+6)$

$\quad=x^2-(y+1)x-(y+2)(2y+3)$　　← Ⓐ

$\quad=\{x+(y+2)\}\{x-(2y+3)\}$　　← Ⓑ

$\quad=(x+y+2)(x-2y-3)$

◀指針___…… ★ の方針。
まず，$2y^2+7y+6$ を因数分解する（Ⓐ）。更に，x の2次式とみて全体を因数分解する（Ⓑ）。

Ⓐ
$$\begin{array}{c c c} 1 & 2 & \to 4 \\ 2 & 3 & \to 3 \\ \hline 2 & 6 & 7 \end{array}$$

Ⓑ
$$\begin{array}{c c c} 1 & y+2 & \to \quad y+2 \\ 1 & -(2y+3) & \to -2y-3 \\ \hline 1 & -(y+2)(2y+3) & -(y+1) \end{array}$$

(2) （与式）$=3x^2+(7y-5)x+(2y^2-5y+2)$

$\quad=3x^2+(7y-5)x+(y-2)(2y-1)$　　← Ⓒ

$\quad=\{x+(2y-1)\}\{3x+(y-2)\}$　　← Ⓓ

$\quad=(x+2y-1)(3x+y-2)$

◀y について整理して
$2y^2+(7x-5)y$
$\quad+(x-1)(3x-2)$
から因数分解してもよい。

Ⓒ
$$\begin{array}{c c c} 1 & -2 & \to -4 \\ 2 & -1 & \to -1 \\ \hline 2 & 2 & -5 \end{array}$$

Ⓓ
$$\begin{array}{c c c} 1 & 2y-1 & \to 6y-3 \\ 3 & y-2 & \to \quad y-2 \\ \hline 3 & (y-2)(2y-1) & 7y-5 \end{array}$$

検討 **2次の項 (x^2, xy, y^2) に着目した解法**

上の例題(2)の2次の項 (x^2, xy, y^2) に着目すると

$\quad 3x^2+7xy+2y^2=(x+2y)(3x+y)$

と因数分解できることから，

$\quad$（与式）$=(x+2y+●)(3x+y+■)$

となる ●, ■ を見つければ因数分解ができる。

右のたすき掛けより，$●=-1$，$■=-2$ であること
がわかるから

$\quad$（与式）$=(x+2y-1)(3x+y-2)$

と因数分解できる。

$$\begin{array}{c c c} x+2y & -1 & \to -3x-y \\ 3x+y & -2 & \to -2x-4y \\ \hline (x+2y)(3x+y) & 2 & -5x-5y \end{array}$$

練習 次の式を因数分解せよ。

② **16** (1) $x^2-2xy-3y^2+6x-10y+8$ 　　(2) $2x^2-5xy-3y^2+7x+7y-4$

$\quad$ (3) $6x^2+5xy+y^2+2x-y-20$

p.42 EX 14

基本 例題 17 因数分解（対称式，交代式）⑴

次の式を因数分解せよ。

(1) $a^2b+ab^2+b^2c+bc^2+c^2a+ca^2+2abc$

(2) $a^2(b-c)+b^2(c-a)+c^2(a-b)$

基本 15 重要 18

指針 a, b, c いずれについても 2 次式であるから，1 つの文字，例えば a について，まず式を整理してみる。

CHART 因数分解 文字の次数が同じなら 1 つの文字について整理

解答

(1) $a^2b+ab^2+b^2c+bc^2+c^2a+ca^2+2abc$

$=(b+c)a^2+(b^2+2bc+c^2)a+b^2c+bc^2$ ◀a について整理。

$=(b+c)a^2+(b+c)^2a+(b+c)bc$ ◀$b+c$ が共通因数。

$=(b+c)\{a^2+(b+c)a+bc\}$ ◀{ }内の式を因数分解。

$=(b+c)(a+b)(a+c)$ ◀これでも正解。

$=(a+b)(b+c)(c+a)$ ◀$a \to b \to c \to a$（輪環）の順に整理。

(2) $a^2(b-c)+b^2(c-a)+c^2(a-b)$

$=(b-c)a^2+b^2c-ab^2+c^2a-bc^2$

$=(b-c)a^2-(b^2-c^2)a+(b-c)bc$ ◀a について整理。

$=(b-c)a^2-(b+c)(b-c)a+(b-c)bc$ ◀$b-c$ が共通因数。

$=(b-c)\{a^2-(b+c)a+bc\}$ ◀{ }内の式を因数分解。

$=(b-c)(a-b)(a-c)$ ◀これでも正解。

$=-(a-b)(b-c)(c-a)$

検討

対称式・交代式とは……

a, b の多項式で，a^2+b^2, a^3+b^3 のように，a と b を入れ替えても，もとの式と同じになるものを，a, b の **対称式** という。また，上の(1)のように，a, b, c の多項式で，a, b, c のどの 2 つを入れ替えても，もとの式と同じになるものを，a, b, c の **対称式** という。

また，$a-b$, a^2-b^2 のように，a と b を入れ替えると符号だけが変わる式を，a, b の **交代式** という。a, b の交代式は因数 $a-b$ をもつ。また，上の(2)のように，a, b, c のどの 2 つを入れ替えても符号だけが変わる式を，a, b, c の **交代式** という。

[対称式]

$a^2+b^2 \xrightarrow[\text{入れ替える}]{a と b を} b^2+a^2$

もとの式と同じ

[交代式]

$a-b \xrightarrow[\text{入れ替える}]{a と b を} b-a$

もとの式と符号が変わる

($b-a=-(a-b)$ である)

練習 17

次の式を因数分解せよ。

(1) $abc+ab+bc+ca+a+b+c+1$

(2) $a^2b+ab^2+a+b-ab-1$

p.42 EX15

右側の縦書き：1 章 ❷ 因数分解

CHART NAVI　重要例題の取り組み方

　右側の p.37 のような **重要例題** のページでは，入試対策になる発展的な内容を扱っています。重要例題の難易度は ①①①①①① ～ ①①①①①① となっていて，その単元を学習し始めたばかりだと，とても高度な内容に感じるかもしれません。

　「まずは教科書の内容を身につけたい」「その単元の基礎を定着させたい」という段階は，多くの人が通る道だと思います。そのような段階で，いきなり入試レベルの問題に挑戦しようとしても，解答の方針が立てられない，解答を読んでも理解できない，という状況に陥ってしまいます。
　特に，**青チャートでは，似ている問題が近くにくるように配列されているので，必ずしも難易度の順に掲載されているとは限りません**。そのため，前から順番に取り組む方法では，場合によっては効率よく学習できないこともあります。
　そのような場合には，まずは **基本例題** のみに取り組み基礎を固め，入試対策の際に改めて **重要例題** に取り組む，という方法が考えられます。

　青チャートで入試対策をする場合には，ぜひ **重要例題** にも挑戦してください。重要例題では，教科書ではあまり扱われていないが，入試で頻出の内容を扱っています。重要例題の内容が身につけば，入試問題にも対応できる力が身につくはずです。

　まとめると，以下のようになります。

┌ 基礎を定着させる段階では… ┐
まずは，**基本例題** に取り組み，その単元の基本事項を確実に身につけよう。

↑無理に重要例題まで取り組む必要はない。まずは，基本例題の内容から身につけよう。

┌ 入試対策を行う段階では… ┐
重要例題 を中心に取り組もう。内容理解に不安を感じたら，**基本例題** に戻って復習しよう。

↑重要例題には，基本例題へのフィードバック（右ページの ╱基本 15, 17）もあるので，復習の参考にしよう。

　なお，重要例題に取り組むときも，基本例題と同様に，指針 や 検討 の内容も確認するようにしましょう。重要例題であっても，実は基本例題と似た考え方をしているものも多くあります。指針 を読むと，その関連がつかみやすくなると思います。また，検討 には，その問題に関連する数学的な性質や，例題の内容を更に考察する内容を記しています。入試対策に大いに役立つ内容ですので，その内容も含めて理解し，実力を高めていってください。

重要 例題 18 因数分解（対称式，交代式）(2)

次の式を因数分解せよ。

(1) $a^2(b+c)+b^2(c+a)+c^2(a+b)+3abc$

(2) $a^3(b-c)+b^3(c-a)+c^3(a-b)$

/基本 15, 17

指針 例題 17 同様，a，b，c の，どの文字についても次数は同じであるから，1 つの文字，例えば a について整理する。

(1) a について整理すると ●a^2+■a+▲ （a の 2 次 3 項式）

 → 係数 ●，■，▲ に注意して たすき掛け。

CHART 因数分解 文字の次数が同じなら 1 つの文字について整理

解答

(1) $a^2(b+c)+b^2(c+a)+c^2(a+b)+3abc$

$=(b+c)a^2+(b^2+c^2+3bc)a+bc(b+c)$

$=\{a+(b+c)\}\{(b+c)a+bc\}$

$=\boldsymbol{(a+b+c)(ab+bc+ca)}$

(2) $a^3(b-c)+b^3(c-a)+c^3(a-b)$

$=(b-c)a^3-(b^3-c^3)a+b^3c-bc^3$

$=(b-c)a^3-(b-c)(b^2+bc+c^2)a+bc(b+c)(b-c)$

$=(b-c)\{a^3-(b^2+bc+c^2)a+bc(b+c)\}$

$=(b-c)\{(c-a)b^2+c(c-a)b-a(c+a)(c-a)\}$

$=(b-c)(c-a)\{b^2+cb-a(c+a)\}$

$=(b-c)(c-a)(b-a)\{c+(b+a)\}$

$=(b-c)(c-a)(b-a)(a+b+c)$

$=\boldsymbol{-(a-b)(b-c)(c-a)(a+b+c)}$

(1)

$$\begin{array}{ccc} 1 & \diagdown\diagup & b+c \longrightarrow b^2+2bc+c^2 \\ b+c & \diagup\diagdown & bc \longrightarrow bc \\ \hline b+c & bc(b+c) & b^2+3bc+c^2 \end{array}$$

◀a について整理。

◀係数を因数分解。共通因数 $b-c$ が現れる。

◀{ } 内を **次数の低い b** について**整理**。共通因数 $c-a$ が現れる。

◀これでも正解。

◀輪環の順に整理。

検討

対称式・交代式の性質

上の例題で，(1) は a，b，c の対称式，(2) は a，b，c の交代式である。

さて，対称式・交代式にはいろいろな性質があるが，因数分解に関しては次の性質があることが知られている。

① **a，b，c の対称式** は，**$a+b$，$b+c$，$c+a$ の 1 つが因数なら他の 2 つも因数** である。

② **a，b，c の交代式** は，**因数 $(a-b)(b-c)(c-a)$ をもつ** 〔上の例題 (2)〕。

上の例題 (2) においては，因数 $(a-b)(b-c)(c-a)$ をもつことを示すために $-(a-b)(b-c)(c-a)(a+b+c)$ と変形して答えている。

練習 次の式を因数分解せよ。

③ **18** (1) $ab(a+b)+bc(b+c)+ca(c+a)+3abc$

(2) $a(b-c)^3+b(c-a)^3+c(a-b)^3$

例題 19 因数分解（複2次式，平方の差を作る） ⚪⚪⚪⚪⚪

次の式を因数分解せよ。

(1) x^4+4x^2+16　　　　(2) $x^4-7x^2y^2+y^4$　　　　(3) $4x^4+1$

指針 このままでは因数分解できないが，式の形から　（与式）$=\bullet^2-\blacktriangle^2$
と変形できれば，**和と差の積** として因数分解できる。

(1) x^4 と定数項 16 に注目して，$(x^2+4)^2$ または $(x^2-4)^2$ を作ると
（与式）$=\{(x^2+4)^2-8x^2\}+4x^2=(x^2+4)^2-(2x)^2$　← 因数分解できる。
（与式）$=\{(x^2-4)^2+8x^2\}+4x^2=(x^2-4)^2+12x^2$　← 因数分解できない。

(2), (3) (1) と同様に，(2) は x^4 と y^4 に注目して $(x^2+y^2)^2$ または $(x^2-y^2)^2$ を作り出し，
(3) は $(2x^2+1)^2$ または $(2x^2-1)^2$ を作り出す。

(2) （与式）$=\{(x^2+y^2)^2-2x^2y^2\}-7x^2y^2=(x^2+y^2)^2-(3xy)^2$　← 因数分解できる。

(3) （与式）$=(2x^2+1)^2-4x^2=(2x^2+1)^2-(2x)^2$　← 因数分解できる。

CHART 複2次式の因数分解　　① $x^2=X$ のおき換え
　　　　　　　　　　　　　　　② 項を加えて引いて平方の差へ

解答

(1) $x^4+4x^2+16=(x^4+8x^2+16)-4x^2$　　　　◀与式に，$4x^2$ を加えて引く。
$=(x^2+4)^2-(2x)^2$
$=\{(x^2+4)+2x\}\{(x^2+4)-2x\}$　　◀$A^2-B^2=(A+B)(A-B)$
$=(x^2+2x+4)(x^2-2x+4)$　　　◀式は整理。

(2) $x^4-7x^2y^2+y^4=(x^4+2x^2y^2+y^4)-9x^2y^2$　　◀$(x^4+2x^2y^2+y^4)-2x^2y^2$
$=(x^2+y^2)^2-(3xy)^2$　　　　　　　$-7x^2y^2$
$=\{(x^2+y^2)+3xy\}\{(x^2+y^2)-3xy\}$
$=(x^2+3xy+y^2)(x^2-3xy+y^2)$　　◀x の降べきの順に整理。

(3) $4x^4+1=(4x^4+4x^2+1)-4x^2$　　　　◀与式に，$4x^2$ を加えて引く。
$=(2x^2+1)^2-(2x)^2$
$=\{(2x^2+1)+2x\}\{(2x^2+1)-2x\}$
$=(2x^2+2x+1)(2x^2-2x+1)$　　◀式は整理。

検討 | **平方式の作り方**
$x^2+a^2=(x+a)^2-2ax$ となることは，$(x+a)^2=x^2+2ax+a^2$ の $2ax$ を移項すれば示されるが，

$$x^2+a^2=(x^2+2ax+a^2)-2ax=(x+a)^2-2ax$$

のように，$2ax$ を **加えて引く** と考えてもよい。

練習 次の式を因数分解せよ。

③ **19** (1) x^4+3x^2+4　　　　　　　　　　(2) $x^4-11x^2y^2+y^4$
　　　 (3) $x^4-9x^2y^2+16y^4$　　　　　　(4) $4x^4+11x^2y^2+9y^4$

重要 例題 20 因数分解（$a^3+b^3+c^3-3abc$ の形） ◇◇◇◇◇◇◇

(1) $a^3+b^3=(a+b)^3-3ab(a+b)$ であることを用いて，$a^3+b^3+c^3-3abc$ を因数分解せよ。

(2) $x^3+3xy+y^3-1$ を因数分解せよ。

指針 (1) $a^3+b^3=(a+b)^3-3ab(a+b)$ …… ① を用いて変形すると
$a^3+b^3+c^3-3abc=(a+b)^3-3ab(a+b)+c^3-3abc=(a+b)^3+c^3-3ab\{(a+b)+c\}$
次に，$(a+b)^3+c^3$ について，3乗の和の公式か等式 ① を適用し，共通因数を見つける。

(2) (1)の結果を利用する。

解答

(1) $a^3+b^3+c^3-3abc$
　$=(a^3+b^3)+c^3-3abc$ ◀a^3+b^3 をまず変形。
　$=(a+b)^3-3ab(a+b)+c^3-3abc$ ◀$(a+b)^3$ と c^3 のペア。
　$=(a+b)^3+c^3-3ab\{(a+b)+c\}$ …… （＊） ◀$a+b+c$ が共通因数。
　$=\{(a+b)+c\}\{(a+b)^2-(a+b)c+c^2\}-3ab(a+b+c)$ ◀（　）内を整理。
　$=(a+b+c)(a^2+2ab+b^2-ca-bc+c^2-3ab)$
　$=\boldsymbol{(a+b+c)(a^2+b^2+c^2-ab-bc-ca)}$

別解 （＊）を導くまでは同じ。
　$a^3+b^3+c^3-3abc$
　$=\{(a+b)+c\}^3-3(a+b)c\{(a+b)+c\}-3ab(a+b+c)$ ◀$a+b=A$ とおき，等式 A^3+c^3
　$=(a+b+c)\{(a+b+c)^2-3(a+b)c-3ab\}$ 　$=(A+c)^3-3Ac(A+c)$
　$=\boldsymbol{(a+b+c)(a^2+b^2+c^2-ab-bc-ca)}$ を再び用いる。

(2) $x^3+3xy+y^3-1$
　$=(x^3+y^3-1)+3xy$
　$=x^3+y^3+(-1)^3-3x\cdot y\cdot(-1)$
　$=\{x+y+(-1)\}\{x^2+y^2+(-1)^2-x\cdot y-y\cdot(-1)-(-1)\cdot x\}$ ◀$a=x$，$b=y$，$c=-1$ を (1)の結果の式に代入。
　$=\boldsymbol{(x+y-1)(x^2-xy+y^2+x+y+1)}$

POINT (1)の結果は覚えておくとよい。
$$a^3+b^3+c^3-3abc=(a+b+c)(a^2+b^2+c^2-ab-bc-ca)$$

検討

等式 $a^3+b^3=(a+b)^3-3ab(a+b)$ ──────────────
この等式は3次式の値を求める際によく利用され，次のようにして導くことができる。
p.13 の展開の公式から　　$(a+b)^3=a^3+3a^2b+3ab^2+b^3=a^3+b^3+3ab(a+b)$
よって　　$(a+b)^3-3ab(a+b)=a^3+b^3$
すなわち　　$a^3+b^3=(a+b)^3-3ab(a+b)$
また，次のようにして導くこともできる。
p.38 の 検討 から　　$a^2-ab+b^2=(a+b)^2-2ab-ab=(a+b)^2-3ab$
このことと p.26 の因数分解の公式を利用して
$$a^3+b^3=(a+b)(a^2-ab+b^2)=(a+b)\{(a+b)^2-3ab\}=(a+b)^3-3ab(a+b)$$

練習 次の式を因数分解せよ。
④ **20** (1) $a^3-b^3-c^3-3abc$ 　　(2) $a^3+6ab-8b^3+1$ 　　p.42 EX17

まとめ 因数分解の手順

因数分解でよく使われる公式は，次の 1～4 である($p.26$ 参照)。これらの基本となる公式が利用できる形を作り出すことが，因数分解を進める上でのカギとなる。

1 $\begin{cases} a^2+2ab+b^2=(a+b)^2 \\ a^2-2ab+b^2=(a-b)^2 \end{cases}$ $\quad 3 \quad x^2+(a+b)x+ab=(x+a)(x+b)$

$\qquad\qquad\qquad\qquad\qquad\qquad 4 \quad acx^2+(ad+bc)x+bd=(ax+b)(cx+d)$

$2 \quad a^2-b^2=(a+b)(a-b)$

ここで，この単元で学んできた，因数分解を進める上での着目点や工夫のうち，重要なものを優先順位の高い順にまとめておこう。

因数分解のポイント

$\boxed{1}$ **共通因数でくくる。**

まず，すべての項に **共通な因数** があれば，最初にその因数を **くくり出す。**

例　$9a^3x^2y-45ax^3y^2+18a^2xy^3$ $\longrightarrow$ 共通因数 $9axy$ でくくる。 ➡$p.27$ **例題 10**(1)

項の組み合わせを工夫 することで，共通因数を作り出せる場合もある。

例　$(x-y)^2+yz-zx$ $\longrightarrow$ $=(x-y)^2-(x-y)z$ と変形。 ➡$p.27$ **例題 10**(2)

$\boxed{2}$ **同じ形のものには，おき換え を利用する。**

例　$2(x-1)^2-11(x-1)+15$ $\longrightarrow$ $x-1=X$ とおく。 ➡$p.31$ **例題 13**(1)

$\underset{x^4=(x^2)^2}{x^4-10x^2+9} \longrightarrow x^2=X,$ $\quad \underset{x^6=(x^3)^2}{x^6-2x^3+1} \longrightarrow x^3=X$ とおく。

➡$p.31$ **例題 13**(3)

項の組み合わせを工夫 して，同じものを作り出すことも有効。

例　$(x+1)(x+2)(x+3)(x+4)-24$ $\longrightarrow$ $=\{(x^2+5x)+4\}\{(x^2+5x)+6\}-24$ と変形。

➡$p.32$ **例題 14**(2)

$\boxed{3}$ **2つ以上の文字を含む式は，最低次の文字について整理 する。**

例　$9b^2+3ab-2a-4$ $\longrightarrow$ a について整理(a は1次，b は2次)。 ➡$p.33$ **例題 15**(1)

なお，文字の次数がすべて同じときは，1文字について整理する。

例　$x^2-xy-2y^2-x-7y-6$ $\longrightarrow$ x について整理し，公式 4 利用。 ➡$p.34$ **例題 16**(1)

$\boxed{4}$ **複2次式 ax^4+bx^2+c は おき換え($x^2=X$ など)でうまくいかなければ，平方の差を作る ことも考えてみる。**

例　x^4+4x^2+16 $\longrightarrow$ $=(x^4+8x^2+16)-4x^2=(x^2+4)^2-(2x)^2$ と変形。

➡$p.38$ **例題 19**(1)

$\boxed{5}$ **最後に「カッコの中はこれ以上因数分解できないかどうか」を確認する。**

特に断りがない限り，係数が有理数となる範囲で，可能な限り分解する。$p.31$ **検討** 参照。

なお，係数が分数の場合，例えば

$$x^2-x+\frac{1}{4}=\left(x-\frac{1}{2}\right)^2 \text{ と } x^2-x+\frac{1}{4}=\frac{1}{4}(4x^2-4x+1)=\frac{1}{4}(2x-1)^2$$

といった複数の答えが考えられるが，どちらも正解である。

::: EXERCISES

②7 次の式を因数分解せよ。

(1) $xy - yz + zu - ux$

(2) $12x^2y - 27yz^2$

(3) $x^2 - 3x + \dfrac{9}{4}$

(4) $18x^2 + 39x - 7$ →10, 11

②8 次の式を因数分解せよ。

(1) $3a^3 - 81b^3$

(2) $125x^4 + 8xy^3$

(3) $t^3 - t^2 + \dfrac{t}{3} - \dfrac{1}{27}$

(4) $x^3 + 3x^2 - 4x - 12$ →12

③9 次の式を因数分解せよ。

(1) $x^2 - 2xy + y^2 - x + y$

(2) $81x^4 - y^4$

(3) $4x^4 - 37x^2y^2 + 9y^4$

(4) $(x^2 - x)^2 - 8x^2 + 8x + 12$ →13

④10 次の式を因数分解せよ。

(1) $x^6 - 1$

(2) $(x+y)^6 - (x-y)^6$

(3) $x^6 - 19x^3 - 216$

(4) $x^6 - 2x^3 + 1$ →12〜14

④11 次の式を因数分解せよ。

(1) $(2x+5y)(2x+5y+8) - 65$ 〔金沢工大〕

(2) $(x+3y-1)(x+3y+3)(x+3y+4) + 12$ 〔京都産大〕

(3) $3(2x-3)^2 - 4(2x+1) + 12$

(4) $2(x+1)^4 + 2(x-1)^4 + 5(x^2-1)^2$ 〔山梨学院大〕

(5) $(x+1)(x+2)(x+3)(x+4) + 1$ 〔国士舘大〕

→14

⑤12 次の式を簡単にせよ。

(1) $(a+b+c)^2 - (b+c-a)^2 + (c+a-b)^2 - (a+b-c)^2$ 〔奈良大〕

(2) $(a+b+c)(-a+b+c)(a-b+c) + (a+b+c)(a-b+c)(a+b-c)$
   $+ (a+b+c)(a+b-c)(-a+b+c) - (-a+b+c)(a-b+c)(a+b-c)$ →14

HINT

7 (3) 分数が出てきても考え方は同じ。$\dfrac{9}{4} = \left(\dfrac{3}{2}\right)^2$ に着目。

8, 10 3次式の因数分解の公式を利用する。

9 (4) $x^2 - x = X$ とおくと $-8x^2 + 8x = -8X$

11 **おき換え** を利用。 (3) $2x - 3 = X$ とおく。
   (4) 第3項は $5(x^2-1)^2 = 5\{(x+1)(x-1)\}^2 = 5(x+1)^2(x-1)^2$
   (5) 同じ形の2次式が現れるように，4つの（ ）の組み合わせを工夫する。

12 **おき換え** を利用。 (1) 前から2項ずつ組み合わせる。
   (2) $a+b+c=A$, $-a+b+c=B$, $a-b+c=C$, $a+b-c=D$ とおく。

▦ EXERCISES

③13 次の式を因数分解せよ。

(1) $x^2y-2xyz-y-xy^2+x-2z$ 〔つくば国際大〕

(2) $8x^3+12x^2y+4xy^2+6x^2+9xy+3y^2$ 〔法政大〕

(3) $x^3y+x^2y^2+x^3+x^2y-xy-y^2-x-y$ 〔岐阜女子大〕

→15

②14 次の式を因数分解せよ。

(1) $(a+b)x^2-2ax+a-b$ 〔北海学園大〕

(2) $a^2+(2b-3)a-(3b^2+b-2)$

(3) $3x^2-2y^2+5xy+11x+y+6$ 〔法政大〕

(4) $24x^2-54y^2-14x+141y-90$ →16

②15 次の式を因数分解せよ。

(1) $a^3+a^2b-a(c^2+b^2)+bc^2-b^3$ 〔摂南大〕

(2) $a(b+c)^2+b(c+a)^2+c(a+b)^2-4abc$

(3) $a^2b-ab^2-b^2c+bc^2-c^2a-ca^2+2abc$ →15,17

④16 次の式を因数分解せよ。

(1) $(x+y)(y+z)(z+x)+xyz$ 〔名城大〕

(2) $6a^2b-5abc-6a^2c+5ac^2-4bc^2+4c^3$ 〔奈良大〕

(3) $(a^2-1)(b^2-1)-4ab$ →18,19

⑤17 等式 $a^3+b^3+c^3=(a+b+c)(a^2+b^2+c^2-ab-bc-ca)+3abc$ を用いて，次の式を因数分解せよ。

(1) $(y-z)^3+(z-x)^3+(x-y)^3$

(2) $(x-z)^3+(y-z)^3-(x+y-2z)^3$ 〔(2) つくば国際大〕

→20

HINT

13 **最低次の文字について整理** の方針で。

(3) （別解） 前から 2 項ずつ項を組み合わせる。

14 **たすき掛け** を利用。

15 (1) 最低の次数 c について整理。

(2), (3) a, b, c のうちいずれか 1 つの文字について整理。

16 (1) x について整理。 (2) 最低の次数 b について整理。

(3) $4ab$ を $2ab+2ab$ に分ける。

17 (1) $y-z=a$, $z-x=b$, $x-y=c$ とおくと $a+b+c=0$

(2) （与式）$=(x-z)^3+(y-z)^3+\{-(x+y-2z)\}^3$

3 実　数

基本事項

1 実数

$$
実数
\begin{cases}
有理数
\begin{cases}
整　数 \quad (0,\ \pm1,\ \pm2,\ \pm3,\ \cdots\cdots) \\[4pt]
有限小数 \quad \left(\dfrac{1}{2}=0.5\ など\right) \\[4pt]
循環小数 \quad \left(\dfrac{1}{3}=0.333\cdots\cdots\ など\right)
\end{cases} \\[24pt]
無理数 \quad 循環しない無限小数 \quad (\sqrt{2}=1.4142\cdots\cdots\ など)
\end{cases}
$$
（無限小数）

2 絶対値

数直線上で，原点 O と点 P(a) の間の距離を，実数 a の **絶対値** といい，記号 $|a|$ で表す。

1　$|a| \geqq 0$

2　$|a| = \begin{cases} a & (a \geqq 0 \ のとき) \\ -a & (a < 0 \ のとき) \end{cases}$

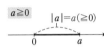
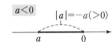

解　説

■ 実数

① **自然数** 1, 2, 3, …… に，0 と -1, -2, -3, …… とを合わせて **整数** という。

② 整数 m と 0 でない整数 n を用いて分数 $\dfrac{m}{n}$ の形で表される数を **有理数** という。整数 m は $\dfrac{m}{1}$ と表されるから整数は有理数である。

③ 整数でない **有理数** を小数で表すと，**有限小数** となるか，または循環する無限小数（**循環小数**）となる。循環小数は，循環する部分の最初と最後の数字の上に・印をつけて表す。逆に，有限小数と循環小数は，必ず分数の形で表されることがわかっている。

④ 整数と，有限小数または無限小数で表される数を **実数** という。

⑤ 実数のうち有理数でないものを **無理数** という。
　無理数を小数で表すと　$\sqrt{3}=1.7320\cdots\cdots$, $\pi=3.1415\cdots\cdots$
のように **循環しない無限小数** になる。

◀2つの **整数** の和・差・積は常に整数であるが，商は整数とは限らない。

◀2つの **有理数** の和・差・積・商は有理数である。

◀循環小数については，*p*.45 も参照。

◀2つの **実数** の和・差・積・商は実数である。

■ 数直線

直線上に基準となる点 O をとり，単位の長さと正の向きを定める。正の向きを右にすると，この直線上の点 P に対して，次のように実数を対応させることができる。

　　P が O の右側にあり，OP の長さが a のとき，正の実数 a
　　P が O の左側にあり，OP の長さが a のとき，負の実数 $-a$
また，点 O には実数 0 を対応させる。このように，直線上の各点に 1 つの実数を対応させるとき，この直線を **数直線** といい，O をその **原点** という。

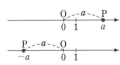

◀すべての実数は，数直線上の点で表される。

3 平方根

① **定義** 2乗すると a になる数を，a の **平方根** という。

② **性質** 1 $a \geqq 0$ のとき $(\sqrt{a})^2 = a$, $(-\sqrt{a})^2 = a$, $\sqrt{a} \geqq 0$

2 $a \geqq 0$ のとき $\sqrt{a^2} = a$

$a < 0$ のとき $\sqrt{a^2} = -a$ $\Bigg\}$ すなわち $\sqrt{a^2} = |a|$

③ **公式** $a > 0$, $b > 0$, $k > 0$ のとき

3 $\sqrt{a}\sqrt{b} = \sqrt{ab}$ 　　4 $\dfrac{\sqrt{a}}{\sqrt{b}} = \sqrt{\dfrac{a}{b}}$ 　　5 $\sqrt{k^2 a} = k\sqrt{a}$

4 **分母の有理化** 分母に根号を含む式を変形して，分母に根号を含まない式にすることを，分母を **有理化** するという。

■ **平方根**

2乗すると a になる数，つまり，$x^2 = a$ を満たす x を a の **平方根** または **2乗根** という。

正の数 a の平方根は2つあり，絶対値が等しく符号が異なる。正の平方根を $\sqrt{a}$，負の平方根を $-\sqrt{a}$ と表し，まとめて $\pm\sqrt{a}$ と書く。0の平方根は0だけであり，$\sqrt{0} = 0$ と定める。

なお，記号 $\sqrt{}$ を **根号** といい，$\sqrt{a}$ を **ルート a** と読む。

> 25 の平方根は ± 5
> （5と -5 の2個）
> $\sqrt{25} = 5$, $-\sqrt{25} = -5$

■ $\sqrt{a^2} = |a|$

$\sqrt{a^2}$ は平方して a^2 になる正の数（$a = 0$ のときは0）を表すから，$a > 0$ のときは $\sqrt{a^2} = a$ であるが，$a < 0$ のときは $\sqrt{a^2} = -a\ (>0)$

$\sqrt{a^2}$ の取り扱いは注意が必要で，機械的に $\sqrt{a^2} = a$ としては **ダメ！**

$\boxed{例}$ $\sqrt{2^2} = 2\ (>0)$, $\sqrt{(-2)^2} = -(-2)\ (>0)$

公式の証明 3 $(\sqrt{a}\sqrt{b})^2 = (\sqrt{a})^2(\sqrt{b})^2 = ab$

また，$\sqrt{a} > 0$, $\sqrt{b} > 0$ であるから $\sqrt{a}\sqrt{b} > 0$

よって，$\sqrt{a}\sqrt{b}$ は ab の正の平方根であり $\sqrt{a}\sqrt{b} = \sqrt{ab}$

4 3と同様にして，$\left(\dfrac{\sqrt{a}}{\sqrt{b}}\right)^2 = \dfrac{a}{b}$, $\dfrac{\sqrt{a}}{\sqrt{b}} > 0$ から $\dfrac{\sqrt{a}}{\sqrt{b}} = \sqrt{\dfrac{a}{b}}$

5 $a > 0$, $k > 0$ であるから，2, 3 より $\sqrt{k^2 a} = \sqrt{k^2}\sqrt{a} = k\sqrt{a}$

◀ 負の数の平方根は，実数の範囲では存在しない。

参考 平方根は英語で square root といい，root は「根」という意味である。記号 $\sqrt{}$ は，root の r を図形化したものといわれている。

■ **分母の有理化**

$(\sqrt{a})^2 = a$, $(\sqrt{a}+\sqrt{b})(\sqrt{a}-\sqrt{b}) = a - b$ を利用する。

$\dfrac{1}{\sqrt{a}} = \dfrac{\sqrt{a}}{\sqrt{a}\sqrt{a}} = \dfrac{\sqrt{a}}{a}$, 　　$\dfrac{1}{\sqrt{a}+\sqrt{b}} = \dfrac{\sqrt{a}-\sqrt{b}}{(\sqrt{a}+\sqrt{b})(\sqrt{a}-\sqrt{b})} = \dfrac{\sqrt{a}-\sqrt{b}}{a-b}$

■ **平方根の近似値**

基本的なものは，次のように語呂合わせで覚えておこう。

　　　　ひと夜ひと夜に 人見ごろ
$\sqrt{2} = 1.\ 4\ 1\ 4\ 2\ 1\ 3\ 5\ 6 \cdots\cdots$

　　　　人 なみに おごれ や
$\sqrt{3} = 1.\ 7\ 3\ 2\ 0\ 5\ 0\ 8 \cdots\cdots$

　　　　富 士 山ろくオーム 鳴 く
$\sqrt{5} = 2.\ 2\ 3\ 6\ 0\ 6\ 7\ 9 \cdots\cdots$

　　　　菜 に 虫 いない
$\sqrt{7} = 2.\ 6\ 4\ 5\ 7\ 5\ 1\ 3 \cdots\cdots$

補足事項 循環小数について

$p.43$ にあるように，整数でない有理数 $\dfrac{m}{n}$（m, n は整数で $n>0$）を小数で表すと有限小数または循環小数となる。その理由について，割り算と余りの観点から考えてみよう。

m を n で割ると，各段階の割り算の余りは，n 個の整数
　　　0, 1, 2, 3, ……, $n-1$
のいずれかである。

余りに 0 が出てくると，そこで計算は終わり，分数は整数または有限小数で表される。

例 $\dfrac{12}{5}=2.4$

```
        2.4
    5 ) 12
        10
余り 2 → 20
        20
余り 0 →  0
```

余りに 0 が出てこないとき，余りは 1 から $n-1$ までの $(n-1)$ 個の整数のいずれかであるから，n 回目までにはそれまでに出てきた余りと同じ余りが出てきて，その後の割り算はその間の割り算の繰り返しとなる。この場合，分数は循環小数で表される。

例 $\dfrac{12}{7}=1.\dot{7}1428\dot{5}$

次の問題を考えてみよう。

$\dfrac{5}{27}$ を小数で表したとき，小数第 100 位の数を答えよ。

```
              ┌同じ┐
           1.7142857……
         7 ) 12
              7
余り 5 →      50
             49
余り 1 →      10
              7
余り 3 →      30
             28
同じ余り 余り 2 →  20
             14
余り 6 →      60
             56
余り 4 →      40
             35
余り 5 →      50
```

解答 $\dfrac{5}{27}=0.\dot{1}8\dot{5}$ より，$\dfrac{5}{27}$ の小数部分は，小数第 1 位以降，1, 8, 5 の 3 つの数をこの順に繰り返す。$100=3\times33+1$ であるから，小数第 100 位の数は **1**

$\dfrac{12}{7}$ の場合，7 で割るから，7 回目までにはそれまでに出てきた余りと同じ余りが出てくる。
↓
以降は同じ割り算を繰り返すから，商は循環する。

なお，循環小数の繰り返す数のことを **循環節** といい，繰り返す数の長さを **循環節の長さ** という。

例えば，$\dfrac{12}{7}$ の循環節は 714285，循環節の長さは 6 である。また，$\dfrac{5}{27}$ の循環節は 185，循環節の長さは 3 である。

循環節の長さについては，上での考察から一般に次のことが成り立つ。

$\dfrac{m}{n}$ が循環小数で表されるとき，その循環節の長さは $n-1$ 以下である

基本 例題 **21** 分数 ⇄ 循環小数 の変換

(1) 次の分数を小数に直し，循環小数の表し方で書け。

(ア) $\dfrac{7}{3}$ (イ) $\dfrac{31}{27}$

(2) 次の循環小数を分数で表せ。

(ア) $0.\dot{6}$ (イ) $1.\dot{1}\dot{8}$ (ウ) $0.0\dot{1}2\dot{3}$

/ p.43 基本事項 **1**

指針 (1) 実際に割り算を行い，循環する部分の最初と最後の数字の上に・をつけて表す。その後の数字は書かない。

(2) (ア) $x=0.\dot{6}$ とおくと

① $10x=6.\boxed{666\cdots\cdots}$

② $x=0.\boxed{666\cdots\cdots}$

①，②の右辺の小数部分は同じであるから，辺々を引くと循環部分が消え，x の1次方程式ができる。(イ) も同様。

(ウ) まず，循環部分の最初が小数第1位になるように10倍しておくと考えやすい。

解答

(1) (ア) $\dfrac{7}{3}=2.333\cdots\cdots=\mathbf{2.\dot{3}}$

(イ) $\dfrac{31}{27}=1.148148148\cdots\cdots=\mathbf{1.\dot{1}4\dot{8}}^{1)}$

1) 小数第1位以降，148 が繰り返される。

(2) (ア) $x=0.\dot{6}$ とおくと，

右の計算から $9x=6$

よって $x=\dfrac{6}{9}=\mathbf{\dfrac{2}{3}}^{2)}$

$$\begin{array}{r}10x=6.666\cdots\cdots \\ -)\ \ \ x=0.666\cdots\cdots \\ \hline 9x=6\end{array}$$

◀循環部分が1桁 → 両辺を $10(=10^1)$ 倍。
2) 答えはこれ以上約分できない分数(既約分数)にする。

(イ) $x=1.\dot{1}\dot{8}$ とおくと，

右の計算から $99x=117$

よって $x=\dfrac{117}{99}=\mathbf{\dfrac{13}{11}}^{2)}$

$$\begin{array}{r}100x=118.1818\cdots\cdots \\ -)\ \ \ \ x=\ \ \ 1.1818\cdots\cdots \\ \hline 99x=117\end{array}$$

◀循環部分が2桁 → 両辺を $100(=10^2)$ 倍。

(ウ) $x=0.0\dot{1}2\dot{3}$ とおくと

$10x=0.\dot{1}2\dot{3}$

右の計算から

$9990x=123$

よって

$x=\dfrac{123}{9990}=\mathbf{\dfrac{41}{3330}}^{2)}$

$$\begin{array}{r}10000x=123.123123\cdots\cdots \\ -)\ \ \ \ 10x=\ \ \ 0.123123\cdots\cdots \\ \hline 9990x=123\end{array}$$

◀循環部分が3桁 → 両辺を $1000(=10^3)$ 倍。

(ウ) 10倍せずに考えると

$1000x=12.3123123\cdots\cdots$

$x=\ \ \ 0.0123123\cdots\cdots$

分子が小数↴

よって $x=\dfrac{\overset{\frown}{12.3}}{999}=\dfrac{41}{3330}$

練習 (1) 次の分数を小数に直し，循環小数の表し方で書け。

① **21**

(ア) $\dfrac{22}{9}$ (イ) $\dfrac{1}{12}$ (ウ) $\dfrac{8}{7}$

(2) 次の循環小数を分数で表せ。

(ア) $0.\dot{7}$ (イ) $0.\dot{2}4\dot{6}$ (ウ) $0.0\dot{7}2\dot{9}$

p.59 EX18

基本 例題 **22** 絶対値の基本，数直線上の 2 点間の距離

(1) 次の値を求めよ。

(ア) $|8|$ (イ) $\left|-\dfrac{2}{3}\right|$ (ウ) $|3-\pi|$

(2) 数直線上において，次の 2 点間の距離を求めよ。

(ア) P(2)，Q(5)   (イ) A(2)，B(−3)   (ウ) C(−6)，D(−2)

(3) $x=2$，$-\dfrac{1}{2}$ のとき，$P=|2x+1|-|-x|$ の値をそれぞれ求めよ。

∥p.43 基本事項 **2**

1章

3
実
数

指針 (1) **絶対値のはずし方** …… 絶対値は必ず 0 以上の数。

$a \geqq 0$ のとき $|a|=a$ （例） $|1|=1$ ← | | をはずすだけ。

$a < 0$ のとき $|a|=-a$ （例） $|-1|=-(-1)=1$ ← − をつけてはずす。

(ウ) π は円周率で $\pi=3.14\cdots\cdots$

(2) 数直線上の **2 点 P(a)，Q(b)** 間の距離は $|b-a|$

(3) まず，$x=2$，$-\dfrac{1}{2}$ をそれぞれ P に代入してみる。

CHART 絶対値 |●| ●<0 なら − をつけてはずす

解答

(1) (ア) $8>0$ であるから $|8|=\boldsymbol{8}$ ◀| | をはずすだけ。

(イ) $-\dfrac{2}{3}<0$ であるから $\left|-\dfrac{2}{3}\right|=-\left(-\dfrac{2}{3}\right)=\dfrac{2}{3}$ ◀− をつけてはずす。

(ウ) $\pi>3$ であるから $3-\pi<0$ ◀$\pi=3.14\cdots\cdots$

    よって $|3-\pi|=-(3-\pi)=\boldsymbol{\pi-3}$ ◀− をつけてはずす。

                                      $\pi-3=0.14\cdots\cdots>0$

                                      絶対値をはずしたら，正

(2) (ア) P，Q 間の距離は $|5-2|=|3|=\boldsymbol{3}$ の値になることを確かめ

(イ) A，B 間の距離は $|-3-2|=|-5|=\boldsymbol{5}$ るとよい。

(ウ) C，D 間の距離は $|-2-(-6)|=|4|=\boldsymbol{4}$

(3) $\boldsymbol{x=2}$ のとき

    $P=|2\cdot2+1|-|-2|=|5|-|-2|=5-2=\boldsymbol{3}$ ◀$|-2|=-(-2)=2$

  $\boldsymbol{x=-\dfrac{1}{2}}$ のとき

    $P=\left|2\left(-\dfrac{1}{2}\right)+1\right|-\left|-\left(-\dfrac{1}{2}\right)\right|=|0|-\left|\dfrac{1}{2}\right|$

    $=0-\dfrac{1}{2}=\boldsymbol{-\dfrac{1}{2}}$ ◀$|0|=0$

練習 (1) 次の値を求めよ。

① **22**   (ア) $|-6|$ (イ) $|\sqrt{2}-1|$ (ウ) $|2\sqrt{3}-4|$

  (2) 数直線上において，次の 2 点間の距離を求めよ。

    (ア) P(−2)，Q(5)   (イ) A(8)，B(3)   (ウ) C(−4)，D(−1)

  (3) $x=2$，3 のとき，$P=|x-1|-2|3-x|$ の値をそれぞれ求めよ。

基本 例題 23 根号を含む式の計算（基本） ①①①①①

(1) (ア), (イ)の値を求めよ。(ウ)は $\sqrt{}$ がつかない形にせよ。

  (ア) $\sqrt{(-5)^2}$ (イ) $\sqrt{(-8)(-2)}$ (ウ) $\sqrt{a^2b^2}$ $(a>0,\ b<0)$

(2) 次の式を計算せよ。

  (ア) $\sqrt{12}+\sqrt{27}-\sqrt{48}$ (イ) $(\sqrt{11}-\sqrt{3})(\sqrt{11}+\sqrt{3})$

  (ウ) $(2\sqrt{2}-\sqrt{27})^2$ (エ) $(\sqrt{2}+\sqrt{3}+\sqrt{5})(\sqrt{2}+\sqrt{3}-\sqrt{5})$

p.44 基本事項 **3**

指針 (1) $\sqrt{A^2}$ の取り扱い $\sqrt{A^2}=|A|=\begin{cases} A & (A\geqq 0 \text{ のとき}) \\ -A & (A<0 \text{ のとき}) \end{cases}$

    (イ) まず $\sqrt{}$ の中を計算。   (ウ) $a^2b^2=(ab)^2 \longrightarrow ab$ の正負を調べる。

(2) $\sqrt{}$ 内の数を **素因数分解** し，$\sqrt{k^2a}=k\sqrt{a}$ $(k>0,\ a>0)$ を用いて，$\sqrt{}$ 内をできるだけ小さい数にする（**平方因数 k^2 を $\sqrt{}$ の外に出す**）。そして，文字式と同じように計算し，$(\sqrt{\bullet})^2$ が出てきたら $\bullet$ とする。

CHART $\sqrt{}$ を含む式の計算   ① $\sqrt{A^2}=|A|$

    ② $\sqrt{}$ の中は小さい数に

解答

(1) (ア) $\sqrt{(-5)^2}=|-5|=\mathbf{5}$

  (イ) $\sqrt{(-8)(-2)}=\sqrt{16}=\sqrt{4^2}=\mathbf{4}$

  (ウ) $\sqrt{a^2b^2}=\sqrt{(ab)^2}=|ab|$

    $a>0,\ b<0$ であるから $ab<0$

    よって $\sqrt{a^2b^2}=\mathbf{-ab}$

(2) (ア) （与式）$=\sqrt{2^2\cdot3}+\sqrt{3^2\cdot3}-\sqrt{4^2\cdot3}$

    $=2\sqrt{3}+3\sqrt{3}-4\sqrt{3}=(2+3-4)\sqrt{3}=\mathbf{\sqrt{3}}$

  (イ) （与式）$=(\sqrt{11})^2-(\sqrt{3})^2=11-3=\mathbf{8}$

  (ウ) （与式）$=(2\sqrt{2}-3\sqrt{3})^2$

    $=(2\sqrt{2})^2-2\cdot2\sqrt{2}\cdot3\sqrt{3}+(3\sqrt{3})^2$

    $=8-12\sqrt{6}+27=\mathbf{35-12\sqrt{6}}$

  (エ) （与式）$=\{(\sqrt{2}+\sqrt{3})+\sqrt{5}\}\{(\sqrt{2}+\sqrt{3})-\sqrt{5}\}$

    $=(\sqrt{2}+\sqrt{3})^2-(\sqrt{5})^2$

    $=2+2\sqrt{6}+3-5=\mathbf{2\sqrt{6}}$

◀(ア) $\sqrt{(-5)^2}=-5$ は 誤り！ $\sqrt{(-5)^2}=\sqrt{25}=\sqrt{5^2}=5$ としてもよい。

◀(ウ) $\sqrt{(ab)^2}=ab$ は 誤り！ $\bullet<0$ のとき $|\bullet|=-\bullet$

◀まず，$\sqrt{}$ の中を小さい数にする。

◀$(a+b)(a-b)=a^2-b^2$ を利用する要領で計算。

◀$(a-b)^2=a^2-2ab+b^2$ を利用する要領で計算。

◀$(a+\sqrt{5})(a-\sqrt{5})$ $=a^2-(\sqrt{5})^2$ を利用。

練習 (1) 次の値を求めよ。

① 23

  (ア) $\sqrt{(-3)^2}$ (イ) $\sqrt{(-15)(-45)}$ (ウ) $\sqrt{15}\sqrt{35}\sqrt{42}$

(2) 次の式を計算せよ。

  (ア) $\sqrt{18}-2\sqrt{50}-\sqrt{8}+\sqrt{32}$ (イ) $(2\sqrt{3}-3\sqrt{2})^2$

  (ウ) $(2\sqrt{5}-3\sqrt{3})(3\sqrt{5}+2\sqrt{3})$ (エ) $(\sqrt{5}+\sqrt{3}-\sqrt{2})(\sqrt{5}-\sqrt{3}+\sqrt{2})$

p.59 EX19～21

基本 例題 **24** 分母の有理化 🌑🌑🌑🌑🌑

次の式を，分母を有理化して簡単にせよ。

(1) $\dfrac{4}{3\sqrt{6}}$　(2) $\dfrac{1}{\sqrt{7}+\sqrt{6}}$　(3) $\dfrac{\sqrt{5}}{\sqrt{3}+1}-\dfrac{\sqrt{3}}{\sqrt{5}+\sqrt{3}}$　(4) $\dfrac{4}{1+\sqrt{2}+\sqrt{3}}$

p.44 基本事項 **4**，基本 23

指針 (1) 分母が $k\sqrt{a}$ の形なら，分母・分子に $\sqrt{a}$ を掛ける。
(2), (3) 分母が $\sqrt{a}\pm\sqrt{b}$ の形なら，$(\sqrt{a}+\sqrt{b})(\sqrt{a}-\sqrt{b})=a-b$ を利用。
(2) 分母が $\sqrt{7}+\sqrt{6}$ であるから，分母・分子に $\sqrt{7}-\sqrt{6}$ を掛ける。
(3) まず，第1式，第2式それぞれの分母を有理化する。
(4) 1回では有理化できない。まず，$1^2+(\sqrt{2})^2=(\sqrt{3})^2$ に着目し，分母を $(1+\sqrt{2})+\sqrt{3}$ と考え，分母・分子に $(1+\sqrt{2})-\sqrt{3}$ を掛ける。

平方根の計算

CHART ① **平方因数は外へ**　$\sqrt{k^2a}=k\sqrt{a}$ $(k>0)$
② **分母は有理化**　$(\sqrt{a}+\sqrt{b})(\sqrt{a}-\sqrt{b})=a-b$ を利用

解答

(1) $\dfrac{4}{3\sqrt{6}}=\dfrac{4\sqrt{6}}{3(\sqrt{6})^2}=\dfrac{4\sqrt{6}}{3\cdot6}=\dfrac{2\sqrt{6}}{9}$

◀分母・分子に $\sqrt{6}$ を掛ける。

(2) $\dfrac{1}{\sqrt{7}+\sqrt{6}}=\dfrac{\sqrt{7}-\sqrt{6}}{(\sqrt{7}+\sqrt{6})(\sqrt{7}-\sqrt{6})}=\dfrac{\sqrt{7}-\sqrt{6}}{7-6}$
$=\boldsymbol{\sqrt{7}-\sqrt{6}}$

◀$(\sqrt{7}+\sqrt{6})(\sqrt{7}-\sqrt{6})$
$=(\sqrt{7})^2-(\sqrt{6})^2$
$=7-6=1$

(3) (与式)$=\dfrac{\sqrt{5}(\sqrt{3}-1)}{(\sqrt{3}+1)(\sqrt{3}-1)}-\dfrac{\sqrt{3}(\sqrt{5}-\sqrt{3})}{(\sqrt{5}+\sqrt{3})(\sqrt{5}-\sqrt{3})}$
$=\dfrac{\sqrt{15}-\sqrt{5}}{3-1}-\dfrac{\sqrt{15}-3}{5-3}=\dfrac{\boldsymbol{3-\sqrt{5}}}{\boldsymbol{2}}$

◀第1式には分母・分子に $\sqrt{3}-1$，第2式には分母・分子に $\sqrt{5}-\sqrt{3}$ を掛ける。

(4) (与式)$=\dfrac{4\{(1+\sqrt{2})-\sqrt{3}\}}{\{(1+\sqrt{2})+\sqrt{3}\}\{(1+\sqrt{2})-\sqrt{3}\}}$
$=\dfrac{4(1+\sqrt{2}-\sqrt{3})}{(1+\sqrt{2})^2-(\sqrt{3})^2}=\dfrac{4(1+\sqrt{2}-\sqrt{3})}{2\sqrt{2}}$

◀＿の分母を更に有理化。

$=\dfrac{4(1+\sqrt{2}-\sqrt{3})\cdot\sqrt{2}}{2(\sqrt{2})^2}=\dfrac{4(\sqrt{2}+2-\sqrt{6})}{4}$

◀これで分母の有理化完了。

$=\boldsymbol{2+\sqrt{2}-\sqrt{6}}$

練習 次の式を，分母を有理化して簡単にせよ。
② **24**
(1) $\dfrac{3\sqrt{2}}{2\sqrt{3}}-\dfrac{\sqrt{3}}{3\sqrt{2}}$　(2) $\dfrac{6}{3-\sqrt{7}}$　(3) $\dfrac{\sqrt{3}-\sqrt{2}}{\sqrt{3}+\sqrt{2}}-\dfrac{\sqrt{5}+\sqrt{3}}{\sqrt{5}-\sqrt{3}}$

(4) $\dfrac{1}{1+\sqrt{6}+\sqrt{7}}+\dfrac{1}{5+2\sqrt{6}}$　(5) $\dfrac{\sqrt{2}-\sqrt{3}+\sqrt{5}}{\sqrt{2}+\sqrt{3}-\sqrt{5}}$

p.59 EX 22

補足事項 $\sqrt{2}$ の 値

中学で学んだように，$\sqrt{2}$ は 1 辺の長さが 1 の正方形の対角線の長さである。

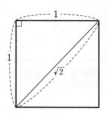

この $\sqrt{2}$ のおよその値(近似値)を

$$(\sqrt{2}+1)(\sqrt{2}-1)=1 \quad \cdots\cdots ①$$

を利用して求めてみよう。

① の両辺を $\sqrt{2}+1$ で割って $\qquad \sqrt{2}-1=\dfrac{1}{\sqrt{2}+1}$

すなわち $\qquad \sqrt{2}=1+\dfrac{1}{1+\sqrt{2}} \quad \cdots\cdots ②$

この式の右辺の波線部に ②，すなわち $\sqrt{2}=1+\dfrac{1}{1+\sqrt{2}}$ を代入すると

$$\sqrt{2}=1+\cfrac{1}{1+\left(1+\cfrac{1}{1+\sqrt{2}}\right)}=1+\cfrac{1}{2+\cfrac{1}{1+\sqrt{2}}} \quad \cdots\cdots ③$$

更に，③ の波線部に ② を代入すると

$$\sqrt{2}=1+\cfrac{1}{2+\cfrac{1}{1+\left(1+\cfrac{1}{1+\sqrt{2}}\right)}}=1+\cfrac{1}{2+\cfrac{1}{2+\cfrac{1}{1+\sqrt{2}}}} \quad \cdots\cdots ④$$

これを繰り返すと，$\sqrt{2}=1+\cfrac{1}{2+\cfrac{1}{2+\cfrac{1}{2+\ddots}}} \quad \cdots\cdots ⑤$ となる。

ここで，$1^2<2<2^2$ であるから $\qquad 1<\sqrt{2}<2$

よって，②〜④ の波線部の $\sqrt{2}$ を 1 とみなすと

$\quad$ ② では $\qquad \sqrt{2}=1+\dfrac{1}{2}=\textbf{1.5}$

$\quad$ ③ では $\qquad \sqrt{2}=1+\cfrac{1}{2+\cfrac{1}{2}}=1+\dfrac{2}{5}=\textbf{1.4}$

$\quad$ ④ では $\qquad \sqrt{2}=1+\cfrac{1}{2+\cfrac{1}{2+\cfrac{1}{2}}}=1+\dfrac{5}{12}=\textbf{1.41}\dot{\textbf{6}}$

このようにして，$\sqrt{2}$ のおよその値を求めることができる。同じようにして，$(\sqrt{3}-1)(\sqrt{3}+1)=2$ を利用すれば，$\sqrt{3}$ のおよその値を求めることができる。

参考 ⑤ の右辺のような形，すなわち $q_0+\cfrac{p_1}{q_1+\cfrac{p_2}{q_2+\cfrac{p_3}{q_3+\ddots}}}$ を **連分数** という。

基本 例題 25 $\sqrt{(\text{文字式})^2}$ の簡約化

次の (1)～(3) の場合について，$\sqrt{(a-1)^2} + \sqrt{(a-3)^2}$ の根号をはずし簡単にせよ。

(1) $a \geqq 3$ (2) $1 \leqq a < 3$ (3) $a < 1$ /基本 23

指針 すぐに，$\sqrt{(a-1)^2} + \sqrt{(a-3)^2} = (a-1) + (a-3) = 2a-4$ としては **ダメ!**

$\sqrt{(\text{文字式})^2}$ の扱いは，**文字式の符号に注意** が必要で

$\sqrt{A^2} = |A|$ であるから

$A \geqq 0$ なら $\sqrt{A^2} = A$， $A < 0$ なら $\sqrt{A^2} = -A$ ┐－ をつける。

これに従って，(1)～(3) の各場合における $a-1$，$a-3$ の符号を確認しながら処理する。

CHART $\sqrt{A^2}$ の扱い A の符号に要注意 $\sqrt{A^2} = A$ とは限らない

解答 $P = \sqrt{(a-1)^2} + \sqrt{(a-3)^2}$ とおくと

$\qquad P = |a-1| + |a-3|$

(1) $a \geqq 3$ のとき

$\qquad a-1 > 0$， $a-3 \geqq 0$

  よって $\quad P = (a-1) + (a-3) = \mathbf{2a-4}$

(2) $1 \leqq a < 3$ のとき

$\qquad a-1 \geqq 0$， $a-3 < 0$

  よって $\quad P = (a-1) - (a-3) = a-1-a+3 = \mathbf{2}$

(3) $a < 1$ のとき

$\qquad a-1 < 0$， $a-3 < 0$

  よって $\quad P = -(a-1) - (a-3) = -a+1-a+3$

$\qquad\qquad\qquad = \mathbf{-2a+4}$

(1) $1 < a$, $3 \leqq a$
```
─────┼───┼──→
     1   3   a
```

(2) $1 \leqq a$, $a < 3$
```
─────┼─┼─┼──→
     1 a 3
```

(3) $a < 1$, $a < 3$
```
───┼─┼───┼──→
   a 1   3
```

◀$a < 3$ のとき
$\quad |a-3| = -(a-3)$

◀$a < 1$ のとき
$\quad |a-1| = -(a-1)$

検討 **上の (1)～(3) の場合分けをどうやって見つけるか?** ――――――

上の例題では，$a-1$ の符号が $a=1$，$a-3$ の符号が $a=3$ で変わることに注目して場合分けが行われている。この場合の分かれ目となる値は，それぞれ $a-1=0$, $a-3=0$ となる a の値である。

場合分けのポイントとして，次のことをおさえておこう。

> $\sqrt{A^2}$ すなわち $|A|$ では，$A=0$ となる値が場合分けのポイント

練習 (1) 次の (ア)～(ウ) の場合について，$\sqrt{(a+2)^2} + \sqrt{a^2}$ の根号をはずし簡単にせよ。

② **25**   (ア) $a \geqq 0$ (イ) $-2 \leqq a < 0$ (ウ) $a < -2$

    (2) 次の式の根号をはずし簡単にせよ。

$$\sqrt{x^2 + 4x + 4} - \sqrt{16x^2 - 24x + 9} \quad \left(\text{ただし} \ -2 < x < \frac{3}{4}\right)$$

[(2) 類 東北工大]

p.59 EX 23

基本 例題 26 2重根号の簡約化

次の式の2重根号をはずして簡単にせよ。

(1) $\sqrt{11+2\sqrt{30}}$ (2) $\sqrt{9-2\sqrt{14}}$

(3) $\sqrt{10-\sqrt{84}}$ (4) $\sqrt{6+\sqrt{35}}$

指針 $\sqrt{p \pm 2\sqrt{q}}$ の形の数は，$a+b=p$，$ab=q$（和が p，積が q）となる2数 a，b $(a>0,\ b>0)$ が見つかれば，次のように変形できる。

$a>0$，$b>0$ のとき

$$\sqrt{p+2\sqrt{q}}=\sqrt{(a+b)+2\sqrt{ab}}=\sqrt{(\sqrt{a}+\sqrt{b})^2}=\sqrt{a}+\sqrt{b} \quad \cdots\cdots ①$$

$a>b>0$ のとき $a>b$ より $\sqrt{a}-\sqrt{b}>0$

$$\sqrt{p-2\sqrt{q}}=\sqrt{(a+b)-2\sqrt{ab}}=\sqrt{(\sqrt{a}-\sqrt{b})^2}=\sqrt{a}-\sqrt{b} \quad \cdots\cdots ②$$

(1) $a+b=11$，$ab=30$ (2) $a+b=9$，$ab=14$ となる2数 a，b を見つける。

(3)，(4) まず，中の $\sqrt{}$ の前が2となるように変形する。

CHART 2重根号の扱い 中の $\sqrt{}$ を $2\sqrt{}$ にする

解答

(1) $\sqrt{11+2\sqrt{30}}=\sqrt{(6+5)+2\sqrt{6\cdot5}}$
$\qquad =\sqrt{(\sqrt{6}+\sqrt{5})^2}=\boldsymbol{\sqrt{6}+\sqrt{5}}$

(2) $\sqrt{9-2\sqrt{14}}=\sqrt{(7+2)-2\sqrt{7\cdot2}}$
$\qquad =\sqrt{(\sqrt{7}-\sqrt{2})^2}=\boldsymbol{\sqrt{7}-\sqrt{2}}$

(3) $\sqrt{10-\sqrt{84}}=\sqrt{10-\sqrt{2^2\cdot21}}=\sqrt{10-2\sqrt{21}}$
$\qquad =\sqrt{(7+3)-2\sqrt{7\cdot3}}=\sqrt{(\sqrt{7}-\sqrt{3})^2}$
$\qquad =\boldsymbol{\sqrt{7}-\sqrt{3}}$

(4) $\sqrt{6+\sqrt{35}}=\sqrt{\dfrac{12+2\sqrt{35}}{2}}=\dfrac{\sqrt{(7+5)+2\sqrt{7\cdot5}}}{\sqrt{2}}$
$\qquad =\dfrac{\sqrt{(\sqrt{7}+\sqrt{5})^2}}{\sqrt{2}}=\dfrac{\sqrt{7}+\sqrt{5}}{\sqrt{2}}$
$\qquad =\dfrac{\sqrt{2}(\sqrt{7}+\sqrt{5})}{2}=\boldsymbol{\dfrac{\sqrt{14}+\sqrt{10}}{2}}$

(2) $\sqrt{(\sqrt{7}-\sqrt{2})^2}$
$=|\sqrt{7}-\sqrt{2}|$ であるから，
$\sqrt{2}-\sqrt{7}$ は **誤り!**

◀中の根号の前を2にする。

◀$\sqrt{3}-\sqrt{7}$ は **誤り!**

◀中の根号の前を2にするために，$\dfrac{6+\sqrt{35}}{1}$ の分母・分子に2を掛ける。

検討 **指針の ①，② をまとめて表す**

①，② をまとめて

$$\sqrt{a+b\pm2\sqrt{ab}}=\sqrt{a}\pm\sqrt{b} \quad \text{(複号同順)}$$

と表すことがある。この **複号同順** とは，左辺の複号 ± の + と − の順に，右辺の複号 ± の + と − がそれぞれ対応するという意味である。

練習 次の式の2重根号をはずして簡単にせよ。

② 26 (1) $\sqrt{6+4\sqrt{2}}$ (2) $\sqrt{8-\sqrt{48}}$ (3) $\sqrt{2+\sqrt{3}}$ (4) $\sqrt{9-3\sqrt{5}}$

p.60 EX 24, 25

基本 例題 **27** 整数部分・小数部分と式の値 ♪♪♪♪♪♪♪

$\dfrac{2}{\sqrt{6}-2}$ の整数部分を a，小数部分を b とする。

(1) a，b の値を求めよ。

(2) a^2+ab，$a^2+4ab+4b^2$ の値を求めよ。　〔類 北海学園大〕　／基本 24　重要 31 ＼

指針 例えば，3.5 の小数部分は 0.5 と小数で正確に表すことができ
るが，$\sqrt{2}$ の小数部分を，$\sqrt{2}=1.414\cdots\cdots$ より　0.414$\cdots\cdots$ と
しては ダメ！　0.414$\cdots\cdots$ は正確な表現とはいえない。
そこで，（数）＝（整数部分）＋（小数部分）により
小数部分は　(小数部分)＝(数)－(整数部分) $\cdots\cdots$ ★
と表す。よって，$1<\sqrt{2}<2$ より $\sqrt{2}$ の整数部分は 1 であるか
ら $\sqrt{2}$ の小数部分は $\sqrt{2}-1$ と表す。

$\sqrt{2}=1.414\cdots\cdots$
$\Downarrow$
$\sqrt{2}=\underset{\substack{\uparrow\\ \text{整数}\\ \text{部分}}}{1}+\underset{\substack{\uparrow\\ \text{小数}\\ \text{部分(?)}}}{0.414\cdots\cdots}$

解答

(1)　$\dfrac{2}{\sqrt{6}-2}=\dfrac{2(\sqrt{6}+2)}{(\sqrt{6}-2)(\sqrt{6}+2)}=\dfrac{2(\sqrt{6}+2)}{6-4}=2+\sqrt{6}$

◀分母を有理化。

$2<\sqrt{6}<3$ であるから，$\sqrt{6}$ の整数部分は　　2

◀$\sqrt{4}<\sqrt{6}<\sqrt{9}$ である
から　$2<\sqrt{6}<3$

よって，$2+\sqrt{6}$ の整数部分は　　$a=2+2=4$

小数部分は　　$b=(2+\sqrt{6})-a$
$=(2+\sqrt{6})-4=\sqrt{6}-2$

◀指針___$\cdots\cdots$★ の方針。
（小数部分）
＝（数）－（整数部分）
として小数部分を求める。

(2)　(1) から

$a^2+ab=a(a+b)=4(2+\sqrt{6})=\mathbf{8+4\sqrt{6}}$

$a^2+4ab+4b^2=(a+2b)^2=(a+b+b)^2$
$=(2+\sqrt{6}+\sqrt{6}-2)^2$
$=(2\sqrt{6})^2=\mathbf{24}$

◀$a+b$ はもとの数
$2+\sqrt{6}$ である。

検討　整数部分と小数部分

実数 x の整数部分を n，小数部分を p $(0\leqq p<1)$ とすると，次が成り立つ。

$n\leqq x<n+1$，　　$p=x-n$　　←（小数部分）＝（数）－（整数部分）

なお，$\sqrt{●}$ の整数部分を調べるには，$n^2\leqq ●<(n+1)^2$ となる整数 n を見つけるとよい。

例　$2^2<6<3^2$ から　　$\sqrt{2^2}<\sqrt{6}<\sqrt{3^2}$　つまり　$2<\sqrt{6}<3$　← $\sqrt{6}$ の整数部分は 2
　　　$5^2<30<6^2$ から　$\sqrt{5^2}<\sqrt{30}<\sqrt{6^2}$　つまり　$5<\sqrt{30}<6$　← $\sqrt{30}$ の整数部分は 5

一般に，「$0\leqq x<y$ ならば　$\sqrt{x}<\sqrt{y}$」，「$\sqrt{x}<\sqrt{y}$ ならば　$0\leqq x<y$」が成り立つ。

練習 ③ 27　$\dfrac{1}{2-\sqrt{3}}$ の整数部分を a，小数部分を b とする。

(1)　a，b の値を求めよ。　　　(2)　$\dfrac{a+b^2}{3b}$，$a^2-b^2-2a-2b$ の値を求めよ。

基本 例題 **28** 平方根と式の値(1)

$x=\dfrac{\sqrt{3}-\sqrt{2}}{\sqrt{3}+\sqrt{2}}$, $y=\dfrac{\sqrt{3}+\sqrt{2}}{\sqrt{3}-\sqrt{2}}$ のとき, $x+y=$ ア$\boxed{}$, $xy=$ イ$\boxed{}$ であるから,

$x^2+y^2=$ ウ$\boxed{}$, $x^3+y^3=$ エ$\boxed{}$, $x^4+y^4=$ オ$\boxed{}$, $x^5+y^5=$ カ$\boxed{}$ となる。

重要 30

指針 (ア) 分母が $\sqrt{3}+\sqrt{2}$, $\sqrt{3}-\sqrt{2}$ であるから, 通分と同時に分母が有理化される。

(ウ)～(カ) いずれも, x と y を入れ替えても同じ式(**対称式**)である。

x, y **の対称式は基本対称式** $x+y$, xy **で表される** ことが知られている。そこで, それぞれの式を **変形して** $x+y$, xy **の式に直し**, (ア), (イ)で求めた値を代入する。

なお, $x^2+y^2=(x+y)^2-2xy$, $x^3+y^3=(x+y)^3-3xy(x+y)$ は覚えておこう。

x, y の対称式

CHART 基本対称式 $x+y$, xy で表す

$$x^2+y^2=(x+y)^2-2xy \qquad x^3+y^3=(x+y)^3-3xy(x+y)$$

解答

(ア) $x+y=\dfrac{\sqrt{3}-\sqrt{2}}{\sqrt{3}+\sqrt{2}}+\dfrac{\sqrt{3}+\sqrt{2}}{\sqrt{3}-\sqrt{2}}$

$=\dfrac{(\sqrt{3}-\sqrt{2})^2+(\sqrt{3}+\sqrt{2})^2}{(\sqrt{3}+\sqrt{2})(\sqrt{3}-\sqrt{2})}$

$=\dfrac{(3-2\sqrt{6}+2)+(3+2\sqrt{6}+2)}{3-2}=10$

◀x, y それぞれの分母を有理化してから $x+y$ を計算してもよい。

(イ) $xy=\dfrac{\sqrt{3}-\sqrt{2}}{\sqrt{3}+\sqrt{2}}\cdot\dfrac{\sqrt{3}+\sqrt{2}}{\sqrt{3}-\sqrt{2}}=1$

◀x と y は互いに他の逆数となっているから $xy=1$

(ウ) $x^2+y^2=(x+y)^2-2xy=10^2-2\cdot1=98$

(エ) $x^3+y^3=(x+y)^3-3xy(x+y)=10^3-3\cdot1\cdot10=970$

[別解] $x^3+y^3=(x+y)(x^2-xy+y^2)=10\cdot(98-1)=970$

◀3次式の因数分解の公式

(オ) $x^4+y^4=(x^2+y^2)^2-2x^2y^2=(x^2+y^2)^2-2(xy)^2$

◀$(x^2+y^2)^2=x^4+2x^2y^2+y^4$

(イ), (ウ) の結果から $x^4+y^4=98^2-2\cdot1^2=9602$

(カ) $x^5+y^5=(x^2+y^2)(x^3+y^3)-x^2y^3-x^3y^2$

$=(x^2+y^2)(x^3+y^3)-(x+y)(xy)^2$

◀$(x^2+y^2)(x^3+y^3)$ $=x^5+x^2y^3+y^2x^3+y^5$

(ア)～(エ) の結果から $x^5+y^5=98\cdot970-10\cdot1^2=95050$

[別解] $x^5+y^5=(x+y)(x^4+y^4)-xy^4-x^4y$

$=(x+y)(x^4+y^4)-xy(x^3+y^3)$

◀$(x+y)(x^4+y^4)$ $=x^5+xy^4+yx^4+y^5$

(ア), (イ), (エ), (オ) の結果から

$x^5+y^5=10\cdot9602-1\cdot970=95050$

練習 ② **28** $x=\dfrac{\sqrt{5}+\sqrt{3}}{\sqrt{5}-\sqrt{3}}$, $y=\dfrac{\sqrt{5}-\sqrt{3}}{\sqrt{5}+\sqrt{3}}$ のとき, $x+y$, xy, x^2+y^2, x^3+y^3, x^3-y^3 の値を求めよ。

[類 順天堂大]

対称式と基本対称式

例題 **28** において，$x=\dfrac{\sqrt{3}-\sqrt{2}}{\sqrt{3}+\sqrt{2}}$，$y=\dfrac{\sqrt{3}+\sqrt{2}}{\sqrt{3}-\sqrt{2}}$ の分母を有理化すると，

$x=5-2\sqrt{6}$，$y=5+2\sqrt{6}$ となる。

これを (ウ) x^2+y^2，(エ) x^3+y^3，(オ) x^4+y^4，(カ) x^5+y^5 に代入して求めようとすると

(ウ) $x^2+y^2=(5-2\sqrt{6})^2+(5+2\sqrt{6})^2=(25-20\sqrt{6}+24)+(25+20\sqrt{6}+24)=98$

(エ) $x^3+y^3=(5-2\sqrt{6})^3+(5+2\sqrt{6})^3$
$=(125-150\sqrt{6}+360-48\sqrt{6})+(125+150\sqrt{6}+360+48\sqrt{6})$
$=970$

(オ) $x^4+y^4=(5-2\sqrt{6})^4+(5+2\sqrt{6})^4=\cdots\cdots$

(カ) $x^5+y^5=(5-2\sqrt{6})^5+(5+2\sqrt{6})^5=\cdots\cdots$

となる。(ウ)，(エ) はそれほど面倒ではないかもしれないが，(オ)，(カ) では計算が煩雑になる。そこで，次のような対称式の性質を利用して求めることを考えよう。

● **対称式は基本対称式を利用して表す**

対称式には次の性質がある。

対称式は，基本対称式で表すことができる。

x と y の対称式の場合，基本対称式は $x+y$，xy であるから，x^n+y^n（n は自然数）を $x+y$，xy で表すことを考える。
まず，x^2+y^2，x^3+y^3 は，それぞれ次のように展開公式から導くことができる。

$(x+y)^2=x^2+2xy+y^2$ から
$$x^2+y^2=(x+y)^2-2xy$$
$(x+y)^3=x^3+3x^2y+3xy^2+y^3$ から
$$x^3+y^3=(x+y)^3-3x^2y-3xy^2$$
$$=(x+y)^3-3xy(x+y)$$ ◀ p.39 の 検討 参照。

続いて，x^4+y^4，x^5+y^5 については，解答で，
$$=(x^2+y^2)(x^\square+y^\square)-\boxed{}$$
と変形して導いたが，次の等式を利用してもよい。
$$x^n+y^n=(x+y)(x^{n-1}+y^{n-1})-xy(x^{n-2}+y^{n-2})$$
この等式を利用すると，
$$x^4+y^4=(x+y)(x^3+y^3)-xy(x^2+y^2)$$
$$x^5+y^5=(x+y)(x^4+y^4)-xy(x^3+y^3)$$
$$x^6+y^6=(x+y)(x^5+y^5)-xy(x^4+y^4)$$
$$\vdots$$
といったようにして順番に求めていくことができる。

基本 例題 **29** 平方根と式の値(2) ◯◯◯◯◯◯

$x+\dfrac{1}{x}=\sqrt{5}$ のとき，次の式の値を求めよ。

(1) $x^2+\dfrac{1}{x^2}$ (2) $x^3+\dfrac{1}{x^3}$ (3) $x^4+\dfrac{1}{x^4}$ / 基本 28

指針 $\dfrac{1}{x}=y$ とおくと，$x+\dfrac{1}{x}=x+y$, $x^2+\dfrac{1}{x^2}=x^2+y^2$, $x^3+\dfrac{1}{x^3}=x^3+y^3$ のように，**対称式** となる。また，$xy=x\cdot\dfrac{1}{x}=1$ である。

よって，例題 **28** のように，**対称式を基本対称式で表す** 要領で，式の値は求められる。

例えば，$x^2+\dfrac{1}{x^2}$ は $x^2+\left(\dfrac{1}{x}\right)^2=\left(x+\dfrac{1}{x}\right)^2-2x\cdot\dfrac{1}{x}=\left(x+\dfrac{1}{x}\right)^2-2$

CHART $x^n+\dfrac{1}{x^n}$ の計算 基本対称式の利用 $x^n\cdot\dfrac{1}{x^n}=1$ がカギ

解答

(1) $x^2+\dfrac{1}{x^2}=\left(x+\dfrac{1}{x}\right)^2-2\cdot x\cdot\dfrac{1}{x}=(\sqrt{5})^2-2\cdot1=\mathbf{3}$ ◀ $x^2+y^2=(x+y)^2-2xy$

(2) $x^3+\dfrac{1}{x^3}=\left(x+\dfrac{1}{x}\right)^3-3\cdot x\cdot\dfrac{1}{x}\cdot\left(x+\dfrac{1}{x}\right)$

  $=(\sqrt{5})^3-3\cdot1\cdot\sqrt{5}$

  $=5\sqrt{5}-3\sqrt{5}=\mathbf{2\sqrt{5}}$

◀ x^3+y^3
$=(x+y)^3-3xy(x+y)$
p.39 検討 参照。

(3) $x^4+\dfrac{1}{x^4}=(x^2)^2+\dfrac{1}{(x^2)^2}=\left(x^2+\dfrac{1}{x^2}\right)^2-2\cdot x^2\cdot\dfrac{1}{x^2}$

  $=3^2-2\cdot1=\mathbf{7}$

検討 **PLUS ONE**

(2), (3) は，等式

$$x^n+\dfrac{1}{x^n}=\left(x+\dfrac{1}{x}\right)\left(x^{n-1}+\dfrac{1}{x^{n-1}}\right)-\left(x^{n-2}+\dfrac{1}{x^{n-2}}\right)$$

を利用すると，次のように求めることもできる。

別解 (2) $x^3+\dfrac{1}{x^3}=\left(x+\dfrac{1}{x}\right)\left(x^2+\dfrac{1}{x^2}\right)-\left(x+\dfrac{1}{x}\right)$

  $=\sqrt{5}\cdot3-\sqrt{5}=2\sqrt{5}$

(3) $x^4+\dfrac{1}{x^4}=\left(x+\dfrac{1}{x}\right)\left(x^3+\dfrac{1}{x^3}\right)-\left(x^2+\dfrac{1}{x^2}\right)$

  $=\sqrt{5}\cdot2\sqrt{5}-3=10-3=7$

練習 ③ **29** $2x+\dfrac{1}{2x}=\sqrt{7}$ のとき，次の式の値を求めよ。

(1) $4x^2+\dfrac{1}{4x^2}$ (2) $8x^3+\dfrac{1}{8x^3}$ (3) $64x^6+\dfrac{1}{64x^6}$

p.60 EX 26

重要 例題 **30** 平方根と式の値 (3) ⟨◯⟩⟨◯⟩⟨◯⟩⟨◯⟩⟨◯⟩!

$x+y+z=xy+yz+zx=2\sqrt{2}+1$, $xyz=1$ を満たす実数 x, y, z に対して,次の式の値を求めよ。

(1) $\dfrac{1}{x}+\dfrac{1}{y}+\dfrac{1}{z}$ (2) $x^2+y^2+z^2$ (3) $x^3+y^3+z^3$ 基本 28

基本 28

1章

❸ 実数

指針 $p.54$ の例題 **28**(ウ)~(カ) と同様の方針。つまり,(1)~(3) の各式を $x+y+z$, $xy+yz+zx$, xyz で表された式に変形してから値を代入する。

(1) 各項の分母をすべて xyz にしてから加える。

(2) $(x+y+z)^2=x^2+y^2+z^2+2(xy+yz+zx)$ を利用。

(3) $x^3+y^3+z^3=(x+y+z)(x^2+y^2+z^2-xy-yz-zx)+3xyz$ …… (*) が成り立つことと,(2) の結果を利用。

補足 (*) が成り立つことは,$p.39$ 例題 **20**(1) の結果からもわかる。

CHART x, y, z の対称式
基本対称式 $x+y+z$, $xy+yz+zx$, xyz で表す

解答

(1) $\dfrac{1}{x}+\dfrac{1}{y}+\dfrac{1}{z}=\dfrac{yz}{x\cdot yz}+\dfrac{zx}{y\cdot zx}+\dfrac{xy}{z\cdot xy}=\dfrac{yz+zx+xy}{xyz}$

 $=\dfrac{2\sqrt{2}+1}{1}=2\sqrt{2}+1$

◀ 分母が異なる分数式の加減では,分母をそろえる。これを,**通分** という。

(2) $\underset{\sim}{x^2+y^2+z^2}=(x+y+z)^2-2(xy+yz+zx)$

 $=(2\sqrt{2}+1)^2-2(2\sqrt{2}+1)$

 $=9+4\sqrt{2}-4\sqrt{2}-2=\textbf{7}$

◀ $(x+y+z)^2$
 $=x^2+y^2+z^2$
  $+2(xy+yz+zx)$

(3) $x^3+y^3+z^3$

 $=(x+y+z)(x^2+y^2+z^2-xy-yz-zx)+3xyz$

 が成り立つから,(2) より

 $x^3+y^3+z^3=(2\sqrt{2}+1)\{7-(2\sqrt{2}+1)\}+3$

 $=2(2\sqrt{2}+1)(3-\sqrt{2})+3=\textbf{10}\sqrt{2}+\textbf{1}$

◀ この等式は,入試問題ではよく使われる。覚えておこう!

検討 x, y, z (3 つの文字) に関する対称式,基本対称式 ─────

上の (1)~(3) では x, y, z のどの 2 つを入れ替えてももとの式と同じになる。これらを x, y, z の **対称式** という($p.35$, 55 参照)。

また,$x+y+z$, $xy+yz+zx$, xyz を x, y, z の **基本対称式** といい,x, y, z の対称式は,これら基本対称式を用いて表されることが知られている。例えば,次の等式が成り立つ。

 $x^2+y^2+z^2=(x+y+z)^2-2(xy+yz+zx)$

 $x^3+y^3+z^3=(x+y+z)^3-3(x+y+z)(xy+yz+zx)+3xyz$

練習 $x+y+z=2\sqrt{3}+1$, $xy+yz+zx=2\sqrt{3}-1$, $xyz=-1$ を満たす実数 x, y, z に対
④ **30** して,次の式の値を求めよ。

(1) $\dfrac{1}{xy}+\dfrac{1}{yz}+\dfrac{1}{zx}$ (2) $x^2+y^2+z^2$ (3) $x^3+y^3+z^3$

p.60 EX27

58

$a=\dfrac{1+\sqrt{5}}{2}$ のとき，次の式の値を求めよ。

(1) a^2-a-1　　　　　　　　　　　　(2) $a^4+a^3+a^2+a+1$　　/基本 27

指針 (1) 直接代入して求めることもできるが，ここでは **根号をなくす** 工夫を考えてみよう。

与えられた式から　　$2a-1=\sqrt{5}$　　この両辺を 2 乗すると，根号が消える。

(2) 直接代入するのでは計算がとても大変！　そこで，(1)の結果を利用する。

(1)より，$a^2=\underline{a+1}$ となり，a^2 は a の 1 次式で表される。

これを利用して，式の **次数を下げる** ことができる。

例えば　　$a^3=a^2\cdot a=\underline{(a+1)}a=a^2+a=\underline{(a+1)}+a=2a+1$

a^4 も同様にして次数を下げ，a の 1 次式に直す。←再び代入。

CHART 高次式の値　次数を下げる

 解答

(1) $a=\dfrac{1+\sqrt{5}}{2}$ から　　$2a-1=\sqrt{5}$　　　　◀$\sqrt{5}$ について解く。

両辺を 2 乗して　$(2a-1)^2=5$　よって　$4a^2-4a-4=0$　　◀$(2a-1)^2=4a^2-4a+1$

ゆえに　　$a^2-a-1=\mathbf{0}$

(2) (1)から　　$a^2=a+1$

よって

$a^3=a^2a=(a+1)a=a^2+a=(a+1)+a=2a+1$,

$a^4=a^3a=(2a+1)a=2a^2+a=2(a+1)+a=3a+2$

したがって　$a^4+a^3+a^2+a+1$

　　　　　　　$=(3a+2)+(2a+1)+(a+1)+a+1$

　　　　　　　$=7a+5=7\cdot\dfrac{1+\sqrt{5}}{2}+5=\dfrac{\mathbf{17+7\sqrt{5}}}{\mathbf{2}}$

◀$a^4=(a^2)^2=(a+1)^2$
$=a^2+2a+1$
$=(a+1)+2a+1$
としてもよい。

◀ここで $a=\dfrac{1+\sqrt{5}}{2}$ を
代入。

検討 **次数を下げるには，多項式の除法(数学Ⅱ)も有効**

PLUS ONE 多項式の乗法までは学習したが，数学Ⅱでは多項式の除法を学習する。多項式の除法を用いると，上の(2)では

$$a^4+a^3+a^2+a+1=(a^2-a-1)(a^2+2a+4)+7a+5$$

と変形でき(右辺を計算して確かめてみよ)，$a^2-a-1=0$ のとき，与式の値は $7a+5$ の値と同じであることがわかる。

 練習 ④ **31** $a=\dfrac{1-\sqrt{3}}{2}$ のとき，次の式の値を求めよ。

(1) $2a^2-2a-1$　　　　　　　　　　(2) a^8

59

▦ EXERCISES

実数

①18 次の循環小数の積を1つの既約分数で表せ。　　　　　　　　　　　　〔信州大〕
$$0.1\dot{2}\times0.\dot{2}\dot{7}$$
→21

1
章

❸
実

数

①19 (1), (2), (3) の値を求めよ。(4) は簡単にせよ。

(1) $\sqrt{1.21}$　　　　　(2) $\sqrt{0.0256}$　　　　　(3) $\dfrac{\sqrt{12}\,\sqrt{20}}{\sqrt{15}}$

(4) $a>0$, $b<0$, $c<0$ のとき $\sqrt{(a^2bc^3)^3}$
→23

②20 次の計算は誤りである。① から ⑥ の等号の中で誤っているものをすべてあげ，誤りと判断した理由を述べよ。

$$27=\sqrt{729}=\sqrt{3^6}=\sqrt{(-3)^6}=\sqrt{\{(-3)^3\}^2}=(-3)^3=-27$$
　　　　① 　　② 　　③ 　　④ 　　⑤ 　　⑥ 　〔類 宮崎大〕
→23

①21 次の式を計算せよ。

(1) $\sqrt{200}+\sqrt{98}-3\sqrt{72}$　　　　　(2) $\sqrt{48}-\sqrt{27}+5\sqrt{12}$

(3) $(1+\sqrt{3}\,)^3$　　　　　(4) $(2\sqrt{6}+\sqrt{3}\,)(\sqrt{6}-4\sqrt{3}\,)$

(5) $(1-\sqrt{7}+\sqrt{3}\,)(1+\sqrt{7}+\sqrt{3}\,)$　　　(6) $(\sqrt{2}-2\sqrt{3}-3\sqrt{6}\,)^2$
→23

②22 次の式を，分母を有理化して簡単にせよ。

(1) $\dfrac{1}{\sqrt{3}-\sqrt{5}}$　　　　　(2) $\dfrac{\sqrt{3}}{1+\sqrt{6}}-\dfrac{\sqrt{2}}{4+\sqrt{6}}$

(3) $\dfrac{1}{\sqrt{2}+1}+\dfrac{1}{\sqrt{3}+\sqrt{2}}+\dfrac{1}{\sqrt{4}+\sqrt{3}}+\dfrac{1}{\sqrt{5}+\sqrt{4}}$

(4) $\dfrac{1}{\sqrt{2}+\sqrt{3}+\sqrt{5}}+\dfrac{1}{\sqrt{2}-\sqrt{3}-\sqrt{5}}$
→24

③23 $x=a^2+9$ とし，$y=\sqrt{x-6a}-\sqrt{x+6a}$ とする。y を簡単にすると
$a\leqq-{}^ア\boxed{}$ のとき，$y={}^イ\boxed{}$，　$-{}^ア\boxed{}\leqq a\leqq{}^ウ\boxed{}$ のとき，$y={}^エ\boxed{}$，
$a\geqq{}^ウ\boxed{}$ のとき，$y={}^オ\boxed{}$ となる。　〔摂南大〕
→25

 HINT

18　まず，2つの循環小数をそれぞれ既約分数で表す。

19　(4) $\sqrt{A^2}=|A|$　うっかり $\sqrt{A^2}=A$ としてはいけない。

21　(3), (5), (6) 展開の公式をうまく使う。　(5) $1+\sqrt{3}$ を1つの数とみる。

22　(2)～(4) 各式について，分母を有理化する。(4)は，通分してから有理化してもよい。

23　$y=\sqrt{A^2}-\sqrt{B^2}$ の形に変形できる。$A=0$，$B=0$ となる a の値に注目して場合分け。

▦ EXERCISES

③24 次の式の2重根号をはずして簡単にせよ。

(1) $\sqrt{11+4\sqrt{6}}$ 　　　　〔東京海洋大〕 (2) $\dfrac{1}{\sqrt{7-4\sqrt{3}}}$ 　　　〔職能開発大〕

(3) $\sqrt{3+\sqrt{5}}+\sqrt{3-\sqrt{5}}$ 　　　　〔東京電機大〕

→26

③25 次の式を簡単にせよ。

(1) $\sqrt{9+4\sqrt{4+2\sqrt{3}}}$ 　　　〔大阪産大〕 (2) $\sqrt{7-\sqrt{21+\sqrt{80}}}$ 　〔北海道薬大〕

→26

③26 (1) $a=\dfrac{3}{\sqrt{5}+\sqrt{2}}$, $b=\dfrac{3}{\sqrt{5}-\sqrt{2}}$ であるとき, a^2+ab+b^2, $a^3+a^2b+ab^2+b^3$ の

値をそれぞれ求めよ。 〔類 星薬大〕

(2) $a=\dfrac{2}{3-\sqrt{5}}$ のとき, $a+\dfrac{1}{a}$, $a^2+\dfrac{1}{a^2}$, $a^5+\dfrac{1}{a^5}$ の値をそれぞれ求めよ。

〔鹿児島大〕

→28,29

④27 a, b, c を実数として, A, B, C を $A=a+b+c$, $B=a^2+b^2+c^2$, $C=a^3+b^3+c^3$ とする。このとき, abc を A, B, C を用いて表せ。 〔横浜市大〕

→30

④28 $\sqrt{9+4\sqrt{5}}$ の小数部分を a とするとき, 次の式の値を求めよ。

(1) $a^2-\dfrac{1}{a^2}$ 　　　　　 (2) a^3 　　　　　 (3) a^4-2a^2+1 　　　→27,31

HINT

25 (1) まず, $\sqrt{4+2\sqrt{3}}$ を簡単にする。

26 (1) 与式は a, b の対称式。── 基本対称式 $a+b$, ab で表される から, まず $a+b$, ab の値を求める。

(2) $a^5+\dfrac{1}{a^5}$ の値については, $\left(a^3+\dfrac{1}{a^3}\right)\left(a^2+\dfrac{1}{a^2}\right)=a^5+a+\dfrac{1}{a}+\dfrac{1}{a^5}$ を利用する。

27 $a^3+b^3+c^3-3abc=(a+b+c)(a^2+b^2+c^2-ab-bc-ca)$ を利用する。

28 (3) a^4-2a^2+1 を因数分解してから代入するとよい。

参考事項 開平の筆算

※ある正の数の平方根を求める場合，それが大きな数や小数の場合は電卓やコンピュータを使って計算するのが普通であるが，実は筆算で計算することもできる。平方根を求める計算を **開平**（かいへい）というが，ここでその筆算による方法を，具体例をあげて紹介しよう。

例　$\sqrt{60516}$ の開平

以下の手順に従い，右のように筆算する。

① 小数点の位置から 2 桁ずつ区切る。

　　6|05|16

② 1 番高い桁の区分にある 6 について，6 以下で 6 に最も近い平方数 $4=2^2$ を見つけ，2 を立てる。

③ $6-4=2$ から 205 を下ろす。

④ $2+2=4$ を計算し，$4\square \times \square$ が 205 以下で 205 に最も近くなる $\square$ の数 4 を求め，それを立てる。

⑤ $205-44\times4=205-176=29$ から 2916 を下ろす。

⑥ $44+4=48$ を計算し，$48\square \times \square$ が 2916 以下で，2916 に最も近くなる $\square$ の数を求めると $486\times6=2916$ から 6 が立ち，2916 に一致して計算が終わる。

以上から，$\sqrt{60516}=246$ と計算できる。

（右側の筆算）

```
                2  4  6
   2      ) 6|05|16
   2          4②
  4 4④        2 0 5③
    4          1 7 6
  4 8 6⑥       2 9 1 6⑤
    6          2 9 1 6
                      0
```

この原理は逆の計算，すなわち平方数を計算する式の展開式から説明できる。

$100^2<60516<1000^2$ であるから，$\sqrt{60516}$ の整数部分は 3 桁の整数であり，その百の位の数を a，十の位の数を b，一の位の数を c とおくと　$60516=(10^2a+10b+c)^2$

よって　$(10^2a+10b+c)^2=\{(10^2a+10b)+c\}^2$

$=(10^2a)^2+2\cdot10^2a\cdot10b+(10b)^2+2(10^2a+10b)c+c^2$

$=(10^2a)^2+(2\cdot10^2a+10b)\cdot10b+\{2(10^2a+10b)+c\}c$ …… Ⓐ

① で，小数点の位置から 2 桁ずつ区切るのは，平方根の各位が 2 桁ごとに立つからである。次に，② でまず $a=2$ を求め，Ⓐ の右辺から $(10^2a)^2=40000$ を引き去ると

$(2\cdot10^2\cdot2+10b)\cdot10b+\{2(10^2\cdot2+10b)+c\}c$ …… Ⓑ

この $(2\cdot10^2\cdot2+10b)\cdot10b$ の上 3 桁が上記の 205 にあたり，これに最も近い数 b として $b=4$ を求め，Ⓑ から $(2\cdot10^2\cdot2+10b)\cdot10b=17600$ を引き去ると

$\{2(10^2\cdot2+10\cdot4)+c\}c$

が残る。これが上の 2916 にあたり，$c=6$ を求めて計算が終了となる。

この開平の筆算は，右の $\sqrt{3294.76}$ のように，小数点以下がある場合も上と同様にして計算できる。

電卓やコンピュータという便利なものがなかった時代，この開平の筆算方法は数学の教科書に載っていたこともあった。今では物理の教材で扱っていることの方が多いようであるが，こういう手計算も必要になるときがあるかもしれない。各自，いろいろな数で試してみよう。

```
              5  7. 4
   5      √32|94.|76
   5       25
 107        7 94
   7        7 49
1144        45 76
   4        45 76
                  0
```

1 章

❸ 実数

4 1 次 不 等 式

基本事項

1 不等式

数量の間の大小関係を，不等号 $>$，$<$，$\geqq$，$\leqq$ を用いて表した式を **不等式** という。

等式の場合と同様に，不等号の左側の部分を **左辺**，右側の部分を **右辺** といい，左辺と右辺を合わせて **両辺** という。

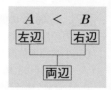

2 不等式の性質

0 $a<b$，$b<c$ ならば $a<c$

1 $a<b$ ならば $a+c<b+c$，$a-c<b-c$

2 $a<b$，$\underset{\sim}{c}>0$ ならば $ac<bc$，$\dfrac{a}{c}<\dfrac{b}{c}$ ← 不等号の向きは変わらない。

$a<b$，$\underset{\sim}{c}<0$ ならば $ac>bc$，$\dfrac{a}{c}>\dfrac{b}{c}$ ← 不等号の向きが変わる！

解説

■ 不等号と不等式

2つの数量 a，b の大小に関する用語と不等式の関係を確認しておこう。

| a は b より小さい | $a<b$ | a は b より大きい | $a>b$ |

a は b 以下である $a\leqq b$ a は b 以上である $a\geqq b$

a は b 未満である $a<b$

◀「以上」，「以下」のときは $=$ を含める。

また，「x が a より大きく，かつ b より小さい」すなわち，$a<x$ と $x<b$ が同時に成り立つとき，$a<x<b$ と表す。

なお，不等式 $a\leqq b$ は「$a<b$ または $a=b$」を意味する。つまり，$a<b$ と $a=b$ のどちらか一方が成り立っていれば正しい。

例えば，$3\leqq 5$ や $5\leqq 5$ はどちらも正しい。

注意 不等式に含まれる文字は，特に断らない限り実数とする。

■ 不等式の性質

任意の2つの実数 a，b について，$a>b$，$a=b$，$a<b$ のうち，どれか1つの関係だけが成り立つ。

2 1，2 は，不等式 $a<b$ の両辺に同じ数を加えたり引いたり，掛けたり割ったりしたときの大小関係である。

特に，両辺に同じ負の数を掛けたり割ったりすると，不等号の向きが変わる ということに注意しよう。

参考 **2** 0 の性質は，**不等式の推移律** という。

例 不等式 $1<2$ に対して，両辺に負の数 -1 を掛けたときは

$$1\cdot(-1)>2\cdot(-1)$$
↑
向きが変わる

◀計算すると
左辺は -1
右辺は -2

基本事項

3 **1次不等式**

不等式のすべての項を左辺に移項して整理したとき，$ax+b>0$，$ax+b\leqq0$ などのように，左辺が x の1次式になる不等式を，x についての **1次不等式** という。

ただし，a，b は定数で，$a\neq0$ とする。

4 **1次不等式の解法の手順**

① 移項して $ax>b$ $(ax\geqq b)$ または $ax<b$ $(ax\leqq b)$ の形にする。

② 次に，両辺を x の係数 a で割る。$a<0$ のときは不等号の向きが変わる。

5 **連立不等式**

いくつかの不等式を組み合わせたものを **連立不等式** といい，それらの不等式を同時に満たす x の値の範囲を求めることを，その連立不等式を **解く** という。

6 **絶対値を含む方程式・不等式**

$c>0$ のとき　方程式 $|x|=c$ の解は　　　$x=\pm c$

不等式 $|x|<c$ の解は　　$-c<x<c$

不等式 $|x|>c$ の解は　　$x<-c,\ c<x$

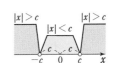

注意 「$x<-c,\ c<x$」は，$x<-c$ と $c<x$ を合わせた範囲を表す。

解　説

■**不等式の解法**

x の満たすべき条件を表した不等式（これを x についての不等式という）において，不等式を満たす x の値を，その不等式の **解** といい，不等式のすべての解を求めることを，**不等式を解く** という。なお，不等式のすべての解の集まりを，その不等式の **解** ということもある。不等式においても，前ページの **2** 不等式の性質1を使って，等式の場合と同様に，**移項** による式の変形ができる。

■**不等式の解と数直線**

1次不等式の解は，1次方程式のようなただ1つの値ではなく，無数の値からなる。例えば，$x-11\leqq0$ の解 $x\leqq11$ は，11 以下のすべての実数 x の集まりであり，**数直線** を用いて，右上の図 [1] のように示す。また，$x+1>0$ の解 $x>-1$ は，右上の図 [2] のように示す。

[1]

11　x

[2]

-1　x

注意 本書では，数直線上で ≦ と < を区別するために，$\int$ と $\int$ を用いた。$\int$ は ● の点が範囲に含まれることを示し，$\int$ は ○ の点が範囲に含まれないことを示す。

■**連立不等式の解**

解の共通範囲を求めるときは，**数直線** を利用する。

[例] 連立不等式 $x-11\leqq0$，$x+1>0$ の解

それぞれの不等式の解は　$x\leqq11$ …… ①，$x>-1$ …… ②

①，② の共通範囲を求めて　$-1<x\leqq11$　← 右図の赤い部分

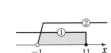

②

①

-1　11　x

■**絶対値と方程式・不等式**

絶対値記号を含むときは，$\begin{cases} A\geqq0\text{ のとき}　|A|=A \\ A<0\text{ のとき}　|A|=-A \end{cases}$ に従って

絶対値記号 $|\ |$ をはずし，普通の方程式や不等式に直して解くのが原則である。ただし，$|\ |=$（正の定数），$|\ |<$（正の定数）のような特別の形の方程式や不等式では，上の **6** を利用するのが便利である。

6 は，$|x|$ が数直線上で原点 O と点 P(x) の距離を表すことからわかる。

基本 例題 **32** 不等式の性質と式の値の範囲(1) ①①①①①①

$3<x<5$, $-1<y<4$ であるとき，次の式のとりうる値の範囲を求めよ。

(1) $x-1$ (2) $-3y$ (3) $x+y$ (4) $x-y$ (5) $2x-3y$

/p.62 基本事項 **2**

指針 (1) $3<x$ から $3-1<\underline{x-1}$
             $x<5$ から $\underline{x-1}<5-1$ } よって $3-1<\underline{x-1}<5-1$

(2) $-3<0$ であるから，-3 を掛けると **不等号の向きが変わる。**

(3) $A<x<B$, $C<y<D$ のとき，$A+C<x+y<B+D$ …… (*) である。

(4) $x+(-y)$ として考える。下の **検討** も参照。

(5) $2x+(-3y)$ として考える。

解答

(1) $3<x<5$ の各辺から 1 を引いて
$$3-1<x-1<5-1$$
   すなわち $\quad \boldsymbol{2<x-1<4}$

◀$a<b$ ならば
$\quad a-c<b-c$

(2) $-1<y<4$ の各辺に -3 を掛けて
$$-1\cdot(-3)>-3y>4\cdot(-3)$$
   すなわち $\quad \boldsymbol{-12<-3y<3}$

◀$a<b$, $c<0$ ならば
$\quad ac>bc$
負の値を掛けると，**不等号の向きが変わる。**

(3) $3<x<5$, $-1<y<4$ の各辺を加えて $\quad \boldsymbol{2<x+y<9}$

注意 解答では性質 (*) を用いたが，丁寧に示すと，次のようになる。

$3<x<5$ の各辺に y を加えて $\quad \underline{3+y<x+y<5+y}$
$-1<y$ から $\underline{3-1<3+y}$, $y<4$ から $\underline{5+y<5+4}$
よって $\quad \underline{2<x+y}$, $x+y<\underline{9}$ すなわち $\boldsymbol{2<x+y<9}$

◀$a<b$, $b<c$ ならば
$\quad a<c$

(4) $-1<y<4$ の各辺に -1 を掛けて
$$-1\cdot(-1)>-y>4\cdot(-1)$$
   すなわち $\quad -4<-y<1$
   これと，$3<x<5$ の各辺を加えて $\quad \boldsymbol{-1<x-y<6}$

(5) $3<x<5$ の各辺に 2 を掛けて $\quad 6<2x<10$ …… ①
   (2) から $\quad -12<-3y<3$ …… ②
   ①，② の各辺を加えて $\quad \boldsymbol{-6<2x-3y<13}$

検討 差 $x-y$ の値の範囲　和 $x+(-y)$ と考える ─────

$A<x<B$ …… ①, $C<y<D$ のとき，$A+C<x+y<B+D$ であるが，
$A-C<x-y<B-D$ が成り立つとは限らない。例えば，(4) を
$3<x<5$, $-1<y<4$ から $3-(-1)<x-y<5-4$ とすると，$x-y$ の値の範囲は
$4<x-y<1$ となり明らかに誤った答えとなる。正しくは次のように考える。
$C<y<D$ の各辺に -1 を掛けて $\quad -C>-y>-D$
すなわち $\quad -D<-y<-C$ …… ②
①，② の各辺を加えて $\quad A-D<x-y<B-C$ となる。

練習 $-1<x<2$, $1<y<3$ であるとき，次の式のとりうる値の範囲を求めよ。
① **32**
    (1) $x+3$ (2) $-2y$ (3) $-\dfrac{x}{5}$ (4) $5x-3y$

基本 例題 33 不等式の性質と式の値の範囲(2)

x, y を正の数とする。x, $3x+2y$ を小数第 1 位で四捨五入すると，それぞれ 6，21 になるという。

(1) x の値の範囲を求めよ。　　(2) y の値の範囲を求めよ。　　／基本 32

指針 まずは，問題文で与えられた条件を，不等式を用いて表す。

例えば，小数第 1 位を四捨五入して 4 になる数 a は，3.5 以上 4.5 未満の数であるから，a の値の範囲は $3.5 \leqq a < 4.5$ である。

(2) $3x+2y$ の値の範囲を不等式で表し，$-3x$ の値の範囲を求めれば，各辺を加えることで $2y$ の値の範囲を求めることができる。更に，各辺を 2 で割って，y の値の範囲を求める。

解答

(1) x は小数第 1 位を四捨五入すると 6 になる数であるから

$$5.5 \leqq x < 6.5 \quad \cdots\cdots ①$$

◀$5.5 \leqq x \leqq 6.4$, $5.5 \leqq x \leqq 6.5$ などは **誤り!**

(2) $3x+2y$ は小数第 1 位を四捨五入すると 21 になる数であるから

$$20.5 \leqq 3x+2y < 21.5 \quad \cdots\cdots ②$$

① の各辺に -3 を掛けて

$$-16.5 \geqq -3x > -19.5$$

すなわち　$-19.5 < -3x \leqq -16.5 \quad \cdots\cdots ③$

◀負の数を掛けると，**不等号の向きが変わる。**

②，③ の各辺を加えて

$$20.5-19.5 < 3x+2y-3x < 21.5-16.5$$

したがって　$1 < 2y < 5 \quad \cdots\cdots (*)$

◀不等号に注意（検討参照）。

各辺を 2 で割って　$\dfrac{1}{2} < y < \dfrac{5}{2}$

◀正の数で割るときは，不等号はそのまま。

検討

不等号に = を含む・含まない に注意

上の $2y$ の範囲 $(*)$ の不等号は，$\leqq$ ではなく $<$ であることに注意。例えば，右側については

② の $3x+2y < 21.5$ から　　$3x+2y-3x < \underline{21.5-3x}$

③ の $-3x \leqq -16.5$ から　　$\underline{21.5-3x} \leqq 21.5-16.5 (=5)$

よって　　$3x+2y-3x < \underline{21.5-3x} \leqq 5$

したがって，$2y < 5$ となる（上の式の $<$ で等号が成り立たないから，$2y=5$ とはならない）。左側の不等号についても同様である。

練習 ③ 33 x, y を正の数とする。x, $5x-3y$ を小数第 1 位で四捨五入すると，それぞれ 7，13 になるという。

(1) x の値の範囲を求めよ。

(2) y の値の範囲を求めよ。

p.78 EX 29

基本 例題 **34** 1次不等式の解法（基本） ⊘⊘⊘⊘⊘

次の1次不等式を解け。

(1) $6x-21>3x$

(2) $5x+16\leqq9x-4$

(3) $3(x-1)\geqq2(5x+4)$

(4) $\dfrac{5x+1}{4}-\dfrac{2-3x}{3}<\dfrac{1}{6}x+1$

／p.63 基本事項 **4** 重要 **38** ＼

指針 **1次不等式の解き方**

[1] $ax>b$ または $ax<b$, $ax\geqq b$, $ax\leqq b$ の形に変形する。

[2] x の係数 a の符号に注意して両辺を a で割る。← マイナスなら向きが変わる。

(4) 両辺に分母の最小公倍数を掛けて，係数を整数に直す。

本書では，数直線で表す際，╻ は ● の点が範囲に含まれ，╻ は ○ の点が範囲に含まれないことを示す。

解答

(1) 移項して $6x-3x>21$

整理して $3x>21$

両辺を3で割って $x>7$

参考 解を数直線で表すと ［図］

◀移項すると符号が変わる。
$6x-21>3x$
$\downarrow\quad\downarrow$
$6x-3x>21$

(2) 移項して $5x-9x\leqq-4-16$

整理して $-4x\leqq-20$

両辺を -4 で割って $x\geqq5$

参考 解を数直線で表すと ［図］

◀-4（負の数）で割ると，不等号の向きが変わる。

(3) 括弧をはずして $3x-3\geqq10x+8$

よって $3x-10x\geqq8+3$

すなわち $-7x\geqq11$

両辺を -7 で割って $x\leqq-\dfrac{11}{7}$

参考 解を数直線で表すと ［図］

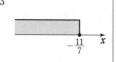

◀-7（負の数）で割ると，不等号の向きが変わる。

(4) 両辺に12を掛けて $3(5x+1)-4(2-3x)<2x+12$

括弧をはずして $15x+3-8+12x<2x+12$

整理して $25x<17$

両辺を25で割って $x<\dfrac{17}{25}$

参考 解を数直線で表すと ［図］

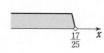

◀分母4，3，6の最小公倍数12を両辺に掛ける。

練習 次の1次不等式を解け。

② **34** (1) $5x-7>3(x+1)$

(2) $4(3-2x)\leqq5(x+2)$

(3) $\dfrac{3x+2}{5}<\dfrac{2x-1}{3}$

(4) $0.2x+1\leqq-0.3x-2.5$

(5) $x+\dfrac{1}{3}\left\{x-\dfrac{1}{4}(x+1)\right\}>2x-\dfrac{1}{2}$

p.78 EX 30 ＼

基本 例題 **35** 連立 1 次不等式の解法

連立不等式 (1) $\begin{cases} 5x+1 \leqq 8(x+2) \\ 2x-3 < 1-(x-5) \end{cases}$ (2) $\begin{cases} x+7 < 1-2x \\ 6x+2 \geqq 2 \end{cases}$ を解け。

(3) 不等式 $-2x+1 < 3x+4 < 2(3x-4)$ を解け。

/p.63 基本事項 **5**, 基本 **34**

1 章

❹ 1 次 不 等 式

指針 連立不等式を解く手順

1 それぞれの不等式を解く。

2 数直線を利用 して，それぞれの解の 共通範囲 を求める。

(3) 不等式 $A < B < C$ は，2 つの不等式 $A < B$，$B < C$ が同時に成り立つことを表して

いるから，連立不等式 $\begin{cases} A < B \\ B < C \end{cases}$ と同じ意味 である。これを解く。

注意 $A < B < C$ を，(ア) $\begin{cases} A < C \\ B < C \end{cases}$ や(イ) $\begin{cases} A < B \\ A < C \end{cases}$ としてはいけない。なぜなら，(ア)

では A と B，(イ)では B と C の大小関係が不明だからである。

CHART 連立不等式 解のまとめは数直線

解答

(1) $5x+1 \leqq 8(x+2)$ から $5x+1 \leqq 8x+16$

よって $-3x \leqq 15$

したがって $x \geqq -5$ …… ①

$2x-3 < 1-(x-5)$ から $2x-3 < 1-x+5$

よって $3x < 9$

したがって $x < 3$ …… ②

①，② の共通範囲を求めて $-5 \leqq x < 3$

(2) $x+7 < 1-2x$ から $3x < -6$

よって $x < -2$ …… ①

$6x+2 \geqq 2$ から $6x \geqq 0$

よって $x \geqq 0$ …… ②

①，② の共通範囲はないから，連立不等式の **解はない**。

(3) $\begin{cases} -2x+1 < 3x+4 \\ 3x+4 < 2(3x-4) \end{cases}$

$-2x+1 < 3x+4$ から $-5x < 3$

よって $x > -\dfrac{3}{5}$ …… ①

$3x+4 < 2(3x-4)$ から $3x+4 < 6x-8$

ゆえに $-3x < -12$ よって $x > 4$ …… ②

①，② の共通範囲を求めて $x > 4$

下の図で，赤い部分が ①，② の共通範囲である。

(1)

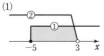

(2)

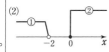

(3)

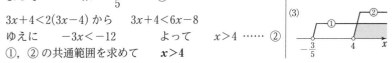

注意 (2)のように共通範囲がないこともある。このようなときは「解はない」と答える。

練習 ② **35** 連立不等式 (1) $\begin{cases} 2(1-x) > -6-x \\ 2x-3 > -9 \end{cases}$ (2) $\begin{cases} 3(x-4) \leqq x-3 \\ 6x-2(x+1) < 10 \end{cases}$ を解け。

(3) 不等式 $x+9 \leqq 3-5x \leqq 2(x-2)$ を解け。

p.78 EX 31

基本 例題 36 1次不等式の整数解 (1)

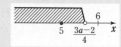

(1) 不等式 $5x-7<2x+5$ を満たす自然数 x の値をすべて求めよ。

(2) 不等式 $x<\dfrac{3a-2}{4}$ を満たす x の最大の整数値が 5 であるとき, 定数 a の値 の範囲を求めよ。

／基本 34

指針 (1) まず, 不等式を解く。その解の中から条件に適するもの (自然数) を選ぶ。
(2) 問題の条件を **数直線上で表す** と, 右の図のようにな る。$\}$ の $\bigcirc$ の $\dfrac{3a-2}{4}$ を示す点の位置を考え, 問題の条 件を満たす範囲を求める。

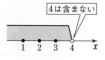

解答

(1) 不等式から $\quad 3x<12$
したがって $\quad x<4$
x は自然数であるから $\quad \boldsymbol{x=1,\ 2,\ 3}$

◀自然数＝正の整数

4は含まない

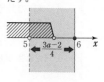

(2) $x<\dfrac{3a-2}{4}$ を満たす x の最大の整数値が 5 であるから

$$5<\frac{3a-2}{4}\leqq 6 \quad\cdots\cdots\ (*)$$

$5<\dfrac{3a-2}{4}$ から $\quad 20<3a-2$

よって $\quad a>\dfrac{22}{3} \quad\cdots\cdots$ ①

$\dfrac{3a-2}{4}\leqq 6$ から $\quad 3a-2\leqq 24$

よって $\quad a\leqq\dfrac{26}{3} \quad\cdots\cdots$ ②

①, ② の共通範囲を求めて $\quad \dfrac{22}{3}<a\leqq\dfrac{26}{3}$

◀$\dfrac{3a-2}{4}=5$ のとき, 不等 式は $x<5$ で, 条件を満 たさない。

$\dfrac{3a-2}{4}=6$ のとき, 不等 式は $x<6$ で, 条件を満 たす。

注意 $(*)$ は, 次のようにして解いてもよい。
各辺に 4 を掛けて $\quad 20<3a-2\leqq 24$
各辺に 2 を加えて $\quad 22<3a\leqq 26$
各辺を 3 で割って $\quad \dfrac{22}{3}<a\leqq\dfrac{26}{3}$

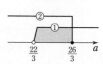

練習 ② **36**
(1) 不等式 $4(x-2)+5(6-x)>7$ を成り立たせる x の値のうち, 最も大きい整数を 求めよ。

(2) 不等式 $3x+1>2a$ を満たす x の最小の整数値が 4 であるとき, 整数 a の値を すべて求めよ。

基本 例題 37 1次不等式の整数解 (2)

k を $k>2$ を満たす定数とする。このとき，x についての不等式
$5-x \leqq 4x < 2x+k$ の解は ⁷ $\boxed{}$ である。また，不等式 $5-x \leqq 4x < 2x+k$ を満たす整数 x がちょうど 5 つ存在するような定数 k の値の範囲は ⁱ $\boxed{}$ である。
〔北里大〕 基本 36 重要 120

指針
(ア) 不等式 $5-x \leqq 4x < 2x+k$ は，連立不等式 $\begin{cases} 5-x \leqq 4x \\ 4x < 2x+k \end{cases}$ と同じ。

(イ) (ア)で求めた解を **数直線上で表す** と，右の図のようになる。$\begin{cases} \text{の} \bigcirc \text{の} \dfrac{k}{2} \end{cases}$ を示す点の位置を考え，問題の条件を満たす k の値の範囲を求める。

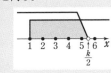

解答
$\begin{cases} 5-x \leqq 4x \\ 4x < 2x+k \end{cases}$

$5-x \leqq 4x$ から $-5x \leqq -5$ よって $x \geqq 1$ …… ①

$4x < 2x+k$ から $2x < k$ よって $x < \dfrac{k}{2}$ …… ②

$k>2$ であるから，①，② の共通範囲を求めて

$$\text{⁷} 1 \leqq x < \frac{k}{2}$$

また，これを満たす整数 x がちょうど 5 つ存在するとき，その整数 x は $x=1, 2, 3, 4, 5$

ゆえに $5 < \dfrac{k}{2} \leqq 6$ …… (＊)

すなわち ⁱ $10 < k \leqq 12$

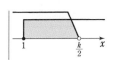

◀ $k>2$ から $\dfrac{k}{2}>1$

検討 **不等式の端の値に注意**

上の解答の不等式 (＊) では，端の値を含めるのか，含めないのか迷うところかもしれないが，この場合は，次の [1]，[2] のように，端の値を含めたとき，問題の条件を満たすかどうかを調べるとよい。

[1] $\dfrac{k}{2}=5$ のとき，(ア) は $1 \leqq x < 5$ となり，この不等式を満たす
整数 x は 1, 2, 3, 4 の 4 つだけであるから条件を満たさない。
つまり，(＊) の左側の不等号を $\leqq$ とするのは誤りである。

[2] $\dfrac{k}{2}=6$ のとき，(ア) は $1 \leqq x < 6$ となり，この不等式を満たす
整数 x は 1, 2, 3, 4, 5 の 5 つだけであるから条件を満たす。

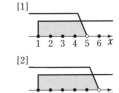

練習 ③ 37 x に関する連立不等式 $\begin{cases} 6x-4 > 3x+5 \\ 2x-1 \leqq x+a \end{cases}$ を満たす整数がちょうど 5 個あるとする。
このとき，定数 a のとりうる値の範囲は ⁷ $\boxed{} \leqq a < $ ⁱ $\boxed{}$ である。 〔類 摂南大〕

p.78 EX 32

重要 例題 **38** 文字係数の 1 次不等式 ◔◔◔◔◔◑◔

(1) 不等式 $a(x+1)>x+a^2$ を解け。ただし，a は定数とする。

(2) 不等式 $ax<4-2x<2x$ の解が $1<x<4$ であるとき，定数 a の値を求めよ。

[(2) 類 駒澤大] ╱基本 34 重要 99╲

指針 文字を含む 1 次不等式（$Ax>B$, $Ax<B$ など）を解くときは，次のことに注意。

・$A=0$ のときは，両辺を A で割ることができない。　　← 一般に，「0 で割る」と

・$A<0$ のときは，両辺を A で割ると不等号の向きが変わる。いうことは考えない。

(1) $(a-1)x>a(a-1)$ と変形し，$a-1>0$, $a-1=0$, $a-1<0$ の各場合に分けて解く。

(2) $ax<4-2x<2x$ は連立不等式 $\begin{cases} ax<4-2x & \cdots\cdots Ⓐ \\ 4-2x<2x & \cdots\cdots Ⓑ \end{cases}$ と同じ意味。

　　まず，Ⓑ を解く。その解と Ⓐ の解の共通範囲が $1<x<4$ となることが条件。

CHART 文字係数の不等式　割る数の符号に注意　0 で割るのはダメ！

解答

(1) 与式から　　$(a-1)x>a(a-1)$ ……… ①

　[1]　$a-1>0$ すなわち $a>1$ のとき　　$x>a$

　[2]　$a-1=0$ すなわち $a=1$ のとき　　① は　$0\cdot x>0$

　　　これを満たす x の値はない。

　[3]　$a-1<0$ すなわち $a<1$ のとき　　$x<a$

　　よって　$\begin{cases} a>1 \text{ のとき } x>a, \\ a=1 \text{ のとき } 解はない, \\ a<1 \text{ のとき } x<a \end{cases}$

(2) $4-2x<2x$ から　　$-4x<-4$　　よって　　$x>1$

　ゆえに，解が $1<x<4$ となるための条件は，

　$ax<4-2x$ …… ① の解が $x<4$ となることである。

　① から　　$(a+2)x<4$ …… ②

　[1]　$a+2>0$ すなわち $a>-2$ のとき，② から

　　　　$x<\dfrac{4}{a+2}$　　よって　　$\dfrac{4}{a+2}=4$

　　ゆえに　　$4=4(a+2)$　　よって　　$a=-1$

　　これは $a>-2$ を満たす。

　[2]　$a+2=0$ すなわち $a=-2$ のとき，② は　$0\cdot x<4$

　　よって，解はすべての実数となり，条件は満たされない。

　[3]　$a+2<0$ すなわち $a<-2$ のとき，② から

　　　$x>\dfrac{4}{a+2}$　　このとき条件は満たされない。

　[1]~[3] から　　$a=-1$

◀まず，$Ax>B$ の形に。

◀① の両辺を $a-1(>0)$ で割る。不等号の向きは変わらない。

◀$0>0$ は成り立たない。

◀負の数で割ると，不等号の向きが変わる。

検討

$A=0$ のときの不等式

$Ax>B$ の解

$A=0$ のとき，不等式は

　　　$0\cdot x>B$

よって

$B\geqq0$ なら 解はない

$B<0$ なら 解はすべての実数

◀両辺に $a+2\,(\neq0)$ を掛けて解く。

◀$0<4$ は常に成り立つから，解はすべての実数。

◀$x<4$ と不等号の向きが違う。

練習 (1) 不等式 $ax>x+a^2+a-2$ を解け。ただし，a は定数とする。

④ **38** (2) 不等式 $2ax\leqq4x+1\leqq5$ の解が $-5\leqq x\leqq1$ であるとき，定数 a の値を求めよ。

p.78 EX33

基本 例題 39 1次不等式と文章題 ◯◯◯◯◯◯

何人かの子ども達にリンゴを配る。1 人 4 個ずつにすると 19 個余るが，1 人 7 個ずつにすると，最後の子どもは 4 個より少なくなる。このときの子どもの人数とリンゴの総数を求めよ。 [類 共立女子大]

指針 不等式の文章題は，次の手順で解くのが基本である。

1 **求めるものを x とおく。** …… ここでは，子どもの人数を x 人とする。

2 **数量関係を不等式で表す。**
　…… リンゴの総数　　$4x+19$（個）
　「1 人 7 個ずつ配ると，最後の子どもは 4 個より少なくなる」
　という条件を不等式で表す。

3 **不等式を解く。** …… 2 で表した不等式を解く。

4 **解を検討する。** …… x は人数であるから，x は自然数。

注意 不等式を作るときは，不等号に ＝ を含めるか含めないかに要注意。

　$a < b$ …… b は a より **大きい**，a は b より **小さい**，a は b **未満**

　$a \leqq b$ …… b は a **以上**，a は b **以下**

CHART 不等式の文章題　大小関係を見つけて　不等号　で結ぶ

解答 子どもの人数を x 人とする。

1 人 4 個ずつ配ると 19 個余るから，リンゴの総数は
$$4x+19 \text{（個）}$$

1 人 7 個ずつ配ると，最後の子どもは 4 個より少なくなるから，$(x-1)$ 人には 7 個ずつ配ることができ，残ったリンゴが最後の子どもの分となって，これが 4 個より少なくなる。

これを不等式で表すと
$$0 \leqq 4x+19-7(x-1) < 4$$

整理して　　　　$0 \leqq -3x+26 < 4$

各辺から 26 を引いて　$-26 \leqq -3x < -22$

各辺を -3 で割って　$\dfrac{22}{3} < x \leqq \dfrac{26}{3}$

x は子どもの人数で，自然数であるから　$x=8$

したがって，求める人数は　　**8 人**

また，リンゴの総数は
$$4 \cdot 8 + 19 = \mathbf{51} \text{（個）}$$

◀1 求めるものを x とする。

◀2 不等式で表す。
　　は，(総数)$-\{(x-1)$ 人に配ったリンゴの数$\}$

◀3 不等式を解く。

◀4 解の検討。
　$\dfrac{22}{3}=7.3\cdots$，$\dfrac{26}{3}=8.6\cdots$

◀$4x+19$

練習 ② 39 兄弟合わせて 52 本の鉛筆を持っている。いま，兄が弟に自分が持っている鉛筆のちょうど $\dfrac{1}{3}$ をあげてもまだ兄の方が多く，更に 3 本あげると弟の方が多くなる。兄が初めに持っていた鉛筆の本数を求めよ。

p.78 EX34

基本 例題 40 絶対値を含む方程式・不等式（基本）

次の方程式・不等式を解け。

(1) $|x-1|=2$　　　(2) $|2-3x|=4$　　　(3) $|x-2|<3$　　　(4) $|x-2|>3$

/ p.63 基本事項 **6**

指針 絶対値記号を含むときは，**場合分け** をして，絶対値記号 $|\;|$ をはずして考えるのが基本である。

ただし，(1)～(4)の右辺はすべて正の定数であるから，次のことを利用して解くとよい。

$$|A|=\begin{cases} A & (A\geqq 0 \text{ のとき}) \\ -A & (A<0 \text{ のとき}) \end{cases}$$

$c>0$ のとき　方程式 $|x|=c$ の解は　　$x=\pm c$

　　　　　　　不等式 $|x|<c$ の解は　　$-c<x<c$

　　　　　　　不等式 $|x|>c$ の解は　　$x<-c,\ c<x$

解答

(1) $|x-1|=2$ から　　　　$x-1=\pm 2$

　　すなわち　　　$x-1=2$ または $x-1=-2$

　　よって　　　　　　**$x=3,\ -1$**

(2) $|2-3x|=|3x-2|$ であるから，方程式は　$|3x-2|=4$

　　ゆえに　　　　　$3x-2=\pm 4$

　　すなわち　　　$3x-2=4$ または $3x-2=-4$

　　よって　　　　　　**$x=2,\ -\dfrac{2}{3}$**

(3) $|x-2|<3$ から　　　$-3<x-2<3$

　　各辺に 2 を加えて　　**$-1<x<5$**

(4) $|x-2|>3$ から　　$x-2<-3,\ 3<x-2$

　　したがって　　　**$x<-1,\ 5<x$**

◀$x-1=X$ とおくと
　$|X|=2$
　よって $X=\pm 2$

◀$|2-3x|=4$ から
　$2-3x=\pm 4$
としてもよいが，
$|-A|=|A|$ を利用して
x の係数を正の数にしておくと解きやすくなる。

(3), (4)　$x-2=X$ とおくと
　$|X|<3$ から
　　$-3<X<3$
　$|X|>3$ から
　　$X<-3,\ 3<X$

検討 絶対値を数直線上の距離ととらえる ――――――――

$|b-a|$ は，数直線上の 2 点 A(a)，B(b) 間の距離を表しているから，$|x-2|$ は数直線上の座標が 2 である点と点 P(x) の距離ととらえることができる。よって，(3), (4)の不等式を満たす x の値の範囲は，下の図のように表すことができる。

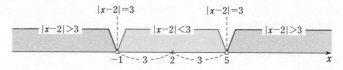

練習 次の方程式・不等式を解け。

② **40** (1) $|x+5|=3$　　　(2) $|1-3x|=5$　　　(3) $|x+2|<5$　　　(4) $|2x-1|\geqq 3$

基本 例題 **41** 絶対値を含む方程式

次の方程式を解け。

(1) $|x-2|=3x$

(2) $|x-1|+|x-2|=x$

指針 絶対値記号を **場合分け** してはずすことを考える。それには,

$$|A|=\begin{cases} A & (A\geqq 0 \text{ のとき}) \\ -A & (A<0 \text{ のとき}) \end{cases}$$

であることを用いる。このとき,場合の分かれ目となるのは,$A=0$,すなわち,| | **内の式=0 の値** である。

(1) $x-2\geqq 0$ と $x-2<0$,すなわち,

$x\geqq 2$ と $x<2$ の場合に分ける。

(2) 2 つの絶対値記号内の式 $x-1$,$x-2$ が 0 となる x の値は,それぞれ 1,2 であるから,$x<1$,$1\leqq x<2$,$2\leqq x$ の 3 つの場合に分けて解く($p.75$ ズーム UP も参照)。

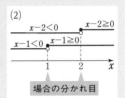

解答

(1) [1] $x\geqq 2$ のとき,方程式は $x-2=3x$

これを解いて $x=-1$ $\underline{x=-1 は x\geqq 2 を満たさない。}$

[2] $x<2$ のとき,方程式は $-(x-2)=3x$

これを解いて $x=\dfrac{1}{2}$ $\underline{x=\dfrac{1}{2} は x<2 を満たす。}$

[1], [2] から,求める解は $\boldsymbol{x=\dfrac{1}{2}}$

(2) [1] $x<1$ のとき,方程式は $-(x-1)-(x-2)=x$

すなわち $-2x+3=x$

これを解いて $x=1$ $\underline{x=1 は x<1 を満たさない。}$

[2] $1\leqq x<2$ のとき,方程式は $(x-1)-(x-2)=x$

これを解いて $x=1$ $\underline{x=1 は 1\leqq x<2 を満たす。}$

[3] $2\leqq x$ のとき,方程式は $(x-1)+(x-2)=x$

すなわち $2x-3=x$

これを解いて $x=3$ $\underline{x=3 は 2\leqq x を満たす。}$

以上から,求める解は $\boldsymbol{x=1,\ 3}$

重要!

場合分けにより,| | を はずしてできる方程式の 解が,**場合分けの条件を 満たすか満たさないかを 必ずチェックすること**（解答の ＿＿ の部分）。

◀最後に解をまとめておく。

◀$x-1<0$,$x-2<0 \to$ － をつけて | | をはずす。

◀$x-1\geqq 0$,$x-2<0$

◀$x-1>0$,$x-2\geqq 0$

◀最後に解をまとめておく。

検討

PLUS ONE

$y=|x-2|$ のグラフと方程式

(1)について $y=|x-2|$ は,$x\geqq 2$ のとき $y=x-2$,

$x<2$ のとき $y=-(x-2)$

であるから,$y=|x-2|$ のグラフは右の図の ①（折れ線）である（$p.118$ 参照）。折れ線 $y=|x-2|$ と直線 $y=3x$ は,x 座標が $x=-1$ の点で共有点をもたないから,$x=-1$ が方程式 $|x-2|=3x$ の解でないことがわかる。

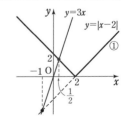

練習 次の方程式を解け。

③ **41** (1) $2|x-1|=3x$ (2) $2|x+1|-|x-3|=2x$

基本 例題 42 絶対値を含む不等式

次の不等式を解け。

(1) $|x-4|<3x$ 　　　　　(2) $|x-1|+2|x-3|\leqq 11$

指針 　絶対値 を含む不等式は，絶対値を含む方程式 [例題 **41**] と同様に **場合に分ける** が原則である。

(1) $x-4\geqq 0$, $x-4<0$ の場合に分けて解く。

(2) 2つの絶対値記号内の式が0となるxの値は$x=1$, 3
よって，$x<1$, $1\leqq x<3$, $3\leqq x$ の3つの場合に分けて解く。

なお，絶対値を含む方程式では，場合分けにより，| |をはずしてできる方程式の解が場合分けの条件を満たすかどうかをチェックしたが，絶対値を含む不等式では場合分けの条件との共通範囲をとる。

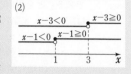

CHART 　絶対値 　場合に分ける

解答

(1) [1] $x\geqq 4$ のとき，不等式は 　　$x-4<3x$
これを解いて 　$x>-2$
$x\geqq 4$ との共通範囲は 　$x\geqq 4$ 　……①
[2] $x<4$ のとき，不等式は 　　$-(x-4)<3x$
これを解いて 　$x>1$
$x<4$ との共通範囲は 　$1<x<4$ 　……②
求める解は，①と②を合わせた範囲で
$$x>1$$

(2) [1] $x<1$ のとき，不等式は
$$-(x-1)-2(x-3)\leqq 11$$
よって 　$x\geqq -\dfrac{4}{3}$
$x<1$ との共通範囲は 　$-\dfrac{4}{3}\leqq x<1$ 　……①
[2] $1\leqq x<3$ のとき，不等式は
$$x-1-2(x-3)\leqq 11$$
よって 　$x\geqq -6$
$1\leqq x<3$ との共通範囲は 　$1\leqq x<3$ 　……②
[3] $3\leqq x$ のとき，不等式は 　$x-1+2(x-3)\leqq 11$
よって 　$x\leqq 6$
$3\leqq x$ との共通範囲は 　$3\leqq x\leqq 6$ 　……③
求める解は，①〜③を合わせた範囲で 　$-\dfrac{4}{3}\leqq x\leqq 6$

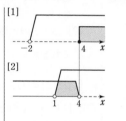

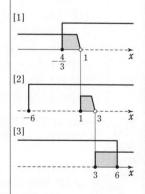

練習 次の不等式を解け。
③ **42** (1) $3|x+1|<x+5$ 　　　　　(2) $|x+2|-|x-1|>x$

絶対値を含む不等式の解法

絶対値を含む方程式や不等式では，絶対値記号内の式が
0となる値を分かれ目として，場合に分けて絶対値をは
ずし，方程式や不等式を解く。

$$|A| = \begin{cases} A\ (A \geqq 0\ \text{のとき}) \\ -A\ (A < 0\ \text{のとき}) \end{cases}$$

方程式，不等式ともに，**場合分けの条件のチェックが必要** であるが，ここでは左ページの
不等式について掘り下げて解説しよう。

1章 ❹ 1次不等式

● 共通範囲か？　合わせた範囲か？

例題 **42**(1)をもとにして，共通範囲と合わせた範囲の違いについて調べてみよう。

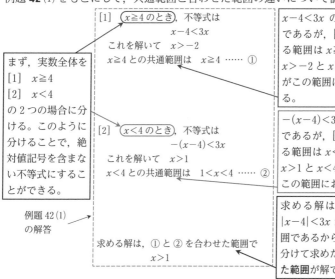

まず，実数全体を
[1] $x \geqq 4$
[2] $x < 4$
の2つの場合に分ける。このように分けることで，絶対値記号を含まない不等式にすることができる。

例題 42(1)
の解答

[1] $x \geqq 4$ のとき，不等式は
$x - 4 < 3x$
これを解いて $x > -2$
$x \geqq 4$ との共通範囲は $x \geqq 4$ …… ①

$x-4<3x$ の解は $x>-2$ であるが，[1] で考えている範囲は $x \geqq 4$ であるから，$x>-2$ と $x \geqq 4$ の共通範囲がこの範囲における解となる。

[2] $x < 4$ のとき，不等式は
$-(x-4) < 3x$
これを解いて $x > 1$
$x < 4$ との共通範囲は $1 < x < 4$ …… ②

$-(x-4)<3x$ の解は $x>1$ であるが，[2] で考えている範囲は $x<4$ であるから，$x>1$ と $x<4$ の共通範囲がこの範囲における解となる。

求める解は，①と②を合わせた範囲で
$x > 1$

求める解は，全体として $|x-4|<3x$ が成り立つ範囲であるから，[1]，[2] に分けて求めた範囲を**合わせた範囲**が解である。

● 絶対値が複数ある場合は？

絶対値記号が複数あるときでも，場合分けして，絶対値記号をはずして考える。
例題 **42**(2)では，$|x-1|$ と $|x-3|$ があるから，

$|x-1|$ は　　$x \geqq 1$ のとき　$x-1$，
　　　　　　$x < 1$ のとき　$-(x-1)$
$|x-3|$ は　　$x \geqq 3$ のとき　$x-3$，
　　　　　　$x < 3$ のとき　$-(x-3)$

x の値の範囲	$x<1$	$1 \leqq x < 3$	$3 \leqq x$
$|x-1|$	$-(x-1)$	$x-1$	$x-1$
$|x-3|$	$-(x-3)$	$-(x-3)$	$x-3$

となる。
これらをまとめると，右の表のようになる。
このように，場合の分かれ目が $x=1$ と $x=3$ の2つあるときには，$x<1$，$1 \leqq x<3$，$3 \leqq x$ の3つの場合に分けて絶対値記号をはずす。その際，場合の分かれ目である $x=1$ と $x=3$ は，場合分けのいずれかに必ず含めることに注意しよう。

参考事項 絶対値を含む不等式の場合分けをしない解法

以下では，第2章「集合と命題」の内容も含むため，その学習後に読むことを推奨する。

絶対値を含む不等式は，**場合に分けて解く** のが大原則であるが，例題 **40** (3), (4)のように不等式の形によっては，

$$\begin{cases} |x| < c \Longleftrightarrow -c < x < c \\ |x| > c \Longleftrightarrow x < -c \text{ または } c < x \end{cases} \quad (c \text{ は正の定数})$$

を利用することにより，場合分けをしないで解くこともできる。

ここでは，c が一般の文字式の場合，つまり，

$$|A| < B \Longleftrightarrow -B < A < B$$
$$|A| > B \Longleftrightarrow A < -B \text{ または } B < A$$

が B の正負に関係なく成り立つことを，例題 **42** (1)の不等式をもとに調べてみよう。

実数 a, b のうち大きい方（厳密には小さくない方）を $\max(a, b)$ と表すと
　　$|x-4| = \max(x-4, 4-x)$ 　　◀一般に，x が実数のとき $|x| = \max(x, -x)$ である。

例1 　$|x-4| < 3x \Longleftrightarrow -3x < x-4 < 3x$ …… (*) を示す。

$$\begin{aligned} |x-4| < 3x &\Longleftrightarrow \max(x-4, 4-x) < 3x \\ &\Longleftrightarrow x-4 < 3x \text{ かつ } 4-x < 3x \\ &\Longleftrightarrow x-4 < 3x \text{ かつ } x-4 > -3x \\ &\Longleftrightarrow -3x < x-4 < 3x \end{aligned}$$

補足 　条件 p：「$|x-4| < 3x$ かつ $3x \leqq 0$」，条件 q：「$-3x < x-4 < 3x$ かつ $3x \leqq 0$」を満たす x 全体の集合はともに $\varnothing$（空集合）である。
　　　$\varnothing$（空集合）は任意の集合の部分集合であるから，$p \Longrightarrow q$，$q \Longrightarrow p$ はともに真となり，$3x \leqq 0$ の場合にも（ * ）は成り立つ。

例2 　$|x-4| > 3x \Longleftrightarrow x-4 < -3x$ または $3x < x-4$ …… (* *) を示す。

$$\begin{aligned} |x-4| > 3x &\Longleftrightarrow \max(x-4, 4-x) > 3x \\ &\Longleftrightarrow x-4 > 3x \text{ または } 4-x > 3x \\ &\Longleftrightarrow x-4 > 3x \text{ または } x-4 < -3x \\ &\Longleftrightarrow x-4 < -3x \text{ または } 3x < x-4 \end{aligned}$$

◀「a, b のうち大きい方より c が小さい」とき，$c < a < b$, $c < b < a$ という場合以外に，$a < c < b$，$b < c < a$ という場合がある。

補足 　$3x < 0$ の場合，$|x-4| > 3x$ は常に成り立ち，「$x-4 < -3x$ または $3x < x-4$」も常に成り立つ。よって，$3x < 0$ の場合にも（ * * ）は成り立つ。

参考 　絶対値を含む式が2つある場合について，上で紹介した記号 max を用いると
　　　$|A| + |B| \Longleftrightarrow \max(A, -A) + \max(B, -B)$
　　　　　　　　　$\Longleftrightarrow \max(A+B, A-B, -A+B, -A-B)$
　　　であるから，C の正負に関係なく，次のことが成り立つ。
　　　$|A| + |B| < C \Longleftrightarrow A+B < C$ かつ $A-B < C$ かつ $-A+B < C$ かつ $-A-B < C$
　　　$|A| + |B| > C \Longleftrightarrow A+B > C$ または $A-B > C$ または $-A+B > C$ または $-A-B > C$

基本 例題 **43** 絶対値を含む方程式・不等式（応用）

次の方程式・不等式を解け。

(1) $||x-4|-3|=2$ 　　　　　　(2) $|x-7|+|x-8|<3$

指針 (1) 内側の絶対値を **場合分け** してはずすのが基本。

この問題の場合，右辺が正の定数であるので，**別解** のように外側の絶対値からはずして解くこともできる。

(2) 2つの絶対値記号内の式が0となる x の値は $x=7,\ 8$

例題 **42**(2)と同じように，$x<7$，$7\le x<8$，$8\le x$ の3つの場合に分けて解く。

解答

(1) [1] $x\geqq 4$ のとき，方程式は 　$|(x-4)-3|=2$

　　　すなわち 　$|x-7|=2$ 　　　よって 　$x-7=\pm 2$

　　　ゆえに 　$x=9,\ 5$ 　　これらは $x\geqq 4$ を満たす。

　　[2] $x<4$ のとき，方程式は 　$|-(x-4)-3|=2$

　　　すなわち 　$|-x+1|=2$ 　ゆえに 　$|x-1|=2$

　　　よって 　$x-1=\pm 2$

　　　ゆえに 　$x=-1,\ 3$ 　　これらは $x<4$ を満たす。

　　以上から，求める解は 　$\boldsymbol{x=-1,\ 3,\ 5,\ 9}$

　　別解 $||x-4|-3|=2$ から 　$|x-4|-3=\pm 2$

　　よって 　$|x-4|=5,\ 1$

　　$|x-4|=5$ から 　$x-4=\pm 5$ 　これを解いて 　$x=9,\ -1$

　　$|x-4|=1$ から 　$x-4=\pm 1$ 　これを解いて 　$x=5,\ 3$

　　以上から，求める解は 　$\boldsymbol{x=-1,\ 3,\ 5,\ 9}$

(2) [1] $\underline{x<7}$ のとき，不等式は

　　　　　　$-(x-7)-(x-8)<3$

　　　よって 　$x>6$

　　　$x<7$ との共通範囲は 　$6<x<7$ 　　…… ①

　　[2] $\underline{7\le x<8}$ のとき，不等式は

　　　　　　$(x-7)-(x-8)<3$

　　　よって，$1<3$ となり，常に成り立つから，[2]の
　　　場合の不等式の解は 　$7\le x<8$ 　　…… ②

　　[3] $\underline{8\le x}$ のとき，不等式は

　　　　　　$(x-7)+(x-8)<3$

　　　よって 　$x<9$

　　　$8\le x$ との共通範囲は 　$8\le x<9$ 　　…… ③

　　求める解は，①～③を合わせた範囲で 　$\boldsymbol{6<x<9}$

◀$c>0$ のとき，方程式
　$|x|=c$ の解は
　　$x=\pm c$

◀$|-x+1|=|x-1|$

◀$|x-4|-3=X$ とおく
　と，$|X|=2$ から
　　$X=\pm 2$

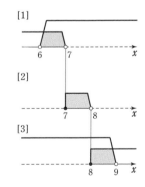

練習 次の方程式・不等式を解け。

③ **43**

(1) $||x-1|-2|-3=0$ 　　　　(2) $|x-5|\le \dfrac{2}{3}|x|+1$

p.78 EX35

⬛ EXERCISES

②29 ある整数を 20 で割って，小数第 1 位を四捨五入すると 17 になる。そのような整数
のうち，最大のものと最小のものを求めよ。　　　　　　　　　　　　　　　→33

②30 次の 1 次不等式を解け。

(1)　$2(x-3) \leqq -x+8$　　　　　　　　(2)　$\dfrac{1}{3}x > \dfrac{3}{5}x-2$

(3)　$\dfrac{5x+1}{3} - \dfrac{3+2x}{4} \geqq \dfrac{1}{6}(x-5)$　　　　(4)　$0.3x-7.2 > 0.5(x-2)$　　→34

②31 次の不等式を解け。　　　　　　　　　　　　　　　　　　　　　〔(2) 倉敷芸科大〕

(1)　$\begin{cases} 6(x+1) > 2x-5 \\ 25 - \dfrac{6-x}{2} \leqq 3x \end{cases}$　　　　(2)　$\dfrac{5(x-1)}{2} \leqq 2(2x+1) < \dfrac{7(x-1)}{4}$　→35

③32 連立不等式 $\begin{cases} x > 3a+1 \\ 2x-1 > 6(x-2) \end{cases}$ の解について，次の条件を満たす定数 a の値の範囲
を求めよ。　　　　　　　　　　　　　　　　　　　　　　　　　　　〔神戸学院大〕

(1)　解が存在しない。　　　　　　(2)　解に 2 が含まれる。

(3)　解に含まれる整数が 3 つだけとなる。　　　　　　　　　　　　　　→37

④33 a, b は定数とする。不等式 $ax > 3x-b$ を解け。　　　　　　　　　　　→38

③34 (1)　家から駅までの距離は 1.5km である。最初毎分 60m で歩き，途中から毎分
180m で走る。家を出発してから 12 分以内で駅に着くためには，最初に歩く距
離を何 m 以内にすればよいか。

(2)　5% の食塩水と 8% の食塩水がある。5% の食塩水 800g と 8% の食塩水を何
g か混ぜ合わせて 6% 以上 6.5% 以下の食塩水を作りたい。8% の食塩水を何 g
以上何 g 以下混ぜればよいか。　　　　　　　　　　　　　　　　　→39

③35 次の方程式・不等式を解け。　　　　　　　　　　　　　　　　　〔(3) 愛知学泉大〕

(1)　$|x-3|+|2x-3|=9$　　　　　　　(2)　$||x-2|-4|=3x$

(3)　$|2x-3| \leqq |3x+2|$　　　　　　　(4)　$2|x+2|+|x-4| < 15$　　→41, 42, 43

💡 **HINT**

29　小数第 1 位を四捨五入すると 17 になる数は，16.5 以上 17.5 未満。

30　(2), (3)　両辺を何倍かして，まず分数をなくす。　(4)　両辺を 10 倍して，小数をなくす。

32　まず，不等式 $2x-1 > 6(x-2)$ を解く。数直線を利用して考える。

34　(1)　速さの問題では，**距離＝速さ×時間** がポイント。また，式を作るときに **単位をそろ
える** ことに要注意。

(2)　濃度 (%) ＝ $\dfrac{\text{食塩の量}}{\text{食塩水の量}} \times 100$

35　(1), (3), (4)　2 つの絶対値記号内の式が 0 となる x の値が場合分けのポイント。
$|x-a|, |x-b|$ $(a<b)$ なら，$x<a$, $a \leqq x < b$, $b \leqq x$ の 3 つの場合に分けて解く。

(2)　内側の絶対値記号からはずす。

数学I 第2章

集合と命題

2

- **5** 集合
- **6** 命題と条件
- **7** 命題と証明

SELECT STUDY

- ━●━ **基本定着コース**……教科書の基本事項を確認したいきみに
- ━●━ 精選速習コース……入試の基礎を短期間で身につけたいきみに
- ━●━ **実力練成コース**……入試に向け実力を高めたいきみに

START 44 45 46 47 48 49 50 51 52 53 54 55 56 57 58 59 60 61 62 63

例題一覧

			難易度					難易度
5	基本 44	集合の記号と表し方	①		基本 54	必要条件・十分条件	②
	基本 45	2つの集合の共通部分, 和集合, 補集合	①		基本 55	条件の否定	①
	基本 46	不等式で表される集合	②		基本 56	「すべて」「ある」の否定	③
	重要 47	集合の包含関係	③		重要 57	命題 $p \Longrightarrow q$ の否定	④
	基本 48	集合の要素の決定	③	**7**	基本 58	逆・対偶・裏	②
	基本 49	3つの集合の共通部分, 和集合	②		基本 59	対偶を利用した証明 (1)	②
	重要 50	集合の包含関係・相等の証明	④		基本 60	対偶を利用した証明 (2)	③
6	基本 51	命題の真偽	①		基本 61	背理法による証明	②
	基本 52	命題の真偽と集合	①		基本 62	$\sqrt{7}$ が無理数であることの証明	③
	基本 53	命題と反例	③		基本 63	有理数と無理数の関係	③

5 集　合

1 集合の要素, 包含関係

① $a \in A$ …… a は集合 A の要素である。　　$a \notin A$ …… a は集合 A の要素でない。

② $A \subset B$ …… A は B の **部分集合**。　　「$x \in A$ ならば $x \in B$」が成り立つ。

③ $A = B$ …… A と B の要素は完全に一致。　　「$A \subset B$ かつ $B \subset A$」が成り立つ。

解 説

■集合の要素

数学では, 範囲がはっきりしたものの集まりを **集合** という。また, 集合を構成している1つ1つのものを, その集合の **要素** または **元** という。

a が集合 A の要素であるとき, a は集合 A に **属する** といい, $a \in A$ と表す。また, b が集合 A の要素でないことを $b \notin A$ と表す。なお, a と集合 A の間には, 必ず $a \in A$, $a \notin A$ のどちらか一方が成り立つ。有限個の要素からなる集合を **有限集合** といい, 無限に多くの要素からなる集合を **無限集合** という。

◀$a \in A$ を $A \ni a$, $b \notin A$ を $A \not\ni b$ と書くこともある。

■集合の表現

集合を表すには, 次の2つの方法がある。

① 要素を1つ1つ書き並べる

② 要素の満たす条件を示す

◀外延的表示ともいう。

◀内包的表示ともいう。

例えば, 1から9までの奇数全体の集合を A とすると, A には次の [1]~[3] のような表し方がある。

[1]　$A = \{1,\ 3,\ 5,\ 7,\ 9\}$　　　　[2]　$A = \{x \mid 1 \leqq x \leqq 9,\ x\ は奇数\}$

　　　　└要素の列挙　　　　　　　　　　要素の代表┘　└x の満たす条件

◀[1] は ①, [2], [3] は ② の方法。

[3]　$A = \{2n-1 \mid 1 \leqq n \leqq 5,\ n\ は整数\}$

　　　└要素の代表　　　　└n の満たす条件

また, 集合の要素の個数が多い場合や, 無限集合の場合には, 省略記号 …… を用いて, 次のように表すことがある。

100 以下の正の奇数全体の集合　$\{1,\ 3,\ 5,\ ……,\ 99\}$

正の偶数全体の集合　$\{2,\ 4,\ 6,\ ……\}$

◀規則性がわかるように初めの要素は, 3 個程度書いておく。

■集合の包含関係

2つの集合 A, B において, A のどの要素も B の要素であるとき, すなわち「$x \in A$ ならば $x \in B$」が成り立つとき, A は B の **部分集合** であるといい, 記号で $A \subset B$ と表す。このとき, A は B に **含まれる**, または B は A を **含む** という。A 自身も A の部分集合である。すなわち, $A \subset A$ である。

2つの集合 A, B の要素が完全に一致しているとき, A と B は **等しい** といい, $A = B$ と表す。

◀$A \subset B$ は $B \supset A$ と書くこともある。なお, 記号 $\subset$ の代わりに $\subseteqq$ を用いることもある。

基本事項

2 空集合

空 集 合 $\varnothing$　要素を1つももたない集合。任意の集合 A について $\varnothing \subset A$ と約束する。

3 共通部分，和集合

共通部分　$A \cap B$　A と B のどちらにも属する要素全体の集合。

和 集 合　$A \cup B$　A と B の少なくとも一方に属する要素全体の集合。

4 3つの集合の共通部分，和集合

共通部分　$A \cap B \cap C$　A, B, C のどれにも属する要素全体の集合。

和 集 合　$A \cup B \cup C$　A, B, C の少なくとも1つに属する要素全体の集合。

5 補集合

補 集 合　$\overline{A}$　全体集合 U の要素で，A に属さない要素全体の集合。

6 ド・モルガンの法則　$\overline{A \cup B} = \overline{A} \cap \overline{B}$, $\overline{A \cap B} = \overline{A} \cup \overline{B}$

解 説

■ **共通部分，和集合**

集合の共通部分，和集合を考えるときは，次のような図（**ベン図** という）を利用するとよい。

$A \cap B$

$A \cap B = \{x \mid x \in A$ かつ $x \in B\}$

$A \cup B$

$A \cup B = \{x \mid x \in A$ または $x \in B\}$

■ **3つの集合の共通部分，和集合**

ベン図で表すと，右のようになる。

⟍⟍⟍：$A \cap B \cap C = \{x \mid x \in A$ かつ $x \in B$ かつ $x \in C\}$

▓▓：$A \cup B \cup C = \{x \mid x \in A$ または $x \in B$ または $x \in C\}$

■ **全体集合，補集合**

集合を考えるとき，1つの集合 U を最初に決めて，要素としては U の要素だけを，集合としては U の部分集合だけを考えることが多い。このとき，集合 U を **全体集合** という。

また，全体集合 U の部分集合 A に対して，A に属さない U の要素全体の集合を，U に関する A の **補集合** といい，$\overline{A}$ で表す。

すなわち　$\overline{A} = \{x \mid x \in U$ かつ $x \not\in A\}$

また，次のことが成り立つ。

$$\left. \begin{array}{l} \overline{\varnothing} = U, \ \overline{U} = \varnothing \\ A \cap \overline{A} = \varnothing, \ A \cup \overline{A} = U, \ \overline{\overline{A}} = A, \ A \subset B \Longleftrightarrow \overline{A} \supset \overline{B} \end{array} \right\} \cdots\cdots (*)$$

注意　「p ならば q」かつ「q ならば p」を $p \Longleftrightarrow q$ と書く（$p.91$ 参照）。

■ **ド・モルガンの法則**

上の $(*)$ やド・モルガンの法則が成り立つことは，ベン図を用いて確認できる。
$\overline{A \cup B} = \overline{A} \cap \overline{B}$, $\overline{A \cap B} = \overline{A} \cup \overline{B}$ については解答編 $p.44$ の検討を参照。

$\overline{A \cup B} = \overline{A} \cap \overline{B}$

$\overline{A \cap B} = \overline{A} \cup \overline{B}$

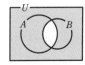

基本 例題 44 集合の記号と表し方 ①/①/①/①/①

(1) 42 の正の約数全体の集合を A とする。次の ☐ の中に，$\in$ または $\notin$ のいずれか適するものを書き入れよ。

　(ア) 7 ☐ A 　　(イ) 9 ☐ A 　　(ウ) -2 ☐ A

(2) 次の集合を，要素を書き並べて表せ。

　(ア) $A=\{x\,|\,-2\leqq x<4,\ x は整数\}$ 　(イ) $B=\{x\,|\,x は 24 の正の約数\}$

(3) 3 つの集合 $A=\{3,\ 6,\ 9\}$，$B=\{x\,|\,x は 18 の正の約数\}$，
$C=\{x\,|\,1\leqq x\leqq10,\ x は整数で 3 の倍数\}$ について，次の ☐ の中に，$\subset$，$\supset$，$=$ のうち，最も適するものを書き入れよ。

　(ア) A ☐ B 　　(イ) B ☐ C 　　(ウ) A ☐ C 　　/p.80 基本事項 ■

指針 (1) それぞれの要素が，42 の正の約数かどうかを調べる。
　　　(2) $\{\ \}$ 内の $|$ の右にある条件を満たす x を書き並べる。
　　　(3) B，C の要素を具体的に書き並べて表し，要素を比較する。

解答

(1) (ア) 7 は 42 の正の約数であるから 　　　　$7\in A$
　　(イ) 9 は 42 の正の約数ではないから 　　$9\notin A$
　　(ウ) -2 は 42 の正の約数ではないから 　$-2\notin A$

　参考 集合 A の要素を書き並べて表すと
　　　$A=\{1,\ 2,\ 3,\ 6,\ 7,\ 14,\ 21,\ 42\}$

(2) (ア) $A=\{-2,\ -1,\ 0,\ 1,\ 2,\ 3\}$
　　(イ) $B=\{1,\ 2,\ 3,\ 4,\ 6,\ 8,\ 12,\ 24\}$

(3) $B=\{1,\ 2,\ 3,\ 6,\ 9,\ 18\}$，$C=\{3,\ 6,\ 9\}$ である。
　(ア) A の要素はすべて B に属し，B の要素 1 は A に属さないから 　$A\subset B$
　(イ) C の要素はすべて B に属し，B の要素 1 は C に属さないから 　$B\supset C$
　(ウ) A の要素と C の要素は完全に一致しているから
　　　$A=C$

(1) 42 は 7 で割り切れるが，9 では割り切れない。また，-2 は正の数ではない。

◀$\{\ \}$ を用いて表す。

◀要素を具体的に書き並べて表す。

◀$A=\{3,\ 6,\ 9\}$，
$B=\{1,\ 2,\ 3,\ 6,\ 9,\ 18\}$

◀$B=\{1,\ 2,\ 3,\ 6,\ 9,\ 18\}$，
$C=\{3,\ 6,\ 9\}$

◀$A=C=\{3,\ 6,\ 9\}$

練習 ① **44**

(1) 1 桁の自然数のうち，4 の倍数であるもの全体の集合を A とする。次の ☐ の中に，$\in$ または $\notin$ のいずれか適するものを書き入れよ。

　(ア) 6 ☐ A 　　(イ) 8 ☐ A 　　(ウ) 12 ☐ A

(2) 次の集合を，要素を書き並べて表せ。

　(ア) $A=\{x\,|\,-3<x<2,\ x は整数\}$ 　(イ) $B=\{x\,|\,x は 32 の正の約数\}$

(3) 3 つの集合 $A=\{1,\ 2,\ 3\}$，$B=\{x\,|\,x は 4 未満の自然数\}$，
$C=\{x\,|\,x は 6 の正の約数\}$ について，次の ☐ の中に，$\subset$，$\supset$，$=$ のうち，最も適するものを書き入れよ。

　(ア) A ☐ B 　　(イ) B ☐ C 　　(ウ) A ☐ C 　　p.90 EX36

基本 例題 45 2つの集合の共通部分，和集合，補集合

$U=\{1, 2, 3, 4, 5, 6, 7, 8, 9\}$ を全体集合とする。

集合 U の部分集合 A, B を $A=\{1, 2, 4, 6, 8\}$, $B=\{1, 3, 6, 9\}$ とするとき，次の集合を求めよ。

(1) $\overline{A}$
(2) $\overline{A} \cap \overline{B}$
(3) $\overline{A} \cup \overline{B}$
(4) $\overline{A \cap B}$
(5) $\overline{A \cup B}$

/p.81 基本事項 **3**, **5**

2章

5
集

合

指針 集合の要素を求める問題では，まず下の図にあるような **図(ベン図)をかき**，問題文で与えられた **条件を整理** する。要素を書き込むときには，次の順に書き込むとよい。

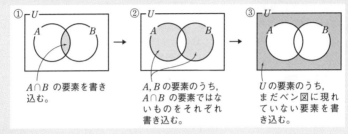

CHART 集合の問題　図(ベン図)を作る

解答
$A \cap B=\{1, 6\}$, $A \cap \overline{B}=\{2, 4, 8\}$,
$\overline{A} \cap B=\{3, 9\}$, $\overline{A \cup B}=\{5, 7\}$
であるから，与えられた集合の要素を図に書き込むと，右のようになる。
したがって，図から

◀$A \cap \overline{B}$ は A の要素のうち，$A \cap B$ の要素ではないもの。

(1) $\overline{A}=\{3, 5, 7, 9\}$
(2) $\overline{A} \cap \overline{B}=\{5, 7\}$
(3) $\overline{A} \cup \overline{B}=\{2, 3, 4, 5, 7, 8, 9\}$
(4) $A \cap B=\{1, 6\}$ であるから　$\overline{A \cap B}=\{2, 3, 4, 5, 7, 8, 9\}$
(5) $A \cup B=\{1, 2, 3, 4, 6, 8, 9\}$ であるから　$\overline{A \cup B}=\{5, 7\}$

検討
ド・モルガンの法則
(2) と (5)，(3) と (4) の結果から，ド・モルガンの法則
$$\overline{A} \cap \overline{B}=\overline{A \cup B}$$
$$\overline{A} \cup \overline{B}=\overline{A \cap B}$$
が成り立っていることがわかる。

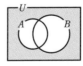
$\overline{A} \cap \overline{B}=\overline{A \cup B}$

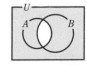
$\overline{A} \cup \overline{B}=\overline{A \cap B}$

練習 ① 45 全体集合 $U=\{1, 2, 3, 4, 5, 6, 7, 8, 9, 10\}$ の部分集合 A, B について
$$\overline{A} \cap \overline{B}=\{1, 2, 5, 8\},\quad A \cap B=\{3\},\quad \overline{A} \cap B=\{4, 7, 10\}$$
がわかっている。このとき，A, B, $A \cap \overline{B}$ を求めよ。

[昭和薬大] p.90 EX37

基本 例題 **46** 不等式で表される集合

実数全体を全体集合とし，その部分集合 A, B, C を $A=\{x\,|\,-3 \leqq x \leqq 5\}$，$B=\{x\,|\,|x|<4\}$，$C=\{x\,|\,k-7 \leqq x < k+3\}$（$k$ は定数）とする。

(1) 次の集合を求めよ。

　　(ア) $\overline{B}$　　　　　　　(イ) $A \cup \overline{B}$　　　　　　(ウ) $A \cap \overline{B}$

(2) $A \subset C$ となる k の値の範囲を求めよ。　　　　　/p.80, p.81 基本事項 **1**, **3**, **5**

指針　集合の要素が離散的な値（とびとびの値）でなく連続的な値であるときも，その集合を視覚化するとよい。この問題のように，全体集合が実数全体の場合，ベン図ではなく，**集合を数直線で表す** と考えやすい。

その際，端点を含むときは ●，含まないときは ○ を用いて，$\leqq$ と $<$ の違いを明確にしておく（$p.63$ 参照）。例えば，$P=\{x\,|\,0 \leqq x < 1\}$ は右の図のように表す。

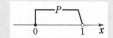

CHART 集合の問題　図を作る

解答

(1) (ア) $|x|<4$ から　$-4<x<4$
　　よって，$B=\{x\,|\,-4<x<4\}$
　　であるから
　　　　$\overline{B}=\{x\,|\,x \leqq -4,\ 4 \leqq x\}$
　　　　（$\overline{B}=\{x\,|\,|x| \geqq 4\}$ でもよい）

◀ $|x|<c$（c は正の定数）の解は　$-c<x<c$

◀ $x<-4$，$4<x$ は誤り。端点を含まない範囲の集合の補集合は，端点を含む範囲の集合である。
　　→　○ の補集合は ●

(イ) A, $\overline{B}$ を数直線上に表すと，右の図のようになる。
　　よって
　　　　$A \cup \overline{B}=\{x\,|\,x \leqq -4,\ -3 \leqq x\}$

(ウ) 右の図から　$A \cap \overline{B}=\{x\,|\,4 \leqq x \leqq 5\}$

(2) $A \subset C$ が成り立つとき，A, C を数直線上に表すと，右の図のようになる。ゆえに，$A \subset C$ となるための条件は
　　　　$k-7 \leqq -3$ …… ①，　$k+3>5$ …… ②
　　が同時に成り立つことである。
　　① から　$k \leqq 4$　　② から　$k>2$
　　共通範囲を求めて　**$2<k \leqq 4$**

(2) ① には等号がつくが，② には等号がつかないことに注意。$k-7=-3$ のときは，-3 は A の要素でも C の要素でもある。$k+3=5$ のときは，5 は A の要素であるが C の要素ではない。

練習　実数全体を全体集合とし，その部分集合 A, B, C について，次の問いに答えよ。

② **46**
(1) $A=\{x\,|\,-3 \leqq x \leqq 2\}$，$B=\{x\,|\,2x-8>0\}$，$C=\{x\,|\,-2<x<5\}$ とするとき，次の集合を求めよ。

　　(ア) $\overline{B}$　　　　　　　(イ) $A \cap \overline{B}$　　　　　　(ウ) $\overline{B} \cup C$

(2) $A=\{x\,|\,-2 \leqq x \leqq 3\}$，$B=\{x\,|\,k-6 \leqq x \leqq k\}$（$k$ は定数）とするとき，$A \subset B$ となる k の値の範囲を求めよ。

p.90 EX 39

重要 例題 47 集合の包含関係

1 以上 1000 以下の整数全体の集合 U を全体集合として考える。
$A = \{x \mid x$ は 3 の倍数, $x \in U\}$, $B = \{x \mid x$ は 4 の倍数, $x \in U\}$,
$C = \{x \mid x$ は 6 の倍数, $x \in U\}$ とするとき, $\overline{C} \subset \overline{A} \cup \overline{B}$ であることを示せ。

[類 京都産大] / p.81 基本事項 **5**, **6**

指針 $\overline{A} \cup \overline{B}$ の要素を書き出そうとすると, かなり面倒。そこで, 次の ①, ② を利用する。
ド・モルガンの法則 $\overline{A} \cup \overline{B} = \overline{A \cap B}$ …… ①
p.81 解説の(*) $\overline{Q} \subset \overline{P} \iff Q \supset P$ …… ② ← ⊂ と ⊃ に注意。
よって $\overline{C} \subset \overline{A} \cup \overline{B}$ $\xrightarrow{\text{①から}}$ $\overline{C} \subset \overline{A \cap B}$ $\xrightarrow{\text{②から}}$ $C \supset A \cap B$
したがって, $C \supset A \cap B$ を導くことを考える。

解答 ド・モルガンの法則より, $\overline{A} \cup \overline{B} = \overline{A \cap B}$ が成り立つから
$$\overline{C} \subset \overline{A} \cup \overline{B} \iff \overline{C} \subset \overline{A \cap B}$$
$$\iff C \supset A \cap B$$
したがって, $C \supset A \cap B$ が成り立つことを示せばよい。
$A \cap B = \{x \mid x$ は 3 の倍数かつ 4 の倍数, $x \in U\}$
$\qquad = \{x \mid x$ は 12 の倍数, $x \in U\}$
x が 12 の倍数であるとき, x は 6 の倍数でもあるので,
$A \cap B$ の要素はすべて 6 の倍数である。
よって, $C \supset A \cap B$ すなわち $\overline{C} \subset \overline{A} \cup \overline{B}$ が成り立つ。

◀ $\overline{Q} \subset \overline{P} \iff Q \supset P$

◀ $x = 12n$ (n は整数) とおくと, $x = 6 \cdot (2n)$ より x は 6 の倍数。

検討 **集合の包含関係と補集合**
集合 $A \subset B$ に対して, $A \subset B \iff \overline{A} \supset \overline{B}$ が成り立つ。
これは, 右の図で, $\overline{B}$ (斜線部分) が $\overline{A}$ (赤網部分) に含まれることからわかる。
なお, 記号「$\iff$」については p.91 を参照。

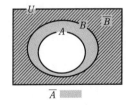

$\overline{A}$ ▬

練習 1 から 1000 までの整数全体の集合を全体集合 U とし, その部分集合 A, B,
③ **47** C を $A = \{n \mid n$ は奇数, $n \in U\}$, $B = \{n \mid n$ は 3 の倍数でない, $n \in U\}$,
$C = \{n \mid n$ は 18 の倍数でない, $n \in U\}$ とする。
このとき, $A \cup B \subset C$ であることを示せ。

基本例題 **48** 集合の要素の決定 〽〽〽〽〽〽

実数 a に対して，2つの集合を

$$A=\{a-1,\ 4,\ a^2-5a+6\},\quad B=\{1,\ a^2-4,\ a^2-7a+12,\ 4\}$$

とする。$A\cap B=\{0,\ 4\}$ であるとき，a の値を求めよ。

/ p.81 基本事項 **3**

指針 $A\cap B$ は A と B の **共通部分** であるから，$A\cap B$ の要素 0 について，$0\in A$ かつ $0\in B$ である（$A\cap B$ の要素 4 について，$4\in A$ かつ $4\in B$ であることは明らかである）。

よって，$0\in A$ より

$$a-1=0\quad または\quad a^2-5a+6=0$$

であるから，これを満たす a の値について，条件を満たすかどうか確認する。

解答 $A\cap B=\{0,\ 4\}$ より $0\in A$ であるから

$$a-1=0\quad または\quad a^2-5a+6=0$$

[1] $\underline{a-1=0}$ すなわち $a=1$ のとき

$$A=\{0,\ 2,\ 4\},\quad B=\{-3,\ 1,\ 4,\ 6\}$$

よって，$0\notin B$ となるから，条件に適さない。

[2] $\underline{a^2-5a+6=0}$ のとき $(a-2)(a-3)=0$

したがって $a=2,\ 3$

(i) $a=2$ の場合

$$A=\{0,\ 1,\ 4\},\quad B=\{0,\ 1,\ 2,\ 4\}$$

よって，$A\cap B=\{0,\ 1,\ 4\}$ となるから，条件に適さない。

(ii) $a=3$ の場合

$$A=\{0,\ 2,\ 4\},\quad B=\{0,\ 1,\ 4,\ 5\}$$

よって，$A\cap B=\{0,\ 4\}$ となるから，条件に適する。

以上から，求める a の値は **$a=3$**

◀要素 0 が A の要素であるための，a の条件を調べる。

◀$a=1$ のとき
$a^2-4=-3$
$a^2-7a+12$
$=1^2-7\cdot1+12=6$

◀$a=2$ のとき
$a^2-4=0$
$a^2-7a+12=2$

◀$a=3$ のとき
$a^2-4=5$
$a^2-7a+12=0$

検討 **条件の使い方**

上の解答では，$0\in A$ であることを利用したが，もちろん $0\in B$ であることを利用してもよい。

このとき $a^2-4=0$ または $a^2-7a+12=0$ ゆえに $a=\pm2$ または $a=3,\ 4$

よって，$a=-2,\ 2,\ 3,\ 4$ の4つの場合を調べることになる。しかし，4つの場合を調べるより，上の解答のように $a=1,\ 2,\ 3$ の3つの場合を調べる方がらくである。一般に，2次式より1次式の方が扱いやすい。したがって，$0\in A$ であることを利用したのである。このように

条件はらくになるように使う

ことがポイントである。

練習 **③48** $U=\{x\,|\,x$ は実数$\}$ を全体集合とする。U の部分集合 $A=\{2,\ 4,\ a^2+1\}$，$B=\{4,\ a+7,\ a^2-4a+5\}$ について，$A\cap\overline{B}=\{2,\ 5\}$ となるとき，定数 a の値を求めよ。

[富山県大]

基本 例題 **49** 3つの集合の共通部分, 和集合

$A=\{n|n$ は 16 の正の約数$\}$, $B=\{n|n$ は 20 の正の約数$\}$,
$C=\{n|n$ は 8 以下の正の偶数$\}$ とする。このとき, 次の集合を求めよ。

(1) $A\cap B\cap C$ (2) $A\cup B\cup C$ (3) $(A\cap B)\cup C$

(4) $(A\cap C)\cup(B\cap C)$

/ 基本 45

指針 3つの集合についての要素を求めるときも, 2つの集合の場合と同様に, 図(ベン図)を かく とわかりやすい。要素をベン図に書き込むときは, 次の順に書き込むとよい。

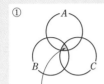

$A\cap B\cap C$ の要素を 書き込む。

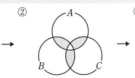

$A\cap B, B\cap C, C\cap A$ の要 素のうち, $A\cap B\cap C$ の 要素ではないものをそ れぞれ書き込む。

A, B, C の要素のう ち, まだベン図に現 れていない要素を 書き込む。

CHART 集合の条件 ベン図で整理

2章

❺

集 合

解答

(1) $A=\{1,\ 2,\ 4,\ 8,\ 16\}$,
$B=\{1,\ 2,\ 4,\ 5,\ 10,\ 20\}$,
$C=\{2,\ 4,\ 6,\ 8\}$
であるから $A\cap B\cap C=\{2,\ 4\}$

(2) $A\cap B=\{1,\ 2,\ 4\}$,
$B\cap C=\{2,\ 4\}$,
$C\cap A=\{2,\ 4,\ 8\}$ であるから,
与えられた集合の要素を図に書き込むと上のようになる。
よって
$A\cup B\cup C=\{1,\ 2,\ 4,\ 5,\ 6,\ 8,\ 10,\ 16,\ 20\}$

(3) 図より $(A\cap B)\cup C=\{1,\ 2,\ 4,\ 6,\ 8\}$

(4) 図より $(A\cap C)\cup(B\cap C)=\{2,\ 4,\ 8\}$

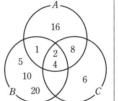

◀まず, 要素を書き並べる 形で表してみる。

(3)

$(A\cap B)\cup C$

(4)

$(A\cap C)\cup(B\cap C)$

 検討 ∩, ∪ の計算法則 ————

3つの集合 A, B, C について, 次のことが成り立つ。

① $(A\cap B)\cap C=A\cap(B\cap C)$ $(A\cup B)\cup C=A\cup(B\cup C)$ **結合法則**

② $(A\cap B)\cup C=(A\cup C)\cap(B\cup C)$
    $(A\cup B)\cap C=(A\cap C)\cup(B\cap C)$ **分配法則**

これらの式が成り立つことを, ベン図を用いて各自調べてみよ。

練習 ② **49** 30以下の自然数全体を全体集合 U とし, U の要素のうち, 偶数全体の集合を A, 3 の倍数全体の集合を B, 5 の倍数全体の集合を C とする。次の集合を求めよ。

(1) $A\cap B\cap C$ (2) $A\cap(B\cup C)$ (3) $(\overline{A}\cup\overline{B})\cap C$

p.90 EX 40 ↘

参考事項 **4個の集合のベン図**

p.81 の基本事項の解説にあるような集合を表す図を **ベン図**(Venn diagram)という。ベン図は，19世紀にイギリスの論理学者 John Venn によって導入された。

2個，3個の集合を扱うときは，ベン図を利用すると考えやすい。実際，p.83 例題 **45** では2個の集合を，p.87 例題 **49** では3個の集合をベン図で表し，要素を記入して条件を整理することにより，問題を解決した。

2個，3個の集合については，円でベン図をかくことができる。それでは4個の集合 A，B，C，D についても円でベン図がかけるかどうか考えてみよう。
まず，A，B，C のベン図をかき，それに D のベン図をかき加えようとすると，例えば次のようになって，うまくかけない。

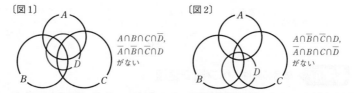

〔図1〕 $A \cap B \cap C \cap \overline{D}$, $\overline{A} \cap B \cap \overline{C} \cap D$ がない

〔図2〕 $A \cap \overline{B} \cap C \cap D$, $\overline{A} \cap B \cap C \cap \overline{D}$ がない

〔図1〕，〔図2〕以外でも，円では4個の集合のベン図はうまくかけない。
実は次のような理由で，4個の集合の場合，円でベン図はかけないことがわかる。

平面上に異なる4個の円があり，どの2個も2点で交わり，どの3個も同じ点では交わらない。このとき，この4個の円で平面は，次のように14個の部分に分けられる。

 円1個で2個， 円2個で $2 + 2 \cdot 1 = 4$ 個，
 円3個で $4 + 2 \cdot 2 = 8$ 個， 円4個で $8 + 2 \cdot 3 = 14$ 個。

一方，4個の集合 A，B，C，D と補集合 $\overline{A}$，$\overline{B}$，$\overline{C}$，$\overline{D}$ でできる共通部分 $A \cap B \cap C \cap D$，$\overline{A} \cap B \cap C \cap D$ などは，全部で
$2^4 = 16$ (個) ある(重複順列の考え。数学 A 参照)。
円4個で平面は14個の部分に分けられ，$14 < 16$ であるから，円で4個の集合のベン図はかけないということになる。

ただし，4個の集合を円で表すことに限定しなければ，このような図をかくことが可能な場合もある。
実際，Venn は彼の論文で右のような楕円を用いて，4個の集合を表している。更に，Venn は5個の集合についても考察しているが，複雑で実用性はないように思われる。

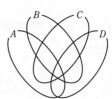

重要 例題 50 集合の包含関係・相等の証明 ⬤⬤⬤⬤⬤

Z を整数全体の集合とするとき，次のことを証明せよ。

(1) $A=\{4n+1 \mid n \in Z\}$，$B=\{2n+1 \mid n \in Z\}$ であるとき $A \subset B$ かつ $A \neq B$

(2) $A=\{5n+2 \mid n \in Z\}$，$B=\{5n-3 \mid n \in Z\}$ であるとき $A=B$

p.80 基本事項 ■

指針 (1) $A \subset B$ を示すためには，A の要素がすべて B の要素であること，すなわち，「$x \in A$ ならば $x \in B$」を示せばよい。また，$A \neq B$ であることを示すためには，B の要素であるが A の要素ではないものを1つ挙げればよい。

(2) $A=B$ を示すためには，「$A \subset B$ かつ $B \subset A$」を示せばよい。そのために，「$x \in A$ ならば $x \in B$」と「$x \in B$ ならば $x \in A$」の**両方を示す**。

解答

(1) $x \in A$ とすると，$x=4n+1$（n は整数）と書くことができる。このとき $x=2(2n)+1$
$2n=m$ とおくと，m は整数で
$x=2m+1$
ゆえに $x \in B$
よって，$x \in A$ ならば $x \in B$
が成り立つから $A \subset B$
また，$3 \in B$ であるが $3 \notin A$
したがって $A \neq B$

◀$x \in B$ を示すために，$2 \times$(整数)$+1$ の形にする。

◀B の要素であるが，A の要素ではないものの存在を示すことで，$A \neq B$ が示せる。

(2) $x \in A$ とすると，$x=5n+2$（n は整数）と書くことができる。このとき $x=5(n+1)-3$
$n+1=k$ とおくと，k は整数で $x=5k-3$
ゆえに $x \in B$
よって，$x \in A$ ならば $x \in B$ が成り立つから
$A \subset B$ …… ①
次に，$x \in B$ とすると，$x=5n-3$（n は整数）と書くことができる。このとき $x=5(n-1)+2$
$n-1=l$ とおくと，l は整数で $x=5l+2$
ゆえに $x \in A$
よって，$x \in B$ ならば $x \in A$ が成り立つから
$B \subset A$ …… ②
①，② から $A=B$

◀$x \in B$ を示すために，$5 \times$(整数)-3 の形にする。

◀次に，$x \in A$ を示すため，$5 \times$(整数)$+2$ の形にする。

◀$A \subset B$ かつ $B \subset A$

POINT 要素が無数にあり，すべてを書き出すことができないときは，次のことを利用して証明する。

$$「A \subset B」 \iff 「x \in A \text{ ならば } x \in B」$$
$$「A = B」 \iff 「A \subset B \text{ かつ } B \subset A」$$

練習 次のことを証明せよ。ただし，Z は整数全体の集合とする。
④ **50** (1) $A=\{3n-1 \mid n \in Z\}$，$B=\{6n+5 \mid n \in Z\}$ ならば $A \supset B$
(2) $A=\{2n-1 \mid n \in Z\}$，$B=\{2n+1 \mid n \in Z\}$ ならば $A=B$

p.90 EX41

::: EXERCISES

①36 N を自然数全体の集合とする。
(1) 「1 は N の要素である」を，集合の記号を用いて表せ。
(2) 「1 のみを要素にもつ集合は，N の部分集合である」を，集合の記号を用いて表せ。

→44

①37 Z は整数全体の集合とする。次の集合を，要素を書き並べて表せ。
$$A=\{x\,|\,0<x<6,\ x\in Z\},\ B=\{2x\,|\,-1\leqq x\leqq 3,\ x\in Z\}$$
また，$A\cap B$，$A\cup B$，$\overline{A}\cap B$ を，要素を書き並べて表せ。

→44, 45

①38 $P=\{a,\ b,\ c,\ d\}$ の部分集合をすべて求めよ。

②39 次の集合 A，B には，$A\subset B$，$A=B$，$A\supset B$ のうち，どの関係があるか。
$$A=\{x\,|\,-1<x<2,\ x\ \text{は実数}\},\ B=\{x\,|\,-1<x\leqq 1\ \text{または}\ 0<x<2,\ x\ \text{は実数}\}$$

→46

②40 U を 1 から 9 までの自然数の集合とする。U の部分集合 A，B，C について，以下が成り立つ。
$$A\cup B=\{1,\ 2,\ 4,\ 5,\ 7,\ 8,\ 9\},\ A\cup C=\{1,\ 2,\ 4,\ 5,\ 6,\ 7,\ 9\},$$
$$B\cup C=\{1,\ 4,\ 6,\ 7,\ 8,\ 9\},\ A\cap B=\{4,\ 9\},\ A\cap C=\{7\},\ B\cap C=\{1\},$$
$$A\cap B\cap C=\varnothing$$
(1) 集合 $\overline{B}\cap\overline{C}$ を求めよ。
(2) 集合 $A\cap(\overline{B\cup C})$，$A$ を求めよ。

［類 東京国際大］

→49

④41 Z を整数全体の集合とし，$A=\{3n+2\,|\,n\in Z\}$，$B=\{6n+5\,|\,n\in Z\}$ とするとき，$A\supset B$ であるが $A\neq B$ であることを証明せよ。

→50

HINT

36　要素が集合に属することを表す記号と，部分集合であることを表す記号の違いに注意。

37　A，B の要素を書き並べてからベン図をかく。

38　$\varnothing$ はすべての集合の部分集合である。

39　数直線を利用して考えるとよい。

40　$A\cup B$ と $A\cup C$ の要素を比較すると，$8\in B$ であるが $8\notin C$，$6\in C$ であるが $6\notin B$ であることがわかる。このようにして集合 A，B，C の要素を調べ，ベン図をかく。

41　**任意の（すべての）$x\in B$ に対して $x\in A$ が成り立つとき，$A\supset B$ である。**
$6n+5$ を $3m+2$（m は整数）の形に変形する。

6 命 題 と 条 件

基本事項

1 命題と条件，命題の真偽

命題 $p \Longrightarrow q$（p ならば q）　　p が仮定，q が結論。

　　$p \Longleftrightarrow q$ は「$p \Longrightarrow q$」かつ「$q \Longrightarrow p$」を表す。

偽と反例　p は満たすが q は満たさない例（反例）があると，$p \Longrightarrow q$ は偽。

2 条件と集合

2 つの条件 p，q を満たすもの全体の集合を，それぞれ P，Q とする。

$$「p \Longrightarrow q が真」 \Longleftrightarrow P \subset Q \Longleftrightarrow P \cap \overline{Q} = \varnothing$$
$$「p \Longleftrightarrow q が真」 \Longleftrightarrow P = Q$$

解　説

■ 命題

式や文章で表された事柄で，正しいか正しくないかが，明確に決まるものを **命題** という。また，命題が正しいとき，その命題は **真** であるといい，正しくないとき，その命題は **偽** であるという。命題は，真であるか偽であるか，どちらか一方が必ず定まる。

ただし，例えば，「1 億は大きい数である」は命題とはいえない。何に対して「大きい」のか，基準となる数が明示されていないから，真偽は判定できない。

> 例
> 「3 は 2 より大きい」
> は，真の命題。
> 「円周率 $\pi=3$」は偽の命題である。

■ 命題と条件

文字 x を含んだ文や式において，文字のとる値を変えると，真偽が変わるものがある。例えば，「x は正の数である」という文は，$x=1$ のときは真であるが，$x=-2$ のときは偽である。このような文字 x を含んだ文や式を，x に関する **条件** という。

2 つの条件 p，q について，命題「p ならば q」を $p \Longrightarrow q$ とも書き，p をこの命題の **仮定**，q をこの命題の **結論** という。

また，「p ならば q　かつ　q ならば p」を $p \Longleftrightarrow q$ と書く。

■ 条件と集合

2 つの条件 p，q を満たすものの全体の集合を，それぞれ P，Q とする。

「命題 $p \Longrightarrow q$ が真である」とき，条件 p を満たすものは必ず条件 q を満たすから，$P \subset Q$ が成り立つ。

逆に，$P \subset Q$ ならば，$p \Longrightarrow q$ が真であることがいえる。

したがって　「$p \Longrightarrow q$ が真」 $\Longleftrightarrow P \subset Q \Longleftrightarrow P \cap \overline{Q} = \varnothing$

また，「命題 $p \Longrightarrow q$ が偽である」とき，P の中に q を満たさない要素（Q からはみ出す要素）が少なくとも 1 つある，すなわち，$P \cap \overline{Q} \neq \varnothing$ が成り立つ。このはみ出す要素が **反例** である。

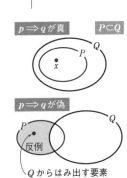

基本 例題 51 命題の真偽

x, y は実数とする。次の命題の真偽を調べよ。

(1) $x=0$ ならば $xy=0$ (2) $x^2=16$ ならば $x=4$

(3) 「$x+y>0$ かつ $xy>0$」ならば「$x>0$ かつ $y>0$」

(4) $x+y=0$ ならば $x=y=0$ (5) $x^2+y^2=0$ ならば $x=y=0$

 p.91 基本事項 1

指針 「命題の真偽を調べよ」という問題では，次の方針で答える。
　　1 真の場合は 証明する。
　　2 偽の場合は 反例を1つあげる。
まずは反例がないかどうかを調べてみる。反例が見つからないようであれば，命題が真であることの証明を試みるとよい。

解答
(1) 0 にどのような数を掛けても 0 になるから，
　　$x=0$ のとき　　$xy=0\cdot y=0$　　　　ゆえに **真**

(2) $x^2=16$ のとき　　$x=4$ または $x=-4$
　　ゆえに **偽**　　(反例) $x=-4$

(3) $xy>0$ のとき
　　　　「$(x>0$ かつ $y>0)$ または $(x<0$ かつ $y<0)$」
　　$x+y>0$ であるから，「$x<0$ かつ $y<0$」ではない。
　　よって　　$x>0$ かつ $y>0$　　　　ゆえに **真**

(4) $x=1$, $y=-1$ とすると，
　　$x+y=0$ であるが $x=y=0$ は成り立たない。
　　ゆえに **偽**　　(反例) $x=1$, $y=-1$

(5) $x^2\geqq0$, $y^2\geqq0$ であるから，$x^2+y^2=0$ ならば
　　　　　　$x^2=0$ かつ $y^2=0$
　　よって　　$x=y=0$　　　　ゆえに **真**

◀(1)は明らかに真と思えるが，これを証明する。

◀命題 $p \Longrightarrow q$ の反例とは p であって q でない例。

(2) $x=-4$ は $x^2=16$ を満たすが，$x=4$ ではない。

(3) 反例が見つからないので，証明を試みる。

◀例えば，もし $x^2>0$ なら $x^2+y^2>0$ となる。

検討 **実数の性質**

実数の平方について，次のことが成り立つ。上の解答(5)ではこれを利用している。
　　　a が実数のとき　$a^2\geqq0$　　等号が成り立つのは $a=0$ のとき。
また，命題「$x=y=0$ ならば $x^2+y^2=0$」は真である。
よって，上の(5)と合わせて，次の重要な関係が成り立つ。
　　　実数 x, y に対して　　$x^2+y^2=0 \Longleftrightarrow x=y=0$
(4)で，「$x+y=0 \Longrightarrow x=y=0$」が偽であったことからわかるように，この関係は実数 x, y が2乗されているという点が重要である。

練習 次の命題の真偽を調べよ。ただし，m, n は自然数，x, y は実数とする。
① **51**
(1) n が 8 の倍数ならば，n は 4 の倍数である。
(2) $m+n$ が偶数ならば，m, n はともに偶数である。
(3) xy が有理数ならば，x, y はともに有理数である。
(4) x, y がともに有理数ならば，xy は有理数である。

p.101 EX42

基本 例題 **52** 命題の真偽と集合

x は実数とする。集合を利用して，次の命題の真偽を調べよ。

(1) $0 \leqq x \leqq 1$ ならば $|x| < 1$ 　　　(2) $|x-1| < 2$ ならば $|x| < 3$

/p.91 基本事項 **2**

指針 不等式が関係した命題の真偽については，**集合を利用** して考えるとよい。
条件 p，q を満たすもの全体の集合をそれぞれ P，Q とすると
　「$p \Longrightarrow q$ が真」→ $P \subset Q$ を示す。
　「$p \Longrightarrow q$ が偽」→ Q からはみ出る P の要素があることを示す。
また，実数の集合を扱うときは，**数直線** を利用すると考えやすい。

CHART 命題の真偽と集合　　1 **真** なら **証明** $P \subset Q$
　　　　　　　　　　　　　　　2 **偽** なら **反例**

 解答 与えられた命題を，$p \Longrightarrow q$ の形で表し，条件 p，q を満たす x 全体の集合をそれぞれ P，Q とする。

(1) $P = \{x | 0 \leqq x \leqq 1\}$
　$q : |x| < 1$ から　$Q = \{x | -1 < x < 1\}$
　$x = 1$ は P に属するが Q には属さない。
　すなわち，$x = 1$ は p を満たすが，q を満たしていない。
　よって，$p \Longrightarrow q$ は **偽**

◀$c > 0$ のとき
$|x| < c \Longleftrightarrow -c < x < c$
$|x| > c \Longleftrightarrow x < -c, c < x$

◀$x = 1$ が反例。

(2) $p : |x-1| < 2$ から　　$P = \{x | -1 < x < 3\}$
　$q : |x| < 3$ から　　　$Q = \{x | -3 < x < 3\}$
　よって，右の図から
　　　$P \subset Q$
　すなわち $x \in P$ ならば $x \in Q$ となり，p を満たす x は q も満たす。
　よって，$p \Longrightarrow q$ は **真**

◀$|x-a| < b \ (b > 0)$
$\Longleftrightarrow -b < x-a < b$
$\Longleftrightarrow a-b < x < a+b$

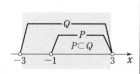

検討 **真理集合**
PLUS ONE
命題においては，条件を満たすかどうかを考える対象になるもの全体の集合が明確でなければならない。この集合を，その条件の **全体集合** という。また，U を全体集合とし，条件 p を満たす U の要素全体の集合を P とするとき，P を条件 p の **真理集合** という。上の例題(1)で，全体集合は実数全体の集合であり，条件 p の真理集合は $P = \{x | 0 \leqq x \leqq 1\}$ である。

練習 x は実数とする。集合を利用して，次の命題の真偽を調べよ。
① **52** (1) $|x| < 2$ ならば $-3 < x < 3$ 　　(2) $|x-1| > 1$ ならば $2|x-2| \geqq 1$

2 章　6 命題と条件

基本 例題 53 命題と反例

〇〇〇〇〇〇

(1) 次の (ア)～(エ) が，命題「$x<1 \implies |x|<2$」が偽であることを示すための反例であるかどうか，それぞれ答えよ。

(ア) $x=-3$ (イ) $x=-1$ (ウ) $x=1$ (エ) $x=3$

(2) a を整数とする。命題「$a<x<a+4 \implies x \leqq 5-2a$」が偽で，$x=3$ がこの命題の反例であるとき，a の値を求めよ。

／基本 52

指針 ある x が条件 p を満たし，かつ条件 q を満たさないとき，その x は命題「$p \implies q$」が偽であることを示すための反例であるといえる。

(1) (ア)～(エ) のそれぞれの値が，$x<1$ を満たし，かつ $|x|<2$ を満たさないかどうかを調べる。

(2) $x=3$ が「$a<x<a+4$」を満たし，かつ「$x \leqq 5-2a$」を満たさないような整数 a を求める。

解答

(1) (ア) $x=-3$ は $x<1$ を満たすが，$|-3|=3$ より $|x|<2$ を満たさないから，**反例である。**

(イ) $x=-1$ は $x<1$ を満たすが，$|-1|=1$ より $|x|<2$ も満たすから，**反例ではない。**

(ウ) $x=1$ は $x<1$ を満たさないから，**反例ではない。**

(エ) $x=3$ は $x<1$ を満たさないから，**反例ではない。**

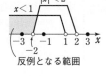
反例となる範囲

(2) $x=3$ が，命題「$a<x<a+4 \implies x \leqq 5-2a$」が偽であることを示すための反例であるとき，次の [1]，[2] が成り立つ。

[1] $x=3$ は $a<x<a+4$ を満たす

[2] $x=3$ は $x \leqq 5-2a$ を満たさない

[1] から $a<3<a+4$

すなわち $-1<a<3$ …… ①

[2] から $3>5-2a$

すなわち $a>1$ …… ②

①，② の共通範囲は

$1<a<3$

a は整数であるから **$a=2$**

◀ $3<a+4$ から $-1<a$
これと，$a<3$ より
$-1<a<3$
また，[2] を言い換えると，「$x=3$ は $x>5-2a$ を満たす」となる。

練習 (1) 次の (ア)～(エ) が，命題「$|x| \geqq 3 \implies x \geqq 1$」が偽であることを示すための反例であるかどうか，それぞれ答えよ。
③ 53
(ア) $x=-4$ (イ) $x=-2$ (ウ) $x=2$ (エ) $x=4$

(2) a を整数とする。命題「$a<x<a+8 \implies x \leqq 2+3a$」が偽で，$x=4$ がこの命題の反例であるような a のうち，最大のものを求めよ。

p.101 EX43

基本事項

必要条件・十分条件，同値

命題 $p \Longrightarrow q$ が真であるとき

p は q であるための **十分条件**

q は p であるための **必要条件**

$p \Longrightarrow q$ と $q \Longrightarrow p$ がともに真，すなわち命題 $p \Longleftrightarrow q$ が成り立つとき，

p は q（q は p）であるための **必要十分条件**

である。また，このとき，p と q は互いに **同値** であるという。

解説

■ 必要条件・十分条件

2 つの条件 p，q について，命題 $p \Longrightarrow q$ が真であるとき，p は q であるための **十分条件**，q は p であるための **必要条件** であるという。

p は q が成り立つには **十分な仮定** $\longrightarrow$ p は q であるための **十分条件**

q は p から **必然的に導かれる結論** $\longrightarrow$ q は p であるための **必要条件**

ととらえると理解しやすい。そこで（十分）$\Longrightarrow$（必要）と覚えておこう。

矢印の向きに　じゅう（十）$\longrightarrow$ よう（要）

次のような具体例を通して，十分条件・必要条件の意味を把握しておくのもよい。

例1 条件 $p: x \geqq 10$，$q: x \geqq 5$

$x \geqq 5$ であるために，$x \geqq 10$ であることは十分であるが，その必要はない。

すなわち，$x \geqq 10$ は $x \geqq 5$ であるための十分条件であるが，必要条件ではない。

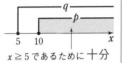

$x \geqq 5$ であるために十分

◀$p \Longrightarrow q$ は真
$q \Longrightarrow p$ は偽

例2 条件 $p: x \geqq 1$，$q: x \geqq 5$

$x \geqq 5$ であるために，$x \geqq 1$ であることは必要であるが，それでは十分ではない。

すなわち，$x \geqq 1$ は $x \geqq 5$ であるための必要条件であるが，十分条件ではない。

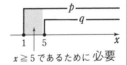

$x \geqq 5$ であるために必要

◀$p \Longrightarrow q$ は偽
$q \Longrightarrow p$ は真

■ 必要十分条件，同値

2 つの命題 $p \Longrightarrow q$ と $q \Longrightarrow p$ がともに真であるとき，すなわち命題 $p \Longleftrightarrow q$ が成り立つとき，p は q であるための **必要十分条件** であるという。この場合，q は p であるための必要十分条件であるともいう。また，このとき p と q は互いに **同値** であるという。

■ 集合と必要条件・十分条件

条件 p，q を満たすもの全体の集合を，それぞれ P，Q とすると，次のことが成り立つ。

「$p \Longrightarrow q$ が真」$\Longleftrightarrow P \subset Q \Longleftrightarrow p$ は q の十分条件，

q は p の必要条件

「$p \Longleftrightarrow q$ が真」$\Longleftrightarrow P = Q \Longleftrightarrow p$ と q は互いに同値

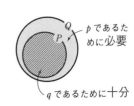

p であるために必要

q であるために十分

基本 例題 **54** 必要条件・十分条件

次の □ に最も適する語句を (ア)~(エ) から選べ。ただし，x, y は実数とする。

(1) $x<1$ は $x\leqq1$ であるための □。

(2) $x<y$ は $x^4<y^4$ であるための □。

(3) $xy+1=x+y$ は x, y のうち少なくとも 1 つは 1 であるための □。

(4) △ABC において，∠A<90° は，△ABC が鋭角三角形であるための □。

(ア) 必要十分条件である　　(イ) 必要条件であるが十分条件ではない

(ウ) 十分条件であるが必要条件ではない

(エ) 必要条件でも十分条件でもない

/ p.95 基本事項

指針
1 まず，命題を $p\Longrightarrow q$ の形に書いて，その真偽を調べる。

2 次に，その逆 $q\Longrightarrow p$ の真偽を調べる。

3 そして，$p\Longrightarrow q$ が **真** ならば　p は q であるための **十分条件**

　　　　$q\Longrightarrow p$ が **真** ならば　p は q であるための **必要条件**　などと答える。

$$p \overset{\bigcirc}{\underset{\times}{\rightleftarrows}} q \qquad p \overset{\times}{\underset{\bigcirc}{\rightleftarrows}} q \qquad p \overset{\bigcirc}{\underset{\bigcirc}{\rightleftarrows}} q$$

○は真　×は偽

p は十分条件　　p は必要条件　　p は必要十分条件

解答

(1) $x<1\Longrightarrow x\leqq1$ は明らかに真。

$x\leqq1\Longrightarrow x<1$ は偽。　　（反例）　$x=1$

よって　(ウ)

(2) $x<y\Longrightarrow x^4<y^4$ は偽。　　（反例）　$x=-1$, $y=0$

$x^4<y^4\Longrightarrow x<y$ は偽。　　（反例）　$x=0$, $y=-1$

よって　(エ)

(3) $xy+1=x+y\Longleftrightarrow xy-x-y+1=0$

$\Longleftrightarrow (x-1)(y-1)=0\Longleftrightarrow x=1$ または $y=1$

$\Longleftrightarrow x$, y のうち少なくとも 1 つは 1 は真。　(ア)

(4) △ABC において，

∠A<90° $\Longrightarrow$ △ABC が鋭角三角形 は偽。

（反例）　∠A=30°<90°，∠B=100°，∠C=50°

△ABC が鋭角三角形 $\Longrightarrow$ ∠A<90° は真。

よって　(イ)

(1) $x<1 \overset{\bigcirc}{\underset{\times}{\rightleftarrows}} x\leqq1$

(2) $x<y \overset{\times}{\underset{\times}{\rightleftarrows}} x^4<y^4$

(3) $xy+1 \overset{\bigcirc}{\underset{\bigcirc}{\rightleftarrows}} $ x, y のうち少なくとも 1 つは 1
　　$=x+y$

(4) ∠A<90° $\overset{\times}{\underset{\bigcirc}{\rightleftarrows}}$ △ABC が鋭角三角形

練習 次の □ に最も適する語句を，上の例題の選択肢 (ア)~(エ) から選べ。ただし，a, x,
② **54** y は実数とする。

(1) $xy>0$ は $x>0$ であるための □。

(2) $a\geqq0$ は $\sqrt{a^2}=a$ であるための □。

(3) △ABC において，∠A=90° は，△ABC が直角三角形であるための □。

(4) A, B を 2 つの集合とする。a が $A\cup B$ の要素であることは，a が A の要素であるための □。

[(4) 摂南大] p.101 EX 44, 45 ↘

基本事項

1 条件の否定

条件 p, q を満たすもの全体の集合をそれぞれ P, Q とする。

① p かつ q $(P \cap Q)$ …… p, q がともに成り立つ。

p または q $(P \cup Q)$ …… p, q の少なくとも一方が成り立つ。

② 否定　条件 p の否定 (p でない) を $\overline{p}$ で表す。

$\overline{p\ \text{かつ}\ q}$ (「p かつ q」の否定)　$\Longleftrightarrow$ $\overline{p}$ または $\overline{q}$

$\overline{p\ \text{または}\ q}$ (「p または q」の否定) $\Longleftrightarrow$ $\overline{p}$ かつ $\overline{q}$

2 「すべて」「ある」とその否定

全体集合を U, 条件 p を満たす x 全体の集合を P とする。

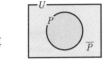

① $P = U$ のとき　命題「すべての x について p である」は 真

② $P \neq \emptyset$ のとき　命題「ある x について p である」は 真

③ 否定

命題「すべての x について p である」の否定は 「ある x について $\overline{p}$ である」

命題「ある x について p である」の否定は 「すべての x について $\overline{p}$ である」

解 説

■ 条件の合成と否定

「でない」,「かつ」,「または」を用いて作られる条件と集合は, 全体集合を U として次のようになる。

p でない … 補集合 $\overline{P}$　　p かつ q … 共通部分 $P \cap Q$　　p または q … 和集合 $P \cup Q$

　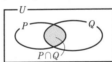　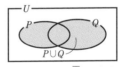

条件 p に対して,「p でない」という条件を, 条件 p の **否定** といい, $\overline{p}$ で表す。

明らかに $\overline{\overline{p}} = p$, すなわち, $\overline{p}$ の否定は p になる。

ド・モルガンの法則($p.81$ 基本事項参照)により, 次のことが成り立つ。

$\qquad$ [1] $\overline{P \cap Q} = \overline{P} \cup \overline{Q}$ $\qquad\qquad$ [2] $\overline{P \cup Q} = \overline{P} \cap \overline{Q}$

よって, [1] から　$\overline{p\ \text{かつ}\ q} \Longleftrightarrow \overline{p}$ または $\overline{q}$ $\qquad$ [2] から　$\overline{p\ \text{または}\ q} \Longleftrightarrow \overline{p}$ かつ $\overline{q}$

■ すべての x, ある x

「すべての x について p」を「任意の x について p」,「常に p」;

「ある x について p」　　を「適当な x について p」,「少なくとも 1 つの x について p」

などという表現で, それぞれ用いることがある。

■「すべて」「ある」の否定

命題の否定を, 集合を用いて考えると

$P = U$ の否定は　$P \neq U$ すなわち $\overline{P} \neq \emptyset$ $\longrightarrow$ 上の **2** ② で P を $\overline{P}$ とおき換えたもの。

よって　　「すべて の x について p」の否定は 「ある x について $\overline{p}$」

$P \neq \emptyset$ の否定は　$P = \emptyset$ すなわち $\overline{P} = U$ $\longrightarrow$ 上の **2** ① で P を $\overline{P}$ とおき換えたもの。

よって　　「ある x について p」の否定は 「すべて の x について $\overline{p}$」

98

 基本 例題 55 条件の否定

文字はすべて実数とする。次の条件の否定を述べよ。
(1) $x>0$
(2) $x>0$ かつ $y\leqq0$
(3) $x\geqq2$ または $x<-3$
(4) $a=b=c=0$

╱p.97 基本事項 **1** ┃ 重要 **57** ╲

指針 条件の否定 $\overline{p \text{ かつ } q} \Longleftrightarrow \overline{p} \text{ または } \overline{q}, \quad \overline{p \text{ または } q} \Longleftrightarrow \overline{p} \text{ かつ } \overline{q}$
$\overline{p \text{ かつ } q \text{ かつ } r} \Longleftrightarrow \overline{p} \text{ または } \overline{q} \text{ または } \overline{r},$
$\overline{p \text{ または } q \text{ または } r} \Longleftrightarrow \overline{p} \text{ かつ } \overline{q} \text{ かつ } \overline{r}$
であることに注意する。
(4) $a=b=c=0$ は「$a=0$ かつ $b=0$ かつ $c=0$」を省略して書いたものと考えられる。

CHART 条件の否定 「かつ」と「または」が入れ替わる

 解答

(1) 「$x>0$」の否定は $x\leqq0$ ◀ > の否定は ≦
(2) 「$x>0$ かつ $y\leqq0$」の否定は
$x\leqq0$ または $y>0$ ◀ > の否定は ≦
≦ の否定は >
(3) 「$x\geqq2$ または $x<-3$」
の否定は
$x<2$ かつ $x\geqq-3$ ◀ ≧ の否定は <
すなわち $-3\leqq x<2$ < の否定は ≧

$P:x\geqq2$ または $x<-3$

(4) 「$a=b=c=0$」は
「$a=0$ かつ $b=0$ かつ $c=0$」
ということであるから，その否定は
$a\neq0$ または $b\neq0$ または $c\neq0$ ◀ = の否定は ≠

 条件を扱うときに注意しておきたいこと

検討

① **全体集合を明確にしておく**
条件の否定を考えるときは，まず **全体集合(変数の変域)を明確にとらえる** ことが大切である。問題に明示されていないこともあるが，その際は自分で適切と思われるものを定めなければならない。なお，上の例題では，「文字は実数とする」の断りもあるので，(1)～(4)すべて全体集合は実数全体であると考えて差し支えない。

② **コンマを乱用しないように**
例えば，(2)の答えを「$x\leqq0, y>0$」と書くと，「，」の意味が「かつ」なのか「または」なのかが紛らわしくなる。このようなときは，「または」と明示するのが普通である。

練習 x, y は実数とする。次の条件の否定を述べよ。
① **55** (1) $x\leqq3$ (2) $x\leqq3$ かつ $y>2$
(3) x, y の少なくとも一方は3である。 (4) $-2<x\leqq4$

基本 例題 56 「すべて」「ある」の否定

次の命題とその否定の真偽をそれぞれ調べよ。

(1) すべての実数 x について $x^2>0$

(2) ある素数 x について，x は偶数である。

(3) 任意の実数 x，y に対して $x^2-4xy+4y^2>0$

/p.97 基本事項 **2**

指針 「すべて」と「ある」の否定

すべての x について p ⟶ ある x について $\bar{p}$

ある x について p ⟶ すべての x について $\bar{p}$

すなわち，p と $\bar{p}$，「すべて」と「ある」が入れ替わる。

CHART 命題の否定 「すべて」と「ある」を入れ替えて，結論を否定

解答

(1) 命題：$x=0$ のとき $x^2=0$ で，$x^2>0$ は成立しない。

よって **偽**

否定：「ある実数 x について $x^2≦0$」

$x=0$ で成り立つから **真**

◀「すべて」と「ある」を入れ替えて結論を否定する。

(2) 命題：素数 2 は偶数である。 よって **真**

否定：「すべての素数 x について，x は奇数である。」

素数 2 は奇数でないから **偽**

◀なお，2 以外の素数はすべて奇数である。

(3) 命題：$x=2$，$y=1$ とすると

$x^2-4xy+4y^2=4-8+4=0$ よって **偽**

否定：「ある実数 x，y に対して $x^2-4xy+4y^2≦0$」

$x=y=0$ のとき $x^2-4xy+4y^2=0$

よって **真**

◀$x^2-4xy+4y^2=0$
⟺ $(x-2y)^2=0$
⟺ $x=2y$

POINT 上の解答からわかるように，

p が真のとき $\bar{p}$ は偽，p が偽のとき $\bar{p}$ は真

である。このことは一般に成り立つ。よって，否定の真偽の理由は必ずしも書く必要はない。

 すべて，ある，のさまざまな表現方法

「すべての x」という代わりに，(3)のように「任意の x」という表現もよく使われる。「ある x」についても，例えば「適当な x」という表現を使うこともある（詳しくは p.97 参照）。

練習 次の命題の否定を述べよ。また，もとの命題とその否定の真偽を調べよ。

③ **56** (1) 少なくとも 1 つの自然数 n について $n^2-5n-6=0$

(2) すべての実数 x，y について $9x^2-12xy+4y^2>0$

(3) ある自然数 m，n について $2m+3n=6$

重要 例題 57 命題 $p \Longrightarrow q$ の否定　　　　⊘⊘⊘⊘⊘⊘⊘

次の命題の否定を述べよ。

(1) x が実数のとき，$x^2=1$ ならば $x=1$ である。

(2) x が実数のとき，$|x|<1$ ならば $-3<x<1$ である。

(3) x, y が実数のとき，$x^2+y^2=0$ ならば $x=y=0$ である。　　　／基本 55

指針 命題 $p \Longrightarrow q$ の否定は，それが成り立たない例(つまり **反例**)があること，すなわち
　　　　「p であって q でない」ものがある
ということである。
　　　これは，命題 $p \Longrightarrow \bar{q}$ (p ならば q でない) とは違うので注意しておこう (下の 検討 も参照)。

解答

(1) x が実数のとき，
　　　　　「$x^2=1$ ならば $x=1$ である」
　　の否定は　　**$x^2=1$ であって $x \neq 1$ である実数 x がある。**　　◀$x=1$ の否定は $x \neq 1$

(2) x が実数のとき，
　　　　　「$|x|<1$ ならば $-3<x<1$ である」
　　の否定は　　　**$|x|<1$ であって $x \leqq -3$ または $1 \leqq x$ である実数 x がある。**　　◀$-3<x<1$ の否定は $x \leqq -3$ または $1 \leqq x$

(3) x, y が実数のとき，
　　　　　「$x^2+y^2=0$ ならば $x=y=0$ である」
　　の否定は　　**$x^2+y^2=0$ であって $x \neq 0$ または $y \neq 0$ である実数 x, y がある。**　　◀$x=0$ かつ $y=0$
　　　　　　　　　　　　　　　　　　　　　　　　　　　　　　　　◀「かつ」と「または」が入れ替わる。

参考 前ページの **POINT** にあるように，もとの命題とそれを否定した命題の真偽は入れ替わる。例題の命題の真偽は(1)から順に偽，真，真であるから，否定した命題の真偽は順に真，偽，偽である。

検討　**「ならば」の否定**

「$p \Longrightarrow q$」の否定は「$p \Longrightarrow q$」で**ない**ということであって，「$p \Longrightarrow \bar{q}$」とは違うことに注意。
「$p \Longrightarrow q$」とは「p が成り立つならば，<u>例外なく q が成り立つ。</u>」ということであるから，
「$p \Longrightarrow q$」を否定すると
「p が成り立つのに，<u>q が成り立たないことがある。</u>」という意味になる。
一方，「$p \Longrightarrow \bar{q}$」とは，「$p$ が成り立つならば，<u>例外なく q は成り立たない。</u>」ということである。これら 2 つの違いに注意しよう。

練習 次の命題の否定を述べよ。

④ **57** (1) x が実数のとき，$x^3=8$ ならば $x=2$ である。

　　　(2) x, y が実数のとき，$x^2+y^2<1$ ならば $|x|<1$ かつ $|y|<1$ である。

▦ EXERCISES   6 命題と条件

③42 次の命題の真偽をいえ。真のときにはその証明をし，偽のときには反例をあげよ。ただし，x, y, z は実数とし，(2), (3) については，$\sqrt{2}$, $\sqrt{5}$ が無理数であることを用いてもよい。

(1) $x^3+y^3+z^3=0$, $x+y+z=0$ のとき，x, y, z のうち少なくとも 1 つは 0 である。

(2) x^2+x が有理数ならば，x は有理数である。

(3) x, y がともに無理数ならば，$x+y$, x^2+y^2 のうち少なくとも一方は無理数である。   〔(1) 立教大，(2)，(3) 北海道大〕 →**51**

③43 無理数全体の集合を A とする。命題「$x\in A$, $y\in A$ ならば，$x+y\in A$ である」が偽であることを示すための反例となる x, y の組を，次の ⓪〜⑤ のうちから 2 つ選べ。必要ならば，$\sqrt{2}$, $\sqrt{3}$, $\sqrt{2}+\sqrt{3}$ が無理数であることを用いてもよい。

⓪ $x=\sqrt{2}$, $y=0$ ① $x=3-\sqrt{3}$, $y=\sqrt{3}-1$

② $x=\sqrt{3}+1$, $y=\sqrt{2}-1$ ③ $x=\sqrt{4}$, $y=-\sqrt{4}$

④ $x=\sqrt{8}$, $y=1-2\sqrt{2}$ ⑤ $x=\sqrt{2}-2$, $y=\sqrt{2}+2$

〔類 共通テスト試行調査（第 2 回）〕 →**53**

④44 2 以上の自然数 a, b について，集合 A, B を次のように定めるとき，次の ᵃ☐〜ᵘ☐ に当てはまるものを，下の ⓪〜③ のうちから 1 つ選べ。

$A=\{x\,|\,x$ は a の正の約数$\}$, $B=\{x\,|\,x$ は b の正の約数$\}$

(1) A の要素の個数が 2 であることは，a が素数であるための ᵃ☐。

(2) $A\cap B=\{1,\ 2\}$ であることは，a と b がともに偶数であるための ⁱ☐。

(3) $a\leqq b$ であることは，$A\subset B$ であるための ᵘ☐。

⓪ 必要十分条件である   ① 必要条件であるが，十分条件でない

② 十分条件であるが，必要条件でない   ③ 必要条件でも十分条件でもない

〔センター試験〕 →**54**

③45 次の ☐ に当てはまるものを，下記の①〜④のうちから 1 つ選べ。ただし，同じ番号を繰り返し選んでもよい。

実数 x に関する条件 p, q, r を

$$p : -1\leqq x\leqq \frac{7}{3}, \quad q : |3x-5|\leqq 2, \quad r : -5\leqq 2-3x\leqq -1$$

とする。このとき，p は q であるための ᵃ☐。q は p であるための ⁱ☐。また，r は q であるための ᵘ☐。

① 必要十分条件である   ② 必要条件でも十分条件でもない

③ 必要条件であるが，十分条件ではない

④ 十分条件であるが，必要条件ではない   〔金沢工大〕 →**52,54**

HINT
42 (2) 2 次方程式 $x^2+x=$● (● は適当な有理数) を解いて，反例がないかさがす。
43 $x\in A$, $y\in A$ であり，$x+y\notin A$ を満たすものが反例である。
44 (2) $A\cap B=\{1,\ 2\}$ のとき，A は 1，2 を要素にもち，B も 1，2 を要素にもつ。
    (3) $A\subset B$ のとき，A の要素はすべて B の要素となる。
45 条件 q, r を満たす x の値の範囲を求める。

7 命題と証明

基本事項

1 逆・対偶・裏

① 命題 $p \Longrightarrow q$ に対して

$q \Longrightarrow p$ を 逆

$\overline{q} \Longrightarrow \overline{p}$ を 対偶

$\overline{p} \Longrightarrow \overline{q}$ を 裏 という。

② 命題の真偽とその対偶の真偽は一致する。

命題の真偽とその逆，裏の真偽は必ずしも一致しない。

2 背理法

ある命題を証明するのに，その命題が成り立たないと仮定すると矛盾が導かれることを示し，そのことによってもとの命題が成り立つと結論する方法がある。この証明法を **背理法** という。

解説

■ 逆・対偶・裏の真偽

条件 p, q を満たすもの全体の集合をそれぞれ P, Q とすると

$$(p \Longrightarrow q \text{ が真}) \Longleftrightarrow P \subset Q$$
$$\Longleftrightarrow \overline{Q} \subset \overline{P} \Longleftrightarrow (\text{対偶 } \overline{q} \Longrightarrow \overline{p} \text{ が真})$$

$p \Longrightarrow q$ が真

したがって，ある命題の真偽とその対偶の真偽は一致する。

なお，ある命題とその対偶が偽となるときは，反例全体の集合も一致している。また，$P \subset Q$ であっても，必ずしも $Q \subset P$ とは限らないから，②の後半が成り立つ [$p.92$ 練習 **51** (3), (4) がその一例]。

更に，ある命題の裏は逆の対偶であるから，逆と裏の真偽は一致する。

■ 命題の証明と対偶

命題 $p \Longrightarrow q$ とその対偶 $\overline{q} \Longrightarrow \overline{p}$ の真偽は一致する から，

命題 $p \Longrightarrow q$ を証明する代わりにその対偶 $\overline{q} \Longrightarrow \overline{p}$ を証明してもよい。

■ 背理法

例 命題 A：「x は有理数，y は無理数とする。このとき，$x+y$ は無理数である」を **背理法** で証明する。

1 命題 A が成り立たないと仮定する。

「$x+y$ は無理数ではない，すなわち，$x+y$ は有理数である」と仮定する。

2 矛盾を導く。

$y=(x+y)-x$ であり，$x+y$, x はともに有理数であるから，y も有理数である。これは y が無理数であることに矛盾する。

3 もとの命題 A は正しい，と結論づける。

矛盾の原因は「$x+y$ は無理数ではない，すなわち，$x+y$ が有理数である」と仮定したことにある。よって，命題 A が成り立たないとした仮定が誤りであったことになる。

したがって，命題 A は真である。 (証明終)

基本例題 **58** 逆・対偶・裏

次の命題の逆・対偶・裏を述べ，その真偽をいえ。x, a, b は実数とする。
(1) 4 の倍数は 2 の倍数である。
(2) $x=3$ ならば $x^2=9$
(3) $a+b>0$ ならば「$a>0$ かつ $b>0$」

／p.102 基本事項 **1**

指針 逆・対偶・裏を作るには，まず，与えられた命題を $p \Longrightarrow q$ の形に書く。そして
逆は $q \Longrightarrow p$，　対偶は $\bar{q} \Longrightarrow \bar{p}$，　裏は $\bar{p} \Longrightarrow \bar{q}$
とする。また，命題の真偽については
　　1 真なら 証明
　　　　（明らかなときは省略してもよい。）
　　2 偽なら 反例
特に，反例は必ず示すようにしよう。

2章

❼
命題と証明

解答

(1) **逆**：2 の倍数は 4 の倍数である。
　　　偽 （反例） 6 は 2 の倍数であるが，4 の倍数でない。
　　対偶：2 の倍数でないならば 4 の倍数でない。
　　　これは明らかに成り立つから　**真**
　　裏：4 の倍数でないならば 2 の倍数でない。
　　　偽 （反例） 6 は 4 の倍数でないが，2 の倍数である。
(2) **逆**：$x^2=9$ ならば $x=3$
　　　偽 （反例） $x=-3$
　　対偶：$x^2 \neq 9$ ならば $x \neq 3$
　　　もとの命題が真（$x=3$ のとき $x^2=9$ である）であるから
　　　真
　　裏：$x \neq 3$ ならば $x^2 \neq 9$
　　　偽 （反例） $x=-3$
(3) **逆**：「$a>0$ かつ $b>0$」ならば　$a+b>0$
　　　これは明らかに成り立つから　**真**
　　対偶：「$a \leqq 0$ または $b \leqq 0$」ならば　$a+b \leqq 0$
　　　偽 （反例） $a=-1$，$b=2$
　　裏：$a+b \leqq 0$ ならば「$a \leqq 0$ または $b \leqq 0$」
　　　裏の対偶，すなわち逆が真であるから　**真**

◀反例は 1 つ示せばよい。

◀逆と裏の真偽は一致する。

◀$x^2=9 \Longleftrightarrow x=\pm3$

◀もとの命題が真［偽］
　　$\Longleftrightarrow$ 対偶が真［偽］
逆が真［偽］
　　$\Longleftrightarrow$ 裏が真［偽］

練習 x, y は実数とする。次の命題の逆・対偶・裏を述べ，その真偽をいえ。
② **58** (1) $x+y=5 \Longrightarrow x=2$ かつ $y=3$
　　　(2) xy が無理数ならば，x，y の少なくとも一方は無理数である。

p.111 EX 46 ↘

基本 例題 **59** 対偶を利用した証明 (1)

n は整数とする。n^2 が 3 の倍数ならば，n は 3 の倍数であることを証明せよ。

/ 基本 58

指針 n^2 が 3 の倍数 $\Longrightarrow n$ が 3 の倍数 を直接証明するのは，「n^2 が 3 の倍数」が扱いにくいので難しい。そこで，**対偶を利用した(間接)証明** を考える。
対偶を考えるとき，「n が 3 の倍数でない」ということを，どのような式で表すかがポイントとなるが，これは k を整数として次のように表す。

$n=3k+1$ [3 で割った余りが 1]，　$n=3k+2$ [3 で割った余りが 2]

なお，命題を証明するのに，仮定から出発して順に正しい推論を進め，結論を導く証明法を **直接証明法** という。これに対して，背理法や対偶を利用する証明のように，仮定から間接的に結論を導く証明法を **間接証明法** という。

解答
与えられた命題の対偶は
　　「n が 3 の倍数でないならば，n^2 は 3 の倍数でない」
である。
n が 3 の倍数でないとき，k を整数として，
　　　　$n=3k+1$ または $n=3k+2$
と表される。
[1]　$n=3k+1$ のとき
　　　　$n^2=(3k+1)^2=9k^2+6k+1$
　　　　　　$=3(3k^2+2k)+1$
　$3k^2+2k$ は整数であるから，n^2 は 3 の倍数ではない。
[2]　$n=3k+2$ のとき
　　　　$n^2=(3k+2)^2=9k^2+12k+4$
　　　　　　$=3(3k^2+4k+1)+1$
　$3k^2+4k+1$ は整数であるから，n^2 は 3 の倍数ではない。
[1]，[2] により，対偶は真である。
したがって，もとの命題も真である。

⟳ **直接がだめなら間接で 対偶の利用**
(p.105 の 検討 も参照。)

◀ 3×(整数)+1 の形の数は，3 で割った余りが 1 の数で，3 の倍数ではない。

検討 **整数の表し方**
整数 n は次のように場合分けして表すことができる(k は整数)。
① $2k,\ 2k+1$ 　　　　　　(偶数，奇数 ⟵ 2 で割った余りが 0, 1)
② $3k,\ 3k+1,\ 3k+2$ 　(3 で割った余りが 0, 1, 2)
③ $pk,\ pk+1,\ pk+2,\ \cdots\cdots,\ pk+(p-1)$ 　(p で割った余りが 0, 1, 2, $\cdots\cdots$, $p-1$)

練習 対偶を考えることにより，次の命題を証明せよ。
② **59** 　整数 m, n について，m^2+n^2 が奇数ならば，積 mn は偶数である。

基本 例題 **60** 対偶を利用した証明 (2)

対偶を考えることにより，次の命題を証明せよ。
整数 a, b について，積 ab が 3 の倍数ならば，a または b は 3 の倍数である。

〔東京国際大〕 / 基本 59

指針 ⏱ 条件の否定 「かつ」と「または」が入れ替わる に沿って，対偶を考える。
「$p \Rightarrow (q$ または $r)$」の対偶は，「$(\overline{q}$ かつ $\overline{r}) \Rightarrow \overline{p}$」

補足 ab が 3 の倍数 $\Rightarrow a$ または b が 3 の倍数 を直接証明するのは，「ab が 3 の倍数」が扱いにくいので難しい。そこで，対偶を利用した (間接) 証明を考えている。

✎ **解答**

与えられた命題の対偶は
「a, b がともに 3 の倍数でないならば，ab は 3 の倍数でない」
である。
a, b がともに 3 の倍数でないとき，3 で割ったときの余りはそれぞれ 1 または 2 であるから，k, l を整数とすると
$$a = 3k+1 \text{ または } a = 3k+2$$
$$b = 3l+1 \text{ または } b = 3l+2 \qquad \text{と表せる。}$$

[1] $a = 3k+1$, $b = 3l+1$ のとき
$$ab = (3k+1)(3l+1) = 3(3kl+k+l)+1$$
　$3kl+k+l$ は整数であるから，ab は 3 の倍数でない。

[2] $a = 3k+1$, $b = 3l+2$ のとき
$$ab = (3k+1)(3l+2) = 3(3kl+2k+l)+2$$
　$3kl+2k+l$ は整数であるから，ab は 3 の倍数でない。

[3] $a = 3k+2$, $b = 3l+1$ のとき
$$ab = (3k+2)(3l+1) = 3(3kl+k+2l)+2$$
　$3kl+k+2l$ は整数であるから，ab は 3 の倍数でない。

[4] $a = 3k+2$, $b = 3l+2$ のとき
$$ab = (3k+2)(3l+2) = 3(3kl+2k+2l+1)+1$$
　$3kl+2k+2l+1$ は整数であるから，ab は 3 の倍数でない。

[1]〜[4] により，対偶は真である。
したがって，もとの命題も真である。

◀「a または b は 3 の倍数である」の否定は，「a は 3 の倍数でないかつ b は 3 の倍数でない」である。

◀$a = 3k \pm 1$, $b = 3l \pm 1$ とおいて進めることもできる。

◀$3 \times$(整数)$+1$ の形の数は，3 で割った余りが 1 の数で，3 の倍数ではない。

📖 **検討** **間接証明法を使う見極め方**

間接証明法 (対偶を利用した証明，背理法) が有効かどうかは，命題の **結論から見極める** とよい。特に，結論が次のような場合は，間接証明法を検討するとよい。
① 「● または ■」，「少なくとも 1 つは ●」…… 「● かつ ■」 などの条件から出発できる。
② 「● でない」，「● $\neq$ ■」…… 「● である」 などの，肯定的な条件から出発できる。

練習 ③ **60** 対偶を考えることにより，次の命題を証明せよ。ただし，a, b, c は整数とする。
(1) $a^2+b^2+c^2$ が偶数ならば，a, b, c のうち少なくとも 1 つは偶数である。
(2) $a^2+b^2+c^2-ab-bc-ca$ が奇数ならば，a, b, c のうち奇数の個数は 1 個または 2 個である。

〔類 東北学院大〕

2 章

❼ 命題と証明

基本 例題 61 背理法による証明

$\sqrt{7}$ が無理数であることを用いて，$\sqrt{5}+\sqrt{7}$ は無理数であることを証明せよ。

／p.102 基本事項 **2**

指針 **無理数である（＝有理数でない）** ことを直接示すのは困難。
そこで，証明しようとする事柄が成り立たないと仮定して，
矛盾を導き，その事柄が成り立つことを証明する方法，
すなわち **背理法** で証明する。

┌─ 実数 ─┐
│ 無理数 │ 有理数 │
└───────┘

CHART 背理法

直接がだめなら間接で　背理法
「でない」，「少なくとも1つ」の証明に有効

解答 $\sqrt{5}+\sqrt{7}$ が無理数でないと仮定する。
このとき，$\sqrt{5}+\sqrt{7}$ は有理数であるから，r を有理数として $\sqrt{5}+\sqrt{7}=r$ とおくと　$\sqrt{5}=r-\sqrt{7}$
両辺を2乗して　　　　　　　$5=r^2-2\sqrt{7}\,r+7$
ゆえに　　　　　　　　　　$2\sqrt{7}\,r=r^2+2$
$r \neq 0$ であるから　　　　$\sqrt{7}=\dfrac{r^2+2}{2r}$ …… ①

r^2+2, $2r$ は有理数であるから，① の右辺も有理数である$^{(*)}$。
よって，① から $\sqrt{7}$ は有理数となり，$\sqrt{7}$ が無理数であることに矛盾する。
したがって，$\sqrt{5}+\sqrt{7}$ は無理数である。

◀$\sqrt{5}+\sqrt{7}$ は実数であり，無理数でないと仮定しているから，有理数である。

◀2乗して，$\sqrt{5}$ を消す。
(*)有理数の和・差・積・商は有理数である。

◀矛盾が生じたから，初めの仮定，すなわち，「$\sqrt{5}+\sqrt{7}$ が無理数でない」が誤りだったとわかる。

検討 **背理法による証明と対偶による証明の違い**
命題 $p \Longrightarrow q$ について，背理法では「p であって q でない」（命題が成り立たない）として矛盾を導くが，結論の「q でない」に対する矛盾でも，仮定の「p である」に対する矛盾でもどちらでもよい。後者の場合，「$\overline{q} \Longrightarrow \overline{p}$」つまり対偶が真であることを示したことになる。このように考えると，背理法による証明と対偶による証明は似ているように感じられるが，本質的には異なるものである。**対偶による証明** は「$\overline{q} \Longrightarrow \overline{p}$」を示す，つまり，（証明を始める段階で）導く結論が $\overline{p}$ とはっきりしている。これに対し，**背理法** の場合，「p であって q でない」として矛盾が生じることを示す，つまり，（証明を始める段階では）どういった矛盾が生じるのかははっきりしていない。

練習 ② **61** $\sqrt{3}$ が無理数であることを用いて，$\dfrac{1}{\sqrt{2}}+\dfrac{1}{\sqrt{6}}$ が無理数であることを証明せよ。

p.111 EX 47

基本 例題 62 √7 が無理数であることの証明

○○○○○○

$\sqrt{7}$ は無理数であることを証明せよ。ただし，n を自然数とするとき，n^2 が 7 の倍数ならば，n は 7 の倍数であることを用いてよいものとする。

〔類 九州大〕 / 基本 61

指針 無理数であることを **直接証明することは難しい**。そこで，前ページの例題と同様

⏱ **直接がだめなら間接で　背理法**

に従い「無理数である」＝「有理数 **でない**」を，**背理法** で証明する。

つまり，$\sqrt{7}$ が有理数(すなわち **既約分数** で表される)と仮定して矛盾を導く。

補足 2つの自然数 a，b が 1 以外に公約数をもたないとき，a と b は **互いに素** であるといい，このとき，$\dfrac{a}{b}$ は **既約分数** である。

解答

$\sqrt{7}$ が無理数でない，すなわち有理数であると仮定すると，1 以外に正の公約数をもたない 2 つの自然数 a，b を用いて，$\sqrt{7} = \dfrac{a}{b}$ と表される。

このとき　　　　　　　$a = \sqrt{7}\,b$

両辺を 2 乗すると　　　$a^2 = 7b^2$ …… ①

よって，a^2 は 7 の倍数であるから，a も 7 の倍数である。ゆえに，a はある自然数 c を用いて $a = 7c$ と表される。これを ① に代入すると

$$(7c)^2 = 7b^2 \quad \text{すなわち} \quad b^2 = 7c^2$$

よって，b^2 は 7 の倍数であるから，b も 7 の倍数である。ゆえに，a と b は公約数 7 をもつ。これは，a と b が 1 以外に正の公約数をもたないことに矛盾する。

したがって，$\sqrt{7}$ は無理数である。

◀例題の「ただし書き」を用いている。

◀これも，「ただし書き」による。

検討

上の解答で示した背理法による証明法は，$\sqrt{2}$，$\sqrt{3}$，$\sqrt{5}$ などが無理数であることの証明にも用いられる証明法である。この場合

「n^2 が k $(k = 2, 3, 5)$ の倍数であれば n も k の倍数である」…… (＊)

ことを利用する。なお，上の例題のように，「(＊)を用いてよい」などと書かれていなければ，(＊)も証明しておいた方が無難である。

参考 「自然数 n に対し，n^2 が 7 の倍数ならば，n は 7 の倍数である」ことの証明は，$p.104$ 基本例題 **59** と同様にしてできる。

練習
③ **62**

命題「整数 n が 5 の倍数でなければ，n^2 は 5 の倍数ではない。」が真であることを証明せよ。また，この命題を用いて $\sqrt{5}$ は有理数でないことを背理法により証明せよ。

p.111 EX 48, 49

基本 例題 **63** 有理数と無理数の関係

(1) a, b が有理数のとき，$a+b\sqrt{3}=0$ ならば $a=b=0$ であることを証明せよ。 ただし，$\sqrt{3}$ は無理数である。

(2) 等式 $(2+3\sqrt{3})x+(1-5\sqrt{3})y=13$ を満たす有理数 x, y の値を求めよ。

/基本 61

 指針 (1) 直接証明することは難しいので，**背理法** を利用する。「$a=b=0$」の否定は「$a \neq 0$ または $b \neq 0$」であるが，この問題では「$b \neq 0$」と仮定して進めるとうまくいく。
(2) (1)で証明したことを利用するために，$\sqrt{3}$ について整理し，$a+b\sqrt{3}$ の形にする。

✏️ 解答

(1) $b \neq 0$ と仮定すると，$a+b\sqrt{3}=0$ から

$$\sqrt{3} = -\frac{a}{b} \quad \cdots\cdots ①$$

a, b は有理数であるから，① の右辺は有理数である。 ◀有理数の和・差・積・商
ところが，① の左辺は無理数であるから，これは矛盾で は有理数である。
ある。
よって，$b \neq 0$ とした仮定は誤りであるから　$b=0$
$b=0$ を $a+b\sqrt{3}=0$ に代入して　$a=0$
したがって，a, b が有理数のとき
$\quad a+b\sqrt{3}=0$ ならば $a=b=0$ が成り立つ。

(2) 与式を変形して　$2x+y-13+(3x-5y)\sqrt{3}=0$ ◀$a+b\sqrt{3}=0$ の形に。
x, y が有理数のとき，$2x+y-13$, $3x-5y$ も有理数であ ◀＿＿＿ の断りは重要。
り，$\sqrt{3}$ は無理数であるから，(1) により
$\quad 2x+y-13=0 \quad \cdots\cdots ②, \quad 3x-5y=0 \quad \cdots\cdots ③$
②，③ を連立して解くと　$x=5$, $y=3$

 検討 **有理数と無理数の性質**

一般に，次のことが成り立つ。a, b, c, d が有理数，$\sqrt{l}$ が無理数のとき
$$a+b\sqrt{l}=c+d\sqrt{l} \quad ならば \quad a=c, \ b=d$$
特に　　$a+b\sqrt{l}=0$ ならば $a=b=0$

 練習 (1) $x+4\sqrt{2}y-6y-12\sqrt{2}+16=0$ を満たす有理数 x, y の値を求めよ。
③ **63** (2) a, b を有理数の定数とする。$-1+\sqrt{2}$ が方程式 $x^2+ax+b=0$ の解の1つで あるとき，a, b の値を求めよ。 [(1) 武庫川女子大]

p.111 EX 50

CHART NAVI 解答の書き方のポイント

高校の数学における試験では，最終の答えを記すだけでは不十分で，「最終の答えに至るまでにどう考えていったのかの道筋を解答に書き示す」ことが必要となってきます。

それには，各過程の式がどのようにして導かれるのかなどを，文章（日本語）や時には図も交えて示し，論理の流れが見える解答にしていくことが重要です。特に，式が導かれる理由は，「……であるから」のように具体的に記述した方がよい場合があります。いくつか例を見てみましょう。

基本例題 36(1) [*p.*68]　$5x-7<2x+5$ を満たす自然数 x の値をすべて求めよ。

不十分な解答例　不等式から　　$3x<12$

したがって　　$x<4$
よって　　　　$x=1,\ 2,\ 3$ ◀

> **記述の際の注意**
> 「よって」だけではなく，「x は自然数であるから」も書いておきたい。

[解説]　「よって」だけでは，$x<4$ から $x=1,\ 2,\ 3$ がどう導かれるかが不明確です。このような問題では，「どの条件を用いて解を導いたか（解の検討をしたか）」の根拠をきちんと記述するようにしましょう。

基本例題 63(2) [*p.*108]　$(2+3\sqrt{3})x+(1-5\sqrt{3})y=13$ を満たす有理数 $x,\ y$ の値を求めよ。

不十分な解答例　与式を変形して

$$2x+y-13+(3x-5y)\sqrt{3}=0\ \cdots\cdots\ Ⓐ$$

ゆえに　$2x+y-13=0,\ 3x-5y=0\ \cdots\cdots\ Ⓑ$
よって　$x=5,\ y=3$

> **記述の際の注意**
> 「ゆえに」だけではなく，「$x,\ y$ が有理数のとき，$2x+y-13,\ 3x-5y$ も有理数である」，「$\sqrt{3}$ は無理数である」ことも書いておきたい。

[解説]　Ⓐ から Ⓑ は，例題 **63**(1) の結果を用いて導いていますが，例題 **63**(1) の結果を利用するには前提条件があります。解答にはその条件を満たしていることをきちんと書いておくと，例題 **63**(1) の結果を正しく用いていることが伝わりやすくなります。

例題の ✏解答 は「解答中で言及しておきたい記述」も含めたものとなっていますし，指針や解答の副文，検討などで，解答を書く際の注意点について説明している場合もあります。**解答を書く力（表現力）**を高めるためにも，それらをしっかり読むようにしましょう。

また，実際に自分で解答を書くことも大切です。解答を書く際は，「**どのような記述をすれば，解答を読む人にわかってもらえるか**」を常に意識するように心がけましょう。目安として，「**自分の周りの人に説明したときに，（論理的に）つまづかずに理解してもらえるような解答**」を目指して書くようにするとよいでしょう。

参考事項 無 限 降 下 法

無限降下法 とは，次のような論法で，自然数に関する証明で使われる。

「ある条件を満たす自然数（これを N_0 とする）が存在する」と仮定する。
この仮定によって，N_0 より小さい自然数 N_1 が存在することを示す。
同様にして，$N_0 > N_1 > N_2 > \cdots$ と，小さい自然数が次々に導かれる。
（すなわち，無限に小さい自然数が存在する，ということになる）
しかし，自然数には最小の数が存在するから，これは矛盾である。
つまり，最初に「ある条件を満たす自然数が存在する」と仮定したことが誤りである。
したがって，「条件を満たす自然数は存在しない」ということが示される。

無限降下法の名称は，小さい自然数が限りなく導かれるようすに由来しているとも言われている。無限降下法による証明の一例として，*p.*107 例題 **62** で学習した「$\sqrt{7}$ は無理数である」ことの証明を紹介しておこう。

証明 $\sqrt{7}$ が無理数でない，すなわち有理数であると仮定すると，2つの自然数 a_0, b_0 を用いて $\sqrt{7} = \dfrac{a_0}{b_0}$ …… Ⓐ と表される。

このとき $a_0 = \sqrt{7}\, b_0$
両辺を2乗すると $a_0{}^2 = 7b_0{}^2$ …… ①
よって，$a_0{}^2$ は7の倍数であるから，a_0 も7の倍数である。ゆえに，a_0 は，ある自然数 a_1 を用いて $a_0 = 7a_1$ と表される。これを①に代入すると
$(7a_1)^2 = 7b_0{}^2$ すなわち $b_0{}^2 = 7a_1{}^2$
よって，$b_0{}^2$ は7の倍数であるから，b_0 も7の倍数である。同様に，b_0 は，ある自然数 b_1 を用いて $b_0 = 7b_1$ と表される。このとき，自然数 a_1, b_1 は $a_0 > a_1$, $b_0 > b_1$ を満たし，Ⓐ から $\sqrt{7} = \dfrac{7a_1}{7b_1}$ すなわち $\sqrt{7} = \dfrac{a_1}{b_1}$ を満たす。

この a_1, b_1 に対して同じ操作を行うと，$a_0 > a_1 > a_2$, $b_0 > b_1 > b_2$, $\sqrt{7} = \dfrac{a_2}{b_2}$ を満たす自然数 a_2, b_2 が存在することを示せる。同様に，この操作を繰り返すことで，
$a_0 > a_1 > a_2 > \cdots\cdots > a_n$, $b_0 > b_1 > b_2 > \cdots\cdots > b_n$, $\sqrt{7} = \dfrac{a_n}{b_n}$ を満たす自然数 a_n, b_n が存在することを示せる。
この議論により，いくらでも小さい自然数 a_n, b_n が存在することになるが，ある自然数より小さい自然数は有限個であるから，これは矛盾である。
したがって，Ⓐ の仮定が誤りであるから，$\sqrt{7}$ は有理数でない，すなわち，無理数である。（証明終）

注意 *p.*107 例題 **62** では，Ⓐ で「a_0, b_0 は互いに素」の条件がついていたが，無限降下法による証明では互いに素であるという条件は不要である。

⣿ EXERCISES

③46 命題 $p \Longrightarrow q$ が真であるとき，以下の命題のうち必ず真であるものに ○ を，必ずしも真ではないものに × をつけよ。なお，記号 ∧ は「かつ」を，記号 ∨ は「または」を表す。

(1) $q \Longrightarrow p$ (2) $\bar{p} \Longrightarrow \bar{q}$ (3) $\bar{q} \Longrightarrow \bar{p}$

(4) $p \wedge a \Longrightarrow q$ (5) $p \vee a \Longrightarrow q$

〔九州産大〕
→58

④47 次の命題 (A), (B) を両方満たす，5 個の互いに異なる実数は存在しないことを証明せよ。

(A) 5 個の数のうち，どの 1 つを選んでも残りの 4 個の数の和よりも小さい。

(B) 5 個の数のうち任意に 2 個選ぶ。この 2 個の数を比較して大きい方の数は，小さい方の数の 2 倍より大きい。

〔類 専修大〕
→61

④48 a, b, c を奇数とする。x についての 2 次方程式 $ax^2+bx+c=0$ に関して

(1) この 2 次方程式が有理数の解 $\dfrac{q}{p}$ をもつならば，p と q はともに奇数であることを背理法で証明せよ。ただし，$\dfrac{q}{p}$ は既約分数とする。

(2) この 2 次方程式が有理数の解をもたないことを，(1) を利用して証明せよ。

〔鹿児島大〕
→62

④49 n を 1 以上の整数とするとき，次の問いに答えよ。

(1) $\sqrt{n}$ が有理数ならば，$\sqrt{n}$ は整数であることを示せ。

(2) $\sqrt{n}$ と $\sqrt{n+1}$ がともに有理数であるような n は存在しないことを示せ。

(3) $\sqrt{n+1}-\sqrt{n}$ は無理数であることを示せ。

〔富山大〕
→61,62

③50 $\sqrt{2}$ の小数部分を a とするとき，$\dfrac{ax+y}{1-a}=a$ となるような有理数 x, y の値を求めよ。

〔山口大〕
→63

HINT

46 (4), (5) p, q, a を満たすもの全体の集合を，それぞれ P, Q, A として，集合の関係で考える。

47 命題 (A), (B) を両方満たす，5 個の異なる実数 a, b, c, d, e $(a<b<c<d<e)$ が存在すると仮定する。

48 (1) 結論を否定すると，「既約分数」という条件から，p, q の一方が偶数で他方が奇数となる。また，$x=\alpha$ が 2 次方程式 $ax^2+bx+c=0$ の解であるとき，$a\alpha^2+b\alpha+c=0$ となることを利用する。

49 (1) $\sqrt{n}$ は有理数であるから，$\sqrt{n}=\dfrac{p}{q}$ （p, q は互いに素である自然数）と表される。このとき，$q=1$ であることを示す。

50 (小数部分)＝(数)－(整数部分) $\sqrt{2} \fallingdotseq 1.414$ から，整数部分はすぐわかる。

参考事項 自分の帽子は何色?

第2章では，**背理法** という証明法を学んだ。その考え方を応用した，論理パズルのような問題を1題考えてみよう。

3つの赤の帽子と2つの白の帽子がある。

前から1列に並んだ A，B，C の3人に，この中から赤，白いずれかの帽子をかぶせ，残りの帽子は隠す。このとき，3人は自分がどの色の帽子をかぶっているかはわからないが，B は A の帽子が，C は A，B の帽子が見えるものとする。

また，3人は，3つの赤の帽子と2つの白の帽子の中から選ばれていることを知っているものとする。

その後，列の1番後ろの C から1人ずつ順に，自分の帽子の色がわかるかどうか尋ねたところ，C は「わかりません。」と答え，続いて，B も「わかりません。」と答えた。そして，最後に A に尋ねたところ，「私の帽子の色は赤です。」と答えた。

誰の帽子も見られない A は，なぜ自分の帽子の色がわかったのか?

まず，帽子のかぶせ方について整理しておこう。赤の帽子は3つ，白の帽子は2つあるから，A，B，C に帽子をかぶせる方法は，右の表の7通りである。特に，白の帽子を全員にかぶせる方法はないことに注意しておこう。

自分の帽子の色を尋ねたところ，最初に C が「わかりません。」と答えたことにより，⑦ の組み合わせではないことがわかる。なぜなら，C は A と B の帽子が見えているから，A と B の帽子が白であるとすると，C は自分の帽子の色が赤であるとわかるはずである。しかし，実際には C はわからないと答えていたので，⑦ の組み合わせではないことがわかる。

	A	B	C
①	赤	赤	赤
②	赤	赤	白
③	赤	白	赤
④	赤	白	白
⑤	白	赤	赤
⑥	白	赤	白
⑦	白	白	赤

つまり，⑦ の組み合わせであると仮定すると，C は自分の帽子の色が赤であるとわかるはずだが，実際には「わかりません。」と答えていることに矛盾があり，⑦ の組み合わせではないことがわかる，ということである。まさに，背理法の考え方が用いられている。

同様に考えると，次に B が「わかりません。」と答えたことにより，⑤，⑥ の組み合わせではないことがわかる。なぜなら，B は A の帽子が見えていて，⑦ の組み合わせではないことがわかっているから，A の帽子が白であるとすると，⑤，⑥ いずれかの組み合わせであることがわかり，どちらの場合も B の帽子は赤であることがわかる。しかし，実際には B はわからないと答えていたので，⑤，⑥ の組み合わせではないことがわかる。

よって，残りは ①～④ のいずれかの組み合わせに限られるが，いずれも A の帽子の色は赤であるので，A は自分の帽子の色がわかった，ということである。ただし，①～④ のどれであるかはわからないから，B と C の帽子の色まではわからない。

このように，

もし○○と仮定すると，その後の事実と矛盾するから，○○ではない

という，背理法の考え方を用いると解くことができる問題は，日常の中のクイズなどでよく見られる。

2次関数

- **8** 関数とグラフ
- **9** 2次関数のグラフとその移動
- **10** 2次関数の最大・最小と決定
- **11** 2次方程式
- **12** グラフと2次方程式
- **13** 2次不等式
- **14** 2次関数の関連発展問題

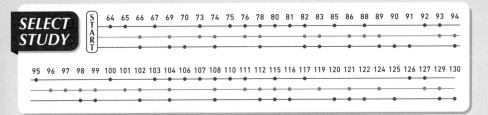

SELECT STUDY

START

64 65 66 67 69 70 73 74 75 76 78 80 81 82 83 85 86 88 89 90 91 92 93 94

95 96 97 98 99 100 101 102 103 104 106 107 108 110 111 112 115 116 117 119 120 121 122 124 125 126 127 129 130

例題一覧

8 関数とグラフ

基本事項

1 関数

① **関数** 2つの変数 x, y があって，**x の値を定める** とそれに対応して **y の値がただ1つ定まる** とき，**y は x の関数である** という。y が x の関数であることを，文字 f などを用いて **$y=f(x)$** と表す。また，x の関数を単に関数 **$f(x)$** ともいう。

② **定義域・値域** 関数 $y=f(x)$ において，変数 x のとりうる値の範囲，すなわち x の変域を，この関数の **定義域** という。また，x が定義域全体を動くとき，$f(x)$ のとりうる値の範囲，すなわち y の変域を，この関数の **値域** という。

2 $y=ax+b$ のグラフ

① $a \neq 0$ のとき **1次関数 $y=ax+b$ のグラフ**
傾きが a，y 軸上の切片(y 切片)が b の直線
$a>0$ なら 右上がり
$a<0$ なら 右下がり

② $a=0$ のとき **$y=b$ のグラフ**
傾きが 0，y 切片が b の y 軸に垂直(x 軸に平行)な直線

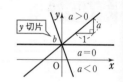

解 説

■関数の値
関数 $y=f(x)$ において，x の値 a に対応して定まる y の値を **$f(a)$** と書き，$f(a)$ を関数 $f(x)$ の $x=a$ における **値** という。

◀ f は関数 function の頭文字からきている。なお，$f(x)$ でなく $g(x)$，$h(x)$ などと書くこともある。

■定義域・値域
$y=f(x)$ の定義域が $a \leq x \leq b$ であるときは，関数の式の後に ( ) をつけて，**$y=f(x)$ $(a \leq x \leq b)$** のように書くことが多い。

なお，特に断らない限り，関数 $y=f(x)$ の定義域は，$f(x)$ の値が定まるような実数 x の全体とする。

定義域の例
$y=x^2$ …… 実数全体
$y=\sqrt{x}$ …… $x \geq 0$
$y=\dfrac{1}{x}$ …… $x \neq 0$

■最大値・最小値
関数の値域に最大の値があるとき，これをこの関数の **最大値** といい，値域に最小の値があるとき，これをこの関数の **最小値** という。

■座標平面
平面上に座標軸を定めると，その平面上の点 P の位置は，2つの実数の組 (a, b) で表される。この組 (a, b) を点 P の **座標** といい，座標が (a, b) である点 P を，**$P(a, b)$** と書く。座標軸の定められた平面を **座標平面** という。

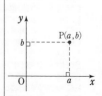

■$y=ax+b$
関数 $y=ax+b$ のグラフは直線になる。これを **直線 $y=ax+b$** といい，$y=ax+b$ をこの **直線の方程式** という。なお，関数 $y=b$ のように，x の値に関係なく常に y の値が一定である関数を **定数関数** という。

◀ y が x の1次式で表される関数を，x の **1次関数** という。

基本 例題 **64** 関数の値 $f(a)$, 座標平面上の点

(1) $f(x)=4x-3$, $g(x)=-3x^2+2x$ のとき, 次の値を求めよ。

$$f\left(\frac{3}{2}\right),\ f(-2),\ f(a+2),\ g(3a),\ g(a-2),\ g(a^2)$$

(2) 次の点は, 第何象限の点か。

(ア) $(2,\ 3)$　　　(イ) $(-1,\ -5)$　　　(ウ) $(-3,\ 2)$　　　(エ) $(4,\ -3)$

/p.114 基本事項 **1**

指針 (1) $f(a)$ …… $f(x)$ の x に a を代入した値。

$f(a+2)$ の $a+2$, $g(a-2)$ の $a-2$ などは 1 つのものと考えて代入する。

(2) 座標軸で分けられた座標平面の 4 つの部分を, それぞれ図のように **第1象限, 第2象限, 第3象限, 第4象限** という。

(ア)～(エ)の各点の **x 座標, y 座標の符号** でどの象限の点か判断。→ 右の図を参照。

なお, 図の $(+,\ +)$ などは, 順に各象限での x 座標, y 座標の符号を示す。

注意 座標軸上の点はどの象限にも属さない とする。

第2象限 $(-,\ +)$	第1象限 $(+,\ +)$
第3象限 $(-,\ -)$	第4象限 $(+,\ -)$

第1象限から反時計回り

3章

8 関数とグラフ

解答

(1) $f(x)=4x-3$ に対して

$$f\left(\frac{3}{2}\right)=4\cdot\frac{3}{2}-3=6-3=3$$

$$f(-2)=4\cdot(-2)-3=-8-3=\mathbf{-11}$$

$$f(a+2)=4(a+2)-3=\mathbf{4a+5}$$

$g(x)=-3x^2+2x$ に対して

$$g(3a)=-3(3a)^2+2\cdot 3a$$
$$=-3\cdot 9a^2+6a$$
$$=\mathbf{-27a^2+6a}$$

$$g(a-2)=-3(a-2)^2+2(a-2)$$
$$=-3(a^2-4a+4)+2a-4$$
$$=\mathbf{-3a^2+14a-16}$$

$$g(a^2)=-3(a^2)^2+2a^2=\mathbf{-3a^4+2a^2}$$

(2) (ア) 点 $(2,\ 3)$ は　　　**第1象限の点**

(イ) 点 $(-1,\ -5)$ は　　　**第3象限の点**

(ウ) 点 $(-3,\ 2)$ は　　　**第2象限の点**

(エ) 点 $(4,\ -3)$ は　　　**第4象限の点**

◀ $f(\bullet)=4\bullet-3$ とみて, $\bullet$ に同じ値や式を **機械的に代入**。

◀ 代入の際, $(\ )$ をつける。

◀ ここも $(\ )$ を忘れずに。

◀ $g(\bullet)=-3\bullet^2+2\bullet$ とみて, $\bullet$ に $3a$ を代入。

なお, $\sim$ に $(\ )$ をつけないと

$$-3\cdot 3a^2+2\cdot 3a$$
$$=-9a^2+6a$$

となり, これは **誤り**!

◀ $(a^2)^2=a^{2\times 2}=a^4$

練習 (1) $f(x)=-3x+2$, $g(x)=x^2-3x+2$ のとき, 次の値を求めよ。

 64

$$f(0),\ f(-1),\ f(a+1),\ g(2),\ g(2a-1)$$

(2) 点 $(3x-1,\ 3-2x)$ は $x=2$ のとき第何象限にあるか。また, 点 $(3x-1,\ -2)$ が第3象限にあるのは $x<\boxed{}$ のときである。

p.134 EX51

基本 例題 **65** 関数の値域，最大値・最小値（1次関数） ◔◔◔◔◔

次の関数のグラフをかき，その値域を求めよ。また，最大値，最小値があれば，
それを求めよ。

(1) $y=-2x+1$ （$-1\leqq x\leqq2$）　　　　(2) $y=2x-4$ （$0\leqq x<3$）

 ╱p.114 基本事項 **2**

指針 関数の値域や最大値・最小値を求めるには，**グラフをかいて判断**
するとよい。
この例題では，y 切片や傾きに注意して，グラフをかく。
→(1)，(2) は，定義域が制限された1次関数であるから，そのグラ
　フは線分となる。
なお，グラフから値域を求める際，**端の点がグラフに含まれるかどうか**に注意！

CHART 値域を求めるとき　グラフを利用　端点に注意

解答

(1) $y=-2x+1$ において
　　$x=-1$ のとき
　　　　　$y=-2\cdot(-1)+1=3$
　　$x=2$ のとき
　　　　　$y=-2\cdot2+1=-3$
　よって，**グラフは右の図の実線部
　分。**　　値域は　$-3\leqq y\leqq3$，
　　　　$x=-1$ で最大値 3，
　　　　$x=2$ 　で最小値 -3

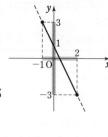

◀$y=-2x+1$ は，y 切片 1，
　傾き -2（右下がり）の直
　線。

◀グラフには定義域の両端
　の座標を書き入れておく。

本書では，グラフ上の黒
丸 ● は，その点がグラ
フに含まれることを意味
し，白丸 ○ は含まれな
いことを意味する。

(2) $y=2x-4$ において
　　$x=0$ のとき　$y=2\cdot0-4=-4$
　　$x=3$ のとき　$y=2\cdot3-4=2$
　よって，**グラフは右の図の実線部
　分。**　　値域は　$-4\leqq y<2$，
　　　　$x=0$ で最小値 -4，
　　　　最大値はない

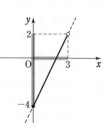

◀$y=2x-4$ は，y 切片 -4，
　傾き 2（右上がり）の直線。

◀点 $(3, 2)$ はグラフに含
　まれないから，$x=3$ で
　最大値 2 と答えるのは
　大間違い！（検討 の 2.
　参照。）

検討 　**最大値・最小値を答えるときの注意点**

1．「関数 $y=f(x)$ の最大値・最小値を求めよ」という場合，問題文に特に示されていなく
　ても，**最大値・最小値を与える x の値も示しておく**のが原則である。
2．上の(2)のように **値域が決まっても，最大値や最小値が必ずあるとは限らない。**
　x が限りなく 3 に近づくとき，それに対応して y は限りなく 2 に近づくが，2 になること
　はない。よって，この場合は「最大値はない」と答えるしかない。

練習 　次の関数の値域を求めよ。また，最大値，最小値があれば，それを求めよ。
① **65** 　(1) $y=5x-2$ （$0\leqq x\leqq3$）　　　　(2) $y=-3x+1$ （$-1<x\leqq2$）

基本 例題 **66** 値域の条件から1次関数の係数決定 ①①①①①

関数 $y=ax+b$ $(1 \leqq x \leqq 2)$ の値域が $3 \leqq y \leqq 5$ であるとき，定数 a, b の値を求めよ。

／基本 65

指針 まず，前ページの例題 **65** 同様，グラフをもとに値域を調べる。
ここで，関数 $y=ax+b$ のグラフは a の符号で増加(右上がり)か減少(右下がり)かが変わるから [1] $a>0$, [2] $a=0$, [3] $a<0$ の **場合に分けて** 求める。
次に，求めた値域が $3 \leqq y \leqq 5$ と一致するように，a, b の連立方程式を作って解く。
このとき，求めた a, b の値が **場合分けの条件を満たすかどうかを必ず確認** する。

CHART 値域を求めるとき **グラフを利用 端点に注意**

解答

$\quad\quad\quad x=1$ のとき $\quad\quad y=a+b$
$\quad\quad\quad x=2$ のとき $\quad\quad y=2a+b$

[1] $a>0$ のとき
この関数は x の値が増加すると，y の値は増加するから，
値域は $\quad\quad\quad a+b \leqq y \leqq 2a+b$
$3 \leqq y \leqq 5$ と比べると $\quad a+b=3$, $2a+b=5$
これを解いて $\quad\quad a=2$, $b=1$
これは $a>0$ を満たす。

[2] $a=0$ のとき
この関数は $y=b$(定数関数)になるから，値域は
$3 \leqq y \leqq 5$ になりえない。

[3] $a<0$ のとき
この関数は x の値が増加すると，y の値は減少するから，
値域は $\quad\quad\quad a+b \geqq y \geqq 2a+b$
すなわち $\quad\quad 2a+b \leqq y \leqq a+b$
$3 \leqq y \leqq 5$ と比べると $\quad 2a+b=3$, $a+b=5$
これを解いて $\quad a=-2$, $b=7$
これは $a<0$ を満たす。

以上から $\quad\quad a=2$, $b=1$ または $a=-2$, $b=7$

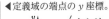
◀定義域の端点の y 座標。

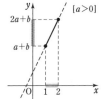

◀値域は $y=b$

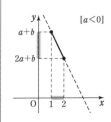

◀答えをまとめる。

検討 **単調増加と単調減少**
関数 $y=f(x)$ において，x の値が増加すると y の値が増加するとき，関数 $y=f(x)$ は **単調に増加** するという。また，x の値が増加すると y の値が減少するとき，関数 $y=f(x)$ は **単調に減少** するという。

$$単調増加 \Longleftrightarrow x_1 < x_2 \text{ なら } f(x_1) < f(x_2)$$
$$単調減少 \Longleftrightarrow x_1 < x_2 \text{ なら } f(x_1) > f(x_2)$$

練習 ③ **66** 関数 $y=ax+b$ $(2 \leqq x \leqq 5)$ の値域が $-1 \leqq y \leqq 5$ であるとき，定数 a, b の値を求めよ。

p.134 EX52

118

 基本 例題 **67** 絶対値のついた1次関数のグラフ(1)

関数 $y=|x-2|$ のグラフをかけ。　　　　　　　　　　／基本 41　基本 123 ＼

指針 絶対値のついた関数のグラフ は，次の ①，② に従い，まず 記号｜｜をはずす。

① $A \geqq 0$ のとき $|A|=A$　　② $A<0$ のとき $|A|=-A$
　　　そのままはずす─┘　　　　　　　　　－をつけてはずす─┘

場合分けの分かれ目は，｜｜内の式が0となるとき である。
ここでは，$x-2=0$ すなわち $x=2$ が場合の分かれ目になる。

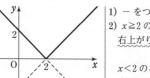

CHART 絶対値 場合に分ける
　　　　　　分かれ目は ｜｜内の式＝0 の x

解答

$x-2 \geqq 0$ すなわち $x \geqq 2$ のとき
　　　　$y=x-2$
$x-2<0$ すなわち $x<2$ のとき
　　　　$y=-(x-2)^{1)}$
　ゆえに $y=-x+2$
よって，グラフは **右の図の実線部分**。[2)]

参考 $y=|x-2|$ を $y=\begin{cases} x-2 & (x \geqq 2) \\ -x+2 & (x<2) \end{cases}$
のように表すこともできる。

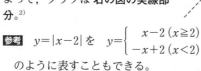

1) －をつけてはずす。
2) $x \geqq 2$ のとき，グラフは 右上がりの実線部分。
　　…… ❶
$x<2$ のとき，グラフは 右下がりの実線部分。
　　…… ❷
→ ❶，❷ を合わせたものが関数 $y=|x-2|$ のグラフ。

検討 **絶対値のついた関数のグラフのかき方**

絶対値のついた関数のグラフをかくには，次の手順で進めるとよい。

1 まず，　$A \geqq 0$ のとき $|A|=A$　　$A<0$ のとき $|A|=-A$
　に従って場合分けをし，絶対値記号をはずす。　　　←p.73で学んだ，絶対値のついた
2 1 で分けた場合ごとに関数のグラフを考え，　　　　　　　方程式と同じ要領。
　それらを合わせる要領でもとの関数のグラフをかく。

なお，$y=|f(x)|$ の形の関数のグラフ は
　　　$f(x) \geqq 0$ のとき $|f(x)|=f(x)$,
　　　$f(x)<0$ のとき $|f(x)|=-f(x)$
であるから，$y=f(x)$ のグラフで x 軸より下側の部分を x 軸に
関して対称に折り返す と得られる。
例えば，関数 $y=x-2$ のグラフについて
　　$y \geqq 0$ の部分 …… Ⓐ,
　　$y<0$ の部分を x 軸に関して対称に折り返したもの …… Ⓑ
とすると，Ⓐ と Ⓑ を合わせたものが $y=|x-2|$ のグラフである。

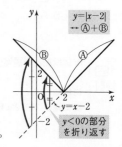

練習 次の関数のグラフをかけ。
② **67** (1) $y=|3-x|$　　　　　　　　(2) $y=|2x+4|$

p.134 EX 53 ↘

基本 例題 68 絶対値のついた1次関数のグラフ⑵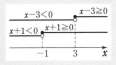

関数 $y=|x+1|+|x-3|$ のグラフをかけ。 <u>基本 67</u> <u>基本 123</u>

指針 前ページの 検討 ①, ② の要領で進める。

まず, **絶対値記号をはずす** ための場合分けの分かれ目は, | | 内の式=0 となる x の値である。ここで, $x+1=0$ とすると $x=-1$ $x-3=0$ とすると $x=3$ よって, $x<-1$, $-1\leqq x<3$, $3\leqq x$ の各場合に分ける。

CHART 絶対値 場合に分ける 分かれ目は | | 内の式=0 の x の値

 解答

$x<-1$ のとき
$$y=-(x+1)-(x-3)$$
ゆえに $y=-2x+2$

$-1\leqq x<3$ のとき
$$y=(x+1)-(x-3)$$
ゆえに $y=4$

$3\leqq x$ のとき
$$y=(x+1)+(x-3)$$
ゆえに $y=2x-2$

よって, グラフは **右の図の実線部分**。

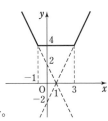

◀$x+1<0$, $x-3<0$ であるから, ともに − をつけて | | をはずす。

◀$x+1\geqq0$, $x-3<0$

◀定数関数。

◀$x+1>0$, $x-3\geqq0$

◀3つの関数 を合わせたもの。

検討 **場合分けの分かれ目の x におけるグラフの考察**

例題 **67**, **68** で扱った関数のグラフは, 場合分けの分かれ目になる x (グラフの折れる点) でグラフがつながっている。これは例えば, 例題 **68** の関数で $x=3$ のときについて

関数 $y=2x-2$ は $x=3$ のとき $y=4$
関数 $y=4$ は $x=3$ のとき $y=4$

となっていることからもわかる。

また, $y=|f(x)|$, $y=|f(x)|\pm|g(x)|$ [$f(x)$, $g(x)$ は $ax+b$ や ax^2+bx+c の式]
などの形の関数は, 場合分けの分かれ目となる x で必ずグラフがつながっていることが知られている。

そのため, 例えば上の例題に関して, 各場合分けにおける不等号を「$x\leqq-1$ のとき, $-1<x\leqq3$ のとき, $3<x$ のとき」あるいは「$x\leqq-1$ のとき, $-1\leqq x\leqq3$ のとき, $3\leqq x$ のとき」などと書いても間違いではない。しかし, 上の解答のように「$x<-1$ のとき, $-1\leqq x<3$ のとき, $3\leqq x$ のとき」と書くケースが多い。大切なのは, **場合分けの分かれ目となる x の値を, 少なくとも1つの場合には必ず含まれるようにしておく**, ということである。

例題 67   例題 68

つながっている つながっている

練習 次の関数のグラフをかけ。

② **68** (1) $y=|x+2|-|x|$ (2) $y=|x+1|+2|x-1|$

p.134 EX 54

3章

❽

関数とグラフ

例題 **69** 絶対値を含む1次不等式（グラフ利用）

不等式 $2|x+1|-|x-1|>x+2$ をグラフを利用して解け。 ╱基本 68

指針 一般に，$f(x)>g(x)$ ということは，$y=f(x)$ のグラフが $y=g(x)$ のグラフより上側にある ということである。
右の図の場合，方程式 $f(x)=g(x)$ の解を $\alpha,\ \beta\ (\alpha<\beta)$ とすると，不等式 $f(x)>g(x)$ の解は $\alpha<x<\beta$ となる。
本問では，$y=2|x+1|-|x-1|$ のグラフが $y=x+2$ のグラフより上側にあるような x の値の範囲が，不等式の解となる。
 ……★

CHART 不等式の解 グラフの上下関係から判断

解答 $y=2|x+1|-|x-1|$ とする。
$x<-1$ のとき
$\qquad y=-2(x+1)-\{-(x-1)\}$
　ゆえに　　$y=-x-3$ ◀$x+1<0,\ x-1<0$
$-1\leqq x<1$ のとき
$\qquad y=2(x+1)-\{-(x-1)\}$
　ゆえに　　$y=3x+1$ ◀$x+1\geqq0,\ x-1<0$
$1\leqq x$ のとき
$\qquad y=2(x+1)-(x-1)$
　ゆえに　　$y=x+3$ ◀$x+1>0,\ x-1\geqq0$

よって，関数 $y=2|x+1|-|x-1|$ のグラフは図の ① となる。一方，関数 $y=x+2$ のグラフは図の ② となる。
図から，① と ② のグラフは，$x<-1$ または $-1\leqq x<1$ の範囲で交わる。
① と ② のグラフの交点の x 座標について

$x<-1$ のとき，$-x-3=x+2$ から　　$x=-\dfrac{5}{2}$

$-1\leqq x<1$ のとき，$3x+1=x+2$ から　　$x=\dfrac{1}{2}$

したがって，不等式 $2|x+1|-|x-1|>x+2$ の解は

$$x<-\frac{5}{2},\ \ \frac{1}{2}<x$$

◀指針___……★ の方針。
2つの関数のグラフをかいて，グラフの上下関係から不等式の解を求める。

◀① と ② のグラフの交点の x 座標を $\alpha,\ \beta\ (\alpha<\beta)$ とすると，求める解は $x<\alpha,\ \beta<x$ であるから，$\alpha,\ \beta$ の値を求める。左の計算から，
$\alpha=-\dfrac{5}{2},\ \beta=\dfrac{1}{2}$ である。

◀① のグラフが ② のグラフより上側にある x の値の範囲。

参考 $y=2|x+1|-|x-1|$ は
$$y=\begin{cases} -x-3 & (x<-1) \\ 3x+1 & (-1\leqq x<1) \\ x+3 & (1\leqq x) \end{cases}\quad \text{と表すことができる。}$$

練習 次の不等式をグラフを利用して解け。
③ **69** (1) $|x-1|+2|x|\leqq3$ 　　　　(2) $|x+2|-|x-1|>x$

補足事項 ガ ウ ス 記 号

実数 x に対して，<u>x を超えない最大の整数</u>を $[x]$ で表すことがあり，この記号 $[\ \ ]$ を
ガウス記号 という。　　　　　└─ x 以下の最大の整数

(例1) $[2.7]$, $\left[\dfrac{1}{3}\right]$, $\sqrt{3}$

数直線上に 2.7 をとると，右の図のようになり，2.7 を
超えない最大の整数は 2 であるから　　$[2.7]=2$

同様にして　　$\left[\dfrac{1}{3}\right]=0$, $[\sqrt{3}]=1$

(例2) $[3]$

数直線上に 3 をとると，右の図のようになり，3 を超えない最
大の整数は 3 であるから　　$[3]=3$

注意　「a が x を超える」とは「a が x より大きい」ということ。よって，「a が x を超えない」
とは「a が x と等しくなることはあっても，a が x より大きくなることはない」というこ
とである。

(例3) $[-1.5]$, $[-0.1]$

数直線上に -1.5 をとると，右の図のようになり，
-1.5 を超えない最大の整数は -2 であるから

$$[-1.5]=-2$$

同様にして　　$[-0.1]=-1$

注意　$[-1.5]=-1$ は間違い！　$[-0.1]=0$ も間違い！

これらの例から，$[x]$ の値と，
x の値の範囲の対応を図で表
すと，右のようになる。
一般に，次のことが成り立つ。

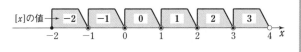

> 実数 x に対して，n を整数として
> $n \leqq x < n+1$ ならば　$[x]=n$　……　Ⓐ
> $[x]=n$ ならば　$n \leqq x < n+1$　……　Ⓑ

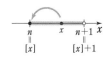

性質 Ⓐ を利用すると，ガウス記号を含む関数のグラフについて考えることができる。

例　$y=[x]$ $(-2 \leqq x \leqq 1)$ のグラフ

$-2 \leqq x < -1$ のとき　　$y=-2$
$-1 \leqq x < 0$ のとき　　$y=-1$
$0 \leqq x < 1$ のとき　　$y=0$
$x=1$ のとき　　$y=1$

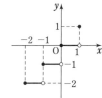

よって，グラフは右の図のようになる。

ガウス記号には，性質 Ⓐ，Ⓑ 以外に次のような性質もある。

　　実数 x，整数 n に対し　$[x+n]=[x]+n$

証明　$[x]=a$ （a は整数）とすると，Ⓑ より $a \leqq x < a+1$ であるから，各辺に n を加えると
$a+n \leqq x+n < a+n+1$　　Ⓐ から　$[x+n]=a+n$　すなわち　$[x+n]=[x]+n$

重要 例題 **70** ガウス記号とグラフ

〇〇〇〇〇〇

$[a]$ は実数 a を超えない最大の整数を表すものとする。

(1) $[2.3]$, $[1]$, $[-\sqrt{2}\,]$ の値を求めよ。

(2) 関数 $y=[2x]$ $(-1\leqq x\leqq 1)$ のグラフをかけ。

(3) 関数 $y=x-[x]$ $(-1\leqq x\leqq 2)$ のグラフをかけ。

指針 実数 x に対して，n を整数として

$n\leqq x<n+1$ ならば $[x]=n$ が成り立つ。これを場合分けに利用する。

(2) $-1\leqq x\leqq 1$ より $-2\leqq 2x\leqq 2$ であるから，幅1の範囲で区切り，

$-2\leqq 2x<-1$, $-1\leqq 2x<0$, $0\leqq 2x<1$, $1\leqq 2x<2$, $2x=2$ で場合分け。

(3) $-1\leqq x\leqq 2$ から，$-1\leqq x<0$, $0\leqq x<1$, $1\leqq x<2$, $x=2$ で場合分け。

解答

(1) $2\leqq 2.3<3$ であるから $\qquad [2.3]=2$

$1\leqq 1<2$ であるから $\qquad [1]=1$

$-2\leqq -\sqrt{2}<-1$ であるから $\qquad [-\sqrt{2}\,]=-2$

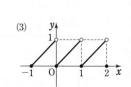

(2) $-1\leqq x\leqq 1$ から $\qquad -2\leqq 2x\leqq 2$

$-2\leqq 2x<-1$ すなわち $-1\leqq x<-\dfrac{1}{2}$ のとき $\quad y=-2$

$-1\leqq 2x<0$ すなわち $-\dfrac{1}{2}\leqq x<0$ のとき $\qquad y=-1$

$0\leqq 2x<1$ すなわち $0\leqq x<\dfrac{1}{2}$ のとき $\qquad y=0$

$1\leqq 2x<2$ すなわち $\dfrac{1}{2}\leqq x<1$ のとき $\qquad y=1$

$2x=2$ すなわち $x=1$ のとき $\qquad y=2$

よって，グラフは **右の図** のようになる。

(3) $-1\leqq x<0$ のとき $[x]=-1$ から $\qquad y=x+1$

$0\leqq x<1$ のとき $[x]=0$ から $\qquad y=x$

$1\leqq x<2$ のとき $[x]=1$ から $\qquad y=x-1$

$x=2$ のとき $[x]=2$ から $\qquad y=2-2=0$

よって，グラフは **右の図** のようになる。

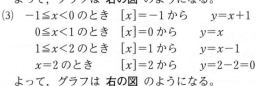

検討 ガウス記号と実数の整数部分 ―――

実数 x が整数 n と $0\leqq p<1$ を満たす実数 p を用いて $x=n+p$ と表されるとき，n を実数 x の **整数部分**，p を実数 x の **小数部分** という。このとき，$0\leqq p<1$ より $n\leqq x<n+1$ が成り立つから，$[x]=n$ である。したがって，$[x]$ は実数 x の整数部分を表す記号であり，(3)の $x-[x]$ は実数 x の小数部分を表している。

練習 $[a]$ は実数 a を超えない最大の整数を表すものとする。

④**70**

(1) $\left[\dfrac{13}{7}\right]$, $[-3]$, $[-\sqrt{7}\,]$ の値を求めよ。

(2) $y=-[x]$ $(-3\leqq x\leqq 2)$ のグラフをかけ。

(3) $y=x+2[x]$ $(-2\leqq x\leqq 2)$ のグラフをかけ。

重要 例題 71 定義域によって式が異なる関数

関数 $f(x)$ $(0\leqq x\leqq 4)$ を右のように定義すると
き，次の関数のグラフをかけ。

$$f(x)=\begin{cases} 2x & (0\leqq x<2) \\ 8-2x & (2\leqq x\leqq 4) \end{cases}$$

(1) $y=f(x)$ (2) $y=f(f(x))$

指針 定義域によって式が変わる関数では，変わる **境目の x，yの値** に着目。
(2) $f(f(x))$ は $f(x)$ の x に $f(x)$ を代入した式で，
$0\leqq f(x)<2$ のとき $2f(x)$, $2\leqq f(x)\leqq 4$ のとき $8-2f(x)$
(1)のグラフにおいて，$0\leqq f(x)<2$ となる x の範囲と，$2\leqq f(x)\leqq 4$ となる x の範囲
を見極めて場合分けをする。

解答
(1) グラフは 図(1)のようになる。

(2) $f(f(x))=\begin{cases} 2f(x) & (0\leqq f(x)<2) \\ 8-2f(x) & (2\leqq f(x)\leqq 4) \end{cases}$

よって，(1)のグラフから
$0\leqq x<1$ のとき $f(f(x))=2f(x)=2\cdot 2x=4x$
$1\leqq x<2$ のとき $f(f(x))=8-2f(x)=8-2\cdot 2x$
$\qquad =8-4x$
$2\leqq x\leqq 3$ のとき $f(f(x))=8-2f(x)=8-2(8-2x)$
$\qquad =4x-8$
$3<x\leqq 4$ のとき $f(f(x))=2f(x)=2(8-2x)$
$\qquad =16-4x$

よって，グラフは 図(2)のようになる。

◀変域ごとにグラフをかく。
◀(1)のグラフから，$f(x)$
の変域は
$0\leqq x<1$ のとき
$\quad 0\leqq f(x)<2$
$1\leqq x\leqq 3$ のとき
$\quad 2\leqq f(x)\leqq 4$
$3<x\leqq 4$ のとき
$\quad 0\leqq f(x)<2$
また，$1\leqq x\leqq 3$ のとき，
$f(x)$ の式は
$1\leqq x<2$ なら
$\quad f(x)=2x$
$2\leqq x\leqq 3$ なら
$\quad f(x)=8-2x$
のように，2 を境にして
式が異なるため，(2)は左
の解答のような合計4通
りの場合分けが必要に
なってくる。

(1) 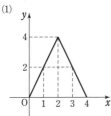 (2)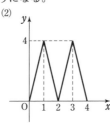

参考 (2)のグラフは，式の意味を考える方法でかくこともできる。
[1] $f(x)$ が2未満なら2倍する。
[2] $f(x)$ が2以上4以下なら，8から2倍を引く。
[右の図で，黒の太線・細線部分が $y=f(x)$，赤の実線部分が
$y=f(f(x))$ のグラフである。] なお，$f(f(x))$ を $f(x)$ と $f(x)$ の
合成関数 といい，$(f\circ f)(x)$ と書く(詳しくは数学Ⅲで学ぶ)。

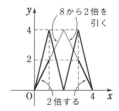

練習 ④71 関数 $f(x)$ $(0\leqq x<1)$ を右のように定義するとき，
次の関数のグラフをかけ。

$$f(x)=\begin{cases} 2x & \left(0\leqq x<\dfrac{1}{2}\right) \\ 2x-1 & \left(\dfrac{1}{2}\leqq x<1\right) \end{cases}$$

(1) $y=f(x)$ (2) $y=f(f(x))$

3章 ❽ 関数とグラフ

9 2次関数のグラフとその移動

基本事項

1 2次関数, 放物線

x の2次式で表される関数を x の **2次関数** といい, 一般に次の式で表される。

$$y=ax^2+bx+c \quad (a, b, c は定数, a \neq 0)$$

また, そのグラフは **放物線** で, $y=ax^2+bx+c$ を **放物線の方程式** という。

2 2次関数 $y=ax^2+bx+c$ のグラフ

$y=ax^2$ のグラフを平行移動した **放物線** で

① 軸は 直線 $x=-\dfrac{b}{2a}$, 頂点は 点 $\left(-\dfrac{b}{2a},\ -\dfrac{b^2-4ac}{4a}\right)$

② $a>0$ のとき 下に凸, $a<0$ のとき 上に凸

3 点・グラフの平行移動

① 点 (a, b) を x 軸方向に p, y 軸方向に q だけ移動した点の座標は

$$(a+p,\ b+q)$$

② 関数 $y=f(x)$ のグラフ F を x 軸方向に p, y 軸方向に q だけ平行移動して得られる曲線 G の方程式は

$$y-q=f(x-p)$$

解 説

■ **2次関数 $y=ax^2$ のグラフ**

放物線 と呼ばれる曲線で, 原点 O を通り, **y軸に関して対称** である。放物線の対称軸を **軸** といい, 軸と放物線の交点をその放物線の **頂点** という。放物線 $y=ax^2$ の軸は y 軸で, 頂点は原点 O である。また, $y=ax^2$ のグラフは, その曲線の形状から, $a>0$ のとき **下に凸**, $a<0$ のとき **上に凸** であるという。

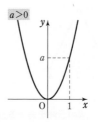

■ **平行移動**

平面上で, 図形上の各点を一定の向きに, 一定の距離だけ動かすことを **平行移動** という。

一般に, 点の移動について, **3**① が成り立つ。

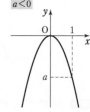

■ **2次関数 $y=a(x-p)^2+q$ のグラフ**

$y=ax^2$ のグラフを

x 軸方向に p, y 軸方向に q だけ平行移動

したグラフであり(*), 軸は 直線 $x=p$, 頂点は 点 (p, q) である。

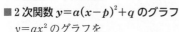

注意 直線 $x=p$ とは, 点 $(p, 0)$ を通り x 軸に垂直 (y 軸に平行) な直線 である。
なお, (*) が成り立つ理由は, 次のページで説明する。

解 説

■ **2次関数 $y=ax^2+bx+c$ のグラフ**

2次式 ax^2+bx+c を，次のように <u>$a(x-p)^2+q$ の形に変形して</u>
（**平方完成** するという）グラフをかく。

$$y=ax^2+bx+c$$
$$=a\left(x^2+\frac{b}{a}x\right)+c$$
$$=a\left\{x^2+2\cdot\frac{b}{2a}x+\left(\frac{b}{2a}\right)^2-\left(\frac{b}{2a}\right)^2\right\}+c$$
$$=a\left\{x^2+2\cdot\frac{b}{2a}x+\left(\frac{b}{2a}\right)^2\right\}-a\left(\frac{b}{2a}\right)^2+c$$
$$=a\left(x+\frac{b}{2a}\right)^2-\frac{b^2-4ac}{4a}$$

↑— a を忘れずに！

◀ $a\ (\neq 0)$ で ax^2+bx
をくくる。

◀ x の係数 $\dfrac{b}{a}$ の半分
$\dfrac{b}{2a}$ の平方 $\left(\dfrac{b}{2a}\right)^2$
を加えて引く。

よって，$y=ax^2+bx+c$ のグラフは，$y=ax^2$ のグラフを x 軸方向に
$-\dfrac{b}{2a}$，y 軸方向に $-\dfrac{b^2-4ac}{4a}$ だけ平行移動した放物線であるから，

2 ①，② が成り立つ。

なお，$y=ax^2+bx+c$ の形を **一般形**，
　　　$y=a(x-p)^2+q$ の形を **基本形** という。

3
章

❾

2次関数のグラフとその移動

■ **曲線の平行移動**

3 ② に関し，F が放物線 $y=ax^2$ である場合について考えてみよう。

G 上に任意の点 $\mathrm{P}(x,\ y)$ をとり，**3** ② の平行移動によって
P に移される F 上の点を $\mathrm{Q}(X,\ Y)$ とすると

$x=X+p,\ y=Y+q$ すなわち $X=x-p,\ Y=y-q$

点 Q は F 上にあるから $Y=aX^2$

この式の X に $x-p$ を，Y に $y-q$ を代入すると，G の方
程式は $y-q=a(x-p)^2$

このように，G の方程式は，F の方程式の

x を $x-p$，y を $y-q$ でおき換えたもの

になっている。

注意 点の移動が $(a,\ b)\longrightarrow(a+p,\ b+q)$ であるから，曲線の移動において，「移動後の
方程式は $y+q=a(x+p)^2$ である」としては **いけない！**

同様に考えて，**3** ② は次のように示される。

関数 $y=f(x)$ のグラフ F を x 軸方向に p，y 軸方向に q だけ
平行移動して得られる曲線を G とする。

G 上に任意の点 $\mathrm{P}(x,\ y)$ をとり，上の平行移動によって，
$\mathrm{P}(x,\ y)$ に移される F 上の点を $\mathrm{Q}(X,\ Y)$ とすると

$X=x-p,\ Y=y-q$

点 Q は F 上にあるから $Y=f(X)$

この式の X に $x-p$ を，Y に $y-q$ を代入すると，G の方程式
は $y-q=f(x-p)$ ←— $y+q=f(x+p)$ ではない！

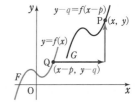

基本 例題 72 2次関数のグラフをかく(1)

次の2次関数のグラフは，2次関数 $y=-2x^2$ のグラフをそれぞれどのように平行移動したものか答えよ。また，それぞれのグラフをかき，その軸と頂点を求めよ。

(1) $y=-2x^2+3$　　　　(2) $y=-2(x-1)^2$　　　　(3) $y=-2(x+1)^2+1$

/p.124 基本事項 **1**, **3**

指針 2次関数 $y=a(x-p)^2+q$ のグラフ

[1] $y=ax^2$ のグラフを x 軸方向に p，y 軸方向に q だけ平行移動した放物線である。

[2] 軸は 直線 $x=p$，頂点は 点 (p, q)

グラフのかき方

頂点 (p, q) を原点とみて，$y=ax^2$ のグラフをかく。

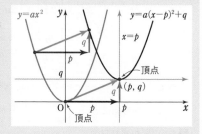

解答

(1) y 軸方向に 3 だけ平行移動したもの。グラフは 図(1)。
軸は y 軸（直線 $x=0$），頂点は 点 $(0, 3)$

(2) x 軸方向に 1 だけ平行移動したもの。グラフは 図(2)。
軸は 直線 $x=1$，頂点は 点 $(1, 0)$

(3) x 軸方向に -1，y 軸方向に 1 だけ平行移動したもの。グラフは 図(3)。
軸は 直線 $x=-1$，頂点は 点 $(-1, 1)$

$y=-2x^2$ の x^2 の係数は -2 で 負 である。よって，グラフは 上に凸。

(1) $p=0$ であるから，x 軸方向には移動しない。y 軸は直線 $x=0$

(2) $q=0$ であるから，y 軸方向には移動しない。

(1)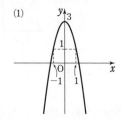

(2)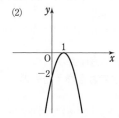

(3)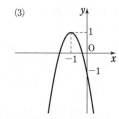

検討 平行移動と放物線の形状

2次関数のグラフを平行移動しても，x^2 の係数は移動前の関数のものと変わらない。
また，移動前と移動後のグラフは同じ形（合同）である。つまり，平行移動することにより，互いに重ね合わせることができる。

練習
① 72 次の2次関数のグラフは，[ ] 内の2次関数のグラフをそれぞれどのように平行移動したものか答えよ。また，それぞれのグラフをかき，その軸と頂点を求めよ。

(1) $y=-x^2+4$ 　　[$y=-x^2$]　　　　(2) $y=2(x-1)^2$ 　[$y=2x^2$]

(3) $y=-3(x-2)^2-1$ 　[$y=-3x^2$]

基本例題 73 2次関数のグラフをかく (2)

次の2次関数のグラフをかき，その軸と頂点を求めよ。

(1) $y=2x^2+4x+1$　　　　　　　(2) $y=-x^2+3x-1$

／p.124 基本事項 **2**，基本 **72**

指針 2次関数 $y=ax^2+bx+c$ のグラフをかくには

[1] ax^2+bx+c を平方完成し，$y=a(x-p)^2+q$ の形(基本形)に変形。

[2] 頂点 $(p,\ q)$ を原点とみて，$y=ax^2$ のグラフをかく。

なお，グラフには，頂点の座標 や y軸との交点 も示しておく。

平方完成には $x^2+●x=\left(x+\dfrac{●}{2}\right)^2-\left(\dfrac{●}{2}\right)^2$ の変形を利用。

CHART 2次関数のグラフ　平方完成して $a(x-p)^2+q$ に直す

3章

9 2次関数のグラフとその移動

 解答

(1) $2x^2+4x+1$

$=2(x^2+2x)+1$

$=2(x^2+2x+1^2)-2\cdot1^2+1$

ゆえに　$y=2(x+1)^2-1$

よって，グラフは **右の図** のようになる。

また，軸は 直線 $x=-1$，

頂点は 点 $(-1,\ -1)$

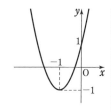

◀2で $2x^2+4x$ をくくる。

◀x の係数2の半分1の平方を加えて引く。

◀基本形 $y=a(x-p)^2+q$ の形に変形できた。この式から，軸や頂点を読み取りグラフをかく。

(2) $-x^2+3x-1$

$=-(x^2-3x)-1$

$=-\left\{x^2-3x+\left(\dfrac{3}{2}\right)^2\right\}+\left(\dfrac{3}{2}\right)^2-1$

ゆえに　$y=-\left(x-\dfrac{3}{2}\right)^2+\dfrac{5}{4}$

よって，グラフは **右の図** のようになる。

また，軸は 直線 $x=\dfrac{3}{2}$，

頂点は 点 $\left(\dfrac{3}{2},\ \dfrac{5}{4}\right)$

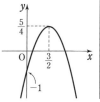

◀符号に注意しながら変形。

◀グラフは上に凸。

検討 **2次関数のグラフと座標軸の交点の座標の求め方**

2次関数 $y=ax^2+bx+c$ のグラフと x 軸，y 軸の共有点について

$x=0$ とおくと　$y=c$　→　グラフは y 軸と必ず交わり，その交点は点 $(0,\ c)$ である。

$y=0$ とおくと　$ax^2+bx+c=0$　→　この2次方程式が実数解をもてば，それが x 軸との共有点の x 座標になる($p.175$ で詳しく学習)。

練習 73 次の2次関数のグラフをかき，その軸と頂点を求めよ。

(1) $y=-2x^2+5x-2$　　　　　　(2) $y=\dfrac{1}{2}x^2-3x-\dfrac{7}{2}$

p.134 EX55

基本 例題 **74** 2次関数の係数の符号を判定

2次関数 $y=ax^2+bx+c$ のグラフが右の図のようになるとき，次の値の符号を調べよ。

(1) a (2) b (3) c (4) b^2-4ac

(5) $a+b+c$ (6) $a-b+c$ ╱p.124 基本事項 **2**

指針 グラフが上に凸か下に凸か，頂点の座標，軸の位置，座標軸との交点などから判断する。

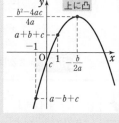

(1) a の符号 $a>0 \Longleftrightarrow$ 下に凸 $a<0 \Longleftrightarrow$ 上に凸

(2) b の符号   頂点の x 座標 $-\dfrac{b}{2a}$ に注目。

            a の符号とともに決まる。

(3) c の符号 y 軸との交点が点 $(0,\ c)$

(4) b^2-4ac の符号   頂点の y 座標 $-\dfrac{b^2-4ac}{4a}$ に注目。

                     a の符号とともに決まる。

(5) $a+b+c$ の符号 $y=ax^2+bx+c$ で $x=1$ とおいたときの y の値。

(6) $a-b+c$ の符号 $y=ax^2+bx+c$ で $x=-1$ とおいたときの y の値。

解答

(1) グラフは上に凸であるから $a<0$

(2) $y=ax^2+bx+c^{(*)}$ の頂点の座標は $\left(-\dfrac{b}{2a},\ -\dfrac{b^2-4ac}{4a}\right)$

    頂点の x 座標が正であるから $-\dfrac{b}{2a}>0$

    よって $\dfrac{b}{2a}<0$ (1) より，$a<0$ であるから $b>0$

(3) グラフは y 軸と $y<0$ の部分で交わるから $c<0$

(4) 頂点の y 座標が正であるから $-\dfrac{b^2-4ac}{4a}>0$

   (1) より，$a<0$ であるから $b^2-4ac>0$

(5) $x=1$ のとき $y=a\cdot1^2+b\cdot1+c=a+b+c$

    グラフより，$x=1$ のとき $y>0$ であるから

               $a+b+c>0$

(6) $x=-1$ のとき $y=a\cdot(-1)^2+b\cdot(-1)+c=a-b+c$

    グラフより，$x<0$ のとき $y<0$ であるから

               $a-b+c<0$

$(*)\ y=ax^2+bx+c$
$=a\left(x+\dfrac{b}{2a}\right)^2$
$\quad -\dfrac{b^2-4ac}{4a}$

$\dfrac{A}{B}>0 \Longleftrightarrow A$ と B は同符号。

$\dfrac{A}{B}<0 \Longleftrightarrow A$ と B は異符号。

(4) グラフと x 軸が異なる2点で交わるから，$b^2-4ac>0$ を導くことができる。詳しくは p.175 を参照。

練習 2次関数 $y=ax^2+bx+c$ のグラフが右の図のようになるとき，
③**74** 次の値の符号を調べよ。

     (1) c (2) b (3) b^2-4ac

     (4) $a+b+c$ (5) $a-b+c$

基本 例題 **75** 2次関数のグラフの平行移動(1) ○○○○○

放物線 $y=-2x^2+4x-4$ を x 軸方向に -3, y 軸方向に 1 だけ平行移動して得られる放物線の方程式を求めよ。

／p.124 基本事項 **3**

指針 次の2通りの解き方がある。

解法1. p.124 基本事項 **3** ② を利用して解く。

放物線 $y=ax^2+bx+c$ …… (*) を x 軸方向に●, y 軸方向に■ だけ平行移動して得られる放物線の方程式は

$$y-■=a(x-●)^2+b(x-●)+c \quad \longleftarrow \text{(*) で } x \text{ を } x-● \text{ に, } y \text{ を } y-■ \text{ に}$$

おき換える。c(定数項)はそのまま。

解法2. 頂点の移動に注目 して解く。

① 放物線の方程式を基本形に直し,頂点の座標を調べる。

② 頂点を x 軸方向に -3, y 軸方向に 1 だけ移動した点の座標を調べる。

③ ② で調べた座標が (p, q) なら,移動後の放物線の方程式は

$$y=-2(x-p)^2+q \quad \longleftarrow \text{平行移動しても } x^2 \text{ の係数は変わらない。}$$

解答

解法1. 放物線 $y=-2x^2+4x-4$ の x を $x-(-3)$, y を $y-1$ におき換えると

$$y-1=-2\{x-(-3)\}^2+4\{x-(-3)\}-4$$

よって,求める放物線の方程式は $\boldsymbol{y=-2x^2-8x-9}$

◀$x-(-3)$, $y-1$ 符号に注意。

解法2. $-2x^2+4x-4$

$$=-2(x^2-2x+1^2)+2\cdot1^2-4$$

$$=-2(x-1)^2-2$$

よって,放物線 $y=-2x^2+4x-4$

の頂点は 点 $(1, -2)$

平行移動により,この点は

点 $(1-3, -2+1)$

すなわち 点 $(-2, -1)$

に移るから,求める放物線の方程式は

$$y=-2\{x-(-2)\}^2-1$$

すなわち $\boldsymbol{y=-2(x+2)^2-1}$

$(y=-2x^2-8x-9$ でもよい$)$

◀平方完成

◀ 部分の 符号に注意! 点 $(1+3, -2-1)$ は誤り。

検討

平行移動の際は符号に注意!

解法1. の解答で,「$y+1=-2\{x+(-3)\}^2+4\{x+(-3)\}-4$ としたら **間違い!**

点の移動が $(a, b) \to (a+p, b+q)$ であるからといって,放物線 $y=ax^2+bx+c$ の移動において,「移動後の放物線の方程式は $y+q=a(x+p)^2+b(x+p)+c$ である」としてはいけない! 正しくは,$y-q=a(x-p)^2+b(x-p)+c$ である。

練習 放物線 $y=x^2-4x$ を,x 軸方向に 2,y 軸方向に -1 だけ平行移動して得られる放物線の方程式を求めよ。
② **75**

3章
❾ 2次関数のグラフとその移動

基本 例題 76 2次関数のグラフの平行移動(2)

(1) 2次関数 $y=2x^2+6x+7$ …… ① のグラフは，2次関数
$y=2x^2-4x+1$ …… ② のグラフをどのように平行移動したものか。

(2) x 軸方向に 1，y 軸方向に -2 だけ平行移動すると，放物線
$C_1: y=2x^2+8x+9$ に移されるような放物線 C の方程式を求めよ。

／基本 75

指針 (1) **頂点の移動に注目** して考えるとよい。
まず，①，② それぞれを基本形に直し，頂点の座標を調べる。

(2) 放物線 C は，放物線 C_1 を与えられた平行移動の **逆向きに平行移動** したものである。$p.124$ 基本事項 **3** ② を利用。

解答

(1) ① を変形すると

$$y=2\left(x+\frac{3}{2}\right)^2+\frac{5}{2}$$

① の頂点は　　点 $\left(-\dfrac{3}{2},\ \dfrac{5}{2}\right)$

② を変形すると
$$y=2(x-1)^2-1$$

② の頂点は　　点 $(1,\ -1)$

② のグラフを x 軸方向に p，y 軸方向に q だけ平行移動したとき，① のグラフに重なるとすると

$$1+p=-\frac{3}{2},\quad -1+q=\frac{5}{2}$$

ゆえに　　　$p=-\dfrac{5}{2},\quad q=\dfrac{7}{2}^{(*)}$

よって，① のグラフは，② のグラフを **x 軸方向に $-\dfrac{5}{2}$，**
y 軸方向に $\dfrac{7}{2}$ だけ平行移動 したもの。

(2) 放物線 C は，放物線 C_1 を x 軸方向に -1，y 軸方向に 2 だけ平行移動したもので，その方程式は
$$y-2=2(x+1)^2+8(x+1)+9$$

したがって　　$y=2x^2+12x+21$

別解 放物線 C_1 の方程式を変形すると　$y=2(x+2)^2+1$
よって，放物線 C_1 の頂点は点 $(-2,\ 1)$ であるから，放物線 C の頂点は　　点 $(-2-1,\ 1+2)$
すなわち　　点 $(-3,\ 3)$

ゆえに，放物線 C の方程式は
$$y=2(x+3)^2+3=2x^2+12x+21$$

（右段）

①：$2x^2+6x+7$
$=2(x^2+3x)+7$
$=2\left\{x^2+3x+\left(\dfrac{3}{2}\right)^2\right\}$
$\quad -2\cdot\left(\dfrac{3}{2}\right)^2+7$

②：$2x^2-4x+1$
$=2(x^2-2x)+1$
$=2(x^2-2x+1^2)$
$\quad -2\cdot1^2+1$

$(*)$ 頂点の座標の違いを見て，
$-\dfrac{3}{2}-1=-\dfrac{5}{2},\ \dfrac{5}{2}-(-1)=\dfrac{7}{2}$
としてもよい。

$$C \underset{\substack{x\text{軸方向に}-1,\\ y\text{軸方向に}2}}{\overset{\substack{x\text{軸方向に}1,\\ y\text{軸方向に}-2}}{\rightleftarrows}} C_1$$

◀ $\begin{cases} x \longrightarrow x-(-1)\\ y \longrightarrow y-2 \end{cases}$ とおき換え。

◀頂点の移動に着目した解法。

◀平行移動しても x^2 の係数は変わらない。

練習 (1) 2次関数 $y=x^2-8x-13$ のグラフをどのように平行移動すると，2次関数
②**76** $y=x^2+4x+3$ のグラフに重なるか。

(2) x 軸方向に -1，y 軸方向に 2 だけ平行移動すると，放物線 $y=x^2+3x+4$ に移されるような放物線の方程式を求めよ。

基本事項

❶　点・グラフの対称移動

① 点 (a, b) の対称移動　点 (a, b) を

x軸 に関して対称移動すると　点 $(\,a,\ -b)$ に移る。

y軸 に関して対称移動すると　点 $(-a,\ \ \ b)$ に移る。

原点 に関して対称移動すると　点 $(-a,\ -b)$ に移る。

② 関数 $y=f(x)$ のグラフの対称移動　関数 $y=f(x)$ のグラフを

x軸 に関して対称移動した曲線の方程式は　　$-y=f(x)$　　$[y=-f(x)]$

y軸 に関して対称移動した曲線の方程式は　　$y=f(-x)$

原点 に関して対称移動した曲線の方程式は　　$-y=f(-x)$　$[y=-f(-x)]$

解　説

■ 対称移動

平面上で，図形上の各点を，直線や点に関してそれと対称な位置に移すことを **対称移動** という。

特に，x軸やy軸を対称の軸とする線対称な位置に移す対称移動と，原点を対称の中心とする点対称な位置に移す対称移動によって，点 (a, b) はそれぞれ次の点に移される。

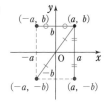

x軸 に関して対称移動：$(a, b) \longrightarrow (a,\ -b)$

y軸 に関して対称移動：$(a, b) \longrightarrow (-a,\ b)$

原点 に関して対称移動：$(a, b) \longrightarrow (-a,\ -b)$

◀符号が変わる位置 ● に注意。

■ 曲線の対称移動

放物線のy軸に関する対称移動について，考えてみよう。

放物線 $F：y=ax^2+bx+c$ を，y軸に関して対称移動して得られる放物線を G とする。G 上の任意の点 P(x, y) をとると，この対称移動によって P に移される F 上の点は Q$(-x, y)$ である。点 Q$(-x, y)$ は F 上にあるから

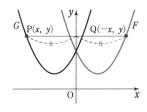

$$y=a(-x)^2+b(-x)+c$$

すなわち　　$y=ax^2-bx+c$

x軸，原点に関する対称移動についても，上と同様に考えられる。

すなわち，放物線 $y=ax^2+bx+c$ を x軸，y軸，原点に関して対称移動して得られる放物線の方程式は，次のようになる。

$y=ax^2+bx+c$ で，次のように文字をおき換える。

x軸 に関して対称移動：$-y=ax^2+bx+c$

◀$y \longrightarrow -y$

y軸 に関して対称移動：　$y=a(-x)^2+b(-x)+c$

◀$x \longrightarrow -x$

原点 に関して対称移動：$-y=a(-x)^2+b(-x)+c$

◀$x \longrightarrow -x,$　$y \longrightarrow -y$

以上のことは，2次関数に限らず，一般の関数 $y=f(x)$ のグラフについてもまったく同じように考えられ，上の ❶② が成り立つ。

なお，曲線 C に対し，C を x軸(y軸)に関して対称移動し，更に y軸 (x軸)に関して対称移動した曲線を C' とすると，C' は C を原点に関して対称移動したものと同じである。

(x軸対称移動) かつ (y軸対称移動) ⇔ (原点対称移動)

3
章

❾

2次関数のグラフとその移動

基本 例題 **77** 2次関数のグラフの対称移動

2次関数 $y=2x^2-5x+4$ のグラフを (1) x軸 (2) y軸 (3) 原点
のそれぞれに関して対称移動した曲線をグラフにもつ2次関数を求めよ。

指針 関数 $y=f(x)$ のグラフを対称移動すると，次のように移る。

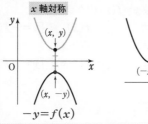 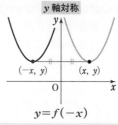 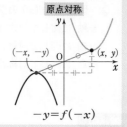

ここでは，$y=2x^2-5x+4$ の式で次のようにおき換える。

[1] **x軸対称：$y \longrightarrow -y$** [2] **y軸対称：$x \longrightarrow -x$**

[3] **原点対称：$x \longrightarrow -x,\ y \longrightarrow -y$**

この [1]，[2]，[3] のおき換えによる解法は，2次関数以外の関数のグラフについても
利用することができる。

解答

(1) y を $-y$ におき換えて
$$-y=2x^2-5x+4$$
よって $y=-2x^2+5x-4$

(2) x を $-x$ におき換えて
$$y=2(-x)^2-5(-x)+4$$
よって $y=2x^2+5x+4$

(3) x を $-x$，y を $-y$ におき換えて
$$-y=2(-x)^2-5(-x)+4$$
よって $y=-2x^2-5x-4$

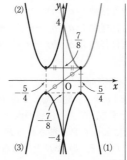

◀x はそのまま。

◀x^2 の係数の符号が **変わる**。→ 上に凸のグラフになる。

◀y はそのまま。

◀x^2 の係数は **不変**。→ 下に凸のグラフのまま。

◀x^2 の係数の符号が **変わる**。→ 上に凸のグラフになる。

検討 **例題 77 の別解**

x^2 の係数と頂点に着目 して，次のように考えてもよい。

なお，$y=2x^2-5x+4=2\left(x-\dfrac{5}{4}\right)^2+\dfrac{7}{8}$ で，$p=\dfrac{5}{4}$，$q=\dfrac{7}{8}$ とおく。

		x^2 の係数	頂点	求める2次関数
(1)	x軸対称：	$2 \longrightarrow -2$	$(p, q) \longrightarrow (p, -q)$	➡ $y=-2(x-p)^2-q$
(2)	y軸対称：	$2 \longrightarrow 2$	$(p, q) \longrightarrow (-p, q)$	➡ $y=2(x+p)^2+q$
(3)	原点対称：	$2 \longrightarrow -2$	$(p, q) \longrightarrow (-p, -q)$	➡ $y=-2(x+p)^2-q$

練習 2次関数 $y=-x^2+4x-1$ のグラフを (1) x軸 (2) y軸 (3) 原点 のそれぞ
① **77** れに関して対称移動した曲線をグラフにもつ2次関数を求めよ。

基本 例題 78 2次関数の係数決定[平行・対称移動]

放物線 $y=x^2+ax+b$ を原点に関して対称移動し，更に x 軸方向に -1，y 軸方向に 8 だけ平行移動すると，放物線 $y=-x^2+5x+11$ が得られるという。このとき，定数 a，b の値を求めよ。

／基本 75〜77

指針 グラフが複数の移動をする問題では，その移動の順序に注意する。

① 放物線 $y=x^2+ax+b$ を，条件の通りに **原点対称移動 → 平行移動** と順に移動した放物線の方程式を求める。

② ① で求めた放物線の方程式が $y=-x^2+5x+11$ と一致することから，係数に注目して a，b の方程式を作り，解く。

または，**別解** のように，複数の移動の結果である放物線 $y=-x^2+5x+11$ に注目し，**逆の移動** を考えてもよい。

$$\underset{C_1}{y=x^2+ax+b} \overset{\text{原点対称}}{\underset{\text{原点対称}}{\rightleftarrows}} \overset{x\text{軸方向に}-1,\ y\text{軸方向に}8}{\underset{x\text{軸方向に}1,\ y\text{軸方向に}-8}{\underset{C_2}{\bullet}\rightleftarrows}} \underset{C_3}{y=-x^2+5x+11}$$

解答

放物線 $y=x^2+ax+b$ を原点に関して対称移動した放物線の方程式は $-y=(-x)^2+a(-x)+b$

すなわち　　$y=-x^2+ax-b$ ……（＊）

また，この放物線を更に x 軸方向に -1，y 軸方向に 8 だけ平行移動した放物線の方程式は

$$y-8=-(x+1)^2+a(x+1)-b$$

すなわち　　$y=-x^2+(a-2)x+a-b+7$

これが $y=-x^2+5x+11$ と一致するから

$$a-2=5,\quad a-b+7=11$$

これを解いて　$a=7$，$b=3$

別解 放物線 $y=-x^2+5x+11$ を x 軸方向に 1，y 軸方向に -8 だけ平行移動した放物線の方程式は

$$y+8=-(x-1)^2+5(x-1)+11$$

すなわち　　$y=-x^2+7x-3$

この放物線を，更に原点に関して対称移動した放物線の方程式は　　$-y=-(-x)^2+7(-x)-3$

すなわち　　$y=x^2+7x+3$

これが $y=x^2+ax+b$ と一致するから

$$a=7,\quad b=3$$

◀ $\begin{cases} x \to -x \\ y \to -y \end{cases}$ とおき換える。

◀（＊）で，$\begin{cases} x \to x-(-1) \\ y \to y-8 \end{cases}$ とおき換える。

◀ x の係数と定数項を比較。

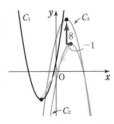

◀ x の係数と定数項を比較。

練習 放物線 $y=x^2$ を x 軸方向に p，y 軸方向に q だけ平行移動した後，x 軸に関して対称移動したところ，放物線の方程式は $y=-x^2-3x+3$ となった。このとき，p，q の値を求めよ。　〔中央大〕

③ 78

②51　点 $(2x-3,\ -3x+5)$ が第 2 象限にあるように，x の値の範囲を定めよ。また，x がどのような値であってもこの点が存在しない象限をいえ。　→64

③52　(1)　関数 $y=-x+1$ $(a\leqq x\leqq b)$ の最大値が 2，最小値が -2 であるとき，定数 a，b の値を求めよ。ただし，$a<b$ とする。

　　(2)　関数 $y=ax+b$ $(-2\leqq x<1)$ の値域が $1<y\leqq 7$ であるとき，定数 a，b の値を求めよ。　→65,66

②53　xy 平面において，折れ線 $y=|2x+2|+x-1$ と x 軸によって囲まれた部分の面積を求めよ。　〔千葉工大〕　→67

③54　次の関数 $f(x)$ の最小値とそのときの x の値を求めよ。

　　(1)　$f(x)=|x-1|+|x-2|+|x-3|$　　　(2)　$f(x)=|x+|3x-24||$

　　〔(1) 大阪産大，(2) 千葉工大〕　→43,68

③55　(1)　放物線 $y=x^2+ax-2$ の頂点の座標を a で表せ。また，頂点が直線 $y=2x-1$ 上にあるとき，定数 a の値を求めよ。　〔類 慶応大〕

　　(2)　2 つの放物線 $y=2x^2-12x+17$ と $y=ax^2+6x+b$ の頂点が一致するように定数 a，b の値を定めよ。　〔神戸国際大〕

　　→73

③56　2 次関数 $y=ax^2+bx+c$ のグラフをコンピュータのグラフ表示ソフトを用いて表示させる。このソフトでは，図の画面上の ☐A☐，☐B☐，☐C☐ にそれぞれ係数 a, b, c の値を入力すると，その値に応じたグラフが表示される。

いま，☐A☐，☐B☐，☐C☐ にある値を入力すると，右の図のようなグラフが表示された。

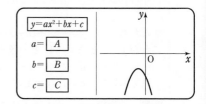

(1)　☐A☐，☐B☐，☐C☐ に入力した値の組み合わせとして，適切なものを，右の表の①〜⑧から 1 つ選べ。

	①	②	③	④	⑤	⑥	⑦	⑧
A	1	1	1	1	-1	-1	-1	-1
B	2	2	-2	-2	2	2	-2	-2
C	3	-3	3	-3	3	-3	3	-3

(2)　いま表示されているグラフを原点に関して対称移動した曲線を表示させるためには，☐A☐，☐B☐，☐C☐ にどのような値を入力すればよいか。適切な組み合わせを，(1)の表の①〜⑧から 1 つ選べ。　→74,77

HINT
51　第何象限にあるかは，点の x 座標，y 座標の符号で決まる。
52　(2) 定義域と値域の両端の値に着目。
53　グラフをかき，グラフと x 軸の交点の座標を調べる。
54　グラフをかいて求めるとよい。(2) 内側の絶対値 $|3x-24|$ からはずす。
55　(2) 2 つの放物線の頂点の座標をそれぞれ求める。

10 2次関数の最大・最小と決定

基本事項

1 2次関数の最大・最小

基本形 $y=a(x-p)^2+q$ に変形する。

$a>0$ のとき　$x=p$ で 最小値 q

　　　　　　最大値は ない

$a<0$ のとき　$x=p$ で 最大値 q

　　　　　　最小値は ない

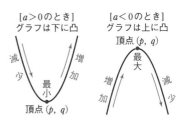

[$a>0$のとき] グラフは下に凸

[$a<0$のとき] グラフは上に凸 頂点 (p, q) 最大

減少 増加 最小 頂点 (p, q)

増加 減少

2 定義域に制限がある場合の最大・最小

関数 $y=a(x-p)^2+q$ $(h \leqq x \leqq k)$ の最大・最小は，軸 $x=p$（頂点の x 座標）の位置によって，次の図のようになる（図は 下に凸のグラフ，すなわち $a>0$ のとき）。

最大値については ①〜③，最小値については ❶〜❸ のように，そのときの x の値によって 3 つずつの場合に分かれる。

① 最大 ❶ 最小 h k p x

① 最大 ❷ 最小 h p k x

② 最大 最大 ② ❷ 最小 h p k x

最大 ③ ❷ 最小 h p k x

最大 ③ ❸ 最小 p h k x

p が 区間の**右外**　　区間内で**中央より右**　　区間内で**中央**　　区間内で**中央より左**　　区間の**左外**

$a<0$ の場合は，グラフが上に凸で，最大と最小が入れ替わる。

解説

■ 2次関数の最大・最小

2次関数 $y=ax^2+bx+c$ のグラフは

$a>0$ のとき　下に凸で，頂点が最も下の点である。

　　　　　　（最も上の点はない。）

$a<0$ のとき　上に凸で，頂点が最も上の点である。

　　　　　　（最も下の点はない。）

よって，2次関数は，定義域が実数全体のとき，$a>0$ ならば最小値，$a<0$ ならば最大値をもち，それはグラフの頂点の y 座標である。

■ 定義域に制限がある場合の最大・最小

2次関数 $y=ax^2+bx+c$ の定義域が $h \leqq x \leqq k$ のように制限された場合，最大値・最小値は **頂点か区間の端 $x=h$, $x=k$ のいずれか** でとる。これは上の **2** のように **グラフをかいて考える** とわかりやすい。

なお，定義域が $h<x<k$ や $h<x \leqq k$ などの場合は，最大値・最小値をとらないこともある。

注意 **2** の図では最大値・最小値を同時に考えるため 5 つの場合に分けたが，**最大，最小それぞれでは 3 通りずつの場合** に分けられる。

◀2次関数
$y=ax^2+bx+c$ は，
$y=a(x-p)^2+q$ の
形（基本形）に変形すると，最大値・最小値がわかる。

◀x の値の範囲
$h \leqq x \leqq k$, $h<x<k$,
$h \leqq x<k$ などの実数 x の集合を **区間** という。

◀最大値は ①〜③，
最小値は ❶〜❸。

基本例題 79 2次関数の最大・最小 (1)

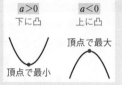

次の2次関数に最大値，最小値があれば，それを求めよ。

(1) $y=3x^2+6x-1$ (2) $y=-2x^2+x$ p.135 基本事項 **1**

指針 まず $y=ax^2+bx+c$ の形の式を変形（**平方完成**）して，
基本形 $y=a(x-p)^2+q$ に直す

次に，定義域は実数全体であるから，グラフが上に凸か
下に凸かに注目する。

     下に凸 の放物線 → 頂点で最小，最大値はない。
     上に凸 の放物線 → 頂点で最大，最小値はない。

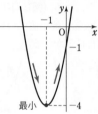

CHART 2次式の扱い **平方完成して $a(x-p)^2+q$ に直す**

解答

(1) $y=3x^2+6x-1$
$\quad =3(x^2+2x)-1$
$\quad =3(x^2+2x+1^2)-3\cdot1^2-1$
$\quad =3(x+1)^2-4$

よって   **$x=-1$ で最小値 -4，**
       最大値はない。

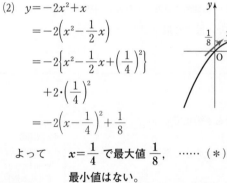

◀まず，平方完成する。

◀グラフは下に凸の放物線
で，頂点は点 $(-1, -4)$
y の値はいくらでも大き
くなるから，最大値はな
い。

(2) $y=-2x^2+x$
$\quad =-2\left(x^2-\dfrac{1}{2}x\right)$
$\quad =-2\left\{x^2-\dfrac{1}{2}x+\left(\dfrac{1}{4}\right)^2\right\}$
$\qquad +2\cdot\left(\dfrac{1}{4}\right)^2$
$\quad =-2\left(x-\dfrac{1}{4}\right)^2+\dfrac{1}{8}$

よって   **$x=\dfrac{1}{4}$ で最大値 $\dfrac{1}{8}$，** …… (＊)
       最小値はない。

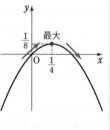

(＊) グラフは上に凸の放
物線で，頂点は点
$\left(\dfrac{1}{4}, \dfrac{1}{8}\right)$
y の値はいくらでも小さ
くなるから，最小値はな
い。

注意 問題文に書かれていなくても，**最大値・最小値を求める問題では，それらを与える x の値を
示しておくのが原則**である。
また，「最大値，最小値があれば，それを求めよ。」という問題で，最大値または最小値がな
い場合は，上の解答のように「～はない」と必ず答える。

練習 次の2次関数に最大値，最小値があれば，それを求めよ。
① 79 (1) $y=x^2-2x-3$ (2) $y=-2x^2+3x-5$
       (3) $y=-2x^2+6x+1$ (4) $y=3x^2-5x+8$

p.159 EX 57

基本 例題 **80** 2次関数の最大・最小(2)

次の関数に最大値，最小値があれば，それを求めよ。

(1)　$y=2x^2-8x+5$　$(0 \leqq x \leqq 3)$　　　(2)　$y=-x^2-2x+2$　$(-3 < x \leqq -2)$

p.135 基本事項 **2**

指針 2次関数の最大・最小には，グラフの利用が有効。

特に，定義域に制限がついた場合は，グラフの **頂点(軸)と定義域の端の値に注目** する。

① 基本形 $y=a(x-p)^2+q$ の形に変形する。

② 定義域の範囲でグラフをかく。

③ 頂点 (軸 $x=p$) と定義域 ($h \leqq x \leqq k$ など) の位置関係を調べる。

④ 頂点の y 座標，定義域の端での y の値を比較して，最大値・最小値を求める。

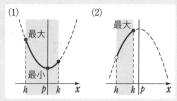

CHART 2次関数の最大・最小 頂点と端の値に注目

 解答

(1)　$y=2x^2-8x+5$

　　　$=2(x^2-4x)+5$

　　　$=2(x^2-4x+2^2)-2 \cdot 2^2+5$

　　　$=2(x-2)^2-3$

　　また　　$x=0$ のとき　$y=5$，

　　　　　　$x=3$ のとき　$y=-1$

　　よって，与えられた関数のグラフは右の図の実線部分である。

　　ゆえに　　**$x=0$ で最大値 5，**

　　　　　　　$x=2$ で最小値 -3

◀軸 $x=2$ は，定義域 $0 \leqq x \leqq 3$ の **内部** にある。

◀グラフをかくとき，定義域の内部にある部分は実線，外部にある部分は点線でかくとわかりやすい。なお，(1)，(2)のグラフの端点で，● はその点を含み，○ はその点を含まないことを意味する。

(2)　$y=-x^2-2x+2$

　　　$=-(x^2+2x)+2$

　　　$=-(x^2+2x+1^2)+1 \cdot 1^2+2$

　　　$=-(x+1)^2+3$

　　また　　$x=-3$ のとき　$y=-1$，

　　　　　　$x=-2$ のとき　$y=2$

　　よって，与えられた関数のグラフは右の図の実線部分である。

　　ゆえに　　**$x=-2$ で最大値 2，**

　　　　　　　最小値はない。

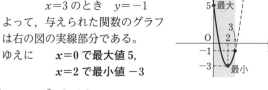

◀軸 $x=-1$ は，定義域 $-3 < x \leqq -2$ の **外部** にある。

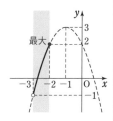

◀$x=-3$ は定義域に **含まれないから，最小値はない。**

練習 次の関数に最大値，最小値があれば，それを求めよ。

② **80** 　(1)　$y=2x^2+3x+1$　$\left(-\dfrac{1}{2} \leqq x < \dfrac{1}{2}\right)$　　(2)　$y=-\dfrac{1}{2}x^2+2x+\dfrac{3}{2}$　$(1 \leqq x \leqq 5)$

3章
⑩
2次関数の最大・最小と決定

基本 例題 **81** 2次関数の最大・最小(3)

a は正の定数とする。$0 \leqq x \leqq a$ における関数 $f(x)=x^2-4x+5$ について，次の問いに答えよ。

(1) 最小値を求めよ。　　　　　(2) 最大値を求めよ。　　　　／基本 80

指針 区間は $0 \leqq x \leqq a$ であるが，文字 a の値が変わると，区間の右端が動き，最大・最小となる場所も変わる。よって，区間の位置で **場合分け** をする。

(1) $y=f(x)$ のグラフは下に凸の放物線で，軸が区間 $0 \leqq x \leqq a$ に含まれれば頂点で最小となる。ゆえに，軸が区間 $0 \leqq x \leqq a$ に含まれるときと含まれないときで場合分けをする。……★

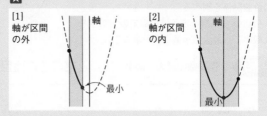

(2) $y=f(x)$ のグラフは下に凸の放物線で，軸から遠いほど y の値は大きい（右の図を参照）。
よって，区間 $0 \leqq x \leqq a$ の両端から軸までの距離が等しくなるような（軸が区間の中央に一致するような）a の値が場合分けの境目となる。……★

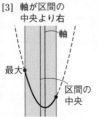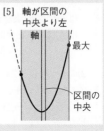

解答 $f(x)=x^2-4x+5=(x-2)^2+1$
$y=f(x)$ のグラフは下に凸の放物線で，軸は　直線 $x=2$

◀$f(x)=x^2-4x+2^2$
-2^2+5

(1) 軸 $x=2$ が $0 \leqq x \leqq a$ の範囲に含まれるかどうかで場合分けをする。
　[1]　$0<a<2$ のとき
　　図 [1] のように，軸 $x=2$ は区間の右外にあるから，$x=a$ で最小となる。
　　最小値は　　$f(a)=a^2-4a+5$

◀指針＿＿……★の方針。軸 $x=2$ が区間 $0 \leqq x \leqq a$ に含まれるかどうかで，最小となる場所が変わる。

◀区間の右端で最小。

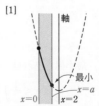

[2]　$a \geqq 2$ のとき

図 [2] のように，軸 $x=2$ は区間に含まれるから，$x=2$ で最小となる。

最小値は　　$f(2)=1$

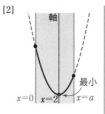

◀頂点で最小。

[1]，[2] から

$$\begin{cases} 0<a<2 \text{ のとき} & x=a \text{ で最小値 } a^2-4a+5 \\ a \geqq 2 \text{ のとき} & x=2 \text{ で最小値 } 1 \end{cases}$$

(2)　区間 $0 \leqq x \leqq a$ の中央の値は $\dfrac{a}{2}$ である。

◀指針____……☆ の方針。

区間 $0 \leqq x \leqq a$ の中央 $\dfrac{a}{2}$ が，軸 $x=2$ に対し左右どちらにあるかで場合分けをする。

[3]　$0<\dfrac{a}{2}<2$ すなわち $0<a<4$ のとき

図 [3] のように，軸 $x=2$ は区間の中央より右側にあるから，$x=0$ で最大となる。

最大値は　　$f(0)=5$

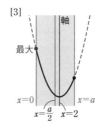

◀$x=0$ の方が軸から遠い。

[4]　$\dfrac{a}{2}=2$ すなわち $a=4$ のとき

図 [4] のように，軸 $x=2$ は区間の中央と一致するから，$x=0$，4 で最大となる。

最大値は　　$f(0)=f(4)=5$

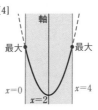

◀軸と $x=0$，a との距離が等しい。

[5]　$2<\dfrac{a}{2}$ すなわち $a>4$ のとき

図 [5] のように，軸 $x=2$ は区間の中央より左側にあるから，$x=a$ で最大となる。

最大値は　　$f(a)=a^2-4a+5$

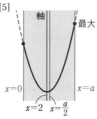

◀$x=a$ の方が軸から遠い。

[3]～[5] から

$$\begin{cases} 0<a<4 \text{ のとき} & x=0 \text{ で最大値 } 5 \\ a=4 \text{ のとき} & x=0，4 \text{ で最大値 } 5 \\ a>4 \text{ のとき} & x=a \text{ で最大値 } a^2-4a+5 \end{cases}$$

この問題で求めた $f(x)$ の最小値・最大値は a の関数になる。詳しくは，解答編 p.70 の 検討 参照。

練習　a は正の定数とする。$0 \leqq x \leqq a$ における関数 $f(x)=x^2-2x-3$ について，次の問い
② **81**　に答えよ。

(1)　最小値を求めよ。　　　　(2)　最大値を求めよ。

p.159 EX 58

基本 例題 **82** 2次関数の最大・最小(4)

a は定数とする。$0 \leqq x \leqq 2$ における関数 $f(x) = x^2 - 2ax - 4a$ について，次の問いに答えよ。

(1) 最小値を求めよ。　　　　　(2) 最大値を求めよ。

／基本 80

指針 この問題では，区間 $0 \leqq x \leqq 2$ に文字 a は含まれないが，関数 $f(x)$ に文字 a が含まれる。
関数 $f(x)$ を基本形に直すと

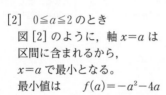

$$f(x) = (x-a)^2 - a^2 - 4a$$

軸は直線 $x=a$ であるが，文字 a の値が変わると，軸（グラフ）が動き，区間 $0 \leqq x \leqq 2$ で最大・最小となる場所が変わる。
よって，軸の位置で **場合分け** をする。

(1) **最小値** 関数 $y=f(x)$ のグラフは下に凸であるから，軸が区間に含まれるときと含まれないとき，更に含まれないときは区間の左外か右外かで場合分けをする。　　　……★

(2) **最大値** グラフは下に凸であるから，**軸から遠いほど y の値は大きい。**
よって，区間の両端 ($x=0$，$x=2$) と軸までの距離が等しいときの a の値が場合分けの境目となる。……★

　　この a の値は，区間 $0 \leqq x \leqq 2$ の中央の値で　$\dfrac{0+2}{2} = 1$

解答

$f(x) = x^2 - 2ax - 4a = (x-a)^2 - a^2 - 4a$
$y = f(x)$ のグラフは下に凸の放物線で，軸は　直線 $x=a$

◀ $f(x) = x^2 - 2ax + a^2$
　　　　$- a^2 - 4a$

(1) 軸 $x=a$ が $0 \leqq x \leqq 2$ の範囲に含まれるかどうかを考える。

◀指針___……★ の方針。軸 $x=a$ が区間 $0 \leqq x \leqq 2$ に含まれるか，左外か右外かで最小となる場所が変わる。

　[1] $a < 0$ のとき
　　図 [1] のように，軸 $x=a$ は区間の左外にあるから，$x=0$ で最小となる。
　　最小値は　　$f(0) = -4a$

◀区間の左端で最小。

　[2] $0 \leqq a \leqq 2$ のとき
　　図 [2] のように，軸 $x=a$ は区間に含まれるから，$x=a$ で最小となる。
　　最小値は　　$f(a) = -a^2 - 4a$

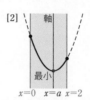

◀頂点で最小。

[3]　$a>2$ のとき

図 [3] のように，軸 $x=a$ は
区間の右外にあるから，
$x=2$ で最小となる。
最小値は　　$f(2)=-8a+4$

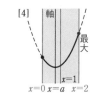

◀区間の右端で最小。

[1]～[3] から

$\begin{cases} a<0 \text{ のとき}　　x=0 \text{ で最小値 } -4a \\ 0\leqq a\leqq 2 \text{ のとき}　x=a \text{ で最小値 } -a^2-4a \\ a>2 \text{ のとき}　　x=2 \text{ で最小値 } -8a+4 \end{cases}$

(2)　区間 $0\leqq x\leqq 2$ の中央の値は　1

◀指針____……★ の方針。
軸 $x=a$ が，区間
$0\leqq x\leqq 2$ の中央 1 に対し
左右どちらにあるかで場
合分けをする。

[4]　$a<1$ のとき

図 [4] のように，軸 $x=a$ は
区間の中央より左側にあるから，
$x=2$ で最大となる。
最大値は　　$f(2)=-8a+4$

◀$x=2$ の方が軸から遠い。

[5]　$a=1$ のとき

図 [5] のように，軸 $x=a$ は
区間の中央と一致するから，
$x=0$, 2 で最大となる。
最大値は　　$f(0)=f(2)=-4$

◀軸と $x=0$, 2 との距離が
等しい。

[6]　$a>1$ のとき

図 [6] のように，軸 $x=a$ は
区間の中央より右側にあるから，
$x=0$ で最大となる。
最大値は　　$f(0)=-4a$

◀$x=0$ の方が軸から遠い。

[4]～[6] から

$\begin{cases} a<1 \text{ のとき}　x=2 \text{ で最大値 } -8a+4 \\ a=1 \text{ のとき}　x=0,\ 2 \text{ で最大値 } -4 \\ a>1 \text{ のとき}　x=0 \text{ で最大値 } -4a \end{cases}$

3章 ⑩ 2次関数の最大・最小と決定

a は定数とする。$-1\leqq x\leqq 1$ における関数 $f(x)=x^2+2(a-1)x$ について，次の問いに答えよ。

(1)　最小値を求めよ。　　　　　(2)　最大値を求めよ。

基本 例題 **83** 2次関数の最大・最小 (5)

a を定数とする。$a \leqq x \leqq a+2$ における関数 $f(x)=x^2-2x+2$ について，次の問いに答えよ。

(1) 最小値を求めよ。　　　　　(2) 最大値を求めよ。　　／基本 80

指針 この問題では，区間の幅は 2 で一定であるが，a の増加とともに区間全体が右に移動するから，軸 $x=1$ と区間 $a \leqq x \leqq a+2$ の位置関係を調べる。

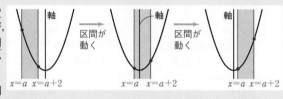

(1) **最小値** 関数 $y=f(x)$ のグラフは下に凸であるから，軸が区間に含まれるときと含まれないとき，更に含まれないときは区間の右外か左外かで場合分けをする。

(2) **最大値** グラフは下に凸であるから，**軸から遠いほど y の値は大きい**。よって，区間の両端 ($x=a$，$x=a+2$) と軸までの距離が等しいときの a の値が場合分けの境目となる。

 解答

$$f(x)=x^2-2x+2=(x-1)^2+1$$

$y=f(x)$ のグラフは下に凸の放物線で，軸は　直線 $x=1$

(1) 軸 $x=1$ が $a \leqq x \leqq a+2$ の範囲に含まれるかどうかを考える。

[1] $a+2<1$ すなわち
$a<-1$ のとき
右のグラフから，$x=a+2$
で最小となる。
最小値は
$f(a+2)=a^2+2a+2$

◀軸が区間の右外にあるから，区間の右端で最小となる。

[2] $a \leqq 1 \leqq a+2$ すなわち
$-1 \leqq a \leqq 1$ のとき
右のグラフから，$x=1$ で
最小となる。
最小値は　$f(1)=1$

◀$1 \leqq a+2$ から
$-1 \leqq a$

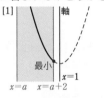

◀軸が区間内にあるから，頂点で最小になる。

[3] $1<a$ すなわち
$a>1$ のとき
右のグラフから，$x=a$ で
最小となる。
最小値は　$f(a)=a^2-2a+2$

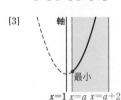

◀軸が区間の左外にあるから，区間の左端で最小となる。

以上から

$$\begin{cases} a<-1 \text{ のとき} & x=a+2 \text{ で最小値 } a^2+2a+2 \\ -1 \leqq a \leqq 1 \text{ のとき} & x=1 \text{ で最小値 } 1 \\ a>1 \text{ のとき} & x=a \text{ で最小値 } a^2-2a+2 \end{cases}$$

(2) 区間 $a \leqq x \leqq a+2$ の中央の値は $a+1$

$\blacktriangleleft \dfrac{a+a+2}{2}=a+1$

[4] $a+1<1$ すなわち

$a<0$ のとき

右のグラフから，$x=a$ で最大
となる。

最大値は $f(a)=a^2-2a+2$

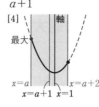

$\blacktriangleleft$ 軸が区間の中央
$x=a+1$ より右にあるの
で，$x=a$ の方が軸から
遠い。
よって $f(a)>f(a+2)$

[5] $a+1=1$ すなわち

$a=0$ のとき

右のグラフから，$x=0$，2 で最
大となる。

最大値は $f(0)=f(2)=2$

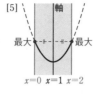

$\blacktriangleleft$ 軸が区間の中央
$x=a+1$ に一致するから，
軸と $x=a$，$a+2$ との距
離が等しい。
よって $f(a)=f(a+2)$

[6] $a+1>1$ すなわち

$a>0$ のとき

右のグラフから，$x=a+2$ で
最大となる。最大値は
$f(a+2)=a^2+2a+2$

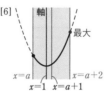

$\blacktriangleleft$ 軸が区間の中央
$x=a+1$ より左にあるの
で，$x=a+2$ の方が軸か
ら遠い。
よって $f(a)<f(a+2)$

以上から

$\begin{cases} a<0 \text{ のとき } & x=a \text{ で最大値 } a^2-2a+2 \\ a=0 \text{ のとき } & x=0, 2 \text{ で最大値 } 2 \\ a>0 \text{ のとき } & x=a+2 \text{ で最大値 } a^2+2a+2 \end{cases}$

検討 最小値と最大値をまとめた解答

$f(x)=x^2-2x+2$ $(a \leqq x \leqq a+2)$ の最大値・最小値を同時に答えるときは，次のようになる。

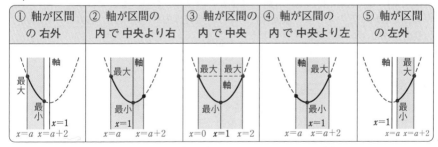

① 軸が区間の右外	② 軸が区間の内で中央より右	③ 軸が区間の内で中央	④ 軸が区間の内で中央より左	⑤ 軸が区間の左外

① $a<-1$ のとき　　最小値 $f(a+2)=a^2+2a+2$,　最大値 $f(a)=a^2-2a+2$
② $-1 \leqq a<0$ のとき　最小値 $f(1)=1$,　　　　最大値 $f(a)=a^2-2a+2$
③ $a=0$ のとき　　　最小値 $f(1)=1$,　　　　最大値 $f(0)=f(2)=2$
④ $0<a \leqq 1$ のとき　最小値 $f(1)=1$,　　　　最大値 $f(a+2)=a^2+2a+2$
⑤ $a>1$ のとき　　　最小値 $f(a)=a^2-2a+2$,　最大値 $f(a+2)=a^2+2a+2$

練習
③ **83** a は定数とする。$a \leqq x \leqq a+1$ における関数 $f(x)=-2x^2+6x+1$ について，次の問いに答えよ。

(1) 最小値を求めよ。　　　(2) 最大値を求めよ。

p.159 EX 59

3章

⑩ 2次関数の最大・最小と決定

振り返り 2次関数の最大・最小

例題 **79〜83** では，2次関数の最大・最小の問題を扱った。特に，例題 **81〜83** では，関数や定義域に文字 a が含まれており，関数のグラフや定義域が変化する場合を考えたため，難しく感じたかもしれない。これらの問題は一見違う問題のように見えるかもしれないが，考え方には共通する部分が多い。ここで，その考え方を振り返りながら整理しておこう。以下，下に凸の放物線について考える。上に凸の場合は，最小値と最大値が入れ替わる。

まず，2次関数のグラフ（下に凸の放物線とする）の特徴について確認しておこう。

> **性質 ①**：軸に関して対称である。
> **性質 ②**：頂点が y 軸方向の最も低い位置となる。
> **性質 ③**：軸から離れるほど，y 軸方向に上がっていく。

● 2次関数の最小値について

2次関数の値は，上の性質からわかるように，軸に近いほどその値は小さくなる。
よって，軸が定義域に含まれている場合は，軸における y の値（頂点の y 座標）が最小値となり，軸が定義域に含まれていない場合は，軸に近い方の端の値が最小となる。

【軸が定義域に含まれるとき】 【軸が定義域の左外にあるとき】 【軸が定義域の右外にあるとき】

例題 **81〜83** では，関数や定義域に文字 a が含まれており，場合分けが必要であったが，軸と定義域がどのような位置関係にあるか（定義域内か，左外か，右外か）を考えて場合分けをしていることに注意しよう。

● 2次関数の最大値について

2次関数の値は，軸から離れるほど大きくなる。また，2次関数のグラフは軸に関して対称であるから，軸から遠い方の定義域の端で最大となる。

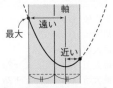 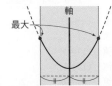
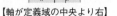

【軸が定義域の中央より右】 【軸が定義域の中央と一致】 【軸が定義域の中央より左】

例題 **81〜83** のように，文字 a を含む場合で最大値を求めるときは，軸が定義域の中央に対しどのような位置にあるかを考えて場合分けを行おう。

基本 例題 **84** 最小値の最大値

k は定数とし，x の 2 次関数 $y=x^2-4kx+3k^2+2k+2$ の最小値を m とする。

(1) m を k の式で表せ。

(2) k の値を $0 \le k \le 3$ の範囲で変化させたとき，m の最大値を求めよ。

／基本 80

指針 **2 次式は基本形 $a(x-p)^2+q$ に直す** が基本方針。

(2) (1)で求めた最小値 m を k の関数ととらえると，区間における最大・最小の問題となる。

m は k の 2 次式 ⟶ 基本形に直す

解答

(1) $y=x^2-4kx+3k^2+2k+2$
$\quad =\{x^2-2\cdot 2kx+(2k)^2\}$
$\quad\quad -(2k)^2+3k^2+2k+2$
$\quad =(x-2k)^2-k^2+2k+2$

よって，y は $x=2k$ で最小値
$\boldsymbol{m=-k^2+2k+2}$ をとる。

最小

$(2k,\ -k^2+2k+2)$

◀平方完成し，基本形に直す。

◀グラフは下に凸
　⟶ 頂点で最小。

◀m は k の 2 次式。

(2) $m=-k^2+2k+2$
$\quad =-(k^2-2k)+2$
$\quad =-(k^2-2k+1^2)+1^2+2$
$\quad =-(k-1)^2+3$

右の図から，$0 \le k \le 3$ の範囲において，k の関数 m は，
$\boldsymbol{k=1}$ で**最大値 3** をとる。

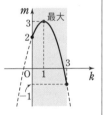

◀平方完成し，基本形に直す。

◀軸は区間内にあり，グラフは上に凸
　⟶ 頂点で最大。

検討 **最小値の最大値とは？**

$y=x^2-4kx+3k^2+2k+2$ のグラフは，k の値を決めるとその位置が 1 つ決まる。その頂点の y 座標が最小値 m で，m は k の値で定まるから，k の関数である。頂点は，k の値を $0 \le k \le 3$ の範囲で変えると，それに応じて位置が変わる。その中に最も上，すなわち，k の関数 m が最大になる場合があるということである。

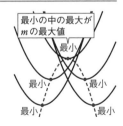

最小の中の最大が
m の最大値

（右側縦帯）

3
章

❿ 2 次関数の最大・最小と決定

練習 a は定数とし，x の 2 次関数 $y=-2x^2+2ax-a$ の最大値を M とする。

③ **84** (1) M を a の式で表せ。

(2) a の関数 M の最小値と，そのときの a の値を求めよ。

p.159 EX 60

(1) 関数 $y=-2x^2+8x+k$ $(1\leqq x\leqq 4)$ の最大値が 4 であるように，定数 k の値を定めよ。また，このとき最小値を求めよ。

(2) 関数 $y=x^2-2ax+a^2-2a$ $(0\leqq x\leqq 2)$ の最小値が 11 になるような正の定数 a の値を求めよ。

/基本 80, 82 重要 86 \

指針 関数を **基本形 $y=a(x-p)^2+q$** に直し，グラフをもとに最大値や最小値を求め，

(1)（最大値）$=4$ (2)（最小値）$=11$ とおいた方程式を解く。

(2)では，軸 $x=a$ $(a>0)$ が区間 $0\leqq x\leqq 2$ の **内か外か** で **場合分け** して考える。

CHART 2次関数の最大・最小 グラフの頂点と端をチェック

解答 (1) $y=-2x^2+8x+k$ を変形すると
$$y=-2(x-2)^2+k+8$$
よって，$1\leqq x\leqq 4$ においては，
右の図から，$x=2$ で最大値 $k+8$
をとる。
ゆえに $k+8=4$
よって $k=-4$
このとき，$x=4$ で**最小値 -4** をとる。

◀区間の中央の値は $\dfrac{5}{2}$ であるから，軸 $x=2$ は区間 $1\leqq x\leqq 4$ で中央より左にある。

◀最大値を $=4$ とおいて，k の方程式を解く。

(2) $y=x^2-2ax+a^2-2a$ を変形すると
$$y=(x-a)^2-2a$$
[1] $0<a\leqq 2$ のとき，$x=a$ で
最小値 $-2a$ をとる。
$-2a=11$ とすると $a=-\dfrac{11}{2}$
これは $0<a\leqq 2$ を満たさない。
[2] $2<a$ のとき，$x=2$ で
最小値 $2^2-2a\cdot 2+a^2-2a$，
つまり a^2-6a+4 をとる。
$a^2-6a+4=11$ とすると
$$a^2-6a-7=0$$
これを解くと $a=-1,\ 7$
$2<a$ を満たすものは $a=7$
以上から，求める a の値は $a=7$

◀「a は正」に注意。

◀$0<a\leqq 2$ のとき，軸 $x=a$ は区間の内。
→ 頂点 $x=a$ で最小。

◀──── の確認を忘れずに。

◀$2<a$ のとき，軸 $x=a$ は区間の右外。
→ 区間の右端 $x=2$ で最小。

◀$(a+1)(a-7)=0$

◀──── の確認を忘れずに。

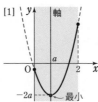

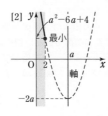

練習 (1) 2次関数 $y=x^2-x+k+1$ の $-1\leqq x\leqq 1$ における最大値が 6 であるとき，定数 k の値を求めよ。

③ **85**

(2) 関数 $y=-x^2+2ax-a^2-2a-1$ $(-1\leqq x\leqq 0)$ の最大値が 0 になるような定数 a の値を求めよ。

p.159 EX61 \

重要 例題 86 2次関数の係数決定［最大値・最小値］(2)

定義域を $0 \leqq x \leqq 3$ とする関数 $f(x) = ax^2 - 2ax + b$ の最大値が 9，最小値が 1 のとき，定数 a，b の値を求めよ。

／基本 85

指針 この問題では，$\underline{x^2 \text{の係数に文字が含まれている}}$ から，a のとる値によって，グラフの形が変わってくる。よって，次の 3 つの場合分けを考える。

$$a = 0 \text{（直線）,} \quad a > 0 \text{（下に凸の放物線）,} \quad a < 0 \text{（上に凸の放物線）}$$

$a \neq 0$ のときは，p.137 例題 **80** と同様にして，最大値・最小値を a，b の式で表し，（最大値）$= 9$，（最小値）$= 1$ から得られる連立方程式を解く。

なお，場合に分けて得られた値が，**場合分けの条件を満たすかどうかの確認** を忘れないようにしよう。

解答 関数の式を変形すると $f(x) = a(x-1)^2 - a + b$ ◀まず，**基本形**に直す。

[1] $a = 0$ のとき
　$f(x) = b$ （一定）となり，条件を満たさない。

◀常に一定の値をとるから，最大値 9，最小値 1 をとることはない。

[2] $a > 0$ のとき
　$y = f(x)$ のグラフは下に凸の放物線となり，$0 \leqq x \leqq 3$ の範囲で $f(x)$ は　$x = 3$ で最大値 $f(3) = 3a + b$，
　　　$x = 1$ で最小値 $f(1) = -a + b$
　をとる。したがって
　　　$3a + b = 9, \quad -a + b = 1$
　これを解いて $a = 2, \ b = 3$
　これは $a > 0$ を満たす。

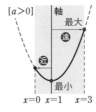

◀軸は直線 $x = 1$ で区間 $0 \leqq x \leqq 3$ 内にあるから，$a > 0$ のとき
軸から遠い端（$x = 3$）で最大，頂点（$x = 1$）で最小となる。
◀この確認を忘れずに。

[3] $a < 0$ のとき
　$y = f(x)$ のグラフは上に凸の放物線となり，$0 \leqq x \leqq 3$ の範囲で $f(x)$ は　$x = 1$ で最大値 $f(1) = -a + b$，
　　　$x = 3$ で最小値 $f(3) = 3a + b$
　をとる。したがって
　　　$-a + b = 9, \quad 3a + b = 1$
　これを解いて $a = -2, \ b = 7$
　これは $a < 0$ を満たす。

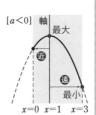

◀軸は直線 $x = 1$ で区間 $0 \leqq x \leqq 3$ 内にあるから，$a < 0$ のとき
頂点（$x = 1$）で最大，軸から遠い端（$x = 3$）で最小となる。
◀この確認を忘れずに。

以上から $a = 2, \ b = 3$ または $a = -2, \ b = 7$

注意 問題文が "**2次関数** $f(x) = ax^2 + bx + c$ ならば $a \neq 0$ は仮定されていると考えるが，"**関数**" $f(x) = ax^2 + bx + c$ とあるときは，$a = 0$ のときも考察しなければならない。

練習 定義域を $-1 \leqq x \leqq 2$ とする関数 $f(x) = ax^2 + 4ax + b$ の最大値が 5，最小値が 1 の
③ **86** とき，定数 a，b の値を求めよ。

［類 東北学院大］

3章
❿ 2次関数の最大・最小と決定

基本 例題 **87** 2次関数の最大・最小と文章題(1)

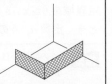

長さ6mの金網を直角に折り曲げて，右図のように，直角な壁の隅のところに長方形の囲いを作ることにした。囲いの面積を最大にするには，金網をどのように折り曲げればよいか。

／基本 80

指針 文章題 …… 適当な **文字**(x)を選び，**最大・最小を求めたい量を**$(x の)$**式に表す** ことが出発点。

この問題では，端から折り曲げた長さをxmとして，面積Sをxで表す。

次に，$S(x の2次式)$を **基本形に直し**，xの **変域に注意** しながらSを最大とするxの値を求める。

変数を定める

CHART 文章題 題意を式に表す **表しやすいように変数を選ぶ**
変域に注意

解答

金網の端からxmのところで折り曲げるとすると，折り目からもう一方の端までは$(6-x)$mになる。

$x>0$かつ$6-x>0$であるから
$$0<x<6 \quad \cdots\cdots ①$$

金網の囲む面積をSm²とすると，$S=x(6-x)$で表される。

$$\begin{aligned}
S&=-x^2+6x\\
&=-(x^2-6x)\\
&=-(x^2-6x+3^2)+3^2\\
&=-(x-3)^2+9
\end{aligned}$$

①の範囲において，Sは$x=3$のとき最大値9をとる。

よって，**端から3mのところ**，すなわち，**金網をちょうど半分に折り曲げればよい**。

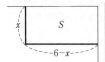

◀自分で定めた文字(変数)が何であるかを，きちんと書いておく。

◀辺の長さが正であることから，xの変域を求める。

◀基本形に直して，グラフをかく。

◀グラフは上に凸，軸は 直線$x=3$，頂点は 点$(3, 9)$

◀面積が最大となる囲いの形は正方形。

練習 ②**87** 長さ6の線分AB上に，2点C，DをAC＝BDとなるようにとる。ただし，$0<AC<3$とする。線分AC，CD，DBをそれぞれ直径とする3つの円の面積の和Sの最小値と，そのときの線分ACの長さを求めよ。

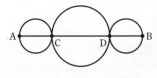

p.159 EX62

基本 例題 **88** 2次関数の最大・最小と文章題(2)

直角を挟む2辺の長さの和が20である直角三角形において，斜辺の長さが最小
の直角三角形を求め，その斜辺の長さを求めよ。 / 基本 87

指針 まず，何を変数に選ぶかであるが，ここでは直角を挟む2辺
の長さの和が与えられているから，直角を挟む一方の辺の長
さを x とする。
三平方の定理 から，斜辺の長さ l は $l=\sqrt{f(x)}$ の形。
そこで，まず $l^2=f(x)$ の**最小値**を求める。
なお，x の変域に注意。

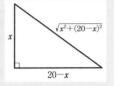

CHART $\sqrt{f(x)}$ の最大・最小　平方した $f(x)$ の最大・最小を考える

 解答 直角を挟む2辺のうち一方の辺の長
さを x とすると，他方の辺の長さは
$20-x$ で表され，$x>0$，$20-x>0$
であるから
$$0<x<20 \cdots\cdots ①$$
斜辺の長さを l とすると，三平方の
定理から　$l^2=x^2+(20-x)^2$
$$=2x^2-40x+400$$
$$=2(x^2-20x)+400$$
$$=2(x^2-20x+10^2)-2\cdot10^2+400$$
$$=2(x-10)^2+200$$
① の範囲において，l^2 は $x=10$ で最小値 200 をとる。
このとき，他方の辺の長さは　$20-10=10$
$l>0$ であるから，l^2 が最小となるとき l も最小となる。
よって，求める直角三角形は，**直角を挟む2辺の長さがと
もに10の直角二等辺三角形**で，斜辺の長さは
$$\sqrt{200}=10\sqrt{2}$$

◀変数 x を定め，x が何で
あるかを書く。

◀辺の長さは正であること
を利用して x の変域を
求める。
◀l^2 は x の **2次式**。→ **基
本形**に直して グラフを
かく。
グラフは下に凸，
軸は 直線 $x=10$，
頂点は 点(10, 200)

◀ ‥‥‥ の断りは重要。

 検討 $\sqrt{f(x)}$ の最小値の代わりに $f(x)$ の最小値を考えてよい理由
上の解答は，$a>0$，$b>0$ のとき
$$a<b \Longleftrightarrow a^2<b^2 \cdots\cdots ※$$
が成り立つことを根拠にしている（数学Ⅱで学習）。
このことは，右の図から確認することができる。
なお，$a<0$，$b<0$ のとき ※ は成り立たない。

練習 88 ∠B=90°，AB=5，BC=10 の △ABC がある。いま，点 P が頂点 B から出発して
辺 AB 上を毎分1の速さで A まで進む。また，点 Q は P と同時に頂点 C から出発
して辺 BC 上を毎分2の速さで B まで進む。このとき，2点 P，Q 間の距離が最小
になるときの P，Q 間の距離を求めよ。

基本 89 2変数関数の最大・最小 (1) ◯◯◯◯◯◯

(1) $2x+y=3$ のとき，$2x^2+y^2$ の最小値を求めよ。

(2) $x \geqq 0$, $y \geqq 0$, $2x+y=8$ のとき，xy の最大値と最小値を求めよ。

/基本 80 重要 121\

指針 (1)の $2x+y=3$，(2)の $2x+y=8$ のような問題の前提となる式を **条件式** という。
条件式がある問題では，**文字を消去する** 方針で進めるとよい。

(1) 条件式 $2x+y=3$ から　$y=-2x+3$　　　これを $2x^2+y^2$ に代入すると，
$2x^2+(-2x+3)^2$ となり，y が消えて1変数 x の **2次式** になる。
→ 基本形 $a(x-p)^2+q$ に直す 方針で解決！

(2) 条件式から $y=-2x+8$ として y を消去する。ただし，次の点に要注意。
消去する文字の条件 ($y \geqq 0$) を，残る文字 (x) の条件におき換えておく

CHART 条件式 文字を減らす方針で 変域に注意

解答

(1) $2x+y=3$ から　$y=-2x+3$ ……①
　　$2x^2+y^2$ に代入して，y を消去すると
$$2x^2+y^2=2x^2+(-2x+3)^2$$
$$=6x^2-12x+9$$
$$=6(x^2-2x)+9$$
$$=6(x^2-2x+1^2)-6 \cdot 1^2+9$$
$$=6(x-1)^2+3$$
　　よって，$x=1$ で最小値 3 をとる。
　　このとき，① から　$y=-2 \cdot 1+3=1$
　　したがって　**$x=1$, $y=1$ のとき最小値 3**

(2) $2x+y=8$ から　$y=-2x+8$ ……①
　　$y \geqq 0$ であるから　$-2x+8 \geqq 0$　ゆえに　$x \leqq 4$
　　$x \geqq 0$ との共通範囲は　$0 \leqq x \leqq 4$ ……②
　　また　$xy=x(-2x+8)=-2x^2+8x$
$$=-2(x^2-4x)$$
$$=-2(x^2-4x+2^2)+2 \cdot 2^2$$
$$=-2(x-2)^2+8$$
　　② の範囲において，xy は $x=2$ で最大値 8 をとり，
　　$x=0$, 4 で最小値 0 をとる。
　　① から　$x=2$ のとき　$y=4$, $x=0$ のとき　$y=8$,
　　　　　　　$x=4$ のとき　$y=0$
　　よって　**$(x, y)=(2, 4)$ のとき最大値 8**
　　　　　　$(x, y)=(0, 8)$, $(4, 0)$ のとき最小値 0

◀y を消去。$x=\dfrac{-y+3}{2}$
として，x を消去すると，
分数が出てくるので，代
入後の計算が面倒。

◀$t=6(x-1)^2+3$ のグラフ
は下に凸で，x の変域は
実数全体 → 頂点で最小。

◀$(x, y)=(1, 1)$ のよう
に表すこともある。

$xy=t$ とおいたときの
$t=-2(x-2)^2+8$ $(0 \leqq x \leqq 4)$
のグラフ

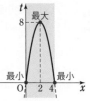

練習 (1) $3x-y=2$ のとき，$2x^2-y^2$ の最大値を求めよ。

③ **89** (2) $x \geqq 0$, $y \geqq 0$, $x+2y=1$ のとき，x^2+y^2 の最大値と最小値を求めよ。

重要 例題 90 2変数関数の最大・最小 (2)　〇〇〇〇〇

(1) x, y の関数 $P=x^2+3y^2+4x-6y+2$ の最小値を求めよ。

(2) x, y の関数 $Q=x^2-2xy+2y^2-2y+4x+6$ の最小値を求めよ。

なお，(1), (2) では，最小値をとるときの x, y の値も示せ。　〔(2) 類 摂南大〕

／基本 79

指針 (1) 特に条件が示されていないから，x, y は互いに関係なく値をとる変数である。
このようなときは，次のように考えるとよい。

　① x, y のうちの一方の文字（ここでは y とする）を定数と考えて，P をまず x の2次式とみる。そして，P を **基本形 $a(x-p)^2+q$** に変形。

　② 残った q (y の2次式) も，**基本形 $b(y-r)^2+s$** に変形。

　③ $P=aX^2+bY^2+s$ ($a>0$, $b>0$, s は定数) の形。

　　→ P は $X=Y=0$ のとき最小値 s をとる。

(2) xy の項があるが，方針は (1) と同じ。$Q=a\{x-(by+c)\}^2+d(y-r)^2+s$ の形に変形。

CHART 条件式のない2変数関数　一方の文字を定数とみて処理

解答

(1) $P=x^2+4x+3y^2-6y+2$

　　$=(x+2)^2-2^2+3y^2-6y+2$

　　$=(x+2)^2+3(y-1)^2-3\cdot1^2-2$

　　$=(x+2)^2+3(y-1)^2-5$

◀まず，x について基本形に。
◀次に，y について基本形に。
◀$P=aX^2+bY^2+s$ の形。

　x, y は実数であるから
　　　　$(x+2)^2\geqq0$, $(y-1)^2\geqq0$

◀(実数)$^2\geqq0$

　よって，P は $x+2=0$, $y-1=0$ のとき最小となる。

◀$x+2=0$, $y-1=0$ を解くと　$x=-2$, $y=1$

　ゆえに　　$x=-2$, $y=1$ のとき最小値 -5

(2) $Q=x^2-2xy+2y^2-2y+4x+6$

　　$=x^2-2(y-2)x+2y^2-2y+6$

◀$x^2+\bullet x+\blacksquare$ の形に。

　　$=\{x-(y-2)\}^2-(y-2)^2+2y^2-2y+6$

◀まず，x について基本形に。

　　$=(x-y+2)^2+y^2+2y+2$

　　$=(x-y+2)^2+(y+1)^2-1^2+2$

◀次に，y について基本形に。

　　$=(x-y+2)^2+(y+1)^2+1$

◀$Q=aX^2+bY^2+s$ の形。

　x, y は実数であるから
　　　　$(x-y+2)^2\geqq0$, $(y+1)^2\geqq0$

◀(実数)$^2\geqq0$

　よって，Q は $\underline{x-y+2=0}$, $\underline{y+1=0}$ のとき最小となる。$x-y+2=0$, $y+1=0$ を解くと　$x=-3$, $y=-1$

◀最小値をとる x, y の値は，連立方程式‌の解。

　ゆえに　　$x=-3$, $y=-1$ のとき最小値 1

練習 (1) x, y の関数 $P=2x^2+y^2-4x+10y-2$ の最小値を求めよ。

④ **90** (2) x, y の関数 $Q=x^2-6xy+10y^2-2x+2y+2$ の最小値を求めよ。

なお，(1), (2) では，最小値をとるときの x, y の値も示せ。

p.160 EX63

重要 例題 91 4次関数の最大・最小 〇〇〇〇〇

(1) 関数 $y=x^4-6x^2+10$ の最小値を求めよ。

(2) $-1 \leqq x \leqq 2$ のとき, 関数 $y=(x^2-2x-1)^2-6(x^2-2x-1)+5$ の最大値, 最小値を求めよ。

[(2) 類 名城大] / 基本 80

指針 4次関数の問題であるが, **おき換え** を利用することにより, 2次関数の最大・最小の問題に帰着できる。なお, ●$=t$ などとおき換えたときは, t の変域に要注意！

(2) 繰り返し出てくる式 x^2-2x-1 を $=t$ とおく。$-1 \leqq x \leqq 2$ における x^2-2x-1 の値域が t の変域になる。

CHART 変数のおき換え 変域が変わることに注意

解答

(1) $x^2=t$ とおくと　　$t \geqq 0$
　　y を t の式で表すと
　　　　　$y=t^2-6t+10=(t-3)^2+1$
　　$t \geqq 0$ の範囲において, y は $t=3$ の
　　とき最小となる。
　　このとき　　$x=\pm\sqrt{3}$
　　よって　**$x=\pm\sqrt{3}$ のとき最小値 1**

◀(実数)$^2 \geqq 0$
　このかくれた条件に注意。

◀$y=(x^2)^2-6x^2+10$
　t の 2次式 → 基本形に。

◀$t=3$ つまり $x^2=3$ を解くと　　$x=\pm\sqrt{3}$

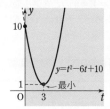

(2) $x^2-2x-1=t$ とおくと
　　　　　$t=(x-1)^2-2$
　　$-1 \leqq x \leqq 2$ から
　　　　　$-2 \leqq t \leqq 2$ …… ①
　　y を t の式で表すと
　　　　　$y=t^2-6t+5=(t-3)^2-4$
　　① の範囲において, y は
　　　　$t=-2$ で最大値 21,
　　　　$t=2$ で最小値 -3 をとる。
　　$t=-2$ のとき　　$(x-1)^2-2=-2$
　　ゆえに　　　　　$(x-1)^2=0$
　　よって　　　　　$x=1$
　　$t=2$ のとき　　$(x-1)^2-2=2$
　　ゆえに　　　　　$(x-1)^2=4$
　　よって　　　　　$x=-1, 3$
　　$-1 \leqq x \leqq 2$ を満たす解は　$x=-1$
　　以上から　**$x=1$ のとき最大値 21,**
　　　　　　　$x=-1$ のとき最小値 -3

◀$t=x^2-2x-1$
　$(-1 \leqq x \leqq 2)$ のグラフから t の変域を判断。

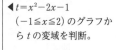

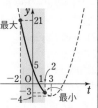

◀$(x-1)^2=4$ から
　$x-1=\pm2$

◀この確認を忘れずに。

練習 次の関数の最大値, 最小値を求めよ。
④**91** (1) $y=-2x^4-8x^2$

(2) $y=(x^2-6x)^2+12(x^2-6x)+30$ $(1 \leqq x \leqq 5)$

p.160 EX 64, 65

基本事項

1 2次関数の決定

与えられた条件から 2 次関数を求める問題では，条件として

① 頂点や軸に関する条件が与えられた場合
② 最大値，最小値が与えられた場合 $\Big\}$ → $y=a(x-p)^2+q$ （**基本形**）

③ グラフが通る 3 点が与えられた場合 → $y=ax^2+bx+c$ （**一般形**）

④ x 軸との交点が与えられた場合 → $y=a(x-\alpha)(x-\beta)$ （**分解形**）

とおいて，係数を決定する方針で進める。

解 説

■ 2次関数の決定

2 次関数を決定する問題では，与えられた条件によって上の ①～④ のようにスタートする 2 次関数の式を使い分けると，計算がらくにできる場合が多い。

なお，③ の場合，一般形 $y=ax^2+bx+c$ から始めて，通る 3 点の座標を代入し，係数 a，b，c に関する **連立 3 元 1 次方程式** を作り，それを解く。

■ 連立 3 元 1 次方程式の解法

次の手順に従って解けばよい。

---
❶ 1 文字を消去し，残りの 2 文字についての連立方程式を導く。

❷ 更に 1 文字を消去し，得られた方程式を解く。

❸ 残りの文字の値も求める。

例 連立方程式 $\begin{cases} a-b+c=-3 & \cdots\cdots ① \\ 4a+2b+c=0 & \cdots\cdots ② \\ 9a+3b+c=9 & \cdots\cdots ③ \end{cases}$ を解く。

まず c を消去して，a，b の連立方程式を導く。❶

　②－① から　　$3a+3b=3$　　よって　$a+b=1$ …… ④

　③－② から　　$5a+b=9$ …… ⑤

次に b を消去して，a だけの方程式を導き，それを解く。❷

　⑤－④ から　　$4a=8$　　　　よって　$a=2$

④ に代入して b，更に ① に代入して c を求める。❸

　④ に代入して　$2+b=1$　　よって　$b=-1$

　① から　　　　$c=-6$

したがって　　　$a=2$，$b=-1$，$c=-6$

例
① 頂点が 点 $(p,\ q)$
　または 軸が直線
　$x=p$ →
　$y=a(x-p)^2+q$
② 最小値が q →
　$y=a(x-p)^2+q$
　$(a>0)$
④ 2 点 $(\alpha,\ 0)$，
　$(\beta,\ 0)$ を通る →
　$y=a(x-\alpha)(x-\beta)$

◀文字が 3 つで，どの式も 1 次であるから，**連立 3 元 1 次方程式** という。

◀①～③ の c の係数はすべて 1 であることに注目。

◀a，b の連立方程式④，⑤ を解く。

◀$c=-3-a+b$
　$=-3-2-1$

問 次の連立 3 元 1 次方程式を解け。

(1) $\begin{cases} 2x+y+z=9 \\ x-y+2z=3 \\ 3x+2y-2z=11 \end{cases}$ (2) $\begin{cases} 3x+2y-6z=11 \\ x+4y+z=8 \\ 2x+2y-z=5 \end{cases}$ (3) $\begin{cases} x+y=3 \\ y+z=6 \\ z+x=5 \end{cases}$

(＊) 問 の解答は $p.362$ にある。

基本 例題 **92** 2次関数の決定(1) ⟋⟋⟋⟋⟋

2次関数のグラフが次の条件を満たすとき，その2次関数を求めよ。
(1) 頂点が点 $(-2,\ 1)$ で，点 $(-1,\ 4)$ を通る。
(2) 軸が直線 $x=2$ で，2点 $(-1,\ -7)$，$(1,\ 9)$ を通る。 ⟋p.153 基本事項 **1**

指針 2次関数を決定する問題で，**頂点 $(p,\ q)$ や軸 $x=p$ が与えられた場合** は

$$\text{基本形}\quad y=a(x-p)^2+q$$

からスタートする。
すなわち，頂点や軸の条件を代入して
  (1) $y=a(x+2)^2+1$， (2) $y=a(x-2)^2+q$
から始める。そして，関数 $y=f(x)$ のグラフが点 $(s,\ t)$
を通る $\Longleftrightarrow t=f(s)$ を利用し，$a,\ q$ の値を決定する。

頂点が $(\bullet,\ \blacksquare)$

$$y=a(x-\bullet)^2+\blacksquare$$

軸が $x=\bullet$

CHART 2次関数の決定 頂点や軸があれば 基本形 で

解答

(1) 頂点が点 $(-2,\ 1)$ であるから，求める2次関数は
$$y=a(x+2)^2+1$$
と表される。
このグラフが点 $(-1,\ 4)$ を通るから
$$4=a(-1+2)^2+1$$
ゆえに $\quad a=3$
よって $\quad \boldsymbol{y=3(x+2)^2+1}$
$\quad (y=3x^2+12x+13$ でもよい$)$

(2) 軸が直線 $x=2$ であるから，求める2次関数は
$$y=a(x-2)^2+q$$
と表される。
このグラフが2点 $(-1,\ -7)$，$(1,\ 9)$ を通るから
$$-7=a(-1-2)^2+q,\quad 9=a(1-2)^2+q$$
すなわち $\quad 9a+q=-7,\quad a+q=9$
これを解いて $\quad a=-2,\ q=11$
よって $\quad \boldsymbol{y=-2(x-2)^2+11}$
$\quad (y=-2x^2+8x+3$ でもよい$)$

◀頂点が与えられているから，基本形からスタートする。

注意 $y=a(x-p)^2+q$
とおいて進めたときは，この形を最終の答えとしてもよい。
なお，本書では，右辺を展開した $y=ax^2+bx+c$ の形の式も併記した。

◀辺々を引いて
$\quad 8a=-16$
よって $\ a=-2$
第2式から $\ -2+q=9$
よって $\ q=11$

練習 2次関数のグラフが次の条件を満たすとき，その2次関数を求めよ。
② **92**
(1) 頂点が点 $\left(-\dfrac{3}{2},\ -\dfrac{1}{2}\right)$ で，点 $(0,\ -5)$ を通る。
(2) 軸が直線 $x=-3$ で，2点 $(-6,\ -8)$，$(1,\ -22)$ を通る。

基本 例題 93 2次関数の決定 (2) ⟨⟩⟨⟩⟨⟩⟨⟩⟨⟩

2次関数のグラフが次の条件を満たすとき，その2次関数を求めよ。
(1) 3点 $(-1, 16)$, $(4, -14)$, $(5, -8)$ を通る。
(2) x 軸と2点 $(-2, 0)$, $(3, 0)$ で交わり，点 $(2, -8)$ を通る。　／p.153 基本事項 **1**

指針 (1) 放物線の軸や頂点の情報が与えられていないので，

$$\text{一般形}\quad y=ax^2+bx+c\quad \text{からスタートする。}$$

(2) x 軸との交点が2つ 与えられているときは，

$$\text{分解形}\quad y=a(x-\alpha)(x-\beta)\quad \text{からスタートするとよい。}$$

なお，(1)と同様に一般形からスタートしても解くことはできるが，方程式を解くのがやや面倒（別解 参照）。

CHART 2次関数の決定　**3点通過なら 一般形 で**
x 軸と2点で交わるなら 分解形 で

解答
(1) 求める2次関数を $y=ax^2+bx+c$ とする。このグラフが3点 $(-1, 16)$, $(4, -14)$, $(5, -8)$ を通るから

$$\begin{cases} a-b+c=16 & \cdots\cdots ① \\ 16a+4b+c=-14 & \cdots\cdots ② \\ 25a+5b+c=-8 & \cdots\cdots ③ \end{cases}$$

②$-$① から $15a+5b=-30$ よって $3a+b=-6\cdots④$
③$-$② から $9a+b=6$ $\cdots\cdots⑤$
④，⑤ を解いて $a=2$, $b=-12$
よって，① から $c=2$
したがって $\boldsymbol{y=2x^2-12x+2}$

◀$16=a(-1)^2+b(-1)+c$ から $a-b+c=16$ など。

◀まず，係数が1である c を消去する。

◀a, b の連立方程式④，⑤ を解く。

(2) x 軸と2点 $(-2, 0)$, $(3, 0)$ で交わるから，求める2次関数は $y=a(x+2)(x-3)$ と表される。このグラフが点 $(2, -8)$ を通るから $-8=a(2+2)(2-3)$
よって $-4a=-8$ ゆえに $a=2$
よって $\boldsymbol{y=2(x+2)(x-3)}$
（$y=2x^2-2x-12$ でもよい）

別解 求める2次関数を $y=ax^2+bx+c$ とする。このグラフが3点 $(-2, 0)$, $(3, 0)$, $(2, -8)$ を通るから

$$\begin{cases} 4a-2b+c=0 \\ 9a+3b+c=0 \\ 4a+2b+c=-8 \end{cases}\quad \text{これを解くと}\quad \begin{cases} a=2 \\ b=-2 \\ c=-12 \end{cases}$$

よって $\boldsymbol{y=2x^2-2x-12}$

補足 2次関数 $y=f(x)$ のグラフが x 軸と2点 $(\alpha, 0)$, $(\beta, 0)$ で交わるとき $f(\alpha)=0$, $f(\beta)=0$ よって，$\boldsymbol{y=a(x-\alpha)(x-\beta)}$ と表すことができる（p.166 参照）。

◀$y=ax^2+bx+c$ からスタートすると，a, b, c の連立方程式を解く必要がある。

練習 2次関数のグラフが次の条件を満たすとき，その2次関数を求めよ。
② **93** (1) 3点 $(1, 8)$, $(-2, 2)$, $(-3, 4)$ を通る。
(2) x 軸と2点 $(-1, 0)$, $(2, 0)$ で交わり，点 $(3, 12)$ を通る。

基本例題 **94** 2次関数の決定 (3)

2次関数のグラフが次の条件を満たすとき、その2次関数を求めよ。

(1) 頂点が x 軸上にあって、2点 $(0, 4)$, $(-4, 36)$ を通る。

(2) 放物線 $y=2x^2$ を平行移動したもので、点 $(2, 4)$ を通り、頂点が直線 $y=2x-4$ 上にある。

/基本 92

指針 (1), (2) ともに **頂点** が関係するから、頂点の x 座標を p とおいて、

$$\text{基本形} \quad y=a(x-p)^2+q \quad \text{からスタートする。}$$

(1) **頂点が x 軸上** にあるから $q=0$

(2) 平行移動によって x^2 の係数は不変。したがって、$a=2$ である。

また、頂点 (p, q) が直線 $y=2x-4$ 上にあるから $q=2p-4$

解答

(1) 頂点が x 軸上にあるから、求める2次関数は

$$y=a(x-p)^2$$

と表される。

◀頂点の座標は $(p, 0)$

このグラフが2点 $(0, 4)$, $(-4, 36)$ を通るから

$$ap^2=4 \quad \cdots\cdots ①, \quad a(p+4)^2=36 \quad \cdots\cdots ②$$

◀$(-4-p)^2=(p+4)^2$

①×9 と ② から $9ap^2=a(p+4)^2$

$a\neq0$ であるから $9p^2=(p+4)^2$

整理して $p^2-p-2=0$ よって $(p+1)(p-2)=0$

これを解いて $p=-1, 2$

① から $p=-1$ のとき $a=4$, $p=2$ のとき $a=1$

したがって $\boldsymbol{y=4(x+1)^2}$, $\boldsymbol{y=(x-2)^2}$

$(y=4x^2+8x+4, \ y=x^2-4x+4$ でもよい)

◀①×9 から $9ap^2=36$
これと $a(p+4)^2=36$ から $9ap^2=a(p+4)^2$
$a\neq0$ であるから、この両辺を a で割って $9p^2=(p+4)^2$
右辺を展開して $9p^2=p^2+8p+16$
整理すると $p^2-p-2=0$

(2) 放物線 $y=2x^2$ を平行移動したもので、頂点が直線 $y=2x-4$ 上にあるから、頂点の座標を $(p, 2p-4)$ とすると、求める2次関数は

$$y=2(x-p)^2+2p-4 \quad \cdots\cdots ①$$

と表される。

このグラフが点 $(2, 4)$ を通るから

$$2(2-p)^2+2p-4=4$$

整理して $p^2-3p=0$ よって $p=0, 3$

$p=0$ のとき、① から $\boldsymbol{y=2x^2-4}$

$p=3$ のとき、① から $\boldsymbol{y=2(x-3)^2+2}$

$(y=2x^2-12x+20$ でもよい)

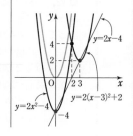

練習 2次関数のグラフが次の条件を満たすとき、その2次関数を求めよ。

③ **94** (1) 頂点が点 $(p, 3)$ で、2点 $(-1, 11)$, $(2, 5)$ を通る。

(2) 放物線 $y=x^2-3x+4$ を平行移動したもので、点 $(2, 4)$ を通り、その頂点が直線 $y=2x+1$ 上にある。

p.160 EX 66, 67

振り返り　2次関数の決定 —どの形の2次関数からスタートするか？

例題 **92～94** では，与えられた条件を満たすような2次関数を求める方法を学んだ。問題文はいずれも「2次関数を求めよ。」であるが，それぞれの解法の違いを意識できているだろうか。ここでは，解法の違いに注目して振り返ってみよう。

まずはじめに，2次関数の形について整理する。例題 **92～94** では

> ① 基本形　$y=a(x-p)^2+q$　　　← 平方完成された形
> ② 一般形　$y=ax^2+bx+c$　　　← 展開された形
> ③ 分解形　$y=a(x-\alpha)(x-\beta)$　← 因数分解された形

の3つの形からスタートする方法を学んだ。

① の 基本形 $y=a(x-p)^2+q$ は，頂点 の座標が (p, q) であることや，軸 の方程式が $x=p$ であることがすぐにわかる形になっている。

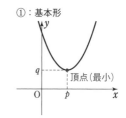
①：基本形

このことに注意すると，例題 **92** では，頂点や軸についての条件が与えられているから，① の基本形からスタートする，という流れとなっていることがわかる。
また，2次関数の最大・最小に関する条件は，見方を変えると頂点や軸についての情報となることも意識するとよい。

② の 一般形 $y=ax^2+bx+c$ は，右辺が展開された形をしている。通る点の条件から数値を代入すると，係数 a，b，c についての1次式 を得ることができる。
例題 **93**(1)では，通る3点が与えられているから，② の一般形からスタートし，a, b, c についての連立方程式を解くことで求めている。

参考　例題 **93**(1)を基本形 $y=a(x-p)^2+q$ からスタートすると，
3点 $(-1, 16)$, $(4, -14)$, $(5, -8)$ を通ることから
$$16=a(-1-p)^2+q, \quad -14=a(4-p)^2+q, \quad -8=a(5-p)^2+q$$
の連立方程式を解くことになる。
$p.155$ の解答にある a, b, c の連立方程式と比べると，解くのに手間がかかる。

③ の 分解形 $y=a(x-\alpha)(x-\beta)$ は，グラフと x 軸との2つの交点 がわかっているときに利用するとよい。

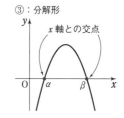
③：分解形

実際，例題 **93**(2)では，グラフと x 軸の2つの交点 $(-2, 0)$，$(3, 0)$ がわかっているから $y=a(x+2)(x-3)$ としてスタートすることができ，後はもう1点 $(2, -8)$ を通ることから，a の1次方程式を解けばよい。

このように，2次関数の決定の問題では，与えられた条件をもとに，答えを求めやすい関数の形はどれかを見極めてスタートすることが大切である。

参考事項 放物線の対称性の利用

2次関数の決定問題において，例題 **93**(2) で扱っている **分解形**
は，2次関数のグラフが2点 (■, 0)，(▲, 0) を通るときに利
用できる解法であった。

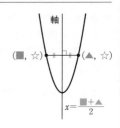

y 座標が0でないとき，すなわち，グラフが**2点 (■, ☆)，
(▲, ☆) [☆≠0] を通るとき**，分解形は利用できないが，

　　　　　2次関数のグラフが軸に関して対称

であることを利用して考えることができる。　◀軸の方程式は
$$x=\frac{■+▲}{2}\ \text{となる。}$$

具体例として，次の問題を考えてみよう。

> **問題** 2次関数のグラフが3点 $(-1, 22)$，$(5, 22)$，$(1, -2)$ を通るとき，その2次
> 関数を求めよ。

[**解法1**] （一般形の利用）

　　　求める2次関数を $y=ax^2+bx+c$ とする。

　　　グラフが3点 $(-1, 22)$，$(5, 22)$，$(1, -2)$ を通るから

$$\begin{cases} a-b+c=22 \\ 25a+5b+c=22 \\ a+b+c=-2 \end{cases}$$

◀3点の座標をそれぞれ
$y=ax^2+bx+c$ に代入。

　　　これを解くと　　$a=3,\ b=-12,\ c=7$

　　　ゆえに，求める2次関数は　　$y=3x^2-12x+7$

[**解法2**] （対称性の利用）

　　　グラフが2点 $(-1, 22)$，$(5, 22)$ を通るから，軸の方程

　　　式は　　　　　　$x=\dfrac{(-1)+5}{2}$

　　　すなわち　　　　$x=2$

　　　よって，求める2次関数は $y=a(x-2)^2+q$ と表される。

　　　グラフが2点 $(-1, 22)$，$(1, -2)$ を通るから

$$\begin{cases} 9a+q=22 \\ a+q=-2 \end{cases}$$

　　　これを解くと　　$a=3,\ q=-5$

　　　ゆえに，求める2次関数は　　$y=3(x-2)^2-5$

　　　　　　　　　　　　$(y=3x^2-12x+7$ でもよい$)$

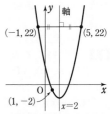

補足 通る3点の位置関
係から，$a>0$ で
あることがわかる。

参考 グラフが2点 (■, ☆)，(▲, ☆) [☆≠0] を通るとき，そのままでは分解形は利用できない
が，**通る3点を平行移動すれば，分解形を利用して考えることもできる**。
上の問題の場合，通る3点を y 軸方向に -22 だけ平行移動すると，
　　　　3点 $(-1, 0)$，$(5, 0)$，$(1, -24)$
に移る。まず，グラフがこの3点を通る2次関数を，分解形を利用して求める。そして，そ
のグラフを y 軸方向に 22 だけ平行移動したときの方程式が求める2次関数である。

②57 2次関数 $y=3x^2-(3a-6)x+b$ が，$x=1$ で最小値 -2 をとるとき，定数 a，b の値
を求めよ。 〔東京工芸大〕 →79

④58 $f(x)=x^2-2x+2$ とする。また，関数 $y=f(x)$ のグラフを x 軸方向に 3，y 軸方向
に -3 だけ平行移動して得られるグラフを表す関数を $y=g(x)$ とする。 〔甲南大〕
(1) $g(x)$ の式を求め，$y=g(x)$ のグラフをかけ。
(2) $h(x)$ を次のように定めるとき，関数 $y=h(x)$ のグラフをかけ。
$$\begin{cases} f(x)\leqq g(x) \text{ のとき} & h(x)=f(x) \\ f(x)>g(x) \text{ のとき} & h(x)=g(x) \end{cases}$$
(3) $a>0$ とするとき，$0\leqq x\leqq a$ における $h(x)$ の最小値 m を a で表せ。 →75,81

⑤59 2次関数 $f(x)=\dfrac{5}{4}x^2-1$ について，次の問いに答えよ。

(1) a，b は $f(a)=a$，$f(b)=b$，$a<b$ を満たす。このとき，$a\leqq x\leqq b$ における
$f(x)$ の最小値と最大値を求めよ。

(2) p，q は $p<q$ を満たす。このとき，$p\leqq x\leqq q$ における $f(x)$ の最小値が p，最大
値が q となるような p，q の値の組をすべて求めよ。 〔類 滋賀大〕 →83

④60 a を実数とする。x の2次関数 $f(x)=x^2+ax+1$ の区間 $a-1\leqq x\leqq a+1$ における
最小値を $m(a)$ とする。

(1) $m\left(\dfrac{1}{2}\right)$ を求めよ。 (2) $m(a)$ を a の値で場合分けして求めよ。

(3) a が実数全体を動くとき，$m(a)$ の最小値を求めよ。 〔岡山大〕 →82~84

③61 x が $0\leqq x\leqq 5$ の範囲を動くとき，関数 $f(x)=-x^2+ax-a$ について考える。ただ
し，a は定数とする。
(1) $f(x)$ の最大値を求めよ。
(2) $f(x)$ の最大値が 3 であるとき，a の値を求めよ。 〔類 北里大〕 →82,85

③62 1辺の長さが 1 の正三角形 ABC において，辺 BC に平行な
直線が 2 辺 AB，AC と交わる点をそれぞれ P，Q とする。
PQ を 1 辺とし，A と反対側にある正方形と △ABC との共
通部分の面積を y とする。PQ の長さを x とするとき
(1) y を x を用いて表せ。 (2) y の最大値を求めよ。
〔中央大〕 →87

3章

❿ 2次関数の最大・最小と決定

 HINT   57   関数の式を **基本形**に直し，最小値をとる x と最小値をそれぞれ a，b で表す。または，
「$x=1$ で最小値 -2 をとる」という条件から，基本形で表し，もとの式と係数を比較する。
     58   (2) $f(x)\leqq g(x) \iff f(x)-g(x)\leqq 0$ $f(x)>g(x) \iff f(x)-g(x)>0$
     59   (1) 点 $(a,f(a))$，$(b,f(b))$ は $y=f(x)$ のグラフ上にある $\Big\}$ → a,b は $y=f(x)$ のグラフと直線
          点 $(a,\ a)$，$(b,\ b)$ は直線 $y=x$ 上にある $y=x$ の共有点の x 座標である。
     62   (1) 正方形が △ABC に含まれる場合と，一部が含まれない場合で，場合分けをする。

④**63** (1) $a>0$, $b>0$, $a+b=1$ のとき, a^3+b^3 の最小値を求めよ。　〔東京電機大〕

　　　(2) x, y, z が $x+2y+3z=6$ を満たすとき, $x^2+4y^2+9z^2$ の最小値とそのときの x, y の値を求めよ。　〔西南学院大〕　→**89,90**

④**64** $f(x)=x^2-4x+5$ とする。関数 $f(f(x))$ の区間 $0\leqq x\leqq 3$ における最大値と最小値を求めよ。　〔愛知工大〕　→**91**

④**65** (1) 実数 x に対して $t=x^2+2x$ とおく。t のとりうる値の範囲は $t\geqq$ ᵃ□ である。また, x の関数 $y=-x^4-4x^3-2x^2+4x+1$ を t の式で表すと $y=$ ᶦ□ である。以上から, y は $x=$ ᵁ□, ᴱ□ で最大値 ᵒ□ をとる。

　　　(2) a を実数とする。x の関数 $y=-x^4-4x^3+(2a-4)x^2+4ax-a^2+2$ の最大値が (1) で求めた値 ᵒ□ であるとする。このとき, a のとりうる値の範囲は $a\geqq$ ᵏ□ である。　〔関西学院大〕　→**91**

②**66** (1) $1\leqq x\leqq 5$ の範囲で $x=2$ のとき最大値 2 をとり, 最小値が -1 である 2 次関数を求めよ。　〔摂南大〕

　　　(2) 2 次関数 $f(x)=ax^2+bx+c$ が, $f(-1)=f(3)=0$ を満たし, その最大値が 4 であるとき, 定数 a, b, c の値を求めよ。　〔東京経大〕　→**93,94**

③**67** (1) $f(x)=x^2+2x-8$ とする。放物線 $C:y=f(x+a)+b$ は 2 点 $(4, 3)$, $(-2, 3)$ を通る。このとき, 放物線 C の軸の方程式と定数 a, b の値を求めよ。〔日本工大〕

　　　(2) x の 2 次関数 $y=ax^2+bx+c$ のグラフが相異なる 3 点 (a, b), (b, c), (c, a) を通るものとする。ただし, a, b, c は定数で, $abc\neq 0$ とする。

　　　　(ア) a の値を求めよ。

　　　　(イ) b, c の値を求めよ。　〔早稲田大〕　→**93,94**

HINT

63　条件式 → **文字を減らす** 方針で。
　　　(2) $3z$ を消去すると, x, y の 2 変数についての問題となる。

64　関数 $f(f(x))$ は $f(x)$ の x を $f(x)$ とおいたもの。定義域は $f(x)$ の値域。

65　(2) (1)と同様に, $t=x^2+2x$ とおいて考える。

66　(1) 最大値・最小値の条件からグラフの形を考え, 基本形からスタート。
　　　(2) グラフは x 軸と 2 点 $(-1, 0)$, $(3, 0)$ で交わる。

67　(1) 放物線 C は, 関数 $y=f(x)$ のグラフを x 軸方向に $-a$, y 軸方向に b だけ平行移動したものである。
　　　(2) 3 点 (a, b), (b, c), (c, a) の座標を代入して得られる 3 つの方程式から, a, b, c の値を求める。求めた値が条件を満たすかどうかを確認すること。

11 2次方程式

基本事項

1 2次方程式 $ax^2+bx+c=0$ の解法 （a, b, c は実数, $a \neq 0$）

① **因数分解を利用** $ax^2+bx+c=(px+q)(rx+s)$ のとき

$ax^2+bx+c=0$ の解は $\qquad x=-\dfrac{q}{p},\ -\dfrac{s}{r}$

② **2次方程式の解の公式を利用** $ax^2+bx+c=0$ の解は, $b^2-4ac \geqq 0$ のとき

$$x=\frac{-b\pm\sqrt{b^2-4ac}}{2a} \qquad 特に, b=2b' ならば \qquad x=\frac{-b'\pm\sqrt{b'^2-ac}}{a}$$

注意 解の公式は中学で既習の内容であるが，確認用として掲載した。

同じく既習の内容であるが，**平方根の考え** を利用すると

$$(x-p)^2=q\ (q>0) の解は \qquad x=p\pm\sqrt{q}$$

のようにして求めることもできる。

解 説

■2次方程式 $ax^2+bx+c=0$ の解法

① **因数分解の利用** $ax^2+bx+c=(px+q)(rx+s)$ と **因数分解 で**

きるならば $\qquad (px+q)(rx+s)=0$

よって，**等式の性質 $AB=0$ ならば $A=0$ または $B=0$**

により $\qquad px+q=0$ または $rx+s=0$

ゆえに $x=-\dfrac{q}{p}$ または $x=-\dfrac{s}{r}$ ◀これを $x=-\dfrac{q}{p},\ -\dfrac{s}{r}$ と書く。

② **2次方程式の解の公式の証明**

平方完成 $ax^2+bx+c=a\left(x+\dfrac{b}{2a}\right)^2-\dfrac{b^2-4ac}{4a}$ を利用する。

$ax^2+bx+c=0$ から $\qquad a\left(x+\dfrac{b}{2a}\right)^2-\dfrac{b^2-4ac}{4a}=0$

よって $\qquad \left(x+\dfrac{b}{2a}\right)^2=\dfrac{b^2-4ac}{4a^2}$ ……（＊）

$b^2-4ac \geqq 0$ のとき, $\dfrac{b^2-4ac}{4a^2} \geqq 0$ から $\qquad x+\dfrac{b}{2a}=\pm\sqrt{\dfrac{b^2-4ac}{4a^2}}$

◀平方根の考えを利用。

ここで $\begin{cases} a>0 のとき \quad \sqrt{4a^2}=2a \\ a<0 のとき \quad \sqrt{4a^2}=-2a \end{cases}$

◀$\sqrt{4a^2}=\sqrt{(2a)^2}$ $=|2a|$

よって，$\underline{a\ の正・負に関係なく}$ $\qquad x+\dfrac{b}{2a}=\pm\dfrac{\sqrt{b^2-4ac}}{2a}$

したがって $\qquad x=-\dfrac{b}{2a}\pm\dfrac{\sqrt{b^2-4ac}}{2a}=\dfrac{-b\pm\sqrt{b^2-4ac}}{2a}$

◀この公式は暗記しておく。

特に, $b=2b'$ のときは $\quad \sqrt{b^2-4ac}=\sqrt{4(b'^2-ac)}=2\sqrt{b'^2-ac}$

したがって $\qquad x=\dfrac{-2b'\pm2\sqrt{b'^2-ac}}{2a}=\dfrac{-b'\pm\sqrt{b'^2-ac}}{a}$

◀x の係数が 2 の倍数のとき, 解の公式は簡単になる。

注意 普通，2次方程式 $ax^2+bx+c=0$ というときは，特に断り書きがない限り，2次の係数 a は 0 でないとする。ただし，単に，方程式 $ax^2+bx+c=0$ というときは，$a=0$ の場合も考える。

基本事項

2 2次方程式 $ax^2+bx+c=0$ の実数解の個数と判別式 $D=b^2-4ac$ の符号の関係
次の関係が成り立つ。

異なる2つの実数解をもつ $\iff b^2-4ac>0 \; [D>0]$

ただ1つの実数解（重解）をもつ $\iff b^2-4ac=0 \; [D=0]$　◀重解は $x=-\dfrac{b}{2a}$

実数解をもたない $\iff b^2-4ac<0 \; [D<0]$

特に，$b=2b'$ であるとき，$\dfrac{D}{4}=b'^2-ac$ の符号について

異なる2つの実数解をもつ $\iff b'^2-ac>0 \; [D>0]$

ただ1つの実数解（重解）をもつ $\iff b'^2-ac=0 \; [D=0]$

実数解をもたない $\iff b'^2-ac<0 \; [D<0]$

注意 記号 $\Longrightarrow$ や $\iff$ については $p.91$ 参照。

解 説

■ **2次方程式の実数解の個数**

2次方程式 $ax^2+bx+c=0$ は $b^2-4ac>0$ のとき，異なる2つの実数　◀前ページ **1** ② 参照。

解 $x=\dfrac{-b+\sqrt{b^2-4ac}}{2a}$, $\dfrac{-b-\sqrt{b^2-4ac}}{2a}$ をもつ。

◀$b^2-4ac>0$ のとき
$\sqrt{b^2-4ac}$
$\neq-\sqrt{b^2-4ac}$

また，$b^2-4ac=0$ のとき，解は $x=-\dfrac{b}{2a}$ となり，この2次方程式の

実数解は1つしかないが，この場合は，2つの解が重なったものと考　◀重解は $x=-\dfrac{b}{2a}$

えて，この解を **重解** という。

$b^2-4ac<0$ のときは，$\left(x+\dfrac{b}{2a}\right)^2=\dfrac{b^2-4ac}{4a^2}$ において，右辺が負，左　◀この等式は，前ペー

辺が0以上であることから，この等式を満たす実数 x は存在しない。　ジの解の公式の証明

すなわち，この2次方程式は実数解をもたない。　で導いた（*）である。

なお，b^2-4ac を **判別式** (discriminant) といい，普通 D で表す。

2次方程式 $ax^2+bx+c=0$ の判別式 D の符号と実数解の個数の関係
は，次のように分類される。

$$[1] \quad D>0 \Longrightarrow 2\text{個}$$
$$[2] \quad D=0 \Longrightarrow 1\text{個}$$
$$[3] \quad D<0 \Longrightarrow 0\text{個}$$

また，[1]～[3] のそれぞれの逆の関係が成り立つことが知られている。　◀厳密には転換法で証

以上から，上で示した **2** の関係が成り立つ。　明できる。

■ **$b=2b'$ の場合**

$b=2b'$ の場合，$b^2-4ac=4(b'^2-ac)$ であるから，$\dfrac{D}{4}=b'^2-ac$ の符

号によって，実数解の個数を調べることができる。

なお，本書では $\dfrac{D}{4}$ を $D/4$ と書くこともある。

注意 数学Ⅱでは実数でない数も学習し，2次方程式は $D<0$ のとき，
実数でない解（**虚数解** という）をもつ。

◀([1]～[3] に関し，
$D=b^2-4ac$ の符号
についてはすべての
場合（正, 0, 負）をつ
くしており，実数の
個数2, 1, 0 はどの
2つも同時に成り立
たないことから。）

基本 例題 **95** 2次方程式の解法（基本）

次の2次方程式を解け。

(1) $(x+1)x=(x+1)(2x-1)$ (2) $8x^2-14x+3=0$ (3) $5x^2-7x+1=0$

(4) $24x-6x^2=10x^2+9$ (5) $2x-x^2=6(2x-1)$

/ p.161 基本事項 **1** 重要 **98**, **99** \

指針 2次方程式の解法 → **因数分解** または **解の公式** を利用。

因数分解できるものは $AB=0$ ならば $A=0$ または $B=0$ から。

因数分解できないものは，解の公式を利用。

2次方程式 $ax^2+bx+c=0$ の解は，$b^2-4ac\geqq0$ のとき

$$x=\frac{-b\pm\sqrt{b^2-4ac}}{2a}$$

特に $b=2b'$ ならば $x=\frac{-b'\pm\sqrt{b'^2-ac}}{a}$

(4), (5)は，まず x^2 の係数が正 になるように，整理してから解く。

解答

(1) $(x+1)x=(x+1)(2x-1)$ から

$(x+1)(2x-1)-(x+1)=0$

ゆえに $(x+1)\{(2x-1)-x\}=0$

すなわち $(x+1)(x-1)=0$

したがって $x=\pm1$

◀両辺を共通因数の $x+1$ で割るのは誤り。$x=2x-1$ の解だけになってしまう。

(2) 左辺を因数分解して $(2x-3)(4x-1)=0$

よって $2x-3=0$ または $4x-1=0$

したがって $x=\dfrac{3}{2},\ \dfrac{1}{4}$

◀
$2\diagdown-3\to-12$
$4\diagup-1\to-2$
$8\quad3\quad-14$

(3) 解の公式により $x=\dfrac{7\pm\sqrt{(-7)^2-4\cdot5\cdot1}}{2\cdot5}=\dfrac{7\pm\sqrt{29}}{10}$

◀$a=5$, $b=-7$, $c=1$ を解の公式に代入。

(4) 与式を整理すると $16x^2-24x+9=0$

ゆえに $(4x-3)^2=0$ よって $x=\dfrac{3}{4}$

◀このような解は，2つの解が重なったものと考えて，**重解** という。

(5) 与式を整理すると $x^2+10x-6=0$

解の公式により $x=\dfrac{-10\pm\sqrt{10^2-4\cdot1\cdot(-6)}}{2\cdot1}$

$=\dfrac{-10\pm\sqrt{124}}{2}=-5\pm\sqrt{31}$

◀$a=1$, $b=10$, $c=-6$

◀$\sqrt{124}=\sqrt{4\cdot31}=2\sqrt{31}$

別解 与式を整理すると $x^2+2\cdot5x-6=0$

よって $x=\dfrac{-5\pm\sqrt{5^2-1\cdot(-6)}}{1}=-5\pm\sqrt{31}$

◀$b=2b'$ の公式を適用。別解 では，約分する手間が省ける。

練習 次の2次方程式を解け。

① **95** (1) $2x(2x+1)=x(x+1)$ (2) $6x^2-x-1=0$ (3) $4x^2-12x+9=0$

(4) $5x=3(1-x^2)$ (5) $12x^2+7x-12=0$ (6) $x^2+14x-67=0$

3章 ⑪ 2次方程式

164

 基本 例題 **96** いろいろな 2 次方程式の解法 〇〇〇〇〇〇

次の方程式を解け。

(1) $-0.5x^2-\dfrac{3}{2}x+10=0$

(2) $\sqrt{2}\,x^2-5x+2\sqrt{2}=0$

(3) $3(x+1)^2+5(x+1)-2=0$

(4) $x^2+x+|x-1|=5$ ／基本 95

指針 (1), (2) 係数に小数や分数，無理数が含まれていて，そのまま解くと計算が面倒になるから，係数はなるべく整数（特に 2 次の係数は正の整数）になるように 式を変形。

(1) 両辺を (-2) 倍する。 (2) 両辺を $\sqrt{2}$ 倍する。

(3) $x+1=X$ とおき，まず X の 2 次方程式を解く。

(4) $p.73$ 基本例題 **41** と方針はまったく同じ。| | 内の式$=0$ となる x の値 は $x=1$ であることに注目し，$x\geqq1$，$x<1$ の 場合に分ける。

解答

(1) 両辺に -2 を掛けて $x^2+3x-20=0$

よって $x=\dfrac{-3\pm\sqrt{3^2-4\cdot1\cdot(-20)}}{2\cdot1}=\dfrac{-3\pm\sqrt{89}}{2}$

◀まずは，解きやすい形に方程式を変形する。

(2) 両辺に $\sqrt{2}$ を掛けて $2x^2-5\sqrt{2}\,x+4=0$

よって $x=\dfrac{5\sqrt{2}\pm\sqrt{(-5\sqrt{2})^2-4\cdot2\cdot4}}{2\cdot2}$

$=\dfrac{5\sqrt{2}\pm3\sqrt{2}}{4}$

したがって $x=2\sqrt{2},\ \dfrac{\sqrt{2}}{2}$

◀$\sqrt{(-5\sqrt{2})^2-4\cdot2\cdot4}$
$=\sqrt{18}=3\sqrt{2}$
$5\sqrt{2}+3\sqrt{2}=8\sqrt{2}$,
$5\sqrt{2}-3\sqrt{2}=2\sqrt{2}$

(3) $x+1=X$ とおくと $3X^2+5X-2=0$

よって $(X+2)(3X-1)=0$ ∴ $X=-2,\ \dfrac{1}{3}$

すなわち $x+1=-2,\ \dfrac{1}{3}$ よって $x=-3,\ -\dfrac{2}{3}$

◀ 1 ⤫ 2 → 6
3 ⤫ −1 → −1
3 −2 5

注意 ∴ は「ゆえに」を表す記号である。

(4) [1] $x\geqq1$ のとき，方程式は $x^2+x+x-1=5$

整理すると $x^2+2x-6=0$

これを解くと $x=-1\pm\sqrt{1^2-1\cdot(-6)}=-1\pm\sqrt{7}$

$x\geqq1$ を満たすものは $x=-1+\sqrt{7}$

◀$x-1\geqq0$ であるから $|x-1|=x-1$

◀この確認を忘れずに。

[2] $x<1$ のとき，方程式は $x^2+x-(x-1)=5$

整理すると $x^2=4$ よって $x=\pm2$

$x<1$ を満たすものは $x=-2$

◀$x-1<0$ であるから $|x-1|=-(x-1)$

◀この確認を忘れずに。

[1]，[2] から，求める解は $x=-2,\ -1+\sqrt{7}$

◀解をまとめておく。

練習 次の方程式を解け。

③ **96** (1) $\dfrac{x^2}{15}-\dfrac{x}{3}=\dfrac{1}{5}(x+1)$

(2) $-\sqrt{3}\,x^2-2x+5\sqrt{3}=0$

(3) $4(x-2)^2+10(x-2)+5=0$

(4) $x^2-3x-|x-2|-2=0$

p.173 EX68

基本 例題 97 2次方程式の係数や他の解決定　①①①①①①

(1) 2次方程式 $x^2+ax+b=0$ の解が 2 と -4 であるとき，定数 a, b の値を求めよ。

(2) 2次方程式 $x^2+(a^2+a)x+a-1=0$ の1つの解が -3 であるとき，定数 a の値を求めよ。また，そのときの他の解を求めよ。

重要 102

指針 「$x=\alpha$ が方程式 $px^2+qx+r=0$ の解である」とは，$x=\alpha$ を代入して「等式 $p\alpha^2+q\alpha+r=0$ が成り立つ」ということ。

(1) $x^2+ax+b=0$ の左辺に $x=2$ と $x=-4$ をそれぞれ代入すると，a, b についての連立方程式が得られるから，それを解く。

(2) (1)と同じ方法（$x=-3$ を代入）で，まず a の値を求める。

CHART $x=\alpha$ が解　代入すると成り立つ [$=0$ となる]

3章

⑪ 2次方程式

解答

(1) $x=2$ と $x=-4$ が方程式の解であるから

$$2^2+a\cdot2+b=0, \quad (-4)^2+a\cdot(-4)+b=0$$

すなわち　$2a+b+4=0$, $\quad -4a+b+16=0$

この2式を連立して解くと　$a=2$, $b=-8$

◀解と係数の関係（数学Ⅱ）を使うと，簡単に求められる（次のページ参照）。

(2) $x=-3$ が方程式の解であるから

$$(-3)^2+(a^2+a)\cdot(-3)+a-1=0$$

ゆえに　$3a^2+2a-8=0$

よって　$(a+2)(3a-4)=0$

したがって　$a=-2$, $\dfrac{4}{3}$

◀
```
 1 ╳ 2 →  6
 3   -4 → -4
───────────
 3   -8    2
```

[1] $a=-2$ のとき，方程式は　$x^2+2x-3=0$

　ゆえに　$(x-1)(x+3)=0$

　よって，他の解は　$x=1$

◀各 a の値をもとの方程式に代入し，それを解く。

◀解は $x=1$, -3

[2] $a=\dfrac{4}{3}$ のとき，方程式は　$x^2+\dfrac{28}{9}x+\dfrac{1}{3}=0$

　ゆえに　$9x^2+28x+3=0$

　よって　$(x+3)(9x+1)=0$

　したがって，他の解は　$x=-\dfrac{1}{9}$

◀
```
 1 ╳ 3 → 27
 9   1 →  1
───────────
 9   3    28
```

以上から　$a=-2$ のとき　他の解 $x=1$,

$\qquad\qquad a=\dfrac{4}{3}$ のとき　他の解 $x=-\dfrac{1}{9}$

練習 (1) 2次方程式 $3x^2+mx+n=0$ の解が 2 と $-\dfrac{1}{3}$ であるとき，定数 m, n の値を求めよ。

③ **97**

(2) $x=2$ が2次方程式 $mx^2-2x+3m^2=0$ の解であるとき，定数 m の値を求めよ。また，そのときの他の解を求めよ。

p.173 EX 70

参考事項 2次方程式の解に関するいろいろな性質

※数学Ⅱで学習する内容であるが，2次方程式の解に関連した2つの性質を取り上げておこう。特に，**1.の 解と係数の関係** は，解から係数を決定する問題を解くときに，有効である。また，**2. 2次方程式の解と因数分解の証明**は，2次関数の分解形($p.155$)の根拠となっている。

1. 2次方程式の解と係数の関係

2次方程式 $ax^2+bx+c=0$ の2つの解を α, β とすると

$$\alpha+\beta=-\frac{b}{a}, \qquad \alpha\beta=\frac{c}{a}$$

[解説] 2次方程式 $ax^2+bx+c=0$ の2つの解を α, β とすると，解の公式により

$$\alpha=\frac{-b+\sqrt{b^2-4ac}}{2a}, \qquad \beta=\frac{-b-\sqrt{b^2-4ac}}{2a}$$

であるが，α と β の違いは，分子の根号の直前の符号 $+-$ だけである。そこで，$b^2-4ac=D$ とおいて，2つの解の和 $\alpha+\beta$，積 $\alpha\beta$ を計算すると，次のようになる。

$$\alpha+\beta=\frac{-b+\sqrt{D}}{2a}+\frac{-b-\sqrt{D}}{2a}=\frac{-2b}{2a}=-\frac{b}{a}$$

$$\alpha\beta=\frac{-b+\sqrt{D}}{2a}\cdot\frac{-b-\sqrt{D}}{2a}=\frac{(-b)^2-D}{4a^2}=\frac{b^2-(b^2-4ac)}{4a^2}=\frac{4ac}{4a^2}=\frac{c}{a}$$

このように，2次方程式の解の和と積は，その<u>係数を用いて表すことができる</u>。
例えば，前ページの例題 **97** (1)で，解と係数の関係を使うと，次のようになる。

解答 解と係数の関係から $2+(-4)=-a$, $2\cdot(-4)=b$
したがって $a=2$, $b=-8$

2. 2次方程式の解と因数分解

2次方程式 $ax^2+bx+c=0$ の2つの解を α, β とすると
$$ax^2+bx+c=a(x-\alpha)(x-\beta)$$

[解説] **1.**の2次方程式の解と係数の関係を利用して証明される。

$$ax^2+bx+c=a\left(x^2+\frac{b}{a}x+\frac{c}{a}\right) \qquad \longleftarrow a をくくり出す。$$

$$=a\{x^2-(\alpha+\beta)x+\alpha\beta\} \qquad \longleftarrow 上の式に \frac{b}{a}=-(\alpha+\beta), \frac{c}{a}=\alpha\beta を代入。$$

$$=a(x-\alpha)(x-\beta) \qquad \longleftarrow \{ \ \} 内を因数分解する。$$

例えば，$12x^2-16x-3$ の因数分解を考えるとき，2次方程式 $12x^2-16x-3=0$ の解は

$$x=\frac{-(-8)\pm\sqrt{(-8)^2-12\cdot(-3)}}{12}=\frac{8\pm\sqrt{100}}{12} \quad すなわち \quad x=\frac{3}{2}, \ -\frac{1}{6}$$

よって $12x^2-16x-3=12\left(x-\frac{3}{2}\right)\left\{x-\left(-\frac{1}{6}\right)\right\}=(2x-3)(6x+1)$ となる。

注意 1, 2は，**虚数解**（数学Ⅱで学習する）を含めて考えてこそ意味があるものなので，本書のシリーズでは，数学Ⅰの段階では深入りせず，数学Ⅱで詳しく扱うことにする。

重要 例題 **98** 連立方程式の解法（2次方程式を含む） ⏱⏱⏱⏱⏱⏱

次の連立方程式を解け。

(1) $\begin{cases} x+y=5 \\ x^2+y^2=17 \end{cases}$

(2) $\begin{cases} x^2-3xy+2y^2=0 \\ x^2+y^2+x-y=4 \end{cases}$

／基本95

指針 (1) 連立方程式の解法の基本は **文字の消去**。

1次式 $x+y=5$ を $y=5-x$ と変形して $x^2+y^2=17$ に代入し，**y を消去** する。
（$x+y=5$ を $x=5-y$ と変形して $x^2+y^2=17$ に代入する方針でもよい。）

(2) 第1式は ●＝0 の形であり，左辺 $x^2-3xy+2y^2$ は因数分解できる。

→ 第1式に対して，$AB=0$ のとき $A=0$ または $B=0$ を利用し，x と y の1次の関係を引き出す。

 文字を減らす 方程式

CHART 連立方程式 1文字の方程式を導く

 解答

(1) $\begin{cases} x+y=5 \quad \cdots\cdots ① \\ x^2+y^2=17 \quad \cdots\cdots ② \end{cases}$

① から $y=5-x$ $\cdots\cdots$ ③

③ を ② に代入して整理すると $x^2-5x+4=0$

よって $(x-1)(x-4)=0$ ゆえに $x=1,\ 4$

③ から $x=1$ のとき $y=4$, $x=4$ のとき $y=1$

したがって $(x,\ y)=(1,\ 4),\ (4,\ 1)$

◀ $x^2+(5-x)^2=17$ から
$2x^2-10x+8=0$

◀ $\begin{cases} x=1 \\ y=4 \end{cases}$, $\begin{cases} x=4 \\ y=1 \end{cases}$ と同じ。

(2) $\begin{cases} x^2-3xy+2y^2=0 \quad \cdots\cdots ① \\ x^2+y^2+x-y=4 \quad \cdots\cdots ② \end{cases}$

① から $(x-y)(x-2y)=0$ よって $x=y,\ 2y$

[1] $x=y$ $\cdots\cdots$ ③ のとき，③ を ② に代入して整理すると $y^2=2$ ゆえに $y=\pm\sqrt{2}$

③ から $y=\sqrt{2}$ のとき $x=\sqrt{2}$,
$y=-\sqrt{2}$ のとき $x=-\sqrt{2}$

[2] $x=2y$ $\cdots\cdots$ ④ のとき，④ を ② に代入して整理すると $5y^2+y-4=0$

よって $(y+1)(5y-4)=0$ ゆえに $y=-1,\ \dfrac{4}{5}$

④ から $y=-1$ のとき $x=-2$,
$y=\dfrac{4}{5}$ のとき $x=\dfrac{8}{5}$

[1], [2] から $(x,\ y)=(\sqrt{2},\ \sqrt{2}),\ (-\sqrt{2},\ -\sqrt{2}),$
$(-2,\ -1),\ \left(\dfrac{8}{5},\ \dfrac{4}{5}\right)$

◀ $x-y=0$ または
$x-2y=0$

◀ $2y^2=4$

◀③ に $y=\sqrt{2}$, $y=-\sqrt{2}$ をそれぞれ代入。

注意
$(x-y)(x-2y)=0$ から
$y=x,\ \dfrac{x}{2}$ として進めてもよいが，分数を扱うので面倒。

練習 次の連立方程式を解け。

③ **98**

(1) $\begin{cases} 3x-y+8=0 \\ x^2-y^2-4x-8=0 \end{cases}$

(2) $\begin{cases} x^2-y^2+x+y=0 \\ x^2-3x+2y^2+3y=9 \end{cases}$

[(2) 関西大]

3章

⑪ 2次方程式

重要 例題 **99** 文字係数の方程式

a は定数とする。次の方程式を解け。

(1) $(a^2-2a)x=a-2$　　　　(2) $2ax^2-(6a^2-1)x-3a=0$

／重要 38, 基本 95

指針 (1) $Ax=B$ の形であるが，A の部分は文字を含んでいるから，
次のことに注意。

$A=0$ のときは，両辺を A で割ることができない
（「0 で割る」ということは考えない。）

$A\neq0$，$A=0$ の場合に分けて解く。

(2) 問題文に「2 次方程式」とは書かれていないから，x^2 の係数が 0 のときと 0 でない
ときに分けて解く。

CHART 文字係数の方程式　文字で割るときは要注意　0 で割るのはダメ！

解答

(1) 与式から　$a(a-2)x=a-2$ …… ①

[1] $a(a-2)\neq0$　すなわち　$a\neq0$ かつ $a\neq2$ のとき

$$x=\frac{a-2}{a(a-2)}$$

ゆえに　$x=\dfrac{1}{a}$

[2] $a=0$ のとき [*]，① から　$0\cdot x=-2$

これを満たす x の値はない。

[3] $a=2$ のとき，① から　$0\cdot x=0$

これは x がどんな値でも成り立つ。

したがって
$$\begin{cases} a\neq0 \text{ かつ } a\neq2 \text{ のとき} & x=\dfrac{1}{a} \\ a=0 \text{ のとき} & \text{解はない} \\ a=2 \text{ のとき} & \text{解はすべての数} \end{cases}$$

(2) [1] $2a=0$ すなわち $a=0$ のとき，方程式は　$x=0$
すなわち，解は　$x=0$

[2] $a\neq0$ のとき，方程式から
$$(x-3a)(2ax+1)=0$$

よって　$x=3a,\ -\dfrac{1}{2a}$

したがって
$$\begin{cases} a=0 \text{ のとき} & x=0 \\ a\neq0 \text{ のとき} & x=3a,\ -\dfrac{1}{2a} \end{cases}$$

（＊）$(x$ の係数$)=0$ のとき
は，最初の方程式に戻って
考える。

検討

$Ax=B$ の解
$A\neq0$ のとき　$x=\dfrac{B}{A}$
$A=0$ のとき
　$B\neq0$ なら　$0\cdot x=B$
　→ 解はない（不能）
　$B=0$ なら　$0\cdot x=0$
　→ 解はすべての数
　　（不定）

◀$(x^2$ の係数$)=0$ のときは，
最初の方程式に戻って考
える。

$$\begin{array}{ccc} 1 & \diagdown & -3a \longrightarrow & -6a^2 \\ 2a & \diagup & 1 \longrightarrow & 1 \\ \hline 2a & -3a & -(6a^2-1) \end{array}$$

◀$a\neq0$ のとき　$3a\neq-\dfrac{1}{2a}$

練習 a は定数とする。次の方程式を解け。　　　　　　　　　　[(1) 中央大]

③ **99** (1) $ax+2=x+a^2$　　　　(2) $(a^2-1)x^2-(a^2-a)x+1-a=0$

基本 例題 100 2次方程式の実数解の個数 (1) ⚪⚪⚪⚪⚪

(1) 次の2次方程式の実数解の個数を求めよ。ただし，(イ) の k は定数とする。

(ア) $x^2-3x+1=0$　　　　　(イ) $x^2+6x-2k+1=0$

(2) x の2次方程式 $x^2+2mx+3m+10=0$ が重解をもつとき，定数 m の値を求めよ。また，そのときの方程式の解を求めよ。　　/p.162 基本事項 ② 基本 114 \

指針 (1) 2次方程式 $ax^2+bx+c=0$ $(a, b, c$ は実数) の実数解の個数は，**判別式** $D=b^2-4ac$ の符号で決まる。

$$\boxed{D>0 \Longleftrightarrow 2個 \qquad D=0 \Longleftrightarrow 1個 \qquad D<0 \Longleftrightarrow 0個}$$

(イ) D が k の1次式になるから，k の値によって，場合を分けて答える。

なお，x の係数 b が $b=2b'$ (2の倍数) のときは，$\dfrac{D}{4}=b'^2-ac$ を使う方が，計算がらくになる。← (1) の (イ)，(2)

(2) **2次方程式が重解をもつ $\Longleftrightarrow D=0$** によって得られる m の方程式を解く。また，重解は次のことを利用すると手早く求められる。

2次方程式 $ax^2+bx+c=0$ が重解をもつとき，その重解は　$x=-\dfrac{b}{2a}$ (p.162 参照)

解答

(1) 与えられた2次方程式の判別式を D とする。

(ア)　　$D=(-3)^2-4\cdot1\cdot1=9-4=5$

$D>0$ であるから，実数解の個数は　**2個**

(イ)　　$\dfrac{D}{4}=3^2-1\cdot(-2k+1)=2k+8=2(k+4)$

よって，実数解の個数は，次のようになる。

$D>0$ すなわち　$k>-4$ のとき　　**2個**

$D=0$ すなわち　$k=-4$ のとき　　**1個**

$D<0$ すなわち　$k<-4$ のとき　　**0個**

(2) この2次方程式の判別式を D とすると

$\dfrac{D}{4}=m^2-1\cdot(3m+10)=m^2-3m-10=(m+2)(m-5)$

重解をもつための必要十分条件は　　$D=0$

すなわち　　　$(m+2)(m-5)=0$

よって　　　　$m=-2, 5$

また，重解は　　　$x=-\dfrac{2m}{2\cdot1}=-m$

したがって　**$m=-2$ のとき 重解は $x=2$,**

　　　　　　$m=5$ のとき 重解は $x=-5$

◀2次方程式を
$x^2+2\cdot3x-2k+1=0$
とみて $\dfrac{D}{4}$ を計算している。

参考 (2) m の値を求めた後，もとの方程式に m の値を代入して重解を求めてもよい。その場合，次のようにして重解を求められる。
$m=-2$ のとき，方程式は
$x^2-4x+4=0$
ゆえに　$(x-2)^2=0$
よって　$x=2$
$m=5$ のとき，方程式は
$x^2+10x+25=0$
ゆえに　$(x+5)^2=0$
よって　　$x=-5$

練習 ②100 m を定数とする。2次方程式 $x^2+2(2-m)x+m=0$ について

(1) $m=-1$，$m=3$ のときの実数解の個数を，それぞれ求めよ。

(2) 重解をもつように m の値を定め，そのときの重解を求めよ。

p.173 EX 71 \

3 章

⑪ 2次方程式

基本 例題 101 方程式が実数解をもつ条件

次の条件を満たす定数 a の値の範囲を求めよ。

(1) x の方程式 $x^2-2ax+a^2+a-5=0$ が実数解をもつ。

(2) x の方程式 $ax^2-(2a-3)x+a=0$ が異なる 2 つの実数解をもつ。

/基本 100 基本 119, 重要 122\

指針 (1) 2 次方程式が実数解をもつ $\iff D \geqq 0$ によって得られる a の不等式を解く。

なお，上の条件は，2 次方程式が $\left\{\begin{array}{l}\text{異なる 2 つの実数解をもつ} \iff D>0 \\ \text{ただ 1 つの実数解(重解)をもつ} \iff D=0\end{array}\right\}$ の 2 つの条件を合わせたもの。

(2) $a=0$ のときは 1 次方程式となるから，判別式は使えない。判別式が使えるのは，2 次方程式のとき（$a \neq 0$ のとき）である。

よって，x^2 の係数 a が 0 の場合と 0 でない場合に分けて考える。

 解答

(1) この 2 次方程式の判別式を D とすると

$$\frac{D}{4}=(-a)^2-1\cdot(a^2+a-5)=-a+5$$

実数解をもつための必要十分条件は $D \geqq 0$

よって $-a+5 \geqq 0$ ゆえに $\boldsymbol{a \leqq 5}$

◀a の 1 次不等式を解く（$p.66$ 参照）。

(2) [1] $a=0$ のとき，方程式は $3x=0$

よって，$x=0$ となり，方程式は 1 つの実数解しかもたないから，題意を満たさない。

[2] $a \neq 0$ のとき

与えられた方程式は 2 次方程式で，判別式を D とすると $D=\{-(2a-3)\}^2-4a\cdot a$

$=(2a-3)^2-4a^2$

$=4a^2-12a+9-4a^2=-12a+9$

異なる 2 つの実数解をもつための必要十分条件は

$D>0$

◀[1] の確認をせずに「判別式 $D>0$ から $-12a+9>0$」としては ダメ！

ゆえに $-12a+9>0$ よって $a<\dfrac{3}{4}$

$a \neq 0$ であるから $a<0,\ 0<a<\dfrac{3}{4}$

以上から，求める a の値の範囲は

$$\boldsymbol{a<0,\ 0<a<\dfrac{3}{4}}$$

◀$a<\dfrac{3}{4}$ から $a=0$ を除いた範囲。

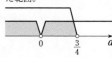

練習 (1) x の 2 次方程式 $x^2+(2k-1)x+(k-1)(k+3)=0$ が実数解をもつような定数 k の値の範囲を求めよ。

③**101**

(2) k を定数とする。x の方程式 $kx^2-4x+k+3=0$ がただ 1 つの実数解をもつような k の値を求めよ。

[(2) 京都産大]

p.173 EX72 \

重要例題 102 2次方程式の共通解

2つの2次方程式 $2x^2+kx+4=0$, $x^2+x+k=0$ がただ1つの共通の実数解をもつように定数 k の値を定め，その共通解を求めよ。
／基本97

指針 2つの方程式に **共通** な解の問題であるから，一方の方程式の解を求めることができたら，その解を他方に代入することによって，定数の値を求めることができる。しかし，この例題の方程式ではうまくいかない。このような共通解の問題では，次の解法が一般的である。

2つの方程式の **共通解を $x=\alpha$ とおいて**，それぞれの方程式に代入 すると
$$2\alpha^2+k\alpha+4=0 \cdots\cdots ①, \quad \alpha^2+\alpha+k=0 \cdots\cdots ②$$
これを α, k についての **連立方程式とみて解く**。

② から導かれる $k=-\alpha^2-\alpha$ を ① に代入（k を消去）してもよいが，3次方程式となって数学Iの範囲では解けない。この問題では，最高次の項である α^2 の項を消去することを考える。なお，共通の「実数解」という **問題の条件に注意**。

CHART 方程式の共通解 共通解を $x=\alpha$ とおく

解答 共通解を $x=\alpha$ とおいて，方程式にそれぞれ代入すると
$$2\alpha^2+k\alpha+4=0 \cdots\cdots ①, \quad \alpha^2+\alpha+k=0 \cdots\cdots ②$$
①－②×2 から $(k-2)\alpha+4-2k=0$
ゆえに $(k-2)(\alpha-2)=0$
よって $k=2$ または $\alpha=2$

◀ α^2 の項を消去。この考え方は，連立1次方程式を加減法で解くことに似ている。

[1] $k=2$ のとき
2つの方程式はともに $x^2+x+2=0$ となり，この方程式の判別式を D とすると $D=1^2-4\cdot1\cdot2=-7$
$D<0$ であるから，この方程式は実数解をもたない。
ゆえに，2つの方程式は共通の実数解をもたない。

◀数学Iの範囲では，$x^2+x+2=0$ の解を求めることはできない。

[2] $\alpha=2$ のとき
② から $2^2+2+k=0$ よって $k=-6$
このとき，2つの方程式は $2x^2-6x+4=0$, $x^2+x-6=0$
すなわち $2(x-1)(x-2)=0$, $(x-2)(x+3)=0$ となり，解はそれぞれ $x=1, 2$; $x=2, -3$
よって，2つの方程式はただ1つの共通の実数解 $x=2$ をもつ。

◀ $\alpha=2$ を ① に代入してもよい。

以上から $k=-6$, 共通解は $x=2$

注意 上の解答では，共通解 $x=\alpha$ をもつと仮定して α や k の値を求めているから，求めた値に対して，実際に共通解をもつか，または問題の条件を満たすかどうかを確認しなければならない。

練習 2つの2次方程式 $x^2+6x+12k-24=0$, $x^2+(k+3)x+12=0$ がただ1つの実数を
③102 共通解としてもつとき，実数の定数 k の値は ｱ□ であり，そのときの共通解は ｲ□ である。

p.173 EX73

補足事項 共通解を求める問題について

1 共通解を求める問題では，なぜ共通解を x でなく，α とおくのか

前ページの例題 **102** の解答の α を x におき換えると，[2] は次のようになる。

> [2] $x=2$ のとき …… (ア)
> ② から $2^2+2+k=0$ よって $k=-6$
> このとき，2 つの方程式は $2x^2-6x+4=0,\ x^2+x-6=0$ …… (イ)

ところが，(ア) の x は共通解の x であり，(イ) の x はそれぞれ 2 次方程式を満たす x（共通解を表すとは限らない）である。つまり，同じ問題の中で「x」が違う意味合いで使われていることになる。このようなことを避けるために，共通解は x と別な文字（α など）とおいて進める方が考えやすい。

2 同値な変形により，$x=\alpha$ とおかないで解く

1 では，共通解を α とおく理由として，$x=\alpha$ とおかずに進めると x が違う意味で使われるということを説明したが，与えられた 2 つの方程式 $f(x)=0, g(x)=0$ を連立方程式と考えた同値な式変形を行うことにより，α とおかなくても共通解を求めることができる。

一般に $\begin{cases} f(x)=0 \\ g(x)=0 \end{cases} \iff \begin{cases} kf(x)=0 \\ lg(x)=0 \end{cases} \iff \begin{cases} f(x)=0 \\ kf(x)+lg(x)=0 \end{cases}$ （$k,\ l$ は 0 でない定数）

よって Ⓐ $\begin{cases} f(x)=0 \\ g(x)=0 \end{cases}$ が共通解をもつ $\iff$ Ⓑ $\begin{cases} f(x)=0 \\ kf(x)+lg(x)=0 \end{cases}$ が共通解をもつ

例題 **102** の 2 つの方程式を連立方程式とみると，同値な式変形により

Ⓐ′ $\begin{cases} 2x^2+kx+4=0 \\ x^2+x+k=0 \end{cases} \iff \begin{cases} 2x^2+kx+4=0 \\ (2x^2+kx+4)-2(x^2+x+k)=0 \end{cases} \iff$ Ⓑ′ $\begin{cases} 2x^2+kx+4=0 \\ (k-2)(x-2)=0 \end{cases}$

[1] $k=2$ のとき Ⓐ′ $\begin{cases} 2x^2+2x+4=0 \\ x^2+x+2=0 \end{cases} \iff$ Ⓑ′ $\begin{cases} 2x^2+2x+4=0 \\ 0\cdot(x-2)=0 \end{cases}$

$0\cdot(x-2)=0$ の解はすべての数であるから，Ⓑ′ の 2 つの方程式は共通解をもち，Ⓐ′ は同じ方程式となるから，共通解をもつ。ゆえに，Ⓐ $\iff$ Ⓑ である。

注意 ただし，$x^2+x+2=0$ は実数解をもたないから，問題の条件は満たさない。

[2] $x=2$ のとき，Ⓑ′ の 2 つの方程式が共通解 $x=2$ をもつのは，$2\cdot2^2+k\cdot2+4=0$

すなわち $k=-6$ のときで，Ⓐ′ は $\begin{cases} 2x^2-6x+4=0 \\ x^2+x-6=0 \end{cases}$ より $\begin{cases} 2(x-1)(x-2)=0 \\ (x-2)(x+3)=0 \end{cases}$

確かに $x=2$ は Ⓐ′ の共通解となっているから，Ⓐ $\iff$ Ⓑ であることがわかる。

例題 **102** では，2 つの 2 次方程式から最高次の項を消去して得られる 1 次方程式の解が，もとの 2 つの 2 次方程式の共通解となったが，同じようなことが常に成り立つとは限らない。例えば，$x^2-x-2=0,\ x^2-4x+3=0$ の場合，x^2 の項を消去すると，$3x-5=0$ が得られるが，この方程式の解 $x=\dfrac{5}{3}$ は共通解ではない。

一般に，**2 つの方程式 $f(x)=0$ と $g(x)=0$ の共通解は，方程式 $kf(x)+lg(x)=0$ の解である。**しかし，$kf(x)+lg(x)=0$ の解が $f(x)=0$ と $g(x)=0$ の共通解であるとは限らない。

■■ EXERCISES

③68 次の方程式を解け。

(1) $x^2+\dfrac{1}{2}x=\dfrac{1}{3}\left(1-\dfrac{1}{2}x\right)$

(2) $3(x+2)^2+12(x+2)+10=0$

(3) $(2+\sqrt{3})x^2+2(\sqrt{3}+1)x+2=0$

(4) $2x^2-5|x|+3=0$
→95,96

③69 (1) 方程式 $3x^4-10x^2+8=0$ を $x^2=X$ とおくことにより解け。

(2) 方程式 $(x^2-6x+5)(x^2-6x+8)=4$ を解け。
→96

②70 2次方程式 $x^2-5x+a+5=0$ の解の1つが $x=a+1$ であるとき,定数 a の値ともう1つの解を求めよ。
→97

②71 2次方程式 $x^2+(2-4k)x+k+1=0$ が正の重解をもつとする。このとき,定数 k の値は $k=$ ア ☐ であり,2次方程式の重解は $x=$ イ ☐ である。　　〔慶応大〕
→100

③72 a を定数とする。x の方程式 $(a-3)x^2+2(a+3)x+a+5=0$ の実数解の個数を求めよ。また,解が1個のとき,その解を求めよ。
→100,101

③73 x の方程式 $x^2-(k-3)x+5k=0$,$x^2+(k-2)x-5k=0$ がただ1つの共通の解をもつように定数 k の値を定め,その共通の解を求めよ。
→102

④74 方程式 $x^4-7x^3+14x^2-7x+1=0$ について考える。

$x=0$ はこの方程式の解ではないから,**x^2 で両辺を割り $x+\dfrac{1}{x}=t$ とおく**と,t に関する2次方程式 ア ☐ を得る。これを解くと,$t=$ イ ☐ となる。よって,最初の方程式の解は,$x=$ ウ ☐ となる。　　〔順天堂大〕
→29,96

HINT

68 (3) 両辺を $(2-\sqrt{3})$ 倍すると x^2 の係数が1となる。

69 (2) $x^2-6x=X$ とおく。

71 重解をもつような k の値をまず求めて,そのときの重解が正となるかどうか確かめる。

72 $a-3=0$ と $a-3\neq0$ の場合に分けて考える。

73 共通の解を $x=\alpha$ とおいて,2つの方程式に代入する。この問題では,2次の項を消去するより,定数項 $5k$ と $-5k$ を消去する方が計算がらく。

74 $x^2+\dfrac{1}{x^2}=\left(x+\dfrac{1}{x}\right)^2-2$ を利用する。

参考事項 黄金比，白銀比

1 **黄金比**

比 $1:\dfrac{1+\sqrt{5}}{2}$ $(\fallingdotseq 1:1.618)$ を **黄金比** といい，古代ギリシャの時代から最も美しい比であると考えられてきており，パルテノン神殿などの建造物に見い出されるとされている。この比の長方形による定義は次のようになる。

> 長方形から，短い方の辺を1辺とする正方形を切り取ったとき，残った長方形がもとの長方形と相似になる場合の，もとの長方形の短い方の辺と長い方の辺の長さの比。

[解説] もとの長方形の短い方の辺と長い方の辺の長さをそれぞれ 1，x $(x>1)$ とすると，右の図から

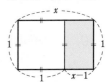

$$1:(x-1)=x:1$$
よって $\qquad (x-1)x=1$
ゆえに $\qquad x^2-x-1=0$
これを解くと $\qquad x=\dfrac{1\pm\sqrt{5}}{2}$
$x>1$ であるから $\qquad x=\dfrac{1+\sqrt{5}}{2}$

黄金比の身近な例として，正五角形の1辺と対角線の長さの比がある。右の図のように，CD$=1$，AC$=x$ とするとき，$\triangle$ACD$\infty\triangle$DFC から x を求めると $\qquad x=\dfrac{1+\sqrt{5}}{2}$

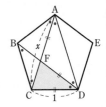

2 **白銀比**

比 $1:\sqrt{2}$ $(\fallingdotseq 1:1.414)$ を **白銀比** といい，法隆寺など日本の建築物にみられる。この比の長方形による定義は次のようになる。

> 長方形において，長い方の辺を半分にした長方形がもとの長方形と相似になる場合の，もとの長方形の短い方の辺と長い方の辺の長さの比。

[解説] もとの長方形の短い方の辺と長い方の辺の長さをそれぞれ 1，x $(x>1)$ とすると，右の図から

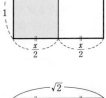

$$1:\dfrac{x}{2}=x:1$$
よって $\qquad \dfrac{x^2}{2}=1$
ゆえに $\qquad x^2=2$
$x>1$ であるから $\qquad x=\sqrt{2}$

白銀比の身近な例として，用紙サイズ（A判，B判など）における縦横比がある。A1判を半分にしたものがA2判，A2判を半分にしたものがA3判，……，となっていて，どの用紙サイズも縦横比は $1:\sqrt{2}$ である（B判も同様）。

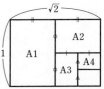

12 グラフと2次方程式

基本事項

1 2次関数のグラフと x 軸の共有点の座標

2次関数 $y=ax^2+bx+c$ のグラフと **x 軸の共有点の x 座標** は，**2次方程式 $ax^2+bx+c=0$ の実数解** で与えられる。

2 2次関数のグラフと x 軸の位置関係

2次関数 $y=ax^2+bx+c$ のグラフと x 軸の共有点の個数は，2次方程式 $ax^2+bx+c=0$ の実数解の個数に一致する。そして，その実数解の個数は，2次方程式 $ax^2+bx+c=0$ の判別式 $D=b^2-4ac$ の符号で決まる。よって，2次関数 $y=ax^2+bx+c$ のグラフと x 軸の位置関係は，次の表のようにまとめられる。

$D=b^2-4ac$ の符号	$D>0$	$D=0$	$D<0$
x 軸との位置関係	異なる2点で交わる	1点で接する	共有点がない
x 軸との共有点の個数と x 座標	2個，$x=\dfrac{-b\pm\sqrt{D}}{2a}$	1個，$x=-\dfrac{b}{2a}$	0個，なし
$y=ax^2+bx+c$ のグラフ $a>0$ のとき（下に凸） $a<0$ のとき（上に凸）		接点	

解説

■2次関数のグラフと x 軸

2次関数 $y=ax^2+bx+c$ …… ① のグラフと x 軸に共有点があるとき，その共有点の y 座標は 0 であるから，共有点の x 座標は，2次方程式 $ax^2+bx+c=0$ の実数解である。

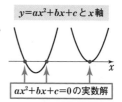

また，① は $y=a\left(x+\dfrac{b}{2a}\right)^2-\dfrac{b^2-4ac}{4a}$ と変形できる。

よって，2次方程式 $ax^2+bx+c=0$ の判別式を $D=b^2-4ac$ とすると，① のグラフの頂点の座標は $\left(-\dfrac{b}{2a},\ -\dfrac{D}{4a}\right)$ と表され，D の

符号が頂点の y 座標の位置，つまり $y=ax^2+bx+c$ のグラフと x 軸の共有点の個数を決めることがわかる。

なお，「接する」，「接点」については，*p.*176 参照。

基本 例題 **103** 放物線と x 軸の共有点の座標　　〇〇〇〇〇

次の 2 次関数のグラフは x 軸と共有点をもつか。もつときは，その座標を求めよ。

(1) $y=x^2-3x-4$　　　(2) $y=-x^2+4x-4$　　　(3) $y=3x^2-5x+4$

/p.175 基本事項 **1**, **2**

指針 2 次関数 $y=ax^2+bx+c$ のグラフと x 軸の共有点の x 座標は，2 次方程式 $ax^2+bx+c=0$ の実数解である。したがって，次のことがいえる。

共有点の x 座標 ⟺ 方程式の実数解

また，2 次方程式 $ax^2+bx+c=0$ の判別式を $D=b^2-4ac$ とすると，グラフと x 軸の共有点の個数は

$$D>0 \Longleftrightarrow 2 \text{個}$$
$$D=0 \Longleftrightarrow 1 \text{個} \Big\} \longrightarrow D\geqq0 \Longleftrightarrow \text{共有点をもつ}$$
$$D<0 \Longleftrightarrow 0 \text{個} \longrightarrow D<0 \Longleftrightarrow \text{共有点をもたない}$$

解答

(1) $x^2-3x-4=0$ とすると　　$(x+1)(x-4)=0$
　　よって　　$x=-1,\ 4$
　　したがって，x 軸と共有点を 2 個もち，その座標は
　　　　　　$(-1,\ 0),\ (4,\ 0)$

◀$x^2-3x-4=0$ の判別式を D とすると
$D=(-3)^2-4\cdot1\cdot(-4)$
$=25>0$

(2) $-x^2+4x-4=0$ とすると　　$x^2-4x+4=0$ … $(*)$
　　ゆえに　　$(x-2)^2=0$　　　　よって　　$x=2$（重解）
　　したがって，x 軸と共有点を 1 個もち，その座標は
　　　　　　$(2,\ 0)$

◀$(*)$ の判別式を D とすると
$D=(-4)^2-4\cdot1\cdot4=0$
グラフは x 軸に接し，点 $(2,\ 0)$ は **接点** である。

(3) 2 次方程式 $3x^2-5x+4=0$ の判別式を D とすると
　　　　　　$D=(-5)^2-4\cdot3\cdot4=-23$
　　$D<0$ であるから，グラフと x 軸は **共有点をもたない**。

注意 2 次関数のグラフと x 軸の共有点の有無だけなら，**$D=b^2-4ac$ の符号を調べる** ことでわかるが，共有点の座標を求めるときは，左の(1)，(2)のように 2 次方程式を解く必要がある。

(1) 　(2) 　(3)

検討 **2 次関数のグラフが x 軸と 1 点を共有する場合について**

$D=b^2-4ac=0$ のとき，2 次関数 $y=ax^2+bx+c$ のグラフは，x 軸とただ 1 点を共有し，共有点の x 座標は，2 次方程式 $ax^2+bx+c=0$ の重解である。このようなとき，2 次関数のグラフは x 軸に 接する といい，その共有点を 接点 という。

練習 次の 2 次関数のグラフは x 軸と共有点をもつか。もつときは，その座標を求めよ。

②**103** (1) $y=-3x^2+6x-3$　　　(2) $y=2x^2-3x+4$　　　(3) $y=-x^2+4x-2$

基本 例題 104 放物線と x 軸の共有点の個数

放物線 $y=x^2-4x+k$ と x 軸の共有点の個数は，定数 k の値によってどのように変わるか。

/基本 103

指針 2 次関数 $y=ax^2+bx+c$ のグラフと x 軸の共有点の個数は，2 次方程式 $ax^2+bx+c=0$ の **判別式 $D=b^2-4ac$ の符号** を調べるとよい。

$$D>0 \Longleftrightarrow \text{異なる 2 点で交わる} \quad (2 \text{個})，$$
$$D=0 \Longleftrightarrow \text{1 点で接する} \quad (1 \text{個})，$$
$$D<0 \Longleftrightarrow \text{共有点をもたない} \quad (0 \text{個})$$

なお，x の係数について $b=2b'$ のときは，$\dfrac{D}{4}=b'^2-ac$ を用いると計算がらくになる。

CHART 2 次関数 $y=ax^2+bx+c$ のグラフと x 軸の共有点

① 個数は判別式 $D=b^2-4ac$ の符号から
② 座標は $ax^2+bx+c=0$ の実数解から

解答

2 次方程式 $x^2-4x+k=0$ の判別式を D とすると
$$\frac{D}{4}=(-2)^2-1\cdot k=4-k$$

◀x の係数について
$-4=2\cdot(-2)$

$D>0$ すなわち $4-k>0$ となるのは $k<4$
$D=0$ すなわち $4-k=0$ となるのは $k=4$
$D<0$ すなわち $4-k<0$ となるのは $k>4$

◀k の値によって D の符号が変わるから，場合分けして考える。

よって，放物線 $y=x^2-4x+k$ と x 軸の共有点の個数は

$$\begin{cases} k<4 \text{ のとき} & 2 \text{個} \\ k=4 \text{ のとき} & 1 \text{個} \\ k>4 \text{ のとき} & 0 \text{個} \end{cases}$$

検討 上の例題の，グラフを用いた考え方

放物線 $y=x^2-4x+k=(x-2)^2+k-4$ は k の値の変化につれて図 [1] のように動く。また，$-x^2+4x=k$ として，**放物線 $y=-x^2+4x$ と 直線 $y=k$ の共有点の個数** と考える（図 [2] 参照）と，左辺が $y=-x^2+4x$ であって固定されたグラフ，右辺が $y=k$，すなわち x 軸に平行に移動する直線で，共有点の個数が調べやすくなる（$p.206$ 重要例題 **125** 参照）。

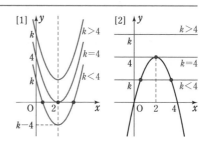

練習 2 次関数 $y=x^2-2x+2k-4$ のグラフと x 軸の共有点の個数は，定数 k の値によってどのように変わるか。
②**104**

3 章
⑫ グラフと 2 次方程式

178

 基本 例題 **105** 放物線が x 軸に接するための条件 ⟨⟨⟩⟩⟨⟩⟨⟩⟨⟩

次の 2 次関数のグラフが x 軸に接するように，定数 k の値を定めよ。また，その ときの接点の座標を求めよ。

(1) $y=x^2+2(2-k)x+k$　　　　(2) $y=kx^2+3kx+3-k$

/p.175 基本事項 **2**

指針 2 次方程式 $ax^2+bx+c=0$ の判別式を D とするとき，

　　2 次関数 $y=ax^2+bx+c$ のグラフが

　$\boxed{x\text{軸に接する} \Longleftrightarrow D=b^2-4ac=0}$ を利用。

また，グラフが x 軸に接するとき，頂点で接するから，接点の x 座標は，グラフの頂点の x 座標 $x=-\dfrac{b}{2a}$ である。

(2) 「2 次関数」と問題文にあるから　　$k\neq0$

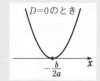

解答

(1) 2 次方程式 $x^2+2(2-k)x+k=0$ の判別式を D とすると　$\dfrac{D}{4}=(2-k)^2-1\cdot k^{1)}=k^2-5k+4$

　　　　　$=(k-1)(k-4)$

グラフが x 軸に接するための必要十分条件は　$D=0$
ゆえに　$(k-1)(k-4)=0$　　よって　$k=1,\ 4$
グラフの頂点の x 座標は，$x=-\dfrac{2(2-k)}{2\cdot1}{}^{2)}=k-2$ であるから　$k=1$ のとき $x=-1$，$k=4$ のとき $x=2$
したがって，接点の座標は

　$k=1$ のとき $(-1,\ 0)$，　$k=4$ のとき $(2,\ 0)$

(2) $f(x)=kx^2+3kx+3-k$ とする。
$y=f(x)$ は 2 次関数であるから　$k\neq0$
2 次方程式 $f(x)=0$ の判別式を D とすると
　$D=(3k)^2-4\cdot k\cdot(3-k)=13k^2-12k=k(13k-12)$
グラフが x 軸に接するための必要十分条件は　$D=0$
よって　$k(13k-12)=0$　　$k\neq0$ から　$\boldsymbol{k=\dfrac{12}{13}}$
グラフの頂点の x 座標は　$x=-\dfrac{3k}{2\cdot k}=-\dfrac{3}{2}$
したがって，接点の座標は　$\left(-\dfrac{3}{2},\ 0\right)$

1) $\dfrac{D}{4}=b'^2-ac\ \left(b'=\dfrac{b}{2}\right)$

2) 接点の x 座標は，$y=0$ とおいた 2 次方程式 $ax^2+bx+c=0$ の重解である。

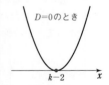

なお，$k=1$ のときは
　$y=x^2+2x+1$
　　$=(x+1)^2$
$k=4$ のときは
　$y=x^2-4x+4$
　　$=(x-2)^2$

◀$k=\dfrac{12}{13}$ のときは
$y=\dfrac{12}{13}x^2+\dfrac{36}{13}x+\dfrac{27}{13}$
　$=\dfrac{12}{13}\left(x+\dfrac{3}{2}\right)^2$

練習 次の 2 次関数のグラフが x 軸に接するように，定数 k の値を定めよ。また，そのと
②**105** きの接点の座標を求めよ。

(1) $y=-2x^2+kx-8$　　　　(2) $y=(k^2-1)x^2+2(k-1)x+2$

p.185 EX 75, 76

基本例題 106 放物線が x 軸から切り取る線分の長さ

①①①①①（難易度）

(1) 2次関数 $y=-2x^2-3x+3$ のグラフが x 軸から切り取る線分の長さを求めよ。

(2) 放物線 $y=x^2-(k+2)x+2k$ が x 軸から切り取る線分の長さが4であるとき，定数 k の値を求めよ。

基本 103

指針 「グラフが x 軸から切り取る線分の長さ」とは，グラフが x 軸と異なる2点A, Bで交わるときの線分ABの長さのことで，A, Bの x 座標を，それぞれ α, β ($\alpha<\beta$) とすると，$\beta-\alpha$ が求めるものである。

まず，$y=0$ とおいた2次方程式を解く。

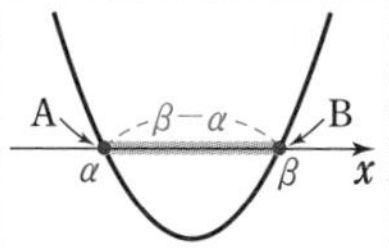

解答

(1) $-2x^2-3x+3=0$ とすると　　$2x^2+3x-3=0$

ゆえに　　$x=\dfrac{-3\pm\sqrt{3^2-4\cdot2\cdot(-3)}}{2\cdot2}=\dfrac{-3\pm\sqrt{33}}{4}$

よって，放物線が x 軸から切り取る線分の長さは

$$\frac{-3+\sqrt{33}}{4}-\frac{-3-\sqrt{33}}{4}=\boldsymbol{\frac{\sqrt{33}}{2}}$$

◀ x^2 の係数を正の数にしてから解く。

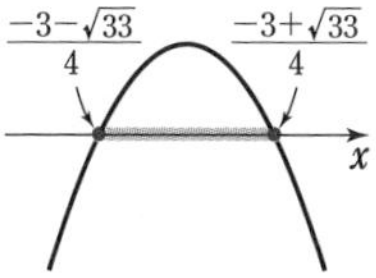

(2) $x^2-(k+2)x+2k=0$ とすると

$(x-2)(x-k)=0$

よって　　$x=2$, k

ゆえに，放物線が x 軸から切り取る線分の長さは

$|k-2|$

◀ 2と k の大小関係が不明なので，絶対値を用いて表す。

よって　　$|k-2|=4$

すなわち　　$k-2=\pm4$

したがって　　$\boldsymbol{k=6,\ -2}$

◀ 方程式 $|x|=c$ $(c>0)$ の解は　$\boldsymbol{x=\pm c}$

検討

放物線が x 軸から切り取る線分の長さ

$D=b^2-4ac>0$ のとき，放物線 $y=ax^2+bx+c$ が x 軸から切り取る線分の長さを l とする。
2次方程式 $ax^2+bx+c=0$ の解を α, β ($\alpha<\beta$) とすると

$a>0$ のとき　　$l=\beta-\alpha=\dfrac{-b+\sqrt{D}}{2a}-\dfrac{-b-\sqrt{D}}{2a}=\dfrac{\sqrt{D}}{a}$

$a<0$ のとき　　$l=\beta-\alpha=\dfrac{-b-\sqrt{D}}{2a}-\dfrac{-b+\sqrt{D}}{2a}=-\dfrac{\sqrt{D}}{a}$

したがって，一般に　$l=\dfrac{\sqrt{D}}{|a|}$　である。

特に　$|a|=1$ のときは $l=\sqrt{D}$　となる。

$a>0$ のとき

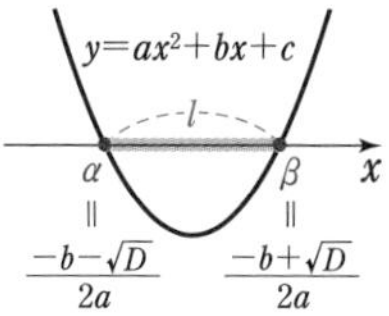

練習 ② 106

(1) 2次関数 $y=-3x^2-4x+2$ のグラフが x 軸から切り取る線分の長さを求めよ。

(2) 放物線 $y=x^2-ax+a-1$ が x 軸から切り取る線分の長さが6であるとき，定数 a の値を求めよ。

〔(2) 大阪産大〕　p.185 EX 77

基本事項

■1 放物線と直線の共有点

放物線 $y=ax^2+bx+c$ と直線 $y=mx+n$ の共有点の座標は，それぞれの方程式を満

たすから，**連立方程式** $\begin{cases} y=ax^2+bx+c \\ y=mx+n \end{cases}$ **の実数解** $(x,\ y)$ **で与えられる。**

■2 放物線と直線の共有点の個数

放物線 $y=ax^2+bx+c$ と直線 $y=mx+n$ の共有点の個数は，y を消去した

$ax^2+bx+c=mx+n$ すなわち $ax^2+(b-m)x+c-n=0$ …… Ⓐ

の異なる実数解の個数と一致する。つまり，放物線 $y=ax^2+(b-m)x+c-n$ と

x 軸の共有点の関係に帰着するから，2次方程式 Ⓐ の判別式を D とすると

$\left.\begin{array}{l}D>0 \iff \textbf{異なる2点で交わる （2個）} \\ D=0 \iff \textbf{1点で接する}\qquad\textbf{（1個）}\end{array}\right\}$ $D\geqq0 \iff$ **共有点をもつ**

$D<0 \iff$ **共有点をもたない**　**（0個）**

また，$D=0$ のとき，2次方程式 $ax^2+(b-m)x+c-n=0$ は重解をもつ。このような

場合，放物線と直線は **接する** といい，その共有点を **接点** という。

■3 2つの放物線の共有点

$f(x),\ g(x)$ は2次式とすると，2つの放物線 $y=f(x),\ y=g(x)$ の共有点の座標は，

連立方程式 $\begin{cases} y=f(x) \\ y=g(x) \end{cases}$ の実数解 $(x,\ y)$ で与えられる。

解 説

■ 放物線と直線の共有点

放物線と x 軸(直線 $y=0$)の共有点については，p.175 で学習したが，ここでは，放物線
$y=ax^2+bx+c\ (a\neq0)$ と，一般の直線 $y=mx+n$ の共有点について学習する。

方針としては，$y=ax^2+bx+c$ と $y=mx+n$ から y を消去してできる2次方程式
$ax^2+(b-m)x+c-n=0$ を，改めて

2次関数 $y=ax^2+(b-m)x+c-n$ **のグラフと** x **軸の関係**

にもち込めば，これまで学習してきた知識で解決できる。

つまり，右の図のように，放物線 $y=f(x)$
と直線 $y=g(x)$ について，

$F(x)=f(x)-g(x)$

を考えることにより，関数 $y=F(x)$ のグ
ラフと x 軸の位置関係の問題にもち込むわ
けである。

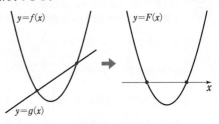

■ 2つの放物線の共有点

2つの放物線 $y=f(x),\ y=g(x)$ の共有点
の座標は，それぞれの等式を満たすから，
連立方程式 $y=f(x),\ y=g(x)$ の実数解で
与えられる。

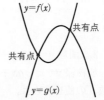

基本 例題 **107** 放物線と直線の共有点の座標

次の放物線と直線は共有点をもつか。もつときは，その座標を求めよ。

(1) $y=x^2$, $y=-x+2$ (2) $y=-x^2+1$, $y=4x+5$

(3) $y=4x^2-6x+1$, $y=2x-4$ /p.180 基本事項 **1**, **2**

指針 放物線 $y=ax^2+bx+c$ と直線 $y=mx+n$ の共有点の座標は，

$$\text{連立方程式} \begin{cases} y=ax^2+bx+c \\ y=mx+n \end{cases} \text{の実数解 } (x, y)$$

で与えられる。特に，y を消去して得られる 2 次方程式 $ax^2+bx+c=mx+n$ が **重解** をもつとき，放物線と直線は **接する**。
また，**実数解をもたないとき**，放物線と直線は **共有点をもたない**。

CHART グラフと方程式 共有点 $\Longleftrightarrow$ 実数解，接 点 $\Longleftrightarrow$ 重 解

3章

⑫ グラフと2次方程式

 解答

(1) $\begin{cases} y=x^2 & \cdots\cdots ① \\ y=-x+2 & \cdots\cdots ② \end{cases}$ とする。

①，② から y を消去すると $x^2=-x+2$
整理すると $x^2+x-2=0$
よって $(x+2)(x-1)=0$ ゆえに $x=-2, 1$
① から $x=-2$ のとき $y=4$
$x=1$ のとき $y=1$
したがって，共有点の座標は $(-2, 4), (1, 1)$

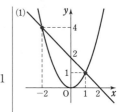

(2) $\begin{cases} y=-x^2+1 & \cdots\cdots ① \\ y=4x+5 & \cdots\cdots ② \end{cases}$ とする。

①，② から y を消去すると $-x^2+1=4x+5$
整理すると $x^2+4x+4=0$
よって $(x+2)^2=0$ ゆえに $x=-2$ (重解)
このとき，② から $y=-3$
したがって，共有点の座標は $(-2, -3)$

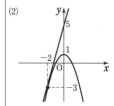

(3) $\begin{cases} y=4x^2-6x+1 & \cdots\cdots ① \\ y=2x-4 & \cdots\cdots ② \end{cases}$ とする。

①，② から y を消去すると $4x^2-6x+1=2x-4$
整理すると $4x^2-8x+5=0$
この 2 次方程式の判別式を D とすると

$$\frac{D}{4}=(-4)^2-4\cdot5=-4$$

$D<0$ であるから，この 2 次方程式は実数解をもたない。
したがって，放物線 ① と直線 ② は **共有点をもたない**。

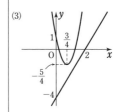

練習 次の放物線と直線は共有点をもつか。もつときは，その座標を求めよ。
②**107**

(1) $\begin{cases} y=x^2-2x+3 \\ y=x+6 \end{cases}$ (2) $\begin{cases} y=x^2-4x \\ y=2x-9 \end{cases}$ (3) $\begin{cases} y=-x^2+4x-3 \\ y=2x \end{cases}$

基本 例題 **108** 放物線と直線の共有点の個数 ◷◷◷◷◷◷

(1) 放物線 $y=x^2+3x+a$ と直線 $y=x+4$ が接するとき，定数 a の値を求めよ。

(2) 2次関数 $y=-x^2$ のグラフと直線 $y=-2x+k$ の共有点の個数を調べよ。
ただし，k は定数とする。

／p.180 基本事項 **2**，基本 104

指針
放物線 $y=f(x)$ と
直線 $\quad y=g(x)$ の ｝ 共有点の x 座標 $\Longleftrightarrow$ 2次方程式 $f(x)=g(x)$ の実数解

よって，y を消去して得られる2次方程式の判別式がポイントになる。

(1) **接する $\Longleftrightarrow$ 重解をもつ** であるから $\quad D=0$

(2) y を消去すると $x^2-2x+k=0$ となるから，放物線 $y=x^2-2x+k$ と x 軸の共有点の個数の問題と同じように扱う。…… $p.177$ 基本例題 **104** 参照。

解答

(1) $y=x^2+3x+a$ …… ① と $y=x+4$ …… ② から y を
消去して $\qquad x^2+3x+a=x+4$
整理すると $\qquad x^2+2x+a-4=0$ …… ③
放物線 ① と直線 ② が接するための必要十分条件は，
2次方程式 ③ の判別式を D とすると $\qquad D=0$
$\dfrac{D}{4}=1^2-1\cdot(a-4)=5-a$ であるから $\qquad 5-a=0$
よって $\qquad \boldsymbol{a=5}$

(2) $y=-x^2$ と $y=-2x+k$ から y を消去して
$\qquad -x^2=-2x+k$
整理すると $\qquad x^2-2x+k=0$ …… （＊）
2次方程式 （＊） の判別式を D とすると
$$\dfrac{D}{4}=(-1)^2-1\cdot k=1-k$$
$D>0$ すなわち $1-k>0$
となるのは $\qquad k<1$
$D=0$ すなわち $1-k=0$
となるのは $\qquad k=1$
$D<0$ すなわち $1-k<0$
となるのは $\qquad k>1$
よって，求める共有点の個数は
$\qquad$ **$k<1$ のとき 2個,**
$\qquad$ **$k=1$ のとき 1個,**
$\qquad$ **$k>1$ のとき 0個**

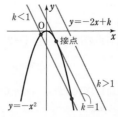

檢討

(2)で，（＊）から
$\qquad -x^2+2x=k$
よって，$y=-x^2+2x$ の
グラフと x 軸に平行な
直線 $y=k$ の共有点を調
べる方法によって考える
こともできる（$p.177$ **檢**
討，$p.206$ 例題 **125** 参
照）。

◀$k=1$ のとき，2次方程式
$x^2-2x+k=0$ は重解を
もつから，$y=-x^2$ のグ
ラフと直線 $y=-2x+k$
は接する。

練習
②**108**

(1) 関数 $y=x^2+ax+a$ のグラフが直線 $y=x+1$ と接するように，定数 a の値を定
めよ。また，そのときの接点の座標を求めよ。

(2) k は定数とする。関数 $y=x^2-2kx$ のグラフと直線 $y=2x-k^2$ の共有点の個数
を調べよ。

p.185 EX 78, 79

重要 例題 **109** 2つの放物線の共有点

次の2つの放物線は共有点をもつか。もつときは，その座標を求めよ。

(1) $y=x^2$, $y=-x^2+2x+12$ (2) $y=x^2-x+1$, $y=2x^2-5x+6$

(3) $y=x^2-x$, $y=-x^2+3x-2$

/p.180 基本事項 3, 基本 107

指針 2つの放物線の場合も，考え方は基本例題 **107** と同様。

2つの放物線 $y=ax^2+bx+c$ と $y=a'x^2+b'x+c'$ の共有点の座標は，

連立方程式 $\begin{cases} y=ax^2+bx+c \\ y=a'x^2+b'x+c' \end{cases}$ の実数解 (x, y)

で与えられる。また，y を消去して得られる方程式 $ax^2+bx+c=a'x^2+b'x+c'$ が **実数解をもたないとき，2つの放物線は 共有点をもたない。**

CHART グラフと方程式 共有点 ⟺ 実数解

3
章

⑫ グラフと2次方程式

解答

(1) $\begin{cases} y=x^2 & \cdots\cdots ① \\ y=-x^2+2x+12 & \cdots\cdots ② \end{cases}$ とする。

①，②から y を消去すると $x^2=-x^2+2x+12$
整理すると $x^2-x-6=0$
よって $(x+2)(x-3)=0$ ∴ $x=-2, 3$
① から $x=-2$ のとき $y=4$, $x=3$ のとき $y=9$
したがって，共有点の座標は   **$(-2, 4)$, $(3, 9)$**

(2) $\begin{cases} y=x^2-x+1 & \cdots\cdots ① \\ y=2x^2-5x+6 & \cdots\cdots ② \end{cases}$ とする。

①，②から y を消去すると $x^2-x+1=2x^2-5x+6$
よって $x^2-4x+5=0$
2次方程式 $x^2-4x+5=0$ の判別式を D とすると

$$\frac{D}{4}=(-2)^2-1\cdot5=-1$$

$D<0$ であるから，この2次方程式は実数解をもたない。
したがって，2つの放物線①，②は **共有点をもたない。**

(3) $\begin{cases} y=x^2-x & \cdots\cdots ① \\ y=-x^2+3x-2 & \cdots\cdots ② \end{cases}$ とする。

①，②から y を消去すると $x^2-x=-x^2+3x-2$
整理すると $x^2-2x+1=0$
よって $(x-1)^2=0$
ゆえに $x=1$ このとき，① から $y=0$
したがって，共有点の座標は   **$(1, 0)$**

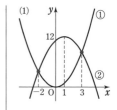

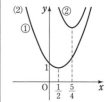

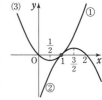

◀(3)のように，y を消去して得られた2次方程式が重解をもつとき，放物線①と②は **接する**という。

練習
③109 次の2つの放物線は共有点をもつか。もつときは，その座標を求めよ。

(1) $y=2x^2$, $y=x^2+2x+3$ (2) $y=x^2-x$, $y=-x^2-3x-2$

(3) $y=2x^2-2x$, $y=x^2-4x-1$

参考事項 ## 2つの放物線の共有点を通る直線の方程式

2つの放物線 $y=x^2$ …… ① と $y=-x^2+2x+12$ …… ② の共有点を通る直線の方程式を求めてみよう。

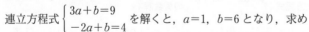

重要例題 **109** で求めたように，共有点の座標は $(3, 9)$ と $(-2, 4)$ である。中学で学んだように，この2点を通る直線の方程式は $y=ax+b$ とおいて考える。

連立方程式 $\begin{cases} 3a+b=9 \\ -2a+b=4 \end{cases}$ を解くと，$a=1$，$b=6$ となり，求める直線の方程式は $y=x+6$ となる。この式は，① の $x^2=y$ を ② に代入した式 $y=-y+2x+12$ を変形し，$y=x+6$ として求めることもできる。

一般に，2つの放物線 $y=ax^2+bx+c$ …… ③ と $y=a'x^2+b'x+c'$ $(a \neq a')$ …… ④ が2つの共有点をもつとき，x^2 を消去した式
$$(a'-a)y=(a'b-ab')x+a'c-ac'$$
は ③ と ④ の共有点を通る直線の方程式となる。

|解説| ③×a' から　　　　$a'y=a'ax^2+a'bx+a'c$ 　　　　……⑤
④×a から　　　　$ay=aa'x^2+ab'x+ac'$ 　　　　……⑥
辺々を引いて　　$(a'-a)y=(a'b-ab')x+a'c-ac'$ ……⑦
③ と ④ の2つの共有点の座標を (x_1, y_1)，(x_2, y_2) とすると，$(x, y)=(x_1, y_1)$，(x_2, y_2) はともに ⑤ と ⑥ を満たし，⑦ も満たす。
よって　　$(a'-a)y_1=(a'b-ab')x_1+a'c-ac'$，$(a'-a)y_2=(a'b-ab')x_2+a'c-ac'$
$a \neq a'$ より，⑦ は直線の方程式であり，また，その直線は2点 (x_1, y_1)，(x_2, y_2) を通る。2点を通る直線はただ1つしかないから，⑦ は ③ と ④ の共有点を通る直線の方程式となる。

この方法は，2つの放物線の共有点の座標が複雑になるとき有効である。
例えば，$y=2x^2$ …… ⑧ と $y=-x^2+x+1$ …… ⑨ の共有点を通る直線の方程式は，次のようにして求めることができる。

⑧ から　　　　　　$y=2x^2$
⑨×2 から　　　　$2y=-2x^2+2x+2$
辺々を加えて　　　$3y=2x+2$

よって，求める直線の方程式は　$y=\dfrac{2}{3}x+\dfrac{2}{3}$

⑧と⑨の共有点の x 座標は，
$2x^2=-x^2+x+1$ すなわち
$3x^2-x-1=0$ を解いて
$$x=\dfrac{1\pm\sqrt{13}}{6}$$

|注意| この方法では，$y=x^2+1$ と $y=-x^2-1$ のような，2つの放物線が共有点をもたない場合でも直線の方程式が得られてしまうから，注意が必要である。

◀x^2 を消去すると　$y=0$

::: EXERCISES

②75　a は自然数とし，2次関数 $y=x^2+ax+b$ …… ① のグラフを考える。
　(1)　$b=1$ のとき，① のグラフが x 軸と接するのは $a=\boxed{}$ のときである。
　(2)　$b=3$ のとき，① のグラフが x 軸と異なる2点で交わるような自然数 a の中で，
　　　$a<9$ を満たす a の個数は $\boxed{}$ である。
　　　　　　　　　　　　　　　　　　　　　　　　　　　　　　　→104, 105

③76　a は定数とする。関数 $y=ax^2+4x+2$ のグラフが，x 軸と異なる2つの共有点をも
　　つときの a の値の範囲は ${}^{ア}\boxed{}$ であり，x 軸とただ1つの共有点をもつときの a
　　の値は ${}^{イ}\boxed{}$ である。
　　　　　　　　　　　　　　　　　　　　　　　　　　　　　　　→105

③77　a を定数とし，2次関数 $y=x^2+4ax+4a^2+7a-2$ のグラフを C とする。
　(1)　C の頂点が直線 $y=-2x-8$ 上にあるとき，a の値を求めよ。
　(2)　C が x 軸と異なる2点 A，B で交わるとき，a の値の範囲を求めよ。
　(3)　a の値が(2)で求めた範囲にあるとする。線分 AB の長さが $2\sqrt{22}$ となるとき，
　　　a の値を求めよ。
　　　　　　　　　　　　　　　　　　　　　　　　　　〔類 摂南大〕　→106

②78　(1)　放物線 $y=-x^2+2(k+1)x-k^2$ が直線 $y=4x-2$ と共有点をもつような定数 k
　　　の値の範囲を求めよ。
　(2)　座標平面上に，1つの直線と2つの放物線
　　　　　　$L：y=ax+b,\ C_1：y=-2x^2,\ C_2：y=x^2-12x+33$
　　　がある。L と C_1 および L と C_2 が，それぞれ2個の共有点をもつとき，
　　　${}^{ア}\boxed{}a^2-{}^{イ}\boxed{}a-{}^{ウ}\boxed{}<b<{}^{エ}\boxed{}a^2$ が成り立つ。ただし，$a>0$ とする。
　　　　　　　　　　　　　　　　　　　　　　　　　〔(2) 類 近畿大〕
　　　　　　　　　　　　　　　　　　　　　　　　　　　　　　　→108

③79　2次関数 $y=ax^2+bx+c$ のグラフが，2点 $(-1,\ 0)$, $(3,\ 8)$ を通り，直線 $y=2x+6$
　　に接するとき，a, b, c の値を求めよ。
　　　　　　　　　　　　　　　　　　　　　　　　　　〔日本歯大〕
　　　　　　　　　　　　　　　　　　　　　　　　　　　　　　　→108

HINT　75　「a は自然数」という条件に注意。
　　　76　(イ) $a=0$, $a\neq0$ で場合分け。
　　　77　(1)　まず，基本形に直し，頂点の座標を求める。
　　　79　まず，通る2点の座標を代入し，b, c を a で表す。

3章
⑫ グラフと2次方程式

13 2次不等式

基本事項

注意 2次式 ax^2+bx+c について，$D=b^2-4ac$ とする（$p.187$ も同様）。

1 **2次不等式の解(1)**

$a>0$ かつ $D>0$ のとき，2次方程式 $ax^2+bx+c=0$ の異なる2つの実数解を α，β $(\alpha<\beta)$ とすると

$ax^2+bx+c>0$ の解は	$x<\alpha,\ \beta<x$	$ax^2+bx+c\geqq0$ の解は	$x\leqq\alpha,\ \beta\leqq x$
$ax^2+bx+c<0$ の解は	$\alpha<x<\beta$	$ax^2+bx+c\leqq0$ の解は	$\alpha\leqq x\leqq\beta$

2 **2次不等式の解(2)**

$\alpha<\beta$ のとき

＝(イコール)がつくと解にも ＝ がつく

$(x-\alpha)(x-\beta)>0$ の解は	$x<\alpha,\ \beta<x$	$(x-\alpha)(x-\beta)\geqq0$ の解は	$x\leqq\alpha,\ \beta\leqq x$
$(x-\alpha)(x-\beta)<0$ の解は	$\alpha<x<\beta$	$(x-\alpha)(x-\beta)\leqq0$ の解は	$\alpha\leqq x\leqq\beta$

解説

■ 2次不等式の解

不等式のすべての項を左辺に移項して整理したとき，

$ax^2+bx+c>0$，$ax^2+bx+c\leqq0$ などのように，左辺が x の2次式になる不等式を，x についての **2次不等式** という。ただし，a，b，c は定数で，$a\neq0$ とする。

2次不等式を解くとき，**グラフを利用** すると，$=0$ とおいた方程式の解から得られる **x 軸との共有点の x 座標** から，その解が求められる。

◀「2次」であるから，2次の係数，すなわち a は 0 ではない。

1 $a>0$ かつ $D>0$ のとき，2次方程式 $ax^2+bx+c=0$ は異なる2つの実数解 $x=\alpha$，β $(\alpha<\beta)$ をもつ。このとき，2次関数 $y=ax^2+bx+c$ のグラフは下に凸の放物線で，x 軸と異なる2点 $(\alpha,\ 0)$，$(\beta,\ 0)$ で交わる。

ax^2+bx+c の値の符号は，次の表のようになる。

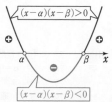

$[a>0]$

x の値の範囲	$x<\alpha$	$x=\alpha$	$\alpha<x<\beta$	$x=\beta$	$\beta<x$
ax^2+bx+c の符号	$+$	0	$-$	0	$+$

$a<0$ の場合は，不等式の両辺に負の数を掛けて，$a>0$ の不等式に直して解く。

2 $(x-\alpha)(x-\beta)=0$ の解が α，β であるから，上の **1** と同様に **2** が成り立つ。

$\alpha<\beta$ のとき，因数の符号は次の表のようになり，このことからもわかる。

x の値の範囲	$x<\alpha$	$x=\alpha$	$\alpha<x<\beta$	$x=\beta$	$\beta<x$
$x-\alpha$ の符号	$-$	0	$+$	$+$	$+$
$x-\beta$ の符号	$-$	$-$	$-$	0	$+$
$(x-\alpha)(x-\beta)$ の符号	$+$	0	$-$	0	$+$

基本事項

3 2次不等式の解(3)

$a>0$ かつ $D=0$ のとき, 2次方程式 $ax^2+bx+c=0$ の重解を α とすると

$ax^2+bx+c>0$ の解は ・・・・・ $ax^2+bx+c\geqq0$ の解は

     α 以外のすべての実数 ・・・・・   すべての実数

$ax^2+bx+c<0$ の解は　ない ・・・・・ $ax^2+bx+c\leqq0$ の解は　$x=\alpha$

4 2次不等式の解(4)

$(x-\alpha)^2>0$ の解は　α 以外のすべての実数 ・・・・・ $(x-\alpha)^2\geqq0$ の解は　すべての実数

$(x-\alpha)^2<0$ の解は　ない ・・・・・ $(x-\alpha)^2\leqq0$ の解は　$x=\alpha$

5 2次不等式の解(5)

$a>0$ かつ $D<0$ のとき

$ax^2+bx+c>0$ の解は　すべての実数 ・・・・・ $ax^2+bx+c\geqq0$ の解は　すべての実数

$ax^2+bx+c<0$ の解は　ない ・・・・・ $ax^2+bx+c\leqq0$ の解は　ない

6 2次式の定符号　$a\neq0$ とする。

常に $ax^2+bx+c>0 \iff a>0,\ D<0$ ・・・・・ 常に $ax^2+bx+c\geqq0 \iff a>0,\ D\leqq0$

常に $ax^2+bx+c<0 \iff a<0,\ D<0$ ・・・・・ 常に $ax^2+bx+c\leqq0 \iff a<0,\ D\leqq0$

解　説

3, **4** $p.175$ で学んだように, $a>0$ かつ $D=0$ のとき, 2次関数
$y=ax^2+bx+c$ [$\iff y=a(x-\alpha)^2$] のグラフは下に凸の放物線で,
x 軸と1点 $(\alpha,\ 0)$ で接する。

よって, 上の **3**, **4** の各不等式の解は, 次の表や右の図により,
それぞれ対応した形で求められる。

x の値の範囲	$x<\alpha$	$x=\alpha$	$\alpha<x$
ax^2+bx+c の符号	$+$	0	$+$
$(x-\alpha)^2$ の符号	$+$	0	$+$

5 $D<0$ であるから, $a>0$ のとき, 2次関数 $y=ax^2+bx+c$ のグ
ラフは下に凸の放物線で, **x 軸より上側にある** ($p.175$ 参照)。
ゆえに, 常に $ax^2+bx+c>0$ が成り立つ。
したがって, 上の基本事項の解が求められる。
なお, このとき, ax^2+bx+c を基本形 $a(x-p)^2+q$ の形に変形
すると, $a>0$ のとき $q>0$ である。

6 基本事項の2次不等式の解(1)～(5) [(1), (2)は前ページ] から成り立つことがわかる。
常に $ax^2+bx+c\geqq0$, $ax^2+bx+c\leqq0$ のように, 不等号に「=」がつく場合は

    $y=ax^2+bx+c$ のグラフが x 軸に接するとき

の「=」である。よって, $D<0$ ではなく, $D\leqq0$ のように, こちらにも「=」がつく。
なお, すべての実数 x について成り立つ (すなわち, 解が「すべての実数」となる) 不等式を
絶対不等式 という。

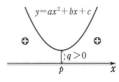

基本 例題 **110** 2次不等式の解法(1)

次の2次不等式を解け。

(1)　$x(x-3)<0$　　　(2)　$3x^2+20x-7>0$　　　(3)　$2x^2-x-4\geqq0$

(4)　$2-x>x^2$　　　(5)　$-x^2+2x+5\geqq0$

∕p.186 基本事項 **1**, **2**

指針　2次関数のグラフをかいて，グラフが x 軸より上側，または下側にある x の値の範囲を読み取る。具体的には次の手順となるが，(4)，(5)では，まず x^2 の係数 a が正になるように，不等式を $ax^2+bx+c>0$, $ax^2+bx+c\leqq0$ などの形に整理しておこう。

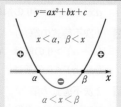

□ 因数分解，または解の公式を用いて (左辺)$=0$ とした方程式，すなわち $ax^2+bx+c=0$ を解き，$y=ax^2+bx+c$ と x 軸との共有点の x 座標 $x=\alpha$, β $(\alpha<\beta)$ を求める。

$$ax^2+bx+c>0$$
$$\Longleftrightarrow x<\alpha,\ \beta<x$$
$$ax^2+bx+c<0$$
$$\Longleftrightarrow \alpha<x<\beta$$

② x 軸との共有点をもとに グラフをかき，不等式の解を求める。

CHART 2次不等式の解法　x 軸との共有点を調べ，グラフから判断

解答

(1)　$x(x-3)=0$ を解くと
$$x=0,\ 3$$
よって，不等式の解は
$$\boldsymbol{0<x<3}$$

(1)

◀既に左辺が因数分解された形。

◀グラフが x 軸の下側にある x の値の範囲。

(2)　$3x^2+20x-7>0$ から
$$(x+7)(3x-1)>0$$
$(x+7)(3x-1)=0$ を解くと
$$x=-7,\ \frac{1}{3}$$
よって，不等式の解は
$$\boldsymbol{x<-7},\ \frac{1}{3}\boldsymbol{<x}$$

(2)

$$\begin{array}{r} 1\diagdown\quad 7 \longrightarrow\ 21 \\ 3\diagup -1 \longrightarrow -1 \\ \hline 3\quad -7\qquad 20 \end{array}$$

◀グラフが x 軸の上側にある x の値の範囲。

(3)　$2x^2-x-4=0$ を解くと
$$x=\frac{1\pm\sqrt{33}}{4}$$
よって，不等式の解は
$$\boldsymbol{x}\leqq\frac{1-\sqrt{33}}{4},\ \frac{1+\sqrt{33}}{4}\leqq\boldsymbol{x}$$

(3)

◀$x=$
$$\frac{-(-1)\pm\sqrt{(-1)^2-4\cdot2\cdot(-4)}}{2\cdot2}$$
(解の公式)

(4)　不等式を変形して　$x^2+x-2<0$
ゆえに　$(x+2)(x-1)<0$
$(x+2)(x-1)=0$ を解くと
$$x=-2,\ 1$$
よって，不等式の解は
$$\boldsymbol{-2<x<1}$$

(4)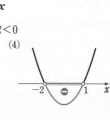

◀$ax^2+bx+c<0$ $(a>0)$ の形に整理する。

◀グラフが x 軸の下側にある x の値の範囲。

(5) 両辺に -1 を掛けて
$$x^2-2x-5\leqq 0$$
$x^2-2x-5=0$ を解くと
$$x=1\pm\sqrt{6}$$
よって，不等式の解は
$$1-\sqrt{6}\leqq x\leqq 1+\sqrt{6}$$

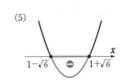

◀まず，2次の係数を正に。なお，**不等号の向きが変わる。**

検討

2次不等式を解く上でのポイント

2次不等式を解く際のポイントは

簡単な図をかいて確認する（グラフをイメージする）こと

である。また，慣れないうちは，次のようなミスをしやすい。最初は図をかいて考えるのが確実である。以下，間違いやすい具体例をあげておこう。

例1 $x(x+1)>0$ を解け。

右の図からもわかるように，$x(x+1)>0$ の解は　$x<-1,\ 0<x$

であるが，次のようなミスをしやすいので注意が必要。

① $x(x+1)>0$ の両辺を x で割って　$x+1>0$
　よって，解は　　$x>-1$
　【誤り！】$x>0$ であると勝手に決めつけて，両辺を x で
　　　　　　割っているのが最大のミス。

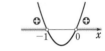

② $x(x+1)>0$ から　　$-1<x<0$
　【誤り！】右の図のように，これは $x(x+1)<0$ の範囲。

③ $x(x+1)>0$ から　　$x<0,\ -1<x$
　【誤り！】右の図のように，0 と -1 の位置関係が逆。

④ $x(x+1)>0$ から　　$x>0,\ -1$
　【誤り！】方程式 $x(x+1)=0$ の解 $x=0,\ -1$ と同じように考えている。

例2 $x^2-5<0$ を解け。

$x^2-5=0$ の解は　　$x=\pm\sqrt{5}$

よって，$x^2-5<0$ すなわち $x^2<5$ の解は　　$x<\pm\sqrt{5}$

【誤り！】$x=\pm\sqrt{5}$ を求めたのはよいが，例1の ④ と同じように，方程式の解と不等式の解を混同している。
　　　　また，$\pm\sqrt{5}$ を表す点を1つの点として，数直線上に表現することはできない。

正しくは，右上の図からもわかるように　$-\sqrt{5}<x<\sqrt{5}$

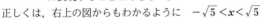

練習 次の2次不等式を解け。

①110 (1) $x^2-x-6<0$　　　　(2) $6x^2-x-2\geqq 0$　　　　(3) $3(x^2+4x)>-11$

(4) $-2x^2+5x+1\geqq 0$　　(5) $5x>3(4x^2-1)$　　　(6) $-x^2+2x+\dfrac{1}{3}\geqq 0$

基本 例題 111 2次不等式の解法(2)

次の2次不等式を解け。

(1) $x^2+2x+1>0$

(2) $x^2-4x+5>0$

(3) $4x \geqq 4x^2+1$

(4) $-3x^2+8x-6>0$

/p.187 基本事項 **3〜5**

指針 前ページの例題と同様，2次関数の グラフをかいて，不等式の解を求める。グラフと x 軸との共有点の有無は，不等号を等号におき換えた2次方程式 $ax^2+bx+c=0$ の判別式 D の符号，または平方完成した式から判断できる。

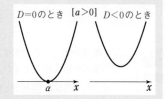

$D=0$ のとき [$a>0$]　$D<0$ のとき

解答

(1) $x^2+2x+1=(x+1)^2$ であるから，
不等式は　$(x+1)^2>0$
よって，解は
　-1 以外のすべての実数

◀$D=0$ の場合，左辺の式を **基本形**に。

◀$x<-1$，$-1<x$ と答えてもよい。

(2) $x^2-4x+5=(x-2)^2+1$ であるから，
不等式は　$(x-2)^2+1>0$
よって，解は　**すべての実数**

◀$D<0$ の場合，左辺の式を **基本形**に。

◀関数 $y=x^2-4x+5$ の値は，すべての実数 x に対して　$y>0$

(3) 不等式から　$4x^2-4x+1 \leqq 0$
$4x^2-4x+1=(2x-1)^2$ であるから，
不等式は　$(2x-1)^2 \leqq 0$

よって，解は　$x=\dfrac{1}{2}$

◀関数 $y=4x^2-4x+1$ の値は
$x=\dfrac{1}{2}$ のとき $y=0$
$x \neq \dfrac{1}{2}$ のとき $y>0$

(4) 不等式の両辺に -1 を掛けて
　　$3x^2-8x+6<0$
2次方程式 $3x^2-8x+6=0$ の判別式を
D とすると　$\dfrac{D}{4}=(-4)^2-3\cdot6=-2$

x^2 の係数は正で，かつ $D<0$ であるから，すべての実数 x に対して $3x^2-8x+6>0$ が成り立つ。

よって，与えられた不等式の　**解はない**

◀$D<0$ から，
$y=3x^2-8x+6$ …… ①
のグラフと x 軸は共有点をもたない。これと①のグラフが下に凸であることから，すべての実数 x に対して
$3x^2-8x+6>0$

別解 不等式の両辺に -1 を掛けて　$3x^2-8x+6<0$

$3x^2-8x+6=3\left(x-\dfrac{4}{3}\right)^2+\dfrac{2}{3}>0$ であるから，

$3x^2-8x+6<0$ を満たす実数 x は存在しない。
よって，与えられた不等式の　**解はない**

(1)

(2)

(3)

(4)

練習 次の2次不等式を解け。

①**111**
(1) $x^2+4x+4 \geqq 0$

(2) $2x^2+4x+3<0$

(3) $-4x^2+12x-9 \geqq 0$

(4) $9x^2-6x+2>0$

重要 例題 112 2次不等式の解法 (3)　〇〇〇〇〇

次の不等式を解け。ただし，a は定数とする。

(1)　$x^2+(2-a)x-2a \leqq 0$　　　　(2)　$ax^2 \leqq ax$　　　　／基本 110

指針　文字係数になっても，2次不等式の解法の要領は同じ。まず，左辺＝0 の2次方程式を解く。それには　　1　**因数分解の利用**　　2　**解の公式利用**　　の2通りあるが，ここでは左辺を因数分解してみるとうまくいく。

2次方程式の解 α，β が a の式になるときは，α と β の大小関係で場合分け をしてグラフをかく。もしくは，次の公式を用いてもよい。

$$\alpha<\beta \text{ のとき }\quad (x-\alpha)(x-\beta)>0 \Longleftrightarrow x<\alpha,\ \beta<x$$
$$(x-\alpha)(x-\beta)<0 \Longleftrightarrow \alpha<x<\beta$$

(2)　x^2 の係数に注意が必要。$a>0$，$a=0$，$a<0$ で場合分け。

CHART　$(x-\alpha)(x-\beta) \lessgtr 0$ の解　α，β の大小関係に注意

解答

(1)　$x^2+(2-a)x-2a \leqq 0$ から　　$(x+2)(x-a) \leqq 0$ …… ①

　[1]　$\underline{a<-2}$ のとき，① の解は
　　　　$a \leqq x \leqq -2$

　[2]　$\underline{a=-2}$ のとき，① は　$(x+2)^2 \leqq 0$
　　　　よって，解は　　$x=-2$

　[3]　$\underline{-2<a}$ のとき，① の解は
　　　　$-2 \leqq x \leqq a$

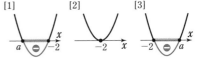

以上から　　**$a<-2$ のとき　$a \leqq x \leqq -2$**
　　　　　　　$a=-2$ のとき　$x=-2$
　　　　　　　$-2<a$ のとき　$-2 \leqq x \leqq a$

(2)　$ax^2 \leqq ax$ から　　$ax(x-1) \leqq 0$ …… ①

　[1]　$\underline{a>0}$ のとき，① から　　$x(x-1) \leqq 0$
　　　　よって，解は　　$0 \leqq x \leqq 1$

　[2]　$\underline{a=0}$ のとき，① は　　$0 \cdot x(x-1) \leqq 0$
　　　　これは x がどんな値でも成り立つ。
　　　　よって，解は　　すべての実数

　[3]　$\underline{a<0}$ のとき，① から　　$x(x-1) \geqq 0$
　　　　よって，解は　　$x \leqq 0,\ 1 \leqq x$

以上から　　**$a>0$ のとき　$0 \leqq x \leqq 1$；**
　　　　　　　$a=0$ のとき　すべての実数；
　　　　　　　$a<0$ のとき　$x \leqq 0,\ 1 \leqq x$

◀① の両辺を正の数 a で割る。

◀$0 \leqq 0$ となる。$\leqq$ は「< または ＝」の意味で，< と ＝ のどちらか一方が成り立てば正しい。

◀① の両辺を負の数 a で割る。負の数で割るから，不等号の向きが変わる。

注意　(2) について，$ax^2 \leqq ax$ の両辺を ax で割って，$x \leqq 1$ としたら 誤り。なぜなら，$ax=0$ のときは両辺を割ることができないし，$ax<0$ のときは不等号の向きが変わるからである。

練習　次の不等式を解け。ただし，a は定数とする。　　　　［(3) 類 公立はこだて未来大］

③**112**　(1)　$x^2-ax \leqq 5(a-x)$　　　(2)　$ax^2>x$　　　(3)　$x^2-a(a+1)x+a^3<0$

基本例題 **113** 2次不等式の解から不等式の係数決定

次の事柄が成り立つように，定数 a，b の値を定めよ。
(1) 2次不等式 $ax^2+bx+3>0$ の解が $-1<x<3$ である。
(2) 2次不等式 $ax^2+bx-24≧0$ の解が $x≦-2$，$4≦x$ である。

/ 基本 110

指針 2次不等式の解を，2次関数のグラフで考える。
$f(x)=ax^2+bx+c$ $(a≠0)$ とすると
① $f(x)>0$ の解が $x<α$，$β<x$ $(α<β)$
　$⟺ y=f(x)$ のグラフが，$x<α$，$β<x$ のと
　　きだけ x 軸より上側にある。
　$⟺ a>0$（下に凸），$f(α)=0$，$f(β)=0$
② $f(x)>0$ の解が $α<x<β$
　$⟺ y=f(x)$ のグラフが，$α<x<β$ のときだけ x 軸より上側にある。
　$⟺ a<0$（上に凸），$f(α)=0$，$f(β)=0$
(2) 不等号に等号がついているが，上の $⟺$ の内容はそのまま使える。

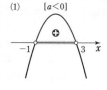

解答
(1) 条件から，2次関数 $y=ax^2+bx+3$ のグラフは，
$-1<x<3$ のときだけ x 軸より上側にある。
すなわち，グラフは上に凸の放物線で2点 $(-1, 0)$，
$(3, 0)$ を通るから
　$a<0$，$a-b+3=0$ …… ①，$9a+3b+3=0$ …… ②
①，②を解いて　　**$a=-1$，$b=2$**
これは $a<0$ を満たす。

別解 $-1<x<3$ を解とする2次不等式の1つは
　　$(x+1)(x-3)<0$ すなわち $x^2-2x-3<0$
両辺に -1 を掛けて　　$-x^2+2x+3>0$
$ax^2+bx+3>0$ と係数を比較して　　**$a=-1$，$b=2$**

(2) 条件から，2次関数 $y=ax^2+bx-24$ のグラフは，
$x<-2$，$4<x$ のときだけ x 軸より上側にある。
すなわち，グラフは下に凸の放物線で2点 $(-2, 0)$，
$(4, 0)$ を通るから
　$a>0$，$4a-2b-24=0$ … ①，$16a+4b-24=0$ … ②
①，②を解いて　　**$a=3$，$b=-6$**
これは $a>0$ を満たす。

別解 $x≦-2$，$4≦x ⟺ (x+2)(x-4)≧0$
　$⟺ x^2-2x-8≧0 ⟺ 3x^2-6x-24≧0$
$ax^2+bx-24≧0$ と係数を比較して　　**$a=3$，$b=-6$**

◀$α<β$ のとき
$(x-α)(x-β)<0$
$⟺ α<x<β$
◀$ax^2+bx+3>0$ と比較するために，定数項を $+3$ にそろえる。

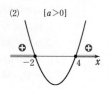

◀$α<β$ のとき
$(x-α)(x-β)≧0$
$⟺ x≦α$，$β≦x$

練習 次の事柄が成り立つように，定数 a，b の値を定めよ。
③**113** (1) 2次不等式 $ax^2+8x+b<0$ の解が $-3<x<1$ である。

(2) 2次不等式 $2ax^2+2bx+1≦0$ の解が $x≦-\dfrac{1}{2}$，$3≦x$ である。　[(2) 愛知学院大]

基本 100

基本 例題 **114** 2次方程式の実数解の個数 (2)

(1) 2次方程式 $2x^2-kx+k+1=0$ が実数解をもたないような，定数 k の値の範囲を求めよ。

(2) x の方程式 $mx^2+(m-3)x+1=0$ の実数解の個数を求めよ。

指針 $p.169$ で学んだように，2次方程式 $ax^2+bx+c=0$ の実数解の有無や個数は，

判別式 $D=b^2-4ac$ の符号で決まる。

		実数解の個数
異なる2つの実数解をもつ	$\Longleftrightarrow D>0$	2個
ただ1つの実数解(重解)をもつ	$\Longleftrightarrow D=0$	1個
実数解をもたない	$\Longleftrightarrow D<0$	0個

(2) x^2 の係数 m に注意。$m=0$ と $m \ne 0$ の場合に分けて考える。

3章

⑬ 2次不等式

解答

(1) この2次方程式の判別式を D とすると
$$D=(-k)^2-4 \cdot 2(k+1)=k^2-8k-8$$
2次方程式が実数解をもたないための必要十分条件は
$$D<0$$
よって $k^2-8k-8<0$
$k^2-8k-8=0$ を解くと $k=4\pm2\sqrt{6}$
したがって $4-2\sqrt{6}<k<4+2\sqrt{6}$

◀$k=$
$-(-4)\pm\sqrt{(-4)^2-1\cdot(-8)}$

(2) $mx^2+(m-3)x+1=0$ …… ① とする。

[1] $\underline{m=0 \text{ のとき}}$, ① は $-3x+1=0$
これを解くと $x=\dfrac{1}{3}$ よって，実数解は1個。

[2] $\underline{m \ne 0 \text{ のとき}}$, ① は2次方程式で，判別式を D とすると $D=(m-3)^2-4 \cdot m \cdot 1=m^2-10m+9$
$\qquad =(m-1)(m-9)$
$D>0$ となるのは，$(m-1)(m-9)>0$ のときである。
これを解いて $m<1$, $9<m$
$m \ne 0$ であるから $m<0$, $0<m<1$, $9<m$
このとき，実数解は2個。
$D=0$ となるのは，$(m-1)(m-9)=0$ のときである。
これを解いて $m=1, 9$ このとき，実数解は1個。
$D<0$ となるのは，$(m-1)(m-9)<0$ のときである。
これを解いて $1<m<9$ このとき，実数解は0個。
以上により $m<0$, $0<m<1$, $9<m$ のとき **2個**
$\qquad\qquad\quad m=0, 1, 9$ のとき **1個**
$\qquad\qquad\quad 1<m<9$ のとき **0個**

◀問題文に 2次方程式と書かれていないから，2次の係数が0となる $m=0$ の場合を見落とさないように。
$m=0$ の場合は1次方程式となるから，判別式は使えない。この点に注意が必要。

◀単に $m<1$, $9<m$ だけでは **誤り！** $m \ne 0$ であることを忘れずに。

◀$1<m<9$ の範囲に $m=0$ は含まれていない。

◀[1], [2] の結果をまとめる。

練習 ③**114**
(1) 2次方程式 $x^2-(k+1)x+1=0$ が異なる2つの実数解をもつような，定数 k の値の範囲を求めよ。

(2) x の方程式 $(m+1)x^2+2(m-1)x+2m-5=0$ の実数解の個数を求めよ。

基本 例題 115 常に成り立つ不等式(絶対不等式)

○○○○○

(1) すべての実数 x に対して，2次不等式 $x^2+(k+3)x-k>0$ が成り立つよう
な定数 k の値の範囲を求めよ。

(2) 任意の実数 x に対して，不等式 $ax^2-2\sqrt{3}\,x+a+2\leqq0$ が成り立つような定
数 a の値の範囲を求めよ。

／p.187 基本事項 6

指針 左辺を $f(x)$ としたときの，$y=f(x)$ のグラフと関連付けて考える とよい。

(1) $f(x)=x^2+(k+3)x-k$ とすると，

すべての実数 x に対して $f(x)>0$ が成り立つのは，
$y=f(x)$ のグラフが常に x 軸より上側（$y>0$ の部分）に
あるときである。……★

$y=f(x)$ のグラフは下に凸の放物線であるから，グラフが
常に x 軸より上側にあるための条件は，x 軸と共有点をも
たないことである。よって，$f(x)=0$ の判別式を D とする
と，$D<0$ が条件となる。

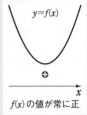
$y=f(x)$
⊕
$f(x)$ の値が常に正

$D<0$ は k についての不等式になるから，それを解いて k の値の範囲を求める。

(2) (1)と同様に解くことができるが，単に「不等式」とあるから，$a=0$ の場合（2次
不等式でない場合）と $a\neq0$ の場合に分けて考える。

$a\neq0$ の場合，a の符号によって，グラフが下に凸か上に凸かが変わるから，a につ
いての条件も必要となる。また，不等式の左辺の値は0になってもよいから，グラ
フが x 軸に接する場合も条件を満たすことに注意する。

CHART 不等式が常に成り立つ条件 グラフと関連付けて考える

解答

(1) $f(x)=x^2+(k+3)x-k$ とすると，$y=f(x)$ のグラフ
は下に凸の放物線である。

よって，すべての実数 x に対して $f(x)>0$ が成り立つた
めの条件は，$y=f(x)$ のグラフが常に x 軸より上側にあ
る，すなわち，$y=f(x)$ のグラフが x 軸と共有点をもた
ないことである。

ゆえに，2次方程式 $f(x)=0$ の判別式を D とすると，求
める条件は　　$D<0$

$$D=(k+3)^2-4\cdot1\cdot(-k)=k^2+10k+9$$
$$=(k+9)(k+1)$$

であるから，$D<0$ より
$$(k+9)(k+1)<0$$

よって　　$-9<k<-1$

(2) $a=0$ のとき，不等式は $-2\sqrt{3}\,x+2\leqq0$ となり，
例えば $x=0$ のとき成り立たない。

◀$f(x)$ の x^2 の係数は正で
あるから，下に凸。

◀指針___……★ の方針。
不等式が成り立つ条件を，
$y=f(x)$ のグラフの条件
に言い換えて考える。

◀$f(x)>0$ から
$D>0$
とすると誤り！
$D<0$ の"<"は，グラフ
が x 軸と共有点をもた
ないための条件である。

◀$a=0$ のとき，左辺は2
次式でない。

$a \neq 0$ のとき, $f(x) = ax^2 - 2\sqrt{3}\,x + a + 2$ とすると,
$y = f(x)$ のグラフは放物線である。

よって, すべての実数 x に対し $f(x) \leqq 0$ が成り立つための条件は, $y = f(x)$ のグラフが上に凸の放物線であり, x 軸と共有点をもたない, または, x 軸に接することである。

ゆえに, 2 次方程式 $f(x) = 0$ の判別式を D とすると, 求める条件は $a < 0$ かつ $D \leqq 0$

$$\frac{D}{4} = (-\sqrt{3})^2 - a(a+2) = -a^2 - 2a + 3$$
$$= -(a+3)(a-1)$$

であるから, $D \leqq 0$ より
$$(a+3)(a-1) \geqq 0$$

よって $a \leqq -3, \ 1 \leqq a$

$a < 0$ との共通範囲を求めて $\quad \boldsymbol{a \leqq -3}$

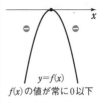

$y = f(x)$
$f(x)$ の値が常に 0 以下

◀ $a > 0$ とすると,
$y = f(x)$ のグラフは下に凸の放物線となり, $f(x)$ の値はいくらでも大きくなるから, 常に $f(x) \leqq 0$ が成り立つことはない。

補足 この例題の不等式のように, すべての実数 x について成り立つ不等式のことを, **絶対不等式**という。

検討 **不等式の条件をグラフの条件に言い換える**

この例題は, 不等式が成り立つ条件を関数のグラフが満たす条件を求めることで解いた。
2 次不等式 $ax^2 + bx + c > 0 \ (a \neq 0)$ を例に, 考え方を整理しておこう。

┌─ 不等式の条件 ─┐   ┌─ グラフの位置 ─┐   ┌─ 係数の条件 ─┐
すべての実数 x について, 2 次不等式 $ax^2 + bx + c > 0$ が成り立つ ⟷ 2 次関数 $y = ax^2 + bx + c$ のグラフが常に x 軸より上側にある ⟷ $a > 0$（下に凸の放物線）かつ $D = b^2 - 4ac < 0$（x 軸と共有点をもたない）

また,「すべての実数 x に対して $f(x) > 0$」は,「（$f(x)$ の最小値）> 0」と言い換えることもできる。問題によっては, グラフの条件よりも, 最小値の条件の方が求めやすい場合もある（次ページの例題 **116** を参照）。なお, 例題 **115**(1) において, 関数 $f(x) = x^2 + (k+3)x - k$ の最小値が 0 より大きいための条件は, 解答と同じ $D < 0$ である。

検討
PLUS
ONE
x^2 の係数に文字があるときの条件は？

(2) のように, x^2 の係数に文字があるとき, 考える不等式が 2 次不等式にならない場合もある。x^2 の係数が 0 になる場合も含めて考えると, 次のようになる。

すべての実数 x に対して $ax^2 + bx + c > 0$ が成り立つ
$\Longleftrightarrow (a = b = 0$ かつ $c > 0)$ または $(a > 0$ かつ $D < 0)$

練習
②**115**
(1) 不等式 $x^2 - 2x \geqq kx - 4$ の解がすべての実数であるような定数 k の値の範囲を求めよ。 〔金沢工大〕

(2) すべての実数 x に対して, 不等式 $a(x^2 + x - 1) < x^2 + x$ が成り立つような, 定数 a の値の範囲を求めよ。

基本 例題 116 ある区間で常に成り立つ不等式 ⟋⟋⟋⟋⟋⟋

$0 \leqq x \leqq 8$ のすべての x の値に対して，不等式 $x^2 - 2mx + m + 6 > 0$ が成り立つような定数 m の値の範囲を求めよ。 〔類 奈良大〕 ／基本 82

指針 例題 **115** と似た問題であるが，$0 \leqq x \leqq 8$ という制限がある。ここでは
「$0 \leqq x \leqq 8$ において常に $f(x) > 0$」を「($0 \leqq x \leqq 8$ における $f(x)$ の最小値) > 0」
と考えて進める。

CHART 不等式が常に成り立つ条件 グラフと関連付けて考える

解答 求める条件は，$0 \leqq x \leqq 8$ における $f(x) = x^2 - 2mx + m + 6$ の
最小値が正となることである。
$f(x) = (x - m)^2 - m^2 + m + 6$ であるから，放物線 $y = f(x)$ の
軸は 直線 $x = m$

[1] $\underline{m < 0}$ のとき，$f(x)$ は $x = 0$ で最小
となり，最小値は $f(0) = m + 6$
ゆえに $m + 6 > 0$ よって $m > -6$
$\underline{m < 0}$ であるから[(*)]
$$-6 < m < 0 \quad \cdots\cdots \text{①}$$

[2] $\underline{0 \leqq m \leqq 8}$ のとき，$f(x)$ は $x = m$ で
最小となり，最小値は
$$f(m) = -m^2 + m + 6$$
ゆえに $-m^2 + m + 6 > 0$
すなわち $m^2 - m - 6 < 0$
これを解くと，$(m + 2)(m - 3) < 0$ から
$$-2 < m < 3$$
$\underline{0 \leqq m \leqq 8}$ であるから[(*)]
$$0 \leqq m < 3 \quad \cdots\cdots \text{②}$$

[3] $\underline{8 < m}$ のとき，$f(x)$ は $x = 8$ で最小
となり，最小値は $f(8) = -15m + 70$
ゆえに，$-15m + 70 > 0$ から $m < \dfrac{14}{3}$
これは $8 < m$ を満たさない。[(*)]
求める m の値の範囲は，①，② を合わ
せて $-6 < m < 3$

[1]

[2]

[3]

◀$f(x)$
$= x^2 - 2mx + m + 6$
$(0 \leqq x \leqq 8)$ の最小値
を求める。
⟶ p.140 例題 **82** と
同様に，軸の位置が
区間 $0 \leqq x \leqq 8$ の左外
か，内か，右外かで場
合分け。
[1] 軸は区間の左外
にあるから，区間
の左端で最小。
[2] 軸は区間内に
あるから，頂点で
最小。
[3] 軸は区間の右外
にあるから，区間
の右端で最小。

(*) 場合分けの条件を
満たすかどうかの確認
を忘れずに。[1]，[2]
では共通範囲をとる。

◀合わせた範囲をとる。

POINT $f(x)$ の符号が区間で一定である条件
区間で $f(x) > 0 \iff$ [区間内の $f(x)$ の最小値] > 0
区間で $f(x) < 0 \iff$ [区間内の $f(x)$ の最大値] < 0

練習 ③**116** a は定数とし，$f(x) = x^2 - 2ax + a + 2$ とする。$0 \leqq x \leqq 3$ のすべての x の値に対して，常に $f(x) > 0$ が成り立つような a の値の範囲を求めよ。 〔類 東北学院大〕

まとめ　2次関数のグラフと2次方程式・不等式

2次関数のグラフと2次方程式・不等式の解の関係をまとめておこう。

① $a>0$ のとき，2次関数 $y=ax^2+bx+c$ のグラフと x 軸の位置関係，および2次方程式 $ax^2+bx+c=0$ の解と2次不等式 $ax^2+bx+c>0\,(<0)$，$ax^2+bx+c\geqq0\,(\leqq0)$ の解の関係は，次の表のようにまとめられる。ただし，$D=b^2-4ac$ とする。

D の符号	$D>0$	$D=0$	$D<0$
$y=ax^2+bx+c$ のグラフと x 軸の位置関係		接点	
$ax^2+bx+c=0$ の実数解	異なる2つの実数解 $x=\alpha,\ \beta$ $(\alpha<\beta)$	重解 $x=\alpha$	実数解はない
$ax^2+bx+c>0$ の解	$x<\alpha,\ \beta<x$	α 以外のすべての実数	すべての実数
$ax^2+bx+c\geqq0$ の解	$x\leqq\alpha,\ \beta\leqq x$	すべての実数	すべての実数
$ax^2+bx+c<0$ の解	$\alpha<x<\beta$	解はない	解はない
$ax^2+bx+c\leqq0$ の解	$\alpha\leqq x\leqq\beta$	$x=\alpha$	解はない

② $a>0$ のとき，$ax^2+bx+c=a(x-\alpha)(x-\beta)$ ならば
$\alpha<\beta$ のとき　$a(x-\alpha)(x-\beta)>0\Longleftrightarrow x<\alpha,\ \beta<x$
$a(x-\alpha)(x-\beta)<0\Longleftrightarrow \alpha<x<\beta$
（不等式の不等号に等号がつけば，解の不等号にも等号がつく）

③ $a=0$ の場合も含めた ax^2+bx+c の定符号の条件
$D=b^2-4ac$ とする。すべての実数 x について
常に　$ax^2+bx+c>0\Longleftrightarrow a=b=0,\ c>0$；または $a>0,\ D<0$

④ ある区間での ax^2+bx+c の定符号の条件
ある区間で常に　$ax^2+bx+c>0\Longleftrightarrow$（区間内の最小値）$>0$
ある区間で常に　$ax^2+bx+c<0\Longleftrightarrow$（区間内の最大値）$<0$

基本 例題 **117** 連立 2 次不等式の解法

次の不等式を解け。

(1) $\begin{cases} 2x^2-5x-3<0 \\ 3x^2-4x-4\leqq0 \end{cases}$　　(2) $2-3x-2x^2\leqq4x-2<x^2$

基本 35, 110　重要 120

指針 連立 2 次不等式 を解く方針は，連立 1 次不等式（p.67 参照）のときとまったく同じで
それぞれの不等式の解を求め，それらの共通範囲を求める。
共通範囲を求める場合は，1 次のときと同様に，数直線 を利用するとよい。

CHART 連立不等式　解のまとめは数直線

解答

(1)　$2x^2-5x-3<0$ から　　$(2x+1)(x-3)<0$

　　よって　　　$-\dfrac{1}{2}<x<3$ …… ①

　　$3x^2-4x-4\leqq0$ から　　$(3x+2)(x-2)\leqq0$

　　よって　　　$-\dfrac{2}{3}\leqq x\leqq2$ …… ②

　　①，② の共通範囲を求めて

　　　　$-\dfrac{1}{2}<x\leqq2$

◀ $\begin{array}{r} 2 \diagdown\ 1 \to\ \ 1 \\ 1 \diagdown -3 \to -6 \\ \hline 2\ \ -3\ \ -5 \end{array}$

◀ $\begin{array}{r} 3 \diagdown\ 2 \to\ \ 2 \\ 1 \diagdown -2 \to -6 \\ \hline 3\ \ -4\ \ -4 \end{array}$

◀数直線で，● は値が範囲
に含まれること，〇 は値
が範囲に含まれないこと
を表す。

(2)　$\begin{cases} 2-3x-2x^2\leqq4x-2 \cdots\cdots ① \\ 4x-2<x^2 \qquad\cdots\cdots ② \end{cases}$

　　① から　　$2x^2+7x-4\geqq0$

　　よって　　$(x+4)(2x-1)\geqq0$

　　ゆえに　　$x\leqq-4,\ \dfrac{1}{2}\leqq x$ …… ③

　　② から　　$x^2-4x+2>0$

　　これを解くと，$x^2-4x+2=0$ の解が $x=2\pm\sqrt{2}$ である
から

　　　　$x<2-\sqrt{2},\ 2+\sqrt{2}<x$
　　　　　　　　…… ④

　　③，④ の共通範囲を求めて

　　$x\leqq-4,\ \dfrac{1}{2}\leqq x<2-\sqrt{2},\ 2+\sqrt{2}<x$

◀ $A\leqq B<C$ は連立不等式
$\begin{cases} A\leqq B \\ B<C \end{cases}$ と同じ意味。

◀ $\begin{array}{r} 1 \diagdown\ 4 \to\ \ 8 \\ 2 \diagdown -1 \to -1 \\ \hline 2\ \ -4\ \ \ 7 \end{array}$

◀ $x=-(-2)\pm\sqrt{(-2)^2-1\cdot2}$

◀ $\sqrt{2}<1.5$ から
$\dfrac{1}{2}=0.5=2-1.5<2-\sqrt{2}$

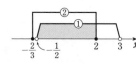

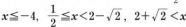

練習
② **117**　次の不等式を解け。　　　　　　　　　　[(1) 芝浦工大, (2) 東北工大, (3) 名城大]

(1) $\begin{cases} 6x^2-7x-3>0 \\ 15x^2-2x-8\leqq0 \end{cases}$　(2) $\begin{cases} x^2-6x+5\leqq0 \\ -3x^2+11x-6\geqq0 \end{cases}$　(3) $2x+4>x^2>x+2$

p.219 EX83

基本 例題 118　2次不等式と文章題

立方体 A がある。A を縦に 1cm 縮め，横に 2cm 縮め，高さを 4cm 伸ばし直方体 B を作る。また，A を縦に 1cm 伸ばし，横に 2cm 伸ばし，高さを 2cm 縮めた直方体 C を作る。A の体積が，B の体積より大きいが C の体積よりは大きくならないとき，A の 1 辺の長さの範囲を求めよ。

／基本 117

指針 不等式の文章題では，特に，次のことがポイントになる。
　　　① **大小関係を見つけて不等式で表す**　　② **解の検討**
　　まず，立方体 A の 1 辺の長さを x cm として（**変数の選定**），直方体 B，C の辺の長さをそれぞれ x で表す。そして，体積に関する条件から不等式を作る。
　　なお，x の変域に注意。

CHART 文章題　題意を式に表す　　表しやすいように変数を選ぶ
　　　　　　　　　　　　　　　　　　変域に注意

解答

立方体 A の 1 辺の長さを x cm とする。
直方体 B，直方体 C の縦，横，高さはそれぞれ
　直方体 B：　$(x-1)$ cm，　　$(x-2)$ cm，　　$(x+4)$ cm
　直方体 C：　$(x+1)$ cm，　　$(x+2)$ cm，　　$(x-2)$ cm
各立体の辺の長さは正で，各辺の中で最も短いものは $(x-2)$ cm であるから
　　　　$x-2>0$　すなわち　$x>2$ …… ①
（B の体積）<（A の体積）≦（C の体積）の条件から
　　　$(x-1)(x-2)(x+4)<x^3 \leqq (x+1)(x+2)(x-2)$
ゆえに　　$x^3+x^2-10x+8<x^3 \leqq x^3+x^2-4x-4$ …（＊）
よって
　　　$x^2-10x+8<0$ … ②　かつ　$x^2-4x-4 \geqq 0$ … ③
$x^2-10x+8=0$ の解は　　$x=5\pm\sqrt{17}$
ゆえに，② の解は
　　　　$5-\sqrt{17}<x<5+\sqrt{17}$　　　　…… ④
$x^2-4x-4=0$ の解は　　$x=2\pm2\sqrt{2}$
よって，③ の解は
　　　　$x \leqq 2-2\sqrt{2}$，$2+2\sqrt{2} \leqq x$　…… ⑤
①，④，⑤ の共通範囲は
　　　　$2+2\sqrt{2} \leqq x<5+\sqrt{17}$
以上から，立方体 A の 1 辺の長さは
　　　　$2+2\sqrt{2}$ cm 以上 $5+\sqrt{17}$ cm 未満

◀ x の変域を調べる。

◀ P は Q より大きくない
　を不等式で表すと
　　　　$P \leqq Q$
　等号がつくことに注意。
（＊）は x^3 の項が消えて
$x^2-10x+8<0 \leqq x^2-4x-4$
と同じ。また，
$$P<Q \leqq R \Longleftrightarrow \begin{cases} P<Q \\ Q \leqq R \end{cases}$$

3 章

⑬ 2 次不等式

練習 ②118　右の図のような，直角三角形 ABC の各辺上に頂点をもつ長方形 ADEF を作る。
　長方形の面積が 3m^2 以上 5m^2 未満になるときの辺 DE の長さの範囲を求めよ。

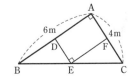

基本例題 119 2つの2次方程式の解の条件

$a \neq 0$ とする。2つの方程式 $ax^2-4x+a=0$, $x^2-ax+a^2-3a=0$ について,次の
条件が成り立つように,定数 a の値の範囲を定めよ。

(1) 2つの方程式がともに実数解をもつ。

(2) 2つの方程式の少なくとも一方が実数解をもつ。

／基本101

指針 2次方程式 $ax^2+bx+c=0$ の判別式を $D=b^2-4ac$ とすると

> 実数解をもつ $\Longleftrightarrow D \geqq 0$

2つの2次方程式の判別式を,順に D_1, D_2 とすると

(1) $D_1 \geqq 0$ かつ $D_2 \geqq 0$ → 解の 共通範囲

(2) $D_1 \geqq 0$ または $D_2 \geqq 0$ → 解を 合わせた範囲 (和集合:$p.81$ 参照)

なお,範囲を求めるときは,$a \neq 0$ という条件に注意。

 解答

2次方程式 $ax^2-4x+a=0$, $x^2-ax+a^2-3a=0$ の判別式
を,それぞれ D_1, D_2 とすると

$$\frac{D_1}{4}=(-2)^2-a \cdot a=-(a^2-4)=-(a+2)(a-2)$$

$$D_2=(-a)^2-4 \cdot 1 \cdot (a^2-3a)=-3a^2+12a=-3a(a-4)$$

(1) 問題の条件は　　$D_1 \geqq 0$ かつ $D_2 \geqq 0$

$D_1 \geqq 0$ から　$(a+2)(a-2) \leqq 0$

よって　　$-2 \leqq a \leqq 2$

$a \neq 0$ であるから　　$-2 \leqq a<0$, $0<a \leqq 2$ …… ①

$D_2 \geqq 0$ から　$3a(a-4) \leqq 0$

よって　　$0 \leqq a \leqq 4$

$a \neq 0$ であるから　　$0<a \leqq 4$ …… ②

①,②の共通範囲を求めて　　$0<a \leqq 2$

(2) 問題の条件は

$$D_1 \geqq 0 \quad \text{または} \quad D_2 \geqq 0$$

①と②の範囲を合わせて　　$-2 \leqq a<0$, $0<a \leqq 4$

◀ $a \neq 0$ から,
$ax^2-4x+a=0$ は2次
方程式である。なお,2
つの判別式を区別するた
めに,D_1, D_2 としている。

◀ $a \neq 0$ に注意。

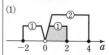

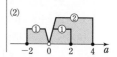

検討 2つの方程式の一方だけが実数解をもつ条件

上の例題に関し,「一方だけが実数解をもつ」という条件は,
$D_1 \geqq 0$, $D_2 \geqq 0$ の一方だけが成り立つことである。

これは,右の図を見てもわかるように,

「$D_1 \geqq 0$ または $D_2 \geqq 0$」から「$D_1 \geqq 0$ かつ $D_2 \geqq 0$」

の範囲を除いたもので,$-2 \leqq a<0$, $2<a \leqq 4$ である。

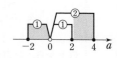

練習 ③119 2つの方程式 $x^2-x+a=0$, $x^2+2ax-3a+4=0$ について,次の条件が成り立つよ
うに,定数 a の値の範囲を定めよ。

(1) 両方とも実数解をもつ　　(2) 少なくとも一方が実数解をもたない

(3) 一方だけが実数解をもつ

p.219 EX 85

重要 例題 120 連立 2 次不等式が整数解をもつ条件

x についての不等式 $x^2-(a+1)x+a<0$, $3x^2+2x-1>0$ を同時に満たす整数 x がちょうど 3 つ存在するような定数 a の値の範囲を求めよ。 〔摂南大〕

/基本 37, 117

指針 ① まず, 不等式を解く。不等式の左辺を見ると, 2 つとも **因数分解** ができそう。
なお, $x^2-(a+1)x+a<0$ は 文字 a を含む から, a の値によって場合を分ける。
② 数直線を利用して, 題意の **3 つの整数** を見定めて a の条件を求める。

CHART 連立不等式 解のまとめは数直線

解答

$x^2-(a+1)x+a<0$ を解くと $(x-a)(x-1)<0$ から

$$\left.\begin{array}{l} a<1 \text{ のとき} \quad a<x<1 \\ a=1 \text{ のとき} \quad \text{解なし} \\ a>1 \text{ のとき} \quad 1<x<a \end{array}\right\} \cdots\cdots ①$$

$3x^2+2x-1>0$ を解くと $(x+1)(3x-1)>0$ から

$$x<-1, \quad \frac{1}{3}<x \cdots\cdots ②$$

①, ② を同時に満たす整数 x がちょうど 3 つ存在するのは $a<1$ または $a>1$
の場合である。

[1] $a<1$ のとき
3 つの整数 x は
$x=-4, -3, -2$
よって $-5\leqq a<-4$

[2] $a>1$ のとき
3 つの整数 x は
$x=2, 3, 4$
よって $4<a\leqq5$

[1], [2] から, 求める a
の値の範囲は $-5\leqq a<-4$, $4<a\leqq5$

◀ $a=1$ のとき, 不等式は
$(x-1)^2<0$
これを満たす実数 x は
存在しない。
実数 A に対し
$A^2\geqq0$ は 常に成立。
$A^2\leqq0$ なら $A=0$
$A^2<0$ は 不成立。

[1]

[2]

◀ $-5<a<-4$ としないように注意する。
$a<x<-1$ の範囲に整数
3 つが存在すればよいから, $a=-5$ のとき, $-5<x<-1$ となり条件を満たす。
[2] の $a=5$ のときも同様。

検討 **不等号に = を含むか含まないかに注意**
上の例題の不等式が $x^2-(a+1)x+a\leqq0$, $3x^2+2x-1\geqq0$ となると, 答えは大きく違ってくる (解答編 $p.96$ 参照)。**イコールが, つくとつかないとでは大違い!!**

練習 x についての 2 つの 2 次不等式
④120 $$x^2-2x-8<0, \quad x^2+(a-3)x-3a\geqq0$$
を同時に満たす整数がただ 1 つ存在するように, 定数 a の値を定めよ。

p.219 EX 86

重要 例題 121 2変数関数の最大・最小(3)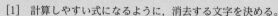

実数 x, y が $x^2+2y^2=1$ を満たすとき, $\frac{1}{2}x+y^2$ の最大値と最小値, およびそのときの x, y の値を求めよ。

／基本 **89**

指針 $p.150$ 例題 **89** は条件式が1次だったが, 2次の場合も方針は同じ。条件式を利用して, **文字を減らす方針で** いく。このとき, 次の2点に注意。

[1] 計算しやすい式になるように, 消去する文字を決める。

…… ここでは, 条件式を $y^2=\frac{1}{2}(1-x^2)$ と変形して $\frac{1}{2}x+y^2$ に代入するとよい。

[2] 残った文字の変域を調べる。

…… $y^2=\frac{1}{2}(1-x^2)$ で, $y^2\geqq0$ であることに注目。 ←(実数)$^2\geqq0$

CHART 条件式 文字を減らす方針で 変域に注意

解答

$x^2+2y^2=1$ から $\quad y^2=\frac{1}{2}(1-x^2)$ …… ①

$y^2\geqq0$ であるから $\quad 1-x^2\geqq0$

ゆえに $\quad(x+1)(x-1)\leqq0$

よって $\quad-1\leqq x\leqq1$ …… ②

①を代入すると

$$\frac{1}{2}x+y^2=-\frac{1}{2}x^2+\frac{1}{2}x+\frac{1}{2}$$

$$=-\frac{1}{2}\left(x-\frac{1}{2}\right)^2+\frac{5}{8}$$

これを $f(x)$ とすると, ②の範囲で

$f(x)$ は $x=\frac{1}{2}$ で最大値 $\frac{5}{8}$, $x=-1$ で最小値 $-\frac{1}{2}$

をとる。

①から

$x=\frac{1}{2}$ のとき $\quad y=\pm\sqrt{\frac{1}{2}\left(1-\frac{1}{4}\right)}=\pm\sqrt{\frac{3}{8}}=\pm\frac{\sqrt{6}}{4}$

$x=-1$ のとき $\quad y^2=0$ $\quad$ ゆえに $\quad y=0$

したがって $\quad(x,\ y)=\left(\frac{1}{2},\ \pm\frac{\sqrt{6}}{4}\right)$ のとき最大値 $\frac{5}{8}$

$\quad(x,\ y)=(-1,\ 0)$ のとき最小値 $-\frac{1}{2}$

◀条件式は
x, y ともに2次
計算する式は
x が1次, y が2次
であるから, y を消去するしかない。

◀x の2次式 →
基本形に直す。
$$-\frac{1}{2}x^2+\frac{1}{2}x+\frac{1}{2}$$
$$=-\frac{1}{2}\left\{x^2-x+\left(-\frac{1}{2}\right)^2\right\}$$
$$+\frac{1}{2}\left(-\frac{1}{2}\right)^2+\frac{1}{2}$$

◀$y=\pm\sqrt{\frac{1}{2}(1-x^2)}$

練習 実数 x, y が $x^2+y^2=1$ を満たすとき, $2x^2+2y-1$ の最大値と最小値, およびその
③**121** ときの x, y の値を求めよ。

〔摂南大〕

p.220 EX87

重要 例題 122 2変数関数の最大・最小(4)

実数 x, y が $x^2+y^2=2$ を満たすとき，$2x+y$ のとりうる値の最大値と最小値を求めよ。また，そのときの x, y の値を求めよ。 ［類 南山大］ **基本 101**

指針 条件式は文字を減らす方針でいきたいが，条件式 $x^2+y^2=2$ から文字を減らしても，$2x+y$ は x, y についての1次式であるからうまくいかない。
そこで，$2x+y=t$ とおき，t のとりうる値の範囲を調べることで，最大値と最小値を求める。

$\longrightarrow$ $2x+y=t$ を $y=t-2x$ と変形し，$x^2+y^2=2$ に代入して y を消去すると $x^2+(t-2x)^2=2$ となり，**x の2次方程式** になる。
x は実数であるから，この方程式が実数解をもつ条件を利用する。
…… **実数解をもつ $\Longleftrightarrow$ $D \geqq 0$** の利用。

CHART 最大・最小 $=t$ とおいて，実数解をもつ条件利用

解答 $2x+y=t$ とおくと $y=t-2x$ …… ①
これを $x^2+y^2=2$ に代入すると
$$x^2+(t-2x)^2=2$$
整理すると $5x^2-4tx+t^2-2=0$ …… ②
この x についての2次方程式 ② が実数解をもつための条件は，② の判別式を D とすると $D \geqq 0$
ここで $\dfrac{D}{4}=(-2t)^2-5(t^2-2)=-(t^2-10)$

$D \geqq 0$ から $t^2-10 \leqq 0$
これを解いて $-\sqrt{10} \leqq t \leqq \sqrt{10}$

$t=\pm\sqrt{10}$ のとき，$D=0$ で，② は重解 $x=-\dfrac{-4t}{2\cdot5}=\dfrac{2t}{5}$ をもつ。$t=\pm\sqrt{10}$ のとき $x=\pm\dfrac{2\sqrt{10}}{5}$

① から $y=\pm\dfrac{\sqrt{10}}{5}$ （複号同順）

よって $x=\dfrac{2\sqrt{10}}{5}$，$y=\dfrac{\sqrt{10}}{5}$ のとき最大値 $\sqrt{10}$

$x=-\dfrac{2\sqrt{10}}{5}$，$y=-\dfrac{\sqrt{10}}{5}$ のとき最小値 $-\sqrt{10}$

参考 実数 a, b, x, y について，次の不等式が成り立つ（コーシー・シュワルツの不等式）。
$$(ax+by)^2 \leqq (a^2+b^2)(x^2+y^2)$$
［等号成立は $ay=bx$］
この不等式に $a=2$, $b=1$ を代入することで解くこともできる。

◀ $t=\pm\sqrt{10}$ のとき，② は
$5x^2 \mp 4\sqrt{10}\,x+8=0$
よって
$(\sqrt{5}\,x \mp 2\sqrt{2}\,)^2=0$
ゆえに
$x=\pm\dfrac{2\sqrt{2}}{\sqrt{5}}=\pm\dfrac{2\sqrt{10}}{5}$
① から $y=\pm\dfrac{\sqrt{10}}{5}$
（複号同順）
としてもよい。

練習 ⑤122 実数 x, y が $x^2-2xy+2y^2=2$ を満たすとき
(1) x のとりうる値の最大値と最小値を求めよ。
(2) $2x+y$ のとりうる値の最大値と最小値を求めよ。

基本 例題 **123** 絶対値のついた 2 次関数のグラフ ○○○○○○

次の関数のグラフをかけ。

(1) $y=x^2-4|x|+2$

(2) $y=|x^2-3x-4|$

基本 67, 68 重要 125

指針 例題 **67, 68** と同じ方針。次に従い，まず **絶対値記号をはずす。**

① $A \geqq 0$ のとき $|A|=A$ ← そのままはずす

② $A < 0$ のとき $|A|=-A$ ← − をつけてはずす

場合分けの分かれ目となるのは，| |内の式 $=0$ となる x の値。

(2) 2 次不等式 $x^2-3x-4 \geqq 0$，$x^2-3x-4<0$ を解いて，| |内の式が $\geqq 0$，<0 となる x の値の範囲をつかむ。

CHART 絶対値 場合に分ける
分かれ目は | |内の式 $=0$ の x の値

解答
(1) [1] $x \geqq 0$ のとき
$y=x^2-4x+2=(x-2)^2-2$
[2] $x < 0$ のとき
$y=x^2+4x+2=(x+2)^2-2$
よって，グラフは **右の図の実線部分** のようになる。

◀2 次式 → 基本形に直す。

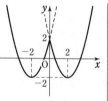

(2) $x^2-3x-4=(x+1)(x-4)$ であるから
$x^2-3x-4 \geqq 0$ の解は $x \leqq -1$，$4 \leqq x$
$x^2-3x-4<0$ の解は $-1<x<4$
ゆえに，$x \leqq -1$，$4 \leqq x$ のとき
$y=x^2-3x-4$
$=\left(x-\dfrac{3}{2}\right)^2-\dfrac{25}{4}$
$-1<x<4$ のとき
$y=-(x^2-3x-4)$
$=-\left(x-\dfrac{3}{2}\right)^2+\dfrac{25}{4}$
よって，グラフは **右の図の実線部分** のようになる。

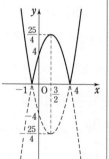

検討

$y=|f(x)|$ のグラフは，$y=f(x)$ のグラフで **$y<0$ の部分を x 軸に関して対称に折り返したグラフ** である。p.118 参照。

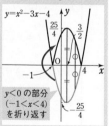

$y<0$ の部分
($-1<x<4$）を折り返す

練習 次の関数のグラフをかけ。
③**123**
(1) $y=x|x-2|+3$

(2) $y=\left|\dfrac{1}{2}x^2+x-4\right|$

p.220 EX 89

基本 例題 **124** 絶対値を含む2次不等式

不等式 $|x^2-2x-3| \geqq 3-x$ を解け。

基本 42, 110

指針

○ **絶対値 場合に分ける** ← p.74 の基本例題 **42** 参照。

① $A \geqq 0$ のとき $|A|=A$ ← そのままはずす。

② $A < 0$ のとき $|A|=-A$ ← − をつけてはずす。

を利用して，**場合分け** をすることにより，絶対値をはずす。
場合分けのカギとなるのは，| |**内の式 =0 となる x の値** である。| |内の式 $=(x+1)(x-3)$ となる。| |内の式が $\geqq 0$，<0 となる x の値の範囲を2次不等式を解いて求める。

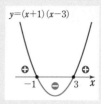

解答

$x^2-2x-3=(x+1)(x-3)$ であるから
$x^2-2x-3 \geqq 0$ の解は　$x \leqq -1,\ 3 \leqq x$
$x^2-2x-3 < 0$ の解は　$-1 < x < 3$

◀ $(x+1)(x-3) \geqq 0$
◀ $(x+1)(x-3) < 0$

[1] $x \leqq -1,\ 3 \leqq x$ のとき，不等式は
$$x^2-2x-3 \geqq 3-x$$
ゆえに　$x^2-x-6 \geqq 0$
よって　$(x+2)(x-3) \geqq 0$
したがって　$x \leqq -2,\ 3 \leqq x$ …… ①
これは $x \leqq -1,\ 3 \leqq x$ を満たす。

[2] $-1 < x < 3$ のとき，不等式は
$$-(x^2-2x-3) \geqq 3-x$$
ゆえに　$x^2-3x \leqq 0$
よって　$x(x-3) \leqq 0$
したがって　$0 \leqq x \leqq 3$
$-1 < x < 3$ との共通範囲は　$0 \leqq x < 3$ …… ②
求める解は，① と ② を合わせた範囲で
$$x \leqq -2,\ 0 \leqq x$$

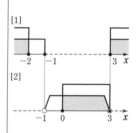

参考 p.76 参考事項で紹介した $|A| < B \Longleftrightarrow -B < A < B$，$|A| > B \Longleftrightarrow A < -B$ または $B < A$ （B の正負に関係なく成り立つ）を利用して解くこともできる。解答編 p.99, 100 の **参考** 参照。

検討 **不等式の解とグラフの位置関係**

$y=|x^2-2x-3|$ のグラフは，$y=x^2-2x-3$ のグラフの x 軸より下側の部分を折り返すと得られる［例題 **123** 参照］。
また，不等式 $|x^2-2x-3| \geqq 3-x$ の解は，
　$y=|x^2-2x-3|$ のグラフが直線 $y=3-x$ と一致する，
　または，直線 $y=3-x$ より上側にある
x の値の範囲である。

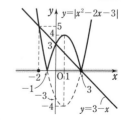

練習 次の不等式を解け。

[(1) 東北学院大, (2) 類 西南学院大]

③**124** (1) $7-x^2 > |2x-4|$　(2) $|x^2-6x-7| \geqq 2x+2$　(3) $|2x^2-3x-5| < x+1$

重要 例題 125 絶対値のついた2次方程式の解の個数 ○○○○○

k は定数とする。方程式 $|x^2-x-2|=2x+k$ の異なる実数解の個数を調べよ。

/基本 123

指針 絶対値記号をはずし，場合ごとの実数解の個数を調べることもできるが，

> 方程式 $f(x)=g(x)$ の解 $\Longleftrightarrow$ $y=f(x)$, $y=g(x)$ のグラフの共有点の x 座標

に注目し，グラフを利用して考えると進めやすい。
このとき，$y=|x^2-x-2|$ と $y=2x+k$ のグラフの共有点を考えてもよいが，方程式を $|x^2-x-2|-2x=k$（定数 k を分離した形）に変形し，$y=|x^2-x-2|-2x$ のグラフと直線 $y=k$ の共有点の個数を調べる と考えやすい。

CHART 定数 k の入った方程式 $f(x)=k$ の形に直す（定数分離）

解答
$|x^2-x-2|=2x+k$ から $|x^2-x-2|-2x=k$
$y=|x^2-x-2|-2x$ …… ① とする。
$x^2-x-2=(x+1)(x-2)$ であるから
$x^2-x-2\geqq0$ の解は $x\leqq-1$, $2\leqq x$
$x^2-x-2<0$ の解は $-1<x<2$
よって，① は
$x\leqq-1$, $2\leqq x$ のとき
　$y=(x^2-x-2)-2x=x^2-3x-2$
　　$=\left(x-\dfrac{3}{2}\right)^2-\dfrac{17}{4}$
$-1<x<2$ のとき
　$y=-(x^2-x-2)-2x$
　　$=-x^2-x+2$
　　$=-\left(x+\dfrac{1}{2}\right)^2+\dfrac{9}{4}$

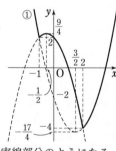

検討
$y=|x^2-x-2|$ のグラフは次のようになる（p.204参照）。

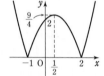

これと直線 $y=2x+k$ の共有点を調べるよりも，下のように，① のグラフと直線 $y=k$ の共有点を調べる方がらくである。

ゆえに，① のグラフは右上の図の実線部分のようになる。
与えられた方程式の実数解の個数は，① のグラフと直線 $y=k$ の共有点の個数に等しい。これを調べて

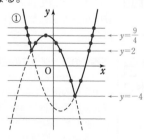

$k<-4$ のとき 0個；

$k=-4$ のとき 1個；

$-4<k<2$, $\dfrac{9}{4}<k$ のとき 2個；

$k=2$, $\dfrac{9}{4}$ のとき 3個；

$2<k<\dfrac{9}{4}$ のとき 4個

練習 k は定数とする。方程式 $|x^2+2x-3|+2x+k=0$ の異なる実数解の個数を調べよ。
④**125**

p.220 EX 90

基本事項

❶ 放物線と x 軸の共有点の位置

$f(x)=ax^2+bx+c \ (a>0)$, $D=b^2-4ac$ とする。$y=f(x)$ のグラフが x 軸と共有点をもち，その x 座標を α, $\beta \ (\alpha \leqq \beta)$ とするとき，α, β と数 k の大小関係について次のことが成り立つ。

① α, β がともに k より大きい。

② α, β がともに k より小さい。

③ α, β の間に k がある。($\alpha<k<\beta$)

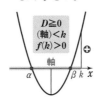
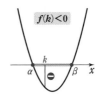

$D \geqq 0$
(軸)$>k$
$f(k)>0$

$D \geqq 0$
(軸)$<k$
$f(k)>0$

$f(k)<0$

❷ 方程式の解の存在範囲

$f(x)=ax^2+bx+c \ (a \neq 0)$ とし，$p<q$ とすると，2 次方程式 $f(x)=0$ は，$f(p)$ と $f(q)$ が異符号 $[f(p)f(q)<0]$ ならば $p<x<q$ の範囲に実数解を 1 つもつ。

解説

■ 放物線と x 軸の共有点の位置

上の ①～③ について考察してみよう。

①，② $D \geqq 0$ であるから，グラフは x 軸と共有点をもつ。

また，$a>0$ であるから，グラフは下に凸の放物線である。

更に，$f(k)>0$ であるから，α, β はともに k より大きいか，またはともに k より小さい。

① (軸の位置)$>k$ であるから，α, β はともに k より大きい。

② (軸の位置)$<k$ であるから，α, β はともに k より小さい。

③ $f(k)<0$ であるから，グラフは $x<k$, $k<x$ でそれぞれ x 軸と交わり，α, β の間に k がある。

▸ ❶ は，2 次方程式の解の条件に関する問題で利用される。ポイントとなるのは，$D=b^2-4ac$ の符号，軸の位置，$f(k)$ の符号 である。

■ 方程式の解の存在範囲

2 次関数 $y=f(x)$ において，例えば

$$f(p)>0, \quad f(q)<0 \quad (p<q)$$

とすると，x の値が p から q まで変わるとき，$f(x)$ の符号は正から負へと変わり，どこかで $f(x)$ の値は 0 になる。グラフでいうと，2 点 $(p, f(p))$，$(q, f(q))$ を結ぶ曲線は連続した曲線であり，x 軸とただ 1 点で交わる。その点の x 座標が方程式 $f(x)=0$ の解の 1 つになる。

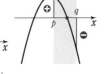

▸ グラフは途中で切れていない（つながっている）。

$f(p)<0$, $f(q)>0$ のときも同様である。

例 $f(x)=2x^2-3x-4$ とする。

$f(-1)=1>0, \quad f(0)=-4<0,$

$f(2)=-2<0, \quad f(3)=5>0$

よって，2 次方程式 $f(x)=0$ は $-1<x<0$

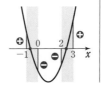

と $2<x<3$ の範囲に実数解を 1 つずつもつ。

3 章

⓭

2 次不等式

208

 基本例題 126 放物線と x 軸の共有点の位置 (1)

2次関数 $y=x^2-mx+m^2-3m$ のグラフが次の条件を満たすように，定数 m の値の範囲を定めよ。

(1) x 軸の正の部分と異なる 2 点で交わる。

(2) x 軸の正の部分と負の部分で交わる。

／p.207 基本事項 ■

指針 $f(x)=x^2-mx+m^2-3m$ とし，2次方程式 $f(x)=0$ の判別式を D とすると，$y=f(x)$ のグラフは下に凸の放物線であるから，グラフをイメージして

(1) $D>0$，（軸の位置）>0，$f(0)>0$　　(2) $f(0)<0$

を満たすように，定数 m の値の範囲を定める。

なお，(2) で $D>0$ を示す必要はない。なぜなら，下に凸の放物線は，その関数が負の値をとるとき，必ず x 軸と異なる 2 点で交わるからである。

CHART 放物線と x 軸の共有点の位置 D，軸，$f(k)$ に着目

 解答 $f(x)=x^2-mx+m^2-3m$ とし，2次方程式 $f(x)=0$ の判別式を D とする。$y=f(x)$ のグラフは下に凸の放物線で，その軸は直線 $x=\dfrac{m}{2}$ である。

(1) $y=f(x)$ のグラフと x 軸の正の部分が異なる 2 点で交わるための条件は，次の [1]，[2]，[3] が同時に成り立つことである。

　[1] $D>0$　[2] 軸が $x>0$ の範囲にある　[3] $f(0)>0$

[1] $D=(-m)^2-4(m^2-3m)=-3m(m-4)$

　$D>0$ から　$m(m-4)<0$

　　よって　$0<m<4$　　……①

[2] 軸 $x=\dfrac{m}{2}$ について　$\dfrac{m}{2}>0$

　　よって　$m>0$　　……②

[3] $f(0)>0$ から　$m^2-3m>0$

　　ゆえに　$m(m-3)>0$

　　よって　$m<0,\ 3<m$　……③

①，②，③ の共通範囲を求めて　$3<m<4$

(2) $y=f(x)$ のグラフが x 軸の正の部分と負の部分で交わるための条件は　$f(0)<0$

　　ゆえに　$m^2-3m<0$　　よって　$m(m-3)<0$

　　したがって　$0<m<3$

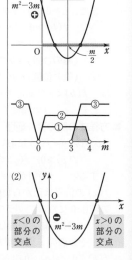

練習 2次関数 $y=-x^2+(m-10)x-m-14$ のグラフが次の条件を満たすように，定数
②**126** m の値の範囲を定めよ。

(1) x 軸の正の部分と負の部分で交わる。

(2) x 軸の負の部分とのみ共有点をもつ。

放物線と x 軸の共有点の位置についての考え方

このタイプの問題では，解答を導くためのシナリオを自分で描かなければならないところが難しい。どのようにシナリオを描くか，指針に書かれた内容に沿って考えてみよう。

● **まず，条件を満たすグラフをかく。**

問題にとりかかる前に，まずは条件を満たすグラフをかくことから始めよう。(1)の場合，条件
「グラフが x 軸の正の部分と異なる 2 点で交わる」
を満たすグラフは，右の図のようになる。

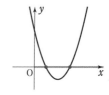

● **次に，かいた図の条件を式で表す。**

[1]　$D>0$　……　グラフが x 軸と異なる 2 点で交わる。
[2]　（軸の位置）>0
[3]　$f(0)>0$　……　$x=0$ での y 座標が正である。

これらをすべて満たすことが重要で，3 つのうち 1 つでも欠けると，次のようになってしまい，間違ったシナリオを描いてしまうことになる。

◆[2]，[3] は満たすが，
[1] を満たさない。
つまり　$D \leqq 0$

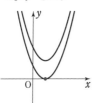

x 軸と共有点をもたない，
または x 軸と接する。

◆[1]，[3] は満たすが，
[2] を満たさない。
つまり　（軸の位置）<0

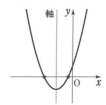

x 軸の負の部分と異なる
2 点で交わってしまう。

◆[1]，[2] は満たすが，
[3] を満たさない。
つまり　$f(0) \leqq 0$

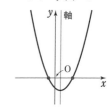

x 軸の負の部分または
$x=0$ で交わってしまう。

このように，[1]，[2]，[3] の 1 つでも満たされないときは，上のようなグラフになってしまう。式で表した条件を，もう一度図に表して確認するのがよい。

● **$f(0)<0$ だけで OK？　$D>0$ や軸の条件は？**

$f(0)<0$ ということは $x=0$ のときの y 座標は負である。このとき，右の図のように，下に凸の放物線は必ず x 軸と異なる 2 点で交わる。また，交点の x 座標を α，β $(\alpha<\beta)$ とすると，$f(0)<0$ であるとき，軸の位置に関係なく $\alpha<0<\beta$ となる。

よって，$f(0)<0$ を満たすとき，$D>0$ や軸についての条件は加えなくてよい。

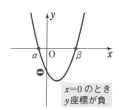

$x=0$ のとき
y 座標が負

基本例題 127 放物線と x 軸の共有点の位置 (2)

2次関数 $y=x^2-(a+3)x+a^2$ のグラフが次の条件を満たすように，定数 a の値の範囲を定めよ。

(1) x 軸の $x>1$ の部分と異なる2点で交わる。

(2) x 軸の $x>1$ の部分と $x<1$ の部分で交わる。

／基本 126

指針 前の例題では，x 軸の正負の部分との共有点についての問題であった。ここでは0以外の数 k との大小に関して考えるが，グラフをイメージして考える方針は変わらない。

(1) $D>0$，(軸の位置)>1，$f(1)>0$ (2) $f(1)<0$

を満たすように，定数 a の値の範囲を定める。

解答 $f(x)=x^2-(a+3)x+a^2$ とし，2次方程式 $f(x)=0$ の判別式を D とする。

$y=f(x)$ のグラフは下に凸の放物線で，その軸は直線 $x=\dfrac{a+3}{2}$ である。

(1) $y=f(x)$ のグラフが x 軸の $x>1$ の部分と異なる2点で交わるための条件は，次の [1]，[2]，[3] が同時に成り立つことである。

   [1] $D>0$ [2] 軸が $x>1$ の範囲にある

   [3] $f(1)>0$

[1] $D=\{-(a+3)\}^2-4\cdot1\cdot a^2=-3(a^2-2a-3)$

    $=-3(a+1)(a-3)$

  $D>0$ から $(a+1)(a-3)<0$

  よって $-1<a<3$ …… ①

[2] 軸 $x=\dfrac{a+3}{2}$ について $\dfrac{a+3}{2}>1$

  ゆえに $a+3>2$ すなわち $a>-1$ …… ②

[3] $f(1)=1^2-(a+3)\cdot1+a^2=a^2-a-2=(a+1)(a-2)$

  $f(1)>0$ から $a<-1$，$2<a$ …… ③

  ①，②，③ の共通範囲を求めて   **$2<a<3$**

(2) $y=f(x)$ のグラフが x 軸の $x>1$ の部分と $x<1$ の部分で交わるための条件は $f(1)<0$

  ゆえに $(a+1)(a-2)<0$

  すなわち   **$-1<a<2$**

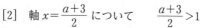
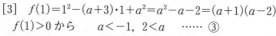
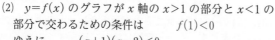
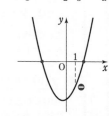

注意 例題 **126**，**127** では2次関数のグラフと x 軸の共有点の位置に関する問題を取り上げたが，この内容は，下の練習 **127** のように，2次方程式の解の存在範囲の問題として出題されることも多い。しかし，2次方程式の問題であっても，2次関数のグラフをイメージして考えることは同じである。

練習 2次方程式 $2x^2+ax+a=0$ が次の条件を満たすように，定数 a の値の範囲を定めよ。
②**127** (1) ともに1より小さい異なる2つの解をもつ。

   (2) 3より大きい解と3より小さい解をもつ。

2次方程式 $x^2-2(a+1)x+3a=0$ が, $-1 \leqq x \leqq 3$ の範囲に異なる2つの実数解を
もつような定数 a の値の範囲を求めよ。　　　［類 東北大］ ／基本 **126, 127** 重要 **130**＼

指針　2次方程式 $f(x)=0$ の解と数の大小については, $y=f(x)$ のグラフと x 軸の共有点の
位置関係を考える ことで, 基本例題 **126, 127** で学習した方法が使える。……★
すなわち, $f(x)=x^2-2(a+1)x+3a$ として
　　　2次方程式 $f(x)=0$ が $-1 \leqq x \leqq 3$ で異なる2つの実数解をもつ
　　　　 $\Longleftrightarrow$ 放物線 $y=f(x)$ が x 軸の $-1 \leqq x \leqq 3$ の部分と, 異なる2点で交わる
したがって　$D>0$, $-1<($軸の位置$)<3$, $f(-1) \geqq 0$, $f(3) \geqq 0$ で解決。

CHART 2次方程式の解と数 k の大小　グラフ利用 D, 軸, $f(k)$ に着目

3章

⑬
2次不等式

 解答

この方程式の判別式を D とし, $f(x)=x^2-2(a+1)x+3a$
とする。$y=f(x)$ のグラフは下に凸の放物線で, その軸は
直線 $x=a+1$ である。
方程式 $f(x)=0$ が $-1 \leqq x \leqq 3$ の範囲に異なる2つの実数
解をもつための条件は, $y=f(x)$ のグラフが x 軸の
$-1 \leqq x \leqq 3$ の部分と, 異なる2点で交わることである。
すなわち, 次の [1]～[4] が同時に成り立つことである。
　　[1]　$D>0$ 　　　　[2]　軸が $-1<x<3$ の範囲にある
　　[3]　$f(-1) \geqq 0$ 　　[4]　$f(3) \geqq 0$
[1]　$\dfrac{D}{4}=\{-(a+1)\}^2-1 \cdot 3a=a^2-a+1=\left(a-\dfrac{1}{2}\right)^2+\dfrac{3}{4}$
　　　よって, $D>0$ は常に成り立つ。……（*）
[2]　軸 $x=a+1$ について　　$-1<a+1<3$
　　　すなわち　$-2<a<2$ …… ①
[3]　$f(-1) \geqq 0$ から　　$(-1)^2-2(a+1) \cdot (-1)+3a \geqq 0$
　　　ゆえに　　$5a+3 \geqq 0$　すなわち　$a \geqq -\dfrac{3}{5}$ …… ②
[4]　$f(3) \geqq 0$ から　　$3^2-2(a+1) \cdot 3+3a \geqq 0$
　　　ゆえに　　$-3a+3 \geqq 0$
　　　すなわち　$a \leqq 1$ …… ③
①, ②, ③ の共通範囲を求めて
　　　　$-\dfrac{3}{5} \leqq a \leqq 1$

◀指針＿＿……★の方針。
2次方程式についての問
題を, 2次関数のグラフ
におき換えて考える。
この問題では, D の符号,
軸の位置だけでなく, 区
間の両端の値 $f(-1)$,
$f(3)$ の符号についての
条件も必要となる。

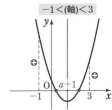

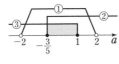

注意　[1] の（*）のように, a の値に関係なく, 常に成り立つ条件もある。

練習 2次方程式 $2x^2-ax+a-1=0$ が, $-1<x<1$ の範囲に異なる2つの実数解をもつ
③**128** ような定数 a の値の範囲を求めよ。

基本例題 **129** 2次方程式の解と数の大小 (2) 🖊🖊🖊🖊🖊🖊🖊

2次方程式 $ax^2-(a+1)x-a-3=0$ が，$-1<x<0$，$1<x<2$ の範囲にそれぞれ
1つの実数解をもつように，定数 a の値の範囲を定めよ。

p.207 基本事項 **2** 重要 130

指針 $f(x)=ax^2-(a+1)x-a-3\ (a\neq0)$ として
グラフをイメージすると，問題の条件を満
たすには $y=f(x)$ のグラフが右の図のよ
うになればよい。

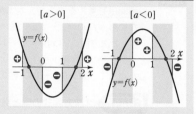

すなわち **$f(-1)$ と $f(0)$ が異符号**
　　　　　$[f(-1)f(0)<0]$
　　かつ　$f(1)$ と $f(2)$ が異符号
　　　　　$[f(1)f(2)<0]$
である。a の連立不等式 を解く。

CHART 解の存在範囲　$f(p)f(q)<0$ なら p と q の間に解（交点）あり

解答

$f(x)=ax^2-(a+1)x-a-3$ とする。ただし　$a\neq0$
題意を満たすための条件は，放物線 $y=f(x)$ が $-1<x<0$，
$1<x<2$ の範囲でそれぞれ x 軸と1点で交わることである。
すなわち　$f(-1)f(0)<0$　かつ　$f(1)f(2)<0$
ここで　$f(-1)=a\cdot(-1)^2-(a+1)\cdot(-1)-a-3=a-2$,
　　　　$f(0)=-a-3$,
　　　　$f(1)=a\cdot1^2-(a+1)\cdot1-a-3=-a-4$,
　　　　$f(2)=a\cdot2^2-(a+1)\cdot2-a-3=a-5$
$f(-1)f(0)<0$ から
　　　　$(a-2)(-a-3)<0$
ゆえに　　$(a+3)(a-2)>0$
よって　　$a<-3,\ 2<a$ …… ①
また，$f(1)f(2)<0$ から
　　　　$(-a-4)(a-5)<0$
ゆえに　　$(a+4)(a-5)>0$
よって　　$a<-4,\ 5<a$ …… ②
①，② の共通範囲を求めて
　　　　$a<-4,\ 5<a$
これは $a\neq0$ を満たす。

◀2次方程式であるから，
（x^2 の係数）$\neq0$ に注意。

注意 指針のグラフからわ
かるように，$a>0$（グラフ
が下に凸），$a<0$（グラフ
が上に凸）いずれの場合も
　$f(-1)f(0)<0$ かつ
　$f(1)f(2)<0$
が，題意を満たす条件であ
る。よって，$a>0$ のとき，
$a<0$ のとき などと場合分
けをして進める必要はない。

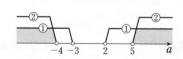

練習 2次方程式 $ax^2-2(a-5)x+3a-15=0$ が，$-5<x<0$，$1<x<2$ の範囲にそれぞれ
③**129** 1つの実数解をもつように，定数 a の値の範囲を定めよ。

p.220 EX 92

振り返り **2次方程式の解の存在範囲**

例題 **128**，**129** のように，2次方程式の解が指定された範囲にあるための条件を考える問題を「解の存在範囲」の問題，あるいは「解の配置」問題と呼ぶことがある。ここでは，この解の存在範囲の問題について振り返る。以下，下に凸の放物線を考える。

● **「方程式の実数解」を「グラフの共有点」として考える**

「方程式 $f(x)=0$ が $p<x<q$ の範囲に実数解をもつ」は，「$y=f(x)$ のグラフが x 軸と $p<x<q$ の範囲に共有点をもつ」と同じことである。よって，2次方程式の解の存在範囲の問題は，例題 **126**，**127** で扱ったように，グラフの問題ととらえることが重要である。

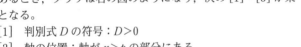

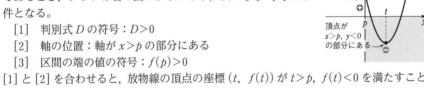

● **グラフが指定された範囲に x 軸と共有点をもつ条件**

2次関数のグラフが指定された範囲に x 軸と共有点をもつ条件を考える問題では，

　　[1]　判別式 D の符号　　　[2]　軸の位置　　　[3]　区間の端の値の符号

の3つの条件に着目した。例えば，条件が

　放物線 $y=f(x)$ が $x>p$ の範囲に x 軸との共有点を2つもつ

であるとき，グラフは右の図のようになり，次の [1]～[3] が条件となる。

　　[1]　判別式 D の符号：$D>0$

　　[2]　軸の位置：軸が $x>p$ の部分にある

　　[3]　区間の端の値の符号：$f(p)>0$

[1] と [2] を合わせると，放物線の頂点の座標 $(t, f(t))$ が $t>p$，$f(t)<0$ を満たすことを意味する。更に，条件 [3] を満たすようにグラフをかくと，上の図のようになり，$x>p$ の範囲に x 軸との共有点を2つもつことがわかる（例題 **126**(1)，例題 **127**(1) 参照）。

● **グラフの条件が変わるとどうなるか？**

上の条件を少し変化させて，「$x>p$ の範囲に」ではなく「$p<x<q$ の範囲に」とした場合に，条件がどのように変化するかを考えてみよう。

　　[1] の $D>0$ は変わらない

　　[2] は，軸が $p<x<q$ の部分にある

　　[3] は，$f(p)>0$ だけでなく，$f(q)>0$ も加わる

となる（例題 **128** 参照）。

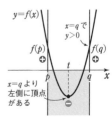

右の図のように，グラフがどの部分を通過しなければならないかを考えると，条件がどのように変化するかわかるだろう。

このように，グラフと x 軸との共有点の問題や解の存在範囲の問題では，**実際にグラフをかいて考える**ことを意識しよう。

重要 例題 **130** 2次方程式の解と数の大小 (3)

方程式 $x^2+(2-a)x+4-2a=0$ が $-1<x<1$ の範囲に少なくとも1つの実数解をもつような定数 a の値の範囲を求めよ。

／基本 128, 129

指針 条件が「$-1<x<1$ の範囲に **少なくとも1つ** の実数解をもつ」であることに注意。
大きく分けて次の Ⓐ, Ⓑ の2つの場合がある。

Ⓐ　$-1<x<1$ の範囲に, 2つの解をもつ（重解は2つと考える）
Ⓑ　$-1<x<1$ の範囲に, ただ1つの解をもつ

方程式の2つの解を α, β $(\alpha \le \beta)$ として, それぞれの場合について条件を満たすグラフをかくと図のようになる。
Ⓑ は以下の4つの場合がありうるので注意する。

解答

$f(x)=x^2+(2-a)x+4-2a$ とし, 2次方程式 $f(x)=0$ の判別式を D とする。
$y=f(x)$ のグラフは下に凸の放物線で, その軸は直線
$x=\dfrac{a-2}{2}$ である。

◀$x=-\dfrac{2-a}{2\cdot 1}$

[1] 2つの解がともに $-1<x<1$ の範囲にあるための条件は, $y=f(x)$ のグラフが x 軸の $-1<x<1$ の部分と異なる2点で交わる, または接することである。
すなわち, 次の (i)～(iv) が同時に成り立つことである。

　(i) $D \ge 0$　　(ii) 軸が $-1<x<1$ の範囲にある
　(iii) $f(-1)>0$　　(iv) $f(1)>0$

(i) $D=(2-a)^2-4\cdot 1\cdot(4-2a)$
　　　$=a^2+4a-12=(a+6)(a-2)$
　$D \ge 0$ から　$(a+6)(a-2) \ge 0$
　ゆえに　$a \le -6$, $2 \le a$　……　①

(ii) 軸 $x=\dfrac{a-2}{2}$ について　$-1<\dfrac{a-2}{2}<1$
　よって　$-2<a-2<2$
　ゆえに　$0<a<4$　……　②

(iii) $f(-1)=-a+3$ であるから　$-a+3>0$
　よって　$a<3$　……　③

◀条件は
「少なくとも1つ」
であるから, $y=f(x)$ のグラフが x 軸に接する場合, すなわち, $D=0$ の場合も含まれる。

[1]

(iv) $f(1)=-3a+7$ であるから $\quad -3a+7>0$

よって $\quad a<\dfrac{7}{3}$ …… ④

①～④ の共通範囲を求めて $\quad 2\leqq a<\dfrac{7}{3}$

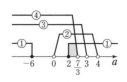

[2] 解の1つが $-1<x<1$ にあり，他の解が $x<-1$
または $1<x$ にあるための条件は $\quad f(-1)f(1)<0$
ゆえに $\quad (-a+3)(-3a+7)<0$

よって $\quad (a-3)(3a-7)<0$ $\quad$ ゆえに $\quad \dfrac{7}{3}<a<3$

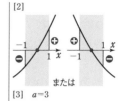

[3] 解の1つが $x=-1$ のとき
$f(-1)=0$ から $\quad -a+3=0$ $\quad$ ゆえに $\quad a=3$
このとき，方程式は $\quad x^2-x-2=0$
よって $\quad (x+1)(x-2)=0$
ゆえに，解は $x=-1$, 2 となり，条件を満たさない。

[4] 解の1つが $x=1$ のとき

$f(1)=0$ から $\quad -3a+7=0$ $\quad$ ゆえに $\quad a=\dfrac{7}{3}$

このとき，方程式は $\quad 3x^2-x-2=0$
よって $\quad (x-1)(3x+2)=0$

ゆえに，解は $x=-\dfrac{2}{3}$, 1 となり，条件を満たす。

求める a の値の範囲は，[1], [2], [4] の結果を合わせて
$\qquad 2\leqq a<3$

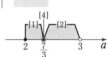

検討 定数分離による解法 ────────

この問題は，方程式を「(a を含まない式)＝(a を含む式)」の形に変形し（a を分離するという），2つのグラフが共有点をもつ条件を求めることで解くこともできる。

別解 $x^2+(2-a)x+4-2a=0$ …… (*) を変形して $\quad x^2+2x+4=a(x+2)$
方程式(*)が $-1<x<1$ の範囲に少なくとも1つの実数解をもつことは，放物線
$y=x^2+2x+4$ …… ① と直線 $y=a(x+2)$ …… ②
が $-1<x<1$ の範囲に少なくとも1つの共有点をもつこと
と同じである。
② は点 $(-2, 0)$ を通り，傾き a の直線である。
② が点 $(-1, 3)$ を通るとき $\quad a=3$
② が ① と $-1<x<1$ で接するとき，解答の [1] の D に
ついて $D=0$ から $\quad (a+6)(a-2)=0$ $\quad$ ゆえに $\quad a=-6$, 2
図から $a>0$，すなわち $a=2$ のとき適する。
（$a=2$ のとき，$x=0$ の点で接する）
よって，① と ② が $-1<x<1$ の範囲に共有点をもつの
は，グラフから $\quad 2\leqq a<3$ のときである。

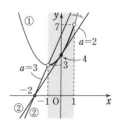

練習 方程式 $x^2+(a+2)x-a+1=0$ が $-2<x<0$ の範囲に少なくとも1つの実数解をも
④**130** つような定数 a の値の範囲を求めよ。 $\qquad$ 〔武庫川女子大〕

3章 ⑬ 2次不等式

14 2次関数の関連発展問題

演習 例題 131　2つの2次関数の大小関係(1)

2つの2次関数 $f(x)=x^2+2ax+25$, $g(x)=-x^2+4ax-25$ がある。次の条件が成り立つような定数 a の値の範囲を求めよ。
(1) すべての実数 x に対して $f(x)>g(x)$ が成り立つ。
(2) ある実数 x に対して $f(x)<g(x)$ が成り立つ。

／基本 115

指針 $y=f(x)$, $y=g(x)$ それぞれのグラフを考えるのではなく、$F(x)=f(x)-g(x)$ とし、$f(x)$, $g(x)$ の条件を $F(x)$ の条件におき換えて考える。
(1) すべての実数 x に対して $f(x)>g(x)$
　　⟺ すべての実数 x に対して $F(x)>0$
(2) ある実数 x に対して $f(x)<g(x)$
　　⟺ ある実数 x に対して $F(x)<0$
このようにおき換えて、$F(x)$ の最小値を考えることで a の値の範囲を求める。
補足 例題 115 で学んだように、判別式 D の符号に着目してもよい。

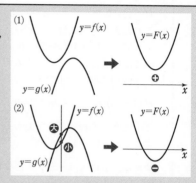

解答 $F(x)=f(x)-g(x)$ とすると
$$F(x)=2x^2-2ax+50=2\left(x-\frac{a}{2}\right)^2-\frac{a^2}{2}+50$$
(1) すべての実数 x に対して $f(x)>g(x)$ が成り立つことは、すべての実数 x に対して $F(x)>0$、すなわち [$F(x)$ の最小値]>0 が成り立つことと同じである。

$F(x)$ は $x=\dfrac{a}{2}$ で最小値 $-\dfrac{a^2}{2}+50$ をとるから　$-\dfrac{a^2}{2}+50>0$

よって　$(a+10)(a-10)<0$　　ゆえに　$-10<a<10$

(2) ある実数 x に対して $f(x)<g(x)$ が成り立つことは、ある実数 x に対して $F(x)<0$、すなわち [$F(x)$ の最小値]<0 が成り立つことと同じである。

よって　$-\dfrac{a^2}{2}+50<0$　　ゆえに　$(a+10)(a-10)>0$

よって　$a<-10,\ 10<a$

検討
「ある x について ● が成り立つ」とは、● を満たす x が少なくとも1つある、ということである。

練習 2つの2次関数 $f(x)=x^2+2kx+2$, $g(x)=3x^2+4x+3$ がある。次の条件が成り立つような定数 k の値の範囲を求めよ。
④**131**
(1) すべての実数 x に対して $f(x)<g(x)$ が成り立つ。
(2) ある実数 x に対して $f(x)>g(x)$ が成り立つ。

演習 例題 **132** 2つの2次関数の大小関係(2)

$f(x)=x^2-2x+3$, $g(x)=-x^2+6x+a^2+a-9$ がある。次の条件が成り立つような定数 a の値の範囲を求めよ。

(1) $0\leqq x\leqq 4$ を満たすすべての実数 x_1, x_2 に対して，$f(x_1)<g(x_2)$ が成り立つ。

(2) $0\leqq x\leqq 4$ を満たすある実数 x_1, x_2 に対して，$f(x_1)<g(x_2)$ が成り立つ。

指針 演習例題 **131** との違いに注意。

すべての（ある）実数 x に対して　$f(x)<g(x)$

→ $f(x)$, $g(x)$ に入る x は同じ値

→ $F(x)=f(x)-g(x)$ にまとめられる。

すべての（ある）実数 x_1, x_2 に対して $f(x_1)<g(x_2)$

→ $f(x)$, $g(x)$ に入る x は異なっていてもよい

→ $F(x)=f(x)-g(x)$ にまとめられない。

例題 **131**　$f(x)<g(x)$　同じ値

例題 **132**　$f(x_1)<g(x_2)$　異なる値

x_1, x_2 の値が異なっていても，$f(x_1)<g(x_2)$ が成り立つのはどのようなときであるのかを，グラフをかいて考える。

(1) すべての実数 x_1, x_2 に対して　$f(x_1)<g(x_2)$

→ x_1, x_2 をどのようにとってきたとしても，
点 $(x_1,\ f(x_1))$ は常に点 $(x_2,\ g(x_2))$ の下側にある。

→ [$f(x)$ の最大値]<[$g(x)$ の最小値]　が成り立つ。

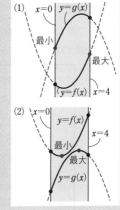

(2) ある実数 x_1, x_2 に対して　$f(x_1)<g(x_2)$

→ ある x_1, x_2 をうまくとると，
点 $(x_1,\ f(x_1))$ が点 $(x_2,\ g(x_2))$ の下側にあるようにできる。

→ [$f(x)$ の最小値]<[$g(x)$ の最大値]　が成り立つ。

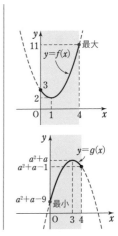

解答

$$f(x)=(x-1)^2+2,$$
$$g(x)=-(x-3)^2+a^2+a$$

(1) $0\leqq x\leqq 4$ を満たすすべての実数 x_1, x_2 に対して

$f(x_1)<g(x_2)$ が成り立つのは

$0\leqq x\leqq 4$ において，

[$f(x)$ の最大値]<[$g(x)$ の最小値]

が成り立つときである。

$0\leqq x\leqq 4$ において

$f(x)$ の最大値は $f(4)=11$,

$g(x)$ の最小値は $g(0)=a^2+a-9$

よって　$11<a^2+a-9$

ゆえに　$a^2+a-20>0$

よって　$(a+5)(a-4)>0$

ゆえに　$\boldsymbol{a<-5,\ 4<a}$

(2) $0 \leqq x \leqq 4$ を満たすある実数 x_1, x_2 に対して

$f(x_1) < g(x_2)$ が成り立つのは

$0 \leqq x \leqq 4$ において,

$$[f(x) \text{ の最小値}] < [g(x) \text{ の最大値}]$$

が成り立つときである。

$0 \leqq x \leqq 4$ において

$f(x)$ の最小値は $f(1) = 2$,

$g(x)$ の最大値は $g(3) = a^2 + a$

よって $2 < a^2 + a$

ゆえに $(a+2)(a-1) > 0$

よって $\boldsymbol{a < -2,\ 1 < a}$

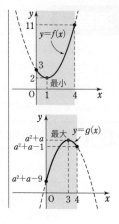

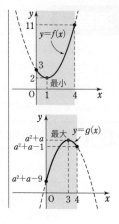

⧉検討 2つの2次関数の大小関係のまとめ ─────────

例題 **131**, **132** で学んだ, 2つの2次関数の大小関係の考え方をまとめておこう。

> 2つの2次関数を $f(x)$, $g(x)$ とし, $F(x) = f(x) - g(x)$ とする。
> ① **すべての** x について $f(x) > g(x)$ ⟺ **すべての** x について $F(x) > 0$
> $\qquad\qquad\qquad\qquad\qquad\qquad ⟺ [F(x) \text{ の 最小値}] > 0$
> ② **ある** x について $f(x) > g(x)$ $\qquad ⟺$ **ある** x について $F(x) > 0$
> $\qquad\qquad\qquad\qquad\qquad\qquad ⟺ [F(x) \text{ の 最大値}] > 0$
> ③ 区間の **すべての** x_1, x_2 について $f(x_1) > g(x_2)$
> $\qquad ⟺ [\text{区間における } f(x) \text{ の 最小値}] > [\text{区間における } g(x) \text{ の 最大値}]$
> ④ 区間の **ある** x_1, x_2 について $f(x_1) > g(x_2)$
> $\qquad ⟺ [\text{区間における } f(x) \text{ の 最大値}] > [\text{区間における } g(x) \text{ の 最小値}]$

ポイントは, $f(x)$ と $g(x)$ の x が同じ値の場合（例題 **131**, ① と ② の場合）と, $f(x_1)$ と $g(x_2)$ のように x が異なる値の場合（例題 **132**, ③ と ④ の場合）で, 考え方が異なることである。また, 上のようにまとめた結果を覚えるのではなく, 条件をどのように言い換えるか, 考え方を身につけることが大切である。それには, 例題 **131**, **132** の指針のように, 図をかいて考えることが有効である。

練習 ⑤**132** 2つの2次関数 $f(x) = x^2 + 2x + a^2 + 14a - 3$, $g(x) = x^2 + 12x$ がある。次の条件が成り立つような定数 a の値の範囲を求めよ。

(1) $-2 \leqq x \leqq 2$ を満たすすべての実数 x_1, x_2 に対して, $f(x_1) \geqq g(x_2)$ が成り立つ。

(2) $-2 \leqq x \leqq 2$ を満たすある実数 x_1, x_2 に対して, $f(x_1) \geqq g(x_2)$ が成り立つ。

p.220 EX94

▦ EXERCISES   13 ２次不等式,   14 ２次関数の関連発展問題

③80 次の不等式を解け。

(1) $\dfrac{1}{2}x^2 \leqq |x| - |x-1|$

(2) $x|x| < (3x+2)|3x+2|$ 〔(1) 類 名城大, (2) 類 岡山理科大〕

④81 ２次不等式 $a(x-3a)(x-a^2)<0$ を解け。ただし，a は 0 でない定数とする。
〔広島工大〕 →112

③82 不等式 $ax^2+y^2+az^2-xy-yz-zx \geqq 0$ が任意の実数 x, y, z に対して成り立つような定数 a の値の範囲を求めよ。 〔滋賀県大〕 →115

②83 放物線 $y=x^2-2a^2x+8x+a^4-9a^2+2a+31$ の頂点が第 1 象限にあるとき，定数 a の値の範囲を求めよ。 〔同志社大〕 →117

③84 ２次関数 $y=x^2+ax-a+3$ のグラフは x 軸と共有点をもつが，直線 $y=4x-5$ とは共有点をもたない。ただし，a は定数である。

(1) a の値の範囲を求めよ。

(2) ２次関数 $y=x^2+ax-a+3$ の最小値を m とするとき，m の値の範囲を求めよ。
〔北海道情報大〕 →108,119

④85 a を定数とする x についての次の 3 つの 2 次方程式がある。 〔類 北星学園大〕
$$x^2+ax+a+3=0 \cdots ①, \quad x^2-2(a-2)x+a=0 \cdots ②, \quad x^2+4x+a^2-a-2=0 \cdots ③$$

(1) ①〜③ がいずれも実数解をもたないような a の値の範囲を求めよ。

(2) ①〜③ の中で 1 つだけが実数解をもつような a の値の範囲を求めよ。 →119

④86 ２次不等式 $x^2-(2a+3)x+a^2+3a<0$ …… ①, $x^2+3x-4a^2+6a<0$ …… ② について，次の各問いに答えよ。ただし，a は定数で $0<a<4$ とする。

(1) ①，② を解け。

(2) ①，② を同時に満たす x が存在するのは，a がどんな範囲にあるときか。

(3) ①，② を同時に満たす整数 x が存在しないのは，a がどんな範囲にあるときか。
〔類 長崎総科大〕 →112,120

HINT

80 絶対値記号内の式が 0 となる x の値を境に，3 つの区間に場合分けをする。

81 $a>0$, $a<0$ の場合に分ける。$a>0$ の場合は更に場合分けが必要。

82 y^2 の係数は 1 であるから，まず y について整理し，任意の実数 y に対して成り立つ条件を考える。

86 (1) ①，② ともに左辺は因数分解できる。

(3) a の値の範囲を示す不等号に 等号を含めるか含めないかの判断が大切。

▦ EXERCISES　13　2次不等式，　14　2次関数の関連発展問題

⑤87　方程式 $3x^2+2xy+3y^2=8$ を満たす x, y に対して，$u=x+y$, $v=xy$ とおく。
　　(1)　$u^2-4v\geqq0$ を示せ。　　　　　　(2)　u, v の間に成り立つ等式を求めよ。
　　(3)　$k=u+v$ がとる値の範囲を求めよ。　　　　　　　　　　［九州産大］ →121

④88　(1)　不等式 $2x^4-5x^2+2>0$ を解け。
　　(2)　不等式 $(x^2-4x+1)^2-3(x^2-4x+1)+2\leqq0$ を解け。　　　→91, 117, 121

③89　$f(x)=|x^2-1|-x$ の $-1\leqq x\leqq2$ における最大値と最小値を求めよ。　　［昭和薬大］
　　　　　　　　　　　　　　　　　　　　　　　　　　　　　　　　　　　　→123

⑤90　a を定数とする。x についての方程式 $|(x-2)(x-4)|=ax-5a+\dfrac{1}{2}$ が相異なる 4
　　つの実数解をもつとき，a の値の範囲を求めよ。　　　　　　　　　［類 早稲田大］ →123, 125

②91　2次不等式 $2x^2-3x-2\leqq0$ を満たす x の値が常に 2次不等式 $x^2-2ax-2\leqq0$ を満
　　たすような定数 a の値の範囲を求めよ。　　　　　　　　　　　　　［福岡工大］ →116, 126

③92　$a<b<c$ のとき，x に関する次の 2次方程式は 2つの実数解をもつことを示せ。
　　また，その解を α, β $(\alpha<\beta)$ とするとき，α, β と定数 a, b, c の大小関係を示せ。
　　(1)　$2(x-b)(x-c)-(x-a)^2=0$　　　(2)　$(x-a)(x-c)+(x-b)^2=0$　　→129

④93　k を正の整数とする。$5n^2-2kn+1<0$ を満たす整数 n が，ちょうど 1個であるよ
　　うな k の値をすべて求めよ。　　　　　　　　　　　　　　　　　　［一橋大］ →129

⑤94　不等式 $-x^2+(a+2)x+a-3<y<x^2-(a-1)x-2$ …… (＊) を考える。ただし，
　　x, y, a は実数とする。このとき，
　　　　「どんな x に対しても，それぞれ適当な y をとれば不等式 (＊) が成立する」
　　ための a の値の範囲を求めよ。また，
　　　　「適当な y をとれば，どんな x に対しても不等式 (＊) が成立する」
　　ための a の値の範囲を求めよ。　　　　　　　　　　　　　　　　［早稲田大］ →131, 132

HINT

87　(3)　(2)から，k は u の 2次式で表される。u の値の範囲に注意。

88　(1)　$x^2=t$ とおき，$t\geqq0$ であることに注意して，t の 2次不等式を解く。
　　(2)　$x^2-4x+1=t$ とおき，t の値の範囲に注意して，t の 2次不等式を解く。

90　グラフをかいて調べる。直線 $y=ax-5a+\dfrac{1}{2}$ は定点 $\left(5,\ \dfrac{1}{2}\right)$ を通る。

91　まず，不等式 $2x^2-3x-2\leqq0$ を解き，その解を区間とみて $y=x^2-2ax-2$ のグラフを考える。

92　2次関数の **グラフを利用** して考える。
　　(1), (2)とも，左辺を $f(x)$ として，$f(a)$, $f(b)$, $f(c)$ の符号を調べる。
　　放物線 $y=f(x)$ は下に凸であることに注意する。

93　$f(x)=5x^2-2kx+1$ とし，$y=f(x)$ のグラフを利用。$f(0)$, $f(1)$, $f(2)$ の値に注目。

数学Ⅰ 第4章
図形と計量

4

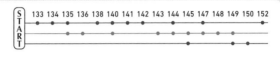

15 三角比の基本

基本事項

1 三角比の定義

右の図のような $\angle POQ$ が鋭角である直角三角形において，
$\angle POQ$ の大きさを θ とすると

$$\sin\theta = \frac{PQ}{OP}, \qquad \cos\theta = \frac{OQ}{OP}, \qquad \tan\theta = \frac{PQ}{OQ}$$

正弦（sine）　　　　余弦（cosine）　　　正接（tangent）

2 主な角（30°，45°，60°）の三角比

$$\sin 30° = \frac{1}{2} \qquad \sin 45° = \frac{1}{\sqrt{2}} \qquad \sin 60° = \frac{\sqrt{3}}{2}$$

$$\cos 30° = \frac{\sqrt{3}}{2} \qquad \cos 45° = \frac{1}{\sqrt{2}} \qquad \cos 60° = \frac{1}{2}$$

$$\tan 30° = \frac{1}{\sqrt{3}} \qquad \tan 45° = 1 \qquad \tan 60° = \sqrt{3}$$

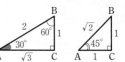

解説

■ 三角比

直角三角形においては，1つの鋭角の大きさが定まると，直角三角形の形が定まる。すなわち，同じ鋭角 θ $(0° < \theta < 90°)$ をもつ直角三角形はすべて相似になる。

右の図で，$\triangle POQ \backsim \triangle P'OQ'$ であるから

$$\frac{PQ}{OP} = \frac{P'Q'}{OP'}, \qquad \frac{OQ}{OP} = \frac{OQ'}{OP'}, \qquad \frac{PQ}{OQ} = \frac{P'Q'}{OQ'}$$

これらの値は一定で，それぞれ角 θ の **正弦，余弦，正接** といい，それぞれ $\sin\theta$，$\cos\theta$，$\tan\theta$ で表す。

◀対応する2辺の長さの比の値は一定。

◀1°ごとの角について，その正弦，余弦，正接の値の，小数第4位まで（第5位を四捨五入）を「三角比の表」（p.375）として載せてある。建物や木の高さを測る問題などでこの表を利用する。

■ 三角比の覚え方

正弦（sin），余弦（cos），正接（tan）と辺の関係は，下の図のように，それぞれの頭文字 s，c，t の筆記体を，**着目している角に合わせて** 書いて **分母 ⟶ 分子** とする，という形で覚えておくとよい。

■ 主な角の三角比

三角比の問題では，30°，45°，60° の三角比がよく出てくる。これらは右の図のように，正三角形と正方形をそれぞれ半分にしてできる直角三角形から求められる。

基本事項

❸ **三角比の相互関係**

θ が鋭角，すなわち $0°<\theta<90°$ のとき

① $\tan\theta=\dfrac{\sin\theta}{\cos\theta}$ ② $\sin^2\theta+\cos^2\theta=1$ ③ $1+\tan^2\theta=\dfrac{1}{\cos^2\theta}$

❹ **$90°-\theta$ の三角比**

θ が鋭角，すなわち $0°<\theta<90°$ のとき

$$\sin(90°-\theta)=\cos\theta,\quad \cos(90°-\theta)=\sin\theta,\quad \tan(90°-\theta)=\dfrac{1}{\tan\theta}$$

解 説

■ **三角比の累乗**

同じ三角比の n 個の積 $(\sin\theta)^n$，$(\cos\theta)^n$，$(\tan\theta)^n$ は，それぞれ $\sin^n\theta$，$\cos^n\theta$，$\tan^n\theta$ と書く。
例えば，$(\sin\theta)^2$ は $\sin^2\theta$ と書き「**サイン 2 じょう θ**」と読む。

◀例えば，$(\sin\theta)^n$ をかっこをつけずに $\sin\theta^n$ と書いては**ダメ！**

4 章

⓯ 三角比の基本

■ **三角比の相互関係**

右の図の直角三角形 ABC において

$$x=r\cos\theta,\quad y=r\sin\theta$$

よって $\tan\theta=\dfrac{y}{x}=\dfrac{r\sin\theta}{r\cos\theta}=\dfrac{\sin\theta}{\cos\theta}$

また，三平方の定理から $x^2+y^2=r^2$
したがって $(r\cos\theta)^2+(r\sin\theta)^2=r^2$
両辺を r^2 で割って $\sin^2\theta+\cos^2\theta=1$
更に，この等式の両辺を $\cos^2\theta$ で割ると

$$\tan^2\theta+1=\dfrac{1}{\cos^2\theta}$$

以上により，上の **❸** ①～③ が成り立つ。

3 つの三角比 $\sin\theta$，$\cos\theta$，$\tan\theta$ のうち 1 つの値がわかると，
❸ ①～③ の関係式を使うことによって残りの 2 つの値が計算できる。

◀$\cos\theta=\dfrac{x}{r}$,

$\sin\theta=\dfrac{y}{r}$ から。

◀この関係式は特に重要。

◀$\dfrac{\sin\theta}{\cos\theta}=\tan\theta$ から

$\dfrac{\sin^2\theta}{\cos^2\theta}=\tan^2\theta$

◀p.228 の基本例題 **137** で詳しく学ぶ。

■ **$90°-\theta$ の三角比**

右の図の直角三角形 ABC において，$\angle B=90°-\theta$ であるから

$$\sin(90°-\theta)=\dfrac{x}{r}=\cos\theta$$

$$\cos(90°-\theta)=\dfrac{y}{r}=\sin\theta$$

$$\tan(90°-\theta)=\dfrac{x}{y}=\dfrac{1}{\tan\theta}$$

以上により，上の **❹** が成り立つ。

❹ の関係式を用いると，鋭角の三角比はすべて $45°$ 以下の角の三角比で表すことができる。

◀三角形の内角の和は $180°$

◀p.229 の基本例題 **138**(1)でも学習する。

例 $\sin76°=\sin(90°-14°)=\cos14°$

$\cos76°=\cos(90°-14°)=\sin14°$

$\tan76°=\tan(90°-14°)=\dfrac{1}{\tan14°}$

基本 例題 **133** 直角三角形と三角比

(1) 図(ア)で，$\sin\theta$，$\cos\theta$，$\tan\theta$ の値を求めよ。

(2) 図(イ)で，x，y の値を求めよ。

(ア) 　(イ)

/ p.222 基本事項 **1**, **2**

指針 **三角比の定義** に当てはめて求める。次の図で定義を確認しよう。

$$\sin\theta=\frac{y}{r} \qquad \cos\theta=\frac{x}{r} \qquad \tan\theta=\frac{y}{x}$$

(1) 辺 AC の長さが必要だが，直角三角形であるから **三平方の定理** が利用できる。

(2) まずは三角比の定義に従って，$\sin 30°$ を x を含む式で表す。同様に，$\cos 30°$ を y を含む式で表す。

解答

(1) 三平方の定理により
$$\mathrm{AC}=\sqrt{3^2-2^2}=\sqrt{5}$$
よって
$$\boldsymbol{\sin\theta}=\frac{\mathrm{BC}}{\mathrm{AB}}=\boldsymbol{\frac{2}{3}},$$
$$\boldsymbol{\cos\theta}=\frac{\mathrm{AC}}{\mathrm{AB}}=\boldsymbol{\frac{\sqrt{5}}{3}},$$
$$\boldsymbol{\tan\theta}=\frac{\mathrm{BC}}{\mathrm{AC}}=\boldsymbol{\frac{2}{\sqrt{5}}}$$

(2) $\sin 30°=\dfrac{x}{8}$ から　$\boldsymbol{x}=8\sin 30°=8\cdot\dfrac{1}{2}=\boldsymbol{4}$　◀$\sin 30°=\dfrac{1}{2}$

$\cos 30°=\dfrac{y}{8}$ から　$\boldsymbol{y}=8\cos 30°=8\cdot\dfrac{\sqrt{3}}{2}=\boldsymbol{4\sqrt{3}}$　◀$\cos 30°=\dfrac{\sqrt{3}}{2}$

注意 (1)の $\tan\theta$ は，分母を有理化して $\dfrac{2\sqrt{5}}{5}$ と答えてもよい。

(2)は，3辺の比が $1:2:\sqrt{3}$ の直角三角形である。

練習 (1) 図(ア)で，$\sin\theta$，$\cos\theta$，$\tan\theta$ の値を求めよ。

①**133** (2) 図(イ)で，x，y の値を求めよ。

(ア)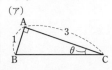

(イ)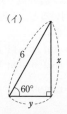

基本例題 **134** 三角比の表

巻末の「三角比の表」を用いて，次の問いに答えよ。

(1) 図(ア)で，x，y の値を求めよ。ただし，小数第2位を四捨五入せよ。

(2) 図(イ)で，鋭角 θ のおよその大きさを求めよ。

(ア) 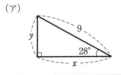　　(イ)

基本 133

指針 三角比の定義 から求める。

　$\sin\theta=\dfrac{y}{r}$　$y=r\sin\theta$

　$\cos\theta=\dfrac{x}{r}$　$x=r\cos\theta$

$\tan\theta=\dfrac{y}{x}$　$y=x\tan\theta$

(1) 小数第2位を四捨五入するから，**小数第1位までを答え** とする。また，求める値は近似値であるから，**ほぼ等しいことを表す記号 ≒ を使って答える。**

(2) $\sin\theta$ の値を求め，三角比の表から，最も近い角度を求める。≒ を使って答える。

解答

(1) $x=9\cos28°=9×0.8829=7.9461$
　　$y=9\sin28°=9×0.4695=4.2255$
　　小数第2位を四捨五入して　**$x≒7.9$，$y≒4.2$**

◀三角比の表から，$\sin28°$，$\cos28°$ の値を読み取る。

(2) $\sin\theta=\dfrac{4}{5}=0.8$ で，三角比の表から
　　　$\sin53°=0.7986$，　$\sin54°=0.8090$
　ゆえに，$53°$ の方が近い値である。　よって　**$\theta≒53°$**

[三角形を回転させた図]
(ア) 　(イ)

検討 三角比の表の使い方 ―――――

巻末の三角比の表は，$\theta=0°$ から $\theta=90°$ までの 1° ごとの角 θ についての **三角比の値の近似値** を載せたものである。

例えば $\theta=8°$ の三角比は，左端で $\theta=8°$ のところの行を右に順に読み，$\sin8°=0.1392$，$\cos8°=0.9903$，$\tan8°=0.1405$ となる。

三角比の表は，三角比の値が与えられたときの θ を求める場合にも利用できる。

例えば $\sin\theta=0.1045$ を満たす θ は，$\theta=6°$ である。

θ	$\sin\theta$	$\cos\theta$	$\tan\theta$
⋮	⋮	⋮	⋮
5°	0.0872	0.9962	0.0875
6°	0.1045	0.9945	0.1051
7°	0.1219	0.9925	0.1228
8°	0.1392	0.9903	0.1405
9°	0.1564	0.9877	0.1584

練習 ①134 「三角比の表」を用いて，次の問いに答えよ。

(1) 図(ア)で，x，y の値を求めよ。
　　ただし，小数第2位を四捨五入せよ。

(2) 図(イ)で，鋭角 θ のおよその大きさを求めよ。

(ア) 　(イ)

p.230 EX 95

基本例題 135 測量の問題 ◯◯◯◯◯◯

目の高さが1.5 mの人が，平地に立っている木の高さを知るために，木の前方の地点 A から測った木の頂点の仰角が30°，A から木に向かって10 m 近づいた地点 B から測った仰角が45°であった。木の高さを求めよ。

/p.222 基本事項 **2**, 基本 133 基本 173 \

指針
① 与えられた値を 三角形の辺や角としてとらえて，まず図をかく。そして，
② 求めるものを文字で表し，方程式を作る。
特に，直角三角形 では，三平方の定理 や 三角比の利用 が有効。
ここでは，目の高さを除いた木の高さを求める方がらく。

注意 点Aから点Pを見るとき，APと水平面とのなす角を，Pが Aを通る水平面より上にあるならば 仰角 といい，下にあるならば 俯角 という。

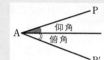

CHART 30°，45°，60° の三角比
三角定規を思い出す

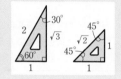

解答
右の図のように，木の頂点をD，木の根元をCとし，目の高さの直線上の点をA′，B′，C′ とする。
このとき，BC$=x$ (m)，C′D$=h$ (m) とすると
$$h=(10+x)\tan 30° \quad \cdots\cdots ①$$
$$h=x\tan 45° \quad \cdots\cdots ②$$
② から $x=h$ これを ① に代入して

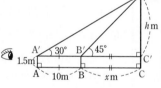

$$h=\frac{10+h}{\sqrt{3}} \qquad \text{ゆえに} \qquad (\sqrt{3}-1)h=10$$

よって $$h=\frac{10}{\sqrt{3}-1}=\frac{10(\sqrt{3}+1)}{(\sqrt{3}-1)(\sqrt{3}+1)}$$
$$=\frac{10(\sqrt{3}+1)}{2}=5(\sqrt{3}+1)$$

したがって，求める木の高さは，目の高さを加えて
$$5(\sqrt{3}+1)+1.5=\mathbf{5\sqrt{3}+6.5}\ \textbf{(m)}^{(*)}$$

注意 この例題のような，測量の問題では，「小数第2位を四捨五入せよ」などの指示がある場合は近似値を求め，指示がない場合は計算の結果を，そのまま（つまり，上の例題では根号がついたまま）答えとする。

◀①，②はそれぞれ
$\tan 30°=\dfrac{h}{10+x}$,
$\tan 45°=\dfrac{h}{x}$ から。ここで
$\tan 30°=\dfrac{1}{\sqrt{3}}$, $\tan 45°=1$
$\left(\begin{array}{l}30°，45°，60° の三角比の\\値は覚えておくこと。\end{array}\right)$
(*) $\sqrt{3}≒1.73$ から
$5\sqrt{3}≒8.65$
よって，$5\sqrt{3}≒8.7$ とすると
$5\sqrt{3}+6.5≒8.7+6.5$
$=15.2$ (m)

練習 ②135 海面のある場所から崖の上に立つ高さ30 m の灯台の先端の仰角が60°で，同じ場所から灯台の下端の仰角が30°のとき，崖の高さを求めよ。 〔金沢工大〕

基本 例題 **136** 75°の三角比

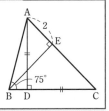

右の図の △ABC で，∠B＝75° とする。頂点 A から辺 BC に垂線 AD，頂点 B から辺 CA に垂線 BE を引くと，AD＝DC，AE＝2 である。

(1) 線分 AD，BD の長さを求めよ。

(2) sin75°，cos75° の値を求めよ。

/ 基本 133

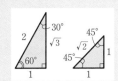

指針 三角比の問題では，**直角三角形を見つける**ことが重要。

特に，右のような三角定規の形の三角形の場合は，その辺の比を利用する。

(1) △ABD，△ADC，△ABE，△BCE の 4 つの直角三角形を見つけることができる。これらの直角以外の角の大きさに注目。

(2) 75° の角をもつ直角三角形に注目する。 → △ABD を利用。

解答

(1) △ADC において，AD＝DC，
　　∠ADC＝90° であるから
　　　　∠CAD＝∠ACD＝45°
　　△ABC において
　　　　∠A＝180°−(75°＋45°)＝60°
　　よって，△ABE において，
　　　　∠A＝60°，∠BEA＝90° であるから
　　　　AB＝2AE＝4，BE＝$\sqrt{3}$ AE＝$2\sqrt{3}$
　　△BCE において，∠BCE＝45°，∠CEB＝90° である
　　から　　　　CE＝BE＝$2\sqrt{3}$，BC＝$\sqrt{2}$ BE＝$2\sqrt{6}$
　　よって　　**AD**＝$\dfrac{AC}{\sqrt{2}}$＝$\dfrac{AE+EC}{\sqrt{2}}$

　　　　　　　　＝$\dfrac{2+2\sqrt{3}}{\sqrt{2}}$＝$\sqrt{6}+\sqrt{2}$

　　BD＝BC−DC＝BC−AD
　　　　＝$2\sqrt{6}-(\sqrt{6}+\sqrt{2})$＝$\sqrt{6}-\sqrt{2}$

(2) 直角三角形 ABD において，(1) から

　　sin75°＝sin∠B＝$\dfrac{AD}{AB}$＝$\dfrac{\sqrt{6}+\sqrt{2}}{4}$

　　cos75°＝cos∠B＝$\dfrac{BD}{AB}$＝$\dfrac{\sqrt{6}-\sqrt{2}}{4}$

◀△ADC は直角二等辺三角形。

◀底角は等しい。

◀△ABE は 30°，60°，90° の直角三角形であるから
　AE：AB：BE＝1：2：$\sqrt{3}$

◀△BCE は直角二等辺三角形であるから
　BE：EC：BC＝1：1：$\sqrt{2}$

◀AD：AC＝1：$\sqrt{2}$

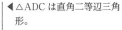

練習 ③**136**

(1) 右の図で，線分 DE，AE の長さを求めよ。

(2) 右の図を利用して，次の値を求めよ。

　　　　sin15°，　　cos15°，　　tan15°

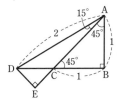

p.230 EX 96, 97

4章

❶❺ 三角比の基本

基本 例題 **137** 三角比の相互関係(1) ◁◁◁◁◁

θ は鋭角とする。 [(1) 愛知工大]

(1) $\sin\theta=\dfrac{3}{4}$ のとき，$\cos\theta$ と $\tan\theta$ の値を求めよ。

(2) $\tan\theta=3$ のとき，$\sin\theta$ と $\cos\theta$ の値を求めよ。 *p.223 基本事項 ❸ 基本 144*

指針 **三角比の相互関係** θ が鋭角 すなわち $0°<\theta<90°$ のとき

① $\tan\theta=\dfrac{\sin\theta}{\cos\theta}$　② $\sin^2\theta+\cos^2\theta=1$　③ $1+\tan^2\theta=\dfrac{1}{\cos^2\theta}$

を利用する。次の手順で求めるとよい。

(1) $\boxed{\sin\theta \text{ または } \cos\theta}$ $\xrightarrow{\text{公式 ②}}$ $\boxed{\cos\theta \text{ または } \sin\theta}$ $\xrightarrow{\text{公式 ①}}$ $\boxed{\tan\theta}$

(2) $\boxed{\tan\theta}$ $\xrightarrow{\text{公式 ③}}$ $\boxed{\cos\theta}$ $\xrightarrow{\sin\theta=\tan\theta\cos\theta\,(①)}$ $\boxed{\sin\theta}$

解答

(1) $\sin^2\theta+\cos^2\theta=1$ から

$$\cos^2\theta=1-\sin^2\theta=1-\left(\dfrac{3}{4}\right)^2=\dfrac{7}{16}$$

θ は鋭角であるから　　$\cos\theta>0$

よって　　$\cos\theta=\dfrac{\sqrt{7}}{4}$

また　　$\tan\theta=\dfrac{\sin\theta}{\cos\theta}=\dfrac{3}{4}\div\dfrac{\sqrt{7}}{4}=\dfrac{3}{\sqrt{7}}$

◀$\sin\theta=\dfrac{3}{4}$ を満たす直角三角形

(2) $1+\tan^2\theta=\dfrac{1}{\cos^2\theta}$ から　　$\dfrac{1}{\cos^2\theta}=1+3^2=10$

したがって　　$\cos^2\theta=\dfrac{1}{10}$

θ は鋭角であるから　　$\cos\theta>0$

よって　　$\cos\theta=\dfrac{1}{\sqrt{10}}$

また　　$\sin\theta=\tan\theta\cos\theta=3\cdot\dfrac{1}{\sqrt{10}}=\dfrac{3}{\sqrt{10}}$

◀$\tan\theta=\dfrac{3}{1}$ を満たす直角三角形

参考 (1)の $\tan\theta=\dfrac{3}{\sqrt{7}}$ の分母，分子はそれぞれ右図の直角三角形の辺

の長さと一致していて，三角比と辺の対応がわかりやすい。その
ため，本書では，三角比の値などで分母に平方根があっても有理
化していないことが多い。

練習 θ は鋭角とする。$\sin\theta$, $\cos\theta$, $\tan\theta$ のうち 1 つが次の値をとるとき，他の 2 つの値
②**137** を求めよ。

(1) $\sin\theta=\dfrac{12}{13}$　　(2) $\cos\theta=\dfrac{1}{3}$　　(3) $\tan\theta=\dfrac{2}{\sqrt{5}}$　　*p.230 EX 98*

基本 例題 **138** 90°−θ の三角比

(1) 次の三角比を 45° 以下の角の三角比で表せ。

  (ア) $\sin 58°$ (イ) $\cos 56°$ (ウ) $\tan 80°$

(2) △ABC の 3 つの内角 ∠A, ∠B, ∠C の大きさを，それぞれ A, B, C とするとき，等式 $\sin\dfrac{A}{2}=\cos\dfrac{B+C}{2}$ が成り立つことを証明せよ。

/ p.223 基本事項 **4**

指針 **90°−θ の三角比** $0°<\theta<90°$ のとき

$$\sin(90°-\theta)=\cos\theta,\quad \cos(90°-\theta)=\sin\theta,\quad \tan(90°-\theta)=\frac{1}{\tan\theta}$$

(1) (ア) $90°-58°=32°$ であるから $58°=90°-32°$

                             └─ 32° は 45° 以下！

      よって $\sin 58°=\sin(90°-32°)$ (イ)，(ウ) も同じように考えるとよい。

(2) 等式の証明は，一方の辺を変形して，他方の辺と一致することを示す。

    A, B, C は △ABC の 3 つの内角であるから $A+B+C=180°$

    よって，$B+C=180°-A$ であるから $\dfrac{B+C}{2}=\dfrac{180°-A}{2}=90°-\dfrac{A}{2}$

 解答

(1) (ア) $\sin 58°=\sin(90°-32°)=\boldsymbol{\cos 32°}$ ◀$\sin(90°-\theta)=\cos\theta$

    (イ) $\cos 56°=\cos(90°-34°)=\boldsymbol{\sin 34°}$ ◀$\cos(90°-\theta)=\sin\theta$

    (ウ) $\tan 80°=\tan(90°-10°)=\dfrac{\boldsymbol{1}}{\boldsymbol{\tan 10°}}$ ◀$\tan(90°-\theta)=\dfrac{1}{\tan\theta}$

(2) $A+B+C=180°$ であるから $B+C=180°-A$ ◀等式の証明では，左辺，右辺のうち，複雑な方の式を変形する。

    よって $\dfrac{B+C}{2}=\dfrac{180°-A}{2}=90°-\dfrac{A}{2}$

    ゆえに $\cos\dfrac{B+C}{2}=\cos\left(90°-\dfrac{A}{2}\right)=\sin\dfrac{A}{2}$ ◀$\cos(90°-\theta)=\sin\theta$

    したがって，等式は成り立つ。

 検討 **等式の証明の方法（数学Ⅱ）**

等式 $P=Q$ が成り立つことを証明するには，次のような方法がある。

        [1] P か Q の一方を変形して，他方を導く。

        [2] P, Q をそれぞれ変形して，同じ式を導く。

        [3] $P-Q$ を変形して，0 となることを示す。

 練習 ②**138**

(1) 次の三角比を 45° 以下の角の三角比で表せ。

    (ア) $\sin 72°$ (イ) $\cos 85°$ (ウ) $\tan 47°$

(2) △ABC の 3 つの内角 ∠A, ∠B, ∠C の大きさを，それぞれ A, B, C とするとき，次の等式が成り立つことを証明せよ。

    (ア) $\sin\dfrac{B+C}{2}=\cos\dfrac{A}{2}$ (イ) $\tan\dfrac{A+B}{2}\tan\dfrac{C}{2}=1$

p.230 EX99

4 章

⑮ 三角比の基本

▦ EXERCISES

②95 道路や鉄道の傾斜具合を表す言葉に勾配がある。「三角比の表」を用いて，次の問いに答えよ。

(1) 道路の勾配には，百分率（%，パーセント）がよく用いられる。百分率は，水平方向に 100 m 進んだときに，何 m 標高が高くなるかを表す。ある道路では，14% と表示された標識がある。この道路の傾斜は約何度か。

(2) 鉄道の勾配には，千分率（‰，パーミル）がよく用いられる。千分率は，水平方向に 1000 m 進んだときに，何 m 標高が高くなるかを表す。ある鉄道路線では，35 ‰ と表示された標識がある。この鉄道路線の傾斜は約何度か。 →134

③96 右の図で，∠B＝22.5°，∠C＝90°，∠ADC＝45°，AD＝BD とする。

(1) 線分 AB の長さを求めよ。

(2) sin 22.5°，cos 22.5°，tan 22.5° の値をそれぞれ求めよ。 →136

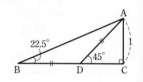

③97 二等辺三角形 ABC において AB＝AC，BC＝1，∠A＝36° とする。∠B の二等分線と辺 AC の交点を D とすれば，BD＝ᵃ□ である。これより
$$AB＝ᵇ\boxed{}, \quad \sin 18°＝ᶜ\boxed{}$$
である。 →136

③98 (1) θ は鋭角とする。$\tan\theta＝\sqrt{7}$ のとき，$(\sin\theta＋\cos\theta)^2$ の値を求めよ。

(2) $\tan^2\theta＋(1－\tan^4\theta)(1－\sin^2\theta)$ の値を求めよ。 ［名城大］

(3) $\dfrac{\sin^4\theta＋4\cos^2\theta－\cos^4\theta＋1}{3(1＋\cos^2\theta)}$ の値を求めよ。 ［中部大］

→137

②99 (1) $\cos^2 20°＋\cos^2 35°＋\cos^2 45°＋\cos^2 55°＋\cos^2 70°$ の値を求めよ。

(2) △ABC の内角 ∠A，∠B，∠C の大きさを，それぞれ A，B，C で表すとき，等式 $\left(1＋\tan^2\dfrac{A}{2}\right)\sin^2\dfrac{B＋C}{2}＝1$ が成り立つことを証明せよ。 →138

HINT

96 (1) △ADC や △ABD の形状に着目して，線分 CD，AD，BD，BC の長さを，次々に求めていくとよい。

97 △ABC∽△BCD であることを利用。

98 (1) $\cos\theta$，$\sin\theta$ の順に値を求める。

(2) まず，$1－\tan^4\theta$ を $(1＋\tan^2\theta)(1－\tan^2\theta)$ と変形。

(3) 分子を簡単にする。それには，まず $a^4－b^4＝(a^2＋b^2)(a^2－b^2)$ を使って，$\sin^4\theta－\cos^4\theta$ を変形。**かくれた条件 $\sin^2\theta＋\cos^2\theta＝1$ に注意する。**

16 三角比の拡張

基本事項

1 座標を用いた三角比の定義

$0° \leqq \theta \leqq 180°$ とする。右の図において

$$\sin\theta = \frac{y}{r}, \quad \cos\theta = \frac{x}{r}, \quad \tan\theta = \frac{y}{x}$$

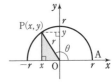

2 三角比の値の範囲，三角比の等式を満たす角 θ

① 三角比の値の範囲　$0° \leqq \theta \leqq 180°$ であるとき

$0 \leqq \sin\theta \leqq 1$，$-1 \leqq \cos\theta \leqq 1$，$\tan\theta\,(\theta \neq 90°)$ はすべての実数値をとる。

② 角 θ の三角比の値から，$\theta\,(0° \leqq \theta \leqq 180°)$ が決まる。

解説

■ 鈍角の三角比

上の基本事項の図で，半円上の点を P とし，$\angle \mathrm{AOP} = \theta$ とする。

$\mathrm{P}(x,\ y)$ とし，θ が鋭角 $(0° < \theta < 90°)$ の場合は，p.222 で定義したときの $\triangle \mathrm{POQ}$ における OP が r，OQ が x，PQ が y に対応して

$$\sin\theta = \frac{y}{r}, \quad \cos\theta = \frac{x}{r}, \quad \tan\theta = \frac{y}{x} \quad \cdots\cdots ①$$

これを拡張して，θ が鈍角 $(90° < \theta < 180°)$ のときも，三角比を ① の形で定義する。

θ が鈍角のとき，点 $\mathrm{P}(x,\ y)$ は第 2 象限にあり $x < 0$，$y > 0$ であるから，三角比の符号は $\sin\theta > 0$，$\cos\theta < 0$，$\tan\theta < 0$ となる。

三角比の符号

θ	$0°$	鋭角	$90°$	鈍角	$180°$
$\sin\theta$	0	$+$	1	$+$	0
$\cos\theta$	1	$+$	0	$-$	-1
$\tan\theta$	0	$+$	なし	$-$	0

■ 三角比の値の範囲

三角比の値は，上の定義の式で，いずれも半円の半径 r に関係なく，θ だけで定まるから，普通は半径 1 の半円で考える。

右の図で，原点 O を中心とする半径が 1 の半円上の点 $\mathrm{P}(x,\ y)$ について

$$x = \cos\theta, \quad y = \sin\theta$$

ここで，$-1 \leqq x \leqq 1$，$0 \leqq y \leqq 1$ であるから

$-1 \leqq \cos\theta \leqq 1$，$0 \leqq \sin\theta \leqq 1$　である。

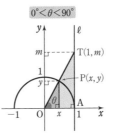

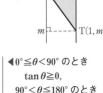

また，点 $\mathrm{A}(1,\ 0)$ を通り x 軸に垂直な直線 ℓ と，直線 OP の交点を $\mathrm{T}(1,\ m)$ とすると　　$\tan\theta = \dfrac{y}{x} = \dfrac{m}{1}$

よって　　$\tan\theta = m\,(\theta \neq 90°)$

◀ $0° \leqq \theta < 90°$ のとき
$\tan\theta \geqq 0$，
$90° < \theta \leqq 180°$ のとき
$\tan\theta \leqq 0$

■ 三角比を含む方程式

大きさが未知の角の三角比を含む方程式を解くには，原点 O を中心とする半径 1 の半円を利用する。なお，三角比を含む方程式を **三角方程式** といい，方程式を満たす角を求めることを，**三角方程式を解く** という。

基本事項

3 180°−θ, 90°+θ の三角比

① 180°−θ の三角比 (0°≦θ≦180°)

$$\sin(180°-\theta)=\sin\theta$$
$$\cos(180°-\theta)=-\cos\theta$$
$$\tan(180°-\theta)=-\tan\theta \quad (\theta\neq90°)$$

② 90°+θ の三角比 (0°≦θ≦90°)

$$\sin(90°+\theta)=\cos\theta$$
$$\cos(90°+\theta)=-\sin\theta$$
$$\tan(90°+\theta)=-\frac{1}{\tan\theta} \quad (\theta\neq0°, \ \theta\neq90°)$$

4 三角比の相互関係

0°≦θ≦180° のときも，次の関係が成り立つ。ただし，①，③ では θ≠90° とする。

① $\tan\theta=\dfrac{\sin\theta}{\cos\theta}$ ② $\sin^2\theta+\cos^2\theta=1$ ③ $1+\tan^2\theta=\dfrac{1}{\cos^2\theta}$

5 直線の傾きと正接

直線 $y=mx$ と x 軸の正の向きとのなす角が θ (0°<θ<180°, θ≠90°) であるとき

$$m=\tan\theta$$

解説

■ 180°−θ, 90°+θ の三角比

① 右の図のように，半径1の半円周上に，点 P，Q を
∠AOP＝θ，∠AOQ＝180°−θ であるようにとると，
P と Q は y 軸に関して対称である。
よって，点 P の座標を (x, y) とすると，点 Q の座標は
$(-x, y)$ となる。
ゆえに $\sin(180°-\theta)=y=\sin\theta$
$\cos(180°-\theta)=-x=-\cos\theta$
$\tan(180°-\theta)=-\dfrac{y}{x}=-\tan\theta$

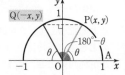
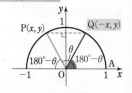

② $\sin(90°+\theta)=\sin\{180°-(90°-\theta)\}$
$=\sin(90°-\theta)=\cos\theta$ ◀① の結果を利用。
$\cos(90°+\theta)=\cos\{180°-(90°-\theta)\}$
$=-\cos(90°-\theta)=-\sin\theta$
$\tan(90°+\theta)=\tan\{180°-(90°-\theta)\}$
$=-\tan(90°-\theta)=-\dfrac{1}{\tan\theta}$

■ 直線の傾きと正接

$m\neq0$ のとき，**直線 $y=mx$ と x 軸の正
の向きとのなす角** とは，x 軸の正の部分
から左回りに直線 $y=mx$ まで測った角
をいい，図から $m=\tan\theta$ が成り立つ。
$m=0$ のときは，$\theta=0°$ とすると，この場
合も $m=\tan\theta$ が成り立つ。
また，直線 $y=mx+n$ と x 軸の正の向きとのなす角は，直線 $y=mx$
と x 軸の正の向きとのなす角に等しい。

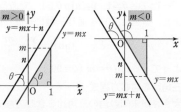

◀直線 $y=mx$ と直線
$y=mx+n$ は平行。

基本 例題 **139** 鈍角の三角比

次の表において，(ア)，(イ)，(ウ)，(エ)，(オ) の値を求めよ。

θ	$120°$	$135°$	$150°$	$180°$
$\sin\theta$	(ア)	(b)	(オ)	0
$\cos\theta$	(イ)	(ウ)	(c)	-1
$\tan\theta$	(a)	(エ)	(d)	0

p.231 基本事項 ■

指針 原点 O を中心とする **半径 r の半円** をかき，点 $(r,\ 0)$ を A とする。半円周上の点 **P($x,\ y$)** に対し，∠AOP$=\theta$ のときの三角比は

$$\sin\theta=\frac{y}{r},\quad \cos\theta=\frac{x}{r},\quad \tan\theta=\frac{y}{x}$$

である。
それぞれの角について，適当な半径の半円をかいて点 P の座標を求めて，三角比の値を考える。

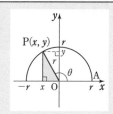

4 章

⓰ 三角比の拡張

解答

図 [1] で，∠AOP$=120°$，OP$=2$
とすると P($-1,\ \sqrt{3}$)
ゆえに $\sin 120°=$^ア $\dfrac{\sqrt{3}}{2}$，

$\cos 120°=\dfrac{-1}{2}=$^イ $-\dfrac{1}{2}$

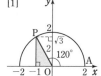

検討

$\theta=30°,\ 60°,\ 120°,\ 150°$ のとき，半径 2 の半円；$\theta=45°,\ 135°$ のとき，半径 $\sqrt{2}$ の半円を使って考えるとわかりやすい。

図 [2] で，∠AOP$=135°$，OP$=\sqrt{2}$
とすると P($-1,\ 1$)
よって $\cos 135°=\dfrac{-1}{\sqrt{2}}=$^ウ $-\dfrac{1}{\sqrt{2}}$，

$\tan 135°=\dfrac{1}{-1}=$^エ -1

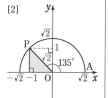

◀$\theta=135°$ のとき，半径 $\sqrt{2}$ の半円を使うと，P の x 座標，y 座標がともに整数になる。

図 [3] で，∠AOP$=150°$，OP$=2$
とすると P($-\sqrt{3},\ 1$)
ゆえに $\sin 150°=$^オ $\dfrac{1}{2}$

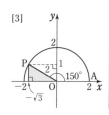

練習 ①139 上の例題の表において，(a), (b), (c), (d) の値を求めよ。

基本 例題 **140** 90°±θ, 180°−θ の角の三角比 🕐🕐🕐🕐🕐🕐

次の式の値を求めよ。ただし，$0° < \theta < 90°$ とする。

(1) $\cos(90°-\theta)+\cos\theta+\cos(90°+\theta)-\sin(90°+\theta)$

(2) $\sin\theta=\dfrac{1}{3}$ のとき，$\sin(180°-\theta)+\cos\theta+\cos(180°-\theta)+\sin\theta$

(3) $\tan(90°-\theta)\times\tan(180°-\theta)$

/ p.223 基本事項 **4**, p.232 基本事項 **3**

指針 90°±θ, 180°−θ の公式を活用。公式は特徴を整理して正確に記憶する。

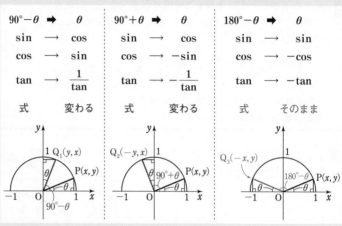

また，上の図と合わせて公式の意味を理解しておこう。

ここで，$x=\cos\theta$，$y=\sin\theta$ であり，例えば，点 Q_1 の座標から

$$\sin(90°-\theta)=x=\cos\theta, \quad \cos(90°-\theta)=y=\sin\theta$$

 解答

(1) $\cos(90°-\theta)+\cos\theta+\cos(90°+\theta)-\sin(90°+\theta)$
$=\sin\theta+\cos\theta-\sin\theta-\cos\theta=\boldsymbol{0}$

(2) $\sin(180°-\theta)+\cos\theta+\cos(180°-\theta)+\sin\theta$
$=\sin\theta+\cos\theta-\cos\theta+\sin\theta$
$=2\sin\theta=\dfrac{2}{3}$

(3) $\tan(90°-\theta)\times\tan(180°-\theta)$
$=\dfrac{1}{\tan\theta}\times(-\tan\theta)=\boldsymbol{-1}$

◀ $\cos(90°-\theta)=\sin\theta$
$\cos(90°+\theta)=-\sin\theta$
$\sin(90°+\theta)=\cos\theta$

◀ $\sin(180°-\theta)=\sin\theta$
$\cos(180°-\theta)=-\cos\theta$

練習 ②**140**

(1) $\cos160°-\cos110°+\sin70°-\sin20°$ の値を求めよ。 [(1) 函館大]

(2) $\cos\theta=\dfrac{1}{4}$ のとき

$$\sin(\theta+90°)\times\tan(90°-\theta)\times\cos(180°-\theta)\times\tan(180°-\theta)$$

の値を求めよ。

p.247 EX100

基本 例題 141 三角比を含む方程式(1) …… sin, cos

$0° \leqq \theta \leqq 180°$ のとき，次の等式を満たす θ を求めよ。

(1) $\sin\theta = \dfrac{1}{\sqrt{2}}$

(2) $\cos\theta = -\dfrac{\sqrt{3}}{2}$

p.231 基本事項 **2**，基本 139　重要 148

指針 三角比を含む方程式 $\sin\theta = \bullet$, $\cos\theta = \blacktriangle$ は 原点を中心とする半径 1 の半円を利用して解く。
1 次の直線と半円の **図をかいて**，次の点 P の位置をつかむ。
$\sin\theta = \bullet$ …… 直線 $y = \bullet$ と半円の交点 P ← y 座標が $\bullet$ となる半円周上の点
$\cos\theta = \blacktriangle$ …… 直線 $x = \blacktriangle$ と半円の交点 P ← x 座標が $\blacktriangle$ となる半円周上の点
2 A(1, 0) として，$\angle$AOP の大きさを求める。
　　　　30°，45°，60° などの三角比を用いる。

解答

(1) 半径 1 の半円周上で，

y 座標が $\dfrac{1}{\sqrt{2}}$ となる点は，

右の図の 2 点 P，Q である。
求める θ は
　　　$\angle$AOP と $\angle$AOQ
であるから
　　　$\boldsymbol{\theta = 45°, 135°}$

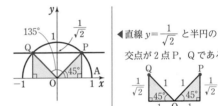

◀直線 $y = \dfrac{1}{\sqrt{2}}$ と半円の
交点が 2 点 P，Q である。

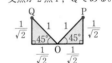

(2) 半径 1 の半円周上で，

x 座標が $-\dfrac{\sqrt{3}}{2}$ となる点は，

右の図の点 P である。
求める θ は
　　　$\angle$AOP
であるから
　　　$\boldsymbol{\theta = 150°}$

◀直線 $x = -\dfrac{\sqrt{3}}{2}$ と半円
の交点が点 P である。

4章

⑯ 三角比の拡張

注意 解答では詳しく書いているが，慣れてきたら，次のように簡単に答えてもよい。

(1) $\sin\theta = \dfrac{1}{\sqrt{2}}$ から　　$\boldsymbol{\theta = 45°, 135°}$

(2) $\cos\theta = -\dfrac{\sqrt{3}}{2}$ から　　$\boldsymbol{\theta = 150°}$

練習 ②141 $0° \leqq \theta \leqq 180°$ のとき，次の等式を満たす θ を求めよ。

(1) $\sin\theta = \dfrac{\sqrt{3}}{2}$

(2) $\cos\theta = \dfrac{1}{\sqrt{2}}$

基本 例題 142 三角比を含む方程式 (2) …… tan

$0° \leqq \theta \leqq 180°$ のとき，次の等式を満たす θ を求めよ。

$$\tan\theta = -\frac{1}{\sqrt{3}}$$

/ p.231 基本事項 **2**，基本 **139** 重要 **148** \

指針 三角比を含む方程式 $\tan\theta = \blacksquare$ は 原点を中心とする半径 1 の半円と直線 $x=1$ を利用して解く。

① 直線 $y=\blacksquare$ と半円および直線 $x=1$ の 図をかいて，次の点 T の位置をつかむ。
$\tan\theta = \blacksquare$ …… 直線 $y=\blacksquare$ と直線 $x=1$ の交点 T ← y 座標が $\blacksquare$ となる
直線 $x=1$ 上の点

② 直線 OT と半円の交点を P，A(1, 0) として，∠AOP の大きさを求める。
↳ 30°，45°，60° などの 三角比を用いる。

解答 直線 $x=1$ 上で，y 座標が
$-\frac{1}{\sqrt{3}}$ となる点を T とすると，
直線 OT と半径 1 の半円の交点
は，右の図の点 P である。
求める θ は ∠AOP であるから
$\theta = 150°$

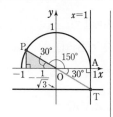

◀直線 $y = -\frac{1}{\sqrt{3}}$ と直線 $x=1$ の交点が点 T である。すなわち
$T\left(1,\ -\frac{1}{\sqrt{3}}\right)$

注意 解答では詳しく書いているが，慣れてきたら，次のように簡単に答えてもよい。
$\tan\theta = -\frac{1}{\sqrt{3}}$ から $\theta = 150°$

検討 **三角比を含む方程式の解のまとめ** $(0° \leqq \theta \leqq 180°)$ ────
例題 **141**，**142** で学んだ，三角比を含む方程式の解法について，まとめておこう。

① $\sin\theta = s$ を満たす θ ② $\cos\theta = c$ を満たす θ ③ $\tan\theta = t$ を満たす θ

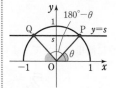

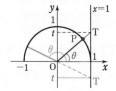

$0 \leqq s < 1$ なら θ，$180° - \theta$ ↰
$s = 1$ なら $\theta = 90°$ 解は2つ！

$-1 \leqq c \leqq 1$ で，
θ はただ 1 つ

$t \neq 0$ なら θ はただ 1 つ
$t = 0$ なら $\theta = 0°$，$180°$

三角比を含む方程式の解法は，次のように覚えておこう。

$\sin$ は y 座標，$\cos$ は x 座標，$\tan$ は直線 $x=1$ を利用

練習 $0° \leqq \theta \leqq 180°$ のとき，次の等式を満たす θ を求めよ。
②**142** (1) $\tan\theta = \sqrt{3}$ (2) $\tan\theta = -1$

重要 例題 143 三角比を含む方程式 (3)

次の方程式を解け。

(1) $2\cos^2\theta + 3\sin\theta - 3 = 0$ $(0° \leqq \theta \leqq 180°)$

(2) $\sin\theta\tan\theta = -\dfrac{3}{2}$ $(90° < \theta \leqq 180°)$

基本 141

指針 $\sin\theta$, $\cos\theta$, $\tan\theta$ の **いずれか 1 種類の三角比の方程式に直して解く。**

① $\sin^2\theta + \cos^2\theta = 1$ や $\tan\theta = \dfrac{\sin\theta}{\cos\theta}$ を用いて，1 つの三角比だけで表す。

② (1) は $\sin\theta$ だけ，(2) は $\cos\theta$ だけの式になるから，その三角比を t とおく。
　⟶ t の 2 次方程式になる。ただし，t の変域に要注意！

③ t の方程式を解き，t の値に対応する θ の値を求める。

CHART 三角比の計算 かくれた条件 $\sin^2\theta + \cos^2\theta = 1$ が効く

 解答

(1) $\cos^2\theta = 1 - \sin^2\theta$ であるから

$$2(1-\sin^2\theta) + 3\sin\theta - 3 = 0$$

整理すると $\quad 2\sin^2\theta - 3\sin\theta + 1 = 0$

$\sin\theta = t$ とおくと，$0° \leqq \theta \leqq 180°$ のとき

$$0 \leqq t \leqq 1 \quad \cdots\cdots ①$$

方程式は $\quad 2t^2 - 3t + 1 = 0 \quad$ ゆえに $\quad (t-1)(2t-1) = 0$

よって $\quad t = 1, \dfrac{1}{2} \quad$ これらは ① を満たす。

$t = 1$ すなわち $\sin\theta = 1$ を解いて $\quad \theta = 90°$

$t = \dfrac{1}{2}$ すなわち $\sin\theta = \dfrac{1}{2}$ を解いて $\quad \theta = 30°, 150°$

以上から $\quad \boldsymbol{\theta = 30°, 90°, 150°}$

◀ $\sin\theta$ の 2 次方程式。

◀ おき換えを利用。

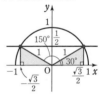

◀ 最後に解をまとめる。

(2) $\tan\theta = \dfrac{\sin\theta}{\cos\theta}$ であるから $\quad \sin\theta \cdot \dfrac{\sin\theta}{\cos\theta} = -\dfrac{3}{2}$

ゆえに $\quad 2\sin^2\theta = -3\cos\theta$

$\sin^2\theta = 1 - \cos^2\theta$ であるから $\quad 2(1-\cos^2\theta) = -3\cos\theta$

整理すると $\quad 2\cos^2\theta - 3\cos\theta - 2 = 0 \quad \cdots\cdots (*)$

$\cos\theta = t$ とおくと，$90° < \theta \leqq 180°$ のとき

$$-1 \leqq t < 0 \quad \cdots\cdots ①$$

方程式は $\quad 2t^2 - 3t - 2 = 0 \quad$ ゆえに $\quad (t-2)(2t+1) = 0$

よって $\quad t = 2, -\dfrac{1}{2} \quad$ ① を満たすものは $\quad t = -\dfrac{1}{2}$

求める解は，$t = -\dfrac{1}{2}$ すなわち $\cos\theta = -\dfrac{1}{2}$ を解いて

$$\boldsymbol{\theta = 120°}$$

◀ 両辺に $2\cos\theta$ を掛ける。
(＊) 慣れてきたら，おき換えをせずに，(＊) から
$(\cos\theta - 2)(2\cos\theta + 1) = 0$
よって $\quad \cos\theta = 2, -\dfrac{1}{2}$
などと進めてもよい。

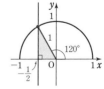

練習 次の方程式を解け。

③ **143** (1) $2\sin^2\theta - \cos\theta - 1 = 0$ $(0° \leqq \theta \leqq 180°)$ (2) $\tan\theta = \sqrt{2}\cos\theta$ $(0° \leqq \theta < 90°)$

p.247 EX 101

4 章

⑯ 三角比の拡張

基本 例題 **144** 三角比の相互関係 (2) ⚾⚾⚾⚾⚾

$0° \leqq \theta \leqq 180°$ とする。

(1) $\sin\theta = \dfrac{2}{3}$ のとき，$\cos\theta$ と $\tan\theta$ の値を求めよ。

(2) $\cos\theta = -\dfrac{1}{3}$ のとき，$\sin\theta$ と $\tan\theta$ の値を求めよ。

(3) $\tan\theta = \dfrac{1}{2}$ のとき，$\sin\theta$ と $\cos\theta$ の値を求めよ。

／基本 137　重要 146＼

指針 *p.*228 基本例題 **137** と同様に，相互関係

$$\tan\theta = \frac{\sin\theta}{\cos\theta}, \quad \sin^2\theta + \cos^2\theta = 1, \quad 1 + \tan^2\theta = \frac{1}{\cos^2\theta}$$

を利用する方針で解く。

(1) $0° \leqq \theta \leqq 180°$ のとき，$\sin\theta = k\,(0 \leqq k < 1)$ を満たす θ は **2 つ** あり，θ が鈍角のとき $\cos\theta < 0$，$\tan\theta < 0$ となることに注意。

(2) $0° \leqq \theta \leqq 180°$ のとき，$\cos\theta = k\,(-1 \leqq k \leqq 1)$ を満たす θ は **1 つ** である。

(3) $\tan\theta > 0$ であるから　$0° < \theta < 90°$
また，$\sin\theta = \tan\theta\cos\theta$ を利用する。

CHART 三角比の計算　かくれた条件　$\sin^2\theta + \cos^2\theta = 1$ が効(き)く

 解答

(1) $\sin^2\theta + \cos^2\theta = 1$ から

$$\cos^2\theta = 1 - \sin^2\theta = 1 - \left(\frac{2}{3}\right)^2 = \frac{5}{9}$$

<u>$0° \leqq \theta \leqq 90°$ のとき</u>，$\cos\theta \geqq 0$ であるから

$$\cos\theta = \sqrt{\frac{5}{9}} = \frac{\sqrt{5}}{3}$$

$$\tan\theta = \frac{\sin\theta}{\cos\theta} = \frac{2}{3} \div \frac{\sqrt{5}}{3} = \frac{2}{\sqrt{5}}$$

<u>$90° < \theta \leqq 180°$ のとき</u>，$\cos\theta < 0$ であるから

$$\cos\theta = -\sqrt{\frac{5}{9}} = -\frac{\sqrt{5}}{3}$$

$$\tan\theta = \frac{\sin\theta}{\cos\theta} = \frac{2}{3} \div \left(-\frac{\sqrt{5}}{3}\right) = -\frac{2}{\sqrt{5}}$$

よって

$$(\cos\theta,\ \tan\theta) = \left(\frac{\sqrt{5}}{3},\ \frac{2}{\sqrt{5}}\right),\ \left(-\frac{\sqrt{5}}{3},\ -\frac{2}{\sqrt{5}}\right)$$

(1) $\sin\theta = \dfrac{2}{3}$ となる θ は，$0° \leqq \theta \leqq 180°$ の範囲に 2 つあるから，$0° \leqq \theta \leqq 90°$ のときと $90° < \theta \leqq 180°$ のときに場合分けして考える。

◀$0° \leqq \theta \leqq 90°$ のとき
　$\sin\theta \geqq 0$，$\cos\theta \geqq 0$，
　$\tan\theta \geqq 0\,(\theta \neq 90°)$

◀$90° < \theta \leqq 180°$ のとき
　$\sin\theta \geqq 0$，$\cos\theta \underset{\sim}{<} 0$，
　$\tan\theta \underset{\sim}{\leqq} 0$
　(符号に要注意！)

◀組 $(\cos\theta,\ \tan\theta)$ は 2 通り。

(2) $\sin^2\theta+\cos^2\theta=1$ から

$$\sin^2\theta=1-\cos^2\theta=1-\left(-\frac{1}{3}\right)^2=\frac{8}{9}$$

$0°\leqq\theta\leqq180°$ のとき，$\sin\theta\geqq0$ であるから

$$\boldsymbol{\sin\theta}=\sqrt{\frac{8}{9}}=\frac{2\sqrt{2}}{3}$$

◀$\sin\theta$ は1通り。

また $\boldsymbol{\tan\theta}=\dfrac{\sin\theta}{\cos\theta}=\dfrac{2\sqrt{2}}{3}\div\left(-\dfrac{1}{3}\right)=\boldsymbol{-2\sqrt{2}}$

(3) $1+\tan^2\theta=\dfrac{1}{\cos^2\theta}$ から $\dfrac{1}{\cos^2\theta}=1+\left(\dfrac{1}{2}\right)^2=\dfrac{5}{4}$

よって $\cos^2\theta=\dfrac{4}{5}$

$\tan\theta=\dfrac{1}{2}>0$ より，$0°<\theta<90°$ であるから $\cos\theta>0$

◀$\tan\theta>0$ のとき θ は鋭角

ゆえに $\boldsymbol{\cos\theta}=\sqrt{\dfrac{4}{5}}=\dfrac{2}{\sqrt{5}}$

また $\boldsymbol{\sin\theta}=\tan\theta\cos\theta=\dfrac{1}{2}\cdot\dfrac{2}{\sqrt{5}}=\dfrac{1}{\sqrt{5}}$

◀$\tan\theta=\dfrac{\sin\theta}{\cos\theta}$ から $\sin\theta=\tan\theta\cos\theta$

検討

図を使って解く解法

(1) $\sin\theta=\dfrac{2}{3}$ から，$\underset{\underset{\text{└ }\sin\theta\text{ の分母を }r\text{（半径）にする}}{}}{r=3,\ y=2}$ とすると $x^2=3^2-2^2=5$

ゆえに $x=\pm\sqrt{5}$ よって，右の図から

<u>$0°\leqq\theta\leqq90°$ のとき</u>

$$(\cos\theta,\ \tan\theta)=\left(\frac{\sqrt{5}}{3},\ \frac{2}{\sqrt{5}}\right)$$

<u>$90°<\theta\leqq180°$ のとき</u>

$$(\cos\theta,\ \tan\theta)=\left(\frac{-\sqrt{5}}{3},\ \frac{2}{-\sqrt{5}}\right)=\left(-\frac{\sqrt{5}}{3},\ -\frac{2}{\sqrt{5}}\right)$$

(2) $\cos\theta=-\dfrac{1}{3}$ から，$\underset{\underset{\text{└ }\cos\theta\text{ の分母を }r\text{（半径）にする}}{}}{r=3,\ x=-1}$ とすると

$$y^2=3^2-(-1)^2=8$$

$y\geqq0$ であるから $y=2\sqrt{2}$ となり，右の図から

$$\sin\theta=\frac{2\sqrt{2}}{3},\ \tan\theta=\frac{2\sqrt{2}}{-1}=-2\sqrt{2}$$

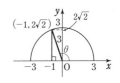

(3) $\tan\theta=\dfrac{1}{2}$ から，$\underset{\underset{\text{└ }\tan\theta\text{ の分母を }x\text{にする}}{}}{x=2,\ y=1}$ とすると

$$r=\sqrt{2^2+1^2}=\sqrt{5}$$

よって，右の図から

$$\sin\theta=\frac{1}{\sqrt{5}},\ \cos\theta=\frac{2}{\sqrt{5}}$$

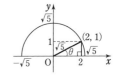

練習
②**144** $0°\leqq\theta\leqq180°$ とする。$\sin\theta$，$\cos\theta$，$\tan\theta$ のうち1つが次の値をとるとき，他の2つ の値を求めよ。

(1) $\sin\theta=\dfrac{6}{7}$　　　　(2) $\cos\theta=-\dfrac{3}{4}$　　　　(3) $\tan\theta=-\dfrac{12}{5}$

基本 例題 145 三角比を含む対称式・交代式の値

$\sin\theta+\cos\theta=\dfrac{\sqrt{2}}{2}$ $(0°<\theta<180°)$ のとき，次の式の値を求めよ。

(1) $\sin\theta\cos\theta$, $\sin^3\theta+\cos^3\theta$　(2) $\sin\theta-\cos\theta$, $\tan\theta-\dfrac{1}{\tan\theta}$

／基本 28, 144

指針 (1)の $\sin\theta\cos\theta$, $\sin^3\theta+\cos^3\theta$ はともに，$\sin\theta$, $\cos\theta$ の **対称式** (p.35, p.54 参照)。
→ 和 $\sin\theta+\cos\theta$, 積 $\sin\theta\cos\theta$ の値を利用 して，式の値を求める。

(1) $\sin\theta\cos\theta$ について …… 条件の等式の両辺を 2 乗すると，$\sin^2\theta+\cos^2\theta$ と $\sin\theta\cos\theta$ が現れる。かくれた条件 $\sin^2\theta+\cos^2\theta=1$ を利用すると，$\sin\theta\cos\theta$ の方程式となる。……★

$\sin^3\theta+\cos^3\theta$ について …… $a^3+b^3=(a+b)(a^2-ab+b^2)$ を利用。

(2) $\sin\theta-\cos\theta$ について …… まず $(\sin\theta-\cos\theta)^2$ の値を求める。$0°<\theta<180°$ と (1)の結果から，$\sin\theta-\cos\theta$ の **符号** に注意。

解答

(1) $\sin\theta+\cos\theta=\dfrac{\sqrt{2}}{2}$ の両辺を 2 乗すると

$$\sin^2\theta+2\sin\theta\cos\theta+\cos^2\theta=\dfrac{1}{2}$$

よって　$1+2\sin\theta\cos\theta=\dfrac{1}{2}$

ゆえに　$\boldsymbol{\sin\theta\cos\theta=-\dfrac{1}{4}}$ …… ①

よって　$\boldsymbol{\sin^3\theta+\cos^3\theta}$

$=(\sin\theta+\cos\theta)(\sin^2\theta-\sin\theta\cos\theta+\cos^2\theta)$

$=\dfrac{\sqrt{2}}{2}\left\{1-\left(-\dfrac{1}{4}\right)\right\}=\boldsymbol{\dfrac{5\sqrt{2}}{8}}$

(2) $0°<\theta<180°$ では $\sin\theta>0$ であるから，① より

$$\cos\theta<0$$

ゆえに　$\sin\theta-\cos\theta>0$ …… ②

① から　$(\sin\theta-\cos\theta)^2=1-2\sin\theta\cos\theta=\dfrac{3}{2}$

よって，② から　$\boldsymbol{\sin\theta-\cos\theta}=\sqrt{\dfrac{3}{2}}=\boldsymbol{\dfrac{\sqrt{6}}{2}}$

また　$\boldsymbol{\tan\theta-\dfrac{1}{\tan\theta}}=\dfrac{\sin\theta}{\cos\theta}-\dfrac{\cos\theta}{\sin\theta}=\dfrac{\sin^2\theta-\cos^2\theta}{\sin\theta\cos\theta}$

$=\dfrac{(\sin\theta+\cos\theta)(\sin\theta-\cos\theta)}{\sin\theta\cos\theta}$

$=\dfrac{\sqrt{2}}{2}\cdot\dfrac{\sqrt{6}}{2}\div\left(-\dfrac{1}{4}\right)=\boldsymbol{-2\sqrt{3}}$

◀指針___……★ の方針。
$\sin\theta+\cos\theta$ の値が与えられているとき，両辺を 2 乗することで $\sin\theta\cos\theta$ の値を求めることができる。

◀$\sin^3\theta+\cos^3\theta$
$=(\sin\theta+\cos\theta)^3$
$\quad-3\sin\theta\cos\theta$
$\quad\times(\sin\theta+\cos\theta)$
から求めてもよい。

◀$\sin\theta\cos\theta=-\dfrac{1}{4}<0$,
$\sin\theta>0$ であるから
$\cos\theta<0$

◀$\tan\theta=\dfrac{\sin\theta}{\cos\theta}$ を利用して，$\sin\theta$, $\cos\theta$ の式に直す。
求めた $\sin\theta\cos\theta$,
$\sin\theta-\cos\theta$ の値を利用。

練習 ③145 $\sin\theta+\cos\theta=\dfrac{1}{2}$ $(0°<\theta<180°)$ のとき，$\sin\theta\cos\theta$, $\sin\theta-\cos\theta$, $\dfrac{\cos^2\theta}{\sin\theta}+\dfrac{\sin^2\theta}{\cos\theta}$, $\sin^4\theta+\cos^4\theta$, $\sin^4\theta-\cos^4\theta$ の値をそれぞれ求めよ。　[類 京都薬大] p.247 EX102 ＼

重要 例題 146 三角比の等式と式の値

$0°≦θ≦180°$ とする。$\cos θ-\sin θ=\dfrac{1}{2}$ のとき，$\tan θ$ の値を求めよ。 ╱基本144

指針 $\tan θ$ の値は $\sin θ$，$\cos θ$ の値がわかると求められる。そこで，与えられた関係式と**かくれた条件 $\sin^2 θ+\cos^2 θ=1$ を連立させて**，$\sin θ$，$\cos θ$ の値を求める。

CHART 三角比の計算 かくれた条件 $\sin^2 θ+\cos^2 θ=1$ が効く

解答

$\cos θ-\sin θ=\dfrac{1}{2}$ から $\cos θ=\sin θ+\dfrac{1}{2}$ …… ①

① を $\sin^2 θ+\cos^2 θ=1$ に代入して

$$\sin^2 θ+\left(\sin θ+\dfrac{1}{2}\right)^2=1^{1)}$$

ゆえに $2\sin^2 θ+\sin θ-\dfrac{3}{4}=0$

よって $8\sin^2 θ+4\sin θ-3=0$

これを $\underline{\sin θ \text{ の2次方程式}}$ とみて，$\sin θ$ について解くと

$$\sin θ=\dfrac{-2\pm\sqrt{2^2-8\cdot(-3)}}{8}\,^{2)}=\dfrac{-2\pm2\sqrt{7}}{8}=\dfrac{-1\pm\sqrt{7}}{4}$$

$0≦\sin θ≦1$ であるから $\sin θ=\dfrac{-1+\sqrt{7}}{4}$

このとき，① から $\cos θ=\dfrac{-1+\sqrt{7}}{4}+\dfrac{1}{2}=\dfrac{1+\sqrt{7}}{4}$

したがって $\tan θ=\dfrac{\sin θ}{\cos θ}=\dfrac{-1+\sqrt{7}}{1+\sqrt{7}}\,^{3)}=\dfrac{4-\sqrt{7}}{3}$

別解 $θ=90°$ は与えられた等式を満たさないから $θ\neq90°$

よって，$\cos θ\neq0$ であるから，等式の両辺を $\cos θ$ で

割って $1-\tan θ=\dfrac{1}{2\cos θ}$

ゆえに $\dfrac{1}{\cos θ}=2(1-\tan θ)$

$\dfrac{1}{\cos^2 θ}=1+\tan^2 θ$ から $4(1-\tan θ)^2=1+\tan^2 θ$

整理すると $3\tan^2 θ-8\tan θ+3=0$

$\tan θ$ について解くと $\tan θ=\dfrac{4\pm\sqrt{7}}{3}\,^{4)}$

関係式より $\cos θ>\sin θ≧0^{5)}$ であるから $0≦\tan θ<1$

したがって $\tan θ=\dfrac{4-\sqrt{7}}{3}$

---

1) $\sin θ$ を消去して $\cos θ$ について解くと

$\cos θ=\dfrac{1\pm\sqrt{7}}{4}$ となる。

このうち $\cos θ=\dfrac{1-\sqrt{7}}{4}$

は，$\sin θ=\cos θ-\dfrac{1}{2}$

$=\dfrac{-1-\sqrt{7}}{4}<0$ となり適

さないが，この判断を見逃

すこともあるので，$\cos θ$

の消去が無難。

2) 2次方程式

$ax^2+2b'x+c=0$ の解は

$$x=\dfrac{-b'\pm\sqrt{b'^2-ac}}{a}$$

3) $\dfrac{-1+\sqrt{7}}{1+\sqrt{7}}$

$=\dfrac{(\sqrt{7}-1)^2}{(\sqrt{7}+1)(\sqrt{7}-1)}$

$=\dfrac{8-2\sqrt{7}}{6}=\dfrac{4-\sqrt{7}}{3}$

4) $\tan θ$

$=\dfrac{-(-4)\pm\sqrt{(-4)^2-3\cdot3}}{3}$

5) $\cos θ=\sin θ+\dfrac{1}{2}$，

$\sin θ≧0$ であるから

$\cos θ>\sin θ≧0$

練習 $0°<θ<180°$ とする。$4\cos θ+2\sin θ=\sqrt{2}$ のとき，$\tan θ$ の値を求めよ。 〔大阪産大〕

③**146**

p.247 EX103, 104

4章

⓰ 三角比の拡張

基本 例題 **147** 2直線のなす角　　　🕐🕐🕐🕐🕐

(1) 直線 $y=-\dfrac{1}{\sqrt{3}}x$ …… ①, $y=\dfrac{1}{\sqrt{3}}x$ …… ② が x 軸の正の向きとなす

　角をそれぞれ α, β とする。α, β を求めよ。また, 2直線 ①, ② のなす鋭角を
　求めよ。ただし, $0°<\alpha<180°$, $0°<\beta<180°$ とする。

(2) 2直線 $y=-\sqrt{3}\,x$, $y=x+1$ のなす鋭角を求めよ。　　／p.232 基本事項 **5**, 基本 **142**

指針 直線 $y=mx$ と x 軸の正の向きとのなす角を θ とすると

$$m=\tan\theta\ (0°\le\theta<90°,\ 90°<\theta<180°)$$

(1) (後半) 2直線のなす角は, $\alpha>\beta$ のとき $\alpha-\beta$ である。
　なお, 求めるのは鋭角であるから, $\alpha-\beta>90°$ ならば
　$180°-(\alpha-\beta)$ が求める角度である。

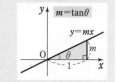

(2) 直線は平行移動しても傾きは変わらないから,「直線 $y=mx+n$ と x 軸の正の向き
　とのなす角」は,「直線 $y=mx$ と x 軸の正の向きとのなす角」に等しい。

CHART 2直線のなす角　まず, 各直線と x 軸のなす角に注目

🖊 **解答**

(1) 条件から　　$\tan\alpha=-\dfrac{1}{\sqrt{3}}$

　　$0°<\alpha<180°$ であるから　　$\alpha=150°$

　　また　　$\tan\beta=\dfrac{1}{\sqrt{3}}$

　　$0°<\beta<180°$ であるから　　$\beta=30°$
　　ゆえに, 2直線 ①, ② のなす角は
　　　　$\alpha-\beta=150°-30°=120°>90°$
　　よって, 求める鋭角は
　　　　$180°-120°=60°$

◀$\tan\alpha$, $\tan\beta$ はそれぞれ直線 ①, ② の傾きに一致。

◀$\tan$ の三角方程式を解く。(p.236 例題 **142** と同様。)

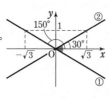

◀$\alpha-\beta>90°$ ならば, なす鋭角は $180°-(\alpha-\beta)$

(2) 2直線 $y=-\sqrt{3}\,x$, $y=x+1$ の
　　$y>0$ の部分と x 軸の正の向きと
　　のなす角を, それぞれ α, β とす
　　ると, $0°<\alpha<180°$, $0°<\beta<180°$
　　で
　　　　$\tan\alpha=-\sqrt{3}$, $\tan\beta=1$
　　よって　　$\alpha=120°$, $\beta=45°$
　　図から, 求める鋭角は
　　　　$\alpha-\beta=120°-45°=\mathbf{75°}$

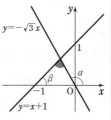

◀$y=x+1$ の傾きは $y=x$ の傾きと同じで 1

◀$\tan120°=-\sqrt{3}$, $\tan45°=1$

◀求める角は, 2直線の図をかいて判断 する。

練習 次の2直線のなす鋭角 θ を求めよ。

②**147** (1) $\sqrt{3}\,x-y=0$, $x-\sqrt{3}\,y=0$　　(2) $x-y=1$, $x+\sqrt{3}\,y+2=0$

p.247 EX105

$0°≦θ≦180°$ のとき，次の不等式を満たす $θ$ の値の範囲を求めよ。

(1) $\sin θ > \dfrac{1}{2}$ 　　　 (2) $\cos θ ≦ \dfrac{1}{\sqrt{2}}$ 　　　 (3) $\tan θ < \sqrt{3}$

基本 141, 142　演習 151

指針 　三角比を含む不等式 は，三角比を含む方程式（p.235，236 基本例題 **141**，**142**）同様，原点を中心とする半径 1 の半円を利用 して解く。
　① 半円の図をかいて，不等号を ＝ とおいた三角比を含む方程式を解く。
　② それぞれ次の座標に着目して，不等式の解を求める。
　　$\sin θ$ の不等式 …… 解答(1)の図で，半円上の点 P の y 座標
　　$\cos θ$ の不等式 …… 解答(2)の図で，半円上の点 P の x 座標
　　$\tan θ$ の不等式 …… 解答(3)の図で，直線 $x=1$ 上の点 T の y 座標

CHART 　三角比を含む不等式の解法　まず ＝ とおいた方程式を解く

4 章

⑯ 三角比の拡張

解答 　A$(1,\ 0)$ とする。

(1) 　$\sin θ = \dfrac{1}{2}$ を解くと　　　$θ=30°,\ 150°$

　半径 1 の半円に対して，x 軸に平行な直線 $y=k$ を上下に動かし，この直線と半円との共有点 P の y 座標 k が $\dfrac{1}{2}$ より大きくなるような $∠\mathrm{AOP}$ の範囲が，求める $θ$ の値の範囲である。よって　　**$30°<θ<150°$**

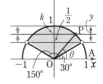

(2) 　$\cos θ = \dfrac{1}{\sqrt{2}}$ を解くと　　　$θ=45°$

　半径 1 の半円に対して，y 軸に平行な直線 $x=k$ を左右に動かし，この直線と半円との共有点 P の x 座標 k が $\dfrac{1}{\sqrt{2}}$ 以下になるような $∠\mathrm{AOP}$ の範囲が，求める $θ$ の値の範囲である。よって　　**$45°≦θ≦180°$**

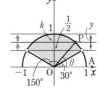

(3) 　$\tan θ = \sqrt{3}$ を解くと　　　$θ=60°$

　半径 1 の半円周上の点 P に対して，直線 OP を原点を中心として回転させたとき，直線 OP と直線 $x=1$ との共有点 T の y 座標 m が $\sqrt{3}$ より小さくなるような $∠\mathrm{AOP}$ の範囲が，求める $θ$ の値の範囲である。
　よって　　**$0°≦θ<60°,\ 90°<θ≦180°$**

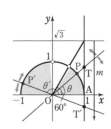

注意 　(3) $\tan θ$ については，$θ≠90°$ であることに注意する。
また，上の解答では詳しく書いているが，慣れてきたら，練習 148 の解答のように簡単に答えてもよい（解答編 p.146 参照）。

練習 　$0°≦θ≦180°$ のとき，次の不等式を満たす $θ$ の値の範囲を求めよ。
③**148** 　(1) 　$\sqrt{2}\sin θ-1≦0$ 　　　 (2) 　$2\cos θ+1>0$ 　　　 (3) 　$\tan θ>-1$

重要 例題 **149** 三角比を含む不等式 (2)

$0° \leqq \theta \leqq 180°$ のとき，次の不等式を解け。

(1) $2\sin^2\theta - \cos\theta - 1 \leqq 0$ (2) $2\cos^2\theta + 3\sin\theta < 3$ ／重要 **143, 148**

指針 要領は $p.237$ 重要例題 **143** と同じ。$\sin^2\theta = 1 - \cos^2\theta$ または $\cos^2\theta = 1 - \sin^2\theta$ を代入し，$\sin\theta$ または $\cos\theta$ いずれか 1 種類の三角比の不等式 に直して解く。

CHART 三角比の計算 かくれた条件 $\sin^2\theta + \cos^2\theta = 1$ が効く

解答

(1) $\sin^2\theta = 1 - \cos^2\theta$ であるから
$$2(1 - \cos^2\theta) - \cos\theta - 1 \leqq 0$$
整理すると $\quad 2\cos^2\theta + \cos\theta - 1 \geqq 0$ ◀ $\cos\theta$ の 2 次不等式。

$\cos\theta = t$ とおくと，$0° \leqq \theta \leqq 180°$ のとき ◀ おき換えを利用する。t の変域に要注意！
$$-1 \leqq t \leqq 1 \quad \cdots\cdots ①$$
不等式は $\quad 2t^2 + t - 1 \geqq 0 \quad \therefore \quad (t+1)(2t-1) \geqq 0$ ◀「$\therefore$」は「ゆえに」を表す記号である。

よって $\quad t \leqq -1, \quad \dfrac{1}{2} \leqq t$ ◀ $(x-\alpha)(x-\beta) \geqq 0 \ (\alpha < \beta)$ $\iff x \leqq \alpha, \ \beta \leqq x$

① との共通範囲を求めて $\quad t = -1, \quad \dfrac{1}{2} \leqq t \leqq 1$

$t = -1$ すなわち $\cos\theta = -1$ を解いて $\quad \theta = 180°$

$\dfrac{1}{2} \leqq t \leqq 1$ すなわち $\dfrac{1}{2} \leqq \cos\theta \leqq 1$ を解いて
$$0° \leqq \theta \leqq 60°$$
以上から $\quad \boldsymbol{0° \leqq \theta \leqq 60°, \ \theta = 180°}$

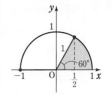

(2) $\cos^2\theta = 1 - \sin^2\theta$ であるから
$$2(1 - \sin^2\theta) + 3\sin\theta < 3$$
整理すると $\quad 2\sin^2\theta - 3\sin\theta + 1 > 0$ ◀ $\sin\theta$ の 2 次不等式。

$\sin\theta = t$ とおくと，$0° \leqq \theta \leqq 180°$ のとき ◀ おき換えを利用する。t の変域に要注意！
$$0 \leqq t \leqq 1 \quad \cdots\cdots ①$$
不等式は $\quad 2t^2 - 3t + 1 > 0 \quad \therefore \quad (2t-1)(t-1) > 0$

よって $\quad t < \dfrac{1}{2}, \quad 1 < t$

① との共通範囲を求めて $\quad 0 \leqq t < \dfrac{1}{2}$

求める解は，$0 \leqq t < \dfrac{1}{2}$ すなわち $0 \leqq \sin\theta < \dfrac{1}{2}$ を解いて
$$\boldsymbol{0° \leqq \theta < 30°, \ 150° < \theta \leqq 180°}$$

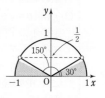

練習 $0° \leqq \theta \leqq 180°$ のとき，次の不等式を解け。
③**149** (1) $2\sin^2\theta - 3\cos\theta > 0$
(2) $4\cos^2\theta + (2 + 2\sqrt{2})\sin\theta > 4 + \sqrt{2}$

〔(2) 類 九州国際大〕

重要 例題 150 三角比の2次関数の最大・最小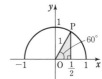

$30° \leqq \theta \leqq 90°$ のとき，関数 $y = \sin^2\theta + \cos\theta + 1$ の最大値，最小値を求めよ。また，そのときの θ の値も求めよ。 〔類 北海道情報大〕

基本 80，重要 143

指針 ① p.237，244 同様，複数の三角比を含む式は，まず 1種類の三角比の式 で表す。
そこで，**かくれた条件** $\sin^2\theta + \cos^2\theta = 1$ を用いて，右辺を $\cos\theta$ だけの式で表すと，y は $\cos\theta$ についての2次関数となる。
② 処理しやすいように，$\cos\theta$ を t でおき換えるとよい。
このとき，t の変域に注意！
③ t の2次関数の最大・最小問題となる。— 2次式は基本形に直す。

三角比の式
CHART ① sin，cos，tan のいずれか 1種類で表す
② sin と cos が混じった式 → $\sin^2\theta + \cos^2\theta = 1$ が効く

4 章

16 三角比の拡張

解答

$\sin^2\theta = 1 - \cos^2\theta$ であるから
$$y = \sin^2\theta + \cos\theta + 1 = (1 - \cos^2\theta) + \cos\theta + 1$$
$$= -\cos^2\theta + \cos\theta + 2$$
$\cos\theta = t$ とおくと，$30° \leqq \theta \leqq 90°$ のとき
$$0 \leqq t \leqq \frac{\sqrt{3}}{2} \quad \cdots\cdots ①$$
y を t の式で表すと
$$y = -t^2 + t + 2$$
$$= -\left(t - \frac{1}{2}\right)^2 + \frac{9}{4}$$
① の範囲において，y は
$$t = \frac{1}{2} \text{ で最大値 } \frac{9}{4},$$
$$t = 0 \text{ で最小値 } 2$$
をとる。
$30° \leqq \theta \leqq 90°$ であるから
$$t = \frac{1}{2} \text{ となるのは，} \cos\theta = \frac{1}{2} \text{ から} \quad \theta = 60°$$
$$t = 0 \text{ となるのは，} \cos\theta = 0 \text{ から} \quad \theta = 90°$$
よって $\theta = 60°$ のとき最大値 $\dfrac{9}{4}$，
$\theta = 90°$ のとき最小値 2

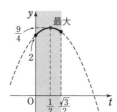

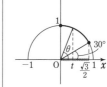

◀ $-t^2 + t + 2$
$= -(t^2 - t) + 2$
$= -\left(t - \dfrac{1}{2}\right)^2 + \left(\dfrac{1}{2}\right)^2 + 2$

◀軸 $t = \dfrac{1}{2}$ は **区間内** で
中央より右 にあるから，頂点で最大，軸から遠い端 $(t=0)$ で最小となる。

練習 次の関数の最大値・最小値，およびそのときの θ の値を求めよ。
④150 (1) $0° \leqq \theta \leqq 180°$ のとき $y = 4\cos^2\theta + 4\sin\theta + 5$ 〔(1) 類 自治医大〕
(2) $0° < \theta < 90°$ のとき $y = 2\tan^2\theta - 4\tan\theta + 3$

p.247 EX106

17 三角比の関連発展問題

演習 例題 **151** 係数に三角比を含む2次方程式の解の条件 🏃🏃🏃🏃🏃

$0° \leqq \theta \leqq 180°$ とする。x の2次方程式 $x^2 - 2\sqrt{2}(\cos\theta)x + \cos\theta = 0$ が，異なる2つの実数解をもち，それらがともに正となるような θ の値の範囲を求めよ。

基本 126，重要 148

指針 2次方程式 $ax^2 + bx + c = 0$ の解と数 k との大小の問題は，
$p.208$ 基本例題 **126** で学習したように，関数
$f(x) = ax^2 + bx + c$ のグラフ（放物線）と x 軸の交点に関する
条件に読みかえて解く。ポイントとなるのは
判別式 D の符号，軸 の位置，$f(k)$ の符号
└ この問題では $k = 0$

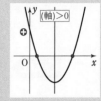

CHART 2次方程式の解の正負 グラフ利用 D，軸，$f(0)$ に着目

解答 $f(x) = x^2 - 2\sqrt{2}(\cos\theta)x + \cos\theta$ とし，2次方程式
$f(x) = 0$ の判別式を D とする。
2次方程式 $f(x) = 0$ が異なる2つの正の実数解をもつため
の条件は，放物線 $y = f(x)$ が x 軸の正の部分と，異なる2
点で交わることである。
すなわち，次の [1]，[2]，[3] が同時に成り立つときであ
る。
  [1] $D > 0$
  [2] 軸が $x > 0$ の範囲にある
  [3] $f(0) > 0$
また，$0° \leqq \theta \leqq 180°$ のとき $-1 \leqq \cos\theta \leqq 1$ …… ①

[1] $\dfrac{D}{4} = (-\sqrt{2}\cos\theta)^2 - 1 \cdot \cos\theta = \cos\theta(2\cos\theta - 1)$

  $D > 0$ から $\cos\theta < 0,\ \dfrac{1}{2} < \cos\theta$ …… ②

[2] 放物線の軸は直線 $x = \sqrt{2}\cos\theta$ であるから
    $\sqrt{2}\cos\theta > 0$
  よって $\cos\theta > 0$ …… ③

[3] $f(0) > 0$ から $\cos\theta > 0$ …… ④

①～④ の共通範囲を求めて $\dfrac{1}{2} < \cos\theta \leqq 1$

$0° \leqq \theta \leqq 180°$ であるから $\mathbf{0° \leqq \theta < 60°}$

[2] 放物線
  $y = ax^2 + bx + c$ の軸は
    直線 $x = -\dfrac{b}{2a}$
  よって，放物線 $y = f(x)$
  の軸は
    直線 $x = \sqrt{2}\cos\theta$

◀この条件が加わる。

◀計算に慣れてきたら，
  $\cos\theta = t$ とおかないで，
  そのまま計算する。

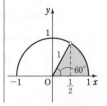

練習 $0° \leqq \theta \leqq 180°$ とする。x の2次方程式 $x^2 + 2(\sin\theta)x + \cos^2\theta = 0$ が，異なる2つの実
④**151** 数解をもち，それらがともに負となるような θ の値の範囲を求めよ。 p.247 EX 107

▪▪▪ EXERCISES　　16 三角比の拡張，17 三角比の関連発展問題

②**100** (1) $\sin 140°+\cos 130°+\tan 120°$ はいくらか。　　　　　[(1) 防衛医大]

　　　　(2) $0°<\theta<90°$ とする。$p=\sin\theta$ とするとき，

　　　　$\sin(90°-\theta)+\sin(180°-\theta)\cos(90°+\theta)$ を p を用いて表せ。　　→**140**

③**101** $0°\leqq\theta\leqq180°$ とする。方程式 $2\cos^2\theta+\cos\theta-2\sin\theta\cos\theta-\sin\theta=0$ を解け。

　　　　　　　　　　　　　　　　　　　　　　　　　　[類 摂南大] →**143**

③**102** $0°<\theta<90°$ とする。$\tan\theta+\dfrac{1}{\tan\theta}=3$ のとき，次の式の値を求めよ。

　　　　(1) $\sin\theta\cos\theta$ 　　　　　　　(2) $\sin\theta+\cos\theta$

　　　　(3) $\sin^3\theta+\cos^3\theta$ 　　　　(4) $\dfrac{1}{\sin^3\theta}+\dfrac{1}{\cos^3\theta}$ 　　[名古屋学院大] →**145**

③**103** (1) $2\sin\theta-\cos\theta=1$ のとき，$\sin\theta$, $\cos\theta$ の値を求めよ。ただし，$0°<\theta<90°$ とする。　　　　　　　　　　　　　　　　　　　　　　　[金沢工大]

　　　　(2) $0°\leqq\theta\leqq180°$ とする。$\tan\theta=\dfrac{2}{3}$ のとき，$\dfrac{1-2\cos^2\theta}{1+2\sin\theta\cos\theta}$ の値を求めよ。

　　　　　　　　　　　　　　　　　　　　　　　　[福岡工大] →**144,146**

④**104** $0°\leqq x\leqq180°$, $0°\leqq y\leqq180°$ とする。

　　　　連立方程式 $\cos^2 x+\sin^2 y=\dfrac{1}{2}$, $\sin x\cos(180°-y)=-\dfrac{3}{4}$ を解け。　　→**146**

③**105** 直線 $y=x-1$ と $15°$ の角をなす直線で，点 $(0, 1)$ を通るものは 2 本存在する。これらの直線の方程式を求めよ。　　　　　　　　　　　　　　　　→**147**

④**106** $0°\leqq\theta\leqq180°$ のとき，$y=\sin^4\theta+\cos^4\theta$ とする。$\sin^2\theta=t$ とおくと，

　　　　$y=$ ゙ア$\boxed{}t^2-$イ$\boxed{}t+$ウ$\boxed{}$ と表されるから，y は $\theta=$エ$\boxed{}$ のとき最大値

　　　　オ$\boxed{}$，$\theta=$カ$\boxed{}$ のとき最小値 キ$\boxed{}$ をとる。　　　　→**150**

④**107** $0°\leqq\theta\leqq180°$ とする。x の 2 次方程式 $x^2-(\cos\theta)x+\cos\theta=0$ が異なる 2 つの実数解をもち，それらがともに $-1<x<2$ の範囲に含まれるような θ の値の範囲を求めよ。　　　　　　　　　　　　　　　　　　　[秋田大] →**151**

HINT

100 (2) $0°<\theta<90°$ のとき，$\cos\theta>0$ であるから　$\cos\theta=\sqrt{1-\sin^2\theta}$

101 $\cos\theta$ について 2 次式，$\sin\theta$ について 1 次式であるから，次数の低い $\sin\theta$ について整理。

102 $\sin\theta$, $\cos\theta$ の対称式は $\sin\theta+\cos\theta$, $\sin\theta\cos\theta$ で表す。

　　　(1) $\tan\theta+\dfrac{1}{\tan\theta}=\dfrac{\sin\theta}{\cos\theta}+\dfrac{\cos\theta}{\sin\theta}$ と変形。

103 (1) 条件の式と $\sin^2\theta+\cos^2\theta=1$ から，$\cos\theta$ を消去する。

　　　(2) $\cos\theta$, $\sin\theta$ の値を求める。

104 かくれた条件 $\sin^2 x+\cos^2 x=1$, $\sin^2 y+\cos^2 y=1$ を利用する。

105 すべて，原点を通る直線に平行移動したもので考える。

106 t の変域に注意。

107 2 次関数のグラフを利用する。D, 軸の位置，$f(-1)$, $f(2)$ の符号に着目する。

18 正弦定理と余弦定理

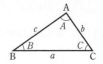

基本事項

以後，$\triangle ABC$ において，頂点 A，B，C に向かい合う辺（対辺）
BC，CA，AB の長さ を，それぞれ a，b，c で表し，
∠A，∠B，∠C の大きさ を，それぞれ A，B，C で表す。

1 正弦定理

$\triangle ABC$ の外接円の半径を R とすると

$$\frac{a}{\sin A} = \frac{b}{\sin B} = \frac{c}{\sin C} = 2R$$

2 余弦定理

$\triangle ABC$ において
$$a^2 = b^2 + c^2 - 2bc\cos A$$
$$b^2 = c^2 + a^2 - 2ca\cos B$$
$$c^2 = a^2 + b^2 - 2ab\cos C$$

余弦定理から，次の等式が得られる。

$$\cos A = \frac{b^2 + c^2 - a^2}{2bc}, \quad \cos B = \frac{c^2 + a^2 - b^2}{2ca}, \quad \cos C = \frac{a^2 + b^2 - c^2}{2ab}$$

3 三角形の成立条件 $\quad |b - c| < a < b + c$

4 三角形の辺と角の大小

[1] $a < b \Longleftrightarrow A < B$ [2] $A < 90° \Longleftrightarrow a^2 < b^2 + c^2$
$\quad\;\; a = b \Longleftrightarrow A = B \qquad\qquad A = 90° \Longleftrightarrow a^2 = b^2 + c^2$
$\quad\;\; a > b \Longleftrightarrow A > B \qquad\qquad A > 90° \Longleftrightarrow a^2 > b^2 + c^2$

解 説

■ 三角形の外接円

三角形の 3 つの頂点を通る円を，その三角形の **外接円** という。
円周角は中心角の半分であることから **円に内接する四角形の対角の
和は 180°** であることがわかる（詳しくは数学 A で学習する）。

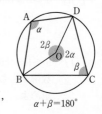

$\alpha + \beta = 180°$

■ 正弦定理

$a = 2R\sin A$ は，半円の弧に対する円周角が 90° であることを利用して，
次のように証明できる。

[1] $A < 90°$ のとき　　　　[2] $A = 90°$ のとき　　　　[3] $A > 90°$ のとき

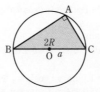

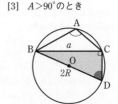

$$\begin{aligned}\sin A &= \sin D \\ &= \frac{BC}{BD} = \frac{a}{2R}\end{aligned}$$

$$\begin{aligned}2R\sin A &= 2R\sin 90° \\ &= 2R = a\end{aligned}$$

$$\begin{aligned}\sin A &= \sin(180° - D) \\ &= \sin D = \frac{BC}{BD} = \frac{a}{2R}\end{aligned}$$

解説

同様にして $b=2R\sin B$, $c=2R\sin C$ が成り立つ。また，$a=2R\sin A$, $b=2R\sin B$, $c=2R\sin C$ から $\boldsymbol{a:b:c=\sin A:\sin B:\sin C}$ となる。
つまり，3辺の長さの比と正弦の値の比は一致する（$p.258$ 基本例題 **157** 参照）。

■ 余弦定理

右の図のように，座標軸をとると，△ABC の頂点の座標は
$$A(0, 0),\ B(c, 0),\ C(b\cos A,\ b\sin A)$$
頂点 C から辺 AB に垂線 CH を下ろし，直角三角形 BCH で
三平方の定理から $\quad BC^2=BH^2+CH^2$
ゆえに $\quad a^2=|c-b\cos A|^2+(b\sin A)^2$
$$=c^2-2bc\cos A+b^2(\underline{\cos^2 A+\sin^2 A})$$
すなわち $\quad a^2=b^2+c^2-2bc\cos A$ ……（＊）
（＊）で，$a\longrightarrow b$, $b\longrightarrow c$, $c\longrightarrow a$, $A\longrightarrow B$ とすると
$$b^2=c^2+a^2-2ca\cos B$$
更に $\quad b\longrightarrow c$, $c\longrightarrow a$, $a\longrightarrow b$, $B\longrightarrow C$ とすると
$$c^2=a^2+b^2-2ab\cos C$$

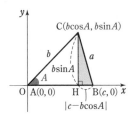

◀このように，文字を変えることを **循環的に変える** という。
（＊）は A が直角や鈍角のときも成り立つ。

■ 三角形の成立条件

三角形の2辺の長さの和は，他の1辺の長さより大きい ことが
知られている。このことを三角比を用いて証明してみよう。

◀詳しくは数学 A で学習する。

右の図で $\quad -1<\cos B<1$, $-1<\cos C<1$
また $\quad a=c\cos B+b\cos C$ ← $p.255$ 検討 参照。
ゆえに $\quad b+c-a=b(1-\cos C)+c(1-\cos B)>0$
よって $\quad a<b+c$ 同様に $\quad b<c+a$, $c<a+b$
ゆえに $\quad a<b+c$ かつ $b<c+a$ かつ $c<a+b$
また，$b<c+a$ かつ $c<a+b$ から $\quad b-c<a$ かつ $c-b<a$
この2つは $|b-c|<a$ とまとめられるから，$\boldsymbol{|b-c|<a<b+c}$ が成り立つ。
（同様に，$|c-a|<b<c+a$, $|a-b|<c<a+b$ である。）

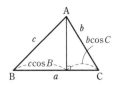

■ 三角形の辺と角の大小

[1] $a<b\Longleftrightarrow A<B$ を証明する。他も同様にして証明できる。
$$\cos A-\cos B=\frac{b^2+c^2-a^2}{2bc}-\frac{c^2+a^2-b^2}{2ca}=\frac{ab^2+ac^2-a^3-bc^2-a^2b+b^3}{2abc}\ \text{であり}$$
（分子）$=(a-b)c^2+ab^2-a^3-a^2b+b^3=(a-b)c^2+(b^3-a^3)+ab(b-a)$
$$=-(b-a)c^2+(b-a)(b^2+ab+a^2)+ab(b-a)=(b-a)(-c^2+b^2+ab+a^2+ab)$$
$$=(b-a)\{(a+b)^2-c^2\}=(b-a)(a+b+c)(a+b-c)$$
ここで，$a+b+c>0$, $a+b-c>0$（三角形の成立条件より），$2abc>0$ であるから
$$b-a>0\Longleftrightarrow a<b\Longleftrightarrow \cos A-\cos B>0\Longleftrightarrow \cos A>\cos B\Longleftrightarrow 0<A<B<180°$$
注意 $0°\leqq\alpha\leqq180°$, $0°\leqq\beta\leqq180°$ のとき $\boldsymbol{\alpha<\beta\Longleftrightarrow\cos\alpha>\cos\beta}$ が成り立つ。

[2] ∠A を最大の角とすると，$\cos A=\dfrac{b^2+c^2-a^2}{2bc}$ であるから，次のことが成り立つ。

（鋭角三角形） $A<90°\Longleftrightarrow\cos A>0\Longleftrightarrow b^2+c^2-a^2>0\Longleftrightarrow \boldsymbol{a^2<b^2+c^2}$

（直角三角形） $A=90°\Longleftrightarrow\cos A=0\Longleftrightarrow b^2+c^2-a^2=0\Longleftrightarrow \boldsymbol{a^2=b^2+c^2}$

（鈍角三角形） $A>90°\Longleftrightarrow\cos A<0\Longleftrightarrow b^2+c^2-a^2<0\Longleftrightarrow \boldsymbol{a^2>b^2+c^2}$

4章

⑱ 正弦定理と余弦定理

基本例題 152 正弦定理の利用 〇〇〇〇〇

$\triangle ABC$ において，外接円の半径を R とする。次のものを求めよ。

(1) $b=4$，$B=30°$，$C=105°$ のとき a と R

(2) $a=\sqrt{6}$，$b=2$，$A=60°$ のとき B と C

/p.248 基本事項 **1**

指針 $\triangle ABC$ において，a と A，b と B，c と C のように，
1辺とその対角 が与えられたときは，

$$\text{正弦定理}\quad \frac{a}{\sin A}=\frac{b}{\sin B}=\frac{c}{\sin C}=2R$$

（R は $\triangle ABC$ の外接円の半径）

の利用を考える。与えられた辺や角に応じて必要な等式を取り出して使う。また，$A+B+C=180°$ も利用。

(2) 正弦定理から，$\sin \theta=k$ の形が得られる。これから θ を決めるときは，$A+B+C=180°$ を満たすかどうかに注意する。

$$\frac{●}{\sin \theta}=2R$$

解答

(1) $A+B+C=180°$ であるから
$$A=180°-(30°+105°)=45°$$

正弦定理により，$\dfrac{a}{\sin A}=\dfrac{b}{\sin B}$

であるから $\dfrac{a}{\sin 45°}=\dfrac{4}{\sin 30°}$

よって $a=\dfrac{4}{\sin 30°}\cdot \sin 45°=4\div \dfrac{1}{2}\times \dfrac{1}{\sqrt{2}}=4\sqrt{2}$

また，正弦定理により，$\dfrac{b}{\sin B}=2R$ であるから

$$\frac{4}{\sin 30°}=2R$$

よって $R=\dfrac{4}{2\sin 30°}=\dfrac{4}{2\cdot \dfrac{1}{2}}=4$

◀まず，左のような図をかく。

◀b と B が与えられていて，a を求めるから，まず A を求めて，正弦定理の $\dfrac{a}{\sin A}=\dfrac{b}{\sin B}$ の等式を使う。

◀R を求めるから，正弦定理の $\dfrac{b}{\sin B}=2R$ の等式を使う。

(2) 正弦定理により，$\dfrac{a}{\sin A}=\dfrac{b}{\sin B}$

であるから $\dfrac{\sqrt{6}}{\sin 60°}=\dfrac{2}{\sin B}$

ゆえに $\sin B=\dfrac{2}{\sqrt{6}}\sin 60°$

$$=\dfrac{2}{\sqrt{6}}\cdot \dfrac{\sqrt{3}}{2}=\dfrac{1}{\sqrt{2}}$$

$0°<B<180°-A$ より $0°<B<120°$ であるから $B=45°$

よって $C=180°-(A+B)=180°-(60°+45°)=75°$

◀B と C を求めるが，与えられているものが a，b，A であるから，まず B を求める。

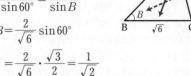

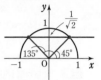

練習 $\triangle ABC$ において，外接円の半径を R とする。次のものを求めよ。
②**152** (1) $A=60°$，$C=45°$，$a=3$ のとき c と R

(2) $a=\sqrt{2}$，$B=50°$，$R=1$ のとき A と C

基本 例題 153 余弦定理の利用

△ABC において，次のものを求めよ。

(1) $A=60°$，$b=5$，$c=3$ のとき a

(2) $a=2$，$b=\sqrt{6}$，$B=60°$ のとき c

(3) $a=\sqrt{10}$，$b=\sqrt{2}$，$c=2$ のとき A

p.248 基本事項 **2**

指針 (1) 2辺とその間の角 が条件であるから，

余弦定理 $a^2=b^2+c^2-2bc\cos A$ を利用。

(2) c の対角 C がわからないから，$\cos C$ を含む余弦定理
$c^2=a^2+b^2-2ab\cos C$ は使えない。そこで，与えられて
いる B を含む余弦定理 $b^2=c^2+a^2-2ca\cos B$ により，
c の2次方程式を作って解く。$c>0$ に注意。

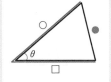

●^{2}＝○^{2}＋□^{2}－2○□$\cos\theta$

(3) 3辺 が条件であるから，$\cos A=\dfrac{b^2+c^2-a^2}{2bc}$ を利用して，まず $\cos A$ を求める。

解答

(1) 余弦定理により
$$a^2=b^2+c^2-2bc\cos A$$
$$=5^2+3^2-2\cdot5\cdot3\cos60°$$
$$=25+9-2\cdot5\cdot3\cdot\frac{1}{2}=19$$
$a>0$ であるから $\quad\boldsymbol{a=\sqrt{19}}$

◀まず，図をかいてみるとよい。

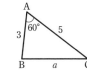

◀a は辺の長さであるから正。

(2) 余弦定理により，
$$b^2=c^2+a^2-2ca\cos B$$
であるから
$$(\sqrt{6})^2=c^2+2^2-2\cdot c\cdot2\cos60°$$
ゆえに $\quad c^2-2c-2=0$
これを解いて
$$c=-(-1)\pm\sqrt{(-1)^2-1\cdot(-2)}$$
$$=1\pm\sqrt{3}$$
$c>0$ であるから $\quad\boldsymbol{c=1+\sqrt{3}}$

◀2次方程式
$ax^2+2b'x+c=0$ の解は
$$x=\frac{-b'\pm\sqrt{b'^2-ac}}{a}$$

(3) 余弦定理により
$$\cos A=\frac{b^2+c^2-a^2}{2bc}$$
$$=\frac{(\sqrt{2})^2+2^2-(\sqrt{10})^2}{2\cdot\sqrt{2}\cdot2}=-\frac{1}{\sqrt{2}}$$
したがって $\quad\boldsymbol{A=135°}$

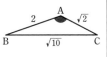

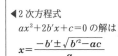

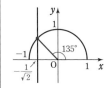

練習 ②153 △ABC において，次のものを求めよ。

(1) $b=\sqrt{6}-\sqrt{2}$，$c=2\sqrt{3}$，$A=45°$ のとき a と C

(2) $a=2$，$c=\sqrt{6}-\sqrt{2}$，$C=30°$ のとき b

(3) $a=1+\sqrt{3}$，$b=\sqrt{6}$，$c=2$ のとき B

基本 例題 154 三角形の解法 (1)

$\triangle$ABC において，次のものを求めよ。

(1) $b=\sqrt{6}$，$c=\sqrt{3}-1$，$A=45°$ のとき a, B, C

(2) $a=1+\sqrt{3}$，$b=2$，$c=\sqrt{6}$ のとき A, B, C

／基本 153

指針 (1) 条件は，2辺とその間の角 ⟶ まず，**余弦定理** で a を求める。

次に，C から求めようとするとうまくいかない。よって，他の角 B から求める。

(2) 条件は，3辺 ⟶ **余弦定理** の利用。B, C から求めるとよい。

三角形の解法

CHART ① 2角と1辺（外接円の半径）が条件なら **正弦定理**

② 3辺，2辺とその間の角　が条件なら **余弦定理**

解答 (1) 余弦定理により

$$a^2=(\sqrt{6})^2+(\sqrt{3}-1)^2-2\cdot\sqrt{6}(\sqrt{3}-1)\cos 45°$$
$$=6+(4-2\sqrt{3})-(6-2\sqrt{3})=4$$

$a>0$ であるから　$a=2$

余弦定理により

$$\cos B=\frac{(\sqrt{3}-1)^2+2^2-(\sqrt{6})^2}{2(\sqrt{3}-1)\cdot2}$$
$$=\frac{2(1-\sqrt{3})}{4(\sqrt{3}-1)}=-\frac{1}{2}$$

ゆえに　$B=120°$

よって　$C=180°-(45°+120°)=15°$

(2) 余弦定理により

$$\cos B=\frac{(\sqrt{6})^2+(1+\sqrt{3})^2-2^2}{2\sqrt{6}(1+\sqrt{3})}$$
$$=\frac{\sqrt{3}(1+\sqrt{3})}{\sqrt{6}(1+\sqrt{3})}=\frac{1}{\sqrt{2}}$$

よって　$B=45°$

余弦定理により

$$\cos C=\frac{(1+\sqrt{3})^2+2^2-(\sqrt{6})^2}{2(1+\sqrt{3})\cdot2}=\frac{2(1+\sqrt{3})}{4(1+\sqrt{3})}=\frac{1}{2}$$

ゆえに　$C=60°$

よって　$A=180°-(45°+60°)=75°$

補足 この例題のように，三角形の残りの要素を求める

ことを **三角形を解く** ということがある。

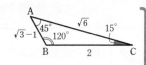

◀C から考えると

$$\cos C$$
$$=\frac{2^2+(\sqrt{6})^2-(\sqrt{3}-1)^2}{2\cdot2\cdot\sqrt{6}}$$
$$=\frac{\sqrt{6}+\sqrt{2}}{4}$$

この値は，15°，75° の三角

比($p.227$ 参照)である。

◀A から考えると

$$\cos A$$
$$=\frac{2^2+(\sqrt{6})^2-(1+\sqrt{3})^2}{2\cdot2\cdot\sqrt{6}}$$
$$=\frac{\sqrt{6}-\sqrt{2}}{4}$$ となる。

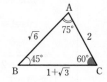

練習 $\triangle$ABC において，次のものを求めよ。

②**154** (1) $b=2(\sqrt{3}-1)$，$c=2\sqrt{2}$，$A=135°$ のとき a, B, C

(2) $a=\sqrt{2}$，$b=2$，$c=\sqrt{3}+1$ のとき A, B, C

p.263 EX110

正弦定理か余弦定理か

△ABC の 6 つの要素（3 辺 a, b, c と 3 つの角 A, B, C）のうち，合同条件で用いられるもの，すなわち，[1] **1 辺とその両端の角**　　[2] **2 辺とその間の角**　　[3] **3 辺**
のどれかが与えられると，その三角形の形と大きさが定まる。そして，
　　　正弦定理　　**余弦定理**　　**（内角の和）＝180°**　（$A+B+C=180°$）
を用いて残りの 3 つの要素を求めることができる。

● **正弦定理を使うか，余弦定理を使うか**

正弦定理は　　<u>2 辺とそれぞれの対角</u>　　◀ $\dfrac{a}{\sin A}=\dfrac{b}{\sin B}$ は (a, b, A, B)

余弦定理は　　<u>3 辺と 1 つの対角</u>　　◀ $a^2=b^2+c^2-2bc\cos A$ は (a, b, c, A)

の関係式であるから，[1]，[3] については

　　[1]　**1 辺とその両端の角** が与えられたとき　→　正弦定理で辺を求める

　　[3]　**3 辺** が与えられたとき　　　　　　　　→　余弦定理で角を求める

と方針が決まる。しかし，[2]　**2 辺とその間の角** が与えられたときは，

　　　　① 余弦定理を利用して，その後に<u>余弦定理</u>を利用

　　　　② 余弦定理を利用して，その後に<u>正弦定理</u>を利用

のどちらも考えられる。

①，② の違いを左の例題 (1) で見てみよう。

　①　解答では　<u>余弦定理</u>により　　　　　　$a=2$

　　　　　　　更に<u>余弦定理</u>を利用して　　　　$B=120°$

　　　　　　　$A+B+C=180°$ であるから　　$C=15°$

　　と求めた。

　②　<u>正弦定理</u>も利用する場合，次のように考える。

　　　① と同様に，<u>余弦定理</u>により　　　$a=2$

　　　このとき，<u>正弦定理</u>の等式は　　　$\underset{⑦}{\underbrace{\dfrac{2}{\sin 45°}}}=\overset{⑦}{\overbrace{\dfrac{\sqrt{6}}{\sin B}}}=\dfrac{\sqrt{3}-1}{\sin C}$

　　　⑦ の等式から考えると　　$\sin B=\dfrac{\sqrt{3}}{2}$　　　◀⑦ の等式から考えると $\sin C=\dfrac{\sqrt{6}-\sqrt{2}}{4}$ となる。

　　　よって　　$B=60°, 120°$

　　　$B=60°$ のとき，$A+B+C=180°$ から　　$C=75°$

　　　$B=120°$ のとき，$A+B+C=180°$ から　　$C=15°$

　　　ここで，$b>a>c$ より，b が最大辺である。　　◀ $\sqrt{6}>2>\sqrt{3}-1=0.732\cdots$

　　　ゆえに，∠B が最大角であり，$B=60°$ は適さない。

　　　したがって　　**$B=120°, C=15°$**

① の場合，導かれる B は 1 通りだが，② の場合，<u>正弦定理を利用することにより B が 2 通り導かれ，辺と角の大小関係についての吟味が必要となる。</u>

基本 例題 **155** 三角形の解法 (2)

$\triangle ABC$ において，$a=\sqrt{2}$，$b=2$，$A=30°$ のとき，c，B，C を求めよ。

／基本 152，153

指針 基本例題 **154** と同様に，三角形の辺と角が与えられているが，2辺と1対角が与えられた場合，三角形が1通りに定まらないことがある。
まず，余弦定理で c についての方程式を立てる。その際，**c の値が2つ得られるので，それぞれについて B，C を求める。**……★
正弦定理を用いた 別解 については，右ページの 検討 を参照。

解答

余弦定理により
$$(\sqrt{2})^2=2^2+c^2-2\cdot2c\cos30°$$
よって $\quad c^2-2\sqrt{3}\,c+2=0$

これを解いて $\quad c=\sqrt{3}\pm1$

[1] $c=\sqrt{3}+1$ のとき

余弦定理により
$$\cos B$$
$$=\frac{(\sqrt{3}+1)^2+(\sqrt{2})^2-2^2}{2(\sqrt{3}+1)\cdot\sqrt{2}}$$
$$=\frac{2(\sqrt{3}+1)}{2\sqrt{2}(\sqrt{3}+1)}=\frac{1}{\sqrt{2}}$$

ゆえに $\quad B=45°$
よって $\quad C=180°-(30°+45°)=105°$

[2] $c=\sqrt{3}-1$ のとき

余弦定理により
$$\cos B$$
$$=\frac{(\sqrt{3}-1)^2+(\sqrt{2})^2-2^2}{2(\sqrt{3}-1)\cdot\sqrt{2}}$$
$$=\frac{-2(\sqrt{3}-1)}{2\sqrt{2}(\sqrt{3}-1)}=-\frac{1}{\sqrt{2}}$$

ゆえに $\quad B=135°$
よって $\quad C=180°-(30°+135°)=15°$
以上から

$$c=\sqrt{3}+1,\quad B=45°,\quad C=105°$$
または $\quad c=\sqrt{3}-1,\quad B=135°,\quad C=15°$

◀A が与えられているから，$\cos A$ を含む余弦定理の式を用いる。

◀どちらも $c>0$

◀指針___……★ の方針。c の値が2つ得られたから，得られた c の値それぞれについて，B，C の値を求める。

◀$A+B+C=180°$

◀$A+B+C=180°$

◀[1] と [2] で求めた辺と角，それぞれを解答とする。

検討 **三角形が1つに定まらない場合もある**

2辺と1対角（2辺とその間以外の1角）の条件が与えられた場合，この例題のように，三角形が1通りに定まるとは限らない。
解答のように，余弦定理を用いて c についての2次方程式を作って解き，正の解が2つ得られたら，それぞれについて残りの角を求める必要があることに注意しよう。

検討
PLUS
ONE

第1余弦定理

三角形の辺の長さと三角比との関係を表すもので，次のようなものもある。

$\triangle ABC$ において

$$a=c\cos B+b\cos C,$$
$$b=a\cos C+c\cos A,$$
$$c=b\cos A+a\cos B \quad \text{が成り立つ。}$$

証明 $a=c\cos B+b\cos C$ を示す。

[1] $0°<C<90°$ のとき

頂点 A から辺 BC に垂線 AH を下ろすと

$$a=BC=BH+HC$$
$$=c\cos B+b\cos C$$

[2] $C=90°$ のとき

$\cos B=\dfrac{a}{c}$, $\cos C=0$ であるから，

$$a=c\cos B+b\cos C \quad \text{が成り立つ。}$$

[3] $90°<C<180°$ のとき

頂点 A から直線 BC に垂線 AH を下ろすと

$$a=BC=BH-HC$$

である。

また， $BH=c\cos B$

$$CH=b\cos(180°-C)=-b\cos C$$

であるから

$$a=BH-HC=c\cos B+b\cos C$$

以上より， $a=c\cos B+b\cos C$ が成り立つ。

$b=a\cos C+c\cos A$, $c=b\cos A+a\cos B$ も同様に示すことができる。

[1]
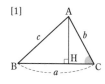

[2]
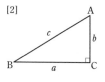

[3]
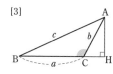

4
章

⑱ 正弦定理と余弦定理

これを **第1余弦定理**，$p.248$ の **2** を **第2余弦定理** ということがある。

上の証明のように，三角形の1つの頂点から対辺に垂線を下ろすことで，直ちに示すことができる。この定理を記憶してもよいが，すぐに導けるようにしておくとよいだろう。

左ページの例題 **155** について，この第1余弦定理を用いた，次のような別解もある。

別解 正弦定理により $\dfrac{2}{\sin B}=\dfrac{\sqrt{2}}{\sin 30°}$

ゆえに $\sin B=\dfrac{1}{\sqrt{2}}$

$A=30°$ より，$0°<B<150°$ であるから $B=45°$, $135°$

[1] $B=45°$ のとき $C=180°-(30°+45°)=105°$

$c=b\cos A+a\cos B$
$=2\cos 30°+\sqrt{2}\cos 45°=\sqrt{3}+1$

[2] $B=135°$ のとき $C=180°-(30°+135°)=15°$

$c=b\cos A+a\cos B$
$=2\cos 30°+\sqrt{2}\cos 135°=\sqrt{3}-1$

以上から $c=\sqrt{3}+1$, $B=45°$, $C=105°$

または $c=\sqrt{3}-1$, $B=135°$, $C=15°$

[1]
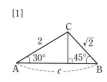

[2]
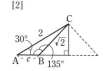

練習
②**155**

$\triangle ABC$ において，$a=1+\sqrt{3}$, $b=2$, $B=45°$ のとき，c, A, C を求めよ。

まとめ 三角形の解法のまとめ

　$\triangle ABC$ の 6 つの要素（3 辺 a, b, c と 3 つの角 A, B, C）のうち，三角形をただ 1 通りに決めるためには，少なくとも 1 つの辺を含む次の 3 つの要素が条件として必要である。

　　　[1] **1 辺とその両端の角**　　　[2] **2 辺とその間の角**　　　[3] **3 辺**

　これらの条件から，他の 3 つの要素を求めるとき，条件に応じた定理の使用法などを整理しておこう。

使用する性質と定理　　　$\triangle ABC$ において　　　$A+B+C=180°$

正弦定理　$\dfrac{a}{\sin A}=\dfrac{b}{\sin B}=\dfrac{c}{\sin C}=2R$

（R は外接円の半径）

余弦定理　$\begin{cases} a^2=b^2+c^2-2bc\cos A \\ b^2=c^2+a^2-2ca\cos B \\ c^2=a^2+b^2-2ab\cos C \end{cases}$

---

[1]　$\underline{1\text{ 辺とその両端の角}}$（$a$, B, C の条件から，b, c, A を求める）

　　1　$A=180°-(B+C)$ から　　A

　　2　正弦定理 $\dfrac{a}{\sin A}=\dfrac{b}{\sin B}=\dfrac{c}{\sin C}$ から　b, c

参考　両端の角に限らず，1 辺と 2 角の条件のときも，同じようにして求めることができる。

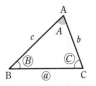

[2]　$\underline{2\text{ 辺とその間の角}}$（$b$, c, A の条件から，a, B, C を求める）

　　1　余弦定理 $a^2=b^2+c^2-2bc\cos A$ から　　a

　　2　余弦定理 $\cos B=\dfrac{c^2+a^2-b^2}{2ca}$　　から　　B

　　3　$C=180°-(A+B)$ から　　C

[3]　$\underline{3\text{ 辺}}$（a, b, c の条件から，A, B, C を求める）

　　1　余弦定理 $\cos A=\dfrac{b^2+c^2-a^2}{2bc}$ から　　A

　　2　余弦定理 $\cos B=\dfrac{c^2+a^2-b^2}{2ca}$ から　　B

　　3　$C=180°-(A+B)$ から　　C

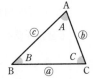

参考　[2] の2，[3] の2で，正弦定理 $\dfrac{a}{\sin A}=\dfrac{b}{\sin B}$ から $\sin B$ の値を求めてもよいが，B の値の候補が 2 つあり，その吟味が必要となる。$p.253$ **ズーム UP** 参照。

注意　$\underline{2\text{ 辺と }1\text{ 対角}}$　の条件が与えられた場合，三角形は 1 通りに決まるとは限らない（$p.254$ 参照）。

　例えば，a, b, A の条件から，c, B, C を求める場合，
　　余弦定理 $a^2=b^2+c^2-2bc\cos A$ から，c を求める。
　　正弦定理 $\dfrac{a}{\sin A}=\dfrac{b}{\sin B}$ から，B を求める。

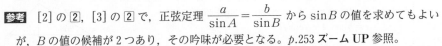
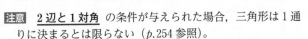

の方法が考えられるが，いずれの場合も得られる値が<u>ただ 1 つに決まるとは限らない</u>。

基本 例題 **156** 頂角の二等分線 …… 余弦定理利用

△ABC において，AB=15，BC=18，AC=12 とし，頂角 A の二等分線と辺 BC の交点を D とする。線分 BD，AD の長さを求めよ。　／基本 153

指針 線分 BD の長さは，△ABC の頂角 A の二等分線 AD に対し
AB：AC＝BD：DC であること（数学 A）から求める。
また，線分 AD の長さは，線分 AD を △ABD の 1 辺としてとら
え，余弦定理を利用して求める。なお，$\cos B$ は △ABC におい
て余弦定理を用いると求められる。

解答

AD は頂角 A の二等分線であるから
　　BD：DC＝AB：AC
　　　　　　＝15：12＝5：4
BC＝18 であるから
　　BD＝$\dfrac{5}{5+4}$**BC**＝$\dfrac{5}{9}\cdot 18$＝**10**

△ABD において，余弦定理により
　　　$AD^2＝15^2+10^2-2\cdot 15\cdot 10\cos B$
　　　　　$＝325-300\cos B$ ……①
また，△ABC において，余弦定理により
　　　$\cos B＝\dfrac{18^2+15^2-12^2}{2\cdot 18\cdot 15}＝\dfrac{405}{2\cdot 18\cdot 15}＝\dfrac{3}{4}$

これを①に代入して　　$AD^2＝325-300\cdot\dfrac{3}{4}＝100$

AD>0 であるから　　**AD＝10**

別解 上と同様にして　**BD＝10**　　よって　DC＝8
　AD＝x とする。
　△ABD，△ADC において，余弦定理により
　　$\cos\dfrac{A}{2}＝\dfrac{15^2+x^2-10^2}{2\cdot 15\cdot x}$，　$\cos\dfrac{A}{2}＝\dfrac{12^2+x^2-8^2}{2\cdot 12\cdot x}$
　ゆえに　　$\dfrac{x^2+125}{30x}＝\dfrac{x^2+80}{24x}$
　両辺に $120x$ を掛けて　　$4(x^2+125)＝5(x^2+80)$
　よって　　$x^2＝100$　　$x>0$ であるから　　$x＝10$
　すなわち　**AD＝10**

参考 頂角 A の二等分線と辺 BC の交点を D とするとき，
一般に $AD^2＝AB\cdot AC-BD\cdot CD$ ……（＊）が成り立つ。

検討

下の図で，AC＝AE とす
ると
∠ACE＋∠AEC＝∠BAC，
∠ACE＝∠AEC から
　∠ACE＝$\dfrac{1}{2}$∠BAC
　　　　＝∠DAC
ゆえに　AD∥EC
よって　**AB：AC**
　＝BA：AE＝**BD：DC**

また，図で D は 2 辺 AB，
AC より等距離にあるか
ら
△ABD：△ACD＝AB：AC
更に，BD，DC を底辺と
みると
△ABD：△ACD＝BD：DC
よって，
AB：AC＝BD：DC
が成り立つ。

（＊）の証明は解答編
$p.152$ 参照。

4 章

⓭ 正弦定理と余弦定理

練習 ②156 △ABC の ∠A の二等分線と辺 BC の交点を D とする。次の各場合について，線分
BD，AD の長さを求めよ。
(1) AB=6，BC=5，CA=4　(2) AB=6，BC=10，$B=120°$

p.263 EX111

基本 例題 **157** 三角形の辺と角の大小

△ABC において, $\sin A:\sin B:\sin C=\sqrt{7}:\sqrt{3}:1$ が成り立つとき

(1) △ABC の内角のうち, 最も大きい角の大きさを求めよ。

(2) △ABC の内角のうち, 2番目に大きい角の正接を求めよ。

p.248 基本事項 ④ 重要 159

指針

(1) 正弦定理より, $a:b:c=\sin A:\sin B:\sin C$ が成り立つ。
これと与えられた等式から最大辺がどれかわかる。
三角形の辺と角の大小関係 より, 最大辺の対角が最大角
であるから, 3辺の比に注目し, 余弦定理を利用。

$a<b \Longleftrightarrow A<B \quad a=b \Longleftrightarrow A=B \quad a>b \Longleftrightarrow A>B$

(三角形の2辺の大小関係は, その対角の大小関係に一致する。)

(2) まず, 2番目に大きい角の cos を求め, 関係式 $1+\tan^2\theta=\dfrac{1}{\cos^2\theta}$ を利用。

解答

(1) 正弦定理 $\dfrac{a}{\sin A}=\dfrac{b}{\sin B}=\dfrac{c}{\sin C}$ により

$a:b:c=\sin A:\sin B:\sin C$ ……（＊）

これと与えられた等式から $\quad a:b:c=\sqrt{7}:\sqrt{3}:1$

よって, ある正の数 k を用いて

$a=\sqrt{7}\,k,\ b=\sqrt{3}\,k,\ c=k$

と表される。ゆえに, a が最大の辺であるから, A が最
大の角である。

余弦定理により

$\cos A=\dfrac{(\sqrt{3}\,k)^2+k^2-(\sqrt{7}\,k)^2}{2\cdot\sqrt{3}\,k\cdot k}=\dfrac{-3k^2}{2\sqrt{3}\,k^2}=-\dfrac{\sqrt{3}}{2}$

よって, 最大の角の大きさは $\quad A=150°$

(2) (1)から, 2番目に大きい角は B である。

余弦定理により

$\cos B=\dfrac{k^2+(\sqrt{7}\,k)^2-(\sqrt{3}\,k)^2}{2\cdot k\cdot\sqrt{7}\,k}=\dfrac{5k^2}{2\sqrt{7}\,k^2}=\dfrac{5}{2\sqrt{7}}$

等式 $1+\tan^2 B=\dfrac{1}{\cos^2 B}$ から

$\tan^2 B=\dfrac{1}{\cos^2 B}-1=\left(\dfrac{2\sqrt{7}}{5}\right)^2-1=\dfrac{28}{25}-1=\dfrac{3}{25}$

$A>90°$ より $B<90°$ であるから $\quad \tan B>0$

したがって $\quad \tan B=\sqrt{\dfrac{3}{25}}=\dfrac{\sqrt{3}}{5}$

◀ $\dfrac{a}{\sin A}=\dfrac{b}{\sin B}$ から
$a:b=\sin A:\sin B$
$\dfrac{b}{\sin B}=\dfrac{c}{\sin C}$ から
$b:c=\sin B:\sin C$
合わせると（＊）となる。

◀ k を正の数として
$\dfrac{a}{\sqrt{7}}=\dfrac{b}{\sqrt{3}}=\dfrac{c}{1}=k$
とおくと
$a=\sqrt{7}\,k,\ b=\sqrt{3}\,k,$
$c=k$
$a>b>c$ から $A>B>C$
よって, A が最大の角で
ある。

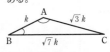

◀三角比の相互関係。
（p.238 例題 **144** 参照。）

◀(1)の結果を利用。
△ABC は鈍角三角形。

練習 ②157 △ABC において, $\dfrac{5}{\sin A}=\dfrac{8}{\sin B}=\dfrac{7}{\sin C}$ が成り立つとき

(1) △ABC の内角のうち, 2番目に大きい角の大きさを求めよ。

(2) △ABC の内角のうち, 最も小さい角の正接を求めよ。

〔類 愛知工大〕

基本 例題 158 三角形の成立条件，鈍角三角形となるための条件 ◯◯◯◯◯

AB＝2，BC＝x，CA＝3 である △ABC がある。

(1) x のとりうる値の範囲を求めよ。

(2) △ABC が鈍角三角形であるとき，x の値の範囲を求めよ。　〔類 関東学院大〕

／p.248 基本事項 ❸，❹　重要 159 ＼

指針 (1) **三角形の成立条件** $|b-c|<a<b+c$ を利用する。
ここでは，$|3-2|<x<3+2$ の形で使うと計算が簡単になる。

(2) 鈍角三角形において，**最大の角以外の角はすべて鋭角である** から，最大の角が鈍角となる場合を考えればよい（三角形の辺と角の大小関係より，最大の辺を考えることになる）。そこで，最大辺の長さが 3 か x かで場合分けをする。

例えば　CA（＝3）が最大辺とすると，

$$∠B が鈍角 \iff \cos B<0 \iff \frac{c^2+a^2-b^2}{2ca}<0 \iff c^2+a^2-b^2<0$$

となり，$b^2>c^2+a^2$ が導かれる。これに $b=3$，$c=2$，$a=x$ を代入して，x の2次不等式が得られる。

解答

(1) 三角形の成立条件から　　$3-2<x<3+2$
よって　　**$1<x<5$**

(2) どの辺が最大辺になるかで場合分けをして考える。

[1] $1<x<3$ のとき，最大辺の長さは 3 であるから，その対角が $90°$ より大きいとき鈍角三角形になる。
ゆえに　　　　$3^2>2^2+x^2$
すなわち　　　$x^2-5<0$
よって　　　　$(x+\sqrt{5})(x-\sqrt{5})<0$
ゆえに　　　　$-\sqrt{5}<x<\sqrt{5}$
$1<x<3$ との共通範囲は　　$1<x<\sqrt{5}$

[2] $3\leqq x<5$ のとき，最大辺の長さは x であるから，その対角が $90°$ より大きいとき鈍角三角形になる。
ゆえに　　　　$x^2>2^2+3^2$
すなわち　　　$x^2-13>0$
よって　　　　$(x+\sqrt{13})(x-\sqrt{13})>0$
ゆえに　　　　$x<-\sqrt{13}$，$\sqrt{13}<x$
$3\leqq x<5$ との共通範囲は　　$\sqrt{13}<x<5$

[1]，[2] を合わせて　　**$1<x<\sqrt{5}$，$\sqrt{13}<x<5$**

参考 鋭角三角形である条件を求める際にも，最大の角に着目し，最大の角が鋭角となる場合を考えればよい。

◀$|x-3|<2<x+3$ または $|2-x|<3<2+x$ を解いて x の値の範囲を求めてもよいが，面倒。

◀(1)から　$1<x$

[1] 最大辺が CA＝3

$B>90° \iff AC^2>AB^2+BC^2$

◀(1)から　$x<5$

[2] 最大辺が BC＝x

$A>90° \iff BC^2>AB^2+AC^2$

4章

⑱ 正弦定理と余弦定理

練習 ③158 AB＝x，BC＝$x-3$，CA＝$x+3$ である △ABC がある。　〔類 久留米大〕

(1) x のとりうる値の範囲を求めよ。

(2) △ABC が鋭角三角形であるとき，x の値の範囲を求めよ。

p.263 EX 113 ＼

260

 重要 例題 **159** 三角形の最大辺と最大角 ①①①①①①

$x>1$ とする。三角形の3辺の長さがそれぞれ x^2-1, $2x+1$, x^2+x+1 であるとき,この三角形の最大の角の大きさを求めよ。 〔類 日本工大〕

/基本 157, 158

指針 三角形の最大の角は,**最大の辺に対する角** であるから,3辺の大小を調べる。
このとき,$x>1$ を満たす適当な値を代入して,大小の目安をつけるとよい。
例えば,$x=2$ とすると $x^2-1=3$, $2x+1=5$, $x^2+x+1=7$ となるから,
x^2+x+1 が最大であるという **予想** がつく。
なお,x^2-1, $2x+1$, x^2+x+1 が三角形の3辺の長さとなることを,
三角形の成立条件 $|b-c|<a<b+c$ で確認することを忘れてはならない。

CHART 文字式の大小 数を代入して大小の目安をつける

解答

$x>1$ のとき $x^2+x+1-(x^2-1)=x+2>0$
$\qquad\qquad x^2+x+1-(2x+1)=x^2-x=x(x-1)>0$
よって,長さが x^2+x+1 である辺が最大の辺であるから,
3辺の長さを x^2-1, $2x+1$, x^2+x+1 とする三角形が存在するための条件は
$\qquad\qquad x^2+x+1<(x^2-1)+(2x+1)$
整理すると $x>1$
したがって,$x>1$ のとき三角形が存在する。
また,最大の辺に対する角が最大の角である。
この角を θ とすると,余弦定理により
$$\cos\theta=\frac{(x^2-1)^2+(2x+1)^2-(x^2+x+1)^2}{2(x^2-1)(2x+1)}$$
$$=\frac{x^4-2x^2+1+4x^2+4x+1-(x^4+x^2+1+2x^3+2x+2x^2)}{2(x^2-1)(2x+1)}$$
$$=\frac{-2x^3-x^2+2x+1}{2(x^2-1)(2x+1)}=-\frac{2x^3+x^2-2x-1}{2(x^2-1)(2x+1)}$$
$$=-\frac{(x^2-1)(2x+1)}{2(x^2-1)(2x+1)}=-\frac{1}{2}$$
したがって $\theta=120°$

◀x^2+x+1 が最大という **予想** から,次のことを示す。
$\quad x^2+x+1>x^2-1$
$\quad x^2+x+1>2x+1$

◀**三角形の成立条件**
$|b-c|<a<b+c$ は,
a が最大辺のとき
$\quad a<b+c$
だけでよい。

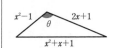

◀$2x^3+x^2-2x-1$
$=x^2(2x+1)-(2x+1)$
$=(x^2-1)(2x+1)$

練習 三角形の3辺の長さが x^2+3, $4x$, x^2-2x-3 である。
③**159** (1) このような三角形が存在するための x の条件を求めよ。
(2) 三角形の最大の角の大きさを求めよ。

重要 例題 160 三角形の辺や角の等式の証明 〔/〕〔/〕〔/〕〔/〕〔/〕

△ABC において，次の等式が成り立つことを証明せよ。
$$a\sin A - b\sin B = c(\sin A\cos B - \cos A\sin B)$$

指針 等式の証明 には，p.229 検討 の [1]～[3] の方法がある。ここでは，[2] の方法
（左辺，右辺をそれぞれ変形して，同じ式を導く）で証明してみよう。
この問題のように，辺 (a, b, c) と角 (A, B, C) が混在した式を扱うときは，
角を消去して辺だけの関係に直す とよい。

それには，正弦定理 $\sin A = \dfrac{a}{2R}$，余弦定理 $\cos A = \dfrac{b^2+c^2-a^2}{2bc}$ などを代入して，a,
b, c, R の式に直す（文字を減らす）。

CHART 三角形の辺と角の等式　辺だけの関係にもち込む

解答
△ABC の外接円の半径を R とする。
正弦定理，余弦定理により
$$a\sin A - b\sin B = a\cdot\frac{a}{2R} - b\cdot\frac{b}{2R} = \underline{\frac{a^2-b^2}{2R}}$$
$$c(\sin A\cos B - \cos A\sin B)$$
$$= c\left(\frac{a}{2R}\cdot\frac{c^2+a^2-b^2}{2ca} - \frac{b^2+c^2-a^2}{2bc}\cdot\frac{b}{2R}\right)$$
$$= \frac{c^2+a^2-b^2}{4R} - \frac{b^2+c^2-a^2}{4R} = \frac{2a^2-2b^2}{4R} = \underline{\frac{a^2-b^2}{2R}}$$
したがって
$$a\sin A - b\sin B = c(\sin A\cos B - \cos A\sin B)$$

別解 第1余弦定理により
$$a = c\cos B + b\cos C \quad\cdots\cdots\quad ①,$$
$$b = a\cos C + c\cos A \quad\cdots\cdots\quad ②$$
①×$\sin A$－②×$\sin B$ から
$$a\sin A - b\sin B$$
$$= (c\cos B + b\cos C)\sin A - (a\cos C + c\cos A)\sin B$$
$$= c(\sin A\cos B - \cos A\sin B) + \cos C(b\sin A - a\sin B)$$
正弦定理 $\dfrac{a}{\sin A} = \dfrac{b}{\sin B}$ より，$b\sin A - a\sin B = 0$ で
あるから
$$a\sin A - b\sin B = c(\sin A\cos B - \cos A\sin B)$$

検討

辺を消去して角だけの関係に直す方法もあるが，数学Ⅰの範囲の知識では，その後の変形をうまく進められないことが多い。そのため，まずは 辺だけの関係 に直すことを考える方がよい。

◀同じ式 が導かれた。

◀第1余弦定理
（p.255 検討 参照）
$a = c\cos B + b\cos C$
$b = a\cos C + c\cos A$
$c = b\cos A + a\cos B$

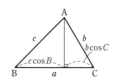

◀左辺を変形し，右辺を導いた。

4章

⑱ 正弦定理と余弦定理

練習
③160 △ABC において，次の等式が成り立つことを証明せよ。
(1) $(b-c)\sin A + (c-a)\sin B + (a-b)\sin C = 0$
(2) $c(\cos B - \cos A) = (a-b)(1+\cos C)$
(3) $\sin^2 B + \sin^2 C - \sin^2 A = 2\sin B\sin C\cos A$

重要 例題 **161** 三角形の形状決定 ⏻⏻⏻⏻⏻

△ABC において次の等式が成り立つとき，この三角形はどのような形か。

(1) $a\sin A+c\sin C=b\sin B$　　(2) $b\cos B=c\cos C$　　重要 160

指針 ⏻ **三角形の辺と角の等式　辺だけの関係にもち込む**

に従い，正弦定理 $\sin A=\dfrac{a}{2R}$，余弦定理 $\cos A=\dfrac{b^2+c^2-a^2}{2bc}$ などを等式に代入する。

注意 どんな三角形かを答えるとき，「二等辺三角形」，「直角三角形」では答えとしては不十分である。どの辺とどの辺が等しいか，どの角が直角であるかなどをしっかり書く。

✏ **解答**

(1) △ABC の外接円の半径を R とする。正弦定理により

$$\sin A=\frac{a}{2R},\ \ \sin B=\frac{b}{2R},\ \ \sin C=\frac{c}{2R}$$

これらを等式 $a\sin A+c\sin C=b\sin B$ に代入すると

$$a\cdot\frac{a}{2R}+c\cdot\frac{c}{2R}=b\cdot\frac{b}{2R}$$

両辺に $2R$ を掛けて　　$a^2+c^2=b^2$

よって，△ABC は

∠B＝90° の直角三角形

(2) 余弦定理により

$$\cos B=\frac{c^2+a^2-b^2}{2ca},\ \ \cos C=\frac{a^2+b^2-c^2}{2ab}$$

これらを等式 $b\cos B=c\cos C$ に代入すると

$$\frac{b(c^2+a^2-b^2)}{2ca}=\frac{c(a^2+b^2-c^2)}{2ab}$$

両辺に $2abc$ を掛けて

$$b^2(c^2+a^2-b^2)=c^2(a^2+b^2-c^2)$$

ゆえに　　$b^2c^2+a^2b^2-b^4=c^2a^2+b^2c^2-c^4$

a について整理して　　$(b^2-c^2)a^2-(b^4-c^4)=0$

よって　　$(b^2-c^2)a^2-(b^2+c^2)(b^2-c^2)=0$

ゆえに　　$(b^2-c^2)\{a^2-(b^2+c^2)\}=0$

したがって　　$b^2=c^2$ または $a^2=b^2+c^2$

$b>0$，$c>0$ であるから　　$b=c$ または $a^2=b^2+c^2$

ゆえに，△ABC は

AB＝AC の二等辺三角形

または　∠A＝90° の直角三角形

◀分母を払う。

◀右辺 $c^2a^2+b^2c^2-c^4$ を左辺に移項し，次数が最も低い a^2 について整理する。

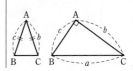

🗐 **検討**

△ABC の形状

式を変形して得られた結果が，例えば，$b=c$ なら **AB＝AC の二等辺三角形**，$a=b=c$ なら　**正三角形**，$a^2=b^2+c^2$ なら　**∠A＝90° の直角三角形** である。

練習 △ABC において，次の等式が成り立つとき，この三角形はどのような形か。

④**161** (1) $a\sin A=b\sin B$　　［宮城教育大］

(2) $\dfrac{\cos A}{a}=\dfrac{\cos B}{b}=\dfrac{\cos C}{c}$　　［類 松本歯大］

(3) $\sin A\cos A=\sin B\cos B+\sin C\cos C$　　［東京国際大］ p.263 EX114

▦ EXERCISES

③**108** △ABC において，外接円の半径を R とする。次のものを求めよ。

(1) $a=2$，$c=4\cos B$，$\cos C=-\dfrac{1}{3}$ のとき b，$\cos A$

(2) $b=4$，$c=4\sqrt{3}$，$B=30°$ のとき a，A，C，R

(3) $(b+c):(c+a):(a+b)=4:5:6$，$R=1$ のとき A，a，b，c

→152〜155

③**109** △ABC は ∠B=60°，AB+BC=1 を満たしている。辺 BC の中点を M とすると，線分 AM の長さが最小となるのは BC=□ のときである。〔類 岡山理科大〕

→153

②**110** 右の図のように，100 m 離れた 2 地点 A，B から川を隔てた対岸の 2 地点 P，Q を観測して，次の値を得た。
∠PAB=75°，∠QAB=45°，∠PBA=60°，∠QBA=90°
このとき，次の問いに答えよ。

(1) A，P 間の距離を求めよ。

(2) P，Q 間の距離を求めよ。

→154

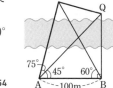

③**111** △ABC において，∠BAC の二等分線と辺 BC の交点を D とする。AB=5，AC=2，AD=$2\sqrt{2}$ とする。

(1) $\dfrac{CD}{BD}$ の値を求めよ。 (2) cos∠BAD の値を求めよ。

(3) △ACD の外接円の半径を求めよ。 〔防衛大〕 →156

②**112** △ABC において，辺 BC の中点を M とする。

(1) $\mathbf{AB^2+AC^2=2(AM^2+BM^2)}$（**中線定理**）が成り立つことを証明せよ。

(2) AB=9，BC=8，CA=7 のとき，線分 AM の長さを求めよ。 →156

③**113** 3 辺の長さが a，$a+2$，$a+4$ である三角形について考える。

(1) この三角形が鈍角三角形であるとき，a のとりうる値の範囲を求めよ。

(2) この三角形の 1 つの内角が 120° であるとき，a の値，外接円の半径を求めよ。

〔西南学院大〕 →157,158

④**114** (1) △ABC において，次の等式が成り立つことを証明せよ。
$$(b^2+c^2-a^2)\tan A=(c^2+a^2-b^2)\tan B$$

(2) 次の条件を満たす △ABC はどのような形の三角形か。 〔(2) 類 群馬大〕
$$(b-c)\sin^2 A=b\sin^2 B-c\sin^2 C$$

→160,161

HINT

108 (3) $b+c=8k$，$c+a=10k$，$a+b=12k$ $(k>0)$ とおく。

109 BC=x として，AM^2 を x で表す。x の **2 次式** → **基本形**に直す。

111 (2) ∠BAD=∠CAD=θ とおき，余弦定理を利用して BD^2，CD^2 をそれぞれ cosθ で表す。

112 (1) △AMB，△AMC においてそれぞれ余弦定理を利用する。

113 (2) 120° は鈍角であるから，最大辺に対する角である。

19 三角形の面積，空間図形への応用

基本事項

1 三角形の面積

△ABC の面積を S とすると

① $S = \dfrac{1}{2}bc\sin A = \dfrac{1}{2}ca\sin B = \dfrac{1}{2}ab\sin C$

② $2s = a+b+c$ とすると $S = \sqrt{s(s-a)(s-b)(s-c)}$

この式を **ヘロンの公式** という。

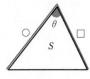

$S = \dfrac{1}{2} \times \bigcirc \times \square \times \sin\theta$

解説

■ 三角形の面積

頂点 C から対辺 AB，またはその延長線上に下ろした垂線を CH とすると

[1] ∠A が鋭角のとき $CH = b\sin A$

[2] ∠A が直角のとき $CH = b = b\sin A$

[3] ∠A が鈍角のとき $CH = b\sin(180° - A) = b\sin A$

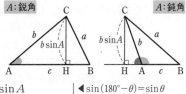

◀ $\sin(180° - \theta) = \sin\theta$

ゆえに $S = \dfrac{1}{2}AB\cdot CH = \dfrac{1}{2}bc\sin A$

他の 2 つも同様にして証明できる。

また，$S = \dfrac{1}{2}bc\sin A$ の $\sin A$ を 3 辺の長さ a, b, c で表すことを考える。余弦定理により，$\cos A = \dfrac{b^2+c^2-a^2}{2bc}$ であるから

$$
\begin{aligned}
\sin^2 A &= 1 - \cos^2 A = (1 + \cos A)(1 - \cos A) \\
&= \left(1 + \frac{b^2+c^2-a^2}{2bc}\right)\left(1 - \frac{b^2+c^2-a^2}{2bc}\right) \\
&= \frac{2bc+b^2+c^2-a^2}{2bc} \times \frac{2bc-b^2-c^2+a^2}{2bc} \\
&= \frac{(b+c)^2-a^2}{2bc} \times \frac{a^2-(b-c)^2}{2bc} \\
&= \frac{(a+b+c)(-a+b+c)(a-b+c)(a+b-c)}{4b^2c^2}
\end{aligned}
$$

ここで，$a+b+c = 2s$ とおくと

$-a+b+c = 2(s-a)$, $a-b+c = 2(s-b)$, $a+b-c = 2(s-c)$

したがって $\sin^2 A = \dfrac{2s \cdot 2(s-a) \cdot 2(s-b) \cdot 2(s-c)}{4b^2c^2} = \dfrac{4s(s-a)(s-b)(s-c)}{(bc)^2}$

$\sin A > 0$ であるから $\sin A = \dfrac{2\sqrt{s(s-a)(s-b)(s-c)}}{bc}$

これを $S = \dfrac{1}{2}bc\sin A$ に代入すると

$$S = \sqrt{s(s-a)(s-b)(s-c)} \qquad \text{ただし} \quad 2s = a+b+c$$

注意 ヘロンの公式は，3辺の長さがわかったとき，特に，3辺の長さが整数のときなどに利用するとよい。

例 3辺の長さが3, 6, 7のとき，

$2s = 3+6+7 = 16$ から

$s = 8$

よって

$S = \sqrt{8(8-3)(8-6)(8-7)}$

$= \sqrt{8\cdot5\cdot2\cdot1} = 4\sqrt{5}$

基本事項

2　多角形の面積

多角形をいくつかの三角形に分割して求める。

3　三角形の内接円と面積

三角形の3辺に接する円を，その三角形の **内接円** という。

△ABC の面積を S, 内接円の半径を r とすると

$$S=\frac{1}{2}r(a+b+c)$$

4　空間図形の計量

柱体や錐体において，底面積を S, 高さを h とすると

> **柱体の体積** $V=Sh$　　　**錐体の体積** $V=\frac{1}{3}Sh$

半径 r の球の体積を V, 表面積を S とすると

$$V=\frac{4}{3}\pi r^3,\qquad S=4\pi r^2$$

解　説

■ **多角形の面積**

例えば，四角形については，対角線によって2つの三角形に分けると，左ページの公式 **1** により面積が求められる。

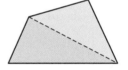

■ **三角形の内接円と面積**

△ABC の内接円の中心を I とすると

$$S=\triangle\mathrm{IBC}+\triangle\mathrm{ICA}+\triangle\mathrm{IAB}$$
$$=\frac{1}{2}ar+\frac{1}{2}br+\frac{1}{2}cr$$
$$=\frac{1}{2}r(a+b+c)\ \cdots\cdots\ ①$$

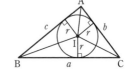

また，$2s=a+b+c$ とすると，① は $S=rs$ と表される。

■ **空間図形の計量**

三角柱，四角柱，円柱などの柱体の体積は (底面積)×(高さ) で与えられる。

また，三角錐 (四面体)，四角錐，円錐などの錐体の体積は，底面積と高さが同じ柱体の体積の $\frac{1}{3}$ である。

空間図形の問題では，平面図形を取り出して考えるとよい。

　　　　① 曲面は広げる (展開図)　　② 平面で切る (断面図)

② に含まれるが，**垂線を下ろして直角三角形を作る** ことも有効な手段である。

基本 例題 **162** 三角形の面積

次のような △ABC の面積 S を求めよ。

(1) $a=3$, $c=2\sqrt{2}$, $B=45°$ (2) $a=6$, $b=5$, $c=4$

/p.264 基本事項 **1**

指針

$$\triangle ABC = \frac{1}{2}bc\sin A = \frac{1}{2}ca\sin B = \frac{1}{2}ab\sin C$$

この三角形の面積の公式を使うには，**2辺の長さとその間の角** がポイントとなる。

(1) **2辺とその間の角がわかっている** から，公式にズバリ代入。

(2) **3辺の長さがわかっている** 場合

余弦定理により **cos A** 次に，$\sin^2 A + \cos^2 A = 1$ により **sin A** と順に求め，上の公式を利用する。

または，別解 のように **ヘロンの公式** を使っても解ける。

$$S = \frac{1}{2} \times \bigcirc \times \square \times \sin\theta$$

CHART 三角形の面積 $\dfrac{1}{2} \times (2\,辺) \times \sin(間の角)$

 解答

(1) $S = \dfrac{1}{2}ca\sin B = \dfrac{1}{2}\cdot 2\sqrt{2}\cdot 3\sin 45° = 3\sqrt{2}\cdot\dfrac{1}{\sqrt{2}} = \mathbf{3}$

(2) $\cos A = \dfrac{b^2+c^2-a^2}{2bc} = \dfrac{5^2+4^2-6^2}{2\cdot 5\cdot 4}$

$\qquad = \dfrac{5}{2\cdot 5\cdot 4} = \dfrac{1}{8}$

$\sin A > 0$ であるから

$\qquad \sin A = \sqrt{1-\cos^2 A}$

$\qquad\qquad = \sqrt{1-\left(\dfrac{1}{8}\right)^2} = \dfrac{3\sqrt{7}}{8}$

よって $\quad S = \dfrac{1}{2}bc\sin A = \dfrac{1}{2}\cdot 5\cdot 4\cdot\dfrac{3\sqrt{7}}{8} = \dfrac{\mathbf{15\sqrt{7}}}{\mathbf{4}}$

別解 ヘロンの公式を用いると，$s = \dfrac{6+5+4}{2} = \dfrac{15}{2}$ である

から

$$S = \sqrt{s(s-a)(s-b)(s-c)}$$
$$= \sqrt{\dfrac{15}{2}\left(\dfrac{15}{2}-6\right)\left(\dfrac{15}{2}-5\right)\left(\dfrac{15}{2}-4\right)}$$
$$= \sqrt{\dfrac{15\cdot 3\cdot 5\cdot 7}{2^4}} = \dfrac{\mathbf{15\sqrt{7}}}{\mathbf{4}}$$

 (1)

◀cos B, cos C を求めても よい。

◀A は三角形の内角であ るから $0° < A < 180°$ よって $0 < \sin A < 1$

◀ヘロンの公式は，a, b, c が整数のときなど， $\sqrt{\ }$ の中の計算が比較 的らくなときに利用する とよい。

練習 次のような △ABC の面積 S を求めよ。

①**162** (1) $a=10$, $b=7$, $C=150°$ (2) $a=5$, $b=9$, $c=8$

基本 例題 163　図形の分割と面積(1)

次のような四角形 ABCD の面積 S を求めよ。

(1)　平行四辺形 ABCD で，対角線の交点を O とすると
$$AC=10,\ BD=6\sqrt{2},\ \angle AOD=135°$$

(2)　AD∥BC の台形 ABCD で，AB=5，BC=8，BD=7，∠A=120°

/p.265 基本事項 **2**，基本 162

指針　**四角形の面積** を求める問題は，対角線で 2 つの三角形に分割 して考える。

(1)　**平行四辺形は，対角線で合同な 2 つの三角形に分割される** から　$S=2\triangle ABD$
また，BO=DO から　$\triangle ABD=2\triangle OAD$　よって，まず $\triangle OAD$ の面積を求める。

(2)　**(台形の面積)＝(上底＋下底)×(高さ)÷2**　が使えるように，上底 AD の長さと高さを求める。まず，$\triangle ABD$（2 辺と 1 角が既知）において余弦定理を適用。

CHART　四角形の問題　対角線で 2 つの三角形に分割

解答

(1)　平行四辺形の対角線は，互いに他を 2 等分するから
$$OA=\frac{1}{2}AC=5,$$
$$OD=\frac{1}{2}BD=3\sqrt{2}$$

ゆえに　$\triangle OAD$
$$=\frac{1}{2}OA\cdot OD\sin 135°=\frac{1}{2}\cdot 5\cdot 3\sqrt{2}\cdot\frac{1}{\sqrt{2}}=\frac{15}{2}$$

よって　$S=2\triangle ABD=2\cdot 2\triangle OAD^{(*)}=4\cdot\frac{15}{2}=30$

(2)　$\triangle ABD$ において，余弦定理により
$$7^2=5^2+AD^2-2\cdot 5\cdot AD\cos 120°$$
ゆえに　$AD^2+5AD-24=0$
よって　$(AD-3)(AD+8)=0$
AD>0 であるから　$AD=3$
頂点 A から辺 BC に垂線 AH を引くと
$$AH=AB\sin\angle ABH,$$
$$\angle ABH=180°-\angle BAD=60°$$
よって　$S=\frac{1}{2}(AD+BC)AH$
$$=\frac{1}{2}(3+8)\cdot 5\sin 60°=\frac{55\sqrt{3}}{4}$$

(*)　$\triangle OAB$ と $\triangle OAD$ は，それぞれの底辺を OB，OD とみると，OB=OD で，高さが同じであるから，その面積も等しい。

参考　下の図の平行四辺形の面積 S は
$$S=\frac{1}{2}AC\cdot BD\sin\theta$$
[練習 163(2)参照]

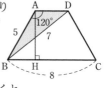

◀AD∥BC

◀(上底＋下底)×(高さ)÷2

4 章

⓳ 三角形の面積，空間図形への応用

練習　次のような四角形 ABCD の面積 S を求めよ(O は AC と BD の交点)。
②**163**　(1)　平行四辺形 ABCD で，AB=5，BC=6，AC=7
(2)　平行四辺形 ABCD で，AC=p，BD=q，∠AOB=θ
(3)　AD∥BC の台形 ABCD で，BC=9，CD=8，CA=$4\sqrt{7}$，∠D=120°

基本 例題 **164** 図形の分割と面積(2)

(1) △ABC において，AB=8，AC=5，∠A=120° とする。∠A の二等分線と辺 BC の交点を D とするとき，線分 AD の長さを求めよ。

(2) 1辺の長さが 1 の正八角形の面積を求めよ。 ╱ p.265 基本事項 **2**，基本 **162**

 指針

(1) 面積を利用する。△ABC＝△ABD＋△ADC であることに着目。AD=x として，この等式から x の方程式を作る。

(2) **多角形の面積** は いくつかの三角形に分割 して考えていく。ここでは，正八角形の外接円の中心と各頂点を結び，8 つの合同な三角形に分ける。

CHART 多角形の面積 いくつかの三角形に分割して求める

✎ 解答

(1) AD=x とおく。△ABC＝△ABD＋△ADC であるから

$$\frac{1}{2}\cdot 8\cdot 5\sin 120°=\frac{1}{2}\cdot 8\cdot x\sin 60°+\frac{1}{2}\cdot x\cdot 5\sin 60°$$

ゆえに 40＝8x+5x

よって $x=\dfrac{40}{13}$ すなわち AD=$\dfrac{40}{13}$

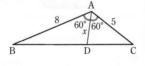

(2) 図のように，正八角形を 8 個の合同な三角形に分け，3 点 O，A，B をとると ∠AOB＝360°÷8＝45°

OA=OB=a とすると，余弦定理により

$$1^2=a^2+a^2-2a\cdot a\cos 45°$$

整理して $(2-\sqrt{2})a^2=1$

ゆえに $a^2=\dfrac{1}{2-\sqrt{2}}=\dfrac{2+\sqrt{2}}{2}$

よって，求める面積は

$$8\triangle OAB=8\cdot\frac{1}{2}a^2\sin 45°=2(1+\sqrt{2})$$

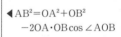

◀AB²＝OA²＋OB²
 −2OA・OBcos∠AOB

◀ここでは a の値まで求めておかなくてよい。

◀$4\cdot\dfrac{2+\sqrt{2}}{2}\cdot\dfrac{1}{\sqrt{2}}$
 $=\sqrt{2}(2+\sqrt{2})$

 検討

AD²＝AB・AC−BD・CD（p.257 参考）の利用

上の例題(1)は，$p.257$ 参考を利用して解くこともできる。

△ABC において，余弦定理により BC＝$\sqrt{129}$

よって，右の図から AD²＝8・5−$\dfrac{8\sqrt{129}}{13}\cdot\dfrac{5\sqrt{129}}{13}=\dfrac{40^2}{13^2}$

AD>0 であるから AD＝$\dfrac{40}{13}$

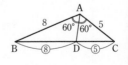

練習 ②**164**

(1) △ABC において，∠A=60°，AB=7，AC=5 のとき，∠A の二等分線が辺 BC と交わる点を D とすると AD＝□ となる。 [(1) 国士舘大]

(2) 半径 a の円に内接する正八角形の面積 S を求めよ。

(3) 1辺の長さが 1 の正十二角形の面積 S を求めよ。

基本 例題 **165** 円に内接する四角形の面積(1)

円に内接する四角形 ABCD において，AB＝2，BC＝3，CD＝1，∠ABC＝60° とする。次のものを求めよ。

(1) AC の長さ　　(2) AD の長さ　　(3) 四角形 ABCD の面積

/基本 163

 円に内接する四角形の対角の和は 180° このことを利用して解く。
(1) △ABC において，「2 辺とその間の角」がわかっているから **余弦定理**。
(2) ∠B＋∠D＝180° より，∠D の大きさがわかるから，△ACD において **余弦定理**。
(3) p.267 例題 163 で学んだように，2 つの三角形 △ABC，△ACD に分けて，それぞれに対し **三角形の面積公式** を用いる。

CHART 四角形の問題　　1 対角線で 2 つの三角形に分割
　　　　　　　　　　　　2 円に内接なら (対角の和)＝180° に注意

 解答

(1) △ABC において，余弦定理により
$$AC^2=2^2+3^2-2\cdot2\cdot3\cos60°$$
$$=13-12\cdot\frac{1}{2}=7$$
AC＞0 であるから　　AC＝$\sqrt{7}$

(2) 四角形 ABCD は円に内接するから
$$∠D=180°-∠B$$
$$=180°-60°=120°$$
よって，△ACD において，余弦定理により
$$AC^2=CD^2+AD^2-2\cdot CD\cdot AD\cos∠D$$
ゆえに　$(\sqrt{7})^2=1^2+AD^2-2\cdot1\cdot AD\cos120°$
よって　　$AD^2+AD-6=0$
ゆえに　　$(AD-2)(AD+3)=0$
AD＞0 であるから　　AD＝**2**

(3) 四角形 ABCD の面積を S とすると
$$S=△ABC+△ACD$$
$$=\frac{1}{2}\cdot2\cdot3\sin60°+\frac{1}{2}\cdot2\cdot1\sin120°$$
$$=3\cdot\frac{\sqrt{3}}{2}+\frac{\sqrt{3}}{2}=2\sqrt{3}$$

◀どの三角形に対しての余弦定理か，きちんと示す。

円に内接する四角形
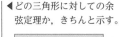

◀△ABC$=\frac{1}{2}$AB·BC sin∠ABC
△ACD$=\frac{1}{2}$AD·CD sin∠ADC

練習 円に内接する四角形 ABCD において，AD∥BC，AB＝3，BC＝5，∠ABC＝60° とする。次のものを求めよ。
②**165**
(1) AC の長さ　　(2) CD の長さ
(3) AD の長さ　　(4) 四角形 ABCD の面積

基本例題 166 円に内接する四角形の面積 (2) ◯◯◯◯◯◯◯

円に内接する四角形 ABCD において，AB=4，BC=5，CD=7，DA=10 とする。
次のものを求めよ。

(1) $\cos A$ の値　　　　　(2) 四角形 ABCD の面積 　／基本 165

指針 四角形の問題は，**対角線で 2 つの三角形に分割する** のが基本方針。
また，円に内接する四角形の対角の和は 180° であることにも注意。

(1) △ABD，△BCD それぞれで余弦定理を適用し，**BD² を 2 通りに表す。**……★
なお，$A+C=180°$（対角の和は 180°）も利用。

(2) △ABD+△BCD として求める。△ABD，△BCD の 2 辺は与えられているから，
その間の角の sin がわかれば面積が求められる。(1)の結果を $\sin^2 A+\cos^2 A=1$ に
代入し，まず sin A を求める。

CHART 四角形の問題　① **対角線で 2 つの三角形に分割**
　　　　　　　　　　　　② **円に内接なら（対角の和）=180° に注意**

解答

(1) 四角形 ABCD は円に内接するから
$$C=180°-A$$
△ABD において，余弦定理により
$$BD^2=10^2+4^2-2\cdot10\cdot4\cos A$$
$$=116-80\cos A \quad\cdots\cdots ①$$
△BCD において，余弦定理により
$$BD^2=7^2+5^2-2\cdot7\cdot5\cos(180°-A)$$
$$=74+70\cos A \quad\cdots\cdots ②$$
①，② から　　$116-80\cos A=74+70\cos A$

ゆえに　　$\cos A=\dfrac{42}{150}=\dfrac{7}{25}$

(2) $\sin A>0$ であるから
$$\sin A=\sqrt{1-\left(\dfrac{7}{25}\right)^2}=\dfrac{\sqrt{576}}{25}=\dfrac{24}{25}$$

また　　$\sin C=\sin(180°-A)=\sin A=\dfrac{24}{25}$

よって，四角形 ABCD の面積を S とすると
$$S=\triangle ABD+\triangle BCD$$
$$=\dfrac{1}{2}AB\cdot AD\sin A+\dfrac{1}{2}BC\cdot CD\sin C$$
$$=\dfrac{1}{2}\cdot4\cdot10\cdot\dfrac{24}{25}+\dfrac{1}{2}\cdot5\cdot7\cdot\dfrac{24}{25}=\mathbf{36}$$

◀$A+C=180°$

◀$\cos(180°-A)=-\cos A$

◀指針＿＿……★ の方針。
△ABD だけに着目して
も cos A は求められな
いから，△BCD にも着
目して BD² を 2 通りに
表し，cos A についての
方程式を作る。

検討

一般に，**円に内接する四
角形は，4 辺の長さが決
まれば，その面積が決ま
る**（次ページの 1. 参照）。

練習
③166 円に内接する四角形 ABCD において，AB=1，BC=3，CD=3，DA=2 とする。
次のものを求めよ。

(1) $\cos B$ の値　　　　　(2) 四角形 ABCD の面積

p.285 EX 116, 117

参考事項 円に内接する四角形の面積，中線定理の拡張

※円に内接する四角形の面積を求めるのには，三角形の **ヘロンの公式** の拡張となる公式がある。また，$p.263$ EXERCISES 112 で証明した **中線定理** は，中点に限らずいろいろな分点についての関係式に拡張することができる。これらの事柄は覚えて利用するものではないが，余弦定理の応用として紹介しておく。

1. 円に内接する四角形の面積（ブラーマグプタの公式）

円に内接する四角形の 4 辺の長さを a，b，c，d とし，$2s=a+b+c+d$ とするとこの四角形の面積 S は　　$S=\sqrt{(s-a)(s-b)(s-c)(s-d)}$　である。

[解説]　右の図で，$D=180°-B$ であるから

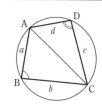

$$\sin D=\sin(180°-B)=\sin B$$

ゆえに　$2S=2(\triangle ABC+\triangle ACD)=ab\sin B+cd\sin D$

$$=(ab+cd)\sin B \quad \cdots\cdots ①$$

$\triangle ABC$，$\triangle ACD$ において，余弦定理により

$$AC^2=a^2+b^2-2ab\cos B, \quad AC^2=c^2+d^2-2cd\cos(180°-B)$$

よって　$\cos B=\dfrac{a^2+b^2-c^2-d^2}{2(ab+cd)}$　　ゆえに，$\sin B=\sqrt{1-\cos^2 B}$ から

$$\sin B=\frac{1}{2(ab+cd)}\sqrt{(a+b+c-d)(a+b-c+d)(a-b+c+d)(-a+b+c+d)}$$

$2s=a+b+c+d$ とすると，① から　　$S=\sqrt{(s-a)(s-b)(s-c)(s-d)}$

注意　ヘロンの公式は，ブラーマグプタの公式で $d=0$ としたものに一致する。

2. 中線定理（パップスの定理）の拡張（スチュワートの定理）

$\triangle ABC$ において，辺 BC 上に $BD:DC=m:n$ となる点 D をとると

$$n AB^2+m AC^2=n BD^2+m CD^2+(m+n)AD^2$$

（$m=n=1$ のとき，中線定理 $AB^2+AC^2=2(AD^2+BD^2)$ となる。）

[解説]　$\angle ADB=\theta$ とすると，余弦定理により

$$AB^2=AD^2+BD^2-2AD\cdot BD\cos\theta$$

$$AC^2=AD^2+CD^2-2AD\cdot CD\cos(180°-\theta)$$

$$=AD^2+CD^2+2AD\cdot CD\cos\theta$$

また，$BD:DC=m:n$ から　　$nBD=mDC$

よって　nAB^2+mAC^2

$$=n(AD^2+BD^2-2AD\cdot BD\cos\theta)+m(AD^2+CD^2+2AD\cdot CD\cos\theta)$$

$$=nBD^2+mCD^2+(m+n)AD^2$$

例　AB$=6$，BC$=8$，CA$=7$ の $\triangle ABC$ において，辺 BC を $1:3$ に分ける点を D とするとき，

線分 AD の長さは　　$3\cdot 6^2+1\cdot 7^2=3\cdot 2^2+1\cdot 6^2+(1+3)\cdot AD^2$

AD>0 であるから　　AD$=\dfrac{\sqrt{109}}{2}$

基本 例題 **167** 三角形の内接円，外接円の半径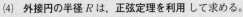

△ABC において，$a=2$, $b=\sqrt{2}$, $c=1$ とする。次のものを求めよ。

(1) $\cos B$, $\sin B$
(2) △ABC の面積 S
(3) △ABC の内接円の半径 r
(4) △ABC の外接円の半径 R

/ p.265 基本事項 **3**，基本 162

指針

(1) 3辺が与えられているから，余弦定理によって $\cos B$ を求める。
次に，$\sin^2 B + \cos^2 B = 1$ によって $\sin B$ を求める。

(2) 2辺とその間の角の $\sin$ がわかるから $S = \dfrac{1}{2} ca \sin B$

(3) 内接円の半径 r は，三角形の面積を利用 して求める。
内接円の中心を I とすると

$$△ABC = △IBC + △ICA + △IAB$$

よって $S = \dfrac{1}{2} ar + \dfrac{1}{2} br + \dfrac{1}{2} cr = \dfrac{1}{2} r(a+b+c)$

これと(2)の結果を利用して，r を求める。

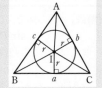

(4) 外接円の半径 R は，正弦定理を利用 して求める。

三角形と円

CHART ① 外接円の半径 は，正弦定理 利用
② 内接円の半径 は，三角形の面積 利用 により求める

解答

(1) 余弦定理により $\cos B = \dfrac{1^2 + 2^2 - (\sqrt{2})^2}{2 \cdot 1 \cdot 2} = \dfrac{3}{4}$ ◀ $\cos B = \dfrac{c^2 + a^2 - b^2}{2ca}$

$\sin B > 0$ であるから $\sin B = \sqrt{1 - \left(\dfrac{3}{4}\right)^2} = \dfrac{\sqrt{7}}{4}$

(2) $S = \dfrac{1}{2} ca \sin B = \dfrac{1}{2} \cdot 1 \cdot 2 \cdot \dfrac{\sqrt{7}}{4} = \dfrac{\sqrt{7}}{4}$

(3) (2)，$S = \dfrac{1}{2} r(a+b+c)$ から

$$\dfrac{\sqrt{7}}{4} = \dfrac{1}{2} r(2 + \sqrt{2} + 1)$$

よって $r = \dfrac{\sqrt{7}}{2(3+\sqrt{2})} = \dfrac{\sqrt{7}(3-\sqrt{2})}{14}$ ◀ $\dfrac{\sqrt{7}(3-\sqrt{2})}{2(3+\sqrt{2})(3-\sqrt{2})}$

(4) 正弦定理により

$$R = \dfrac{b}{2\sin B} = \sqrt{2} \div \left(2 \cdot \dfrac{\sqrt{7}}{4}\right) = \dfrac{2\sqrt{2}}{\sqrt{7}} = \dfrac{2\sqrt{14}}{7}$$ ◀ $2R = \dfrac{b}{\sin B}$

練習 △ABC において，$a = 1+\sqrt{3}$, $b=2$, $C=60°$ とする。次のものを求めよ。
② **167** (1) 辺 AB の長さ (2) ∠B の大きさ (3) △ABC の面積
(4) 外接円の半径 (5) 内接円の半径

[類 奈良教育大]

p.285 EX 118, 119

振り返り 図形の問題の考え方

これまで取り上げた例題では，定理や公式を利用して解くだけでなく，図形量を 2 通りに表したり，図形を適切に分割したりして考えたものもあった。これらの視点で学習内容を振り返ってみよう。

● 図形量を 2 通りに表す

線分の長さなどを求める際に，求められていないものを文字でおいて，同じ図形量を 2 通りに表す ことができれば，その等式から求めたいものが得られる。

例 **角の 2 等分線の長さ**（$p.268$ 例題 **164**(1)）

∠A の二等分線 AD の長さを x として，△ABC の面積を 2 通りに表す。

$$\triangle ABC = \frac{1}{2} \cdot 8 \cdot 5 \sin 120°$$

$$\triangle ABC = \triangle ABD + \triangle ADC = \frac{1}{2} \cdot 8 \cdot x \sin 60° + \frac{1}{2} \cdot x \cdot 5 \sin 60°$$

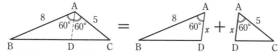

例 **内接円の半径**（$p.272$ 例題 **167**(3)）

内接円の半径を r として，△ABC の面積 S を 2 通りに表す。

$$S = \frac{1}{2} ca \sin B = \frac{1}{2} \cdot 1 \cdot 2 \cdot \frac{\sqrt{7}}{4}$$

$$S = \frac{1}{2} r(a+b+c) = \frac{1}{2} r(2+\sqrt{2}+1)$$

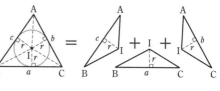

他にも，$p.270$ 例題 **166** では，BD^2 を
2 通りに表し，$\cos A$ の値を求めた。

このような考え方は，これから学習する空間図形においても用いられる。

● 面積は求めやすいように分割する

多角形の面積を求める際，対角線で分割することが有効な場合も多いが，正 n 角形
（$n \geqq 5$）の場合，その正 n 角形に外接する円の中心と各頂点を結んで分割する。すると，

各三角形は合同（頂角 $\dfrac{360°}{n}$ の二等辺三角形）となり，面積は求められる。

例 1 辺の長さが 1 の **正八角形の面積**（$p.268$ 例題 **164**(2)）

正八角形を 8 個の合同な三角形に分けて求められる。

例 半径 1 の円に内接する **正五角形の面積** を S とすると

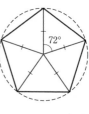

$$S = 5 \times \left(\frac{1}{2} \cdot 1 \cdot 1 \cdot \sin 72° \right) = \frac{5}{2} \sin 72°$$

$$= \frac{5}{2} \cos 18° = \frac{5\sqrt{10+2\sqrt{5}}}{8}$$

$$\left(p.230 \text{ EX} 97 \text{ より，} \sin 18° = \frac{\sqrt{5}-1}{4} \text{ から } \cos 18° = \sqrt{1-\left(\frac{\sqrt{5}-1}{4}\right)^2} \right)$$

重要 例題 168 三角形の面積の最小値

面積が 1 である △ABC の辺 AB，BC，CA 上にそれぞれ点 D，E，F を
AD：DB＝BE：EC＝CF：FA＝t：$(1-t)$（ただし，$0<t<1$）となるようにとる。

(1) △ADF の面積を t を用いて表せ。

(2) △DEF の面積を S とするとき，S の最小値とそのときの t の値を求めよ。

／基本 162

指針
(1) 辺の長さや角の大きさが与えられていないが，△ABC の面積が 1 であることと，
△ABC と △ADF は ∠A を共有していることに注目。

$$\triangle ABC=\frac{1}{2}AB\cdot AC\sin A\ (=1), \qquad \triangle ADF=\frac{1}{2}AD\cdot AF\sin A$$

(2) △DEF＝△ABC－（△ADF＋△BED＋△CFE）として求める。
S は t の **2 次式** となるから，基本形 $a(t-p)^2+q$ に直す。
ただし，t の変域に要注意！

解答

(1) AD＝tAB，AF＝$(1-t)$AC
であるから

$$\triangle ADF=\frac{1}{2}AD\cdot AF\sin A$$

$$=\frac{1}{2}t(1-t)AB\cdot AC\sin A$$

また，$\triangle ABC=\frac{1}{2}AB\cdot AC\sin A$

であり，△ABC＝1 から AB・AC$\sin A$＝2

よって $\triangle ADF=\frac{1}{2}t(1-t)\cdot 2=\boldsymbol{t(1-t)}$

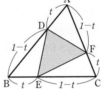

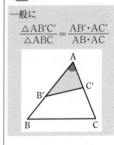

检討

一般に

$$\frac{\triangle AB'C'}{\triangle ABC}=\frac{AB'\cdot AC'}{AB\cdot AC}$$

(2) (1)と同様にして △BED＝△CFE＝$t(1-t)$
よって $S=\triangle ABC-(\triangle ADF+\triangle BED+\triangle CFE)$

$$=1-3t(1-t)=3t^2-3t+1$$

$$=3(t^2-t)+1=3\left\{t^2-t+\left(\frac{1}{2}\right)^2\right\}-3\left(\frac{1}{2}\right)^2+1$$

$$=3\left(t-\frac{1}{2}\right)^2+\frac{1}{4}$$

ゆえに，$0<t<1$ の範囲において，S は

$$t=\frac{1}{2}\ \text{のとき最小値}\ \frac{1}{4}\ \text{をとる。}$$

（D，E，F がそれぞれ辺 AB，BC，CA の中点のとき最小となる）

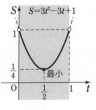

$S=3t^2-3t+1$

最小

練習
③**168** 1 辺の長さが 1 の正三角形 ABC の辺 AB，BC，CA 上にそれぞれ頂点と異なる点
D，E，F をとり，AD＝x，BE＝$2x$，CF＝$3x$ とする。 ［類 追手門学院大］

(1) △DEF の面積 S を x で表せ。

(2) (1)の S を最小にする x の値と最小値を求めよ。

p.285 EX120

基本 162

 基本 例題 169 正四面体の切り口の三角形の面積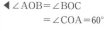

1辺の長さが 6 の正四面体 OABC がある。辺 OA，OB，OC 上に，それぞれ点 L，M，N を OL＝3，OM＝4，ON＝2 となるようにとる。このとき，△LMN の 面積を求めよ。

指針 △LMN において，辺 LM，MN，NL を，それぞれ
△OLM の辺，△OMN の辺，△ONL の辺　とみて，
まず，**余弦定理** により辺 LM，MN，NL の長さを求める。
なお，正四面体の各面は，1辺の長さが 6 の合同な正三角形である。

CHART 空間図形の問題　平面図形を取り出す

 解答

△OLM において，余弦定理により
$$LM^2 = OL^2 + OM^2 - 2 \cdot OL \cdot OM \cos 60°$$
$$= 3^2 + 4^2 - 2 \cdot 3 \cdot 4 \cdot \frac{1}{2} = 13$$

△OMN において，余弦定理により
$$MN^2 = OM^2 + ON^2 - 2 \cdot OM \cdot ON \cos 60°$$
$$= 4^2 + 2^2 - 2 \cdot 4 \cdot 2 \cdot \frac{1}{2} = 12$$

△ONL において，余弦定理により
$$NL^2 = ON^2 + OL^2 - 2 \cdot ON \cdot OL \cos 60° = 2^2 + 3^2 - 2 \cdot 2 \cdot 3 \cdot \frac{1}{2} = 7$$

ゆえに　　$LM = \sqrt{13}$，$MN = 2\sqrt{3}$，$NL = \sqrt{7}$

△LMN において，余弦定理により
$$\cos \angle MLN = \frac{LM^2 + NL^2 - MN^2}{2 \cdot LM \cdot NL}$$
$$= \frac{13 + 7 - 12}{2 \cdot \sqrt{13} \cdot \sqrt{7}} = \frac{4}{\sqrt{91}}$$

よって　　$\sin \angle MLN = \sqrt{1 - \cos^2 \angle MLN}$
$$= \sqrt{1 - \left(\frac{4}{\sqrt{91}}\right)^2} = \sqrt{\frac{75}{91}} = \frac{5\sqrt{3}}{\sqrt{91}}$$

ゆえに　　$\triangle LMN = \frac{1}{2} LM \cdot NL \sin \angle MLN$
$$= \frac{1}{2} \cdot \sqrt{13} \cdot \sqrt{7} \cdot \frac{5\sqrt{3}}{\sqrt{91}} = \frac{5\sqrt{3}}{2}$$

◀ $\angle AOB = \angle BOC$
　　$= \angle COA = 60°$

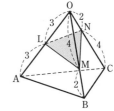

◀ △LMN の 3 辺の長さが わかったから，p.266 例 題 162 (2) と同様にして， △LMN の面積を求める。

◀ $0° < \angle MLN < 180°$ から
　　$\sin \angle MLN > 0$

4 章

⑲ 三角形の面積，空間図形への応用

練習 ②169 1辺の長さが 6 の正四面体 ABCD について，辺 BC 上で 2BE＝EC を満たす点を E，辺 CD の中点を M とする。

(1) 線分 AM，AE，EM の長さをそれぞれ求めよ。

(2) ∠EAM＝θ とおくとき，cos θ の値を求めよ。

(3) △AEM の面積を求めよ。

p.286 EX 121

基本 例題 170 正四面体の高さと体積

1辺の長さが a である正四面体 ABCD において，頂点 A から △BCD に垂線 AH を下ろす。

(1) AH の長さ h を a を用いて表せ。

(2) 正四面体 ABCD の体積 V を a を用いて表せ。

(3) 点 H から △ABC に下ろした垂線の長さを a を用いて表せ。 / 基本 169

指針 (1) 直線 AH は平面 BCD 上のすべての直線と垂直であるから

$$AH \perp BH, \quad AH \perp CH, \quad AH \perp DH$$

ここで，直角三角形 ABH に注目すると $AH = \sqrt{AB^2 - BH^2}$

よって，まず BH を求める。

また，BH は正三角形 BCD の外接円の半径であるから，正弦定理を利用。

(2) **(四面体の体積)** $= \dfrac{1}{3} \times$ **(底面積)** $\times$ **(高さ)**

(3) △ABC を底面とする四面体 HABC の高さとして求める。また，3つの四面体 HABC，HACD，HABD の体積は等しいことも利用。

解答

(1) △ABH，△ACH，△ADH はいずれも $\angle H = 90°$ の直角三角形であり

$$AB = AC = AD, \quad AH は共通$$

であるから

$$\triangle ABH \equiv \triangle ACH \equiv \triangle ADH$$

よって BH = CH = DH

ゆえに，H は △BCD の外接円の中心であり，BH は △BCD の外接円の半径であるから，△BCD において，

正弦定理により $\dfrac{a}{\sin 60°} = 2BH$

よって $BH = \dfrac{a}{2\sin 60°} = \dfrac{a}{2} \div \dfrac{\sqrt{3}}{2} = \dfrac{a}{\sqrt{3}}$

△ABH は直角三角形であるから，三平方の定理により

$$h = AH = \sqrt{AB^2 - BH^2}$$
$$= \sqrt{a^2 - \left(\dfrac{a}{\sqrt{3}}\right)^2} = \sqrt{\dfrac{2}{3}a^2} = \dfrac{\sqrt{6}}{3}a$$

(2) △BCD の面積を S とすると

$$S = \dfrac{1}{2}a^2 \sin 60° = \dfrac{\sqrt{3}}{4}a^2$$

よって，正四面体 ABCD の体積 V は

$$V = \dfrac{1}{3}Sh = \dfrac{1}{3} \cdot \dfrac{\sqrt{3}}{4}a^2 \cdot \dfrac{\sqrt{6}}{3}a = \dfrac{\sqrt{2}}{12}a^3$$

◀直角三角形において，斜辺と他の1辺がそれぞれ等しいならば互いに合同である。

◀H は △BCD の外心。（数学 A で詳しく学ぶ）

◀△BCD は正三角形であり，1辺の長さは a，1つの内角は 60° である。

◀(△BCD の面積)
$= \dfrac{1}{2}BC \cdot BD \sin \angle CBD$

(3) 3つの四面体 HABC，HACD，HABD の体積は等しいから，

$$（四面体 HABC の体積）\times 3$$
$$=（正四面体 ABCD の体積） \cdots\cdots ①$$

が成り立つ。

求める垂線の長さを x とすると

$$（四面体 HABC の体積）$$
$$=\frac{1}{3}\cdot\triangle ABC\cdot x=\frac{1}{3}\cdot\frac{\sqrt{3}}{4}a^2x$$

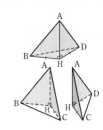

また，(2)より，正四面体 ABCD の体積は $\dfrac{\sqrt{2}}{12}a^3$ であるから，これらを ① に代入すると

$$\left(\frac{1}{3}\cdot\frac{\sqrt{3}}{4}a^2x\right)\times 3=\frac{\sqrt{2}}{12}a^3$$

よって $x=\dfrac{4}{\sqrt{3}}\cdot\dfrac{\sqrt{2}}{12}a=\dfrac{\sqrt{2}}{3\sqrt{3}}a=\dfrac{\sqrt{6}}{9}a$

◀ $\dfrac{1}{3}\times$（底面積）$\times$（高さ）

△ABC を底面，点 H から △ABC に下ろした垂線を高さとみる。

 検討

重心の性質を用いた解法

正三角形において，その外接円の中心（外心）と重心は一致する。このことを利用すると，(1) の AH の長さは次のように求めることもできる。
なお，重心については，数学 A で詳しく学ぶが，ここでは次の性質を利用する。

> 三角形の 3 つの中線は 1 点で交わり，その点は各中線を 2：1 に内分する。
> 三角形の 3 つの中線の交点を，三角形の **重心** という。

辺 CD の中点を M とすると，$BM=BC\sin 60°=\dfrac{\sqrt{3}}{2}a$

であるから $BH=\dfrac{2}{2+1}BM=\dfrac{2}{3}\cdot\dfrac{\sqrt{3}}{2}a=\dfrac{\sqrt{3}}{3}a$

したがって $AH=\sqrt{AB^2-BH^2}=\sqrt{a^2-\left(\dfrac{\sqrt{3}}{3}a\right)^2}=\dfrac{\sqrt{6}}{3}a$

例題 **170** において，1 辺の長さが a である正四面体の

$$高さは h=\frac{\sqrt{6}}{3}a,\ 体積は V=\frac{\sqrt{2}}{12}a^3$$

であることを求めた。これらは記憶しておくと役に立つが，高さ AH については，上のような計算方法も知っておくとよいだろう。
また，体積については，立方体に正四面体を埋め込む方法も知られている（次ページを参照）。

知ってると便利

練習
③170 1 辺の長さが 3 の正三角形 ABC を底面とし，PA＝PB＝PC＝2 の四面体 PABC において，頂点 P から底面 ABC に垂線 PH を下ろす。

(1) PH の長さを求めよ。 (2) 四面体 PABC の体積を求めよ。

(3) 点 H から 3 点 P，A，B を通る平面に下ろした垂線の長さ h を求めよ。

p.286 EX122

4 章

⑲ 三角形の面積，空間図形への応用

参考事項 正四面体の体積

例題 170 では，正四面体の体積を $\dfrac{1}{3}\times$（底面積）$\times$（高さ）の公式を利用して求めた。ここでは，正四面体を囲む立方体を利用して体積を求める方法について説明しよう。ただし，空間の図形は直感的につかみにくいので，前段階として平面上のひし形の面積を，ひし形を囲む長方形を利用して求める方法から考えていこう。

① ひし形の面積

ひし形の性質より，対角線は垂直に交わるから，図のように対角線に平行な直線によってできる長方形 EFGH で，ひし形 ABCD を囲むことができて

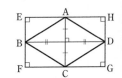

$$（\text{ひし形 ABCD}）=\dfrac{1}{2}\times（\text{長方形 EFGH}）$$

① の考え方を立体の場合に適用する。

② 1辺の長さが a の正四面体の体積

右の図のように正四面体 BDEG を立方体 ABCD-EFGH で囲むことができる。（立方体の各面の対角線が正四面体の1辺となっている。→ 辺の長さがすべて等しい四面体は正四面体）
この正四面体は立方体から4つの三角錐 ABDE，BCDG，BEFG，DEGH を取り除いたものである。

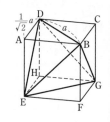

三角錐 ABDE の体積は $\dfrac{1}{3}\times\triangle\text{ABD}\times\text{AE}$，立方体の体積は

（正方形 ABCD）$\times$AE である。

よって，三角錐 ABDE の体積は立方体の $\dfrac{1}{6}$ であり，同様に他の3つの三角錐の体積も

立方体の $\dfrac{1}{6}$ であるから，体積について

$$（\text{正四面体}）=（\text{立方体}）-4\cdot\left\{\dfrac{1}{6}\times（\text{立方体}）\right\}=\dfrac{1}{3}\times（\text{立方体}）$$

このことを利用すると，次のようにして正四面体の体積を考えることができる。

正四面体の1辺の長さ a に対し，正四面体を囲む立方体の1辺の長さは $\dfrac{1}{\sqrt{2}}a$ となる

から，正四面体の体積は $\dfrac{1}{3}\times\left(\dfrac{1}{\sqrt{2}}a\right)^3=\dfrac{\sqrt{2}}{12}a^3$ となる。

参考 等面四面体（4つの面がすべて合同な四面体）の体積
図のように，3辺の長さが a，b，c の直方体に囲まれた四面体 BDEG の体積は，② と同様に考えて

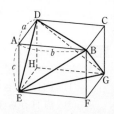

$$（\text{等面四面体}）=（\text{直方体}）-4\cdot\left\{\dfrac{1}{6}\times（\text{直方体}）\right\}=\dfrac{1}{3}\times（\text{直方体}）$$

ゆえに，四面体 BDEG の体積は $\dfrac{1}{3}abc$

基本 例題 **171** 円錐に内接する球の体積・表面積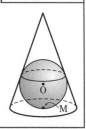

図のように，高さ 4，底面の半径 $\sqrt{2}$ の円錐が，球 O と側面で接し，底面の中心 M でも接している。
(1) 円錐の母線の長さを求めよ。
(2) 球 O の半径を求めよ。
(3) 球 O の体積 V と表面積 S を求めよ。

/ 基本 **167**

指針 円錐の頂点 A と底面の円の中心 M を通る平面で円錐を切った切り口の図形（右図の二等辺三角形 ABC）について考える。

(1) 円錐の **母線** は，右の図の辺 AB である。
(2) （球 O の半径）＝（△ABC の内接円の半径）
(3) (2) の結果と公式 $V = \dfrac{4}{3}\pi r^3$，$S = 4\pi r^2$ を利用。

CHART 空間図形の問題 **平面で切る（断面図の利用）**

4
章

⑲ 三角形の面積，空間図形への応用

解答

円錐の頂点を A とすると，A と点 M を通る平面で円錐を切ったときの切り口の図形は，図のようになる。

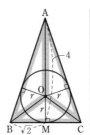

(1) 母線の長さは
$$\sqrt{BM^2 + AM^2} = \sqrt{(\sqrt{2})^2 + 4^2}$$
$$= 3\sqrt{2}$$

◀三平方の定理

(2) 球 O の半径を r とすると
$$\triangle ABC = \frac{r}{2}(AB + BC + CA)$$
$$= \frac{r}{2}(2\sqrt{2} + 3\sqrt{2} \cdot 2)$$
$$= 4\sqrt{2}\,r$$

◀$\triangle ABC = \triangle OAB$ $+ \triangle OBC + \triangle OCA$
p.272 例題 **167** (3) と同じ要領。

$\triangle ABC = \dfrac{1}{2} \cdot 2\sqrt{2} \cdot 4 = 4\sqrt{2}$ であるから

◀$\triangle ABC = \dfrac{1}{2} BC \cdot AM$

$$4\sqrt{2}\,r = 4\sqrt{2}$$

したがって $r = 1$

(3) (2) から $V = \dfrac{4}{3}\pi \cdot 1^3 = \dfrac{4}{3}\pi$

◀$V = \dfrac{4}{3}\pi r^3$

$$S = 4\pi \cdot 1^2 = 4\pi$$

◀$S = 4\pi r^2$

練習 底面の半径 2，母線の長さ 6 の円錐が，球 O と側面で接し，底面の中心でも接している。この球の半径，体積，表面積をそれぞれ求めよ。
③**171**

重要例題 **172** 正四面体と球 ⏱⏱⏱⏱⏱⏱

1辺の長さが a である正四面体 ABCD がある。

(1) 正四面体 ABCD に外接する球の半径 R を a を用いて表せ。

(2) (1)の半径 R の球と正四面体 ABCD の体積比を求めよ。

(3) 正四面体 ABCD に内接する球の半径 r を a を用いて表せ。

(4) (3)の半径 r の球と正四面体 ABCD の体積比を求めよ。

／基本 167, 170

指針 (1) 頂点 A から底面 △BCD に垂線 AH を下ろす。
外接する球の中心を O とすると,
OA＝OB＝OC＝OD（＝R）である。
また, 直線 AH 上の点 P に対して,
PB＝PC＝PD であるから, O は直線 AH 上にある。
よって, 直角三角形 OBH に着目して考える。

(2) 半径 R の球の体積は $\dfrac{4}{3}\pi R^3$

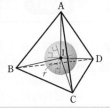

(3) 内接する球の中心を I とすると, I から正四面体
の各面に下ろした垂線の長さは等しい。正四面体を
I を頂点とする4つの合同な四面体に分けると
（正四面体 ABCD の体積）＝4×（四面体 IBCD の体積）
これから, 半径 r を求める。
（例題 **167**(3)で三角形の内接円の半径を求めるとき,
三角形を3つに分け, 面積を利用したのと同様）

解答 (1) 頂点 A から底面 △BCD に垂線 AH を下ろし, 外接
する球の中心を O とすると, O は線分 AH 上にあり
OA＝OB＝R

ゆえに OH＝AH－OA＝$\dfrac{\sqrt{6}}{3}a-R$

△OBH は直角三角形であるから, 三平方の定理により
BH²＋OH²＝OB²

よって $\left(\dfrac{a}{\sqrt{3}}\right)^2+\left(\dfrac{\sqrt{6}}{3}a-R\right)^2=R^2$

整理して $a^2-\dfrac{2\sqrt{6}}{3}aR=0$

ゆえに $R=\dfrac{3}{2\sqrt{6}}a=\dfrac{\sqrt{6}}{4}\boldsymbol{a}$

◀AH＝$\dfrac{\sqrt{6}}{3}a$,

BH＝$\dfrac{a}{\sqrt{3}}$ は基本例題

170(1)の結果を用いた。

(2) 正四面体 ABCD の体積を V とすると $V=\dfrac{\sqrt{2}}{12}a^3$

◀$V=\dfrac{\sqrt{2}}{12}a^3$ は基本例題

170(2)の結果を用いた。

また, 半径 R の球の体積を V_1 とすると

$V_1=\dfrac{4}{3}\pi R^3=\dfrac{4}{3}\pi\left(\dfrac{\sqrt{6}}{4}a\right)^3=\dfrac{\sqrt{6}}{8}\pi a^3$

よって $V_1:V=\dfrac{\sqrt{6}}{8}\pi a^3:\dfrac{\sqrt{2}}{12}a^3=9\pi:2\sqrt{3}$

(3) 内接する球の中心を I とする。4 つの四面体 IABC, IACD, IABD, IBCD は合同であるから

◀体積を 2 通りに表す方針。

$$V=4\times(\text{四面体 IBCD の体積})=4\times\left(\frac{1}{3}\cdot\triangle\text{BCD}\cdot r\right)$$

$$=4\times\left(\frac{1}{3}\cdot\frac{\sqrt{3}}{4}a^2\cdot r\right)=\frac{\sqrt{3}}{3}a^2r$$

◀△BCD は 1 辺の長さが a の正三角形で、その面積は $\frac{1}{2}a^2\sin60°$

$V=\frac{\sqrt{2}}{12}a^3$ から $\frac{\sqrt{2}}{12}a^3=\frac{\sqrt{3}}{3}a^2r$

ゆえに $r=\frac{\sqrt{6}}{12}a$

(4) 半径 r の球の体積を V_2 とすると

$$V_2=\frac{4}{3}\pi r^3=\frac{4}{3}\pi\left(\frac{\sqrt{6}}{12}a\right)^3=\frac{\sqrt{6}}{216}\pi a^3$$

よって $V_2:V=\frac{\sqrt{6}}{216}\pi a^3:\frac{\sqrt{2}}{12}a^3=\pi:6\sqrt{3}$

◀(1), (3) より, $R:r=3:1$ であるから $V_1:V_2=3^3:1^3=27:1$ である。

検討

空間図形の問題は平面図形を取り出して考える

基本例題 **170** と重要例題 **172** では、正四面体について考察した。
空間図形の計量の問題は、平面図形と比べ難しく感じられるが、

求めたい部分や与えられている条件を含む平面に着目する

ことが、解法のポイントである。
重要例題 **172** のように、正四面体とそれに外接する球を
考える問題では、球の中心を通るような平面に着目する
ことが多い。
球の中心 O は 3 点 A, B, H を含む平面上にあり、この
平面は辺 CD の中点 M で交わるから (p.277 参照)、断面
は右の図のようになる。このとき、OA, OB は球の半径
であり、AB は正四面体の 1 辺であるが、M は球 O とは
共有点をもたないことに注意。
着目する平面を定めたら、条件を確認しながら改めて図
をかいて考えるとよい。

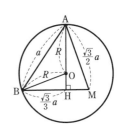

練習 ③172

半径 1 の球 O に正四面体 ABCD が内接している。このとき、次の問いに答えよ。
ただし、正四面体の頂点から底面の三角形に引いた垂線と底面の交点は、底面の三
角形の外接円の中心であることを証明なしで用いてよい。

(1) 正四面体 ABCD の 1 辺の長さを求めよ。

(2) 球 O と正四面体 ABCD の体積比を求めよ。 〔類 お茶の水大〕

p.286 EX124

参考事項 正四面体のすべての辺に接する球

　空間図形の応用問題では, 例題 **172** のような正四面体と球に関する題材が多く見られるが, その位置関係について誤解しないように注意したい。
例えば, 「正四面体のすべての頂点を通る球」なら, 球は正四面体に外接し, 「正四面体のすべての面に接する球」なら, 球は正四面体に内接している。
ここでは, この 2 例以外に, 「**正四面体のすべての辺に接する球**」について考えてみよう。

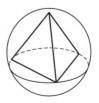

半径 1 の球が正四面体 ABCD のすべての辺に接しているとき, この正四面体の 1 辺の長さ a を求めてみよう。

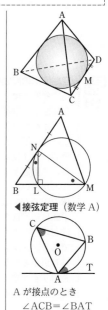

　すべての辺に接している球を, 平面 ABC で切ったときの切り口は, △ABC の内接円である。
　したがって, それぞれの辺の接点は, それぞれの辺の中点である。
　ここで, 辺 CD の中点を M とし, 平面 ABM で正四面体と球を切ったときの切り口を考える。
　図形の対称性から, 平面 ABM は球の中心を通る。
　したがって, 球の切り口の円の半径は球の半径 1 に等しい。
　ここで, 辺 AB の中点を N とすると, △MAB が二等辺三角形であることから　　AB⊥MN
　BM と円の交点を L とすると, 円は N で AB に接するから
　　　　　∠BNL＝∠BMN
　よって　　∠BLN＝∠BNM
　ゆえに　　∠NLM＝90°
　したがって, 線分 MN は円の直径であるから　　MN＝2

BN＝$\dfrac{1}{2}a$, BM＝$\dfrac{\sqrt{3}}{2}a$ であるから, BN²＋MN²＝BM²

より　　$\dfrac{1}{4}a^2＋2^2＝\dfrac{3}{4}a^2$　　　　　よって　　$a＝2\sqrt{2}$

　したがって, 正四面体の 1 辺の長さは　　$2\sqrt{2}$

◀接弦定理（数学 A）

A が接点のとき
∠ACB＝∠BAT

参考　右の図のような立方体 ABCD-EFGH を考える。

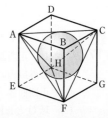

この立方体を 4 つの平面 ACF, ACH, AHF, CFH で切ると, 正四面体 ACFH ができる。
正四面体 ACFH のすべての辺に接する球は, 立方体 ABCD-EFGH に内接する球である。
この球の半径が 1 のとき, 立方体 ABCD-EFGH の 1 辺の長さは 2 であるから, 正四面体 ACFH の 1 辺の長さは $2\sqrt{2}$ である。

基本 例題 173 空間図形の測量

水平な地面の地点 H に，地面に垂直にポールが立っている。2つの地点 A，B からポールの先端を見ると，仰角はそれぞれ 30° と 60° であった。また，地面上の測量では A，B 間の距離が 20 m，地点 H から 2 地点 A，B を見込む角度は 60° であった。このとき，ポールの高さを求めよ。ただし，目の高さは考えないものとする。

／基本 135

指針
例題 **135** の測量の問題と異なり，与えられた値を三角形の辺や角としてとらえると，空間図形が現れる。よって，

⚑ **空間図形の問題 平面図形を取り出す**

に従って考える。
ここでは，ポールの高さを x m として，AH，BH を x で表し，
△ABH に **余弦定理** を利用する。
なお，右の図のように，点 P から線分 AB の両端に向かう 2 つの
半直線の作る角を，点 P から線分 AB を **見込む角** という。

✏ **解答**

ポールの先端を P とし，ポールの高さを PH＝x（m）とする。

△PAH で PH：AH＝1：$\sqrt{3}$

ゆえに AH＝$\sqrt{3}\,x$（m）

△PBH で PH：BH＝$\sqrt{3}$：1

よって BH＝$\dfrac{1}{\sqrt{3}}x$（m）

△ABH において，余弦定理により

$$20^2=(\sqrt{3}\,x)^2+\left(\dfrac{1}{\sqrt{3}}x\right)^2-2\cdot\sqrt{3}\,x\cdot\dfrac{1}{\sqrt{3}}x\cos 60°$$

したがって $x^2=\dfrac{1200}{7}$

$x>0$ であるから $x=\sqrt{\dfrac{1200}{7}}=\dfrac{20\sqrt{21}}{7}$

よって，求めるポールの高さは $\dfrac{20\sqrt{21}}{7}$ m

単位：m

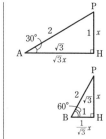

内角が 30°，60°，90° の直角三角形の 3 辺の長さの比は 1：2：$\sqrt{3}$

◀ $\dfrac{\sqrt{1200}}{\sqrt{7}}=\dfrac{20\sqrt{3}}{\sqrt{7}}$

◀高さは約 13 m

練習 ②**173** あるタワーが立っている地点 K と同じ標高の地点 A からタワーの先端の仰角を測ると 30° であった。また，地点 A から AB＝114（m）となるところに地点 B があり，∠KAB＝75° および ∠KBA＝60° であった。このとき，A，K 間の距離は ア⬚ m，タワーの高さは イ⬚ m である。

［国学院大］

右の図の直円錐で，H は円の中心，線分 AB は直径，

OH は円に垂直で，OA$=a$，$\sin\theta=\dfrac{1}{3}$ とする。

点 P が母線 OB 上にあり，PB$=\dfrac{a}{3}$ とするとき，

点 A からこの直円錐の側面を通って点 P に至る最短経

路の長さを求めよ。

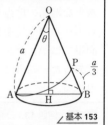

/ 基本 153

指針 直円錐の側面は曲面であるから，そのままでは最短経路は考えにくい。そこで，曲面
を広げる，つまり **展開図** で考える。─→ 側面の展開図は扇形となる。
なお，平面上の 2 点間を結ぶ最短の経路は，**2 点を結ぶ線分** である。

解答

AB$=2r$ とすると，△OAH で，AH$=r$，∠OHA$=90°$，

$\sin\theta=\dfrac{1}{3}$ であるから　　$\dfrac{r}{a}=\dfrac{1}{3}$

側面を直線 OA で切り開いた展
開図は，図のような，中心 O，
半径 OA$=a$ の扇形である。
中心角を x とすると，図の
弧 ABA′ の長さについて

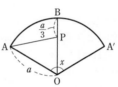

$$2\pi a\cdot\dfrac{x}{360°}=2\pi r$$

$\dfrac{r}{a}=\dfrac{1}{3}$ であるから　　$x=360°\cdot\dfrac{r}{a}=360°\cdot\dfrac{1}{3}=120°$

ここで，求める最短経路の長さは，図の線分 AP の長さで
あるから，△OAP において，余弦定理により

$$AP^2=OA^2+OP^2-2OA\cdot OP\cos60°$$

$$=a^2+\left(\dfrac{2}{3}a\right)^2-2a\cdot\dfrac{2}{3}a\cdot\dfrac{1}{2}=\dfrac{7}{9}a^2$$

AP>0 であるから，求める最短経路の長さは　　$\dfrac{\sqrt{7}}{3}a$

◀弧 ABA′ の長さは，底面
の円 H の円周に等しい。

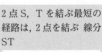

2 点 S，T を結ぶ最短の
経路は，2 点を結ぶ 線分
ST

練習
③**174** 1 辺の長さが a の正四面体 OABC において，辺 AB，
BC，OC 上にそれぞれ点 P，Q，R をとる。頂点 O から，
P，Q，R の順に 3 点を通り，頂点 A に至る最短経路の
長さを求めよ。

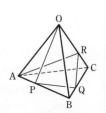

p.286 EX125

▦ EXERCISES

③**115** 次の図形の面積を求めよ。
- (1) $a=10$, $B=30°$, $C=105°$ の $\triangle ABC$
- (2) $AB=3$, $AC=3\sqrt{3}$, $\angle B=60°$ の平行四辺形 ABCD
- (3) 円に内接し，$AB=6$, $BC=CD=3$, $\angle B=120°$ の四角形 ABCD
- (4) 半径 r の円に外接する正八角形 →162～165

③**116** 四角形 ABCD において，AB∥DC，AB=4，BC=2，CD=6，DA=3 であるとする。
- (1) 対角線 AC の長さを求めよ。
- (2) 四角形 ABCD の面積を求めよ。 〔信州大〕 →166

④**117** 4辺の長さが AB=a, BC=b, CD=c, DA=d である四角形 ABCD が円に内接していて，AC=x, BD=y とする。
- (1) $\triangle ABC$ と $\triangle CDA$ に余弦定理を適用して，x を a, b, c, d で表せ。また，y を a, b, c, d で表せ。
- (2) xy を a, b, c, d で表すと，$xy=ac+bd$ （これを **トレミーの定理** という）となる。このことを(1)を用いて示せ。 〔宮城教育大〕 →166

②**118** $\triangle ABC$ の面積が $12\sqrt{6}$ であり，その辺の長さの比は AB：BC：CA=5：6：7 である。このとき，$\sin\angle ABC=$ ア⬜ となり，$\triangle ABC$ の内接円の半径は イ⬜ である。 〔南山大〕 →167

③**119** $\triangle ABC$ の面積を S，外接円の半径を R，内接円の半径を r とするとき，次の等式が成り立つことを証明せよ。

$$(1) \quad S=\frac{abc}{4R} \qquad (2) \quad S=\frac{a^2\sin B\sin C}{2\sin(B+C)} \qquad (3) \quad S=Rr(\sin A+\sin B+\sin C)$$

→167

④**120** 四角形 ABCD において，AB=4，BC=5，CD=t, DA=$3-t$ $(0<t<3)$ とする。また，四角形 ABCD は外接円をもつとする。
- (1) $\cos C$ を t で表せ。 (2) 四角形 ABCD の面積 S を t で表せ。
- (3) S の最大値と，そのときの t の値を求めよ。 〔名古屋大〕 →166,168

HINT

115 (1) まず，b を求める。次に，C から AB に垂線 CD を引き，$c=AD+DB$ として c を求める。
　　(3) $\triangle ABC$ と $\triangle ACD$ に分割する。また，$\triangle ACD$ の面積を求めるために，辺 AD の長さも求める。

116 (1) AC=x として，$\cos\angle BAC$, $\cos\angle ACD$ をそれぞれ x で表す。AB∥DC より，$\angle BAC=\angle ACD$ を利用。

118 条件から AB=$5k$, BC=$6k$, CA=$7k$ $(k>0)$ とおける。

119 (1), (2) $S=\dfrac{1}{2}bc\sin A$ (3) $S=\dfrac{1}{2}r(a+b+c)$ を利用する。

120 (1) $\triangle ABD$ と $\triangle BCD$ において，それぞれ余弦定理により BD^2 を t で表す。

③**121** 正四角錐 O-ABCD において，底面の 1 辺の長さは $2a$，高さは a である。
このとき，次のものを求めよ。
(1) 頂点 A から辺 OB に引いた垂線 AE の長さ
(2) (1)の点 E に対し，∠AEC の大きさと △AEC の面積　　　　→**169**

③**122** 四面体 ABCD において，AB=3，BC=$\sqrt{13}$，CA=4，DA=DB=DC=3 とし，
頂点 D から △ABC に垂線 DH を下ろす。
このとき，線分 DH の長さと四面体 ABCD の体積を求めよ。　〔東京慈恵会医大〕
　　　　→**170**

④**123** 3 辺の長さが 5，6，7 の三角形を T とする。
(1) T の面積を求めよ。
(2) T を底面とする高さ 4 の直三角柱の内部に含まれる球の半径の最大値を求めよ。ただし，直三角柱とは，すべての側面が底面と垂直であるような三角柱である。　　　　〔北海道大〕　→**171**

⑤**124** 1 辺の長さが 1 の正二十面体 W のすべての頂点が球 S の表面上にあるとき，次の問いに答えよ。なお，正二十面体は，すべての面が合同な正三角形であり，各頂点は 5 つの正三角形に共有されている。
(1) 正二十面体 W の 1 つの頂点を A，頂点 A からの距離が 1 である 5 つの頂点を B，C，D，E，F とする。$\cos 36°=\dfrac{1+\sqrt{5}}{4}$ を用いて，対角線 BE の長さと正五角形 BCDEF の外接円の半径 R を求めよ。
(2) 2 つの頂点 D，E からの距離が 1 である 2 つの頂点のうち，頂点 A でない方を G とする。球 S の直径 BG の長さを求めよ。
(3) 球 S の中心を O とする。△DEG を底面とする三角錐 ODEG の体積を求め，正二十面体 W の体積を求めよ。　　　　→**172**

③**125** 1 辺の長さが 6 の正四面体 ABCD がある。辺 BD 上に BE=4 となるように点 E をとる。また，辺 AC 上に点 P，辺 AD 上に点 Q をとり，線分 BP，PQ，QE のそれぞれの長さを x，y，z とおく。
(1) 四面体 ABCE の体積を求めよ。
(2) P と Q を動かして $x+y+z$ を最小にするとき，$x+y+z$ の値を求めよ。
〔南山大〕
　　　　→**174**

HINT　121　(1) △OAB の面積を 2 通りに表して求める。　(2) 余弦定理を利用。
　　　123　(2) 直三角柱の内部に球が含まれるための必要十分条件は，
　　　　　　（球の直径）≦（直三角柱の高さ）かつ T の内部に球と同じ半径の円が含まれることである。
　　　124　(2) BG は球 S の直径であるから　∠BEG=90°

参考事項 三角比の歴史

三角比の考え方は，古代から知られていた。ここでは，その代表として，古代エジプトと古代ギリシャについて紹介しよう。

●古代エジプト

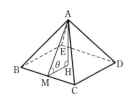

三角形の角と辺の間の比を考えることは，紀元前 2000 年頃のエジプトやメソポタミアにさかのぼる。紀元前 1600 年頃にエジプトの書記官アーメスによって書かれたパピルスの 56 番から 60 番の問題に，セケド（skd）またはセクト（seqt）という言葉が出てくる。これは，右の図のようなピラミッドで，$\dfrac{MH}{AH}$ を意味し，$\angle AMH = \theta$ としたときの，

$\dfrac{1}{\tan\theta}$ を表している。

●古代ギリシャ

古代ギリシャでは，天文学とともに三角比の研究が進められた。
アリスタルコス（紀元前 310～紀元前 230 年頃）は「太陽と月の大きさと距離について」を書いて，太陽と月の距離の大まかな比を求めた。その時代に三角比は知られていなかったが，アリスタルコスが用いたのは，現代の記号でいうと，右の図において

$$\angle ABC = \alpha, \quad \angle DBC = \beta \text{ とすると，} \quad \frac{\tan\alpha}{\tan\beta} > \frac{\alpha}{\beta}$$

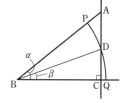

が成り立つということである。
まず，このことを証明してみよう。

証明 図より $\dfrac{\triangle ABD}{\triangle DBC} > \dfrac{扇形PBD}{扇形DBQ}$ であるから

$$\frac{AD}{DC} > \frac{\angle ABD}{\angle DBC}$$

両辺に 1 を加えて $\quad \dfrac{AD+DC}{DC} > \dfrac{\angle ABD + \angle DBC}{\angle DBC}$

よって $\quad \dfrac{AC}{DC} > \dfrac{\angle ABC}{\angle DBC}$

ゆえに $\quad \dfrac{\tan\alpha}{\tan\beta} > \dfrac{\alpha}{\beta}$ $\cdots\cdots$（＊）

注意 $\dfrac{\alpha}{\beta}$ は角度の比の値である。

＜太陽と月の距離の比＞

アリスタルコスは半月の日の太陽と月の角度 θ を観測して，太陽と月の距離の比を次のように求めた。

右の図のように，A を地球上の観測者，B を月，C を太陽とすると $\quad \dfrac{AC}{AB}=\dfrac{1}{\sin\theta}$

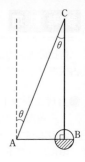

ただ，アリスタルコスの時代には，三角比の数表が存在しなかったために，比がある範囲にあることしか計算できなかった。それでは，アリスタルコスはどのような計算をしたのか，ということを説明しよう。

右の図のように，正方形 ACDE を考え AG は ∠DAE の二等分線であるとする。

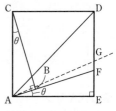

このとき $\quad \angle GAE:\angle FAE=22.5°:\theta=45°:2\theta$

ゆえに，（＊）から $\quad \dfrac{\tan\angle GAE}{\tan\angle FAE}>\dfrac{\angle GAE}{\angle FAE}=\dfrac{45°}{2\theta}$

よって $\quad \dfrac{AE\tan\angle GAE}{AE\tan\angle FAE}>\dfrac{45°}{2\theta}\quad$ すなわち $\quad \dfrac{GE}{FE}>\dfrac{45°}{2\theta}$

$$\cdots\cdots ①$$

直線 AG は ∠DAE の二等分線であるから

$$\dfrac{DG}{GE}=\dfrac{AD}{AE}=\sqrt{2}>\dfrac{7}{5}$$

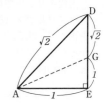

$\dfrac{DG}{GE}>\dfrac{7}{5}$ の両辺に 1 を加えて $\quad \dfrac{DG+GE}{GE}>\dfrac{7+5}{5}$

すなわち $\quad \dfrac{DE}{GE}>\dfrac{12}{5}\ \cdots\cdots ②$

① と ② から $\quad \dfrac{DE}{FE}=\dfrac{GE}{FE}\times\dfrac{DE}{GE}>\dfrac{45°}{2\theta}\times\dfrac{12}{5}=\dfrac{54°}{\theta}$

△ABC∽△FEA と EA＝DE から

$$\dfrac{AC}{AB}=\dfrac{FA}{FE}>\dfrac{EA}{FE}=\dfrac{DE}{FE}>\dfrac{54°}{\theta}$$

アリスタルコスの観測では，$\theta=3°$ であったので，$\dfrac{AC}{AB}>18$ となり，

太陽と地球の距離は月と地球の距離の 18 倍より大きい

とされた。現在の観測では，$\theta=0.15°$ であるから，$\dfrac{AC}{AB}>360$ となり，太陽と地球の距離は月と地球の距離の 360 倍より大きい。

その後，ヒッパルコス（紀元前 190～紀元前 125 年頃）は，天文学に用いるため円の中心角に対する弦の長さの数表を作ったといわれている。

ローマ時代には，プトレマイオス（トレミー）がアルマゲストという書物の中で彼の定理（p.285 EX 117）を利用して，ヒッパルコスの数表より精緻なものを作った。

数学 I 第5章
データの分析

5

- ㉕ データの整理，
  データの代表値
- ㉑ データの散らばり
- ㉒ 分散と標準偏差
- ㉓ データの相関
- ㉔ 仮説検定の考え方

SELECT STUDY

- ● 基本定着コース……教科書の基本事項を確認したいきみに
- ● 精選速習コース……入試の基礎を短期間で身につけたいきみに
- ● 実力練成コース……入試に向け実力を高めたいきみに

S T A R T

175 176 177 178 179 180 181 182 183 184 185 186 187 188 189 190 191 192 193

例題一覧

20 データの整理, データの代表値

基本事項

◼ データの整理

① **度数分布表**

階級	……	データの値の範囲を区切った区間。
階級の幅	……	階級としての区間の幅。
階級値	……	階級の真ん中の値。
度数	……	各階級に入るデータの個数。
度数分布表	……	各階級に度数を対応させた表。

度数分布表

階級値	度数
x_1	f_1
x_2	f_2
$\vdots$	$\vdots$
x_r	f_r
計	n

x_i の相対度数は
$$\dfrac{f_i}{n}$$

② **相対度数分布表**

相対度数	……	各階級の度数の全体に対する割合。
累積度数	……	各階級に対し, 度数を最初の階級から その階級の値まで合計したもの。
累積相対度数	……	相対度数についての累積度数。

解説

◼ データ

テストの得点などのように, ある集団を構成する人や物の特性を数量的に表す量を **変量** といい, 調査や実験などで得られた変量の観測値や測定値の集まりを **データ** という。

また, 得点や温度のデータのように, 数値として得られるデータを **量的データ**, 所属クラスや都道府県のデータのように, 数値ではないものとして得られるデータを **質的データ** という。

データを構成する観測値や測定値の個数を, そのデータの **大きさ** という。

◼ 相対度数分布表

各階級に累積度数を対応させた表を **累積度数分布表** といい, 各階級に相対度数を対応させた表を **相対度数分布表** という。

> **例** ある卵 105 個の重さ (単位は g) を測り, 階級の幅を 5 g としたときの度数分布表が〔表 1〕のとき, 累積度数分布表は〔表 2〕, 相対度数分布表は〔表 3〕のようになる。

〔表 1〕 **度数分布表**

階　級 (g)	度数
45 以上～50 未満	10
50　　～55	15
55　　～60	36
60　　～65	34
65　　～70	6
70　　～75	4
計	105

〔表 2〕 **累積度数分布表**

階　級 (g)	累積度数
50 未満	10
55	25
60	61
65	95
70	101
75	105

〔表 3〕 **相対度数分布表**

階　級 (g)	相対度数
45 以上～50 未満	0.10
50　　～55	0.14
55　　～60	0.34
60　　～65	0.32
65　　～70	0.06
70　　～75	0.04
計	1.00

〔表 2〕の累積度数は　　10, 10＋15 (＝25), 10＋15＋36 (＝61), ……

〔表 3〕の相対度数は　　$\dfrac{10}{105}(\fallingdotseq 0.10)$, $\dfrac{15}{105}(\fallingdotseq 0.14)$, ……

2 ヒストグラム

ヒストグラム …… 度数分布表に整理された資料を柱状のグラフで表したもの。

3 データの代表値

① **平均値 $\bar{x}$**

大きさ n のデータの値を $x_1,\ x_2,\ \cdots\cdots,\ x_n$ とするとき

$$\bar{x}=\frac{1}{n}(x_1+x_2+\cdots\cdots+x_n)$$

② **中央値(メジアン)**

データを値の大きさの順に並べたとき，中央の位置にくる値。

注意 データの大きさが偶数のときは，中央の2つの値の平均値を中央値とする。

③ **最頻値(モード)** データにおいて，最も個数の多い値。

注意 データが度数分布表に整理されているときは，度数が最も大きい階級の階級値を最頻値とする。

解 説

■ヒストグラム

度数分布表に整理された資料を柱状のグラフで表したものを **ヒストグラム** という。右の図は，前ページの度数分布表（〔表1〕）をもとにしたヒストグラムである。

ヒストグラムの各長方形の高さは各階級の度数を表し，長方形の面積は各階級の度数に比例している。したがって，長方形の面積の和を見ると，ある範囲にあるものが何 % ぐらいあるかがだいたいわかる。

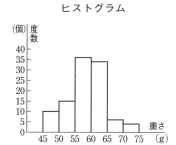

ヒストグラム

■代表値

データ全体の特徴を適当な1つの数値で表すとき，その数値をデータの **代表値** という。よく用いられる代表値として，平均値，中央値，最頻値がある。

大きさ n のデータの値を $x_1,\ x_2,\ \cdots\cdots,\ x_n$ とするとき，それらの総和を n で割ったものを，データの **平均値** といい，$\bar{x}$ で表す。

例 データ 2, 3, 5, 6 の平均値は $\dfrac{1}{4}(2+3+5+6)=4$

データ 1, 3, 6, 7, 8 の中央値は 6

データ 1, 2, 3, 6, 7, 8 の中央値は $\dfrac{3+6}{2}=4.5$ ◀データの大きさが偶数の場合

データ 1, 2, 3, 3, 3, 3, 4, 4 の最頻値は 3

例 （データが度数分布表に整理されているときの最頻値の例）

前ページの〔表1〕では，度数が最も大きい階級は 55〜60 であるから，最頻値は

$$\frac{55+60}{2}=57.5\,(\mathrm{g})$$

基本例題 **175** 度数分布表，ヒストグラム ◯◯◯◯◯

次のデータは，ある月の A 市の毎日の最高気温の記録である。

  20.7 20.1 14.5 10.9 12.1 19.1 16.3 13.1 14.6 20.2

  23.2 14.3 20.1 17.4 11.2   7.4 11.5 16.5 19.9 18.1

  25.5 14.2 10.1 16.7 16.7 19.9 15.7 15.4 23.4 20.1 (単位は °C)

(1) 階級の幅を 2 °C として，度数分布表を作れ。ただし，階級は 6 °C から区切り始めるものとする。

(2) (1)で作った度数分布表をもとにして，ヒストグラムをかけ。

/ p.290 基本事項 **1**, p.291 基本事項 **2**

指針 (1) 階級の区切り始めと階級の幅から，各階級に入るデータの数を数え，表にする。
(2) (1)の **度数分布表** をもとに，柱状のグラフにして表す。ヒストグラムの各長方形の高さは，各階級の度数を表す。

解答

(1)

階級 （°C）	度数
6 以上 8 未満	1
8 ～ 10	0
10 ～ 12	4
12 ～ 14	2
14 ～ 16	6
16 ～ 18	5
18 ～ 20	4
20 ～ 22	5
22 ～ 24	2
24 ～ 26	1
計	30

(2)

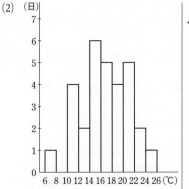

◀6 °C 以上 8 °C 未満からスタートし，最高気温 25.5 °C が入る 24 °C 以上 26 °C 未満まで 10 個の階級に分ける。

検討 **階級の分け方**
度数分布表の階級の幅は，データ全体の傾向がよく表されるように適切な大きさを選ぶことが大切である。
30～500 程度の大きさのデータに対して，自分で階級を分ける場合は，階級の数を 6～10 程度にすると，資料の特徴をつかみやすい。

練習 次のデータは，ある野球チームの選手 30 人の体重である。
①**175**

  91 84 74 75 83 78 95 74 85 75

  96 89 77 76 70 90 79 84 86 77

  80 78 87 73 81 78 66 83 73 70 (単位は kg)

(1) 階級の幅を 5 kg として，度数分布表を作れ。ただし，階級は 65 kg から区切り始めるものとする。

(2) (1)で作った度数分布表をもとにして，ヒストグラムをかけ。

基本 例題 176 平均値，中央値の求め方

次のデータは，A 班 5 人，B 班 6 人の，10 点満点のテストの結果である。

  A 班：5，7，8，4，9 B 班：7，10，9，4，8，6 （単位は点）

(1) A 班のデータの平均値と B 班のデータの平均値をそれぞれ求めよ。ただし，小数第 2 位を四捨五入せよ。

(2) A 班と B 班を合わせた 11 人のデータの平均値を求めよ。

(3) A 班のデータの中央値と B 班のデータの中央値をそれぞれ求めよ。

/p.291 基本事項 **3**

指針 (1)，(2) **平均値** → 変量 x のデータの値が x_1，x_2，……，x_n であるとき，

  このデータの平均値 $\bar{x}$ は $\bar{x} = \dfrac{1}{n}(x_1 + x_2 + \cdots\cdots + x_n)$

  (3) データを値の **大きさの順（小 → 大）に並べ替え**，中央の位置にくる値を **中央値** とする。このとき，次のようにデータの大きさが奇数であるか，偶数であるかに分けて考える。

5 章

⑳ データの整理、データの代表値

 解答

(1) A 班のデータの平均値は

  $\dfrac{1}{5}(5+7+8+4+9) = \dfrac{33}{5} = \textbf{6.6}$（点）

◀ $\dfrac{\text{データの総和}}{\text{データの大きさ}}$

  B 班のデータの平均値は

  $\dfrac{1}{6}(7+10+9+4+8+6) = \dfrac{44}{6} ≒ \textbf{7.3}$（点）

(2) $\dfrac{1}{11}(33+44) = \textbf{7}$（点）

◀(1) から，11 人のデータの総和は 33+44

(3) A 班のデータを小さい方から順に並べると

  4，5，7，8，9

 3 番目が中央値であるから **7 点**

◀データの大きさが奇数。

 B 班のデータを小さい方から順に並べると

  4，6，7，8，9，10

 3 番目と 4 番目の平均をとって，中央値は

  $\dfrac{7+8}{2} = \textbf{7.5}$（点）

◀データの大きさが偶数。

練習 次のデータは 10 人の生徒の 20 点満点のテストの結果である。

②**176** 6，5，20，11，9，8，15，12，7，17 （単位は点）

(1) このデータの平均値を求めよ。 (2) このデータの中央値を求めよ。

基本 例題 177 平均値のとりうる値

右の表は，あるクラス 10 人について行われた数学のテストの得点の度数分布表である。得点はすべて整数とする。

(1) このデータの平均値のとりうる値の範囲を求めよ。

(2) 10 人の得点の平均点は 54.3 点であり，各得点は
69，65，62，57，55，55，53，48，42，x（単位は点）
であった。x の値を求めよ。

得点の階級(点)	人数
30 以上 40 未満	1
40 ～ 50	2
50 ～ 60	4
60 ～ 70	3
計	10

/基本 176

指針 (1) データの平均値の最小値は $\dfrac{(各階級の値の最小値)\times(各階級の人数) の和}{10}$

データの平均値の最大値は $\dfrac{(各階級の値の最大値)\times(各階級の人数) の和}{10}$

参考 平均値を a として，合計点の範囲の不等式を作って考えてもよい。
(各階級の値の最小値)×(各階級の人数) の和
$\leqq 10a \leqq$ (各階級の値の最大値)×(各階級の人数) の和

(2) **合計点についての方程式** を作る。

解答

(1) データの平均値が最小となるのは，データの各値が各階級の値の最小の値となるときであるから

$$\frac{1}{10}(30\times1+40\times2+50\times4+60\times3)=49$$

データの平均値が最大となるのは，データの各値が各階級の値の最大の値となるときであるから

$$\frac{1}{10}(39\times1+49\times2+59\times4+69\times3)=58$$

よって　**49 点以上 58 点以下**

◀得点は整数であるから
「30 以上 40 未満」の階級において，最大の値は 39 である。

別解 [データの平均値の最大値を求める別解]

データの平均値が最大となるのは，データの各値が最小の値よりそれぞれ 9 点だけ大きいときであるから，平均点も 9 点高くなり　$49+9=58$

◀$39=30+9$，$49=40+9$，$59=50+9$，$69=60+9$ であるから，平均値の最大値は
$49+\dfrac{1}{10}\times9(1+2+4+3)$

(2) 合計点を考えると
$69+65+62+57+55+55+53+48+42+x=54.3\times10$
よって　$x+506=543$　　ゆえに　**$x=37$**

練習 ③177 右の表は，8 人の生徒について行われたテストの得点の度数分布表である。得点はすべて整数とする。

(1) このデータの平均値のとりうる値の範囲を求めよ。

(2) 8 人の得点の平均点は 52 点であり，各得点は
34，42，43，46，57，58，65，x（単位は点）
であった。x の値を求めよ。

得点の階級(点)	人数
20 以上 40 未満	1
40 ～ 60	5
60 ～ 80	2
計	8

基本 例題 **178** 中央値のとりうる値

学生 9 人を対象に試験を行った結果，それぞれ 50, 57, 60, 42, x, 73, 80, 35, 68 点だった。0 以上 100 以下の整数 x の値がわからないとき，このデータの中央値として何通りの値がありうるか。 〔摂南大〕

/ 基本 176

指針 中央値の問題は **小さい方から順にデータを並べる** ことが第一である。
この例題では，データの大きさが 9 であるから，5 番目の値が中央値となる。

データの大きさが 9
○○○○●○○○○
中央値

CHART 中央値 データの値を，小さい方から順に並べて判断

 解答

データの大きさが 9 であるから，中央値は小さい方から 5 番目の値である。
x 以外の値を小さい方から順に並べると
　　35, 42, 50, 57, 60, 68, 73, 80
この 8 個のデータにおいて，小さい方から 4 番目の値は 57，5 番目の値は 60 であるから
[1]　$0 \leqq x \leqq 56$ のとき
　　　　57 が 5 番目となる。
[2]　$x = 57$ のとき
　　　　57 $(= x)$ が 5 番目となる。
[3]　$57 < x < 60$ のとき，x のとりうる値は 58, 59
　　　　x が 5 番目となる。
[4]　$x = 60$ のとき
　　　　60 $(= x)$ が 5 番目となる。
[5]　$60 < x \leqq 100$ のとき
　　　　60 が 5 番目となる。
以上から，中央値の値としてありうるのは，
　　　　57, 58, 59, 60
の **4 通り**。

◀[1] と [2] をまとめて $0 \leqq x \leqq 57$ としてもよい。

◀[4] と [5] をまとめてもよい。

5 章

⑳ データの整理、データの代表値

練習 次のデータは 10 人の生徒のある教科のテストの得点である。ただし，x の値は正
③ **178** の整数である。
　　43, 55, x, 64, 36, 48, 46, 71, 65, 50 （単位は点）
x の値がわからないとき，このデータの中央値として何通りの値がありうるか。

21 データの散らばり

基本事項

1 データの散らばりと四分位範囲

範囲，四分位範囲は，データの散らばりの度合いを表す1つの量。

① **範囲**

データの最大値と最小値の差。

② **四分位数，四分位範囲**

データを値の大きさの順に並べたとき，4等分する位置にくる3つの値を **四分位数**
という。四分位数は，小さい方から **第1四分位数，第2四分位数，第3四分位数** と
いい，これらを順に Q_1，Q_2，Q_3 で表す。第2四分位数は中央値である。また，第3
四分位数から第1四分位数を引いたもの，すなわち $Q_3 - Q_1$ を **四分位範囲** という。

補足 四分位範囲を2で割った値，すなわち $\dfrac{Q_3 - Q_1}{2}$ を **四分位偏差** という。

③ **箱ひげ図**

データの最小値，第1四分位数，中央値，
第3四分位数，最大値を箱と線(ひげ)で
表現する図。なお，平均値を記入するこ
ともある。

解説

■範囲

例1 10点満点のテストのデータ 　3, 4, 4, 5, 6, 7, 8, 8, 8, 9, 10

最小値は3，最大値は10であるから，範囲は10-3=7である。

■四分位数，四分位範囲の求め方

四分位数を求めるときは，以下のようにするとよい。

1 まず，データを小さい方から順に左から並べる。

2 左半分のデータを下位のデータ，右半分のデータ
を上位のデータとする。

3 下位のデータの中央値(＝第1四分位数 Q_1)，上
位のデータの中央値(＝第3四分位数 Q_3)を求める。

下位のデータ 上位のデータ

例2 3, ④ 4, ⑤ 7, ⑧ 9
　　　 ↑ 　 ↑ 　 ↑
　　　Q_1 　Q_2 　Q_3

下位のデータ 上位のデータ

例3 3, 4, 4, 5, 6, 6, 7, 8
　　$Q_1=4$ 　$Q_2=5.5$ 　$Q_3=6.5$

例1 において，第1四分位数 Q_1 は $Q_1=4$，第3四分位数 Q_3 は $Q_3=8$，四分位範囲は
$Q_3 - Q_1 = 8 - 4 = 4$ である。

注意 四分位数は，他にもいくつかの定め方がある。

■箱ひげ図

複数のデータの分布を比較するときに用いられる。
例えば，上の 例2 と 例3 の箱ひげ図は右のように
なる。

なお，平均値を記入するときは ＋ で記入する。

(箱ひげ図を90°回転して，縦に表示することもある。)

例2
例3

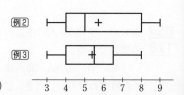

基本 例題 **179** 四分位数と四分位範囲

次のデータは，A 班 10 人と B 班 9 人の 7 日間の勉強時間の合計を調べたものである。

A 班　5, 15, 17, 11, 18, 22, 12, 9, 14, 4

B 班　2, 16, 13, 19, 6, 3, 10, 8, 7　（単位は時間）

(1) それぞれのデータの範囲を求め，範囲によってデータの散らばりの度合いを比較せよ。

(2) それぞれのデータの第 1 四分位数 Q_1，第 2 四分位数 Q_2，第 3 四分位数 Q_3 を求めよ。

(3) それぞれのデータの四分位範囲を求め，四分位範囲によってデータの散らばりの度合いを比較せよ。　　　　　　　　/p.296 基本事項 **1**

指針 (1) データの範囲は，データの最大値と最小値の差。

(2), (3) p.296 の解説 **四分位数，四分位範囲の求め方** の手順で，第 2 四分位数（中央値），第 1 四分位数，第 3 四分位数の順に求める。まずは，データを小さい方から順に並べる。また，四分位範囲は Q_3-Q_1 である。

解答

(1) A 班のデータの範囲は　　22－4＝**18**（時間）

B 班のデータの範囲は　　19－2＝**17**（時間）

よって，A 班の方が範囲が大きい。

ゆえに，**A 班の方が散らばりの度合いが大きい** と考えられる。

(2) A 班のデータを小さい方から順に並べると　　下位のデータ　　上位のデータ

4, 5, 9, 11, 12, 14, 15, 17, 18, 22 ← 4, 5, 9, 11, 12, 14, 15, 17, 18, 22

よって　　$Q_2=\dfrac{12+14}{2}=$**13**（時間），

$Q_1=$**9**（時間），$Q_3=$**17**（時間）

B 班のデータを小さい方から順に並べると　　下位のデータ　　上位のデータ

2, 3, 6, 7, 8, 10, 13, 16, 19　　← 2, 3, 6, 7, 8, 10, 13, 16, 19

ゆえに　　$Q_2=$**8**（時間），$Q_1=\dfrac{3+6}{2}=$**4.5**（時間），

$Q_3=\dfrac{13+16}{2}=$**14.5**（時間）

(3) A 班のデータの **四分位範囲は**　　$Q_3-Q_1=17-9=$**8**（時間）

B 班のデータの **四分位範囲は**　　$Q_3-Q_1=14.5-4.5=$**10**（時間）

よって，B 班の方が四分位範囲が大きい。

ゆえに，**B 班の方が散らばりの度合いが大きい** と考えられる。

練習 **179** 上の例題の A 班，B 班を合わせた大きさ 19 のデータの範囲，四分位範囲を求めよ。

298

基本 例題 **180** 箱ひげ図の読み取り

右の図は，ある学校の1年生，2年生各200人の身長のデータの箱ひげ図である。

この箱ひげ図から読み取れることとして，正しいものを次の ①～③ からすべて選べ。

① 185 cm より大きい生徒が1年生にはいるが，2年生にはいない。

② 170 cm 以上の生徒が1年生では100人以下であるが，2年生では100人以上いる。

③ 165 cm 以下の生徒がどちらの学年にも50人より多くいる。

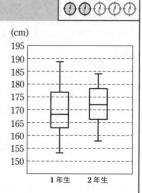

p.296 基本事項 **1**，基本 179

指針 箱ひげ図からは，データの **最大値，最小値，四分位数** Q_1, Q_2, Q_3 を読み取ることができる。

① 最大値に注目。

② 「100人」がデータの大きさの2分の1であるから，中央値（第2四分位数）Q_2 に注目。

③ 「50人」がデータの大きさの4分の1であるから，第1四分位数 Q_1 に注目。

解答

① 最大値は，1年生が185 cm より大きく，2年生が185 cm より小さい。よって，① は正しい。

② 1年生のデータの中央値は170 cm より小さいから，170 cm 以上の生徒が100人以下であることがわかる。一方，2年生のデータの中央値は170 cm より大きいから，170 cm 以上の生徒が100人以上であることがわかる。よって，② は正しい。

③ 2年生のデータの第1四分位数は165 cm より大きいから，165 cm 以下の生徒が50人以下であることがわかる。よって，③ は正しくない。

以上から，正しいものは ①，②

◀箱ひげ図の中央値から，1年生は170 cm 以上が50 %（100人）以下，2年生は170 cm 以上が50 % 以上いる，と読み取れる。

◀なお，1年生は165 cm 以下の生徒が50人以上であることがわかる。

練習 ②**180** 右の図は，160人の生徒が受けた数学Ⅰと数学Aのテストの得点のデータの箱ひげ図である。この箱ひげ図から読み取れることとして正しいものを，次の ①～④ からすべて選べ。

① 数学Ⅰは数学Aに比べて四分位範囲が大きい。

② 数学Ⅰでは60点以上の生徒が80人より少ない。

③ 数学Aでは80点以上の生徒が40人以下である。

④ 数学Ⅰ，数学Aともに30点以上40点以下の生徒がいる。

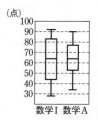

基本例題 **181** ヒストグラムと箱ひげ図

基本例題 **181** ヒストグラムと箱ひげ図

右のヒストグラムと矛盾する箱ひげ図を ①～③ のうちからすべて選べ。ただし, 各階級は 10 点以上 20 点未満のように区切っている。また, データの大きさは 20 である。

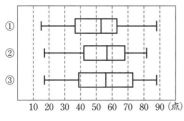 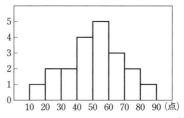

/基本 **180**

 指針 ヒストグラムから, データの **最大値**, **最小値**, **四分位数** Q_1, Q_2, Q_3 を読み取る。 なお, **矛盾する** 箱ひげ図を選ぶから, ヒストグラムから読み取った内容を満たしていないものを選ぶ。

解答 ヒストグラムから, 次のことが読み取れる。
[1] 最大値は 80 点以上 90 点未満の階級にある。
[2] 最小値は 10 点以上 20 点未満の階級にある。
[3] 第 1 四分位数 Q_1 は 30 点以上 40 点未満の階級, または, 40 点以上 50 点未満の階級にある。
[4] 中央値 Q_2 は 50 点以上 60 点未満の階級にある。
[5] 第 3 四分位数 Q_3 は 60 点以上 70 点未満の階級にある。

◀Q_1：下から 5 番目と 6 番目の値の平均値

◀Q_3：上から 5 番目と 6 番目の値の平均値

① と ② の箱ひげ図は, [1]～[5] をすべて満たしている。
③ の箱ひげ図は, Q_3 が 70 点以上 80 点未満の階級にあり, [5] を満たしていない。
以上から, ヒストグラムと矛盾する箱ひげ図は　　③

注意 ヒストグラムは階級表示であるから, この例題のように対応する箱ひげ図が 1 つに定まらないこともある。

5 章

㉑ データの散らばり

練習 **③181** 右のヒストグラムと矛盾する箱ひげ図を ①～③ のうちからすべて選べ。ただし, 各階級は 8 ℃ 以上 10 ℃ 未満のように区切っている。また, データの大きさは 30 である。

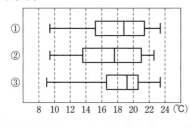 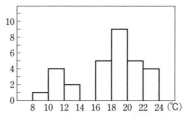

補足事項 外れ値

1 外れ値

データの中に，他の値から極端にかけ離れた値が含まれることがある。そのような値を 外れ値 という。

外れ値の基準は複数あるが，例えば，次のような値を外れ値とする。

{(第 1 四分位数)−1.5×(四分位範囲)} 以下の値
{(第 3 四分位数)+1.5×(四分位範囲)} 以上の値

外れ値がある場合，箱ひげ図において，下の図のように外れ値を○で表すことがある。箱ひげ図の左右のひげは，データから外れ値を除いたときの最小値または最大値まで引いている。

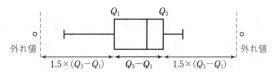

注意 四分位数は，外れ値を除かないすべてのデータの四分位数であり，その値に基づいて箱をかく。また，箱ひげ図を上のようにかいたとしても，データそのものが修正されるわけではない。そのデータの最大値や最小値は，あくまで元のデータから判断する。

2 外れ値の代表値への影響

次のデータ

$$5,\ 8,\ 8,\ 9,\ 10,\ 12,\ 15,\ 99\ \cdots\cdots\ ①$$

において，第 1 四分位数は 8，第 3 四分位数は 13.5 であるから，四分位範囲は 13.5−8=5.5 である。このとき，

(第 3 四分位数)+1.5×(四分位範囲)
$$=13.5+1.5×5.5=21.75$$

より，21.75 以上である 99 は外れ値であるといえる。

データ ① から外れ値である 99 を除いたデータ

$$5,\ 8,\ 8,\ 9,\ 10,\ 12,\ 15\ \cdots\cdots\ ②$$

において，代表値を考えてみよう。

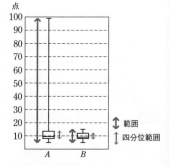

A：①の箱ひげ図
B：①から 99 を除いたデータ②の箱ひげ図

① の平均値は 20.75，中央値は 9.5 であるのに対し，② の平均値は約 9.57 と大きく変化するが，中央値は 9 とあまり変化しない。このように，**平均値は中央値より外れ値の影響を受けやすい**。

また，① の範囲は 99−5=94，四分位範囲は 5.5 であるのに対し，② の範囲は 15−5=10，四分位範囲は 12−8=4 と，**四分位範囲の方が外れ値の影響を受けにくい**ことがわかる。

データを扱うとき，外れ値をどのように扱うかは，その目的によって異なり，また，どのような統計量（平均値，中央値など）を考えるかも，目的によって異なってくる。

補足事項 データの分析と代表値

次の表は，2008 年から 2013 年までの乗用車の新車登録台数を月別にまとめたものである。この表のデータから何が分析できるだろうか，ということを考えてみよう。

	1月	2月	3月	4月	5月	6月	7月	8月	9月	10月	11月	12月	合計
2008 年	32	43	61	31	30	36	38	26	40	31	30	25	423
2009 年	26	32	46	24	24	32	37	26	41	34	37	32	391
2010 年	32	40	58	30	30	38	42	37	40	25	26	24	422
2011 年	26	34	36	15	20	29	31	27	39	32	32	29	350
2012 年	36	45	64	31	34	43	45	32	38	30	32	28	458
2013 年	33	41	57	31	31	38	40	31	45	35	38	36	456

単位：万台

出典：日本自動車工業会（2014）『自動車統計月報』などより作成

［センター試験から抜粋］

それぞれの数字を見ただけではわからなくても，合計を見ると，2011 年が最も少ないことがわかる。2011 年は東日本大震災が 3 月に起きた年である。そこで，2011 年の各月の台数を見ると，3 月，4 月は特に他の年の半分程度しかない。これは大震災の影響といってよいだろう。

このように，合計もデータを比較する上での代表値として十分に役立つといえる。更にデータの傾向を調べようとするときに，箱ひげ図が役に立つ。例えば，下の箱ひげ図は上の表をもとに作成したものである。

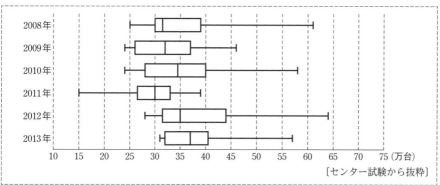

［センター試験から抜粋］

この箱ひげ図を見ると，最大値，最小値において，2011 年のデータが突出して小さいことがわかる。ここからも，2011 年は何か特別な年であったことが窺える。

このように，数字だけを見るより，箱ひげ図で視覚的に比較した方がよりわかりやすいと感じる人が多いだろう。しかし，箱ひげ図だけでは，2011 年が特別な年であったことがわかっても，細かいことはわからない。ただし，表のデータを見ると，3 月，4 月が特に少なく，この時期に何かがあったことがわかる。**データの代表値をもとに分析を行うことが多いが，逆に失われてしまう情報があることには留意しておきたい。**

22 分散と標準偏差

基本事項

1 分散と標準偏差

変量 x についてのデータの値が, n 個の値 x_1, x_2, ……, x_n であるとし, x_1, x_2, ……, x_n の平均値を $\overline{x}$ とする。

① **偏差**

変量 x の n 個の各値 x_1, x_2, ……, x_n と平均値 $\overline{x}$ の差 $x_1-\overline{x}$, $x_2-\overline{x}$, ……, $x_n-\overline{x}$ をそれぞれ x_1, x_2, ……, x_n の平均値からの **偏差** という。

② **分散：s^2**

偏差の 2 乗の平均値であり

$$s^2=\frac{1}{n}\{(x_1-\overline{x})^2+(x_2-\overline{x})^2+\cdots\cdots+(x_n-\overline{x})^2\}$$

また, $s^2=\overline{x^2}-(\overline{x})^2$ で計算できる。
$\quad\quad\sqsubset (x^2$ のデータの平均値$)-(x$ のデータの平均値$)^2$

③ **標準偏差：s**

分散の正の平方根であり

$$s=\sqrt{\frac{1}{n}\{(x_1-\overline{x})^2+(x_2-\overline{x})^2+\cdots\cdots+(x_n-\overline{x})^2\}}$$
$$=\sqrt{\overline{x^2}-(\overline{x})^2}$$

解説

■分散

分散は, データの散らばりの度合いを表す量である。分散が小さいことは, データの平均値の周りの散らばり方が小さいことの 1 つの目安である。

分散 s^2 の式は次のように変形される。

$$s^2=\frac{1}{n}\{(x_1-\overline{x})^2+(x_2-\overline{x})^2+\cdots\cdots+(x_n-\overline{x})^2\}$$
$$=\frac{1}{n}\{(x_1{}^2+x_2{}^2+\cdots\cdots+x_n{}^2)-2x_1\overline{x}-2x_2\overline{x}-\cdots\cdots-2x_n\overline{x}+(\overline{x})^2+(\overline{x})^2+\cdots\cdots+(\overline{x})^2\}$$
$$=\frac{1}{n}\{(x_1{}^2+x_2{}^2+\cdots\cdots+x_n{}^2)-2\overline{x}(x_1+x_2+\cdots\cdots+x_n)+n(\overline{x})^2\}$$
$$=\frac{1}{n}(x_1{}^2+x_2{}^2+\cdots\cdots+x_n{}^2)-2\overline{x}\cdot\frac{1}{n}(x_1+x_2+\cdots\cdots+x_n)+(\overline{x})^2$$
$$=\overline{x^2}-2\overline{x}\cdot\overline{x}+(\overline{x})^2=\overline{x^2}-(\overline{x})^2$$
$\quad\quad\sqsubset \overline{x^2}$ は x^2 のデータ $x_1{}^2$, $x_2{}^2$, ……, $x_n{}^2$ の平均値を表す。

■標準偏差

分散 s^2 の単位は, $($変量の測定単位$)^2$ となってしまう。そこで, 測定単位と一致させるために, その正の平方根 $\sqrt{s^2}$ を散らばりの度合いを表す量として用いることも多い。

　例　測定単位が m のとき, 分散の単位は m², 標準偏差の単位は m

基本 例題 182 分散と標準偏差

次のデータは，ある商品 A，B の 5 日間の売り上げ個数である。

A 5, 7, 4, 3, 6　　B 4, 6, 8, 3, 9　　（単位は個）

A，B の変量をそれぞれ x，y とするとき，次の問いに答えよ。

(1) x，y のデータの平均値，分散，標準偏差をそれぞれ求めよ。ただし，標準偏差については小数第 2 位を四捨五入せよ。

(2) x，y のデータについて，標準偏差によってデータの平均値からの散らばりの度合いを比較せよ。

／p.302 基本事項 **1**

指針 (1) 変量 x のデータが x_1，x_2，……，x_n で，その平均値が $\overline{x}$ のとき，分散 s^2 は

① $s^2 = \overline{x^2} - (\overline{x})^2$

② $s^2 = \dfrac{1}{n}\{(x_1-\overline{x})^2 + (x_2-\overline{x})^2 + \cdots\cdots + (x_n-\overline{x})^2\}$　←定義に基づいて計算

(2) 標準偏差（分散）が大きいことは，データの平均値の周りの散らばり方が大きいことの 1 つの目安である。

解答

(1) x，y のデータの **平均値** をそれぞれ $\overline{x}$，$\overline{y}$ とすると

$\overline{x} = \dfrac{1}{5}(5+7+4+3+6) = 5$ （個），$\overline{y} = \dfrac{1}{5}(4+6+8+3+9) = 6$ （個）　◀平均値はともに整数。

x，y のデータの **分散** をそれぞれ $s_x{}^2$，$s_y{}^2$ とすると

$s_x{}^2 = \dfrac{1}{5}(5^2+7^2+4^2+3^2+6^2) - 5^2 = 2$，$s_y{}^2 = \dfrac{1}{5}(4^2+6^2+8^2+3^2+9^2) - 6^2 = 5.2$

よって，**標準偏差** は　$s_x = \sqrt{2} \fallingdotseq 1.4$ （個），$s_y = \sqrt{5.2} \fallingdotseq 2.3$ （個）　◀$(2.25)^2 = 5.0625$

(2) (1) から　$s_y > s_x$ 　　　　　　　　　　　　　　　　　　　　　　　　　$(2.3)^2 = 5.29$

ゆえに，**y のデータの方が散らばりの度合いが大きい。**

参考 分散の計算は，解答では指針 ① を用いたが，指針 ② を用いて次のように計算してもよい。

$s_x{}^2 = \dfrac{1}{5}\{(5-5)^2+(7-5)^2+(4-5)^2+(3-5)^2+(6-5)^2\} = 2$

$s_y{}^2 = \dfrac{1}{5}\{(4-6)^2+(6-6)^2+(8-6)^2+(3-6)^2+(9-6)^2\} = 5.2$

① と ②，どちらを用いるかは，① の $\overline{x^2}$ と ② の $(x_\circ - \overline{x})^2$，どちらの計算がらくかで判断するとよい。

練習 右の表は，A 工場，B 工場の同じ規格の製品 30 個の重さ
② **182** を量った結果である。

(1) 両工場のデータについて，平均値，標準偏差をそれぞれ求めよ。ただし，小数第 3 位を四捨五入せよ。

(2) 両工場のデータについて，標準偏差によってデータの平均値からの散らばりの度合いを比較せよ。

製品の	個　　数	
重さ(g)	A 工場	B 工場
3.6	3	0
3.7	4	1
3.8	6	2
3.9	0	6
4.0	11	8
4.1	6	13
計	30	30

基本 例題 183 分散と平均値の関係

ある集団は A と B の 2 つのグループで構成されている。データを集計したところ、それぞれのグループの個数、平均値、分散は右の表のようになった。このとき、集団全体の平均値と分散を求めよ。

グループ	個数	平均値	分散
A	20	16	24
B	60	12	28

［立命館大］

／基本 182

指針 データ x_1, x_2, ……, x_n の平均値を $\bar{x}$, 分散を $s_x{}^2$ とすると、

（公式） $s_x{}^2 = \overline{x^2} - (\bar{x})^2$

が成り立つ。公式を利用して、まず、それぞれのデータの 2 乗の総和を求め、再度、公式を適用すれば、集団全体の分散は求められる。

この方針で求める際、それぞれのデータの値を文字で表すと考えやすい。下の解答では、A, B のデータの値をそれぞれ x_1, x_2, ……, x_{20}；y_1, y_2, ……, y_{60} として考えている。なお、慣れてきたら、データの値を文字などで表さずに、別解 のようにして求めてもよい。

解答

集団全体の **平均値は** $\dfrac{20 \times 16 + 60 \times 12}{20 + 60} = 13$ ◀集団全体の総和は $20 \times 16 + 60 \times 12$

A の変量を x とし、データの値を x_1, x_2, ……, x_{20} とする。
また、B の変量を y とし、データの値を y_1, y_2, ……, y_{60} とする。
x, y のデータの平均値をそれぞれ $\bar{x}$, $\bar{y}$ とし、分散をそれぞれ $s_x{}^2$, $s_y{}^2$ とする。
$s_x{}^2 = \overline{x^2} - (\bar{x})^2$ より、$\overline{x^2} = s_x{}^2 + (\bar{x})^2$ であるから

$$x_1{}^2 + x_2{}^2 + \cdots\cdots + x_{20}{}^2 = 20 \times (24 + 16^2) = 160 \times 35$$ ◀$\overline{x^2} = \dfrac{1}{20}(x_1{}^2 + x_2{}^2 + \cdots\cdots + x_{20}{}^2)$

$s_y{}^2 = \overline{y^2} - (\bar{y})^2$ より、$\overline{y^2} = s_y{}^2 + (\bar{y})^2$ であるから
$$y_1{}^2 + y_2{}^2 + \cdots\cdots + y_{60}{}^2 = 60 \times (28 + 12^2) = 240 \times 43$$

よって、集団全体の **分散は**   ┌集団全体の平均値は 13

$$\frac{1}{20 + 60}(x_1{}^2 + x_2{}^2 + \cdots\cdots + x_{20}{}^2 + y_1{}^2 + y_2{}^2 + \cdots\cdots + y_{60}{}^2) - 13^2$$

$$= \frac{160 \times 35 + 240 \times 43}{80} - 169 = 30$$

別解 集団全体の **平均値は** $\dfrac{20 \times 16 + 60 \times 12}{20 + 60} = 13$

A のデータの 2 乗の平均値は $24 + 16^2$ であり、B のデータの 2 乗の平均値は $28 + 12^2$ であるから、集団全体の **分散は**
$$\frac{20 \times (24 + 16^2) + 60 \times (28 + 12^2)}{20 + 60} - 13^2 = \frac{160 \times 35 + 240 \times 43}{80} - 169 = 30$$

練習 12 個のデータがある。そのうちの 6 個のデータの平均値は 4、標準偏差は 3 であり、
③**183** 残りの 6 個のデータの平均値は 8、標準偏差は 5 である。
(1) 全体の平均値を求めよ。　　(2) 全体の分散を求めよ。　　［広島工大］

基本 例題 184 データの修正による平均値・分散の変化

次のデータは，ある都市のある年の月ごとの最高気温を並べたものである。

  5, 4, 8, 12, 17, 24, 27, 28, 22, 30, 9, 6 （単位は °C）

(1) このデータの平均値を求めよ。

(2) このデータの中で入力ミスが見つかった。30 °C となっている月の最高気温は正しくは 18 °C であった。この入力ミスを修正すると，このデータの平均値は修正前より何 °C 減少するか。

(3) このデータの中で入力ミスが見つかった。正しくは 6 °C が 10 °C，30 °C が 26 °C であった。この入力ミスを修正すると，このデータの平均値は ᵃ⬚ し，分散は ⁱ⬚ する。

  ᵃ⬚，ⁱ⬚ に当てはまるものを次の ①，②，③ から選べ。

   ① 修正前より増加 ② 修正前より減少 ③ 修正前と一致

                 /基本 182

指針 (2), (3)(ア) 平均値 = $\dfrac{\text{データの総和}}{\text{データの大きさ}}$ 平均値の変化はデータの総和の変化に注目。

   (3)(イ) 分散 = $\dfrac{\text{偏差の 2 乗の総和}}{\text{データの大きさ}}$ 分散の変化は偏差の 2 乗の総和の変化に注目。

5 章

㉒ 分散と標準偏差

解答

(1) $\dfrac{1}{12}(5+4+8+12+17+24+27+28+22+30+9+6) = \mathbf{16}$ **(°C)**

(2) データの総和は 12 °C 減少するから，データの平均値は修正前より $\dfrac{12}{12} = \mathbf{1}$ **(°C)** 減少する。

 ◀修正前のデータの総和を X とすると，修正前の平均値は $\dfrac{X}{12}$ °C で，修正後の平均値は $\dfrac{X-12}{12} = \dfrac{X}{12} - 1$ (°C)

(3) (ア) $6+30 = 10+26$ であるから，データの総和は変化せず，平均値は修正前と一致する。よって **③**

 (イ) (1), (ア) より，修正後のデータの平均値は 16 °C であるから，修正した 2 つのデータの平均値からの偏差の 2 乗の和は

    修正前：$(6-16)^2 + (30-16)^2 = 296$

    修正後：$(10-16)^2 + (26-16)^2 = 136$

 ゆえに，偏差の 2 乗の総和は減少するから，分散は修正前より減少する。よって **②**

 ◀平均値が修正前と修正後で一致しているから，修正していない 10 個のデータについては，平均値からの偏差の 2 乗の値に変化はない。

練習 ③184 次のデータは，ある都市のある年の月ごとの最低気温を並べたものである。

  −12, −9, −3, 3, 10, 17, 20, 19, 15, 7, 1, −8 （単位は °C）

(1) このデータの平均値を求めよ。

(2) このデータの中で入力ミスが見つかった。正しくは −3 °C が −1 °C，3 °C が 2 °C，19 °C が 18 °C であった。この入力ミスを修正すると，このデータの平均値は ᵃ⬚ し，分散は ⁱ⬚ する。

  ᵃ⬚，ⁱ⬚ に当てはまるものを上の例題の ①，②，③ から選べ。

1 変量の変換

a, b は定数とする。変量 x のデータから $y=ax+b$ によって新しい変量 y のデータが得られるとき，x, y のデータの平均値をそれぞれ $\overline{x}$, $\overline{y}$, 分散をそれぞれ s_x^2, s_y^2, 標準偏差をそれぞれ s_x, s_y とすると

$$\overline{y}=a\overline{x}+b, \qquad s_y^2=a^2s_x^2, \qquad s_y=|a|s_x$$

このように，関係式 $y=ax+b$ によって変量 x を別の変量 y に変えることを，**変量の変換** という。

解説

■ **変量の変換**

データの大きさを n として，変量 x の値を x_1, x_2, ……, x_n とする。a, b を定数として，$y=ax+b$ によって新たな変量 y を作るとき，変量 y の値は次の n 個である。

$$y_1=ax_1+b, \ y_2=ax_2+b, \ ……, \ y_n=ax_n+b$$

変量 y の平均値 $\overline{y}$ は

$$\overline{y}=\frac{1}{n}(y_1+y_2+……+y_n)$$
$$=\frac{1}{n}\{(ax_1+b)+(ax_2+b)+……+(ax_n+b)\}$$
$$=\frac{1}{n}\{a(x_1+x_2+……+x_n)+nb\}$$
$$=a\cdot\frac{1}{n}(x_1+x_2+……+x_n)+b=a\overline{x}+b$$

変量 y の分散 s_y^2 は，$y_k-\overline{y}=ax_k+b-(a\overline{x}+b)=a(x_k-\overline{x})$ であるから

$$s_y^2=\frac{1}{n}\{(y_1-\overline{y})^2+(y_2-\overline{y})^2+……+(y_n-\overline{y})^2\}$$
$$=\frac{1}{n}\{a^2(x_1-\overline{x})^2+a^2(x_2-\overline{x})^2+……+a^2(x_n-\overline{x})^2\}$$
$$=a^2\cdot\frac{1}{n}\{(x_1-\overline{x})^2+(x_2-\overline{x})^2+……+(x_n-\overline{x})^2\}=a^2s_x^2$$

変量 y の標準偏差 s_y は $\qquad s_y=\sqrt{s_y^2}=\sqrt{a^2s_x^2}=|a|s_x$

変量 x に b を加える変換を行うと，平均値も b だけ増加するが，偏差には影響を与えない。よって，散らばり具合を表す分散，標準偏差には変化がない。また，変量 x を a 倍する変換を行うと，平均も a 倍され，偏差も a 倍になる。よって，散らばり具合を表す分散，標準偏差も拡大，縮小される。

例 x_0, c $(c\neq0)$ を定数として，関係式 $u=\dfrac{x-x_0}{c}$ による変量の変換を考える。

$u=\dfrac{1}{c}x-\dfrac{x_0}{c}$ であるから，$\overline{u}=\dfrac{1}{c}\overline{x}-\dfrac{x_0}{c}=\dfrac{\overline{x}-x_0}{c}$, $s_u=\left|\dfrac{1}{c}\right|s_x$ である。

ここで，$x_0=\overline{x}$, $c=s_x$ とすると $\qquad \overline{u}=\dfrac{\overline{x}-\overline{x}}{s_x}=0$, $s_u=\left|\dfrac{1}{s_x}\right|s_x=1$

この u を x の **標準化** という。標準化に関連するものとして **偏差値** があげられる。(p.309 参照)

基本例題 185 変量の変換

変量 x のデータの平均値 $\bar{x}$ が $\bar{x}=21$，分散 $s_x{}^2$ が $s_x{}^2=12$ であるとする。このとき，次の式によって得られる新しい変量 y のデータについて，平均値 $\bar{y}$，分散 $s_y{}^2$，標準偏差 s_y を求めよ。

ただし，$\sqrt{3}=1.73$ とし，標準偏差は小数第 2 位を四捨五入して，小数第 1 位まで求めよ。

(1) $y=x-5$　　(2) $y=3x$　　(3) $y=-2x+3$　　(4) $y=\dfrac{x-21}{2\sqrt{3}}$

／p.306 基本事項 **1**　**重要 190**

指針 a, b は定数とする。変量 x のデータから $y=ax+b$ によって新しい変量 y のデータが得られるとき，x, y のデータの平均値をそれぞれ $\bar{x}$, $\bar{y}$，分散をそれぞれ $s_x{}^2$, $s_y{}^2$，標準偏差をそれぞれ s_x, s_y とすると

① $\bar{y}=a\bar{x}+b$　　② $s_y{}^2=a^2 s_x{}^2$　　③ $s_y=|a|s_x$

が成り立つ。この ①，②，③ を利用すればよい。

 解答

(1) $\bar{y}=\bar{x}-5=21-5=\mathbf{16}$
$s_y{}^2=1^2\times s_x{}^2=\mathbf{12}$
$s_y=1\times s_x=2\sqrt{3}=2\times1.73=3.46\fallingdotseq\mathbf{3.5}$

(2) $\bar{y}=3\bar{x}=3\times21=\mathbf{63}$
$s_y{}^2=3^2\times s_x{}^2=9\times12=\mathbf{108}$
$s_y=3s_x=3\times2\sqrt{3}=6\sqrt{3}=6\times1.73=10.38\fallingdotseq\mathbf{10.4}$

(3) $\bar{y}=-2\bar{x}+3=-2\times21+3=\mathbf{-39}$
$s_y{}^2=(-2)^2 s_x{}^2=4\times12=\mathbf{48}$
$s_y=|-2|s_x=2\times2\sqrt{3}=4\sqrt{3}=4\times1.73=6.92\fallingdotseq\mathbf{6.9}$

(4) $\bar{y}=\dfrac{\bar{x}-21}{2\sqrt{3}}=\dfrac{21-21}{2\sqrt{3}}=\mathbf{0}$
$s_y{}^2=\dfrac{s_x{}^2}{(2\sqrt{3})^2}=\dfrac{12}{12}=\mathbf{1}$
$s_y=\dfrac{s_x}{2\sqrt{3}}=\dfrac{2\sqrt{3}}{2\sqrt{3}}=\mathbf{1}$

参考 (4)は変量 x を標準化（$p.306$ 参照）したものである。

補足 標準偏差は，分散の正の平方根であるから，次のように求めてもよい。
(1) $s_y{}^2=12$ より
$s_y=\sqrt{12}=2\sqrt{3}$
(2) $s_y{}^2=108$ より
$s_y=\sqrt{108}=6\sqrt{3}$
(3) $s_y{}^2=48$ より
$s_y=\sqrt{48}=4\sqrt{3}$
(4) $s_y{}^2=1$ より
$s_y=\sqrt{1}=1$

注意 (3)の s_y は(1)の s_y の 2 倍であるが，(1)の「3.5」は四捨五入された値のため，(3)の s_y を
$3.5\times2=7.0$
としたら間違い。

5章

㉒ 分散と標準偏差

練習 ある変量のデータがあり，その平均値は 50，標準偏差は 15 である。そのデータを
②**185** 修正して，各データの値を 1.2 倍して 5 を引いたとき，修正後の平均値と標準偏差を求めよ。

基本 例題 186 仮平均の利用

次の変量 x のデータについて，以下の問いに答えよ。

$$726, \ 814, \ 798, \ 750, \ 742, \ 766, \ 734, \ 702$$

(1) $y = x - 750$ とおくことにより，変量 x のデータの平均値 $\overline{x}$ を求めよ。

(2) $u = \dfrac{x - 750}{8}$ とおくことにより，変量 x のデータの分散を求めよ。 / 基本 185

指針 (1) y のデータの平均値を $\overline{y}$ とすると，$\overline{y} = \overline{x} - 750$ すなわち $\overline{x} = \overline{y} + 750$ である。よって，まず $\overline{y}$ を求める。

(2) x, u のデータの分散をそれぞれ $s_x{}^2$, $s_u{}^2$ とすると，$s_x{}^2 = 8^2 s_u{}^2$ である。よって，まず，変量 x の各値に対応する変量 u の値を求め，$s_u{}^2$ を計算する。

解答 (1) y のデータの平均値を $\overline{y}$ とすると

$$\overline{y} = \frac{1}{8}\{(-24) + 64 + 48 + 0 + (-8) + 16 + (-16) + (-48)\} = 4$$

ゆえに $\overline{x} = \overline{y} + 750 = \mathbf{754}$

(1) $\overline{x} = \dfrac{1}{8}(726 + \cdots + 702)$ としても求められるが，解答の方が計算がらく。

(2) $u = \dfrac{x - 750}{8}$ とおくと，u, u^2 の値は次のようになる。

x	726	814	798	750	742	766	734	702	計
y	-24	64	48	0	-8	16	-16	-48	32
u	-3	8	6	0	-1	2	-2	-6	4
u^2	9	64	36	0	1	4	4	36	154

よって，u のデータの分散は

$$\overline{u^2} - (\overline{u})^2 = \frac{154}{8} - \left(\frac{4}{8}\right)^2 = \frac{76}{4} = 19$$

◀ (u のデータの分散)
$=$ (u^2 のデータの平均値)
$-$ (u のデータの平均値)^2

ゆえに，x のデータの分散は

$$8^2 \times 19 = \mathbf{1216}$$

◀ $s_x{}^2 = 8^2 s_u{}^2$

参考 上の例題(1)の「750」のように，平均値の計算を簡単にするためにとった値のことを **仮平均** という。仮平均を自分で設定する場合，計算がらくになるようなものを選ぶ。具体的には，各データとの差が小さくなる値（平均値に近いと予想される値）をとるとよい。

◀ $u = \dfrac{x - x_0}{c}$ の x_0 を仮平均という。

練習 次の変量 x のデータについて，以下の問いに答えよ。

②**186**

$$514, \ 584, \ 598, \ 521, \ 605, \ 612, \ 577$$

(1) $y = x - 570$ とおくことにより，変量 x のデータの平均値 $\overline{x}$ を求めよ。

(2) $u = \dfrac{x - 570}{7}$ とおくことにより，変量 x のデータの分散を求めよ。

参考事項 偏差値

これまでに学んだ平均値，標準偏差を用いて求められる値の中で，代表的なものとして偏差値があげられる。複数教科の試験を受けた場合，平均点が異なる場合が多いため，得点のみで各教科の実力の差を見極めることは難しい。偏差値を用いれば平均点が異なっていても各教科の実力の差を比較しやすい。偏差値は，平均値と標準偏差を用いて，次のように定義される。

> データの変量 x に対し，x の平均値を $\bar{x}$，標準偏差を s_x で表すとき
> $y = 50 + \dfrac{x - \bar{x}}{s_x} \times 10$ によって得られる y を x の **偏差値** という。

参考 偏差値の平均値は 50，標準偏差は 10 である。

大学入学共通テストや，その前身である大学入試センター試験では，毎年平均点に加え，標準偏差も発表されている。それらの値を利用して，偏差値を算出することができる。

例 ある生徒の大学入試センター試験の国語・数学 I A・英語の得点の結果は次の表の通りであった。

大学入試センター試験	得点	得点率	平均点	標準偏差
国語（200 点）	150	75	98.67	26.83
数学 I A（100 点）	85	85	62.08	21.85
英語（200 点）	170	85	118.87	41.06

3 教科の偏差値を求めると

国語　$50 + \dfrac{150 - 98.67}{26.83} \times 10 ≒ 69.13$

数学　$50 + \dfrac{85 - 62.08}{21.85} \times 10 ≒ 60.49$

英語　$50 + \dfrac{170 - 118.87}{41.06} \times 10 ≒ 62.45$

上の計算から，得点率で比較すると 3 教科の中で国語が最も低いが，偏差値で比較すると，国語が最も高いと判断できる。

偏差値を用いることで自分の相対位置（大まかな順位）がわかることがある。得点分布が正規分布（詳しくは数学 B で学習）になる場合，偏差値に対する上位からの割合（％）は次の表のようになることが知られている。

偏差値	75	…	70	…	65	…	60	…	55	…	50	…	45	…	40	…	35	…	30	…	25
％	0.7		2.3		6.7		15.9		30.9		50.0		69.1		84.1		93.3		97.7		99.3

50 万人が受験した試験で，ある生徒の偏差値が 65 であるならば，得点分布が正規分布になるものと仮定すると，全国順位は約 33,500 位になる。

②126 次の表のデータは，厚生労働省発表の都道府県別にみた人口1人当たりの国民医療費（平成28年度）から抜き出したものである。ただし，単位は万円であり，小数第1位を四捨五入してある。　　　　　　　　　　　　　　　　　　［富山県大］

都道府県名	東京都	新潟県	富山県	石川県	福井県	大阪府
人口1人当たりの国民医療費	30	31	33	34	34	36

(1) 表のデータについて，次の値を求めよ。

　(a) 平均値　　　　　　　(b) 分散　　　　　　　(c) 標準偏差

(2) 表のデータに，ある都道府県のデータを1つ追加したところ，平均値が34になった。このとき，追加されたデータの数値を求めよ。　　　　　　　→177, 182

④127 変量 x の値を x_1, x_2, ……, x_n とする。このとき，ある値 t からの各値の偏差 $t-x_k$（$k=1$, 2, ……, n）の2乗の和を y とする。すなわち $y=(t-x_1)^2+(t-x_2)^2+……+(t-x_n)^2$ である。
このとき，y は $t=\bar{x}$（x の平均値）のとき最小となることを示せ。　　→182

④128 変量 x のデータが，n 個の実数値 x_1, x_2, ……, x_n であるとする。x_1, x_2, ……, x_n の平均値を $\bar{x}$ とし，標準偏差を s_x とする。式 $y=4x-2$ で新たな変量 y と y のデータ y_1, y_2, ……, y_n を定めたとき，y_1, y_2, ……, y_n の平均値 $\bar{y}$ と標準偏差 s_y を $\bar{x}$ と s_x を用いて表すと，$\bar{y}=^ア\boxed{}$，$s_y=^イ\boxed{}$ となる。
$i=1$, 2, ……, n に対して，x_i の平均値からの偏差を $d_i=x_i-\bar{x}$ とする。$|d_i|>2s_x$ を満たす i が2個あるとき，データの大きさ n のとりうる値の範囲は $n\geqq^ウ\boxed{}$ である。ただし，$^ウ\boxed{}$ は整数とする。　　　　　　　　［関西学院大］　→185

④129 受験者数が100人の試験が実施され，この試験を受験した智子さんの得点は84（点）であった。また，この試験の得点の平均値は60（点）であった。
なお，得点の平均値が m（点），標準偏差が s（点）である試験において，得点が x（点）である受験者の偏差値は $50+\dfrac{10(x-m)}{s}$ となることを用いてよい。

(1) 智子さんの偏差値は62であった。したがって，100人の受験者の得点の標準偏差は $^ア\boxed{}$（点）である。

(2) この試験において，得点が x（点）である受験者の偏差値が65以上であるための必要十分条件は $x\geqq^イ\boxed{}$ である。

(3) 後日，この試験を新たに50人が受験し，受験者数は合計で150人となった。その結果，試験の得点の平均値が62（点）となり，智子さんの偏差値は60となった。したがって，150人の受験者の得点の標準偏差は $^ウ\boxed{}$（点）である。また，新たに受験した50人の受験者の得点について，平均値は $^エ\boxed{}$（点）であり，標準偏差は $^オ\boxed{}$（点）である。　　　［類 上智大］　→183, 185

HINT　127　t についての2次関数とみて，平方完成する。
　　　129　（変量 y の分散）$=$（y^2 の平均値）$-$（y の平均値）^{2} を利用する。
　　　　　また，（標準偏差）$=\sqrt{（分散）}$ である。

③**130**　ある高校 3 年生 1 クラスの生徒 40 人について，
　　　ハンドボール投げの飛距離のデータを取った。
　　　〔図 1〕は，このクラスで最初に取ったデータの
　　　ヒストグラムである。

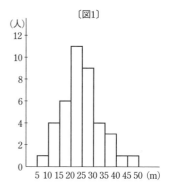

〔図1〕

(1)　この 40 人のデータの第 3 四分位数が含ま
　　れる階級を次の ① ～ ③ から 1 つ選べ。

　　①　20 m 以上 25 m 未満
　　②　25 m 以上 30 m 未満
　　③　30 m 以上 35 m 未満

(2)　このデータを箱ひげ図にまとめたとき，〔図 1〕のヒストグラムと矛盾するも
　　のを次の ④ ～ ⑨ から 4 つ選べ。

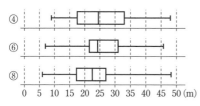

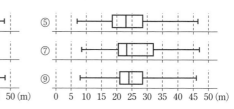

(3)　後日，このクラスでハンドボール投げの記録を取り直した。次に示した
　　A～D は，最初に取った記録から今回の記録への変化の分析結果を記述したも
　　のである。a～d の各々が今回取り直したデータの箱ひげ図となる場合に，⑩
　　～⑬ の組合せのうち分析結果と箱ひげ図が矛盾するものを 2 つ選べ。

⑩　A - a　　　　⑪　B - b　　　　⑫　C - c　　　　⑬　D - d

A：どの生徒の記録も下がった。　　B：どの生徒の記録も伸びた。

C：最初に取ったデータで上位 $\dfrac{1}{3}$ に入るすべての生徒の記録が伸びた。

D：最初に取ったデータで上位 $\dfrac{1}{3}$ に入るすべての生徒の記録は伸び，下位 $\dfrac{1}{3}$

　　に入るすべての生徒の記録は下がった。

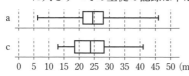

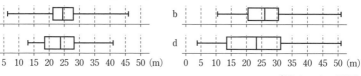

〔類 センター試験〕

HINT　**130**　(2)　④～⑨ について，データの最大値，最小値，中央値が含まれる階級は同じであるから，
　　　　　　　　第 1 四分位数，第 3 四分位数について調べる。
　　　　　　(3)　A～D を踏まえて，取り直す前と後のデータの最大値，最小値などの変化を考える。

5 章

㉒ 分散と標準偏差

23 データの相関

基本事項

2つの変量 x, y があり，そのデータの大きさがともに n 個であり，
x_1, x_2, ……, x_n；y_1, y_2, ……, y_n とする。

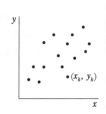

1 散布図

右の図のように，x と y の間の関係を見やすくするために，
x, y の値の組

$$(x_k, y_k) \qquad k=1, 2, ……, n$$

を座標とする点を座標平面上にとったもの。

2 相関関係

2つの変量のデータにおいて，一方が増えると他方も増える傾向が認められるとき，2つの変量の間に **正の相関関係** があるという。逆に，一方が増えると他方が減る傾向が認められるとき，2つの変量の間に **負の相関関係** があるという。どちらの傾向も認められないときは，**相関関係がない** という。

補足 正の相関がある，負の相関がある，相関がない，ということもある。

3 共分散，相関係数

① **共分散 s_{xy}**

x の偏差と y の偏差の積 $(x_k-\overline{x})(y_k-\overline{y})$ の平均値，すなわち

$$\frac{1}{n}\{(x_1-\overline{x})(y_1-\overline{y})+(x_2-\overline{x})(y_2-\overline{y})+……+(x_n-\overline{x})(y_n-\overline{y})\}$$

を x と y の **共分散** といい，s_{xy} で表す。

② **相関係数 r**

直線的な相関関係を考察するための目安となる数値。x, y の標準偏差をそれぞれ s_x, s_y とするとき，共分散 s_{xy} を，s_x と s_y の積 $s_x s_y$ で割った量を，x と y の **相関係数** といい，r で表す。

$$r=\frac{s_{xy}}{s_x s_y} \qquad \leftarrow \frac{(x \, と \, y \, の共分散)}{(x \, の標準偏差)\times(y \, の標準偏差)}$$

$$=\frac{\dfrac{1}{n}\{(x_1-\overline{x})(y_1-\overline{y})+……+(x_n-\overline{x})(y_n-\overline{y})\}}{\sqrt{\dfrac{1}{n}\{(x_1-\overline{x})^2+……+(x_n-\overline{x})^2\}}\sqrt{\dfrac{1}{n}\{(y_1-\overline{y})^2+……+(y_n-\overline{y})^2\}}}$$

$$=\frac{(x_1-\overline{x})(y_1-\overline{y})+……+(x_n-\overline{x})(y_n-\overline{y})}{\sqrt{\{(x_1-\overline{x})^2+……+(x_n-\overline{x})^2\}\{(y_1-\overline{y})^2+……+(y_n-\overline{y})^2\}}}$$

相関係数 r には，次の性質がある。

[1] $-1 \leqq r \leqq 1$

[2] $r=1$ のとき，散布図の点は右上がりの直線に沿って分布する。

[3] $r=-1$ のとき，散布図の点は右下がりの直線に沿って分布する。

[4] r の値が 0 に近いとき，直線的な相関関係はない。

解　説

■ 散布図と相関関係

2つの変量の間に正の相関関係があるとき，散布図の点は全体に右上がりに分布し，負の相関関係があるとき，散布図の点は全体に右下がりに分布する。

また，散布図における点の分布が1つの直線に接近しているほど強い相関関係があるという。

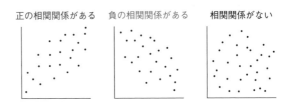

正の相関関係がある　　負の相関関係がある　　相関関係がない

■ 共分散，相関係数

2つの変量 x，y についてのデータの組

$$(x_1, y_1),\ (x_2, y_2),\ \cdots\cdots,\ (x_n, y_n)$$

があり，x，y の平均値をそれぞれ $\bar{x}$，$\bar{y}$ とする。

$(x_k-\bar{x})(y_k-\bar{y})$の符号

$\bar{x}$，$\bar{y}$ を境界として，データの散布図を右のように4つの部分に分けると，散布図の点について，次の傾向がある。

点 (x_k, y_k) の多くが「＋」の部分にあるとき，
$(x_k-\bar{x})(y_k-\bar{y})>0$ となるものの割合が大きいから，$s_{xy}>0$ となる。このとき，正の相関関係があるといえる。

点 (x_k, y_k) の多くが「－」の部分にあるとき，$(x_k-\bar{x})(y_k-\bar{y})<0$ となるものの割合が大きいから，$s_{xy}<0$ となる。このとき，負の相関関係があるといえる。

共分散の正負は，相関関係の正負の目安になる。

相関係数 r の値については，r の値が1に近いほど正の相関関係が強く，r の値が -1 に近いほど負の相関関係が強い。相関関係がないとき，r は0に近い値をとる。

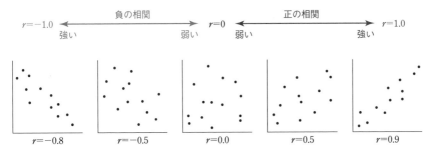

$r=-1.0$　負の相関　$r=0$　正の相関　$r=1.0$
強い　　　　弱い　　　弱い　　　　強い

$r=-0.8$　　　$r=-0.5$　　　$r=0.0$　　　$r=0.5$　　　$r=0.9$

参考　2つの変量 x，y をそれぞれ $u=ax+b$，$v=cy+d$（a，b，c，d は定数，$ac>0$）により変換したとき，u と v の相関係数と x と y の相関係数は等しい。

相関係数は2つのデータの間の関係を表す数値であり，正の定数を掛けたり足したりしても相関関係の正負や強弱は変化しない。ただし，いずれか一方のみに負の定数を掛ける（$ac<0$）と，相関関係の正負が逆になる。

基本 例題 **187** 散布図と相関関係　／◯／◯／◯／◯／◯／

次のような変量 x, y のデータがある。これらについて，散布図をかき，x と y の間に相関関係があるかどうかを調べよ。また，相関関係がある場合には，正・負のどちらであるかをいえ。

(1)

x	1	3	8	5	4	6	2	9
y	2	2	6	7	3	5	3	8

(2)

x	38	46	20	48	18	27	11	33
y	12	15	25	11	30	21	38	30

(3)

x	1.3	3.3	4.9	2.2	5.7	3.6	2.7	4.0
y	2.6	4.2	2.0	1.3	4.2	1.2	4.1	3.6

／p.312 基本事項 **1**, **2**

指針 変量 x, y について，組 (x, y) を座標とする点を平面上にとる。その際，目盛りは表す点がわかりやすくなるように入れる。
でき上がった散布図をみて，次のように判断する。

　　　散布図の点が全体に **右上がりに分布** ⟶ 正の相関関係
　　　散布図の点が全体に **右下がりに分布** ⟶ 負の相関関係
　　　どちらの傾向もみられない　　　　　⟶ 相関関係がない

解答

(1) 〔図〕正の相関関係がある。

(2) 〔図〕負の相関関係がある。

(3) 〔図〕相関関係はない。

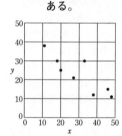

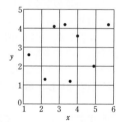

練習 右の散布図は，30 人のクラスの漢字と英単
①**187** 語の 100 点満点で実施したテストの得点の散布図である。

(1) この散布図をもとにして，漢字と英単語の得点の間に相関関係があるかどうかを調べよ。また，相関関係がある場合には，正・負のどちらであるかをいえ。

(2) この散布図をもとにして，英単語の度数分布表を作成せよ。ただし，階級は「40 以上 50 未満」，……，「90 以上 100 未満」とする。

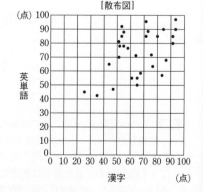

基本 例題 188 相関係数の計算

次の表は，学生5名の身長 x（cm）と体重 y（kg）を測定した結果である。x と y の相関係数 r を求めよ。

	A	B	C	D	E
身長 x（cm）	181	167	173	169	165
体重 y（kg）	75	59	63	67	61

［藤田保健衛生大］

/ p.312 基本事項 **3** 重要 **190** \

指針 x，y のデータの標準偏差をそれぞれ s_x，s_y とし，x と y の共分散を s_{xy} とするとき，相

関係数 r は，$r=\dfrac{s_{xy}}{s_x s_y}=\dfrac{\{(x-\overline{x})(y-\overline{y})\text{ の和}\}}{\sqrt{\{(x-\overline{x})^2\text{ の和}\}\times\{(y-\overline{y})^2\text{ の和}\}}}$ で与えられる。

r を求めるには，$\underline{x,\ y\text{ のデータの平均値}\overline{x},\ \overline{y}\text{ をまず求め}}$，$\underline{(x-\overline{x})^2\text{ の和}}$，$\underline{(y-\overline{y})^2\text{ の}}$
$\underline{\text{和}}$，$\underline{(x-\overline{x})(y-\overline{y})\text{ の和}}$ の順に計算していく。この際，下の解答のように表を作成して計算するとよい。

解答

x，y のデータの平均値をそれぞれ $\overline{x}$，$\overline{y}$ とすると

$$\overline{x}=\frac{1}{5}(181+167+173+169+165)$$
$$=171\ (\text{cm})$$
$$\overline{y}=\frac{1}{5}(75+59+63+67+61)=65\ (\text{kg})$$

よって，次の表が得られる。

◀ x，y の仮平均（$p.308$ 参照）を，それぞれ 170，65 として計算すると
$\overline{x}=170+\dfrac{1}{5}(11-3+3-1-5)=171$
$\overline{y}=65+\dfrac{1}{5}(10-6-2+2-4)=65$

	x	y	$x-\overline{x}$	$y-\overline{y}$	$(x-\overline{x})^2$	$(y-\overline{y})^2$	$(x-\overline{x})(y-\overline{y})$
A	181	75	10	10	100	100	100
B	167	59	-4	-6	16	36	24
C	173	63	2	-2	4	4	-4
D	169	67	-2	2	4	4	-4
E	165	61	-6	-4	36	16	24
計					160	160	140

ゆえに，相関係数 r は

$$r=\frac{140}{\sqrt{160\times160}}=\frac{140}{160}=\mathbf{0.875}$$

練習
②188 下の表は，10人の生徒に30点満点の2種類のテストA，Bを行った得点の結果である。テストA，Bの得点をそれぞれ x，y とするとき，x と y の相関係数 r を求めよ。ただし，小数第3位を四捨五入せよ。

生徒番号	1	2	3	4	5	6	7	8	9	10
x	29	25	22	28	18	23	26	30	30	29
y	23	23	18	26	17	20	21	20	26	26

5 章

❷❸ データの相関

参考事項 相関係数と外れ値，相関関係と因果関係

1 相関係数と外れ値

相関係数は，外れ値（*p*.300）の影響を受けやすい値である。
例えば，例題 **187**(1) のデータに $(x, y)=(1, 15)$ を付け加える
と，次のようになる。

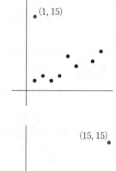

(1)

x	1	3	8	5	4	6	2	9	1
y	2	2	6	7	3	5	3	8	15

相関係数は，およその値で 0.9 から 0.1 に変化する。

また，例題 **187**(3) のデータに $(x, y)=(15.0, 15.0)$ を付け
加えると次のようになる。

(3)

x	1.3	3.3	4.9	2.2	5.7	3.6	2.7	4.0	15.0
y	2.6	4.2	2.0	1.3	4.2	1.2	4.1	3.6	15.0

相関係数は，およその値で 0.3 から 0.9 に変化する。相関係数
は 0.9 となるが，右の散布図から，強い正の相関関係があると
はいえない。

これらのことからわかるように，相関係数だけで相関関係を
判断するのは避け，外れ値のことを念頭において散布図をかい
て考えるべきである。

2 相関関係と因果関係

原因とそれによって起こる結果との関係を
因果関係 という。相関関係と因果関係につい
て考えてみよう。

例えば，47 都道府県のある期間の，熱中症に
よる救急搬送人数と，都市公園の数のデータを
調べたところ，相関係数が約 0.83 であった。
この 2 つのデータの間には正の相関関係が認め
られる。しかし，公園の数が多いことが原因で
救急搬送が増えることや，逆に，救急搬送が多
いから公園の数が増えるといったことまでは断
定できない。つまり，因果関係が認められると
は断定できない。

一般に，2 つのデータの間に相関関係がある
からといって，必ずしも因果関係があるとはい
えない。

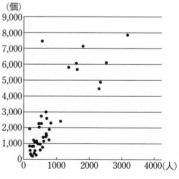

総務省消防庁および統計局の
ホームページより作成

基本 例題 189 相関係数による分析

右の表は，10名からなるある少人数クラスで，100点満点で2回ずつ実施した数学と英語のテストの得点をまとめたものである。

(1) 数学と英語の得点の散布図を，1回目，2回目の各回についてかけ。

(2) 1回目の数学と英語の得点の相関係数を r_1，2回目の数学と英語の得点の相関係数を r_2 とするとき，値の組 $(r_1,\ r_2)$ として正しいものを以下の①〜④から1つ選べ。

① $(0.54,\ 0.20)$　② $(-0.54,\ 0.20)$
③ $(0.20,\ 0.54)$　④ $(0.20,\ -0.54)$

番号	1回目 数学	1回目 英語	2回目 数学	2回目 英語
1	40	43	60	54
2	63	55	61	67
3	59	62	56	60
4	35	64	60	71
5	43	36	69	80
6	36	48	64	50
7	51	46	54	57
8	57	71	59	40
9	32	65	49	42
10	34	50	57	69

/基本 187

指針 与えられたデータから相関係数を選ぶ問題では，相関係数の組が与えられているから，直接計算をする必要はない。ここでは，(1)で散布図をかくから，それをもとに判断する。

解答

(1) 〔図〕 1回目

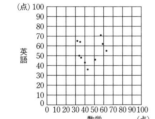

2回目

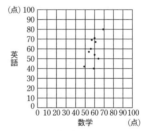

(2) 2回目の散布図より，2回目の数学と英語の得点には正の相関関係があるから　　$r_2>0$

また，1回目と2回目の散布図より，1回目の方が2回目よりも相関が弱いから　　$|r_1|<|r_2|$

以上から，値の組は

③　$(0.20,\ 0.54)$

散布図において，点が右上がりの直線（右下がりの直線）上およびその近くに分布しているほど **相関が強い** といい，直線上ではなく広くばらついているほど **相関が弱い** という。

練習
③ **189**

右の表は，2つの変量 x，y のデータである。

x	80	70	62	72	90	78
y	58	72	83	71	52	78

(1) これらのデータについて，0.72，-0.19，-0.85 のうち，x と y の相関係数に最も近いものはどれか。

(2) 表の右端のデータの y の値を 68 に変更すると，x と y の相関係数の絶対値は大きくなるか，それとも小さくなるか。

p.320 EX131

重要 例題 190 変量を変換したときの相関係数 🕐🕐🕐🕐🕐

2つの変量 x, y の3組のデータ (x_1, y_1), (x_2, y_2), (x_3, y_3) がある。変量 x, y, xy の平均をそれぞれ $\overline{x}$, $\overline{y}$, $\overline{xy}$ とし, x, y の標準偏差をそれぞれ s_x, s_y, 共分散を s_{xy} とする。このとき, 次の問いに答えよ。

(1) $s_{xy} = \overline{xy} - \overline{x} \cdot \overline{y}$ が成り立つことを示せ。

(2) 変量 z を $z = 2y + 3$ とするとき, x と z の相関係数 r_{xz} は x と y の相関係数 r_{xy} に等しいことを示せ。

基本 185, 188

指針 (1) $s_{xy} = \dfrac{1}{3}\{(x_1-\overline{x})(y_1-\overline{y}) + (x_2-\overline{x})(y_2-\overline{y}) + (x_3-\overline{x})(y_3-\overline{y})\}$ の右辺を変形する。

(2) 変量 z を $z = ay + b$ とするとき, $\overline{z} = a\overline{y} + b$, $s_z = |a|s_y$ ($p.306$ 基本事項参照) が成り立つ。このことと (1) の結果を利用する。

解答

(1) $s_{xy} = \dfrac{1}{3}\{(x_1-\overline{x})(y_1-\overline{y}) + (x_2-\overline{x})(y_2-\overline{y}) + (x_3-\overline{x})(y_3-\overline{y})\}$

$\qquad = \dfrac{1}{3}\{(x_1 y_1 + x_2 y_2 + x_3 y_3) - \overline{x}(y_1+y_2+y_3) - (x_1+x_2+x_3)\overline{y} + 3\overline{x}\cdot\overline{y}\}$

$\qquad = \dfrac{1}{3}(x_1 y_1 + x_2 y_2 + x_3 y_3) - \overline{x}\cdot\dfrac{y_1+y_2+y_3}{3} - \dfrac{x_1+x_2+x_3}{3}\cdot\overline{y} + \overline{x}\cdot\overline{y}$

$\qquad = \overline{xy} - \overline{x}\cdot\overline{y} - \overline{x}\cdot\overline{y} + \overline{x}\cdot\overline{y} = \overline{xy} - \overline{x}\cdot\overline{y}$

(2) z, xz のデータの平均値をそれぞれ $\overline{z}$, $\overline{xz}$ とする。

また, x と z の共分散を s_{xz} とし, $z_k = 2y_k + 3$ ($k = 1, 2, 3$) とする。

(1)から $\qquad s_{xz} = \overline{xz} - \overline{x}\cdot\overline{z}$

ここで $\qquad \overline{xz} = \dfrac{1}{3}(x_1 z_1 + x_2 z_2 + x_3 z_3) = \dfrac{1}{3}\{x_1(2y_1+3) + x_2(2y_2+3) + x_3(2y_3+3)\}$

$\qquad\qquad\quad = 2\cdot\dfrac{1}{3}(x_1 y_1 + x_2 y_2 + x_3 y_3) + 3\cdot\dfrac{x_1+x_2+x_3}{3} = 2\overline{xy} + 3\overline{x}$

よって $\qquad s_{xz} = 2\overline{xy} + 3\overline{x} - \overline{x}\cdot(2\overline{y}+3) = 2\overline{xy} - 2\overline{x}\cdot\overline{y}$

$\qquad\qquad = 2(\overline{xy} - \overline{x}\cdot\overline{y}) = 2s_{xy}$

z の標準偏差を s_z とすると, $s_z = 2s_y$ であるから

$$r_{xz} = \frac{s_{xz}}{s_x s_z} = \frac{2s_{xy}}{s_x \cdot 2s_y} = \frac{s_{xy}}{s_x s_y} = r_{xy}$$

参考 一般に2つの変量 x, y について, $s_{xy} = \overline{xy} - \overline{x}\cdot\overline{y}$ が成り立つ。また, 変量 z を $z = ay + b$ とするとき, $s_{xz} = a s_{xy}$ が成り立つ。

練習 ④190 変量 x の平均を $\overline{x}$ とする。2つの変量 x, y の3組のデータ (x_1, y_1), (x_2, y_2), (x_3, y_3) があり, $\overline{x} = 1$, $\overline{y} = 2$, $\overline{x^2} = 3$, $\overline{y^2} = 10$, $\overline{xy} = 4$ である。このとき, 以下の問いに答えよ。ただし, 相関係数については, $\sqrt{3} = 1.73$ とし, 小数第2位を四捨五入せよ。

(1) x と y の共分散 s_{xy}, 相関係数 r_{xy} を求めよ。

(2) 変量 z を $z = -2x + 1$ とするとき, y と z の共分散 s_{yz}, 相関係数 r_{yz} を求めよ。

p.320 EX132

参考事項 回 帰 直 線

散布図において，点の配列に「できるだけ合うように引いた直線」を **回帰直線** という。
ここでは，「できるだけ合うように引く」という事柄を明確にし，回帰直線の式を求めてみよう。

大きさが n の2つの変量 x，y のデータを x_1，x_2，……，x_n；y_1，y_2，……，y_n とし，x，y のデータの平均値をそれぞれ $\bar{x}$，$\bar{y}$，標準偏差をそれぞれ s_x，s_y とし，x と y の共分散を s_{xy}，相関係数を r とする。

ここで，回帰直線の式を $y=ax+b$ とし，

$P_1(x_1,\ y_1)$，$P_2(x_2,\ y_2)$，……，$P_n(x_n,\ y_n)$；
$Q_1(x_1,\ ax_1+b)$，$Q_2(x_2,\ ax_2+b)$，……，
$Q_n(x_n,\ ax_n+b)$

とする。

さて，「できるだけ合うように引く」とは，

① x，y の平均による点 $(\bar{x},\ \bar{y})$ を通り，
② $L=P_1Q_1{}^2+P_2Q_2{}^2+\cdots\cdots+P_nQ_n{}^2$ が最小となる

ということであるとする。

①，② を満たす a，b の値を求めてみよう。

① より，$\bar{y}=a\bar{x}+b$ であるから　　$b=-a\bar{x}+\bar{y}$

よって，$1\leqq k\leqq n$，k は整数とすると，$P_k(x_k,\ y_k)$，$Q_k(x_k,\ a(x_k-\bar{x})+\bar{y})$ となり

$$
\begin{aligned}
P_kQ_k{}^2 &= \{y_k-\{a(x_k-\bar{x})+\bar{y}\}\}^2 \\
&= \{(y_k-\bar{y})-a(x_k-\bar{x})\}^2 \\
&= (y_k-\bar{y})^2-2(x_k-\bar{x})(y_k-\bar{y})a+(x_k-\bar{x})^2a^2
\end{aligned}
$$

ゆえに　　$L=\{(x_1-\bar{x})^2+(x_2-\bar{x})^2+\cdots\cdots+(x_n-\bar{x})^2\}a^2$
$\quad\quad\quad -2\{(x_1-\bar{x})(y_1-\bar{y})+(x_2-\bar{x})(y_2-\bar{y})+\cdots\cdots+(x_n-\bar{x})(y_n-\bar{y})\}a$
$\quad\quad\quad +\{(y_1-\bar{y})^2+(y_2-\bar{y})^2+\cdots\cdots+(y_n-\bar{y})^2\}$
$\quad\quad =ns_x{}^2\cdot a^2-2ns_{xy}\cdot a+ns_y{}^2$
$\quad\quad =n\left\{s_x{}^2\left(a-\dfrac{s_{xy}}{s_x{}^2}\right)^2+s_y{}^2-\dfrac{s_{xy}{}^2}{s_x{}^2}\right\}$　　◀ a の2次関数と考えて平方完成。

したがって，L は $a=\dfrac{s_{xy}}{s_x{}^2}$ のとき最小となる。

相関係数 r を使うと，$a=\dfrac{s_y}{s_x}r$ となり，回帰直線の式は次のようになる。

$$
y=\frac{s_y}{s_x}rx-\frac{s_y}{s_x}r\bar{x}+\bar{y}\quad すなわち\quad \frac{y-\bar{y}}{s_y}=r\cdot\frac{x-\bar{x}}{s_x}
$$

回帰直線を求めることで，データにない x の値に対する y の値を推測することができる。
ただし，直線的な相関関係が弱い場合には，回帰直線による分析を行うことはできない。

補足　ここでは，計算を簡単にするため「① x，y の平均による点 $(\bar{x},\ \bar{y})$ を通る」を仮定したが，① を仮定せず「② L が最小となる」のみを仮定しても回帰直線の式を導くことができる。詳しくは，解答編 $p.200$ を参照。

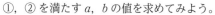

5章

23 データの相関

▦ EXERCISES

③**131** 次の表は，P高校のあるクラス20人について，数学と国語のテストの得点をまとめたものである。数学の得点を変量 x，国語の得点を変量 y で表し，x，y の平均値をそれぞれ $\overline{x}$，$\overline{y}$ で表す。ただし，表の数値はすべて正確な値であり，四捨五入されていないものとする。

生徒番号	x	y	$x-\overline{x}$	$(x-\overline{x})^2$	$y-\overline{y}$	$(y-\overline{y})^2$	$(x-\overline{x})(y-\overline{y})$
1	62	63	3.0	9.0	2.0	4.0	6.0
⋮	⋮	⋮	⋮	⋮	⋮	⋮	⋮
20	57	63	-2.0	4.0	2.0	4.0	-4.0
合　計	A	1220	0.0	1544.0	0.0	516.0	-748.0
平　均	B	61.0	0.0	77.2	0.0	25.8	-37.4
中央値	57.5	62.0	-1.5	30.5	1.0	9.0	-14.0

(1) A と B の値を求めよ。

(2) 変量 x と変量 y の散布図として適切なものを，相関関係，中央値に注意して次の ① ～ ④ のうちから1つ選べ。

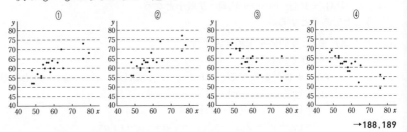

→188，189

④**132** 東京とN市の365日の各日の最高気温のデータについて考える。

N市では温度の単位として摂氏（℃）のほかに華氏（℉）も使われている。華氏（℉）での温度は，摂氏（℃）での温度を $\dfrac{9}{5}$ 倍し，32を加えると得られる。

したがって，N市の最高気温について，摂氏での分散を X，華氏での分散を Y とすると，$\dfrac{Y}{X}=$ ⁷□ である。

東京（摂氏）とN市（摂氏）の共分散を Z，東京（摂氏）とN市（華氏）の共分散を W とすると，$\dfrac{W}{Z}=$ ⁱ□ である。

東京（摂氏）とN市（摂氏）の相関係数を U，東京（摂氏）とN市（華氏）の相関係数を V とすると，$\dfrac{V}{U}=$ ⁿ□ である。　　　　［類 センター試験］

→185，190

HINT　131 (1) 番号1の生徒の $x-\overline{x}$ から $\overline{x}$ が求められる。

132 変量を変換したときの公式を利用する。

24 仮説検定の考え方

基本事項

1 仮説検定の考え方

得られたデータをもとに，母集団に対する仮説を立て，それが正しいかどうかを判断する手法を **仮説検定** という。

2 仮説検定の手順

ある主張が正しいかどうか判断するための仮説検定は，次のような手順で行う。

① 正しいかどうか判断したい主張に対し，その主張に反する仮説を立てる。

② 基準となる確率を定め，立てた仮説のもとで，得られたデータがどの程度の確率で起こるかを求める。

③ 仮説が正しいかどうかをもとに，主張が正しいかどうか判断する。

解説

■ 仮説検定の考え方

仮説検定は，最初に仮説を立て，立てた仮説のもとで実際に起こった出来事の確率を計算し，結論を導く統計的な手法である。例えば，「コインを 10 回投げて，9 回表が出た」というような，通常であればめったに起こらないような出来事が起きたとき，「このコインは表が出やすい」という主張 が考えられる。しかし，この主張が正しいことを直接示すことは難しい。そこで，この主張に反する仮説 を立て，その仮説が疑わしいと考えられる場合に，もとの主張が正しいと判断する，と考えてみよう。具体的には，次のようになる。

① 「このコインは表が出やすい」という主張 に反する仮説として，このコインは公正に作られている，すなわち，

　仮説：「このコインの表の出る確率は $\dfrac{1}{2}$ である」を立てる。

② 基準となる確率を 0.05 と定める。仮説：「このコインの表の出る確率は $\dfrac{1}{2}$ である」のもとで，コインを 10 回投げて，9 回以上表が出る確率を求めると，およそ 0.01 である。

③ この 0.01 は，基準となる確率 0.05 より小さい。このようなとき，仮説のもとで珍しいことが起こったと考えるのではなく，そもそも仮説は正しくなかったと考え，「このコインは表が出やすい」が正しかった，と判断する。

◀仮説検定において，正しいかどうか判断したい主張に反する仮定として立てた仮説を **帰無仮説** といい，もとの主張を **対立仮説** という。

◀このおよその確率 0.01 は，数学 A で学ぶ「反復試行の確率」を用いて計算することができる。

補足 ② において，基準となる確率は 0.05 や 0.01 と定めることが多い。また，仮説のもとでの確率はふつう計算で求めるが，コイン投げなどの実験結果を利用して求めることもある。

③ において，仮説が正しくないと判断することを，仮説を **棄却する** という。

注意 求めた確率が，基準となる確率 0.05 より大きい場合は，仮説が正しくなかったとは言い切れない。しかし，もとの主張が正しいことを意味するわけではない（p.323 参照）。

基本例題 **191** 仮説検定による判断(1)

ある企業が発売している製品を改良し，20 人にアンケートを実施したところ，15 人が「品質が向上した」と回答した。この結果から，製品の品質が向上したと判断してよいか。仮説検定の考え方を用い，基準となる確率を 0.05 として考察せよ。ただし，公正なコインを 20 枚投げて表が出た枚数を記録する実験を 200 回行ったところ，次の表のようになったとし，この結果を用いよ。

表の枚数	4	5	6	7	8	9	10	11	12	13	14	15	16	17
度数	1	3	8	14	24	30	37	32	23	16	8	3	0	1

/ p.321 基本事項 **2**

指針 仮説検定を用いて考察する問題では，次のような手順で進める。

① 考察したい仮説 H_1 に反する仮説 H_0 を立てる。この問題では次のようになる。

　　　仮説 H_1：品質が向上した

　　　仮説 H_0：品質が向上したとはいえず，「品質が向上した」と回答する場合と，
　　　　　　　　そうでない場合がまったくの偶然で起こる

② 仮説 H_0，すなわち，「アンケートで品質が向上したと回答する確率が $\dfrac{1}{2}$ である」

　という前提で，20 人中 15 人以上が「品質が向上した」と回答する確率を調べる。確率を調べる際には，コイン投げの実験結果を用いる。

③ 調べた確率が，基準となる確率 0.05 より小さい場合は，仮説 H_0 は正しくなかったとして，仮説 H_1 は正しいと判断してよい。基準となる確率より大きい場合は，仮説 H_0 は否定できず，仮説 H_1 が正しいとは判断できない。

解答

　　　仮説 H_1：品質が向上した

と判断してよいかを考察するために，次の仮説を立てる。

　　　仮説 H_0：品質が向上したとはいえず，「品質が向上した」と回答する場合と，そうでない場合がまったくの偶然で起こる

コイン投げの実験結果から，コインを 20 枚投げて表が 15 枚以上出る場合の相対度数は

$$\frac{3+0+1}{200}=\frac{4}{200}=0.02$$

すなわち，仮説 H_0 のもとでは，15 人以上が「品質が向上した」と回答する確率は 0.02 程度であると考えられる。

これは 0.05 より小さいから，仮説 H_0 は正しくなかったと考えられ，仮説 H_1 は正しいと判断してよい。

したがって，**製品の品質が向上したと判断してよい。**

◀① 仮説 H_1（対立仮説）に反する仮説 H_0（帰無仮説）を立てる。

◀② 仮説 H_0 のもとで，確率を調べる。

◀③ 基準となる確率との大小を比較する。0.02<0.05 から，仮説 H_0 を棄却する。

参考 H は仮説を意味する英語 hypothesis の頭文字である。帰無仮説には H_0，対立仮説には H_1 がよく用いられる。

注意 上の基本例題 **191** に対する練習（練習 191）は $p.325$ で扱う。

仮説検定の考え方

例題 **191** では「品質が向上した」という仮説 H_1 に反する仮説 H_0 が正しくないと判断しているが，その判断のしかたについて，もう少し詳しく見てみよう。

● なぜ，仮説を棄却するのか？

仮説 H_0 が正しいとすると，「品質が向上したと回答する確率が $\frac{1}{2}$ である」という前提で，20 人中 15 人以上が「品質が向上した」と回答する確率は，コイン投げの実験によると 0.02 程度であった。この結果から，仮説 H_0 が正しいかどうかを判断するにあたり，

　　仮説 H_0 は正しく，15 人以上が「品質が向上した」と回答したのは偶然である。
つまり，確率 0.02 程度でしか起こらないような，非常に珍しいことが起こった。
と考えるよりは，非常に珍しいことが起こっているのだから，

　　仮説 H_0 は疑わしい。すなわち，「品質が向上したと回答する確率は $\frac{1}{2}$ である」

　　という仮説 H_0 は間違いであり，「品質が向上した」という仮説 H_1 が正しい。
と考える方が自然である。
このように，「珍しいことが起こったのは単なる偶然ではなく，帰無仮説 H_0 が間違いだった」として，「品質が向上した」という主張（対立仮説 H_1）は正しい，と判断するのが仮説検定の考え方である。

| 仮説 H_0 のもとで，15 人以上が「品質が向上した」と回答する確率は　0.02 | → | 確率 0.02 でしか起こらないような非常に珍しいことが起きた |
| | → | そもそも仮説 H_0 が間違いで，「品質が向上した」が正しい |

← こちらの方が自然である。

なお，本来ならば確率分布（数学 B）の知識を用いる。ここでは，回答の偶然性を考慮し，またできるだけ標本を多くとるために，200 回のコイン投げの実験に当てはめている。

● 仮説が棄却できなかったときは？

20 人のアンケート結果が，13 人が「品質が向上した」と回答した場合はどうなるだろうか。コインを 20 枚投げて表が 13 枚以上出る場合の相対度数は
$\frac{16+8+3+0+1}{200}=0.14$ であり，仮説 H_0 のもとでは，13 人以上が「品質が向上した」と回答する確率は 0.14 程度である。これは 0.05 より大きいから，**仮説 H_0 は棄却されない（仮説 H_0 は否定できない）。**
しかし，仮説 H_0 が棄却されなかったからといって，「品質が向上したとはいえない」ことを正しいと認めるわけではないことに注意しよう。仮説 H_0 が棄却されなかったときは，仮説 H_0 と仮説 H_1 のどちらが正しいかは判断できなかった，という結論を下すことになる。これは，背理法で，矛盾を導けなかったからといって，否定した命題が真であるとは限らないことに似ている。

基本 例題 192 仮説検定による判断 (2)

X 地区における政党 A の支持率は $\frac{2}{3}$ であった。政党 A がある政策を掲げたところ，支持率が変化したのではないかと考え，アンケート調査を行うことにした。30 人に対しアンケートをとったところ，25 人が政党 A を支持すると回答した。この結果から，政党 A の支持率は上昇したと判断してよいか。仮説検定の考え方を用い，次の各場合について考察せよ。ただし，公正なさいころを 30 個投げて，1 から 4 までのいずれかの目が出た個数を記録する実験を 200 回行ったところ，次の表のようになったとし，この結果を用いよ。

1～4 の個数	12	13	14	15	16	17	18	19	20	21	22	23	24	25	26	27	計
度数	1	0	2	5	9	14	22	27	32	29	24	17	11	4	2	1	200

(1) 基準となる確率を 0.05 とする。　　(2) 基準となる確率を 0.01 とする。

/基本 191

指針 「支持率は上昇した」に反する仮説として，

仮説 H_0：アンケートで「支持する」と回答する確率は $\frac{2}{3}$ である

を立てる。この仮説のもとで，30 人中 25 人以上が「支持する」と回答する確率を調べる。なお，さいころを投げて 1 から 4 までのいずれかの目が出る確率は $\frac{2}{3}$ である。

解答

　　仮説 H_1：支持率は上昇した

と判断してよいかを考察するために，次の仮説を立てる。

　　仮説 H_0：支持率は上昇したとはいえず，「支持する」

　　　　と回答する確率は $\frac{2}{3}$ である

さいころを 1 個投げて 1 から 4 までのいずれかの目が出る確率は $\frac{2}{3}$ である。さいころ投げの実験結果から，さいころを 30 個投げて 1 から 4 までのいずれかの目が 25 個以上出る場合の相対度数は　　$\dfrac{4+2+1}{200}=\dfrac{7}{200}=0.035$

すなわち，仮説 H_0 のもとでは，25 人以上が「支持する」と回答する確率は 0.035 程度であると考えられる。

(1) 0.035 は基準となる確率 0.05 より小さい。よって，仮説 H_0 は正しくなかったと考えられ，仮説 H_1 は正しいと判断してよい。

　　したがって，**支持率は上昇したと判断してよい。**

(2) 0.035 は基準となる確率 0.01 より大きい。よって，仮説 H_0 は否定できず，仮説 H_1 が正しいとは判断できない。

　　したがって，**支持率は上昇したとは判断できない。**

◀対立仮説

◀帰無仮説。この仮説 H_0 を棄却できれば，仮説 H_1（対立仮説）が正しいと判断できる。

◀0.035＜0.05 から，仮説 H_0 を棄却する。

◀0.035＞0.01 から，仮説 H_0 は棄却されない。

注意　上の基本例題 **192** に対する練習（練習 192）は p.325 で扱う。

注意 下の練習 191, 192 は，それぞれ例題 **191**, **192** に対する練習である。

練習 ②**191** ある企業がイメージキャラクターを作成し，20 人にアンケートを実施したところ，14 人が「企業の印象が良くなった」と回答した。この結果から，企業の印象が良くなったと判断してよいか。仮説検定の考え方を用い，基準となる確率を 0.05 として考察せよ。ただし，公正なコインを 20 枚投げて表が出た枚数を記録する実験を 200 回行ったところ，次の表のようになったとし，この結果を用いよ。

表の枚数	4	5	6	7	8	9	10	11	12	13	14	15	16	17
度数	1	3	8	14	24	30	37	32	23	16	8	3	0	1

練習 ③**192** Y 地区における政党 B の支持率は $\frac{1}{3}$ であった。政党 B がある政策を掲げたところ，支持率が変化したのではないかと考え，アンケート調査を行うことにした。30 人に対しアンケートをとったところ，15 人が政党 B を支持すると回答した。この結果から，政党 B の支持率は上昇したと判断してよいか。仮説検定の考え方を用い，次の各場合について考察せよ。ただし，公正なさいころを 30 個投げて，1 から 4 までのいずれかの目が出た個数を記録する実験を 200 回行ったところ，次の表のようになったとし，この結果を用いよ。

1〜4 の個数	12	13	14	15	16	17	18	19	20	21	22	23	24	25	26	27	計
度数	1	0	2	5	9	14	22	27	32	29	24	17	11	4	2	1	200

(1) 基準となる確率を 0.05 とする。　　(2) 基準となる確率を 0.01 とする。

5章

❷**24** 仮説検定の考え方

---

*p.*326 以降は，数学 A の「反復試行の確率」の内容を含む。ここで，反復試行の確率についてまとめておく。

反復試行の確率

1 回の試行で事象 E が起こる確率を p とする。この試行を n 回繰り返し行うとき，事象 E がちょうど r 回起こる確率は

$$_nC_r p^r (1-p)^{n-r} \qquad ただし \quad r=0, 1, \cdots\cdots, n$$

補足 $_nC_r$ は，異なる n 個のものの中から異なる r 個を取る組合せの総数である。

(例1) コインを 3 回投げて，ちょうど 2 回表が出る確率は，$n=3$, $r=2$, $p=\frac{1}{2}$ として

$$_3C_2\left(\frac{1}{2}\right)^2\left(1-\frac{1}{2}\right)^{3-2}=3\times\left(\frac{1}{2}\right)^2\times\left(\frac{1}{2}\right)^1=\frac{3}{8}$$

(例2) さいころを 4 回投げて，1 の目が 3 回以上出る確率は，$n=4$, $p=\frac{1}{6}$ としたときの，$r=3$ のときと $r=4$ のときの和であるから

$$_4C_3\left(\frac{1}{6}\right)^3\left(1-\frac{1}{6}\right)^1+_4C_4\left(\frac{1}{6}\right)^4\left(1-\frac{1}{6}\right)^0=4\times\frac{5}{6^4}+1\times\frac{1}{6^4}=\frac{21}{6^4}=\frac{7}{432}$$

193 反復試行の確率と仮説検定

AとBがあるゲームを9回行ったところ，Aが7回勝った。この結果から，A
はBより強いと判断してよいか。仮説検定の考え方を用い，基準となる確率を
0.05として考察せよ。ただし，ゲームに引き分けはないものとする。 /基本 191

指針 AはBより強いかどうかを考察するから，仮説 H_1 として「AはBより強い」，仮説
H_0 として「AとBの強さは同等である」を立てる。そして，仮説 H_0，すなわち，Aの
勝つ確率が $\dfrac{1}{2}$ であるという仮定のもとで，Aが7回以上勝つ確率を求める。

なお，ゲームを9回繰り返すから，確率は **反復試行の確率**（数学A）の考え方を用い
て求める。

反復試行の確率
1回の試行で事象 E が起こる確率を p とする。この試行を n 回繰り返し行うとき，事
象 E がちょうど r 回起こる確率は ${}_n C_r p^r (1-p)^{n-r}$ ただし $r=0,\ 1,\ \cdots\cdots,\ n$
補足 ${}_n C_r$ は，異なる n 個のものの中から異なる r 個を取る組合せの総数である。

 解答

仮説 H_1：AはBより強い
と判断してよいかを考察するために，次の仮説を立てる。
　　仮説 H_0：AとBの強さは同等である
仮説 H_0 のもとで，ゲームを9回行って，Aが7回以上勝
つ確率は

$$_9C_9\left(\frac{1}{2}\right)^9\left(\frac{1}{2}\right)^0+{}_9C_8\left(\frac{1}{2}\right)^8\left(\frac{1}{2}\right)^1+{}_9C_7\left(\frac{1}{2}\right)^7\left(\frac{1}{2}\right)^2$$

$$=\frac{1}{2^9}(1+9+36)=\frac{46}{512}=0.089\cdots\cdots$$

これは 0.05 より大きいから，仮説 H_0 は否定できず，仮説
H_1 が正しいとは判断できない。
したがって，**AはBより強いとは判断できない。**

◀対立仮説

◀帰無仮説

◀反復試行の確率。
　AとBの強さが同等の
　とき，1回のゲームでA
　が勝つ確率は $\dfrac{1}{2}$，Bが
　勝つ確率は $1-\dfrac{1}{2}=\dfrac{1}{2}$
　である。

検討 **AはBより強いと判断できる条件**
問題文の条件が，「ゲームを9回行ったところ，Aが8回勝った」であったとすると，ゲー
ムを9回行って，Aが8回以上勝つ確率は

$$_9C_9\left(\frac{1}{2}\right)^9\left(\frac{1}{2}\right)^0+{}_9C_8\left(\frac{1}{2}\right)^8\left(\frac{1}{2}\right)^1=\frac{1}{2^9}(1+9)=\frac{10}{512}=0.019\cdots\cdots$$

これは 0.05 より小さいから，AはBより強いと判断できる。
Aが勝つ回数を X とすると，仮説 H_1 が正しい，つまり，AはBより強いと判断できるた
めの範囲は，例題の結果と合わせて考えると，$X\geqq 8$ である。この $X\geqq 8$，つまり，仮説 H_0
が正しくなかったと判断する範囲（仮説 H_0 を棄却する範囲）のことを **棄却域** という。棄
却域は基準となる確率（この問題では 0.05）によって変わる。

練習
③**193**
1枚のコインを8回投げたところ，裏が7回出た。この結果から，このコインは裏
が出やすいと判断してよいか。仮説検定の考え方を用い，基準となる確率を 0.05
として考察せよ。

p.330 EX 134

参考事項 仮説検定における基準となる確率について

これまで，基準となる確率を定めて仮説検定を行うことを学んできたが，この「基準となる確率」について詳しく見てみよう。

基本事項 $p.321$ の

　　「コインを 10 回投げたとき，表が 9 回出た」

を例に考える。

コインが公正であると仮定すると，表が 9 回以上出る確率はおよそ 0.01 である。これは基準となる確率 0.05 より小さいから，コインが公正であるという仮説を棄却して，「このコインは表が出やすい」と判断した。

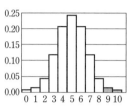

上の図は，公正なコインを 10 回投げて，表が出る回数を横軸に，その回数となる確率を縦軸にとり，ヒストグラムの形で表したものである。

コインが公正であるという仮説が棄却されるのは，影をつけた部分の面積が 0.05 以下であるから，と考えることもできる。

今回，基準となる確率を 0.05，すなわち 5 ％ と定めて仮説検定を行ったが，これは，

　　「ある事象が偶然起こったとは考えにくい」

と判断する基準を 5 ％ と定めて考察を行う，ということである。

統計学において，「偶然起こったとは認めがたく，何らかの差があること」を **有意** であるといい，基準となる確率のことを **有意水準** という。

しかし，このコインが公正でないということは，必ずしも正しいとは限らない。

表が 9 回以上出る確率がおよそ 0.01 であるということは，コインを 10 回投げるという実験を 1 セットとし，この実験を 100 セット行えば，そのうち 1 セット程度は表が 9 回以上出る，ということである。つまり，およそ 0.01 の非常に低い確率ではあるが，そのコインは実は公正なもので，偶然，表が 9 回出た場合を観測したのかもしれない。

このように，コインは実は公正なものであるが，仮説「コインは公正である」を棄却し，「このコインは表が出やすい」と判断してしまう可能性がある。

これは，仮説（帰無仮説）が正しいにもかかわらず，仮説を棄却してしまうという誤りをおかす危険性が，確率 5 ％ 以内で起こりうることを意味する。このため，基準となる確率のことを **危険率** ともいう。

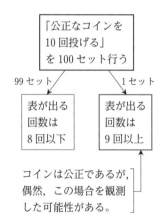

コインは公正であるが，偶然，この場合を観測した可能性がある。

補足　基準となる確率（有意水準，危険率）の値によって，仮説が棄却されるか，棄却されないか，結果が異なる場合がある（例えば，基本例題 **192** の (1) と (2) の結果を比較せよ）。

重要 例題 194 比率と仮説検定

野球において，打者の評価の指標の1つに「打率」がある。ここでは，打席に立ったときはヒットを打つか打たないかのいずれかとし，打率を

$\dfrac{\text{ヒットを打った回数}}{\text{打席に立った回数}}$ で定義する。一般に，この打率が高いほど，打者としての

評価は高いといわれる。以下では，打率をヒットを打つ確率とする。

野球選手 A のヒットを打つ確率は，前シーズンまで $\dfrac{1}{4}$ であった。今年，A 選手はシーズン前のキャンプで猛練習を積み，今シーズンの開幕直後の2試合に出場した。次の各場合について，A 選手の打者としての評価が高まったかどうか，仮説検定の考え方を用い，基準となる確率を 0.05 として考察せよ。

(1) 開幕直後の1試合目では，5打席中3打席ヒットを打った。1試合目の成績から，A 選手の打者としての評価は高まったと判断してよいか。

(2) 続く2試合目も5打席中3打席ヒットを打った。開幕直後の2試合の成績から，A 選手の打者としての評価は高まったと判断してよいか。ただし，「公正なコインを2枚同時に投げる」という操作を10回繰り返したとき，「2枚とも表が出る」ことがちょうど k 回起きる確率 p_k $(0 \leq k \leq 5)$ は，次の表の通りである。

k	0	1	2	3	4	5
p_k	0.056	0.188	0.282	0.250	0.146	0.058

重要 193

指針 (1) 反復試行の確率の考え方を用い，5打席中3打席以上ヒットを打つ確率を求める。
(2) 10打席中6打席以上ヒットを打つ確率を，与えられた表から求める。ここで，

(ヒットを打つ打席が6打席以上である確率)
＝1－(ヒットを打つ打席が5打席以下である確率) である。

なお，ヒットを打った比率(打率)は(1)と同じであるが，(1)で求めた確率と同じではないことに注意！(次ページの 検討 も参照)

解答

仮説 H_1：A 選手の評価は高まった。 ◀対立仮説

と判断してよいかを考察するために，次の仮説を立てる。

仮説 H_0：A 選手の評価は変わらない。 ◀帰無仮説

すなわち，ヒットを打つ確率は $\dfrac{1}{4}$ である。

(1) 仮説 H_0 のもとで，5打席中，ヒットを打つ打席が3打席以上である確率は

◀反復試行の確率。

A がヒットを打つ確率が $\dfrac{1}{4}$ のとき，ヒットを打たない確率は $1 - \dfrac{1}{4} = \dfrac{3}{4}$ である。

$${}_5C_5\left(\dfrac{1}{4}\right)^5\left(\dfrac{3}{4}\right)^0 + {}_5C_4\left(\dfrac{1}{4}\right)^4\left(\dfrac{3}{4}\right)^1 + {}_5C_3\left(\dfrac{1}{4}\right)^3\left(\dfrac{3}{4}\right)^2$$

$$= \dfrac{1+15+90}{4^5} = \dfrac{106}{1024} = 0.10\cdots\cdots$$

これは 0.05 より大きいから，仮説 H_0 は否定できず，仮

説 H_1 が正しいとは判断できない。

したがって，A 選手の評価は高まったとは判断できない。

(2) 仮説 H_0 のもとで，10 打席中，ヒットを打つ打席が 5 打席以下である確率は，与えられた表から

$$0.056+0.188+0.282+0.250+0.146+0.058=0.98$$

よって，10 打席中，ヒットを打つ打席が 6 打席以上である確率は $1-0.98=0.02$

これは 0.05 より小さいから，仮説 H_0 は正しくなかったと考えられ，仮説 H_1 は正しいと判断してよい。

したがって，A 選手の評価は高まったと判断してよい。

補足 表の確率 p_k は，反復試行の確率

$$_{10}C_k\left(\frac{1}{4}\right)^k\left(\frac{3}{4}\right)^{10-k}$$

$(0\leqq k\leqq5)$ の計算結果である。

検討 PLUS ONE

二項分布 （数学 B 確率分布の内容）

この例題では，(1)，(2) どちらの場合も，A がヒットを打った比率（打率）はともに $\frac{3}{5}$ で等しいが，考察の結果，(1) と (2) では判断は異なる。この違いについて考えてみよう。

下の図は，1 打席でヒットを打つ確率が $p=\frac{1}{4}$ のときの，n 打席中 k 打席ヒットを打つ確率を，$n=5$，$n=10$，$n=20$ の各場合にヒストグラムで表したものである（このような分布を **二項分布** という）。

最もヒットを打つ確率の高い本数は，ヒストグラムから，$n=5$ のとき 1 本，$n=10$ のとき 2 本，$n=20$ のとき 5 本であることがわかるが，一般に，np の値の近くにあることが知られている。

また，n が大きくなるにつれ，np から離れたところの確率は小さくなる。この例題では，$n=5$ のときに 3 本以上ヒットを打つ確率は約 0.10 で，0.05 より大きかったが，n を大きくしていくと，$n=10$ のときに 6 本以上ヒットを打つ確率は 0.02 で，0.05 より小さくなった。なお，$n=20$ のとき，12 本以上ヒットを打つ確率は 0.001 より小さい。

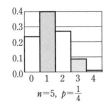
$n=5,\ p=\frac{1}{4}$

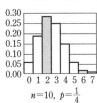
$n=10,\ p=\frac{1}{4}$

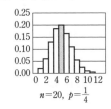
$n=20,\ p=\frac{1}{4}$

練習 ④194

A と B であるゲームを行う。これまでの結果では，A が B に勝つ確率は $\frac{1}{3}$ であった。次の各場合について，仮説検定の考え方を用い，基準となる確率を 0.05 として考察せよ。ただし，ゲームに引き分けはないものとする。

(1) このゲームを 6 回行ったところ，A が B に 4 回勝った。この結果から，A は以前より強いと判断してよいか。

(2) このゲームを 12 回行ったところ，A が B に 8 回勝った。この結果から，A は以前より強いと判断してよいか。ただし，公正なさいころを 12 回繰り返し投げたとき，3 の倍数の目がちょうど k 回出る確率 p_k $(0\leqq k\leqq7)$ は，次の表の通りである。

k	0	1	2	3	4	5	6	7
p_k	0.008	0.046	0.127	0.212	0.238	0.191	0.111	0.048

②**133** Aさんがあるコインを10回投げたところ，表が7回出た。このコインは表が出
やすいと判断してよいか，Aさんは仮説検定の考え方を用いて考察することにし
た。
まず，正しいかどうか判断したい仮説 H_1 と，それに反する仮説 H_0 を次のように
立てる。

仮説 H_1：このコインは表が出やすい

仮説 H_0：このコインは公正である

また，基準となる確率を0.05とする。
ここで，公正なさいころを10回投げて奇数の目が出た回数を記録する実験を1
セットとし，この実験を200セット行ったところ，次の表のようになった。

奇数の回数	1	2	3	4	5	6	7	8	9
度数	2	9	24	41	51	39	23	10	1

仮説 H_0 のもとで，表が7回以上出る確率は，上の実験結果を用いると $^{ア}\boxed{}$ 程
度であることがわかる。このとき，「$^{イ}\boxed{}$。」と結論する。
$^{ア}\boxed{}$ に当てはまる数を求めよ。また，$^{イ}\boxed{}$ に当てはまるものを，次の ⓪ ～ ⑤
のうちから1つ選べ。

⓪ 仮説 H_1 は正しくなかったと考えられ，仮説 H_0 が正しい，すなわち，このコ
インは公正であると判断する

① 仮説 H_1 は否定できず，仮説 H_1 が正しい，すなわち，このコインは表が出や
すいと判断する

② 仮説 H_1 は否定できず，仮説 H_0 が正しいとは判断できない，すなわち，この
コインは公正であるとは判断できない

③ 仮説 H_0 は正しくなかったと考えられ，仮説 H_1 が正しい，すなわち，このコ
インは表が出やすいと判断する

④ 仮説 H_0 は否定できず，仮説 H_0 が正しい，すなわち，このコインは公正であ
ると判断する

⑤ 仮説 H_0 は否定できず，仮説 H_1 が正しいとは判断できない，すなわち，この
コインは表が出やすいとは判断できない

→**191**

③**134** さいころを7回投げたところ，1の目が4回出た。この結果から，このさいころ
は1の目が出やすいと判断してよいか。仮説検定の考え方を用い，次の各場合に
ついて考察せよ。ただし，$6^7 = 280000$ として計算してよい。

(1) 基準となる確率を0.05とする。　　　(2) 基準となる確率を0.01とする。

→**193**

HINT　134　反復試行の確率の考え方を用いて計算する。

総合演習

学習の総仕上げのための問題を2部構成で掲載しています。数学Ⅰのひととおりの学習を終えた後に取り組んでください。

●第1部

第1部では，大学入学共通テスト対策に役立つものや，思考力を鍛えることができるテーマを取り上げ，それに関連する問題や解説を掲載しています。
各テーマは次のような流れで構成されています。

CHECK → 問題 → 指針 → ✏解答 → 🗒検討

CHECK では，例題で学んだ問題の類題を取り上げています。その後に続く問題の準備となるような解説も書かれていますので，例題で学んだ内容を思い出しながら読み進めてみましょう。必要に応じて，例題の内容を復習するとよいでしょう。

問題 では，そのテーマで主となる問題を掲載しています。あまり解いたことのない形式のものや，思考力を要する問題も含まれています。CHECK で確認したことや，これまで学んできた内容を活用しながらチャレンジしてください。
解答の方針がつかみづらい場合は，指針も読んで考えてみましょう。

更に，解答と検討が続きますが，問題が解けた場合も解けなかった場合も，解答や検討の内容もきちんと確認してみてください。検討の内容まで理解することで，より思考力を高められます。

●第2部

第2部では，基本〜標準レベルの入試問題を中心に取り上げました。中には難しい問題もあります（◇印をつけました）。解法の手がかりとなる **HINT** も設けていますから，難しい場合は **HINT** も参考にしながら挑戦してください。

1 絶対値と文字定数を含む関数
グラフから最大・最小を考察する

 数学 I

絶対値を含む関数は，絶対値記号内の式が0になるときを場合の分かれ目として，絶対値記号をはずして考えました。その場合の分かれ目において，関数のグラフが折れ曲がるという性質があることを数学 I 例題 **67** などで学習しました。ここでは，絶対値に加え文字定数を含むとき，その関数のグラフや関数の最大値・最小値がどのように変化するのかを考察します。

まず，次の問題を考えてみましょう。

> **CHECK 1−A** 関数 $y=|x-1|+|x-3|$ のグラフをかけ。

絶対値を含む関数の問題では，まず **絶対値記号 | | をはずす** ことを考えます。
記号 | | は次のように，| | 内の式の符号によって **場合分けする** ことにより，はずすことができます。

$$A \geqq 0 \text{ のとき } |A|=A, \qquad A<0 \text{ のとき } |A|=-A$$

この問題では2つの | | をはずす必要があり，| | 内の式＝0 となる $x=1$, 3 が | | をはずすための場合分けの分かれ目となります。

解答

$x<1$ のとき
$$y=-(x-1)-(x-3)$$
ゆえに $y=-2x+4$
$1 \leqq x<3$ のとき
$$y=(x-1)-(x-3)$$
ゆえに $y=2$
$3 \leqq x$ のとき
$$y=(x-1)+(x-3)$$
ゆえに $y=2x-4$
よって，**グラフは図の実線部分。**

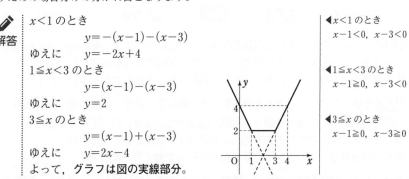

◀$x<1$ のとき
　$x-1<0$, $x-3<0$

◀$1 \leqq x<3$ のとき
　$x-1 \geqq 0$, $x-3<0$

◀$3 \leqq x$ のとき
　$x-1 \geqq 0$, $x-3 \geqq 0$

絶対値記号を含む関数では，| | 内の式＝0 となる x の値が絶対値をはずすための場合分けの分かれ目となり，その x においてグラフは折れ曲がります。同様の問題を数学 I 例題 **68** でも学習しているので，復習しておきましょう。
上の問題では，|(1次式)|＋|(1次式)| の形なので，| | をはずした結果は1次式または定数になります。したがって，上の関数のグラフは直線をつないだ形をしていることがわかります。
また，グラフが直線をつないだ形であることを前提にすれば，場合分けの分かれ目である $x=1$, 3 のときにグラフが通る2点 $(1, 2)$, $(3, 2)$, $x<1$ において通る点（例えば点 $(0, 4)$），そして $3<x$ において通る点（例えば点 $(4, 4)$）を求めて，それらを直線で結ぶことによりグラフをかくこともできます。
グラフをかくことにより，関数の最大値や最小値がわかります。この関数の場合，グラフから，最大値はなく，最小値は2であることがわかります。

CHECK 1-A の関数のグラフは，$1 \leq x \leq 3$ においては傾きが 0 の直線（定数関数）でしたが，係数の値によっては，似た式の形でもグラフの形が変化することがあります。また，文字定数を含む場合は，その文字定数の値によって更に場合分けが必要です。次の問題で，絶対値と文字定数を含む関数について考えてみましょう。

CHECK 1-B a は定数とする。関数 $y=2|x-1|+|x-a|$ のグラフを，次の (1)～(3) の場合についてそれぞれかけ。

(1) $a<1$　　　　(2) $a=1$　　　　(3) $a>1$

この問題でも，CHECK 1-A と同様に，｜　｜内の式＝0 となる x の値を場合分けの分かれ目として，絶対値をはずすことを考えます。この問題における分かれ目は $x=1$，a となりますが，1 と a の大小関係は a の値によって変わります。

(1)～(3) それぞれの場合について，**1 と a の大小関係に注意して場合分け** を行いましょう。

解答

(1) $a<1$ のとき

$x<a$，$a \leq x<1$，$1 \leq x$ の範囲で場合分けをして考える。

$x<a$ のとき
$$y=-2(x-1)-(x-a)=-3x+a+2$$
$a \leq x<1$ のとき
$$y=-2(x-1)+(x-a)=-x-a+2$$
$1 \leq x$ のとき
$$y=2(x-1)+(x-a)=3x-a-2$$
よって，グラフは**右の図の実線部分**。

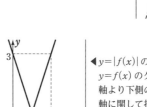

(2) $a=1$ のとき

関数は
$$y=2|x-1|+|x-1|$$
$$=3|x-1|$$
$x<1$ のとき　　$y=-3(x-1)$
$1 \leq x$ のとき　$y=3(x-1)$
よって，グラフは**右の図の実線部分**。

◀ $y=|f(x)|$ のグラフは，$y=f(x)$ のグラフの x 軸より下側の部分を x 軸に関して折り返したものである。

(3) $a>1$ のとき

$x<1$，$1 \leq x<a$，$a \leq x$ の範囲で場合分けをして考える。

$x<1$ のとき
$$y=-2(x-1)-(x-a)=-3x+a+2$$
$1 \leq x<a$ のとき
$$y=2(x-1)-(x-a)=x+a-2$$
$a \leq x$ のとき
$$y=2(x-1)+(x-a)=3x-a-2$$
よって，グラフは**右の図の実線部分**。

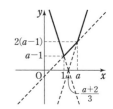

実際にグラフをかいてみると，$a \neq 1$ のとき，関数 $y=2|x-1|+|x-a|$ のグラフは 1 と a の間において，a の値によって傾きが正になる場合と負になる場合があることがわかります。また，a の値に関わらず，y は $x=1$ のとき最小値 $|1-a|$ をとることもグラフからわかります。

数学 I　総合演習　第 1 部

最後に，もう少し複雑な関数について考えてみましょう。

問題1 絶対値と文字定数を含む関数，最大値をもつ条件

a は定数とする。関数 $f(x)=a|x-2|-|x-a|$ について，次の問いに答えよ。

(1) $a=3$ のとき，$y=f(x)$ のグラフの概形として最も適当なものを，次の⓪～⑤から1つ選べ。　$\boxed{\text{ア}}$

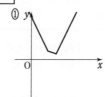
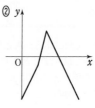

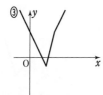
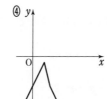
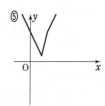

(2) $a=3$ であることは，$f(x)$ が最小値をもつための $\boxed{\text{イ}}$。

$\boxed{\text{イ}}$ に当てはまるものを，次の⓪～③から1つ選べ。

⓪ 必要十分条件である

① 必要条件であるが，十分条件ではない

② 十分条件であるが，必要条件ではない

③ 必要条件でも十分条件でもない

(3) $f(x)$ が最大値をもつための必要十分条件は $\boxed{\text{ウ}}$ であり，$f(2)$ が最大値であるための必要十分条件は $\boxed{\text{エ}}$ である。$\boxed{\text{ウ}}$，$\boxed{\text{エ}}$ に当てはまるものを，次の⓪～⑧からそれぞれ1つずつ選べ。

⓪ $a\leqq-1$ 　　① $a\geqq-1$ 　　② $a\leqq1$

③ $a\geqq1$ 　　④ $a\leqq2$ 　　⑤ $a\geqq2$

⑥ $-1\leqq a\leqq1$ 　　⑦ $1\leqq a\leqq2$ 　　⑧ $-1\leqq a\leqq2$

指針 (1) $x<2$，$2\leqq x<3$，$3\leqq x$ で場合分けをして，**絶対値をはずす**。

(2) 関数の式の形から，最小値をもつかどうかについて，a が2より大きい値であれば，$a=3$ のときと同じ結果になることが予想できる。

(3) グラフの左側の折れ目（$x=a$ または $x=2$）よりも左側の範囲にある直線の傾きが負の場合，x の値が小さくなるほど $f(x)$ の値は大きくなるから，$f(x)$ は最大値をもたない。よって，$f(x)$ が最大値をもつためには，$x<a$ かつ $x<2$ における直線の傾きが0以上でなければならないことに着目する。

解答

(1)　$a=3$ のとき　　$f(x)=3|x-2|-|x-3|$

　$x<2$ のとき
$$f(x)=-3(x-2)+(x-3)=-2x+3$$

　$2\leqq x<3$ のとき
$$f(x)=3(x-2)+(x-3)=4x-9$$

　$3\leqq x$ のとき
$$f(x)=3(x-2)-(x-3)=2x-3$$

よって，$y=f(x)$ のグラフの概
形は右の図のようになる。

（ア ③ ）

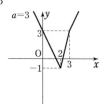

◀ | | の中の式が 0 となる
のは $x=2$，3 のときであ
るから，
$x<2$，$2\leqq x<3$，$3\leqq x$
の範囲で場合分けをして
絶対値をはずす。

◀ $f(2)=-1<0$
であるから，⑤ ではない。

(2)　「$a=3 \Longrightarrow f(x)$ は最小値をもつ」は，(1) のグラフより
真。

「$f(x)$ は最小値をもつ $\Longrightarrow a=3$」について，

例えば，$a=4$ のときを考えると，
グラフの概形は右の図のようにな
るから，$f(x)$ は最小値をもつ。

ゆえに，偽。

よって，$a=3$ であることは，
$f(x)$ が最小値をもつための十分
条件であるが，必要条件ではない。

（イ ② ）

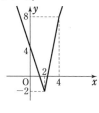

◀ (1) から，$a=3$ のとき
$f(x)$ が最小値をもつこ
とがわかった。
関数の形から，a が 2 よ
り大きい値であれば，
$a=3$ のときと同じよう
に $f(x)$ が最小値をもつ
と予想でき，考えやすい
$a=4$ の場合を例として
いる。実際，$a=4$ のと
きのグラフは，$a=3$ の
ときのグラフと似た形を
している。

(3)　$x<a$ かつ $x<2$ のとき
$$f(x)=-a(x-2)+(x-a)=(1-a)x+a$$

$1-a<0$ とすると，x の値が小さくなるほど $f(x)$ の値
は大きくなるから，$f(x)$ は最大値をもたない。

よって，$f(x)$ が最大値をもつならば，$1-a\geqq 0$，すなわ
ち $a\leqq 1$ が成り立つ。

逆に，$a\leqq 1$ のとき，$a<2$ であるから

　$x<a$ のとき
$$f(x)=-a(x-2)+(x-a)=(1-a)x+a$$

　$a\leqq x<2$ のとき
$$f(x)=-a(x-2)-(x-a)=-(1+a)x+3a$$

　$2\leqq x$ のとき
$$f(x)=a(x-2)-(x-a)=-(1-a)x-a$$

ゆえに，$y=f(x)$ のグラフは，$x=a$ と $x=2$ において折
れ曲がる折れ線になる。

◀ $a\leqq 1$ であることは最大
値をもつための **必要条
件** であることがわかっ
た。逆に，$a\leqq 1$ のとき
に最大値をもつかどうか
を調べ，$a\leqq 1$ であるこ
とが最大値をもつための
十分条件 となっている
かどうかを確認する。

$a \leqq 1$ より $1-a \geqq 0$ であるから,

　　$x < a$ のときの x の係数 $1-a$ は正または 0,

　　$2 \leqq x$ のときの x の係数 $-(1-a)$ は負または 0

である。

よって，$a \leqq x < 2$ のときの x の係数 $-(1+a)$ の符号，および $1-a$ の符号で場合分けし，$y=f(x)$ のグラフの傾きの変化を考える。

[1]　$-(1+a) > 0$ かつ $1-a > 0$

　　すなわち　$a < -1$ のとき

　　$y=f(x)$ のグラフの傾きは，正，正，負と変化するから，$f(x)$ は $x=2$ で最大となる。

[2]　$-(1+a) = 0$ かつ $1-a > 0$

　　すなわち　$a = -1$ のとき

　　$y=f(x)$ のグラフの傾きは，正，0，負と変化するから，$f(x)$ は $-1 \leqq x \leqq 2$ を満たす x で最大となる。

[3]　$-(1+a) < 0$ かつ $1-a > 0$

　　すなわち　$-1 < a < 1$ のとき

　　$y=f(x)$ のグラフの傾きは，正，負，負と変化するから，$f(x)$ は $x=a$ で最大となる。

[4]　$1-a = 0$　すなわち　$a = 1$ のとき

　　$-(1+a) = -2 < 0$ より，$y=f(x)$ のグラフの傾きは，0，負，0 と変化するから，$f(x)$ は $x \leqq a$，すなわち $x \leqq 1$ を満たす x で最大となる。

[1]～[4] より，$a \leqq 1$ ならば，$f(x)$ は最大値をもつ。

ゆえに，$f(x)$ が最大値をもつための必要十分条件は

　　　　$a \leqq 1$　　$({}^{\text{ウ}}②)$

また，[1]～[4] より，$f(2)$ が最大値であるための必要十分条件は　　$a \leqq -1$　　$({}^{\text{エ}}⓪)$

◀例えば，[1] の $a < -1$ のとき，グラフは下の図のようになる。直線の傾きが正から負に変化する $x=2$ において，$f(x)$ は最大となる。

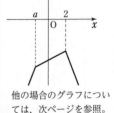

他の場合のグラフについては，次ページを参照。

📑
検討
グラフの特徴を読み取る

(1)はグラフを選ぶ問題であるから，次のように考えて正解を選ぶこともできる。

$a=3$ のとき，$f(x)=3|x-2|-|x-3|$ より，$x=2$，3 において $y=f(x)$ のグラフは折れ曲がる。また，$f(2)=-1<0$，$f(3)=3>0$，更に $f(0)=3>0$ を満たすグラフは③だけである。

(3)については，「$f(2)$ が最大値である $\Longrightarrow$ $f(x)$ は最大値をもつ」が成り立つから，$\boxed{\text{エ}}$ の範囲は $\boxed{\text{ウ}}$ の範囲に含まれていなくてはならないことに注意する。

この問題は，a の値の範囲によってグラフの形が複雑に変化するため，最初から最大値をもつための a の値の範囲を考えようとしても難しいかもしれない。そのようなときは，具体的な値を a に代入してグラフを観察してみるのも1つの方法である。例えば，(1)で考えた $a=3$ のときのグラフ（最大値をもたない）と，$a=0$ のときのグラフ（$f(x)=-|x|$，最大値をもつ）を比較することにより，最大値をもつ場合のグラフの特徴に気付くことができれば，それが解法の糸口となるであろう。

検討

定数 a の値によりグラフはどのように変化するか？ ────────

$y=a|x-2|-|x-a|$ のグラフは，a の値の範囲によって次のように変化する。

[1] $a<-1$ のとき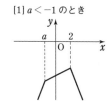

[2] $a=-1$ のとき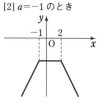

◀[2] $a=-1$ のとき，
$-1 \leqq x \leqq 2$ の区間では y は定数である。

[3] の $-1<a<1$ のときは，a の値によってグラフの形が変わるため，更に次の (i)～(iii) のように場合分けする。

(i) $-1<a<0$ のとき (ii) $a=0$ のとき (iii) $0<a<1$ のとき

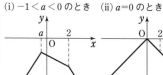
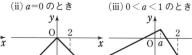

◀[3] $-1<a<1$ のとき，
$a \leqq x<2$ の範囲における直線の傾き $-(1+a)$ の値と，$2 \leqq x$ の範囲における直線の傾き $-(1-a)$ の値の大小関係によってグラフの形が変わる。
ただし，(i)～(iii) のどの場合も，y は $x=a$ で最大となる。

[4] $a=1$ のとき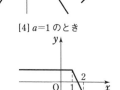

[5] $1<a<2$ のとき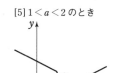

◀[4] の $a=1$ のときのグラフは，$x \leqq 1$，および $2 \leqq x$ において，傾き 0 の直線になる。

[6] $a=2$ のとき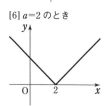

[7] $a>2$ のとき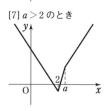

◀[5]，[6]，[7] のとき，いずれも y は $x=2$ で最小となる。

関数グラフソフトを用いると，a の値によってグラフが変化する様子を確かめることができる。

これらのグラフから，a の値の範囲により，最大値をもつ場合と最小値をもつ場合があることがわかり，最大値と最小値の両方をもつのは $a=1$ のときに限られることもわかる。

関数グラフ
ソフト

数学 I 総合演習 第 1 部

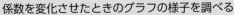

2 2次関数のグラフ

係数を変化させたときのグラフの様子を調べる

2次関数の問題や2次式が現れる問題では，2次関数のグラフを用いて考えることが有効な場合が多くあります。また，2次関数のグラフは，コンピュータソフトを用いると簡単にかくことができます。ここでは，コンピュータソフトも利用し，2次関数の係数を変化させたときのグラフの様子を調べながら考察します。

まず，次の問題を考えてみましょう。

> **CHECK 2-A** グラフが3点 $(1, 0)$，$(3, 0)$，$(4, 2)$ を通る2次関数を求めよ。

この問題は，グラフが与えられた3点を通るような2次関数を求める問題ですので，求める2次関数を $y=ax^2+bx+c$ **(一般形)** として，3点を通る条件から，係数 a, b, c についての連立方程式を解くことで求めることができます。

ただし，この問題の条件のうち，2点 $(1, 0)$，$(3, 0)$ が **x 軸上の点であることに着目する** と，次のように解くこともできます。

✏️ **解答**

グラフが2点 $(1, 0)$，$(3, 0)$ を通るから，求める2次関数は
$$y=a(x-1)(x-3) \quad \cdots\cdots ①$$
と表される。
更に，点 $(4, 2)$ を通るから，
① に $x=4$，$y=2$ を代入して
$$2=a(4-1)(4-3)$$
すなわち $2=3a$
よって $a=\dfrac{2}{3}$

ゆえに，求める2次関数は，① に $a=\dfrac{2}{3}$ を代入して
$$y=\dfrac{2}{3}(x-1)(x-3)$$
すなわち $y=\dfrac{2}{3}x^2-\dfrac{8}{3}x+2$

◀① は，$x=1$ および $x=3$ のとき，$y=0$ となる。

◀関数 $y=f(x)$ のグラフが点 (s, t) を通る $\iff t=f(s)$

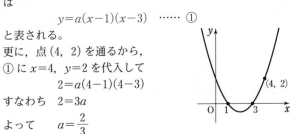

◀$y=\dfrac{2}{3}(x-1)(x-3)$ を解答としてもよい。

上の解答の ①，すなわち $y=a(x-1)(x-3)$ の形は，いわゆる **分解形** というもので，x 軸との交点が2点わかっている場合に利用できます。数学 I 例題 **93** でも学習していますので，復習しておきましょう。

この解答の考え方は，x 軸上の2点を通るという条件があり，特別な場合であると考えられますが，そうでない場合にも同様の考え方で関数を求められる場合もあります。
次の問題を考えてみましょう。

> **CHECK 2-B** グラフが 3 点 $(1, 1)$, $(3, 5)$, $(4, 4)$ を通る 2 次関数を求めよ。

この問題も 3 点を通る条件が与えられています。求める 2 次関数を $y = ax^2 + bx + c$ として，

条件から連立方程式 $\begin{cases} 1 = a + b + c \\ 5 = 9a + 3b + c \\ 4 = 16a + 4b + c \end{cases}$ を立て，これを解いて a, b, c を求める方法もあり

ますが，次のように考えることもできます。

解答

2 点 $(1, 1)$, $(4, 4)$ は直線 $y = x$ 上にある。
ここで，$y = x$ の右辺に $a(x-1)(x-4)$ を加えた関数
$$y = x + a(x-1)(x-4) \quad \cdots\cdots ①$$
を考える。

$x = 1$ のとき　　$a(x-1)(x-4) = 0$
$x = 4$ のとき　　$a(x-1)(x-4) = 0$
であるから，① のグラフは，
2 点 $(1, 1)$, $(4, 4)$ を通ることが
わかる。

更に，① のグラフが点 $(3, 5)$ を
通るから，① に $x = 3$, $y = 5$ を代
入して
$$5 = 3 + a(3-1)(3-4)$$
よって　　$2 = -2a$
ゆえに　　$a = -1$
したがって，求める 2 次関数は，① に $a = -1$ を代入して
$$y = x - (x-1)(x-4)$$
すなわち　$y = -x^2 + 6x - 4$

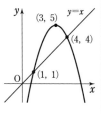

◀① は，
$x = 1$ のとき $y = 1$
$x = 4$ のとき $y = 4$
となる。

見慣れない解法だったかもしれませんが，この解答のように，2 点を通る直線を求め，その式の右辺に，直線を求めるときに用いた 2 点の x 座標を **代入したときに 0 になるような 2 次式** を加えて，更に，残りの 1 点を通るように a を定めると，グラフがその 3 点を通る 2 次関数が得られます。

もう少し詳しく，数式を用いて説明すると，次のようになります。

　$f(x) = x$, $g(x) = a(x-1)(x-4)$ とします。$f(x)$ と $g(x)$ について，
　　直線 $y = f(x)$ は 2 点 $(1, 1)$, $(4, 4)$ を通る，すなわち，
　　関数 $f(x)$ は　$f(1) = 1$, $f(4) = 4$　を満たす
　　関数 $g(x)$ は　$g(1) = 0$, $g(4) = 0$　を満たす
が成り立ちます。
そこで，$h(x) = f(x) + g(x)$ とすると，
　　関数 $h(x)$ は　$h(1) = f(1) + g(1) = 1$, $h(4) = f(4) + g(4) = 4$　を満たすので，
　　$y = h(x)$ のグラフも 2 点 $(1, 1)$, $(4, 4)$ を通る
ことがわかります。
最後に，点 $(3, 5)$ を通るように a の値を定めると，求める 2 次関数の式が得られます。

さて，ここで，$y=h(x)$，つまり，2次関数 $y=x+a(x-1)(x-4)$ …… ① のグラフを考えてみましょう。文字定数 a を含んでいるので，a **の値によって** ① **のグラフは変わります。**いくつかの a の値について，コンピュータソフトを用いてグラフをかいてみましょう。

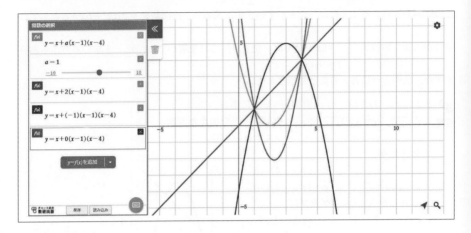

上の図では，$a=1$，$a=2$，$a=-1$，$a=0$ の4つの場合に，コンピュータソフトを用いてグラフをかいています。

$\underline{a=-1\text{ のとき}}$は，グラフは上に凸の放物線になりますが，点 $(3,5)$ を通るグラフになっていることが読み取れるでしょうか。これは，CHECK 2−B の場合のグラフです。

また，$\underline{a=0\text{ のとき}}$は，① が $y=x$ になりますので，グラフは直線 $y=x$ となっています。

ここで着目してほしいのは，**どのグラフも2点** $(1,1)$，$(4,4)$ **を通っていること** です。a がどのような値であっても，これら2点を通ります。

ぜひこの関数グラフソフトを使って，自ら確かめてみてください。

関数グラフ
ソフト

CHECK 2−B の解答では，2点 $(1,1)$，$(4,4)$ を通る条件から，求める2次関数を ① のように定め，a の値を変化させて，点 $(3,5)$ を通るような a の値を見つけ出した，という流れになっています。a の値を変化させるとグラフがどのように変化するのかは，このようなコンピュータソフトを用いると，視覚的にとらえることができます。

ちなみに，直線 $y=f(x)$ として直線 $y=x$ を選んだのは，3点 $(1,1)$，$(3,5)$，$(4,4)$ を見たときに，2点 $(1,1)$，$(4,4)$ が直線 $y=x$ を通ることがすぐにわかるからです。

このように，「どの2点を選ぶと，その2点を通る直線がすぐにわかるか」という視点をもつことも大切です。

補足 CHECK 2−A の考え方は，「x 軸との交点が2点わかっている場合」という特別な場合ではありましたが，実は CHECK 2−B の考え方の特別な場合になっています。

「x 軸との交点が2点わかっている」，これを直線 $y=0$ 上にある2点を通ると考える，つまり，$f(x)=0$，$g(x)=a(x-1)(x-3)$ と考えると，CHECK 2−B と同じ考え方をしていることがわかります。

CHECK 2-B のように，グラフが 2 点を通ることを保ったまま，関数を"補正する"ことで，2 次関数の式を求める方法があります。この考え方を意識して，次の問題に挑戦してみましょう。

問題 2 グラフが放物線と直線の交点を通る 2 次関数を求める

$f(x)=x-1$，$g(x)=-x^2+5x-2$ とし，直線 $y=f(x)$ と放物線 $y=g(x)$ の 2 つの共有点を A，B とする。また，点 P$(2,\ -5)$ とする。

(1) k を定数とする。$h(x)=f(x)+k\{g(x)-f(x)\}$ としたとき，$y=h(x)$ のグラフは 2 点 A，B を通ることを示せ。

(2) グラフが 3 点 A，B，P を通る 2 次関数を求めよ。

指針 (1) 2 点 A，B の x 座標をそれぞれ a，b とすると，2 点 A，B は直線 $y=f(x)$ と放物線 $y=g(x)$ の共有点であるから，$f(a)=g(a)$，$f(b)=g(b)$ を満たす。これに注意して，$h(x)$ の式に $x=a$，$x=b$ をそれぞれ代入してみる。……★

(2) $y=h(x)$ のグラフが点 P を通るように，k の値を定めればよい。$y=h(x)$ に $x=2$，$y=-5$ を代入し，k の方程式を解く。

解答 (1) 2 点 A，B の x 座標をそれぞれ a，b とすると，
$f(a)=g(a)$，$f(b)=g(b)$ であるから
$$h(a)=f(a)+k\{g(a)-f(a)\}=f(a)$$
$$h(b)=f(b)+k\{g(b)-f(b)\}=f(b)$$
よって，関数 $y=h(x)$ は，
$x=a$ のとき，$y=f(a)$
$x=b$ のとき，$y=f(b)$
を満たすから，$y=h(x)$ のグラフは 2 点 $(a,\ f(a))$，$(b,\ f(b))$，すなわち，2 点 A，B を通る。

◀指針____……★ の方針。$x=a$ のとき，$f(a)=g(a)$ であるから，k が消える。よって，k がどのような値であっても，$x=a$ のときの $h(a)$ は一定の値をとる。$x=b$ のときも同様。

(2) (1) から，$y=h(x)$ のグラフは 2 点 A，B を通る。更に，$y=h(x)$ のグラフが P$(2,\ -5)$ を通るから，
$$y=x-1+k(-x^2+4x-1)$$
に $x=2$，$y=-5$ を代入して
$$-5=1+3k$$
よって $3k=-6$
ゆえに $k=-2$
したがって，求める 2 次関数は $y=2x^2-7x+1$

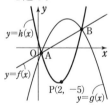

 2 点 A，B の座標を求めずに関数を求める

検討 この解法のポイントは，**2 点 A，B の座標を求めていない** ことである。関数 $h(x)$ を，$h(x)=f(x)+k\{g(x)-f(x)\}$ のようにおいたことで，k がどのような値であっても，$y=h(x)$ のグラフは 2 点 A，B を通ることが(1)からわかる。後は，点 P を通るように k の値を定めればよい。

なお，A，B の座標を求めると，次のようになる。

$f(x)=g(x)$ とすると　　$x-1=-x^2+5x-2$

整理すると　　$x^2-4x+1=0$　　　これを解くと　　　　$x=2\pm\sqrt{3}$

$y=x-1$ に代入して　　　　$y=(2\pm\sqrt{3})-1=1\pm\sqrt{3}$　（複号同順）

よって，x 座標が小さい方を A，大きい方を B とすると

$$A(2-\sqrt{3},\ 1-\sqrt{3}),\ B(2+\sqrt{3},\ 1+\sqrt{3})$$

ゆえに，求める関数を $y=ax^2+bx+c$ として，3 点 $A(2-\sqrt{3},\ 1-\sqrt{3})$，$B(2+\sqrt{3},\ 1+\sqrt{3})$，$P(2,\ -5)$ を通る条件から，$a,\ b,\ c$ の連立方程式を解くことで求めることもできるが，前ページの解答の方が計算量が少なくて済む。

検討 k の値と $h(x)$ の関係について

問題 2 において，点 $P(2,\ -5)$ を通るときの k の値は $k=-2$ であったが，k の値を変化させた場合，$y=h(x)$，すなわち $y=f(x)+k\{g(x)-f(x)\}$ のグラフがどのように変化するかを，コンピュータソフトも用いながら考察してみよう。

まず，k の値を変化させて $y=h(x)$ のグラフをかいてみると，以下のようになる。

k を変化させたときのグラフを観察すると，次のことが読み取れる。

・$k=0$ のとき，$y=h(x)$ のグラフは $y=f(x)$ のグラフと一致する。
・$k=1$ のとき，$y=h(x)$ のグラフは $y=g(x)$ のグラフと一致する。

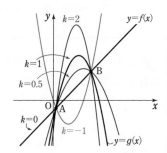

これは，$h(x)=f(x)+k\{g(x)-f(x)\}$ において，

$k=0$ のとき　　$h(x)=f(x)$
$k=1$ のとき　　$h(x)=f(x)+1\cdot\{g(x)-f(x)\}=g(x)$

となることから確かめることができる。

関数グラフ
ソフト

また，2 点 A，B の x 座標をそれぞれ a，b としたとき，区間 $a<x<b$ の部分に着目すると次のことも読み取れる。

・$k<0$ のとき，$y=h(x)$ のグラフは $y=f(x)$ のグラフの下側にある。
　（上の図の，$k=-1$ のときのグラフと，$k=0$ のとき $[y=f(x)]$ のグラフを見よ。）
・$0<k<1$ のとき，$y=h(x)$ のグラフは $y=f(x)$ のグラフと $y=g(x)$ のグラフの間にある。
　（上の図の，$k=0.5$ のときのグラフと，$k=0$ のとき $[y=f(x)]$，および $k=1$ のとき $[y=g(x)]$ のグラフを見よ。）
・$1<k$ のとき，$y=h(x)$ のグラフは $y=g(x)$ のグラフの上側にある。
　（上の図の，$k=2$ のときのグラフと，$k=1$ のとき $[y=g(x)]$ のグラフを見よ。）

1 つ目の 検討 の結果を用いると，$a=2-\sqrt{3}$，$b=2+\sqrt{3}$ であるから，点 P の x 座標 2 について，$a<2<b$ が成り立つ。また，点 $P(2,\ -5)$ は $y=f(x)$ のグラフの下側にある。よって，問題 2 における，点 P を通るときの k の値は負であることがわかる。
（実際に問題 2 で求めたように，k の値が負（$k=-2$）であることが確認できる。）

テーマ 3 三角比と測量
三角比を利用して山の高さを計測する

数学Ⅰ

三角比は，遠くに見えるものまでの距離や高さなど，直接計測することができないものを計測するために考え出され，その歴史は紀元前にまでさかのぼります。ここでは，三角比を用いて山の高さを計算する方法について考察します。

> **CHECK 3-A** 地点 O から山の頂上 M を見上げたときの角度を α，O から山の方向を向いたまま c m 後ろへ下がった地点を C とし，地点 C から頂上 M を見上げたときの角度を β とする。山の高さを x m とするとき，x を α，β，c を用いて表せ。ただし，目の高さは無視する。

まず，与えられた条件を図に表します。そして，直角三角形に着目して三角比を利用し，x に関する方程式を立てるとよいでしょう。

解答 頂上 M から地平に垂線 MH を下ろすと $\quad$ MH$=x$

$\dfrac{\text{HM}}{\text{OH}}=\tan\alpha$ より $\quad$ OH$=\dfrac{x}{\tan\alpha}$ ◀直角三角形 OHM に着目。

$\dfrac{\text{HM}}{\text{CH}}=\tan\beta$ より ◀直角三角形 CHM に着目。

$\qquad x=\text{CH}\tan\beta$ …… ①

ここで，CH$=$CO$+$OH$=c+\dfrac{x}{\tan\alpha}$ であるから，① に代

入すると $\quad x=\left(c+\dfrac{x}{\tan\alpha}\right)\tan\beta$

ゆえに $\quad x\tan\alpha=c\tan\alpha\tan\beta+x\tan\beta$

よって $\quad \boldsymbol{x=\dfrac{c\tan\alpha\tan\beta}{\tan\alpha-\tan\beta}}$ ◀$0<\beta<\alpha<90°$ から $\tan\alpha-\tan\beta\neq0$

このように，直接計測できない山の高さも，三角比を用いると求めることができます。
例えば，$\alpha=32°$，$\beta=25°$，$c=300$ とすると，巻末の三角比の表より $\tan32°=0.6249$，$\tan25°=0.4663$ であるから

$$x=\frac{300\tan32°\tan25°}{\tan32°-\tan25°}=\frac{300\times0.6249\times0.4663}{0.6249-0.4663}=551.1\cdots\cdots$$

よって，山の高さはおよそ 551 m と求めることができます。
同様の問題を数学Ⅰ例題 **135** でも学習していますので，復習しておきましょう。

CHECK 3-A では，ある地点 O と，地点 O から真っすぐ後ろに下がった地点 C の 2 か所で頂上を見上げた角度を計測することにより山の高さを求めましたが，障害物などがあり，地点 O から真っすぐ後ろに下がることができない場合も考えられます。
次の問題では，そのような場合について考えます。

Pさん，QさんとT先生の3人は東西に流れる川の向こうに見える山の高さを計測しようとしている。3人の会話を読み，次の問いに答えよ。

T先生：今日は，川の向こうに見える山の高さを計測してみましょう。

Pさん：川の向こうの山の高さなんて，わかるのですか？

Qさん：山に登るのは大変そうですが……

T先生：実際に山に登るわけではありません。3人で協力して求めます。今いる地点をOとしましょう。Pさんは地点Oから西へam進んだ地点Aから，Qさんは東へbm進んだ地点Bから，そして，私はこの地点Oから山の頂上を見上げたときの角度を測定します。後は，計算で山の高さを求められます。

Pさん：それだけでわかるのですか？

Qさん：三角比の考えを使うのでは？以前の授業で似た問題に取り組んだと思います。

T先生：そうですね。三角比を利用して求めます。では，実際に計測に行く前に，Pさん，Qさん，私がそれぞれ計測した角度をα，β，γ，山の高さをxmとして，xをa，b，α，β，γを用いて表すことができるかどうか，図をかいて考えてみましょう。考えやすいように，目の高さは無視するものとし，山の頂上をM，頂上から地平に引いた垂線と地平との交点をHとして考えてみてください。

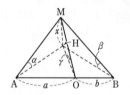

次のようなPさんの構想で，xはa，b，α，β，γを用いて表すことができる。

【Pさんの構想】

　△MAHにおいて，∠MAH＝α，MH⊥AH，MH＝xから　AH＝ ア

　同様に，BH，OHもそれぞれβ，γ，およびxを用いて表せる。

　∠HOA＝θとして，△OAHにおいて余弦定理を用いると

$$\boxed{\text{イ}}^2＝\boxed{\text{ウ}}^2＋\boxed{\text{エ}}^2－2\boxed{\text{ウ}}\cdot\boxed{\text{エ}}\cos\theta \quad\cdots\cdots ①$$

　同様に，△OBHにおいて余弦定理を用いると

$$\boxed{\text{オ}}^2＝\boxed{\text{カ}}^2＋\boxed{\text{キ}}^2－2\boxed{\text{カ}}\cdot\boxed{\text{キ}}\cos(180°－\theta)$$
$$\cdots\cdots ②$$

$\cos(180°－\theta)＝\boxed{\text{ク}}$であるから，①×$b$＋②×$a$により$\theta$を消去すれば，$x$と$a$，$b$，$\alpha$，$\beta$，$\gamma$の式ができる。

　これを整理すると，xをa，b，α，β，γを用いて表すことができる。

(1) ア ~ ク に当てはまるものを，次の各解答群のうちから一つずつ選べ。ただし，ウ と エ，カ と キ の解答の順序は問わない。

ア の解答群：

⓪ $x\sin\alpha$ ① $\dfrac{x}{\sin\alpha}$ ② $x\cos\alpha$ ③ $\dfrac{x}{\cos\alpha}$

④ $x\tan\alpha$ ⑤ $\dfrac{x}{\tan\alpha}$

イ ~ キ の解答群：

⓪ OA   ① OB   ② OH   ③ AH   ④ BH

ク の解答群：

⓪ $\sin\theta$ ① $-\sin\theta$ ② $\cos\theta$ ③ $-\cos\theta$

(2) 【P さんの構想】に基づいて，x を a, b, α, β, γ を用いて表すと，

$$x=\sqrt{\dfrac{\boxed{ケ}}{\dfrac{\boxed{コ}}{\tan^2\alpha}+\dfrac{\boxed{サ}}{\tan^2\beta}+\dfrac{\boxed{シ}}{\tan^2\gamma}}}$$

となる。

ケ ~ シ に当てはまるものを，次の⓪～⑨から一つずつ選べ。

⓪ a ① $-a$ ② b ③ $-b$

④ $a+b$ ⑤ $-(a+b)$ ⑥ ab

⑦ a^2+b^2 ⑧ $ab(a+b)$ ⑨ a^3+b^3

(3) $a=1000$, $b=500$, $\alpha=30°$, $\beta=45°$, $\gamma=60°$ のとき，山の高さは約 ス m である。ス に最も近い数を，次の⓪～③のうちから一つ選べ。

⓪ 500   ① 600   ② 700   ③ 800

指針 【P さんの構想】の流れは次のようになっている。この流れに沿って，□ に当てはまるものを求める。

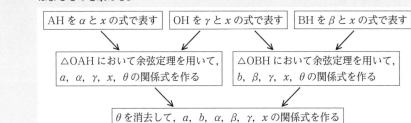

数学 I 総合演習 第 1 部

346

解答

(1) △MAH において，∠MAH$=\alpha$，MH⊥AH，MH$=x$

から $\quad \dfrac{x}{\text{AH}}=\tan\alpha$

よって $\quad$ AH$=\dfrac{x}{\tan\alpha}$ （ア⑤）

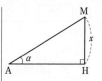

同様に，BH$=\dfrac{x}{\tan\beta}$，OH$=\dfrac{x}{\tan\gamma}$ が成り立つ。

∠HOA$=\theta$ として，△OAH において余弦定理を用いると

$\quad$ AH$^2=$OA$^2+$OH$^2-2$OA・OH$\cos\theta$ …… ①

$\qquad$（イ③，ウ⓪，エ②または イ③，ウ②，エ⓪）

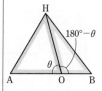

同様に，△OBH において余弦定理を用いると

$\quad$ BH$^2=$OB$^2+$OH$^2-2$OB・OH$\cos(180°-\theta)$

$\qquad\qquad$ …… ②

$\qquad$（オ④，カ①，キ②または オ④，カ②，キ①）

AH$=\dfrac{x}{\tan\alpha}$，OA$=a$，OH$=\dfrac{x}{\tan\gamma}$ から，① は

$\quad\left(\dfrac{x}{\tan\alpha}\right)^2=a^2+\left(\dfrac{x}{\tan\gamma}\right)^2-2a\left(\dfrac{x}{\tan\gamma}\right)\cos\theta$

$\qquad\qquad$ …… ①′

BH$=\dfrac{x}{\tan\beta}$，OB$=b$，OH$=\dfrac{x}{\tan\gamma}$ と

$\cos(180°-\theta)=-\cos\theta$（ク③）から，② は

$\quad\left(\dfrac{x}{\tan\beta}\right)^2=b^2+\left(\dfrac{x}{\tan\gamma}\right)^2+2b\left(\dfrac{x}{\tan\gamma}\right)\cos\theta$

$\qquad\qquad$ …… ②′

よって，①′$\times b+$②′$\times a$ により，θ を消去できる。

(2) ①′$\times b+$②′$\times a$ により，θ を消去すると

$\quad\dfrac{b}{\tan^2\alpha}x^2+\dfrac{a}{\tan^2\beta}x^2=a^2b+ab^2+\dfrac{b+a}{\tan^2\gamma}x^2$

整理すると

$\quad\left(\dfrac{b}{\tan^2\alpha}+\dfrac{a}{\tan^2\beta}-\dfrac{a+b}{\tan^2\gamma}\right)x^2=ab(a+b)$

$x>0$ であるから

$\quad x=\sqrt{\dfrac{ab(a+b)}{\dfrac{b}{\tan^2\alpha}+\dfrac{a}{\tan^2\beta}+\dfrac{-(a+b)}{\tan^2\gamma}}}$

$\qquad\qquad$（ケ⑧，コ②，サ⓪，シ⑤）

◀a, b, α, β, γ（計測で求める量）と x を含む関係式になった。

(3) $\alpha=30°$, $\beta=45°$, $\gamma=60°$ のとき

$$\tan^2\alpha=\tan^2 30°=\frac{1}{3},$$
$$\tan^2\beta=\tan^2 45°=1,$$
$$\tan^2\gamma=\tan^2 60°=3$$

これらと $a=1000$, $b=500$ を (2) の結果に代入すると

$$x=\sqrt{\frac{1000\cdot 500\cdot 1500}{500\cdot 3+1000\cdot 1-1500\cdot\dfrac{1}{3}}}=250\sqrt{6}$$

$2.4^2=5.76$, $2.5^2=6.25$ から $2.4<\sqrt{6}<2.5$

◀ $\sqrt{6}=2.449\cdots\cdots$
の近似値を用いてもよい。

よって，$600<250\sqrt{6}<625$ であるから，最も近いのは
約 600 m （ス ①）

参考　$250\sqrt{6}=\sqrt{375000}$, $612^2=374544$, $613^2=375769$ から
$$612<250\sqrt{6}<613$$

よって，山の高さは約 612 m と，更に詳しく求めることもできる。

CHECK 3－A と問題 3 の関係 ───────────────────────

CHECK 3－A と問題 3 の計測方法を合わせて 1 つ
の図に示すと，右の図のようになる。

CHECK 3－A のように，観測する地点が MH と同
一平面上にとれる場合は平面図形の問題として考え
ることができるが，問題 3 のように，観測する地点
が MH と同一平面上にとれない場合は空間図形の問
題となる。どちらを用いるかは，与えられた状況に
応じて考える必要がある。

なお，空間図形の測量の問題は数学 I 例題 **173** でも
学習しているので，復習しておこう。

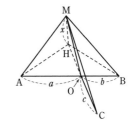

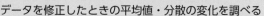

テーマ 4　平均値・分散の値の変化

データを修正したときの平均値・分散の変化を調べる

データの特徴を把握するために，データの代表値としては平均値が，データの散らばりの度合いを示す値としては分散がよく用いられます。ここでは，元のデータが変化したときに，平均値や分散の値がどのように変化するのかを考察します。

まず，次の問題を考えてみましょう。

CHECK 4-A　ある 40 人のクラスで試験が行われ，39 人が受験し 1 人が欠席した。受験した 39 人の点数の平均値は 50，分散は 25 であった。欠席者は後日，同じ試験を受験し，その点数を含めて平均値と分散を計算し直すことになっている。

(1)　欠席者の点数が 50 点であるとすると，計算し直した平均値と分散は，計算し直す前の値と比べてどうなるか。　ア ， イ に当てはまるものを，次の ⓪ ~ ② からそれぞれ 1 つずつ選べ。

平均値：　ア 　　分散：　イ

⓪　変化しない　　①　大きくなる　　②　小さくなる

(2)　欠席者の点数が 70 点であるとするとき，計算し直した平均値と分散をそれぞれ求めよ。

平均値や分散を求める問題では，それぞれの **定義に基づいて** 値を求めることが基本です。
変量 x についてのデータが，n 個の値 x_1, x_2, ……，x_n であるとし，平均値を $\bar{x}$，分散を $s_x{}^2$ と表すと，次の式で定義されます。

平均値　　$\bar{x} = \dfrac{x_1 + x_2 + \cdots\cdots + x_n}{n}$

分散　　$s_x{}^2 = \dfrac{(x_1 - \bar{x})^2 + (x_2 - \bar{x})^2 + \cdots\cdots + (x_n - \bar{x})^2}{n}$

また，分散は

$$s_x{}^2 = \dfrac{x_1{}^2 + x_2{}^2 + \cdots\cdots + x_n{}^2}{n} - (\bar{x})^2 \quad (p.302 \text{ 参照})$$

を利用すると簡単に計算できることがあるので，この公式も利用するとよいでしょう。

✎ 解答

欠席者以外の 39 人の点数を x_1, x_2, ……，x_{39}，欠席者の点数を y とおき，欠席者の点数を含めて計算し直したときの平均値を $\bar{z}$，分散を $s_z{}^2$ とする。

(1)　$y = 50$ のとき，欠席者以外の 39 人の平均値が 50 であるから

$$\bar{z} = \dfrac{x_1 + x_2 + \cdots\cdots + x_{39} + y}{40} = \dfrac{50 \times 39 + 50}{40} = 50$$

よって，平均値は変化しない。（ア⓪）

◀ 39 人の点数の平均値が 50 であるから
$$\dfrac{1}{39}(x_1 + \cdots + x_{39}) = 50$$
よって
$$x_1 + \cdots + x_{39} = 50 \times 39$$

また，$y=50$ のとき，$\bar{z}=50$ であるから

$$s_z{}^2 = \frac{(x_1-\bar{z})^2 + (x_2-\bar{z})^2 + \cdots\cdots + (x_{39}-\bar{z})^2 + (y-\bar{z})^2}{40}$$

$$= \frac{(x_1-50)^2 + (x_2-50)^2 + \cdots\cdots + (x_{39}-50)^2 + (50-50)^2}{40}$$

$$= \frac{39}{40} \cdot \frac{(x_1-50)^2 + (x_2-50)^2 + \cdots\cdots + (x_{39}-50)^2}{39}$$

$$= \frac{39}{40} \cdot 25 < 25$$

◀ 39 人の点数の分散が 25 であるから

$$\frac{1}{39}\{(x_1-50)^2 + \cdots\cdots + (x_{39}-50)^2\} = 25$$

よって，分散は小さくなる。（ィ ②）

(2) $y=70$ のとき

$$\bar{z} = \frac{x_1 + x_2 + \cdots\cdots + x_{39} + y}{40}$$

$$= \frac{50 \times 39 + 70}{40} = 50.5$$

39 人の点数の分散が 25 であることから

$$\frac{x_1{}^2 + x_2{}^2 + \cdots\cdots + x_{39}{}^2}{39} - 50^2 = 25$$

これを変形すると

$$x_1{}^2 + x_2{}^2 + \cdots\cdots + x_{39}{}^2 = 39 \times (25 + 50^2)$$

が成り立つから，40 人の点数の分散は

◀ (分散)＝
(各データの 2 乗の平均値)
　－(平均値)^2

$$s_z{}^2 = \frac{x_1{}^2 + x_2{}^2 + \cdots\cdots + x_{39}{}^2 + y^2}{40} - (\bar{z})^2$$

$$= \frac{39 \times (25 + 50^2) + 70^2}{40} - (50.5)^2$$

$$= 34.125$$

以上より　平均値は **50.5（点）**，分散は **34.125**

このように，データを修正したときの平均値や分散の変化は，数学 I 例題 **184** でも学習しているので，復習しておきましょう。

CHECK 4－A の結果から，追加する点数が 50 点（平均点）の場合，分散は元の分散と比べて小さくなり，70 点の場合，元の分散と比べて大きくなることがわかりました。では，追加する点数が何点以上だと分散は元の分散と比べて大きくなるのでしょうか？
その境目について，CHECK 4－A を一般化して考察してみましょう。

元の n 個のデータの値を x_1, x_2, ……, x_n，平均値を $\bar{x}$，分散を $s_x{}^2$ とし，追加するデータを y，データを追加した後の平均値を $\bar{z}$，分散を $s_z{}^2$ とすると，

$$\bar{x} = \frac{x_1 + x_2 + \cdots\cdots + x_n}{n}, \quad s_x{}^2 = \frac{x_1{}^2 + x_2{}^2 + \cdots\cdots + x_n{}^2}{n} - (\bar{x})^2 \ \text{より}$$

$$\bar{z}=\frac{x_1+x_2+\cdots\cdots+x_n+y}{n+1}=\frac{n\bar{x}+y}{n+1} \quad \cdots\cdots (*)$$

$$s_z{}^2=\frac{x_1{}^2+x_2{}^2+\cdots\cdots+x_n{}^2+y^2}{n+1}-(\bar{z})^2=\frac{n\{s_x{}^2+(\bar{x})^2\}+y^2}{n+1}-\left(\frac{n\bar{x}+y}{n+1}\right)^2$$

$$=\frac{n}{n+1}s_x{}^2+\frac{n(n+1)(\bar{x})^2+(n+1)y^2-(n\bar{x}+y)^2}{(n+1)^2}$$

$$=\frac{n}{n+1}s_x{}^2+\frac{n}{(n+1)^2}(y-\bar{x})^2 \quad \cdots\cdots (**) \text{ が成り立つ。}$$

よって，$s_z{}^2>s_x{}^2$ が成り立つのは，$\dfrac{n}{n+1}s_x{}^2+\dfrac{n}{(n+1)^2}(y-\bar{x})^2>s_x{}^2$ より

$\underline{y>\bar{x}+\sqrt{\dfrac{n+1}{n}s_x{}^2}}$ のときである。

CHECK 4－A の場合は，$n=39$，$\bar{x}=50$，$s_x{}^2=25$ を代入すると $\underline{y>50+\sqrt{\dfrac{40}{39}\times25}}=55.06\cdots\cdots$ から，追加する点数が 55 点より大きいとき，分散は大きくなります。

また，n の値が十分大きいときは，$\dfrac{n+1}{n}\fallingdotseq1$ と見なせるので，追加する値がおよそ (平均値)＋(標準偏差) より大きい値のときに，分散の値は大きくなることがわかります。

次に，データを 1 つ追加することによる，平均値や分散への影響を考察してみましょう。CHECK 4－A ではテストの受験者が 39 人と少なく，データを 1 つ追加することによる影響が大きいため，平均値と分散を計算し直す必要があります。しかし，受験者数が十分に多い場合は，データを 1 つ追加することによる影響は非常に小さいため，平均値も分散も計算し直しても値はほとんど変化しません。このことは直感的には理解できると思いますが，次のように説明することもできます。

n の値が十分大きいとき $\dfrac{n}{n+1}\fallingdotseq1$，$\dfrac{1}{n+1}\fallingdotseq0$ と見なせることから，$(*)$，$(**)$ より

$$\bar{z}=\frac{n\bar{x}+y}{n+1}=\frac{n}{n+1}\bar{x}+\frac{1}{n+1}y\fallingdotseq\bar{x}$$

$$s_z{}^2=\frac{n}{n+1}s_x{}^2+\frac{n}{(n+1)^2}(y-\bar{x})^2=\frac{n}{n+1}s_x{}^2+\frac{n}{n+1}\cdot\frac{1}{n+1}(y-\bar{x})^2\fallingdotseq s_x{}^2$$

このことは，身の回りのデータ処理にも応用することができます。例えば，受験人数が数万人規模であるような模擬試験を欠席した場合，平均点や偏差値が公表されてから問題を解いて点数を出し，その点数に応じた偏差値をその試験の偏差値と見なしても，当日に模擬試験を受けた場合の偏差値とほとんど誤差は生じません。

CHECK 4－A では 1 つのデータを追加した場合について考えましたが，追加するデータが 1 つではなく，複数の場合はどうなるかを次の問題で考えてみましょう。

問題4 2つのグループのデータを合わせたときの平均値と分散 🕐🕐🕐🕐🕐

ある集団は X と Y の 2 つのグループで構成されている。データを集計したところ，それぞれのグループの個数，平均値，分散は右の表のようになった。

グループ	個数	平均値	分散
X	20	16	24
Y	60	$\bar{y}$	$s_y{}^2$

集団全体の平均値を $\bar{z}$，分散を $s_z{}^2$ とするとき，次の問いに答えよ。

(1) $\bar{y}=20$，$s_y{}^2=32$ のとき，$\bar{z}$ および $s_z{}^2$ の値を求めよ。

(2) $\bar{y}=16$，$s_y{}^2<24$ のとき，$s_z{}^2$ は $\boxed{\ \text{ア}\ }$ を満たす。$\boxed{\ \text{ア}\ }$ に当てはまる式を次の⓪～④から 1 つ選べ。

⓪ $s_z{}^2<s_y{}^2$　　　① $s_z{}^2=s_y{}^2$　　　② $s_y{}^2<s_z{}^2<24$

③ $s_z{}^2=24$　　　④ $s_z{}^2>24$

(3) $\bar{y}<16$，$s_y{}^2=24$ のとき，$s_z{}^2$ は $\boxed{\ \text{イ}\ }$ を満たす。$\boxed{\ \text{イ}\ }$ に当てはまる式を次の⓪～②から 1 つ選べ。

⓪ $s_z{}^2<24$　　　① $s_z{}^2=24$　　　② $s_z{}^2>24$

指針 X のデータの値を x_1, x_2, ……, x_{20}, Y のデータの値を y_1, y_2, ……, y_{60} とすると

$$\bar{z}=\frac{x_1+x_2+\cdots\cdots+x_{20}+y_1+y_2+\cdots\cdots+y_{60}}{20+60}$$

$$s_z{}^2=\frac{x_1{}^2+x_2{}^2+\cdots\cdots+x_{20}{}^2+y_1{}^2+y_2{}^2+\cdots\cdots+y_{60}{}^2}{20+60}-(\bar{z})^2$$

である。

$x_1{}^2+x_2{}^2+\cdots\cdots+x_{20}{}^2$，$y_1{}^2+y_2{}^2+\cdots\cdots+y_{60}{}^2$ の値はそれぞれ，X の分散の値，Y の分散の値を利用して求める。

解答 X のデータの値を x_1, x_2, ……, x_{20},
Y のデータの値を y_1, y_2, ……, y_{60} とすると

$$\bar{z}=\frac{x_1+x_2+\cdots\cdots+x_{20}+y_1+y_2+\cdots\cdots+y_{60}}{20+60}$$

$$=\frac{20\times16+60\times\bar{y}}{80}$$

$$=\frac{3}{4}\bar{y}+4$$

$$s_z{}^2=\frac{x_1{}^2+x_2{}^2+\cdots\cdots+x_{20}{}^2+y_1{}^2+y_2{}^2+\cdots\cdots+y_{60}{}^2}{20+60}-(\bar{z})^2$$

$$=\frac{20\times(24+16^2)+60\times\{s_y{}^2+(\bar{y})^2\}}{80}-(\bar{z})^2$$

$$=\frac{3}{4}\{s_y{}^2+(\bar{y})^2\}+70-(\bar{z})^2$$

◀X の平均値が 16，分散が 24 であるから
$$\frac{1}{20}(x_1{}^2+\cdots+x_{20}{}^2)-16^2$$
$$=24$$
よって
$$x_1{}^2+\cdots+x_{20}{}^2$$
$$=20\times(24+16^2)$$
同様に
$$y_1{}^2+\cdots+y_{60}{}^2$$
$$=60\times\{s_y{}^2+(\bar{y})^2\}$$

(1) $\bar{y}=20$, $s_y{}^2=32$ のとき

$$\bar{z}=\frac{3}{4}\bar{y}+4=\frac{3}{4}\times 20+4=\mathbf{19}$$

$$s_z{}^2=\frac{3}{4}\{s_y{}^2+(\bar{y})^2\}+70-(\bar{z})^2$$

$$=\frac{3}{4}(32+20^2)+70-19^2=\mathbf{33}$$

(2) $\bar{y}=16$, $s_y{}^2<24$ のとき，

$$\bar{z}=\frac{3}{4}\bar{y}+4=\frac{3}{4}\times 16+4=16$$

であるから

$$s_z{}^2=\frac{3}{4}\{s_y{}^2+(\bar{y})^2\}+70-(\bar{z})^2$$

$$=\frac{3}{4}(s_y{}^2+16^2)+70-16^2$$

$$=\frac{3}{4}s_y{}^2+6<\frac{3}{4}\times 24+6=24$$

また $\quad s_z{}^2=\frac{3}{4}s_y{}^2+6=\frac{3}{4}s_y{}^2+\frac{1}{4}\cdot 24$

$$>\frac{3}{4}s_y{}^2+\frac{1}{4}s_y{}^2=s_y{}^2$$

よって，$s_y{}^2<s_z{}^2<24$ が成り立つ。 （ア②）

◀2つのグループ X，Y の
平均値が等しく，分散が
異なる場合。

(3) $\bar{y}<16$, $s_y{}^2=24$ のとき，$\bar{z}=\frac{3}{4}\bar{y}+4$ から

$$s_z{}^2=\frac{3}{4}\{s_y{}^2+(\bar{y})^2\}+70-(\bar{z})^2$$

$$=\frac{3}{4}\{24+(\bar{y})^2\}+70-\left(\frac{3}{4}\bar{y}+4\right)^2$$

$$=\frac{3}{16}(\bar{y}-16)^2+24>24$$

よって，$s_z{}^2>24$ が成り立つ。 （イ②）

◀2つのグループ X，Y の
分散が等しく，平均値が
異なる場合。

◀$\bar{y}<16$ から
$\frac{3}{16}(\bar{y}-16)^2>0$

検討

2つのグループのデータを合わせた場合の平均値と分散の変化

問題4ではグループに含まれる個数や X の平均値や分散を固定して考えたが，これらの数値も一般化して，2つのグループのデータを合わせた場合の平均値と分散について考えてみよう。

　　グループ X のデータの値を x_1, x_2, ……, x_m，平均値を $\bar{x}$，分散を $s_x{}^2$，
　　グループ Y のデータの値を y_1, y_2, ……, y_n，平均値を $\bar{y}$，分散を $s_y{}^2$，
　　X と Y を合わせたデータの平均値を $\bar{z}$，分散を $s_z{}^2$
とする。

まず，平均値 $\bar{z}$ について考える。

$$\bar{z}=\frac{x_1+x_2+\cdots\cdots+x_m+y_1+y_2+\cdots\cdots+y_n}{m+n}$$

であるから，

$$\bar{z} = \frac{m\bar{x} + n\bar{y}}{m+n}$$

が成り立つ。

この式からわかるように，個数の異なる2つのグループのデータを合わせる場合，その平均値は個数が多い方のグループの平均値の影響を強く受ける。

例えば，$m=100$，$n=10$ とすると，

$$\bar{z} = \frac{100\bar{x} + 10\bar{y}}{110} = \frac{10}{11}\bar{x} + \frac{1}{11}\bar{y}$$

となり，$\bar{z}$ の値は $\bar{x}$ の値に近くなる。

このように，個数が異なるデータを合わせたとき，その個数を考慮して計算した平均値を**加重平均**という。

次に，分散 $s_z{}^2$ について考える。

$$s_z{}^2 = \frac{x_1{}^2 + x_2{}^2 + \cdots\cdots + x_m{}^2 + y_1{}^2 + y_2{}^2 + \cdots\cdots + y_n{}^2}{m+n} - (\bar{z})^2$$

であるから

$$\begin{aligned}
s_z{}^2 &= \frac{m\{s_x{}^2 + (\bar{x})^2\} + n\{s_y{}^2 + (\bar{y})^2\}}{m+n} - \left(\frac{m\bar{x} + n\bar{y}}{m+n}\right)^2 \\
&= \frac{ms_x{}^2 + ns_y{}^2}{m+n} + \frac{m(m+n)(\bar{x})^2 + n(m+n)(\bar{y})^2 - (m\bar{x} + n\bar{y})^2}{(m+n)^2} \\
&= \frac{ms_x{}^2 + ns_y{}^2}{m+n} + \frac{mn}{(m+n)^2}(\bar{x} - \bar{y})^2
\end{aligned}$$

が成り立つ。

この式を利用して (2)，(3) について考える。

$\bar{x} = \bar{y}$ のとき，$s_z{}^2 = \dfrac{ms_x{}^2 + ns_y{}^2}{m+n}$ となり，$s_x{}^2 \neq s_y{}^2$ のとき，$s_z{}^2$ の値は $s_x{}^2$ と $s_y{}^2$ の間にあることがわかる。

$s_x{}^2 = s_y{}^2$ のとき，$s_z{}^2 = s_x{}^2 + \dfrac{mn}{(m+n)^2}(\bar{x} - \bar{y})^2$ となり，$\bar{x} \neq \bar{y}$ のときは $(\bar{x} - \bar{y})^2 > 0$ であるから，$s_z{}^2 > s_x{}^2$ となることがわかる。

検討

ヒストグラムによる考察

1つ目の検討では，次のことを数式を用いて示した。

● 平均値が同じで分散が異なる集団を合わせたときの分散は，
2つの集団の分散の間の値になる
● 分散が同じで平均値が異なる集団を合わせたときの分散は，
合わせる集団の分散よりも大きくなる

ここでは，この事実をヒストグラムを用いて考察してみよう。

まず，分散が大きいグループのヒストグラムと，分散が小さいグループのヒストグラムでは，次のような形状の違いがあるということを確認しておこう。

一般のデータは，必ずしも特徴がわかりやすい分布をしているわけではないが，ここでは考えやすいように次のような分布のグループについて考えることにする。

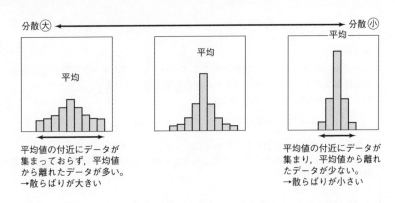

このヒストグラムを用いて，平均値が同じ集団 を合わせた場合と，分散が同じ集団 を合わせた場合についてのヒストグラムを考えると，次のようになる。

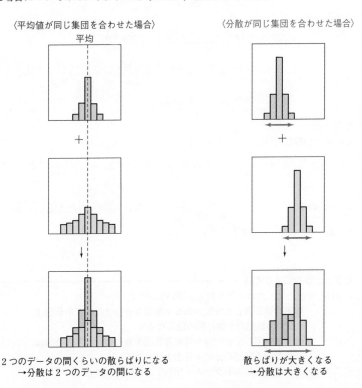

解答や1つ目の検討で行ったように，定義に基づいて数値を計算できることももちろん大切なことではあるが，計算だけに終始すると平均値や分散の意味を見失いかねない。上のように，それぞれの数値がどのような意味をもった数値なのかを理解して，データを分析することも大切なことである。

■■ 総合演習 第2部

第1章 数 と 式

1 (1) 整式 $A=x^2-2xy+3y^2$, $B=2x^2+3y^2$, $C=x^2-2xy$ について, $2(A-B)-\{C-(3A-B)\}$ を計算せよ。 〔金沢工大〕

(2) $(x-1)(x+1)(x^2+1)(x^2-\sqrt{2}\,x+1)(x^2+\sqrt{2}\,x+1)$ を展開せよ。 〔摂南大〕

(3) $xy+x-3y-bx+2ay+2a+3b-2ab-3$ を因数分解せよ。 〔法政大〕

(4) $a^4+b^4+c^4-2a^2b^2-2a^2c^2-2b^2c^2$ を因数分解せよ。 〔横浜市大〕

2 定数 a, b, c, p, q を整数とし, 次の x と y の多項式 P, Q, R を考える。
$$P=(x+a)^2-9c^2(y+b)^2, \qquad Q=(x+11)^2+13(x+11)y+36y^2$$
$$R=x^2+(p+2q)xy+2pqy^2+4x+(11p-14q)y-77$$

(1) 多項式 P, Q, R を因数分解せよ。

(2) P と Q, Q と R, R と P は, それぞれ x, y の1次式を共通因数としてもっているものとする。このときの整数 a, b, c, p, q を求めよ。 〔東北大〕

3 n を自然数とし, $a=\dfrac{1}{1+\sqrt{2}+\sqrt{3}}$, $b=\dfrac{1}{1+\sqrt{2}-\sqrt{3}}$, $c=\dfrac{1}{1-\sqrt{2}+\sqrt{n}}$, $d=\dfrac{1}{1-\sqrt{2}-\sqrt{n}}$ とする。整式 $(x-a)(x-b)(x-c)(x-d)$ を展開すると, 定数項が $-\dfrac{1}{8}$ であるという。このとき, 展開した整式の x の係数を求めよ。 〔防衛医大〕

4 (1) 2次方程式 $x^2+4x-1=0$ の解の1つを α とするとき, $\alpha-\dfrac{1}{\alpha}={}^{ア}\boxed{}$ であり, $\alpha^3-\dfrac{1}{\alpha^3}={}^{イ}\boxed{}$ である。 〔金沢工大〕

(2) 異なる実数 α, β が $\begin{cases}\alpha^2+\sqrt{3}\,\beta=\sqrt{6}\\\beta^2+\sqrt{3}\,\alpha=\sqrt{6}\end{cases}$ を満たすとき, $\alpha+\beta={}^{ア}\boxed{}$, $\alpha\beta={}^{イ}\boxed{}$ であり, $\dfrac{\beta}{\alpha}+\dfrac{\alpha}{\beta}={}^{ウ}\boxed{}$ である。 〔近畿大〕

5 不等式 $p(x+2)+q(x-1)>0$ を満たす x の値の範囲が $x<\dfrac{1}{2}$ であるとき, 不等式 $q(x+2)+p(x-1)<0$ を満たす x の値の範囲を求めよ。ただし, p と q は実数の定数とする。 〔法政大〕

HINT

1 (4) a について整理する。$2(b^2+c^2)=(b+c)^2+(b-c)^2$ であることを利用する。

2 (2) それぞれの因数の y の係数や定数項に着目する。係数に文字が含まれない Q を基準にするとよい。

3 展開したときの定数項は $abcd$ であり, x の係数は $-abc-abd-acd-bcd$ である。

4 (1) α は $x^2+4x-1=0$ の解であるから, $\alpha^2+4\alpha-1=0$ を満たす。$\alpha\neq0$ に注意。

(2) (ア) $\alpha^2+\sqrt{3}\,\beta=\sqrt{6}$, $\beta^2+\sqrt{3}\,\alpha=\sqrt{6}$ について, 両辺の差をとる。

5 与えられた不等式を $Ax>B$ の形に整理する。これを解くとき, 割る数 A の符号に注意。

▰▰ 総合演習 第2部

数学Ⅰ

第2章 集合と命題

6 1から49までの自然数からなる集合を全体集合 U とする。U の要素のうち,50との最大公約数が1より大きいもの全体からなる集合を V,また,U の要素のうち,偶数であるもの全体からなる集合を W とする。いま A と B は U の部分集合で,次の2つの条件を満たすとするとき,集合 A の要素をすべて求めよ。

  (i) $A \cup \overline{B} = V$ (ii) $\overline{A} \cap \overline{B} = W$ 〔岩手大〕

7 $M = \{m^2 + mn + n^2 \mid m,\ n$ は負でない整数$\}$ とする。   〔宮崎大〕

(1) 負でない整数 $a,\ b,\ x,\ y$ について,次の等式が成り立つことを示せ。
$$(a^2 + ab + b^2)(x^2 + xy + y^2)$$
$$= (ax + ay + by)^2 + (ax + ay + by)(bx - ay) + (bx - ay)^2$$

(2) 7,31,217 が集合 M の要素であることを示せ。

(3) 集合 M の各要素 $\alpha,\ \beta$ について,積 $\alpha\beta$ の値は M の要素であることを示せ。

8◇ $a,\ b,\ c,\ d$ を定数とする。また,w は $x,\ y,\ z$ から $w = ax + by + cz + d$ によって定まるものとする。以下の命題を考える。

  命題1:$x \geqq 0$ かつ $y \geqq 0$ かつ $z \geqq 0 \Longrightarrow w \geqq 0$

  命題2:「$x \geqq 0$ かつ $z \geqq 0$」または「$y \geqq 0$ かつ $z \geqq 0$」$\Longrightarrow w \geqq 0$

  命題3:$z \geqq 0 \Longrightarrow w \geqq 0$

(1) $b = 0$ かつ $c = 0$ のとき,命題1が真であれば,$a \geqq 0$ かつ $d \geqq 0$ であることを示せ。

(2) 命題1が真であれば,$a,\ b,\ c,\ d$ はすべて0以上であることを示せ。

(3) 命題2が真であれば,命題3も真であることを示せ。   〔お茶の水大〕

9 (1) $\sqrt{9 + 4\sqrt{5}}\ x + (1 + 3\sqrt{5})y = 8 + 9\sqrt{5}$ を満たす整数 $x,\ y$ の組を求めよ。

(2) 正の整数 $x,\ y$ について $\sqrt{12 - \sqrt{x}} = y - \sqrt{3}$ が成り立つとき,$x = {}^{ア}\boxed{}$,$y = {}^{イ}\boxed{}$ である。   〔(1) 防衛医大,(2) 星薬大〕

10◇ 実数 a に対して,a 以下の最大の整数を $[a]$ で表す。

(1) a と b が実数のとき,$a \leqq b$ ならば $[a] \leqq [b]$ であることを示せ。

(2) n を自然数とするとき,$[\sqrt{n}] = \sqrt{n}$ であるための必要十分条件は,n が平方数であることを示せ。ただし,平方数とは整数の2乗である数をいう。

(3) n を自然数とするとき,$[\sqrt{n}] - [\sqrt{n-1}] = 1$ となるための必要十分条件は,n が平方数であることを示せ。   〔津田塾大〕

HINT   **6** V と W の要素を書き出して考える。

    7 (1) 右辺を展開・整理して,左辺と等しくなることを示す。

      (2) $217 = 7 \times 31$ である。 (3) (1)の結果を利用する。

    8 (1) まず,$d \geqq 0$ であることを示す。そして,$a < 0$ として矛盾を導く。

      (2) (1)を利用する。 (3) 命題2が真のとき,命題1も真である。また,命題2が真で,$y = z = 0$ のとき,$ax + d \geqq 0$ がすべての実数 x で成り立つから $a = 0$ かつ $d \geqq 0$

    9 (1) 2重根号をはずして考える。

      (2) 両辺を2乗して,(有理数)=(根号を含む式) に変形。

    10 (1) 実数 x に対し,$[x] \leqq x < [x] + 1$ が成り立つ。

総合演習 第2部

第3章 2 次 関 数

11 実数 x, y が $|2x+y|+|2x-y|=4$ を満たすとき，$2x^2+xy-y^2$ のとりうる値の範囲は $^{ア}\boxed{}\leqq 2x^2+xy-y^2\leqq^{イ}\boxed{}$ である。 〔東京慈恵会医大〕

12 a は実数とし，b は正の定数とする。x の関数 $f(x)=x^2+2(ax+b|x|)$ の最小値 m を求めよ。更に，a の値が変化するとき，a の値を横軸に，m の値を縦軸にとって m のグラフをかけ。 〔京都大〕

13 x, y を実数とする。
(1) $x^2+5y^2+2xy-2x-6y+4\geqq^{ア}\boxed{}$ であり，等号が成り立つのは，$x=^{イ}\boxed{}$ かつ $y=^{ウ}\boxed{}$ のときである。
(2) x, y が $x^2+y^2+2xy-2x-4y+1=0$ …… $(*)$ を満たすとする。$(*)$ を y に関する 2 次方程式と考えたときの判別式は $^{エ}\boxed{}$ である。したがって，x のとりうる値の範囲は $x\leqq^{オ}\boxed{}$ である。また，$(*)$ を x に関する 2 次方程式と考えたときの判別式は $^{カ}\boxed{}$ である。したがって，y のとりうる値の範囲は $y\geqq^{キ}\boxed{}$ である。
(3) x, y が $(*)$ を満たすとき，$x^2+5y^2+2xy-2x-6y+4\geqq^{ク}\boxed{}$ であり，等号が成り立つのは，$x=^{ケ}\boxed{}$ かつ $y=^{コ}\boxed{}$ のときである。 〔立命館大〕

14 実数 x に対して，$k\leqq x<k+1$ を満たす整数 k を $[x]$ で表す。
(1) $n^2-n-\dfrac{5}{4}<0$ を満たす整数 n をすべて求めよ。
(2) $[x]^2-[x]-\dfrac{5}{4}<0$ を満たす実数 x の値の範囲を求めよ。
(3) x は (2) で求めた範囲にあるものとする。$x^2-[x]-\dfrac{5}{4}=0$ を満たす x の値をすべて求めよ。 〔北海道大〕

15 次の条件を満たすような実数 a の値の範囲を求めよ。
(条件)：どんな実数 x に対しても $x^2-3x+2>0$ または $x^2+ax+1>0$
　　　　　が成立する。 〔学習院大〕

HINT
11 $2x+y$, $2x-y$ の符号によって場合分けをし，条件式の絶対値をはずす。
12 まず，$x<0$, $x\geqq 0$ で場合分けして絶対値をはずす。$f(x)$ の最小値はグラフをかいて調べるが，$x<0$ の場合の軸の位置と $x\geqq 0$ の場合の軸の位置に注意。
13 (3) $x^2+5y^2+2xy-2x-6y+4=(x^2+y^2+2xy-2x-4y+1)+4y^2-2y+3$ であることを利用する。
14 (2) $[x]=n$ とおいて，(1) の結果を使う。
15 $x^2-3x+2\leqq 0$ の解は $1\leqq x\leqq 2$ であるから，この範囲のすべての x の値に対して $x^2+ax+1>0$ となるような a の値の範囲を求める。

16 k を実数の定数とする。x の2次方程式 $x^2+kx+k^2+3k-9=0$ …… ① について
(1) 方程式 ① が実数解をもつとき，その解の値の範囲を求めよ。
(2) 方程式 ① が異なる2つの整数解をもつような整数 k の値をすべて求めよ。

[類 近畿大]

17 関数 $y=|x^2-2mx|-m$ のグラフに関する次の問いに答えよ。ただし，m は実数とする。
(1) $m=1$ のときのグラフの概形をかけ。
(2) グラフと x 軸の共有点の個数を求めよ。

[千葉大]

18 次の条件を満たす実数 x の値の範囲をそれぞれ求めよ。
(1) $x^2+xy+y^2=1$ を満たす実数 y が存在する。
(2) $x^2+xy+y^2=1$ を満たす正の実数 y が存在しない。
(3) すべての実数 y に対して $x^2+xy+y^2>x+y$ が成り立つ。

[慶応大]

19 a を実数とし，$f(x)=x^2-2x+2$，$g(x)=-x^2+ax+a$ とする。
(1) すべての実数 s, t に対して $f(s)≧g(t)$ が成り立つような a の値の範囲を求めよ。
(2) $0≦x≦1$ を満たすすべての x に対して $f(x)≧g(x)$ が成り立つような a の値の範囲を求めよ。

[神戸大]

20◇ a, b, c, p を実数とする。不等式 $ax^2+bx+c>0$，$bx^2+cx+a>0$，$cx^2+ax+b>0$ をすべて満たす実数 x の集合と，$x>p$ を満たす実数 x の集合が一致しているとする。
(1) a, b, c はすべて 0 以上であることを示せ。
(2) a, b, c のうち少なくとも1個は 0 であることを示せ。
(3) $p=0$ であることを示せ。

[東京大]

HINT

16 (1) ① を k の2次方程式とみて **実数解をもつ** $\Longleftrightarrow$ $D≧0$ を利用。
17 (2) $y=0$ とすると $|x^2-2mx|=m$
$y=|x^2-2mx|$ のグラフと直線 $y=m$ の共有点の個数を調べる。
18 (1) y についての2次方程式として，判別式を利用。
(2) $f(y)=y^2+xy+x^2-1$ として，$f(y)=0$ が正の解 y をもたない条件を求める。
(3) y についての2次不等式として考える。
19 (1) 求める条件は $[f(x)$ の最小値$]≧[g(x)$ の最大値$]$
(2) $h(x)=f(x)-g(x)$ として，$0≦x≦1$ で $[h(x)$ の最小値$]≧0$ となる a の値の範囲を求める。
20 (1), (2) 背理法を利用。 (3) (2)の結果から，a, b, c のうち 0 が3個か2個か1個かの3通りの場合が考えられる。

第4章　図形と計量

21 三角形 ABC の最大辺を BC, 最小辺を AB とし, $AB=c$, $BC=a$, $CA=b$ とする$(a \geqq b \geqq c)$。また, 三角形 ABC の面積を S とする。

(1) 不等式 $S \leqq \dfrac{\sqrt{3}}{4}a^2$ が成り立つことを示せ。

(2) 三角形 ABC が鋭角三角形のときは, 不等式 $\dfrac{\sqrt{3}}{4}c^2 \leqq S$ も成り立つことを示せ。　　　　　　　　　　　　　　　　　　　　　　　　　　〔兵庫県大〕

22◇ 3辺の長さが a, b, c (a, b, c は自然数, $a<b<c$) である三角形の, 周の長さを l, 面積を S とする。

(1) この三角形の最も大きい角の大きさを θ とするとき, $\cos\theta$ の値を a, b, c で表せ。

(2) (1)を利用して, 次の関係式が成り立つことを示せ。
$$16S^2 = l(l-2a)(l-2b)(l-2c)$$

(3) S が自然数であるとき, l は偶数であることを示せ。

(4) $S=6$ となる組 (a, b, c) を求めよ。　　　　　　　　　　　〔慶応大〕

23 △ABC における ∠A の二等分線と辺 BC との交点を D とし, A から D へのばした半直線と △ABC の外接円との交点を E とする。∠BAD の大きさを θ とし, $BE=3$, $\cos 2\theta = \dfrac{2}{3}$ とする。

(1) 線分 BC の長さを求めよ。　　　　　(2) △BEC の面積を求めよ。

(3) $AD:DE=4:1$ のとき, 線分 AB, AC の長さを求めよ。ただし, AB>AC とする。　　　　　　　　　　　　　　　　　　　　　　　　　　〔宮崎大〕

24 右の図のように, 円に内接する六角形 ABCDEF があり, それぞれの辺の長さは,
$$AB=CD=EF=2, \quad BC=DE=FA=3$$
である。

(1) ∠ABC の大きさを求めよ。

(2) 六角形 ABCDEF の面積を求めよ。　〔類 東京理科大〕

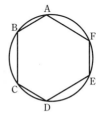

HINT

21 $a \geqq b \geqq c$ であるから　$A \geqq B \geqq C$　　ゆえに　$A+A+A \geqq A+B+C \geqq C+C+C$

22 (2) $16S^2$ を $\cos\theta$ で表して, (1)の結果を代入。

　　(3) l が奇数であると仮定し, (2)で示した関係式をもとに不合理を導く。

　　(4) (2)の関係式に $S=6$ を代入した等式の両辺を 16 で割った式に注目。l, $l-2a$, $l-2b$, $l-2c$ の大小関係に注意。

23 (1) △BEC において余弦定理。BE=EC に注意。　(3) △ABC：△BEC=AD：DE

24 (1) △ACE の形状に注目。　(2) 対角線 AC, CE, EA で分割。

総合演習 第2部

25 半径1の円に内接する四角形 ABCD に対し,
$$L=AB^2-BC^2-CD^2+DA^2$$
とおき, △ABD と △BCD の面積をそれぞれ S, T とする。また, ∠A $=\theta$ $(0°<\theta<90°)$ とおく。　　　　[横浜市大]

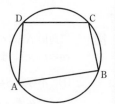

(1) L を S, T および θ を用いて表せ。

(2) θ を一定としたとき, L の最大値を求めよ。

26 AB$=2$, AC$=3$, BC$=t$ $(1<t<5)$ である三角形 ABC を底面とする直三角柱 T を考える。ただし, 直三角柱とは, すべての側面が底面と垂直であるような三角柱である。更に, 球 S が T の内部に含まれ, T のすべての面に接しているとする。

(1) S の半径を r, T の高さを h とする。r と h をそれぞれ t を用いて表せ。

(2) T の表面積を K とする。K を最大にする t の値と, K の最大値を求めよ。

[富山大]

27 1辺の長さが1の立方体 ABCD-EFGH がある。
3点 A, C, F を含む平面と直線 BH の交点を P, P から面 ABCD に下ろした垂線と面 ABCD との交点を Q とする。

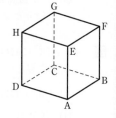

(1) 線分 BP, PQ の長さを求めよ。

(2) 四面体 ABCF に内接する球の中心を O とする。
点 O は線分 BP 上にあることを示せ。

(3) 四面体 ABCF に内接する球の半径を求めよ。

[北海道大]

28 1辺の長さが3の正四面体 ABCD の辺 AB, AC, CD, DB 上にそれぞれ点 P, Q, R, S を, AP$=1$, DS$=2$ となるようにとる。

(1) △APS の面積を求めよ。

(2) 3つの線分の長さの和 PQ+QR+RS の最小値を求めよ。　　[東北学院大]

25 (1) 四角形を対角線 BD で2つの三角形 △ABD, △BCD に分割する。それぞれの三角形で面積の公式, 余弦定理を活用。

(2) 頂点 A, C から BD に垂線を引いて考える。

26 (1) 直三角柱 T と球 S を, S の中心 O を通り面 ABC に平行な平面で切った切り口に注目。

(2) $K=$ ● $\sqrt{at^4+bt^2+c}$ の形 → $\sqrt{}$ の中の式を基本形 $a(t^2+p)^2+q$ に直す。

27 (1) 線分 AC, BD の交点を M とする。点 P は, 長方形 DBFH と平面 ACF が交わってできる線分 FM 上にある。

(2) △ACF と内接球 O との接点を R とすると　BR⊥△ACF　また, BP⊥△ACF を示し, P と R が一致することを示す。

28 (2) 展開図を考えると, PQ+QR+RS が最小となるのは, P, Q, R, S が一直線上に並ぶとき。

■ 総合演習 第2部 数学Ⅰ

第5章 データの分析

29 ある野生動物を 10 匹捕獲し，0 から 9 の番号で区別して体長と体重を記録したところ，以下の表のようになった。ただし，体長と体重の単位は省略する。

番号	0	1	2	3	4	5	6	7	8	9
体長	60	66	52	69	54	72	74	60	58	61
体重	5.5	5.7	5.9	5.9	6.0	6.2	6.2	6.4	6.5	6.7

(1) この 10 匹の体長の最小値は ^ア□，最大値は ^イ□ である。

(2) この 10 匹は 5 匹ずつ A と B の 2 種類に分類できる。1 つの種類の中では体長と体重は正の相関をもつ。10 匹の体長と体重の相関係数は 0.05 以下だが，種類 A の 5 匹に限れば 0.95 以上であり，種類 B の 5 匹も 0.95 以上である。また，番号 2 の個体は種類 B である。このとき，種類 A の 5 匹の番号は小さい方から順に ^ウ□，^エ□，^オ□，^カ□，^キ□ であり，その 5 匹の体長の平均値は ^ク□ となる。

(3) 10 匹のうち体長の大きい方から 5 匹の体長の平均値は ^ケ□ である。(2) で求めた平均値と異なるのは，体長の大きい 5 匹のうち番号 ^コ□ の個体が種類 B だからである。

(4) (2) で求めた種類 A の 5 匹の体重の偏差と体長の偏差の積の和は 6.6，体重の偏差の 2 乗の和の平方根は小数第 3 位を四捨五入すると 0.62，体長の偏差の 2 乗の和の平方根は小数第 1 位を四捨五入すると ^サ□ である。 〔慶応大〕

30 2 つの変量 x, y の 10 個のデータ (x_1, y_1), (x_2, y_2), ……, (x_{10}, y_{10}) が与えられており，これらのデータから $x_1 + x_2 + \cdots\cdots + x_{10} = 55$, $y_1 + y_2 + \cdots\cdots + y_{10} = 75$,
$x_1{}^2 + x_2{}^2 + \cdots\cdots + x_{10}{}^2 = 385$, $y_1{}^2 + y_2{}^2 + \cdots\cdots + y_{10}{}^2 = 645$,
$x_1 y_1 + x_2 y_2 + \cdots\cdots + x_{10} y_{10} = 445$ が得られている。また，2 つの変量 z, w の 10 個のデータ (z_1, w_1), (z_2, w_2), ……, (z_{10}, w_{10}) はそれぞれ $z_i = 2x_i + 3$, $w_i = y_i - 4$ $(i = 1, 2, \cdots\cdots, 10)$ で得られるとする。

(1) 変量 x, y, z, w の平均 $\bar{x}$, $\bar{y}$, $\bar{z}$, $\bar{w}$ をそれぞれ求めよ。

(2) 変量 x の分散を $s_x{}^2$ とし，2 つの変量 x, y の共分散を s_{xy} とする。このとき，2 つの等式 $x_1{}^2 + x_2{}^2 + \cdots\cdots + x_{10}{}^2 = 10\{s_x{}^2 + (\bar{x})^2\}$,
$x_1 y_1 + x_2 y_2 + \cdots\cdots + x_{10} y_{10} = 10(s_{xy} + \bar{x}\,\bar{y})$ がそれぞれ成り立つことを示せ。

(3) x と y の共分散 s_{xy} および相関係数 r_{xy} をそれぞれ求めよ。また，z と w の共分散 s_{zw} および相関係数 r_{zw} をそれぞれ求めよ。ただし，r_{xy}, r_{zw} は小数第 3 位を四捨五入せよ。 〔類 同志社大〕

HINT

29 (2) 散布図をかいてみる。
   (4) 体重の偏差と体長の偏差の積の和，体重の偏差の 2 乗の和の平方根と相関係数の関係を考える。
30 (1) $\bar{z} = 2\bar{x} + 3$，$\bar{w} = \bar{y} - 4$ が成り立つ。
   (3) (2) の結果を利用する。

数学Ⅰ 総合演習 第2部

答 の 部

[問]，練習，EXERCISES，総合演習第2部の答の数値のみをあげ，図・表・証明は省略した。
なお，[問]については略解を[ ]内に付した場合もある。

数学 I

● [問] の解答

・p.153 の [問] (1) $x=3$, $y=2$, $z=1$

(2) $x=-\dfrac{2}{3}$, $y=\dfrac{5}{2}$, $z=-\dfrac{4}{3}$

(3) $x=1$, $y=2$, $z=4$

[(3) (第1式)−(第2式)から $x-z=-3$
これと第3式を解いて，x, z の値を求める]

<第1章> 数 と 式

● 練習 の解答

1 (1) $x^2+3x+2y$

(2) (ア) 次数 2，定数項 $-x+3$

(イ) [b]：次数 2，定数項 $7c^2+a+1$

[a と b]：次数 4，定数項 $7c^2+1$

2 (1) $4x^3-2x^2y+6xy^2+y^3$

(2) $-11x^3+6x^2y+12xy^2-3y^3$

3 (1) $-2a^5b^3$ (2) $6x^6y^4z^7$

(3) $-6a^2b^3c+2a^3bc+4a^2bc^2$

(4) $-24x^5+16x^4-32x^3$

4 (1) $2a^2-ab-6b^2$

(2) $4x^2-8xy+3y^2-8x+10y+3$

(3) $2a^3-9a^2b+17ab^2-12b^3$

(4) $2x^5-x^4-5x^2-17x+6$

5 (1) $9x^2+30xy+25y^2$ (2) $a^4+4a^2b+4b^2$

(3) $9a^2-12ab+4b^2$ (4) $4x^2y^2-12xy+9$

(5) $4x^2-9y^2$ (6) $12x^2-xy-20y^2$

6 (1) x^3+8 (2) $8p^3-q^3$

(3) $8x^3+12x^2+6x+1$

(4) $27x^3-54x^2y+36xy^2-8y^3$

7 (1) $a^2+9b^2+c^2+6ab-6bc-2ca$

(2) $x^2+2xy+y^2-49$ (3) $x^2-9y^2-4z^2+12yz$

(4) $x^4+x^3-10x^2+x+1$

8 (1) x^4-81 (2) x^4-5x^2+4

(3) $a^6-3a^4b^2+3a^2b^4-b^6$ (4) x^6+26x^3-27

9 (1) $x^4+6x^3+x^2-24x-20$

(2) $x^4+8x^3-37x^2-212x+672$

(3) $-x^4-y^4-z^4+2x^2y^2+2y^2z^2+2z^2x^2$

(4) $x^3+y^3-3xy+1$

10 (1) $(a+b)(x-y)$ (2) $x(a-b)(x-y)$

(3) $-(7xy+11)(7xy-11)$ (4) $2xy(2z-5)^2$

(5) $(x-2)(x-6)$ (6) $(a+15b)(a-10b)$

(7) $(x+3y)(x-4y)$

11 (1) $(x+3)(3x+1)$ (2) $(x-4)(2x-1)$

(3) $(2x+1)(3x-1)$ (4) $(2x+y)(4x-3y)$

(5) $(2a-3b)(3a+4b)$ (6) $(2p-3q)(5p-2q)$

12 (1) $(2a+3b)(4a^2-6ab+9b^2)$

(2) $(4x-1)(16x^2+4x+1)$ (3) $(2x-3)^3$

(4) $(x-2)(2x+3)(2x-3)$

13 (1) $(4x+1)(6x+7)$

(2) $(2x+3y+7)(2x-3y+7)$

(3) $(x+2)(x-2)(2x^2+1)$

(4) $(x+1)(x-3)(x+2)(x-4)$

14 (1) $(x+3)^2(x-5)^2$ (2) $(x-2)^2(x^2-4x-3)$

(3) $(x^2-8x+6)(x-4)^2$

(4) $(2x^2+4xy+2y^2+2x+2y+1)(2x+2y+1)$

15 (1) $(a+2)(a-2)(ab-4)$

(2) $(x+z)(x-z)(xy+1)$ (3) $(2x-y)(3x+z)$

(4) $(x+2z)(3x+2y-z)$

16 (1) $(x+y+4)(x-3y+2)$

(2) $(x-3y+4)(2x+y-1)$

(3) $(2x+y+4)(3x+y-5)$

17 (1) $(a+1)(b+1)(c+1)$

(2) $(a+b-1)(ab+1)$

18 (1) $(a+b+c)(ab+bc+ca)$

(2) $(a-b)(b-c)(c-a)(a+b+c)$

19 (1) $(x^2+x+2)(x^2-x+2)$

(2) $(x^2+3xy-y^2)(x^2-3xy-y^2)$

(3) $(x^2+xy-4y^2)(x^2-xy-4y^2)$

(4) $(2x^2+xy+3y^2)(2x^2-xy+3y^2)$

20 (1) $(a-b-c)(a^2+b^2+c^2+ab-bc+ca)$

(2) $(a-2b+1)(a^2+2ab+4b^2-a+2b+1)$

21 (1) (ア) $2.\dot{4}$ (イ) $0.08\dot{3}$ (ウ) $1.\dot{1}4285\dot{7}$

(2) (ア) $\dfrac{7}{9}$ (イ) $\dfrac{82}{333}$ (ウ) $\dfrac{27}{370}$

22 (1) (ア) 6 (イ) $\sqrt{2}-1$ (ウ) $4-2\sqrt{3}$

(2) (ア) 7 (イ) 5 (ウ) 3 (3) 順に -1, 2

23 (1) (ア) 3 (イ) $15\sqrt{3}$ (ウ) $105\sqrt{2}$

(2) (ア) $-5\sqrt{2}$ (イ) $30-12\sqrt{6}$

(ウ) $12-5\sqrt{15}$ (エ) $2\sqrt{6}$

24 (1) $\dfrac{\sqrt{6}}{3}$ (2) $9+3\sqrt{7}$ (3) $1-2\sqrt{6}-\sqrt{15}$

(4) $\dfrac{66-23\sqrt{6}-\sqrt{42}}{12}$ (5) $\dfrac{\sqrt{6}+\sqrt{15}}{3}$

25 (1) (ア) $2a+2$ (イ) 2 (ウ) $-2a-2$ (2) $5x-1$

26 (1) $2+\sqrt{2}$ (2) $\sqrt{6}-\sqrt{2}$

(3) $\dfrac{\sqrt{6}+\sqrt{2}}{2}$ (4) $\dfrac{\sqrt{30}-\sqrt{6}}{2}$

27 (1) $a=3$, $b=\sqrt{3}-1$ (2) 順に $\dfrac{5\sqrt{3}+1}{6}$, 1

28 順に 8, 1, 62, 488, $126\sqrt{15}$

29 (1) 5 (2) $4\sqrt{7}$ (3) 110

30 (1) $-2\sqrt{3}-1$ (2) 15 (3) $30\sqrt{3}+1$

31 (1) 0 (2) $\dfrac{97-56\sqrt{3}}{16}$

32 (1) $2<x+3<5$ (2) $-6<-2y<-2$

(3) $-\dfrac{2}{5}<-\dfrac{x}{5}<\dfrac{1}{5}$ (4) $-14<5x-3y<7$

33 (1) $6.5≦x<7.5$ (2) $\dfrac{19}{3}<y<\dfrac{25}{3}$

34 (1) $x>5$ (2) $x≧\dfrac{2}{13}$ (3) $x>11$

(4) $x≦-7$ (5) $x<\dfrac{5}{9}$

35 (1) $-3<x<8$ (2) $x<3$ (3) 解はない

36 (1) 14 (2) $a=5,\ 6$

37 (ア) 7 (イ) 8

38 (1) $a>1$ のとき $x>a+2$, $a=1$ のとき 解はない, $a<1$ のとき $x<a+2$ (2) $a=\dfrac{19}{10}$

39 42本

40 (1) $x=-2,\ -8$ (2) $x=2,\ -\dfrac{4}{3}$

(3) $-7<x<3$ (4) $x≦-1,\ 2≦x$

41 (1) $x=\dfrac{2}{5}$ (2) $x=-\dfrac{5}{3},\ 1,\ 5$

42 (1) $-2<x<1$ (2) $x<-3,\ -1<x<3$

43 (1) $x=6,\ -4$ (2) $\dfrac{12}{5}≦x≦18$

● **EXERCISES の解答**

1 0

2 (1) $-2x^2+x-1$ (2) a^3+b^3

3 (1) $-40x^7y^5$ (2) $-18a^{10}b^9$ (3) $-72a^{12}b^7$

(4) $-12a^3b^2x^7y^5$

4 (1) $a^2-2ab+b^2-c^2$

(2) $2x^4+5x^3-8x^2+6x-3$

(3) $8a^3-60a^2b+150ab^2-125b^3$

(4) $x^5-2x^4+3x^3-5x^2+8x-6$

(5) $x^4+4x^2y^2+16y^4$ (6) x^8-y^8 (7) $1+a^9$

5 (1) (ア) 5 (イ) 9 (2) 54

6 (1) $a^2b-ab^2+b^2c-bc^2+c^2a-ca^2$ (2) $48xyz$

7 (1) $(x-z)(y-u)$ (2) $3y(2x+3z)(2x-3z)$

(3) $\left(x-\dfrac{3}{2}\right)^2$ (4) $(3x+7)(6x-1)$

8 (1) $3(a-3b)(a^2+3ab+9b^2)$

(2) $x(5x+2y)(25x^2-10xy+4y^2)$

(3) $\left(t-\dfrac{1}{3}\right)^3$ (4) $(x+3)(x+2)(x-2)$

9 (1) $(x-y)(x-y-1)$

(2) $(3x+y)(3x-y)(9x^2+y^2)$

(3) $(x+3y)(x-3y)(2x+y)(2x-y)$

(4) $(x+1)(x-2)(x+2)(x-3)$

10 (1) $(x+1)(x-1)(x^2-x+1)(x^2+x+1)$

(2) $4xy(x^2+3y^2)(3x^2+y^2)$

(3) $(x+2)(x-3)(x^2-2x+4)(x^2+3x+9)$

(4) $(x-1)^2(x^2+x+1)^2$

11 (1) $(2x+5y-5)(2x+5y+13)$

(2) $(x+3y)(x+3y+1)(x+3y+5)$

(3) $(2x-5)(6x-7)$ (4) $(3x^2-2x+3)(3x^2+2x+3)$

(5) $(x^2+5x+5)^2$

12 (1) $8ac$ (2) $8abc$

13 (1) $(xy+1)(x-y-2z)$

(2) $(4x+3)(x+y)(2x+y)$

(3) $(x+1)(x-1)(x+y)(y+1)$

14 (1) $(x-1)\{(a+b)x-a+b\}$

(2) $(a-b-1)(a+3b-2)$

(3) $(x+2y+3)(3x-y+2)$

(4) $(4x+6y-9)(6x-9y+10)$

15 (1) $(a-b)(a+b+c)(a+b-c)$

(2) $(a+b)(b+c)(c+a)$ (3) $(a-b)(b-c)(c+a)$

16 (1) $(x+y+z)(xy+yz+zx)$

(2) $(2a+c)(3a-4c)(b-c)$

(3) $(ab+a+b-1)(ab-a-b-1)$

17 (1) $3(y-z)(z-x)(x-y)$

(2) $-3(x-z)(y-z)(x+y-2z)$

18 $\dfrac{4}{121}$

19 (1) 1.1 (2) 0.16 (3) 4 (4) $-a^3bc^4\sqrt{bc}$

20 ⑤, 理由: $\sqrt{\{(-3)^3\}^2}>0$, $(-3)^3=-27<0$

21 (1) $-\sqrt{2}$ (2) $11\sqrt{3}$ (3) $10+6\sqrt{3}$

(4) $-21\sqrt{2}$ (5) $-3+2\sqrt{3}$

(6) $68-4\sqrt{6}+36\sqrt{2}-12\sqrt{3}$

22 (1) $-\dfrac{\sqrt{5}+\sqrt{3}}{2}$ (2) $\dfrac{\sqrt{2}}{5}$ (3) $\sqrt{5}-1$

(4) $\dfrac{3\sqrt{2}-\sqrt{30}}{6}$

23 (ア) 3 (イ) 6 (ウ) 3 (エ) $-2a$ (オ) -6

24 (1) $2\sqrt{2}+\sqrt{3}$ (2) $2+\sqrt{3}$ (3) $\sqrt{10}$

25 (1) $2\sqrt{3}+1$ (2) $\sqrt{5}-1$

26 (1) 順に 17, $28\sqrt{5}$ (2) 順に 3, 7, 123

27 $abc=\dfrac{1}{6}A^3-\dfrac{1}{2}AB+\dfrac{1}{3}C$

28 (1) $-8\sqrt{5}$ (2) $-38+17\sqrt{5}$ (3) $144-64\sqrt{5}$

29 最大のもの 349, 最小のもの 330

30 (1) $x≦\dfrac{14}{3}$ (2) $x<\dfrac{15}{2}$ (3) $x≧-\dfrac{5}{12}$

(4) $x<-31$

31 (1) $x≧\dfrac{44}{5}$ (2) $-3≦x<-\dfrac{5}{3}$

32 (1) $a≧\dfrac{7}{12}$ (2) $a<\dfrac{1}{3}$ (3) $-\dfrac{2}{3}≦a<-\dfrac{1}{3}$

33 $a>3$ のとき $x>-\dfrac{b}{a-3}$, $a=3$ かつ $b>0$ のとき 解はすべての数, $a=3$ かつ $b≦0$ のとき 解はない, $a<3$ のとき $x<-\dfrac{b}{a-3}$

34 (1) 330m 以内 (2) 400g 以上 800g 以下

35 (1) $x=-1,\ 5$ (2) $x=1$

(3) $x≦-5,\ \dfrac{1}{5}≦x$ (4) $-5<x<5$

答 の 部

<第2章> 集 合 と 命 題

● 練習 の解答

44 (1) (ア) $\in$ (イ) $\in$ (ウ) $\in$
(2) (ア) $\{-2, -1, 0, 1\}$
(イ) $\{1, 2, 4, 8, 16, 32\}$
(3) (ア) $=$ (イ) $\subset$ (ウ) $\subset$

45 順に $\{3, 6, 9\}$, $\{3, 4, 7, 10\}$, $\{6, 9\}$

46 (1) (ア) $\{x|x\leqq 4\}$ (イ) $\{x|-3\leqq x\leqq 2\}$
(ウ) $\{x|x<5\}$ (2) $3\leqq k\leqq 4$

47 略

48 $a=2$

49 (1) $\{30\}$ (2) $\{6, 10, 12, 18, 20, 24, 30\}$
(3) $\{5, 10, 15, 20, 25\}$

50 略

51 (1) 真 (2) 偽 (3) 偽 (4) 真

52 (1) 真 (2) 偽

53 (1) (ア) 反例である (イ) 反例ではない
(ウ) 反例ではない (エ) 反例ではない
(2) $a=0$

54 (1) (エ) (2) (ア) (3) (ウ) (4) (イ)

55 (1) $x>3$ (2) $x>3$ または $y\leqq 2$
(3) $x\neq 3$ かつ $y\neq 3$ (4) $x\leqq -2$ または $4<x$

56 (1) 否定：「すべての自然数 n について
$n^2-5n-6\neq 0$」，偽；もとの命題は 真
(2) 否定：「ある実数 x, y について
$9x^2-12xy+4y^2\leqq 0$」，真；もとの命題は 偽
(3) 否定：「すべての自然数 m, n について
$2m+3n\neq 6$」，真；もとの命題は 偽

57 (1) $x^3=8$ であって $x\neq 2$ である実数 x がある
(2) $x^2+y^2<1$ であって $|x|\geqq 1$ または $|y|\geqq 1$ で
ある実数 x, y がある

58 (1) 逆：「$x=2$ かつ $y=3\Longrightarrow x+y=5$」，真；
対偶：「$x\neq 2$ または $y\neq 3\Longrightarrow x+y\neq 5$」，偽；
裏：「$x+y\neq 5\Longrightarrow x\neq 2$ または $y\neq 3$」，真
(2) 逆：「x, y の少なくとも一方が無理数ならば，
xy は無理数である」，偽；
対偶：「x, y がともに有理数ならば，xy は有理
数である」，真；
裏：「xy が有理数ならば，x, y はともに有理数
である」，偽

59~62 略

63 (1) $x=2$, $y=3$ (2) $a=2$, $b=-1$

● EXERCISES の解答

36 (1) $1\in N$ (2) $\{1\}\subset N$

37 $A=\{1, 2, 3, 4, 5\}$,
$B=\{-2, 0, 2, 4, 6\}$, $A\cap B=\{2, 4\}$,
$A\cup B=\{-2, 0, 1, 2, 3, 4, 5, 6\}$,
$\overline{A}\cap B=\{-2, 0, 6\}$

38 $\varnothing$, $\{a\}$, $\{b\}$, $\{c\}$, $\{d\}$, $\{a, b\}$, $\{a, c\}$,
$\{a, d\}$, $\{b, c\}$, $\{b, d\}$, $\{c, d\}$, $\{a, b, c\}$,
$\{a, b, d\}$, $\{a, c, d\}$, $\{b, c, d\}$,
$\{a, b, c, d\}$

39 $A=B$

40 (1) $\{2, 3, 5\}$
(2) $A\cap(\overline{B\cup C})=\{2, 5\}$, $A=\{2, 4, 5, 7, 9\}$

41 略

42 (1) 真，証明略 (2) 偽，反例：$x=\dfrac{-1\pm\sqrt{5}}{2}$
(3) 偽，反例：$x=\sqrt{2}$, $y=-\sqrt{2}$

43 ①, ④

44 (ア) ⓪ (イ) ② (ウ) ①

45 (ア) ③ (イ) ④ (ウ) ①

46 (1) $\times$ (2) $\times$ (3) $\bigcirc$ (4) $\bigcirc$ (5) $\times$

47~49 略

50 $x=3$, $y=-1$

<第3章> 2 次 関 数

● 練習 の解答

64 (1) $f(0)=2$, $f(-1)=5$, $f(a+1)=-3a-1$,
$g(2)=0$, $g(2a-1)=4a^2-10a+6$

(2) 順に 第4象限, $\dfrac{1}{3}$

65 (1) 値域 $-2 \leqq y \leqq 13$；$x=3$ で最大値 13,
$x=0$ で最小値 -2

(2) 値域 $-5 \leqq y < 4$；$x=2$ で最小値 -5,
最大値はない

66 $a=2$, $b=-5$ または $a=-2$, $b=9$

67～68 略

69 (1) $-\dfrac{2}{3} \leqq x \leqq \dfrac{4}{3}$ (2) $x<-3$, $-1<x<3$

70 (1) 順に 1, -3, -3 (2) 略 (3) 略

71 略

72 グラフ略；(1) y 軸方向に 4 だけ平行移動した
もの, 軸は y 軸 (直線 $x=0$), 頂点は 点 $(0,\ 4)$

(2) x 軸方向に 1 だけ平行移動したもの, 軸は
直線 $x=1$, 頂点は 点 $(1,\ 0)$

(3) x 軸方向に 2, y 軸方向に -1 だけ平行移動
したもの, 軸は 直線 $x=2$, 頂点は 点 $(2,\ -1)$

73 グラフ略；軸, 頂点の順に (1) 直線 $x=\dfrac{5}{4}$,
点 $\left(\dfrac{5}{4},\ \dfrac{9}{8}\right)$ (2) 直線 $x=3$, 点 $(3,\ -8)$

74 (1) $c>0$ (2) $b>0$ (3) $b^2-4ac>0$
(4) $a+b+c>0$ (5) $a-b+c<0$

75 $y=x^2-8x+11$ $(y=(x-4)^2-5)$

76 (1) x 軸方向に -6, y 軸方向に 28 だけ平行
移動する (2) $y=x^2+x$

77 (1) $y=x^2-4x+1$ (2) $y=-x^2-4x-1$
(3) $y=x^2+4x+1$

78 $p=-\dfrac{3}{2}$, $q=-\dfrac{21}{4}$

79 (1) $x=1$ で最小値 -4, 最大値はない

(2) $x=\dfrac{3}{4}$ で最大値 $-\dfrac{31}{8}$, 最小値はない

(3) $x=\dfrac{3}{2}$ で最大値 $\dfrac{11}{2}$, 最小値はない

(4) $x=\dfrac{5}{6}$ で最小値 $\dfrac{71}{12}$, 最大値はない

80 (1) $x=-\dfrac{1}{2}$ で最小値 0, 最大値はない

(2) $x=2$ で最大値 $\dfrac{7}{2}$, $x=5$ で最小値 -1

81 (1) $0<a<1$ のとき $x=a$ で最小値 a^2-2a-3
$a \geqq 1$ のとき $x=1$ で最小値 -4

(2) $0<a<2$ のとき $x=0$ で最大値 -3
$a=2$ のとき $x=0$, 2 で最大値 -3
$a>2$ のとき $x=a$ で最大値 a^2-2a-3

82 (1) $a>2$ のとき $x=-1$ で最小値 $-2a+3$,
$0 \leqq a \leqq 2$ のとき $x=1-a$ で最小値 $-(a-1)^2$,
$a<0$ のとき $x=1$ で最小値 $2a-1$

(2) $a>1$ のとき $x=1$ で最大値 $2a-1$；$a=1$ のと
き $x=-1$, 1 で最大値 1；$a<1$ のとき $x=-1$
で最大値 $-2a+3$

83 (1) $a<1$ のとき $x=a$ で最小値
$-2a^2+6a+1$；$a=1$ のとき $x=1$, 2 で最小値
5；$a>1$ のとき $x=a+1$ で最小値 $-2a^2+2a+5$

(2) $a<\dfrac{1}{2}$ のとき $x=a+1$ で最大値
$-2a^2+2a+5$, $\dfrac{1}{2} \leqq a \leqq \dfrac{3}{2}$ のとき $x=\dfrac{3}{2}$ で最
大値 $\dfrac{11}{2}$, $a>\dfrac{3}{2}$ のとき $x=a$ で最大値
$-2a^2+6a+1$

84 (1) $M=\dfrac{1}{2}a^2-a$ (2) $a=1$ で最小値 $-\dfrac{1}{2}$

85 (1) $k=3$ (2) $a=-2-\sqrt{2}$, $-\dfrac{1}{2}$

86 $a=\dfrac{4}{15}$, $b=\dfrac{9}{5}$ または $a=-\dfrac{4}{15}$, $b=\dfrac{21}{5}$

87 $\mathrm{AC}=2$ のとき最小値 3π

88 $2\sqrt{5}$

89 (1) $(x,\ y)=\left(\dfrac{6}{7},\ \dfrac{4}{7}\right)$ のとき最大値 $\dfrac{8}{7}$

(2) $(x,\ y)=(1,\ 0)$ のとき最大値 1,
$(x,\ y)=\left(\dfrac{1}{5},\ \dfrac{2}{5}\right)$ のとき最小値 $\dfrac{1}{5}$

90 (1) $x=1$, $y=-5$ のとき最小値 -29

(2) $x=7$, $y=2$ のとき最小値 -3

91 (1) $x=0$ のとき最大値 0, 最小値はない

(2) $x=3$ のとき最大値 3,
$x=3 \pm \sqrt{3}$ のとき最小値 -6

92 (1) $y=-2\left(x+\dfrac{3}{2}\right)^2-\dfrac{1}{2}$ $(y=-2x^2-6x-5)$

(2) $y=-2(x+3)^2+10$ $(y=-2x^2-12x-8)$

93 (1) $y=x^2+3x+4$

(2) $y=3(x+1)(x-2)$ $(y=3x^2-3x-6)$

94 (1) $y=2(x-1)^2+3$ $(y=2x^2-4x+5)$,
$y=\dfrac{2}{9}(x-5)^2+3$ $\left(y=\dfrac{2}{9}x^2-\dfrac{20}{9}x+\dfrac{77}{9}\right)$

(2) $y=(x-1)^2+3$ $(y=x^2-2x+4)$

95 (1) $x=0$, $-\dfrac{1}{3}$ (2) $x=\dfrac{1}{2}$, $-\dfrac{1}{3}$

(3) $x=\dfrac{3}{2}$ (4) $x=\dfrac{-5 \pm \sqrt{61}}{6}$

(5) $x=-\dfrac{4}{3}$, $\dfrac{3}{4}$ (6) $x=-7 \pm 2\sqrt{29}$

96 (1) $x=4 \pm \sqrt{19}$ (2) $x=\sqrt{3}$, $-\dfrac{5\sqrt{3}}{3}$

(3) $x=\dfrac{3 \pm \sqrt{5}}{4}$ (4) $x=4$, $1-\sqrt{5}$

97 (1) $m=-5$, $n=-2$ (2) $m=-2$ のとき他
の解 $x=-3$, $m=\dfrac{2}{3}$ のとき他の解 $x=1$

答の部

98 (1) $(x, y)=(-2, 2)$, $\left(-\dfrac{9}{2}, -\dfrac{11}{2}\right)$

(2) $(x, y)=(3, -3)$, $(-1, 1)$, $(-2, -1)$, $\left(\dfrac{2}{3}, \dfrac{5}{3}\right)$

99 (1) $a\neq1$ のとき $x=\dfrac{a^2-2}{a-1}$,

$a=1$ のとき 解はない

(2) $a\neq\pm1$ のとき $x=1$, $-\dfrac{1}{a+1}$; $a=1$ のとき

解はすべての数；$a=-1$ のとき $x=1$

100 (1) $m=-1$ のとき 2個, $m=3$ のとき 0個

(2) $m=1$ のとき重解 $x=-1$,

$m=4$ のとき重解 $x=2$

101 (1) $k\leqq\dfrac{13}{12}$ (2) $k=-4, 0, 1$

102 (ア) -16 (イ) 12

103 (1) $(1, 0)$ (2) 共有点をもたない

(3) $(2-\sqrt{2}, 0)$, $(2+\sqrt{2}, 0)$

104 $k<\dfrac{5}{2}$ のとき 2個, $k=\dfrac{5}{2}$ のとき 1個,

$k>\dfrac{5}{2}$ のとき 0個

105 (1) $k=-8$ のとき $(-2, 0)$,

$k=8$ のとき $(2, 0)$ (2) $k=-3$, $\left(\dfrac{1}{2}, 0\right)$

106 (1) $\dfrac{2\sqrt{10}}{3}$ (2) $a=8, -4$

107 (1) $\left(\dfrac{3-\sqrt{21}}{2}, \dfrac{15-\sqrt{21}}{2}\right)$,

$\left(\dfrac{3+\sqrt{21}}{2}, \dfrac{15+\sqrt{21}}{2}\right)$

(2) $(3, -3)$ (3) 共有点をもたない

108 (1) $a=1$ のとき $(0, 1)$,

$a=5$ のとき $(-2, -1)$

(2) $k>-\dfrac{1}{2}$ のとき 2個,

$k=-\dfrac{1}{2}$ のとき 1個, $k<-\dfrac{1}{2}$ のとき 0個

109 (1) $(-1, 2)$, $(3, 18)$

(2) 共有点をもたない (3) $(-1, 4)$

110 (1) $-2<x<3$ (2) $x\leqq-\dfrac{1}{2}$, $\dfrac{2}{3}\leqq x$

(3) $x<\dfrac{-6-\sqrt{3}}{3}$, $\dfrac{-6+\sqrt{3}}{3}<x$

(4) $\dfrac{5-\sqrt{33}}{4}\leqq x\leqq\dfrac{5+\sqrt{33}}{4}$ (5) $-\dfrac{1}{3}<x<\dfrac{3}{4}$

(6) $\dfrac{3-2\sqrt{3}}{3}\leqq x\leqq\dfrac{3+2\sqrt{3}}{3}$

111 (1) すべての実数 (2) 解はない

(3) $x=\dfrac{3}{2}$ (4) すべての実数

112 (1) $a<-5$ のとき $a\leqq x\leqq-5$;

$a=-5$ のとき $x=-5$;

$-5<a$ のとき $-5\leqq x\leqq a$

(2) $a>0$ のとき $x<0$, $\dfrac{1}{a}<x$;

$a=0$ のとき $x<0$;

$a<0$ のとき $\dfrac{1}{a}<x<0$

(3) $a<0$, $1<a$ のとき $a<x<a^2$;

$a=0$, 1 のとき 解はない ;

$0<a<1$ のとき $a^2<x<a$

113 (1) $a=4$, $b=-12$

(2) $a=-\dfrac{1}{3}$, $b=\dfrac{5}{6}$

114 (1) $k<-3$, $1<k$

(2) $-2<m<-1$, $-1<m<3$ のとき 2個 ;

$m=-2$, -1, 3 のとき 1個 ;

$m<-2$, $3<m$ のとき 0個

115 (1) $-6\leqq k\leqq 2$ (2) $\dfrac{1}{5}<a\leqq 1$

116 $-2<a<2$

117 (1) $-\dfrac{2}{3}\leqq x<-\dfrac{1}{3}$ (2) $1\leqq x\leqq 3$

(3) $1-\sqrt{5}<x<-1$, $2<x<1+\sqrt{5}$

118 $2-\sqrt{2}$ m 以上 $2-\dfrac{\sqrt{6}}{3}$ m 未満, または

$2+\dfrac{\sqrt{6}}{3}$ m より大きく $2+\sqrt{2}$ m 以下

119 (1) $a\leqq-4$ (2) $a>-4$

(3) $-4<a\leqq\dfrac{1}{4}$, $1\leqq a$

120 $a>1$

121 $(x, y)=\left(\pm\dfrac{\sqrt{3}}{2}, \dfrac{1}{2}\right)$ のとき最大値 $\dfrac{3}{2}$

$(x, y)=(0, -1)$ のとき最小値 -3

122 (1) 最大値2, 最小値 -2

(2) $x=\dfrac{5\sqrt{26}}{13}$, $y=\dfrac{3\sqrt{26}}{13}$ で最大値 $\sqrt{26}$;

$x=-\dfrac{5\sqrt{26}}{13}$, $y=-\dfrac{3\sqrt{26}}{13}$ で最小値 $-\sqrt{26}$

123 略

124 (1) $-1<x<-1+2\sqrt{3}$ (2) $x\leqq5$, $9\leqq x$

(3) $2<x<3$

125 $k>6$ のとき 0個 ; $k=6$ のとき 1個 ; $k<-3$,

$-2<k<6$ のとき 2個 ; $k=-2$, -3 のとき 3

個 ; $-3<k<-2$ のとき 4個

126 (1) $m<-14$ (2) $-14<m\leqq 2$

127 (1) $-1<a<0$, $8<a$ (2) $a<-\dfrac{9}{2}$

128 $-\dfrac{1}{2}<a<4-2\sqrt{2}$

129 $\dfrac{65}{38}<a<\dfrac{5}{2}$

130 $0\leqq a<1$

131 (1) $2-\sqrt{2}<k<2+\sqrt{2}$

(2) $k<2-\sqrt{2}$, $2+\sqrt{2}<k$

132 (1) $a\leqq-16$, $2\leqq a$

(2) $a\leqq-7-2\sqrt{6}$, $-7+2\sqrt{6}\leqq a$

● EXERCISES の解答

51 $x<\dfrac{3}{2}$, 第3象限

52 (1) $a=-1$, $b=3$ (2) $a=-2$, $b=3$

53 $\dfrac{8}{3}$

54 (1) $x=2$ で最小値 2 (2) $x=8$ で最小値 8

55 (1) 順に $\left(-\dfrac{a}{2},\ -\dfrac{a^2}{4}-2\right)$, $a=2$

 (2) $a=-1$, $b=-10$

56 (1) ⑧ (2) ③

57 $a=4$, $b=1$

58 (1) $g(x)=x^2-8x+14$, 図略 (2) 略

 (3) $0<a<1$ のとき $m=a^2-2a+2$,

  $1\leqq a<4-\sqrt{3}$ のとき $m=1$,

  $4-\sqrt{3}\leqq a<4$ のとき $m=a^2-8a+14$,

  $4\leqq a$ のとき $m=-2$

59 (1) $x=0$ で最小値 -1;

  $x=\dfrac{2+2\sqrt{6}}{5}$ で最大値 $\dfrac{2+2\sqrt{6}}{5}$

 (2) $(p,\ q)=\left(-1,\ \dfrac{1}{4}\right),\ \left(-1,\ \dfrac{2+2\sqrt{6}}{5}\right)$

60 (1) $\dfrac{15}{16}$

 (2) $a<-\dfrac{2}{3}$ のとき $m(a)=2a^2+3a+2$;

  $-\dfrac{2}{3}\leqq a\leqq\dfrac{2}{3}$ のとき $m(a)=-\dfrac{a^2}{4}+1$;

  $\dfrac{2}{3}<a$ のとき $m(a)=2a^2-3a+2$

 (3) $a=\pm\dfrac{3}{4}$ のとき最小値 $\dfrac{7}{8}$

61 (1) $a<0$ のとき $x=0$ で最大値 $-a$,

  $0\leqq a\leqq10$ のとき $x=\dfrac{a}{2}$ で最大値 $\dfrac{a^2}{4}-a$,

  $a>10$ のとき $x=5$ で最大値 $-25+4a$

 (2) $a=-3$, 6

62 (1) $0<x\leqq2\sqrt{3}-3$ のとき $y=x^2$;

  $2\sqrt{3}-3<x<1$ のとき $y=-\dfrac{\sqrt{3}}{2}x^2+\dfrac{\sqrt{3}}{2}x$

 (2) $x=\dfrac{1}{2}$ で最大値 $\dfrac{\sqrt{3}}{8}$

63 (1) $a=\dfrac{1}{2}$, $b=\dfrac{1}{2}$ のとき最小値 $\dfrac{1}{4}$

 (2) $x=2$, $y=1$ のとき最小値 12

64 $x=0$ のとき最大値 10; $x=1$, 3 のとき最小値 1

65 (1) (ア) -1 (イ) $-t^2+2t+1$

  (ウ), (エ) $-1\pm\sqrt{2}$ (オ) 2

 (2) (カ) -1

66 (1) $y=-\dfrac{1}{3}(x-2)^2+2$

  $\left(y=-\dfrac{1}{3}x^2+\dfrac{4}{3}x+\dfrac{2}{3}\right)$

 (2) $a=-1$, $b=2$, $c=3$

67 (1) 軸 $x=1$, $a=-2$, $b=3$

 (2) (ア) $a=-1$ (イ) $b=\dfrac{1}{2}$, $c=2$

68 (1) $x=-1$, $\dfrac{1}{3}$ (2) $x=-4\pm\dfrac{\sqrt{6}}{3}$

 (3) $x=1-\sqrt{3}$ (4) $x=\pm1$, $\pm\dfrac{3}{2}$

69 (1) $x=\pm\sqrt{2}$, $\pm\dfrac{2\sqrt{3}}{3}$ (2) $x=3$, $3\pm\sqrt{5}$

70 $a=1$, $x=3$

71 (ア) $\dfrac{5}{4}$ (イ) $\dfrac{3}{2}$

72 $-6<a<3$, $3<a$ のとき2個;

 $a=-6$, 3 のとき1個;

 $a<-6$ のとき0個;

 $a=3$ のとき $x=-\dfrac{2}{3}$, $a=-6$ のとき $x=-\dfrac{1}{3}$

73 $k=0$ のとき共通の解 $x=0$,

 $k=\dfrac{5}{22}$ のとき共通の解 $x=-\dfrac{1}{2}$

74 (ア) $t^2-7t+12=0$ (イ) 3, 4

 (ウ) $\dfrac{3\pm\sqrt{5}}{2}$, $2\pm\sqrt{3}$

75 (1) 2 (2) 5 個

76 (ア) $a<0$, $0<a<2$ (イ) 0, 2

77 (1) $a=-2$ (2) $a<\dfrac{2}{7}$ (3) $a=-\dfrac{20}{7}$

78 (1) $k\leqq\dfrac{3}{2}$ (2) (ア) $-\dfrac{1}{4}$ (イ) 6 (ウ) 3 (エ) $\dfrac{1}{8}$

79 $a=-1$, $b=4$, $c=5$

80 (1) $2-\sqrt{2}\leqq x\leqq\sqrt{2}$ (2) $x>-1$

81 $a<0$ のとき $x<3a$, $a^2<x$;

 $0<a<3$ のとき $a^2<x<3a$;

 $a=3$ のとき 解なし;

 $3<a$ のとき $3a<x<a^2$

82 $a\geqq1$

83 $-3<a<-2$, $2<a<5$

84 (1) $2\leqq a<2+2\sqrt{5}$ (2) $-5-4\sqrt{5}<m\leqq0$

85 (1) $3<a<4$ (2) $1<a\leqq3$, $4\leqq a<6$

86 (1) ① の解は $a<x<a+3$;

  ② の解は $0<a<\dfrac{3}{4}$ のとき $2a-3<x<-2a$,

  $a=\dfrac{3}{4}$ のとき 解はない, $\dfrac{3}{4}<a<4$ のとき

  $-2a<x<2a-3$

 (2) $3<a<4$ (3) $0<a\leqq\dfrac{7}{2}$

87 (1) 略 (2) $3u^2-4v=8$ (3) $-\dfrac{7}{3}\leqq k\leqq3$

88 (1) $x<-\sqrt{2}$, $-\dfrac{1}{\sqrt{2}}<x<\dfrac{1}{\sqrt{2}}$, $\sqrt{2}<x$

 (2) $2-\sqrt{5}\leqq x\leqq0$, $4\leqq x\leqq2+\sqrt{5}$

89 $x=-\dfrac{1}{2}$ で最大値 $\dfrac{5}{4}$, $x=1$ で最小値 -1

90   $-4+\sqrt{14}<a<\dfrac{1}{6}$

91   $\dfrac{1}{2}\leqq a\leqq\dfrac{7}{4}$

92   (1) 証明略, $a<\alpha<b<c<\beta$
  (2) 証明略, $a<\alpha<b<\beta<c$

93   $k=4$, 5

94   順に $-\dfrac{7}{2}<a<\dfrac{1}{2}$; $\dfrac{-3-\sqrt{7}}{2}<a<\dfrac{-3+\sqrt{7}}{2}$

＜第4章＞ 図形と計量

● 練習 の解答

133 (1)

$\sin\theta=\dfrac{1}{\sqrt{10}}$, $\cos\theta=\dfrac{3}{\sqrt{10}}$, $\tan\theta=\dfrac{1}{3}$

(2) $x=3\sqrt{3}$, $y=3$

134 (1) $x\fallingdotseq12.6$, $y\fallingdotseq8.2$ (2) $\theta\fallingdotseq23°$

135 15 m

136 (1) $DE=\dfrac{\sqrt{6}-\sqrt{2}}{2}$, $AE=\dfrac{\sqrt{6}+\sqrt{2}}{2}$

(2) $\sin15°=\dfrac{\sqrt{6}-\sqrt{2}}{4}$, $\cos15°=\dfrac{\sqrt{6}+\sqrt{2}}{4}$,
$\tan15°=2-\sqrt{3}$

137 (1) $\cos\theta=\dfrac{5}{13}$, $\tan\theta=\dfrac{12}{5}$

(2) $\sin\theta=\dfrac{2\sqrt{2}}{3}$, $\tan\theta=2\sqrt{2}$

(3) $\sin\theta=\dfrac{2}{3}$, $\cos\theta=\dfrac{\sqrt{5}}{3}$

138 (1) (ア) $\cos18°$ (イ) $\sin5°$ (ウ) $\dfrac{1}{\tan43°}$

(2) 略

139 (a) $-\sqrt{3}$ (b) $\dfrac{1}{\sqrt{2}}$ (c) $-\dfrac{\sqrt{3}}{2}$

(d) $-\dfrac{1}{\sqrt{3}}$

140 (1) 0 (2) $\dfrac{1}{16}$

141 (1) $\theta=60°$, 120° (2) $\theta=45°$

142 (1) $\theta=60°$ (2) $\theta=135°$

143 (1) $\theta=60°$, 180° (2) $\theta=45°$

144 (1) $(\cos\theta,\ \tan\theta)=\left(\dfrac{\sqrt{13}}{7},\ \dfrac{6}{\sqrt{13}}\right)$,
$\left(-\dfrac{\sqrt{13}}{7},\ -\dfrac{6}{\sqrt{13}}\right)$ (2) $\sin\theta=\dfrac{\sqrt{7}}{4}$,
$\tan\theta=-\dfrac{\sqrt{7}}{3}$ (3) $\sin\theta=\dfrac{12}{13}$, $\cos\theta=-\dfrac{5}{13}$

145 順に $-\dfrac{3}{8}$, $\dfrac{\sqrt{7}}{2}$, $-\dfrac{11}{6}$, $\dfrac{23}{32}$, $\dfrac{\sqrt{7}}{4}$

146 -7

147 (1) $\theta=30°$ (2) $\theta=75°$

148 (1) $0°\leqq\theta\leqq45°$, $135°\leqq\theta\leqq180°$
(2) $0°\leqq\theta<120°$ (3) $0°\leqq\theta\leqq90°$, $135°<\theta\leqq180°$

149 (1) $60°<\theta\leqq180°$
(2) $30°<\theta<45°$, $135°<\theta<150°$

150 (1) $\theta=30°$, 150° のとき最大値 10
       $\theta=0°$, 90°, 180° のとき最小値 9
(2) $\theta=45°$ のとき最小値 1, 最大値はない

151 $45°<\theta<90°$, $90°<\theta<135°$

152 (1) $c=\sqrt{6}$, $R=\sqrt{3}$
(2) $A=45°$, $C=85°$

153 (1) $a=2\sqrt{2}$, $C=120°$
(2) $b=2$, $-2+2\sqrt{3}$ (3) $B=60°$

154 (1) $a=4$, $B=15°$, $C=30°$
(2) $A=30°$, $B=45°$, $C=105°$

155 $c=\sqrt{2}$, $A=105°$, $C=30°$ または
$c=\sqrt{6}$, $A=75°$, $C=60°$

156 (1) BD$=3$, AD$=3\sqrt{2}$
(2) BD$=3$, AD$=3\sqrt{7}$

157 (1) $60°$ (2) $\dfrac{5\sqrt{3}}{11}$

158 (1) $x>6$ (2) $x>12$

159 (1) $x>3$ (2) $120°$

160 略

161 (1) BC$=$CA の二等辺三角形 (2) 正三角形
(3) $\angle$B$=90°$ または $\angle$C$=90°$ の直角三角形

162 (1) $S=\dfrac{35}{2}$ (2) $S=6\sqrt{11}$

163 (1) $S=12\sqrt{6}$ (2) $S=\dfrac{1}{2}pq\sin\theta$
(3) $S=26\sqrt{3}$

164 (1) $\dfrac{35\sqrt{3}}{12}$ (2) $S=2\sqrt{2}\,a^2$
(3) $S=3(2+\sqrt{3})$

165 (1) $\sqrt{19}$ (2) 3 (3) 2 (4) $\dfrac{21\sqrt{3}}{4}$

166 (1) $\cos B=-\dfrac{1}{6}$ (2) $\dfrac{3\sqrt{35}}{4}$

167 (1) $\sqrt{6}$ (2) $45°$ (3) $\dfrac{3+\sqrt{3}}{2}$ (4) $\sqrt{2}$
(5) $\dfrac{1+\sqrt{3}-\sqrt{2}}{2}$

168 (1) $S=\dfrac{\sqrt{3}}{4}(11x^2-6x+1)$ $\left(0<x<\dfrac{1}{3}\right)$
(2) $x=\dfrac{3}{11}$ のとき最小値 $\dfrac{\sqrt{3}}{22}$

169 (1) AM$=3\sqrt{3}$, AE$=2\sqrt{7}$, EM$=\sqrt{13}$
(2) $\cos\theta=\dfrac{\sqrt{21}}{6}$ (3) $\dfrac{3\sqrt{35}}{2}$

170 (1) 1 (2) $\dfrac{3\sqrt{3}}{4}$ (3) $\dfrac{\sqrt{21}}{7}$

171 順に $\sqrt{2}$, $\dfrac{8\sqrt{2}}{3}\pi$, 8π

172 (1) $\dfrac{2\sqrt{6}}{3}$ (2) $9\pi:2\sqrt{3}$

173 (ア) $57\sqrt{6}$ (イ) $57\sqrt{2}$

174 $\sqrt{7}\,a$

● **EXERCISES の解答**

95 (1) 約$8°$ (2) 約$2°$

96 (1) AB$=\sqrt{4+2\sqrt{2}}$ (2) $\sin22.5°=\dfrac{\sqrt{2-\sqrt{2}}}{2}$,
$\cos22.5°=\dfrac{\sqrt{2+\sqrt{2}}}{2}$, $\tan22.5°=\sqrt{2}-1$

97 (ア) 1 (イ) $\dfrac{\sqrt{5}+1}{2}$ (ウ) $\dfrac{\sqrt{5}-1}{4}$

98 (1) $\dfrac{4+\sqrt{7}}{4}$ (2) 1 (3) $\dfrac{2}{3}$

99 (1) $\dfrac{5}{2}$ (2) 略

100 (1) $-\sqrt{3}$ (2) $\sqrt{1-p^2}-p^2$

101 $\theta=45°$, $120°$

102 (1) $\dfrac{1}{3}$ (2) $\dfrac{\sqrt{15}}{3}$ (3) $\dfrac{2\sqrt{15}}{9}$ (4) $6\sqrt{15}$

103 (1) $\sin\theta=\dfrac{4}{5}$, $\cos\theta=\dfrac{3}{5}$ (2) $-\dfrac{1}{5}$

104 $x=60°$, $y=30°$ または $x=120°$, $y=30°$

105 $y=\dfrac{1}{\sqrt{3}}x+1$, $y=\sqrt{3}x+1$

106 (ア) 2 (イ) 2 (ウ) 1 (エ) $0°$, $90°$, $180°$
(オ) 1 (カ) $45°$, $135°$ (キ) $\dfrac{1}{2}$

107 $90°<\theta<120°$

108 (1) $b=2$, $\cos A=\dfrac{\sqrt{6}}{3}$
(2) $a=8$, $A=90°$, $C=60°$, $R=4$ または
$a=4$, $A=30°$, $C=120°$, $R=4$
(3) $A=120°$, $a=\sqrt{3}$, $b=\dfrac{5\sqrt{3}}{7}$, $c=\dfrac{3\sqrt{3}}{7}$

109 $\dfrac{5}{7}$

110 (1) $50\sqrt{6}$ m (2) $50\sqrt{2}$ m

111 (1) $\dfrac{2}{5}$ (2) $\dfrac{7\sqrt{2}}{10}$ (3) $\sqrt{10}$

112 (1) 略 (2) AM$=7$

113 (1) $2<a<6$
(2) $a=3$, 外接円の半径は $\dfrac{7\sqrt{3}}{3}$

114 (1) 略 (2) AB$=$AC の二等辺三角形
または $\angle$A$=120°$ の三角形

115 (1) $\dfrac{25(1+\sqrt{3})}{2}$ (2) $9\sqrt{3}$ (3) $\dfrac{45\sqrt{3}}{4}$
(4) $8(\sqrt{2}-1)r^2$

116 (1) $3\sqrt{2}$ (2) $\dfrac{15\sqrt{7}}{4}$

117 (1) $x=\sqrt{\dfrac{(ac+bd)(ad+bc)}{ab+cd}}$,
$y=\sqrt{\dfrac{(ac+bd)(ab+cd)}{ad+bc}}$ (2) 略

118 (ア) $\dfrac{2\sqrt{6}}{5}$ (イ) $\dfrac{4\sqrt{3}}{3}$

119 略

120 (1) $\cos C=\dfrac{3t}{t+12}$ (2) $S=\sqrt{-2t^2+6t+36}$
(3) $t=\dfrac{3}{2}$ のとき最大値 $\dfrac{9\sqrt{2}}{2}$

121 (1) $\dfrac{2\sqrt{6}}{3}a$ (2) $\angle$AEC$=120°$, 面積 $\dfrac{2\sqrt{3}}{3}a^2$

122 DH$=\dfrac{\sqrt{42}}{3}$, 四面体 ABCD の体積は $\sqrt{14}$

123　(1)　$6\sqrt{6}$　(2)　$\dfrac{2\sqrt{6}}{3}$

124　(1)　$BE=\dfrac{1+\sqrt{5}}{2}$, $R=\dfrac{2}{\sqrt{10-2\sqrt{5}}}$

　　(2)　$BG=\dfrac{\sqrt{10+2\sqrt{5}}}{2}$

　　(3)　順に　$\dfrac{3+\sqrt{5}}{48}$, $\dfrac{15+5\sqrt{5}}{12}$

125　(1)　$12\sqrt{2}$　(2)　$4\sqrt{7}$

＜第5章＞ データの分析

● 練習 の解答

175　略
176　(1)　11 点　(2)　10 点
177　(1)　42.5 点以上 61.5 点以下　(2)　$x=71$
178　8 通り
179　範囲は 20 時間, 四分位範囲は 10 時間
180　①, ③
181　①, ②
182　(1)　A 工場：平均値 3.90 g, 標準偏差 0.17 g
　　　　B 工場：平均値 4.00 g, 標準偏差 0.11 g
　　(2)　A 工場の方が散らばりの度合いが大きい
183　(1)　6　(2)　21
184　(1)　5 ℃　(2)　(ア)　③　(イ)　②
185　平均値は 55, 標準偏差は 18
186　(1)　$\bar{x}=573$　(2)　1356
187　(1)　正の相関関係がある　(2)　略
188　0.77
189　(1)　-0.85　(2)　大きくなる
190　(1)　$s_{xy}=2$, $r_{xy}\fallingdotseq0.6$
　　(2)　$s_{yz}=-4$, $r_{yz}\fallingdotseq-0.6$
191　企業の印象が良くなったとは判断できない
192　(1)　支持率は上昇したと判断してよい
　　(2)　支持率は上昇したとは判断できない
193　このコインは裏が出やすいと判断してよい
194　(1)　A が以前より強いとは判断できない
　　(2)　A は以前より強いと判断してよい

● EXERCISES の解答

126　(1)　(a)　33 万円　(b)　4　(c)　2 万円
　　(2)　40
127　略
128　(ア)　$4\bar{x}-2$　(イ)　$4s_x$　(ウ)　9
129　(ア)　20　(イ)　90　(ウ)　22　(エ)　66
　　(オ)　$2\sqrt{157}$
130　(1)　②　(2)　④⑥⑦⑨　(3)　⑩⑫
131　(1)　$A=1180$, $B=59.0$　(2)　④
132　(ア)　$\dfrac{81}{25}$　(イ)　$\dfrac{9}{5}$　(ウ)　1
133　(ア)　0.17　(イ)　⑤
134　(1)　このさいころは 1 の目が出やすいと判断してよい
　　(2)　このさいころは 1 の目が出やすいとは判断できない

● 総合演習第2部 の解答

1 (1) $-2x^2-8xy+6y^2$

(2) x^8-1　(3) $(x+2a-3)(y-b+1)$

(4) $(a+b+c)(a-b-c)(a+b-c)(a-b+c)$

2 (1) $P=(x+3cy+a+3bc)(x-3cy+a-3bc)$

$Q=(x+4y+11)(x+9y+11)$

$R=(x+py-7)(x+2qy+11)$

(2) $a=2$,　$b=1$,　$c=\pm3$,　$p=-9$,　$q=2$

3 $\dfrac{1}{2}$

4 (1) (ア) -4　(イ) -76

(2) (ア) $\sqrt{3}$　(イ) $3-\sqrt{6}$　(ウ) $1+\sqrt{6}$

5 $x>-\dfrac{3}{2}$

6 5, 15, 25, 35, 45

7～**8** 略

9 (1) $(x,\ y)=(3,\ 2)$　(2) (ア) 108　(イ) 3

10 略

11 (ア) $-\dfrac{9}{2}$　(イ) $\dfrac{9}{4}$

12 $m=\begin{cases} -(a+b)^2 & (a\leqq-b) \\ 0 & (-b<a<b), \\ -(a-b)^2 & (b\leqq a) \end{cases}$

グラフ略

13 (1) (ア) 2　(イ) $\dfrac{1}{2}$　(ウ) $\dfrac{1}{2}$

(2) (エ) $-8x+12$　(オ) $\dfrac{3}{2}$　(カ) $8y$　(キ) 0

(3) (ク) $\dfrac{11}{4}$　(ケ) $\dfrac{3\pm2\sqrt{2}}{4}$　(コ) $\dfrac{1}{4}$

14 (1) $n=0,\ 1$　(2) $0\leqq x<2$　(3) $x=\dfrac{3}{2}$

15 $a>-2$

16 (1) $-3\leqq x\leqq5$　(2) $k=0,\ -4$

17 (1) 略　(2) $m<0$ のとき 0 個, $m=0$ のとき 1 個, $0<m<1$ のとき 2 個, $m=1$ のとき 3 個, $m>1$ のとき 4 個

18 (1) $-\dfrac{2}{\sqrt{3}}\leqq x\leqq\dfrac{2}{\sqrt{3}}$　(2) $x<-\dfrac{2}{\sqrt{3}}$, $1\leqq x$

(3) $x<-\dfrac{1}{3}$, $1<x$

19 (1) $-2-2\sqrt{2}\leqq a\leqq-2+2\sqrt{2}$

(2) $a\leqq-6+4\sqrt{3}$

20～**21** 略

22 (1) $\cos\theta=\dfrac{a^2+b^2-c^2}{2ab}$　(2), (3) 略

(4) $(a,\ b,\ c)=(3,\ 4,\ 5)$

23 (1) $\sqrt{30}$　(2) $\dfrac{3\sqrt{5}}{2}$

(3) $\mathrm{AB}=3\sqrt{6}$, $\mathrm{AC}=2\sqrt{6}$

24 (1) $120°$　(2) $\dfrac{37\sqrt{3}}{4}$

25 (1) $L=\dfrac{4}{\tan\theta}(S+T)$　(2) $8\cos\theta$

26 (1) $r=\dfrac{\sqrt{-t^4+26t^2-25}}{2(5+t)}$,

$h=\dfrac{\sqrt{-t^4+26t^2-25}}{5+t}$

(2) $t=\sqrt{13}$ のとき最大値 18

27 (1) $\mathrm{BP}=\dfrac{\sqrt{3}}{3}$, $\mathrm{PQ}=\dfrac{1}{3}$　(2) 略　(3) $\dfrac{3-\sqrt{3}}{6}$

28 (1) $\dfrac{\sqrt{3}}{4}$　(2) $\sqrt{21}$

29 (1) (ア) 52　(イ) 74

(2) (ウ) 0　(エ) 1　(オ) 3

(カ) 5　(キ) 6　(ク) 68.2

(3) (ケ) 68.4　(コ) 9　(4) (サ) 11

30 (1) $\bar{x}=5.5$, $\bar{y}=7.5$, $\bar{z}=14$, $\bar{w}=3.5$

(2) 略

(3) $s_{xy}=3.25$, $r_{xy}\fallingdotseq0.39$, $s_{zw}=6.5$, $r_{zw}\fallingdotseq0.39$

索 引

1. 用語の掲載ページ（右側の数字）を示した。
2. 主に初出のページを示したが，関連するページも合わせて示したところもある。

平方・立方・平方根の表

n	n^2	n^3	$\sqrt{n}$	$\sqrt{10n}$	n	n^2	n^3	$\sqrt{n}$	$\sqrt{10n}$
1	1	1	1.0000	3.1623	51	2601	132651	7.1414	22.5832
2	4	8	1.4142	4.4721	52	2704	140608	7.2111	22.8035
3	9	27	1.7321	5.4772	53	2809	148877	7.2801	23.0217
4	16	64	2.0000	6.3246	54	2916	157464	7.3485	23.2379
5	25	125	2.2361	7.0711	55	3025	166375	7.4162	23.4521
6	36	216	2.4495	7.7460	56	3136	175616	7.4833	23.6643
7	49	343	2.6458	8.3666	57	3249	185193	7.5498	23.8747
8	64	512	2.8284	8.9443	58	3364	195112	7.6158	24.0832
9	81	729	3.0000	9.4868	59	3481	205379	7.6811	24.2899
10	100	1000	3.1623	10.0000	60	3600	216000	7.7460	24.4949
11	121	1331	3.3166	10.4881	61	3721	226981	7.8102	24.6982
12	144	1728	3.4641	10.9545	62	3844	238328	7.8740	24.8998
13	169	2197	3.6056	11.4018	63	3969	250047	7.9373	25.0998
14	196	2744	3.7417	11.8322	64	4096	262144	8.0000	25.2982
15	225	3375	3.8730	12.2474	65	4225	274625	8.0623	25.4951
16	256	4096	4.0000	12.6491	66	4356	287496	8.1240	25.6905
17	289	4913	4.1231	13.0384	67	4489	300763	8.1854	25.8844
18	324	5832	4.2426	13.4164	68	4624	314432	8.2462	26.0768
19	361	6859	4.3589	13.7840	69	4761	328509	8.3066	26.2679
20	400	8000	4.4721	14.1421	70	4900	343000	8.3666	26.4575
21	441	9261	4.5826	14.4914	71	5041	357911	8.4261	26.6458
22	484	10648	4.6904	14.8324	72	5184	373248	8.4853	26.8328
23	529	12167	4.7958	15.1658	73	5329	389017	8.5440	27.0185
24	576	13824	4.8990	15.4919	74	5476	405224	8.6023	27.2029
25	625	15625	5.0000	15.8114	75	5625	421875	8.6603	27.3861
26	676	17576	5.0990	16.1245	76	5776	438976	8.7178	27.5681
27	729	19683	5.1962	16.4317	77	5929	456533	8.7750	27.7489
28	784	21952	5.2915	16.7332	78	6084	474552	8.8318	27.9285
29	841	24389	5.3852	17.0294	79	6241	493039	8.8882	28.1069
30	900	27000	5.4772	17.3205	80	6400	512000	8.9443	28.2843
31	961	29791	5.5678	17.6068	81	6561	531441	9.0000	28.4605
32	1024	32768	5.6569	17.8885	82	6724	551368	9.0554	28.6356
33	1089	35937	5.7446	18.1659	83	6889	571787	9.1104	28.8097
34	1156	39304	5.8310	18.4391	84	7056	592704	9.1652	28.9828
35	1225	42875	5.9161	18.7083	85	7225	614125	9.2195	29.1548
36	1296	46656	6.0000	18.9737	86	7396	636056	9.2736	29.3258
37	1369	50653	6.0828	19.2354	87	7569	658503	9.3274	29.4958
38	1444	54872	6.1644	19.4936	88	7744	681472	9.3808	29.6648
39	1521	59319	6.2450	19.7484	89	7921	704969	9.4340	29.8329
40	1600	64000	6.3246	20.0000	90	8100	729000	9.4868	30.0000
41	1681	68921	6.4031	20.2485	91	8281	753571	9.5394	30.1662
42	1764	74088	6.4807	20.4939	92	8464	778688	9.5917	30.3315
43	1849	79507	6.5574	20.7364	93	8649	804357	9.6437	30.4959
44	1936	85184	6.6332	20.9762	94	8836	830584	9.6954	30.6594
45	2025	91125	6.7082	21.2132	95	9025	857375	9.7468	30.8221
46	2116	97336	6.7823	21.4476	96	9216	884736	9.7980	30.9839
47	2209	103823	6.8557	21.6795	97	9409	912673	9.8489	31.1448
48	2304	110592	6.9282	21.9089	98	9604	941192	9.8995	31.3050
49	2401	117649	7.0000	22.1359	99	9801	970299	9.9499	31.4643
50	2500	125000	7.0711	22.3607	100	10000	1000000	10.0000	31.6228

三 角 比 の 表

θ	$\sin\theta$	$\cos\theta$	$\tan\theta$	θ	$\sin\theta$	$\cos\theta$	$\tan\theta$
0°	0.0000	1.0000	0.0000	45°	0.7071	0.7071	1.0000
1°	0.0175	0.9998	0.0175	46°	0.7193	0.6947	1.0355
2°	0.0349	0.9994	0.0349	47°	0.7314	0.6820	1.0724
3°	0.0523	0.9986	0.0524	48°	0.7431	0.6691	1.1106
4°	0.0698	0.9976	0.0699	49°	0.7547	0.6561	1.1504
5°	0.0872	0.9962	0.0875	50°	0.7660	0.6428	1.1918
6°	0.1045	0.9945	0.1051	51°	0.7771	0.6293	1.2349
7°	0.1219	0.9925	0.1228	52°	0.7880	0.6157	1.2799
8°	0.1392	0.9903	0.1405	53°	0.7986	0.6018	1.3270
9°	0.1564	0.9877	0.1584	54°	0.8090	0.5878	1.3764
10°	0.1736	0.9848	0.1763	55°	0.8192	0.5736	1.4281
11°	0.1908	0.9816	0.1944	56°	0.8290	0.5592	1.4826
12°	0.2079	0.9781	0.2126	57°	0.8387	0.5446	1.5399
13°	0.2250	0.9744	0.2309	58°	0.8480	0.5299	1.6003
14°	0.2419	0.9703	0.2493	59°	0.8572	0.5150	1.6643
15°	0.2588	0.9659	0.2679	60°	0.8660	0.5000	1.7321
16°	0.2756	0.9613	0.2867	61°	0.8746	0.4848	1.8040
17°	0.2924	0.9563	0.3057	62°	0.8829	0.4695	1.8807
18°	0.3090	0.9511	0.3249	63°	0.8910	0.4540	1.9626
19°	0.3256	0.9455	0.3443	64°	0.8988	0.4384	2.0503
20°	0.3420	0.9397	0.3640	65°	0.9063	0.4226	2.1445
21°	0.3584	0.9336	0.3839	66°	0.9135	0.4067	2.2460
22°	0.3746	0.9272	0.4040	67°	0.9205	0.3907	2.3559
23°	0.3907	0.9205	0.4245	68°	0.9272	0.3746	2.4751
24°	0.4067	0.9135	0.4452	69°	0.9336	0.3584	2.6051
25°	0.4226	0.9063	0.4663	70°	0.9397	0.3420	2.7475
26°	0.4384	0.8988	0.4877	71°	0.9455	0.3256	2.9042
27°	0.4540	0.8910	0.5095	72°	0.9511	0.3090	3.0777
28°	0.4695	0.8829	0.5317	73°	0.9563	0.2924	3.2709
29°	0.4848	0.8746	0.5543	74°	0.9613	0.2756	3.4874
30°	0.5000	0.8660	0.5774	75°	0.9659	0.2588	3.7321
31°	0.5150	0.8572	0.6009	76°	0.9703	0.2419	4.0108
32°	0.5299	0.8480	0.6249	77°	0.9744	0.2250	4.3315
33°	0.5446	0.8387	0.6494	78°	0.9781	0.2079	4.7046
34°	0.5592	0.8290	0.6745	79°	0.9816	0.1908	5.1446
35°	0.5736	0.8192	0.7002	80°	0.9848	0.1736	5.6713
36°	0.5878	0.8090	0.7265	81°	0.9877	0.1564	6.3138
37°	0.6018	0.7986	0.7536	82°	0.9903	0.1392	7.1154
38°	0.6157	0.7880	0.7813	83°	0.9925	0.1219	8.1443
39°	0.6293	0.7771	0.8098	84°	0.9945	0.1045	9.5144
40°	0.6428	0.7660	0.8391	85°	0.9962	0.0872	11.4301
41°	0.6561	0.7547	0.8693	86°	0.9976	0.0698	14.3007
42°	0.6691	0.7431	0.9004	87°	0.9986	0.0523	19.0811
43°	0.6820	0.7314	0.9325	88°	0.9994	0.0349	28.6363
44°	0.6947	0.7193	0.9657	89°	0.9998	0.0175	57.2900
45°	0.7071	0.7071	1.0000	90°	1.0000	0.0000	な し

三角比の表

●編著者

　チャート研究所

●表紙・カバーデザイン

　有限会社アーク・ビジュアル・ワークス

●本文デザイン

　株式会社加藤文明社

初　版
第1刷　1964年2月1日　発行
（新制版）
第1刷　1973年3月1日　発行
新制
第1刷　1982年2月10日　発行
新制
第1刷　1994年1月10日　発行
新課程
第1刷　2002年10月1日　発行
改訂版
第1刷　2006年9月1日　発行
新課程
第1刷　2011年9月1日　発行
改訂版
第1刷　2017年2月1日　発行
増補改訂版
第1刷　2019年2月1日　発行
新課程
第1刷　2021年5月1日　発行
第2刷　2021年5月10日　発行
第3刷　2021年7月1日　発行
第4刷　2022年2月1日　発行
第5刷　2022年2月10日　発行
第6刷　2023年2月1日　発行
第7刷　2023年2月10日　発行

編集・制作　チャート研究所
発行者　　　星野　泰也

青チャート学習者用デジタル版のご案内

デジタル版では，紙面を閲覧できるだけでなく，問題演習に特化した表示機能を搭載！

詳細はこちら　→

解説動画をスムーズに試聴できます。→

解説や指針などの表示／非表示の切り替えができます。→

ISBN978-4-410-10518-0

※解答・解説は数研出版株式会社が作成したものです。

チャート式® 基礎からの 数学 I

発行所　数研出版株式会社

〒101-0052　東京都千代田区神田小川町2丁目3番地3
　　　　　〔振替〕00140-4-118431
〒604-0861　京都市中京区烏丸通竹屋町上る大倉町205番地
〔電話〕　代表 (075)231-0161
ホームページ　https://www.chart.co.jp
印刷　株式会社　加藤文明社
乱丁本・落丁本はお取り替えいたします　　220907

「チャート式」は，登録商標です。

4 図形と計量

- ☐ **三角比の定義，相互関係**
  - ▶三角比の定義

  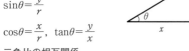

  $$\sin\theta=\frac{y}{r}$$

  $$\cos\theta=\frac{x}{r},\quad \tan\theta=\frac{y}{x}$$

  - ▶三角比の相互関係

  $$\sin^2\theta+\cos^2\theta=1$$

  $$\tan\theta=\frac{\sin\theta}{\cos\theta},\quad 1+\tan^2\theta=\frac{1}{\cos^2\theta}$$

  - ▶$180^\circ-\theta$，$90^\circ\pm\theta$ の三角比

  $$\sin(180^\circ-\theta)=\sin\theta$$
  $$\cos(180^\circ-\theta)=-\cos\theta$$
  $$\tan(180^\circ-\theta)=-\tan\theta$$
  $$\sin(90^\circ\pm\theta)=\cos\theta$$
  $$\cos(90^\circ\pm\theta)=\mp\sin\theta$$
  $$\tan(90^\circ\pm\theta)=\mp\frac{1}{\tan\theta}$$

  （複号同順）

- ☐ **正弦定理**

  $\triangle$ABC の外接円の半径を
  R とすると

  $$\frac{a}{\sin A}=\frac{b}{\sin B}=\frac{c}{\sin C}=2R$$

- ☐ **余弦定理**

  $$a^2=b^2+c^2-2bc\cos A$$
  $$b^2=c^2+a^2-2ca\cos B$$
  $$c^2=a^2+b^2-2ab\cos C$$
  $$\left(\begin{array}{l}a=c\cos B+b\cos C,\quad b=a\cos C+c\cos A,\\ c=b\cos A+a\cos B\end{array}\right)$$

- ☐ **三角形の辺と角の関係**

  三角形の成立条件　$|b-c|<a<b+c$

  辺と角の大小関係

$a<b \Longleftrightarrow A<B$	$A<90^\circ \Longleftrightarrow a^2<b^2+c^2$
$a=b \Longleftrightarrow A=B$	$A=90^\circ \Longleftrightarrow a^2=b^2+c^2$
$a>b \Longleftrightarrow A>B$	$A>90^\circ \Longleftrightarrow a^2>b^2+c^2$

- ☐ **三角形の面積**
  - ▶2辺とその間の角

  $\triangle$ABC の面積を S とすると

  $$S=\frac{1}{2}bc\sin A=\frac{1}{2}ca\sin B=\frac{1}{2}ab\sin C$$

  - ▶3辺（ヘロンの公式）

  $\triangle$ABC の面積を S とし，$2s=a+b+c$ とおく

  と　　$S=\sqrt{s(s-a)(s-b)(s-c)}$

  - ▶三角形の内接円と面積

  $\triangle$ABC の面積を S，内接円の半径を r とする

  と　　$S=\frac{1}{2}r(a+b+c)$

5 データの分析

- ☐ **データの代表値**
  - ▶平均値 $\bar{x}$　$\bar{x}=\dfrac{1}{n}(x_1+x_2+\cdots\cdots+x_n)$

  - ▶中央値（メジアン）

  データを値の大きさの順に並べたとき中央の位
  置にくる値。データの大きさが偶数のときは，
  中央に並ぶ2つの値の平均値。

  - ▶最頻値（モード）

  データにおける最も個数の多い値。度数分布表
  に整理したときは，度数が最も大きい階級の階
  級値。

- ☐ **箱ひげ図**

  データの最小値，第1四分位数 Q_1，中央値，第3
  四分位数 Q_3，最大値を，箱と線（ひげ）で表現する
  図。

- ☐ **分散と標準偏差**
  - ▶偏差　変量 x の各値と平均値との差
  $$x_1-\bar{x},\ x_2-\bar{x},\ \cdots\cdots,\ x_n-\bar{x}$$

  - ▶分散　偏差の2乗の平均値
  $$s^2=\frac{1}{n}\{(x_1-\bar{x})^2+(x_2-\bar{x})^2+\cdots\cdots+(x_n-\bar{x})^2\}$$

  - ▶標準偏差　分散の正の平方根　$s=\sqrt{分散}$
  - ▶分散と平均値の関係式　$s^2=\overline{x^2}-(\bar{x})^2$

- ☐ **相関係数**

  変量 x，y の標準偏差をそれぞれ s_x，s_y とし，x と
  y の共分散を s_{xy} とすると，相関係数 r は

  $$r=\frac{s_{xy}}{s_x s_y}\ (-1\leqq r\leqq 1)$$

- ☐ **仮説検定**

  得られたデータをもとに，母集団に対する仮説を
  立て，それが正しいかどうかを判断する手法。

基礎からの

数学Ⅰ 〈解答編〉

問題文＋解答

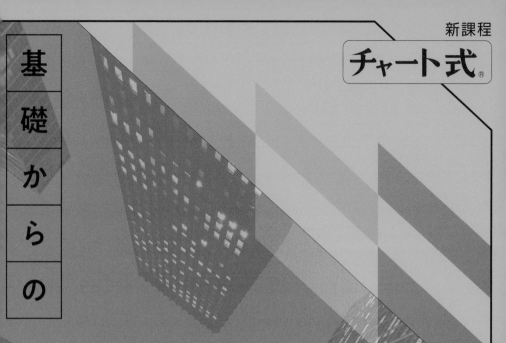

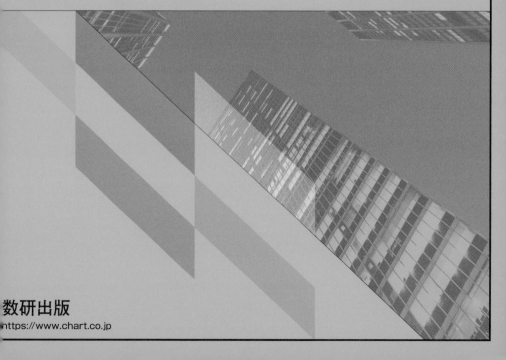

数研出版

https://www.chart.co.jp

練習, EXERCISES, 総合演習の解答（数学Ⅰ）

注意　・章ごとに，練習，EXERCISES の解答をまとめて扱った。
　　　・問題番号の左横の数字は，難易度を表したものである。

練習 ①1　(1) 多項式 $-2x+3y+x^2+5x-y$ の同類項をまとめよ。
(2) 次の多項式において，[ ] 内の文字に着目したとき，その次数と定数項をいえ。
(ア) $x-2xy+3y^2+4-2x-7xy+2y^2-1$ 　[y]
(イ) $a^2b^2-ab+3ab-2a^2b^2+7c^2+4a-5b-3a+1$ 　[b], [a と b]

(1) $-2x+3y+x^2+5x-y=(-2x+5x)+(3y-y)+x^2$
$=(-2+5)x+(3-1)y+x^2$
$=\boldsymbol{x^2+3x+2y}$

←同類項を集める。
←同類項をまとめる。
←降べきの順に整理。

(2) (ア) $x-2xy+3y^2+4-2x-7xy+2y^2-1$
$=(3y^2+2y^2)+(-2xy-7xy)+(x-2x)+(4-1)$
$=(3+2)y^2+(-2-7)xy+(1-2)x+3$
$=5y^2-9xy-x+3$
y に着目すると　**次数 2，定数項 $-x+3$**

←同類項を集める。
←同類項をまとめる。
←y 以外の文字は数と考える。

(イ) $a^2b^2-ab+3ab-2a^2b^2+7c^2+4a-5b-3a+1$
$=(a^2b^2-2a^2b^2)+(-ab+3ab)+7c^2+(4a-3a)-5b+1$
$=(1-2)a^2b^2+(-1+3)ab+7c^2+(4-3)a-5b+1$
$=-a^2b^2+2ab+7c^2+a-5b+1$ ……①
また，b について，降べきの順に整理すると
$-a^2b^2+(2a-5)b+7c^2+a+1$
よって，b に着目すると　**次数 2，定数項 $7c^2+a+1$**
a と b に着目すると　① から　**次数 4，定数項 $7c^2+1$**

←同類項を集める。
←同類項をまとめる。
←b 以外の文字は数と考える。
←a^2b^2 は，a を 2 個，b を 2 個掛け合わせているから，a と b に着目すると 4 次。

練習 ②2　$A=-2x^3+4x^2y+5y^3$, $B=x^2y-3xy^2+2y^3$, $C=3x^3-2x^2y$ であるとき，次の計算をせよ。
(1) $3(A-2B)-2(A-2B-C)$　(2) $3A-2\{(2A-B)-(A-3B)\}-3C$

(1) $3(A-2B)-2(A-2B-C)$
$=3A-6B-2A+4B+2C=A-2B+2C$
$=(-2x^3+4x^2y+5y^3)-2(x^2y-3xy^2+2y^3)+2(3x^3-2x^2y)$
$=-2x^3+4x^2y+5y^3-2x^2y+6xy^2-4y^3+6x^3-4x^2y$
$=\boldsymbol{4x^3-2x^2y+6xy^2+y^3}$

←縦書きの計算
$-2x^3+4x^2y\quad\ +5y^3$
$\quad\ -2x^2y+6xy^2-4y^3$
$+)\ 6x^3-4x^2y$
$\overline{4x^3-2x^2y+6xy^2+\ y^3}$

(2) $3A-2\{(2A-B)-(A-3B)\}-3C$
$=3A-2(2A-B-A+3B)-3C=3A-2(A+2B)-3C$
$=3A-2A-4B-3C=A-4B-3C$
$=(-2x^3+4x^2y+5y^3)-4(x^2y-3xy^2+2y^3)-3(3x^3-2x^2y)$
$=-2x^3+4x^2y+5y^3-4x^2y+12xy^2-8y^3-9x^3+6x^2y$
$=\boldsymbol{-11x^3+6x^2y+12xy^2-3y^3}$

←内側の括弧から（ ），{ } の順にはずす。
←A, B, C について整理。
←A, B, C の各式を代入。
←x の降べきの順に整理。

練習 ①**3** 次の計算をせよ。
(1) $(-ab)^2(-2a^3b)$ (2) $(-2x^4y^2z^3)(-3x^2y^2z^4)$
(3) $2a^2bc(a-3b^2+2c)$ (4) $(-2x)^3(3x^2-2x+4)$

(1) $(-ab)^2(-2a^3b)=(-1)^2a^2b^2\times(-2a^3b)=1\cdot(-2)a^{2+3}b^{2+1}$
$\qquad\qquad\qquad =-2a^5b^3$

(2) $(-2x^4y^2z^3)(-3x^2y^2z^4)=(-2)\cdot(-3)x^{4+2}y^{2+2}z^{3+4}=6x^6y^4z^7$

(3) $2a^2bc(a-3b^2+2c)$
$\quad =2a^2bc\cdot a+2a^2bc\cdot(-3b^2)+2a^2bc\cdot2c$
$\quad =-6a^2b^3c+2a^3bc+4a^2bc^2$

(4) $(-2x)^3(3x^2-2x+4)=-8x^3(3x^2-2x+4)$
$\qquad\qquad\qquad =-8x^3\cdot3x^2-8x^3\cdot(-2x)-8x^3\cdot4$
$\qquad\qquad\qquad =-24x^5+16x^4-32x^3$

←指数法則
$m,\ n$ が自然数のとき
$a^ma^n=a^{m+n}$,
$(a^m)^n=a^{mn}$,
$(ab)^n=a^nb^n$

←分配法則

←次数の高い順に。

$←(-2x)^3=(-2)^3\cdot x^3$
$\qquad\qquad =-8x^3$

練習 ①**4** 次の式を展開せよ。
(1) $(2a+3b)(a-2b)$ (2) $(2x-3y-1)(2x-y-3)$
(3) $(2a-3b)(a^2+4b^2-3ab)$ (4) $(3x+x^3-1)(2x^2-x-6)$

(1) $(2a+3b)(a-2b)=2a(a-2b)+3b(a-2b)$
$\qquad\qquad\qquad =2a^2-4ab+3ab-6b^2$
$\qquad\qquad\qquad =2a^2-ab-6b^2$

(2) $(2x-3y-1)(2x-y-3)$
$\quad =2x(2x-y-3)-3y(2x-y-3)-(2x-y-3)$
$\quad =4x^2-2xy-6x-6xy+3y^2+9y-2x+y+3$
$\quad =4x^2-8xy+3y^2-8x+10y+3$

(3) $(2a-3b)(a^2+4b^2-3ab)$
$\quad =2a(a^2+4b^2-3ab)-3b(a^2+4b^2-3ab)$
$\quad =2a^3+8ab^2-6a^2b-3a^2b-12b^3+9ab^2$
$\quad =2a^3-9a^2b+17ab^2-12b^3$

(4) $(3x+x^3-1)(2x^2-x-6)$
$\quad =3x(2x^2-x-6)+x^3(2x^2-x-6)-(2x^2-x-6)$
$\quad =6x^3-3x^2-18x+2x^5-x^4-6x^3-2x^2+x+6$
$\quad =2x^5-x^4-5x^2-17x+6$

←分配法則

←同類項 □ab をまとめる。

←降べきの順に整理。

←縦書きの計算も便利。
別解 参照。

←降べきの順に整理。

別解 (3)
$$
\begin{array}{r}
a^2-3ab+4b^2 \\
\times)\ 2a-3b \\
\hline
2a^3-6a^2b+8ab^2 \\
-3a^2b+9ab^2-12b^3 \\
\hline
2a^3-9a^2b+17ab^2-12b^3
\end{array}
$$

←a の降べきの順に書く。項数の多い式を上に。

←同類項は縦にそろえる。

(4)
$$
\begin{array}{r}
x^3\quad+3x-1 \\
\times)\ 2x^2-x-6 \\
\hline
2x^5\quad+6x^3-2x^2 \\
-x^4\qquad-3x^2+x \\
-6x^3\qquad-18x+6 \\
\hline
2x^5-x^4\qquad-5x^2-17x+6
\end{array}
$$

←欠けている次数の項,すなわち2次の項はあけておく(～～の部分)。

練習 ①5 次の式を展開せよ。
(1) $(3x+5y)^2$　　(2) $(a^2+2b)^2$　　(3) $(3a-2b)^2$
(4) $(2xy-3)^2$　　(5) $(2x-3y)(2x+3y)$　　(6) $(3x-4y)(5y+4x)$

(1) $(3x+5y)^2=(3x)^2+2\cdot3x\cdot5y+(5y)^2$
　　　$=9x^2+30xy+25y^2$
←$(a+b)^2$
$=a^2+2ab+b^2$

(2) $(a^2+2b)^2=(a^2)^2+2\cdot a^2\cdot2b+(2b)^2$
　　　$=a^4+4a^2b+4b^2$

(3) $(3a-2b)^2=(3a)^2-2\cdot3a\cdot2b+(2b)^2$
　　　$=9a^2-12ab+4b^2$
←$(a-b)^2$
$=a^2-2ab+b^2$

(4) $(2xy-3)^2=(2xy)^2-2\cdot2xy\cdot3+3^2$
　　　$=4x^2y^2-12xy+9$

(5) $(2x-3y)(2x+3y)=(2x+3y)(2x-3y)=(2x)^2-(3y)^2$
　　　$=4x^2-9y^2$
←$(a+b)(a-b)$
$=a^2-b^2$

(6) $(3x-4y)(5y+4x)=(3x-4y)(4x+5y)$
　　　$=3\cdot4x^2+\{3\cdot5+(-4)\cdot4\}xy+(-4)\cdot5y^2$
　　　$=12x^2-xy-20y^2$
←$(ax+b)(cx+d)$
$=acx^2+(ad+bc)x+bd$

参考 解答の2行目を次のようにしてもよい。
　　　$=3\cdot4x^2+\{3\cdot5y+(-4y)\cdot4\}x+(-4y)\cdot5y$

練習 ①6 次の式を展開せよ。
(1) $(x+2)(x^2-2x+4)$　(2) $(2p-q)(4p^2+2pq+q^2)$　(3) $(2x+1)^3$　(4) $(3x-2y)^3$

(1) $(x+2)(x^2-2x+4)=(x+2)(x^2-x\cdot2+2^2)=x^3+2^3$
　　　$=x^3+8$
←$(a+b)(a^2-ab+b^2)$
$=a^3+b^3$

(2) $(2p-q)(4p^2+2pq+q^2)=(2p-q)\{(2p)^2+2p\cdot q+q^2\}$
　　　$=(2p)^3-q^3=8p^3-q^3$
←$(a-b)(a^2+ab+b^2)$
$=a^3-b^3$

(3) $(2x+1)^3=(2x)^3+3\cdot(2x)^2\cdot1+3\cdot2x\cdot1^2+1^3$
　　　$=8x^3+12x^2+6x+1$
←$(a+b)^3$
$=a^3+3a^2b+3ab^2+b^3$

(4) $(3x-2y)^3=(3x)^3-3\cdot(3x)^2\cdot2y+3\cdot3x\cdot(2y)^2-(2y)^3$
　　　$=27x^3-54x^2y+36xy^2-8y^3$
←$(a-b)^3$
$=a^3-3a^2b+3ab^2-b^3$

練習 ②7 次の式を展開せよ。
(1) $(a+3b-c)^2$　　　　(2) $(x+y+7)(x+y-7)$
(3) $(x-3y+2z)(x+3y-2z)$　　(4) $(x^2-3x+1)(x^2+4x+1)$

(1) $(a+3b-c)^2=\{a+(3b-c)\}^2=a^2+2a(3b-c)+(3b-c)^2$
　　　$=a^2+6ab-2ac+9b^2-6bc+c^2$
　　　$=a^2+9b^2+c^2+6ab-6bc-2ca$
←$3b-c=X$ とおくと
$(a+X)^2=a^2+2aX+X^2$

別解 $(a+3b-c)^2=\{a+3b+(-c)\}^2$
　　　$=a^2+(3b)^2+(-c)^2+2\cdot a\cdot3b+2\cdot3b(-c)+2(-c)a$
　　　$=a^2+9b^2+c^2+6ab-6bc-2ca$
←$(a+b+c)^2$
$=a^2+b^2+c^2$
　$+2ab+2bc+2ca$

(2) $(x+y+7)(x+y-7)=\{(x+y)+7\}\{(x+y)-7\}$
　　　$=(x+y)^2-7^2$
　　　$=x^2+2xy+y^2-49$
←$x+y=A$ とおくと
$(A+7)(A-7)=A^2-7^2$

(3) $(x-3y+2z)(x+3y-2z)=\{x-(3y-2z)\}\{x+(3y-2z)\}$
$=x^2-(3y-2z)^2$
$\boldsymbol{=x^2-9y^2-4z^2+12yz}$

←$3y$, $2z$ の符号に注目。
$3y-2z=A$ とおくと
$(x-A)(x+A)=x^2-A^2$

(4) $(x^2-3x+1)(x^2+4x+1)=\{(x^2+1)-3x\}\{(x^2+1)+4x\}$
$=(x^2+1)^2+x(x^2+1)-12x^2$
$=(x^4+2x^2+1)+x^3+x-12x^2$
$\boldsymbol{=x^4+x^3-10x^2+x+1}$

←$x^2+1=A$ とおくと
$(A-3x)(A+4x)$
$=A^2+xA-12x^2$

←降べきの順に整理。

練習
②**8** 次の式を展開せよ。
(1) $(x+3)(x-3)(x^2+9)$
(2) $(x-1)(x-2)(x+1)(x+2)$
(3) $(a+b)^3(a-b)^3$
(4) $(x+3)(x-1)(x^2+x+1)(x^2-3x+9)$

(1) $(x+3)(x-3)(x^2+9)=(x^2-9)(x^2+9)=(x^2)^2-9^2$
$\boldsymbol{=x^4-81}$

←$(a+b)(a-b)=a^2-b^2$

(2) $(x-1)(x-2)(x+1)(x+2)=(x-1)(x+1)\times(x-2)(x+2)$
$=(x^2-1)\times(x^2-4)$
$=(x^2)^2-5x^2+4$
$\boldsymbol{=x^4-5x^2+4}$

←掛ける順序を工夫。
←$(a+b)(a-b)=a^2-b^2$

(3) $(a+b)^3(a-b)^3=\{(a+b)(a-b)\}^3=(a^2-b^2)^3$
$=(a^2)^3-3(a^2)^2b^2+3a^2(b^2)^2-(b^2)^3$
$\boldsymbol{=a^6-3a^4b^2+3a^2b^4-b^6}$

←$A^3B^3=(AB)^3$
←$(a-b)^3$
$=a^3-3a^2b+3ab^2-b^3$

(4) $(x+3)(x-1)(x^2+x+1)(x^2-3x+9)$
$=(x-1)(x^2+x+1)\times(x+3)(x^2-3x+9)$
$=(x^3-1)(x^3+27)$
$=(x^3)^2+26x^3-27$
$\boldsymbol{=x^6+26x^3-27}$

←$(a+b)(a^2-ab+b^2)$
　$=a^3+b^3$
　$(a-b)(a^2+ab+b^2)$
　$=a^3-b^3$

練習
③**9** 次の式を展開せよ。
(1) $(x-2)(x+1)(x+2)(x+5)$
(2) $(x+8)(x+7)(x-3)(x-4)$
(3) $(x+y+z)(-x+y+z)(x-y+z)(x+y-z)$
(4) $(x+y+1)(x^2-xy+y^2-x-y+1)$

(1) $(x-2)(x+1)(x+2)(x+5)$
$=\{(x-2)(x+5)\}\times\{(x+1)(x+2)\}$
$=\{(x^2+3x)-10\}\times\{(x^2+3x)+2\}$
$=(x^2+3x)^2-8(x^2+3x)-20$
$=x^4+6x^3+9x^2-8x^2-24x-20$
$\boldsymbol{=x^4+6x^3+x^2-24x-20}$

←定数項に注目。
　$-2+5=3$, $1+2=3$
←$x^2+3x=A$ とおくと
$(A-10)(A+2)$
$=A^2-8A-20$

(2) $(x+8)(x+7)(x-3)(x-4)$
$=\{(x+8)(x-4)\}\times\{(x+7)(x-3)\}$
$=\{(x^2+4x)-32\}\times\{(x^2+4x)-21\}$
$=(x^2+4x)^2-53(x^2+4x)+672$
$=x^4+8x^3+16x^2-53x^2-212x+672$
$\boldsymbol{=x^4+8x^3-37x^2-212x+672}$

←定数項に注目。
　$8-4=4$, $7-3=4$
←$x^2+4x=A$ とおくと
$(A-32)(A-21)$
$=A^2-53A+672$

(3) $(x+y+z)(-x+y+z)(x-y+z)(x+y-z)$
$=\{x+(y+z)\}\{-x+(y+z)\}\times\{x-(y-z)\}\{x+(y-z)\}$
$=\{(y+z)^2-x^2\}\{x^2-(y-z)^2\}$
$=\{-x^2+(y+z)^2\}\{x^2-(y-z)^2\}$
$=-x^4+\{(y+z)^2+(y-z)^2\}x^2-(y+z)^2(y-z)^2$
$=-x^4+2(y^2+z^2)x^2-(y^2-z^2)^2$
$=\boldsymbol{-x^4-y^4-z^4+2x^2y^2+2y^2z^2+2z^2x^2}$

← 平方の差の利用。
← $(-x^2+●)(x^2-■)$ の形。
← $(y+z)^2(y-z)^2$
$=\{(y+z)(y-z)\}^2$

(4) $(x+y+1)(x^2-xy+y^2-x-y+1)$
$=\{x+(y+1)\}\{x^2-(y+1)x+(y^2-y+1)\}$
$=x^3+\{(y+1)-(y+1)\}x^2+\{(y^2-y+1)-(y+1)^2\}x$
$\quad+(y+1)(y^2-y+1)$
$=x^3+(-3y)x+y^3+1$
$=\boldsymbol{x^3+y^3-3xy+1}$

← x について整理し，
$(x+●)(x^2-▲x+■)$
とみて展開。

練習 ①10 次の式を因数分解せよ。
(1) $(a+b)x-(a+b)y$ 　　(2) $(a-b)x^2+(b-a)xy$
(3) $121-49x^2y^2$ 　　(4) $8xyz^2-40xyz+50xy$
(5) $x^2-8x+12$ 　　(6) $a^2+5ab-150b^2$ 　　(7) $x^2-xy-12y^2$

(1) $(a+b)x-(a+b)y=\boldsymbol{(a+b)(x-y)}$
(2) $(a-b)x^2+(b-a)xy=(a-b)x^2-(a-b)xy$
$\qquad\qquad=\boldsymbol{x(a-b)(x-y)}$

← $b-a=-(a-b)$
← 共通因数は $x(a-b)$

(3) $121-49x^2y^2=11^2-(7xy)^2$
$\qquad=(11+7xy)(11-7xy)$
$\qquad=\boldsymbol{-(7xy+11)(7xy-11)}$

← 平方の差→和と差の積
← これでも正解。

(4) $8xyz^2-40xyz+50xy=2xy(4z^2-20z+25)$
$\qquad=2xy\{(2z)^2-2\cdot2z\cdot5+5^2\}$
$\qquad=\boldsymbol{2xy(2z-5)^2}$

← $a^2-2ab+b^2$
$=(a-b)^2$

(5) $x^2-8x+12=x^2+(-2-6)\cdot x+(-2)\cdot(-6)$
$\qquad=\boldsymbol{(x-2)(x-6)}$

← 掛けて 12,
足して -8

(6) $a^2+5ab-150b^2=a^2+(15b-10b)\cdot a+15b\cdot(-10b)$
$\qquad=\boldsymbol{(a+15b)(a-10b)}$

← 掛けて $-150b^2$,
足して $5b$

(7) $x^2-xy-12y^2=x^2+(3y-4y)\cdot x+3y\cdot(-4y)$
$\qquad=\boldsymbol{(x+3y)(x-4y)}$

← 掛けて $-12y^2$,
足して $-y$

練習 ①11 次の式を因数分解せよ。
(1) $3x^2+10x+3$ 　　(2) $2x^2-9x+4$ 　　(3) $6x^2+x-1$
(4) $8x^2-2xy-3y^2$ 　　(5) $6a^2-ab-12b^2$ 　　(6) $10p^2-19pq+6q^2$

(1) 右のたすき掛けから
$3x^2+10x+3=\boldsymbol{(x+3)(3x+1)}$

(1)
$\begin{array}{ccc} 1 & 3 & \to 9 \\ 3 & 1 & \to 1 \\ \hline 3 & 3 & 10 \end{array}$

(2) 右のたすき掛けから
$2x^2-9x+4=(x-4)(2x-1)$

(2)
$$\begin{array}{cccc} 1 & & -4 & \to & -8 \\ 2 & \times & -1 & \to & -1 \\ \hline 2 & & 4 & & -9 \end{array}$$

(3) 右のたすき掛けから
$6x^2+x-1=(2x+1)(3x-1)$

(3)
$$\begin{array}{cccc} 2 & & 1 & \to & 3 \\ 3 & \times & -1 & \to & -2 \\ \hline 6 & & -1 & & 1 \end{array}$$

(4) 右のたすき掛けから
$8x^2-2xy-3y^2=(2x+y)(4x-3y)$

(4)
$$\begin{array}{cccc} 2 & & y & \to & 4y \\ 4 & \times & -3y & \to & -6y \\ \hline 8 & & -3y^2 & & -2y \end{array}$$

(5) 右のたすき掛けから
$6a^2-ab-12b^2$
$\quad =(2a-3b)(3a+4b)$

(5)
$$\begin{array}{cccc} 2 & & -3b & \to & -9b \\ 3 & \times & 4b & \to & 8b \\ \hline 6 & & -12b^2 & & -b \end{array}$$

(6) 右のたすき掛けから
$10p^2-19pq+6q^2$
$\quad =(2p-3q)(5p-2q)$

(6)
$$\begin{array}{cccc} 2 & & -3q & \to & -15q \\ 5 & \times & -2q & \to & -4q \\ \hline 10 & & 6q^2 & & -19q \end{array}$$

(2) <失敗例>
$$\begin{array}{cccc} 1 & & 4 & \to & 8 \\ 2 & \times & 1 & \to & 1 \\ \hline 2 & & 4 & & 9 \end{array}$$

なお, この失敗例のように, ~~~ が 2 つとも正の値だと, ___ は正の値になり, 必ず失敗する。
また, 2 つの ~~~ の積は正の値でないといけないから, ~~~ は 2 つとも負の値である。このように, 試す組み合わせをあらかじめ減らす工夫も大切。

[検討] たすき掛けにおいて, 試す組み合わせを減らす工夫で, 正か負の他に, 偶数か奇数かを考えることも有効である。例えば, 練習 11(5) $6a^2-ab-12b^2$ では, ab の係数が -1 で 1 が奇数であるから, -12 に対して (奇数)×(偶数) の組み合わせだけを考えればよい ((偶数)×(偶数) の組み合わせを考えると, たすきがけの右端の和は必ず偶数になるから)。

←[奇]+[奇]=[偶]
　[奇]+[偶]=[奇]
　[偶]+[偶]=[偶]
　[奇]×[奇]=[奇]
　[奇]×[偶]=[偶]
　[偶]×[偶]=[偶]

練習 ②12 次の式を因数分解せよ。
(1) $8a^3+27b^3$　　(2) $64x^3-1$　　(3) $8x^3-36x^2+54x-27$　　(4) $4x^3-8x^2-9x+18$

(1) $8a^3+27b^3=(2a)^3+(3b)^3=(2a+3b)\{(2a)^2-2a\cdot3b+(3b)^2\}$
$\quad =(2a+3b)(4a^2-6ab+9b^2)$

←a^3+b^3
$=(a+b)(a^2-ab+b^2)$

(2) $64x^3-1=(4x)^3-1^3=(4x-1)\{(4x)^2+4x\cdot1+1^2\}$
$\quad =(4x-1)(16x^2+4x+1)$

←a^3-b^3
$=(a-b)(a^2+ab+b^2)$

(3) $8x^3-36x^2+54x-27=(2x)^3-3\cdot(2x)^2\cdot3+3\cdot2x\cdot3^2-3^3$
$\quad =(2x-3)^3$

←$a^3-3a^2b+3ab^2-b^3$
$=(a-b)^3$

[別解] $8x^3-36x^2+54x-27=8x^3-27-(36x^2-54x)$
$\quad =(2x-3)(4x^2+6x+9)-18x(2x-3)$
$\quad =(2x-3)(4x^2+6x+9-18x)=(2x-3)(4x^2-12x+9)$
$\quad =(2x-3)(2x-3)^2=(2x-3)^3$

←$8x^3-27=(2x)^3-3^3$

←共通因数 $2x-3$ でくくる。

(4) $4x^3-8x^2-9x+18=4x^2(x-2)-9(x-2)=(x-2)(4x^2-9)$
$\quad =(x-2)(2x+3)(2x-3)$

←$x-2$ が共通因数。
←$4x^2-9=(2x)^2-3^2$

練習 ②13 次の式を因数分解せよ。　　[(4) 京都産大]
(1) $6(2x+1)^2+5(2x+1)-4$　　　　(2) $4x^2-9y^2+28x+49$
(3) $2x^4-7x^2-4$　　　　(4) $(x^2-2x)^2-11(x^2-2x)+24$

(1) $6(2x+1)^2+5(2x+1)-4=\{2(2x+1)-1\}\{3(2x+1)+4\}$
$\quad =(4x+1)(6x+7)$

←
$$\begin{array}{cccc} 2 & & -1 & \to & -3 \\ 3 & \times & 4 & \to & 8 \\ \hline 6 & & -4 & & 5 \end{array}$$

(2) $4x^2-9y^2+28x+49=(4x^2+28x+49)-9y^2$

$\qquad\qquad\qquad\quad =\{(2x)^2+2\cdot2x\cdot7+7^2\}-(3y)^2$

$\qquad\qquad\qquad\quad =(2x+7)^2-(3y)^2$

$\qquad\qquad\qquad\quad =(2x+7+3y)(2x+7-3y)$

$\qquad\qquad\qquad\quad =\boldsymbol{(2x+3y+7)(2x-3y+7)}$

←平方の差
→ 和と差の積

(3) $2x^4-7x^2-4=2(x^2)^2-7x^2-4=(x^2-4)(2x^2+1)$

$\qquad\qquad\qquad =\boldsymbol{(x+2)(x-2)(2x^2+1)}$

$\begin{array}{ccc} 1 & \diagdown & -4 \to -8 \\ 2 & \diagup & 1 \to 1 \\ \hline 2 & & -4 -7 \end{array}$

(4) $(x^2-2x)^2-11(x^2-2x)+24=\{(x^2-2x)-3\}\{(x^2-2x)-8\}$

$\qquad\qquad\qquad\qquad\qquad\quad =(x^2-2x-3)(x^2-2x-8)$

$\qquad\qquad\qquad\qquad\qquad\quad =\boldsymbol{(x+1)(x-3)(x+2)(x-4)}$

←$x^2-2x=X$ とおくと
$X^2-11X+24$
$=(X-3)(X-8)$

練習 次の式を因数分解せよ。
④**14** (1) $(x^2-2x-16)(x^2-2x-14)+1$ \qquad (2) $(x+1)(x-5)(x^2-4x+6)+18$

\qquad (3) $(x-1)(x-3)(x-5)(x-7)-9$ \qquad (4) $(x+y+1)^4-(x+y)^4$

\hfill [(1) 専修大]

(1) （与式）$=(x^2-2x)^2-30(x^2-2x)+224+1$

$\qquad\qquad =(x^2-2x)^2-30(x^2-2x)+225=(x^2-2x-15)^2$

$\qquad\qquad =\{(x+3)(x-5)\}^2=\boldsymbol{(x+3)^2(x-5)^2}$

←$x^2-2x=X$ とおくと
$(X-16)(X-14)+1$
$=X^2-30X+224+1$

(2) （与式）$=(x^2-4x-5)(x^2-4x+6)+18$

$\qquad\qquad =(x^2-4x)^2+(x^2-4x)-30+18$

$\qquad\qquad =(x^2-4x)^2+(x^2-4x)-12$

$\qquad\qquad =(x^2-4x+4)(x^2-4x-3)$

$\qquad\qquad =\boldsymbol{(x-2)^2(x^2-4x-3)}$

←$(x+1)(x-5)$ を組み
合わせると，同じ形
x^2-4x が現れる。

(3) （与式）$=(x-1)(x-7)\times(x-3)(x-5)-9$

$\qquad\qquad =(x^2-8x+7)(x^2-8x+15)-9$

$\qquad\qquad =(x^2-8x)^2+22(x^2-8x)+96$

$\qquad\qquad =(x^2-8x+6)(x^2-8x+16)$

$\qquad\qquad =\boldsymbol{(x^2-8x+6)(x-4)^2}$

←$-1-7=-8$,
$-3-5=-8$ に着目して,
組み合わせる。

←$x^2-8x+16=(x-4)^2$

(4) $x+y=A$ とおくと

$\qquad$（与式）$=(A+1)^4-A^4$

$\qquad\qquad =\{(A+1)^2+A^2\}\{(A+1)^2-A^2\}$

$\qquad\qquad =(2A^2+2A+1)(2A+1)$

$\qquad\qquad =\{2(x+y)^2+2(x+y)+1\}\{2(x+y)+1\}$

$\qquad\qquad =\boldsymbol{(2x^2+4xy+2y^2+2x+2y+1)(2x+2y+1)}$

←$(A+1)^2=B$,
$A^2=C$ とおくと
B^2-C^2
$=(B+C)(B-C)$

練習 次の式を因数分解せよ。
②**15** (1) $a^3b+16-4ab-4a^2$ \qquad (2) $x^3y+x^2-xyz^2-z^2$

\qquad (3) $6x^2-yz+2xz-3xy$ \qquad (4) $3x^2-2z^2+4yz+2xy+5xz$

(1) $a^3b+16-4ab-4a^2=(a^3-4a)b+16-4a^2$

$\qquad\qquad\qquad\qquad\quad =a(a^2-4)b-4(a^2-4)$

$\qquad\qquad\qquad\qquad\quad =(a^2-4)(ab-4)$

$\qquad\qquad\qquad\qquad\quad =\boldsymbol{(a+2)(a-2)(ab-4)}$

←最低次の文字 b につ
いて整理。

←これを答えとしたら
誤り！

(2) $x^3y+x^2-xyz^2-z^2=(x^3-xz^2)y+x^2-z^2$

$\qquad\qquad\qquad\qquad\quad =x(x^2-z^2)y+x^2-z^2$

←最低次の文字 y につ
いて整理。

$$=(x^2-z^2)(xy+1)$$
$$=\boldsymbol{(x+z)(x-z)(xy+1)}$$

(3) $\quad 6x^2-yz+2xz-3xy=(2x-y)z+6x^2-3xy$
$$=(2x-y)z+3x(2x-y)$$
$$=\boldsymbol{(2x-y)(3x+z)}$$

← y, z のどちらについ
ても1次であるが，y の
係数が負であるから，z
について整理。

(4) $\quad 3x^2-2z^2+4yz+2xy+5xz=(2x+4z)y+3x^2+5xz-2z^2$
$$=2(x+2z)y+(x+2z)(3x-z)$$
$$=(x+2z)(2y+3x-z)$$
$$=\boldsymbol{(x+2z)(3x+2y-z)}$$

←
$$\begin{array}{ccc} 1 & 2 \to & 6 \\ 3 & -1 \to & -1 \\ \hline 3 & -2 & 5 \end{array}$$

練習 ②**16** 　次の式を因数分解せよ。

(1) $\quad x^2-2xy-3y^2+6x-10y+8$
(2) $\quad 2x^2-5xy-3y^2+7x+7y-4$
(3) $\quad 6x^2+5xy+y^2+2x-y-20$

(1) $\quad x^2-2xy-3y^2+6x-10y+8$
$$=x^2-(2y-6)x-(3y^2+10y-8)$$
$$=x^2-(2y-6)x-(y+4)(3y-2)$$
$$=\{x+(y+4)\}\{x-(3y-2)\}$$
$$=\boldsymbol{(x+y+4)(x-3y+2)}$$

←
$$\begin{array}{cccc} 1 & y+4 & \to & y+4 \\ 1 & -(3y-2) & \to & -3y+2 \\ \hline 1 & -(y+4)(3y-2) & & -2y+6 \end{array}$$

(2) $\quad 2x^2-5xy-3y^2+7x+7y-4$
$$=2x^2-(5y-7)x-(3y^2-7y+4)$$
$$=2x^2-(5y-7)x-(y-1)(3y-4)$$
$$=\{x-(3y-4)\}\{2x+(y-1)\}$$
$$=\boldsymbol{(x-3y+4)(2x+y-1)}$$

←
$$\begin{array}{cccc} 1 & -(3y-4) & \to & -6y+8 \\ 2 & y-1 & \to & y-1 \\ \hline 2 & -(y-1)(3y-4) & & -5y+7 \end{array}$$

(3) $\quad 6x^2+5xy+y^2+2x-y-20$
$$=6x^2+(5y+2)x+y^2-y-20$$
$$=6x^2+(5y+2)x+(y+4)(y-5)$$
$$=\{2x+(y+4)\}\{3x+(y-5)\}$$
$$=\boldsymbol{(2x+y+4)(3x+y-5)}$$

←
$$\begin{array}{cccc} 2 & y+4 & \to & 3y+12 \\ 3 & y-5 & \to & 2y-10 \\ \hline 6 & (y+4)(y-5) & & 5y+2 \end{array}$$

[別解] 　y について整理すると
$$\quad 6x^2+5xy+y^2+2x-y-20$$
$$=y^2+(5x-1)y+2(3x^2+x-10)$$
$$=y^2+(5x-1)y+2(x+2)(3x-5)$$
$$=\{y+2(x+2)\}\{y+(3x-5)\}$$
$$=\boldsymbol{(2x+y+4)(3x+y-5)}$$

←
$$\begin{array}{cccc} 1 & 2(x+2) & \to & 2x+4 \\ 1 & 3x-5 & \to & 3x-5 \\ \hline 1 & 2(x+2)(3x-5) & & 5x-1 \end{array}$$

練習 ②**17** 　次の式を因数分解せよ。

(1) $\quad abc+ab+bc+ca+a+b+c+1$
(2) $\quad a^2b+ab^2+a+b-ab-1$

(1) $\quad abc+ab+bc+ca+a+b+c+1$
$$=(bc+b+c+1)a+bc+b+c+1$$
$$=(a+1)(bc+b+c+1)$$
$$=(a+1)\{(c+1)b+c+1\}$$
$$=\boldsymbol{(a+1)(b+1)(c+1)}$$

←a について整理。

←$bc+b+c+1$ を b に
ついて整理。

(2) $\quad a^2b+ab^2+a+b-ab-1$

$\qquad =ba^2+(b^2-b+1)a+b-1$

$\qquad =(a+b-1)(ba+1)$

$\qquad \boldsymbol{=(a+b-1)(ab+1)}$

←a について整理。

別解 $\quad a^2b+ab^2+a+b-ab-1=ab(a+b)+a+b-ab-1$

$\qquad\qquad\qquad\qquad\qquad\qquad =(a+b)(ab+1)-(ab+1)$

$\qquad\qquad\qquad\qquad\qquad\qquad \boldsymbol{=(a+b-1)(ab+1)}$

←項を組み合わせて，共通な式が現れたら，くくり出していく方法。

練習 ③18

次の式を因数分解せよ。

(1) $ab(a+b)+bc(b+c)+ca(c+a)+3abc$ 　　(2) $a(b-c)^3+b(c-a)^3+c(a-b)^3$

(1) （与式）$=(b+c)a^2+(b^2+3bc+c^2)a+bc(b+c)$

$\qquad =\{a+(b+c)\}\{(b+c)a+bc\}$

$\qquad \boldsymbol{=(a+b+c)(ab+bc+ca)}$

←a について整理。

別解 （与式）$=ab(a+b+c)-abc+bc(a+b+c)-abc$

$\qquad\qquad\quad +ca(a+b+c)-abc+3abc$

$\qquad\qquad =ab(a+b+c)+bc(a+b+c)+ca(a+b+c)$

$\qquad\qquad \boldsymbol{=(a+b+c)(ab+bc+ca)}$

←式の形の特徴をにらんで，各項にない文字を加えて引くと，$3abc$ が消える。

(2) （与式）$=(b-c)^3a+b(c^3-3c^2a+3ca^2-a^3)$

$\qquad\qquad\quad +c(a^3-3a^2b+3ab^2-b^3)$

$\quad =-(b-c)a^3+\{(b-c)^3+3bc(b-c)\}a-bc(b^2-c^2)$

$\quad =-(b-c)a^3+(b-c)\{(b-c)^2+3bc\}a-bc(b+c)(b-c)$

$\quad =-(b-c)a^3+(b-c)(b^2+bc+c^2)a-bc(b+c)(b-c)$

$\quad =-(b-c)\{a^3-(b^2+bc+c^2)a+bc(b+c)\}$

$\quad =-(b-c)\{(c-a)b^2+(c^2-ca)b+a(a^2-c^2)\}$

$\quad =-(b-c)\{(c-a)b^2+c(c-a)b-a(c+a)(c-a)\}$

$\quad =-(b-c)(c-a)\{b^2+cb-a(c+a)\}$

$\quad =-(b-c)(c-a)\{(b-a)c+b^2-a^2\}$

$\quad =-(b-c)(c-a)(b-a)\{c+(b+a)\}$

$\quad \boldsymbol{=(a-b)(b-c)(c-a)(a+b+c)}$

←a について整理。

←$b-c$ が共通因数。

←{ } 内は b について整理。$c-a$ が共通因数。

←{ } 内は c について整理。$b-a$ が共通因数。

練習 ③19

次の式を因数分解せよ。

(1) x^4+3x^2+4 　　(2) $x^4-11x^2y^2+y^4$ 　　(3) $x^4-9x^2y^2+16y^4$ 　　(4) $4x^4+11x^2y^2+9y^4$

(1) $\quad x^4+3x^2+4=(x^4+4x^2+4)-x^2=(x^2+2)^2-x^2$

$\qquad\qquad\qquad\quad =\{(x^2+2)+x\}\{(x^2+2)-x\}$

$\qquad\qquad\qquad\quad \boldsymbol{=(x^2+x+2)(x^2-x+2)}$

←x^2 を加えて引く。

(2) $\quad x^4-11x^2y^2+y^4=(x^4-2x^2y^2+y^4)-9x^2y^2=(x^2-y^2)^2-(3xy)^2$

$\qquad\qquad\qquad\qquad =\{(x^2-y^2)+3xy\}\{(x^2-y^2)-3xy\}$

$\qquad\qquad\qquad\qquad \boldsymbol{=(x^2+3xy-y^2)(x^2-3xy-y^2)}$

←$(\quad)^2-(\quad)^2$ となるように，x^2y^2 の係数を $-11=-2-9$ と考える。

(3) $\quad x^4-9x^2y^2+16y^4=\{x^4-8x^2y^2+(4y^2)^2\}-x^2y^2$

$\qquad\qquad\qquad\qquad =(x^2-4y^2)^2-(xy)^2$

←$-9=-8-1$

$$= \{(x^2 - 4y^2) + xy\}\{(x^2 - 4y^2) - xy\}$$
$$= (x^2 + xy - 4y^2)(x^2 - xy - 4y^2)$$

(4) $4x^4 + 11x^2y^2 + 9y^4 = \{(2x^2)^2 + 12x^2y^2 + (3y^2)^2\} - x^2y^2$

←x^2y^2 を加えて引く。

$$= (2x^2 + 3y^2)^2 - (xy)^2$$
$$= \{(2x^2 + 3y^2) + xy\}\{(2x^2 + 3y^2) - xy\}$$
$$= (2x^2 + xy + 3y^2)(2x^2 - xy + 3y^2)$$

練習 ④20 次の式を因数分解せよ。
(1) $a^3 - b^3 - c^3 - 3abc$ (2) $a^3 + 6ab - 8b^3 + 1$

(1) $a^3 - b^3 - c^3 - 3abc$
$= a^3 + (-b)^3 + (-c)^3 - 3a(-b)(-c)$
$= \{a + (-b) + (-c)\}$
  $\times \{a^2 + (-b)^2 + (-c)^2 - a(-b) - (-b)(-c) - (-c)a\}$
$= (a - b - c)(a^2 + b^2 + c^2 + ab - bc + ca)$

(2) $a^3 + 6ab - 8b^3 + 1 = a^3 - 8b^3 + 1 + 6ab$
$= a^3 + (-2b)^3 + 1^3 - 3a \cdot (-2b) \cdot 1$
$= \{a + (-2b) + 1\}\{a^2 + (-2b)^2 + 1^2 - a \cdot (-2b) - (-2b) \cdot 1 - 1 \cdot a\}$
$= (a - 2b + 1)(a^2 + 4b^2 + 1 + 2ab + 2b - a)$
$= (a - 2b + 1)(a^2 + 2ab + 4b^2 - a + 2b + 1)$

$\boxed{\text{HINT}}$
例題 20 (1) の結果
$a^3 + b^3 + c^3 - 3abc$
$= (a+b+c)(a^2+b^2$
$+c^2-ab-bc-ca)$
を公式として用いる。

←項の順序を入れ替える。

←$\boxed{\text{HINT}}$ の公式で，b に $-2b$，c に 1 を代入する。

←降べきの順に整理。

練習 ①21
(1) 次の分数を小数に直し，循環小数の表し方で書け。
(ア) $\dfrac{22}{9}$ (イ) $\dfrac{1}{12}$ (ウ) $\dfrac{8}{7}$
(2) 次の循環小数を分数で表せ。
(ア) $0.\dot{7}$ (イ) $0.\dot{2}4\dot{6}$ (ウ) $0.0\dot{7}2\dot{9}$

(1) (ア) $\dfrac{22}{9} = 2.444\cdots\cdots = 2.\dot{4}$

(イ) $\dfrac{1}{12} = 0.08333\cdots\cdots = 0.08\dot{3}$

(ウ) $\dfrac{8}{7} = 1.142857142857\cdots\cdots = 1.\dot{1}4285\dot{7}$

←小数第 1 位以降 142857 が繰り返される。

(2) (ア) $x = 0.\dot{7}$ とおくと $10x = 7.777\cdots\cdots$
よって $10x - x = 7$ すなわち $9x = 7$
したがって $x = \dfrac{7}{9}$

$10x = 7.777\cdots$
$\underline{-)\quad x = 0.777\cdots}$
$9x = 7$

(イ) $x = 0.\dot{2}4\dot{6}$ とおくと $1000x = 246.246246\cdots\cdots$
よって $1000x - x = 246$ すなわち $999x = 246$
したがって $x = \dfrac{246}{999} = \dfrac{82}{333}$

$1000x = 246.246\cdots$
$\underline{-)\quad\quad x = \quad 0.246\cdots}$
$999x = 246$

(ウ) $x = 0.0\dot{7}2\dot{9}$ とおくと $10x = 0.729729\cdots\cdots$
よって $1000 \times 10x = 729.729729\cdots\cdots$
ゆえに $10000x - 10x = 729$
すなわち $9990x = 729$ よって $x = \dfrac{729}{9990} = \dfrac{27}{370}$

←循環部分の最初が小数第 1 位になるようにする。
$10000x = 729.729\cdots$
$\underline{-)\quad 10x = \quad 0.729\cdots}$
$9990x = 729$

練習
①22

(1) 次の値を求めよ。

　(ア) $|-6|$　　　　(イ) $|\sqrt{2}-1|$　　　　(ウ) $|2\sqrt{3}-4|$

(2) 数直線上において，次の 2 点間の距離を求めよ。

　(ア) $P(-2)$, $Q(5)$　　(イ) $A(8)$, $B(3)$　　(ウ) $C(-4)$, $D(-1)$

(3) $x=2$, 3 のとき，$P=|x-1|-2|3-x|$ の値をそれぞれ求めよ。

(1) (ア) $-6<0$ であるから　　$|-6|=-(-6)=6$　　　　　←－ をつけてはずす。

　(イ) $\sqrt{2}>1$ から　$\sqrt{2}-1>0$　よって　$|\sqrt{2}-1|=\sqrt{2}-1$　　←$\sqrt{2}>\sqrt{1}$

　(ウ) $2\sqrt{3}=\sqrt{12}<4$ から　　$2\sqrt{3}-4<0$　　　　　　←$\sqrt{12}<\sqrt{16}$

　　　よって　　$|2\sqrt{3}-4|=-(2\sqrt{3}-4)=4-2\sqrt{3}$

(2) (ア) P, Q 間の距離は　　$|5-(-2)|=|7|=7$

　(イ) A, B 間の距離は　　$|3-8|=|-5|=5$　　　　　　　　←$|-5|=-(-5)=5$

　(ウ) C, D 間の距離は　　$|-1-(-4)|=|3|=3$

(3) $x=2$ のとき　$P=|2-1|-2|3-2|=|1|-2|1|=1-2\cdot1=-1$　←$|1|=1$

　$x=3$ のとき　$P=|3-1|-2|3-3|=|2|-2|0|=2-2\cdot0=2$　　←$|0|=0$

練習
①23

(1) 次の値を求めよ。

　(ア) $\sqrt{(-3)^2}$　　　　(イ) $\sqrt{(-15)(-45)}$　　　　(ウ) $\sqrt{15}\sqrt{35}\sqrt{42}$

(2) 次の式を計算せよ。

　(ア) $\sqrt{18}-2\sqrt{50}-\sqrt{8}+\sqrt{32}$　　　　(イ) $(2\sqrt{3}-3\sqrt{2})^2$

　(ウ) $(2\sqrt{5}-3\sqrt{3})(3\sqrt{5}+2\sqrt{3})$　　　(エ) $(\sqrt{5}+\sqrt{3}-\sqrt{2})(\sqrt{5}-\sqrt{3}+\sqrt{2})$

(1) (ア) $\sqrt{(-3)^2}=|-3|=3$　　　　　　　　　　　　　　←$\sqrt{(-3)^2}=-3$ は

　(イ) $\sqrt{(-15)(-45)}=\sqrt{15\times45}=\sqrt{3\cdot5\times3^2\cdot5}=\sqrt{3^3\cdot5^2}$　　誤り！

　　　　　　$=3\cdot5\sqrt{3}=15\sqrt{3}$　　　　　　　←$\sqrt{15^2\cdot3}$ としてもよい。

　(ウ) $\sqrt{15}\sqrt{35}\sqrt{42}=\sqrt{15\times35\times42}=\sqrt{3\cdot5\times5\cdot7\times2\cdot3\cdot7}$　←根号内を素因数分解す

　　　　　　$=\sqrt{2\cdot3^2\cdot5^2\cdot7^2}=3\cdot5\cdot7\sqrt{2}=105\sqrt{2}$　る。

(2) (ア) （与式）$=\sqrt{3^2\cdot2}-2\sqrt{5^2\cdot2}-\sqrt{2^2\cdot2}+\sqrt{4^2\cdot2}$

　　　　　$=3\sqrt{2}-2\cdot5\sqrt{2}-2\sqrt{2}+4\sqrt{2}$　　　　　←$a>0$, $k>0$ のとき

　　　　　$=(3-10-2+4)\sqrt{2}=-5\sqrt{2}$　　　　　　　　$\sqrt{k^2a}=k\sqrt{a}$

　(イ) （与式）$=(2\sqrt{3})^2-2\cdot2\sqrt{3}\cdot3\sqrt{2}+(3\sqrt{2})^2$　　　←$(a-b)^2=a^2-2ab+b^2$

　　　　　$=4\cdot3-12\sqrt{6}+9\cdot2=30-12\sqrt{6}$

　(ウ) （与式）$=2\cdot3(\sqrt{5})^2+(2\cdot2-3\cdot3)\sqrt{5}\sqrt{3}+(-3)\cdot2(\sqrt{3})^2$　←$(ax+b)(cx+d)$

　　　　　$=6\cdot5+(4-9)\sqrt{15}-6\cdot3$　　　　　　　　$=acx^2+(ad+bc)x+bd$

　　　　　$=12-5\sqrt{15}$

　(エ) （与式）$=\{\sqrt{5}+(\sqrt{3}-\sqrt{2})\}\{\sqrt{5}-(\sqrt{3}-\sqrt{2})\}$　　←$\sqrt{5}=a$, $\sqrt{3}-\sqrt{2}=b$

　　　　　$=(\sqrt{5})^2-(\sqrt{3}-\sqrt{2})^2=5-(3-2\sqrt{6}+2)$　とおくと

　　　　　$=2\sqrt{6}$　　　　　　　　　　　　　　　　　　$(a+b)(a-b)=a^2-b^2$

練習
②24

次の式を，分母を有理化して簡単にせよ。

(1) $\dfrac{3\sqrt{2}}{2\sqrt{3}}-\dfrac{\sqrt{3}}{3\sqrt{2}}$　　　　(2) $\dfrac{6}{3-\sqrt{7}}$　　　　(3) $\dfrac{\sqrt{3}-\sqrt{2}}{\sqrt{3}+\sqrt{2}}-\dfrac{\sqrt{5}+\sqrt{3}}{\sqrt{5}-\sqrt{3}}$

(4) $\dfrac{1}{1+\sqrt{6}+\sqrt{7}}+\dfrac{1}{5+2\sqrt{6}}$　　(5) $\dfrac{\sqrt{2}-\sqrt{3}+\sqrt{5}}{\sqrt{2}+\sqrt{3}-\sqrt{5}}$

HINT (5) $(\sqrt{2})^2 + (\sqrt{3})^2 = (\sqrt{5})^2$ に着目する。

(1) （与式）$= \dfrac{3\sqrt{2}\sqrt{3}}{2(\sqrt{3})^2} - \dfrac{\sqrt{3}\sqrt{2}}{3(\sqrt{2})^2} = \dfrac{3\sqrt{6}}{6} - \dfrac{\sqrt{6}}{6} = \dfrac{2\sqrt{6}}{6} = \dfrac{\sqrt{6}}{3}$

←分母が $\sqrt{a}$ なら，分母・分子に $\sqrt{a}$ を掛ける。

(2) （与式）$= \dfrac{6(3+\sqrt{7})}{(3-\sqrt{7})(3+\sqrt{7})} = \dfrac{6(3+\sqrt{7})}{9-7}$

$= 3(3+\sqrt{7}) = 9 + 3\sqrt{7}$

←分母が $a-\sqrt{b}$ なら，分母・分子に $a+\sqrt{b}$ を掛ける。

(3) （与式）$= \dfrac{(\sqrt{3}-\sqrt{2})^2}{(\sqrt{3}+\sqrt{2})(\sqrt{3}-\sqrt{2})} - \dfrac{(\sqrt{5}+\sqrt{3})^2}{(\sqrt{5}-\sqrt{3})(\sqrt{5}+\sqrt{3})}$

$= \dfrac{5-2\sqrt{6}}{3-2} - \dfrac{8+2\sqrt{15}}{5-3} = 5 - 2\sqrt{6} - (4+\sqrt{15})$

$= 1 - 2\sqrt{6} - \sqrt{15}$

←分母が $\sqrt{a}+\sqrt{b}$ なら，分母・分子に $\sqrt{a}-\sqrt{b}$；分母が $\sqrt{a}-\sqrt{b}$ なら，分母・分子に $\sqrt{a}+\sqrt{b}$ を掛ける。

(4) （与式）$= \dfrac{1+\sqrt{6}-\sqrt{7}}{\{(1+\sqrt{6})+\sqrt{7}\}\{(1+\sqrt{6})-\sqrt{7}\}}$

$\qquad + \dfrac{5-2\sqrt{6}}{(5+2\sqrt{6})(5-2\sqrt{6})}$

$= \dfrac{1+\sqrt{6}-\sqrt{7}}{(1+\sqrt{6})^2 - (\sqrt{7})^2} + \dfrac{5-2\sqrt{6}}{25-24} = \dfrac{1+\sqrt{6}-\sqrt{7}}{2\sqrt{6}} + 5 - 2\sqrt{6}$

$= \dfrac{(1+\sqrt{6}-\sqrt{7})\sqrt{6}}{2(\sqrt{6})^2} + 5 - 2\sqrt{6}$

$= \dfrac{\sqrt{6}+6-\sqrt{42}}{12} + \dfrac{12(5-2\sqrt{6})}{12} = \dfrac{66-23\sqrt{6}-\sqrt{42}}{12}$

←$\dfrac{1}{1+\sqrt{6}+\sqrt{7}}$ は，分母を $(1+\sqrt{6})+\sqrt{7}$ と考えて分母・分子に $(1+\sqrt{6})-\sqrt{7}$ を掛ける。

←更に分母を有理化。

←通分する。

(5) （与式）$= \dfrac{(\sqrt{2}-\sqrt{3}+\sqrt{5})\{(\sqrt{2}+\sqrt{3})+\sqrt{5}\}}{\{(\sqrt{2}+\sqrt{3})-\sqrt{5}\}\{(\sqrt{2}+\sqrt{3})+\sqrt{5}\}}$

$= \dfrac{\{(\sqrt{2}+\sqrt{5})-\sqrt{3}\}\{(\sqrt{2}+\sqrt{5})+\sqrt{3}\}}{(\sqrt{2}+\sqrt{3})^2 - (\sqrt{5})^2}$

$= \dfrac{(\sqrt{2}+\sqrt{5})^2 - (\sqrt{3})^2}{2\sqrt{6}} = \dfrac{2+\sqrt{10}}{\sqrt{6}}$

$= \dfrac{(2+\sqrt{10})\sqrt{6}}{(\sqrt{6})^2} = \dfrac{2\sqrt{6}+2\sqrt{15}}{6} = \dfrac{\sqrt{6}+\sqrt{15}}{3}$

←例えば，分母・分子に $\sqrt{2}-(\sqrt{3}-\sqrt{5})$ を掛けると，分母は $2(\sqrt{15}-3)$ となり，更に分母・分子に $\sqrt{15}+3$ を掛けることになる。これは，左の解答より計算が複雑。

練習
②25

(1) 次の (ア)～(ウ) の場合について，$\sqrt{(a+2)^2} + \sqrt{a^2}$ の根号をはずし簡単にせよ。
  (ア) $a \geqq 0$ 　　　　　(イ) $-2 \leqq a < 0$ 　　　　　(ウ) $a < -2$

(2) 次の式の根号をはずし簡単にせよ。
  $\sqrt{x^2+4x+4} - \sqrt{16x^2-24x+9}$ 　$\left(ただし \ -2 < x < \dfrac{3}{4} \right)$ 　　　[(2) 類 東北工大]

(1) $P = \sqrt{(a+2)^2} + \sqrt{a^2}$ とおくと　　$P = |a+2| + |a|$

  (ア) $a \geqq 0$ のとき　　　　$a+2 > 0$,　　$a \geqq 0$
      よって　　$P = (a+2) + a = 2a+2$

  (イ) $-2 \leqq a < 0$ のとき　　$a+2 \geqq 0$,　　$a < 0$
      よって　　$P = (a+2) - a = a+2-a = 2$

  (ウ) $a < -2$ のとき　　　　$a+2 < 0$,　　$a < 0$
      よって　　$P = -(a+2) - a = -a-2-a = -2a-2$

HINT $\sqrt{A^2} = |A|$ である（$\sqrt{A^2} = A$ とは限らないことに注意）。
与式をまず｜｜の式に直す。

(2) （与式）$=\sqrt{(x+2)^2}-\sqrt{(4x-3)^2}=|x+2|-|4x-3|$

$-2<x<\dfrac{3}{4}$ のとき　$x+2>0$, $4x-3<0$

よって　（与式）$=(x+2)-\{-(4x-3)\}$

$\qquad\qquad\quad =x+2+4x-3=\boldsymbol{5x-1}$

$-2<x,\ x<\dfrac{3}{4}$

練習
②**26**　次の式の2重根号をはずして簡単にせよ。

(1) $\sqrt{6+4\sqrt{2}}$　　　(2) $\sqrt{8-\sqrt{48}}$　　　(3) $\sqrt{2+\sqrt{3}}$　　　(4) $\sqrt{9-3\sqrt{5}}$

(1) $\sqrt{6+4\sqrt{2}}=\sqrt{6+2\sqrt{2^2\cdot2}}=\sqrt{(4+2)+2\sqrt{4\cdot2}}$

$\qquad\qquad\quad =\sqrt{(\sqrt{4}+\sqrt{2})^2}=\sqrt{4}+\sqrt{2}=\boldsymbol{2+\sqrt{2}}$

$\leftarrow a>0,\ b>0$ のとき
$\sqrt{(a+b)+2\sqrt{ab}}$
$=\sqrt{(\sqrt{a}+\sqrt{b})^2}$
$=\sqrt{a}+\sqrt{b}$

(2) $\sqrt{8-\sqrt{48}}=\sqrt{8-\sqrt{2^2\cdot12}}=\sqrt{(6+2)-2\sqrt{6\cdot2}}$

$\qquad\qquad\quad =\sqrt{(\sqrt{6}-\sqrt{2})^2}=\boldsymbol{\sqrt{6}-\sqrt{2}}$

$\leftarrow a>b>0$ のとき
$\sqrt{(a+b)-2\sqrt{ab}}$
$=\sqrt{(\sqrt{a}-\sqrt{b})^2}$
$=\sqrt{a}-\sqrt{b}$

(3) $\sqrt{2+\sqrt{3}}=\sqrt{\dfrac{4+2\sqrt{3}}{2}}=\dfrac{\sqrt{(3+1)+2\sqrt{3\cdot1}}}{\sqrt{2}}$

$\leftarrow$分母を有理化。

$\qquad\quad =\dfrac{\sqrt{(\sqrt{3}+1)^2}}{\sqrt{2}}=\dfrac{\sqrt{3}+1}{\sqrt{2}}=\dfrac{\boldsymbol{\sqrt{6}+\sqrt{2}}}{\boldsymbol{2}}$

(4) $\sqrt{9-3\sqrt{5}}=\sqrt{\dfrac{18-6\sqrt{5}}{2}}=\dfrac{\sqrt{18-2\sqrt{3^2\cdot5}}}{\sqrt{2}}$

$\qquad\quad =\dfrac{\sqrt{(15+3)-2\sqrt{15\cdot3}}}{\sqrt{2}}=\dfrac{\sqrt{(\sqrt{15}-\sqrt{3})^2}}{\sqrt{2}}$

$\qquad\quad =\dfrac{\sqrt{15}-\sqrt{3}}{\sqrt{2}}=\dfrac{\boldsymbol{\sqrt{30}-\sqrt{6}}}{\boldsymbol{2}}$

$\leftarrow$分母を有理化。

練習
③**27**　$\dfrac{1}{2-\sqrt{3}}$ の整数部分を a，小数部分を b とする。

(1) a, b の値を求めよ。　　　(2) $\dfrac{a+b^2}{3b}$, $a^2-b^2-2a-2b$ の値を求めよ。

(1) $\dfrac{1}{2-\sqrt{3}}=\dfrac{2+\sqrt{3}}{(2-\sqrt{3})(2+\sqrt{3})}=2+\sqrt{3}$

$\leftarrow$分母を有理化。

$1<\sqrt{3}<2$ であるから，$\sqrt{3}$ の整数部分は　　1

$\leftarrow\sqrt{1}<\sqrt{3}<\sqrt{4}$ から。

よって，$2+\sqrt{3}$ の整数部分は　　$2+1=3$

したがって　$\boldsymbol{a=3}$, $\boldsymbol{b}=(2+\sqrt{3})-3=\boldsymbol{\sqrt{3}-1}$

$\leftarrow$（小数部分）
$=$（数）$-$（整数部分）

(2) (1)から　$\dfrac{a+b^2}{3b}=\dfrac{3+(\sqrt{3}-1)^2}{3(\sqrt{3}-1)}=\dfrac{7-2\sqrt{3}}{3(\sqrt{3}-1)}$

$\qquad\qquad\quad =\dfrac{(7-2\sqrt{3})(\sqrt{3}+1)}{3(\sqrt{3}-1)(\sqrt{3}+1)}$

$\leftarrow$分母を有理化。

$\qquad\qquad\quad =\dfrac{7\sqrt{3}+7-2(\sqrt{3})^2-2\sqrt{3}}{3(3-1)}=\dfrac{\boldsymbol{5\sqrt{3}+1}}{\boldsymbol{6}}$

$a^2-b^2-2a-2b=(a+b)(a-b)-2(a+b)$

$\qquad\qquad\qquad\quad =(a+b)(a-b-2)$

$\qquad\qquad\qquad\quad =(2+\sqrt{3})\{3-(\sqrt{3}-1)-2\}$

$\qquad\qquad\qquad\quad =(2+\sqrt{3})(2-\sqrt{3})=2^2-3=\boldsymbol{1}$

$\leftarrow$（数）$=$（整数部分）
$+$（小数部分）であるから
$\quad a+b=2+\sqrt{3}$

練習 ②28 $x=\dfrac{\sqrt{5}+\sqrt{3}}{\sqrt{5}-\sqrt{3}}$, $y=\dfrac{\sqrt{5}-\sqrt{3}}{\sqrt{5}+\sqrt{3}}$ のとき，$x+y$，xy，x^2+y^2，x^3+y^3，x^3-y^3 の値を求めよ。

[類 順天堂大]

HINT x^3-y^3 は $x^3-y^3=(x-y)(x^2+xy+y^2)$ を利用して求めるとよい。

$$x+y=\frac{\sqrt{5}+\sqrt{3}}{\sqrt{5}-\sqrt{3}}+\frac{\sqrt{5}-\sqrt{3}}{\sqrt{5}+\sqrt{3}}=\frac{(\sqrt{5}+\sqrt{3})^2+(\sqrt{5}-\sqrt{3})^2}{(\sqrt{5}-\sqrt{3})(\sqrt{5}+\sqrt{3})}$$

←通分と同時に分母が有理化される。

$$=\frac{(5+2\sqrt{15}+3)+(5-2\sqrt{15}+3)}{5-3}=8$$

$$xy=\frac{\sqrt{5}+\sqrt{3}}{\sqrt{5}-\sqrt{3}}\cdot\frac{\sqrt{5}-\sqrt{3}}{\sqrt{5}+\sqrt{3}}=1$$

←x と y は互いに他の逆数となっているから $xy=1$

$$x^2+y^2=(x+y)^2-2xy=8^2-2\cdot1=62$$

$$x^3+y^3=(x+y)^3-3xy(x+y)=8^3-3\cdot1\cdot8=488$$

また $$x-y=\frac{\sqrt{5}+\sqrt{3}}{\sqrt{5}-\sqrt{3}}-\frac{\sqrt{5}-\sqrt{3}}{\sqrt{5}+\sqrt{3}}$$

←x^3-y^3 の値を求めるため，まず $x-y$ の値を求める。

$$=\frac{(\sqrt{5}+\sqrt{3})^2-(\sqrt{5}-\sqrt{3})^2}{(\sqrt{5}-\sqrt{3})(\sqrt{5}+\sqrt{3})}$$

$$=\frac{(5+2\sqrt{15}+3)-(5-2\sqrt{15}+3)}{5-3}$$

$$=2\sqrt{15}$$

よって $$x^3-y^3=(x-y)(x^2+xy+y^2)$$
$$=2\sqrt{15}(62+1)=126\sqrt{15}$$

←既に求めた x^2+y^2，xy の値を利用。

別解 $$x^3-y^3=(x-y)^3+3xy(x-y)$$
$$=(2\sqrt{15})^3+3\cdot1\cdot2\sqrt{15}$$
$$=120\sqrt{15}+6\sqrt{15}=126\sqrt{15}$$

←x^3+y^3 $=(x+y)^3-3xy(x+y)$ で y を $-y$ におき換える。

練習 ③29 $2x+\dfrac{1}{2x}=\sqrt{7}$ のとき，次の式の値を求めよ。

(1) $4x^2+\dfrac{1}{4x^2}$ (2) $8x^3+\dfrac{1}{8x^3}$ (3) $64x^6+\dfrac{1}{64x^6}$

(1) $4x^2+\dfrac{1}{4x^2}=\left(2x+\dfrac{1}{2x}\right)^2-2\cdot2x\cdot\dfrac{1}{2x}=(\sqrt{7})^2-2\cdot1=5$

←$x^2+y^2=(x+y)^2-2xy$

(2) $8x^3+\dfrac{1}{8x^3}=\left(2x+\dfrac{1}{2x}\right)^3-3\cdot2x\cdot\dfrac{1}{2x}\left(2x+\dfrac{1}{2x}\right)$

←x^3+y^3 $=(x+y)^3-3xy(x+y)$

$$=(\sqrt{7})^3-3\cdot1\cdot\sqrt{7}=7\sqrt{7}-3\sqrt{7}=4\sqrt{7}$$

(3) $64x^6+\dfrac{1}{64x^6}=(8x^3)^2+\dfrac{1}{(8x^3)^2}=\left(8x^3+\dfrac{1}{8x^3}\right)^2-2\cdot8x^3\cdot\dfrac{1}{8x^3}$

←(2)の結果を利用。

$$=(4\sqrt{7})^2-2\cdot1=112-2=110$$

別解 $64x^6+\dfrac{1}{64x^6}=(4x^2)^3+\dfrac{1}{(4x^2)^3}$

←x^3+y^3 $=(x+y)^3-3xy(x+y)$

$$=\left(4x^2+\dfrac{1}{4x^2}\right)^3-3\cdot4x^2\cdot\dfrac{1}{4x^2}\left(4x^2+\dfrac{1}{4x^2}\right)$$

$$=5^3-3\cdot1\cdot5=110$$

←(1)の結果を利用。

練習
④30 $x+y+z=2\sqrt{3}+1$, $xy+yz+zx=2\sqrt{3}-1$, $xyz=-1$ を満たす実数 x, y, z に対して，次の式の値を求めよ。

(1) $\dfrac{1}{xy}+\dfrac{1}{yz}+\dfrac{1}{zx}$　　　　(2) $x^2+y^2+z^2$　　　　(3) $x^3+y^3+z^3$

(1)　$\dfrac{1}{xy}+\dfrac{1}{yz}+\dfrac{1}{zx}=\dfrac{z}{xy\cdot z}+\dfrac{x}{yz\cdot x}+\dfrac{y}{zx\cdot y}=\dfrac{z+x+y}{xyz}$

← まず分母を xyz にそろえる（通分する）。

$\qquad\qquad\qquad\qquad =\dfrac{2\sqrt{3}+1}{-1}=\boldsymbol{-2\sqrt{3}-1}$

(2)　$x^2+y^2+z^2=(x+y+z)^2-2(xy+yz+zx)$

$\qquad\qquad\quad =(2\sqrt{3}+1)^2-2(2\sqrt{3}-1)$

$\qquad\qquad\quad =13+4\sqrt{3}-4\sqrt{3}+2=\boldsymbol{15}$

(3)　(2) から

$\quad x^3+y^3+z^3=(x+y+z)(x^2+y^2+z^2-xy-yz-zx)+3xyz$

$\qquad\qquad\quad =(2\sqrt{3}+1)\{15-(2\sqrt{3}-1)\}+3\cdot(-1)$

$\qquad\qquad\quad =2(2\sqrt{3}+1)(8-\sqrt{3})-3$

$\qquad\qquad\quad =4+30\sqrt{3}-3=\boldsymbol{30\sqrt{3}+1}$

別解　$x^3+y^3+z^3$

$\qquad =(x+y+z)^3-3(x+y+z)(xy+yz+zx)+3xyz$

$\qquad =(2\sqrt{3}+1)^3-3(2\sqrt{3}+1)(2\sqrt{3}-1)-3$

$\qquad =24\sqrt{3}+36+6\sqrt{3}+1-33-3=\boldsymbol{30\sqrt{3}+1}$

← 対称式は基本対称式で表すことができる。

練習
④31 $a=\dfrac{1-\sqrt{3}}{2}$ のとき，次の式の値を求めよ。

(1) $2a^2-2a-1$　　　　(2) a^8

(1)　$a=\dfrac{1-\sqrt{3}}{2}$ から　　$2a-1=-\sqrt{3}$

両辺を 2 乗して　$(2a-1)^2=3$　　　ゆえに　$4a^2-4a-2=0$
したがって　　$2a^2-2a-1=\boldsymbol{0}$

← 根号をなくすために，両辺を 2 乗する。

(2)　(1) から　　$a^2=a+\dfrac{1}{2}$

← この式を利用して a^8 の **次数を下げる**。

$\quad a^8=(a^4)^2$ であるから，a^4 について

$\qquad\qquad a^4=(a^2)^2=\Big(a+\dfrac{1}{2}\Big)^2=a^2+a+\dfrac{1}{4}$

← a^2 を $a+\dfrac{1}{2}$ におき換える。この操作を a^2 が現れるたびに繰り返す。

$\qquad\qquad\quad =\Big(a+\dfrac{1}{2}\Big)+a+\dfrac{1}{4}=2a+\dfrac{3}{4}$

よって　　$a^8=(a^4)^2=\Big(2a+\dfrac{3}{4}\Big)^2=4a^2+3a+\dfrac{9}{16}$

$\qquad\qquad\qquad =4\Big(a+\dfrac{1}{2}\Big)+3a+\dfrac{9}{16}=7a+\dfrac{41}{16}$

$a=\dfrac{1-\sqrt{3}}{2}$ を代入して

← 最後に代入する。

$\qquad a^8=7\cdot\dfrac{1-\sqrt{3}}{2}+\dfrac{41}{16}=\dfrac{56(1-\sqrt{3})+41}{16}=\boldsymbol{\dfrac{97-56\sqrt{3}}{16}}$

別解 $a^4=2a+\dfrac{3}{4}$ を求めるところまでは同じ。

$$a^4=2a+\frac{3}{4}=2\cdot\frac{1-\sqrt{3}}{2}+\frac{3}{4}=\frac{7-4\sqrt{3}}{4}$$

よって $\quad a^8=(a^4)^2=\left(\dfrac{7-4\sqrt{3}}{4}\right)^2=\dfrac{(7-4\sqrt{3}\,)^2}{4^2}$

$$=\frac{97-56\sqrt{3}}{16}$$

←a^4 の段階で, $a=\dfrac{1-\sqrt{3}}{2}$ を代入。

別解 (1)から $\quad a^2=a+\dfrac{1}{2}$

これを利用して

$$a^3=a^2+\frac{1}{2}a=\left(a+\frac{1}{2}\right)+\frac{1}{2}a=\frac{3}{2}a+\frac{1}{2}$$

←$a^3=a^2\cdot a$

$$a^4=\frac{3}{2}a^2+\frac{1}{2}a=\frac{3}{2}\left(a+\frac{1}{2}\right)+\frac{1}{2}a=2a+\frac{3}{4}$$

←$a^4=a^3\cdot a$

$$a^5=2a^2+\frac{3}{4}a=2\left(a+\frac{1}{2}\right)+\frac{3}{4}a=\frac{11}{4}a+1$$

$$a^6=\frac{11}{4}a^2+a=\frac{11}{4}\left(a+\frac{1}{2}\right)+a=\frac{15}{4}a+\frac{11}{8}$$

$$a^7=\frac{15}{4}a^2+\frac{11}{8}a=\frac{15}{4}\left(a+\frac{1}{2}\right)+\frac{11}{8}a=\frac{41}{8}a+\frac{15}{8}$$

$$a^8=\frac{41}{8}a^2+\frac{15}{8}a=\frac{41}{8}\left(a+\frac{1}{2}\right)+\frac{15}{8}a=7a+\frac{41}{16}$$

よって $\quad a^8=7\cdot\dfrac{1-\sqrt{3}}{2}+\dfrac{41}{16}=\dfrac{97-56\sqrt{3}}{16}$

検討 左の 別解 のようにして, a^n(n は自然数)は a の1次式で表すことができる。

練習 ①32 $-1<x<2$, $1<y<3$ であるとき, 次の式のとりうる値の範囲を求めよ。

(1) $x+3$ (2) $-2y$ (3) $-\dfrac{x}{5}$ (4) $5x-3y$

(1) $-1<x<2$ の各辺に 3 を加えて $\quad -1+3<x+3<2+3$
  すなわち $\quad \mathbf{2<x+3<5}$

(2) $1<y<3$ の各辺に -2 を掛けて $\quad 1\cdot(-2)>-2y>3\cdot(-2)$
  すなわち $\quad \mathbf{-6<-2y<-2}$

←不等号の向きが変わる。
←$-2>-2y>-6$ でもよい。

(3) $-1<x<2$ の各辺に $-\dfrac{1}{5}$ を掛けて

$$-1\cdot\left(-\frac{1}{5}\right)>-\frac{1}{5}x>2\cdot\left(-\frac{1}{5}\right)$$

←不等号の向きが変わる。

  すなわち $\quad -\dfrac{2}{5}<-\dfrac{x}{5}<\dfrac{1}{5}$

(4) $-1<x<2$ の各辺に 5 を掛けて $\quad -5<5x<10 \quad\cdots\cdots$ ①
  $1<y<3$ の各辺に -3 を掛けて $\quad -3>-3y>-9$
  すなわち $\quad\qquad\qquad\qquad -9<-3y<-3 \quad\cdots\cdots$ ②
  ①, ②の各辺を加えて $\quad \mathbf{-14<5x-3y<7}$

←不等号の向きが変わる。
←不等号の向きを①とそろえる。

練習
③**33** x, y を正の数とする。x, $5x-3y$ を小数第 1 位で四捨五入すると，それぞれ 7, 13 になるという。
(1) x の値の範囲を求めよ。　　　　　(2) y の値の範囲を求めよ。

(1)　x は小数第 1 位を四捨五入すると 7 になる数であるから

$$6.5 \leqq x < 7.5 \ \cdots\cdots ①$$

(2)　$5x-3y$ は小数第 1 位を四捨五入すると 13 になる数であるか
　　ら　　　　　　$12.5 \leqq 5x-3y < 13.5 \ \cdots\cdots ②$

　　① の各辺に -5 を掛けて

$$-32.5 \geqq -5x > -37.5$$

←不等号の向きが変わる。

　　すなわち　　$-37.5 < -5x \leqq -32.5 \ \cdots\cdots ③$

　　②，③ の各辺を加えて

$$12.5-37.5 < 5x-3y-5x < 13.5-32.5$$

←不等号が $\leqq$ ではなく，
$<$ となることに注意。

　　したがって　$-25 < -3y < -19$

　　各辺を -3 で割って　　$\dfrac{25}{3} > y > \dfrac{19}{3}$

　　すなわち　　$\dfrac{19}{3} < y < \dfrac{25}{3}$

練習
②**34** 次の 1 次不等式を解け。
(1) $5x-7 > 3(x+1)$ 　　(2) $4(3-2x) \leqq 5(x+2)$ 　　(3) $\dfrac{3x+2}{5} < \dfrac{2x-1}{3}$

(4) $0.2x+1 \leqq -0.3x-2.5$ 　　(5) $x+\dfrac{1}{3}\left\{x-\dfrac{1}{4}(x+1)\right\} > 2x-\dfrac{1}{2}$

(1)　不等式から　　　　　$5x-7 > 3x+3$
　　整理して　　　　　　$2x > 10$
　　両辺を 2 で割って　　$\boldsymbol{x > 5}$

(2)　不等式から　　　　　$12-8x \leqq 5x+10$
　　整理して　　　　　　$-13x \leqq -2$

　　両辺を -13 で割って　$\boldsymbol{x \geqq \dfrac{2}{13}}$

←不等号の向きが変わる。

(3)　両辺に 15 を掛けて　$3(3x+2) < 5(2x-1)$
　　よって　　　　　　　$9x+6 < 10x-5$
　　整理して　　　　　　$-x < -11$
　　両辺を -1 で割って　$\boldsymbol{x > 11}$

←分母の最小公倍数は
15

←不等号の向きが変わる。

(4)　両辺に 10 を掛けて　$2x+10 \leqq -3x-25$
　　整理して　　　　　　$5x \leqq -35$
　　両辺を 5 で割って　　$\boldsymbol{x \leqq -7}$

←係数が小数では計算し
にくいから，**係数を整数
に直す。**

(5)　不等式から　　　　　$x+\dfrac{1}{3}\left(\dfrac{3}{4}x-\dfrac{1}{4}\right) > 2x-\dfrac{1}{2}$

←内側の括弧からはずし，
$\{\ \}$ を $(\ )$ に変える。

　　よって　　　　　　　$\dfrac{5}{4}x-\dfrac{1}{12} > 2x-\dfrac{1}{2}$

　　両辺に 12 を掛けて　$15x-1 > 24x-6$
　　整理して　　　　　　$-9x > -5$

←分母の最小公倍数は
12

　　両辺を -9 で割って　$\boldsymbol{x < \dfrac{5}{9}}$

←不等号の向きが変わる。

検討 (1)～(5) の解を数直線を用いて表すと次のようになる。

(1) 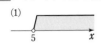　(2) 　(3)

←本冊 *p*.63 解説参照。

(4) 　(5)

練習②35

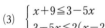

連立不等式 (1) $\begin{cases} 2(1-x) > -6-x \\ 2x-3 > -9 \end{cases}$ (2) $\begin{cases} 3(x-4) \leqq x-3 \\ 6x-2(x+1) < 10 \end{cases}$ を解け。

(3) 不等式 $x+9 \leqq 3-5x \leqq 2(x-2)$ を解け。

(1) $2(1-x) > -6-x$ から　$2-2x > -6-x$

よって　$-x > -8$　したがって　$x < 8$ …… ①

$2x-3 > -9$ から　$2x > -6$　よって　$x > -3$ …… ②

①，② の共通範囲を求めて　$-3 < x < 8$

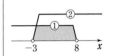

(2) $3(x-4) \leqq x-3$ から　$3x-12 \leqq x-3$

よって　$2x \leqq 9$　したがって　$x \leqq \dfrac{9}{2}$ …… ①

$6x-2(x+1) < 10$ から　$6x-2x-2 < 10$

よって　$4x < 12$　したがって　$x < 3$ …… ②

①，② の共通範囲を求めて　$x < 3$

(3) $\begin{cases} x+9 \leqq 3-5x \\ 3-5x \leqq 2(x-2) \end{cases}$

$x+9 \leqq 3-5x$ から　$6x \leqq -6$　よって　$x \leqq -1$ …… ①

$3-5x \leqq 2(x-2)$ から　$3-5x \leqq 2x-4$

よって　$-7x \leqq -7$　したがって　$x \geqq 1$ …… ②

①，② の共通範囲はないから，不等式の 解はない。

←不等式 $A \leqq B \leqq C$ は，連立不等式 $A \leqq B, B \leqq C$ と同じ意味。

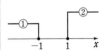

練習②36

(1) 不等式 $4(x-2)+5(6-x) > 7$ を成り立たせる x の値のうち，最も大きい整数を求めよ。

(2) 不等式 $3x+1 > 2a$ を満たす x の最小の整数値が 4 であるとき，整数 a の値をすべて求めよ。

(1) 不等式から　$4x-8+30-5x > 7$

ゆえに　$-x > -15$　よって　$x < 15$

したがって，求める最も大きい整数は　14

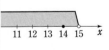

(2) $3x+1 > 2a$ を x について解くと　$x > \dfrac{2a-1}{3}$

この不等式を満たす x の最小の整数値が 4 であるから

$$3 \leqq \dfrac{2a-1}{3} < 4$$

各辺に 3 を掛けて　$9 \leqq 2a-1 < 12$

各辺に 1 を加えて　$10 \leqq 2a < 13$

よって　$5 \leqq a < \dfrac{13}{2}$

これを満たす整数 a の値は　$a = 5, 6$

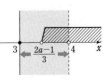

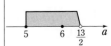

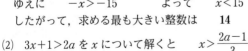
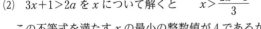

練習
③37 x に関する連立不等式 $\begin{cases} 6x-4>3x+5 \\ 2x-1\leqq x+a \end{cases}$ を満たす整数がちょうど5個あるとする。

このとき，定数 a のとりうる値の範囲は $^{\mathcal{P}}\boxed{}\leqq a<^{\mathcal{I}}\boxed{}$ である。　　　　[類 摂南大]

$6x-4>3x+5$ から　　　$3x>9$

よって　　　　　　　　$x>3$　……①

$2x-1\leqq x+a$ から　　$x\leqq a+1$ ……②

与えられた連立不等式を満たす整数が存在するから，①と②
に共通範囲があって

$$3<x\leqq a+1$$

これを満たす整数 x がちょうど5個存在するとき，その整数
x は　　　　$x=4,\ 5,\ 6,\ 7,\ 8$

よって　　　$8\leqq a+1<9$

ゆえに　　$^{\mathcal{P}}7\leqq a<^{\mathcal{I}}8$

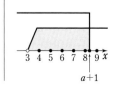

練習
④38　(1)　不等式 $ax>x+a^2+a-2$ を解け。ただし，a は定数とする。

　　　(2)　不等式 $2ax\leqq 4x+1\leqq 5$ の解が $-5\leqq x\leqq 1$ であるとき，定数 a の値を求めよ。

(1)　与式から　　　$(a-1)x>(a-1)(a+2)$ ……①

　　[1]　$\underline{a-1>0}$ すなわち $a>1$ のとき　　　$x>a+2$

　　[2]　$\underline{a-1=0}$ すなわち $a=1$ のとき　　　① は　$0\cdot x>0$

　　　　これを満たす x の値はない。

　　[3]　$\underline{a-1<0}$ すなわち $a<1$ のとき　　　$x<a+2$

　　よって　$\begin{cases} a>1 \text{のとき}　x>a+2 \\ a=1 \text{のとき}　\text{解はない} \\ a<1 \text{のとき}　x<a+2 \end{cases}$

　←$a-1$ が正，0，負のと
きで場合分け。

　←負の数で割ると，不等
号の向きが変わる。

(2)　$4x+1\leqq 5$ から　　$4x\leqq 4$　　　よって　　　$x\leqq 1$

ゆえに，解が $-5\leqq x\leqq 1$ となるための条件は，

$2ax\leqq 4x+1$ ……① の解が $x\geqq -5$ となることである。

① から　　　$2(a-2)x\leqq 1$ ……②

　　[1]　$\underline{a-2>0}$ すなわち $a>2$ のとき，② から

$$x\leqq \frac{1}{2(a-2)}$$

　　　　このとき条件は満たされない。

　　[2]　$\underline{a-2=0}$ すなわち $a=2$ のとき，② は　　$0\cdot x\leqq 1$

　　　　よって，解はすべての実数であるから，条件は満たされない。

　　[3]　$\underline{a-2<0}$ すなわち $a<2$ のとき，② から

$$x\geqq \frac{1}{2(a-2)}$$

　←$a-2$ が正，0，負のと
きで場合分け。

　←$x\geqq -5$ と不等号の向
きが違う。

　←$0\leqq 1$ は常に成り立つ。

　←負の数で割ると，不等
号の向きが変わる。

　　ゆえに　　$\dfrac{1}{2(a-2)}=-5$　　　よって　　$1=-10(a-2)$

　　ゆえに　　$a=\dfrac{19}{10}$　　　これは $a<2$ を満たす。

　　[1]～[3] から　　$a=\dfrac{19}{10}$

練習 ②**39**　兄弟合わせて 52 本の鉛筆を持っている。いま，兄が弟に自分が持っている鉛筆のちょうど $\frac{1}{3}$ をあげてもまだ兄の方が多く，更に 3 本あげると弟の方が多くなる。兄が初めに持っていた鉛筆の本数を求めよ。

兄が初めに x 本持っていたとすると，条件から

$$\begin{cases} x-\dfrac{1}{3}x>52-x+\dfrac{1}{3}x & \cdots\cdots ① \\ x-\dfrac{1}{3}x-3<52-x+\dfrac{1}{3}x+3 & \cdots\cdots ② \end{cases}$$

←不等式の左辺が兄，右辺が弟の，それぞれ持っている鉛筆の本数を表す。

① の両辺に 3 を掛けて　　$3x-x>156-3x+x$

よって　　$4x>156$　　ゆえに　　$x>39$　$\cdots\cdots ③$

② の両辺に 3 を掛けて　　$3x-x-9<156-3x+x+9$

よって　　$4x<174$　　ゆえに　　$x<\dfrac{87}{2}$　$\cdots\cdots ④$

③，④ の共通範囲を求めて　　$39<x<\dfrac{87}{2}$

条件より，x は 3 の倍数であるから　　$x=42$

よって，求める鉛筆の本数は　　**42 本**

←「ちょうど $\frac{1}{3}\cdots$」から，x は 3 の倍数である。$42=3\times14$

練習 ②**40**　次の方程式・不等式を解け。
(1) $|x+5|=3$　　(2) $|1-3x|=5$　　(3) $|x+2|<5$　　(4) $|2x-1|\geqq3$

(1) $|x+5|=3$ から　　$x+5=\pm3$

すなわち　　$x+5=3$ または $x+5=-3$

よって　　$\boldsymbol{x=-2,\ -8}$

←$c>0$ のとき，方程式 $|x|=c$ の解は $x=\pm c$

(2) $|1-3x|=|3x-1|$ であるから，方程式は　　$|3x-1|=5$

ゆえに　　$3x-1=\pm5$

すなわち　　$3x-1=5$ または $3x-1=-5$

よって　　$\boldsymbol{x=2,\ -\dfrac{4}{3}}$

←$|-A|=|A|$ を利用して x の係数を正の数にしておくと解きやすくなる。

(3) $|x+2|<5$ から　　$-5<x+2<5$

各辺に -2 を加えて　　$\boldsymbol{-7<x<3}$

(4) $|2x-1|\geqq3$ から　　$2x-1\leqq-3,\ 3\leqq2x-1$

各辺に 1 を加えて　　$2x\leqq-2,\ 4\leqq2x$

各辺を 2 で割って　　$\boldsymbol{x\leqq-1,\ 2\leqq x}$

←$c>0$ のとき，
不等式 $|x|<c$ の解は
　$-c<x<c$
不等式 $|x|>c$ の解は
　$x<-c,\ c<x$

練習 ③**41**　次の方程式を解け。
(1) $2|x-1|=3x$　　　　　　(2) $2|x+1|-|x-3|=2x$

(1) [1] $x\geqq1$ のとき，方程式は　　$2(x-1)=3x$

すなわち　　$2x-2=3x$

これを解いて　$x=-2$　　$x=-2$ は $x\geqq1$ を満たさない。

[2] $x<1$ のとき，方程式は　　$-2(x-1)=3x$

すなわち　　$-2x+2=3x$

←場合の分かれ目は | | 内の式$=0$ となる x の値。(1)では，$x-1=0$ を解くと　$x=1$
〜〜 のように，場合分けの条件を満たすか満たさないかを必ず確認する。

これを解いて $x=\dfrac{2}{5}$ $x=\dfrac{2}{5}$ は $x<1$ を満たす。

[1]，[2] から，求める解は $\boldsymbol{x=\dfrac{2}{5}}$

(2) [1] $x<-1$ のとき，方程式は $-2(x+1)+(x-3)=2x$ $\leftarrow x+1<0,\ x-3<0$

すなわち $-x-5=2x$

これを解いて $x=-\dfrac{5}{3}$

$x=-\dfrac{5}{3}$ は $x<-1$ を満たす。

[2] $-1\leqq x<3$ のとき，方程式は $2(x+1)+(x-3)=2x$ $\leftarrow x+1\geqq0,\ x-3<0$

すなわち $3x-1=2x$

これを解いて $x=1$ $x=1$ は $-1\leqq x<3$ を満たす。

[3] $3\leqq x$ のとき，方程式は $2(x+1)-(x-3)=2x$ $\leftarrow x+1>0,\ x-3\geqq0$

すなわち $x+5=2x$

これを解いて $x=5$ $x=5$ は $3\leqq x$ を満たす。

以上から，求める解は

$$x=-\dfrac{5}{3},\ 1,\ 5$$

練習
③**42** 次の不等式を解け。
　(1) $3|x+1|<x+5$　　　　(2) $|x+2|-|x-1|>x$

(1) [1] $x\geqq-1$ のとき，不等式は $3(x+1)<x+5$

これを解いて $x<1$

$x\geqq-1$ との共通範囲は $-1\leqq x<1$ …… ①

[2] $x<-1$ のとき，不等式は $-3(x+1)<x+5$

これを解いて $x>-2$

$x<-1$ との共通範囲は $-2<x<-1$ …… ②

求める解は，① と ② を合わせた範囲で

$$-2<x<1$$

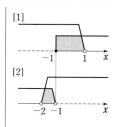

(2) [1] $x<-2$ のとき，不等式は $-(x+2)+(x-1)>x$

よって $x<-3$

$x<-2$ との共通範囲は $x<-3$ …… ①

[2] $-2\leqq x<1$ のとき，不等式は $(x+2)+(x-1)>x$

よって $x>-1$

$-2\leqq x<1$ との共通範囲は $-1<x<1$ …… ②

[3] $1\leqq x$ のとき，不等式は $(x+2)-(x-1)>x$

よって $x<3$

$1\leqq x$ との共通範囲は $1\leqq x<3$ …… ③

求める解は，①～③ を合わせた範囲で

$$x<-3,\ -1<x<3$$

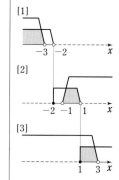

練習 次の方程式・不等式を解け。
③43 (1) $||x-1|-2|-3=0$　　　　(2) $|x-5|\leqq\dfrac{2}{3}|x|+1$

(1) [1] $x\geqq1$ のとき，方程式は　　$|(x-1)-2|-3=0$
　　　すなわち　　$|x-3|=3$　　よって　　$x-3=\pm3$
　　　ゆえに　　$x=6,\ 0$
　　　これらのうち，$x\geqq1$ を満たすのは　　$x=6$

　[2] $x<1$ のとき，方程式は　　$|-(x-1)-2|-3=0$
　　　すなわち　　$|x+1|=3$　　よって　　$x+1=\pm3$
　　　ゆえに　　$x=2,\ -4$
　　　これらのうち，$x<1$ を満たすのは　　$x=-4$
　以上から，求める解は　　$\boldsymbol{x=6,\ -4}$

　$\boxed{別解}$　$||x-1|-2|=3$ から　　$|x-1|-2=\pm3$
　　　よって　　$|x-1|=5,\ -1$
　　$|x-1|=5$ から　$x-1=\pm5$　　これを解いて　$x=6,\ -4$
　　$|x-1|=-1$ を満たす x は存在しない。
　　以上から，求める解は　　$\boldsymbol{x=6,\ -4}$

(2) $|x-5|\leqq\dfrac{2}{3}|x|+1$ から　　$3|x-5|\leqq2|x|+3$

　[1] $x<0$ のとき，不等式は　　　$-3(x-5)\leqq-2x+3$
　　　ゆえに　　$-x\leqq-12$　　　よって　　$x\geqq12$
　　　これは $x<0$ を満たさない。

　[2] $0\leqq x<5$ のとき，不等式は　　$-3(x-5)\leqq2x+3$
　　　ゆえに　　$-5x\leqq-12$　　　よって　　$x\geqq\dfrac{12}{5}$

　　　$0\leqq x<5$ との共通範囲は　　$\dfrac{12}{5}\leqq x<5$ …… ①

　[3] $5\leqq x$ のとき，不等式は　　$3(x-5)\leqq2x+3$
　　　これを解いて　　$x\leqq18$
　　　$5\leqq x$ との共通範囲は　　　$5\leqq x\leqq18$ …… ②

　求める解は，① と ② を合わせた範囲で　　$\dfrac{12}{5}\leqq x\leqq18$

←$c>0$ のとき，方程式
$|x|=c$ の解は $x=\pm c$

←$|-x-1|=|x+1|$

←外側の絶対値記号から
はずす方針。

←（左辺）$\geqq0$，（右辺）<0

←両辺に 3 を掛ける。

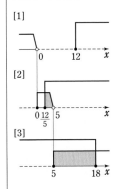

EX
②1

$P=-2x^2+2x-5,\ Q=3x^2-x,\ R=-x^2-x+5$ のとき，次の式を計算せよ。

$$3P-[2\{Q-(2R-P)\}-3(Q-R)]$$

$3P-[2\{Q-(2R-P)\}-3(Q-R)]$
$=3P-\{2(Q-2R+P)-3Q+3R\}$
$=3P-(2Q-4R+2P-3Q+3R)$
$=3P-(2P-Q-R)=P+Q+R$
$=(-2x^2+2x-5)+(3x^2-x)+(-x^2-x+5)=\mathbf{0}$

←括弧は内側からはずし
ていき，残す括弧も
[ ]→{ }→( )
の順に変えていく。

EX
③2

(1) $3x^2-2x+1$ との和が x^2-x になる式を求めよ。

(2) ある多項式に $a^3+2a^2b-5ab^2+5b^3$ を加えるところを誤って引いたので，答えが
$-a^3-4a^2b+10ab^2-9b^3$ になった。正しい答えを求めよ。

HINT (2) ある多項式を P とし，条件を式に表して P を求める。ただし，この P を正しい答えとしては誤り！
---

(1) 求める式を P とすると　　$P+(3x^2-2x+1)=x^2-x$
ゆえに　　$P=x^2-x-(3x^2-2x+1)=\mathbf{-2x^2+x-1}$

(2) ある多項式を P とすると，題意から
$P-(a^3+2a^2b-5ab^2+5b^3)=-a^3-4a^2b+10ab^2-9b^3$
したがって
$P=-a^3-4a^2b+10ab^2-9b^3+(a^3+2a^2b-5ab^2+5b^3)$
　$=-2a^2b+5ab^2-4b^3$
よって，正しい答えは
$P+(a^3+2a^2b-5ab^2+5b^3)$
　$=-2a^2b+5ab^2-4b^3+a^3+2a^2b-5ab^2+5b^3$
　$=\mathbf{a^3+b^3}$

←P と Q との和が R
$\to P+Q=R$
よって　$P=R-Q$

←P について解く。

別解　ある多項式を P とし，$a^3+2a^2b-5ab^2+5b^3=Q$，
$-a^3-4a^2b+10ab^2-9b^3=R$ としたとき，$P+Q$ を計算する
ところを，誤って $P-Q=R$ を計算したのであるから，正し
い答えは
$P+Q=R+2Q$
　$=-a^3-4a^2b+10ab^2-9b^3+2a^3+4a^2b-10ab^2+10b^3$
　$=\mathbf{a^3+b^3}$

←$P+Q=P-Q+2Q$
　　$=R+2Q$

EX
②3

次の計算をせよ。

(1) $5xy^2\times(-2x^2y)^3$ 　　　　　　　(2) $2a^2b\times(-3ab)^2\times(-a^2b^2)^3$

(3) $(-2a^2b)^3(3a^3b^2)^2$ 　　　　　　(4) $(-2ax^3y)^2(-3ab^2xy^3)$ 　　　[(1) 上武大]

(1) $5xy^2\times(-2x^2y)^3=5xy^2\times(-2)^3(x^2)^3y^3=5xy^2\times(-8)x^{2\times3}y^3$
　　　　　　　　　　　　$=5xy^2\times(-8)x^6y^3=5\cdot(-8)x^{1+6}y^{2+3}$
　　　　　　　　　　　　$=\mathbf{-40x^7y^5}$

(2) $2a^2b\times(-3ab)^2\times(-a^2b^2)^3$
　　$=2a^2b\times(-3)^2a^2b^2\times(-1)^3(a^2)^3(b^2)^3$
　　$=2a^2b\times9a^2b^2\times(-1)a^{2\times3}b^{2\times3}=2a^2b\times9a^2b^2\times(-1)a^6b^6$
　　$=2\cdot9\cdot(-1)a^{2+2+6}b^{1+2+6}=\mathbf{-18a^{10}b^9}$

←指数法則
$m,\ n$ が自然数のとき
$a^ma^n=a^{m+n}$,
$(a^m)^n=a^{mn}$,
$(ab)^n=a^nb^n$

(3) $\quad (-2a^2b)^3(3a^3b^2)^2 = (-2)^3(a^2)^3b^3 \times 3^2(a^3)^2(b^2)^2$
$$= -8a^{2\times3}b^3 \times 9a^{3\times2}b^{2\times2}$$
$$= -8a^6b^3 \times 9a^6b^4$$
$$= (-8)\cdot 9a^{6+6}b^{3+4}$$
$$= -72a^{12}b^7$$

(4) $\quad (-2ax^3y)^2(-3ab^2xy^3) = (-2)^2a^2(x^3)^2y^2 \times (-3)ab^2xy^3$
$$= 4a^2x^6y^2 \times (-3)ab^2xy^3$$
$$= 4\cdot(-3)a^{2+1}b^2x^{6+1}y^{2+3}$$
$$= -12a^3b^2x^7y^5$$

$\leftarrow (x^3)^2 = x^{3\times2} = x^6$

EX
③4

次の式を展開せよ。
(1) $(a-b+c)(a-b-c)$ (2) $(2x^2-x+1)(x^2+3x-3)$
(3) $(2a-5b)^3$ (4) $(x^3+x-3)(x^2-2x+2)$
(5) $(x^2-2xy+4y^2)(x^2+2xy+4y^2)$ (6) $(x+y)(x-y)(x^2+y^2)(x^4+y^4)$
(7) $(1+a)(1-a^3+a^6)(1-a+a^2)$

〔(1) 函館大, (2) 近畿大, (4) 函館大〕

> **HINT** 和と差の積, 3次式の展開の公式などを利用。公式が使えなければ, 分配法則により展開する。

(1) $\quad (a-b+c)(a-b-c) = \{(a-b)+c\}\{(a-b)-c\}$
$$= (a-b)^2-c^2$$
$$= a^2-2ab+b^2-c^2$$

$\leftarrow a-b=A$ とおくと
$(A+c)(A-c)=A^2-c^2$

(2) $\quad (2x^2-x+1)(x^2+3x-3)$
$$= 2x^2(x^2+3x-3)-x(x^2+3x-3)+x^2+3x-3$$
$$= 2x^4+6x^3-6x^2-x^3-3x^2+3x+x^2+3x-3$$
$$= 2x^4+5x^3-8x^2+6x-3$$

$\leftarrow$分配法則

(3) $\quad (2a-5b)^3 = (2a)^3-3(2a)^2\cdot5b+3\cdot2a\cdot(5b)^2-(5b)^3$
$$= 8a^3-60a^2b+150ab^2-125b^3$$

$\leftarrow (a-b)^3$
$= a^3-3a^2b+3ab^2-b^3$

(4) $\quad (x^3+x-3)(x^2-2x+2)$
$$= x^3(x^2-2x+2)+x(x^2-2x+2)-3(x^2-2x+2)$$
$$= x^5-2x^4+2x^3+x^3-2x^2+2x-3x^2+6x-6$$
$$= x^5-2x^4+3x^3-5x^2+8x-6$$

$\leftarrow$分配法則

> 別解

$$
\begin{array}{r}
x^3 \qquad\quad +x-3 \\
\times)\ x^2-2x\ +2 \\
\hline
x^5 \qquad + \ x^3-3x^2 \\
-2x^4 \qquad\quad -2x^2+6x \\
2x^3 \qquad\quad +2x-6 \\
\hline
x^5-2x^4+3x^3-5x^2+8x-6
\end{array}
$$

$\leftarrow$欠けている2次の項をあけておく。

(5) $\quad (x^2-2xy+4y^2)(x^2+2xy+4y^2) = (x^2+4y^2)^2-(2xy)^2$
$$= x^4+8x^2y^2+16y^4-4x^2y^2$$
$$= x^4+4x^2y^2+16y^4$$

$\leftarrow$項の順序を入れ替えて公式が適用できる形に。

(6) $\quad (x+y)(x-y)(x^2+y^2)(x^4+y^4) = (x^2-y^2)(x^2+y^2)(x^4+y^4)$
$$= (x^4-y^4)(x^4+y^4)$$
$$= x^8-y^8$$

$\leftarrow$左から順に計算する。

(7) $(1+a)(1-a^3+a^6)(1-a+a^2)$
$=\{(1+a)(1-a+a^2)\}(1-a^3+a^6)=(1+a^3)(1-a^3+a^6)$
$=(1+a^3)\{1-a^3+(a^3)^2\}=1+(a^3)^3=\boldsymbol{1+a^9}$

←第1式と第3式を組み合わせて，公式を用いる。
$(a+b)(a^2-ab+b^2)$
$=a^3+b^3$

EX ③5

(1) $(x^3+3x^2+2x+7)(x^3+2x^2-x+1)$ を展開すると，x^5 の係数は ᵃ□，x^3 の係数は ᶦ□ となる。　　　　　　　　　　　　　　　　　　[千葉商大]

(2) 式 $(2x+3y+z)(x+2y+3z)(3x+y+2z)$ を展開したときの xyz の係数は□である。
　　　　　　　　　　　　　　　　　　　　　　　　　　　　　　[立教大]

> [HINT] 直接展開するのではなく，必要な項だけを取り出して考える。

(1) $(x^3+3x^2+2x+7)(x^3+2x^2-x+1)$ の展開式で

(ア) x^5 の項は $x^3 \cdot 2x^2$，$3x^2 \cdot x^3$ である。
　　よって，求める係数は $1 \cdot 2 + 3 \cdot 1 = \boldsymbol{5}$

(イ) x^3 の項は $x^3 \cdot 1$，$3x^2 \cdot (-x)$，$2x \cdot 2x^2$，$7 \cdot x^3$ である。
　　よって，求める係数は $1 \cdot 1 + 3 \cdot (-1) + 2 \cdot 2 + 7 \cdot 1 = \boldsymbol{9}$

$(x^3+3x^2+2x+7)(x^3+2x^2-x+1)$

$(x^3+3x^2+2x+7)(x^3+2x^2-x+1)$

(2) $(2x+3y+z)(x+2y+3z)(3x+y+2z)$ の展開式で xyz の項は，x，y，z を含む項をそれぞれ1つずつ掛けたときに現れる。これらの項は

$2x \cdot 2y \cdot 2z$，$2x \cdot 3z \cdot y$，$3y \cdot x \cdot 2z$，$3y \cdot 3z \cdot 3x$，$z \cdot x \cdot y$，$z \cdot 2y \cdot 3x$

の6つであるから，xyz の係数は
$$8+6+6+27+1+6=\boldsymbol{54}$$

←$2x+3y+z$ の「$2x$」，$x+2y+3z$ の「$2y$」，$3x+y+2z$ の「$2z$」を掛けたときに現れる項は $2x \cdot 2y \cdot 2z$

EX ④6

次の式を計算せよ。

(1) $(x-b)(x-c)(b-c)+(x-c)(x-a)(c-a)+(x-a)(x-b)(a-b)$

(2) $(x+y+2z)^3-(y+2z-x)^3-(2z+x-y)^3-(x+y-2z)^3$
　　　　　　　　　　　　　　　　　　　　　　　　　[(2) 山梨学院大]

(1) (与式)$=(b-c)\{x^2-(b+c)x+bc\}$
　　　　　$+(c-a)\{x^2-(c+a)x+ca\}$
　　　　　$+(a-b)\{x^2-(a+b)x+ab\}$
　　$=(b-c+c-a+a-b)x^2$
　　　　$-(b^2-c^2+c^2-a^2+a^2-b^2)x$
　　　　$+bc(b-c)+ca(c-a)+ab(a-b)$
　　$=\boldsymbol{a^2b-ab^2+b^2c-bc^2+c^2a-ca^2}$

←x^2 の係数は 0
←x の係数は 0

←輪環の順に整理。

(2) $y+2z=A$，$y-2z=B$ とおくと
　(与式)$=(x+A)^3-(A-x)^3-(x-B)^3-(x+B)^3$
　　$=(x+A)^3+(x-A)^3-(x-B)^3-(x+B)^3$
　　$=(x^3+3x^2A+3xA^2+A^3)+(x^3-3x^2A+3xA^2-A^3)$
　　　$-(x^3-3x^2B+3xB^2-B^3)-(x^3+3x^2B+3xB^2+B^3)$
　　$=6xA^2-6xB^2=6x(A^2-B^2)$
　　$=6x\{(y+2z)^2-(y-2z)^2\}$
　　$=6x\{y^2+4yz+4z^2-(y^2-4yz+4z^2)\}=6x \cdot 8yz=\boldsymbol{48xyz}$

←$-(A-x)^3$
$=-\{-(x-A)\}^3$
$=-(-1)^3(x-A)^3$
$=(x-A)^3$

←$(a+b)^2-(a-b)^2$
$=4ab$ と
$(a+b)^2+(a-b)^2$
$=2(a^2+b^2)$ は記憶して使えるようにしておくとよい。

別解 $y+2z=A$，$y-2z=B$ とおくと
　(与式)$=(x+A)^3-(A-x)^3-(x-B)^3-(x+B)^3$
　　$=\{(x+A)^3+(x-A)^3\}-\{(x+B)^3+(x-B)^3\}$

ここで　$(x+A)^3+(x-A)^3$
$$=\{(x+A)+(x-A)\}^3$$
$$-3(x+A)(x-A)\{(x+A)+(x-A)\}$$
$$=(2x)^3-3(x^2-A^2)\cdot 2x$$
$$=8x^3-6x^3+6xA^2$$
$$=2x^3+6xA^2$$

$\leftarrow x+A=X$,
$x-A=Y$ とおくと,
X^3+Y^3
$=(X+Y)^3$
$-3XY(X+Y)$
本冊 $p.39$ も参照。

同様に，$(x+B)^3+(x-B)^3=2x^3+6xB^2$ であるから
$$（与式）=(2x^3+6xA^2)-(2x^3+6xB^2)$$
$$=6x(A^2-B^2)$$
$$=6x(A+B)(A-B)$$
$$=6x\{(y+2z)+(y-2z)\}\{(y+2z)-(y-2z)\}$$
$$=6x\cdot 2y\cdot 4z=\mathbf{48xyz}$$

$\leftarrow A$, B をもとの式に戻す。

EX ②7

次の式を因数分解せよ。

(1) $xy-yz+zu-ux$　(2) $12x^2y-27yz^2$　(3) $x^2-3x+\dfrac{9}{4}$　(4) $18x^2+39x-7$

(1) $xy-yz+zu-ux=(x-z)y-(x-z)u$
$$=\boldsymbol{(x-z)(y-u)}$$

$\leftarrow$前 2 項と後 2 項を組み合わせると，共通因数が現れる。

(2) $12x^2y-27yz^2=3y(4x^2-9z^2)=\boldsymbol{3y(2x+3z)(2x-3z)}$

(3) $x^2-3x+\dfrac{9}{4}=x^2-2\cdot\dfrac{3}{2}\cdot x+\left(\dfrac{3}{2}\right)^2=\boldsymbol{\left(x-\dfrac{3}{2}\right)^2}$

[検討] (3)のように分数が係数の場合，上の答え以外に
$$x^2-3x+\dfrac{9}{4}=\dfrac{1}{4}(4x^2-12x+9)=\dfrac{1}{4}(2x-3)^2$$
といった答えも考えられるが，どちらも正解である。

(4) 右のたすき掛けから
$$18x^2+39x-7=\boldsymbol{(3x+7)(6x-1)}$$

```
3      7 →  42
6     -1 →  -3
───────────────
18    -7    39
```

EX ②8

次の式を因数分解せよ。

(1) $3a^3-81b^3$　(2) $125x^4+8xy^3$　(3) $t^3-t^2+\dfrac{t}{3}-\dfrac{1}{27}$　(4) $x^3+3x^2-4x-12$

[HINT] (4) 3 次と 2 次の項，1 次の項と定数項をそれぞれ組み合わせる。

(1) $3a^3-81b^3=3(a^3-27b^3)=3\{a^3-(3b)^3\}$
$$=3(a-3b)\{a^2+a\cdot 3b+(3b)^2\}$$
$$=\boldsymbol{3(a-3b)(a^2+3ab+9b^2)}$$

$\leftarrow a^3-b^3$
$=(a-b)(a^2+ab+b^2)$

(2) $125x^4+8xy^3=x(125x^3+8y^3)=x\{(5x)^3+(2y)^3\}$
$$=x(5x+2y)\{(5x)^2-5x\cdot 2y+(2y)^2\}$$
$$=\boldsymbol{x(5x+2y)(25x^2-10xy+4y^2)}$$

$\leftarrow a^3+b^3$
$=(a+b)(a^2-ab+b^2)$

(3) $t^3-t^2+\dfrac{t}{3}-\dfrac{1}{27}=t^3-3t^2\cdot\dfrac{1}{3}+3t\cdot\left(\dfrac{1}{3}\right)^2-\left(\dfrac{1}{3}\right)^3$
$$=\boldsymbol{\left(t-\dfrac{1}{3}\right)^3}$$

$\leftarrow a^3-3a^2b+3ab^2-b^3$
$=(a-b)^3$

検討 次のような解答でもよい。

$$t^3-t^2+\frac{t}{3}-\frac{1}{27}=\frac{1}{27}(27t^3-27t^2+9t-1)$$

$$=\frac{1}{27}\{(3t)^3-3(3t)^2\cdot1+3(3t)\cdot1^2-1^3\}$$

$$=\frac{1}{27}(3t-1)^3$$

←$\frac{1}{27}$ でくくると，係数が整数になる。

(4) $x^3+3x^2-4x-12=x^2(x+3)-4(x+3)$

$$=(x+3)(x^2-4)$$

$$=(x+3)(x+2)(x-2)$$

←$(x^3-4x)+(3x^2-12)$ と組み合わせてもよい。

EX
③**9**

次の式を因数分解せよ。

(1) $x^2-2xy+y^2-x+y$ (2) $81x^4-y^4$

(3) $4x^4-37x^2y^2+9y^4$ (4) $(x^2-x)^2-8x^2+8x+12$

(1) $x^2-2xy+y^2-x+y=(x^2-2xy+y^2)-(x-y)$

$$=(x-y)^2-(x-y)$$

$$=(x-y)(x-y-1)$$

←$x-y$ が共通因数。

別解 （与式）$=x^2-(2y+1)x+y(y+1)$

$$=(x-y)(x-y-1)$$

←掛けて $y(y+1)$，
足して $-(2y+1)$
となるものは $-y$ と
$-(y+1)$

(2) $81x^4-y^4=(9x^2)^2-(y^2)^2$

$$=(9x^2+y^2)(9x^2-y^2)$$

$$=(3x+y)(3x-y)(9x^2+y^2)$$

(3) $4x^4-37x^2y^2+9y^4=4(x^2)^2-37y^2\cdot x^2+9y^4$

$$=(x^2-9y^2)(4x^2-y^2)$$

$$=(x+3y)(x-3y)(2x+y)(2x-y)$$

←
$$\begin{array}{ccc}1 & -9y^2 & \to & -36y^2 \\ 4 & -y^2 & \to & -y^2 \\ \hline 4 & 9y^4 & & -37y^2\end{array}$$
(上の y^2, y^4 は省略してもよい)

(4) $x^2-x=X$ とおくと，$-8x^2+8x=-8X$ であるから

$$(x^2-x)^2-8x^2+8x+12=X^2-8X+12$$

$$=(X-2)(X-6)$$

$$=(x^2-x-2)(x^2-x-6)$$

$$=(x+1)(x-2)(x+2)(x-3)$$

←ここで終わると誤り！

EX
④**10**

次の式を因数分解せよ。

(1) x^6-1 (2) $(x+y)^6-(x-y)^6$

(3) x^6-19x^3-216 (4) x^6-2x^3+1

(1) $x^6-1=(x^3)^2-1=(x^3+1)(x^3-1)$

$$=(x+1)(x^2-x+1)(x-1)(x^2+x+1)$$

$$=(x+1)(x-1)(x^2-x+1)(x^2+x+1)$$

←$x^3=X$ とおくと
$X^2-1=(X+1)(X-1)$

別解 $x^6-1=(x^2)^3-1=(x^2-1)(x^4+x^2+1)$

$$=(x+1)(x-1)(x^4+x^2+1)$$

ここで $x^4+x^2+1=(x^4+2x^2+1)-x^2$

$$=(x^2+1)^2-x^2$$

$$=(x^2+1+x)(x^2+1-x)$$

←x^2 を加えて引く。
本冊の例題 **19** 参照。

よって $x^6-1=(x+1)(x-1)(x^2-x+1)(x^2+x+1)$

(2) $(x+y)^6-(x-y)^6$

$=\{(x+y)^3\}^2-\{(x-y)^3\}^2$

$=\{(x+y)^3+(x-y)^3\}\{(x+y)^3-(x-y)^3\}$

$=(x^3+3x^2y+3xy^2+y^3+x^3-3x^2y+3xy^2-y^3)$

$\quad\times(x^3+3x^2y+3xy^2+y^3-x^3+3x^2y-3xy^2+y^3)$

$=(2x^3+6xy^2)(6x^2y+2y^3)$

$=2x(x^2+3y^2)\cdot2y(3x^2+y^2)$

$=\boldsymbol{4xy(x^2+3y^2)(3x^2+y^2)}$

$\leftarrow(x+y)^3=A,$
$(x-y)^3=B$ とおくと
$\quad A^2-B^2$
$\quad=(A+B)(A-B)$

(3) $x^6-19x^3-216=(x^3)^2-19x^3-216$

$\qquad=(x^3+8)(x^3-27)$

$\qquad=(x+2)(x^2-2x+4)(x-3)(x^2+3x+9)$

$\qquad=\boldsymbol{(x+2)(x-3)(x^2-2x+4)(x^2+3x+9)}$

$\leftarrow x^3=X$ とおくと
$\quad X^2-19X-216$
$\quad=(X+8)(X-27)$

(4) $x^6-2x^3+1=(x^3)^2-2x^3+1$

$\qquad=(x^3-1)^2$

$\qquad=\{(x-1)(x^2+x+1)\}^2$

$\qquad=\boldsymbol{(x-1)^2(x^2+x+1)^2}$

$\leftarrow x^3=X$ とおくと
$\quad X^2-2X+1$
$\quad=(X-1)^2$

EX
④11

次の式を因数分解せよ。　　　　　　　　[(1) 金沢工大, (2) 京都産大, (4) 山梨学院大, (5) 国士舘大]

(1) $(2x+5y)(2x+5y+8)-65$　　　　(2) $(x+3y-1)(x+3y+3)(x+3y+4)+12$

(3) $3(2x-3)^2-4(2x+1)+12$　　　　(4) $2(x+1)^4+2(x-1)^4+5(x^2-1)^2$

(5) $(x+1)(x+2)(x+3)(x+4)+1$

(1)　(与式)$=(2x+5y)\{(2x+5y)+8\}-65$

$\qquad=(2x+5y)^2+8(2x+5y)-65$

$\qquad=\{(2x+5y)-5\}\{(2x+5y)+13\}$

$\qquad=\boldsymbol{(2x+5y-5)(2x+5y+13)}$

$\leftarrow 2x+5y=X$ とおくと
$\quad X(X+8)-65$
$\quad=X^2+8X-65$
$\quad=(X-5)(X+13)$

(2)　$x+3y=X$ とおくと

$\quad$(与式)$=(X-1)(X+3)(X+4)+12$

$\qquad=(X-1)(X^2+7X+12)+12$

$\qquad=X^3+7X^2+12X-X^2-7X-12+12$

$\qquad=X^3+6X^2+5X=X(X^2+6X+5)$

$\qquad=X(X+1)(X+5)$

$\qquad=\boldsymbol{(x+3y)(x+3y+1)(x+3y+5)}$

$\leftarrow$繰り返し出てくる式
$x+3y$ を X とおく。

(3)　$2x-3=X$ とおくと, $2x+1=X+4$ であるから

$\quad$(与式)$=3X^2-4(X+4)+12=3X^2-4X-4$

$\qquad=(X-2)(3X+2)$

$\qquad=(2x-3-2)\{3(2x-3)+2\}$

$\qquad=\boldsymbol{(2x-5)(6x-7)}$

$\leftarrow$
$\begin{array}{cc}1 & -2\to-6 \\ 3 & 2\to\ \ 2 \\ \hline 3 & -4\quad-4\end{array}$

(4)　(与式)$=2(x+1)^4+5(x+1)^2(x-1)^2+2(x-1)^4$

$\quad$ここで, $(x+1)^2=a,\ (x-1)^2=b$ とおくと

$\quad$(与式)$=2a^2+5ab+2b^2=(a+2b)(2a+b)$

$\qquad=\{(x+1)^2+2(x-1)^2\}\{2(x+1)^2+(x-1)^2\}$

$\qquad=\boldsymbol{(3x^2-2x+3)(3x^2+2x+3)}$

$\leftarrow 5(x^2-1)^2$
$=5\{(x+1)(x-1)\}^2$

$\leftarrow$
$\begin{array}{cc}1 & 2\to4 \\ 2 & 1\to1 \\ \hline 2 & 2\quad5\end{array}$

(5) （与式）$=\{(x+1)(x+4)\}\{(x+2)(x+3)\}+1$

$\qquad = (x^2+5x+4)(x^2+5x+6)+1$

$\qquad = (x^2+5x)^2+10(x^2+5x)+25$

$\qquad = \{(x^2+5x)+5\}^2$

$\qquad = \boldsymbol{(x^2+5x+5)^2}$

←$x^2+5x=X$ とおくと
$\quad X^2+10X+25$
$\quad =(X+5)^2$

EX
⑤12
次の式を簡単にせよ。

(1) $(a+b+c)^2-(b+c-a)^2+(c+a-b)^2-(a+b-c)^2$　　　　〔奈良大〕

(2) $(a+b+c)(-a+b+c)(a-b+c)+(a+b+c)(a-b+c)(a+b-c)$

$\quad +(a+b+c)(a+b-c)(-a+b+c)-(-a+b+c)(a-b+c)(a+b-c)$

(1) $a+b+c=A$, $b+c-a=B$, $c+a-b=C$, $a+b-c=D$

とおくと

　（与式）$=A^2-B^2+C^2-D^2$

$\qquad = (A+B)(A-B)+(C+D)(C-D)$

$\qquad = \{(a+b+c)+(b+c-a)\}\{(a+b+c)-(b+c-a)\}$

$\qquad\quad +\{(c+a-b)+(a+b-c)\}\{(c+a-b)-(a+b-c)\}$

$\qquad = 2(b+c)\cdot 2a+2a\cdot 2(c-b)$

$\qquad = 4a\{(b+c)+(c-b)\}=\boldsymbol{8ac}$

←（与式）
$=\bullet^2-\blacksquare^2+\blacktriangle^2-\blacklozenge^2$ の
形になっていることに着
目すると，このおき換え
が思いつく。

←共通因数 $4a$ でくくる。

(2) $a+b+c=A$, $-a+b+c=B$, $a-b+c=C$,

$\quad a+b-c=D$　とおくと

　（与式）$=ABC+ACD+ADB-BCD$

$\qquad = AB(C+D)+CD(A-B)$

$\qquad = 2a(AB+CD)$

$\qquad = 2a\{(a+b+c)(-a+b+c)+(a-b+c)(a+b-c)\}$

$\qquad = 2a\{\{(b+c)^2-a^2\}+\{a^2-(b-c)^2\}\}$

$\qquad = 2a\{(b+c)^2-(b-c)^2\}$

$\qquad = 2a\{(b+c)+(b-c)\}\{(b+c)-(b-c)\}$

$\qquad = 2a\cdot 2b\cdot 2c=\boldsymbol{8abc}$

←$C+D=2a$,
$\quad A-B=2a$

←$\{\quad\}$ の中を展開して
整理してもよい。

EX
③13
次の式を因数分解せよ。

(1) $x^2y-2xyz-y-xy^2+x-2z$　　　　(2) $8x^3+12x^2y+4xy^2+6x^2+9xy+3y^2$

(3) $x^3y+x^2y^2+x^3+x^2y-xy-y^2-x-y$　　　〔(1) つくば国際大, (2) 法政大, (3) 岐阜女子大〕

(1) $x^2y-2xyz-y-xy^2+x-2z$

$\quad = -2(xy+1)z+x^2y-xy^2+x-y$

$\quad = -2(xy+1)z+xy(x-y)+(x-y)$

$\quad = -2(xy+1)z+(x-y)(xy+1)$

$\quad = \boldsymbol{(xy+1)(x-y-2z)}$

←z について整理。

←$xy+1$ が共通因数。

(2) $8x^3+12x^2y+4xy^2+6x^2+9xy+3y^2$

$\quad = (4x+3)y^2+(12x^2+9x)y+8x^3+6x^2$

$\quad = (4x+3)y^2+3x(4x+3)y+2x^2(4x+3)$

$\quad = (4x+3)(y^2+3xy+2x^2)$

$\quad = (4x+3)(y+x)(y+2x)$

$\quad = \boldsymbol{(4x+3)(x+y)(2x+y)}$

←y について整理。

←$4x+3$ が共通因数。

←掛けて $2x^2$，足して
$3x$ の2数は，x と $2x$

(3) $x^3y+x^2y^2+x^3+x^2y-xy-y^2-x-y$
$=(x^2-1)y^2+(x^3+x^2-x-1)y+x^3-x$ ←y について整理。
$=(x^2-1)y^2+\{x(x^2-1)+x^2-1\}y+x(x^2-1)$ ←{ } 内で，項を組み合
$=(x^2-1)y^2+(x+1)(x^2-1)y+x(x^2-1)$ わせると，共通因数
$=(x^2-1)\{y^2+(x+1)y+x\}=(x+1)(x-1)(y+x)(y+1)$ x^2-1 が現れる。
$\boldsymbol{=(x+1)(x-1)(x+y)(y+1)}$

別解 $x^3y+x^2y^2+x^3+x^2y-xy-y^2-x-y$
$=x^2y(x+y)+x^2(x+y)-y(x+y)-(x+y)$ ←前から 2 項ずつ，項を
$=(x+y)(x^2y+x^2-y-1)$ 組み合わせる。
$=(x+y)\{x^2(y+1)-(y+1)\}$ ←{ } 内で，前から 2 項
$=(x+y)(y+1)(x^2-1)$ ずつ，項を組み合わせる。
$\boldsymbol{=(x+y)(x+1)(x-1)(y+1)}$

EX
②14 次の式を因数分解せよ。
 (1) $(a+b)x^2-2ax+a-b$ $\qquad$ (2) $a^2+(2b-3)a-(3b^2+b-2)$
 (3) $3x^2-2y^2+5xy+11x+y+6$ $\qquad$ (4) $24x^2-54y^2-14x+141y-90$

[(1) 北海学園大, (3) 法政大]

HINT (3), (4) どの文字についても 2 次であるから，2 乗の項の係数が正であり，簡単な文字について整理するとよい。

(1) $(a+b)x^2-2ax+a-b$
$\boldsymbol{=(x-1)\{(a+b)x-a+b\}}$

別解 $(a+b)x^2-2ax+a-b$
$=a(x^2-2x+1)+b(x^2-1)$
$=a(x-1)^2+b(x+1)(x-1)$
$=(x-1)\{a(x-1)+b(x+1)\}$
$\boldsymbol{=(x-1)\{(a+b)x-a+b\}}$

$\leftarrow$
$$\begin{array}{ccc} 1 & -1 & \rightarrow -a-b \\ a+b & -(a-b) & \rightarrow -a+b \\ \hline a+b & a-b & -2a \end{array}$$

(2) $a^2+(2b-3)a-(3b^2+b-2)$
$=a^2+(2b-3)a-(b+1)(3b-2)$
$=\{a-(b+1)\}\{a+(3b-2)\}$
$\boldsymbol{=(a-b-1)(a+3b-2)}$

$\leftarrow$
$$\begin{array}{ccc} 1 & -(b+1) & \rightarrow -b-1 \\ 1 & 3b-2 & \rightarrow 3b-2 \\ \hline 1 & -(b+1)(3b-2) & 2b-3 \end{array}$$

(3) $3x^2-2y^2+5xy+11x+y+6$
$=3x^2+(5y+11)x-2y^2+y+6$
$=3x^2+(5y+11)x-(2y^2-y-6)$
$=3x^2+(5y+11)x-(y-2)(2y+3)$
$=\{x+(2y+3)\}\{3x-(y-2)\}$
$\boldsymbol{=(x+2y+3)(3x-y+2)}$

$\leftarrow$
$$\begin{array}{ccc} 1 & 2y+3 & \rightarrow 6y+9 \\ 3 & -(y-2) & \rightarrow -y+2 \\ \hline 3 & -(y-2)(2y+3) & 5y+11 \end{array}$$

(4) $24x^2-54y^2-14x+141y-90$
$=24x^2-14x-(54y^2-141y+90)$
$=24x^2-14x-3(18y^2-47y+30)$
$=24x^2-14x-3(2y-3)(9y-10)$
$=\{4x+3(2y-3)\}\{6x-(9y-10)\}$
$\boldsymbol{=(4x+6y-9)(6x-9y+10)}$

$\leftarrow$
$$\begin{array}{ccc} 4 & 3(2y-3) & \rightarrow 36y-54 \\ 6 & -(9y-10) & \rightarrow -36y+40 \\ \hline 24 & -3(2y-3)(9y-10) & -14 \end{array}$$

EX
②**15** 次の式を因数分解せよ。
(1) $a^3+a^2b-a(c^2+b^2)+bc^2-b^3$ (2) $a(b+c)^2+b(c+a)^2+c(a+b)^2-4abc$
(3) $a^2b-ab^2-b^2c+bc^2-c^2a-ca^2+2abc$ [(1) 摂南大]

(1) (与式)$=a^3+a^2b-ac^2-ab^2+bc^2-b^3$
　　　　$=-(a-b)c^2+a^3-b^3+a^2b-ab^2$ ←c について整理。
　　　　$=-(a-b)c^2+(a-b)(a^2+ab+b^2)+ab(a-b)$ ←共通因数 $a-b$ をくくり出す。
　　　　$=(a-b)\{-c^2+(a^2+ab+b^2)+ab\}$
　　　　$=(a-b)(a^2+2ab+b^2-c^2)=(a-b)\{(a+b)^2-c^2\}$
　　　　$=(a-b)\{(a+b)+c\}\{(a+b)-c\}$
　　　　$=\boldsymbol{(a-b)(a+b+c)(a+b-c)}$

(2) (与式)$=(b+c)^2a+b(c^2+2ca+a^2)+c(a^2+2ab+b^2)-4abc$
　　　　$=(b+c)a^2+\{(b+c)^2+2bc+2bc-4bc\}a+bc^2+b^2c$ ←a について整理。
　　　　$=(b+c)a^2+(b+c)^2a+bc(b+c)$ ←共通因数 $b+c$ をくくり出す。
　　　　$=(b+c)\{a^2+(b+c)a+bc\}$
　　　　$=(b+c)(a+b)(a+c)$ ←これでも正解。
　　　　$=\boldsymbol{(a+b)(b+c)(c+a)}$

(3) (与式)$=(b-c)a^2-(b^2-2bc+c^2)a-bc(b-c)$ ←a について整理。
　　　　$=(b-c)a^2-(b-c)^2a-bc(b-c)$ ←共通因数 $b-c$ をくくり出す。
　　　　$=(b-c)\{a^2-(b-c)a-bc\}$
　　　　$=(b-c)(a-b)(a+c)$ ←これでも正解。
　　　　$=\boldsymbol{(a-b)(b-c)(c+a)}$

EX
④**16** 次の式を因数分解せよ。
(1) $(x+y)(y+z)(z+x)+xyz$ (2) $6a^2b-5abc-6a^2c+5ac^2-4bc^2+4c^3$
(3) $(a^2-1)(b^2-1)-4ab$ [(1) 名城大, (2) 奈良大]

(1) (与式)$=(y+z)\{(x+y)(x+z)\}+yzx$
　　　　$=(y+z)\{x^2+(y+z)x+yz\}+yzx$
　　　　$=(y+z)x^2+\{(y+z)^2+yz\}x+(y+z)yz$ ←x について整理。
　　　　$=\{x+(y+z)\}\{(y+z)x+yz\}$
　　　　$=\boldsymbol{(x+y+z)(xy+yz+zx)}$

←
$$\begin{array}{ccccc} 1 & \diagdown & y+z & \longrightarrow & (y+z)^2 \\ y+z & \diagup & yz & \longrightarrow & yz \\ \hline y+z & & (y+z)yz & & (y+z)^2+yz \end{array}$$

(2) (与式)$=(6a^2-5ac-4c^2)b-(6a^2-5ac-4c^2)c$
　　　　$=(6a^2-5ac-4c^2)(b-c)$ ←b について整理。
　　　　$=\boldsymbol{(2a+c)(3a-4c)(b-c)}$ ←共通因数 $6a^2-5ac-4c^2$ でくくる。

(3) (与式)$=a^2b^2-a^2-b^2+1-4ab$
　　　　$=\{(ab)^2-2ab+1\}-(a^2+2ab+b^2)$ ←$4ab$ を 2 つの $2ab$ に分ける。
　　　　$=(ab-1)^2-(a+b)^2$
　　　　$=\{(ab-1)+(a+b)\}\{(ab-1)-(a+b)\}$
　　　　$=\boldsymbol{(ab+a+b-1)(ab-a-b-1)}$

別解 (与式)$=(a^2-1)b^2-4ab-(a^2-1)$ ←b について整理。
　　　　$=(a+1)(a-1)b^2-4ab-(a+1)(a-1)$
　　　　$=\{(a+1)b+(a-1)\}\{(a-1)b-(a+1)\}$
　　　　$=\boldsymbol{(ab+a+b-1)(ab-a-b-1)}$

←
$$\begin{array}{ccccc} a+1 & \diagdown & a-1 & \longrightarrow & a^2-2a+1 \\ a-1 & \diagup & -(a+1) & \longrightarrow & -(a^2+2a+1) \\ \hline a^2-1 & & -(a^2-1) & & -4a \end{array}$$

EX ⑤17 等式 $a^3+b^3+c^3=(a+b+c)(a^2+b^2+c^2-ab-bc-ca)+3abc$ を用いて，次の式を因数分解せよ。 [(2) つくば国際大]

(1) $(y-z)^3+(z-x)^3+(x-y)^3$ (2) $(x-z)^3+(y-z)^3-(x+y-2z)^3$

(1) $y-z=a$, $z-x=b$, $x-y=c$ とおくと

(与式)$=a^3+b^3+c^3$

$=(a+b+c)(a^2+b^2+c^2-ab-bc-ca)+3abc$ …… ①

ここで，$a+b+c=(y-z)+(z-x)+(x-y)=0$ であるから，

① より　(与式)$=3abc=$ **$3(y-z)(z-x)(x-y)$**

(2) $x-z=a$, $y-z=b$, $-(x+y-2z)=c$ とおくと

(与式)$=a^3+b^3+c^3$

$=(a+b+c)(a^2+b^2+c^2-ab-bc-ca)+3abc$ …… ②

ここで，$a+b+c=(x-z)+(y-z)+\{-(x+y-2z)\}=0$ であるから，② より

(与式)$=3abc$

$=3(x-z)(y-z)\{-(x+y-2z)\}$

$=$ **$-3(x-z)(y-z)(x+y-2z)$**

検討 $x-z=a$, $y-z=b$ とおくと

$a+b=x+y-2z$

よって　(与式)$=a^3+b^3-(a+b)^3$

$=a^3+b^3-(a^3+3a^2b+3ab^2+b^3)$

$=-3ab(a+b)$

$=$ **$-3(x-z)(y-z)(x+y-2z)$**

> HINT (1) 与式の（ ）内を順に a, b, c とおくと，$a+b+c=0$ となることに着目。

←$-(x+y-2z)^3$
$=\{-(x+y-2z)\}^3=c^3$

←問題文の等式を利用しない方法。

←a^3+b^3
$=(a+b)^3-3ab(a+b)$
を利用してもよい。

EX ①18 次の循環小数の積を1つの既約分数で表せ。

$0.1\dot{2}\times0.2\dot{7}$　[信州大]

$x=0.\dot{1}\dot{2}$ とおくと　$100x=12.1212\cdots\cdots$

ゆえに　$100x-x=12$　すなわち　$99x=12$

よって　$x=\dfrac{12}{99}=\dfrac{4}{33}$

また，$y=0.\dot{2}\dot{7}$ とおくと　$100y=27.2727\cdots\cdots$

ゆえに　$100y-y=27$　すなわち　$99y=27$

よって　$y=\dfrac{27}{99}=\dfrac{3}{11}$

したがって　$0.\dot{1}\dot{2}\times0.\dot{2}\dot{7}=xy=\dfrac{4}{33}\cdot\dfrac{3}{11}=\dfrac{4}{121}$

←まず，$0.\dot{1}\dot{2}$ を既約分数に直す。

←次に，$0.\dot{2}\dot{7}$ を既約分数に直す。

EX ①19 (1), (2), (3) の値を求めよ。(4) は簡単にせよ。

(1) $\sqrt{1.21}$ (2) $\sqrt{0.0256}$ (3) $\dfrac{\sqrt{12}\sqrt{20}}{\sqrt{15}}$

(4) $a>0$, $b<0$, $c<0$ のとき $\sqrt{(a^2bc^3)^3}$

> HINT (4) まず，$\sqrt{(\ \ )^2p}$，$p>0$ の形へ。$\sqrt{\bullet^2}=|\bullet|$ ●の符号に注意して処理。

(1) $\sqrt{1.21}=\sqrt{\dfrac{121}{100}}=\sqrt{\left(\dfrac{11}{10}\right)^2}=\dfrac{11}{10}=$ **1.1**

←$\sqrt{1.21}=\sqrt{1.1^2}=1.1$
と計算してもよい。

(2) $\sqrt{0.0256} = \sqrt{\dfrac{256}{10000}} = \sqrt{\left(\dfrac{16}{100}\right)^2} = \dfrac{16}{100} = \boldsymbol{0.16}$

$\leftarrow 256 = 2^8 = (2^4)^2 = 16^2$

(3) $\dfrac{\sqrt{12}\,\sqrt{20}}{\sqrt{15}} = \sqrt{\dfrac{12 \times 20}{15}} = \sqrt{\dfrac{2^2 \cdot 3 \times 2^2 \cdot 5}{3 \cdot 5}} = 2 \cdot 2 = \boldsymbol{4}$

$\leftarrow a > 0,\ b > 0$ のとき
$\sqrt{a}\,\sqrt{b} = \sqrt{ab}$,
$\dfrac{\sqrt{a}}{\sqrt{b}} = \sqrt{\dfrac{a}{b}}$

(4) $a > 0,\ b < 0,\ c < 0$ のとき

$\sqrt{(a^2bc^3)^3} = \sqrt{(a^3bc^4)^2 bc} = |a^3bc^4|\sqrt{bc}$

$\qquad\qquad\quad = \boldsymbol{-a^3bc^4\sqrt{bc}}$

$\leftarrow a^3bc^4 < 0,\ bc > 0$

EX
②**20**

次の計算は誤りである。① から ⑥ の等号の中で誤っているものをすべてあげ，誤りと判断した理由を述べよ。

$$27 = \underset{①}{\sqrt{729}} = \underset{②}{\sqrt{3^6}} = \underset{③}{\sqrt{(-3)^6}} = \underset{④}{\sqrt{\{(-3)^3\}^2}} = \underset{⑤}{(-3)^3} = \underset{⑥}{-27}$$

[類 宮崎大]

$27 = \sqrt{27^2} = \sqrt{729}$ であるから，① は正しい。

$\leftarrow a \geqq 0$ のとき
$\sqrt{a^2} = a$

$729 = 3^6 = (-3)^6 = \{(-3)^3\}^2$ であるから

$$\sqrt{729} = \sqrt{3^6} = \sqrt{(-3)^6} = \sqrt{\{(-3)^3\}^2}$$

よって，②，③，④ は正しい。

また，$\sqrt{\{(-3)^3\}^2} > 0,\ (-3)^3 = -27 < 0$ であるから，⑤ は誤り

$\leftarrow \sqrt{\bullet} > 0$

であり，⑥ は正しい。

ゆえに，① から ⑥ の等号の中で誤っているものは

⑤ **(理由)** $\sqrt{\{(-3)^3\}^2} > 0,\ (-3)^3 = -27 < 0$ であるから。

EX
①**21**

次の式を計算せよ。

(1) $\sqrt{200} + \sqrt{98} - 3\sqrt{72}$

(2) $\sqrt{48} - \sqrt{27} + 5\sqrt{12}$

(3) $(1 + \sqrt{3})^3$

(4) $(2\sqrt{6} + \sqrt{3})(\sqrt{6} - 4\sqrt{3})$

(5) $(1 - \sqrt{7} + \sqrt{3})(1 + \sqrt{7} + \sqrt{3})$

(6) $(\sqrt{2} - 2\sqrt{3} - 3\sqrt{6})^2$

(1) $\sqrt{200} + \sqrt{98} - 3\sqrt{72} = \sqrt{10^2 \cdot 2} + \sqrt{7^2 \cdot 2} - 3\sqrt{6^2 \cdot 2}$

$\qquad\qquad\qquad\qquad\quad = 10\sqrt{2} + 7\sqrt{2} - 3 \cdot 6\sqrt{2}$

$\qquad\qquad\qquad\qquad\quad = (10 + 7 - 18)\sqrt{2}$

$\qquad\qquad\qquad\qquad\quad = \boldsymbol{-\sqrt{2}}$

$\leftarrow$ 平方因数は $\sqrt{}$ の外に出す。

(2) $\sqrt{48} - \sqrt{27} + 5\sqrt{12} = \sqrt{4^2 \cdot 3} - \sqrt{3^2 \cdot 3} + 5\sqrt{2^2 \cdot 3}$

$\qquad\qquad\qquad\qquad\quad = 4\sqrt{3} - 3\sqrt{3} + 5 \cdot 2\sqrt{3}$

$\qquad\qquad\qquad\qquad\quad = (4 - 3 + 10)\sqrt{3} = \boldsymbol{11\sqrt{3}}$

$\leftarrow$ 平方因数は $\sqrt{}$ の外に出す。

(3) $(1 + \sqrt{3})^3 = 1^3 + 3 \cdot 1^2 \cdot \sqrt{3} + 3 \cdot 1 \cdot (\sqrt{3})^2 + (\sqrt{3})^3$

$\qquad\qquad\quad = 1 + 3\sqrt{3} + 9 + 3\sqrt{3} = \boldsymbol{10 + 6\sqrt{3}}$

$\leftarrow (a+b)^3$
$= a^3 + 3a^2b + 3ab^2 + b^3$

(4) $(2\sqrt{6} + \sqrt{3})(\sqrt{6} - 4\sqrt{3}) = \sqrt{3}(2\sqrt{2} + 1) \cdot \sqrt{3}(\sqrt{2} - 4)$

$\qquad\qquad\qquad\qquad\qquad = 3(2\sqrt{2} + 1)(\sqrt{2} - 4)$

$\qquad\qquad\qquad\qquad\qquad = 3(4 - 7\sqrt{2} - 4) = \boldsymbol{-21\sqrt{2}}$

$\leftarrow \sqrt{3}$ をくくり出すと計算がらく。

(5) $(1 - \sqrt{7} + \sqrt{3})(1 + \sqrt{7} + \sqrt{3})$

$= \{(1 + \sqrt{3}) - \sqrt{7}\}\{(1 + \sqrt{3}) + \sqrt{7}\}$

$= (1 + \sqrt{3})^2 - (\sqrt{7})^2$

$= (4 + 2\sqrt{3}) - 7 = \boldsymbol{-3 + 2\sqrt{3}}$

$\leftarrow (a-b)(a+b)$
$= a^2 - b^2$

(6) $(\sqrt{2}-2\sqrt{3}-3\sqrt{6}\,)^2$

$=\{\sqrt{2}+(-2\sqrt{3}\,)+(-3\sqrt{6}\,)\}^2$

$=(\sqrt{2}\,)^2+(-2\sqrt{3}\,)^2+(-3\sqrt{6}\,)^2+2\cdot\sqrt{2}\cdot(-2\sqrt{3}\,)$

$\quad+2\cdot(-2\sqrt{3}\,)(-3\sqrt{6}\,)+2\cdot(-3\sqrt{6}\,)\cdot\sqrt{2}$

$=2+12+54-4\sqrt{6}+12\sqrt{18}-6\sqrt{12}$

$=68-4\sqrt{6}+12\cdot3\sqrt{2}-6\cdot2\sqrt{3}=\boldsymbol{68-4\sqrt{6}+36\sqrt{2}-12\sqrt{3}}$

← $(a+b+c)^2$
$=a^2+b^2+c^2+2ab$
$+2bc+2ca$
本冊 $p.22$ 参照。

EX ②22 次の式を，分母を有理化して簡単にせよ。

(1) $\dfrac{1}{\sqrt{3}-\sqrt{5}}$
(2) $\dfrac{\sqrt{3}}{1+\sqrt{6}}-\dfrac{\sqrt{2}}{4+\sqrt{6}}$

(3) $\dfrac{1}{\sqrt{2}+1}+\dfrac{1}{\sqrt{3}+\sqrt{2}}+\dfrac{1}{\sqrt{4}+\sqrt{3}}+\dfrac{1}{\sqrt{5}+\sqrt{4}}$
(4) $\dfrac{1}{\sqrt{2}+\sqrt{3}+\sqrt{5}}+\dfrac{1}{\sqrt{2}-\sqrt{3}-\sqrt{5}}$

(1) $\dfrac{1}{\sqrt{3}-\sqrt{5}}=-\dfrac{\sqrt{5}+\sqrt{3}}{(\sqrt{5}-\sqrt{3})(\sqrt{5}+\sqrt{3})}=-\dfrac{\boldsymbol{\sqrt{5}+\sqrt{3}}}{\boldsymbol{2}}$

←分母の符号を正にする
と計算しやすい。

(2) $\dfrac{\sqrt{3}}{1+\sqrt{6}}-\dfrac{\sqrt{2}}{4+\sqrt{6}}=\dfrac{\sqrt{3}\,(\sqrt{6}-1)}{(\sqrt{6}+1)(\sqrt{6}-1)}-\dfrac{\sqrt{2}\,(4-\sqrt{6}\,)}{(4+\sqrt{6}\,)(4-\sqrt{6}\,)}$

$=\dfrac{3\sqrt{2}-\sqrt{3}}{5}-\dfrac{4\sqrt{2}-2\sqrt{3}}{10}$

$=\dfrac{3\sqrt{2}-\sqrt{3}}{5}-\dfrac{2\sqrt{2}-\sqrt{3}}{5}=\dfrac{\boldsymbol{\sqrt{2}}}{\boldsymbol{5}}$

←各式の分母を有理化し
てから通分。

(3) （与式）$=\dfrac{\sqrt{2}-1}{(\sqrt{2}+1)(\sqrt{2}-1)}+\dfrac{\sqrt{3}-\sqrt{2}}{(\sqrt{3}+\sqrt{2})(\sqrt{3}-\sqrt{2})}$

$\quad+\dfrac{\sqrt{4}-\sqrt{3}}{(\sqrt{4}+\sqrt{3})(\sqrt{4}-\sqrt{3})}+\dfrac{\sqrt{5}-\sqrt{4}}{(\sqrt{5}+\sqrt{4})(\sqrt{5}-\sqrt{4})}$

$=\sqrt{2}-1+\sqrt{3}-\sqrt{2}+\sqrt{4}-\sqrt{3}+\sqrt{5}-\sqrt{4}=\boldsymbol{\sqrt{5}-1}$

←まず，分母の有理化。

(4) $\dfrac{1}{\sqrt{2}+\sqrt{3}+\sqrt{5}}+\dfrac{1}{\sqrt{2}-\sqrt{3}-\sqrt{5}}$

$=\dfrac{\sqrt{2}+\sqrt{3}-\sqrt{5}}{\{(\sqrt{2}+\sqrt{3})+\sqrt{5}\,\}\{(\sqrt{2}+\sqrt{3})-\sqrt{5}\,\}}$

$\quad+\dfrac{\sqrt{2}-\sqrt{3}+\sqrt{5}}{\{(\sqrt{2}-\sqrt{3})-\sqrt{5}\,\}\{(\sqrt{2}-\sqrt{3})+\sqrt{5}\,\}}$

$=\dfrac{\sqrt{2}+\sqrt{3}-\sqrt{5}}{(\sqrt{2}+\sqrt{3})^2-(\sqrt{5}\,)^2}+\dfrac{\sqrt{2}-\sqrt{3}+\sqrt{5}}{(\sqrt{2}-\sqrt{3})^2-(\sqrt{5}\,)^2}$

$=\dfrac{\sqrt{2}+\sqrt{3}-\sqrt{5}}{2\sqrt{6}}-\dfrac{\sqrt{2}-\sqrt{3}+\sqrt{5}}{2\sqrt{6}}$

$=\dfrac{2\sqrt{3}-2\sqrt{5}}{2\sqrt{6}}=\dfrac{\sqrt{3}-\sqrt{5}}{\sqrt{6}}=\dfrac{(\sqrt{3}-\sqrt{5}\,)\sqrt{6}}{6}=\dfrac{\boldsymbol{3\sqrt{2}-\sqrt{30}}}{\boldsymbol{6}}$

← $(\sqrt{2}\,)^2+(\sqrt{3}\,)^2=(\sqrt{5}\,)^2$
であることに着目して，
各式の分母を有理化する。

←分母の有理化。

別解 $\dfrac{1}{\sqrt{2}+\sqrt{3}+\sqrt{5}}+\dfrac{1}{\sqrt{2}-\sqrt{3}-\sqrt{5}}$

$=\dfrac{\sqrt{2}-\sqrt{3}-\sqrt{5}+\sqrt{2}+\sqrt{3}+\sqrt{5}}{(\sqrt{2}\,)^2-(\sqrt{3}+\sqrt{5}\,)^2}=\dfrac{2\sqrt{2}}{-6-2\sqrt{15}}$

$=-\dfrac{\sqrt{2}}{\sqrt{15}+3}=-\dfrac{\sqrt{2}\,(\sqrt{15}-3)}{(\sqrt{15}+3)(\sqrt{15}-3)}=\dfrac{\boldsymbol{3\sqrt{2}-\sqrt{30}}}{\boldsymbol{6}}$

←与式を通分した場合の
解答。

←分母の有理化。

EX
③23

$x=a^2+9$ とし, $y=\sqrt{x-6a}-\sqrt{x+6a}$ とする。y を簡単にすると $a\leqq-^{ア}\boxed{}$ のとき, $y=^{イ}\boxed{}$, $-^{ア}\boxed{}\leqq a\leqq^{ウ}\boxed{}$ のとき, $y=^{エ}\boxed{}$, $a\geqq^{ウ}\boxed{}$ のとき, $y=^{オ}\boxed{}$ となる。　　〔摂南大〕

$x=a^2+9$ を y に代入すると

$$y=\sqrt{a^2+9-6a}-\sqrt{a^2+9+6a}$$
$$=\sqrt{(a-3)^2}-\sqrt{(a+3)^2}=|a-3|-|a+3|$$

[1] $a\leqq-^{ア}3$ のとき　$a-3<0,\ a+3\leqq0$
　　よって　$y=-(a-3)-\{-(a+3)\}=^{イ}6$

[2] $-^{ア}3\leqq a\leqq^{ウ}3$ のとき　$a-3\leqq0,\ a+3\geqq0$
　　よって　$y=-(a-3)-(a+3)=^{エ}-2a$

[3] $a\geqq^{ウ}3$ のとき　$a-3\geqq0,\ a+3>0$
　　よって　$y=(a-3)-(a+3)=^{オ}-6$

←$\sqrt{A^2}=|A|$
←$a-3=0,\ a+3=0$ をそれぞれ解くと
$a=3,\ -3$　よって,
[1]~[3] のような場合分けを行う。なお,
$|A|=\begin{cases}A\ (A\geqq0\text{のとき})\\-A\ (A<0\text{のとき})\end{cases}$

EX
③24

次の式の2重根号をはずして簡単にせよ。

(1) $\sqrt{11+4\sqrt{6}}$　　〔東京海洋大〕　(2) $\dfrac{1}{\sqrt{7-4\sqrt{3}}}$　　〔職能開発大〕

(3) $\sqrt{3+\sqrt{5}}+\sqrt{3-\sqrt{5}}$　　〔東京電機大〕

(1) $\sqrt{11+4\sqrt{6}}=\sqrt{11+2\sqrt{24}}=\sqrt{(8+3)+2\sqrt{8\cdot3}}$
　　　　　　　$=\sqrt{(\sqrt{8}+\sqrt{3})^2}=\sqrt{8}+\sqrt{3}=2\sqrt{2}+\sqrt{3}$

←$4\sqrt{6}=2\sqrt{2^2\cdot6}$

(2) $\dfrac{1}{\sqrt{7-4\sqrt{3}}}=\dfrac{1}{\sqrt{7-2\sqrt{12}}}=\dfrac{1}{\sqrt{(4+3)-2\sqrt{4\cdot3}}}$
　　　　　$=\dfrac{1}{\sqrt{(\sqrt{4}-\sqrt{3})^2}}=\dfrac{1}{\sqrt{4}-\sqrt{3}}=\dfrac{1}{2-\sqrt{3}}$
　　　　　$=\dfrac{2+\sqrt{3}}{(2-\sqrt{3})(2+\sqrt{3})}=2+\sqrt{3}$

←$4\sqrt{3}=2\sqrt{2^2\cdot3}$

(3) $\sqrt{3+\sqrt{5}}=\sqrt{\dfrac{6+2\sqrt{5}}{2}}=\dfrac{\sqrt{(5+1)+2\sqrt{5\cdot1}}}{\sqrt{2}}$
　　　　　$=\dfrac{\sqrt{(\sqrt{5}+1)^2}}{\sqrt{2}}=\dfrac{\sqrt{5}+1}{\sqrt{2}}=\dfrac{\sqrt{10}+\sqrt{2}}{2}$

同様に　$\sqrt{3-\sqrt{5}}=\dfrac{\sqrt{10}-\sqrt{2}}{2}$

よって　$\sqrt{3+\sqrt{5}}+\sqrt{3-\sqrt{5}}=\dfrac{\sqrt{10}+\sqrt{2}}{2}+\dfrac{\sqrt{10}-\sqrt{2}}{2}$
　　　　　　　　　$=\sqrt{10}$

←中の根号の前の数を2にするために, $\dfrac{3+\sqrt{5}}{1}$ の分母・分子に2を掛ける。

EX
③25

次の式を簡単にせよ。

(1) $\sqrt{9+4\sqrt{4+2\sqrt{3}}}$　　〔大阪産大〕　(2) $\sqrt{7-\sqrt{21+\sqrt{80}}}$　　〔北海道薬大〕

(1) $\sqrt{4+2\sqrt{3}}=\sqrt{(3+1)+2\sqrt{3\cdot1}}=\sqrt{(\sqrt{3}+1)^2}=\sqrt{3}+1$

よって　$\sqrt{9+4\sqrt{4+2\sqrt{3}}}=\sqrt{9+4(\sqrt{3}+1)}$
　　　　　　　　　$=\sqrt{13+2\sqrt{12}}$
　　　　　　　　　$=\sqrt{(12+1)+2\sqrt{12\cdot1}}$

←内側の2重根号をはずす。

←$4\sqrt{3}=2\sqrt{2^2\cdot3}$

$$=\sqrt{(\sqrt{12}+1)^2}$$
$$=\sqrt{12}+1=2\sqrt{3}+1$$

(2) $\sqrt{21+\sqrt{80}}=\sqrt{21+2\sqrt{20}}=\sqrt{(20+1)+2\sqrt{20\cdot1}}$
$$=\sqrt{(\sqrt{20}+1)^2}=\sqrt{20}+1=2\sqrt{5}+1$$

よって $\sqrt{7-\sqrt{21+\sqrt{80}}}=\sqrt{7-(2\sqrt{5}+1)}=\sqrt{6-2\sqrt{5}}$
$$=\sqrt{(5+1)-2\sqrt{5\cdot1}}$$
$$=\sqrt{(\sqrt{5}-1)^2}=\sqrt{5}-1$$

←内側の 2 重根号をはずす。

EX (1) $a=\dfrac{3}{\sqrt{5}+\sqrt{2}}$, $b=\dfrac{3}{\sqrt{5}-\sqrt{2}}$ であるとき, a^2+ab+b^2, $a^3+a^2b+ab^2+b^3$ の値をそれぞれ
③**26** 求めよ。 〔類 星薬大〕

(2) $a=\dfrac{2}{3-\sqrt{5}}$ のとき, $a+\dfrac{1}{a}$, $a^2+\dfrac{1}{a^2}$, $a^5+\dfrac{1}{a^5}$ の値をそれぞれ求めよ。 〔鹿児島大〕

(1) $a+b=\dfrac{3(\sqrt{5}-\sqrt{2})+3(\sqrt{5}+\sqrt{2})}{(\sqrt{5}+\sqrt{2})(\sqrt{5}-\sqrt{2})}=\dfrac{6\sqrt{5}}{3}=2\sqrt{5}$

$ab=\dfrac{3\cdot3}{(\sqrt{5}+\sqrt{2})(\sqrt{5}-\sqrt{2})}=\dfrac{9}{3}=3$

←a, b の対称式は $a+b$, ab で表されるから, 先にこの 2 つの式の値を求めておく。

よって $\boldsymbol{a^2+ab+b^2}=(a+b)^2-ab=(2\sqrt{5})^2-3=20-3=\boldsymbol{17}$

$\boldsymbol{a^3+a^2b+ab^2+b^3}=(a^3+b^3)+ab(a+b)$
$$=(a+b)^3-3ab(a+b)+ab(a+b)$$
$$=(a+b)^3-2ab(a+b)$$
$$=(2\sqrt{5})^3-2\cdot3\cdot2\sqrt{5}$$
$$=40\sqrt{5}-12\sqrt{5}=\boldsymbol{28\sqrt{5}}$$

⑩ a, b の対称式
基本対称式 $a+b$, ab で表す

(2) $a=\dfrac{2}{3-\sqrt{5}}=\dfrac{2(3+\sqrt{5})}{(3-\sqrt{5})(3+\sqrt{5})}=\dfrac{2(3+\sqrt{5})}{9-5}=\dfrac{3+\sqrt{5}}{2}$,

$\dfrac{1}{a}=\dfrac{3-\sqrt{5}}{2}$ であるから

$$\boldsymbol{a+\dfrac{1}{a}}=\dfrac{3+\sqrt{5}}{2}+\dfrac{3-\sqrt{5}}{2}=\boldsymbol{3}$$

よって $\boldsymbol{a^2+\dfrac{1}{a^2}}=\left(a+\dfrac{1}{a}\right)^2-2\cdot a\cdot\dfrac{1}{a}=3^2-2=\boldsymbol{7}$

←$x^2+y^2=(x+y)^2-2xy$

次に, $\left(a^3+\dfrac{1}{a^3}\right)\left(a^2+\dfrac{1}{a^2}\right)=a^5+a+\dfrac{1}{a}+\dfrac{1}{a^5}$ であり,

$a^3+\dfrac{1}{a^3}=\left(a+\dfrac{1}{a}\right)^3-3\cdot a\cdot\dfrac{1}{a}\left(a+\dfrac{1}{a}\right)=3^3-3\cdot3=18$ であるから

←x^3+y^3
$=(x+y)^3-3xy(x+y)$

$$\boldsymbol{a^5+\dfrac{1}{a^5}}=\left(a^3+\dfrac{1}{a^3}\right)\left(a^2+\dfrac{1}{a^2}\right)-\left(a+\dfrac{1}{a}\right)=18\cdot7-3=\boldsymbol{123}$$

EX a, b, c を実数として, A, B, C を $A=a+b+c$, $B=a^2+b^2+c^2$, $C=a^3+b^3+c^3$ とする。こ
④**27** のとき, abc を A, B, C を用いて表せ。 〔横浜市大〕

HINT まず, $a^3+b^3+c^3-3abc$ を A, B を用いて表すことを考える。

1章

EX

[数と式]

$a^3+b^3+c^3-3abc=(a+b+c)(a^2+b^2+c^2-ab-bc-ca)$ であるから　　$C-3abc=A(B-ab-bc-ca)$ …… ①

ここで，$(a+b+c)^2=a^2+b^2+c^2+2ab+2bc+2ca$ であるから
$$A^2=B+2(ab+bc+ca)$$

よって　　$ab+bc+ca=\dfrac{1}{2}(A^2-B)$ …… ②

←$ab+bc+ca$ を $a+b+c$ と $a^2+b^2+c^2$ を用いて表す。

② を ① に代入すると
$$C-3abc=A\left\{B-\dfrac{1}{2}(A^2-B)\right\}$$

ゆえに　　$3abc=\dfrac{1}{2}A^3-\dfrac{3}{2}AB+C$

したがって　$\boldsymbol{abc=\dfrac{1}{6}A^3-\dfrac{1}{2}AB+\dfrac{1}{3}C}$

**EX
④28** $\sqrt{9+4\sqrt5}$ の小数部分を a とするとき，次の式の値を求めよ。

(1) $a^2-\dfrac{1}{a^2}$　　　　(2) a^3　　　　(3) a^4-2a^2+1

$\sqrt{9+4\sqrt5}=\sqrt{9+2\sqrt{20}}=\sqrt{(5+4)+2\sqrt{5\cdot4}}$
$\qquad=\sqrt{(\sqrt5+\sqrt4)^2}=\sqrt5+\sqrt4=\sqrt5+2$

←2重根号をはずす。

$2<\sqrt5<3$ であるから，$\sqrt5$ の整数部分は　　2
よって，$\sqrt5+2$ の整数部分は　　$2+2=4$
したがって　$a=\sqrt5+2-4=\sqrt5-2$

←$\sqrt4<\sqrt5<\sqrt9$

←(小数部分)
＝(数)－(整数部分)

(1)　$\dfrac{1}{a}=\dfrac{1}{\sqrt5-2}=\dfrac{\sqrt5+2}{(\sqrt5-2)(\sqrt5+2)}=\sqrt5+2$

よって　$a^2-\dfrac{1}{a^2}=\left(a+\dfrac{1}{a}\right)\left(a-\dfrac{1}{a}\right)$
$\qquad=(\sqrt5-2+\sqrt5+2)(\sqrt5-2-\sqrt5-2)$
$\qquad=2\sqrt5\cdot(-4)=\boldsymbol{-8\sqrt5}$

←$x^2-y^2=(x+y)(x-y)$

(2)　$a^3=(\sqrt5-2)^3=(\sqrt5)^3-3(\sqrt5)^2\cdot2+3\sqrt5\cdot2^2-2^3$
$\qquad=5\sqrt5-30+12\sqrt5-8$
$\qquad=\boldsymbol{-38+17\sqrt5}$

←$(x-y)^3$
$=x^3-3x^2y+3xy^2-y^3$

(3)　$a^4-2a^2+1=(a^2-1)^2=(a+1)^2(a-1)^2$
$\qquad=(\sqrt5-1)^2(\sqrt5-3)^2$
$\qquad=(6-2\sqrt5)(14-6\sqrt5)$
$\qquad=\boldsymbol{144-64\sqrt5}$

←a^4 を直接計算してもよいが，手間がかかるので，因数分解を利用してから計算する。

検討　$a=\sqrt5-2$ から　　$a+2=\sqrt5$

←本冊 $p.58$ 重要例題 31 参照。

ゆえに　$(a+2)^2=(\sqrt5)^2$　　　　よって　$a^2=1-4a$
(2)　$a^3=a\cdot a^2=a(1-4a)=a-4(1-4a)=17a-4$
(3)　$a^4=a\cdot a^3=a(17a-4)=17(1-4a)-4a=-72a+17$
　から　$a^4-2a^2+1=-72a+17-2(1-4a)+1=-64a+16$
このように，次数を下げてから式の値を求めてもよい。

EX
②29 ある整数を 20 で割って，小数第 1 位を四捨五入すると 17 になる。そのような整数のうち，最大のものと最小のものを求めよ。

ある整数を a とする。a を 20 で割った数の小数第 1 位を四捨五入すると 17 であるから $\quad 16.5 \leqq \dfrac{a}{20} < 17.5$

各辺に 20 を掛けて $\qquad 330 \leqq a < 350$
よって，整数 a の **最大のものは 349**，**最小のものは 330**

> |HINT| 四捨五入の条件を不等式で表す。
>
> ←a は整数であるから
> $330 \leqq a \leqq 349$

EX
②30 次の 1 次不等式を解け。
(1) $2(x-3) \leqq -x+8$ $\qquad$ (2) $\dfrac{1}{3}x > \dfrac{3}{5}x-2$

(3) $\dfrac{5x+1}{3} - \dfrac{3+2x}{4} \geqq \dfrac{1}{6}(x-5)$ $\qquad$ (4) $0.3x-7.2 > 0.5(x-2)$

(1) 不等式から $\qquad 2x-6 \leqq -x+8$

ゆえに $\qquad 3x \leqq 14$ $\qquad$ よって $\qquad \boldsymbol{x \leqq \dfrac{14}{3}}$

(2) 両辺に 15 を掛けて $\qquad 5x > 9x-30$

ゆえに $\qquad -4x > -30$ $\qquad$ よって $\qquad \boldsymbol{x < \dfrac{15}{2}}$

(3) 両辺に 12 を掛けて $\qquad 4(5x+1)-3(3+2x) \geqq 2(x-5)$
したがって $\qquad 20x+4-9-6x \geqq 2x-10$

ゆえに $\qquad 12x \geqq -5$ $\qquad$ よって $\qquad \boldsymbol{x \geqq -\dfrac{5}{12}}$

(4) 両辺に 10 を掛けて $\qquad 3x-72 > 5(x-2)$
したがって $\qquad 3x-72 > 5x-10$
ゆえに $\qquad -2x > 62$ $\qquad$ よって $\qquad \boldsymbol{x < -31}$

> ←移項して $ax \leqq b$ の形に整理する。
> ←分母を払う。
> ←不等号の向きが変わる。
> ←係数を整数に直す。
> ←括弧をはずして整理する。
> ←係数を整数に直す。
> ←不等号の向きが変わる。

EX
②31 次の不等式を解け。
(1) $\begin{cases} 6(x+1) > 2x-5 \\ 25 - \dfrac{6-x}{2} \leqq 3x \end{cases}$ $\qquad$ (2) $\dfrac{5(x-1)}{2} \leqq 2(2x+1) < \dfrac{7(x-1)}{4}$ $\qquad$ [(2) 倉敷芸科大]

(1) $\begin{cases} 6(x+1) > 2x-5 \quad \cdots\cdots ① \\ 25 - \dfrac{6-x}{2} \leqq 3x \quad \cdots\cdots ② \end{cases}$

① から $\qquad 4x > -11$ $\qquad$ よって $\qquad x > -\dfrac{11}{4} \quad \cdots\cdots ③$

② の両辺に 2 を掛けて $\qquad 50-6+x \leqq 6x$
ゆえに $\qquad -5x \leqq -44$ $\qquad$ よって $\qquad x \geqq \dfrac{44}{5} \qquad \cdots\cdots ④$

③，④ の共通範囲を求めて $\qquad \boldsymbol{x \geqq \dfrac{44}{5}}$

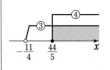

(2) $\begin{cases} \dfrac{5(x-1)}{2} \leqq 2(2x+1) \quad \cdots\cdots ① \\ 2(2x+1) < \dfrac{7(x-1)}{4} \quad \cdots\cdots ② \end{cases}$

① の両辺に 2 を掛けて $\qquad 5(x-1) \leqq 4(2x+1)$

> ←不等式 $A \leqq B < C$ は，連立不等式 $A \leqq B, B < C$ と同じ意味。

よって　　　$-3x \leqq 9$　　　ゆえに　　　$x \geqq -3$　……③

② の両辺に 4 を掛けて　　　$8(2x+1) < 7(x-1)$

よって　　　$9x < -15$　　　ゆえに　　　$x < -\dfrac{5}{3}$　……④

③，④ の共通範囲を求めて　　　$-3 \leqq x < -\dfrac{5}{3}$

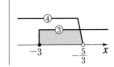

EX
③**32**　連立不等式 $\begin{cases} x > 3a+1 \\ 2x-1 > 6(x-2) \end{cases}$ の解について，次の条件を満たす定数 a の値の範囲を求めよ。

(1) 解が存在しない。　　　　　　　　　　(2) 解に 2 が含まれる。

(3) 解に含まれる整数が 3 つだけとなる。

［神戸学院大］

$x > 3a+1$ …… ① とする。

$2x-1 > 6(x-2)$ から　　　$2x-1 > 6x-12$

よって　　　$x < \dfrac{11}{4}$ …… ②

(1)　①，② を同時に満たす x が存在しないための条件は

$$\dfrac{11}{4} \leqq 3a+1$$

ゆえに　　　$11 \leqq 12a+4$　　　よって　　　$\boldsymbol{a \geqq \dfrac{7}{12}}$

(2)　$x=2$ は ② に含まれるから，$x=2$ が ① の解に含まれることが条件である。

ゆえに　　　$3a+1 < 2$　　　よって　　　$\boldsymbol{a < \dfrac{1}{3}}$

(3)　①，② を同時に満たす整数が存在するから，① と ② に共通範囲があって　　　$3a+1 < x < \dfrac{11}{4}$

これを満たす整数 x が 3 つだけとなるとき，$\dfrac{11}{4} = 2.75$ であるから，その整数 x は　　　$x = 0,\ 1,\ 2$

よって　　　$-1 \leqq 3a+1 < 0$　　　ゆえに　　　$-2 \leqq 3a < -1$

よって　　　$\boldsymbol{-\dfrac{2}{3} \leqq a < -\dfrac{1}{3}}$

(1)
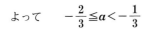

(2)
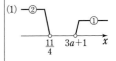

(3)
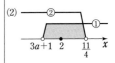

EX
④**33**　$a,\ b$ は定数とする。不等式 $ax > 3x-b$ を解け。

$ax > 3x-b$ から　　　$(a-3)x > -b$ …… ①

[1]　$a-3 > 0$ すなわち $a > 3$ のとき，① から　　　$x > -\dfrac{b}{a-3}$

[2]　$a-3 = 0$ すなわち $a = 3$ のとき，① は
　　　$0 \cdot x > -b$

　(i)　$b > 0$ のとき，$-b < 0$ であるから，
　　　解はすべての数。

　(ii)　$b \leqq 0$ のとき，$-b \geqq 0$ であるから，解はない。

←不等号の向きは不変。

←① の右辺 $-b$ の符号で更に場合分け。

←$0 \cdot x > (負の数)$ はどんな x に対しても成り立つ。

←$0 \cdot x > (0 以上の数)$ はどんな x に対しても不成立。

[3] $a-3<0$ すなわち $a<3$ のとき，① から

$$x<-\frac{b}{a-3}$$

←負の数 $a-3$ で両辺を割ると，不等号の向きが変わる。

よって
$$\begin{cases} a>3 \text{ のとき } \quad x>-\dfrac{b}{a-3} \\ a=3 \text{ かつ } b>0 \text{ のとき } \quad \text{解はすべての数} \\ a=3 \text{ かつ } b\leqq0 \text{ のとき } \quad \text{解はない} \\ a<3 \text{ のとき } \quad x<-\dfrac{b}{a-3} \end{cases}$$

EX
③34
(1) 家から駅までの距離は 1.5 km である。最初毎分 60 m で歩き，途中から毎分 180 m で走る。家を出発してから 12 分以内で駅に着くためには，最初に歩く距離を何 m 以内にすればよいか。
(2) 5 % の食塩水と 8 % の食塩水がある。5 % の食塩水 800 g と 8 % の食塩水を何 g か混ぜ合わせて 6 % 以上 6.5 % 以下の食塩水を作りたい。8 % の食塩水を何 g 以上何 g 以下混ぜればよいか。

(1) 最初に歩いた距離を x m とすると，走った距離は
$(1500-x)$ m である。

毎分 60 m で x m 歩くとき，要する時間は $\dfrac{x}{60}$（分）

←時間 $=\dfrac{\text{距離}}{\text{速さ}}$
単位が混在しているときは，そろえることに注意。

毎分 180 m で走るとき，要する時間は $\dfrac{1500-x}{180}$（分）

したがって，家を出発して 12 分以内で駅に着くためには
$$\frac{x}{60}+\frac{1500-x}{180}\leqq12$$
両辺に 180 を掛けて $\quad 3x+1500-x\leqq2160$
ゆえに $\quad 2x\leqq660 \qquad$ よって $\qquad x\leqq330$
すなわち，最初に歩く距離を **330 m 以内** にすればよい。

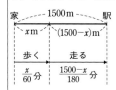

(2) 8 % の食塩水を x g 混ぜるとする。
5 % の食塩水 800 g に含まれる食塩の量は $\quad 800\times0.05=40$（g）
8 % の食塩水 x g に含まれる食塩の量は $\quad 0.08x$（g）
5 % の食塩水 800 g に 8 % の食塩水を x g 混ぜると，食塩水の量は $(800+x)$ g となるから，その濃度が 6 % 以上 6.5 % 以下になるための条件は
$$6\leqq\frac{40+0.08x}{800+x}\times100\leqq6.5$$
各辺に正の数 $800+x$ を掛けて
$$6(800+x)\leqq4000+8x\leqq6.5(800+x)$$
ゆえに $\quad 4800+6x\leqq4000+8x\leqq5200+6.5x$
$4800+6x\leqq4000+8x$ から $\quad x\geqq400$
$4000+8x\leqq5200+6.5x$ から $\quad 1.5x\leqq1200$
すなわち $\quad x\leqq800$
$x\geqq400$ と $x\leqq800$ の共通範囲は $\qquad 400\leqq x\leqq800$
よって，8 % の食塩水を **400 g 以上 800 g 以下** 混ぜればよい。

←見かけ上は，分母に文字 x を含む分数不等式であるが，正の数 $800+x$ を掛けて分母を払うことにより，1 次不等式にもち込むことができる。

EX
③**35**

次の方程式・不等式を解け。 　　　　　　　　　　　　　　　　　　　[(3) 愛知学泉大]

(1) $|x-3|+|2x-3|=9$ 　　　　　　(2) $||x-2|-4|=3x$

(3) $|2x-3| \leqq |3x+2|$ 　　　　　　(4) $2|x+2|+|x-4|<15$

(1) [1] $x<\dfrac{3}{2}$ のとき，方程式は 　　$-(x-3)-(2x-3)=9$ 　　←$x-3<0$, $2x-3<0$

これを解いて 　$x=-1$ 　　$x=-1$ は $x<\dfrac{3}{2}$ を満たす。 　　←場合分けの条件を確認。

[2] $\dfrac{3}{2} \leqq x<3$ のとき，方程式は 　$-(x-3)+(2x-3)=9$ 　　←$x-3<0$, $2x-3\geqq0$

これを解いて 　$x=9$ 　　$x=9$ は $\dfrac{3}{2} \leqq x<3$ を満たさない。

[3] $3\leqq x$ のとき，方程式は 　　$(x-3)+(2x-3)=9$ 　　←$x-3\geqq0$, $2x-3>0$
これを解いて 　$x=5$ 　　$x=5$ は $3\leqq x$ を満たす。
以上から，求める解は 　**$x=-1$, 5**

(2) [1] $x<2$ のとき，方程式は 　$|-(x-2)-4|=3x$
よって 　$|-x-2|=3x$
ゆえに 　$|x+2|=3x$ …… ① 　　←$|-A|=|A|$

(i) $x<-2$ のとき，① は 　$-(x+2)=3x$ 　　←$x<2$ かつ $x+2<0$

よって 　$x=-\dfrac{1}{2}$

$x=-\dfrac{1}{2}$ は $x<-2$ を満たさない。

(ii) $-2\leqq x<2$ のとき，① は 　$x+2=3x$ 　　←$x<2$ かつ $x+2\geqq0$
ゆえに 　$x=1$ 　　$x=1$ は $-2\leqq x<2$ を満たす。

[2] $x\geqq2$ のとき，方程式は 　$|x-2-4|=3x$
よって 　$|x-6|=3x$ …… ②

(i) $2\leqq x<6$ のとき，② は 　　$-(x-6)=3x$ 　　←$x\geqq2$ かつ $x-6<0$

ゆえに 　$x=\dfrac{3}{2}$ 　　$x=\dfrac{3}{2}$ は $2\leqq x<6$ を満たさない。

(ii) $x\geqq6$ のとき，② は 　$x-6=3x$ 　　←$x\geqq2$ かつ $x-6\geqq0$
よって 　$x=-3$ 　　$x=-3$ は $x\geqq6$ を満たさない。
以上から，求める解は 　**$x=1$**

(3) [1] $x<-\dfrac{2}{3}$ のとき，不等式は 　　$-(2x-3)\leqq-(3x+2)$ 　　[1]

ゆえに 　$-2x+3\leqq-3x-2$ 　　よって 　$x\leqq-5$

$x<-\dfrac{2}{3}$ との共通範囲は 　$x\leqq-5$ …… ①

[2] $-\dfrac{2}{3} \leqq x<\dfrac{3}{2}$ のとき，不等式は 　$-(2x-3)\leqq3x+2$ 　　[2]

ゆえに 　$-2x+3\leqq3x+2$ 　　よって 　$x\geqq\dfrac{1}{5}$

$-\dfrac{2}{3} \leqq x<\dfrac{3}{2}$ との共通範囲は 　$\dfrac{1}{5} \leqq x<\dfrac{3}{2}$ …… ②

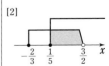

[3] $\dfrac{3}{2} \leqq x$ のとき，不等式は $2x-3 \leqq 3x+2$

ゆえに $-x \leqq 5$ よって $x \geqq -5$

$\dfrac{3}{2} \leqq x$ との共通範囲は $\dfrac{3}{2} \leqq x$ …… ③

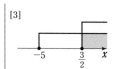

[3]

求める解は，①と②と③
を合わせた範囲であるから

$x \leqq -5, \ \dfrac{1}{5} \leqq x$

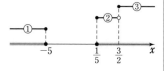

(4) [1] $x<-2$ のとき，不等式は $-2(x+2)-(x-4)<15$

ゆえに $-2x-4-x+4<15$

よって $x>-5$

$x<-2$ との共通範囲は $-5<x<-2$ …… ①

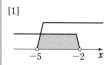

[1]

[2] $-2 \leqq x<4$ のとき，不等式は $2(x+2)-(x-4)<15$

ゆえに $2x+4-x+4<15$

よって $x<7$

$-2 \leqq x<4$ との共通範囲は $-2 \leqq x<4$ …… ②

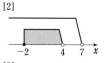

[2]

[3] $4 \leqq x$ のとき，不等式は $2(x+2)+(x-4)<15$

ゆえに $2x+4+x-4<15$ よって $x<5$

$4 \leqq x$ との共通範囲は $4 \leqq x<5$ …… ③

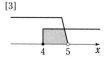

[3]

求める解は，①と②と③
を合わせた範囲であるから

$-5<x<5$

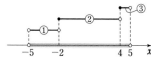

練習
①44
(1) 1桁の自然数のうち，4の倍数であるもの全体の集合を A とする。次の $\boxed{}$ の中に，$\in$ または $\notin$ のいずれか適するものを書き入れよ。

(ア) $6\,\boxed{}\,A$ (イ) $8\,\boxed{}\,A$ (ウ) $12\,\boxed{}\,A$

(2) 次の集合を，要素を書き並べて表せ。

(ア) $A=\{x\mid -3<x<2,\ x$ は整数$\}$ (イ) $B=\{x\mid x$ は 32 の正の約数$\}$

(3) 3つの集合 $A=\{1,\ 2,\ 3\}$，$B=\{x\mid x$ は 4 未満の自然数$\}$，$C=\{x\mid x$ は 6 の正の約数$\}$ について，次の $\boxed{}$ の中に，$\subset$，$\supset$，$=$ のうち，最も適するものを書き入れよ。

(ア) $A\,\boxed{}\,B$ (イ) $B\,\boxed{}\,C$ (ウ) $A\,\boxed{}\,C$

(1) (ア) 6 は 4 の倍数ではないから $6\notin A$

 (イ) 8 は 1 桁の自然数であり，かつ，4 の倍数であるから

    $8\in A$

 (ウ) 12 は 1 桁の自然数ではないから

    $12\notin A$

 $\boxed{\text{参考}}$ $A=\{4,\ 8\}$ と要素を書き並べて表して，6, 8, 12 が A に属するかどうかを判断してもよい。

(2) (ア) $A=\{-2,\ -1,\ 0,\ 1\}$

 (イ) $B=\{1,\ 2,\ 4,\ 8,\ 16,\ 32\}$

(3) $B=\{1,\ 2,\ 3\}$，$C=\{1,\ 2,\ 3,\ 6\}$ である。

 (ア) A の要素と B の要素は完全に一致しているから $A=B$

 (イ) B の要素はすべて C に属し，C の要素 6 は B に属さない。

  よって $B\subset C$

 (ウ) A の要素はすべて C に属し，C の要素 6 は A に属さない。

  よって $A\subset C$

 $\boxed{\text{別解}}$ (ア)より $A=B$，(イ)より $B\subset C$ であるから $A\subset C$

$\leftarrow 6=4\cdot1+2$

$\leftarrow 12$ は 4 の倍数ではあるが，全体集合に含まれていない。

$\leftarrow \{\ \}$ を用いて表す。
$-3\notin A$，$2\notin A$

$\leftarrow$ 要素を書き並べる。

$\leftarrow A=B=\{1,\ 2,\ 3\}$

$\leftarrow B=\{1,\ 2,\ 3\}$，
$C=\{1,\ 2,\ 3,\ 6\}$

$\leftarrow A=\{1,\ 2,\ 3\}$，
$C=\{1,\ 2,\ 3,\ 6\}$

練習
①45
全体集合 $U=\{1,\ 2,\ 3,\ 4,\ 5,\ 6,\ 7,\ 8,\ 9,\ 10\}$ の部分集合 A，B について
$\overline{A}\cap\overline{B}=\{1,\ 2,\ 5,\ 8\}$，$A\cap B=\{3\}$，$\overline{A}\cap B=\{4,\ 7,\ 10\}$
がわかっている。このとき，A，B，$A\cap\overline{B}$ を求めよ。 [昭和薬大]

与えられた集合の要素を図に書き込むと，右のようになるから

   $A=\{3,\ 6,\ 9\}$

   $B=\{3,\ 4,\ 7,\ 10\}$

   $A\cap\overline{B}=\{6,\ 9\}$

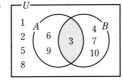

$\leftarrow$⑦ **集合の問題**
図 (ベン図) を作る

練習
②46
実数全体を全体集合とし，その部分集合 A，B，C について，次の問いに答えよ。

(1) $A=\{x\mid -3\leqq x\leqq2\}$，$B=\{x\mid 2x-8>0\}$，$C=\{x\mid -2<x<5\}$ とするとき，次の集合を求めよ。

(ア) $\overline{B}$ (イ) $A\cap\overline{B}$ (ウ) $\overline{B}\cup C$

(2) $A=\{x\mid -2\leqq x\leqq3\}$，$B=\{x\mid k-6\leqq x\leqq k\}$（$k$ は定数）とするとき，$A\subset B$ となる k の値の範囲を求めよ。

(1) (ア) $2x-8>0$ を解くと

    $x>4$

  よって $B=\{x\mid x>4\}$

  ゆえに $\overline{B}=\{x\mid x\leqq4\}$

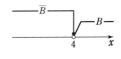

(イ) 右の図から
$$A \cap \overline{B} = \{x \mid -3 \leqq x \leqq 2\}$$

(ウ) 右の図から
$$\overline{B} \cup C = \{x \mid x < 5\}$$

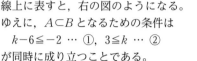

←(イ) $A \subset \overline{B}$ であるから，$A \cap \overline{B} = A$ となる。

(2) $A \subset B$ が成り立つとき，A, B を数直線上に表すと，右の図のようになる。

ゆえに，$A \subset B$ となるための条件は
$$k-6 \leqq -2 \cdots ①, \quad 3 \leqq k \cdots ②$$
が同時に成り立つことである。

① から $k \leqq 4$ これと ② の共通範囲を求めて $3 \leqq k \leqq 4$

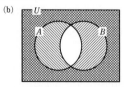

←左の図のように数直線をかいて考えるとよい。

練習 ③47 1から1000までの整数全体の集合を全体集合 U とし，その部分集合 A, B, C を
$$A = \{n \mid n \text{ は奇数}, \ n \in U\}, \quad B = \{n \mid n \text{ は 3 の倍数でない}, \ n \in U\},$$
$$C = \{n \mid n \text{ は 18 の倍数でない}, \ n \in U\}$$
とする。このとき，$A \cup B \subset C$ であることを示せ。

$\overline{A} = \{n \mid n \text{ は偶数}, \ n \in U\}$, $\overline{B} = \{n \mid n \text{ は 3 の倍数}, \ n \in U\}$
偶数かつ 3 の倍数である数は 6 の倍数であるから
$$\overline{A} \cap \overline{B} = \{n \mid n \text{ は 6 の倍数}, \ n \in U\}$$
また，$\overline{C} = \{n \mid n \text{ は 18 の倍数}, \ n \in U\}$ であり，18 の倍数は 6 の倍数であるから $\overline{C} \subset \overline{A} \cap \overline{B}$
ド・モルガンの法則により，$\overline{A} \cap \overline{B} = \overline{A \cup B}$ であるから
$$\overline{C} \subset \overline{A \cup B}$$
よって $C \supset A \cup B$ すなわち $A \cup B \subset C$

←B, C は要素の条件が「～でない」の形で与えられていて考えにくい。このことも補集合を考えることの着目点となる。

←$\overline{Q} \subset \overline{P} \iff Q \supset P$

[検討] ド・モルガンの法則 $\overline{A \cup B} = \overline{A} \cap \overline{B}$, $\overline{A \cap B} = \overline{A} \cup \overline{B}$ が成り立つことは，図を用いて確認できる。

まず，$\overline{A \cup B} = \overline{A} \cap \overline{B}$ について，$\overline{A \cup B}$ は図(a)の斜線部分，$\overline{A} \cap \overline{B}$ は図(b)の二重の斜線部分である。

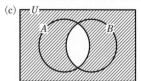

←(a)の斜線部分 ///// が $\overline{A \cup B}$
(b) の ///// 部分が $\overline{A}$，\\\\\ 部分が $\overline{B}$
重なり合った ▨▨ 部分が $\overline{A} \cap \overline{B}$

図(a)の斜線部分と図(b)の二重の斜線部分が一致するから
$$\overline{A \cup B} = \overline{A} \cap \overline{B}$$
また，$\overline{A \cap B} = \overline{A} \cup \overline{B}$ について，$\overline{A \cap B}$ は図(c)の斜線部分，$\overline{A} \cup \overline{B}$ は図(d)の斜線部分である。

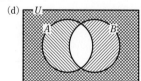

←(c)の斜線部分 ///// が $\overline{A \cap B}$
(d) の ///// 部分が $\overline{A}$，\\\\\ 部分が $\overline{B}$
合わせて $\overline{A} \cup \overline{B}$

図(c)，図(d)それぞれの斜線部分が一致するから
$$\overline{A \cap B} = \overline{A} \cup \overline{B}$$

練習 ③**48** $U=\{x|x$ は実数$\}$ を全体集合とする。U の部分集合 $A=\{2,\ 4,\ a^2+1\}$，$B=\{4,\ a+7,\ a^2-4a+5\}$ について，$A\cap\overline{B}=\{2,\ 5\}$ となるとき，定数 a の値を求めよ。

〔富山県大〕

$A\cap\overline{B}=\{2,\ 5\}$ であるから $5\in A$
 よって $a^2+1=5$ ゆえに $a=\pm2$
 [1] $\underline{a=2\ のとき}$ $a+7=9,\ a^2-4a+5=1$
  よって $A=\{2,\ 4,\ 5\},\ B=\{4,\ 9,\ 1\}$
  このとき，$A\cap\overline{B}=\{2,\ 5\}$ となり，条件に適する。
 [2] $\underline{a=-2\ のとき}$ $a+7=5,\ a^2-4a+5=17$
  よって $A=\{2,\ 4,\ 5\},\ B=\{4,\ 5,\ 17\}$
  このとき，$A\cap\overline{B}=\{2\}$ となり，条件に適さない。
 以上から $\boldsymbol{a=2}$

←$A\cap\overline{B}$
$=\{x|x\in A$ かつ $x\in\overline{B}\}$

←$2\in B,\ 4\in B,\ 5\in B$
であるから
$2\in\overline{B},\ 4\in\overline{B},\ 5\in\overline{B}$

←$2\in B,\ 4\in B,\ 5\in B$
であるから
$2\in\overline{B},\ 4\in\overline{B},\ 5\in\overline{B}$

練習 ②**49** 30以下の自然数全体を全体集合 U とし，U の要素のうち，偶数全体の集合を A，3 の倍数全体の集合を B，5 の倍数全体の集合を C とする。次の集合を求めよ。
(1) $A\cap B\cap C$ (2) $A\cap(B\cup C)$ (3) $(\overline{A}\cup\overline{B})\cap C$

(1) $A=\{2,\ 4,\ 6,\ 8,\ 10,\ 12,$
     $\cdots\cdots,\ 30\},$
  $B=\{3,\ 6,\ 9,\ 12,\ 15,\ 18,$
     $21,\ 24,\ 27,\ 30\},$
  $C=\{5,\ 10,\ 15,\ 20,\ 25,\ 30\}$
  よって $A\cap B\cap C=\{\boldsymbol{30}\}$

←$A,\ B,\ C$ すべてに属する要素は 30 のみ。

(2) $B\cup C$
 $=\{3,\ 5,\ 6,\ 9,\ 10,\ 12,\ 15,\ 18,\ 20,\ 21,\ 24,\ 25,\ 27,\ 30\}$
  よって $A\cap(B\cup C)=\{\boldsymbol{6,\ 10,\ 12,\ 18,\ 20,\ 24,\ 30}\}$
(3) $A\cap B=\{6,\ 12,\ 18,\ 24,\ 30\}$ であるから
   $(\overline{A}\cup\overline{B})\cap C=(\overline{A\cap B})\cap C$
      $=\{\boldsymbol{5,\ 10,\ 15,\ 20,\ 25}\}$

←$B\cup C$ の要素のうち，偶数であるものを書き上げる。

←C の要素のうち，$A\cap B$ の要素でない，すなわち 6 の倍数でないものを書き上げる。

練習 ④**50** 次のことを証明せよ。ただし，Z は整数全体の集合とする。
(1) $A=\{3n-1|n\in Z\},\ B=\{6n+5|n\in Z\}$ ならば $A\supset B$
(2) $A=\{2n-1|n\in Z\},\ B=\{2n+1|n\in Z\}$ ならば $A=B$

(1) $x\in B$ とすると，$x=6n+5$（n は整数）と書くことができる。
  このとき $x=6(n+1)-1=3\cdot2(n+1)-1$
  $2(n+1)=m$ とおくと，m は整数で $x=3m-1$
  ゆえに $x\in A$
  よって，$x\in B$ ならば $x\in A$ が成り立つから $A\supset B$
(2) $x\in A$ とすると，$x=2n-1$（n は整数）と書くことができる。
  このとき $x=2(n-1)+1$
  $n-1=k$ とおくと，k は整数で $x=2k+1$

←$x\in A$ を示すために，$6n+5$ を $3\times$（整数）-1 の形にする。

←$x\in B$ を示すために，$2n-1$ を $2\times$（整数）$+1$ の形にする。

ゆえに　　　$x \in B$

よって，$x \in A$ ならば $x \in B$ が成り立つから　　$A \subset B$ …… ①

次に，$x \in B$ とすると，$x=2n+1$（n は整数）と書くことができる。このとき　　$x=2(n+1)-1$

$n+1=l$ とおくと，l は整数で　　$x=2l-1$

ゆえに　　　$x \in A$

よって，$x \in B$ ならば $x \in A$ が成り立つから　　$B \subset A$ …… ②

①，② から　　　$A=B$

←$x \in A$ を示すために，$2n+1$ を $2 \times$（整数）-1 の形にする。

←$A \subset B$ かつ $B \subset A$

練習①51 次の命題の真偽を調べよ。ただし，m, n は自然数，x, y は実数とする。
(1) n が 8 の倍数ならば，n は 4 の倍数である。
(2) $m+n$ が偶数ならば，m, n はともに偶数である。
(3) xy が有理数ならば，x, y はともに有理数である。
(4) x, y がともに有理数ならば，xy は有理数である。

┌─────
│ HINT　(3), (4) 有理数は，分数 $\dfrac{m}{n}$（m, n は整数，$n \neq 0$）の形に表される数である。
│　　　　　無理数は，有理数でない実数。$\sqrt{2}$ や π など。
└─────

(1) **真**

（証明）　n が 8 の倍数のとき，$n=8k$（k は自然数）と表される。
このとき，$n=4 \cdot 2k$ で，$2k$ は自然数であるから，n は 4 の倍数である。

←自然数 n が m の倍数であるとき，**$n=mk$（k は自然数）**と表される。

(2) **偽**

（反例）　$m=1$, $n=1$ のとき，$m+n=2$（偶数）であるが，m, n は奇数である。

(3) **偽**

（反例）　$x=\sqrt{2}$, $y=\sqrt{2}$ のとき，$xy=2$（有理数）であるが，x, y は無理数である。

(4) **真**

（証明）　x, y が有理数のとき，
$$x=\frac{p}{q}, \quad y=\frac{r}{s} \quad (p, q, r, s \text{ は整数で，} q \neq 0, s \neq 0)$$
と表される。

このとき，$xy=\dfrac{p}{q} \cdot \dfrac{r}{s}=\dfrac{pr}{qs}$ となり，pr, qs は整数で $qs \neq 0$ であるから，xy は有理数である。

検討　(4) は (3) の**逆**（仮定と結論を入れ替えた命題。本冊 $p.102$ 参照）である。

練習①52 x は実数とする。集合を利用して，次の命題の真偽を調べよ。
(1) $|x|<2$ ならば $-3<x<3$
(2) $|x-1|>1$ ならば $2|x-2| \geqq 1$

(1) $|x|<2$ から　　$-2<x<2$
$P=\{x \,|\, -2<x<2\}$,
$Q=\{x \,|\, -3<x<3\}$
とすると　　$P \subset Q$
ゆえに，与えられた命題は　　**真**

←$|X|<c$（$c>0$）
$\Leftrightarrow -c<X<c$

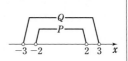

(2) $|x-1|>1$ から $x-1<-1, 1<x-1$

したがって $x<0, 2<x$

また, $2|x-2|\geqq 1$ から $|x-2|\geqq \dfrac{1}{2}$

ゆえに $x-2\leqq -\dfrac{1}{2}, \dfrac{1}{2}\leqq x-2$

よって $x\leqq \dfrac{3}{2}, \dfrac{5}{2}\leqq x$

$P=\left\{x\,|\,x<0, 2<x\right\}$, $Q=\left\{x\,\bigg|\,x\leqq \dfrac{3}{2}, \dfrac{5}{2}\leqq x\right\}$

とすると, $P\subset Q$ は成り立たない。

ゆえに, 与えられた命題は **偽**

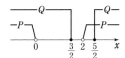

$\leftarrow |X|>c\ (c>0)$
$\Longleftrightarrow X<-c,\ c<X$

$\leftarrow$ 反例は $x=\dfrac{9}{4}$

2章
練習
【集合と命題】

練習
③53

(1) 次の (ア)～(エ) が, 命題「$|x|\geqq 3 \Longrightarrow x\geqq 1$」が偽であることを示すための反例であるかどうか, それぞれ答えよ。

　(ア) $x=-4$ 　　(イ) $x=-2$ 　　(ウ) $x=2$ 　　(エ) $x=4$

(2) a を整数とする。命題「$a<x<a+8 \Longrightarrow x\leqq 2+3a$」が偽で, $x=4$ がこの命題の反例であるような a のうち, 最大のものを求めよ。

(1) (ア) $x=-4$ は, $|-4|=4$ より $|x|\geqq 3$ を満たすが, $x\geqq 1$ を満たさないから, **反例である。**

(イ) $x=-2$ は, $|-2|=2$ より $|x|\geqq 3$ を満たさないから, **反例ではない。**

(ウ) $x=2$ は, $|2|=2$ より $|x|\geqq 3$ を満たさないから, **反例ではない。**

(エ) $x=4$ は, $|4|=4$ より $|x|\geqq 3$ を満たすが, $x\geqq 1$ も満たすから, **反例ではない。**

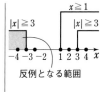

反例となる範囲

(2) $x=4$ が命題「$a<x<a+8 \Longrightarrow x\leqq 2+3a$」が偽であることを示すための反例であるとき, 次の [1], [2] が成り立つ。

　　[1] $x=4$ は $a<x<a+8$ を満たす

　　[2] $x=4$ は $x\leqq 2+3a$ を満たさない

[1] から $a<4<a+8$ すなわち $-4<a<4$ …… ①

[2] から $4>2+3a$ すなわち $a<\dfrac{2}{3}$ …… ②

①, ② の共通範囲は $-4<a<\dfrac{2}{3}$

これを満たす整数 a のうち, 最大のものは **$a=0$**

$\leftarrow 4<a+8$ から $-4<a$
これと $a<4$ から
　　$-4<a<4$
また, [2] を言い換える
と「$x=4$ は $x>2+3a$ を
満たす」となる。

練習
②54

次の $\boxed{}$ に最も適する語句を (ア)～(エ) から選べ。ただし, a, x, y は実数とする。

(1) $xy>0$ は $x>0$ であるための $\boxed{}$。　　(2) $a\geqq 0$ は $\sqrt{a^2}=a$ であるための $\boxed{}$。

(3) $\triangle ABC$ において, $\angle A=90°$ は, $\triangle ABC$ が直角三角形であるための $\boxed{}$。

(4) A, B を 2 つの集合とする。a が $A\cup B$ の要素であることは, a が A の要素であるための $\boxed{}$。

[(4) 摂南大]

　(ア) 必要十分条件である　　　　(イ) 必要条件であるが十分条件ではない

　(ウ) 十分条件であるが必要条件ではない　　(エ) 必要条件でも十分条件でもない

(1) 「$xy>0 \implies x>0$」は偽。 （反例） $x=-1$, $y=-2$

  「$x>0 \implies xy>0$」は偽。 （反例） $x=1$, $y=-2$

  よって （エ）

(2) $\sqrt{a^2}=|a|$ であり，$a\geqq0 \iff |a|=a$ が成り立つから，

  「$a\geqq0 \iff \sqrt{a^2}=a$」は真。

  よって （ア）

(3) 「$\triangle ABC$ において，$\angle A=90° \implies \triangle ABC$ が直角三角形」は真。

  「$\triangle ABC$ が直角三角形 $\implies \angle A=90°$」は偽。

   （反例） $\angle A=30°$, $\angle B=90°$, $\angle C=60°$

  よって （ウ）

(4) 「$a\in A\cup B \implies a\in A$」は偽。

  （反例） $A=\{1,\ 2\}$, $B=\{2,\ 3\}$,

   $a=3$

  また，$A\subset A\cup B$ であるから，

  「$a\in A \implies a\in A\cup B$」は真。

  よって （イ）

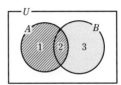

右側注:

(1) $xy>0 \underset{\times}{\overset{\times}{\rightleftarrows}} x>0$

(2) $a\geqq0 \underset{\bigcirc}{\overset{\bigcirc}{\rightleftarrows}} \sqrt{a^2}=a$

(3) $\angle A=90° \underset{\times}{\overset{\bigcirc}{\rightleftarrows}}$ $\triangle ABC$ が直角三角形

(4) $a\in A\cup B \underset{\bigcirc}{\overset{\times}{\rightleftarrows}} a\in A$

(2) 参考

 $a<0 \iff \sqrt{a^2}=-a$

 が成り立つ。

練習 ①55 x, y は実数とする。次の条件の否定を述べよ。

(1) $x\leqq3$ (2) $x\leqq3$ かつ $y>2$

(3) x, y の少なくとも一方は 3 である。 (4) $-2<x\leqq4$

(1) 「$x\leqq3$」の否定は **$x>3$**

(2) 「$x\leqq3$ かつ $y>2$」の否定は **$x>3$ または $y\leqq2$**

(3) 「x, y の少なくとも一方は 3 である」は「$x=3$ または $y=3$」ということであるから，その否定は

   $x\neq3$ かつ $y\neq3$

(4) 「$-2<x\leqq4$」は「$-2<x$ かつ $x\leqq4$」ということであるから，その否定は **$x\leqq-2$ または $4<x$**

右側注:

(3) 「x も y も 3 ではない」と答えてもよい。

練習 ③56 次の命題の否定を述べよ。また，もとの命題とその否定の真偽を調べよ。

(1) 少なくとも 1 つの自然数 n について $n^2-5n-6=0$

(2) すべての実数 x, y について $9x^2-12xy+4y^2>0$

(3) ある自然数 m, n について $2m+3n=6$

(1) 否定：「すべての自然数 n について $n^2-5n-6\neq0$」

  真偽：自然数 $n=6$ に対して $n^2-5n-6=0$

  したがって **偽**。

  もとの命題 の真偽：真。（$n=6$ のとき $n^2-5n-6=0$）

(2) 否定：「ある実数 x, y について $9x^2-12xy+4y^2\leqq0$」

  真偽：$9x^2-12xy+4y^2=0$ とすると $(3x-2y)^2=0$

  ゆえに $3x=2y$

  よって，$x=2$, $y=3$ のとき $9x^2-12xy+4y^2=0$ が成り立つ。

  したがって **真**。

  もとの命題 の真偽：偽。（反例：$x=2$, $y=3$）

右側注:

$\leftarrow n^2-5n-6=0$ を解くと，$(n+1)(n-6)=0$ から $n=-1$, 6

「p が真のとき $\bar{p}$ は偽，p が偽のとき $\bar{p}$ は真」である。

(3) **否定**：「すべての自然数 m, n について $2m+3n \neq 6$」

真偽：$m=1$, $n=1$ のとき $2m+3n=5\,(\neq 6)$

$m \geqq 2$ のとき，$2m+3n \geqq 2 \cdot 2 + 3 \cdot 1 = 7$ から $2m+3n \neq 6$

$n \geqq 2$ のとき，$2m+3n \geqq 2 \cdot 1 + 3 \cdot 2 = 8$ から $2m+3n \neq 6$

したがって **真**。

もとの命題 の真偽は，否定の真偽を調べたときと同様にして **偽**。

←n はすべての自然数。

←m はすべての自然数。

練習
④**57**
次の命題の否定を述べよ。
(1) x が実数のとき，$x^3=8$ ならば $x=2$ である。
(2) x, y が実数のとき，$x^2+y^2<1$ ならば $|x|<1$ かつ $|y|<1$ である。

(1) x が実数のとき，「$x^3=8$ ならば $x=2$ である」

の否定は $x^3=8$ であって $x \neq 2$ である実数 x がある。

←命題 $p \Longrightarrow q$ の否定は「p であって q でないものがある」

(2) x, y が実数のとき，

「$x^2+y^2<1$ ならば $|x|<1$ かつ $|y|<1$ である」

の否定は $x^2+y^2<1$ であって $|x| \geqq 1$ または $|y| \geqq 1$ である実数 x, y がある。

練習
②**58**
x, y は実数とする。次の命題の逆・対偶・裏を述べ，その真偽をいえ。
(1) $x+y=5 \Longrightarrow x=2$ かつ $y=3$
(2) xy が無理数ならば，x, y の少なくとも一方は無理数である。

(1) **逆**：「$x=2$ かつ $y=3 \Longrightarrow x+y=5$」

これは明らかに成り立つから **真**。

対偶：「$x \neq 2$ または $y \neq 3 \Longrightarrow x+y \neq 5$」

これは **偽**。（反例）$x=1$, $y=4$

裏：「$x+y \neq 5 \Longrightarrow x \neq 2$ または $y \neq 3$」

裏の対偶，すなわち逆が真であるから **真**。

←$\overline{p \text{ かつ } q}$ は，$\overline{p}$ または $\overline{q}$ と同じ。

(2) **逆**：「x, y の少なくとも一方が無理数ならば，xy は無理数である」

これは **偽**。（反例）$x=\sqrt{2}$, $y=0$

対偶：「x, y がともに有理数ならば，xy は有理数である」

これは **真**。

←$\overline{p \text{ または } q}$ は，$\overline{p}$ かつ $\overline{q}$ と同じ。

（証明）$x=\dfrac{p}{q}$, $y=\dfrac{r}{s}$ (p, q, r, s は整数；$qs \neq 0$) とおくと

$$xy=\dfrac{pr}{qs}$$

ここで，pr, qs はいずれも整数で，$qs \neq 0$ である。

よって，xy は有理数である。

裏：「xy が有理数ならば，x, y はともに有理数である」

これは **偽**。（反例）$x=\sqrt{2}$, $y=\sqrt{2}$

練習 対偶を考えることにより，次の命題を証明せよ。
②59 整数 m，n について，m^2+n^2 が奇数ならば，積 mn は偶数である。

与えられた命題の対偶は
「積 mn が奇数ならば，m^2+n^2 は偶数である」である。
mn が奇数ならば，m，n はともに奇数であり
$$m=2k+1,\ n=2l+1 \quad (k,\ l\ \text{は整数})$$
と表される。このとき

←奇数は 2 で割ったとき
の余りが 1 である。

$$\begin{aligned}
m^2+n^2&=(2k+1)^2+(2l+1)^2\\
&=(4k^2+4k+1)+(4l^2+4l+1)\\
&=2(2k^2+2l^2+2k+2l+1)
\end{aligned}$$
$2k^2+2l^2+2k+2l+1$ は整数であるから，m^2+n^2 は偶数である。
よって，対偶は真である。
したがって，もとの命題も真である。

←2×(整数) の形。

練習 対偶を考えることにより，次の命題を証明せよ。ただし，a，b，c は整数とする。
③60 (1) $a^2+b^2+c^2$ が偶数ならば，a，b，c のうち少なくとも 1 つは偶数である。
(2) $a^2+b^2+c^2-ab-bc-ca$ が奇数ならば，a，b，c のうち奇数の個数は 1 個または 2 個である。

[類 東北学院大]

(1) 与えられた命題の対偶は
「a，b，c がすべて奇数ならば，$a^2+b^2+c^2$ は奇数である」
である。
a，b，c がすべて奇数ならば，整数 l，m，n を用いて
$$a=2l+1,\ b=2m+1,\ c=2n+1$$
と表される。このとき
$$\begin{aligned}
a^2+b^2+c^2&=(2l+1)^2+(2m+1)^2+(2n+1)^2\\
&=2(2l^2+2m^2+2n^2+2l+2m+2n+1)+1
\end{aligned}$$
$2l^2+2m^2+2n^2+2l+2m+2n+1$ は整数であるから，
$a^2+b^2+c^2$ は奇数である。
よって，対偶は真であるから，もとの命題も真である。

←2×(整数)+1 の形に
して，奇数であることを
示す。

(2) 与えられた命題の対偶は
「a，b，c がすべて偶数またはすべて奇数ならば，
$$a^2+b^2+c^2-ab-bc-ca\ \text{は偶数である}$$」
である。
[1] a，b，c がすべて偶数のとき
整数 p，q，r を用いて
$$a=2p,\ b=2q,\ c=2r$$
と表される。
このとき $\quad a^2+b^2+c^2-ab-bc-ca$
$$\begin{aligned}
&=4p^2+4q^2+4r^2-4pq-4qr-4rp\\
&=2(2p^2+2q^2+2r^2-2pq-2qr-2rp) \ \cdots\cdots\ ①
\end{aligned}$$
$2p^2+2q^2+2r^2-2pq-2qr-2rp$ は整数であるから，① は偶数である。

←「a，b，c のうち奇
数は 1 個または 2 個」の否
定は，「a，b，c のうち奇
数が 0 個または 3 個」で
ある。よって，
　　奇数が 0 個 ([1])，
　　奇数が 3 個 ([2])
の場合に分けて証明する。

[2] a, b, c がすべて奇数のとき

整数 l, m, n を用いて

$$a=2l+1, \quad b=2m+1, \quad c=2n+1$$

と表される。

また、(1)で示したことから、整数 s を用いて

$a^2+b^2+c^2=2s+1$ と表される。

このとき $a^2+b^2+c^2-ab-bc-ca$

$$\begin{aligned}
&=2s+1-(2l+1)(2m+1)-(2m+1)(2n+1)\\
&\qquad\qquad\qquad\qquad\qquad -(2n+1)(2l+1)\\
&=2(s-2lm-l-m-2mn-m-n-2nl-n-l-1)\\
&=2(s-2lm-2mn-2nl-2l-2m-2n-1) \quad\cdots\cdots ②
\end{aligned}$$

$s-2lm-2mn-2nl-2l-2m-2n-1$ は整数であるから、② は偶数である。

よって、[1]、[2] のいずれの場合も、$a^2+b^2+c^2-ab-bc-ca$ は偶数である。

したがって、対偶は真であるから、もとの命題も真である。

参考 [1], [2] において、
$$\begin{aligned}
&a^2+b^2+c^2-ab-bc-ca\\
&=\frac{1}{2}\{(a-b)^2+(b-c)^2\\
&\qquad\qquad\quad +(c-a)^2\}
\end{aligned}$$
を利用して、
$a^2+b^2+c^2-ab-bc-ca$
が偶数であることを示してもよい。

2章
練習
[集合と命題]

練習
②61 $\sqrt{3}$ が無理数であることを用いて、$\dfrac{1}{\sqrt{2}}+\dfrac{1}{\sqrt{6}}$ が無理数であることを証明せよ。

$\dfrac{1}{\sqrt{2}}+\dfrac{1}{\sqrt{6}}$ が無理数でないと仮定すると、r を有理数として

$$\frac{1}{\sqrt{2}}+\frac{1}{\sqrt{6}}=r \text{ とおける。}$$

両辺を2乗すると $\qquad \dfrac{1}{2}+\dfrac{1}{\sqrt{3}}+\dfrac{1}{6}=r^2$

よって $\qquad\qquad\qquad \sqrt{3}=3r^2-2 \quad\cdots\cdots ①$

ここで、r は有理数であるから、$3r^2-2$ も有理数である。

ゆえに、① は $\sqrt{3}$ が無理数であることに矛盾する。

したがって、$\dfrac{1}{\sqrt{2}}+\dfrac{1}{\sqrt{6}}$ は無理数である。

← $\dfrac{1}{\sqrt{2}}+\dfrac{1}{\sqrt{6}}$ は実数であり、無理数でないと仮定しているから、有理数である。

← $\dfrac{\sqrt{3}}{3}=r^2-\dfrac{2}{3}$

← $\sqrt{3}=(r \text{ の式})$ [有理数] の形に変形。

練習
③62 命題「整数 n が5の倍数でなければ、n^2 は5の倍数ではない。」が真であることを証明せよ。また、この命題を用いて $\sqrt{5}$ は有理数でないことを背理法により証明せよ。

整数 n が5の倍数でないとき、k を整数として、

$n=5k+l$ $(l=1, 2, 3, 4)$ とおける。このとき

$$\begin{aligned}
n^2&=(5k+l)^2=25k^2+10kl+l^2\\
&=5(5k^2+2kl)+l^2
\end{aligned}$$

ここで、$5k^2+2kl$ は整数である。

また、l^2 は 1, 4, 9, 16 のいずれかであるが、どれも5の倍数でない。

ゆえに、n^2 は5の倍数ではない。

←(5の倍数)+(5の倍数でない数) の形の数は、5の倍数ではない。

次に，$\sqrt{5}$ が有理数であると仮定すると

$$\sqrt{5}=\frac{p}{q} \quad (p, \ q \text{ は互いに素である自然数})$$

と表される。

このとき　　　　　$p=\sqrt{5}\,q$

両辺を2乗すると　　$p^2=5q^2$ …… ①

ゆえに，p^2 は5の倍数である。

ここで，前半の命題は真であり，真である命題の対偶は真であるから，p は5の倍数である。

よって，$p=5r\,(r\text{ は自然数})$ とおいて，① に代入すると

$$(5r)^2=5q^2 \quad \text{すなわち} \quad q^2=5r^2$$

ゆえに，q^2 が5の倍数であるから q も5の倍数となり，<u>p と q が互いに素であることに矛盾する。</u>

したがって，$\sqrt{5}$ は有理数でない。

← p と q は1以外に正の公約数をもたない自然数。

←（前半）の命題の対偶「n が整数で，n^2 が5の倍数ならば，n は5の倍数」が真であることを利用。

← p と q は公約数5をもつことになってしまう。

練習
③**63**
(1) $x+4\sqrt{2}\,y-6y-12\sqrt{2}+16=0$ を満たす有理数 x, y の値を求めよ。　　[(1) 武庫川女子大]
(2) a, b を有理数の定数とする。$-1+\sqrt{2}$ が方程式 $x^2+ax+b=0$ の解の1つであるとき，a, b の値を求めよ。

(1) 与式を変形して　　$x-6y+16+(4y-12)\sqrt{2}=0$

ここで，x, y は有理数であるから，$x-6y+16$, $4y-12$ も有理数であり，$\sqrt{2}$ は無理数である。

よって　　　　　$x-6y+16=0$, $4y-12=0$

これを解いて　　$x=2$, $y=3$

(2) $x=-1+\sqrt{2}$ が解であるから，

$$(-1+\sqrt{2})^2+a(-1+\sqrt{2})+b=0$$

整理すると　　$-a+b+3+(a-2)\sqrt{2}=0$

ここで，a, b は有理数であるから，$-a+b+3$, $a-2$ も有理数であり，$\sqrt{2}$ は無理数である。

よって　　　　　$-a+b+3=0$, $a-2=0$

これを解いて　　$a=2$, $b=-1$

検討 $a=2$, $b=-1$ のとき，方程式は　　$x^2+2x-1=0$

解は $x=-1\pm\sqrt{2}$ で，$x=-1+\sqrt{2}$ 以外の解は

$$x=-1-\sqrt{2}$$

　一般に，**有理数係数の2次方程式が $p+q\sqrt{l}$（p, q は有理数，$\sqrt{l}$ は無理数）を解にもつとき $p-q\sqrt{l}$ も解である** ことが知られている。

← $a+b\sqrt{2}=0$ の形に。

←この断りは重要！

← a, b が有理数，$\sqrt{l}$ が無理数ならば
$a+b\sqrt{l}=0$
　　$\Longleftrightarrow a=b=0$

←代入すると等式が成り立つ。

←この断りは重要！

←「有理数係数」が重要。なお，3次以上の方程式でも成り立つことが知られている。

EX
①36
Nを自然数全体の集合とする。
(1) 「1はNの要素である」を，集合の記号を用いて表せ。
(2) 「1のみを要素にもつ集合は，Nの部分集合である」を，集合の記号を用いて表せ。

(1) $1 \in N$

(2) 「1のみを要素にもつ集合」は$\{1\}$と表されるから
$$\{1\} \subset N$$

検討 (1) $N \ni 1$　(2) $N \supset \{1\}$　と書いてもよい。

なお，(1) $1 \subset N$ は誤り。　←1は集合ではない。

(2) $\{1\} \in N$ は誤り。　←$\{1\}$は要素ではない。

$a \in A$ ……
a は集合 A の要素である。
$A \subset B$ ……
集合 A は集合 B の部分集合である。集合 A は集合 B に含まれる。

EX
①37
Zは整数全体の集合とする。次の集合を，要素を書き並べて表せ。
$$A = \{x \mid 0 < x < 6, \ x \in Z\}, \quad B = \{2x \mid -1 \leq x \leq 3, \ x \in Z\}$$
また，$A \cap B$，$A \cup B$，$\overline{A} \cap B$を，要素を書き並べて表せ。

$A = \{1, 2, 3, 4, 5\}, \quad B = \{-2, 0, 2, 4, 6\}$
したがって　$A \cap B = \{2, 4\}$，
$A \cup B = \{-2, 0, 1, 2, 3, 4, 5, 6\}$，
$\overline{A} \cap B = \{-2, 0, 6\}$

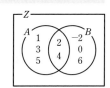

EX
①38
$P = \{a, b, c, d\}$の部分集合をすべて求めよ。

$\varnothing$ や P 自身も P の部分集合であるから，以下の 16 個である。
$\varnothing$, $\{a\}$, $\{b\}$, $\{c\}$, $\{d\}$, $\{a, b\}$, $\{a, c\}$, $\{a, d\}$, $\{b, c\}$,
$\{b, d\}$, $\{c, d\}$, $\{a, b, c\}$, $\{a, b, d\}$, $\{a, c, d\}$,
$\{b, c, d\}$, $\{a, b, c, d\}$

←$\{\varnothing\}$ としないこと。

EX
②39
次の集合A, Bには，$A \subset B$，$A = B$，$A \supset B$のうち，どの関係があるか。
$$A = \{x \mid -1 < x < 2, \ x \text{は実数}\}, \quad B = \{x \mid -1 < x \leq 1 \text{ または } 0 < x < 2, \ x \text{は実数}\}$$

右の図より，Aのxの範囲とBのxの範囲が一致するから
$$A = B$$

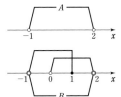

←数直線ではっきりする。

検討 $A = B$ は，図から明らかであるが，一般に $A = B$ であることを示すには $A \subset B$ かつ $B \subset A$ が成り立つことを示す（本冊 $p.89$ 参照）。

EX
②40
Uを1から9までの自然数の集合とする。Uの部分集合A, B, Cについて，以下が成り立つ。
$A \cup B = \{1, 2, 4, 5, 7, 8, 9\}$，$A \cup C = \{1, 2, 4, 5, 6, 7, 9\}$，
$B \cup C = \{1, 4, 6, 7, 8, 9\}$，$A \cap B = \{4, 9\}$，$A \cap C = \{7\}$，$B \cap C = \{1\}$，$A \cap B \cap C = \varnothing$
(1) 集合$\overline{B} \cap \overline{C}$を求めよ。　(2) 集合$A \cap (\overline{B \cup C})$，$A$を求めよ。　[類 東京国際大]

与えられた条件から，集合A, B, Cの要素を調べて図に書き込むと，右のようになる。よって，図から
(1) $\overline{B} \cap \overline{C} = \overline{B \cup C} = \{2, 3, 5\}$
(2) $A \cap (\overline{B \cup C}) = \{2, 5\}$，
$A = \{2, 4, 5, 7, 9\}$

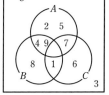

←まず$\overline{A} \cap \overline{B} \cap \overline{C} = \{3\}$がわかる。他に$A \cup B$と$B \cup C$の要素から$2 \in A$，$5 \in A$であるが$2 \in B$，$5 \in B$など。

EX
④41 Z を整数全体の集合とし，$A=\{3n+2|n\in Z\}$，$B=\{6n+5|n\in Z\}$ とするとき，$A\supset B$ であるが $A\neq B$ であることを証明せよ。

$x\in B$ とすると　　$x=6n+5$
このとき　　　　　$x=6n+3+2=3(2n+1)+2$
$2n+1=m$ とおくと，m は整数で　　$x=3m+2$
ゆえに　　　　　　$x\in A$
よって，$x\in B$ ならば $x\in A$ が成り立つから　　$A\supset B$
次に，$2\in A$ であるが $2\notin B$ であるから　　$A\neq B$ ……（＊）
したがって，$A\supset B$ であるが $A\neq B$ である。

←$x\in A$ を示すために，$3\times$（整数）$+2$ の形にする。

（＊）$x\in A$ であるが，$x\notin B$ である x が1つでもあれば　$A\neq B$

EX
③42 次の命題の真偽をいえ。真のときにはその証明をし，偽のときには反例をあげよ。ただし，x，y，z は実数とし，(2)，(3)については，$\sqrt{2}$，$\sqrt{5}$ が無理数であることを用いてもよい。
(1) $x^3+y^3+z^3=0$，$x+y+z=0$ のとき，x，y，z のうち少なくとも1つは0である。
(2) x^2+x が有理数ならば，x は有理数である。
(3) x，y がともに無理数ならば，$x+y$，x^2+y^2 のうち少なくとも一方は無理数である。

[(1) 立教大，(2)，(3) 北海道大]

HINT (1) x，y，z のうち少なくとも1つは0 $\iff xyz=0$

(1) **真**
（証明）$x+y+z=0$ から　　$z=-(x+y)$
$x^3+y^3+z^3=0$ に代入して　　$x^3+y^3-(x+y)^3=0$
ゆえに　$(x+y)^3-3xy(x+y)-(x+y)^3=0$
よって　$-3xy(x+y)=0$ すなわち　$xyz=0$
したがって，x，y，z のうち少なくとも1つは0である。

←x^3+y^3
$=(x+y)^3-3xy(x+y)$

別解 [$x^3+y^3+z^3-3xyz$ の因数分解を利用]
$x^3+y^3+z^3-3xyz=(x+y+z)(x^2+y^2+z^2-xy-yz-zx)$ に
$x^3+y^3+z^3=0$，$x+y+z=0$ を代入すると　　$-3xyz=0$
よって，x，y，z のうち少なくとも1つは0である。

←本冊 $p.39$ 参照。

(2) **偽**
（反例）$x^2+x=1$ とすると　　$x^2+x-1=0$
これを解いて　$x=\dfrac{-1\pm\sqrt{5}}{2}$
$\sqrt{5}$ は無理数であるから，x は無理数である。

←2次方程式
$ax^2+bx+c=0$ の解は
$x=\dfrac{-b\pm\sqrt{b^2-4ac}}{2a}$

(3) **偽**
（反例）$x=\sqrt{2}$，$y=-\sqrt{2}$ のとき x，y はともに無理数であるが，$x+y=0$，$x^2+y^2=4$ であるから，$x+y$，x^2+y^2 はどちらも無理数でない。

EX
③43 無理数全体の集合を A とする。命題「$x\in A$，$y\in A$ ならば，$x+y\in A$ である」が偽であることを示すための反例となる x，y の組を，次の⓪～⑤のうちから2つ選べ。必要ならば，$\sqrt{2}$，$\sqrt{3}$，$\sqrt{2}+\sqrt{3}$ が無理数であることを用いてもよい。

[類 共通テスト試行調査(第2回)]

⓪ $x=\sqrt{2}$，$y=0$
① $x=3-\sqrt{3}$，$y=\sqrt{3}-1$
② $x=\sqrt{3}+1$，$y=\sqrt{2}-1$
③ $x=\sqrt{4}$，$y=-\sqrt{4}$
④ $x=\sqrt{8}$，$y=1-2\sqrt{2}$
⑤ $x=\sqrt{2}-2$，$y=\sqrt{2}+2$

⓪ $x=\sqrt{2}$ は無理数，$y=0$ は有理数である。

よって，仮定を満たさないから，命題の反例ではない。

① $x=3-\sqrt{3}$ と $y=\sqrt{3}-1$ はともに無理数であるから，仮定を満たしている。

また，$x+y=3-\sqrt{3}+\sqrt{3}-1=2$ は有理数であるから，結論は満たさない。よって，命題の反例である。

② $x=\sqrt{3}+1$ と $y=\sqrt{2}-1$ はともに無理数であるから，仮定を満たしている。

また，$x+y=\sqrt{3}+1+\sqrt{2}-1=\sqrt{3}+\sqrt{2}$ は無理数であるから，結論も満たしている。よって，命題の反例ではない。

③ $x=\sqrt{4}=2$，$y=-\sqrt{4}=-2$ はともに有理数である。

よって，仮定を満たさないから，命題の反例ではない。

④ $x=\sqrt{8}=2\sqrt{2}$，$y=1-2\sqrt{2}$ はともに無理数であるから，仮定を満たしている。

また，$x+y=2\sqrt{2}+1-2\sqrt{2}=1$ は有理数であるから，結論は満たさない。よって，命題の反例である。

⑤ $x=\sqrt{2}-2$ と $y=\sqrt{2}+2$ はともに無理数であるから，仮定を満たしている。

また，$x+y=\sqrt{2}-2+\sqrt{2}+2=2\sqrt{2}$ は無理数であるから，結論も満たしている。よって，命題の反例ではない。

以上から ①，④

HINT 仮定 $x\in A$，$y\in A$ を満たすが，結論 $x+y\in A$ を満たさないものが反例となる。

← $\sqrt{4}=2$ は有理数であることに注意。

EX
④44

2以上の自然数 a，b について，集合 A，B を次のように定めるとき，次の ア◯◯ ～ ウ◯◯ に当てはまるものを，下の⓪～③のうちから1つ選べ。

$$A=\{x|x \text{ は } a \text{ の正の約数}\}, \quad B=\{x|x \text{ は } b \text{ の正の約数}\}$$

(1) A の要素の個数が2であることは，a が素数であるための ア◯◯。

(2) $A\cap B=\{1, 2\}$ であることは，a と b がともに偶数であるための イ◯◯。

(3) $a\leqq b$ であることは，$A\subset B$ であるための ウ◯◯。 〔センター試験〕

⓪ 必要十分条件である ① 必要条件であるが，十分条件でない
② 十分条件であるが，必要条件でない ③ 必要条件でも十分条件でもない

(1) A の要素の個数が2である，すなわち a の正の約数が2個であることは，a が素数であることと同値である。

したがって ア⓪

(2) 「$A\cap B=\{1, 2\} \Longrightarrow a, b$ がともに偶数」は真である。

（証明）$A\cap B=\{1, 2\}$ のとき，A は 1，2 を要素にもつ。

すなわち，a は 1，2 を約数にもつから，a は偶数である。

同様に b も偶数であるから，a，b はともに偶数である。

「a，b がともに偶数 $\Longrightarrow A\cap B=\{1, 2\}$」は偽である。

（反例）$a=4$，$b=8$

このとき，$A=\{1, 2, 4\}$，$B=\{1, 2, 4, 8\}$ となり，

$A\cap B=\{1, 2, 4\}$ である。

したがって イ②

← a の正の約数は 1 と a

← $A\cap B$ $=\{x|x\in A$ かつ $x\in B\}$ よって $1\in A$，$2\in A$，$1\in B$，$2\in B$

(3) 「$a \leq b \implies A \subset B$」は偽である。

(反例) $a=3$, $b=5$

　　このとき，$A=\{1, 3\}$，$B=\{1, 5\}$ となり，$A \subset B$ ではない。

「$A \subset B \implies a \leq b$」は真である。……（*）

（証明）　$A \subset B$ のとき，A の要素はすべて B の要素となる。

　　よって，b は，a の正の約数すべてを約数にもつ。

　　すなわち，b は a の倍数となるから　　$a \leq b$

したがって　　ᵘ①

(*) 例えば，
$A=\{1, 2, 3, 6\}$ $(a=6)$
の場合。$A \subset B$ から，
$1 \in B, 2 \in B, 3 \in B, 6 \in B$
である。よって
$B=\{1, 2, 3, 4, 6, 12\}$
$(b=12)$ などとなる。

EX
③**45**
次の □ に当てはまるものを，下記の①～④のうちから 1 つ選べ。ただし，同じ番号を繰り返し選んでもよい。

実数 x に関する条件 p, q, r を

$$p: -1 \leq x \leq \frac{7}{3}, \qquad q: |3x-5| \leq 2, \qquad r: -5 \leq 2-3x \leq -1$$

とする。このとき，p は q であるための ᵃ□。q は p であるための ⁱ□。また，r は q であるための ᵘ□。　　　　　　　　　　　　　　　　　　　　　　　　　　［金沢工大］

① 必要十分条件である　　　　　　　　② 必要条件でも十分条件でもない
③ 必要条件であるが，十分条件ではない　④ 十分条件であるが，必要条件ではない

$|3x-5| \leq 2$ から　　$-2 \leq 3x-5 \leq 2$

すなわち　　　　　　$1 \leq x \leq \dfrac{7}{3}$

よって，$p \implies q$ は偽，$q \implies p$ は真である。

したがって

　　p は q であるための必要条件であるが，十分条件ではない。
　　　　　　　　　　　　　　　　　　　　　　　　　　　　（ᵃ③）

　　q は p であるための十分条件であるが，必要条件ではない。
　　　　　　　　　　　　　　　　　　　　　　　　　　　　（ⁱ④）

←条件 p, q を満たす x 全体の集合をそれぞれ P，Q とすると

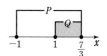

$-5 \leq 2-3x \leq -1$ から　　$1 \leq x \leq \dfrac{7}{3}$

ゆえに，$q \implies r$，$r \implies q$ はいずれも真である。

よって，r は q であるための必要十分条件である。（ᵘ①）

EX
③**46**
命題 $p \implies q$ が真であるとき，以下の命題のうち必ず真であるものに ○ を，必ずしも真ではないものに × をつけよ。なお，記号 ∧ は「かつ」を，記号 ∨ は「または」を表す。

(1) $q \implies p$　　　　　(2) $\bar{p} \implies \bar{q}$　　　　　(3) $\bar{q} \implies \bar{p}$

(4) $p \wedge a \implies q$　　　(5) $p \vee a \implies q$　　　　　［九州産大］

$p \implies q$ …… ① とする。

p, q, a を満たすもの全体の集合をそれぞれ P，Q，A とする。

(1) $q \implies p$ は ① の逆であるから，必ずしも真ではない。

　　よって　　×

(2) $\bar{p} \implies \bar{q}$ は (1) の命題の対偶であるから，必ずしも真ではない。

　　よって　　×

(3) $\bar{q} \implies \bar{p}$ は ① の対偶であるから真である。

　　よって　　○

HINT p, q を満たすもの全体の集合をそれぞれ P，Q とすると
「$p \implies q$ が真」$\iff P \subset Q$

←「$\bar{p} \implies \bar{q}$ は ① の裏であるから，必ずしも真ではない」としてもよい。

(4) $p \wedge a$ を満たすもの全体の集合は $P \cap A$ である。

$p \Longrightarrow q$ が真であるから　　$P \subset Q$

$P \cap A \subset P$ であるから　　$P \cap A \subset Q$

よって，$p \wedge a \Longrightarrow q$ は真である。

ゆえに　　○

(5) $p \vee a$ を満たすもの全体の集合は $P \cup A$ である。

$P \cup A \subset Q$ は必ずしも成り立つとはいえない。

反例として，$A \cap \overline{Q}$ の要素 x があるとき，x は $P \cup A$ の要素であるが，Q の要素ではない。

よって，$P \cup A \subset Q$ は成り立たない。

ゆえに，$p \vee a \Longrightarrow q$ は必ずしも真ではない。

したがって　　×

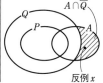

EX
④47

次の命題 (A), (B) を両方満たす，5 個の互いに異なる実数は存在しないことを証明せよ。

(A) 5 個の数のうち，どの 1 つを選んでも残りの 4 個の数の和よりも小さい。

(B) 5 個の数のうち任意に 2 個選ぶ。この 2 個の数を比較して大きい方の数は，小さい方の数の 2 倍より大きい。　　　　　　　　　　　　　　　　　　　　　　　［類 専修大］

命題 (A), (B) を両方満たす，5 個の互いに異なる実数が存在すると仮定して，それらを a, b, c, d, e とし，$a < b < c < d < e$ とする。

命題 (A) から　　$e < a + b + c + d$

また，命題 (B) から　　$2b < c$, $2c < d$, $2d < e$ …… ①

よって　　　$e < a + b + c + d < b + b + c + d = 2b + c + d$

　　　　　　　　$< c + c + d = 2c + d < d + d = 2d$

← $a < b$ を利用。

← ① を利用。

すなわち　　$e < 2d$

これは，① に矛盾する。

ゆえに，命題 (A), (B) を両方満たす，5 個の互いに異なる実数は存在しない。

EX
④48

a, b, c を奇数とする。x についての 2 次方程式 $ax^2 + bx + c = 0$ に関して

(1) この 2 次方程式が有理数の解 $\dfrac{q}{p}$ をもつならば，p と q はともに奇数であることを背理法で証明せよ。ただし，$\dfrac{q}{p}$ は既約分数とする。

(2) この 2 次方程式が有理数の解をもたないことを，(1) を利用して証明せよ。　　［鹿児島大］

HINT　(2)　有理数の解 $\dfrac{q'}{p'}$ をもつと仮定する。その解を 2 次方程式に代入して整理した式 $P = 0$ について，P が 0 とならないことを示す。

---

(1)　2 次方程式 $ax^2 + bx + c = 0$ が有理数の解 $\dfrac{q}{p}$（既約分数）をもち，p, q のうち少なくとも一方が偶数であると仮定する。

このとき，$\dfrac{q}{p}$ は既約分数であるから，p, q の一方が偶数で他方が奇数となる。

← p, q がともに偶数なら，$\dfrac{q}{p}$ は既約分数でなくなる。

ここで，$a\left(\dfrac{q}{p}\right)^2+b\cdot\dfrac{q}{p}+c=0$ であるから
　　　　　　$aq^2+bpq+cp^2=0$ ……①　　　　　　　　　　←解を方程式に代入。

a, b, c はすべて奇数であり，p, q の一方だけが偶数で他方が
奇数であるから，bpq は偶数である。

また，aq^2 と cp^2 の一方が偶数で他方が奇数となる。

よって，$aq^2+bpq+cp^2$ は奇数となる。　　　　　　　　←偶数2つと奇数1つの

これは①の右辺が0であることに矛盾する。　　　　　　　和は奇数。

したがって，2次方程式 $ax^2+bx+c=0$（a, b, c は奇数）が有

理数の解 $\dfrac{q}{p}$（既約分数）をもつならば，p と q はともに奇数で

ある。

(2)　2次方程式 $ax^2+bx+c=0$ が<u>有理数の解をもつと仮定する</u>

と，その解は $\dfrac{q'}{p'}$（p', q' は互いに素である整数，$p'\neq0$）と表さ

れる。

(1)から，p', q' はともに奇数である。

このとき，(1)と同様にして
　　　　　　$aq'^2+bp'q'+cp'^2=0$ ……②

ここで，a, b, c は奇数であるから，aq'^2, $bp'q'$, cp'^2 はすべて
奇数となる。

よって，②の左辺は奇数となり，右辺が0であることに矛盾。　←奇数3つの和は奇数。

したがって，この2次方程式は有理数の解をもたない。

EX
④49　n を1以上の整数とするとき，次の問いに答えよ。
　　(1)　$\sqrt{n}$ が有理数ならば，$\sqrt{n}$ は整数であることを示せ。
　　(2)　$\sqrt{n}$ と $\sqrt{n+1}$ がともに有理数であるような n は存在しないことを示せ。
　　(3)　$\sqrt{n+1}-\sqrt{n}$ は無理数であることを示せ。　　　　　　　　　〔富山大〕

(1)　$\sqrt{n}$ が有理数であるとすると

　　　　　$\sqrt{n}=\dfrac{p}{q}$（p, q は互いに素である正の整数）……①　　　←$\sqrt{n}>0$ であるから，
　　　　　　　　　　　　　　　　　　　　　　　　　　　　　　　p と q は「整数」ではな
と表される。　　　　　　　　　　　　　　　　　　　　　　　　く「正の整数」としてい

このとき，$q=1$ であることを示す。　　　　　　　　　　　　る。

①から，$\sqrt{n}\,q=p$ であり，この両辺を2乗すると
　　　　　　$nq^2=p^2$ ……②

p と q は互いに素であるから，p^2 と q^2 も互いに素である。

②から，p^2 と q^2 の最大公約数は q^2 である。　　　　　　　←nq^2 と q^2 の最大公約

よって，p^2 と q^2 が互いに素であることから　　　　　　　　数は q^2 である。
　　　　　　$q^2=1$　すなわち　$q=1$

ゆえに，①から $\sqrt{n}=p$ であり，$\sqrt{n}$ は整数である。　　　　←$\sqrt{n}=p$ から，$\sqrt{n}$ は

以上から，$\sqrt{n}$ が有理数ならば，$\sqrt{n}$ は整数である。　　　　正の整数である。

(2) $\sqrt{n}$ と $\sqrt{n+1}$ がともに有理数であると仮定する。

このとき，(1)から，$\sqrt{n}$，$\sqrt{n+1}$ はともに正の整数である。

$\sqrt{n}=k$，$\sqrt{n+1}=l$（k，l は正の整数）とおくと

$$n=k^2 \cdots\cdots ③, \quad n+1=l^2 \cdots\cdots ④$$

③ を ④ に代入すると $\quad k^2+1=l^2$

よって $\quad l^2-k^2=1 \quad$ すなわち $\quad (l+k)(l-k)=1$

$l+k$，$l-k$ は整数であり，$l+k>0$ であるから

$$l+k=1, \quad l-k=1$$

これを解くと $\quad k=0,\ l=1$

これは k が正の整数であることに矛盾する。

したがって，$\sqrt{n}$ と $\sqrt{n+1}$ がともに有理数であるような n は存在しない。

(3) $\sqrt{n+1}-\sqrt{n}$ が有理数であると仮定する。

$\sqrt{n+1}-\sqrt{n}=r$（r は有理数）とおくと，$r \neq 0$ であり

$$\frac{1}{r}=\frac{1}{\sqrt{n+1}-\sqrt{n}}=\frac{\sqrt{n+1}+\sqrt{n}}{(\sqrt{n+1}-\sqrt{n})(\sqrt{n+1}+\sqrt{n})}$$
$$=\sqrt{n+1}+\sqrt{n}$$

$\sqrt{n+1}-\sqrt{n}=r$，$\sqrt{n+1}+\sqrt{n}=\dfrac{1}{r}$ から

$$\sqrt{n}=\frac{1}{2}\left(\frac{1}{r}-r\right), \quad \sqrt{n+1}=\frac{1}{2}\left(r+\frac{1}{r}\right)$$

r は有理数であるから，$\sqrt{n}$，$\sqrt{n+1}$ はともに有理数である。

これは(2)の結果に矛盾する。

よって，$\sqrt{n+1}-\sqrt{n}$ は無理数である。

←例えば，$n=3$ のとき，
$\sqrt{n}=\sqrt{3}$ （無理数）
$\sqrt{n+1}=\sqrt{4}=2$
（有理数）
である。

←$\sqrt{n+1}=r+\sqrt{n}$，
$\sqrt{n}=\sqrt{n+1}-r$ をそれぞれ 2 乗することで
$\sqrt{n}=(r\text{ の式})$，
$\sqrt{n+1}=(r\text{ の式})$
を導いてもよい。

EX
③**50** $\sqrt{2}$ の小数部分を a とするとき，$\dfrac{ax+y}{1-a}=a$ となるような有理数 x，y の値を求めよ。〔山口大〕

$\dfrac{ax+y}{1-a}=a$ から $\quad ax+y=a(1-a) \cdots\cdots ①$

ここで，$1<\sqrt{2}<2$ であるから，$\sqrt{2}$ の整数部分は 1 である。

したがって $\quad a=\sqrt{2}-1$

これを ① に代入すると $\quad (\sqrt{2}-1)x+y=(\sqrt{2}-1)(2-\sqrt{2})$

よって $\quad (-x+y)+x\sqrt{2}=-4+3\sqrt{2}$

$-x+y$，x は有理数，$\sqrt{2}$ は無理数であるから

$$-x+y=-4, \quad x=3$$

これを解いて $\quad \boldsymbol{x=3}, \ \boldsymbol{y=-1}$

←（小数部分）
＝(数)－(整数部分)

←a，b，c，d が有理数，$\sqrt{l}$ が無理数のとき
$a+b\sqrt{l}=c+d\sqrt{l}$
$\Longleftrightarrow a=c,\ b=d$

2章
EX
［集合と命題］

練習
①64
(1) $f(x)=-3x+2$, $g(x)=x^2-3x+2$ のとき，次の値を求めよ。
$f(0)$，$f(-1)$，$f(a+1)$，$g(2)$，$g(2a-1)$
(2) 点 $(3x-1,\ 3-2x)$ は $x=2$ のとき第何象限にあるか。また，点 $(3x-1,\ -2)$ が第3象限にあるのは $x<\boxed{}$ のときである。

⎯⎯⎯⎯⎯⎯⎯⎯⎯⎯⎯⎯⎯⎯⎯⎯⎯⎯⎯⎯⎯⎯⎯⎯⎯⎯⎯⎯⎯⎯⎯⎯⎯⎯⎯⎯⎯⎯⎯
HINT (2) (後半) 点 $(x,\ y)$ が第3象限にある $\Longrightarrow$ $x<0$ かつ $y<0$
⎯⎯⎯⎯⎯⎯⎯⎯⎯⎯⎯⎯⎯⎯⎯⎯⎯⎯⎯⎯⎯⎯⎯⎯⎯⎯⎯⎯⎯⎯⎯⎯⎯⎯⎯⎯⎯⎯⎯

(1) $\boldsymbol{f(0)}=-3\cdot0+2=\boldsymbol{2}$
$\boldsymbol{f(-1)}=-3\cdot(-1)+2=3+2=\boldsymbol{5}$
$\boldsymbol{f(a+1)}=-3(a+1)+2=-3a-3+2=\boldsymbol{-3a-1}$
$\boldsymbol{g(2)}=2^2-3\cdot2+2=4-6+2=\boldsymbol{0}$
$\boldsymbol{g(2a-1)}=(2a-1)^2-3(2a-1)+2$
$=4a^2-4a+1-6a+3+2$
$=\boldsymbol{4a^2-10a+6}$

    ←$f(\bullet)=-3\bullet+2$ とみて，$\bullet$ に同じ値を代入。$f(a+1)$ なら $\bullet$ に $a+1$ を代入する。

(2) $x=2$ のとき，点 $(3x-1,\ 3-2x)$ の座標は
$(3\cdot2-1,\ 3-2\cdot2)$
すなわち $(5,\ -1)$
よって，**第4象限** にある。

    ←$x=2$ を代入。
    ←$(+,\ -)$

また，点 $(3x-1,\ -2)$ が第3象限にあるための条件は
$3x-1<0$
これを解いて $x<\dfrac{1}{3}$

    ←$(y$座標$)=-2<0$ であるから，$(x$座標$)<0$ となることが条件。

練習
①65 次の関数の値域を求めよ。また，最大値，最小値があれば，それを求めよ。
(1) $y=5x-2$ $(0\leqq x\leqq3)$ (2) $y=-3x+1$ $(-1<x\leqq2)$

(1) $y=5x-2$ において
$x=0$ のとき $y=5\cdot0-2=-2$
$x=3$ のとき $y=5\cdot3-2=13$
よって，$y=5x-2$ $(0\leqq x\leqq3)$ の
グラフは，右の図の実線部分。
    値域は $-2\leqq y\leqq13$
    $x=3$ で最大値 13，
    $x=0$ で最小値 -2

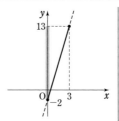

    ←$y=5x-2$ のグラフは，y 切片 -2，傾き 5（右上がり）の直線。

(2) $y=-3x+1$ において
$x=-1$ のとき
$y=-3\cdot(-1)+1=4$
$x=2$ のとき
$y=-3\cdot2+1=-5$
よって，$y=-3x+1$ $(-1<x\leqq2)$
のグラフは，右の図の実線部分。
    値域は $-5\leqq y<4$
    $x=2$ で最小値 -5，最大値はない。

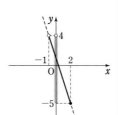

    ←y 切片 1，傾き -3（右下がり）の直線。
    ←$x=-1$ が定義域に含まれないことに注意。

練習
③66 関数 $y=ax+b$ $(2\leqq x\leqq5)$ の値域が $-1\leqq y\leqq5$ であるとき，定数 a, b の値を求めよ。

$x=2$ のとき $y=2a+b$, $x=5$ のとき $y=5a+b$ ←定義域の端点の y 座標。

[1] $a>0$ のとき

この関数は x の値が増加すると, y の値は増加するから,

値域は $2a+b \leqq y \leqq 5a+b$

$-1 \leqq y \leqq 5$ と比べると $2a+b=-1$, $5a+b=5$

これを解いて $a=2$, $b=-5$ これは $a>0$ を満たす。

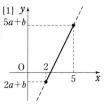

[2] $a=0$ のとき

この関数は $y=b$(定数関数)になるから, 値域は $-1 \leqq y \leqq 5$ ←値域は $y=b$

になりえない。

[3] $a<0$ のとき

この関数は x の値が増加すると, y の値は減少するから,

値域は $5a+b \leqq y \leqq 2a+b$

$-1 \leqq y \leqq 5$ と比べると $5a+b=-1$, $2a+b=5$

これを解いて $a=-2$, $b=9$ これは $a<0$ を満たす。

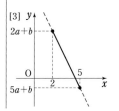

以上から **$a=2$, $b=-5$ または $a=-2$, $b=9$**

練習 ②**67** 次の関数のグラフをかけ。

(1) $y=|3-x|$　　　(2) $y=|2x+4|$

(1) $|3-x|=|-(x-3)|=|x-3|$ ←$|-a|=|a|$

$x-3 \geqq 0$ すなわち $x \geqq 3$ のとき

$y=x-3$

$x-3<0$ すなわち $x<3$ のとき

$y=-(x-3)$

$=-x+3$

よって, グラフは **右の図の実線部分**。

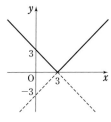

←‖内の式の符号が変わるのは, $x-3=0$ とおいたときの x の値, すなわち $x=3$ のとき。

(2) $|2x+4|=|2(x+2)|=2|x+2|$

$x+2 \geqq 0$ すなわち $x \geqq -2$ のとき

$y=2(x+2)=2x+4$

$x+2<0$ すなわち $x<-2$ のとき

$y=-2(x+2)=-2x-4$

よって, グラフは **右の図の実線部分**。

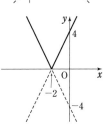

←‖内の式の符号が変わるのは, $x+2=0$ とおいたときの x の値, すなわち $x=-2$ のとき。

練習 ②**68** 次の関数のグラフをかけ。

(1) $y=|x+2|-|x|$　　　(2) $y=|x+1|+2|x-1|$

(1) $x<-2$ のとき

$y=-(x+2)-(-x)$ …… Ⓐ

$=-2$

$-2 \leqq x < 0$ のとき

$y=(x+2)-(-x)=2x+2$

$0 \leqq x$ のとき

$y=x+2-x=2$

よって, グラフは **右の図の実線部分**。

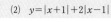
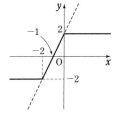

←$x+2=0$ とすると

$x=-2$

よって, 左のような 3 通りの場合分け。

Ⓐ $x+2<0$, $x<0$

←$x+2 \geqq 0$, $x<0$

←$x+2>0$, $x \geqq 0$

3章
練習
〔2次関数〕

(2) $x<-1$ のとき

$$y=-(x+1)-2(x-1) \quad \cdots\cdots \text{Ⓑ}$$
$$=-3x+1$$

$-1\leqq x<1$ のとき

$$y=x+1-2(x-1)=-x+3$$

$1\leqq x$ のとき

$$y=x+1+2(x-1)=3x-1$$

よって，グラフは **右の図の実線部分**。

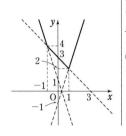

← $x+1=0$, $x-1=0$ と
するとそれぞれ
$x=-1$, $x=1$ → 左のよ
うな 3 通りの場合分け。
Ⓑ $x+1<0$, $x-1<0$
← $x+1\geqq0$, $x-1<0$

← $x+1>0$, $x-1\geqq0$

練習 ③69

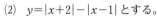

次の不等式をグラフを利用して解け。

(1) $|x-1|+2|x|\leqq3$　　　　(2) $|x+2|-|x-1|>x$

(1) $y=|x-1|+2|x|$ とする。

$x<0$ のとき　　$y=-(x-1)-2x$

よって　$y=-3x+1$

$0\leqq x<1$ のとき　　$y=-(x-1)+2x$

ゆえに　$y=x+1$

$1\leqq x$ のとき　　$y=(x-1)+2x$

よって　$y=3x-1$

ゆえに，関数 $y=|x-1|+2|x|$ のグラ
フは右の図の ① となる。

一方，関数 $y=3$ のグラフは右の図の
② となる。

① と ② の交点の x 座標は

$$-3x+1=3 \text{ から } x=-\frac{2}{3}, \quad 3x-1=3 \text{ から } x=\frac{4}{3}$$

したがって，不等式 $|x-1|+2|x|\leqq3$ の解は　$-\dfrac{2}{3}\leqq x\leqq\dfrac{4}{3}$

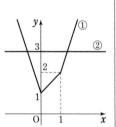

← $x-1<0$, $x<0$

← $x-1<0$, $x\geqq0$

← $x-1\geqq0$, $x>0$

① のグラフは次の 3 つ
の関数のグラフを合わせ
たものである。
$y=-3x+1 (x<0)$
$y=x+1 (0\leqq x<1)$
$y=3x-1 (1\leqq x)$

← ② のグラフが ① の
グラフと一致するかまたは
上側にある x の値の範
囲。

(2) $y=|x+2|-|x-1|$ とする。

$x<-2$ のとき

$$y=-(x+2)+(x-1)$$

よって　$y=-3$

$-2\leqq x<1$ のとき

$$y=(x+2)+(x-1)$$

ゆえに　$y=2x+1$

$1\leqq x$ のとき　$y=(x+2)-(x-1)$

よって　$y=3$

ゆえに，関数 $y=|x+2|-|x-1|$ のグラフは図の ① となる。

一方，関数 $y=x$ のグラフは図の ② となる。

① と ② の交点の x 座標のうち，$x=-3$，3 以外のものは

$2x+1=x$ から　$x=-1$

したがって，不等式 $|x+2|-|x-1|>x$ の解は

$$x<-3, \quad -1<x<3$$

検討

(2)の不等式を変形して
$|x+2|-|x-1|-x>0$
$y=|x+2|-|x-1|-x$
として，この関数のグラ
フが x 軸より上側にあ
る x の値の範囲を求め
てもよい。

← ① のグラフが ② の
グラフより上側にある x
の値の範囲。

練習
④**70** [a] は実数 a を超えない最大の整数を表すものとする。

(1) $\left[\dfrac{13}{7}\right]$, $[-3]$, $[-\sqrt{7}\,]$ の値を求めよ。

(2) $y=-[x]$ $(-3\leqq x\leqq2)$ のグラフをかけ。

(3) $y=x+2[x]$ $(-2\leqq x\leqq2)$ のグラフをかけ。

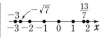

(1) $1\leqq\dfrac{13}{7}<2$ であるから $\qquad\left[\dfrac{13}{7}\right]=1$

$\quad -3\leqq-3<-2$ であるから $\qquad[-3]=-3$

$\quad -3\leqq-\sqrt{7}<-2$ であるから $\qquad[-\sqrt{7}\,]=-3$

(2) $-3\leqq x<-2$ のとき $\quad y=-(-3)=3$

$\quad -2\leqq x<-1$ のとき $\quad y=-(-2)=2$

$\quad -1\leqq x<0$ のとき $\quad y=-(-1)=1$

$\quad 0\leqq x<1$ のとき $\quad y=-0=0$

$\quad 1\leqq x<2$ のとき $\quad y=-1$

$\quad x=2$ のとき $\quad y=-2$

よって，グラフは**右の図**のようになる。

← 各区間はいずれも $a\leqq x<b$ の形であるから，グラフの左端を含み，右端を含まない。

(3) $-2\leqq x<-1$ のとき

$\qquad y=x+2(-2)=x-4$ ←$[x]=-2$

$\quad -1\leqq x<0$ のとき

$\qquad y=x+2(-1)=x-2$ ←$[x]=-1$

$\quad 0\leqq x<1$ のとき $\qquad y=x+2\cdot0=x$ ←$[x]=0$

$\quad 1\leqq x<2$ のとき $\qquad y=x+2\cdot1=x+2$ ←$[x]=1$

$\quad x=2$ のとき $\qquad y=2+2\cdot2=6$ ←$[x]=2$

よって，グラフは**右の図**のようになる。

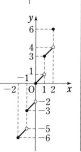

練習
④**71** 関数 $f(x)$ $(0\leqq x<1)$ を右のように定義するとき，次の関数のグラフをかけ。

(1) $y=f(x)$ $\qquad$ (2) $y=f(f(x))$

$\qquad f(x)=\begin{cases} 2x & \left(0\leqq x<\dfrac{1}{2}\right) \\ 2x-1 & \left(\dfrac{1}{2}\leqq x<1\right) \end{cases}$

(1) グラフは**図(1)**のようになる。 ←図は次ページ。

(2) $f(f(x))=\begin{cases} 2f(x) & \left(0\leqq f(x)<\dfrac{1}{2}\right) \\ 2f(x)-1 & \left(\dfrac{1}{2}\leqq f(x)<1\right) \end{cases}$

(2) (1)のグラフから，

$0\leqq f(x)<\dfrac{1}{2}$ となるのは

$\quad 0\leqq x<\dfrac{1}{4}$ のとき $\qquad f(f(x))=2f(x)=2\cdot2x=4x$

$0\leqq x<\dfrac{1}{4}$, $\dfrac{1}{2}\leqq x<\dfrac{3}{4}$ のとき。

$\quad \dfrac{1}{4}\leqq x<\dfrac{1}{2}$ のとき $\qquad f(f(x))=2f(x)-1=2\cdot2x-1=4x-1$

$\dfrac{1}{2}\leqq f(x)<1$ となるのは

$\quad \dfrac{1}{2}\leqq x<\dfrac{3}{4}$ のとき $\qquad f(f(x))=2f(x)=2\cdot(2x-1)=4x-2$

$\dfrac{1}{4}\leqq x<\dfrac{1}{2}$, $\dfrac{3}{4}\leqq x<1$ のとき。

$\quad \dfrac{3}{4}\leqq x<1$ のとき $\qquad f(f(x))=2f(x)-1=2\cdot(2x-1)-1$

よって，＿＿＿ の4通りの場合分けが必要になる。

$\qquad\qquad\qquad\qquad =4x-3$

よって，$y=f(f(x))$ のグラフは**図(2)**のようになる。 ←図は次ページ。

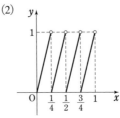

別解 (2)のグラフは,関数 $f(x)$ の式の意味を考え,次の要領でかいてもよい。

[1] $f(x)$ が $\dfrac{1}{2}$ 未満なら2倍する。

[2] $f(x)$ が $\dfrac{1}{2}$ 以上1未満なら,2倍して1を引く。

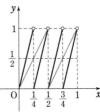

← —— が(1)のグラフ。

—— が,直線 $y=\dfrac{1}{2}$ より下方の部分は2倍し,直線 $y=\dfrac{1}{2}$ より上方の部分は2倍して1を引く。

練習 ①72 次の2次関数のグラフは,[ ]内の2次関数のグラフをそれぞれどのように平行移動したものか答えよ。また,それぞれのグラフをかき,その軸と頂点を求めよ。
(1) $y=-x^2+4$ $[y=-x^2]$　　　　(2) $y=2(x-1)^2$ $[y=2x^2]$
(3) $y=-3(x-2)^2-1$ $[y=-3x^2]$

(1) y 軸方向に4だけ平行移動したもの。図(1)。
　軸は y 軸(直線 $x=0$),頂点は 点 $(0,\ 4)$

(2) x 軸方向に1だけ平行移動したもの。図(2)。
　軸は 直線 $x=1$,頂点は 点 $(1,\ 0)$

(3) x 軸方向に2,y 軸方向に -1 だけ平行移動したもの。図(3)。
　軸は 直線 $x=2$,頂点は 点 $(2,\ -1)$

←$y=a(x-p)^2+q$ のグラフ
軸は 直線 $x=p$,
頂点は 点 $(p,\ q)$

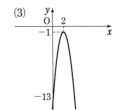

練習 ②73 次の2次関数のグラフをかき,その軸と頂点を求めよ。
(1) $y=-2x^2+5x-2$　　　　(2) $y=\dfrac{1}{2}x^2-3x-\dfrac{7}{2}$

(1) $-2x^2+5x-2=-2\left(x^2-\dfrac{5}{2}x\right)-2$

　　　　　　　　　　$=-2\left\{x^2-\dfrac{5}{2}x+\left(\dfrac{5}{4}\right)^2\right\}+2\cdot\left(\dfrac{5}{4}\right)^2-2$

　　　　　　　　　　$=-2\left(x-\dfrac{5}{4}\right)^2+\dfrac{9}{8}$

←まず,**基本形**に。この変形を **平方完成** という。

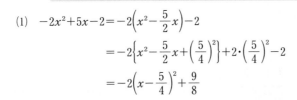

ゆえに　$y=-2\left(x-\dfrac{5}{4}\right)^2+\dfrac{9}{8}$

よって，グラフは**右の図**のようになる。

また，**軸は 直線 $x=\dfrac{5}{4}$**,

　　頂点は 点 $\left(\dfrac{5}{4},\ \dfrac{9}{8}\right)$

(2)　$\dfrac{1}{2}x^2-3x-\dfrac{7}{2}=\dfrac{1}{2}(x^2-6x)-\dfrac{7}{2}$

　　　　　　　　　　　$=\dfrac{1}{2}(x^2-6x+3^2)-\dfrac{1}{2}\cdot3^2-\dfrac{7}{2}$

　　　　　　　　　　　$=\dfrac{1}{2}(x-3)^2-8$

ゆえに　$y=\dfrac{1}{2}(x-3)^2-8$

よって，グラフは**右の図**のようになる。

また，**軸は 直線 $x=3$,**

　　頂点は 点 $(3,\ -8)$

●平方完成の手順

ax^2+bx+c

$=a\left(x^2+\dfrac{b}{a}x\right)+c$

$\boxed{x\text{ の係数の半分の平方}}$

$=a\left\{x^2+\dfrac{b}{a}x+\left(\dfrac{b}{2a}\right)^2\right\}$

　$-a\left(\dfrac{b}{2a}\right)^2+c$

$\boxed{\text{加えた分を引く}}$

$=a\left(x+\dfrac{b}{2a}\right)^2$

　$-\dfrac{b^2-4ac}{4a}$ $\boxed{\begin{array}{c}\text{基}\\\text{本}\\\text{形}\end{array}}$

3章
練習
[2次関数]

練習
③**74**　2次関数 $y=ax^2+bx+c$ のグラフが右の図のようになるとき，次の値の符号を調べよ。

(1)　c　　　　　(2)　b　　　　　(3)　b^2-4ac

(4)　$a+b+c$　　(5)　$a-b+c$

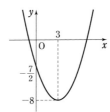

　　$ax^2+bx+c=a\left(x+\dfrac{b}{2a}\right)^2-\dfrac{b^2-4ac}{4a}$ であるから

　　　放物線 $y=ax^2+bx+c$ の軸は，直線 $x=-\dfrac{b}{2a}$,

　　　頂点の y 座標は $-\dfrac{b^2-4ac}{4a}$，y 軸との交点の y 座標は c

$\boxed{\text{HINT}}$ (2) 軸の位置に注目。

(1)　グラフは y 軸と $y>0$ の部分で交わるから　　**$c>0$**

(2)　グラフは下に凸であるから　　$\underline{a>0}$

　　軸は $x<0$ の範囲にあるから　　$-\dfrac{b}{2a}<0$　　ゆえに　　$\dfrac{b}{2a}>0$

　　$\underline{a>0}$ であるから　　**$b>0$**

$\leftarrow y$ 軸との交点が
　点 $(0,\ c)$

$\leftarrow\dfrac{b}{2a}>0$ であるから，
a と b は同符号。

(3)　頂点の y 座標が負であるから　　$-\dfrac{b^2-4ac}{4a}<0$

　　$\underline{a>0}$ であるから　　$-(b^2-4ac)<0$　　ゆえに　　**$b^2-4ac>0$**

(4)　$x=1$ のとき　　$y=a\cdot1^2+b\cdot1+c=a+b+c$

　　グラフより，$x=1$ のとき $y>0$ であるから　　**$a+b+c>0$**

(5)　$x=-1$ のとき　　$y=a\cdot(-1)^2+b\cdot(-1)+c=a-b+c$

　　グラフより，$x=-1$ のとき $y<0$ であるから　　**$a-b+c<0$**

$\boxed{\text{別解}}$ (3) グラフが x 軸と異なる 2 点で交わるから　$b^2-4ac>0$ を導くことができる。詳しくは，本冊 p.175 参照。

練習②75 放物線 $y=x^2-4x$ を，x 軸方向に 2，y 軸方向に -1 だけ平行移動して得られる放物線の方程式を求めよ。

解法1. 放物線 $y=x^2-4x$ の x を $x-2$，y を $y-(-1)$ におき換えると $y-(-1)=(x-2)^2-4(x-2)$

よって，求める放物線の方程式は
$$y=x^2-8x+11$$

解法2. $x^2-4x=x^2-4x+2^2-2^2$
$$=(x-2)^2-4$$

よって，放物線 $y=x^2-4x$ の頂点は
点 $(2,\ -4)$

平行移動により，この点は
点 $(2+2,\ -4-1)$ すなわち
点 $(4,\ -5)$ に移るから，求める放物線
の方程式は $y=(x-4)^2-5$
$\qquad\qquad(y=x^2-8x+11$ でもよい$)$

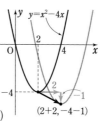

注意 一般に，関数 $y=f(x)$ のグラフを x 軸方向に p，y 軸方向に q だけ平行移動したグラフの方程式は
$$y-q=f(x-p)$$
←基本形に直す。

練習②76 (1) 2次関数 $y=x^2-8x-13$ のグラフをどのように平行移動すると，2次関数 $y=x^2+4x+3$ のグラフに重なるか。

(2) x 軸方向に -1，y 軸方向に 2 だけ平行移動すると，放物線 $y=x^2+3x+4$ に移されるような放物線の方程式を求めよ。

(1) $y=x^2-8x-13$ …… ①，$y=x^2+4x+3$ …… ② とする。

① を変形すると $y=(x-4)^2-29$ 頂点は 点 $(4,\ -29)$ ←$y=(x-4)^2-4^2-13$

② を変形すると $y=(x+2)^2-1$ 頂点は 点 $(-2,\ -1)$ ←$y=(x+2)^2-2^2+3$

①のグラフを x 軸方向に p，y 軸方向に q だけ平行移動したとき，②のグラフに重なるとすると
$$4+p=-2,\quad -29+q=-1$$
ゆえに $p=-6,\quad q=28$

よって，**x 軸方向に -6，y 軸方向に 28 だけ平行移動する** と重なる。

←頂点の座標の違いを見て，$-2-4=-6$，
$\quad -1-(-29)=28$
としてもよい。

(2) 求める放物線は，放物線 $y=x^2+3x+4$ を x 軸方向に 1，y 軸方向に -2 だけ平行移動したもので，その方程式は
$$y+2=(x-1)^2+3(x-1)+4$$
したがって $y=x^2+x$

←逆向きの平行移動を考える。
←$\begin{cases} x \longrightarrow x-1 \\ y \longrightarrow y-(-2) \end{cases}$
とおき換え。

別解 $y=x^2+3x+4=\left(x+\dfrac{3}{2}\right)^2+\dfrac{7}{4}$ 頂点は 点 $\left(-\dfrac{3}{2},\ \dfrac{7}{4}\right)$

←頂点の移動に着目する。

この点を x 軸方向に 1，y 軸方向に -2 だけ平行移動すると，
点 $\left(-\dfrac{1}{2},\ -\dfrac{1}{4}\right)$ に移るから，求める放物線の方程式は
$$y=\left(x+\dfrac{1}{2}\right)^2-\dfrac{1}{4}\quad(y=x^2+x\ でもよい)$$

←$\left(-\dfrac{3}{2}+1,\ \dfrac{7}{4}-2\right)$
から $\left(-\dfrac{1}{2},\ -\dfrac{1}{4}\right)$

練習①77 2次関数 $y=-x^2+4x-1$ のグラフを (1) x 軸 (2) y 軸 (3) 原点 のそれぞれに関して対称移動した曲線をグラフにもつ2次関数を求めよ。

(1) y を $-y$ におき換えて　　$-y=-x^2+4x-1$
　　よって　　$y=x^2-4x+1$

(2) x を $-x$ におき換えて　　$y=-(-x)^2+4(-x)-1$
　　よって　　$y=-x^2-4x-1$

(3) x を $-x$, y を $-y$ におき換えて　$-y=-(-x)^2+4(-x)-1$
　　よって　　$y=x^2+4x+1$

HINT 関数 $y=f(x)$ の
グラフを対称移動すると,
次のように移る。
x 軸対称 $\longrightarrow -y=f(x)$
y 軸対称 $\longrightarrow y=f(-x)$
原点対称 $\longrightarrow -y=f(-x)$

練習 ③**78** 放物線 $y=x^2$ を x 軸方向に p, y 軸方向に q だけ平行移動した後, x 軸に関して対称移動したところ, 放物線の方程式は $y=-x^2-3x+3$ となった。このとき, p, q の値を求めよ。　[中央大]

3章
練習
【2次関数】

放物線 $y=x^2$ を x 軸方向に p, y 軸方向に q だけ平行移動した
放物線の方程式は　　$y-q=(x-p)^2$　すなわち　　$y=(x-p)^2+q$
この放物線を x 軸に関して対称移動した放物線の方程式は
　　　　$-y=(x-p)^2+q$　　整理して　　$y=-x^2+2px-p^2-q$
これが $y=-x^2-3x+3$ と一致するから
　　　　　　$2p=-3$, $-p^2-q=3$
これを解いて　　$p=-\dfrac{3}{2}$, $q=-\dfrac{21}{4}$

$\leftarrow y=f(x)$ のグラフを x 軸に関して対称移動 $\longrightarrow y$ を $-y$ でおき換える。

別解　放物線 $y=x^2$ を x 軸方向に p, y 軸方向に q だけ平行移
　　動した放物線の方程式は　　$y-q=(x-p)^2$
　　すなわち　　$y=(x-p)^2+q$ …… ①
　　放物線 $y=-x^2-3x+3$ を x 軸に関して対称移動した放物線
　　の方程式は　　$-y=-x^2-3x+3$　すなわち　　$y=x^2+3x-3$
　　変形して　　$y=\left\{x-\left(-\dfrac{3}{2}\right)\right\}^2-\dfrac{21}{4}$ …… ②
　　① と ② が一致するから　　$p=-\dfrac{3}{2}$, $q=-\dfrac{21}{4}$

$\leftarrow$ 放物線
$y=-x^2-3x+3$ を x 軸
に関して対称移動した放
物線の頂点が, 放物線
$y=x^2$ を平行移動した放
物線の頂点と一致する。

練習 ①**79** 次の2次関数に最大値, 最小値があれば, それを求めよ。
(1) $y=x^2-2x-3$ (2) $y=-2x^2+3x-5$ (3) $y=-2x^2+6x+1$ (4) $y=3x^2-5x+8$

(1) $y=x^2-2x-3=(x^2-2x+1^2)-1^2-3$
　　　$=(x-1)^2-4$
よって, グラフは下に凸の放物線で, 頂点は 点 $(1, -4)$
ゆえに　　$x=1$ で最小値 -4, 最大値はない。

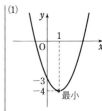

(1)

(2) $y=-2x^2+3x-5=-2\left(x^2-\dfrac{3}{2}x\right)-5$
　　　$=-2\left\{x^2-\dfrac{3}{2}x+\left(\dfrac{3}{4}\right)^2\right\}+2\cdot\left(\dfrac{3}{4}\right)^2-5$
　　　$=-2\left(x-\dfrac{3}{4}\right)^2-\dfrac{31}{8}$

よって, グラフは上に凸の放物線で, 頂点は 点 $\left(\dfrac{3}{4}, -\dfrac{31}{8}\right)$

ゆえに　　$x=\dfrac{3}{4}$ で最大値 $-\dfrac{31}{8}$, 最小値はない。

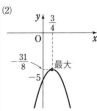

(2)

(3) $y=-2x^2+6x+1=-2(x^2-3x)+1$

$$=-2\left\{x^2-3x+\left(\frac{3}{2}\right)^2\right\}+2\cdot\left(\frac{3}{2}\right)^2+1=-2\left(x-\frac{3}{2}\right)^2+\frac{11}{2}$$

よって，グラフは上に凸の放物線で，頂点は 点$\left(\frac{3}{2},\ \frac{11}{2}\right)$

ゆえに　$x=\dfrac{3}{2}$ で最大値 $\dfrac{11}{2}$，最小値はない。

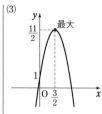
(3)

(4) $y=3x^2-5x+8=3\left(x^2-\frac{5}{3}x\right)+8$

$$=3\left\{x^2-\frac{5}{3}x+\left(\frac{5}{6}\right)^2\right\}-3\cdot\left(\frac{5}{6}\right)^2+8=3\left(x-\frac{5}{6}\right)^2+\frac{71}{12}$$

よって，グラフは下に凸の放物線で，頂点は 点$\left(\frac{5}{6},\ \frac{71}{12}\right)$

ゆえに　$x=\dfrac{5}{6}$ で最小値 $\dfrac{71}{12}$，最大値はない。

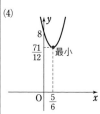
(4)

練習 ②80 次の関数に最大値，最小値があれば，それを求めよ。

(1) $y=2x^2+3x+1$ $\left(-\dfrac{1}{2}\leqq x<\dfrac{1}{2}\right)$　　　(2) $y=-\dfrac{1}{2}x^2+2x+\dfrac{3}{2}$ $(1\leqq x\leqq 5)$

(1) $y=2x^2+3x+1=2\left(x^2+\frac{3}{2}x\right)+1$

$$=2\left\{x^2+\frac{3}{2}x+\left(\frac{3}{4}\right)^2\right\}-2\cdot\left(\frac{3}{4}\right)^2+1$$

$$=2\left(x+\frac{3}{4}\right)^2-\frac{1}{8}$$

また　$x=-\dfrac{1}{2}$ のとき　$y=0$

　　　$x=\dfrac{1}{2}$ のとき　　$y=3$

よって，与えられた関数のグラフは図の実線部分である。

ゆえに　$x=-\dfrac{1}{2}$ で最小値 0，最大値はない。

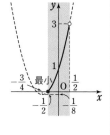

HINT 2次関数の最大・最小問題では 頂点(軸)と定義域の端の値に注目。

←軸 $x=-\dfrac{3}{4}$ は定義域の 左外 にある。なお，定義域の右端$\left(x=\dfrac{1}{2}\right)$ は定義域に 含まれない から最大値は ない。

(2) $y=-\dfrac{1}{2}x^2+2x+\dfrac{3}{2}$

$$=-\frac{1}{2}(x^2-4x)+\frac{3}{2}$$

$$=-\frac{1}{2}(x^2-4x+2^2)+\frac{1}{2}\cdot 2^2+\frac{3}{2}$$

$$=-\frac{1}{2}(x-2)^2+\frac{7}{2}$$

また　$x=1$ のとき　$y=3$

　　　$x=5$ のとき　$y=-1$

よって，与えられた関数のグラフは図の実線部分である。

ゆえに　$x=2$ で最大値 $\dfrac{7}{2}$，$x=5$ で最小値 -1

←軸 $x=2$ は定義域の 内部 にある。

練習
②81 a は正の定数とする。$0 \leq x \leq a$ における関数 $f(x) = x^2 - 2x - 3$ について，次の問いに答えよ。
(1) 最小値を求めよ。　　　　　　　　　(2) 最大値を求めよ。

$f(x) = x^2 - 2x - 3 = (x-1)^2 - 4$
$y = f(x)$ のグラフは下に凸の放物線で，軸　直線 $x=1$

←$f(x) = x^2 - 2x + 1^2$
　　　　　　　$-1^2 - 3$

(1) [1] $0 < a < 1$ のとき
図 [1] のように，軸 $x=1$ は区間の
右外にあるから，$x=a$ で最小とな
る。最小値は　　$f(a) = a^2 - 2a - 3$

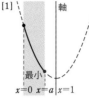

[2] $a \geq 1$ のとき
図 [2] のように，軸 $x=1$ は区間に
含まれるから，$x=1$ で最小となる。
最小値は　　$f(1) = -4$

[1]，[2] から
$$\begin{cases} 0 < a < 1 \text{ のとき} \\ \quad x=a \text{ で最小値 } a^2 - 2a - 3 \\ a \geq 1 \text{ のとき} \\ \quad x=1 \text{ で最小値 } -4 \end{cases}$$

←軸が $0 \leq x \leq a$ の範囲
に含まれるときと含まれ
ないときで場合分けをす
る。

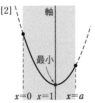

(2) 区間 $0 \leq x \leq a$ の中央の値は $\dfrac{a}{2}$ である。

[3] $0 < \dfrac{a}{2} < 1$ すなわち $0 < a < 2$
のとき
図 [3] のように，軸 $x=1$ は区間の
中央より右側にあるから，$x=0$ で
最大となる。
最大値は　　$f(0) = -3$

←区間 $0 \leq x \leq a$ の中央
$\dfrac{a}{2}$ と軸 $x=1$ の位置で
場合分けをする。

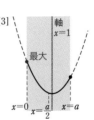

[4] $\dfrac{a}{2} = 1$ すなわち $a = 2$ のとき
図 [4] のように，軸 $x=1$ は区間の
中央と一致するから，$x=0, 2$ で最
大となる。
最大値は　　$f(0) = f(2) = -3$

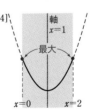

[5] $1 < \dfrac{a}{2}$ すなわち $a > 2$ のとき
図 [5] のように，軸 $x=1$ は区間の
中央より左側にあるから，$x=a$ で
最大となる。
最大値は　　$f(a) = a^2 - 2a - 3$

[3]～[5] から
$$\begin{cases} 0 < a < 2 \text{ のとき　} x=0 \text{ で最大値 } -3 \\ a = 2 \text{ のとき　} x=0, \ 2 \text{ で最大値 } -3 \\ a > 2 \text{ のとき　} x=a \text{ で最大値 } a^2 - 2a - 3 \end{cases}$$

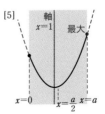

3章
練習
［2次関数］

検討 本冊 $p.138$, 139 例題 81 の最小値・最大値について

例題 81 で求めた $f(x)$ の最小値，最大値は，a の値によって変化することから，これらは a の関数であるといえる。そこで，$f(x)$ の最小値を $m(a)$，最大値を $M(a)$ とすると

$$m(a)=\begin{cases} a^2-4a+5 & (0<a<2) \\ 1 & (a\geqq 2) \end{cases}$$

$$M(a)=\begin{cases} 5 & (0<a\leqq 4) \\ a^2-4a+5 & (a>4) \end{cases}$$

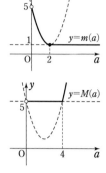

と表される。$a^2-4a+5=(a-2)^2+1$ に注意すると，$y=m(a)$ および $y=M(a)$ のグラフはそれぞれ右の図の実線部分のようになる。

このグラフから，最小値は a が大きくなるに従って徐々に小さくなるが，a が 2 より大きくなると最小値は一定であることがわかる。また，最大値は最初 a が大きくなっても一定のままであるが，a が 4 より大きくなると，a が大きくなるに従って最大値も大きくなることがわかる。

練習
③**82** a は定数とする。$-1\leqq x\leqq 1$ における関数 $f(x)=x^2+2(a-1)x$ について，次の問いに答えよ。
(1) 最小値を求めよ。　　　　(2) 最大値を求めよ。

$f(x)=x^2+2(a-1)x=\{x+(a-1)\}^2-(a-1)^2$
　　　　　　　　　　　　　　　　　　　　　　　　←まず，基本形に直す。
$y=f(x)$ のグラフは下に凸の放物線で，軸は　直線 $x=1-a$

(1) [1] $\underline{1-a<-1}$ すなわち $a>2$ の
とき
図 [1] のように，軸 $x=1-a$ は区間の左外にあるから，$x=-1$ で最小となる。最小値は

$$f(-1)=(-1)^2+2(a-1)\cdot(-1)$$
$$=-2a+3$$

←軸 $x=1-a$ が，区間 $-1\leqq x\leqq 1$ に含まれるときと含まれないとき，更に含まれないときは区間の左外か右外かで場合分けをする。

[2] $\underline{-1\leqq 1-a\leqq 1}$ すなわち
$0\leqq a\leqq 2$ のとき
図 [2] のように，軸 $x=1-a$ は区間に含まれるから，$x=1-a$ で最小となる。
最小値は　　$f(1-a)=-(a-1)^2$

←頂点の y 座標。

[3] $\underline{1-a>1}$ すなわち $a<0$ のとき
図 [3] のように，軸 $x=1-a$ は区間の右外にあるから，$x=1$ で最小となる。
最小値は

$$f(1)=1^2+2(a-1)\cdot 1$$
$$=2a-1$$

以上から

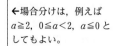

$$\begin{cases} a>2 \text{ のとき} & x=-1 \text{ で最小値 } -2a+3 \\ 0\leqq a\leqq 2 \text{ のとき} & x=1-a \text{ で最小値 } -(a-1)^2 \\ a<0 \text{ のとき} & x=1 \text{ で最小値 } 2a-1 \end{cases}$$

←場合分けは，例えば $a\geqq 2$, $0\leqq a<2$, $a\leqq 0$ としてもよい。

(2) 区間 $-1 \leqq x \leqq 1$ の中央の値は 0

 [4] $1-a<0$ すなわち $a>1$ のとき
  図 [4] のように, 軸 $x=1-a$ は区間の
  中央より左側にあるから, $x=1$ で最
  大となる。
  最大値は $f(1)=2a-1$

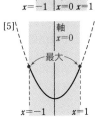

 [5] $1-a=0$ すなわち $a=1$ のとき
  図 [5] のように, 軸 $x=1-a$ は区間の
  中央と一致するから, $x=-1$, 1 で最
  大となる。
  最大値は $f(-1)=f(1)=1$

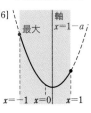

 [6] $1-a>0$ すなわち $a<1$ のとき
  図 [6] のように, 軸 $x=1-a$ は区間の
  中央より右側にあるから, $x=-1$ で
  最大となる。
  最大値は $f(-1)=-2a+3$

以上から

$$\begin{cases} a>1 \text{ のとき} & x=1 & \text{で最大値 } 2a-1 \\ a=1 \text{ のとき} & x=-1,\ 1 & \text{で最大値 } 1 \\ a<1 \text{ のとき} & x=-1 & \text{で最大値 } -2a+3 \end{cases}$$

←軸 $x=1-a$ が, 区間
$-1 \leqq x \leqq 1$ の中央 0 に対
し左右どちらにあるかで
場合分けをする。

3章
練習
[2次関数]

練習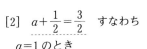
③83

 a は定数とする。$a \leqq x \leqq a+1$ における関数 $f(x)=-2x^2+6x+1$ について, 次の問いに答えよ。
 (1) 最小値を求めよ。   (2) 最大値を求めよ。

関数の式を変形すると $f(x)=-2\left(x-\dfrac{3}{2}\right)^2+\dfrac{11}{2}$

$y=f(x)$ のグラフは上に凸の放物線で, 軸は 直線 $x=\dfrac{3}{2}$

(1) 区間 $a \leqq x \leqq a+1$ の中央の値は $a+\dfrac{1}{2}$

 [1] $a+\dfrac{1}{2}<\dfrac{3}{2}$ すなわち
  $a<1$ のとき
  図 [1] から, $x=a$ で最小となる。
  最小値は $f(a)=-2a^2+6a+1$

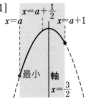

 [2] $a+\dfrac{1}{2}=\dfrac{3}{2}$ すなわち
  $a=1$ のとき
  図 [2] から, $x=1$, 2 のとき最小と
  なる。
  最小値は $f(1)=f(2)=5$

HINT x^2 の係数が負で
あるから, $y=f(x)$ のグ
ラフは上に凸の放物線で
ある。したがって, 本冊
$p.142$ 例題 **83** とは場合
分けの方針が逆になるこ
とに注意。

←軸が区間の中央
$x=a+\dfrac{1}{2}$ より右にある
ので, $x=a$ の方が軸か
ら遠い。
よって $f(a)<f(a+1)$

←軸が区間の中央
$x=a+\dfrac{1}{2}$ に一致するか
ら, 軸と $x=a$, $a+1$ と
の距離が等しい。
よって $f(a)=f(a+1)$

[3]　$a+\dfrac{1}{2}>\dfrac{3}{2}$　すなわち

　　$a>1$ のとき

　　図 [3] から，$x=a+1$ で最小となる。

　　最小値は

$$f(a+1)=-2(a+1)^2+6(a+1)+1$$
$$=-2a^2+2a+5$$

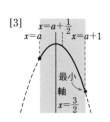

←軸が区間の中央
$x=a+\dfrac{1}{2}$ より左にある
ので，$x=a+1$ の方が軸
から遠い。
よって　$f(a)>f(a+1)$

以上から

$$\begin{cases} a<1 \text{ のとき}　x=a　\text{で最小値} -2a^2+6a+1 \\ a=1 \text{ のとき}　x=1,\ 2 \text{ で最小値 } 5 \\ a>1 \text{ のとき}　x=a+1 \text{ で最小値} -2a^2+2a+5 \end{cases}$$

(2)　軸 $x=\dfrac{3}{2}$ が $a\leqq x\leqq a+1$ の範囲に含まれるかどうかを考える。

[4]　$a+1<\dfrac{3}{2}$　すなわち

　　$a<\dfrac{1}{2}$ のとき

　　図 [4] から，$x=a+1$ で最大となる。

　　最大値は

$$f(a+1)=-2a^2+2a+5$$

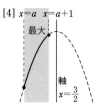

←軸が区間の右外にある
から，区間の右端で最大
となる。

[5]　$a\leqq\dfrac{3}{2}\leqq a+1$　すなわち

　　$\dfrac{1}{2}\leqq a\leqq\dfrac{3}{2}$ のとき

　　図 [5] から，$x=\dfrac{3}{2}$ で最大となる。

　　最大値は　　$f\left(\dfrac{3}{2}\right)=\dfrac{11}{2}$

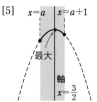

←軸が区間内にあるから，
頂点で最大となる。

[6]　$\dfrac{3}{2}<a$　すなわち　$a>\dfrac{3}{2}$ のとき

　　図 [6] から，$x=a$ で最大となる。

　　最大値は　　$f(a)=-2a^2+6a+1$

←軸が区間の左外にある
から，区間の左端で最大
となる。

以上から

$$\begin{cases} a<\dfrac{1}{2} \text{ のとき}　　　x=a+1 \text{ で最大値} -2a^2+2a+5 \\ \dfrac{1}{2}\leqq a\leqq\dfrac{3}{2} \text{ のとき}　x=\dfrac{3}{2}　\text{で最大値} \dfrac{11}{2} \\ a>\dfrac{3}{2} \text{ のとき}　　　x=a　\text{で最大値} -2a^2+6a+1 \end{cases}$$

練習 ③**84**　a は定数とし，x の 2 次関数 $y=-2x^2+2ax-a$ の最大値を M とする。
　(1)　M を a の式で表せ。
　(2)　a の関数 M の最小値と，そのときの a の値を求めよ。

(1) $y=-2x^2+2ax-a=-2(x^2-ax)-a$

$\quad\quad =-2\left\{x^2-2\cdot\dfrac{a}{2}x+\left(\dfrac{a}{2}\right)^2\right\}+2\cdot\left(\dfrac{a}{2}\right)^2-a$

$\quad\quad =-2\left(x-\dfrac{a}{2}\right)^2+\dfrac{1}{2}a^2-a$

よって，y は $x=\dfrac{a}{2}$ で最大値 $M=\dfrac{1}{2}a^2-a$ をとる。

← 平方完成して基本形に直す

←上に凸 → 頂点で最大。

(2) $M=\dfrac{1}{2}a^2-a=\dfrac{1}{2}(a^2-2a)$

$\quad\quad =\dfrac{1}{2}(a^2-2a+1^2)-\dfrac{1}{2}\cdot1^2=\dfrac{1}{2}(a-1)^2-\dfrac{1}{2}$

よって，a の関数 M は $a=1$ で最小値 $-\dfrac{1}{2}$ をとる。

←最大値 M は a の2次式 → 基本形に直す。

3章
練習
［2次関数］

練習
③**85**　(1) 2次関数 $y=x^2-x+k+1$ の $-1\le x\le1$ における最大値が 6 であるとき，定数 k の値を求めよ。
　(2) 関数 $y=-x^2+2ax-a^2-2a-1$ $(-1\le x\le0)$ の最大値が 0 になるような定数 a の値を求めよ。

(1) $y=x^2-x+k+1$

$\quad\quad =x^2-x+\left(\dfrac{1}{2}\right)^2-\left(\dfrac{1}{2}\right)^2+k+1$

$\quad\quad =\left(x-\dfrac{1}{2}\right)^2+k+\dfrac{3}{4}$

ゆえに，$-1\le x\le1$ の範囲において，
右の図から，y は $x=-1$ で最大値
$k+3$ をとる。

よって　$k+3=6$　　したがって　$k=3$

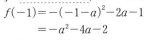

←基本形に直す。

←軸 $x=\dfrac{1}{2}$ より遠い
$x=-1$ で最大となる。

(2) $y=-x^2+2ax-a^2-2a-1=-(x^2-2ax+a^2)-2a-1$

$\quad\quad =-(x-a)^2-2a-1$

$f(x)=-(x-a)^2-2a-1$ とすると，$y=f(x)$ のグラフは上に
凸の放物線で，軸は直線 $x=a$，頂点は点 $(a,\ -2a-1)$ である。

[1]　$a<-1$ のとき，$x=-1$ で最大値

$\quad f(-1)=-(-1-a)^2-2a-1$

$\quad\quad\quad\quad =-a^2-4a-2$

をとる。$-a^2-4a-2=0$ とすると

$\quad\quad\quad a^2+4a+2=0$

ゆえに $a=-2\pm\sqrt{2^2-1\cdot2}=-2\pm\sqrt{2}$

$a<-1$ を満たすものは　$a=-2-\sqrt{2}$

←軸が区間の左外にある場合。

←$1<\sqrt{2}<2$ であるから
$-1<-2+\sqrt{2}<0$

[2]　$-1\le a\le0$ のとき，$x=a$ で最大値

$\quad f(a)=-2a-1$　をとる。

$-2a-1=0$ とすると　　$a=-\dfrac{1}{2}$

これは $-1\le a\le0$ を満たす。

←軸が区間内にある場合。

[3]　$0<a$ のとき，$x=0$ で最大値

$\quad f(0)=-a^2-2a-1$　をとる。

$-a^2-2a-1=0$ とすると　　$(a+1)^2=0$

←軸が区間の右外にある場合。

よって　　$a=-1$　　　これは $0<a$ を満たさない。

以上から，求める a の値は　　$a=-2-\sqrt{2}$，$-\dfrac{1}{2}$

練習
③**86** 定義域を $-1\leqq x\leqq 2$ とする関数 $f(x)=ax^2+4ax+b$ の最大値が5，最小値が1のとき，定数 a，b の値を求めよ。　　　　　　　　　　　　　　　　　　［類 東北学院大］

関数の式を変形すると　　$f(x)=a(x+2)^2-4a+b$

[1] $\underline{a=0\text{ のとき}}$，$f(x)=b$ となり，条件を満たさない。

[2] $\underline{a>0\text{ のとき}}$，$y=f(x)$ のグラフは下に凸の放物線となるから，$-1\leqq x\leqq 2$ の範囲で $f(x)$ は

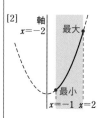

$\qquad x=2$ で最大値 $f(2)=12a+b$，
$\qquad x=-1$ で最小値 $f(-1)=-3a+b$

をとる。

よって　　$12a+b=5$，$-3a+b=1$

これを解いて　　$a=\dfrac{4}{15}$，$b=\dfrac{9}{5}$

これは $a>0$ を満たす。

←この確認を忘れずに。

[3] $\underline{a<0\text{ のとき}}$，$y=f(x)$ のグラフは上に凸の放物線となるから，$-1\leqq x\leqq 2$ の範囲で $f(x)$ は

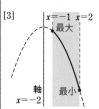

$\qquad x=-1$ で最大値 $f(-1)=-3a+b$，
$\qquad x=2$ で最小値 $f(2)=12a+b$

をとる。

よって　　$-3a+b=5$，$12a+b=1$

これを解いて　　$a=-\dfrac{4}{15}$，$b=\dfrac{21}{5}$

これは $a<0$ を満たす。

←この確認を忘れずに。

以上から　　$a=\dfrac{4}{15}$，$b=\dfrac{9}{5}$ または $a=-\dfrac{4}{15}$，$b=\dfrac{21}{5}$

練習
②**87** 長さ6の線分 AB 上に，2点 C，D を AC=BD となるようにとる。ただし，$0<AC<3$ とする。線分 AC，CD，DB をそれぞれ直径とする3つの円の面積の和 S の最小値と，そのときの線分 AC の長さを求めよ。

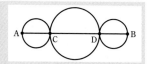

線分 AC を直径とする円の半径を x とすると

$\qquad AC=BD=2x$，$CD=6-2\times 2x=2(3-2x)$

$0<AC<3$ であるから　　$0<2x<3$

よって　　$0<x<\dfrac{3}{2}$ …… ①

また，S を x で表すと

$\qquad S=\pi x^2+\pi(3-2x)^2+\pi x^2$
$\qquad\quad =3\pi(2x^2-4x+3)$
$\qquad\quad =6\pi(x-1)^2+3\pi$

① の範囲において，S は $x=1$ のとき最小となる。

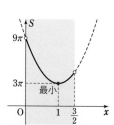

←題意を式に表しやすいように変数を選ぶ。なお，線分 AC の長さを x とおいてもよいが，円の面積を表すときに分数が出てくるので，処理が煩わしくなる。

←基本形に直して，グラフをかく。

←変数の変域に注意して最小値を求める。

このとき   AC＝2×1＝2

したがって，S は $AC=2$ のとき最小値 3π をとる。

練習
②88 ∠B＝90°，AB＝5，BC＝10 の △ABC がある。いま，点 P が頂点 B から出発して辺 AB 上を毎分 1 の速さで A まで進む。また，点 Q は P と同時に頂点 C から出発して辺 BC 上を毎分 2 の速さで B まで進む。このとき，2 点 P，Q 間の距離が最小になるときの P，Q 間の距離を求めよ。

> [HINT] 出発して t 分後の距離 PQ について，PQ^2 を t の 2 次式で表す。三平方の定理を利用。

出発して t 分後において
$$BP=t,\quad CQ=2t$$
よって $BQ=10-2t$

ここで，$0 \leqq t \leqq 5$，$0 \leqq 2t \leqq 10$ であるから $0 \leqq t \leqq 5$ …… ①

よって
$$\begin{aligned}
PQ^2 &= BP^2+BQ^2 \\
&= t^2+(10-2t)^2 \\
&= 5t^2-40t+100 \\
&= 5(t-4)^2+20
\end{aligned}$$

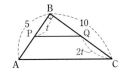

←$0 \leqq BP \leqq BA$
　$0 \leqq CQ \leqq CB$

←三平方の定理

←$5t^2-40t+100$
$=5(t^2-8t)+100$
$=5(t-4)^2-5 \cdot 4^2+100$

ゆえに，① の範囲において，PQ^2 は $t=4$ のとき最小値 20 をとる。

PQ≧0 であるから，PQ^2 が最小になるとき，PQ も最小となる。

←この断りは重要。

よって，求める P，Q 間の距離は $\sqrt{20}=2\sqrt{5}$

練習
③89 (1) $3x-y=2$ のとき，$2x^2-y^2$ の最大値を求めよ。
(2) $x \geqq 0$，$y \geqq 0$，$x+2y=1$ のとき，x^2+y^2 の最大値と最小値を求めよ。

(1) $3x-y=2$ から $y=3x-2$ …… ①

ゆえに
$$\begin{aligned}
2x^2-y^2 &= 2x^2-(3x-2)^2 \\
&= -7x^2+12x-4 \\
&= -7\left\{x^2-\frac{12}{7}x+\left(\frac{6}{7}\right)^2\right\}+7 \cdot \left(\frac{6}{7}\right)^2-4 \\
&= -7\left(x-\frac{6}{7}\right)^2+\frac{8}{7}
\end{aligned}$$

したがって，$x=\dfrac{6}{7}$ で最大値 $\dfrac{8}{7}$ をとる。

このとき，① から $y=3 \cdot \dfrac{6}{7}-2=\dfrac{4}{7}$

よって $(x,\ y)=\left(\dfrac{6}{7},\ \dfrac{4}{7}\right)$ のとき最大値 $\dfrac{8}{7}$

←計算がらくになるように y を消去する。

$t=-7x^2+12x-4$ とおくと，この関数のグラフは次のようになる。

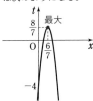

(2) $x+2y=1$ から $x=-2y+1$ …… ①

$x \geqq 0$ であるから $-2y+1 \geqq 0$

ゆえに $y \leqq \dfrac{1}{2}$

$y \geqq 0$ との共通範囲は $0 \leqq y \leqq \dfrac{1}{2}$ …… ②

←$y=\dfrac{1}{2}(1-x)$ とすると分数が出てくるから，x^2+y^2 を y の関数で表す方がらく。

$x^2+y^2=t$ とおくと

$$t=(-2y+1)^2+y^2=5y^2-4y+1$$

$$=5\left(y-\frac{2}{5}\right)^2+\frac{1}{5}$$

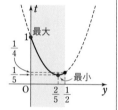

②の範囲において、t は $y=0$ で最大値

1 をとり、$y=\dfrac{2}{5}$ で最小値 $\dfrac{1}{5}$ をとる。

←軸は、区間②の右半分にある。

①から

$$y=0 \text{ のとき } x=1 ; y=\frac{2}{5} \text{ のとき } x=-2\cdot\frac{2}{5}+1=\frac{1}{5}$$

したがって $(\boldsymbol{x},\ \boldsymbol{y})=(1,\ 0)$ のとき最大値 1,

$$(\boldsymbol{x},\ \boldsymbol{y})=\left(\frac{1}{5},\ \frac{2}{5}\right) \text{ のとき最小値 } \frac{1}{5}$$

←$(x,\ y)$ の値を x^2+y^2 に代入して検算してみるとよい。

練習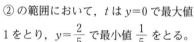
④90 (1) $x,\ y$ の関数 $P=2x^2+y^2-4x+10y-2$ の最小値を求めよ。
(2) $x,\ y$ の関数 $Q=x^2-6xy+10y^2-2x+2y+2$ の最小値を求めよ。
なお、(1)、(2)では、最小値をとるときの $x,\ y$ の値も示せ。

(1) $P=2x^2-4x+y^2+10y-2$

$\qquad =2(x-1)^2-2\cdot1^2+y^2+10y-2$ ←x について基本形に。

$\qquad =2(x-1)^2+(y+5)^2-5^2-4$ ←y について基本形に。

$\qquad =2(x-1)^2+(y+5)^2-29$

$x,\ y$ は実数であるから $(x-1)^2\geqq0,\ (y+5)^2\geqq0$ ←(実数)$^2\geqq0$

よって、P は $x-1=0,\ y+5=0$ のとき最小となる。

ゆえに $\boldsymbol{x=1},\ \boldsymbol{y=-5}$ のとき最小値 $\boldsymbol{-29}$

(2) $Q=x^2-2(3y+1)x+10y^2+2y+2$ ←x について整理。

$\qquad =\{x-(3y+1)\}^2-(3y+1)^2+10y^2+2y+2$ ←x について基本形に。

$\qquad =\{x-(3y+1)\}^2+y^2-4y+1$

$\qquad =\{x-(3y+1)\}^2+(y-2)^2-2^2+1$ ←y について基本形に。

$\qquad =\{x-(3y+1)\}^2+(y-2)^2-3$

$x,\ y$ は実数であるから $\{x-(3y+1)\}^2\geqq0,\ (y-2)^2\geqq0$ ←$x-(3y+1)$ も実数。

よって、Q は $x-(3y+1)=0,\ y-2=0$ のとき最小となる。

$x-(3y+1)=0,\ y-2=0$ を解くと $x=7,\ y=2$

ゆえに $\boldsymbol{x=7},\ \boldsymbol{y=2}$ のとき最小値 $\boldsymbol{-3}$

練習 次の関数の最大値、最小値を求めよ。
④91 (1) $y=-2x^4-8x^2$ (2) $y=(x^2-6x)^2+12(x^2-6x)+30$ $(1\leqq x\leqq5)$

(1) $x^2=t$ とおくと $t\geqq0$ ←おき換えを利用。
(実数)$^2\geqq0$

y を t の式で表すと

$$y=-2t^2-8t=-2(t+2)^2+8$$

←$y=-2(x^2)^2-8x^2$
t の 2 次式 → 基本形に。

$t\geqq0$ の範囲において、y は $t=0$ のとき

最大となり、最小値はない。

よって

$\boldsymbol{x=0}$ のとき最大値 $\boldsymbol{0}$、最小値はない。

←$t=0$ すなわち $x^2=0$
を解くと $x=0$

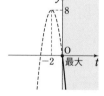

(2) $x^2-6x=t$ とおくと
$$t=(x-3)^2-9$$
$1 \le x \le 5$ であるから
$$-9 \le t \le -5 \quad \cdots\cdots ①$$
y を t の式で表すと
$$y=t^2+12t+30=(t+6)^2-6$$
① の範囲において，y は $t=-9$ で最大
値 3，$t=-6$ で最小値 -6 をとる。
$t=-9$ のとき $(x-3)^2-9=-9$
ゆえに $(x-3)^2=0$ よって $x=3$
$t=-6$ のとき $(x-3)^2-9=-6$
ゆえに $(x-3)^2=3$ よって $x=3\pm\sqrt{3}$
以上から **$x=3$ のとき最大値 3,**
　　　　　$x=3\pm\sqrt{3}$ のとき最小値 -6

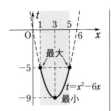

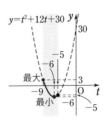

← $t=x^2-6x$ $(1 \le x \le 5)$ のグラフから t の変域を判断。

← $x^2-6x=-9$ を解いてもよい。

← $(x-3)^2=3$ から
$x-3=\pm\sqrt{3}$

なお，$x=3$，$3\pm\sqrt{3}$ は
$1 \le x \le 5$ の範囲内にある。

練習 ②92 2次関数のグラフが次の条件を満たすとき，その2次関数を求めよ。
(1) 頂点が点 $\left(-\dfrac{3}{2}, -\dfrac{1}{2}\right)$ で，点 $(0, -5)$ を通る。
(2) 軸が直線 $x=-3$ で，2点 $(-6, -8)$，$(1, -22)$ を通る。

(1) 頂点が点 $\left(-\dfrac{3}{2}, -\dfrac{1}{2}\right)$ であるから，求める2次関数は
$$y=a\left(x+\dfrac{3}{2}\right)^2-\dfrac{1}{2} \text{ と表される。}$$
このグラフが点 $(0, -5)$ を通るから $-5=a\left(0+\dfrac{3}{2}\right)^2-\dfrac{1}{2}$
すなわち $-5=\dfrac{9}{4}a-\dfrac{1}{2}$ これを解いて $a=-2$
よって $\boldsymbol{y=-2\left(x+\dfrac{3}{2}\right)^2-\dfrac{1}{2}}$
$(y=-2x^2-6x-5$ でもよい$)$

(2) 軸が直線 $x=-3$ であるから，求める2次関数は
$$y=a(x+3)^2+q$$
と表される。
このグラフが2点 $(-6, -8)$，$(1, -22)$ を通るから
$$-8=a(-3)^2+q, \quad -22=a\cdot4^2+q$$
すなわち $9a+q=-8$，$16a+q=-22$
これを解いて $a=-2$，$q=10$
よって $\boldsymbol{y=-2(x+3)^2+10}$ $(y=-2x^2-12x-8$ でもよい$)$

HINT 頂点や軸が与えられた場合は，基本形からスタート。

←関数 $y=f(x)$ のグラフが点 (s, t) を通る。
$\Leftrightarrow t=f(s)$

⚡ 2次関数の決定
頂点や軸があれば
基本形で

練習 ②93 2次関数のグラフが次の条件を満たすとき，その2次関数を求めよ。
(1) 3点 $(1, 8)$，$(-2, 2)$，$(-3, 4)$ を通る。
(2) x 軸と2点 $(-1, 0)$，$(2, 0)$ で交わり，点 $(3, 12)$ を通る。

(1) 求める2次関数を $y=ax^2+bx+c$ とする。
このグラフが3点 $(1, 8)$，$(-2, 2)$，$(-3, 4)$ を通るから

⚡ 2次関数の決定
3点通過なら 一般形 で

$$\begin{cases} a+b+c=8 & \cdots\cdots ① \\ 4a-2b+c=2 & \cdots\cdots ② \\ 9a-3b+c=4 & \cdots\cdots ③ \end{cases}$$

②−① から　$3a-3b=-6$　すなわち　$a-b=-2$ …… ④

③−② から　$5a-b=2$ …… ⑤

⑤−④ から　$4a=4$　　　　ゆえに　$a=1$

このとき，④ から　$b=3$　更に，① から　$c=4$

したがって　　$y=x^2+3x+4$

←①～③ の式を見ると，c の係数がすべて 1 であるから，まず c を消去することを考える。

←a, b の連立方程式 ④, ⑤ を解く。

←④ から　$b=a+2$

① から　$c=8-a-b$

(2)　x 軸と 2 点 $(-1, 0)$, $(2, 0)$ で交わるから，求める 2 次関数は $y=a(x+1)(x-2)$ と表される。

このグラフが点 $(3, 12)$ を通るから　$12=a(3+1)(3-2)$

すなわち　$4a=12$　　ゆえに　　$a=3$

よって　　$y=3(x+1)(x-2)$　$(y=3x^2-3x-6$ でもよい$)$

⑦　2 次関数の決定

x 軸と 2 点で交わるなら 分解形 で

別解　求める 2 次関数を $y=ax^2+bx+c$ とする。

このグラフが 3 点 $(-1, 0)$, $(2, 0)$, $(3, 12)$ を通るから

$$\begin{cases} a-b+c=0 \\ 4a+2b+c=0 \\ 9a+3b+c=12 \end{cases} \quad これを解くと \quad \begin{cases} a=3 \\ b=-3 \\ c=-6 \end{cases}$$

よって　　$y=3x^2-3x-6$

←(第 2 式)−(第 1 式)，(第 3 式)−(第 1 式) からそれぞれ c を消去すると $a+b=0$, $2a+b=3$

練習 ③94　2 次関数のグラフが次の条件を満たすとき，その 2 次関数を求めよ。
(1)　頂点が点 $(p, 3)$ で，2 点 $(-1, 11)$, $(2, 5)$ を通る。
(2)　放物線 $y=x^2-3x+4$ を平行移動したもので，点 $(2, 4)$ を通り，その頂点が直線 $y=2x+1$ 上にある。

(1)　頂点が点 $(p, 3)$ であるから，求める 2 次関数は
$$y=a(x-p)^2+3 \quad と表される。$$

このグラフが 2 点 $(-1, 11)$, $(2, 5)$ を通るから

$a(-1-p)^2+3=11$　すなわち　$a(p+1)^2=8$ …… ①

$a(2-p)^2+3=5$　　すなわち　$a(p-2)^2=2$ …… ②

① と ②×4 から　　$a(p+1)^2=4a(p-2)^2$

$a\neq0$ であるから　　$(p+1)^2=4(p-2)^2$

ゆえに　　$p^2-6p+5=0$　　よって　　$(p-1)(p-5)=0$

これを解いて　　$p=1, 5$

① から　　$p=1$ のとき　$a=2$，　$p=5$ のとき　$a=\dfrac{2}{9}$

したがって　　$y=2(x-1)^2+3$, $y=\dfrac{2}{9}(x-5)^2+3$

$\left(y=2x^2-4x+5, y=\dfrac{2}{9}x^2-\dfrac{20}{9}x+\dfrac{77}{9}\ でもよい\right)$

⑦　2 次関数の決定

頂点や軸があれば 基本形 で

←(両辺)÷a

なお，文字で割るときには，文字が 0 でないことの確認が必要。

←p の値によって答えは 2 通り。

(2)　放物線 $y=x^2-3x+4$ を平行移動したもので，頂点が直線 $y=2x+1$ 上にあるから，頂点の座標を $(p, 2p+1)$ とすると，求める 2 次関数は $y=(x-p)^2+2p+1$ と表される。

このグラフが点 $(2, 4)$ を通るから　$(2-p)^2+2p+1=4$

←頂点が直線 $y=2x+1$ 上にある $\Longrightarrow$ 頂点は点 $(p, 2p+1)$ と表される。

整理すると $\quad(p-1)^2=0\qquad$ よって $\qquad p=1$

したがって $\quad \boldsymbol{y=(x-1)^2+3}\quad(y=x^2-2x+4$ でもよい$)$

練習 ①95 次の2次方程式を解け。

(1) $2x(2x+1)=x(x+1)$　(2) $6x^2-x-1=0$　(3) $4x^2-12x+9=0$

(4) $5x=3(1-x^2)$　(5) $12x^2+7x-12=0$　(6) $x^2+14x-67=0$

(1) 与式を展開して整理すると $\quad 3x^2+x=0$

ゆえに $\quad x(3x+1)=0\qquad$ よって $\qquad \boldsymbol{x=0,\ -\dfrac{1}{3}}$

← 与式の両辺を共通因数の x で割るのは誤り。

(2) 左辺を因数分解して $\quad(2x-1)(3x+1)=0$

ゆえに $\quad 2x-1=0$ または $3x+1=0$

よって $\quad \boldsymbol{x=\dfrac{1}{2},\ -\dfrac{1}{3}}$

←
$$\begin{array}{ccc} 2 & -1 & \to -3 \\ 3 & 1 & \to 2 \\ \hline 6 & -1 & -1 \end{array}$$

(3) 左辺を因数分解して $\quad(2x-3)^2=0$

ゆえに $\quad 2x-3=0\qquad$ よって $\qquad \boldsymbol{x=\dfrac{3}{2}}$

←重解の場合。

(4) 与式を整理すると $\quad 3x^2+5x-3=0$

解の公式により $\quad x=\dfrac{-5\pm\sqrt{5^2-4\cdot3\cdot(-3)}}{2\cdot3}=\dfrac{-5\pm\sqrt{61}}{6}$

←左辺は因数分解できないから，解の公式を使って解く。

(5) 左辺を因数分解して $\quad(3x+4)(4x-3)=0$

ゆえに $\quad 3x+4=0$ または $4x-3=0$

よって $\quad \boldsymbol{x=-\dfrac{4}{3},\ \dfrac{3}{4}}$

←
$$\begin{array}{ccc} 3 & 4 & \to 16 \\ 4 & -3 & \to -9 \\ \hline 12 & -12 & 7 \end{array}$$

(6) 与式は $\quad x^2+2\cdot7x-67=0$

解の公式により $\quad x=\dfrac{-7\pm\sqrt{7^2-1\cdot(-67)}}{1}=-7\pm\sqrt{116}$

$\qquad\qquad\qquad\quad =\boldsymbol{-7\pm2\sqrt{29}}$

←x の係数 $14=2\cdot7$ よって，$b=2b'$ の場合の解の公式を利用。

←$\sqrt{116}=\sqrt{2^2\cdot29}$

練習 ③96 次の方程式を解け。

(1) $\dfrac{x^2}{15}-\dfrac{x}{3}=\dfrac{1}{5}(x+1)$　(2) $-\sqrt{3}\,x^2-2x+5\sqrt{3}=0$

(3) $4(x-2)^2+10(x-2)+5=0$　(4) $x^2-3x-|x-2|-2=0$

(1) 両辺に 15 を掛けて $\quad x^2-5x=3(x+1)$

整理すると $\quad x^2-8x-3=0$

よって $\quad \boldsymbol{x=\dfrac{-(-4)\pm\sqrt{(-4)^2-1\cdot(-3)}}{1}=4\pm\sqrt{19}}$

←まず，分母を払い，係数を整数に。なお，分母の最小公倍数は 15

(2) 両辺に $-\sqrt{3}$ を掛けて $\quad 3x^2+2\sqrt{3}\,x-15=0$

よって $\quad x=\dfrac{-\sqrt{3}\pm\sqrt{(\sqrt{3})^2-3\cdot(-15)}}{3}=\dfrac{-\sqrt{3}\pm4\sqrt{3}}{3}$

したがって $\quad \boldsymbol{x=\sqrt{3},\ -\dfrac{5\sqrt{3}}{3}}$

←x^2 の係数だけでも正の整数にすると扱いやすくなる。

別解 両辺に -1 を掛けて $\quad \sqrt{3}\,x^2+2x-5\sqrt{3}=0$

左辺を因数分解して $\quad(x-\sqrt{3})(\sqrt{3}\,x+5)=0$

よって $x=\sqrt{3},\ -\dfrac{5}{\sqrt{3}}\qquad$ すなわち $\quad \boldsymbol{x=\sqrt{3},\ -\dfrac{5\sqrt{3}}{3}}$

←
$$\begin{array}{ccc} 1 & -\sqrt{3} & \to -3 \\ \sqrt{3} & 5 & \to 5 \\ \hline \sqrt{3} & -5\sqrt{3} & 2 \end{array}$$

(3) $x-2=X$ とおくと $4X^2+10X+5=0$

←おき換えを利用。

ゆえに $X=\dfrac{-5\pm\sqrt{5^2-4\cdot5}}{4}=\dfrac{-5\pm\sqrt{5}}{4}$

よって $x=X+2=\dfrac{-5\pm\sqrt{5}}{4}+2=\dfrac{3\pm\sqrt{5}}{4}$

(4) [1] $x\geqq2$ のとき,方程式は
$$x^2-3x-(x-2)-2=0$$

←$x-2\geqq0$ であるから $|x-2|=x-2$

ゆえに $x^2-4x=0$ よって $x(x-4)=0$

ゆえに $x=0,\ 4$

$x\geqq2$ を満たすものは $x=4$

←この確認を忘れずに。

[2] $x<2$ のとき,方程式は
$$x^2-3x+(x-2)-2=0$$

←$x-2<0$ であるから $|x-2|=-(x-2)$

ゆえに $x^2-2x-4=0$

よって $x=-(-1)\pm\sqrt{(-1)^2-1\cdot(-4)}=1\pm\sqrt{5}$

$x<2$ を満たすものは $x=1-\sqrt{5}$

←この確認を忘れずに。

[1],[2] から,求める解は $\boldsymbol{x=4,\ 1-\sqrt{5}}$

←解をまとめておく。

練習 ③97
(1) 2次方程式 $3x^2+mx+n=0$ の解が 2 と $-\dfrac{1}{3}$ であるとき,定数 $m,\ n$ の値を求めよ。

(2) $x=2$ が2次方程式 $mx^2-2x+3m^2=0$ の解であるとき,定数 m の値を求めよ。また,そのときの他の解を求めよ。

(1) $x=2$ と $x=-\dfrac{1}{3}$ が解であるから
$$3\cdot2^2+m\cdot2+n=0,\ 3\left(-\dfrac{1}{3}\right)^2+m\left(-\dfrac{1}{3}\right)+n=0$$

整理して $2m+n+12=0$ …… ①, $m-3n-1=0$ …… ②

①×3+② から $7m+35=0$ よって $\boldsymbol{m=-5}$

① に代入して $-10+n+12=0$ よって $\boldsymbol{n=-2}$

⊘ $x=\alpha$ が2次方程式の解 ⟶ 2次方程式に $x=\alpha$ を代入した等式が成り立つ。

(2) $x=2$ が方程式の解であるから
$$m\cdot2^2-2\cdot2+3m^2=0\ \text{すなわち}\ 3m^2+4m-4=0$$

ゆえに $(m+2)(3m-2)=0$ よって $m=-2,\ \dfrac{2}{3}$

←これらは $m\neq0$ を満たす。よって,$m=-2,\ \dfrac{2}{3}$ で場合分け。

[1] $m=-2$ のとき,方程式は
$$-2x^2-2x+12=0\ \text{すなわち}\ x^2+x-6=0$$

ゆえに $(x-2)(x+3)=0$ よって $x=2,\ -3$

したがって,他の解は $x=-3$

[2] $m=\dfrac{2}{3}$ のとき,方程式は $\dfrac{2}{3}x^2-2x+\dfrac{4}{3}=0$

←方程式の両辺に $\dfrac{3}{2}$ を掛けて,係数を整数に直す。

よって $x^2-3x+2=0$ ゆえに $(x-1)(x-2)=0$

よって $x=1,\ 2$

ゆえに,他の解は $x=1$

$m=-2$ のとき他の解 $x=-3$, $m=\dfrac{2}{3}$ のとき他の解 $x=1$

練習 ③98 次の連立方程式を解け。

(1) $\begin{cases} 3x-y+8=0 \\ x^2-y^2-4x-8=0 \end{cases}$

(2) $\begin{cases} x^2-y^2+x+y=0 \\ x^2-3x+2y^2+3y=9 \end{cases}$ [(2) 関西大]

(1) $\begin{cases} 3x-y+8=0 \quad\cdots\cdots ① \\ x^2-y^2-4x-8=0 \quad\cdots\cdots ② \end{cases}$

① から $y=3x+8 \quad\cdots\cdots ③$

③ を ② に代入して整理すると $2x^2+13x+18=0$

よって $(x+2)(2x+9)=0$ ゆえに $x=-2,\ -\dfrac{9}{2}$

③ から $x=-2$ のとき $y=2$,

$x=-\dfrac{9}{2}$ のとき $y=-\dfrac{11}{2}$

よって $(x,\ y)=(-2,\ 2),\ \left(-\dfrac{9}{2},\ -\dfrac{11}{2}\right)$

← まず，y を消去する。

← $x^2-(3x+8)^2-4x-8=0$

← 因数分解を利用。

← $y=3(-2)+8$

← $y=3\left(-\dfrac{9}{2}\right)+8$

[別解] ①＋② から $x^2-y^2-x-y=0$

よって $(x+y)(x-y-1)=0$

ゆえに $x+y=0$ または $x-y-1=0$

$x+y=0$ と ① から

$(x,\ y)=(-2,\ 2)$ これは ② を満たす。

$x-y-1=0$ と ① から

$(x,\ y)=\left(-\dfrac{9}{2},\ -\dfrac{11}{2}\right)$ これは ② を満たす。

よって $(x,\ y)=(-2,\ 2),\ \left(-\dfrac{9}{2},\ -\dfrac{11}{2}\right)$

← ①，② の定数の項は，符号だけが異なることに注目。

(2) $\begin{cases} x^2-y^2+x+y=0 \quad\cdots\cdots ① \\ x^2-3x+2y^2+3y=9 \quad\cdots\cdots ② \end{cases}$

① から $(x+y)(x-y)+(x+y)=0$

よって $(x+y)(x-y+1)=0$

ゆえに $y=-x$ または $y=x+1$

[1] $y=-x \quad\cdots\cdots ③$ のとき，③ を ② に代入して整理すると

$x^2-2x-3=0$ よって $(x+1)(x-3)=0$

ゆえに $x=3,\ -1$

③ から $x=3$ のとき $y=-3$, $x=-1$ のとき $y=1$

[2] $y=x+1 \quad\cdots\cdots ④$ のとき，④ を ② に代入して整理すると

$3x^2+4x-4=0$ よって $(x+2)(3x-2)=0$

ゆえに $x=-2,\ \dfrac{2}{3}$

④ から $x=-2$ のとき $y=-1$, $x=\dfrac{2}{3}$ のとき $y=\dfrac{5}{3}$

[1]，[2] から

$(x,\ y)=(3,\ -3),\ (-1,\ 1),\ (-2,\ -1),\ \left(\dfrac{2}{3},\ \dfrac{5}{3}\right)$

← ① は $AB=0$ の形。$AB=0$ のとき $A=0$ または $B=0$

← $x^2-3x+2x^2-3x=9$

← $x^2-3x+2(x+1)^2+3(x+1)=9$

← $\begin{matrix} 1 & \diagdown & 2 & \to & 6 \\ 3 & \diagup & -2 & \to & -2 \\ \hline 3 & & -4 & & 4 \end{matrix}$

3章 練習 [2次関数]

練習
③99 a は定数とする。次の方程式を解け。
　(1)　$ax+2=x+a^2$　　　　　(2)　$(a^2-1)x^2-(a^2-a)x+1-a=0$　　　　　[(1) 中央大]

(1)　$ax+2=x+a^2$ から　　　$(a-1)x=a^2-2$ …… ①

　　[1]　$a-1\neq0$ すなわち $a\neq1$ のとき，① から　　　$x=\dfrac{a^2-2}{a-1}$

　　[2]　$a-1=0$ すなわち $a=1$ のとき，① は　　　$0\cdot x=-1$
　　　　　これを満たす x の値はない。

　　したがって　$\begin{cases} a\neq1 \text{ のとき}\quad x=\dfrac{a^2-2}{a-1} \\[2mm] a=1 \text{ のとき}\quad \text{解はない} \end{cases}$

←① の両辺を $a-1$（$\neq0$）で割る。
←$a=1$ を ① に代入。
←すべての数 x に対して，$0\cdot x$ の値は 0 となる。

(2)　与式から　　　$(a+1)(a-1)x^2-a(a-1)x-(a-1)=0$
　　よって　　　　$(a-1)\{(a+1)x^2-ax-1\}=0$
　　ゆえに　　　　$(a-1)(x-1)\{(a+1)x+1\}=0$ …… ①
　　[1]　$a-1\neq0$ かつ $a+1\neq0$ すなわち $a\neq\pm1$ のとき，
　　　　　① から　　　$(x-1)\{(a+1)x+1\}=0$
　　　　　よって　　　$x=1,\ -\dfrac{1}{a+1}$
　　[2]　$a=1$ のとき，① は　　　$0\cdot(x-1)(2x+1)=0$
　　　　　これは x がどんな値でも成り立つ。
　　[3]　$a=-1$ のとき，① は　　　$-2(x-1)\cdot1=0$
　　　　　よって　　　$x=1$

　　したがって　$\begin{cases} a\neq\pm1 \text{ のとき}\quad x=1,\ -\dfrac{1}{a+1} \\[2mm] a=1 \text{ のとき}\qquad \text{解はすべての数} \\[2mm] a=-1 \text{ のとき}\quad x=1 \end{cases}$

←$a-1$ でくくる。
←$\begin{array}{ccc} 1 & \diagdown & -1 \to -a-1 \\ a+1 & \diagup & 1 \to \quad 1 \\ \hline a+1 & -1 & \quad -a \end{array}$
または
$(a+1)x^2-ax-1$
$=a(x^2-x)+x^2-1$
$=ax(x-1)+(x+1)(x-1)$
$=(x-1)(ax+x+1)$

練習
②100 m を定数とする。2 次方程式 $x^2+2(2-m)x+m=0$ について
　(1)　$m=-1$，$m=3$ のときの実数解の個数を，それぞれ求めよ。
　(2)　重解をもつように m の値を定め，そのときの重解を求めよ。

判別式を D とすると
$$\frac{D}{4}=(2-m)^2-1\cdot m=m^2-5m+4=(m-1)(m-4)$$

←x の係数 $2(2-m)$ は，2 の倍数であるから，
$$\frac{D}{4}=b'^2-ac$$
の符号を調べる。

(1)　$m=-1$ のとき　　　$\dfrac{D}{4}=(-2)\cdot(-5)=10$
　　　$D>0$ であるから，実数解の個数は　　2 個
　　$m=3$ のとき　　　$\dfrac{D}{4}=2\cdot(-1)=-2$
　　　$D<0$ であるから，実数解の個数は　　0 個
　　したがって，実数解の個数は
　　　　　　$m=-1$ のとき 2 個，$m=3$ のとき 0 個
(2)　方程式が重解をもつための必要十分条件は　　　$D=0$
　　すなわち　　　$(m-1)(m-4)=0$
　　よって　　　$m=1,\ 4$

また，重解は $\quad x=-\dfrac{2(2-m)}{2\cdot 1}=m-2$

したがって $\quad$ **$m=1$ のとき 重解は $x=-1$,**

$\qquad\qquad$ **$m=4$ のとき 重解は $x=2$**

$\boxed{\text{注意}}$ $\quad m=1$, 4 を方程式に代入して重解を求めると，次のようになる。

$m=1$ のとき，方程式は $\quad x^2+2x+1=0$

ゆえに $\quad (x+1)^2=0 \qquad$ よって $\quad x=-1$

$m=4$ のとき，方程式は $\quad x^2-4x+4=0$

ゆえに $\quad (x-2)^2=0 \qquad$ よって $\quad x=2$

← 2 次方程式
$ax^2+bx+c=0$ が重解をもつとき，その重解は
$$x=-\frac{b}{2a}$$

練習 **③101**
(1) x の 2 次方程式 $x^2+(2k-1)x+(k-1)(k+3)=0$ が実数解をもつような定数 k の値の範囲を求めよ。

(2) k を定数とする。x の方程式 $kx^2-4x+k+3=0$ がただ 1 つの実数解をもつような k の値を求めよ。 〔(2) 京都産大〕

(1) 判別式を D とすると

$\qquad D=(2k-1)^2-4\cdot1\cdot(k-1)(k+3)$

$\qquad\quad =4k^2-4k+1-4(k^2+2k-3)=-12k+13$

実数解をもつための必要十分条件は $\quad D\geqq 0$

よって $\qquad -12k+13\geqq 0$

したがって $\quad \boldsymbol{k\leqq\dfrac{13}{12}}$

← 2 次方程式が実数解をもつ $\Longleftrightarrow D\geqq 0$

(2) [1] $k=0$ のとき，方程式は $\quad -4x+3=0$

よって，$x=\dfrac{3}{4}$ となり，ただ 1 つの実数解をもつ。

← 2 次の係数が 0 の場合を分けて考える。

[2] $k\neq 0$ のとき，2 次方程式 $kx^2-4x+k+3=0$ の判別式を D とすると

$\qquad \dfrac{D}{4}=(-2)^2-k(k+3)=-k^2-3k+4$

$\qquad\quad =-(k^2+3k-4)=-(k-1)(k+4)$

ただ 1 つの実数解をもつのは $D=0$ のときである。

ゆえに $\quad (k-1)(k+4)=0 \qquad$ よって $\quad k=1,\ -4$

これらは，$k\neq 0$ を満たす。

以上から，求める k の値は $\qquad \boldsymbol{k=-4,\ 0,\ 1}$

← 判別式が使えるのは，2 次方程式のときに限る。

← 2 次方程式が重解をもつ場合である。

練習 **③102**
2 つの 2 次方程式 $x^2+6x+12k-24=0$, $x^2+(k+3)x+12=0$ がただ 1 つの実数を共通解としてもつとき，実数の定数 k の値は ${}^{\mathcal{T}}\boxed{}$ であり，そのときの共通解は ${}^{\mathcal{T}}\boxed{}$ である。

共通解を $x=\alpha$ とおいて，方程式にそれぞれ代入すると

$\qquad \alpha^2+6\alpha+12k-24=0 \quad \cdots\cdots$ ①,

$\qquad \alpha^2+(k+3)\alpha+12=0 \quad \cdots\cdots$ ②

②-① から $\quad (k-3)\alpha-12k+36=0$

ゆえに $\quad (k-3)(\alpha-12)=0$

よって $\quad k=3,\ \alpha=12$

← α^2 の項を消去。

[1] $k=3$ のとき

　2つの2次方程式はともに $x^2+6x+12=0$ となり，この方程式の判別式を D とすると　　$\dfrac{D}{4}=3^2-1\cdot12=-3$

　$D<0$ であるから，この方程式は実数解をもたない。

　ゆえに，2つの方程式は共通の実数解をもたない。

$\leftarrow x^2+6x+12$
$=(x+3)^2+3>0$
から示してもよい。

[2] $\alpha=12$ のとき

　① から　$12^2+6\cdot12+12k-24=0$　　よって　$k=-16$

$\leftarrow$② に代入してもよい。

　このとき，2つの2次方程式は
$$x^2+6x-216=0, \quad x^2-13x+12=0$$
　すなわち　$(x-12)(x+18)=0, \quad (x-1)(x-12)=0$

$\leftarrow216=6^3=2^3\cdot3^3$

　解はそれぞれ　$x=12, \ -18 ; \quad x=1, \ 12$

　ゆえに，2つの2次方程式はただ1つの共通の実数解 $x=12$ をもつ。

以上から　　$k={}^{\text{ア}}\mathbf{-16}$，共通解は ${}^{\text{イ}}\mathbf{12}$

練習 ②**103**　次の2次関数のグラフは x 軸と共有点をもつか。もつときは，その座標を求めよ。
　(1)　$y=-3x^2+6x-3$　　　　(2)　$y=2x^2-3x+4$　　　　(3)　$y=-x^2+4x-2$

(1)　$-3x^2+6x-3=0$ とすると　　$x^2-2x+1=0$

　ゆえに　　$(x-1)^2=0$　　　したがって　　$x=1$

　よって，x 軸と共有点を1個もち，その座標は　$\mathbf{(1, \ 0)}$

④ 共有点の x 座標
$\iff$ 方程式の実数解

(2)　2次方程式 $2x^2-3x+4=0$ の判別式を D とすると
$$D=(-3)^2-4\cdot2\cdot4=-23$$

　$D<0$ であるから，グラフと x 軸は **共有点をもたない。**

$\leftarrow$方程式 $2x^2-3x+4=0$ は，実数解をもたないから，共有点はない。

(3)　$-x^2+4x-2=0$ とすると　　$x^2-4x+2=0$

　これを解くと　　$x=-(-2)\pm\sqrt{(-2)^2-2}=2\pm\sqrt{2}$

　よって，x 軸と共有点を2個もち，その座標は
$$(2-\sqrt{2}, \ 0), \ (2+\sqrt{2}, \ 0)$$

練習 ②**104**　2次関数 $y=x^2-2x+2k-4$ のグラフと x 軸の共有点の個数は，定数 k の値によってどのように変わるか。

2次方程式 $x^2-2x+2k-4=0$ の判別式を D とすると
$$\dfrac{D}{4}=(-1)^2-(2k-4)=-2k+5$$
$$=-2\left(k-\dfrac{5}{2}\right)$$

グラフと x 軸の共有点の個数は

$\leftarrow k$ の値で場合分け。

$D>0$ すなわち　$\boldsymbol{k<\dfrac{5}{2}}$ のとき　**2個**

$\leftarrow k-\dfrac{5}{2}<0$

$D=0$ すなわち　$\boldsymbol{k=\dfrac{5}{2}}$ のとき　**1個**

$\leftarrow k-\dfrac{5}{2}=0$

$D<0$ すなわち　$\boldsymbol{k>\dfrac{5}{2}}$ のとき　**0個**

$\leftarrow k-\dfrac{5}{2}>0$

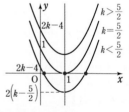

練習
②**105** 次の2次関数のグラフが x 軸に接するように，定数 k の値を定めよ。また，そのときの接点の座標を求めよ。
    (1) $y=-2x^2+kx-8$ (2) $y=(k^2-1)x^2+2(k-1)x+2$

3章
練習
【2次関数】

(1) 2次方程式 $-2x^2+kx-8=0$ の判別式を D とすると

$$D=k^2-4\cdot(-2)\cdot(-8)=k^2-64=(k+8)(k-8)$$

$y=-2x^2+kx-8$ のグラフが x 軸に接するための必要十分条件は $D=0$

ゆえに $(k+8)(k-8)=0$ よって $k=\pm8$

← 接する ⟺ 重解

グラフの頂点の x 座標は $x=-\dfrac{k}{2\cdot(-2)}=\dfrac{k}{4}$

したがって，接点の座標は

$\boldsymbol{k=-8}$ **のとき** $(-2,\ 0)$，$\boldsymbol{k=8}$ **のとき** $(2,\ 0)$

←2次関数
$y=ax^2+bx+c$ のグラフが x 軸に接するとき，頂点が接点となるから，接点の x 座標は
$$x=-\dfrac{b}{2a}$$
なお $k=-8$ のとき
$$y=-2x^2-8x-8$$
$$=-2(x+2)^2$$
$k=8$ のとき
$$y=-2x^2+8x-8$$
$$=-2(x-2)^2$$

(2) $f(x)=(k^2-1)x^2+2(k-1)x+2$ とする。

$y=f(x)$ は2次関数であるから $k^2-1\neq0$ ゆえに $\underline{k\neq\pm1}$

2次方程式 $f(x)=0$ の判別式を D とすると

$$\frac{D}{4}=(k-1)^2-(k^2-1)\cdot2=(k-1)^2-2(k+1)(k-1)$$
$$=(k-1)\{(k-1)-2(k+1)\}=-(k-1)(k+3)$$

グラフが x 軸に接するための必要十分条件は $D=0$

ゆえに $(k-1)(k+3)=0$ よって $k=1,\ -3$

$\underline{k\neq\pm1}$ であるから $\boldsymbol{k=-3}$

グラフの頂点の x 座標は

$$x=-\frac{k-1}{k^2-1}=-\frac{k-1}{(k+1)(k-1)}=-\frac{1}{k+1}=-\frac{1}{-3+1}=\frac{1}{2}$$

したがって，接点の座標は $\left(\dfrac{1}{2},\ 0\right)$

← 放物線
$y=ax^2+2b'x+c$ の頂点の x 座標は
$$x=-\frac{b'}{a}$$
なお，$k=-3$ のとき
$$y=8x^2-8x+2$$
$$=8\left(x-\frac{1}{2}\right)^2$$

練習
②**106** (1) 2次関数 $y=-3x^2-4x+2$ のグラフが x 軸から切り取る線分の長さを求めよ。
    (2) 放物線 $y=x^2-ax+a-1$ が x 軸から切り取る線分の長さが6であるとき，定数 a の値を求めよ。   [(2) 大阪産大]

(1) $-3x^2-4x+2=0$ とすると $3x^2+4x-2=0$

ゆえに $x=\dfrac{-2\pm\sqrt{2^2-3\cdot(-2)}}{3}=\dfrac{-2\pm\sqrt{10}}{3}$

よって，放物線が x 軸から切り取る線分の長さは

$$\frac{-2+\sqrt{10}}{3}-\frac{-2-\sqrt{10}}{3}=\frac{2\sqrt{10}}{3}$$

← x^2 の係数を正に。

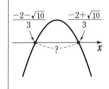

(2) $x^2-ax+a-1=0$ とすると $(x-1)(x+1-a)=0$

ゆえに $x=1,\ a-1$

よって，放物線が x 軸から切り取る線分の長さは

$|(a-1)-1|=|a-2|$ ゆえに $|a-2|=6$

よって $a-2=\pm6$ したがって $\boldsymbol{a=8,\ -4}$

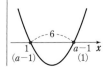

練習
②**107**　次の放物線と直線は共有点をもつか。もつときは，その座標を求めよ。
　(1) $\begin{cases} y=x^2-2x+3 \\ y=x+6 \end{cases}$
　　(2) $\begin{cases} y=x^2-4x \\ y=2x-9 \end{cases}$
　　(3) $\begin{cases} y=-x^2+4x-3 \\ y=2x \end{cases}$

(1) $\begin{cases} y=x^2-2x+3 & \cdots\cdots ① \\ y=x+6 & \cdots\cdots ② \end{cases}$ とする。

　①，②から y を消去して　$x^2-2x+3=x+6$
　整理して　　　$x^2-3x-3=0$
　これを解くと　$x=\dfrac{-(-3)\pm\sqrt{(-3)^2-4\cdot1\cdot(-3)}}{2\cdot1}=\dfrac{3\pm\sqrt{21}}{2}$
　このとき，②から
　　　$y=\dfrac{3\pm\sqrt{21}}{2}+6=\dfrac{15\pm\sqrt{21}}{2}$（複号同順）
　よって，共有点の座標は
　　$\left(\dfrac{3-\sqrt{21}}{2},\ \dfrac{15-\sqrt{21}}{2}\right),\ \left(\dfrac{3+\sqrt{21}}{2},\ \dfrac{15+\sqrt{21}}{2}\right)$

(2) $\begin{cases} y=x^2-4x & \cdots\cdots ① \\ y=2x-9 & \cdots\cdots ② \end{cases}$ とする。

　①，②から y を消去して　$x^2-4x=2x-9$
　整理して　　$x^2-6x+9=0$　　　よって　　$(x-3)^2=0$
　したがって　　$x=3$（重解）
　このとき，②から　　$y=2\cdot3-9=-3$
　よって，共有点の座標は　　$(3,\ -3)$

(3) $\begin{cases} y=-x^2+4x-3 & \cdots\cdots ① \\ y=2x & \cdots\cdots ② \end{cases}$ とする。

　①，②から y を消去して　　$-x^2+4x-3=2x$
　整理して　　$x^2-2x+3=0$
　この2次方程式の判別式を D とすると　$\dfrac{D}{4}=(-1)^2-1\cdot3=-2$
　$D<0$ であるから，この2次方程式は実数解をもたない。
　したがって，放物線①と直線②は **共有点をもたない**。

⑦　共有点 ⇔ 実数解
**　　接　点 ⇔ 重　解**

(1)
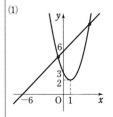

(2)
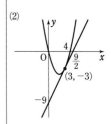

(3)
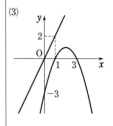

練習
②**108**　(1) 関数 $y=x^2+ax+a$ のグラフが直線 $y=x+1$ と接するように，定数 a の値を定めよ。
　　　また，そのときの接点の座標を求めよ。
　　(2) k は定数とする。関数 $y=x^2-2kx$ のグラフと直線 $y=2x-k^2$ の共有点の個数を調べよ。

(1)　$y=x^2+ax+a$ と $y=x+1$ から y を消去して
　　　　　$x^2+ax+a=x+1$
　整理すると　　$x^2+(a-1)x+a-1=0$　……①
　2次方程式①の判別式を D とすると
　　　　　$D=(a-1)^2-4(a-1)=(a-1)(a-5)$
　与えられた放物線と直線が接するための必要十分条件は
　　　　　$D=0$
　ゆえに　　$(a-1)(a-5)=0$　　　よって　　$a=1,\ 5$

⑦　共有点 ⇔ 実数解
y を消去して得られる2次方程式の判別式がカギをにぎる。

←接する ⇔ 重解

このとき，① の重解は $x=-\dfrac{a-1}{2\cdot 1}=\dfrac{1-a}{2}$

$a=1$ のとき $x=0$ このとき $y=1$

したがって，**接点の座標は** $(0,\ 1)$

$a=5$ のとき $x=-2$ このとき $y=-1$

したがって，**接点の座標は** $(-2,\ -1)$

←y の値は，x の値を $y=x+1$ に代入して求める。$y=x^2+ax+a$ に代入してもよいが，a の値も関係してくるので，少し手間がかかる。

(2) $y=x^2-2kx$ と $y=2x-k^2$ から y を消去して

$$x^2-2kx=2x-k^2$$

整理すると $x^2-2(k+1)x+k^2=0$ …… ①

2次方程式 ① の判別式を D とすると

$$\dfrac{D}{4}=\{-(k+1)\}^2-1\cdot k^2=2k+1$$

$D>0$ すなわち $2k+1>0$ となるのは $k>-\dfrac{1}{2}$

←① は異なる2つの実数解をもつ。

$D=0$ すなわち $2k+1=0$ となるのは $k=-\dfrac{1}{2}$

←① は重解をもつ。

$D<0$ すなわち $2k+1<0$ となるのは $k<-\dfrac{1}{2}$

←① は実数解をもたない。

よって，求める共有点の個数は

$k>-\dfrac{1}{2}$ のとき 2個，$k=-\dfrac{1}{2}$ のとき 1個，

$k<-\dfrac{1}{2}$ のとき 0個

3章
練習
〔2次関数〕

練習
③**109** 次の2つの放物線は共有点をもつか。もつときは，その座標を求めよ。
(1) $y=2x^2$, $y=x^2+2x+3$ (2) $y=x^2-x$, $y=-x^2-3x-2$
(3) $y=2x^2-2x$, $y=x^2-4x-1$

(1) $\begin{cases} y=2x^2 & \cdots\cdots ① \\ y=x^2+2x+3 & \cdots\cdots ② \end{cases}$ とする。

① ，② から y を消去すると $2x^2=x^2+2x+3$

整理すると $x^2-2x-3=0$

よって $(x+1)(x-3)=0$ ゆえに $x=-1,\ 3$

① から $x=-1$ のとき $y=2$
$x=3$ のとき $y=18$

したがって，共有点の座標は $(-1,\ 2),\ (3,\ 18)$

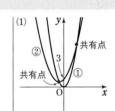

(2) $\begin{cases} y=x^2-x & \cdots\cdots ① \\ y=-x^2-3x-2 & \cdots\cdots ② \end{cases}$ とする。

① ，② から y を消去すると $x^2-x=-x^2-3x-2$

整理すると $x^2+x+1=0$

この2次方程式の判別式を D とすると

$$D=1^2-4\cdot 1\cdot 1=-3$$

$D<0$ であるから，この2次方程式は実数解をもたない。

したがって，2つの放物線①，② は **共有点をもたない**。

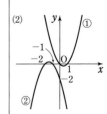

(3) $\begin{cases} y=2x^2-2x & \cdots\cdots ① \\ y=x^2-4x-1 & \cdots\cdots ② \end{cases}$ とする。

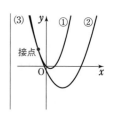

①，②から y を消去すると　　$2x^2-2x=x^2-4x-1$

整理すると　　$x^2+2x+1=0$　　よって　　$(x+1)^2=0$

ゆえに　　$x=-1$　　①から　　$y=4$

したがって，共有点の座標は　　$(-1,\ 4)$

練習 ①110

次の2次不等式を解け。

(1) $x^2-x-6<0$ 　　(2) $6x^2-x-2\geqq0$ 　　(3) $3(x^2+4x)>-11$

(4) $-2x^2+5x+1\geqq0$ 　　(5) $5x>3(4x^2-1)$ 　　(6) $-x^2+2x+\dfrac{1}{3}\geqq0$

(1)　$x^2-x-6<0$ から　　$(x+2)(x-3)<0$

$(x+2)(x-3)=0$ を解くと　　$x=-2,\ 3$

よって，不等式の解は　　$-2<x<3$

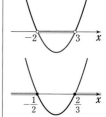

(2)　$6x^2-x-2\geqq0$ から　　$(2x+1)(3x-2)\geqq0$

$(2x+1)(3x-2)=0$ を解くと　　$x=-\dfrac{1}{2},\ \dfrac{2}{3}$

よって，不等式の解は　　$x\leqq-\dfrac{1}{2},\ \dfrac{2}{3}\leqq x$

(3)　展開して整理すると　　$3x^2+12x+11>0$

$3x^2+12x+11=0$ を解くと　　$x=\dfrac{-6\pm\sqrt{3}}{3}$

よって，不等式の解は　　$x<\dfrac{-6-\sqrt{3}}{3},\ \dfrac{-6+\sqrt{3}}{3}<x$

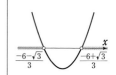

(4)　両辺に -1 を掛けて　　$2x^2-5x-1\leqq0$

$2x^2-5x-1=0$ を解くと　　$x=\dfrac{5\pm\sqrt{33}}{4}$

よって，不等式の解は　　$\dfrac{5-\sqrt{33}}{4}\leqq x\leqq\dfrac{5+\sqrt{33}}{4}$

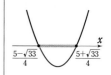

(5)　展開して整理すると　　$12x^2-5x-3<0$

ゆえに　　$(3x+1)(4x-3)<0$

$(3x+1)(4x-3)=0$ を解くと　　$x=-\dfrac{1}{3},\ \dfrac{3}{4}$

よって，不等式の解は　　$-\dfrac{1}{3}<x<\dfrac{3}{4}$

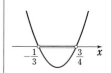

(6)　両辺に -3 を掛けて　　$3x^2-6x-1\leqq0$

$3x^2-6x-1=0$ を解くと　　$x=\dfrac{3\pm2\sqrt{3}}{3}$

よって，不等式の解は　　$\dfrac{3-2\sqrt{3}}{3}\leqq x\leqq\dfrac{3+2\sqrt{3}}{3}$

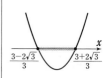

練習 ①111

次の2次不等式を解け。

(1) $x^2+4x+4\geqq0$ 　　(2) $2x^2+4x+3<0$ 　　(3) $-4x^2+12x-9\geqq0$ 　　(4) $9x^2-6x+2>0$

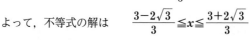

(1) 左辺を因数分解して
$$(x+2)^2 \geqq 0$$
よって，解は **すべての実数**

(2) $2x^2+4x+3=2(x+1)^2+1$ から，
不等式は $\quad 2(x+1)^2+1<0$
よって，**解はない**

(3) 不等式の両辺に -1 を掛けて
$$4x^2-12x+9 \leqq 0$$
左辺を因数分解して $\quad (2x-3)^2 \leqq 0$
よって，解は $\quad x=\dfrac{3}{2}$

(4) 2次方程式 $9x^2-6x+2=0$ の判別式を
D とすると $\quad \dfrac{D}{4}=(-3)^2-9\cdot 2=-9$
x^2 の係数は正で，かつ $D<0$ であるから，すべての実数について $9x^2-6x+2>0$ が成り立つ。
よって，解は **すべての実数**

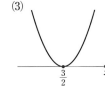
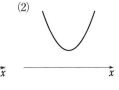
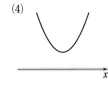

$\leftarrow 9x^2-6x+2$
$=9\left(x-\dfrac{1}{3}\right)^2+1$
から求めてもよい。

3章
練習
[2次関数]

練習
③**112** 次の不等式を解け。ただし，a は定数とする。 [(3) 類 公立はこだて未来大]
(1) $x^2-ax \leqq 5(a-x)$ (2) $ax^2>x$ (3) $x^2-a(a+1)x+a^3<0$

(1) 不等式から $\quad x(x-a)-5(a-x) \leqq 0$
ゆえに $\quad (x-a)(x+5) \leqq 0$
[1] $a<-5$ のとき 解は $\quad a \leqq x \leqq -5$
[2] $a=-5$ のとき 不等式は $\quad (x+5)^2 \leqq 0$
よって，解は $\quad x=-5$
[3] $-5<a$ のとき 解は $\quad -5 \leqq x \leqq a$
以上から $\quad \boldsymbol{a<-5}$ のとき $\boldsymbol{a \leqq x \leqq -5}$
$\boldsymbol{a=-5}$ のとき $\boldsymbol{x=-5}$
$\boldsymbol{-5<a}$ のとき $\boldsymbol{-5 \leqq x \leqq a}$

$\leftarrow x-a$ が左辺の共通因数。

$\leftarrow (x-a)(x+5)=0$ の解 -5 と a の大小関係で，3通りに分ける。

(2) 不等式から $\quad ax^2-x>0$
よって $\quad x(ax-1)>0$ …… ①
[1] $a>0$ のとき
①の両辺を正の数 a で割って $\quad x\left(x-\dfrac{1}{a}\right)>0$
$\dfrac{1}{a}>0$ であるから，①の解は $\quad x<0,\ \dfrac{1}{a}<x$
[2] $a=0$ のとき 不等式は $\quad 0>x$
よって，解は $\quad x<0$
[3] $a<0$ のとき
①の両辺を負の数 a で割って $\quad x\left(x-\dfrac{1}{a}\right)<0$
$\dfrac{1}{a}<0$ であるから，①の解は $\quad \dfrac{1}{a}<x<0$

$\leftarrow a$ の正，0，負で場合分け。$(x-\alpha)(x-\beta)>0$，$(x-\alpha)(x-\beta)<0$ の形に変形しておくと解が求めやすい。

$\leftarrow$ 負の数で両辺を割ると，不等号の向きが変わる。

以上から　　$a>0$ のとき　$x<0,\ \dfrac{1}{a}<x$；

　　　　　　　$a=0$ のとき　$x<0$；

　　　　　　　$a<0$ のとき　$\dfrac{1}{a}<x<0$

(3)　不等式から　　$(x-a)(x-a^2)<0$ …… ①

$[1]$　$a<a^2$ すなわち $a(a-1)>0$ となるのは，$a<0,\ 1<a$ のときである。

　　　このとき，① の解は　　$a<x<a^2$

$[2]$　$a=a^2$ すなわち $a(a-1)=0$ から　　$a=0,\ 1$

　　　$a=0$ のとき，不等式は $x^2<0$ となり，解はない。

　　　$a=1$ のとき，不等式は $(x-1)^2<0$ となり，解はない。

$[3]$　$a>a^2$ すなわち $a(a-1)<0$ となるのは，$0<a<1$ のときである。

　　　このとき，① の解は　　$a^2<x<a$

以上から　　$a<0,\ 1<a$ のとき　$a<x<a^2$；

　　　　　　$a=0,\ 1$ のとき　　　解はない；

　　　　　　$0<a<1$ のとき　　　$a^2<x<a$

←$\begin{array}{ccc}1&\diagdown&-a\ \rightarrow\ -a\\1&\diagup&-a^2\ \rightarrow\ -a^2\\\hline 1&&a^3\ -a(a+1)\end{array}$

←a と a^2 の大小関係で3通りに分ける。

←(実数)$^2\geqq0$

練習
③113　次の事柄が成り立つように，定数 $a,\ b$ の値を定めよ。
(1)　2次不等式 $ax^2+8x+b<0$ の解が $-3<x<1$ である。
(2)　2次不等式 $2ax^2+2bx+1\leqq0$ の解が $x\leqq-\dfrac{1}{2},\ 3\leqq x$ である。　　　〔(2) 愛知学院大〕

(1)　条件から，2次関数 $y=ax^2+8x+b$ のグラフは，$-3<x<1$ のときだけ x 軸より下側にある。
すなわち，グラフは下に凸の放物線で2点 $(-3,\ 0),\ (1,\ 0)$ を通るから　$a>0,\ 9a-24+b=0$ … ①，$a+8+b=0$ … ②
①，② を解いて　$a=4,\ b=-12$　　これは $a>0$ を満たす。

[別解]　$-3<x<1$ を解とする2次不等式の1つは
　　　　$(x+3)(x-1)<0$　すなわち　$x^2+2x-3<0$
両辺に4を掛けて　　$4x^2+8x-12<0$
$ax^2+8x+b<0$ と係数を比較して　　$a=4,\ b=-12$

[検討]　2つの2次不等式 $ax^2+bx+c<0,\ a'x^2+b'x+c'<0$ の解が等しいからといって，直ちに $a=a',\ b=b',\ c=c'$ とするのは誤りである。対応する3つの係数のうち，少なくとも1つが等しいときに限って，残りの係数は等しいといえる。

(2)　条件から，2次関数 $y=2ax^2+2bx+1$ のグラフは，$x<-\dfrac{1}{2}$，$3<x$ のときだけ x 軸より下側にある。よって，グラフは上に凸の放物線で2点 $\left(-\dfrac{1}{2},\ 0\right),\ (3,\ 0)$ を通るから
　$a<0,\ \dfrac{1}{2}a-b+1=0$ …… ①，$18a+6b+1=0$ …… ②

$y=ax^2+8x+b$

←$ax^2+8x+b<0$ と比較するために，x の係数を8にそろえる。

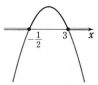
$y=2ax^2+2bx+1$

①，②を解いて　$a=-\dfrac{1}{3}$，$b=\dfrac{5}{6}$　　これは $a<0$ を満たす。

別解　$x\leqq-\dfrac{1}{2}$，$3\leqq x$ を解とする 2 次不等式の 1 つは

$$(2x+1)(x-3)\geqq0\quad すなわち\quad 2x^2-5x-3\geqq0$$

両辺に $-\dfrac{1}{3}$ を掛けて　　$-\dfrac{2}{3}x^2+\dfrac{5}{3}x+1\leqq0$

$2ax^2+2bx+1\leqq0$ と係数を比較して

$$2a=-\dfrac{2}{3},\ 2b=\dfrac{5}{3}\quad すなわち\quad a=-\dfrac{1}{3},\ b=\dfrac{5}{6}$$

←$2ax^2+2bx+1\leqq0$ と比較するために，定数項を 1 にそろえる。

練習 ③114
(1) 2 次方程式 $x^2-(k+1)x+1=0$ が異なる 2 つの実数解をもつような，定数 k の値の範囲を求めよ。
(2) x の方程式 $(m+1)x^2+2(m-1)x+2m-5=0$ の実数解の個数を求めよ。

(1)　この 2 次方程式の判別式を D とすると
$$D=\{-(k+1)\}^2-4\cdot1\cdot1=k^2+2k-3$$
$$=(k+3)(k-1)$$
2 次方程式が異なる 2 つの実数解をもつための必要十分条件は $D>0$ である。

ゆえに　$(k+3)(k-1)>0$

よって　$k<-3,\ 1<k$

(2)　$(m+1)x^2+2(m-1)x+2m-5=0$ …… ① とする。

[1]　$\underline{m+1=0}$ すなわち $m=-1$ のとき

①は　$-4x-7=0$　　これを解いて　$x=-\dfrac{7}{4}$

よって，実数解は 1 個。

←2 次方程式とは書かれていないから，$m+1=0$（1 次方程式）の場合を見落とさないように。

[2]　$\underline{m+1\neq0}$ すなわち $m\neq-1$ のとき

①は 2 次方程式で，判別式を D とすると
$$\dfrac{D}{4}=(m-1)^2-(m+1)(2m-5)=-(m^2-m-6)$$
$$=-(m+2)(m-3)$$
$D>0$ となるのは，$(m+2)(m-3)<0$ のときである。

これを解いて　$-2<m<3$

$m\neq-1$ であるから　$-2<m<-1,\ -1<m<3$
このとき，実数解は 2 個。
$D=0$ となるのは，$(m+2)(m-3)=0$ のときである。

これを解いて　$m=-2,\ 3$　　このとき，実数解は 1 個。
$D<0$ となるのは，$(m+2)(m-3)>0$ のときである。

これを解いて　$m<-2,\ 3<m$
このとき，実数解は 0 個。

←単に $-2<m<3$ だけでは 誤り！　$m\neq-1$ であることを忘れないように。

←この範囲に $m=-1$ は含まれていない。

以上により　$-2<m<-1,\ -1<m<3$ のとき　2 個
$m=-2,\ -1,\ 3$ のとき　1 個
$m<-2,\ 3<m$ のとき　0 個

練習
②**115**

(1) 不等式 $x^2-2x \geqq kx-4$ の解がすべての実数であるような定数 k の値の範囲を求めよ。

(2) すべての実数 x に対して，不等式 $a(x^2+x-1)<x^2+x$ が成り立つような，定数 a の値の範囲を求めよ。　　　　　　　　　　　　　　　　　　　　　　　　〔(1) 金沢工大〕

(1) 不等式を変形すると　　　$x^2-(k+2)x+4 \geqq 0$

$f(x)=x^2-(k+2)x+4$ とすると，$y=f(x)$ のグラフは下に凸の放物線である。

よって，不等式 $f(x) \geqq 0$ の解がすべての実数であるための条件は，$y=f(x)$ のグラフが x 軸と共有点をもたない，または，x 軸と接することである。

ゆえに，2次方程式 $f(x)=0$ の判別式を D とすると，求める条件は　　　$D \leqq 0$

$$D=\{-(k+2)\}^2-4 \cdot 1 \cdot 4=(k+2+4)(k+2-4)$$
$$=(k+6)(k-2)$$

であるから，$D \leqq 0$ より　　　$(k+6)(k-2) \leqq 0$

よって　　　$-6 \leqq k \leqq 2$

$\leftarrow f(x)$ の x^2 の係数は正であるから，下に凸。

$\leftarrow D<0$ とすると **誤り!**
$D \leqq 0$ の "$\leqq$" は，グラフが x 軸と共有点をもたない，または，x 軸と接するための条件である。

(2) 不等式を変形すると　　　$(a-1)x^2+(a-1)x-a<0$ …… ①

[1] $a-1=0$　すなわち　$a=1$ のとき

① は $0 \cdot x^2+0 \cdot x-1<0$ となり，これはすべての実数 x について成り立つ。

$\leftarrow a-1=0$ のとき，① の左辺は2次式ではない。

[2] $a-1 \neq 0$　すなわち　$a \neq 1$ のとき

① の左辺を $f(x)$ とすると，$y=f(x)$ のグラフは放物線である。よって，すべての実数 x に対して $f(x)<0$ が成り立つための条件は，$y=f(x)$ のグラフが上に凸の放物線であり，x 軸と共有点をもたないことである。

$\leftarrow$ このとき，グラフは常に $y<0$ の部分にある。

ゆえに，2次方程式 $f(x)=0$ の判別式を D とすると，求める条件は　　　$a-1<0$　かつ　$D<0$

$$D=(a-1)^2-4(a-1)(-a)=(a-1)\{(a-1)+4a\}$$
$$=(5a-1)(a-1)$$

であるから，$D<0$ より　　　$(5a-1)(a-1)<0$

よって　　　$\dfrac{1}{5}<a<1$

$a-1<0$ すなわち $a<1$ との共通範囲は　　　$\dfrac{1}{5}<a<1$

[1]，[2] から，求める a の値の範囲は　　　$\dfrac{1}{5}<a \leqq 1$

$\leftarrow a-1>0$ とすると，$y=f(x)$ のグラフは下に凸の放物線となり，$f(x)$ の値はいくらでも大きくなるから，常に $f(x)<0$ が成り立つことはない。

練習
③**116**

a は定数とし，$f(x)=x^2-2ax+a+2$ とする。$0 \leqq x \leqq 3$ のすべての x の値に対して，常に $f(x)>0$ が成り立つような a の値の範囲を求めよ。　　　〔類 東北学院大〕

求める条件は，$0 \leqq x \leqq 3$ における $f(x)=x^2-2ax+a+2$ の最小値が正となることである。

$f(x)=(x-a)^2-a^2+a+2$ であるから，放物線 $y=f(x)$ の軸は直線 $x=a$

$\leftarrow f(x)=x^2-2ax+a+2$ $(0 \leqq x \leqq 3)$ の最小値を求める。軸の位置が区間 $0 \leqq x \leqq 3$ の左外か，内か，右外かで場合分け。

[1]　$a<0$ のとき，$f(x)$ は $x=0$ で最小
　　となり，最小値は　$f(0)=a+2$
　　ゆえに　$a+2>0$　　よって　$a>-2$
　　$a<0$ であるから　$-2<a<0$ …… ①

[2]　$0\leqq a\leqq 3$ のとき，$x=a$ で最小とな
　　り，最小値は　$f(a)=-a^2+a+2$
　　ゆえに　　　$-a^2+a+2>0$
　　すなわち　$a^2-a-2<0$
　　これを解くと，$(a+1)(a-2)<0$ から
　　　　　　　　　$-1<a<2$
　　$0\leqq a\leqq 3$ であるから　$0\leqq a<2$ …… ②

[3]　$3<a$ のとき，$f(x)$ は $x=3$ で最小
　　となり，最小値は　$f(3)=-5a+11$
　　ゆえに，$-5a+11>0$ から　$a<\dfrac{11}{5}$

　これは $3<a$ を満たさない。
　求める a の値の範囲は，①，② を合わせて
　　　　　　　　　　　　　　　$-2<a<2$

[1]　軸は 区間の左外 に
　　あるから，区間の左端
　　（$x=0$）で最小 となる。
[2]　軸は 区間内 にある
　　から，頂点（$x=a$）で
　　最小 となる。
[3]　軸は 区間の右外 に
　　あるから，区間の右端
　　（$x=3$）で最小 となる。
また，[1]〜[3] では，場
合分けの条件の確認を忘
れずに。[1]，[2] では共
通範囲をとる。

←合わせた範囲をとる。

練習
②**117**　次の不等式を解け。　　　　　　　　　[(1) 芝浦工大, (2) 東北工大, (3) 名城大]

(1) $\begin{cases} 6x^2-7x-3>0 \\ 15x^2-2x-8\leqq 0 \end{cases}$ 　　(2) $\begin{cases} x^2-6x+5\leqq 0 \\ -3x^2+11x-6\geqq 0 \end{cases}$ 　　(3) $2x+4>x^2>x+2$

(1) $6x^2-7x-3>0$ から　　$(2x-3)(3x+1)>0$
　ゆえに　　$x<-\dfrac{1}{3},\ \dfrac{3}{2}<x$ …… ①
　$15x^2-2x-8\leqq 0$ から　　$(3x+2)(5x-4)\leqq 0$
　ゆえに　　$-\dfrac{2}{3}\leqq x\leqq\dfrac{4}{5}$ …… ②
　①，② の共通範囲を求めて
　　　　　$-\dfrac{2}{3}\leqq x<-\dfrac{1}{3}$

$\leftarrow$
$$\begin{array}{ccc} 2 & \diagdown & -3 \rightarrow -9 \\ 3 & \diagup & 1 \rightarrow 2 \\ \hline 6 & & -3 \quad -7 \end{array}$$

$\leftarrow$
$$\begin{array}{ccc} 3 & \diagdown & 2 \rightarrow 10 \\ 5 & \diagup & -4 \rightarrow -12 \\ \hline 15 & & -8 \quad -2 \end{array}$$

⑦ **連立不等式**
解のまとめは数直線

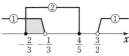

(2) $x^2-6x+5\leqq 0$ から　　$(x-1)(x-5)\leqq 0$
　ゆえに　　$1\leqq x\leqq 5$ …… ①
　$-3x^2+11x-6\geqq 0$ から　　$3x^2-11x+6\leqq 0$
　よって　　$(3x-2)(x-3)\leqq 0$
　ゆえに　　$\dfrac{2}{3}\leqq x\leqq 3$ …… ②
　①，② の共通範囲を求めて
　　　　　$1\leqq x\leqq 3$

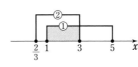

$\leftarrow$
$$\begin{array}{ccc} 3 & \diagdown & -2 \rightarrow -2 \\ 1 & \diagup & -3 \rightarrow -9 \\ \hline 3 & & 6 \quad -11 \end{array}$$

(3) $\begin{cases} 2x+4>x^2 \\ x^2>x+2 \end{cases}$
　$2x+4>x^2$ から　　$x^2-2x-4<0$
　$x^2-2x-4=0$ を解くと　　$x=1\pm\sqrt{5}$
　よって，$2x+4>x^2$ の解は　　$1-\sqrt{5}<x<1+\sqrt{5}$ …… ①

←$A>B>C$ は連立不等
式 $\begin{cases} A>B \\ B>C \end{cases}$ と同じ意味。

また，$x^2 > x+2$ から　　$x^2-x-2>0$

ゆえに　　$(x+1)(x-2)>0$

よって，$x^2 > x+2$ の解は

$\quad x<-1,\ 2<x$ …… ②

①，②の共通範囲を求めて

$\quad 1-\sqrt{5}<x<-1,\ 2<x<1+\sqrt{5}$ ……（＊）

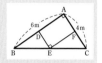

（＊）$2<\sqrt{5}<3$ から

$\quad 3<1+\sqrt{5}<4$,

$\quad -2<1-\sqrt{5}<-1$

練習
②118　右の図のような，直角三角形 ABC の各辺上に頂点をもつ長方形 ADEF を作る。長方形の面積が $3\,\mathrm{m}^2$ 以上 $5\,\mathrm{m}^2$ 未満になるときの辺 DE の長さの範囲を求めよ。

長方形 ADEF の辺 DE の長さを $x\,\mathrm{m}$ とすると

$\quad 0<x<4$ …… ①

辺 AD の長さを $y\,\mathrm{m}$ とすると

$\quad \mathrm{BD}=6-y$

よって，$(6-y):6=x:4$ から

$\quad 4(6-y)=6x$

ゆえに　　$y=6-\dfrac{3}{2}x$

長方形 ADEF の面積の条件から

$\quad 3\leqq x\left(6-\dfrac{3}{2}x\right)<5$　すなわち　$3\leqq-\dfrac{3}{2}x^2+6x<5$

$3\leqq-\dfrac{3}{2}x^2+6x$ から　　$x^2-4x+2\leqq0$

$x^2-4x+2=0$ を解くと　　$x=2\pm\sqrt{2}$

$x^2-4x+2\leqq0$ の解は　　$2-\sqrt{2}\leqq x\leqq2+\sqrt{2}$ …… ②

$-\dfrac{3}{2}x^2+6x<5$ から　　$3x^2-12x+10>0$

$3x^2-12x+10=0$ を解くと　　$x=\dfrac{6\pm\sqrt{6}}{3}=2\pm\dfrac{\sqrt{6}}{3}$

$3x^2-12x+10>0$ の解は

$\quad x<2-\dfrac{\sqrt{6}}{3},\ 2+\dfrac{\sqrt{6}}{3}<x$ …… ③

①，②，③の共通範囲を求めて

$\quad 2-\sqrt{2}\leqq x<2-\dfrac{\sqrt{6}}{3}$,

$\quad 2+\dfrac{\sqrt{6}}{3}<x\leqq2+\sqrt{2}$

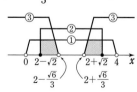

以上から，辺 DE の長さは

$\quad 2-\sqrt{2}\ \mathrm{m}$ 以上 $2-\dfrac{\sqrt{6}}{3}\ \mathrm{m}$ 未満，

または　$2+\dfrac{\sqrt{6}}{3}\ \mathrm{m}$ より大きく $2+\sqrt{2}\ \mathrm{m}$ 以下。

HINT　$\mathrm{DE}=x\,(\mathrm{m})$ として，長方形 ADEF の他の1辺 AD を x で表す。面積についての条件から，x の不等式を作る。

←$\mathrm{DE}/\!/\mathrm{AC}$ ならば
$\mathrm{BD}:\mathrm{BA}=\mathrm{DE}:\mathrm{AC}$

←「以上」は等号を含む。「未満」は等号を含まない。

←$x=-(-2)$
$\quad\pm\sqrt{(-2)^2-1\cdot2}$

←$2\pm\sqrt{2}$ との大小関係がわかりやすいように，$2\pm\dfrac{\sqrt{6}}{3}$ としている。

←$\dfrac{\sqrt{6}}{3}<\sqrt{2}$ であるから
$2+\dfrac{\sqrt{6}}{3}<2+\sqrt{2}\ (<4)$,
$(0<)\ 2-\sqrt{2}<2-\dfrac{\sqrt{6}}{3}$

練習
③**119** 2つの方程式 $x^2-x+a=0$, $x^2+2ax-3a+4=0$ について，次の条件が成り立つように，定数 a の値の範囲を定めよ。
(1) 両方とも実数解をもつ　　　(2) 少なくとも一方が実数解をもたない
(3) 一方だけが実数解をもつ

$x^2-x+a=0$ …… ①，$x^2+2ax-3a+4=0$ …… ②
とし，それぞれの判別式を D_1, D_2 とすると

$$D_1=(-1)^2-4\cdot1\cdot a=1-4a$$

$$\frac{D_2}{4}=a^2-1\cdot(-3a+4)=a^2+3a-4$$

$$=(a-1)(a+4)$$

▶HINT (3) 本冊 p.200
検討 を参照。

(1) ①，②が両方とも実数解をもつための条件は

$$D_1≧0 \quad \text{かつ} \quad D_2≧0$$

←実数解をもつ
　⟺ $D≧0$

$D_1≧0$ から　　$1-4a≧0$　　　よって　　$a≦\dfrac{1}{4}$ …… ③

$D_2≧0$ から　　$(a-1)(a+4)≧0$
よって　　$a≦-4$, $1≦a$ …… ④
求める a の値の範囲は，③と④の
共通範囲であるから　　**$a≦-4$**

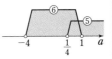

←「かつ」であるから，共通範囲。

(2) ①，②の少なくとも一方が実数解をもたないための条件は

$$D_1<0 \quad \text{または} \quad D_2<0$$

$D_1<0$ から　　$1-4a<0$　　　よって　　$a>\dfrac{1}{4}$ …… ⑤

$D_2<0$ から　　$(a-1)(a+4)<0$
よって　　　　$-4<a<1$ …… ⑥
求める a の値の範囲は，⑤と⑥を
合わせた範囲であるから
　　　　$a>-4$

▶検討 (2)は，実数全体から(1)の範囲を除いた範囲，とも考えられる。

←「または」であるから，合わせた範囲。

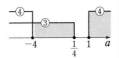

(3) ①，②の一方だけが実数解をもつための条件は，$D_1≧0$，$D_2≧0$ の一方だけが成り立つことである。
したがって，③，④の一方だけが
成り立つ a の値の範囲を求めて
　　　$-4<a≦\dfrac{1}{4}$, $1≦a$

←$(D_1≧0$ かつ $D_2<0)$ または
　$(D_1<0$ かつ $D_2≧0)$
として，求めてもよいが，(1)の数直線を利用する方が早い。

練習
④**120** x についての2つの2次不等式 $x^2-2x-8<0$, $x^2+(a-3)x-3a≧0$ を同時に満たす整数がただ1つ存在するように，定数 a の値の範囲を定めよ。

$x^2-2x-8<0$ を解くと，$(x+2)(x-4)<0$ から
　　　　　$-2<x<4$ …… ①
よって，①を満たす整数は　　$x=-1, 0, 1, 2, 3$
次に，$x^2+(a-3)x-3a≧0$ を解くと，$(x+a)(x-3)≧0$ から
　$-a<3$ すなわち $a>-3$ のとき　$x≦-a$, $3≦x$ …… ②
　$-a=3$ すなわち $a=-3$ のとき　すべての実数
　$-a>3$ すなわち $a<-3$ のとき　$x≦3$, $-a≦x$ …… ③

▶HINT 第2式から
$(x+a)(x-3)≧0$
$-a$, 3 の大小関係に注目して場合を分け，数直線を用いる。

←この段階で $a=-3$ は不適であることがわかる。

ゆえに，整数 $x=3$ は，a の値に関係なく $x^2+(a-3)x-3a\geqq 0$ を満たすから，2つの不等式を同時に満たす整数がただ1つ存在するならば，その整数は $x=3$ である。

[1] $a>-3$ の場合

(i) $-3<a<2$ のとき，① と ② の共通範囲は

$$-2<x\leqq -a,\quad 3\leqq x<4$$

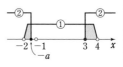

← $-2<-a$

求める条件は，$-2<x\leqq -a$ を満たす整数 x が存在しないことである。

よって $-a<-1$ すなわち $a>1$

$-3<a<2$ であるから $1<a<2$

← $-a\leqq -1$ とすると，$x=-1$ も共通の整数解となるから 誤り！

← $-a\leqq -2$

(ii) $a\geqq 2$ のとき，① と ② の共通範囲は $3\leqq x<4$

$3\leqq x<4$ を満たす整数は $x=3$ のただ1つである。

[2] $a\leqq -3$ の場合

a がこの範囲のどんな値をとっても，$-2<x\leqq 3$ は，① と ③ の共通範囲である。

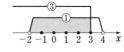

← ① と ③ の共通範囲は
$-4<a\leqq -3$ のとき
　$-2<x\leqq 3$,
　$-a\leqq x<4$
$a\leqq -4$ のとき
　$-2<x\leqq 3$

$-2<x\leqq 3$ を満たす整数は

$$x=-1,\ 0,\ 1,\ 2,\ 3$$

の5個あるから，この場合は不適。

[1]，[2] から，条件を満たす a の値の範囲は $\quad a>1$

検討 本冊 *p.201*，重要例題 **120** の類題

x についての不等式 $x^2-(a+1)x+a\leqq 0$，$3x^2+2x-1\geqq 0$ を同時に満たす整数 x がちょうど3つ存在するような定数 a の値の範囲を求めよ。　　　　　[類 摂南大]

$x^2-(a+1)x+a\leqq 0$ を解くと，$(x-a)(x-1)\leqq 0$ から

$$\left.\begin{array}{l} a<1 \text{のとき} \quad a\leqq x\leqq 1 \\ a=1 \text{のとき} \quad x=1 \\ a>1 \text{のとき} \quad 1\leqq x\leqq a \end{array}\right\} \cdots\cdots ①$$

$3x^2+2x-1\geqq 0$ を解くと，$(x+1)(3x-1)\geqq 0$ から

$$x\leqq -1,\ \frac{1}{3}\leqq x \cdots\cdots ②$$

①，② を同時に満たす整数 x がちょうど3つ存在するのは，$a<1$ または $a>1$ の場合である。

[1] $a<1$ のとき

3つの整数 x は

$$x=-2,\ -1,\ 1$$

よって $-3<a\leqq -2$

[2] $a>1$ のとき

3つの整数 x は $\quad x=1,\ 2,\ 3$

よって $3\leqq a<4$

[1]，[2] から，求める a の値の範囲は

$$-3<a\leqq -2,\ 3\leqq a<4$$

本冊の例題 **120** の不等式において，不等号に等号を含めた場合はどうなるかを検証してみよう。

① で，$a=1$ のとき，不等式は $(x-1)^2\leqq 0$

これを満たす実数 x の値は $(x-1)^2=0$ のとき，すなわち $x-1=0$ のときの $x=1$ のみ。

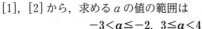

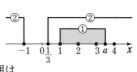

← $a=-3$ を含めると $x=-3$ も解に含まれてしまうから $-3<a$

← $a=4$ を含めると $x=4$ も解に含まれてしまうから $a<4$

練習
③**121**　実数 x, y が $x^2+y^2=1$ を満たすとき，$2x^2+2y-1$ の最大値と最小値，およびそのときの x, y の値を求めよ。　　　　　　　　　　　　　　　　　　　　　　　　　　　　　[摂南大]

$x^2+y^2=1$ から　　$x^2=1-y^2$ …… ①

$x^2 \geqq 0$ であるから　　$1-y^2 \geqq 0$

ゆえに　　$(y+1)(y-1) \leqq 0$

よって　　$-1 \leqq y \leqq 1$ …… ②

また，① を代入すると

$$2x^2+2y-1=2(1-y^2)+2y-1$$
$$=-2y^2+2y+1$$
$$=-2\left(y-\frac{1}{2}\right)^2+\frac{3}{2}$$

これを $f(y)$ とすると，② の範囲で $f(y)$ は

$y=\dfrac{1}{2}$ で最大値 $\dfrac{3}{2}$，$y=-1$ で最小値 -3

をとる。① から

$y=\dfrac{1}{2}$ のとき　　$x=\pm\sqrt{1-\left(\dfrac{1}{2}\right)^2}=\pm\sqrt{\dfrac{3}{4}}=\pm\dfrac{\sqrt{3}}{2}$

$y=-1$ のとき　　$x^2=0$　　ゆえに　　$x=0$

したがって　　$(x,\ y)=\left(\pm\dfrac{\sqrt{3}}{2},\ \dfrac{1}{2}\right)$ のとき最大値 $\dfrac{3}{2}$

$(x,\ y)=(0,\ -1)$ のとき最小値 -3

←(実数)$^2 \geqq 0$ を利用して，y の値の範囲を調べておく。なお，y を消去しようとすると

$y=\pm\sqrt{1-x^2}$ となり，後の処理が非常に大変。

←2次式 ⟶ 基本形に。

$-2y^2+2y+1$
$=-2(y^2-y)+1$
$=-2\left(y-\dfrac{1}{2}\right)^2+2\cdot\left(\dfrac{1}{2}\right)^2+1$

←$x=\pm\sqrt{1-y^2}$

練習
⑤**122**　実数 x, y が $x^2-2xy+2y^2=2$ を満たすとき
　　(1)　x のとりうる値の最大値と最小値を求めよ。
　　(2)　$2x+y$ のとりうる値の最大値と最小値を求めよ。

(1)　$x^2-2xy+2y^2=2$ から　　$2y^2-2xy+x^2-2=0$ …… ①

y の2次方程式 ① が実数解をもつための条件は，判別式を D とすると　　$D \geqq 0$

ここで　　$\dfrac{D}{4}=(-x)^2-2(x^2-2)=-x^2+4=-(x+2)(x-2)$

$D \geqq 0$ から　　$(x+2)(x-2) \leqq 0$

これを解いて　　$-2 \leqq x \leqq 2$

ゆえに，x のとりうる値の **最大値は 2，最小値は -2**

(2)　$2x+y=t$ とおくと

$$y=t-2x$$

① に代入して　　$2(t-2x)^2-2x(t-2x)+x^2-2=0$

整理すると　　$13x^2-10tx+2t^2-2=0$ …… ②

x の2次方程式 ② が実数解をもつための条件は，判別式を D とすると　　$D \geqq 0$

ここで　　$\dfrac{D}{4}=(-5t)^2-13\cdot(2t^2-2)$

$=-(t^2-26)=-(t+\sqrt{26})(t-\sqrt{26})$

←① を y の2次方程式とみる。

←$x=\pm2$ のとき　$D=0$
よって，① は重解
$y=\dfrac{x}{2}=\pm1$
(複号同順) をもつ。
すなわち
$x=2$ のとき　$y=1$,
$x=-2$ のとき　$y=-1$

(2)　$x=\dfrac{t-y}{2}$ を与式に代入して y の2次方程式で考えてもよいが，計算は解答の方がらくである。

$D \geqq 0$ から $\qquad (t+\sqrt{26})(t-\sqrt{26}) \leqq 0$

これを解いて $\qquad -\sqrt{26} \leqq t \leqq \sqrt{26}$

$t = \pm\sqrt{26}$ のとき $D=0$ で，② は重解 $x = -\dfrac{-10t}{2 \cdot 13} = \dfrac{5t}{13}$ をもつ。

$y = t-2x$ であるから，$t = \pm\sqrt{26}$ のとき

$$x = \pm\frac{5\sqrt{26}}{13}, \quad y = t - \frac{10}{13}t = \frac{3t}{13} = \pm\frac{3\sqrt{26}}{13} \quad (\text{複号同順})$$

よって，$2x+y$ は $\boldsymbol{x = \dfrac{5\sqrt{26}}{13}}$，$\boldsymbol{y = \dfrac{3\sqrt{26}}{13}}$ で最大値 $\sqrt{26}$，

$\boldsymbol{x = -\dfrac{5\sqrt{26}}{13}}$，$\boldsymbol{y = -\dfrac{3\sqrt{26}}{13}}$ で最小値 $-\sqrt{26}$ をとる。

←$t = \pm\sqrt{26}$ のとき，② は
$13x^2 \mp 10\sqrt{26}\,x + 50 = 0$
よって
$(\sqrt{13}\,x \mp 5\sqrt{2}\,)^2 = 0$
ゆえに $\quad x = \pm\dfrac{5\sqrt{26}}{13}$
（複号同順）

練習
③123 次の関数のグラフをかけ。
(1) $y = x|x-2|+3$ 　　　　　　(2) $y = \left|\dfrac{1}{2}x^2 + x - 4\right|$

(1) $x \geqq 2$ のとき
$\quad y = x(x-2)+3 = x^2 - 2x + 3$
$\qquad = (x-1)^2 + 2$
$x < 2$ のとき
$\quad y = x\{-(x-2)\} + 3$
$\qquad = -x^2 + 2x + 3$
$\qquad = -(x-1)^2 + 4$
グラフは **右の図の実線部分**。

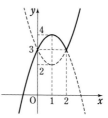

HINT 定義に従って，絶対値記号をはずす。
→| |内の式 $=0$ となる x の値が場合分けのポイント。

(2) $\dfrac{1}{2}x^2 + x - 4 = \dfrac{1}{2}(x^2 + 2x - 8) = \dfrac{1}{2}(x+4)(x-2)$ であるから

$\dfrac{1}{2}x^2 + x - 4 \geqq 0$ の解は $\qquad x \leqq -4,\ 2 \leqq x$

$\dfrac{1}{2}x^2 + x - 4 < 0$ の解は $\qquad -4 < x < 2$

ゆえに，$x \leqq -4,\ 2 \leqq x$ のとき
$$y = \frac{1}{2}x^2 + x - 4 = \frac{1}{2}(x+1)^2 - \frac{9}{2}$$
$-4 < x < 2$ のとき
$$y = -\left(\frac{1}{2}x^2 + x - 4\right) = -\frac{1}{2}(x+1)^2 + \frac{9}{2}$$
グラフは **右の図の実線部分**。

←$\alpha < \beta$ のとき
$(x-\alpha)(x-\beta) \geqq 0$
$\Leftrightarrow x \leqq \alpha,\ \beta \leqq x$
$(x-\alpha)(x-\beta) < 0$
$\Leftrightarrow \alpha < x < \beta$

検討 求めるグラフは，$y = \dfrac{1}{2}(x+1)^2 - \dfrac{9}{2}$ のグラフで $y<0$ の部分を x 軸に関して対称に折り返したもの である。

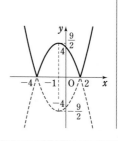

練習
③124 次の不等式を解け。
[(1) 東北学院大, (2) 類 西南学院大]
(1) $7 - x^2 > |2x - 4|$ 　　(2) $|x^2 - 6x - 7| \geqq 2x + 2$ 　　(3) $|2x^2 - 3x - 5| < x + 1$

(1) [1] $2x - 4 \geqq 0$ すなわち $x \geqq 2$ のとき，不等式は
$\qquad 7 - x^2 > 2x - 4 \qquad$ よって $\qquad x^2 + 2x - 11 < 0$
$x^2 + 2x - 11 = 0$ を解くと $\qquad x = -1 \pm 2\sqrt{3}$
よって $\qquad -1 - 2\sqrt{3} < x < -1 + 2\sqrt{3}$
$x \geqq 2$ との共通範囲は $\qquad 2 \leqq x < -1 + 2\sqrt{3}$ …… ①

←$A \geqq 0$ のとき
$|A| = A$

←$x = -1 \pm \sqrt{1^2 - 1 \cdot (-11)}$

←$2 < -1 + 2\sqrt{3}$

[2]　$2x-4<0$ すなわち $x<2$ のとき，不等式は

　　　　$7-x^2>-(2x-4)$　　よって　　$x^2-2x-3<0$

　ゆえに　$(x+1)(x-3)<0$　　よって　　$-1<x<3$

　$x<2$ との共通範囲は　　$-1<x<2$ …… ②

求める解は，① と ② を合わせた範囲で　$\boldsymbol{-1<x<-1+2\sqrt{3}}$

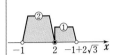

←$A<0$ のとき
　$|A|=-A$

(2)　$x^2-6x-7=(x+1)(x-7)$ であるから

　$x^2-6x-7\geqq0$ の解は　　$x\leqq-1,\ 7\leqq x$

　$x^2-6x-7<0$ の解は　　$-1<x<7$

←$(x+1)(x-7)\geqq0$
←$(x+1)(x-7)<0$

　[1]　$x\leqq-1,\ 7\leqq x$ のとき，不等式は

　　　　　　$x^2-6x-7\geqq2x+2$

　　よって　$x^2-8x-9\geqq0$　　ゆえに　$(x+1)(x-9)\geqq0$

　　したがって　$x\leqq-1,\ 9\leqq x$

　　$x\leqq-1,\ 7\leqq x$ との共通範囲は　　$x\leqq-1,\ 9\leqq x$ …… ①

　[2]　$-1<x<7$ のとき，不等式は

　　　　　　$-(x^2-6x-7)\geqq2x+2$

　　よって　$x^2-4x-5\leqq0$　　ゆえに　$(x+1)(x-5)\leqq0$

　　したがって　$-1\leqq x\leqq5$

　　$-1<x<7$ との共通範囲は　　$-1<x\leqq5$ …… ②

求める解は，① と ② を合わせた範囲で　$\boldsymbol{x\leqq5,\ 9\leqq x}$

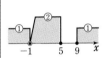

(3)　$2x^2-3x-5=(x+1)(2x-5)$ であるから

　$2x^2-3x-5\geqq0$ の解は　　$x\leqq-1,\ \dfrac{5}{2}\leqq x$

←$(x+1)(2x-5)\geqq0$

　$2x^2-3x-5<0$ の解は　　$-1<x<\dfrac{5}{2}$

←$(x+1)(2x-5)<0$

　[1]　$x\leqq-1,\ \dfrac{5}{2}\leqq x$ のとき，不等式は　　$2x^2-3x-5<x+1$

　　整理して　$x^2-2x-3<0$　　よって　$(x+1)(x-3)<0$

　　したがって　$-1<x<3$

　　$x\leqq-1,\ \dfrac{5}{2}\leqq x$ との共通範囲は　　$\dfrac{5}{2}\leqq x<3$ …… ①

　[2]　$-1<x<\dfrac{5}{2}$ のとき，不等式は　　$-(2x^2-3x-5)<x+1$

　　整理して　$x^2-x-2>0$　　よって　$(x+1)(x-2)>0$

　　したがって　$x<-1,\ 2<x$

　　$-1<x<\dfrac{5}{2}$ との共通範囲は　　$2<x<\dfrac{5}{2}$ …… ②

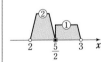

求める解は，① と ② を合わせた範囲で　$\boldsymbol{2<x<3}$

参考　本冊 $p.76$ で紹介した，「$|A|<B\Longleftrightarrow-B<A<B$」，

　「$|A|>B\Longleftrightarrow A<-B$ または $B<A$」を利用して解くことも

　できる。

　　(3)を例にすると，$|2x^2-3x-5|<x+1$ から

　　　　　　$-(x+1)<2x^2-3x-5<x+1$

←$|A|<B$
$\Longleftrightarrow-B<A<B$

$-(x+1)<2x^2-3x-5$ から $x^2-x-2>0$

ゆえに $(x+1)(x-2)>0$

よって $x<-1,\ 2<x$ …… ①

$2x^2-3x-5<x+1$ から $x^2-2x-3<0$

ゆえに $(x+1)(x-3)<0$

よって $-1<x<3$ …… ②

①と②の共通範囲を求めて $2<x<3$

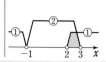

練習
④**125** k は定数とする。方程式 $|x^2+2x-3|+2x+k=0$ の異なる実数解の個数を調べよ。

$|x^2+2x-3|+2x+k=0$ から $-|x^2+2x-3|-2x=k$

$y=-|x^2+2x-3|-2x$ …… ① とする。

←$f(x)=k$ の形に直す。

$x^2+2x-3=(x+3)(x-1)$ であるから

$x^2+2x-3\geqq0$ の解は $x\leqq-3,\ 1\leqq x$

$x^2+2x-3<0$ の解は $-3<x<1$

よって，① は $x\leqq-3,\ 1\leqq x$ のとき

$\quad y=-(x^2+2x-3)-2x=-x^2-4x+3$

$\quad\quad =-(x+2)^2+7$

$-3<x<1$ のとき

$\quad y=(x^2+2x-3)-2x=x^2-3$

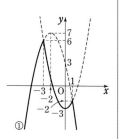

←$|x^2+2x-3|$ の絶対値
をはずす。

$A\geqq0$ のとき $|A|=A$

$A<0$ のとき $|A|=-A$

ゆえに，① のグラフは右上の図の実線部分のようになる。

与えられた方程式の実数解の個数は，① のグラフと直線 $y=k$
の共有点の個数に等しい。これを調べて

$\quad$ **$k>6$ のとき 0 個；$k=6$ のとき 1 個；**

$\quad$ **$k<-3,\ -2<k<6$ のとき 2 個；**

$\quad$ **$k=-2,\ -3$ のとき 3 個；$-3<k<-2$ のとき 4 個**

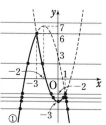

練習
②**126** 2 次関数 $y=-x^2+(m-10)x-m-14$ のグラフが次の条件を満たすように，定数 m の値の範囲を定めよ。

(1) x 軸の正の部分と負の部分で交わる。 (2) x 軸の負の部分とのみ共有点をもつ。

$f(x)=-x^2+(m-10)x-m-14$ とし，2 次方程式 $f(x)=0$ の
判別式を D とする。$y=f(x)$ のグラフは上に凸の放物線で，そ
の軸は直線 $x=\dfrac{m-10}{2}$ である。

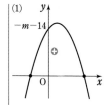

(1) $y=f(x)$ のグラフが x 軸の正の部分と負の部分で交わるた
めの条件は $f(0)>0$

$\quad f(0)=-m-14$ から $-m-14>0$ よって $m<-14$

(2) $y=f(x)$ のグラフが x 軸の負の部分とのみ共有点をもつた
めの条件は，次の [1]，[2]，[3] が同時に成り立つことである。

$\quad$ [1] $D\geqq0$ $\quad$ [2] 軸が $x<0$ の範囲にある $\quad$ [3] $f(0)<0$

$\quad$ [1] $D=(m-10)^2-4\cdot(-1)\cdot(-m-14)$

$\quad\quad\quad =m^2-24m+44=(m-2)(m-22)$

$\quad\quad D\geqq0$ から $(m-2)(m-22)\geqq0$

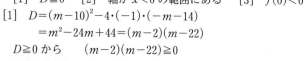

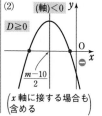

よって　　　$m \leqq 2,\ 22 \leqq m$　……　①

[2]　軸 $x = \dfrac{m-10}{2}$ について　　　$\dfrac{m-10}{2} < 0$

よって　　　$m < 10$　……　②

[3]　$f(0) < 0$ から　　　$-m-14 < 0$

よって　　　$m > -14$　……　③

①，②，③ の共通範囲を求めて　　　$-14 < m \leqq 2$

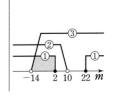

3章
練習
[2次関数]

練習
②**127**　2次方程式 $2x^2+ax+a=0$ が次の条件を満たすように，定数 a の値の範囲を定めよ。
(1)　ともに 1 より小さい異なる 2 つの解をもつ。
(2)　3 より大きい解と 3 より小さい解をもつ。

$f(x)=2x^2+ax+a$ とし，2次方程式 $f(x)=0$ の判別式を D とする。$y=f(x)$ のグラフは下に凸の放物線であり，軸は直線 $x=-\dfrac{a}{4}$ である。

(1)　方程式 $f(x)=0$ がともに 1 より小さい異なる 2 つの解をもつための条件は，放物線 $y=f(x)$ が x 軸の $x<1$ の部分と，異なる 2 点で交わることである。

すなわち，次の [1]，[2]，[3] が同時に成り立つことである。

[1]　$D>0$　　[2]　軸が $x<1$ の範囲にある　　[3]　$f(1)>0$

[1]　$D=a^2-4\cdot2\cdot a=a^2-8a=a(a-8)$

$D>0$ から　　　$a(a-8)>0$

ゆえに　　　$a<0,\ 8<a$　……　①

[2]　軸 $x=-\dfrac{a}{4}$ について　　　$-\dfrac{a}{4}<1$

よって　　　$a>-4$　……　②

[3]　$f(1)=2+2a=2(1+a)$

$f(1)>0$ から　　　$2(1+a)>0$

よって　　　$a>-1$　……　③

①，②，③ の共通範囲を求めて

$\qquad -1<a<0,\ 8<a$

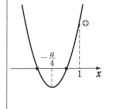

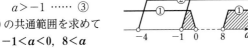

(2)　方程式 $f(x)=0$ が 3 より大きい解と 3 より小さい解をもつための条件は，$y=f(x)$ のグラフが x 軸の $x>3$ の部分と $x<3$ の部分で交わることであり，その条件は　　　$f(3)<0$

ゆえに　　　$18+4a<0$　　　したがって　　　$a<-\dfrac{9}{2}$

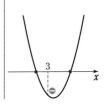

練習
③**128**　2次方程式 $2x^2-ax+a-1=0$ が，$-1<x<1$ の範囲に異なる 2 つの実数解をもつような定数 a の値の範囲を求めよ。

この方程式の判別式を D とし，$f(x)=2x^2-ax+a-1$ とする。

$y=f(x)$ のグラフは下に凸の放物線で，その軸は直線 $x=\dfrac{a}{4}$ である。

題意を満たすための条件は，放物線 $y=f(x)$ が x 軸の
$-1<x<1$ の部分と，異なる 2 点で交わることである。
すなわち，次の [1]〜[4] が同時に成り立つことである。

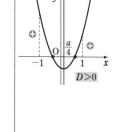

$$[1]\quad D>0 \qquad [2]\quad \text{軸が} -1<x<1 \text{の範囲にある}$$
$$[3]\quad f(-1)>0 \qquad [4]\quad f(1)>0$$

[1]　$D=(-a)^2-4\cdot2(a-1)=a^2-8a+8$

　　$a^2-8a+8=0$ を解くと　　$a=4\pm2\sqrt{2}$

　　よって，$D>0$ すなわち $a^2-8a+8>0$ の解は
$$a<4-2\sqrt{2},\ 4+2\sqrt{2}<a\ \cdots\cdots\ ①$$

[2]　軸 $x=\dfrac{a}{4}$ について　　$-1<\dfrac{a}{4}<1$

　　よって　　$-4<a<4$ $\cdots\cdots$ ②

[3]　$f(-1)>0$ から　　$2\cdot(-1)^2-a\cdot(-1)+a-1>0$

　　よって　　$a>-\dfrac{1}{2}$　$\cdots\cdots$ ③

[4]　$f(1)>0$ から　　$2\cdot1^2-a\cdot1+a-1=1>0$
　　これは常に成り立つ。

①〜③の共通範囲から　　$-\dfrac{1}{2}<a<4-2\sqrt{2}$

練習
③**129**　2次方程式 $ax^2-2(a-5)x+3a-15=0$ が，$-5<x<0$，$1<x<2$ の範囲にそれぞれ 1 つの実数解をもつように，定数 a の値の範囲を定めよ。

$f(x)=ax^2-2(a-5)x+3a-15$ とする。ただし　$a\neq0$
題意を満たすための条件は，放物線 $y=f(x)$ が $-5<x<0$，
$1<x<2$ の範囲でそれぞれ x 軸と 1 点で交わることである。
すなわち　　$f(-5)f(0)<0$　かつ　$f(1)f(2)<0$
ここで
$$f(-5)=a\cdot(-5)^2-2(a-5)\cdot(-5)+3a-15=38a-65,$$
$$f(0)=3a-15,\ f(1)=a\cdot1^2-2(a-5)\cdot1+3a-15=2a-5,$$
$$f(2)=a\cdot2^2-2(a-5)\cdot2+3a-15=3a+5$$
$f(-5)f(0)<0$ から
$$(38a-65)(3a-15)<0$$
よって　　$\dfrac{65}{38}<a<5$　$\cdots\cdots$ ①
また，$f(1)f(2)<0$ から
$$(2a-5)(3a+5)<0$$
よって　　$-\dfrac{5}{3}<a<\dfrac{5}{2}$ $\cdots\cdots$ ②

①，②の共通範囲を求めて　　$\dfrac{65}{38}<a<\dfrac{5}{2}$

これは $a\neq0$ を満たす。

◀ $f(p)f(q)<0$ なら p と q の間に解あり

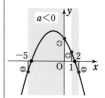

練習
④**130**　方程式 $x^2+(a+2)x-a+1=0$ が $-2<x<0$ の範囲に少なくとも 1 つの実数解をもつような定数 a の値の範囲を求めよ。　　　　　〔武庫川女子大〕

$f(x)=x^2+(a+2)x-a+1$ とし，2次方程式 $f(x)=0$ の判別式を D とする。$y=f(x)$ のグラフは下に凸の放物線で，その軸は直線 $x=-\dfrac{a+2}{2}$ である。

[1] 2つの解がともに $-2<x<0$ の範囲にあるための条件は，$y=f(x)$ のグラフが x 軸の $-2<x<0$ の部分と異なる2点で交わる，または接することである。

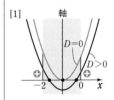

すなわち，次の (i)～(iv) が同時に成り立つことである。

  (i) $D\geqq0$ (ii) 軸が $-2<x<0$ の範囲にある

  (iii) $f(-2)>0$ (iv) $f(0)>0$

(i) $D=(a+2)^2-4\cdot1\cdot(-a+1)=a^2+8a=a(a+8)$

 $D\geqq0$ から $a(a+8)\geqq0$

 よって $a\leqq-8,\ 0\leqq a$ ……①

(ii) 軸 $x=-\dfrac{a+2}{2}$ について $-2<-\dfrac{a+2}{2}<0$

 ゆえに $0<a+2<4$

 よって $-2<a<2$ ……②

(iii) $f(-2)=-3a+1$ であるから $-3a+1>0$

 よって $a<\dfrac{1}{3}$ ……③

(iv) $f(0)=-a+1$ であるから $-a+1>0$

 よって $a<1$ ……④

①～④ の共通範囲を求めて $0\leqq a<\dfrac{1}{3}$

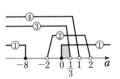

[2] 解の1つが $-2<x<0$ にあり，他の解が $x<-2$ または $0<x$ の範囲にあるための条件は $f(-2)f(0)<0$

 よって $(-3a+1)(-a+1)<0$

 ゆえに $(3a-1)(a-1)<0$ よって $\dfrac{1}{3}<a<1$

[3] 解の1つが $x=-2$ のとき

 $f(-2)=0$ から $-3a+1=0$ ゆえに $a=\dfrac{1}{3}$

 このとき，方程式は $3x^2+7x+2=0$

 よって $(x+2)(3x+1)=0$

 ゆえに，解は $x=-2,\ -\dfrac{1}{3}$ となり，条件を満たす。

←他の解が $-2<x<0$ の範囲にあるかどうかを調べる。

[4] 解の1つが $x=0$ のとき

 $f(0)=0$ から $-a+1=0$ ゆえに $a=1$

 このとき，方程式は $x^2+3x=0$

 よって $x(x+3)=0$

 ゆえに，解は $x=-3,\ 0$ となり，条件を満たさない。

求める a の値の範囲は，[1]，[2]，[3] を合わせて

  $0\leqq a<1$

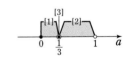

別解 $x^2+(a+2)x-a+1=0$ …… （＊）を変形して

$$a(x-1)=-(x+1)^2$$

方程式（＊）が $-2<x<0$ の範囲に少なくとも1つの実数解をもつことは，放物線 $y=-(x+1)^2$ …… ① と

直線 $y=a(x-1)$ …… ② が $-2<x<0$ の範囲に少なくとも1つの共有点をもつことと同じである。

② は点 $(1,\ 0)$ を通り，傾き a の直線である。

② が点 $(0,\ -1)$ を通るとき

$$a=1$$

② が ① と $-2<x<0$ で接するとき $a=0$

よって，① と ② が $-2<x<0$ の範囲に共有点をもつのは，グラフから $0\leqq a<1$ のときである。

←a を分離する。
なお，a を含む式を左辺に集めると，
「傾き a の直線」
となり考えやすい。

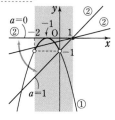

←点 $(-1,\ 0)$ で接する。

練習
④131
2つの2次関数 $f(x)=x^2+2kx+2$, $g(x)=3x^2+4x+3$ がある。次の条件が成り立つような定数 k の値の範囲を求めよ。
(1) すべての実数 x に対して $f(x)<g(x)$ が成り立つ。
(2) ある実数 x に対して $f(x)>g(x)$ が成り立つ。

$F(x)=g(x)-f(x)$ とすると

$$F(x)=(3x^2+4x+3)-(x^2+2kx+2)=2x^2-2(k-2)x+1$$
$$=2\left(x-\frac{k-2}{2}\right)^2-\frac{k^2-4k+2}{2}$$

(1) すべての実数 x に対して $f(x)<g(x)$ が成り立つことは，すべての実数 x に対して $F(x)>0$，すなわち [$F(x)$ の最小値]>0 が成り立つことと同じである。

$F(x)$ は $x=\dfrac{k-2}{2}$ のとき最小値 $-\dfrac{k^2-4k+2}{2}$ をとるから

$$-\frac{k^2-4k+2}{2}>0$$

ゆえに $k^2-4k+2<0$

$k^2-4k+2=0$ を解くと

$$k=-(-2)\pm\sqrt{(-2)^2-1\cdot2}=2\pm\sqrt{2}$$

よって，求める k の値の範囲は $2-\sqrt{2}<k<2+\sqrt{2}$

(2) ある実数 x に対して $f(x)>g(x)$ が成り立つことは，ある実数 x に対して $F(x)<0$，すなわち [$F(x)$ の最小値]<0 が成り立つことと同じである。

よって $-\dfrac{k^2-4k+2}{2}<0$

ゆえに $k^2-4k+2>0$

よって，求める k の値の範囲は $k<2-\sqrt{2}$, $2+\sqrt{2}<k$

←$F(x)=g(x)-f(x)$ とするのは，$F(x)$ の2次の係数を正にするため。

別解 2次方程式
$F(x)=0$ の判別式を D とすると

$$\frac{D}{4}=\{-(k-2)\}^2-2\cdot1$$
$$=k^2-4k+2$$

(1) [$F(x)$ の最小値]>0 の代わりに，$D<0$ として進める。

(2) [$F(x)$ の最小値]<0 の代わりに，$D>0$ として進める。

←$k^2-4k+2=0$ の解は
(1)で求めた。

練習
⑤**132**
2つの2次関数 $f(x)=x^2+2x+a^2+14a-3$, $g(x)=x^2+12x$ がある。次の条件が成り立つような定数 a の値の範囲を求めよ。
(1) $-2 \leqq x \leqq 2$ を満たすすべての実数 x_1, x_2 に対して，$f(x_1) \geqq g(x_2)$ が成り立つ。
(2) $-2 \leqq x \leqq 2$ を満たすある実数 x_1, x_2 に対して，$f(x_1) \geqq g(x_2)$ が成り立つ。

$f(x)=(x+1)^2+a^2+14a-4$, $\qquad g(x)=(x+6)^2-36$

←基本形に直しておく。

(1) $-2 \leqq x \leqq 2$ を満たすすべての実数 x_1, x_2 に対して
$f(x_1) \geqq g(x_2)$ が成り立つのは，$-2 \leqq x \leqq 2$ において
$[f(x)$ の最小値$] \geqq [g(x)$ の最大値$]$ が成り立つときである。
$-2 \leqq x \leqq 2$ において，$f(x)$ の最小値は $\quad f(-1)=a^2+14a-4$,
$\qquad\qquad\qquad\qquad g(x)$ の最大値は $\quad g(2)=28$
よって $\quad a^2+14a-4 \geqq 28$
ゆえに $\quad a^2+14a-32 \geqq 0$
よって $\quad (a+16)(a-2) \geqq 0$
ゆえに $\quad \boldsymbol{a \leqq -16,\ 2 \leqq a}$

(2) $-2 \leqq x \leqq 2$ を満たすある実数 x_1, x_2 に対して $f(x_1) \geqq g(x_2)$
が成り立つのは，$-2 \leqq x \leqq 2$ において
$[f(x)$ の最大値$] \geqq [g(x)$ の最小値$]$ が成り立つときである。
$-2 \leqq x \leqq 2$ において，$f(x)$ の最大値は $\quad f(2)=a^2+14a+5$,
$\qquad\qquad\qquad\qquad g(x)$ の最小値は $\quad g(-2)=-20$
よって $\quad a^2+14a+5 \geqq -20$
ゆえに $\quad a^2+14a+25 \geqq 0$
$a^2+14a+25=0$ を解くと
$\qquad\qquad a=-7 \pm \sqrt{7^2-1 \cdot 25}=-7 \pm 2\sqrt{6}$
よって，求める a の値の範囲は
$\qquad\qquad \boldsymbol{a \leqq -7-2\sqrt{6}\,,\ -7+2\sqrt{6} \leqq a}$

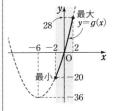

EX
②51 点 $(2x-3,\ -3x+5)$ が第2象限にあるように，x の値の範囲を定めよ。また，x がどのような値であってもこの点が存在しない象限をいえ。

> **HINT** （後半）点が第1象限，第3象限，第4象限にあるような x の値の範囲があるか，それぞれ調べてみる。

点 $(2x-3,\ -3x+5)$ を P とする。

（前半）点 P が第2象限にあるための条件は

$$2x-3<0 \quad \text{かつ} \quad -3x+5>0$$

よって $\quad x<\dfrac{3}{2} \quad$ かつ $\quad x<\dfrac{5}{3}$

$\dfrac{3}{2}<\dfrac{5}{3}$ であるから，求める x の値の範囲は $\quad \boldsymbol{x<\dfrac{3}{2}}$

←第2象限の点
$\Rightarrow$ $(\boldsymbol{x}$ 座標$)<0$ かつ
$\quad$ $(\boldsymbol{y}$ 座標$)>0$

（後半）点 P が第1象限にあるための条件は

$$2x-3>0 \quad \text{かつ} \quad -3x+5>0$$

よって $\quad x>\dfrac{3}{2} \quad$ かつ $\quad x<\dfrac{5}{3} \quad$ すなわち $\quad \dfrac{3}{2}<x<\dfrac{5}{3}$

点 P が第3象限にあるための条件は

$$2x-3<0 \quad \text{かつ} \quad -3x+5<0$$

よって $\quad x<\dfrac{3}{2} \quad$ かつ $\quad x>\dfrac{5}{3}$

これを満たす x の値は存在しない。

点 P が第4象限にあるための条件は

$$2x-3>0 \quad \text{かつ} \quad -3x+5<0$$

よって $\quad x>\dfrac{3}{2} \quad$ かつ $\quad x>\dfrac{5}{3} \quad$ ゆえに $\quad x>\dfrac{5}{3}$

以上から，点 P が存在しない象限は **第3象限**。……（＊）

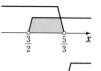

（＊）第3象限以外の象限では，点 P が存在する x の値の範囲がある。

EX
③52 (1) 関数 $y=-x+1$ $(a\leqq x\leqq b)$ の最大値が2，最小値が -2 であるとき，定数 a，b の値を求めよ。ただし，$a<b$ とする。
(2) 関数 $y=ax+b$ $(-2\leqq x<1)$ の値域が $1<y\leqq7$ であるとき，定数 a，b の値を求めよ。

(1) 関数 $y=-x+1$ は x の値が増加すると，y の値は減少するから

$\quad x=a$ で最大値 2，

$\quad x=b$ で最小値 -2

をとる。

よって $\quad -a+1=2,\ -b+1=-2$

これを解いて $\quad \boldsymbol{a=-1,\ b=3}$

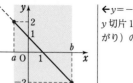

←$y=-x+1$ のグラフは，y 切片1，傾き -1（右下がり）の直線。

(2) $a=0$ のとき，この関数は $y=b$（定数関数）となるから，値域が $1<y\leqq7$ となることはない。

よって $\quad a\neq0$

また，$x=-2$ が定義域に含まれ，$y=7$ が値域に含まれているから，$x=-2$ に $y=7$ が対応し，$x=1$ に $y=1$ が対応している。

よって，この関数は x の値が増加すると，y の値は減少する。

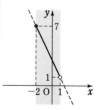

すなわち，$a<0$ で $x=-2$ のとき $y=7$，
$\qquad\qquad\qquad x=1$ のとき $\qquad y=1$
ゆえに $\qquad -2a+b=7,\ a+b=1$
この連立方程式を解いて $\qquad \boldsymbol{a=-2,\ b=3}$
これは $a<0$ を満たす。

EX
②**53** $\quad$ xy 平面において，折れ線 $y=|2x+2|+x-1$ と x 軸によって囲まれた部分の面積を求めよ。 $\qquad$ 〔千葉工大〕

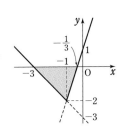

$2x+2\geqq 0$ すなわち $x\geqq -1$ のとき
$\qquad y=2x+2+x-1=3x+1$
$2x+2<0$ すなわち $x<-1$ のとき
$\qquad y=-(2x+2)+x-1=-x-3$
よって，$y=|2x+2|+x-1$ のグラフは
右の図の実線部分のようになる。
求める面積は，右の図の網部分の面積
であり $\quad \dfrac{1}{2}\times\left\{-\dfrac{1}{3}-(-3)\right\}\times 2=\dfrac{8}{3}$

$\leftarrow |2x+2|=2x+2$

$\leftarrow |2x+2|=-(2x+2)$
$\quad [\ -$ をつけてはずす。$]$
$\leftarrow$ グラフと x 軸との交
点の x 座標は $3x+1=0$，
$-x-3=0$ から。
$\leftarrow \dfrac{1}{2}\times$（底辺）$\times$（高さ）

3章

EX

［2次関数］

EX
③**54** $\quad$ 次の関数 $f(x)$ の最小値とそのときの x の値を求めよ。
$\quad$ (1) $f(x)=|x-1|+|x-2|+|x-3|$ $\quad$〔大阪産大〕 $\quad$ (2) $f(x)=|x+|3x-24||$ $\quad$〔千葉工大〕

(1) $\quad x<1$ のとき
$\qquad f(x)=-(x-1)-(x-2)-(x-3)=-3x+6$
$\quad \underline{1\leqq x<2\ \text{のとき}}$
$\qquad f(x)=(x-1)-(x-2)-(x-3)=-x+4$
$\quad \underline{2\leqq x<3\ \text{のとき}}$
$\qquad f(x)=(x-1)+(x-2)-(x-3)=x$
$\quad \underline{3\leqq x\ \text{のとき}}$
$\qquad f(x)=(x-1)+(x-2)+(x-3)$
$\qquad\qquad =3x-6$
よって，$y=f(x)$ のグラフは右の図の
ようになるから，$f(x)$ は
$x=2$ で最小値 **2** をとる。

$\leftarrow x-1<0,\ x-2<0,$
$x-3<0$

$\leftarrow x-1\geqq 0,\ x-2<0,$
$x-3<0$

$\leftarrow x-1>0,\ x-2\geqq 0,$
$x-3<0$

$\leftarrow x-1>0,\ x-2>0,$
$x-3\geqq 0$

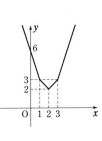

(2) $\quad 3x-24\geqq 0$ すなわち $x\geqq 8$ のとき
$\qquad f(x)=|x+3x-24|=|4x-24|=4|x-6|$
$\quad x\geqq 8$ では $x-6>0$ であるから $\quad f(x)=4x-24$
$\quad 3x-24<0$ すなわち $x<8$ のとき
$\qquad f(x)=|x+(-3x+24)|$
$\qquad\qquad =|24-2x|=2|12-x|$
$\quad x<8$ では $12-x>0$ であるから
$\qquad f(x)=2(12-x)=-2x+24$
よって，$y=f(x)$ のグラフは右の図の
ようになるから，$f(x)$ は
$x=8$ で最小値 **8** をとる。

$\leftarrow$ まず，$|3x-24|$ の絶対
値記号をはずす（$x=8$ が
場合分けの分かれ目）。

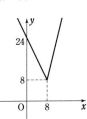

EX ③**55**

(1) 放物線 $y=x^2+ax-2$ の頂点の座標を a で表せ。また，頂点が直線 $y=2x-1$ 上にあるとき，定数 a の値を求めよ。 〔類 慶応大〕

(2) 2つの放物線 $y=2x^2-12x+17$ と $y=ax^2+6x+b$ の頂点が一致するように定数 a，b の値を定めよ。 〔神戸国際大〕

(1) $y=x^2+ax-2=\left(x+\dfrac{a}{2}\right)^2-\dfrac{a^2}{4}-2$

$\leftarrow y=\left(x+\dfrac{a}{2}\right)^2-\left(\dfrac{a}{2}\right)^2-2$

よって，**頂点の座標**は $\left(-\dfrac{a}{2},\ -\dfrac{a^2}{4}-2\right)$

$\leftarrow$ 放物線
$y=a(x-p)^2+q$
の頂点は 点 $(p,\ q)$

また，頂点が直線 $y=2x-1$ 上にあるとき

$$-\dfrac{a^2}{4}-2=2\left(-\dfrac{a}{2}\right)-1$$

$\leftarrow y=2x-1$ に $x=-\dfrac{a}{2}$，
$y=-\dfrac{a^2}{4}-2$ を代入。

整理して $a^2-4a+4=0$

よって $(a-2)^2=0$ ゆえに $\boldsymbol{a=2}$

(2) $y=2x^2-12x+17=2(x^2-6x)+17$

$\qquad =2(x-3)^2-1$

$\leftarrow 2(x^2-6x)+17$
$=2(x-3)^2-2\cdot3^2+17$

$y=ax^2+6x+b=a\left(x^2+\dfrac{6}{a}x\right)+b$

$\leftarrow y=ax^2+6x+b$ は放物線を表すから $a\neq0$

$\qquad =a\left(x+\dfrac{3}{a}\right)^2-a\left(\dfrac{3}{a}\right)^2+b$

$\qquad =a\left(x+\dfrac{3}{a}\right)^2-\dfrac{9}{a}+b$

よって，2つの放物線の頂点の座標は，順に

$$(3,\ -1),\ \left(-\dfrac{3}{a},\ -\dfrac{9}{a}+b\right)$$

題意を満たすための条件は

$$3=-\dfrac{3}{a}\ \cdots\cdots\ ①,\ \ -1=-\dfrac{9}{a}+b\ \cdots\cdots\ ②$$

$\leftarrow x$ 座標，y 座標がそれぞれ一致。

① の両辺に $\dfrac{a}{3}$ を掛けて $\boldsymbol{a=-1}$

$a=-1$ を ② に代入して $-1=9+b$

ゆえに $\boldsymbol{b=-10}$

別解 放物線 $y=2x^2-12x+17$ の頂点は，点 $(3,\ -1)$ であるから，2つの放物線の頂点が一致するための条件は，

$y=ax^2+6x+b$ が，$y=a(x-3)^2-1\ \cdots\cdots\ ③$ と表されることである。

$\leftarrow$ 本冊 $p.153$ 参照。

③ の右辺を展開して整理すると

$$y=ax^2-6ax+9a-1$$

$y=ax^2+6x+b$ と係数を比較して

$$6=-6a,\ b=9a-1$$

これを解いて $\boldsymbol{a=-1,\ b=-10}$

EX
③**56**

2次関数 $y=ax^2+bx+c$ のグラフをコンピュータのグラフ表示ソフトを用いて表示させる。このソフトでは，図の画面上の $\boxed{A}$，$\boxed{B}$，$\boxed{C}$ にそれぞれ係数 a, b, c の値を入力すると，その値に応じたグラフが表示される。
いま，$\boxed{A}$，$\boxed{B}$，$\boxed{C}$ にある値を入力すると，右の図のようなグラフが表示された。

(1) $\boxed{A}$，$\boxed{B}$，$\boxed{C}$ に入力した値の組み合わせとして，適切なものを右の表の①～⑧から1つ選べ。
(2) いま表示されているグラフを原点に関して対称移動した曲線を表示させるためには，$\boxed{A}$，$\boxed{B}$，$\boxed{C}$ にどのような値を入力すればよいか。適切な組み合わせを，(1)の表の①～⑧から1つ選べ。

	①	②	③	④	⑤	⑥	⑦	⑧
A	1	1	1	1	-1	-1	-1	-1
B	2	2	-2	-2	2	2	-2	-2
C	3	-3	3	-3	3	-3	3	-3

3章
EX
【2次関数】

(1) 表示されているグラフは上に凸の放物線であるから
$$a<0$$
頂点の x 座標は $-\dfrac{b}{2a}$ であり，グラフから $\quad -\dfrac{b}{2a}<0$

よって $\quad \dfrac{b}{2a}>0$

$a<0$ であるから $\quad b<0$
グラフは y 軸と $y<0$ の部分で交わるから $\quad c<0$
ゆえに，入力した値は $A<0$，$B<0$，$C<0$ であるから **⑧**

←a と c の符号は，グラフからすぐにわかる。b の符号は，頂点の x 座標もしくは軸の位置と，a の符号を用いて判断する。

←a と b は同符号。

(2) $y=-x^2-2x-3$ のグラフを，原点に関して対称移動した曲線の方程式は，x を $-x$，y を $-y$ におき換えて
$$-y=-(-x)^2-2(-x)-3$$
よって，$y=x^2-2x+3$ であるから **③**

←$y=f(x)$ のグラフを原点に関して対称移動した曲線の方程式は
$-y=f(-x)$

EX
②**57**

2次関数 $y=3x^2-(3a-6)x+b$ が，$x=1$ で最小値 -2 をとるとき，定数 a, b の値を求めよ。
[東京工芸大]

関数の式を変形すると $\quad y=3\left(x-\dfrac{a-2}{2}\right)^2-\dfrac{3}{4}(a-2)^2+b$

この関数のグラフは下に凸の放物線であるから，y は

$x=\dfrac{a-2}{2}$ のとき最小値 $-\dfrac{3}{4}(a-2)^2+b$ をとる。

よって $\quad \dfrac{a-2}{2}=1$ …… ①，$\quad -\dfrac{3}{4}(a-2)^2+b=-2$ …… ②

① を解くと $\quad a=4$

よって，② から $\quad b=-2+\dfrac{3}{4}(4-2)^2=-2+3=\mathbf{1}$

←$y=3\{x^2-(a-2)x\}+b$
$=3\left(x-\dfrac{a-2}{2}\right)^2$
$\quad -3\left(\dfrac{a-2}{2}\right)^2+b$

←下に凸 → 頂点で最小。

←$b=-2+\dfrac{3}{4}(a-2)^2$

別解 $x=1$ で最小値 -2 をとるから，求める2次関数は
$$y=3(x-1)^2-2 \quad \text{と表される。}$$
右辺を展開して $\quad y=3x^2-6x+1$
$y=3x^2-(3a-6)x+b$ と係数を比較して $\quad 3a-6=6$，$b=1$
よって $\quad \boldsymbol{a=4, \ b=1}$

←$x=p$ で最小値 q をとる → $y=a(x-p)^2+q$，$a>0$ と表される。

EX
④58 $f(x)=x^2-2x+2$ とする。また，関数 $y=f(x)$ のグラフを x 軸方向に 3，y 軸方向に -3 だけ平行移動して得られるグラフを表す関数を $y=g(x)$ とする。
(1) $g(x)$ の式を求め，$y=g(x)$ のグラフをかけ。
(2) $h(x)$ を次のように定めるとき，関数 $y=h(x)$ のグラフをかけ。
$$\begin{cases} f(x) \leqq g(x) \text{ のとき} & h(x)=f(x) \\ f(x) > g(x) \text{ のとき} & h(x)=g(x) \end{cases}$$
(3) $a>0$ とするとき，$0 \leqq x \leqq a$ における $h(x)$ の最小値 m を a で表せ。　　　[甲南大]

(1) $y-(-3)=f(x-3)$ から
$\quad y=f(x-3)-3$
$\qquad =(x-3)^2-2(x-3)+2-3$
$\qquad =x^2-8x+14$
よって　　$g(x)=x^2-8x+14$
$x^2-8x+14=(x-4)^2-2$ であるから，
$y=g(x)$ のグラフは **右の図 [1]** のようになる。

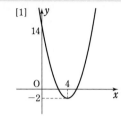

←関数 $y=f(x)$ のグラフを x 軸方向に p，y 軸方向に q だけ平行移動したグラフを表す方程式は
$$y-q=f(x-p)$$

(2) $f(x)-g(x)=x^2-2x+2-(x^2-8x+14)$
$\qquad\qquad =6x-12=6(x-2)$
よって
$\quad x \leqq 2$ のとき　$f(x) \leqq g(x)$，
$\quad x>2$ のとき　$f(x)>g(x)$
ゆえに　$h(x)=\begin{cases} x^2-2x+2 & (x \leqq 2) \\ x^2-8x+14 & (x>2) \end{cases}$
したがって，$y=h(x)$ のグラフは **右の図 [2] の実線部分**。

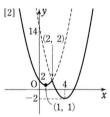

←$f(x)-g(x) \leqq 0$
　$\Longleftrightarrow f(x) \leqq g(x)$
$f(x)-g(x)>0$
　$\Longleftrightarrow f(x)>g(x)$

(3) $x^2-8x+14=1$ とすると　$x^2-8x+13=0$
これを解くと　$x=4 \pm \sqrt{3}$
したがって
$\quad$ **$0<a<1$ のとき**
$\qquad m=h(a)=a^2-2a+2$
$\quad$ **$1 \leqq a<4-\sqrt{3}$ のとき**
$\qquad m=h(1)=1$
$\quad$ **$4-\sqrt{3} \leqq a<4$ のとき**
$\qquad m=h(a)=a^2-8a+14$
$\quad$ **$4 \leqq a$ のとき**
$\qquad m=h(4)=-2$

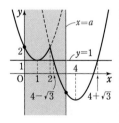

←$y=h(x)$ [$x>2$] のグラフと直線 $y=1$ の交点の x 座標を求めている。

EX
⑤59 2 次関数 $f(x)=\dfrac{5}{4}x^2-1$ について，次の問いに答えよ。
(1) a，b は $f(a)=a$，$f(b)=b$，$a<b$ を満たす。このとき，$a \leqq x \leqq b$ における $f(x)$ の最小値と最大値を求めよ。
(2) p，q は $p<q$ を満たす。このとき，$p \leqq x \leqq q$ における $f(x)$ の最小値が p，最大値が q となるような p，q の値の組をすべて求めよ。　　　[類 滋賀大]

(1) $f(x)=x$ とすると $\dfrac{5}{4}x^2-1=x$

よって $5x^2-4x-4=0$

これを解くと $x=\dfrac{-(-4)\pm\sqrt{(-4)^2-4\cdot5\cdot(-4)}}{2\cdot5}$

$=\dfrac{4\pm4\sqrt{6}}{10}=\dfrac{2\pm2\sqrt{6}}{5}$

$f(a)=a,\ f(b)=b,\ a<b$ であるから

$a=\dfrac{2-2\sqrt{6}}{5},\ b=\dfrac{2+2\sqrt{6}}{5}$

このとき $f(a)=a<0<b=f(b)$

ゆえに，$f(x)$ は $a\leqq x\leqq b$ において，

$x=0$ で最小値 -1，$x=\dfrac{2+2\sqrt{6}}{5}$ で

最大値 $\dfrac{2+2\sqrt{6}}{5}$ をとる。

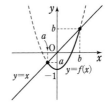

← $a,\ b$ は，放物線 $y=f(x)$ と直線 $y=x$ の共有点の x 座標である。

←2次方程式の解の公式。

←放物線 $y=f(x)$ の軸 $x=0$ が $a\leqq x\leqq b$ に含まれるから，頂点において最小，軸から遠い方の区間の端で最大となる。

(2) [1] $p<q<0$ のとき

$p\leqq x\leqq q$ において，$f(x)$ は $x=q$ で最小値 $f(q)$，$x=p$ で最大値 $f(p)$ をとる。

$f(p)=\dfrac{5}{4}p^2-1,\ f(q)=\dfrac{5}{4}q^2-1$ であり，$p\leqq x\leqq q$ における

$f(x)$ の最小値が p，最大値が q となるから

$\dfrac{5}{4}q^2-1=p$ …… ①，$\dfrac{5}{4}p^2-1=q$ …… ②

①－② から $\dfrac{5}{4}(q^2-p^2)=p-q$

すなわち $(p-q)\left\{\dfrac{5}{4}(p+q)+1\right\}=0$

$p-q\neq0$ であるから $\dfrac{5}{4}(p+q)+1=0$

よって $q=-p-\dfrac{4}{5}$ …… ③

③ を ② に代入して $\dfrac{5}{4}p^2-1=-p-\dfrac{4}{5}$

整理すると $25p^2+20p-4=0$

ゆえに $p=\dfrac{-20\pm\sqrt{20^2-4\cdot25\cdot(-4)}}{2\cdot25}=\dfrac{-2\pm2\sqrt{2}}{5}$

$p<0$ から $p=\dfrac{-2-2\sqrt{2}}{5}$

③ から $q=\dfrac{2+2\sqrt{2}}{5}-\dfrac{4}{5}=\dfrac{-2+2\sqrt{2}}{5}$

これは $q<0$ を満たさない。

(2) 軸 $x=0$ が区間 $p\leqq x\leqq q$ に含まれるかどうかで場合分けする。

[1] $p<q<0$

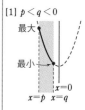

← $\dfrac{-2+2\sqrt{2}}{5}>0$

[2] $p \leqq 0 \leqq q$ のとき

このとき，$f(x)$ は $x=0$ で最小値 -1 をとり，最小値が p となるから　　$p=-1$

これは $p \leqq 0$ を満たす。

(i)　$0 \leqq q < 1$ のとき

$-1 \leqq x \leqq q$ において，$f(x)$ は $x=-1$ で最大値

$f(-1)=\dfrac{1}{4}$ をとり，最大値が q となるから　　$q=\dfrac{1}{4}$

これは $0 \leqq q < 1$ を満たす。

(ii)　$q=1$ のとき

$-1 \leqq x \leqq q$ において，$f(x)$ は $x=\pm 1$ で最大値

$f(\pm 1)=\dfrac{1}{4}$ をとる。

最大値が $q(=1)$ とならないから，不適。

(iii)　$q > 1$ のとき

$-1 \leqq x \leqq q$ において，$f(x)$ は $x=q$ で最大値

$f(q)=\dfrac{5}{4}q^2-1$ をとり，最大値が q となるから

$$\frac{5}{4}q^2-1=q$$

これを解くと　　$q=\dfrac{2 \pm 2\sqrt{6}}{5}$

$q > 1$ であるから　　$q=\dfrac{2+2\sqrt{6}}{5}$

[3] $0 < p < q$ のとき

$p \leqq x \leqq q$ において，$f(x)$ は $x=p$ で最小値 $f(p)$，$x=q$ で最大値 $f(q)$ をとる。

$f(p)=\dfrac{5}{4}p^2-1$，$f(q)=\dfrac{5}{4}q^2-1$ であり，$p \leqq x \leqq q$ における $f(x)$ の最小値が p，最大値が q となるから

$$\frac{5}{4}p^2-1=p,\quad \frac{5}{4}q^2-1=q$$

$p < q$，(1) の計算過程から　　$p=\dfrac{2-2\sqrt{6}}{5}$，$q=\dfrac{2+2\sqrt{6}}{5}$

これは $p > 0$ を満たさない。

以上から　　$(\boldsymbol{p},\ \boldsymbol{q})=\left(-1,\ \dfrac{1}{4}\right),\ \left(-1,\ \dfrac{2+2\sqrt{6}}{5}\right)$

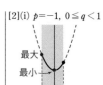

[2](i) $p=-1$, $0 \leqq q < 1$

最大
最小
$x=-1$　$x=0$　$x=q$

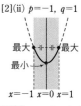

[2](ii) $p=-1$, $q=1$

最大　　最大
最小
$x=-1$　$x=0$　$x=1$

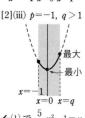

[2](iii) $p=-1$, $q>1$

最大
最小
$x=-1$
$x=0$　$x=q$

←(1)で $\dfrac{5}{4}x^2-1=x$ を解いている。

[3] $0 < p < q$

最大
最小
$x=0$　$x=q$
$x=p$

EX
④**60**

a を実数とする。x の 2 次関数 $f(x)=x^2+ax+1$ の区間 $a-1 \leqq x \leqq a+1$ における最小値を $m(a)$ とする。

(1)　$m\left(\dfrac{1}{2}\right)$ を求めよ。　　　　(2)　$m(a)$ を a の値で場合分けして求めよ。

(3)　a が実数全体を動くとき，$m(a)$ の最小値を求めよ。

[岡山大]

(1) $a=\dfrac{1}{2}$ のとき

$$f(x)=x^2+\dfrac{1}{2}x+1=x^2+\dfrac{1}{2}x+\left(\dfrac{1}{4}\right)^2-\left(\dfrac{1}{4}\right)^2+1$$

$$=\left(x+\dfrac{1}{4}\right)^2+\dfrac{15}{16}$$

←2次式 は 基本形 に直す。

また，区間 $a-1\leqq x\leqq a+1$ は $-\dfrac{1}{2}\leqq x\leqq\dfrac{3}{2}$ となる。

$y=f(x)$ のグラフは下に凸の放物線で，

軸は直線 $x=-\dfrac{1}{4}$ であるから，

$-\dfrac{1}{2}\leqq x\leqq\dfrac{3}{2}$ の範囲において，$f(x)$

は $x=-\dfrac{1}{4}$ のとき最小値 $\dfrac{15}{16}$ をとる。

したがって　$m\left(\dfrac{1}{2}\right)=\boldsymbol{\dfrac{15}{16}}$

←軸が区間に含まれるから，頂点で最小となる。

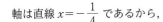

3章
EX
[2次関数]

(2) 関数の式を変形すると

$$f(x)=x^2+ax+1=\left(x+\dfrac{a}{2}\right)^2-\dfrac{a^2}{4}+1$$

$y=f(x)$ のグラフは下に凸の放物線で，軸は 直線 $x=-\dfrac{a}{2}$

←$f(x)$
$=\left(x+\dfrac{a}{2}\right)^2-\left(\dfrac{a}{2}\right)^2+1$

[1]　$a+1<-\dfrac{a}{2}$

　　すなわち　$a<-\dfrac{2}{3}$ のとき

　図 [1] から，$f(x)$ は $x=a+1$ で最

　小となる。よって

　　$m(a)=f(a+1)=2a^2+3a+2$

←軸が区間の右外にあるから，軸に近い右端で最小となる。

←$f(a+1)$
$=(a+1)^2+a(a+1)+1$

[2]　$a-1\leqq-\dfrac{a}{2}\leqq a+1$

　　すなわち　$-\dfrac{2}{3}\leqq a\leqq\dfrac{2}{3}$ のとき

　図 [2] から，$f(x)$ は $x=-\dfrac{a}{2}$ で最

　小となる。よって

　　$m(a)=f\left(-\dfrac{a}{2}\right)=-\dfrac{a^2}{4}+1$

←軸が区間に含まれるから，頂点で最小となる。

[3]　$-\dfrac{a}{2}<a-1$

　　すなわち　$\dfrac{2}{3}<a$ のとき

　図 [3] から，$f(x)$ は $x=a-1$ で最

　小となる。よって

　　$m(a)=f(a-1)=2a^2-3a+2$

←軸が区間の左外にあるから，軸に近い左端で最小となる。

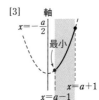

←$f(a-1)$
$=(a-1)^2+a(a-1)+1$

以上から

$a<-\dfrac{2}{3}$ のとき　　　　$m(a)=2a^2+3a+2$

$-\dfrac{2}{3}\leqq a\leqq\dfrac{2}{3}$ のとき　$m(a)=-\dfrac{a^2}{4}+1$

$\dfrac{2}{3}<a$ のとき　　　　$m(a)=2a^2-3a+2$

(3) $2a^2+3a+2=2\left(a^2+\dfrac{3}{2}a\right)+2$

$\qquad\qquad\qquad=2\left(a+\dfrac{3}{4}\right)^2-2\left(\dfrac{3}{4}\right)^2+2=2\left(a+\dfrac{3}{4}\right)^2+\dfrac{7}{8}$

$\quad 2a^2-3a+2=2\left(a^2-\dfrac{3}{2}a\right)+2$

$\qquad\qquad\qquad=2\left(a-\dfrac{3}{4}\right)^2-2\left(\dfrac{3}{4}\right)^2+2=2\left(a-\dfrac{3}{4}\right)^2+\dfrac{7}{8}$

$-\dfrac{3}{4}<-\dfrac{2}{3},\ \dfrac{2}{3}<\dfrac{3}{4}$ であるから，

$y=m(a)$ のグラフは右の図のように
なる。

ここで，$a<-\dfrac{2}{3},\ -\dfrac{2}{3}\leqq a\leqq\dfrac{2}{3}$,

$\dfrac{2}{3}<a$ の各場合について，放物線の軸

はそれぞれの範囲に含まれている。

よって，$m(a)$ は $a=\pm\dfrac{3}{4}$ のとき最小値 $\dfrac{7}{8}$ をとる。

← $a<-\dfrac{2}{3}$ における最

小値は　$m\left(-\dfrac{3}{4}\right)=\dfrac{7}{8}$

$-\dfrac{2}{3}\leqq a\leqq\dfrac{2}{3}$ における

最小値は

$\quad m\left(\pm\dfrac{2}{3}\right)=\dfrac{8}{9}$

$\dfrac{2}{3}<a$ における最小値

は　$m\left(\dfrac{3}{4}\right)=\dfrac{7}{8}$

EX
③**61**　x が $0\leqq x\leqq5$ の範囲を動くとき，関数 $f(x)=-x^2+ax-a$ について考える。ただし，a は定数
とする。
(1) $f(x)$ の最大値を求めよ。
(2) $f(x)$ の最大値が 3 であるとき，a の値を求めよ。　　　　　　　　　　　　[類 北里大]

(1)　関数の式を変形すると

$$f(x)=-\left(x-\dfrac{a}{2}\right)^2+\dfrac{a^2}{4}-a$$

$y=f(x)$ のグラフは上に凸の放物線で，軸は 直線 $x=\dfrac{a}{2}$

[1]　$\dfrac{a}{2}<0$　すなわち　$a<0$ のとき

　　図 [1] から，$f(x)$ は $x=0$ で最大値 $f(0)=-a$ をとる。

[2]　$0\leqq\dfrac{a}{2}\leqq5$　すなわち　$0\leqq a\leqq10$ のとき

　　図 [2] から，$f(x)$ は $x=\dfrac{a}{2}$ で最大値 $f\left(\dfrac{a}{2}\right)=\dfrac{a^2}{4}-a$ をとる。

[3]　$5<\dfrac{a}{2}$　すなわち　$10<a$ のとき

　　図 [3] から，$f(x)$ は $x=5$ で最大値 $f(5)=-25+4a$ をとる。

← $f(x)=-(x^2-ax)-a$

$\quad=-\left(x-\dfrac{a}{2}\right)^2+\left(\dfrac{a}{2}\right)^2-a$

軸が区間の

[1] **左外**

[2] **内**

[3] **右外**

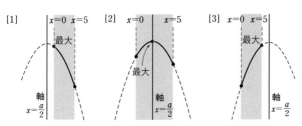

3章
EX
[2次関数]

以上から
$$\begin{cases} a<0 \text{ のとき} & x=0 \text{ で最大値 } -a \\ 0\leqq a\leqq 10 \text{ のとき} & x=\dfrac{a}{2} \text{ で最大値 } \dfrac{a^2}{4}-a \\ a>10 \text{ のとき} & x=5 \text{ で最大値 } -25+4a \end{cases}$$

(2) [1] $a<0$ のとき，$f(x)$ の最大値が 3 であるとすると
$$-a=3$$
よって $a=-3$ これは $a<0$ を満たす。

[2] $0\leqq a\leqq 10$ のとき，$f(x)$ の最大値が 3 であるとすると
$$\frac{a^2}{4}-a=3$$
よって $a^2-4a-12=0$ ゆえに $(a+2)(a-6)=0$
$0\leqq a\leqq 10$ であるから $a=6$

[3] $10<a$ のとき，$f(x)$ の最大値が 3 であるとすると
$$-25+4a=3$$ よって $a=7$
これは $10<a$ を満たさず，不適。

[1]～[3] から，求める a の値は $a=-3,\ 6$

←[1]～[3] の場合ごとに，求めた最大値（a の式）を $=3$ とおいた方程式を解く。なお，a の値を求めた後，場合分けの条件を満たしているかどうかの確認を忘れずに。

EX
③62
1辺の長さが 1 の正三角形 ABC において，辺 BC に平行な直線が 2辺 AB，AC と交わる点をそれぞれ P，Q とする。PQ を 1辺とし，A と反対側にある正方形と △ABC との共通部分の面積を y とする。PQ の長さを x とするとき

(1) y を x を用いて表せ。
(2) y の最大値を求めよ。   [中央大]

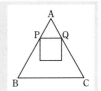

(1) PQ を 1辺とし，A と反対側にある
正方形 PQRS について，辺 SR が辺
BC 上にあるときを考える。
BS：PS $=1:\sqrt{3}$ であるから
    BS：$x=1:\sqrt{3}$
ゆえに $\quad \text{BS}=\dfrac{1}{\sqrt{3}}x$

同様にして $\quad \text{CR}=\dfrac{1}{\sqrt{3}}x$

よって $\quad \text{BC}=2\cdot\dfrac{1}{\sqrt{3}}x+x=\dfrac{2+\sqrt{3}}{\sqrt{3}}x$

BC $=1$ より，$\dfrac{2+\sqrt{3}}{\sqrt{3}}x=1$ であるから

←場合分けの境目となる x の値をまず求める。

$$x=\frac{\sqrt{3}}{2+\sqrt{3}}=\frac{\sqrt{3}(2-\sqrt{3})}{(2+\sqrt{3})(2-\sqrt{3})}=2\sqrt{3}-3$$

したがって

[1] $0<x\leqq2\sqrt{3}-3$ のとき $y=x^2$

[2] $2\sqrt{3}-3<x<1$ のとき，図 [2] から

$$y=\left(\frac{\sqrt{3}}{2}-\frac{\sqrt{3}}{2}x\right)x=-\frac{\sqrt{3}}{2}x^2+\frac{\sqrt{3}}{2}x$$

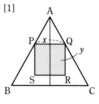

[1]

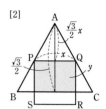

[2]

(2) (1)の結果から，$2\sqrt{3}-3<x<1$ のとき

$$y=-\frac{\sqrt{3}}{2}(x^2-x)$$

$$=-\frac{\sqrt{3}}{2}\left(x-\frac{1}{2}\right)^2+\frac{\sqrt{3}}{8}$$

また $\dfrac{1}{2}-(2\sqrt{3}-3)=\dfrac{7-4\sqrt{3}}{2}$

$$=\frac{\sqrt{49}-\sqrt{48}}{2}>0$$

よって，$\dfrac{1}{2}>2\sqrt{3}-3$ であるから，(1)で

求めた関数のグラフは右の図のようにな

る。

したがって，y は $x=\dfrac{1}{2}$ で最大値 $\dfrac{\sqrt{3}}{8}$ をとる。

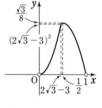

←軸 $x=\dfrac{1}{2}$ が

$2\sqrt{3}-3<x<1$ の範囲

に含まれるかどうかを調

べる。

←軸 $x=\dfrac{1}{2}$ は

$2\sqrt{3}-3<x<1$ の範囲

に含まれる。

EX
④**63**

(1) $a>0$，$b>0$，$a+b=1$ のとき，a^3+b^3 の最小値を求めよ。　　　　［東京電機大］

(2) x，y，z が $x+2y+3z=6$ を満たすとき，$x^2+4y^2+9z^2$ の最小値とそのときの x，y の値を求めよ。　　　　［西南学院大］

(1) $a+b=1$ から $b=1-a$ …… ①

$b>0$ であるから $1-a>0$ ゆえに $a<1$

$a>0$ と合わせて $0<a<1$ …… ②

$a^3+b^3=t$ とおくと

$$t=a^3+(1-a)^3=3a^2-3a+1$$

$$=3\left(a-\frac{1}{2}\right)^2+\frac{1}{4}$$

② の範囲において，t は

$$a=\frac{1}{2} \text{ のとき最小値 } \frac{1}{4} \text{ をとる。}$$

① から，$a=\dfrac{1}{2}$ のとき $b=\dfrac{1}{2}$

したがって $a=\dfrac{1}{2}$，$b=\dfrac{1}{2}$ のとき最小値 $\dfrac{1}{4}$

(2) $x+2y+3z=6$ から $3z=6-x-2y$ …… ①

ゆえに $x^2+4y^2+9z^2=x^2+4y^2+(6-x-2y)^2$

$$=2x^2+4xy+8y^2-12x-24y+36$$

←残る文字 a の値の範囲を求めておく。

←a^3 の項は消える。

←2 次式 ⟶ 基本形に。

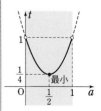

$$=2x^2+4(y-3)x+8y^2-24y+36$$
$$=2\{x+(y-3)\}^2+6y^2-12y+18$$
$$=2(x+y-3)^2+6(y-1)^2+12$$

←x について整理。

←x について基本形に。

x, y は実数であるから $(x+y-3)^2\geqq0$, $(y-1)^2\geqq0$

←(実数)$^2\geqq0$

よって，$x^2+4y^2+9z^2$ は，$x+y-3=0$，$y-1=0$ すなわち
$x=2$，$y=1$ のとき最小となる。

このとき，① から $z=\dfrac{2}{3}$

したがって **$x=2$，$y=1$ のとき最小値 12**

**EX
④64** $f(x)=x^2-4x+5$ とする。関数 $f(f(x))$ の区間 $0\leqq x\leqq3$ における最大値と最小値を求めよ。
[愛知工大]

$f(x)=x^2-4x+5=(x-2)^2+1$ であるから，関数 $f(x)$ の
$0\leqq x\leqq3$ における値域は $1\leqq f(x)\leqq5$
また $f(f(x))=\{f(x)\}^2-4f(x)+5=\{f(x)-2\}^2+1$
よって，$1\leqq f(x)\leqq5$ の範囲において，
$f(f(x))$ は，$f(x)=5$ で最大値 10，
$f(x)=2$ で最小値 1 をとる。
$f(x)=5$ のとき $x^2-4x+5=5$
ゆえに $x^2-4x=0$
これを解いて $x=0,\ 4$
$0\leqq x\leqq3$ を満たすものは $x=0$
$f(x)=2$ のとき $x^2-4x+5=2$
よって $x^2-4x+3=0$
これを解いて $x=1,\ 3$
$x=1,\ 3$ はともに $0\leqq x\leqq3$ を満たす。
ゆえに **$x=0$ のとき最大値 10；$x=1$，3 のとき最小値 1**

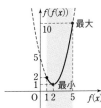

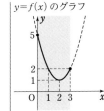

y＝f(x) のグラフ

**EX
④65** (1) 実数 x に対して $t=x^2+2x$ とおく。t のとりうる値の範囲は $t\geqq$ ア□ である。また，x の
関数 $y=-x^4-4x^3-2x^2+4x+1$ を t の式で表すと $y=$ イ□ である。以上から，y は
$x=$ ウ□，エ□ で最大値 オ□ をとる。
(2) a を実数とする。x の関数 $y=-x^4-4x^3+(2a-4)x^2+4ax-a^2+2$ の最大値が (1) で求めた
値 オ□ であるとする。このとき，a のとりうる値の範囲は $a\geqq$ カ□ である。[関西学院大]

(1) $t=x^2+2x$ から $t=(x+1)^2-1$
x はすべての実数値をとるから，t のとりうる値の範囲は
$$t\geqq{}^{\text{ア}}-1$$
次に，y を t の式で表すと
$$y=-(x^4+4x^3+4x^2)+2x^2+4x+1$$
$$=-(x^2+2x)^2+2x^2+4x+1$$
$$=-(x^2+2x)^2+2(x^2+2x)+1$$
$$={}^{\text{イ}}-t^2+2t+1$$
また $y=-(t-1)^2+2$
$t\geqq-1$ の範囲において，y は $t=1$ で最大値 2 をとる。

←$(x+1)^2\geqq0$

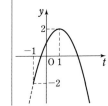

$t=1$ となるのは $x^2+2x=1$ のときである。

$x^2+2x=1$ すなわち $x^2+2x-1=0$ から $\quad x=-1\pm\sqrt{2}$

ゆえに，y は $x=$ ^{ウ，エ}$\mathbf{-1\pm\sqrt{2}}$ で最大値 ^オ$\mathbf{2}$ をとる。

(2) $\quad y=-(x^2+2x)^2+4x^2+(2a-4)x^2+4ax-a^2+2$

$\qquad =-(x^2+2x)^2+2a(x^2+2x)-a^2+2$

$t=x^2+2x$ とおくと $\quad t\geqq-1$ ←(ア) から。

y を t の式で表すと $\quad y=-t^2+2at-a^2+2=-(t-a)^2+2$

よって，放物線 $y=-t^2+2at-a^2+2$ は上に凸で，

軸は 直線 $t=a$

[1] $a<-1$ のとき   ←軸が区間 $t\geqq-1$ の左外にあるとき。

$\quad y$ は $t=-1$ で最大となり，その値は

$$-1-2a-a^2+2=-a^2-2a+1$$

(1) の (オ) から $\quad -a^2-2a+1=2$

ゆえに $\quad a^2+2a+1=0$ よって $\quad a=-1$

これは $a<-1$ を満たさない。

[2] $a\geqq-1$ のとき   ←軸が区間 $t\geqq-1$ 内にあるとき。

$\quad y$ は $t=a$ で最大値 2 をとり，これは，(1) で求めた (オ) の値と一致する。

したがって，a のとりうる値の範囲は $\quad a\geqq$ ^カ$\mathbf{-1}$

EX
②66

(1) $1\leqq x\leqq5$ の範囲で $x=2$ のとき最大値 2 をとり，最小値が -1 である 2 次関数を求めよ。

(2) 2 次関数 $f(x)=ax^2+bx+c$ が，$f(-1)=f(3)=0$ を満たし，その最大値が 4 であるとき，定数 a, b, c の値を求めよ。   [(1) 摂南大, (2) 東京経大]

(1) $1\leqq x\leqq5$ の範囲で $x=2$ のとき最大値 2 をとるから，この 2 次関数のグラフは上に凸で，頂点は点 $(2, 2)$ である。   ←条件から，求める 2 次関数のグラフの概形は次のようになる。

よって，求める 2 次関数は $\quad y=a(x-2)^2+2$, $a<0$ と表される。

ゆえに，$1\leqq x\leqq5$ の範囲で，y は $x=5$ のとき最小になる。

$x=5$ のとき $y=-1$ であるから

$$-1=a(5-2)^2+2 \qquad よって \qquad a=-\frac{1}{3}$$

これは $a<0$ を満たす。

ゆえに，求める 2 次関数は

$$y=-\frac{1}{3}(x-2)^2+2 \quad \left(y=-\frac{1}{3}x^2+\frac{4}{3}x+\frac{2}{3} でもよい\right)$$

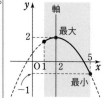

(2) $f(-1)=f(3)=0$ であるから，放物線 $y=f(x)$ の軸は，2 点 $(-1, 0)$, $(3, 0)$ を結ぶ線分の中点 $(1, 0)$ を通る。   ←グラフは軸に関して対称である。

ゆえに，$f(x)$ は $x=1$ で最大値 4 をとる。

よって，$f(x)$ は $\quad f(x)=a(x-1)^2+4$, $a<0$ と表される。

$f(-1)=0$ から $\quad 4a+4=0$

したがって $\quad a=-1$ これは $a<0$ を満たす。

ゆえに $\quad f(x)=-(x-1)^2+4$ よって $\quad f(x)=-x^2+2x+3$

したがって $\quad b=2$, $c=3$

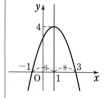

別解 $f(-1)=f(3)=0$ であるから, $f(x)=a(x+1)(x-3)$
と表される。
$$a(x+1)(x-3)=a(x^2-2x-3)=a(x-1)^2-4a$$ であるから
$$f(x)=a(x-1)^2-4a$$
最大値が 4 であるから $a<0$ かつ $-4a=4$
よって $a=-1$ これは $a<0$ を満たす。
したがって $f(x)=-(x+1)(x-3)=-x^2+2x+3$
ゆえに $\boldsymbol{a=-1, \ b=2, \ c=3}$

←2次関数 $y=f(x)$ のグラフが x 軸と交わるとき, その x 座標は, 2次方程式 $f(x)=0$ の実数解 である(本冊 $p.175$ 参照)。

EX ③**67**

(1) $f(x)=x^2+2x-8$ とする。放物線 $C:y=f(x+a)+b$ は 2 点 $(4, 3)$, $(-2, 3)$ を通る。このとき, 放物線 C の軸の方程式と定数 a, b の値を求めよ。 [日本工大]

(2) x の 2 次関数 $y=ax^2+bx+c$ のグラフが相異なる 3 点 (a, b), (b, c), (c, a) を通るものとする。ただし, a, b, c は定数で, $abc \neq 0$ とする。 [早稲田大]
  (ア) a の値を求めよ。   (イ) b, c の値を求めよ。

3章
EX
[2次関数]

(1) $f(x)=x^2+2x-8$ から $f(x)=(x+1)^2-9$
放物線 C は, 放物線 $y=f(x)$ を x 軸方向に $-a$, y 軸方向に b
だけ平行移動したものであるから, その頂点は
点 $(-1-a, -9+b)$ である。
したがって, C の方程式は $y=(x+a+1)^2-9+b$
放物線 C は, 2 点 $(4, 3)$, $(-2, 3)$ を通るから
$$(a+5)^2-9+b=3 \cdots\cdots ①, \quad (a-1)^2-9+b=3 \cdots\cdots ②$$
①－② から $12a+24=0$ よって $\boldsymbol{a=-2}$
② に代入して $9-9+b=3$ よって $\boldsymbol{b=3}$
軸の方程式は, $x=-1-a$ に $a=-2$ を代入して $\boldsymbol{x=1}$

別解 軸の方程式は, 次のようにしても求められる。
  放物線 C の軸を直線 $x=p$ とすると, C が通る 2 点 $(4, 3)$,
  $(-2, 3)$ の y 座標が等しいから $p=\dfrac{4+(-2)}{2}=1$
  よって, 放物線 C の軸の方程式は $\boldsymbol{x=1}$

←頂点は点 $(-1, -9)$

←曲線 $y=f(x)$ を x 軸方向に p, y 軸方向に q だけ平行移動した曲線の方程式は
$$y-q=f(x-p)$$

←放物線は, 軸に関して対称である。

(2) グラフが 3 点 (a, b), (b, c), (c, a) を通るから
$$\begin{cases} b=a^3+ab+c & \cdots\cdots ① \\ c=ab^2+b^2+c & \cdots\cdots ② \\ a=ac^2+bc+c & \cdots\cdots ③ \end{cases}$$
また, $abc \neq 0$ であるから $a \neq 0$, $b \neq 0$, $c \neq 0$
(ア) ② から $b^2(a+1)=0$
$b \neq 0$ より $b^2 \neq 0$ であるから $a+1=0$
よって $\boldsymbol{a=-1}$ これは $a \neq 0$ を満たす。
(イ) ①, ③ に $a=-1$ を代入すると
$$\begin{cases} b=-1-b+c & \cdots\cdots ④ \\ -1=-c^2+bc+c & \cdots\cdots ⑤ \end{cases}$$
④ から $c=2b+1 \cdots\cdots ⑥$
⑤ から $1=c(c-b-1)$
これに $c=2b+1$ を代入して $1=(2b+1)b$

←$b=\dfrac{c-1}{2}$ として, b を消去してもよい。

整理して $2b^2+b-1=0$ ゆえに $(b+1)(2b-1)=0$

よって $b=-1,\ \dfrac{1}{2}$

$b=-1$ のとき，⑥ から $c=-1$

このとき $a=b=c=-1$ となり，3点 $(a,\ b)$，$(b,\ c)$，

$(c,\ a)$ が相異なる3点という条件に反する。

ゆえに，この場合は不適。

$b=\dfrac{1}{2}$ のとき，⑥ から $c=2$

このとき $b \neq 0$，$c \neq 0$ を満たし，3点 $(a,\ b)$，$(b,\ c)$，$(c,\ a)$

が相異なる3点という条件も満たす。

したがって，求める b，c の値は $b=\dfrac{1}{2}$，$c=2$

EX
③68

次の方程式を解け。

(1) $x^2+\dfrac{1}{2}x=\dfrac{1}{3}\left(1-\dfrac{1}{2}x\right)$

(2) $3(x+2)^2+12(x+2)+10=0$

(3) $(2+\sqrt{3})x^2+2(\sqrt{3}+1)x+2=0$

(4) $2x^2-5|x|+3=0$

---

(1) 方程式から $x^2+\dfrac{1}{2}x=\dfrac{1}{3}-\dfrac{1}{6}x$

両辺に6を掛けて $6x^2+3x=2-x$

ゆえに $3x^2+2x-1=0$ よって $(x+1)(3x-1)=0$

したがって $x=-1,\ \dfrac{1}{3}$

$\leftarrow$
$\begin{array}{ccc} 1 & & 1 \to & 3 \\ & \times & \\ 3 & & -1 \to & -1 \\ \hline 3 & & -1 & 2 \end{array}$

(2) $x+2=X$ とおくと $3X^2+12X+10=0$

解の公式により $X=\dfrac{-6\pm\sqrt{6^2-3\cdot10}}{3}=-2\pm\dfrac{\sqrt{6}}{3}$

よって $x=X-2=-2\pm\dfrac{\sqrt{6}}{3}-2=-4\pm\dfrac{\sqrt{6}}{3}$

$\leftarrow 12=2\cdot6$
$b=2b'$ の場合の解の公式による。

(3) 両辺に $(2-\sqrt{3})$ を掛けて

$\{2^2-(\sqrt{3})^2\}x^2+2(\sqrt{3}+1)(2-\sqrt{3})x+2(2-\sqrt{3})=0$

整理すると $x^2-2(1-\sqrt{3})x+2(2-\sqrt{3})=0$

解の公式により $x=1-\sqrt{3}\pm\sqrt{(1-\sqrt{3})^2-2(2-\sqrt{3})}$

$=1-\sqrt{3}\pm\sqrt{(4-2\sqrt{3})-4+2\sqrt{3}}$

$=1-\sqrt{3}$

$\leftarrow$分母の有理化と同じような操作により，x^2 の係数を正の整数にする。

$\leftarrow\sqrt{}$ の中は0

(4) [1] $x \geqq 0$ のとき，方程式は $2x^2-5x+3=0$

ゆえに $(x-1)(2x-3)=0$ よって $x=1,\ \dfrac{3}{2}$

これらはともに $x \geqq 0$ を満たす。

[2] $x<0$ のとき，方程式は $2x^2+5x+3=0$

ゆえに $(x+1)(2x+3)=0$ よって $x=-1,\ -\dfrac{3}{2}$

これらはともに $x<0$ を満たす。

以上から，求める解は $x=\pm1,\ \pm\dfrac{3}{2}$

$\leftarrow|x|=x$

$\leftarrow|x|=-x$

別解 $x^2=|x|^2$ であるから，方程式は $2|x|^2-5|x|+3=0$ ←$|x|$ の2次方程式とみ
ゆえに $(|x|-1)(2|x|-3)=0$ る。

$$
\begin{array}{ccc}
1 & \diagdown & -1 \to -2 \\
2 & \diagup & -3 \to -3 \\
\hline
2 & & 3 \quad -5
\end{array}
$$

よって $|x|=1,\ \dfrac{3}{2}$ すなわち $\boldsymbol{x=\pm 1,\ \pm \dfrac{3}{2}}$

EX ③69

(1) 方程式 $3x^4-10x^2+8=0$ を $x^2=X$ とおくことにより解け。

(2) 方程式 $(x^2-6x+5)(x^2-6x+8)=4$ を解け。

(1) $x^2=X$ とおくと $3X^2-10X+8=0$

ゆえに $(X-2)(3X-4)=0$ よって $X=2,\ \dfrac{4}{3}$

ゆえに $x^2=2,\ \dfrac{4}{3}$ したがって $\boldsymbol{x=\pm\sqrt{2},\ \pm\dfrac{2\sqrt{3}}{3}}$

←
$$
\begin{array}{ccc}
1 & \diagdown & -2 \to -6 \\
3 & \diagup & -4 \to -4 \\
\hline
3 & & 8 \quad -10
\end{array}
$$

←$\sqrt{\dfrac{4}{3}}=\dfrac{2}{\sqrt{3}}=\dfrac{2\sqrt{3}}{3}$

(2) $x^2-6x=X$ とおくと $(X+5)(X+8)=4$

ゆえに $X^2+13X+36=0$ よって $(X+4)(X+9)=0$

ゆえに $X+4=0$ または $X+9=0$

[1] $X+4=0$ のとき $x^2-6x+4=0$

よって $x=-(-3)\pm\sqrt{(-3)^2-1\cdot 4}=3\pm\sqrt{5}$

[2] $X+9=0$ のとき $x^2-6x+9=0$

ゆえに $(x-3)^2=0$ よって $x=3$

[1], [2] から，求める解は $\boldsymbol{x=3,\ 3\pm\sqrt{5}}$

←繰り返し出てくる式 x^2-6x を X とおく。

←$X=-4,\ -9$ としても よいが，左のように進め ると，[1], [2] の2次方 程式を解く計算が進めや すい。

EX ②70

2次方程式 $x^2-5x+a+5=0$ の解の1つが $x=a+1$ であるとき，定数 a の値ともう1つの解を 求めよ。

$x=a+1$ が解であるから $(a+1)^2-5(a+1)+a+5=0$

整理すると $a^2-2a+1=0$ よって $(a-1)^2=0$

これを解くと $\boldsymbol{a=1}$ 解の1つは $x=1+1=2$

$a=1$ のとき，2次方程式は $x^2-5x+6=0$

これを解いて $x=2,\ 3$

よって，もう1つの解は $\boldsymbol{x=3}$

⚠ $x=\alpha$ が解
→ 代入すると成り立つ
$x^2-5x+a+5=0$ に 解 $x=a+1$ を代入。

←$(x-2)(x-3)=0$

EX ②71

2次方程式 $x^2+(2-4k)x+k+1=0$ が正の重解をもつとする。このとき，定数 k の値は $k={}^{\mathcal{P}}\boxed{}$ であり，2次方程式の重解は $x={}^{\mathcal{A}}\boxed{}$ である。 [慶応大]

判別式を D とすると

$$\frac{D}{4}=(1-2k)^2-1\cdot(k+1)=4k^2-5k=k(4k-5)$$

方程式が重解をもつから $D=0$

よって $k(4k-5)=0$ ゆえに $k=0,\ \dfrac{5}{4}$

このとき，重解は $x=-\dfrac{2-4k}{2\cdot 1}=2k-1$ …… (＊)

$k=0,\ \dfrac{5}{4}$ のうち $2k-1>0$ を満たすものは $k={}^{\mathcal{P}}\dfrac{5}{4}$

このとき，重解は $2\cdot\dfrac{5}{4}-1={}^{\mathcal{A}}\dfrac{3}{2}$

←2次方程式が重解をも つ ⟺ $D=0$

(＊) 2次方程式 $ax^2+2b'x+c=0$ の重解 は $\boldsymbol{x=-\dfrac{2b'}{2a}=-\dfrac{b'}{a}}$

←"正の"重解となる場合 のみが適する。

3章
EX
[2次関数]

EX
③**72**　a を定数とする。x の方程式 $(a-3)x^2+2(a+3)x+a+5=0$ の実数解の個数を求めよ。
また，解が1個のとき，その解を求めよ。

[1]　$a=3$ のとき，与えられた方程式は

$$12x+8=0 \qquad ゆえに \qquad x=-\frac{2}{3}$$

← 「方程式」であるから，
$a-3=0$ の場合も考える。

[2]　$a \neq 3$ のとき，与えられた方程式の判別式を D とすると

$$\frac{D}{4}=(a+3)^2-(a-3)(a+5)=a^2+6a+9-(a^2+2a-15)$$
$$=4a+24=4(a+6)$$

よって，実数解の個数は，$a \neq 3$ に注意して

$D>0$　すなわち　$-6<a<3$, $3<a$ のとき　2個
$D=0$　すなわち　$a=-6$ のとき　1個
$D<0$　すなわち　$a<-6$ のとき　0個

[1]，[2] から，求める実数解の個数は

$-6<a<3$, $3<a$ のとき　**2個**
$a=-6$, 3 のとき　**1個**
$a<-6$ のとき　**0個**

また，$a=-6$ のとき解が1個であり，このとき，与えられた2
次方程式は重解をもち，その重解は

← $a=-6$ のとき，方程式
は　$-9x^2-6x-1=0$

$$x=-\frac{2(a+3)}{2(a-3)}=-\frac{-6+3}{-6-3}=-\frac{1}{3}$$

以上から，解が1個であるときの解は

$a=3$ のとき　$x=-\dfrac{2}{3}$，　$a=-6$ のとき　$x=-\dfrac{1}{3}$

EX
③**73**　x の方程式 $x^2-(k-3)x+5k=0$, $x^2+(k-2)x-5k=0$ がただ1つの共通の解をもつように定数
k の値を定め，その共通の解を求めよ。

共通の解を $x=\alpha$ とおいて，方程式にそれぞれ代入すると

$$\alpha^2-(k-3)\alpha+5k=0 \ \cdots\cdots ①, \quad \alpha^2+(k-2)\alpha-5k=0 \ \cdots\cdots ②$$

①＋② から　$2\alpha^2+\alpha=0$　ゆえに　$\alpha(2\alpha+1)=0$

これを解いて　$\alpha=0$, $-\dfrac{1}{2}$

[1]　$\alpha=0$ のとき，① から　$5k=0$
　　よって　$k=0$
　　このとき，2つの方程式は $x^2+3x=0$, $x^2-2x=0$ となり，た
　　だ1つの共通の解 $x=0$ をもつ。

[2]　$\alpha=-\dfrac{1}{2}$ のとき，① から　$\left(-\dfrac{1}{2}\right)^2-(k-3)\left(-\dfrac{1}{2}\right)+5k=0$

これを解くと　$k=\dfrac{5}{22}$

このとき，2つの方程式は

$$x^2+\frac{61}{22}x+\frac{25}{22}=0, \quad x^2-\frac{39}{22}x-\frac{25}{22}=0$$

② 方程式の共通解
共通解を $x=\alpha$ とおく

← 定数項の方を消去する。
α^2 の項を消去すると
$(2k-5)\alpha-10k=0$
となり，この後の計算が
非常に面倒になる。

← 2つの方程式の左辺を
因数分解すると
$x(x+3)=0$,
$x(x-2)=0$

すなわち，$22x^2+61x+25=0$，$22x^2-39x-25=0$ となり，た

だ 1 つの共通の解 $x=-\dfrac{1}{2}$ をもつ。

したがって　　$k=0$　のとき　共通の解は $x=0$

　　　　　　　$k=\dfrac{5}{22}$ のとき　共通の解は $x=-\dfrac{1}{2}$

←2 つの方程式の左辺を
因数分解すると
$(2x+1)(11x+25)=0$,
$(2x+1)(11x-25)=0$

EX ④74

方程式 $x^4-7x^3+14x^2-7x+1=0$ について考える。

$x=0$ はこの方程式の解ではないから，x^2 で両辺を割り $x+\dfrac{1}{x}=t$ とおくと，t に関する 2 次方程式 ア[　] を得る。これを解くと，$t=$ イ[　] となる。よって，最初の方程式の解は，$x=$ ウ[　] となる。　　　　　　　　　　　　　　　　　　　　　　　　　　　　〔順天堂大〕

> [HINT] 与式の係数の対称性に着目。t の値がわかれば x の 2 次方程式が得られる。

$x=0$ は方程式の解でないから，方程式の両辺を x^2 ($\neq 0$) で割

ると　　　$x^2-7x+14-\dfrac{7}{x}+\dfrac{1}{x^2}=0$ …… ①

←$x=0$ とすると　$1=0$
これは不合理である。
よって　$x\neq 0$

$x+\dfrac{1}{x}=t$ とおくと　　$x^2+\dfrac{1}{x^2}=\left(x+\dfrac{1}{x}\right)^2-2=t^2-2$

←$x^2+y^2=(x+y)^2-2xy$

① に代入して　　$t^2-2-7t+14=0$

よって　　ア$t^2-7t+12=0$　　　ゆえに　　$(t-3)(t-4)=0$

したがって　　$t=$ イ$3,\ 4$

[1]　$t=3$ のとき　　$x+\dfrac{1}{x}=3$

　両辺に x ($\neq 0$) を掛けて整理すると　　$x^2-3x+1=0$

　これを解いて　　$x=\dfrac{-(-3)\pm\sqrt{(-3)^2-4\cdot 1\cdot 1}}{2}=\dfrac{3\pm\sqrt{5}}{2}$

[2]　$t=4$ のとき　　$x+\dfrac{1}{x}=4$

　両辺に x ($\neq 0$) を掛けて整理すると　　$x^2-4x+1=0$

　これを解いて　　$x=-(-2)\pm\sqrt{(-2)^2-1\cdot 1}=2\pm\sqrt{3}$

以上から，求める解は　　$x=$ ウ$\dfrac{3\pm\sqrt{5}}{2},\ 2\pm\sqrt{3}$

[検討] EXERCISES 74
の方程式のように，n 次
の方程式で r 次の項と
$n-r$ 次の項の係数が等
しいものを 相反方程式
という。相反方程式は，
左の解答のような方法で
解が求められることがあ
る。

EX ②75

a は自然数とし，2 次関数 $y=x^2+ax+b$ …… ① のグラフを考える。

(1)　$b=1$ のとき，① のグラフが x 軸と接するのは $a=$ [　] のときである。

(2)　$b=3$ のとき，① のグラフが x 軸と異なる 2 点で交わるような自然数 a の中で，$a<9$ を満たす a の個数は [　] である。

(1)　$b=1$ のとき，① は　　$y=x^2+ax+1$

　2 次方程式 $x^2+ax+1=0$ の判別式を D とすると

　　　　$D=a^2-4\cdot 1\cdot 1=(a+2)(a-2)$

　① のグラフが x 軸と接するための条件は　　$D=0$

　よって　　$(a+2)(a-2)=0$　　a は自然数であるから　　$a=2$

←接する $\Longleftrightarrow$ 重解
←$a=-2$ は自然数では
ない。

(2)　$b=3$ のとき，① は　　$y=x^2+ax+3$

　2 次方程式 $x^2+ax+3=0$ の判別式を D とすると

$$D=a^2-4\cdot1\cdot3=a^2-12$$

① のグラフが x 軸と異なる 2 点で交わるための条件は　$D>0$

よって　$a^2-12>0$　　ゆえに　$a^2>12$

これと $a<9$ を満たす自然数 a は $a=4,\ 5,\ 6,\ 7,\ 8$ の　**5 個**

←$a\leqq3$ のとき　$a^2\leqq9$

$a\geqq4$ のとき　$a^2\geqq16$

EX
③**76**

a は定数とする。関数 $y=ax^2+4x+2$ のグラフが，x 軸と異なる 2 つの共有点をもつときの a の値の範囲は ア▢ であり，x 軸とただ 1 つの共有点をもつときの a の値は イ▢ である。

$a\neq0$ のとき，$ax^2+4x+2=0$ の判別式を D とする。

(ア) 関数 $y=ax^2+4x+2$ のグラフが，x 軸と異なる 2 つの共有点
をもつための条件は　　$a\neq0$ かつ $D>0$

$\dfrac{D}{4}=2^2-2a=4-2a$ であるから，$D>0$ より　　$4-2a>0$

これを解いて　$a<2$　　$a\neq0$ であるから　　$\boldsymbol{a<0,\ 0<a<2}$

←$a=0$ のときは 1 次関数になり，x 軸と異なる 2 つの共有点をもつことはない。

(イ) $a=0$ のとき，与えられた関数は $y=4x+2$ となり，
この関数のグラフは x 軸とただ 1 つの共有点をもつ。

また，$a\neq0$ のとき，与えられた関数のグラフが x 軸とただ 1 つ
の共有点をもつための条件は　　$D=0$

ゆえに　　$4-2a=0$　　よって　　$a=2$

したがって，求める a の値は　　$\boldsymbol{a=0,\ 2}$

←グラフは傾き 4 の直線。

←x 軸に接するとき。

(ア)から　$\dfrac{D}{4}=4-2a$

EX
③**77**

a を定数とし，2 次関数 $y=x^2+4ax+4a^2+7a-2$ のグラフを C とする。　　　〔類 摂南大〕

(1) C の頂点が直線 $y=-2x-8$ 上にあるとき，a の値を求めよ。

(2) C が x 軸と異なる 2 点 A，B で交わるとき，a の値の範囲を求めよ。

(3) a の値が(2)で求めた範囲にあるとする。線分 AB の長さが $2\sqrt{22}$ となるとき，a の値を求めよ。

(1) $y=x^2+4ax+4a^2+7a-2=(x+2a)^2+7a-2$

よって，C の頂点の座標は　　$(-2a,\ 7a-2)$

頂点が直線 $y=-2x-8$ 上にあるとき，

$$7a-2=-2(-2a)-8\ \text{が成り立つ。}$$

よって　$7a-2=4a-8$　　ゆえに　$\boldsymbol{a=-2}$

←基本形に直して頂点の座標を求める。

←直線の方程式に頂点の座標を代入。

(2) x の 2 次方程式 $x^2+4ax+4a^2+7a-2=0$ の判別式を D とすると　$\dfrac{D}{4}=(2a)^2-1\cdot(4a^2+7a-2)=-7a+2$

C が x 軸と異なる 2 点で交わるための必要十分条件は　$D>0$

よって　　$-7a+2>0$　　ゆえに　　$\boldsymbol{a<\dfrac{2}{7}}$

(3) 2 点 A，B の x 座標を，$x^2+4ax+4a^2+7a-2=0$ を解いて求めると　　$x=-2a\pm\sqrt{-7a+2}$

よって

$$AB=(-2a+\sqrt{-7a+2})-(-2a-\sqrt{-7a+2})=2\sqrt{-7a+2}$$

$AB=2\sqrt{22}$ から　$2\sqrt{-7a+2}=2\sqrt{22}$

ゆえに　$\sqrt{-7a+2}=\sqrt{22}$　　よって　$-7a+2=22$

したがって　$\boldsymbol{a=-\dfrac{20}{7}}$　　これは $a<\dfrac{2}{7}$ を満たす。

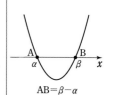

$AB=\beta-\alpha$
$(\alpha<\beta)$

EX
②78

(1) 放物線 $y=-x^2+2(k+1)x-k^2$ が直線 $y=4x-2$ と共有点をもつような定数 k の値の範囲を求めよ。

(2) 座標平面上に，1つの直線と2つの放物線
$$L:y=ax+b,\quad C_1:y=-2x^2,\quad C_2:y=x^2-12x+33$$
がある。L と C_1 および L と C_2 が，それぞれ2個の共有点をもつとき，
ア□ a^2- イ□ $a-$ ウ□ $<b<$ エ□ a^2 が成り立つ。ただし，$a>0$ とする。

[(2) 類 近畿大]

(1) 放物線と直線の方程式から y を消去すると
$$-x^2+2(k+1)x-k^2=4x-2$$
整理すると $x^2-2(k-1)x+k^2-2=0$

この2次方程式の判別式を D とすると
$$\frac{D}{4}=\{-(k-1)\}^2-1\cdot(k^2-2)=-2k+3$$

放物線と直線が共有点をもつための条件は $D\geqq 0$

よって $-2k+3\geqq 0$ ゆえに $\boldsymbol{k\leqq\dfrac{3}{2}}$

←$b=2b'$ の形。

3章
EX
［2次関数］

(2) L と C_1 の方程式，L と C_2 の方程式からそれぞれ y を消去すると $2x^2+ax+b=0$ … ①，$x^2-(a+12)x-b+33=0$ … ②

2次方程式 ①，② の判別式をそれぞれ D_1，D_2 とすると
$$D_1=a^2-4\cdot 2\cdot b=a^2-8b,$$
$$D_2=\{-(a+12)\}^2-4\cdot 1\cdot(-b+33)=4b+a^2+24a+12$$

←$ax+b=-2x^2$ から①，$ax+b=x^2-12x+33$ から②を導く。

L と C_1，L と C_2 がそれぞれ2個の共有点をもつための条件は
$$D_1>0\ \text{かつ}\ D_2>0$$

$D_1>0$ から $a^2-8b>0$ よって $b<\dfrac{1}{8}a^2$ …… ③

←＿＿ を b の1次不等式とみる。

$D_2>0$ から $4b+a^2+24a+12>0$

よって $b>-\dfrac{1}{4}a^2-6a-3$ …… ④

③，④ から $^{\text{ア}}-\dfrac{1}{4}a^2-^{\text{イ}}6a-^{\text{ウ}}3<b<^{\text{エ}}\dfrac{1}{8}a^2$

←共通範囲をとる。

EX
③79

2次関数 $y=ax^2+bx+c$ のグラフが，2点 $(-1,\ 0)$，$(3,\ 8)$ を通り，直線 $y=2x+6$ に接するとき，a，b，c の値を求めよ。

[日本歯大]

$y=ax^2+bx+c$ は，2次関数であるから $a\neq 0$

この関数のグラフが2点 $(-1,\ 0)$，$(3,\ 8)$ を通るから
$$0=a\cdot(-1)^2+b\cdot(-1)+c,\quad 8=a\cdot 3^2+b\cdot 3+c$$
すなわち $a-b+c=0$ …… ①，$9a+3b+c=8$ …… ②

②－① から $8a+4b=8$

よって $b=-2a+2$ …… ③

③ を ① に代入すると $a-(-2a+2)+c=0$

ゆえに $c=-3a+2$ …… ④

③，④ を $y=ax^2+bx+c$ に代入すると
$$y=ax^2+(-2a+2)x-3a+2$$

←a，b，c の3文字のままでは処理が煩雑になる。そこで，通る2点の座標を代入して，b，c を a で表すことから始める。

これと $y=2x+6$ から y を消去すると

$$ax^2+(-2a+2)x-3a+2=2x+6$$

整理すると $ax^2-2ax-3a-4=0$

この 2 次方程式の判別式を D とすると   ←$a \neq 0$ である。

$$\frac{D}{4}=(-a)^2-a(-3a-4)=4a^2+4a=4a(a+1)$$

2 次関数 $y=ax^2+(-2a+2)x-3a+2$ のグラフが直線

$y=2x+6$ に接するための条件は $D=0$ ←接する ⇔ 重解

ゆえに $a(a+1)=0$ $a \neq 0$ であるから $a=-1$ ←$a(a+1)=0$ の解は

$a=-1$ を ③, ④ に代入して $b=4,\ c=5$ $a=0,\ -1$

EX
③80 次の不等式を解け。

(1) $\dfrac{1}{2}x^2 \leqq |x|-|x-1|$

(2) $x|x|<(3x+2)|3x+2|$ [(1) 類 名城大, (2) 類 岡山理科大]

(1) $\dfrac{1}{2}x^2 \leqq |x|-|x-1|$ …… ① とする。

[1] $x<0$ のとき, ① は $\dfrac{1}{2}x^2 \leqq -x+(x-1)$ ←| |内の式=0 となる x

整理すると $x^2+2 \leqq 0$ の値で場合分け。

これを満たす実数 x は存在しない。

[2] $0 \leqq x<1$ のとき, ① は $\dfrac{1}{2}x^2 \leqq x+(x-1)$

整理すると $x^2-4x+2 \leqq 0$

これを解くと $2-\sqrt{2} \leqq x \leqq 2+\sqrt{2}$ ←$x^2-4x+2=0$ の解は

これと $0 \leqq x<1$ の共通範囲は $2-\sqrt{2} \leqq x<1$ …… ② $x=2 \pm \sqrt{2}$

[3] $x \geqq 1$ のとき, ① は $\dfrac{1}{2}x^2 \leqq x-(x-1)$

整理すると $x^2-2 \leqq 0$

これを解くと $-\sqrt{2} \leqq x \leqq \sqrt{2}$

これと $x \geqq 1$ の共通範囲は $1 \leqq x \leqq \sqrt{2}$ …… ③

[1]～[3] から, ②, ③ の範囲を合わせて

$$2-\sqrt{2} \leqq x \leqq \sqrt{2}$$

(2) [1] $x \leqq -\dfrac{2}{3}$ のとき, 不等式は   ←| |内の式 =0 となる

$$-x^2<-(3x+2)^2 \quad \text{すなわち} \quad (3x+2)^2-x^2<0$$ x の値で場合分け。

ゆえに $(x+1)(2x+1)<0$ よって $-1<x<-\dfrac{1}{2}$

$x \leqq -\dfrac{2}{3}$ との共通範囲は $-1<x \leqq -\dfrac{2}{3}$ …… ①

[2] $-\dfrac{2}{3}<x \leqq 0$ のとき, 不等式は

$$-x^2<(3x+2)^2 \quad \text{すなわち} \quad 5x^2+6x+2>0$$

2次方程式 $5x^2+6x+2=0$ の判別式を D とすると

$$\frac{D}{4}=3^2-5\cdot2=-1$$

ゆえに，$D<0$ であるから，$5x^2+6x+2>0$ の解は
すべての実数

よって $\quad -\dfrac{2}{3}<x\leqq0$ …… ②

[3] $x>0$ のとき，不等式は $\quad x^2<(3x+2)^2$

これを解くと，[1] から $\quad x<-1,\ -\dfrac{1}{2}<x$

$x>0$ との共通範囲は $\quad x>0$ …… ③

[1]～[3] から，①～③ の範囲を合わせて $\quad$ **$x>-1$**

EX
④81　2次不等式 $a(x-3a)(x-a^2)<0$ を解け。ただし，a は 0 でない定数とする。
[広島工大]

[1] $a>0$ のとき，与えられた不等式は
$$(x-3a)(x-a^2)<0 \quad\text{……}\ ①$$
　(ⅰ) $3a<a^2$ のとき $\qquad a^2-3a>0$
　　ゆえに $\qquad a(a-3)>0$
　　$a>0$ であるから $\qquad a>3$
　　このとき，① の解は $\quad 3a<x<a^2$
　(ⅱ) $3a=a^2$ のとき $\qquad a^2-3a=0$
　　ゆえに $\qquad a(a-3)=0$
　　$a>0$ であるから $\qquad a=3$
　　このとき，① は $(x-9)^2<0$ となり，解はない。
　(ⅲ) $a^2<3a$ のとき $\qquad a^2-3a<0$
　　ゆえに $\qquad a(a-3)<0$
　　よって $\qquad 0<a<3$
　　これは $a>0$ を満たす。
　　このとき，① の解は $\quad a^2<x<3a$
[2] $a<0$ のとき，与えられた不等式は
$$(x-3a)(x-a^2)>0 \quad\text{……}\ ②$$
　ここで，$3a<0,\ a^2>0$ であるから，② の解は
$$x<3a,\ a^2<x$$
[1]，[2] から $\quad$ **$a<0$ のとき $\quad x<3a,\ a^2<x$**
$\qquad\qquad\qquad$ **$0<a<3$ のとき $\quad a^2<x<3a$**
$\qquad\qquad\qquad$ **$a=3$ のとき $\quad$ 解なし**
$\qquad\qquad\qquad$ **$3<a$ のとき $\quad 3a<x<a^2$**

←与えられた不等式の両辺を 正の数 a で割る。

←$a-3>0$

←$\alpha<\beta$ のとき，不等式 $(x-\alpha)(x-\beta)<0$ の解は $\alpha<x<\beta$

←与えられた不等式の両辺を 負の数 a で割る。不等号の向きが変わる。

EX
③82　不等式 $ax^2+y^2+az^2-xy-yz-zx\geqq0$ が任意の実数 $x,\ y,\ z$ に対して成り立つような定数 a の値の範囲を求めよ。
[滋賀県大]

与えられた不等式を y について整理すると
$$y^2-(z+x)y+a(z^2+x^2)-zx\geqq0$$

これが任意の実数 y に対して常に成り立つための条件は，y についての 2 次方程式 $y^2-(z+x)y+a(z^2+x^2)-zx=0$ の判別式を D_1 とすると，y^2 の係数が正であるから　　　$D_1\leqq0$

すなわち　　$(z+x)^2-4\{a(z^2+x^2)-zx\}\leqq0$

これを z について整理すると

$$(1-4a)z^2+6xz+(1-4a)x^2\leqq0 \cdots\cdots ①$$

$1-4a=0$ のとき，① は $6xz\leqq0$ となるが，これは例えば $x=1$，$z=1$ のとき成り立たないから不適である。

$1-4a\neq0$ のとき，z の方程式 $(1-4a)z^2+6xz+(1-4a)x^2=0$ の判別式を D_2 とすると，① が任意の実数 z に対して常に成り立つための条件は

$$1-4a<0 \quad かつ \quad D_2\leqq0$$

$1-4a<0$ から　　$a>\dfrac{1}{4}$

また　$\dfrac{D_2}{4}=(3x)^2-(1-4a)\cdot(1-4a)x^2=\{3^2-(1-4a)^2\}x^2$

　　　　　$=\{3+(1-4a)\}\{3-(1-4a)\}x^2=(4-4a)(2+4a)x^2$

　　　　　$=8(1-a)(1+2a)x^2$

$D_2\leqq0$ から　　$(1-a)(1+2a)x^2\leqq0 \cdots\cdots ②$

② が任意の実数 x に対して常に成り立つための条件は

$$(1-a)(1+2a)\leqq0 \quad すなわち \quad (a-1)(2a+1)\geqq0$$

よって　　$a\leqq-\dfrac{1}{2}$，$1\leqq a$

これと $a>\dfrac{1}{4}$ の共通範囲を求めて　　$\boldsymbol{a\geqq1}$

＜─ $p\neq0$ のとき，常に
$pX^2+qX+r\geqq0$
$\Leftrightarrow p>0$ かつ $D\leqq0$

＜─ x について整理しても
よい。
＜─ (2 次の係数)＝0 のと
きは別に考察。

＜─ $x^2\geqq0$

EX
②**83**
放物線 $y=x^2-2a^2x+8x+a^4-9a^2+2a+31$ の頂点が第 1 象限にあるとき，定数 a の値の範囲を求めよ。　　　　　　　　　　　　　　　　　　　　　　　　　　　　　　　　　　[同志社大]

　　$y=x^2-2a^2x+8x+a^4-9a^2+2a+31$

　　　$=x^2-2(a^2-4)x+a^4-9a^2+2a+31$

　　　$=\{x-(a^2-4)\}^2-(a^2-4)^2+a^4-9a^2+2a+31$

　　　$=\{x-(a^2-4)\}^2-a^2+2a+15$

ゆえに，放物線の頂点の座標は

$$(a^2-4, \ -a^2+2a+15)$$

頂点が第 1 象限にあるための条件は

$$a^2-4>0 \quad かつ \quad -a^2+2a+15>0$$

$a^2-4>0$ から　　$(a+2)(a-2)>0$

　　よって　　$a<-2$，$2<a \cdots\cdots ①$

$-a^2+2a+15>0$ から　　$a^2-2a-15<0$

　　ゆえに　　$(a+3)(a-5)<0$

　　よって　　$-3<a<5 \cdots\cdots ②$

①，② の共通範囲を求めて　　$\boldsymbol{-3<a<-2}$，$\boldsymbol{2<a<5}$

[HINT] 与式を基本形に
直し，頂点の座標を求め
る。この x 座標，y 座標
がともに正となる条件を
考える。

＜─ 点 (x, y) が第 1 象限
内 $\Leftrightarrow x>0$ かつ $y>0$

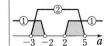

EX ③**84**
2次関数 $y=x^2+ax-a+3$ のグラフは x 軸と共有点をもつが，直線 $y=4x-5$ とは共有点をもたない。ただし，a は定数である。
(1) a の値の範囲を求めよ。
(2) 2次関数 $y=x^2+ax-a+3$ の最小値を m とするとき，m の値の範囲を求めよ。

〔北海道情報大〕

$y=x^2+ax-a+3$ …… ①，$y=4x-5$ …… ② とする。

(1) $x^2+ax-a+3=0$ の判別式を D_1 とすると
$$D_1=a^2-4(-a+3)=a^2+4a-12$$
① のグラフは x 軸と共有点をもつから　$D_1 \geqq 0$

←共有点をもつ
 $\iff$ 実数解をもつ

よって　$a^2+4a-12 \geqq 0$
ゆえに　$(a+6)(a-2) \geqq 0$
よって　$a \leqq -6,\ 2 \leqq a$ …… ③

①，② から y を消去して　$x^2+ax-a+3=4x-5$
整理すると　$x^2+(a-4)x-a+8=0$
この2次方程式の判別式を D_2 とすると
$$D_2=(a-4)^2-4(-a+8)=a^2-4a-16$$
① と ② のグラフは共有点をもたないから　$D_2 < 0$

←共有点をもたない
 $\iff$ 実数解をもたない

よって　$a^2-4a-16 < 0$
$a^2-4a-16=0$ を解くと　$a=2 \pm 2\sqrt{5}$
ゆえに，$a^2-4a-16 < 0$ の解は
$$2-2\sqrt{5} < a < 2+2\sqrt{5}\ \text{…… ④}$$
③，④ の共通範囲を求めて　$\mathbf{2 \leqq a < 2+2\sqrt{5}}$

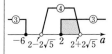

(2) $x^2+ax-a+3=\left(x+\dfrac{a}{2}\right)^2-\dfrac{a^2}{4}-a+3$

よって，① の最小値 m は　$m=-\dfrac{a^2}{4}-a+3$

←$x=-\dfrac{a}{2}$ で最小値をとる。

ゆえに　$m=-\dfrac{1}{4}(a+2)^2+4$

$a=2$ のとき
$$m=-\dfrac{1}{4}(2+2)^2+4=0$$
$a=2+2\sqrt{5}$ のとき

←軸は区間の左外。

$$m=-\dfrac{1}{4}(2+2\sqrt{5}+2)^2+4$$
$$=-5-4\sqrt{5}$$
$2 \leqq a < 2+2\sqrt{5}$ の範囲において，
$m=-\dfrac{a^2}{4}-a+3$ のグラフは，右の図の

実線部分のようになるから，求める m の値の範囲は
$$\mathbf{-5-4\sqrt{5} < m \leqq 0}$$

EX
④85

a を定数とする x についての次の 3 つの 2 次方程式がある。

$x^2+ax+a+3=0$ …… ①,　$x^2-2(a-2)x+a=0$ …… ②,　$x^2+4x+a^2-a-2=0$ …… ③

(1) ①～③がいずれも実数解をもたないような a の値の範囲を求めよ。

(2) ①～③の中で 1 つだけが実数解をもつような a の値の範囲を求めよ。　　　［類 北星学園大］

①，②，③の判別式をそれぞれ D_1，D_2，D_3 とすると

$$D_1=a^2-4(a+3)=a^2-4a-12=(a+2)(a-6)$$

$$\frac{D_2}{4}=\{-(a-2)\}^2-a=a^2-5a+4=(a-1)(a-4)$$

$$\frac{D_3}{4}=2^2-(a^2-a-2)=-(a^2-a-6)=-(a+2)(a-3)$$

HINT ①～③それぞれの判別式 D について，その正，負を考える。数直線を利用するとわかりやすい。

(1) ①，②，③ がいずれも実数解をもたないための条件は

$$D_1<0　かつ　D_2<0　かつ　D_3<0$$

$D_1<0$ から　　$(a+2)(a-6)<0$

よって　　　　$-2<a<6$　　……④

$D_2<0$ から　　$(a-1)(a-4)<0$

よって　　　　$1<a<4$　　……⑤

$D_3<0$ から　　$-(a+2)(a-3)<0$

よって　　　　$a<-2,\ 3<a$　……⑥

④，⑤，⑥ の共通範囲を求めて　　**$3<a<4$**

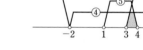

(2) 方程式①，②，③が実数解をもつための条件は，それぞれ

$$D_1\geqq 0,　　　D_2\geqq 0,　　　D_3\geqq 0$$

$D_1\geqq 0$ から　　$a\leqq-2,\ 6\leqq a$　……⑦

$D_2\geqq 0$ から　　$a\leqq 1,\ 4\leqq a$　……⑧

$D_3\geqq 0$ から　　$-2\leqq a\leqq 3$　……⑨

⑦，⑧，⑨のうち，1 つだけが成り立つ a の値の範囲が求めるものである。

したがって，右の図から　　**$1<a\leqq 3,\ 4\leqq a<6$**

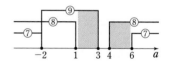

EX
④86

2 次不等式 $x^2-(2a+3)x+a^2+3a<0$ …… ①，$x^2+3x-4a^2+6a<0$ …… ② について，次の各問いに答えよ。ただし，a は定数で $0<a<4$ とする。

(1) ①，②を解け。

(2) ①，②を同時に満たす x が存在するのは，a がどんな範囲にあるときか。

(3) ①，②を同時に満たす整数 x が存在しないのは，a がどんな範囲にあるときか。

［類 長崎総科大］

(1) ① から　　$(x-a)\{x-(a+3)\}<0$

$a<a+3$ であるから，① の解は　　**$a<x<a+3$**　…… ③

② から　　$(x+2a)\{x-(2a-3)\}<0$

$-2a>2a-3,\ -2a=2a-3,\ -2a<2a-3$ を満たす a の値

または a の値の範囲は，それぞれ　　$a<\dfrac{3}{4},\ a=\dfrac{3}{4},\ a>\dfrac{3}{4}$

よって，$0<a<4$ に注意して，② の解は

$0<a<\dfrac{3}{4}$ のとき　$2a-3<x<-2a$　　　　　　……④

←① の (左辺)
$=x^2-(2a+3)x$
$\quad+a(a+3)$
$=(x-a)\{x-(a+3)\}$
② の (左辺)
$=x^2+3x-2a(2a-3)$
$=(x+2a)\{x-(2a-3)\}$

$a=\dfrac{3}{4}$ のとき, $\left(x+\dfrac{3}{2}\right)^2<0$ となり　**解はない** …… ⑤

←(実数)$^2\geqq0$

$\dfrac{3}{4}<a<4$ のとき　$-2a<x<2a-3$　　　…… ⑥

(2)　$-2a<0<a$ であるから, ③, ④ を同時に満たす x は存在しない。また, ③, ⑤ を同時に満たす x も存在しない。

←$a>0$

③, ⑥ を同時に満たす x が存在するのは, $a<2a-3$ のときである。　$a<2a-3$ を解くと　　$a>3$

←$-2a<0<a$

よって, $a>3$ と $\dfrac{3}{4}<a<4$ の共通範囲を求めて　　**$3<a<4$**

(3)　[1]　(2)と同様に考えると, $2a-3\leqq a$ すなわち $0<a\leqq3$ のとき①, ② を同時に満たす x は存在しない。すなわち, 題意を満たす。

　　[2]　$3<a<4$ のとき, $3<a$ から　　$a+3<2a$

　　　　よって　　$a<2a-3$

　　　　また, $2\cdot3-3<2a-3<2\cdot4-3$ から　$3<2a-3<5$ …… ⑦

←$2a-3$, $a+3$ のとりうる値の範囲を調べてみる。

　　　　　　$3+3<a+3<4+3$ から　　　　$6<a+3<7$ …… ⑧

　　　　⑦, ⑧ から　　$2a-3<a+3$

　　　　よって, ①, ② を同時に満たす x の範囲は　　$a<x<2a-3$

　　　　このとき, 題意を満たすための条件は　$2a-3\leqq4$ …… (*)

　　　　ゆえに　　　$a\leqq\dfrac{7}{2}$

(*) $2a-3=4$ の場合も含まれることに注意。

　　　　$3<a<4$ との共通範囲を求めて　　$3<a\leqq\dfrac{7}{2}$

　　[1], [2] を合わせて, 求める範囲は　　**$0<a\leqq\dfrac{7}{2}$**

EX
⑤**87**

方程式 $3x^2+2xy+3y^2=8$ を満たす x, y に対して, $u=x+y$, $v=xy$ とおく。
(1)　$u^2-4v\geqq0$ を示せ。　　　　　　　　(2)　u, v の間に成り立つ等式を求めよ。
(3)　$k=u+v$ がとる値の範囲を求めよ。　　　　　　　　　　　　　　　　[九州産大]

(1)　$u^2-4v=(x+y)^2-4xy=x^2-2xy+y^2=(x-y)^2\geqq0$

←(実数)$^2\geqq0$

　　よって, $u^2-4v\geqq0$ が成り立つ。

(2)　$x^2+y^2=(x+y)^2-2xy$ であるから, 方程式は

←与式は, x, y の対称式 $\longrightarrow x+y$, xy で表す。

　　　　　　$3\{(x+y)^2-2xy\}+2xy=8$

　　よって　　$3(x+y)^2-4xy=8$　　　ゆえに　　**$3u^2-4v=8$**

(3)　$u^2-4v\geqq0$ …… ①, $3u^2-4v=8$ …… ② とする。

　　② から　$4v=3u^2-8$　　① に代入して　$u^2-(3u^2-8)\geqq0$

←v を消去。

　　ゆえに　$u^2-4\leqq0$　　　よって　　$-2\leqq u\leqq2$ …… ③

　　k を u の式で表すと, ② から

$$k=u+v=u+\dfrac{3u^2-8}{4}=\dfrac{3}{4}u^2+u-2$$

$$=\dfrac{3}{4}\left\{u^2+\dfrac{4}{3}u+\left(\dfrac{2}{3}\right)^2\right\}-\dfrac{3}{4}\cdot\left(\dfrac{2}{3}\right)^2-2=\dfrac{3}{4}\left(u+\dfrac{2}{3}\right)^2-\dfrac{7}{3}$$

$-2<-\dfrac{2}{3}<2$ であるから, ③ の範囲において, k は

$\quad u=2$ で最大値 3, $u=-\dfrac{2}{3}$ で最小値 $-\dfrac{7}{3}$ をとる。

したがって $\quad -\dfrac{7}{3} \leqq k \leqq 3$

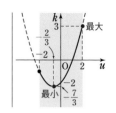

EX
④88
(1) 不等式 $2x^4-5x^2+2>0$ を解け。
(2) 不等式 $(x^2-4x+1)^2-3(x^2-4x+1)+2 \leqq 0$ を解け。

(1) $x^2=t$ とおくと $\quad t\geqq 0$ 不等式は $\quad 2t^2-5t+2>0$

$\quad$ ゆえに $\quad (2t-1)(t-2)>0$ $\quad$ よって $\quad 0\leqq t<\dfrac{1}{2},\ 2<t$

$\quad$ したがって $\quad 0\leqq x^2<\dfrac{1}{2},\ 2<x^2$ $\cdots\cdots$ (*)

$\quad x^2\geqq 0$ は常に成り立つ。

$\quad x^2<\dfrac{1}{2}$ から $\quad -\dfrac{1}{\sqrt{2}}<x<\dfrac{1}{\sqrt{2}}$

$\quad 2<x^2$ から $\quad x<-\sqrt{2},\ \sqrt{2}<x$

$\quad$ 以上から $\quad \boldsymbol{x<-\sqrt{2},\ -\dfrac{1}{\sqrt{2}}<x<\dfrac{1}{\sqrt{2}},\ \sqrt{2}<x}$

$\leftarrow$（実数）$^2\geqq 0$

$\leftarrow$
$\begin{array}{ccc} 2 & \diagdown & -1 \to -1 \\ 1 & \diagup & -2 \to -4 \\ \hline 2 & & 2 \quad -5 \end{array}$

$\leftarrow t=x^2$ を代入し, x の 2 次不等式を解く。
ここで, (*) は
$0\leqq x^2<\dfrac{1}{2}$ または $2<x^2$
であることに注意。

$\leftarrow$ 合わせた範囲が答え。

(2) $x^2-4x+1=t$ とおくと $\quad t=(x-2)^2-3$

$\quad$ ゆえに, t のとりうる値の範囲は $\quad t\geqq -3$

$\quad$ 不等式を t で表すと $\quad t^2-3t+2\leqq 0$ $\quad$ よって $\quad 1\leqq t\leqq 2$

$\quad$ これは $t\geqq -3$ を満たす。 $\quad$ ゆえに $\quad 1\leqq x^2-4x+1\leqq 2$

$\quad 1\leqq x^2-4x+1$ から $\quad x(x-4)\geqq 0$

$\qquad$ ゆえに $\quad x\leqq 0,\ 4\leqq x$ $\cdots\cdots$ ①

$\quad x^2-4x+1\leqq 2$ から $\quad x^2-4x-1\leqq 0$

$\qquad x^2-4x-1=0$ を解くと $\quad x=2\pm\sqrt{5}$

$\qquad x^2-4x-1\leqq 0$ の解は

$\qquad\qquad 2-\sqrt{5}\leqq x\leqq 2+\sqrt{5}$ $\cdots\cdots$ ②

$\quad$ ① と ② の共通範囲を求めて

$\quad\boldsymbol{2-\sqrt{5}\leqq x\leqq 0,\ 4\leqq x\leqq 2+\sqrt{5}}$

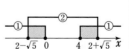

$\leftarrow$2 次式 $\longrightarrow$ 基本形に直す。

$\leftarrow$変数のおき換えで, 変域が変わる。

$\leftarrow t=x^2-4x+1$ を代入し, x の 2 次不等式を解く。

$\leftarrow x$
$=-(-2)\pm\sqrt{(-2)^2-1\cdot(-1)}$
$=2\pm\sqrt{5}$

$\leftarrow 2<\sqrt{5}<3$ であるから
$2-\sqrt{5}<0,\ 4<2+\sqrt{5}$

EX
③89
$f(x)=|x^2-1|-x$ の $-1\leqq x\leqq 2$ における最大値と最小値を求めよ。 　　　　[昭和薬大]

$x^2-1=(x+1)(x-1)$ であるから

$\quad x^2-1\geqq 0$ の解は $\quad x\leqq -1,\ 1\leqq x$

$\quad x^2-1<0$ の解は $\quad -1<x<1$

[1] $\underline{x\leqq -1,\ 1\leqq x\ \text{のとき}}$

$\qquad f(x)=x^2-1-x=\left(x-\dfrac{1}{2}\right)^2-\dfrac{5}{4}$

$\quad$ また $\quad f(2)=1$

$\leftarrow\geqq 0$, <0 となる場合に分けているが, >0, $\leqq 0$ と場合分けしてもよい。
ただし, 場合分けの一方には必ず等号をつける。

[2] $-1 < x < 1$ のとき

$$f(x) = -(x^2-1) - x = -x^2 - x + 1$$

$$= -\left(x+\frac{1}{2}\right)^2 + \frac{5}{4}$$

よって，$-1 \le x \le 2$ における $y=f(x)$
のグラフは図の実線部分のようになる。
ゆえに，$-1 \le x \le 2$ において $f(x)$ は

$$x = -\frac{1}{2} \text{ で最大値 } \frac{5}{4},$$

$$x = 1 \text{ で最小値 } -1$$

をとる。

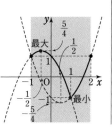

$\leftarrow f\left(-\dfrac{1}{2}\right) > f(2)$ である

るから，$x = -\dfrac{1}{2}$ で最大
値をとる。

注意　$y=|x^2-1|-x$ のグラフは，$y=x^2-1-x$ のグラフで $y<0$ の部分を x 軸に関して対称に折り返したグラフではない。$y<0$ の部分を折り返して考えてよいのは，$y=|f(x)|$ の形（右辺全体に $|\ \ |$ がつく）の場合である。

EX
⑤**90**　a を定数とする。x についての方程式 $|(x-2)(x-4)| = ax - 5a + \dfrac{1}{2}$ が相異なる 4 つの実数解を
もつとき，a の値の範囲を求めよ。　　　　　　　　　　　　　　　　　　　　　［類 早稲田大］

$y = |(x-2)(x-4)|$ …… ①，$y = ax - 5a + \dfrac{1}{2}$ …… ②

のグラフを考える。

$(x-2)(x-4) \ge 0$ の解は　　$x \le 2$, $4 \le x$

$(x-2)(x-4) < 0$ の解は　　$2 < x < 4$

ゆえに，① は

$x \le 2$, $4 \le x$ のとき　$y = (x-2)(x-4) = (x-3)^2 - 1$

$2 < x < 4$ のとき　　　$y = -(x-2)(x-4) = -(x-3)^2 + 1$

よって，① のグラフは，図の太線部
分のようになる。

② は $y = a(x-5) + \dfrac{1}{2}$ と変形できる

から，② のグラフは定点 $\left(5, \dfrac{1}{2}\right)$ を

通る傾き a の直線である。

[1]　② のグラフが ① のグラフの
　　$2 \le x \le 4$ の部分と接するとき

2 次方程式 $-(x-2)(x-4) = ax - 5a + \dfrac{1}{2}$　すなわち

$x^2 + (a-6)x - 5a + \dfrac{17}{2} = 0$ の判別式を D とすると

$$D = (a-6)^2 - 4\left(-5a + \frac{17}{2}\right) = a^2 + 8a + 2$$

$D = 0$ から　$a^2 + 8a + 2 = 0$　　　よって　$a = -4 \pm \sqrt{14}$

$2 \le x \le 4$ の部分と接するのは，グラフから $a = -4 + \sqrt{14}$ の
ときである。

HINT
$y = |(x-2)(x-4)|$ のグ
ラフと直線
$y = ax - 5a + \dfrac{1}{2}$ の共有
点について調べる。

$\leftarrow y = (x-2)(x-4)$ のグ
ラフで，x 軸より下側の
部分を x 軸に関して対
称に折り返したものであ
る。

[2] ② のグラフが点 $(2,\ 0)$ を通るとき $0=2a-5a+\dfrac{1}{2}$

よって $a=\dfrac{1}{6}$

[1]，[2] から，方程式 $|(x-2)(x-4)|=ax-5a+\dfrac{1}{2}$ が異なる

4 つの実数解をもつとき，a の値の範囲は

$$-4+\sqrt{14}<a<\dfrac{1}{6}$$

EX
②91

2 次不等式 $2x^2-3x-2\leqq0$ を満たす x の値が常に 2 次不等式 $x^2-2ax-2\leqq0$ を満たすような定数 a の値の範囲を求めよ。　　　　　　　　〔福岡工大〕

$2x^2-3x-2\leqq0$ から　　$(2x+1)(x-2)\leqq0$

したがって　　$-\dfrac{1}{2}\leqq x\leqq2$ …… ①

$f(x)=x^2-2ax-2$ とすると，$y=f(x)$ のグラフは下に凸の放物線であるから，① を満たす x の値が常に $f(x)\leqq0$ を満たす

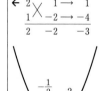

ための条件は　　$f\left(-\dfrac{1}{2}\right)\leqq0$ かつ $f(2)\leqq0$

$f\left(-\dfrac{1}{2}\right)=\left(-\dfrac{1}{2}\right)^2-2a\cdot\left(-\dfrac{1}{2}\right)-2=a-\dfrac{7}{4}$

$f(2)=2^2-2a\cdot2-2=-4a+2$ であるから

$$a-\dfrac{7}{4}\leqq0 \text{ かつ } -4a+2\leqq0$$

よって　　$a\leqq\dfrac{7}{4}$ かつ $a\geqq\dfrac{1}{2}$

すなわち　　$\dfrac{1}{2}\leqq a\leqq\dfrac{7}{4}$

EX
③92

$a<b<c$ のとき，x に関する次の 2 次方程式は 2 つの実数解をもつことを示せ。
また，その解を $\alpha,\ \beta\ (\alpha<\beta)$ とするとき，$\alpha,\ \beta$ と定数 $a,\ b,\ c$ の大小関係を示せ。
(1) $2(x-b)(x-c)-(x-a)^2=0$　　　　(2) $(x-a)(x-c)+(x-b)^2=0$

(1) $f(x)=2(x-b)(x-c)-(x-a)^2$
とすると，$a<b<c$ であるから

$f(a)=2(a-b)(a-c)>0$　　　　　　　　　←$a-b<0,\ a-c<0$
$f(b)=-(b-a)^2<0$　　　　　　　　　　　←$(b-a)^2>0$
$f(c)=-(c-a)^2<0$　　　　　　　　　　　←$(c-a)^2>0$

また，$f(x)$ の 2 次の係数は 1 で，
$y=f(x)$ のグラフは下に凸の放物線であるから，c より大きい
値 d で $f(d)>0$ となるものが存在する。
ゆえに，$y=f(x)$ のグラフは $a<x<b$，$c<x<d$ の範囲で，
それぞれ x 軸と交わる。
よって，方程式 $f(x)=0$ は 2 つの実数解 $\alpha,\ \beta$ をもち，
$\alpha<\beta$ とするとき，グラフから　　$a<\alpha<b<c<\beta$

(2) $f(x)=(x-a)(x-c)+(x-b)^2$ とすると，$a<b<c$ であるから
$$f(a)=(a-b)^2>0$$
$$f(b)=(b-a)(b-c)<0$$
$$f(c)=(c-b)^2>0$$

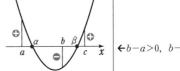

←$b-a>0,\ b-c<0$

また，$f(x)$ の 2 次の係数は 2 で，$y=f(x)$ のグラフは下に凸の放物線であるから，方程式 $f(x)=0$ は 2 つの実数解 α, β をもち，$\alpha<\beta$ とするとき
$$\boldsymbol{a<\alpha<b<\beta<c}$$

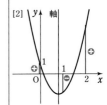

3章
EX
[2次関数]

EX
④93

k を正の整数とする。$5n^2-2kn+1<0$ を満たす整数 n が，ちょうど1個であるような k の値をすべて求めよ。　　　　[一橋大]

$5n^2-2kn+1<0$ …… ① とし，$f(x)=5x^2-2kx+1$ とする。
$f(n)<0$ を満たす整数 n が存在するとき，$y=f(x)$ のグラフは x 軸と異なる 2 点で交わるから，$f(x)=0$ の判別式を D とすると　　　　$D>0$

←$y=f(x)$ のグラフは x 軸の $x<n$ の部分と $x>n$ の部分で交わる。

$\dfrac{D}{4}=(-k)^2-5\cdot1=k^2-5$ であるから　　$k^2-5>0$
すなわち　　$k^2>5$
k は正の整数であるから　　$k\geqq3$

←$k=1,\ 2$ のとき　$k^2\leqq4$

[1] $k=3$ のとき
$$f(x)=5x^2-6x+1=(5x-1)(x-1)$$
　$f(n)<0$ とすると，$(5n-1)(n-1)<0$ から　　$\dfrac{1}{5}<n<1$
　よって，① を満たす整数 n は存在しない。

[2] $k=4$ のとき
$$f(x)=5x^2-8x+1$$
　グラフの軸の直線 $x=\dfrac{4}{5}$ に最も近い整数は 1 で
$$f(0)=1>0,\ f(1)=-2<0,\ f(2)=5>0$$
　よって，① を満たす整数 n は $n=1$ のみである。

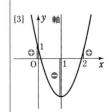

[3] $k=5$ のとき
$$f(x)=5x^2-10x+1$$
　グラフの軸は直線 $x=1$ で
$$f(0)=1>0,\ f(1)=-4<0,\ f(2)=1>0$$
　よって，① を満たす整数 n は $n=1$ のみである。

[4] $k\geqq6$ のとき
$$f(1)=2(3-k)<0,\ f(2)=21-4k<0$$
　よって，① を満たす整数 n は 2 個以上ある。

[1]～[4] から，求める k の値は　　$\boldsymbol{k=4,\ 5}$

EX
⑤**94** 不等式 $-x^2+(a+2)x+a-3<y<x^2-(a-1)x-2$ …… （＊）を考える。ただし，x，y，a は実数とする。このとき，

「どんな x に対しても，それぞれ適当な y をとれば不等式（＊）が成立する」

ための a の値の範囲を求めよ。また，

「適当な y をとれば，どんな x に対しても不等式（＊）が成立する」

ための a の値の範囲を求めよ。　　　　　　　　　　　　　　　　　　［早稲田大］

$f(x)=-x^2+(a+2)x+a-3$，$g(x)=x^2-(a-1)x-2$ とする。

（前半）　題意を満たすための条件は，すべての x に対して

$$f(x)<g(x) \quad\text{……　①}$$

が成り立つことである。

①から　　$-x^2+(a+2)x+a-3<x^2-(a-1)x-2$

よって　　$2x^2-(2a+1)x-a+1>0$

これが任意の x に対して成り立つための条件は，

$2x^2-(2a+1)x-a+1=0$ の判別式を D とすると　　$D<0$

ここで　　$D=\{-(2a+1)\}^2-4\cdot2\cdot(-a+1)$

$$=4a^2+12a-7$$

ゆえに　　$4a^2+12a-7<0$

よって　　$(2a+7)(2a-1)<0$　　　ゆえに　　$-\dfrac{7}{2}<a<\dfrac{1}{2}$

（後半）　題意を満たすための条件は，

$$[f(x) \text{の最大値}]<[g(x) \text{の最小値}] \quad\text{……　②}$$

が成り立つことである。

ここで　　$f(x)=-\left(x-\dfrac{a+2}{2}\right)^2+\dfrac{a^2+8a-8}{4}$

$$g(x)=\left(x-\dfrac{a-1}{2}\right)^2-\dfrac{a^2-2a+9}{4}$$

よって，$f(x)$ の最大値は $\dfrac{a^2+8a-8}{4}$　$\left(x=\dfrac{a+2}{2} \text{のとき}\right)$

　　　　　$g(x)$ の最小値は $-\dfrac{a^2-2a+9}{4}$　$\left(x=\dfrac{a-1}{2} \text{のとき}\right)$

②から　　$\dfrac{a^2+8a-8}{4}<-\dfrac{a^2-2a+9}{4}$

整理して　　$2a^2+6a+1<0$

$2a^2+6a+1=0$ の解は　　$a=\dfrac{-3\pm\sqrt{3^2-2\cdot1}}{2}=\dfrac{-3\pm\sqrt{7}}{2}$

したがって　　$\dfrac{-3-\sqrt{7}}{2}<a<\dfrac{-3+\sqrt{7}}{2}$

適当な y を y_0 とする。

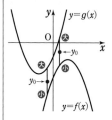

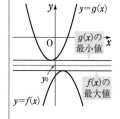

練習 (1) 図(ア)で，$\sin\theta$, $\cos\theta$, $\tan\theta$ の値を求めよ。
①**133** (2) 図(イ)で，x, y の値を求めよ。

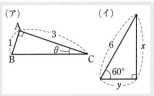

(1) 三平方の定理により
$$\text{BC}=\sqrt{1^2+3^2}=\sqrt{10}$$
よって $\quad \boldsymbol{\sin\theta}=\dfrac{\text{AB}}{\text{BC}}=\dfrac{1}{\sqrt{10}}$,
$$\boldsymbol{\cos\theta}=\dfrac{\text{AC}}{\text{BC}}=\dfrac{3}{\sqrt{10}},$$
$$\boldsymbol{\tan\theta}=\dfrac{\text{AB}}{\text{AC}}=\dfrac{1}{3}$$

(2) $\sin 60°=\dfrac{x}{6}$ から $\quad \boldsymbol{x}=6\sin 60°=6\cdot\dfrac{\sqrt{3}}{2}=\boldsymbol{3\sqrt{3}}$

$\cos 60°=\dfrac{y}{6}$ から $\quad \boldsymbol{y}=6\cos 60°=6\cdot\dfrac{1}{2}=\boldsymbol{3}$

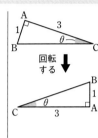

回転する

$\leftarrow\sin 60°=\dfrac{\sqrt{3}}{2}$

$\leftarrow\cos 60°=\dfrac{1}{2}$

練習 「三角比の表」を用いて，次の問いに答えよ。
①**134** (1) 図(ア)で，x, y の値を求めよ。ただし，小数第2位を四捨五入せよ。
(2) 図(イ)で，鋭角 θ のおよその大きさを求めよ。

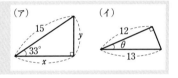

(1) $x=15\cos 33°=15\times 0.8387=12.5805$
$y=15\sin 33°=15\times 0.5446=8.169$
小数第2位を四捨五入して $\quad \boldsymbol{x\fallingdotseq 12.6}$, $\boldsymbol{y\fallingdotseq 8.2}$

(2) $\cos\theta=\dfrac{12}{13}=0.92307\cdots\fallingdotseq 0.9231$ で，三角比の表から
$$\cos 22°=0.9272, \quad \cos 23°=0.9205$$
ゆえに，$23°$ の方が近い値である。 よって $\quad \boldsymbol{\theta\fallingdotseq 23°}$

$\leftarrow$三角比の表から
$\cos 33°=0.8387$
$\sin 33°=0.5446$

練習 海面のある場所から崖の上に立つ高さ 30 m の灯台の先端の仰角が $60°$ で，同じ場所から灯台の
②**135** 下端の仰角が $30°$ のとき，崖の高さを求めよ。 [金沢工大]

崖の高さを h m とすると，海面のある場所から灯台までの水平距離は
$$\dfrac{h}{\tan 30°}=\sqrt{3}\,h \text{ (m)}$$
また，海面から灯台の先端までの高さは $(30+h)$ m である。

よって，図から $\quad \tan 60°=\dfrac{30+h}{\sqrt{3}\,h}$

ゆえに $\quad \sqrt{3}=\dfrac{30+h}{\sqrt{3}\,h}$

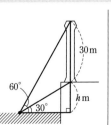

30 m

$\leftarrow\tan 30°=\dfrac{h}{\text{水平距離}}$

$60°$

$30°$

h m

両辺に $\sqrt{3}\,h$ を掛けて　　$3h=30+h$
よって　　　$h=15$
したがって，崖の高さは　**15 m**

練習
③136
(1) 右の図で，線分 DE，AE の長さを求めよ。
(2) 右の図を利用して，次の値を求めよ。
　　　$\sin 15°$,　　$\cos 15°$,　　$\tan 15°$

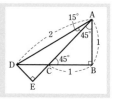

(1)　$CD=BD-BC=\sqrt{AD^2-AB^2}-1$
　　　$=\sqrt{2^2-1^2}-1=\sqrt{3}-1$
　　△CDE は $\angle E=90°$ の直角二等辺三角形であるから
　　$DE=\dfrac{CD}{\sqrt{2}}=\dfrac{\sqrt{3}-1}{\sqrt{2}}=\dfrac{\sqrt{6}-\sqrt{2}}{2}$
　　また，$AC=\sqrt{2}\,BC=\sqrt{2}$，$CE=DE$ であるから
　　$AE=AC+CE=\sqrt{2}+\dfrac{\sqrt{6}-\sqrt{2}}{2}=\dfrac{\sqrt{6}+\sqrt{2}}{2}$

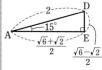

(2)　直角三角形 ADE において
　　$\sin 15°=\dfrac{DE}{AD}=\dfrac{\sqrt{6}-\sqrt{2}}{2}\div 2=\dfrac{\sqrt{6}-\sqrt{2}}{4}$
　　$\cos 15°=\dfrac{AE}{AD}=\dfrac{\sqrt{6}+\sqrt{2}}{2}\div 2=\dfrac{\sqrt{6}+\sqrt{2}}{4}$
　　$\tan 15°=\dfrac{DE}{AE}=\dfrac{\sqrt{6}-\sqrt{2}}{2}\div\dfrac{\sqrt{6}+\sqrt{2}}{2}$
　　　　　$=\dfrac{\sqrt{6}-\sqrt{2}}{\sqrt{6}+\sqrt{2}}=\dfrac{(\sqrt{6}-\sqrt{2})^2}{(\sqrt{6}+\sqrt{2})(\sqrt{6}-\sqrt{2})}$
　　　　　$=\dfrac{8-2\sqrt{12}}{6-2}=\dfrac{8-4\sqrt{3}}{4}$
　　　　　$=2-\sqrt{3}$

HINT 15° の三角比は直角三角形 ADE に着目。まず，線分 CD の長さを求め，これをもとに，線分 DE，AE の長さを求める。

検討 $\tan\theta=\dfrac{\sin\theta}{\cos\theta}$ を利用して，
$\tan 15°=\dfrac{\sin 15°}{\cos 15°}$
$=\dfrac{\sqrt{6}-\sqrt{2}}{\sqrt{6}+\sqrt{2}}=2-\sqrt{3}$
としてもよい。

練習
②137
θ は鋭角とする。$\sin\theta$，$\cos\theta$，$\tan\theta$ のうち 1 つが次の値をとるとき，他の 2 つの値を求めよ。
(1)　$\sin\theta=\dfrac{12}{13}$
(2)　$\cos\theta=\dfrac{1}{3}$
(3)　$\tan\theta=\dfrac{2}{\sqrt{5}}$

(1)　$\sin^2\theta+\cos^2\theta=1$ から
　　　　　$\cos^2\theta=1-\sin^2\theta=1-\left(\dfrac{12}{13}\right)^2=\dfrac{25}{169}$
　　θ は鋭角であるから　　$\cos\theta>0$
　　よって　　$\cos\theta=\sqrt{\dfrac{25}{169}}=\dfrac{5}{13}$
　　また　　$\tan\theta=\dfrac{\sin\theta}{\cos\theta}=\dfrac{12}{13}\div\dfrac{5}{13}=\dfrac{12}{5}$

(2) $\sin^2\theta+\cos^2\theta=1$ から

$$\sin^2\theta=1-\cos^2\theta=1-\left(\frac{1}{3}\right)^2=\frac{8}{9}$$

$\sin\theta>0$ であるから

$$\boldsymbol{\sin\theta}=\sqrt{\frac{8}{9}}=\frac{2\sqrt{2}}{3}$$

また　　$\boldsymbol{\tan\theta}=\dfrac{\sin\theta}{\cos\theta}=\dfrac{2\sqrt{2}}{3}\div\dfrac{1}{3}=\boldsymbol{2\sqrt{2}}$

(3)　$1+\tan^2\theta=\dfrac{1}{\cos^2\theta}$ から　　$\dfrac{1}{\cos^2\theta}=1+\left(\dfrac{2}{\sqrt{5}}\right)^2=\dfrac{9}{5}$

したがって　　$\cos^2\theta=\dfrac{5}{9}$

θ は鋭角であるから　　$\cos\theta>0$

よって　　$\boldsymbol{\cos\theta}=\sqrt{\dfrac{5}{9}}=\dfrac{\sqrt{5}}{3}$

また　　$\boldsymbol{\sin\theta}=\tan\theta\cos\theta=\dfrac{2}{\sqrt{5}}\cdot\dfrac{\sqrt{5}}{3}=\dfrac{2}{3}$

練習
②**138**

(1) 次の三角比を 45° 以下の角の三角比で表せ。
  (ア) $\sin 72°$　　　　　(イ) $\cos 85°$　　　　　(ウ) $\tan 47°$
(2) △ABC の 3 つの内角 ∠A，∠B，∠C の大きさを，それぞれ A，B，C とするとき，次の等式が成り立つことを証明せよ。
  (ア) $\sin\dfrac{B+C}{2}=\cos\dfrac{A}{2}$　　　　　(イ) $\tan\dfrac{A+B}{2}\tan\dfrac{C}{2}=1$

(1)　(ア)　$\sin 72°=\sin(90°-18°)=\boldsymbol{\cos 18°}$　　　　　$\leftarrow\sin(90°-\theta)=\cos\theta$

　　(イ)　$\cos 85°=\cos(90°-5°)=\boldsymbol{\sin 5°}$　　　　　$\leftarrow\cos(90°-\theta)=\sin\theta$

　　(ウ)　$\tan 47°=\tan(90°-43°)=\boldsymbol{\dfrac{1}{\tan 43°}}$　　　　　$\leftarrow\tan(90°-\theta)=\dfrac{1}{\tan\theta}$

(2)　(ア)　$A+B+C=180°$ であるから　　　　　$\leftarrow$三角形の内角の和は 180°

　　　　　$B+C=180°-A$

　　ゆえに　　$\dfrac{B+C}{2}=\dfrac{180°-A}{2}=90°-\dfrac{A}{2}$

　　よって　　$\sin\dfrac{B+C}{2}=\sin\left(90°-\dfrac{A}{2}\right)=\cos\dfrac{A}{2}$　　　　$\leftarrow\sin(90°-\theta)=\cos\theta$

　　したがって，等式は成り立つ。

　　(イ)　$A+B+C=180°$ であるから　　$A+B=180°-C$

　　ゆえに　　$\dfrac{A+B}{2}=\dfrac{180°-C}{2}=90°-\dfrac{C}{2}$

　　よって　　$\tan\dfrac{A+B}{2}\tan\dfrac{C}{2}=\tan\left(90°-\dfrac{C}{2}\right)\tan\dfrac{C}{2}$

　　　　　　　　　$=\dfrac{1}{\tan\dfrac{C}{2}}\cdot\tan\dfrac{C}{2}=1$　　　　$\leftarrow\tan(90°-\theta)=\dfrac{1}{\tan\theta}$

　　したがって，等式は成り立つ。

練習 ①139 次の表において，(a), (b), (c), (d)の値を求めよ。

θ	120°	135°	150°	180°
$\sin\theta$	$\dfrac{\sqrt{3}}{2}$	(b)	$\dfrac{1}{2}$	0
$\cos\theta$	$-\dfrac{1}{2}$	$-\dfrac{1}{\sqrt{2}}$	(c)	-1
$\tan\theta$	(a)	-1	(d)	0

図 [1] で，$\angle$AOP$=120°$，OP$=2$ とすると
P$(-1,\ \sqrt{3})$

よって　　$\tan 120°=\dfrac{\sqrt{3}}{-1}=-\sqrt{3}$ ……(a)

[1]
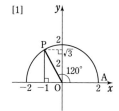

図 [2] で，$\angle$AOP$=135°$，OP$=\sqrt{2}$ とすると
P$(-1,\ 1)$

よって　　$\sin 135°=\dfrac{1}{\sqrt{2}}$ ……(b)

[2]
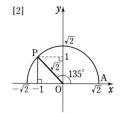

図 [3] で，$\angle$AOP$=150°$，OP$=2$ とすると
P$(-\sqrt{3},\ 1)$

ゆえに　　$\cos 150°=\dfrac{-\sqrt{3}}{2}=-\dfrac{\sqrt{3}}{2}$ ……(c)

$\tan 150°=\dfrac{1}{-\sqrt{3}}=-\dfrac{1}{\sqrt{3}}$ ……(d)

[3]
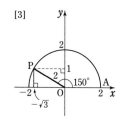

練習 ②140 (1) $\cos 160°-\cos 110°+\sin 70°-\sin 20°$ の値を求めよ。　　　[(1) 函館大]

(2) $\cos\theta=\dfrac{1}{4}$ のとき

$\sin(\theta+90°)\times\tan(90°-\theta)\times\cos(180°-\theta)\times\tan(180°-\theta)$
の値を求めよ。

(1)　$\cos 160°-\cos 110°+\sin 70°-\sin 20°$
$=\cos(180°-20°)-\cos(90°+20°)+\sin(90°-20°)-\sin 20°$
$=-\cos 20°+\sin 20°+\cos 20°-\sin 20°=\boldsymbol{0}$

(2)　$\sin(\theta+90°)\times\tan(90°-\theta)\times\cos(180°-\theta)\times\tan(180°-\theta)$
$=\cos\theta\times\dfrac{1}{\tan\theta}\times(-\cos\theta)\times(-\tan\theta)$
$=\cos^2\theta=\dfrac{1}{16}$

$\leftarrow\cos(180°-\theta)=-\cos\theta$
$\cos(90°+\theta)=-\sin\theta$
$\sin(90°-\theta)=\cos\theta$

$\leftarrow\sin(\theta+90°)=\cos\theta$
$\tan(90°-\theta)=\dfrac{1}{\tan\theta}$
$\cos(180°-\theta)=-\cos\theta$
$\tan(180°-\theta)=-\tan\theta$

練習
②**141** $0° \leqq \theta \leqq 180°$ のとき，次の等式を満たす θ を求めよ。

(1) $\sin\theta = \dfrac{\sqrt{3}}{2}$ 　　　　　　　(2) $\cos\theta = \dfrac{1}{\sqrt{2}}$

(1) 半径 1 の半円周上で，

y 座標が $\dfrac{\sqrt{3}}{2}$ となる点は，

右の図の 2 点 P，Q である。

求める θ は

$\angle\mathrm{AOP}$ と $\angle\mathrm{AOQ}$

であるから

$\theta = 60°,\ 120°$

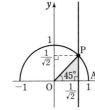

←直線 $y = \dfrac{\sqrt{3}}{2}$ と半円
の交点が 2 点 P，Q である。

(2) 半径 1 の半円周上で，

x 座標が $\dfrac{1}{\sqrt{2}}$ となる点は，

右の図の点 P である。

求める θ は

$\angle\mathrm{AOP}$

であるから 　$\theta = 45°$

←直線 $x = \dfrac{1}{\sqrt{2}}$ と半円
の交点が点 P である。

4章
練習
［図形と計量］

注意 解答では詳しく書いているが，慣れてきたら，次のように
簡単に答えてもよい。

(1) $\sin\theta = \dfrac{\sqrt{3}}{2}$ から 　　$\theta = 60°,\ 120°$

(2) $\cos\theta = \dfrac{1}{\sqrt{2}}$ から 　　$\theta = 45°$

練習
②**142** $0° \leqq \theta \leqq 180°$ のとき，次の等式を満たす θ を求めよ。

(1) $\tan\theta = \sqrt{3}$ 　　　　　　　(2) $\tan\theta = -1$

(1) 直線 $x = 1$ 上で，y 座標が $\sqrt{3}$ と
なる点を T とすると，直線 OT と半
径 1 の半円の交点は，右の図の点 P
である。

求める θ は

$\angle\mathrm{AOP}$

であるから

$\theta = 60°$

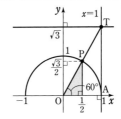

←直線 $y = \sqrt{3}$ と直線
$x = 1$ の交点が点 T であ
る。すなわち
　　T$(1,\ \sqrt{3})$

(2) 直線 $x = 1$ 上で，y 座標が -1 とな
る点を T とすると，直線 OT と半径
1 の半円の交点は，右の図の点 P で
ある。

求める θ は

$\angle\mathrm{AOP}$

であるから 　$\theta = 135°$

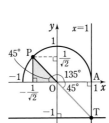

←直線 $y = -1$ と直線
$x = 1$ の交点が点 T であ
る。すなわち
　　T$(1,\ -1)$

注意 解答では詳しく書いているが，慣れてきたら，次のように
簡単に答えてもよい。
(1) $\tan\theta=\sqrt{3}$ から $\theta=60°$
(2) $\tan\theta=-1$ から $\theta=135°$

練習 次の方程式を解け。
③**143** (1) $2\sin^2\theta-\cos\theta-1=0$ $(0°\leqq\theta\leqq180°)$ (2) $\tan\theta=\sqrt{2}\cos\theta$ $(0°\leqq\theta<90°)$

(1) $\sin^2\theta=1-\cos^2\theta$ であるから $2(1-\cos^2\theta)-\cos\theta-1=0$

整理すると $2\cos^2\theta+\cos\theta-1=0$ ←$\cos\theta$ の2次方程式。

$\cos\theta=t$ とおくと，$0°\leqq\theta\leqq180°$ のとき $-1\leqq t\leqq1$ …… ① ←おき換えを利用。

方程式は $2t^2+t-1=0$ ゆえに $(t+1)(2t-1)=0$

よって $t=-1,\ \dfrac{1}{2}$ これらは ① を満たす。

$t=-1$ すなわち $\cos\theta=-1$ を解いて $\theta=180°$

$t=\dfrac{1}{2}$ すなわち $\cos\theta=\dfrac{1}{2}$ を解いて $\theta=60°$

以上から $\theta=60°,\ 180°$

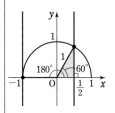

(2) $\tan\theta=\dfrac{\sin\theta}{\cos\theta}$ であるから $\dfrac{\sin\theta}{\cos\theta}=\sqrt{2}\cos\theta$

ゆえに $\sin\theta=\sqrt{2}\cos^2\theta$

$\cos^2\theta=1-\sin^2\theta$ であるから $\sin\theta=\sqrt{2}(1-\sin^2\theta)$

整理すると $\sqrt{2}\sin^2\theta+\sin\theta-\sqrt{2}=0$ ←$\sin\theta$ の2次方程式。

$\sin\theta=t$ とおくと，$0°\leqq\theta<90°$ のとき $0\leqq t<1$ …… ①

方程式は $\sqrt{2}t^2+t-\sqrt{2}=0$

よって $(t+\sqrt{2})(\sqrt{2}t-1)=0$

ゆえに $t=-\sqrt{2},\ \dfrac{1}{\sqrt{2}}$

① を満たすものは $t=\dfrac{1}{\sqrt{2}}$

よって，$\sin\theta=\dfrac{1}{\sqrt{2}}$ を解いて $\theta=45°$

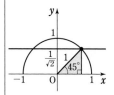

練習 $0°\leqq\theta\leqq180°$ とする。$\sin\theta,\ \cos\theta,\ \tan\theta$ のうち1つが次の値をとるとき，他の2つの値を求め
②**144** よ。
(1) $\sin\theta=\dfrac{6}{7}$ (2) $\cos\theta=-\dfrac{3}{4}$ (3) $\tan\theta=-\dfrac{12}{5}$

(1) $\sin^2\theta+\cos^2\theta=1$ から $\cos^2\theta=1-\sin^2\theta=1-\left(\dfrac{6}{7}\right)^2=\dfrac{13}{49}$

$\underline{0°\leqq\theta\leqq90°}$ のとき，$\cos\theta\geqq0$ であるから

$\cos\theta=\sqrt{\dfrac{13}{49}}=\dfrac{\sqrt{13}}{7}$ ←$0°\leqq\theta\leqq90°$ のとき $\sin\theta\geqq0,\ \cos\theta\geqq0,$

$\tan\theta=\dfrac{\sin\theta}{\cos\theta}=\dfrac{6}{7}\div\dfrac{\sqrt{13}}{7}=\dfrac{6}{\sqrt{13}}$ $\tan\theta\geqq0\ (\theta\neq90°)$

$90°<\theta\leqq180°$ のとき，$\cos\theta<0$ であるから

$$\cos\theta=-\sqrt{\frac{13}{49}}=-\frac{\sqrt{13}}{7}$$

$$\tan\theta=\frac{\sin\theta}{\cos\theta}=\frac{6}{7}\div\left(-\frac{\sqrt{13}}{7}\right)=-\frac{6}{\sqrt{13}}$$

よって $(\cos\theta,\ \tan\theta)=\left(\frac{\sqrt{13}}{7},\ \frac{6}{\sqrt{13}}\right),\ \left(-\frac{\sqrt{13}}{7},\ -\frac{6}{\sqrt{13}}\right)$

←$90°<\theta\leqq180°$ のとき
$\sin\theta\geqq0$，$\cos\theta<0$，
$\tan\theta\leqq0$

参考 答えを $\cos\theta=\pm\frac{\sqrt{13}}{7}$，$\tan\theta=\pm\frac{6}{\sqrt{13}}$ （複号同順）

←複号同順については，
本冊 $p.52$ 参照。

と書いてもよい。

(2) $\sin^2\theta+\cos^2\theta=1$ から $\sin^2\theta=1-\cos^2\theta=1-\left(-\frac{3}{4}\right)^2=\frac{7}{16}$

$0°\leqq\theta\leqq180°$ のとき，$\sin\theta\geqq0$ であるから

$$\sin\theta=\sqrt{\frac{7}{16}}=\frac{\sqrt{7}}{4}$$

$$\tan\theta=\frac{\sin\theta}{\cos\theta}=\frac{\sqrt{7}}{4}\div\left(-\frac{3}{4}\right)=-\frac{\sqrt{7}}{3}$$

4章

練習

[図形と計量]

(3) $1+\tan^2\theta=\frac{1}{\cos^2\theta}$ から

$$\frac{1}{\cos^2\theta}=1+\left(-\frac{12}{5}\right)^2=\frac{169}{25}$$

したがって $\cos^2\theta=\frac{25}{169}$

$\tan\theta=-\frac{12}{5}<0$ より $90°<\theta<180°$ であるから $\cos\theta<0$

よって $\cos\theta=-\sqrt{\frac{25}{169}}=-\frac{5}{13}$

また $\sin\theta=\tan\theta\cos\theta=-\frac{12}{5}\cdot\left(-\frac{5}{13}\right)=\frac{12}{13}$

←$\tan\theta$ が与えられたときは，まず

$$1+\tan^2\theta=\frac{1}{\cos^2\theta}$$

を用いて，$\cos\theta$ の値を求める。

←$\tan\theta<0$ であるから，
θ は鈍角である。

練習
③145

$\sin\theta+\cos\theta=\frac{1}{2}$ $(0°<\theta<180°)$ のとき，$\sin\theta\cos\theta$，$\sin\theta-\cos\theta$，$\frac{\cos^2\theta}{\sin\theta}+\frac{\sin^2\theta}{\cos\theta}$，
$\sin^4\theta+\cos^4\theta$，$\sin^4\theta-\cos^4\theta$ の値をそれぞれ求めよ。

[類 京都薬大]

$(\sin\theta+\cos\theta)^2=\left(\frac{1}{2}\right)^2$ から $1+2\sin\theta\cos\theta=\frac{1}{4}$

←$\sin^2\theta+\cos^2\theta=1$

したがって $\sin\theta\cos\theta=-\frac{3}{8}$ …… ①

$0°<\theta<180°$ では $\sin\theta>0$ であるから，① より $\cos\theta<0$

よって $\sin\theta-\cos\theta>0$ …… ②

① から $(\sin\theta-\cos\theta)^2=1-2\sin\theta\cos\theta$

←まず，$(\sin\theta-\cos\theta)^2$
の値を求める。

$$=1-2\cdot\left(-\frac{3}{8}\right)=\frac{7}{4}$$

② から $\sin\theta-\cos\theta=\frac{\sqrt{7}}{2}$

また $\dfrac{\cos^2\theta}{\sin\theta}+\dfrac{\sin^2\theta}{\cos\theta}=\dfrac{\cos^3\theta+\sin^3\theta}{\sin\theta\cos\theta}$

$\qquad = \dfrac{(\sin\theta+\cos\theta)(\sin^2\theta-\sin\theta\cos\theta+\cos^2\theta)}{\sin\theta\cos\theta}$

$\qquad = \dfrac{(\sin\theta+\cos\theta)(1-\sin\theta\cos\theta)}{\sin\theta\cos\theta}$

$\qquad = \dfrac{1}{2}\left\{1-\left(-\dfrac{3}{8}\right)\right\}\div\left(-\dfrac{3}{8}\right)=-\dfrac{11}{6}$

次に，$\sin^2\theta+\cos^2\theta=1$ の両辺を 2 乗して

$\qquad\qquad \sin^4\theta+2\sin^2\theta\cos^2\theta+\cos^4\theta=1$

ゆえに $\qquad \boldsymbol{\sin^4\theta+\cos^4\theta}=1-2(\sin\theta\cos\theta)^2$

$\qquad\qquad\qquad = 1-2\cdot\left(-\dfrac{3}{8}\right)^2$

$\qquad\qquad\qquad = \dfrac{23}{32}$

更に $\qquad \boldsymbol{\sin^4\theta-\cos^4\theta}=(\sin^2\theta+\cos^2\theta)(\sin^2\theta-\cos^2\theta)$

$\qquad\qquad\qquad = 1\cdot(\sin\theta+\cos\theta)(\sin\theta-\cos\theta)$

$\qquad\qquad\qquad = 1\cdot\dfrac{1}{2}\cdot\dfrac{\sqrt{7}}{2}=\dfrac{\sqrt{7}}{4}$

$\leftarrow a^3+b^3$
$=(a+b)(a^2-ab+b^2)$
$\sin\theta$ と $\cos\theta$ のときは
$\quad \sin^2\theta+\cos^2\theta=1$
$\quad$（上で $a^2+b^2=1$）
が使えるから，
$\quad a^3+b^3$
$=(a+b)^3-3ab(a+b)$
の等式を使うよりも上の
等式を使う方がらくであ
る。

$\leftarrow a^4+b^4$
$=(a^2+b^2)^2-2a^2b^2$

$\leftarrow \sin^2\theta+\cos^2\theta=1$

練習
③**146** $0°<\theta<180°$ とする。$4\cos\theta+2\sin\theta=\sqrt{2}$ のとき，$\tan\theta$ の値を求めよ。 ［大阪産大］

$4\cos\theta+2\sin\theta=\sqrt{2}$ から $\qquad 4\cos\theta=\sqrt{2}-2\sin\theta$ ……①

$\sin^2\theta+\cos^2\theta=1$ から $\qquad 16\sin^2\theta+16\cos^2\theta=16$ ……②

① を ② に代入して $\qquad 16\sin^2\theta+(\sqrt{2}-2\sin\theta)^2=16$

整理すると $\qquad 10\sin^2\theta-2\sqrt{2}\sin\theta-7=0$

これを $\sin\theta$ についての 2 次方程式とみて，$\sin\theta$ について解く

と $\qquad\qquad \sin\theta=\dfrac{-(-\sqrt{2})\pm\sqrt{(-\sqrt{2})^2-10\cdot(-7)}}{10}$

$\qquad\qquad\qquad = \dfrac{\sqrt{2}\pm6\sqrt{2}}{10}$

すなわち $\qquad \sin\theta=-\dfrac{\sqrt{2}}{2},\ \dfrac{7\sqrt{2}}{10}$

$0°<\theta<180°$ より $0<\sin\theta\leqq1$ であるから

$\qquad\qquad \sin\theta=\dfrac{7\sqrt{2}}{10}$

このとき，① から

$\qquad\qquad 4\cos\theta=\sqrt{2}-2\cdot\dfrac{7\sqrt{2}}{10}=-\dfrac{4\sqrt{2}}{10}$

よって $\qquad \cos\theta=-\dfrac{\sqrt{2}}{10}$

したがって $\qquad \tan\theta=\dfrac{\sin\theta}{\cos\theta}=\dfrac{7\sqrt{2}}{10}\div\left(-\dfrac{\sqrt{2}}{10}\right)=\boldsymbol{-7}$

別解 $\cos\theta\neq0$ であるか
ら，等式を $\cos\theta$ で割っ
て

$4+2\tan\theta=\dfrac{\sqrt{2}}{\cos\theta}$ …③

ゆえに

$\quad \dfrac{1}{\cos\theta}=\sqrt{2}(\tan\theta+2)$

これと $\dfrac{1}{\cos^2\theta}=1+\tan^2\theta$

から $\cos\theta$ を消去して
$\quad \tan^2\theta+8\tan\theta+7=0$

よって $\quad \tan\theta=-1,\ -7$

ゆえに $\quad 90°<\theta<180°$

$\tan\theta=-1$ のときは
$\theta=135°$ で，与えられた
等式を満たさないから，
不適。

$\tan\theta=-7$ のときは③
から $\cos\theta<0$ となり，適
する。

検討 $\begin{cases} 4\cos\theta+2\sin\theta=\sqrt{2} \\ \sin^2\theta+\cos^2\theta=1 \end{cases}$ から，$\sin\theta$ を消去すると

$\cos\theta=\dfrac{\sqrt{2}}{2}$，$-\dfrac{\sqrt{2}}{10}$ が得られるが，$\cos\theta=\dfrac{\sqrt{2}}{2}$ は $\sin\theta<0$

となって不適となる。うっかりすると，この検討を見逃す。
よって，上の解答のように，まず $\underline{\cos\theta}$ を消去して，符号が一定 $(\sin\theta>0)$ の $\sin\theta$ を残す方が，解の検討の手間が省ける。

←いつも $\sin\theta$ を残す方がよいとは限らない。
角の大小を考える場合などは $\cos\theta$ で考えた方が都合がよい。

練習 ②147　次の2直線のなす鋭角 θ を求めよ。

(1) $\sqrt{3}\,x-y=0$，$x-\sqrt{3}\,y=0$　　　　　(2) $x-y=1$，$x+\sqrt{3}\,y+2=0$

(1) $\sqrt{3}\,x-y=0$ から　　$y=\sqrt{3}\,x$ …… ①

$x-\sqrt{3}\,y=0$ から　　$y=\dfrac{1}{\sqrt{3}}x$ …… ②

2直線 ①，② と x 軸の正の向きとのなす角を，それぞれ α，β
とすると，$0°<\alpha<180°$，$0°<\beta<180°$ で

$$\tan\alpha=\sqrt{3},\ \tan\beta=\dfrac{1}{\sqrt{3}}$$

ゆえに　　　$\alpha=60°$，$\beta=30°$
よって，求める鋭角 θ は

$$\theta=\alpha-\beta=60°-30°=\boldsymbol{30°}$$

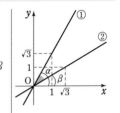

←$\tan\theta$ を含む方程式とみて解く。

(2) $x-y=1$ から　　$y=x-1$　　　…… ①

$x+\sqrt{3}\,y+2=0$ から

$$y=-\dfrac{1}{\sqrt{3}}x-\dfrac{2}{\sqrt{3}}\ ……②$$

2直線 ①，② の $y>0$ の部分と x 軸の正の向きとのなす角を，
それぞれ α，β とすると，$0°<\alpha<180°$，$0°<\beta<180°$ で

$$\tan\alpha=1,\ \tan\beta=-\dfrac{1}{\sqrt{3}}$$

よって　　　$\alpha=45°$，$\beta=150°$
図から，求める鋭角 θ は

$$\theta=\alpha+(180°-\beta)=45°+30°=\boldsymbol{75°}$$

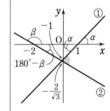

別解　原点を通り，2直線 ①，② と平行な直線は，それぞれ

$$y=x\ ……①',\ y=-\dfrac{1}{\sqrt{3}}x\ ……②'\ \text{である。}$$

2直線 ①，② のなす角は，2直線 ①′，②′ のなす角に等しい。
2直線 ①′，②′ と x 軸の正の向きとのなす角を，それぞれ
α，β とすると，$0°<\alpha<180°$，$0°<\beta<180°$ で

$$\tan\alpha=1,\ \tan\beta=-\dfrac{1}{\sqrt{3}}$$

ゆえに　　　$\alpha=45°$，$\beta=150°$
よって　　　$\beta-\alpha=150°-45°=105°$
したがって，求める鋭角 θ は　　$\theta=180°-105°=\boldsymbol{75°}$

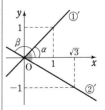

2直線のなす鋭角
$\beta-\alpha<90°$ なら　$\beta-\alpha$，
$\beta-\alpha>90°$ なら
　$180°-(\beta-\alpha)$

練習 ③**148** $0°≦θ≦180°$ のとき，次の不等式を満たす $θ$ の値の範囲を求めよ。

(1) $\sqrt{2}\sinθ-1≦0$　　　(2) $2\cosθ+1>0$　　　(3) $\tanθ>-1$

(1) 不等式は　　$\sinθ≦\dfrac{1}{\sqrt{2}}$

$\sinθ=\dfrac{1}{\sqrt{2}}$ を解くと　$θ=45°,\ 135°$

よって，右の図から，求める $θ$ の範
囲は　　$0°≦θ≦45°,\ 135°≦θ≦180°$

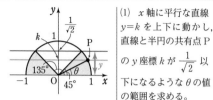

(2) 不等式は　　$\cosθ>-\dfrac{1}{2}$

$\cosθ=-\dfrac{1}{2}$ を解くと　　$θ=120°$

よって，右の図から，求める $θ$ の範
囲は　　　$0°≦θ<120°$

(3) $\tanθ=-1$ を解くと
　　　　　$θ=135°$
よって，右の図から，求める $θ$ の範
囲は
　　$0°≦θ<90°,\ 135°<θ≦180°$

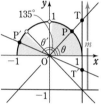

(1) x 軸に平行な直線 $y=k$ を上下に動かし，直線と半円の共有点 P の y 座標 k が $\dfrac{1}{\sqrt{2}}$ 以下になるような $θ$ の値の範囲を求める。

(2) y 軸に平行な直線 $x=k$ を左右に動かし，直線と半円の共有点 P の x 座標 k が $-\dfrac{1}{2}$ より大きくなるような $θ$ の値の範囲を求める。

(3) 直線 OP（P は半円上の点）を原点を中心として回転させたとき，直線 OP と直線 $x=1$ との共有点 T の y 座標が -1 より大きくなるような $θ$ の値の範囲を求める。なお，$θ≠90°$ に注意。

参考　例題 148（本冊 $p.243$ 参照）の解答では詳しく説明しているが，上の練習 148 の解答でも十分である。

練習 ③**149** $0°≦θ≦180°$ のとき，次の不等式を解け。

(1) $2\sin^2θ-3\cosθ>0$

(2) $4\cos^2θ+(2+2\sqrt{2})\sinθ>4+\sqrt{2}$　　　　　[(2) 類 九州国際大]

(1) $\sin^2θ=1-\cos^2θ$ であるから
　　　　　$2(1-\cos^2θ)-3\cosθ>0$
整理すると　　$2\cos^2θ+3\cosθ-2<0$
$\cosθ=t$ とおくと，$0°≦θ≦180°$ のとき
　　　　　　　$-1≦t≦1$ …… ①
不等式は　　$2t^2+3t-2<0$
ゆえに　　　$(t+2)(2t-1)<0$
よって　　　$-2<t<\dfrac{1}{2}$

① との共通範囲を求めて　$-1≦t<\dfrac{1}{2}$

ゆえに，$-1≦\cosθ<\dfrac{1}{2}$ を解いて　$60°<θ≦180°$

(2) $\cos^2θ=1-\sin^2θ$ であるから
　　　　　$4(1-\sin^2θ)+(2+2\sqrt{2})\sinθ>4+\sqrt{2}$

←$\cosθ$ の2次不等式。

←t の変域に注意。

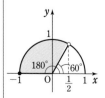

整理すると　　　$4\sin^2\theta-(2+2\sqrt{2})\sin\theta+\sqrt{2}<0$　　　←$\sin\theta$ の2次不等式。

$\sin\theta=t$ とおくと，$0°\leqq\theta\leqq180°$ のとき　　　$0\leqq t\leqq1$ …… ①　　　←t の変域に注意。

不等式は　　　$4t^2-(2+2\sqrt{2})t+\sqrt{2}<0$

ゆえに　　　$(2t-1)(2t-\sqrt{2})<0$　　　よって　$\dfrac{1}{2}<t<\dfrac{\sqrt{2}}{2}$

① との共通範囲は　　　$\dfrac{1}{2}<t<\dfrac{\sqrt{2}}{2}$

ゆえに，$\dfrac{1}{2}<\sin\theta<\dfrac{\sqrt{2}}{2}$ を解いて

　　　$30°<\theta<45°$，$135°<\theta<150°$

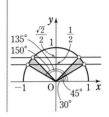

練習 ④150　次の関数の最大値・最小値，およびそのときの θ の値を求めよ。
(1) $0°\leqq\theta\leqq180°$ のとき　　　$y=4\cos^2\theta+4\sin\theta+5$　　　〔(1) 類 自治医大〕
(2) $0°<\theta<90°$ のとき　　　$y=2\tan^2\theta-4\tan\theta+3$

(1) $\cos^2\theta=1-\sin^2\theta$ であるから

　　　$\begin{aligned}y=4\cos^2\theta+4\sin\theta+5&=4(1-\sin^2\theta)+4\sin\theta+5\\&=-4\sin^2\theta+4\sin\theta+9\end{aligned}$

←$\cos\theta$ を消去して，$\sin\theta$ だけの式で表す。

$\sin\theta=t$ とおくと，$0°\leqq\theta\leqq180°$ のとき　　　$0\leqq t\leqq1$ …… ①

←t の変域に注意。

y を t の式で表すと

　　　$y=-4t^2+4t+9=-4(t^2-t)+9=-4\left(t-\dfrac{1}{2}\right)^2+10$

① の範囲において，y は

　　　$t=\dfrac{1}{2}$ で最大値 10，

　　　$t=0$，1 で最小値 9

をとる。

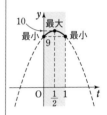

$0°\leqq\theta\leqq180°$ であるから

　　$t=\dfrac{1}{2}$ となるのは，$\sin\theta=\dfrac{1}{2}$ から　　　$\theta=30°$，$150°$

　　$t=0$ となるのは，$\sin\theta=0$ から　　　$\theta=0°$，$180°$

　　$t=1$ となるのは，$\sin\theta=1$ から　　　$\theta=90°$

よって　　　$\theta=30°$，$150°$ のとき最大値 10

　　　　　　$\theta=0°$，$90°$，$180°$ のとき最小値 9

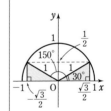

(2) $\tan\theta=t$ とおくと，$0°<\theta<90°$ のとき

　　　$t>0$ …… ①

←t の変域に注意。

y を t の式で表すと

　　　$\begin{aligned}y=2t^2-4t+3&=2(t^2-2t)+3\\&=2(t-1)^2+1\end{aligned}$

① の範囲において，y は $t=1$ で最小値 1 を
とり，最大値はない。

$0°<\theta<90°$ であるから

$t=1$ となるのは，$\tan\theta=1$ から　$\theta=45°$

よって　$\theta=45°$ のとき最小値 1，最大値はない

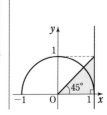

練習 ④**151** $0°≦θ≦180°$ とする。x の2次方程式 $x^2+2(\sin\theta)x+\cos^2\theta=0$ が，異なる2つの実数解をもち，それらがともに負となるような $θ$ の値の範囲を求めよ。

$f(x)=x^2+2(\sin\theta)x+\cos^2\theta$ とし，2次方程式 $f(x)=0$ の判別式を D とする。2次方程式 $f(x)=0$ が異なる2つの負の実数解をもつための条件は，放物線 $y=f(x)$ が x 軸の負の部分と，異なる2点で交わることである。

すなわち，次の [1]，[2]，[3] が同時に成り立つときである。

[1] $D>0$
[2] 軸が $x<0$ の範囲にある
[3] $f(0)>0$

また，$0°≦θ≦180°$ のとき $0≦\sin\theta≦1$ …… ①

[1] $\dfrac{D}{4}=\sin^2\theta-1\cdot\cos^2\theta=\sin^2\theta-(1-\sin^2\theta)$

$=2\sin^2\theta-1=(\sqrt{2}\sin\theta+1)(\sqrt{2}\sin\theta-1)$

$D>0$ から $\sin\theta<-\dfrac{1}{\sqrt{2}}$，$\dfrac{1}{\sqrt{2}}<\sin\theta$ …… ②

[2] 放物線の軸は直線 $x=-\sin\theta$ であるから

$-\sin\theta<0$ よって $\sin\theta>0$ …… ③

[3] $f(0)>0$ から $\cos^2\theta>0$

すなわち $\cos\theta≠0$

$0°≦θ≦180°$ であるから $θ≠90°$ …… ④

①，②，③の共通範囲を求めて $\dfrac{1}{\sqrt{2}}<\sin\theta≦1$

$0°≦θ≦180°$ であるから $45°<θ<135°$

④に注意して，求める $θ$ の値の範囲は

$45°<θ<90°$，$90°<θ<135°$

🔵 **グラフ利用**
D，軸，$f(k)$ に着目

[軸]<0

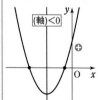

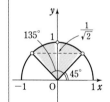

練習 ②**152** △ABC において，外接円の半径を R とする。次のものを求めよ。
(1) $A=60°$，$C=45°$，$a=3$ のとき c と R
(2) $a=\sqrt{2}$，$B=50°$，$R=1$ のとき A と C

(1) 正弦定理により，$\dfrac{a}{\sin A}=\dfrac{c}{\sin C}$ であるから

$$\dfrac{3}{\sin 60°}=\dfrac{c}{\sin 45°}$$

ゆえに $c=\dfrac{3}{\sin 60°}\cdot\sin 45°=3\div\dfrac{\sqrt{3}}{2}\times\dfrac{1}{\sqrt{2}}=\sqrt{6}$

また，正弦定理により，$\dfrac{a}{\sin A}=2R$ であるから

$$\dfrac{3}{\sin 60°}=2R$$

よって $R=\dfrac{3}{2\sin 60°}=\dfrac{3}{2\cdot\dfrac{\sqrt{3}}{2}}=\sqrt{3}$

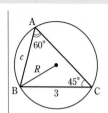

(2) 正弦定理により，$\dfrac{a}{\sin A}=2R$ であるから　　$\dfrac{\sqrt{2}}{\sin A}=2\cdot 1$

ゆえに　　$\sin A=\dfrac{\sqrt{2}}{2}$

$0°<A<180°-50°$ より $0°<A<130°$ であるから　　$\boldsymbol{A=45°}$

また　　$C=180°-(A+B)=180°-(45°+50°)=\boldsymbol{85°}$

← $A=45°$ または $135°$ で，$A=135°$ は不適。

練習
②**153**

△ABC において，次のものを求めよ。
(1) $b=\sqrt{6}-\sqrt{2}$，$c=2\sqrt{3}$，$A=45°$ のとき　a と C
(2) $a=2$，$c=\sqrt{6}-\sqrt{2}$，$C=30°$ のとき　b
(3) $a=1+\sqrt{3}$，$b=\sqrt{6}$，$c=2$ のとき　B

(1) 余弦定理により

$a^2=b^2+c^2-2bc\cos A$
$=(\sqrt{6}-\sqrt{2})^2+(2\sqrt{3})^2$
$\quad-2(\sqrt{6}-\sqrt{2})\cdot 2\sqrt{3}\cos 45°$
$=8-4\sqrt{3}+12-12+4\sqrt{3}$
$=8$

$a>0$ であるから　　$\boldsymbol{a=\sqrt{8}=2\sqrt{2}}$

また　　$\cos C=\dfrac{a^2+b^2-c^2}{2ab}$

$\qquad=\dfrac{(2\sqrt{2})^2+(\sqrt{6}-\sqrt{2})^2-(2\sqrt{3})^2}{2\cdot 2\sqrt{2}(\sqrt{6}-\sqrt{2})}$

$\qquad=-\dfrac{1}{2}$

したがって　　$\boldsymbol{C=120°}$

← a は辺の長さであるから正。

(2) 余弦定理により，$c^2=a^2+b^2-2ab\cos C$ であるから

$\qquad(\sqrt{6}-\sqrt{2})^2$
$\quad=2^2+b^2-2\cdot 2\cdot b\cos 30°$

よって　　$8-4\sqrt{3}=4+b^2-2\sqrt{3}\,b$
整理して　　$b^2-2\sqrt{3}\,b-4+4\sqrt{3}=0$
すなわち　　$b^2-2\sqrt{3}\,b-2(2-2\sqrt{3})=0$
ゆえに　　$(b-2)(b+2-2\sqrt{3})=0$
よって　　$\boldsymbol{b=2,\ -2+2\sqrt{3}}$

← C が与えられているから，$\cos C$ を含む余弦定理を用いる。

b の値が2通りとなる（下図参照）。

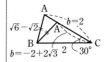

(3) 余弦定理により

$\cos B=\dfrac{c^2+a^2-b^2}{2ca}$

$\qquad=\dfrac{2^2+(1+\sqrt{3})^2-(\sqrt{6})^2}{2\cdot 2(1+\sqrt{3})}$

$\qquad=\dfrac{2+2\sqrt{3}}{4(1+\sqrt{3})}=\dfrac{1}{2}$

したがって　　$\boldsymbol{B=60°}$

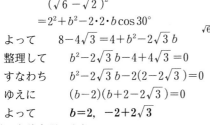
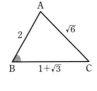

練習
②**154** △ABC において，次のものを求めよ。
(1) $b=2(\sqrt{3}-1)$，$c=2\sqrt{2}$，$A=135°$ のとき a，B，C
(2) $a=\sqrt{2}$，$b=2$，$c=\sqrt{3}+1$ のとき A，B，C

(1) 余弦定理により

$$a^2=\{2(\sqrt{3}-1)\}^2+(2\sqrt{2})^2-2\cdot2(\sqrt{3}-1)\cdot2\sqrt{2}\cos135°$$
$$=4(4-2\sqrt{3})+8+8(\sqrt{3}-1)=16$$

$a>0$ であるから $\quad$ **$a=4$**

次に，正弦定理により

$$\frac{2\sqrt{2}}{\sin C}=\frac{4}{\sin135°}$$

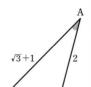

←$A=135°$ から，C は鋭角とわかる。C は正弦定理を用いる方が早い。

ゆえに $\quad \sin C=\dfrac{1}{2}$

$0°<C<180°-135°$ より $0°<C<45°$ であるから $\quad$ **$C=30°$**

よって $\quad$ **$B=180°-(135°+30°)=15°$**

←$C=30°$ または $150°$ で，$C=150°$ は不適。

(2) 余弦定理により

$$\cos A=\frac{2^2+(\sqrt{3}+1)^2-(\sqrt{2})^2}{2\cdot2(\sqrt{3}+1)}=\frac{\sqrt{3}}{2}$$

よって $\quad$ **$A=30°$**

余弦定理により

$$\cos B=\frac{(\sqrt{3}+1)^2+(\sqrt{2})^2-2^2}{2(\sqrt{3}+1)\cdot\sqrt{2}}=\frac{1}{\sqrt{2}}$$

ゆえに $\quad$ **$B=45°$**

よって $\quad$ **$C=180°-(30°+45°)=105°$**

←C を先に求めると
$$\cos C=\frac{\sqrt{2}-\sqrt{6}}{4}$$
となり，うまくいかない。

練習
②**155** △ABC において，$a=1+\sqrt{3}$，$b=2$，$B=45°$ のとき，c，A，C を求めよ。

余弦定理により

$$2^2=c^2+(1+\sqrt{3})^2-2c(1+\sqrt{3})\cos45°$$

整理すると

$$c^2-\sqrt{2}(1+\sqrt{3})c+2\sqrt{3}=0$$

すなわち

$$c^2-(\sqrt{2}+\sqrt{6})c+\sqrt{2}\sqrt{6}=0$$

よって $\quad (c-\sqrt{2})(c-\sqrt{6})=0$

ゆえに $\quad c=\sqrt{2}$，$\sqrt{6}$

[1] $\underline{c=\sqrt{2}\text{ のとき}}$

余弦定理により

$$\cos C=\frac{2^2+(1+\sqrt{3})^2-(\sqrt{2})^2}{2\cdot2(1+\sqrt{3})}=\frac{6+2\sqrt{3}}{4(1+\sqrt{3})}$$

$$=\frac{2\sqrt{3}(1+\sqrt{3})}{4(1+\sqrt{3})}=\frac{\sqrt{3}}{2}$$

したがって $\quad C=30°$

よって $\quad A=180°-(45°+30°)=105°$

[HINT] 余弦定理を利用し，c の方程式を作る。

←解の公式で解くと，2重根号が出てくる。

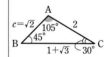

[2] $c=\sqrt{6}$ のとき

余弦定理により

$$\cos C=\frac{2^2+(1+\sqrt{3})^2-(\sqrt{6})^2}{2\cdot2(1+\sqrt{3})}=\frac{2(1+\sqrt{3})}{4(1+\sqrt{3})}=\frac{1}{2}$$

したがって $C=60°$

よって $A=180°-(45°+60°)=75°$

以上から $c=\sqrt{2}$, $A=105°$, $C=30°$ または

$c=\sqrt{6}$, $A=75°$, $C=60°$

検討 [1], [2] では, 正弦定理によって C を求めることもできる。

[1] $c=\sqrt{2}$ のとき

正弦定理により $\dfrac{2}{\sin45°}=\dfrac{\sqrt{2}}{\sin C}$ ← $\dfrac{b}{\sin B}=\dfrac{c}{\sin C}$

よって $\sin C=\dfrac{\sin45°}{2}\cdot\sqrt{2}=\dfrac{1}{\sqrt{2}}\cdot\dfrac{1}{2}\cdot\sqrt{2}=\dfrac{1}{2}$

ゆえに $C=30°$, $150°$

$0°<C<180°-B$ より, $0°<C<135°$ であるから $C=30°$

よって $A=180°-(45°+30°)=105°$

[2] $c=\sqrt{6}$ のとき

正弦定理により $\dfrac{2}{\sin45°}=\dfrac{\sqrt{6}}{\sin C}$ ← $\dfrac{b}{\sin B}=\dfrac{c}{\sin C}$

よって $\sin C=\dfrac{\sin45°}{2}\cdot\sqrt{6}=\dfrac{1}{\sqrt{2}}\cdot\dfrac{1}{2}\cdot\sqrt{6}=\dfrac{\sqrt{3}}{2}$

ゆえに $C=60°$, $120°$

$C=60°$ のとき $A=180°-(45°+60°)=75°$

$C=120°$ のとき $A=180°-(45°+120°)=15°$

ここで, $a>c>b$ より, a が最大の辺であるから, ← $1+\sqrt{3}=2.732\cdots\cdots$,

A が最大の角であり, $A=15°$ は適さない。 $\sqrt{6}=2.449\cdots\cdots$

よって $C=60°$, $A=75°$

練習
②156 △ABC の ∠A の二等分線と辺 BC の交点を D とする。次の各場合について, 線分 BD, AD の長さを求めよ。
(1) AB=6, BC=5, CA=4   (2) AB=6, BC=10, $B=120°$

(1) AD は頂角 A の二等分線であるから

BD : DC=AB : AC=6 : 4=3 : 2

BC=5 であるから $\mathbf{BD}=\dfrac{3}{3+2}\mathbf{BC}=\dfrac{3}{5}\cdot5=\mathbf{3}$

△ABD において, 余弦定理により

$AD^2=6^2+3^2-2\cdot6\cdot3\cos B=45-36\cos B$ …… ①

△ABC において, 余弦定理により

$\cos B=\dfrac{6^2+5^2-4^2}{2\cdot6\cdot5}=\dfrac{3}{4}$

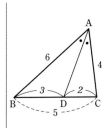

これを ① に代入して　　AD²=18

AD>0 であるから　　　**AD=3√2**

別解　[線分 AD の求め方]

AD=x とする。BD=3, DC=2 であるから，△ABD,

△ADC において，余弦定理により

$$\cos\frac{A}{2}=\frac{6^2+x^2-3^2}{2\cdot6\cdot x},$$

$$\cos\frac{A}{2}=\frac{4^2+x^2-2^2}{2\cdot4\cdot x}$$

ゆえに　　　$\dfrac{x^2+27}{12x}=\dfrac{x^2+12}{8x}$

よって　　　$2(x^2+27)=3(x^2+12)$　　　　　　←両辺に $24x$ を掛ける。

整理して　$x^2=18$

$x>0$ であるから　　　$x=$**AD=3√2**

(2)　△ABC において，余弦定理により

$$AC^2=6^2+10^2-2\cdot6\cdot10\cos120°=196$$

AC>0 であるから　　　AC=14

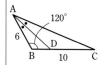

AD は頂角 A の二等分線であるから

$$BD:DC=AB:AC=6:14=3:7$$

BC=10 であるから

$$\mathbf{BD}=\frac{3}{3+7}BC=\frac{3}{10}\cdot10=\mathbf{3}$$

△ABD において，余弦定理により

$$AD^2=6^2+3^2-2\cdot6\cdot3\cos120°=63$$

AD>0 であるから

$$\mathbf{AD=3\sqrt{7}}$$

本冊 $p.257$ 参考の証明（数学 A の方べきの定理利用でも証明できる。）

参考　頂角 A の二等分線と辺 BC の交点を D とするとき，一般に AD²=AB・AC−BD・CD が成り立つ。

△ABD において，余弦定理により

$$AD^2=AB^2+BD^2-2AB\cdot BD\cos B\ \cdots\cdots\ ①$$

△ABC において，余弦定理により

$$\cos B=\frac{AB^2+BC^2-AC^2}{2AB\cdot BC}\qquad\cdots\cdots\ ②$$

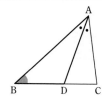

② を ① に代入して

$$AD^2=AB^2+BD^2-2AB\cdot BD\cdot\frac{AB^2+BC^2-AC^2}{2AB\cdot BC}$$

$$=AB^2+BD^2-\frac{BD}{BC}\cdot AB^2-BD\cdot BC+\frac{BD}{BC}\cdot AC^2$$

$$=\frac{BC-BD}{BC}\cdot AB^2+\frac{BD}{BC}\cdot AC^2-BD(BC-BD)$$

$$=\frac{CD}{BC}\cdot AB^2+\frac{BD}{BC}\cdot AC^2-BD\cdot CD$$

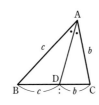

ここで，$\dfrac{CD}{BC}=\dfrac{AC}{AB+AC}$，$\dfrac{BD}{BC}=\dfrac{AB}{AB+AC}$ であるから

$$AD^2=\dfrac{AC}{AB+AC}\cdot AB^2+\dfrac{AB}{AB+AC}\cdot AC^2-BD\cdot CD$$

$$=\dfrac{AB\cdot AC(AB+AC)}{AB+AC}-BD\cdot CD$$

$$=AB\cdot AC-BD\cdot CD$$

練習
②**157**
△ABC において，$\dfrac{5}{\sin A}=\dfrac{8}{\sin B}=\dfrac{7}{\sin C}$ が成り立つとき

(1) △ABC の内角のうち，2番目に大きい角の大きさを求めよ。

(2) △ABC の内角のうち，最も小さい角の正接を求めよ。 〔類 愛知工大〕

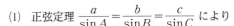

(1) 正弦定理 $\dfrac{a}{\sin A}=\dfrac{b}{\sin B}=\dfrac{c}{\sin C}$ により

$$a:b:c=\sin A:\sin B:\sin C$$

条件から $5:8:7=\sin A:\sin B:\sin C$

ゆえに $a:b:c=5:8:7$

よって，ある正の数 k を用いて

$$a=5k,\ \ b=8k,\ \ c=7k$$

と表される。

したがって，$b>c>a$ であるから

$$B>C>A\ \ \cdots\cdots\ ①$$

ゆえに，C が2番目に大きい角である。

余弦定理により

$$\cos C=\dfrac{(5k)^2+(8k)^2-(7k)^2}{2\cdot 5k\cdot 8k}=\dfrac{40k^2}{80k^2}=\dfrac{1}{2}$$

よって，2番目に大きい角の大きさは $C=60°$

(2) ① から，最も小さい角は A である。

余弦定理により

$$\cos A=\dfrac{(8k)^2+(7k)^2-(5k)^2}{2\cdot 8k\cdot 7k}$$

$$=\dfrac{88k^2}{112k^2}=\dfrac{11}{14}$$

よって $\tan^2 A=\dfrac{1}{\cos^2 A}-1=\left(\dfrac{14}{11}\right)^2-1$

$$=\dfrac{14^2-11^2}{11^2}=\dfrac{5^2\cdot 3}{11^2}$$

$A<90°$ より，$\tan A>0$ であるから

$$\tan A=\sqrt{\dfrac{5^2\cdot 3}{11^2}}=\dfrac{5\sqrt{3}}{11}$$

←三角形の辺と角の大小関係から。

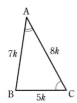

←$1+\tan^2 A=\dfrac{1}{\cos^2 A}$

←$14^2-11^2=(14+11)(14-11)$
$=5^2\cdot 3$

←A は最小の角であるから鋭角。

練習
③**158**
AB$=x$，BC$=x-3$，CA$=x+3$ である △ABC がある。

(1) x のとりうる値の範囲を求めよ。

(2) △ABC が鋭角三角形であるとき，x の値の範囲を求めよ。 〔類 久留米大〕

(1) $x-3<x<x+3$ …… ① であるから，三角形の成立条件より
$$(x+3)-(x-3)<x<(x+3)+(x-3)$$
よって $\qquad 6<x<2x$
ゆえに $\qquad x>6$ …… ② かつ $x<2x$ …… ③
③ から $\qquad x>0$ …… ④
②，④ の共通範囲を求めて $\qquad \boldsymbol{x>6}$

別解 CA$=x+3$ が最大辺であるから，三角形の成立条件より
$$x+3<x+(x-3)$$
よって $\qquad \boldsymbol{x>6}$

(2) ① より，最大辺の長さは CA $(=x+3)$ であるから，
△ABC が鋭角三角形であるとき $\qquad \angle B<90°$
よって $\qquad \mathrm{CA}^2<\mathrm{AB}^2+\mathrm{BC}^2$
ゆえに $\qquad (x+3)^2<x^2+(x-3)^2$
整理して $\quad x^2-12x>0 \qquad$ よって $\qquad x(x-12)>0$
ゆえに $\qquad x<0,\ 12<x$
(1) より，$x>6$ であるから $\qquad \boldsymbol{x>12}$

←三角形の成立条件
$|\mathbf{CA-BC}|<\mathbf{AB}$
$\qquad <\mathbf{CA+BC}$
(このとき，AB>0,
BC>0，CA>0 は成り
立つ。)
←三角形の成立条件は，
CA が最大辺のとき
$\quad$CA<AB+BC
だけでよい。
←△ABC の内角のうち，
最大角は $\angle$B

練習
③**159** 三角形の3辺の長さが $x^2+3,\ 4x,\ x^2-2x-3$ である。
(1) このような三角形が存在するための x の条件を求めよ。
(2) 三角形の最大の角の大きさを求めよ。

(1) $x^2+3,\ 4x,\ x^2-2x-3$ は辺の長さを表すから
$$x^2+3>0,\qquad 4x>0,\qquad x^2-2x-3>0$$
$x^2+3>0$ は常に成り立つ。
$4x>0$ から $\qquad x>0$
$x^2-2x-3>0$ から $\qquad (x+1)(x-3)>0$
ゆえに $\qquad x<-1,\ 3<x$
これと $x>0$ との共通範囲を求めて $\qquad x>3$
$x>3$ のとき $\qquad x^2+3-4x=(x-1)(x-3)>0$
$$x^2+3-(x^2-2x-3)=2x+6>0$$
よって，長さが x^2+3 である辺が最大の辺であるから，3辺の
長さを $x^2+3,\ 4x,\ x^2-2x-3$ とする三角形が存在するための
条件は $\qquad x^2+3<4x+(x^2-2x-3)$
整理すると $\qquad 2x>6$ すなわち $x>3$
したがって，求める条件は $\qquad \boldsymbol{x>3}$

(2) (1) より，長さが x^2+3 である辺が最大の辺であるから，この
辺に対する角が最大の角である。
この角を θ とすると，余弦定理により
$$\cos\theta=\frac{(4x)^2+(x^2-2x-3)^2-(x^2+3)^2}{2\cdot 4x(x^2-2x-3)}$$
$$=\frac{-4x^3+8x^2+12x}{8x(x^2-2x-3)}=\frac{-4x(x^2-2x-3)}{8x(x^2-2x-3)}=-\frac{1}{2}$$
したがって $\qquad \boldsymbol{\theta=120°}$

HINT (1) (最大辺)
<(他の2辺の和) により，
x の条件を求める。
まず，どれが最大となる
か，適当な値を代入して
目安をつけるとよい。

←$x>3$ を満たす値とし
て，$x=4$ を代入すると
$\quad x^2+3=19,\ 4x=16,$
$\quad x^2-2x-3=5$
となるから，x^2+3 が最
大であると予想できる。

←最大の角は，最大辺の
対角。

←$(x^2-2x-3)^2$
$=x^4+4x^2+9-4x^3$
$\quad +12x-6x^2$

練習
③**160** △ABC において，次の等式が成り立つことを証明せよ。
(1) $(b-c)\sin A+(c-a)\sin B+(a-b)\sin C=0$
(2) $c(\cos B-\cos A)=(a-b)(1+\cos C)$
(3) $\sin^2 B+\sin^2 C-\sin^2 A=2\sin B\sin C\cos A$

(1) △ABC の外接円の半径を R とすると，正弦定理により

$$(b-c)\sin A+(c-a)\sin B+(a-b)\sin C$$

$$=(b-c)\cdot\frac{a}{2R}+(c-a)\cdot\frac{b}{2R}+(a-b)\cdot\frac{c}{2R}$$

$$=\frac{ab-ca+bc-ab+ca-bc}{2R}=0$$

したがって，与えられた等式は成り立つ。

(2) 余弦定理により

$$c(\cos B-\cos A)-(a-b)(1+\cos C)$$

$$=c(\cos B-\cos A)-(a-b)-(a-b)\cos C$$

$$=c\left(\frac{c^2+a^2-b^2}{2ca}-\frac{b^2+c^2-a^2}{2bc}\right)-(a-b)$$

$$\qquad-(a-b)\cdot\frac{a^2+b^2-c^2}{2ab}$$

$$=\frac{c^2+a^2-b^2}{2a}-\frac{b^2+c^2-a^2}{2b}-a+b$$

$$\qquad-\frac{a^2+b^2-c^2}{2b}+\frac{a^2+b^2-c^2}{2a}$$

$$=\frac{(c^2+a^2-b^2)+(a^2+b^2-c^2)}{2a}$$

$$\qquad-\frac{(b^2+c^2-a^2)+(a^2+b^2-c^2)}{2b}-a+b$$

$$=\frac{2a^2}{2a}-\frac{2b^2}{2b}-a+b=0$$

したがって $\quad c(\cos B-\cos A)=(a-b)(1+\cos C)$

別解 第 1 余弦定理 $a=c\cos B+b\cos C$，$b=a\cos C+c\cos A$
を用いて

$$(左辺)=c\cos B-c\cos A=(a-b\cos C)-(b-a\cos C)$$

$$\qquad=(a-b)+(a-b)\cos C=(a-b)(1+\cos C)$$

$$\qquad=(右辺)$$

(3) 外接円の半径を R とする。正弦定理，余弦定理により

$$\sin^2 B+\sin^2 C-\sin^2 A=\left(\frac{b}{2R}\right)^2+\left(\frac{c}{2R}\right)^2-\left(\frac{a}{2R}\right)^2$$

$$\qquad=\frac{b^2+c^2-a^2}{4R^2}$$

また $\quad 2\sin B\sin C\cos A=2\cdot\frac{b}{2R}\cdot\frac{c}{2R}\cdot\frac{b^2+c^2-a^2}{2bc}$

$$\qquad=\frac{b^2+c^2-a^2}{4R^2}$$

したがって $\quad \sin^2 B+\sin^2 C-\sin^2 A=2\sin B\sin C\cos A$

HINT 辺だけの関係式にもち込む。
←左辺を変形して，右辺（=0）を導く方針で証明する。

←(左辺)−(右辺)を変形して，=0 を導く方針で証明する。

←分母が同じものをまとめる。

←左辺を変形して，右辺を導く方針で証明。

←左辺，右辺をそれぞれ変形して，同じ式を導く方針で証明する。

4章
練習
[図形と計量]

練習
④**161**
△ABC において，次の等式が成り立つとき，この三角形はどのような形か。
(1) $a\sin A = b\sin B$ 　［宮城教育大］　(2) $\dfrac{\cos A}{a} = \dfrac{\cos B}{b} = \dfrac{\cos C}{c}$ 　［類 松本歯大］
(3) $\sin A\cos A = \sin B\cos B + \sin C\cos C$ 　　［東京国際大］

△ABC の外接円の半径を R とする。

[HINT] 辺だけの関係にもち込む。なお，答えでは，二等辺三角形なら**等しい辺**，直角三角形なら**直角となる角**を示しておく。

(1) 正弦定理により　　$\sin A = \dfrac{a}{2R},\ \sin B = \dfrac{b}{2R}$

これらを等式 $a\sin A = b\sin B$ に代入して　$a\cdot\dfrac{a}{2R} = b\cdot\dfrac{b}{2R}$
両辺に $2R$ を掛けて　　$a^2 = b^2$
$a>0,\ b>0$ であるから　　$a = b$
よって，△ABC は　**BC＝CA の二等辺三角形**

←a＝BC，b＝CA

(2) 等式から　$\dfrac{\cos A}{a} = \dfrac{\cos B}{b}$ …… ①，$\dfrac{\cos B}{b} = \dfrac{\cos C}{c}$ …… ②
余弦定理により

←$P＝Q＝R$ から $P＝Q$ かつ $Q＝R$

$\cos A = \dfrac{b^2+c^2-a^2}{2bc},\ \cos B = \dfrac{c^2+a^2-b^2}{2ca},\ \cos C = \dfrac{a^2+b^2-c^2}{2ab}$

これらを①，②に代入すると

$\dfrac{1}{a}\cdot\dfrac{b^2+c^2-a^2}{2bc} = \dfrac{1}{b}\cdot\dfrac{c^2+a^2-b^2}{2ca}$ …… ①′

←① に代入。

$\dfrac{1}{b}\cdot\dfrac{c^2+a^2-b^2}{2ca} = \dfrac{1}{c}\cdot\dfrac{a^2+b^2-c^2}{2ab}$ …… ②′

←② に代入。

①′ から　$b^2+c^2-a^2 = c^2+a^2-b^2$　整理すると　$a^2 = b^2$
$a>0,\ b>0$ であるから　　$a = b$ …… ③
②′ から　$c^2+a^2-b^2 = a^2+b^2-c^2$　整理すると　$b^2 = c^2$
$b>0,\ c>0$ であるから　　$b = c$ …… ④
③，④ から　　$a = b = c$
よって，△ABC は　**正三角形**

←①′ の両辺に $2abc$ を掛ける。

←②′ の両辺に $2abc$ を掛ける。

[検討] (2)は角だけの関係式にもち込んで解くこともできる。
正弦定理により　　$a = 2R\sin A,\ b = 2R\sin B,\ c = 2R\sin C$

これらを等式に代入して　$\dfrac{\cos A}{2R\sin A} = \dfrac{\cos B}{2R\sin B} = \dfrac{\cos C}{2R\sin C}$

よって　$\dfrac{\cos A}{\sin A} = \dfrac{\cos B}{\sin B} = \dfrac{\cos C}{\sin C}$ …… ⑤

ここで，$A=90°$ すなわち $\cos A=0$ と仮定すると，⑤ から
　　$\cos B = \cos C = 0$
ゆえに，$B=C=90°$ となり，不合理が生じる。
同様に，$B=90°$，$C=90°$ と仮定しても不合理が生じるから，
$A,\ B,\ C$ はいずれも $90°$ ではない。

←背理法（本冊 $p.106$ 参照）により，⑤ の各辺の分子がいずれも 0 でないことを示す。

よって，⑤ から　　$\dfrac{\sin A}{\cos A} = \dfrac{\sin B}{\cos B} = \dfrac{\sin C}{\cos C}$
ゆえに　　　　　　$\tan A = \tan B = \tan C$
$0°<A<180°,\ 0°<B<180°,\ 0°<C<180°$ であるから

←⑤ の各辺の分子がいずれも 0 でないから，逆数をとることができる。

$$A=B=C \qquad \text{よって,} \triangle ABC \text{ は} \quad \textbf{正三角形}$$

(3) 正弦定理,余弦定理により

$$\frac{a}{2R}\cdot\frac{b^2+c^2-a^2}{2bc}=\frac{b}{2R}\cdot\frac{c^2+a^2-b^2}{2ca}+\frac{c}{2R}\cdot\frac{a^2+b^2-c^2}{2ab}$$

両辺に $4Rabc$ を掛けて

$$a^2(b^2+c^2-a^2)=b^2(c^2+a^2-b^2)+c^2(a^2+b^2-c^2)$$

ゆえに $a^2b^2+a^2c^2-a^4=b^2c^2+b^2a^2-b^4+c^2a^2+c^2b^2-c^4$

a について整理して $a^4-b^4+2b^2c^2-c^4=0$

したがって $a^4-(b^2-c^2)^2=0$

よって $\{a^2+(b^2-c^2)\}\{a^2-(b^2-c^2)\}=0$

ゆえに $a^2+b^2=c^2$ または $a^2+c^2=b^2$

したがって,$\triangle ABC$ は

$$\angle \textbf{B}=90° \text{ または } \angle \textbf{C}=90° \text{ の直角三角形}$$

← $a^2=X$, $b^2-c^2=Y$ とおくと
$a^4-(b^2-c^2)^2$
$=X^2-Y^2$
$=(X+Y)(X-Y)$

4章
練習
[図形と計量]

練習
①**162** 次のような $\triangle ABC$ の面積 S を求めよ。

(1) $a=10$, $b=7$, $C=150°$　　　　　　(2) $a=5$, $b=9$, $c=8$

(1) $S=\dfrac{1}{2}ab\sin C=\dfrac{1}{2}\cdot10\cdot7\sin150°=\dfrac{1}{2}\cdot10\cdot7\cdot\dfrac{1}{2}=\dfrac{\textbf{35}}{\textbf{2}}$

← $\sin150°=\sin(180°-30°)$
$=\sin30°$

(2) $\cos A=\dfrac{b^2+c^2-a^2}{2bc}=\dfrac{9^2+8^2-5^2}{2\cdot9\cdot8}=\dfrac{120}{2\cdot9\cdot8}=\dfrac{5}{6}$

← $\cos B$, $\cos C$ を求めてもよい。

$\sin A>0$ であるから $\sin A=\sqrt{1-\left(\dfrac{5}{6}\right)^2}=\dfrac{\sqrt{11}}{6}$

← $0°<A<180°$ であるから $\sin A>0$

よって $S=\dfrac{1}{2}bc\sin A=\dfrac{1}{2}\cdot9\cdot8\cdot\dfrac{\sqrt{11}}{6}=\textbf{6}\sqrt{\textbf{11}}$

別解 ヘロンの公式を用いると,$s=\dfrac{5+9+8}{2}=11$ であるから

← a, b, c が整数のときなどに利用するとよい。

$$S=\sqrt{s(s-a)(s-b)(s-c)}=\sqrt{11\cdot6\cdot2\cdot3}$$
$$=\textbf{6}\sqrt{\textbf{11}}$$

練習
②**163** 次のような四角形 ABCD の面積 S を求めよ（O は AC と BD の交点）。

(1) 平行四辺形 ABCD で,AB=5,BC=6,AC=7

(2) 平行四辺形 ABCD で,AC=p,BD=q,$\angle AOB=\theta$

(3) AD∥BC の台形 ABCD で,BC=9,CD=8,CA=$4\sqrt{7}$,$\angle D=120°$

HINT (1) まず,$\triangle ABC$ の面積を求める。

(2) 平行四辺形の対角線は,互いに他を 2 等分する。

(1) $\triangle ABC$ において,余弦定理により

$$\cos B=\dfrac{5^2+6^2-7^2}{2\cdot5\cdot6}=\dfrac{1}{5}$$

$\sin B>0$ であるから

$$\sin B=\sqrt{1-\left(\dfrac{1}{5}\right)^2}=\dfrac{2\sqrt{6}}{5}$$

四角形 ABCD は平行四辺形であるから

別解 ヘロンの公式を利用すると,$\triangle ABC$ の面積は,$s=\dfrac{5+6+7}{2}=9$ であるから

$\triangle ABC$
$=\sqrt{9(9-5)(9-6)(9-7)}$
$=\sqrt{9\cdot4\cdot3\cdot2}=6\sqrt{6}$

よって $S=2\triangle ABC$
$=\textbf{12}\sqrt{\textbf{6}}$

$S=\triangle ABC+\triangle ACD=2\triangle ABC$

$=2\cdot\frac{1}{2}AB\cdot BC\sin B=2\cdot\frac{1}{2}\cdot5\cdot6\cdot\frac{2\sqrt{6}}{5}=\mathbf{12\sqrt{6}}$

(2) 平行四辺形の対角線は，互いに他を 2 等分するから

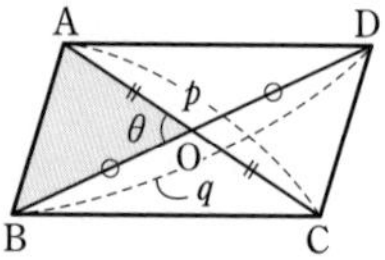

$OA=\frac{1}{2}AC=\frac{p}{2}$，$OB=\frac{1}{2}BD=\frac{q}{2}$

ゆえに　$\triangle OAB=\frac{1}{2}OA\cdot OB\sin\theta$

$=\frac{1}{2}\cdot\frac{p}{2}\cdot\frac{q}{2}\sin\theta=\frac{1}{8}pq\sin\theta$

よって　$S=2\triangle ABD=2\cdot2\triangle OAB$

$=4\cdot\frac{1}{8}pq\sin\theta=\boldsymbol{\frac{1}{2}pq\sin\theta}$

（2） OA＝OC，OB＝OD などから △OAB≡△OCD，△OAD≡△OCB
また，面積について △OAB＝△OAD ＝△OCD＝△OCB

←△ABD≡△CDB

検討 一般の四角形 ABCD について，$AC=p$，$BD=q$，$\angle AOB=\theta$（O は AC と BD の交点）とすると，四角形 ABCD の面積 S は　$\boldsymbol{S=\frac{1}{2}pq\sin\theta}$　と表される。

（証明） $AO=x$，$BO=y$ とすると　$OC=p-x$，$OD=q-y$

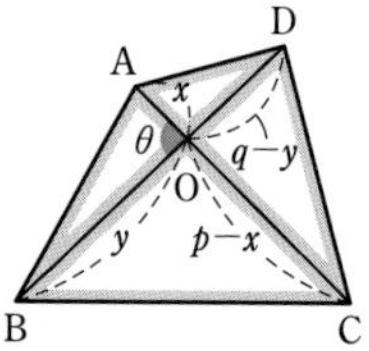

$S=\triangle AOB+\triangle BOC+\triangle COD+\triangle DOA$

$=\frac{1}{2}xy\sin\theta+\frac{1}{2}y(p-x)\sin(180^\circ-\theta)$

$+\frac{1}{2}(p-x)(q-y)\sin\theta+\frac{1}{2}x(q-y)\sin(180^\circ-\theta)$

$=\frac{1}{2}\{xy+y(p-x)+(p-x)(q-y)+x(q-y)\}\sin\theta$

$=\frac{1}{2}(xy+py-xy+pq-py-qx+xy+qx-xy)\sin\theta$

$=\frac{1}{2}pq\sin\theta$

←$\sin(180^\circ-\theta)=\sin\theta$

←(2)［平行四辺形］の場合と同じ結果。

(3) △ACD において，余弦定理により

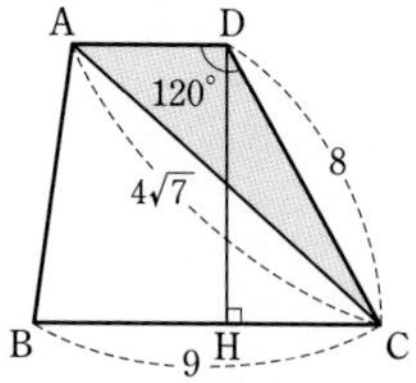

$(4\sqrt{7})^2=8^2+AD^2-2\cdot8\cdot AD\cos120^\circ$

ゆえに　$AD^2+8AD-48=0$

よって　$(AD-4)(AD+12)=0$

$AD>0$ であるから　$AD=4$

頂点 D から辺 BC に垂線 DH を引くと

$DH=DC\sin\angle DCH$，$\angle DCH=180^\circ-\angle ADC=60^\circ$

よって　$S=\frac{1}{2}(AD+BC)DH=\frac{1}{2}(4+9)\cdot8\sin60^\circ=\mathbf{26\sqrt{3}}$

←AD の 2 次方程式を解く。

←AD∥BC

←（上底＋下底）×高さ÷2

練習 ②164
(1) △ABC において，$\angle A=60^\circ$，$AB=7$，$AC=5$ のとき，∠A の二等分線が辺 BC と交わる点を D とすると AD＝□ となる。［(1) 国士舘大］
(2) 半径 a の円に内接する正八角形の面積 S を求めよ。
(3) 1 辺の長さが 1 の正十二角形の面積 S を求めよ。

(1) AD$=x$ とおく。$\triangle$ABC$=\triangle$ABD$+\triangle$ADC であるから

$$\frac{1}{2}\cdot7\cdot5\sin60°=\frac{1}{2}\cdot7\cdot x\sin30°+\frac{1}{2}\cdot x\cdot5\sin30°$$

よって　$\dfrac{35\sqrt{3}}{4}=\dfrac{7}{4}x+\dfrac{5}{4}x$　ゆえに　$3x=\dfrac{35\sqrt{3}}{4}$

よって　$x=\dfrac{35\sqrt{3}}{12}$　すなわち　AD$=\dfrac{35\sqrt{3}}{12}$

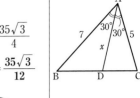

(2) 右の図のように，正八角形を8個の
合同な三角形に分け，3点O，A，Bを
とると　$\angle$AOB$=360°÷8=45°$
よって，求める面積は

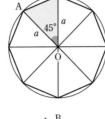

$$S=8\triangle\text{OAB}=8\cdot\frac{1}{2}a^2\sin45°$$
$$=8\cdot\frac{\sqrt{2}}{4}a^2=2\sqrt{2}\,a^2$$

検討 一般に半径 a の
円に内接する正 n 角形
の面積を S とすると

$$S=\frac{1}{2}na^2\sin\frac{360°}{n}$$

4章

練習

[図形と計量]

(3) 右の図のように，正十二角形を対角
線によって12個の合同な三角形に分
け，3点O，A，Bをとると
　　　$\angle$AOB$=360°÷12=30°$
OA$=$OB$=a$ とすると，$\triangle$OAB にお
いて，余弦定理により

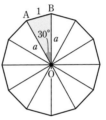

$$1^2=a^2+a^2-2a\cdot a\cos30°$$

すなわち　$1=(2-\sqrt{3})a^2$

ゆえに　$a^2=\dfrac{1}{2-\sqrt{3}}=\dfrac{2+\sqrt{3}}{(2-\sqrt{3})(2+\sqrt{3})}=2+\sqrt{3}$

よって　$S=12\triangle\text{OAB}=12\cdot\dfrac{1}{2}a^2\sin30°=3(2+\sqrt{3})$

$\leftarrow$AB$^2=$OA$^2+$OB^2
　-2OA$\cdot$OB$\cos\angle$AOB

$\leftarrow6\cdot(2+\sqrt{3})\cdot\dfrac{1}{2}$

練習
②**165**　円に内接する四角形 ABCD において，AD$/\!/$BC，AB$=3$，BC$=5$，$\angle$ABC$=60°$ とする。
　　　次のものを求めよ。
　　(1) AC の長さ　　　　　　　　　　(2) CD の長さ
　　(3) AD の長さ　　　　　　　　　　(4) 四角形 ABCD の面積

(1) $\triangle$ABC において，余弦定理により
　　AC$^2=3^2+5^2-2\cdot3\cdot5\cos60°=19$
　　AC>0 であるから　　AC$=\sqrt{19}$

(2) 頂点 A，D から辺 BC にそれぞれ
　垂線 AH，DI を下ろすと，AD$/\!/$BC
　であるから，四角形 AHID は長方形
　である。
　　よって　　AH$=$DI …… ①，
　　　　　$\angle$AHB$=\angle$DIC$=90°$ …… ②
　また，四角形 ABCD は円に内接するから
　　　$\angle$ADC$=180°-\angle$ABH$=180°-60°=120°$

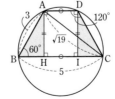

HINT (2) 頂点 A，D
から辺 BC にそれぞれ垂
線 AH，DI を下ろし，
$\triangle$ABH$\equiv\triangle$DCI を示す。

$\leftarrow$円に内接する四角形の
対角の和は 180°

よって　　　∠CDI＝∠ADC－∠ADI

$\qquad\qquad\qquad =120°-90°=30°$

ゆえに　　∠BAH＝∠CDI ‥‥‥ ③

①～③から　　△ABH≡△DCI

したがって　　CD＝BA＝**3**

← ∠BAH＝180°－(90°＋60°)

← 1組の辺とその両端の角がそれぞれ等しい。

(3)　BH＝CI＝$3\cos 60°=\dfrac{3}{2}$

← △ACD において，余弦定理を適用してもよい。

よって　　　AD＝HI＝BC－BH－IC

$\qquad\qquad\qquad =5-2\cdot\dfrac{3}{2}=\mathbf{2}$

(4)　四角形 ABCD の面積を S とすると

$\qquad S=\triangle ABC+\triangle ACD$

$\qquad\quad =\dfrac{1}{2}\cdot 3\cdot 5\sin 60°+\dfrac{1}{2}\cdot 2\cdot 3\sin 120°$

$\qquad\quad =\dfrac{15}{2}\cdot\dfrac{\sqrt{3}}{2}+3\cdot\dfrac{\sqrt{3}}{2}=\mathbf{\dfrac{21\sqrt{3}}{4}}$

← △ABC

$=\dfrac{1}{2}AB\cdot BC\sin\angle ABC$

　△ACD

$=\dfrac{1}{2}AD\cdot CD\sin\angle ADC$

別解　$\dfrac{1}{2}(AD+BC)AH=\dfrac{1}{2}(2+5)\cdot 3\sin 60°$

$\qquad\qquad\qquad\qquad\quad =\dfrac{21}{2}\cdot\dfrac{\sqrt{3}}{2}=\dfrac{21\sqrt{3}}{4}$

練習
③166
円に内接する四角形 ABCD において，AB＝1，BC＝3，CD＝3，DA＝2 とする。次のものを求めよ。

(1)　$\cos B$ の値　　　　　　　　(2)　四角形 ABCD の面積

(1)　△ABC において，余弦定理により

$\qquad AC^2=1^2+3^2-2\cdot 1\cdot 3\cos B$

$\qquad\qquad =10-6\cos B$ ‥‥‥ ①

　　△ACD において，余弦定理により

$\qquad AC^2=3^2+2^2-2\cdot 3\cdot 2\cos(180°-B)$

$\qquad\qquad =13+12\cos B$ ‥‥‥ ②

　①，② から　　$10-6\cos B=13+12\cos B$

ゆえに　　**$\cos B=-\dfrac{3}{18}=-\dfrac{1}{6}$**

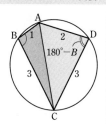

HINT 円に内接する四角形の対角の和は 180° であることを利用。

← $B+D=180°$

← $\cos(180°-\theta)=-\cos\theta$

← AC^2 を消去。$\cos B$ についての方程式を作る。

(2)　$\sin B>0$ であるから，(1) より

$\qquad\qquad \sin B=\sqrt{1-\cos^2 B}=\sqrt{1-\left(-\dfrac{1}{6}\right)^2}=\dfrac{\sqrt{35}}{6}$

← $0°<B<180°$

また　　$\sin D=\sin(180°-B)=\sin B=\dfrac{\sqrt{35}}{6}$

← $\sin(180°-\theta)=\sin\theta$

よって，四角形 ABCD の面積を S とすると

$\qquad S=\triangle ABC+\triangle ACD$

$\qquad\quad =\dfrac{1}{2}AB\cdot BC\sin B+\dfrac{1}{2}AD\cdot CD\sin D$

$\qquad\quad =\dfrac{1}{2}\cdot 1\cdot 3\cdot\dfrac{\sqrt{35}}{6}+\dfrac{1}{2}\cdot 2\cdot 3\cdot\dfrac{\sqrt{35}}{6}=\dfrac{3\sqrt{35}}{4}$

練習
②167 △ABC において，$a=1+\sqrt{3}$，$b=2$，$C=60°$ とする。次のものを求めよ。
(1) 辺 AB の長さ (2) ∠B の大きさ (3) △ABC の面積
(4) 外接円の半径 (5) 内接円の半径 〔類 奈良教育大〕

(1) 余弦定理により
$$c^2=a^2+b^2-2ab\cos C$$
$$=(1+\sqrt{3})^2+2^2-4(1+\sqrt{3})\cos 60°$$
$$=(4+2\sqrt{3})+4-2(1+\sqrt{3})=6$$

$c>0$ であるから $c=\mathrm{AB}=\boldsymbol{\sqrt{6}}$

← 2 辺と 1 角がわかっているから，余弦定理を利用。

(2) 余弦定理により
$$\cos B=\frac{c^2+a^2-b^2}{2ca}$$
$$=\frac{(\sqrt{6})^2+(1+\sqrt{3})^2-2^2}{2\sqrt{6}(1+\sqrt{3})}$$
$$=\frac{6+2\sqrt{3}}{2\sqrt{6}(1+\sqrt{3})}$$
$$=\frac{\sqrt{3}}{\sqrt{6}}=\frac{1}{\sqrt{2}}$$

← 3 辺がわかっているから，余弦定理を利用。

← $6+2\sqrt{3}$
$=2\sqrt{3}(\sqrt{3}+1)$

よって $B=\boldsymbol{45°}$

(3) △ABC の面積は
$$\frac{1}{2}ab\sin C=\frac{1}{2}\cdot(1+\sqrt{3})\cdot2\sin 60°$$
$$=\boldsymbol{\frac{3+\sqrt{3}}{2}}$$

← $\dfrac{1}{2}ca\sin B$
$=\dfrac{1}{2}\cdot\sqrt{6}(1+\sqrt{3})\sin 45°$
でもよい。

(4) 外接円の半径を R とすると，正弦定理により
$$R=\frac{c}{2\sin C}=\frac{\sqrt{6}}{2\sin 60°}=\frac{\sqrt{6}}{\sqrt{3}}=\boldsymbol{\sqrt{2}}$$

← $R=\dfrac{b}{2\sin B}$
$=\dfrac{2}{2\sin 45°}$ でもよい。

(5) 内接円の中心を I，半径を r とすると，
△ABC＝△IBC＋△ICA＋△IAB
であるから
$$\frac{3+\sqrt{3}}{2}=\frac{1}{2}\cdot(1+\sqrt{3})\cdot r$$
$$+\frac{1}{2}\cdot2\cdot r+\frac{1}{2}\cdot\sqrt{6}\cdot r$$
$$=\frac{3+\sqrt{3}+\sqrt{6}}{2}r$$

←**内接円の半径**
→ **三角形の面積を利用**して求める。なお，△ABC の面積は (3) で求めた。

よって $r=\dfrac{3+\sqrt{3}}{2}\cdot\dfrac{2}{3+\sqrt{3}+\sqrt{6}}=\dfrac{1+\sqrt{3}}{1+\sqrt{2}+\sqrt{3}}$

← $\sqrt{3}$ で約分。

$$=\frac{(1+\sqrt{3})(1+\sqrt{2}-\sqrt{3})}{\{(1+\sqrt{2})+\sqrt{3}\}\{(1+\sqrt{2})-\sqrt{3}\}}$$

← 本冊 $p.49$ 参照。

$$=\frac{\sqrt{2}+\sqrt{6}-2}{2\sqrt{2}}=\boldsymbol{\frac{1+\sqrt{3}-\sqrt{2}}{2}}$$

← $\sqrt{2}$ で約分。

練習
③**168**
1辺の長さが1の正三角形 ABC の辺 AB, BC, CA 上にそれぞれ頂点と異なる点 D, E, F をとり，AD$=x$, BE$=2x$, CF$=3x$ とする。
(1) △DEF の面積 S を x で表せ。
(2) (1)の S を最小にする x の値と最小値を求めよ。 [類 追手門学院大]

(1) $0<x<1$, $0<2x<1$, $0<3x<1$ をそれぞれ解いて，共通範囲を求めると

$$0<x<\frac{1}{3}$$

よって

$$S=\triangle ABC$$
$$\quad -(\triangle ADF+\triangle BED+\triangle CFE)$$
$$=\frac{1}{2}\cdot 1\cdot 1\cdot\sin 60°-\left\{\frac{1}{2}\cdot x(1-3x)\sin 60°\right.$$
$$\quad\left.+\frac{1}{2}\cdot 2x(1-x)\sin 60°+\frac{1}{2}\cdot 3x(1-2x)\sin 60°\right\}$$
$$=\frac{\sqrt{3}}{4}-\frac{1}{2}\cdot\frac{\sqrt{3}}{2}\{x(1-3x)+2x(1-x)+3x(1-2x)\}$$
$$=\frac{\sqrt{3}}{4}(11x^2-6x+1)\quad\left(0<x<\frac{1}{3}\right)$$

←△ABC の面積から，余分な三角形の面積を引く。

(2) $11x^2-6x+1=11\left(x-\frac{3}{11}\right)^2-11\cdot\left(\frac{3}{11}\right)^2+1$ であるから

$$S=\frac{\sqrt{3}}{4}\left\{11\left(x-\frac{3}{11}\right)^2+\frac{2}{11}\right\}$$

よって，$0<x<\frac{1}{3}$ の範囲において，S は

$$x=\frac{3}{11}\text{ のとき最小値 }\frac{\sqrt{3}}{4}\cdot\frac{2}{11}=\frac{\sqrt{3}}{22}$$

をとる。

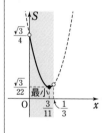

練習
②**169**
1辺の長さが6の正四面体 ABCD について，辺 BC 上で 2BE$=$EC を満たす点を E，辺 CD の中点を M とする。
(1) 線分 AM, AE, EM の長さをそれぞれ求めよ。
(2) $\angle EAM=\theta$ とおくとき，$\cos\theta$ の値を求めよ。
(3) △AEM の面積を求めよ。

(1) $\mathbf{AM}=AC\sin 60°=6\cdot\frac{\sqrt{3}}{2}=\mathbf{3\sqrt{3}}$

BE：EC$=1：2$ であるから

$\quad$BE$=2$, EC$=4$

△ABE において，余弦定理により

$\quad AE^2=AB^2+BE^2-2AB\cdot BE\cos 60°$
$\qquad =6^2+2^2-2\cdot 6\cdot 2\cdot\frac{1}{2}=28$

AE>0 であるから $\quad\mathbf{AE}=\sqrt{28}=\mathbf{2\sqrt{7}}$

←線分 AM, AE, EM を辺とする三角形を取り出す。△ACD は正三角形。

←∠ABE$=60°$

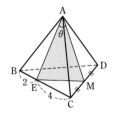

△ECM において，余弦定理により

$$EM^2=CE^2+CM^2-2CE\cdot CM\cos 60°$$

$$=4^2+3^2-2\cdot 4\cdot 3\cdot\frac{1}{2}=13$$

←∠ECM＝60°

EM＞0 であるから　**EM＝$\sqrt{13}$**

(2)　△AEM において，余弦定理により

←(1) で △AEM の3辺の長さを求めている。

$$\cos\theta=\frac{AE^2+AM^2-EM^2}{2AE\cdot AM}=\frac{28+27-13}{2\cdot 2\sqrt{7}\cdot 3\sqrt{3}}$$

$$=\frac{42}{12\sqrt{21}}=\frac{\sqrt{21}}{6}$$

(3)　0°＜θ＜180° より，sinθ＞0 であるから

$$\sin\theta=\sqrt{1-\cos^2\theta}=\sqrt{1-\left(\frac{\sqrt{21}}{6}\right)^2}=\frac{\sqrt{15}}{6}$$

よって　　△AEM＝$\frac{1}{2}$AE・AMsinθ

$$=\frac{1}{2}\cdot 2\sqrt{7}\cdot 3\sqrt{3}\cdot\frac{\sqrt{15}}{6}$$

$$=\frac{3\sqrt{35}}{2}$$

練習
③**170**

1辺の長さが3の正三角形 ABC を底面とし，PA＝PB＝PC＝2 の四面体 PABC において，頂点 P から底面 ABC に垂線 PH を下ろす。
(1) PH の長さを求めよ。　　(2) 四面体 PABC の体積を求めよ。
(3) 点 H から3点 P，A，B を通る平面に下ろした垂線の長さ h を求めよ。

(1)　△PAH，△PBH，△PCH はいずれ
　　も ∠H＝90° の直角三角形であり
　　　　PA＝PB＝PC，PH は共通
　　であるから　△PAH≡△PBH≡△PCH
　　よって　　AH＝BH＝CH
　　ゆえに，H は △ABC の外接円の中心であり，AH は △ABC
　　の外接円の半径であるから，△ABC において，正弦定理によ
　　り　　$\frac{3}{\sin 60°}=2AH$

←正弦定理により
$\frac{AB}{\sin 60°}=2R$
R は △ABC の外接円の半径で，R＝AH である。

よって　　AH＝$\frac{3}{2\sin 60°}=\frac{3}{2}\div\frac{\sqrt{3}}{2}=\sqrt{3}$

△PAH は直角三角形であるから，三平方の定理により

$$PH=\sqrt{PA^2-AH^2}=\sqrt{2^2-(\sqrt{3})^2}=1$$

(2)　正三角形 ABC の面積を S とすると

←四面体 PABC は三角錐であり，体積は
$\frac{1}{3}×$（底面積）×（高さ）
で求められる。△ABC を底面とすると，高さは PH。

$$S=\frac{1}{2}\cdot 3\cdot 3\sin 60°=\frac{9}{2}\cdot\frac{\sqrt{3}}{2}=\frac{9\sqrt{3}}{4}$$

よって，四面体 PABC の体積を V とすると

$$V=\frac{1}{3}\cdot S\cdot PH=\frac{1}{3}\cdot\frac{9\sqrt{3}}{4}\cdot 1=\frac{3\sqrt{3}}{4}$$

(3) △PAB は PA＝PB の二等辺三角形であるから，底辺を AB
とすると，高さは

$$\sqrt{2^2-\left(\frac{3}{2}\right)^2}=\sqrt{\frac{7}{4}}=\frac{\sqrt{7}}{2}$$

よって　　△PAB＝$\frac{1}{2}\cdot 3\cdot\frac{\sqrt{7}}{2}=\frac{3\sqrt{7}}{4}$

ゆえに，四面体 PABH の体積を V' とすると

$$V'=\frac{1}{3}\cdot\triangle\text{PAB}\cdot h=\frac{1}{3}\cdot\frac{3\sqrt{7}}{4}\cdot h=\frac{\sqrt{7}}{4}h$$

また，$3V'=V$ であるから，(2)の結果より

$$3\cdot\frac{\sqrt{7}}{4}h=\frac{3\sqrt{3}}{4}$$

よって　　$h=\frac{\sqrt{3}}{\sqrt{7}}=\frac{\sqrt{21}}{7}$

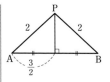

←四面体 PABH の体積
を △PAB を底面，高さ
を h として求め，(2)で
求めた体積を利用。

練習
③**171** 底面の半径 2，母線の長さ 6 の円錐が，球 O と側面で接し，底面の中心でも接している。この球
の半径，体積，表面積をそれぞれ求めよ。

円錐の頂点を A，底面の円の中心を M とする。
点 A と M を通る平面で円錐を切ったときの
切り口の図形は，図のようになるから，円錐
の高さは

$$\text{AM}=\sqrt{\text{AB}^2-\text{BM}^2}$$
$$=\sqrt{6^2-2^2}=4\sqrt{2}$$

よって，図の △ABC の面積を S とすると

$$S=\frac{1}{2}\text{BC}\cdot\text{AM}$$
$$=\frac{1}{2}\cdot 4\cdot 4\sqrt{2}=8\sqrt{2}$$

また，球 O の **半径** を r とすると

$$S=\frac{r}{2}(\text{AB}+\text{BC}+\text{CA})$$
$$=\frac{r}{2}(6+4+6)=8r$$

ゆえに　　　$8\sqrt{2}=8r$
したがって　　$r=\sqrt{2}$

←$S=\triangle\text{OAB}$
$+\triangle\text{OBC}+\triangle\text{OCA}$

よって，球 O の **体積** は　　$\frac{4}{3}\pi\cdot(\sqrt{2})^3=\frac{8\sqrt{2}}{3}\pi$

　　　　表面積 は　　$4\pi\cdot(\sqrt{2})^2=8\pi$

←$V=\frac{4}{3}\pi r^3$

←$S=4\pi r^2$

練習
③**172** 半径 1 の球 O に正四面体 ABCD が内接している。このとき，次の問いに答えよ。ただし，正四
面体の頂点から底面の三角形に引いた垂線と底面の交点は，底面の三角形の外接円の中心であ
ることを証明なしで用いてよい。
(1) 正四面体 ABCD の 1 辺の長さを求めよ。
(2) 球 O と正四面体 ABCD の体積比を求めよ。　　　　　　　　　　　　〔類 お茶の水大〕

(1) 正四面体の1辺の長さを a とする。
正四面体の頂点 A から △BCD に垂線 AH を下ろすと，H は △BCD の外接円の中心である。

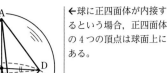

△BCD において，正弦定理により

$$BH = \frac{a}{2\sin 60°} = \frac{a}{\sqrt{3}}$$

よって　　$AH = \sqrt{AB^2 - BH^2}$

$$= \sqrt{a^2 - \left(\frac{a}{\sqrt{3}}\right)^2} = \frac{\sqrt{6}}{3}a$$

直角三角形 OBH において，$BH^2 + OH^2 = OB^2$ から

$$\left(\frac{a}{\sqrt{3}}\right)^2 + \left(\frac{\sqrt{6}}{3}a - 1\right)^2 = 1$$

ゆえに　　$a\left(a - \frac{2\sqrt{6}}{3}\right) = 0$

$a > 0$ であるから　　$a = \dfrac{2\sqrt{6}}{3}$

(2) 球 O の体積は $\dfrac{4}{3}\pi \cdot 1^3 = \dfrac{4}{3}\pi$，正四面体 ABCD の体積は

$$\frac{1}{3} \times △BCD \times AH$$

$$= \frac{1}{3} \times \frac{1}{2} \cdot \left(\frac{2\sqrt{6}}{3}\right)^2 \sin 60° \times \frac{\sqrt{6}}{3} \cdot \frac{2\sqrt{6}}{3} = \frac{8\sqrt{3}}{27}$$

したがって　　$\dfrac{4}{3}\pi : \dfrac{8\sqrt{3}}{27} = 9\pi : 2\sqrt{3}$

← 球に正四面体が内接するという場合，正四面体の4つの頂点は球面上にある。

← $\angle DBC = 60°$，$CD = a$ であるから，△BCD の外接円の半径を R とすると

$$\frac{CD}{\sin \angle DBC} = 2R$$

← a の2次方程式を解く。

4章

練習

〔図形と計量〕

← 正四面体の体積

$\dfrac{\sqrt{2}}{12}a^3$ で，

$a = \dfrac{2\sqrt{6}}{3}$ とおくと

$$\frac{\sqrt{2}}{12} \cdot \frac{48\sqrt{6}}{27} = \frac{8\sqrt{3}}{27}$$

← 球 O の体積は，正四面体 ABCD の体積の約8倍。

練習
②173
あるタワーが立っている地点 K と同じ標高の地点 A からタワーの先端の仰角を測ると 30° であった。また，地点 A から AB=114 (m) となるところに地点 B があり，$\angle KAB = 75°$ および $\angle KBA = 60°$ であった。このとき，A，K 間の距離は ア $\boxed{}$ m，タワーの高さは イ $\boxed{}$ m である。

〔国学院大〕

$\angle AKB = 180° - (75° + 60°) = 45°$
△KAB において，正弦定理により

$$\frac{AK}{\sin 60°} = \frac{114}{\sin 45°}$$

よって　　$AK = \dfrac{114 \sin 60°}{\sin 45°}$

$$= 114 \cdot \frac{\sqrt{3}}{2} \cdot \sqrt{2}$$

$$= {}^{ア}57\sqrt{6} \ (m)$$

タワーの先端を P とすると，タワーの高さ PK は

$$PK = AK \tan 30° = 57\sqrt{6} \cdot \frac{1}{\sqrt{3}} = {}^{イ}57\sqrt{2} \ (m)$$

← △KAB の内角の和は 180°

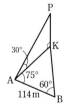

← △PAK について考える。

練習
③**174**　1辺の長さが a の正四面体 OABC において，辺 AB，BC，OC 上にそれぞれ点 P，Q，R をとる。頂点 O から，P，Q，R の順に3点を通り，頂点 A に至る最短経路の長さを求めよ。

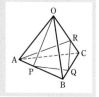

右の図のような展開図を考えると，
四角形 AOO′A′ は平行四辺形で
あり，求める最短経路の長さは
図の線分 OA′ の長さである。

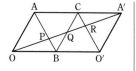

←2点を結ぶ最短の経路は，その2点を結ぶ線分である。

$\triangle$OAA′ で　OA=a，AA′=$2a$，
$\angle$OAA′=$2\cdot60°$=$120°$ であるから，余弦定理により

$$OA'^2=AA'^2+OA^2-2AA'\cdot OA\cos120°$$
$$=(2a)^2+a^2-2\cdot2a\cdot a\cdot\left(-\frac{1}{2}\right)=7a^2$$

$a>0$，OA′>0 であるから　　　OA′=$\sqrt{7}\,a$
よって，求める最短経路の長さは　　**$\sqrt{7}\,a$**

EX
②**95**

道路や鉄道の傾斜具合を表す言葉に勾配<ruby>勾配<rt>こうばい</rt></ruby>がある。「三角比の表」を用いて，次の問いに答えよ。
(1) 道路の勾配には，百分率（%，パーセント）がよく用いられる。百分率は，水平方向に 100 m 進んだときに，何 m 標高が高くなるかを表す。ある道路では，14 % と表示された標識がある。この道路の傾斜は約何度か。
(2) 鉄道の勾配には，千分率（‰，パーミル）がよく用いられる。千分率は，水平方向に 1000 m 進んだときに，何 m 標高が高くなるかを表す。ある鉄道路線では，35 ‰ と表示された標識がある。この鉄道路線の傾斜は約何度か。

(1) この道路の勾配は 14 % であるから，水平方向に 100 m 進んだとき，標高は 14 m 高くなる。

この道路の傾斜を θ とすると $\quad \tan\theta = \dfrac{14}{100} = 0.14$

三角比の表から
$$\tan 7° = 0.1228, \quad \tan 8° = 0.1405$$
ゆえに，8° の方が近い値であるから $\quad \theta ≒ 8°$
よって，この道路の傾斜は **約 8°**

(1)

(2) この鉄道路線の勾配は 35 ‰ であるから，水平方向に 1000 m 進んだとき，標高は 35 m 高くなる。

この鉄道路線の傾斜を θ とすると $\quad \tan\theta = \dfrac{35}{1000} = 0.035$

三角比の表から
$$\tan 2° = 0.0349, \quad \tan 3° = 0.0524$$
ゆえに，2° の方が近い値であるから $\quad \theta ≒ 2°$
よって，この鉄道路線の傾斜は **約 2°**

(2)

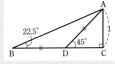

EX
③**96**

右の図で，$\angle B = 22.5°$，$\angle C = 90°$，$\angle ADC = 45°$，$AD = BD$ とする。
(1) 線分 AB の長さを求めよ。
(2) $\sin 22.5°$，$\cos 22.5°$，$\tan 22.5°$ の値をそれぞれ求めよ。

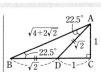

(1) △ADC は $\angle C = 90°$ の直角二等辺三角形であるから
$$CD = CA = 1, \quad AD = \sqrt{2}$$
また，△ABD は $AD = BD$ の二等辺三角形であるから
$$\angle DAB = \angle DBA = 22.5°, \quad BD = AD = \sqrt{2}$$
よって $\quad BC = BD + CD = \sqrt{2} + 1$
直角三角形 ABC において
$$\mathbf{AB} = \sqrt{(\sqrt{2} + 1)^2 + 1^2} = \sqrt{4 + 2\sqrt{2}}$$

(2) $\sin 22.5° = \dfrac{AC}{AB} = \dfrac{1}{\sqrt{4 + 2\sqrt{2}}}$

$= \dfrac{\sqrt{4 - 2\sqrt{2}}}{\sqrt{4 + 2\sqrt{2}}\sqrt{4 - 2\sqrt{2}}}$

$= \dfrac{\sqrt{4 - 2\sqrt{2}}}{\sqrt{8}} = \dfrac{\sqrt{2 - \sqrt{2}}}{2}$

$$\cos 22.5° = \frac{BC}{AB} = \frac{\sqrt{2}+1}{\sqrt{4+2\sqrt{2}}} = \frac{(\sqrt{2}+1)\sqrt{4-2\sqrt{2}}}{\sqrt{4+2\sqrt{2}}\sqrt{4-2\sqrt{2}}}$$

$$= \frac{(\sqrt{2}+1)\sqrt{4-2\sqrt{2}}}{\sqrt{8}} = \frac{(\sqrt{2}+1)\sqrt{2-\sqrt{2}}}{2}$$

$$= \frac{\sqrt{(\sqrt{2}+1)^2(2-\sqrt{2})}}{2} = \frac{\sqrt{2+\sqrt{2}}}{2}$$

$$\tan 22.5° = \frac{AC}{BC} = \frac{1}{\sqrt{2}+1} = \frac{\sqrt{2}-1}{(\sqrt{2}+1)(\sqrt{2}-1)}$$

$$= \sqrt{2}-1$$

注意 $\tan 22.5° = \frac{\sin 22.5°}{\cos 22.5°} = \frac{\sqrt{2-\sqrt{2}}}{\sqrt{2+\sqrt{2}}} = \sqrt{\frac{2-\sqrt{2}}{2+\sqrt{2}}}$

$$= \sqrt{\frac{(2-\sqrt{2})^2}{4-2}} = \frac{2-\sqrt{2}}{\sqrt{2}} = \sqrt{2}-1$$

として求めることもできる。

別解 D から辺 AB に垂線 DE を下ろすと，E は辺 AB の中点であり

$$AE = \frac{\sqrt{4+2\sqrt{2}}}{2}$$

$$DE = \sqrt{AD^2 - AE^2}$$
$$= \frac{\sqrt{4-2\sqrt{2}}}{2}$$

よって

$$\sin 22.5° = \frac{DE}{AD}$$
$$\cos 22.5° = \frac{AE}{AD}$$

としても求められる。

EX ③97 二等辺三角形 ABC において AB＝AC，BC＝1，∠A＝36° とする。∠B の二等分線と辺 AC の交点を D とすれば，BD＝ᵃ□ である。これより AB＝ⁱ□，sin18°＝ᵘ□ である。

△ABC において，∠A＝36° であるから

$$\angle B = \frac{180°-36°}{2} = 72°$$

よって　　∠C＝72°

BD は ∠B の二等分線であるから

$$\angle ABD = \angle CBD = 36°$$

また，∠BDC＝72° であるから，△BCD は BC＝BD の二等辺三角形である。

ゆえに　　BD＝ᵃ1

また，△DAB は DA＝DB の二等辺三角形であるから

$$AD = 1$$

AB＝x とすると　　CD＝$x-1$

△ABC∽△BCD であるから　　AB：BC＝BC：CD

すなわち　$x:1=1:(x-1)$　　よって　$x(x-1)=1$

整理すると　　$x^2-x-1=0$

これを解くと　　$x=\dfrac{1\pm\sqrt{5}}{2}$

$x>0$ であるから　$x=\dfrac{1+\sqrt{5}}{2}$　　ゆえに　AB＝ⁱ$\dfrac{\sqrt{5}+1}{2}$

また　　$\sin 18° = \dfrac{\frac{1}{2}BC}{AB} = \dfrac{1}{2x} = \dfrac{1}{\sqrt{5}+1}$

$$= \frac{\sqrt{5}-1}{(\sqrt{5}+1)(\sqrt{5}-1)} = \text{ᵘ}\frac{\sqrt{5}-1}{4}$$

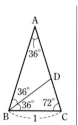

←∠BDC＝36°＋36°＝72°

←対応する辺の比は等しい。

EX
③98
(1) θ は鋭角とする。$\tan\theta=\sqrt{7}$ のとき，$(\sin\theta+\cos\theta)^2$ の値を求めよ。
(2) $\tan^2\theta+(1-\tan^4\theta)(1-\sin^2\theta)$ の値を求めよ。　　　　　　　　　［名城大］
(3) $\dfrac{\sin^4\theta+4\cos^2\theta-\cos^4\theta+1}{3(1+\cos^2\theta)}$ の値を求めよ。　　　　　　　　　　　［中部大］

(1) $1+\tan^2\theta=\dfrac{1}{\cos^2\theta}$ から　　$\dfrac{1}{\cos^2\theta}=1+(\sqrt{7})^2=8$

したがって　　$\cos^2\theta=\dfrac{1}{8}$

θ は鋭角であるから，$\cos\theta>0$ より　　$\cos\theta=\dfrac{1}{2\sqrt{2}}=\dfrac{\sqrt{2}}{4}$

よって　　$\sin\theta=\tan\theta\cos\theta=\sqrt{7}\cdot\dfrac{\sqrt{2}}{4}=\dfrac{\sqrt{14}}{4}$

ゆえに　　$(\sin\theta+\cos\theta)^2=\left(\dfrac{\sqrt{14}}{4}+\dfrac{\sqrt{2}}{4}\right)^2=\dfrac{(\sqrt{2})^2(\sqrt{7}+1)^2}{4^2}$

　　　　　　　　　　　　　　$=\dfrac{2(8+2\sqrt{7})}{16}=\dfrac{4+\sqrt{7}}{4}$

$\boxed{\text{別解}}$ 同様にして　　$\cos^2\theta=\dfrac{1}{8}$

$\tan\theta=\sqrt{7}$ から　$\dfrac{\sin\theta}{\cos\theta}=\sqrt{7}$

ゆえに　$\sin\theta=\sqrt{7}\cos\theta$
よって　$(\sin\theta+\cos\theta)^2=\{(\sqrt{7}+1)\cos\theta\}^2=(\sqrt{7}+1)^2\cos^2\theta$

　　　　　　　　　　　　$=(8+2\sqrt{7})\cdot\dfrac{1}{8}=\dfrac{4+\sqrt{7}}{4}$

(2)　$\tan^2\theta+(1-\tan^4\theta)(1-\sin^2\theta)$
　　　$=\tan^2\theta+(1+\tan^2\theta)(1-\tan^2\theta)\cos^2\theta$
　　　$=\tan^2\theta+\dfrac{1-\tan^2\theta}{\cos^2\theta}\cdot\cos^2\theta$
　　　$=\tan^2\theta+1-\tan^2\theta=\mathbf{1}$

(3)　(分子)$=\sin^4\theta+4\cos^2\theta-\cos^4\theta+1$
　　　$=(\sin^2\theta+\cos^2\theta)(\sin^2\theta-\cos^2\theta)+4\cos^2\theta+1$
　　　$=\sin^2\theta-\cos^2\theta+4\cos^2\theta+1$
　　　$=(1-\cos^2\theta)+3\cos^2\theta+1$
　　　$=2(1+\cos^2\theta)$

よって　　(与式)$=\dfrac{2(1+\cos^2\theta)}{3(1+\cos^2\theta)}=\dfrac{\mathbf{2}}{\mathbf{3}}$

右側注記：
$\leftarrow(\sin\theta+\cos\theta)^2$
$=1+2\sin\theta\cos\theta$
としてから，$\sin\theta$，
$\cos\theta$ の値を代入しても
よい。

$\leftarrow\tan\theta=\dfrac{\sin\theta}{\cos\theta}$

$\leftarrow1+\tan^2\theta=\dfrac{1}{\cos^2\theta}$

$\leftarrow\sin^4\theta-\cos^4\theta$
$=(\sin^2\theta)^2-(\cos^2\theta)^2$
$\leftarrow\sin^2\theta+\cos^2\theta=1$

4章
EX
［図形と計量］

EX
②99
(1) $\cos^2 20°+\cos^2 35°+\cos^2 45°+\cos^2 55°+\cos^2 70°$ の値を求めよ。
(2) △ABC の内角 ∠A，∠B，∠C の大きさを，それぞれ A，B，C で表すとき，等式 $\left(1+\tan^2\dfrac{A}{2}\right)\sin^2\dfrac{B+C}{2}=1$ が成り立つことを証明せよ。

(1)　$\underline{\cos 70°}=\cos(90°-20°)=\sin 20°$
　　　$\underline{\cos 55°}=\cos(90°-35°)=\sin 35°$

$\leftarrow\cos(90°-\theta)=\sin\theta$

よって　$\cos^2 20°+\cos^2 35°+\cos^2 45°+\cos^2 55°+\cos^2 70°$

$=\cos^2 20°+\cos^2 35°+\cos^2 45°+\sin^2 35°+\sin^2 20°$

$=(\sin^2 20°+\cos^2 20°)+(\sin^2 35°+\cos^2 35°)+\cos^2 45°$

$=1+1+\left(\dfrac{1}{\sqrt{2}}\right)^2=\boldsymbol{\dfrac{5}{2}}$

(1) $\cos 20°=\cos(90°-70°)=\sin 70°$, $\cos 35°=\cos(90°-55°)=\sin 55°$ を代入してもよい。

(2)　$A+B+C=180°$ であるから　$B+C=180°-A$

よって　$\left(1+\tan^2\dfrac{A}{2}\right)\sin^2\dfrac{B+C}{2}=\left(1+\tan^2\dfrac{A}{2}\right)\sin^2\dfrac{180°-A}{2}$

$=\left(1+\tan^2\dfrac{A}{2}\right)\sin^2\left(90°-\dfrac{A}{2}\right)$

$=\left(1+\tan^2\dfrac{A}{2}\right)\cos^2\dfrac{A}{2}$　　←$\boldsymbol{\sin(90°-\theta)=\cos\theta}$

$=\dfrac{1}{\cos^2\dfrac{A}{2}}\cdot\cos^2\dfrac{A}{2}=1$　　←$\boldsymbol{1+\tan^2\theta=\dfrac{1}{\cos^2\theta}}$

したがって，等式は成り立つ。

EX ②100　(1)　$\sin 140°+\cos 130°+\tan 120°$ はいくらか。　〔(1) 防衛医大〕
(2)　$0°<\theta<90°$ とする。$p=\sin\theta$ とするとき，$\sin(90°-\theta)+\sin(180°-\theta)\cos(90°+\theta)$ を p を用いて表せ。

(1)　$\sin 140°+\cos 130°+\tan 120°$

$=\sin(180°-40°)+\cos(90°+40°)+(-\sqrt{3})$　　←$\boldsymbol{\sin(180°-\theta)=\sin\theta}$, $\boldsymbol{\cos(90°+\theta)=-\sin\theta}$

$=\sin 40°-\sin 40°-\sqrt{3}=\boldsymbol{-\sqrt{3}}$

(2)　$\sin^2\theta+\cos^2\theta=1$ から　$\cos^2\theta=1-\sin^2\theta=1-p^2$　　←$\cos\theta$ を p で表す。

$0°<\theta<90°$ より，$\cos\theta>0$ であるから　$\cos\theta=\sqrt{1-p^2}$　　←＿＿に注意。

よって　$\sin(90°-\theta)+\sin(180°-\theta)\cos(90°+\theta)$　　←$\boldsymbol{\sin(90°-\theta)=\cos\theta}$, $\boldsymbol{\sin(180°-\theta)=\sin\theta}$, $\boldsymbol{\cos(90°+\theta)=-\sin\theta}$

$=\cos\theta+\sin\theta(-\sin\theta)=\cos\theta-\sin^2\theta$

$=\boldsymbol{\sqrt{1-p^2}-p^2}$

EX ③101　$0°\leqq\theta\leqq 180°$ とする。方程式 $2\cos^2\theta+\cos\theta-2\sin\theta\cos\theta-\sin\theta=0$ を解け。　〔類 摂南大〕

方程式を変形すると

$\sin\theta(-2\cos\theta-1)+(2\cos^2\theta+\cos\theta)=0$　　←与えられた方程式は，$\sin\theta$ について 1 次式，$\cos\theta$ について 2 次式であるから，次数の低い $\sin\theta$ について整理する。

$-\sin\theta(2\cos\theta+1)+\cos\theta(2\cos\theta+1)=0$

$(2\cos\theta+1)(\cos\theta-\sin\theta)=0$

ゆえに　$2\cos\theta+1=0$　または　$\cos\theta-\sin\theta=0$

$2\cos\theta+1=0$ から　$\cos\theta=-\dfrac{1}{2}$　　よって　$\theta=120°$

また　$\cos\theta-\sin\theta=0$ から　$\sin\theta=\cos\theta$ ……①

$\theta=90°$ のとき，① は成り立たないから，① の両辺を

$\cos\theta\ (\neq 0)$ で割ると　$\dfrac{\sin\theta}{\cos\theta}=1$

すなわち　$\tan\theta=1$　　よって　$\theta=45°$

したがって　$\boldsymbol{\theta=45°,\ 120°}$

EX ③102

$0°<\theta<90°$ とする。$\tan\theta+\dfrac{1}{\tan\theta}=3$ のとき，次の式の値を求めよ。 [名古屋学院大]

(1) $\sin\theta\cos\theta$　　(2) $\sin\theta+\cos\theta$　　(3) $\sin^3\theta+\cos^3\theta$　　(4) $\dfrac{1}{\sin^3\theta}+\dfrac{1}{\cos^3\theta}$

(1) $\tan\theta+\dfrac{1}{\tan\theta}=\dfrac{\sin\theta}{\cos\theta}+\dfrac{\cos\theta}{\sin\theta}=\dfrac{\sin^2\theta+\cos^2\theta}{\sin\theta\cos\theta}$　　←$\tan\theta=\dfrac{\sin\theta}{\cos\theta}$

$\qquad\qquad\qquad=\dfrac{1}{\sin\theta\cos\theta}$　　←$\sin^2\theta+\cos^2\theta=1$

$\tan\theta+\dfrac{1}{\tan\theta}=3$ であるから　　$\dfrac{1}{\sin\theta\cos\theta}=3$

したがって　　$\sin\theta\cos\theta=\dfrac{1}{3}$

(2) $(\sin\theta+\cos\theta)^2=\sin^2\theta+2\sin\theta\cos\theta+\cos^2\theta$

$\qquad\qquad\qquad=1+2\sin\theta\cos\theta=1+2\cdot\dfrac{1}{3}=\dfrac{5}{3}$　　←$\sin^2\theta+\cos^2\theta=1$

$0°<\theta<90°$ より，$\sin\theta>0$，$\cos\theta>0$ であるから

$\qquad\sin\theta+\cos\theta>0$

よって　　$\sin\theta+\cos\theta=\sqrt{\dfrac{5}{3}}=\dfrac{\sqrt{15}}{3}$

(3) $\sin^3\theta+\cos^3\theta=(\sin\theta+\cos\theta)(\sin^2\theta-\sin\theta\cos\theta+\cos^2\theta)$

$\qquad\qquad\qquad=\dfrac{\sqrt{15}}{3}\cdot\left(1-\dfrac{1}{3}\right)=\dfrac{2\sqrt{15}}{9}$　　←$\sin^2\theta+\cos^2\theta=1$

(4) $\dfrac{1}{\sin^3\theta}+\dfrac{1}{\cos^3\theta}=\dfrac{\cos^3\theta+\sin^3\theta}{\sin^3\theta\cos^3\theta}=\dfrac{2\sqrt{15}}{9}\div\left(\dfrac{1}{3}\right)^3$　　←(3) の結果を利用。

$\qquad\qquad\qquad=\dfrac{2\sqrt{15}}{9}\cdot27=6\sqrt{15}$

4章
EX
[図形と計量]

EX ③103

(1) $2\sin\theta-\cos\theta=1$ のとき，$\sin\theta$，$\cos\theta$ の値を求めよ。ただし，$0°<\theta<90°$ とする。

(2) $0°\leqq\theta\leqq180°$ とする。$\tan\theta=\dfrac{2}{3}$ のとき，$\dfrac{1-2\cos^2\theta}{1+2\sin\theta\cos\theta}$ の値を求めよ。

[(1) 金沢工大, (2) 福岡工大]

(1) $2\sin\theta-\cos\theta=1$ から　　$\cos\theta=2\sin\theta-1$ …… ①　　←$\sin\theta$ について解くと $\sin\theta=\dfrac{\cos\theta+1}{2}$ となり，後の計算で分数が出てくるから，計算が少し面倒になる。

① を $\sin^2\theta+\cos^2\theta=1$ に代入すると

$\qquad\qquad\sin^2\theta+(2\sin\theta-1)^2=1$

整理して　　$5\sin^2\theta-4\sin\theta=0$

ゆえに　　$\sin\theta(5\sin\theta-4)=0$

$0°<\theta<90°$ より，$\sin\theta>0$ であるから　　$\sin\theta=\dfrac{4}{5}$

このとき，① から　　$\cos\theta=2\cdot\dfrac{4}{5}-1=\dfrac{3}{5}$

(2) $\dfrac{1}{\cos^2\theta}=1+\tan^2\theta=1+\left(\dfrac{2}{3}\right)^2=\dfrac{13}{9}$　　←まず，$\cos\theta$ の値を求める。

したがって　　$\cos^2\theta=\dfrac{9}{13}$

$0°≦θ≦180°$，$\tanθ>0$ より，$θ$ は鋭角であるから $\cosθ>0$

ゆえに $\cosθ=\sqrt{\dfrac{9}{13}}=\dfrac{3}{\sqrt{13}}$

また $\sinθ=\tanθ\cosθ=\dfrac{2}{3}\cdot\dfrac{3}{\sqrt{13}}=\dfrac{2}{\sqrt{13}}$

$←\tanθ=\dfrac{\sinθ}{\cosθ}$ から

$\sinθ=\tanθ\cosθ$

したがって

$$\dfrac{1-2\cos^2θ}{1+2\sinθ\cosθ}=\dfrac{1-2\cdot\dfrac{9}{13}}{1+2\cdot\dfrac{2}{\sqrt{13}}\cdot\dfrac{3}{\sqrt{13}}}=\dfrac{1-\dfrac{18}{13}}{1+\dfrac{12}{13}}=-\dfrac{1}{5}$$

別解 分母・分子を $\cos^2θ$ で割ると

$$\dfrac{1-2\cos^2θ}{1+2\sinθ\cosθ}=\dfrac{\dfrac{1}{\cos^2θ}-2}{\dfrac{1}{\cos^2θ}+2\cdot\dfrac{\sinθ}{\cosθ}}=\dfrac{1+\tan^2θ-2}{1+\tan^2θ+2\tanθ}$$

$←\dfrac{1}{\cos^2θ}=1+\tan^2θ,$

$\dfrac{\sinθ}{\cosθ}=\tanθ$ を用いて，

与式を $\tanθ$ で表す。

$$=\dfrac{\tan^2θ-1}{(\tanθ+1)^2}=\dfrac{\tanθ-1}{\tanθ+1}=-\dfrac{1}{5}$$

EX
④**104** $0°≦x≦180°$，$0°≦y≦180°$ とする。
連立方程式 $\cos^2x+\sin^2y=\dfrac{1}{2}$，$\sin x\cos(180°-y)=-\dfrac{3}{4}$ を解け。

第1式から $(1-\sin^2x)+(1-\cos^2y)=\dfrac{1}{2}$

よって $\sin^2x+\cos^2y=\dfrac{3}{2}$ …… ①

第2式から $\sin x(-\cos y)=-\dfrac{3}{4}$

よって $\sin x\cos y=\dfrac{3}{4}$ …… ②

②の両辺を2乗して，①を代入すると

$$\sin^2x\left(\dfrac{3}{2}-\sin^2x\right)=\dfrac{9}{16}$$

整理して $16\sin^4x-24\sin^2x+9=0$

ゆえに $(4\sin^2x-3)^2=0$

よって $\sin^2x=\dfrac{3}{4}$

$0°≦x≦180°$ より，$\sin x≧0$ であるから $\sin x=\dfrac{\sqrt{3}}{2}$

したがって $x=60°$，$120°$

②から $\dfrac{\sqrt{3}}{2}\cos y=\dfrac{3}{4}$ ゆえに $\cos y=\dfrac{\sqrt{3}}{2}$

したがって $y=30°$

以上から $\boldsymbol{x=60°}$，$\boldsymbol{y=30°}$ または $\boldsymbol{x=120°}$，$\boldsymbol{y=30°}$

HINT かくれた条件
$\sin^2x+\cos^2x=1$，
$\sin^2y+\cos^2y=1$
を含めた4つの連立方程式を解くことを考える。
また，第2式はこのままでは扱いにくいから，第1式とかくれた条件式を用いて，$\sin x$ だけの式を導く。

EX ③105

直線 $y=x-1$ と $15°$ の角をなす直線で，点 $(0, 1)$ を通るものは2本存在する。これらの直線の方程式を求めよ。

まず，直線 $y=x-1$ と平行で原点を通る直線 $y=x$ と $15°$ の角をなす直線の傾きを求める。

直線 $y=x$ と x 軸の正の向きとのなす
角を θ とすると　　$\tan\theta=1$
よって　　$\theta=45°$

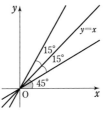

直線 $y=x$ と $15°$ の角をなす直線について，x 軸の正の向きとのなす角は
$45°-15°=30°$ または $45°+15°=60°$
ゆえに，これら2直線の傾きは

$$\tan 30°=\frac{1}{\sqrt{3}} \quad または \quad \tan 60°=\sqrt{3}$$

よって，求める直線はこれら2直線に平行で，点 $(0, 1)$ を通るから，その方程式は　　$y=\dfrac{1}{\sqrt{3}}x+1, \quad y=\sqrt{3}\,x+1$

> [HINT] 直線 $y=x-1$
> と直線 $y=x$ は平行で，x 軸の正の向きとのなす角が等しいから，直線 $y=x$ で考えるとよい。
> ←$\tan 45°=1$

> ←傾きが a，点 $(0, b)$ を通る（y 切片 b の）直線の方程式は　$y=ax+b$

4章
EX
[図形と計量]

EX ④106

$0°≦\theta≦180°$ のとき，$y=\sin^4\theta+\cos^4\theta$ とする。$\sin^2\theta=t$ とおくと，
$y={}^{ア}\boxed{}t^2-{}^{イ}\boxed{}t+{}^{ウ}\boxed{}$ と表されるから，y は $\theta={}^{エ}\boxed{}$ のとき最大値 ${}^{オ}\boxed{}$，
$\theta={}^{カ}\boxed{}$ のとき最小値 ${}^{キ}\boxed{}$ をとる。

$\cos^4\theta=(\cos^2\theta)^2=(1-\sin^2\theta)^2$ であるから
$$y=\sin^4\theta+(1-\sin^2\theta)^2=(\sin^2\theta)^2+(1-\sin^2\theta)^2$$
$\sin^2\theta=t$ とおくと，$0°≦\theta≦180°$ のとき　　$0≦t≦1$ …… ①
y を t の式で表すと
$$y=t^2+(1-t)^2={}^{ア}2t^2-{}^{イ}2t+{}^{ウ}1$$
$$=2(t^2-t)+1=2\left(t-\frac{1}{2}\right)^2+\frac{1}{2}$$

① の範囲において，y は

$$t=0,\ 1 のとき最大値 1\,;\ t=\frac{1}{2} のとき最小値 \frac{1}{2}$$

をとる。$0°≦\theta≦180°$ では，$\sin\theta≧0$ であるから
$t=0$ となるのは，$\sin^2\theta=0$ から　　$\theta=0°,\ 180°$
$t=1$ となるのは，$\sin^2\theta=1$ から　　$\theta=90°$
$t=\dfrac{1}{2}$ となるのは，$\sin^2\theta=\dfrac{1}{2}$ から　　$\theta=45°,\ 135°$

よって　　　$\theta={}^{エ}0°,\ 90°,\ 180°$ のとき最大値 ${}^{オ}1$
　　　　　　$\theta={}^{カ}45°,\ 135°$ 　　のとき最小値 ${}^{キ}\dfrac{1}{2}$

> ←$\sin^2\theta+\cos^2\theta=1$

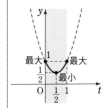

> [検討] y の式を，$\sin^2\theta$ を消去することで $\cos^2\theta$ の式に直して解くこともできるが，後で θ の値を求めるときに，やや手間がかかる。

EX ④107

$0°≦\theta≦180°$ とする。x の2次方程式 $x^2-(\cos\theta)x+\cos\theta=0$ が異なる2つの実数解をもち，それらがともに $-1<x<2$ の範囲に含まれるような θ の値の範囲を求めよ。　　　　［秋田大］

$f(x)=x^2-(\cos\theta)x+\cos\theta$ とし，2次方程式 $f(x)=0$ の判別式を D とする。

> ⑩ グラフ利用
> D, 軸, $f(k)$ に注目

2次方程式 $f(x)=0$ が $-1<x<2$ の範囲に異なる2つの実数解をもつための条件は，放物線 $y=f(x)$ が x 軸の $-1<x<2$ の部分と，異なる2点で交わることである。

すなわち，次の [1]～[4] が同時に成り立つときである。

  [1] $D>0$ [2] 軸が $-1<x<2$ の範囲にある
  [3] $f(-1)>0$ [4] $f(2)>0$

また，$0°≦θ≦180°$ のとき $-1≦\cosθ≦1$ …… ①

[1] $D=(-\cosθ)^2-4\cosθ=\cosθ(\cosθ-4)$

  常に $\cosθ-4<0$ であるから，$D>0$ より
    $\cosθ<0$ …… ②

[2] 放物線の軸は直線 $x=\dfrac{\cosθ}{2}$ であるから

    $-1<\dfrac{\cosθ}{2}<2$ すなわち $-2<\cosθ<4$

  これは常に成り立つ。

[3] $f(-1)>0$ から $1+2\cosθ>0$

  したがって $\cosθ>-\dfrac{1}{2}$ …… ③

[4] $f(2)>0$ から $4-\cosθ>0$

  これは常に成り立つ。

①，②，③ の共通範囲を求めて $-\dfrac{1}{2}<\cosθ<0$

$0°≦θ≦180°$ であるから **$90°<θ<120°$**

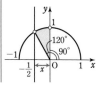

EX
③**108**

△ABC において，外接円の半径を R とする。次のものを求めよ。

(1) $a=2$, $c=4\cos B$, $\cos C=-\dfrac{1}{3}$ のとき b, $\cos A$

(2) $b=4$, $c=4\sqrt{3}$, $B=30°$ のとき a, A, C, R

(3) $(b+c):(c+a):(a+b)=4:5:6$, $R=1$ のとき A, a, b, c

HINT (1) 余弦定理を利用。 (2) 正弦定理を利用する方が早い。
     (3) A がわかれば，正弦定理を利用して a が求められる。

---

(1) △ABC において，余弦定理により
    $b^2=(4\cos B)^2+2^2-2\cdot(4\cos B)\cdot 2\cos B$ ←$b^2=c^2+a^2-2ca\cos B$
     $=16\cos^2 B+4-16\cos^2 B=4$

$b>0$ であるから **$b=2$**

よって，$a=b=2$ であり，△ABC は AC＝BC の二等辺三角形であるから $A=B$

余弦定理により $c^2=2^2+2^2-2\cdot2\cdot2\cos C$ ←$c^2=a^2+b^2-2ab\cos C$

すなわち $(4\cos B)^2=8-8\cdot\left(-\dfrac{1}{3}\right)$

ゆえに $16\cos^2 B=\dfrac{32}{3}$

よって $\cos^2 B=\dfrac{2}{3}$

$A = B$ より, $0° < A < 90°$ であるから $\cos A = \cos B > 0$ ← $0° < 2A < 180°$

したがって $\cos A = \dfrac{\sqrt{6}}{3}$

別解 $\cos C < 0$ であるから

$\qquad 90° < C < 180°$

頂点 C から辺 AB に垂線 CH を引く

と $\quad$ BH $= $ BC $\cos B = 2 \cos B$

ゆえに, H は辺 AB の中点である。

よって, △ABC は AC $=$ BC の二等辺三角形であるから

$\qquad b = a = 2, \ A = B$

△ABC において, 余弦定理から

$$c^2 = 2^2 + 2^2 - 2 \cdot 2 \cdot 2 \cos C = 8 - 8 \cdot \left(-\dfrac{1}{3} \right) = \dfrac{32}{3}$$

← $c^2 = a^2 + b^2 - 2ab \cos C$

$c > 0$ であるから $\quad c = \dfrac{4\sqrt{2}}{\sqrt{3}}$

ゆえに $\quad \cos A = \cos B = \dfrac{1}{4} c = \dfrac{\sqrt{6}}{3}$

← $c = 4 \cos B$

(2) 正弦定理により $\quad \dfrac{4}{\sin 30°} = \dfrac{4\sqrt{3}}{\sin C} = 2R$

← 余弦定理で a を求めてもよいが, この問題では, C がわかるので正弦定理で進めた方が簡明。

よって $\quad \sin C = \dfrac{\sqrt{3}}{2}, \ R = 4$

$\sin C = \dfrac{\sqrt{3}}{2}$ から $\quad C = 60°, \ 120°$

[1] $\underline{C = 60° \text{ のとき}}$

$\qquad A = 180° - (B + C) = 180° - (30° + 60°) = 90°$

正弦定理により $\quad a = \dfrac{4 \sin 90°}{\sin 30°} = 8$

← 3 辺の比が $2 : 1 : \sqrt{3}$ となることに着目してもよい。

[2] $\underline{C = 120° \text{ のとき}}$

$\qquad A = 180° - (B + C) = 180° - (30° + 120°) = 30°$

ゆえに, △ABC は AC $=$ BC の二等辺三角形である。

← 図形の形状をとらえる。

よって $\quad a = b = 4$

以上から $\quad \boldsymbol{a = 8, \ A = 90°, \ C = 60°, \ R = 4}$ **または**

$\qquad\qquad \boldsymbol{a = 4, \ A = 30°, \ C = 120°, \ R = 4}$

(3) $(b + c) : (c + a) : (a + b) = 4 : 5 : 6$ であるから, k を正の数として

$\qquad b + c = 8k, \ c + a = 10k, \ a + b = 12k \ \cdots\cdots$ ①

とおくことができる。

(3) $b + c = 4k$ などとおくと $\quad a + b + c = \dfrac{15}{2} k$

となり, 分数の計算が多くなって煩わしい。そこで, $4 : 5 : 6 = 8 : 10 : 12$ として, **分数が出てこない工夫** をしている。

① の辺々を加えて $\quad 2(a + b + c) = 30k$

よって $\qquad\qquad a + b + c = 15k \ \cdots\cdots$ ②

①, ② から $\quad a = 7k, \ b = 5k, \ c = 3k \ \cdots\cdots$ ③

余弦定理により $\quad \cos A = \dfrac{(5k)^2 + (3k)^2 - (7k)^2}{2 \cdot 5k \cdot 3k} = -\dfrac{1}{2}$

← $-\dfrac{15k^2}{30k^2} = -\dfrac{1}{2}$

4章 EX 〔図形と計量〕

したがって $A=120°$

次に，$R=1$ であるから，正弦定理により $\dfrac{a}{\sin 120°}=2$ $\quad\leftarrow\dfrac{a}{\sin A}=2R$

よって $a=2\sin 120°=\sqrt{3}$

このとき，③ から，$k=\dfrac{\sqrt{3}}{7}$ で $b=\dfrac{5\sqrt{3}}{7}$，$c=\dfrac{3\sqrt{3}}{7}$

EX ③109 △ABC は ∠B＝60°，AB＋BC＝1 を満たしている。辺 BC の中点を M とすると，線分 AM の長さが最小となるのは BC＝□ のときである。　　［類 岡山理科大］

BC＝x とすると

$\qquad$ AB＝1－BC＝1－x $\qquad\qquad\qquad$ ←AB＋BC＝1

また $\quad$ BM＝$\dfrac{1}{2}$BC＝$\dfrac{1}{2}x$ $\qquad\qquad$ ←M は辺 BC の中点。

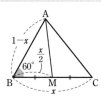

△ABM において，余弦定理により

$\quad$ AM²＝AB²＋BM²－2AB・BMcos60°

$\qquad =(1-x)^2+\left(\dfrac{x}{2}\right)^2-2(1-x)\cdot\dfrac{x}{2}\cdot\dfrac{1}{2}$

$\qquad =\dfrac{7}{4}x^2-\dfrac{5}{2}x+1=\dfrac{7}{4}\left(x^2-\dfrac{10}{7}x\right)+1$ $\qquad$ ←2 次式 ⟶ 基本形 $a(x-p)^2+q$ に直す。

$\qquad =\dfrac{7}{4}\left(x-\dfrac{5}{7}\right)^2+\dfrac{3}{28}$

AB＞0，BC＞0 であるから $\quad$ 1－x＞0，x＞0

よって $\quad 0<x<1$

この範囲で，AM² は $x=\dfrac{5}{7}$ のとき最小となる。

AM＞0 であるから，このとき線分 AM の長さも最小となる。

すなわち，求める長さは $\quad$ BC＝$\dfrac{5}{7}$

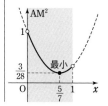

EX ②110 右の図のように，100m 離れた 2 地点 A，B から川を隔てた対岸の 2 地点 P，Q を観測して，次の値を得た。

$\qquad$ ∠PAB＝75°，∠QAB＝45°，∠PBA＝60°，∠QBA＝90°

このとき，次の問いに答えよ。

(1) A，P 間の距離を求めよ。

(2) P，Q 間の距離を求めよ。

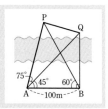

(1) △PAB において

$\qquad$ ∠APB＝180°－（75°＋60°）＝45°

正弦定理により $\quad\dfrac{AP}{\sin 60°}=\dfrac{100}{\sin 45°}$

ゆえに $\quad$ AP＝$\dfrac{100\sin 60°}{\sin 45°}$

$\qquad\qquad =100\cdot\dfrac{\sqrt{3}}{2}\cdot\sqrt{2}$

$\qquad\qquad =50\sqrt{6}$ （m）

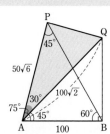

HINT (1) △PAB で正弦定理，(2) △PAQ で余弦定理を，それぞれ利用する。

←$\sin 60°=\dfrac{\sqrt{3}}{2}$

$\sin 45°=\dfrac{1}{\sqrt{2}}$

(2) △QAB は ∠QBA＝90° の直角二等辺三角形であるから

$$AQ=100\sqrt{2}$$

∠PAQ＝75°−45°＝30° であるから，△PAQ において，余弦定理により

$$PQ^2=(50\sqrt{6}\,)^2+(100\sqrt{2}\,)^2-2\cdot50\sqrt{6}\cdot100\sqrt{2}\cos30°$$

←$\cos30°=\dfrac{\sqrt{3}}{2}$

$$=2500\cdot6+10000\cdot2-20000\sqrt{3}\cdot\dfrac{\sqrt{3}}{2}$$

$$=15000+20000-30000$$

$$=5000$$

PQ＞0 であるから　　$PQ=\sqrt{5000}=\mathbf{50\sqrt{2}}$ **(m)**

←$\sqrt{5000}=\sqrt{50^2\cdot2}$

検討 数学 A で学習する円に内接する四角形の性質（＊）を利用すると，次のように考えることもできる。

∠PAQ＝∠PBQ＝30° であるから，四角形 PABQ は円に内接する。

よって　　　　　∠QBA＋∠APQ＝180° ……（＊）

また，∠QBA＝90° であるから　　∠APQ＝90°

△PAQ において，∠PAQ＝30°，∠APQ＝90° であるから

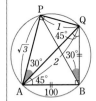

$$AP=\dfrac{\sqrt{3}}{2}AQ,\ PQ=\dfrac{1}{2}AQ$$

ここで，△QAB は ∠QBA＝90° の直角二等辺三角形であるから　　　　$AQ=100\sqrt{2}$

したがって　　　$AP=50\sqrt{6}$ (m)，$PQ=50\sqrt{2}$ (m)

EX
③**111** △ABC において，∠BAC の二等分線と辺 BC の交点を D とする。AB＝5，AC＝2，AD＝$2\sqrt{2}$ とする。

(1) $\dfrac{CD}{BD}$ の値を求めよ。　　　(2) $\cos\angle BAD$ の値を求めよ。

(3) △ACD の外接円の半径を求めよ。　　　　　　　　　　　　　　［防衛大］

(1)　AD は ∠BAC の二等分線であるから

$$BD:DC=AB:AC$$

よって　$\dfrac{CD}{BD}=\dfrac{AC}{AB}=\dfrac{2}{5}$

←角の二等分線の性質
AB：AC＝BD：DC

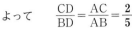

(2)　∠BAD＝∠CAD＝θ とする。

△ABD において，余弦定理により

$$BD^2=AB^2+AD^2-2AB\cdot AD\cos\theta$$

$$=25+8-2\cdot5\cdot2\sqrt{2}\cos\theta$$

$$=33-20\sqrt{2}\cos\theta\ \cdots\cdots①$$

△ACD において，余弦定理により

$$CD^2=AC^2+AD^2-2AC\cdot AD\cos\theta$$

$$=4+8-2\cdot2\cdot2\sqrt{2}\cos\theta$$

$$=12-8\sqrt{2}\cos\theta\ \cdots\cdots②$$

(1) より，2BD＝5CD であるから　　4BD²＝25CD²

①，② から　　$4(33-20\sqrt{2}\cos\theta)=25(12-8\sqrt{2}\cos\theta)$

すなわち　　$120\sqrt{2}\cos\theta=168$

したがって　　$\cos\theta=\dfrac{168}{120\sqrt{2}}=\dfrac{7\sqrt{2}}{10}$

(3)　② から　　$CD^2=12-8\sqrt{2}\cdot\dfrac{7\sqrt{2}}{10}=\dfrac{4}{5}$

CD＞0 であるから　　$CD=\sqrt{\dfrac{4}{5}}=\dfrac{2}{\sqrt{5}}$

また，sin θ＞0 であるから

$$\sin\theta=\sqrt{1-\cos^2\theta}=\sqrt{1-\left(\dfrac{7\sqrt{2}}{10}\right)^2}=\sqrt{\dfrac{2}{100}}=\dfrac{\sqrt{2}}{10}$$

よって，△ACD の外接円の半径を R とすると，△ACD におい

て，正弦定理により　　$\dfrac{CD}{\sin\theta}=2R$

したがって　　$R=\dfrac{CD}{2\sin\theta}=\dfrac{2}{\sqrt{5}}\cdot\dfrac{1}{2}\cdot\dfrac{10}{\sqrt{2}}=\sqrt{10}$

EX
②**112**　△ABC において，辺 BC の中点を M とする。
(1)　$AB^2+AC^2=2(AM^2+BM^2)$（中線定理）が成り立つことを証明せよ。
(2)　AB＝9，BC＝8，CA＝7 のとき，線分 AM の長さを求めよ。

(1)　∠AMB＝θ とすると　　∠AMC＝180°－θ

　△AMB において，余弦定理により
　　　　　$AB^2=AM^2+BM^2-2AM\cdot BM\cos\theta$ …… ①

　△AMC において，余弦定理により
　　　　　$AC^2=AM^2+CM^2-2AM\cdot CM\cos(180°-\theta)$

　CM＝BM，cos(180°－θ)＝－cos θ であるから
　　　　　$AC^2=AM^2+BM^2+2AM\cdot BM\cos\theta$ …… ②

　①＋② から　　$AB^2+AC^2=2(AM^2+BM^2)$

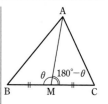

(2)　AB＝9，AC＝7，BM＝4 を (1) で証明した等式に代入すると
　　　　　$9^2+7^2=2(AM^2+4^2)$　　　　　　　　　　　　　←$BM=\dfrac{1}{2}BC=4$

　よって　　$AM^2=49$

　AM＞0 であるから　　**AM＝7**

EX
③**113**　3 辺の長さが a，$a+2$，$a+4$ である三角形について考える。
(1)　この三角形が鈍角三角形であるとき，a のとりうる値の範囲を求めよ。
(2)　この三角形の 1 つの内角が 120° であるとき，a の値，外接円の半径を求めよ。　[西南学院大]

(1)　$a<a+2<a+4$ であるから，三角形の成立条件は
　　　　　$a+4<a+(a+2)$　　　　　　　　　　　　←(最大辺の長さ)

　よって　　$a>2$ …… ①　　　　　　　　　　　　　　　＜(他の 2 辺の長さの和)

　このとき，鈍角三角形となるための条件は
　　　　　$a^2+(a+2)^2<(a+4)^2$　　　　　　　　　　←$A>90°$

　ゆえに　　$a^2-4a-12<0$　　　　　　　　　　　　⟺ $AB^2+AC^2<BC^2$

　すなわち　　$(a+2)(a-6)<0$

よって　　　$-2<a<6$ …… ②

①，② の共通範囲を求めて　　　$\boldsymbol{2<a<6}$

(2) 長さ $a+4$ の辺に対する角が $120°$ になるから，余弦定理により

$$(a+4)^2=a^2+(a+2)^2-2a(a+2)\cos120°$$

ゆえに　　$2(a^2-a-6)=0$

すなわち　$(a+2)(a-3)=0$

(1) より，$2<a<6$ であるから　　　$\boldsymbol{a=3}$

外接円の半径を R とすると，正弦定理により

$$\frac{a+4}{\sin120°}=2R$$

すなわち　　$\dfrac{7}{\sin120°}=2R$

よって　　　$R=\dfrac{1}{2}\cdot7\cdot\dfrac{2}{\sqrt{3}}=\dfrac{7\sqrt{3}}{3}$

←$120°$ の内角が最大角。

←1つの内角が $120°$ であるから，鈍角三角形。

EX
④114

(1) △ABC において，次の等式が成り立つことを証明せよ。
$$(b^2+c^2-a^2)\tan A=(c^2+a^2-b^2)\tan B$$
(2) 次の条件を満たす △ABC はどのような形の三角形か。
$$(b-c)\sin^2A=b\sin^2B-c\sin^2C$$

[(2) 類 群馬大]

△ABC の外接円の半径を R とする。

(1) 正弦定理，余弦定理により

$$(b^2+c^2-a^2)\tan A=(b^2+c^2-a^2)\cdot\frac{\sin A}{\cos A}$$

$$=(b^2+c^2-a^2)\cdot\frac{a}{2R}\cdot\frac{2bc}{b^2+c^2-a^2}=\frac{abc}{R}$$

$$(c^2+a^2-b^2)\tan B=(c^2+a^2-b^2)\cdot\frac{\sin B}{\cos B}$$

$$=(c^2+a^2-b^2)\cdot\frac{b}{2R}\cdot\frac{2ca}{c^2+a^2-b^2}=\frac{abc}{R}$$

よって　　$(b^2+c^2-a^2)\tan A=(c^2+a^2-b^2)\tan B$

(2) 正弦定理により　　$(b-c)\left(\dfrac{a}{2R}\right)^2=b\left(\dfrac{b}{2R}\right)^2-c\left(\dfrac{c}{2R}\right)^2$

両辺に $4R^2$ を掛けて　$(b-c)a^2=b^3-c^3$

よって　　　　　　　$(b-c)a^2=(b-c)(b^2+bc+c^2)$

ゆえに　　　　　　　$(b-c)\{a^2-(b^2+bc+c^2)\}=0$

よって　　　　　　　$b=c$ または $a^2=b^2+bc+c^2$

[1] $b=c$ のとき

△ABC は AB=AC の二等辺三角形である。

[2] $a^2=b^2+bc+c^2$ のとき

余弦定理により

$$\cos A=\frac{b^2+c^2-a^2}{2bc}=\frac{b^2+c^2-(b^2+bc+c^2)}{2bc}$$

$$=\frac{-bc}{2bc}=-\frac{1}{2}$$

よって　　$A=120°$

HINT 辺だけの関係式に直す。

←左辺，右辺をそれぞれ変形して，同じ式を導く方針で証明する。

$\sin A=\dfrac{a}{2R}$,

$\sin B=\dfrac{b}{2R}$,

$\cos A=\dfrac{b^2+c^2-a^2}{2bc}$,

$\cos B=\dfrac{c^2+a^2-b^2}{2ca}$

←$\sin A=\dfrac{a}{2R}$,

$\sin B=\dfrac{b}{2R}$, $\sin C=\dfrac{c}{2R}$

←$pq=0\Longleftrightarrow$
$p=0$ または $q=0$

←$bc\neq0$

[1], [2] から, △ABC は

AB＝AC の二等辺三角形　または　∠A＝120° の三角形

EX
③115 次の図形の面積を求めよ。
  (1) $a=10$, $B=30°$, $C=105°$ の △ABC
  (2) AB$=3$, AC$=3\sqrt{3}$, ∠B$=60°$ の平行四辺形 ABCD
  (3) 円に内接し, AB$=6$, BC$=$CD$=3$, ∠B$=120°$ の四角形 ABCD
  (4) 半径 r の円に外接する正八角形

(1) $A=180°-(30°+105°)=45°$

正弦定理により　$\dfrac{10}{\sin 45°}=\dfrac{b}{\sin 30°}$

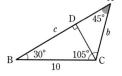

ゆえに　$b=\dfrac{10\sin 30°}{\sin 45°}=5\sqrt{2}$

C から辺 AB に垂線 CD を引くと

$c=$AD$+$DB$=5\sqrt{2}\cos 45°+10\cos 30°=5(1+\sqrt{3})$

←第1余弦定理
$c=b\cos A+a\cos B$

よって, 求める面積 S は

$$S=\dfrac{1}{2}ca\sin B=\dfrac{1}{2}\cdot 5(1+\sqrt{3})\cdot 10\sin 30°=\dfrac{25(1+\sqrt{3})}{2}$$

別解 正弦定理から　$b=5\sqrt{2}$

余弦定理により　$(5\sqrt{2})^2=c^2+10^2-2c\cdot 10\cos 30°$

整理して　$c^2-10\sqrt{3}c+50=0$

これを解いて　$c=5\sqrt{3}\pm 5$

$C>90°$ であるから, c は最大辺で　$c>a=10$

←最大角に対する辺が最大辺である。

よって　$c=5(\sqrt{3}+1)$

ゆえに　$S=\dfrac{1}{2}ca\sin B=\dfrac{25(1+\sqrt{3})}{2}$

(2) △ABC において, 正弦定理により　$\dfrac{3\sqrt{3}}{\sin 60°}=\dfrac{3}{\sin\angle\mathrm{ACB}}$

ゆえに　$\sin\angle\mathrm{ACB}=\dfrac{3\sin 60°}{3\sqrt{3}}=\dfrac{1}{2}$

∠B$=60°$ であるから　$0°<\angle\mathrm{ACB}<120°$

←∠ACB
$=180°-\angle$B$-\angle$BAC
$=120°-\angle$BAC

したがって　$\angle\mathrm{ACB}=30°$

よって　$\angle\mathrm{BAC}=180°-(60°+30°)=90°$

したがって, 求める面積 S は

$$S=2\triangle\mathrm{ABC}=\mathrm{AB}\cdot\mathrm{AC}=3\cdot 3\sqrt{3}=9\sqrt{3}$$

(3) △ABC において, 余弦定理により

$\mathrm{AC}^2=6^2+3^2-2\cdot 6\cdot 3\cos 120°$
　　　$=63$

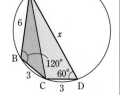

四角形 ABCD は円に内接するから

$\angle\mathrm{D}=180°-\angle\mathrm{B}=60°$

←円に内接する四角形の対角の和は 180°

AD$=x$ とする。△ACD において,
余弦定理により

$63=3^2+x^2-2\cdot 3x\cos 60°$

ゆえに $x^2-3x-54=0$
よって $(x+6)(x-9)=0$
$x>0$ であるから $x=9$ ゆえに $AD=9$
したがって，四角形 ABCD の面積 S は
$$S=\triangle ABC+\triangle ACD$$
$$=\frac{1}{2}\cdot6\cdot3\sin120°+\frac{1}{2}\cdot3\cdot9\sin60°=\frac{45\sqrt{3}}{4}$$

(4) 右の図において，半径 r の円の中心を O とし，円 O に外接する正八角形の 1 辺を AB とする。
また，O から辺 AB に引いた垂線を OH とすると，H は辺 AB の中点である。$OA=OB=a$ とすると
$\angle AOB=360°\div8=45°$ であるから，
$\triangle OAB$ の面積は
$$\frac{1}{2}a^2\sin45°=\frac{\sqrt{2}}{4}a^2\ \cdots\cdots\ ①$$
$\triangle OAB$ において，余弦定理により
$$AB^2=a^2+a^2-2a\cdot a\cos45°=(2-\sqrt{2})a^2\ \cdots\cdots\ ②$$
$\triangle OAH$ において，三平方の定理から $AH^2=a^2-r^2$
$AH=\dfrac{1}{2}AB$ であるから $\dfrac{1}{4}AB^2=a^2-r^2\ \cdots\cdots\ ③$
②，③ から $4(a^2-r^2)=(2-\sqrt{2})a^2$
ゆえに $a^2=\dfrac{4r^2}{2+\sqrt{2}}=2(2-\sqrt{2})r^2$
これを ① に代入して，$\triangle OAB$ の面積は $(\sqrt{2}-1)r^2$
よって，求める正八角形の面積は $\boldsymbol{8(\sqrt{2}-1)r^2}$

別解   右の図において
$\angle AMO=\angle ANO=90°$
よって $\angle A=360°-2\cdot90°-45°$
$=135°$
$AM=x$ とすると，$\triangle AMN$ において，余弦定理により
$$MN^2=x^2+x^2-2x\cdot x\cos135°$$
$$=(2+\sqrt{2})x^2\ \cdots\cdots\ ①$$
$\triangle OMN$ において，余弦定理により
$$MN^2=r^2+r^2-2r\cdot r\cos45°=(2-\sqrt{2})r^2\ \cdots\cdots\ ②$$
①，② から $(2+\sqrt{2})x^2=(2-\sqrt{2})r^2$
ゆえに $x^2=\dfrac{2-\sqrt{2}}{2+\sqrt{2}}r^2=\dfrac{(2-\sqrt{2})^2}{(2+\sqrt{2})(2-\sqrt{2})}r^2$
$$=\dfrac{(2-\sqrt{2})^2}{2}r^2$$

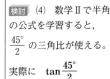

検討 (4) 数学Ⅱで半角の公式を学習すると，$\dfrac{45°}{2}$ の三角比が使える。
実際に $\tan\dfrac{45°}{2}$
$$=\sqrt{\dfrac{1-\cos45°}{1+\cos45°}}$$
$$=\sqrt{2}-1\ \ と求める$$
ことができるから
$$\triangle OAH=\dfrac{1}{2}OH\cdot AH$$
$$=\dfrac{1}{2}r\cdot r\tan\dfrac{45°}{2}$$
$$=\dfrac{\sqrt{2}-1}{2}r^2$$
これを 16 倍すると，正八角形の面積になる。

$\leftarrow\dfrac{4}{2+\sqrt{2}}=\dfrac{4(2-\sqrt{2})}{2^2-(\sqrt{2})^2}$
$=2(2-\sqrt{2})$

$\leftarrow$接線⊥半径

$\leftarrow MN^2$ を 2 通りに表す。

4章
EX
[図形と計量]

$r>0$, $x>0$ であるから $x=(\sqrt{2}-1)r$

四角形 AMON の面積は

$$2\triangle\text{AMO}=xr=(\sqrt{2}-1)r^2$$

よって，求める正八角形の面積は

$$8(\sqrt{2}-1)r^2$$

$\leftarrow$ $\sqrt{\dfrac{(2-\sqrt{2})^2}{2}}=\dfrac{2-\sqrt{2}}{\sqrt{2}}$
$\qquad\qquad =\sqrt{2}-1$

EX
③**116** 四角形 ABCD において，AB∥DC，AB=4，BC=2，CD=6，DA=3 であるとする。
(1) 対角線 AC の長さを求めよ。
(2) 四角形 ABCD の面積を求めよ。　　　　　　　　　　　　　　　　　　〔信州大〕

(1) AC=x ($x>0$) とする。

△ABC において，余弦定理により

$$\cos\angle\text{BAC}=\frac{4^2+x^2-2^2}{2\cdot4\cdot x}=\frac{x^2+12}{8x} \quad\cdots\cdots ①$$

△ACD において，余弦定理により

$$\cos\angle\text{ACD}=\frac{6^2+x^2-3^2}{2\cdot6\cdot x}=\frac{x^2+27}{12x} \quad\cdots\cdots ②$$

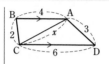

AB∥DC より，∠BAC＝∠ACD であるから

$$\cos\angle\text{BAC}=\cos\angle\text{ACD}$$

$\leftarrow$2 直線が平行
$\qquad\Longleftrightarrow$ 錯角が等しい

①，② から $\dfrac{x^2+12}{8x}=\dfrac{x^2+27}{12x}$

両辺に $24x$ を掛けて $3(x^2+12)=2(x^2+27)$

ゆえに $x^2=18$

$x>0$ であるから $x=3\sqrt{2}$

すなわち **AC=$3\sqrt{2}$**

(2) ∠BAC＝∠ACD＝θ とすると，① から

$$\cos\theta=\frac{(3\sqrt{2})^2+12}{8\cdot3\sqrt{2}}=\frac{5}{4\sqrt{2}}$$

$\sin\theta>0$ であるから

$$\sin\theta=\sqrt{1-\cos^2\theta}=\sqrt{1-\left(\frac{5}{4\sqrt{2}}\right)^2}$$

$$=\sqrt{\frac{7}{32}}=\frac{\sqrt{7}}{4\sqrt{2}}$$

$\leftarrow$② から
$\cos\theta=\dfrac{(3\sqrt{2})^2+27}{12\cdot3\sqrt{2}}$
$\qquad =\dfrac{5}{4\sqrt{2}}$
としてもよい。

したがって，四角形 ABCD の面積を S とすると

$$S=\triangle\text{ABC}+\triangle\text{ACD}$$

$$=\frac{1}{2}\cdot4\cdot x\sin\theta+\frac{1}{2}\cdot6\cdot x\sin\theta$$

$$=5x\sin\theta=5\cdot3\sqrt{2}\cdot\frac{\sqrt{7}}{4\sqrt{2}}$$

$$=\frac{15\sqrt{7}}{4}$$

EX
④117

4辺の長さが $AB=a$, $BC=b$, $CD=c$, $DA=d$ である四角形 ABCD が円に内接していて，$AC=x$, $BD=y$ とする。

(1) △ABC と △CDA に余弦定理を適用して，x を a, b, c, d で表せ。
また，y を a, b, c, d で表せ。

(2) xy を a, b, c, d で表すと，$xy=ac+bd$（これをトレミーの定理という）となる。このことを(1)を用いて示せ。 　　　　　　　　　　[宮城教育大]

(1) 四角形 ABCD は円に内接するから
$$D=180°-B$$

←$B+D=180°$

△ABC において，余弦定理により
$$x^2=a^2+b^2-2ab\cos B \quad\cdots\cdots ①$$
△CDA において，余弦定理により
$$x^2=c^2+d^2-2cd\cos D$$
$$=c^2+d^2-2cd\cos(180°-B)$$
$$=c^2+d^2+2cd\cos B \quad\cdots\cdots ②$$

①，②から　$a^2+b^2-2ab\cos B=c^2+d^2+2cd\cos B$

よって　$\cos B=\dfrac{a^2+b^2-c^2-d^2}{2(ab+cd)}$

これを①に代入して
$$x^2=a^2+b^2-2ab\cdot\frac{a^2+b^2-c^2-d^2}{2(ab+cd)}$$
$$=a^2+b^2-\frac{ab(a^2+b^2-c^2-d^2)}{ab+cd}$$
$$=\frac{(a^2+b^2)(ab+cd)-ab(a^2+b^2-c^2-d^2)}{ab+cd}$$

ここで
$$（分子）=(a^2+b^2)ab+(a^2+b^2)cd-ab(a^2+b^2)+ab(c^2+d^2)$$
$$=(a^2+b^2)cd+ab(c^2+d^2)$$
$$=cda^2+b(c^2+d^2)a+b^2cd$$
$$=(ac+bd)(ad+bc)$$

←分子だけを取り出して整理する。

よって　$x^2=\dfrac{(ac+bd)(ad+bc)}{ab+cd}$

$x>0$ であるから
$$x=\sqrt{\frac{(ac+bd)(ad+bc)}{ab+cd}} \quad\cdots\cdots ③$$

y についても同様で，③において，a を b，b を c，c を d，d を a におき換えればよいから
$$y=\sqrt{\frac{(bd+ca)(ba+cd)}{bc+da}}=\sqrt{\frac{(ac+bd)(ab+cd)}{ad+bc}}$$

←x と同様にすると，
$y^2=b^2+c^2-2bc\cos C$
と
$y^2=d^2+a^2+2da\cos C$
から
$\cos C=\dfrac{b^2+c^2-d^2-a^2}{2(bc+da)}$
よって
$y^2=b^2+c^2$
$\quad-\dfrac{bc(b^2+c^2-d^2-a^2)}{bc+da}$

(2) (1)の結果から
$$xy=\sqrt{\frac{(ac+bd)(ad+bc)}{ab+cd}}\sqrt{\frac{(ac+bd)(ab+cd)}{ad+bc}}$$
$$=\sqrt{(ac+bd)^2}$$

a, b, c, d はすべて正であるから　$xy=ac+bd$

EX ②**118** △ABC の面積が $12\sqrt{6}$ であり，その辺の長さの比は AB：BC：CA＝5：6：7である。このとき，$\sin\angle\text{ABC}=^{\mathcal{P}}\boxed{}$ となり，△ABC の内接円の半径は $^{\mathcal{A}}\boxed{}$ である。　　〔南山大〕

AB：BC：CA＝5：6：7 から，正の定数 k を用いて
$$\text{AB}=5k,\ \text{BC}=6k,\ \text{CA}=7k$$
とおける。

余弦定理により
$$\cos\angle\text{ABC}=\frac{(5k)^2+(6k)^2-(7k)^2}{2\cdot 5k\cdot 6k}=\frac{1}{5}$$

$\sin\angle\text{ABC}>0$ であるから
$$\sin\angle\text{ABC}=\sqrt{1-\left(\frac{1}{5}\right)^2}=^{\mathcal{P}}\frac{2\sqrt{6}}{5}$$

△ABC の面積は $12\sqrt{6}$ であるから
$$\frac{1}{2}\cdot 5k\cdot 6k\sin\angle\text{ABC}=12\sqrt{6}$$

$\qquad\leftarrow\triangle\text{ABC}$
$\qquad=\dfrac{1}{2}\text{AB}\cdot\text{BC}\sin\angle\text{ABC}$

すなわち $15k^2\cdot\dfrac{2\sqrt{6}}{5}=12\sqrt{6}$

よって $k^2=2$

$k>0$ であるから $k=\sqrt{2}$

△ABC の面積は $12\sqrt{6}$ であるから，△ABC の内接円の半径を r とすると $\quad\dfrac{1}{2}r(5\sqrt{2}+6\sqrt{2}+7\sqrt{2})=12\sqrt{6}$

ゆえに $\quad r=^{\mathcal{A}}\dfrac{4\sqrt{3}}{3}$

EX ③**119** △ABC の面積を S，外接円の半径を R，内接円の半径を r とするとき，次の等式が成り立つことを証明せよ。

(1) $S=\dfrac{abc}{4R}$　　　(2) $S=\dfrac{a^2\sin B\sin C}{2\sin(B+C)}$　　　(3) $S=Rr(\sin A+\sin B+\sin C)$

(1) $S=\dfrac{1}{2}bc\sin A$ …… ①

また，正弦定理により $\quad\sin A=\dfrac{a}{2R}$ …… ②

② を ① に代入して $\quad S=\dfrac{1}{2}bc\cdot\dfrac{a}{2R}=\dfrac{abc}{4R}$

(2) 正弦定理により $\quad\dfrac{a}{\sin A}=\dfrac{b}{\sin B}=\dfrac{c}{\sin C}$

ゆえに $\quad b=\dfrac{a\sin B}{\sin A},\ c=\dfrac{a\sin C}{\sin A}$ …… ③

③ を ① に代入して $\quad S=\dfrac{a^2\sin B\sin C}{2\sin A}$

$\sin A=\sin(180°-B-C)=\sin(B+C)$ であるから
$$S=\dfrac{a^2\sin B\sin C}{2\sin(B+C)}$$

別解 (2) $S=\dfrac{abc}{4R}$ に $b=2R\sin B$，$c=\dfrac{a\sin C}{\sin A}$ を代入し，$\sin A=\sin(B+C)$ と変形する。

$\leftarrow\sin(180°-\theta)=\sin\theta$

(3)　△ABC の面積 S と内接円の半径 r について，次の等式が成り立つ。

$$S=\frac{1}{2}r(a+b+c)\ \cdots\cdots ④$$

正弦定理により

$$a=2R\sin A,\ \ b=2R\sin B,\ \ c=2R\sin C$$

これらを ④ に代入すると

$$S=\frac{1}{2}r(2R\sin A+2R\sin B+2R\sin C)$$

よって　　$S=Rr(\sin A+\sin B+\sin C)$

←内接円の中心を I とすると
$$S=\triangle IBC+\triangle ICA+\triangle IAB$$
$$=\frac{1}{2}ar+\frac{1}{2}br+\frac{1}{2}cr$$

EX
④120

四角形 ABCD において，AB=4, BC=5, CD=t, DA=3$-t$ ($0<t<3$) とする。また，四角形 ABCD は外接円をもつとする。
(1)　$\cos C$ を t で表せ。　　　　　(2)　四角形 ABCD の面積 S を t で表せ。
(3)　S の最大値と，そのときの t の値を求めよ。　　　　　　〔名古屋大〕

(1)　四角形 ABCD は円に内接するから

$$A=180°-C$$

△ABD，△BCD において，それぞれ余弦定理により

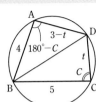

$$BD^2=4^2+(3-t)^2$$
$$\qquad -2\cdot4\cdot(3-t)\cos(180°-C)$$
$$\qquad =t^2-6t+25+8(3-t)\cos C$$
$$BD^2=5^2+t^2-2\cdot5\cdot t\cos C$$
$$\qquad =t^2+25-10t\cos C$$

よって　　$t^2-6t+25+8(3-t)\cos C=t^2+25-10t\cos C$

整理して　　$2(t+12)\cos C=6t$

$0<t<3$ であるから　　$\cos C=\dfrac{3t}{t+12}$

←円に内接する四角形の対角の和は 180°

←四角形 ABCD を △ABD と △BCD に分割。

←$\cos(180°-\theta)=-\cos\theta$

←$t+12\neq0$

(2)　$0°<C<180°$ より，$\sin C>0$ であるから

$$\sin C=\sqrt{1-\cos^2 C}=\sqrt{1-\left(\frac{3t}{t+12}\right)^2}$$
$$=\sqrt{\frac{(t+12)^2-9t^2}{(t+12)^2}}=\frac{\sqrt{4(-2t^2+6t+36)}}{\sqrt{(t+12)^2}}$$
$$=\frac{2\sqrt{-2t^2+6t+36}}{t+12}$$

また　　$\sin A=\sin(180°-C)=\sin C$

したがって

$$S=\triangle ABD+\triangle BCD$$
$$=\frac{1}{2}\cdot4(3-t)\sin A+\frac{1}{2}\cdot5\cdot t\sin C=\frac{1}{2}(12+t)\sin C$$
$$=\frac{1}{2}(12+t)\cdot\frac{2\sqrt{-2t^2+6t+36}}{t+12}$$
$$=\sqrt{-2t^2+6t+36}$$

(2)　本冊 $p.271$ のブラーマグプタの公式を利用すると
$$s=\frac{1}{2}(4+5+t+3-t)$$
$$=6\text{ から}$$
$$S$$
$$=\sqrt{(6-4)(6-5)(6-t)(3+t)}$$
$$=\sqrt{-2t^2+6t+36}$$
とすぐに求められる。

(3) $S=\sqrt{-2t^2+6t+36}=\sqrt{-2(t^2-3t)+36}$

$\qquad =\sqrt{-2\left(t-\dfrac{3}{2}\right)^2+\dfrac{81}{2}}$

と変形できる。

$0<t<3$ の範囲において，$-2t^2+6t+36$ が最大となるとき S は最大となる。

よって，$0<t<3$ の範囲において，S は

$\qquad t=\dfrac{3}{2}$ のとき最大値 $\sqrt{\dfrac{81}{2}}=\dfrac{9\sqrt{2}}{2}$ をとる。

←2 次式 ⟶ 基本形 $a(t-p)^2+q$ に直す。

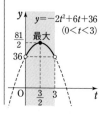

EX ③**121**

正四角錐 O-ABCD において，底面の 1 辺の長さは $2a$，高さは a である。このとき，次のものを求めよ。

(1) 頂点 A から辺 OB に引いた垂線 AE の長さ

(2) (1)の点 E に対し，∠AEC の大きさと △AEC の面積

(1) O から底面 ABCD に引いた垂線を OH とすると

$\qquad$ OH$=a$

辺 AB の中点を M とすると

$\qquad$ OH⊥HM

また，点 H は正方形 ABCD の対角線の交点であるから

$\qquad$ HM$=2a\div2=a$

よって，OH$=$HM$=a$ となり，

△OMH は直角二等辺三角形であるから $\quad$ OM$=\sqrt{2}\,a$

また $\quad$ OB$=\sqrt{\text{OM}^2+\text{MB}^2}$

$\qquad\qquad =\sqrt{(\sqrt{2}\,a)^2+a^2}=\sqrt{3}\,a$

ゆえに，△OAB の面積について

$\qquad \dfrac{1}{2}$AB·OM$=\dfrac{1}{2}$OB·AE

よって $\quad$ AB·OM$=$OB·AE

ゆえに $\quad$ AE$=\dfrac{\text{AB·OM}}{\text{OB}}=\dfrac{2a\cdot\sqrt{2}\,a}{\sqrt{3}\,a}=\dfrac{2\sqrt{6}}{3}\boldsymbol{a}$

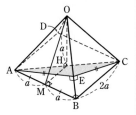

←直線 OH が平面に垂直ならば，OH は平面上のどの直線にも垂直。

←中点連結定理

←三平方の定理

←△OAB の面積を，辺 AB，OB をそれぞれ底辺とみた場合の 2 通りに表す。

(2) ∠AEC$=\theta$ とする。

△AEC において，余弦定理により

$\qquad \cos\theta=\dfrac{\text{AE}^2+\text{CE}^2-\text{AC}^2}{2\text{AE·CE}}$

$\qquad\qquad =\dfrac{2\left(\dfrac{2\sqrt{6}}{3}a\right)^2-(2\sqrt{2}\,a)^2}{2\left(\dfrac{2\sqrt{6}}{3}a\right)^2}=-\dfrac{1}{2}$

よって $\quad \theta=120°$

ゆえに $\quad$ **∠AEC$=120°$**

←AE$=$CE，(1)の結果を利用。

AC$=\sqrt{2}\cdot2a=2\sqrt{2}\,a$

また $\triangle \text{AEC} = \dfrac{1}{2}\text{AE}\cdot\text{CE}\sin 120° = \dfrac{1}{2}\cdot\Big(\dfrac{2\sqrt{6}}{3}a\Big)^2\cdot\dfrac{\sqrt{3}}{2}$

$\qquad\qquad = \dfrac{2\sqrt{3}}{3}a^2$

EX
③**122**　四面体 ABCD において，AB=3，BC=$\sqrt{13}$，CA=4，DA=DB=DC=3 とし，頂点 D から △ABC に垂線 DH を下ろす。
このとき，線分 DH の長さと四面体 ABCD の体積を求めよ。　　　　　　〔東京慈恵会医大〕

線分 DH は △ABC に下ろした垂線
であるから
　　∠DHA=∠DHB=∠DHC=90°
よって，△ADH，△BDH，△CDH
は直角三角形である。
また，この 3 つの直角三角形において
　　　　　DH は共通
　　　　　DA=DB=DC=3
直角三角形の斜辺と他の 1 辺がそれぞれ等しいから
　　　　　△ADH≡△BDH≡△CDH
ゆえに，AH=BH=CH であるから，H は △ABC の外接円の
中心（外心）である。
ここで，△ABC において，余弦定理により
$$\cos\angle\text{BAC} = \dfrac{3^2+4^2-(\sqrt{13})^2}{2\cdot3\cdot4} = \dfrac{1}{2}$$
よって，∠BAC=60° であるから
$$\sin\angle\text{BAC} = \dfrac{\sqrt{3}}{2}$$
線分 AH は △ABC の外接円の半径であるから，△ABC にお
いて，正弦定理により
$$\text{AH} = \dfrac{\text{BC}}{2\sin\angle\text{BAC}} = \dfrac{\sqrt{13}}{2\cdot\dfrac{\sqrt{3}}{2}} = \dfrac{\sqrt{13}}{\sqrt{3}}$$
ゆえに $\textbf{DH} = \sqrt{\text{AD}^2-\text{AH}^2} = \sqrt{3^2-\Big(\dfrac{\sqrt{13}}{\sqrt{3}}\Big)^2} = \dfrac{\sqrt{42}}{3}$
よって，**四面体 ABCD の体積は**
$$\dfrac{1}{3}\triangle\text{ABC}\cdot\text{DH} = \dfrac{1}{3}\times\dfrac{1}{2}\text{AB}\cdot\text{AC}\sin\angle\text{BAC}\times\text{DH}$$
$$= \dfrac{1}{3}\times\dfrac{1}{2}\cdot3\cdot4\cdot\dfrac{\sqrt{3}}{2}\times\dfrac{\sqrt{42}}{3} = \sqrt{14}$$

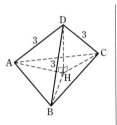

←DH⊥平面 ABC

←H は △ABC の外接円
の中心である。

←直角三角形 ADH に三
平方の定理を適用する。

4章
EX
［図形と計量］

EX
④**123**　3 辺の長さが 5，6，7 の三角形を T とする。
(1)　T の面積を求めよ。
(2)　T を底面とする高さ 4 の直三角柱の内部に含まれる球の半径の最大値を求めよ。ただし，
直三角柱とは，すべての側面が底面と垂直であるような三角柱である。　　　　〔北海道大〕

(1) 右の図のように，T の頂点 A, B, C を
　　AB＝5, BC＝6, CA＝7
となるようにとる。

余弦定理により

$$\cos B = \frac{5^2 + 6^2 - 7^2}{2 \cdot 5 \cdot 6} = \frac{12}{2 \cdot 5 \cdot 6} = \frac{1}{5}$$

$0° < B < 180°$ より，$\sin B > 0$ であるから

$$\sin B = \sqrt{1 - \cos^2 B} = \sqrt{1 - \left(\frac{1}{5}\right)^2}$$

$$= \sqrt{\frac{24}{25}} = \frac{2\sqrt{6}}{5}$$

よって，T の面積は　　$\dfrac{1}{2} \cdot 5 \cdot 6 \cdot \dfrac{2\sqrt{6}}{5} = 6\sqrt{6}$

←(T の面積)
$= \dfrac{1}{2}\text{AB}\cdot\text{BC}\sin B$

別解 ヘロンの公式を用いると，$s = \dfrac{5+6+7}{2} = 9$ であるから

$$S = \sqrt{9(9-5)(9-6)(9-7)} = \sqrt{9 \cdot 4 \cdot 3 \cdot 2} = 6\sqrt{6}$$

(2) 直三角柱の高さが 4 であるから，球の半径を r とすると

　　$0 < r \leqq 2$ …… ①

よって，T を底面とする高さ 4 の直三角柱の内部に半径 r の球が含まれるための必要十分条件は，① かつ T の内部に半径 r の円が含まれることである。

右の図のように，半径 r の円の中心を O とし，点 O から 3 辺 BC, CA, AB に垂線を下ろし，その長さをそれぞれ x, y, z とする。

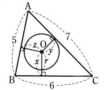

T の内部に円 O が含まれるから

　　$r \leqq x$, $r \leqq y$, $r \leqq z$ …… ②

また，T の面積は

　　$\triangle$OBC ＋ $\triangle$OCA ＋ $\triangle$OAB

$$= \frac{1}{2} \cdot 6 \cdot x + \frac{1}{2} \cdot 7 \cdot y + \frac{1}{2} \cdot 5 \cdot z = \frac{1}{2}(6x + 7y + 5z)$$

であるから，(1) より

　　$\dfrac{1}{2}(6x + 7y + 5z) = 6\sqrt{6}$　すなわち　$6x + 7y + 5z = 12\sqrt{6}$

② から　　$6x + 7y + 5z \geqq 6r + 7r + 5r = 18r$

等号が成り立つのは $x = y = z = r$ のとき，すなわち，円 O が T の内接円であるときである。

よって　　$12\sqrt{6} \geqq 18r$　　すなわち　　$r \leqq \dfrac{2\sqrt{6}}{3}$

←$\dfrac{2\sqrt{6}}{3} = 1.632\cdots\cdots$

したがって，① と合わせて，求める半径 r の最大値は　$\dfrac{2\sqrt{6}}{3}$

EX
⑤**124**
1辺の長さが1の正二十面体 W のすべての頂点が球 S の表面上にあるとき，次の問いに答えよ。なお，正二十面体は，すべての面が合同な正三角形であり，各頂点は5つの正三角形に共有されている。

(1) 正二十面体 W の1つの頂点を A，頂点 A からの距離が1である5つの頂点を B, C, D, E, F とする。$\cos 36° = \dfrac{1+\sqrt{5}}{4}$ を用いて，対角線 BE の長さと正五角形 BCDEF の外接円の半径 R を求めよ。

(2) 2つの頂点 D, E からの距離が1である2つの頂点のうち，頂点 A でない方を G とする。球 S の直径 BG の長さを求めよ。

(3) 球 S の中心を O とする。△DEG を底面とする三角錐 ODEG の体積を求め，正二十面体 W の体積を求めよ。

(1) ∠BFE は正五角形の内角であるから

$$\angle BFE = \frac{180° \times 3}{5} = 108°$$

よって

$$\angle FBE = \frac{180° - 108°}{2} = 36°$$

F から BE に下ろした垂線を FH とする。

$\cos 36° = \dfrac{1+\sqrt{5}}{4}$ であるから

$$\begin{aligned}
\mathbf{BE} &= 2BH \\
&= 2BF \cos 36° \\
&= \frac{1+\sqrt{5}}{2} \quad \cdots\cdots ①
\end{aligned}$$

また，$\sin 36° > 0$ であるから

$$\begin{aligned}
\sin 36° &= \sqrt{1 - \cos^2 36°} \\
&= \sqrt{1 - \left(\frac{1+\sqrt{5}}{4}\right)^2} \\
&= \sqrt{\frac{4^2 - (1+\sqrt{5})^2}{4^2}} \\
&= \frac{\sqrt{10 - 2\sqrt{5}}}{4}
\end{aligned}$$

正五角形 BCDEF の外接円は △BEF の外接円と等しいから，△BEF において正弦定理により

$$\frac{EF}{\sin 36°} = 2R$$

よって $R = \dfrac{2}{\sqrt{10 - 2\sqrt{5}}}$

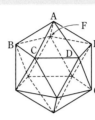

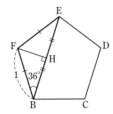

←五角形の内角の和は
$180° \times 3$

検討 下の図において，
$a = \dfrac{1+\sqrt{5}}{2}$ であるから

$$\cos 36° = \frac{a}{2} = \frac{1+\sqrt{5}}{4}$$

(EXERCISES 97 参照)

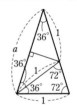

←和が 10，積が 5 となる
2 数(自然数)は存在しないから 2 重根号ははずせない。

4章
EX
[図形と計量]

(2) 頂点 B, E, G は球 S の表面上に
あり, BG は球 S の直径であるから,
△EBG は ∠BEG＝90° の直角三角
形である。

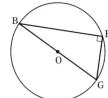

①, EG＝1 から

$$BG^2 = BE^2 + EG^2$$
$$= \left(\frac{1+\sqrt{5}}{2}\right)^2 + 1^2$$
$$= \frac{10+2\sqrt{5}}{4}$$

BG＞0 であるから　**$BG = \dfrac{\sqrt{10+2\sqrt{5}}}{2}$**

←三平方の定理。

(3) 頂点 O から △DEG に垂線 OI を
下ろすと, I は △DEG の外接円の
中心である。

GI は △DEG の外接円の半径である
から, 正弦定理により

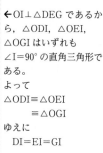

$$GI = \frac{1}{2\sin 60°} = \frac{1}{\sqrt{3}}$$

$OG = \dfrac{1}{2}BG = \dfrac{\sqrt{10+2\sqrt{5}}}{4}$ であるから

$$OI^2 = OG^2 - GI^2$$
$$= \frac{10+2\sqrt{5}}{16} - \frac{1}{3} = \frac{14+6\sqrt{5}}{48}$$
$$= \frac{14+2\sqrt{45}}{48} = \frac{9+5+2\sqrt{9\cdot5}}{48}$$
$$= \frac{(\sqrt{9}+\sqrt{5})^2}{48} = \frac{(3+\sqrt{5})^2}{48}$$

OI＞0 であるから　　$OI = \dfrac{3+\sqrt{5}}{4\sqrt{3}}$

また　　　$\triangle DEG = \dfrac{1}{2}\cdot1\cdot1\cdot\sin 60° = \dfrac{\sqrt{3}}{4}$

したがって, **三角錐 ODEG の体積** は

$$\frac{1}{3}\cdot\frac{\sqrt{3}}{4}\cdot\frac{3+\sqrt{5}}{4\sqrt{3}} = \frac{3+\sqrt{5}}{48}$$

ゆえに, **正二十面体 W の体積** は

$$20\times\frac{3+\sqrt{5}}{48} = \frac{15+5\sqrt{5}}{12}$$

←OI⊥△DEG であるか
ら, △ODI, △OEI,
△OGI はいずれも
∠I＝90° の直角三角形で
ある。
よって
△ODI≡△OEI
　　　≡△OGI
ゆえに
　DI＝EI＝GI

←$6\sqrt{5}=2\sqrt{45}$
根号の前を 2 にする。

←正二十面体 W は, 三
角錐 ODEG と同じもの
が 20 個集まってできて
いる。

EX
③**125** 1辺の長さが 6 の正四面体 ABCD がある。辺 BD 上に BE＝4 となるように点 E をとる。また，辺 AC 上に点 P，辺 AD 上に点 Q をとり，線分 BP，PQ，QE のそれぞれの長さを x, y, z とおく。
(1) 四面体 ABCE の体積を求めよ。
(2) P と Q を動かして $x+y+z$ を最小にするとき，$x+y+z$ の値を求めよ。　　〔南山大〕

(1) 点 A から △BCD に下ろした垂線
をAH とする。
AB＝AC＝AD であるから
　　△ABH≡△ACH≡△ADH
よって　　BH＝CH＝DH
ゆえに，H は △BCD の外接円の中
心である。
△BCD において，正弦定理により
$$BH＝\frac{6}{2\sin 60°}＝2\sqrt{3}$$
よって　　$AH＝\sqrt{AB^2-BH^2}＝\sqrt{6^2-(2\sqrt{3})^2}＝2\sqrt{6}$
したがって，四面体 ABCE の体積は
$$\frac{1}{3}△BCE・AH＝\frac{1}{3}・\frac{1}{2}・6・4\sin 60°・2\sqrt{6}＝\boldsymbol{12\sqrt{2}}$$

←直角三角形 ABH において，三平方の定理を適用する。

(2) $x+y+z$ が最小となるのは右の展
開図のように B，P，Q，E が一直線
上に並ぶときである。
右の展開図から，△B′BE において，
余弦定理により
$$BE^2＝12^2+4^2-2・12・4\cos 60°$$
$$＝112$$
BE＞0 であるから，求める最小値は
$$BE＝\boldsymbol{4\sqrt{7}}$$

←4点 B, P, Q, E が一直線上に並ぶような展開図をかく。

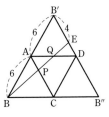

練習 ①175 次のデータは，ある野球チームの選手 30 人の体重である。

$$\begin{array}{cccccccccc}91 & 84 & 74 & 75 & 83 & 78 & 95 & 74 & 85 & 75 \\ 96 & 89 & 77 & 76 & 70 & 90 & 79 & 84 & 86 & 77 \\ 80 & 78 & 87 & 73 & 81 & 78 & 66 & 83 & 73 & 70 \end{array}$$ （単位は kg）

(1) 階級の幅を 5 kg として，度数分布表を作れ。ただし，階級は 65 kg から区切り始めるものとする。

(2) (1) で作った度数分布表をもとにして，ヒストグラムをかけ。

(1)

階級(kg)	度数
65 以上 70 未満	1
70 ～ 75	6
75 ～ 80	9
80 ～ 85	6
85 ～ 90	4
90 ～ 95	2
95 ～100	2
計	30

(2)

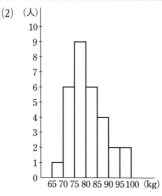

←65 kg 以上 70 kg 未満からスタートし，最高体重 96 kg が入る 95 kg 以上 100 kg 未満まで 7 個の階級に分ける。

練習 ②176 次のデータは 10 人の生徒の 20 点満点のテストの結果である。

6，5，20，11，9，8，15，12，7，17 （単位は点）

(1) このデータの平均値を求めよ。　　(2) このデータの中央値を求めよ。

(1) $\dfrac{1}{10}(6+5+20+11+9+8+15+12+7+17)=\dfrac{110}{10}=$ **11 （点）**

(2) 点数を小さい方から順に並べると

5，6，7，8，9，11，12，15，17，20

5 番目と 6 番目の平均をとって，中央値は

$$\dfrac{9+11}{2}=\textbf{10 （点）}$$

←データの大きさが偶数のときは，中央の 2 つの値の平均をとる。

練習 ③177 右の表は，8 人の生徒について行われたテストの得点の度数分布表である。得点はすべて整数とする。

(1) このデータの平均値のとりうる値の範囲を求めよ。

(2) 8 人の得点の平均点は 52 点であり，各得点は

34，42，43，46，57，58，65，x （単位は点）

であった。x の値を求めよ。

得点の階級(点)	人数
20 以上 40 未満	1
40 ～ 60	5
60 ～ 80	2
計	8

(1) データの平均値が最小となるのは，データの各値が各階級の値の最小の値となるときであるから

$$\dfrac{1}{8}(20\times1+40\times5+60\times2)=42.5$$

←$\dfrac{85}{2}$ でもよい。

データの平均値が最大となるのは，データの各値が各階級の値の最大の値となるときであるから

$$\dfrac{1}{8}(39\times1+59\times5+79\times2)=61.5$$

←$\dfrac{123}{2}$ でもよい。

よって　**42.5 点以上 61.5 点以下**

別解 [データの平均値の最大値を求める別解]

データの平均値が最大となるのは，データの各値が最小の値よりそれぞれ 19 点高いときであるから，平均点も 19 点高くなり　42.5+19=61.5

(2) 合計点を考えると

$$34+42+43+46+57+58+65+x=52\times 8$$

よって　$x+345=416$

ゆえに　$\boldsymbol{x=71}$

←39=20+19,
59=40+19, 79=60+19
であるから，平均値の最大値は
$42.5+\dfrac{1}{8}\times 19(1+5+2)$

練習 ③178　次のデータは 10 人の生徒のある教科のテストの得点である。ただし，x の値は正の整数である。
43, 55, x, 64, 36, 48, 46, 71, 65, 50　（単位は点）
x の値がわからないとき，このデータの中央値として何通りの値がありうるか。

データの大きさが 10 であるから，中央値は小さい方から 5 番目と 6 番目の値の平均値である。

x 以外の値を小さい方から並べると

36, 43, 46, 48, 50, 55, 64, 65, 71

この 9 個のデータにおいて，小さい方から 5 番目の値は　　50

よって，x を含めた 10 個のデータの中央値は

$$\dfrac{48+50}{2},\ \dfrac{50+55}{2},\ \dfrac{50+x}{2}\ (ただし，49\leqq x\leqq 54)$$

のいずれかである。

ゆえに，中央値は　$\dfrac{50+x}{2}$（ただし，$48\leqq x\leqq 55$）

x は正の整数であるから，中央値は $55-48+1=\boldsymbol{8}$（通り）の値がありうる。

補足 [1]　$0<x\leqq 48$ のときの中央値は

$$\dfrac{48+50}{2}=49$$

[2]　$x\geqq 55$ のときの中央値は

$$\dfrac{50+55}{2}=52.5$$

[3]　$49\leqq x\leqq 54$ のときの中央値は

$$\dfrac{x+50}{2}$$

[1] 36, 43, x, 46, 48, 50, 55, 64, 65, 71
など。

[2] 36, 43, 46, 48, 50, 55, x, 64, 65, 71
など。

[3] 36, 43, 46, 48, x, 50, 55, 64, 65, 71
または
36, 43, 46, 48, 50, x, 55, 64, 65, 71

練習 ①179　次のデータは，A 班 10 人と B 班 9 人の 7 日間の勉強時間の合計を調べたものである。
A 班　5, 15, 17, 11, 18, 22, 12, 9, 14, 4
B 班　2, 16, 13, 19, 6, 3, 10, 8, 7　（単位は時間）
A 班，B 班を合わせた大きさ 19 のデータの範囲，四分位範囲を求めよ。

A 班，B 班を合わせたデータを小さい方から順に並べると

2, 3, 4, 5, 6, 7, 8, 9, 10, 11,
12, 13, 14, 15, 16, 17, 18, 19, 22

よって，データの **範囲** は　$22-2=\boldsymbol{20}$（時間）

また，第1四分位数 Q_1，第3四分位数 Q_3 は
$$Q_1=6 \text{（時間）}, \quad Q_3=16 \text{（時間）}$$
ゆえに，データの **四分位範囲は**
$$Q_3-Q_1=10 \text{（時間）}$$

下位のデータ
← 2, 3, 4, 5, **6**, 7, 8, 9, 10, 11,
12, 13, 14, 15, **16**, 17, 18, 19, 22
上位のデータ

練習
②**180**
右の図は，160人の生徒が受けた数学Ⅰと数学Aのテストの得点
のデータの箱ひげ図である。この箱ひげ図から読み取れることと
して正しいものを，次の①〜④からすべて選べ。
① 数学Ⅰは数学Aに比べて四分位範囲が大きい。
② 数学Ⅰでは60点以上の生徒が80人より少ない。
③ 数学Aでは80点以上の生徒が40人以下である。
④ 数学Ⅰ，数学Aともに30点以上40点以下の生徒がいる。

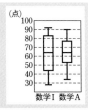

① 四分位範囲は，数学Ⅰの方が数学Aより大きい。よって，
　①は正しい。

←四分位範囲は Q_3-Q_1

② 数学Ⅰのデータの中央値は60点より大きいから，60点以
　上の生徒が80人以上であることがわかる。よって，②は正
　しくない。

←箱ひげ図の中央値から，
数学Ⅰは60点以上が
50%（80人）以上いる，
と読み取れる。

③ 数学Aのデータの第3四分位数は80点より小さいから，
　80点以上の生徒が40人以下であることがわかる。よって，
　③は正しい。

④ 数学Aのデータの最小値は30点以上40点以下であるから，
　数学Aには30点台の生徒がいる。一方，数学Ⅰのデータの
　最小値は30点より小さく，第1四分位数は40点より大きい
　から，数学Ⅰに30点以上40点以下の生徒がいるかどうかは
　この箱ひげ図からはわからない。よって，④は正しくない。
以上から，正しいものは　　①，③

←数学Ⅰの箱ひげ図から，
データを小さい方から順
に並べたとき
　1番目が29，
　2番目が41，……，
であることも考えられる。

練習
③**181**
右のヒストグラムと矛盾する箱ひげ図を①〜③のうちからすべて選べ。ただし，各階級は
8℃以上10℃未満のように区切っている。また，データの大きさは30である。

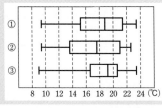
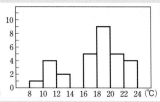

ヒストグラムから，次のことが読み取れる。
[1] 最大値は22℃以上24℃未満の階級にある。
[2] 最小値は8℃以上10℃未満の階級にある。
[3] 第1四分位数 Q_1 は16℃以上18℃未満の階級にある。
[4] 中央値 Q_2 は18℃以上20℃未満の階級にある。
[5] 第3四分位数 Q_3 は20℃以上22℃未満の階級にある。

←Q_1：下から8番目

←Q_3：上から8番目

③ の箱ひげ図は，[1]～[5] をすべて満たしている。

① の箱ひげ図は，Q_1 が 14 ℃ 以上 16 ℃ 未満の階級にあり，[3] を満たしていない。また，② の箱ひげ図は，Q_1 が 12 ℃ 以上 14 ℃ 未満の階級に，Q_2 が 16 ℃ 以上 18 ℃ 未満の階級にあり，それぞれ [3]，[4] を満たしていない。

以上から，ヒストグラムと矛盾する箱ひげ図は　①，②

練習
②182

右の表は，A 工場，B 工場の同じ規格の製品 30 個の重さを量った結果である。

(1) 両工場のデータについて，平均値，標準偏差をそれぞれ求めよ。ただし，小数第 3 位を四捨五入せよ。

(2) 両工場のデータについて，標準偏差によってデータの平均値からの散らばりの度合いを比較せよ。

製品の重さ(g)	個　数	
	A 工場	B 工場
3.6	3	0
3.7	4	1
3.8	6	2
3.9	0	6
4.0	11	8
4.1	6	13
計	30	30

(1) 製品の重さを x とし，製品の個数を f とする。

(A 工場)

x	f	xf	$x-\bar{x}$	$(x-\bar{x})^2$	$(x-\bar{x})^2 f$
3.6	3	10.8	-0.3	0.09	0.27
3.7	4	14.8	-0.2	0.04	0.16
3.8	6	22.8	-0.1	0.01	0.06
3.9	0	0.0	0.0	0.00	0.00
4.0	11	44.0	0.1	0.01	0.11
4.1	6	24.6	0.2	0.04	0.24
計	30	117.0			0.84

←$\overline{x^2}$ を計算 [$x^2 f$ の和を 30 で割る] するよりも，定義に基づいて分散を計算 [$(x-\bar{x})^2 f$ の和を 30 で割る] した方がらく。よって，「xf」，「$x-\bar{x}$」，「$(x-\bar{x})^2$」，「$(x-\bar{x})^2 f$」の列を書き加える。

表から，x の **平均値** $\bar{x}$ は　　$\bar{x}=\dfrac{117}{30}=3.90\,(\mathrm{g})$

また，x の **標準偏差** s は　$s=\sqrt{\dfrac{0.84}{30}}=\sqrt{0.028}≒0.17\,(\mathrm{g})$

←$s=\sqrt{\text{分散}}$
$=\sqrt{\dfrac{(x-\bar{x})^2 f \text{ の和}}{30}}$

$(0.165)^2=0.027225$,
$(0.17)^2=0.0289$

(B 工場)

x	f	xf	$x-\bar{x}$	$(x-\bar{x})^2$	$(x-\bar{x})^2 f$
3.6	0	0.0	-0.4	0.16	0.00
3.7	1	3.7	-0.3	0.09	0.09
3.8	2	7.6	-0.2	0.04	0.08
3.9	6	23.4	-0.1	0.01	0.06
4.0	8	32.0	0.0	0.00	0.00
4.1	13	53.3	0.1	0.01	0.13
計	30	120.0			0.36

←$f=0$ のとき，$(x-\bar{x})^2 f=0$ となるから，$x-\bar{x}$，$(x-\bar{x})^2$ の数値を必ずしも書き込む必要はない。

表から，x の **平均値** $\bar{x}$ は　　$\bar{x}=\dfrac{120}{30}=4.00\,(\mathrm{g})$

また，x の **標準偏差** s は　$s=\sqrt{\dfrac{0.36}{30}}=\sqrt{0.012}≒0.11\,(\mathrm{g})$

←$(0.105)^2=0.011025$,
$(0.11)^2=0.0121$

(2) (1)より，標準偏差はA工場のデータの方が大きいから，

A工場の方が散らばりの度合いが大きい。

練習③183 12個のデータがある。そのうちの6個のデータの平均値は4，標準偏差は3であり，残りの6個のデータの平均値は8，標準偏差は5である。
(1) 全体の平均値を求めよ。　　(2) 全体の分散を求めよ。　　[広島工大]

(1) $\dfrac{6\times4+6\times8}{12}=6$

←12個全体のデータの総和は　$6\times4+6\times8$

(2) 6個のデータを x_1, x_2, ……, x_6 とし，残り6個のデータを x_7, x_8, ……, x_{12} とする。

$3^2=\dfrac{x_1{}^2+x_2{}^2+\cdots\cdots+x_6{}^2}{6}-4^2$ であるから

←6個のデータの標準偏差は3，平均値は4

$x_1{}^2+x_2{}^2+\cdots\cdots+x_6{}^2=6\times(3^2+4^2)=6\times25$

$5^2=\dfrac{x_7{}^2+x_8{}^2+\cdots\cdots+x_{12}{}^2}{6}-8^2$ であるから

←残り6個のデータの標準偏差は5，平均値は8

$x_7{}^2+x_8{}^2+\cdots\cdots+x_{12}{}^2=6\times(5^2+8^2)=6\times89$

よって，12個全体の分散は

$$\dfrac{1}{12}(x_1{}^2+x_2{}^2+\cdots+x_6{}^2+x_7{}^2+x_8{}^2+\cdots+x_{12}{}^2)-6^2$$

$$=\dfrac{6\times25+6\times89}{12}-36=57-36=21$$

別解 6個のデータの2乗の平均値は 3^2+4^2 であり，残り6個のデータの2乗の平均値は 5^2+8^2 であるから，12個全体の分散は

$$\dfrac{6\times(3^2+4^2)+6\times(5^2+8^2)}{6+6}-6^2$$

$$=\dfrac{6\times25+6\times89}{12}-36=57-36=21$$

練習③184 次のデータは，ある都市のある年の月ごとの最低気温を並べたものである。
　　-12, -9, -3, 3, 10, 17, 20, 19, 15, 7, 1, -8　（単位は℃）
(1) このデータの平均値を求めよ。
(2) このデータの中で入力ミスが見つかった。正しくは -3℃ が -1℃，3℃ が2℃，19℃ が18℃であった。この入力ミスを修正すると，このデータの平均値は ⁷□ し，分散は ⁴□ する。
　　⁷□，⁴□ に当てはまるものを次の①，②，③から選べ。
　　　① 修正前より増加　　② 修正前より減少　　③ 修正前と一致

(1) $\dfrac{1}{12}(-12-9-3+3+10+17+20+19+15+7+1-8)=\mathbf{5}$ (℃)

(2) (ア) $-3+3+19=-1+2+18$ であるから，データの総和は変化しない。
　　よって，データの平均値は修正前と一致する。
　　ゆえに　　③

←修正の前後で，データの大きさも変化しない。

(ィ) (1), (ア)より，修正後のデータの平均値は 5 ℃ であるから，
修正した 3 つのデータの平均値からの偏差の 2 乗の和は

修正前：$(-3-5)^2+(3-5)^2+(19-5)^2=264$

修正後：$(-1-5)^2+(2-5)^2+(18-5)^2=214$

よって，偏差の 2 乗の総和は減少するから，分散は修正前より減少する。ゆえに　　②

←平均値が修正前と修正後で一致しているから，修正していない 9 個のデータについては，平均値からの偏差の 2 乗の値に変化はない。

練習
②**185** ある変量のデータがあり，その平均値は 50，標準偏差は 15 である。そのデータを修正して，各データの値を 1.2 倍して 5 を引いたとき，修正後の平均値と標準偏差を求めよ。

修正前，修正後の変量をそれぞれ x, y とする。また，x, y のデータの平均値をそれぞれ $\bar{x}$, $\bar{y}$，標準偏差をそれぞれ s_x, s_y とする。

$y=1.2x-5$ であるから

$$\bar{y}=1.2\bar{x}-5=1.2\times50-5=55$$

$$s_y=1.2s_x=1.2\times15=18$$

よって，修正後の **平均値は 55，標準偏差は 18** である。

←$y=ax+b$ (a, b は定数) のとき
$\bar{y}=a\bar{x}+b$,
$s_y=|a|s_x$

練習
②**186** 次の変量 x のデータについて，以下の問いに答えよ。
514, 584, 598, 521, 605, 612, 577
(1) $y=x-570$ とおくことにより，変量 x のデータの平均値 $\bar{x}$ を求めよ。
(2) $u=\dfrac{x-570}{7}$ とおくことにより，変量 x のデータの分散を求めよ。

(1) $\bar{y}=\dfrac{1}{7}\{(-56)+14+28+(-49)+35+42+7\}=3$

ゆえに　　$\bar{x}=\bar{y}+570=\textbf{573}$

←$\bar{y}=\bar{x}-570$ から
$\bar{x}=\bar{y}+570$

(2) $u=\dfrac{x-570}{7}$ とおくと，u, u^2 の値は次のようになる。

x	514	584	598	521	605	612	577	計
y	-56	14	28	-49	35	42	7	21
u	-8	2	4	-7	5	6	1	3
u^2	64	4	16	49	25	36	1	195

←この場合，分散は $\overline{u^2}-(\bar{u})^2$ で求める方が早い。よって，$\overline{u^2}$ (u^2 の平均値) を計算するために，u^2 の和を求めている。

よって，u のデータの分散は

$$\overline{u^2}-(\bar{u})^2=\frac{195}{7}-\left(\frac{3}{7}\right)^2=\frac{1356}{49}$$

ゆえに，x のデータの分散は

$$7^2\times\frac{1356}{49}=\textbf{1356}$$

練習 ① **187** 右の散布図は，30 人のクラスの漢字と英単語の 100 点満点で実施したテストの得点の散布図である。

(1) この散布図をもとにして，漢字と英単語の得点の間に相関関係があるかどうかを調べよ。また，相関関係がある場合には，正・負のどちらであるかをいえ。

(2) この散布図をもとにして，英単語の度数分布表を作成せよ。ただし，階級は「40 以上 50 未満」，……，「90 以上 100 未満」とする。

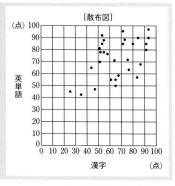

(1) 正の相関関係がある。

← 散布図の点が全体に右上がりに分布している。

(2) 英単語の度数分布表は次のようになる。

得点の階級（点）	人数
40 以上 50 未満	3
50 ～ 60	5
60 ～ 70	3
70 ～ 80	6
80 ～ 90	8
90 ～ 100	5
計	30

← 英単語の 10 点刻みの横罫線を基準にして，数える。

練習 ② **188** 下の表は，10 人の生徒に 30 点満点の 2 種類のテスト A, B を行った得点の結果である。テスト A, B の得点をそれぞれ x, y とするとき，x と y の相関係数 r を求めよ。ただし，小数第 3 位を四捨五入せよ。

生徒番号	1	2	3	4	5	6	7	8	9	10
x	29	25	22	28	18	23	26	30	30	29
y	23	23	18	26	17	20	21	20	26	26

x, y のデータの平均値をそれぞれ $\overline{x}$, $\overline{y}$ とすると

$$\overline{x}=\frac{1}{10}(29+25+22+28+18+23+26+30+30+29)$$
$$=26 \text{（点）}$$

$$\overline{y}=\frac{1}{10}(23+23+18+26+17+20+21+20+26+26)$$
$$=22 \text{（点）}$$

よって，次の表が得られる。

← x, y の仮平均を，それぞれ 25, 20 として計算すると

$$\overline{x}=25+\frac{1}{10}(4+0-3$$
$$+3-7-2+1+5$$
$$+5+4)=26$$

$$\overline{y}=20+\frac{1}{10}(3+3-2$$
$$+6-3+0+1+0$$
$$+6+6)=22$$

番号	x	y	$x-\overline{x}$	$y-\overline{y}$	$(x-\overline{x})^2$	$(y-\overline{y})^2$	$(x-\overline{x})(y-\overline{y})$
1	29	23	3	1	9	1	3
2	25	23	-1	1	1	1	-1
3	22	18	-4	-4	16	16	16
4	28	26	2	4	4	16	8
5	18	17	-8	-5	64	25	40
6	23	20	-3	-2	9	4	6
7	26	21	0	-1	0	1	0
8	30	20	4	-2	16	4	-8
9	30	26	4	4	16	16	16
10	29	26	3	4	9	16	12
計					144	100	92

$\leftarrow (x-\overline{x})^2$ の和，$(y-\overline{y})^2$ の和，$(x-\overline{x})(y-\overline{y})$ の和を求める。

ゆえに $\qquad r=\dfrac{92}{\sqrt{144\times100}}=\dfrac{92}{12\times10}\fallingdotseq\boldsymbol{0.77}$

5章 練習 ［データの分析］

練習 ③189 右の表は，2つの変量 x, y のデータである。

x	80	70	62	72	90	78
y	58	72	83	71	52	78

(1) これらのデータについて，0.72，-0.19，-0.85 のうち，x と y の相関係数に最も近いものはどれか。

(2) 表の右端のデータの y の値を 68 に変更すると，x と y の相関係数の絶対値は大きくなるか，それとも小さくなるか。

(1) 散布図は右の図のようになる。
　よって，x と y には強い負の相関関係がある。
　ゆえに，相関係数に最も近いのは
　$\boldsymbol{-0.85}$

(2) 表の右端のデータの y の値が 68 に変わると，散布図において，
　点 $(78,\ 78)$ が点 $(78,\ 68)$ に移る。
　よって，変更後の方が変更前よりも相関が強いから，
　相関係数の絶対値は大きくなる。

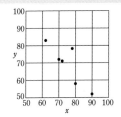

(1) 相関係数を計算するのは面倒。相関関係がわかればいいから，散布図をかいて，その散布図を利用して考える。

練習 ④190 変量 x の平均を $\overline{x}$ とする。2つの変量 x, y の3組のデータ $(x_1,\ y_1)$, $(x_2,\ y_2)$, $(x_3,\ y_3)$ があり，$\overline{x}=1$, $\overline{y}=2$, $\overline{x^2}=3$, $\overline{y^2}=10$, $\overline{xy}=4$ である。このとき，以下の問いに答えよ。ただし，相関係数については，$\sqrt{3}=1.73$ とし，小数第2位を四捨五入せよ。

(1) x と y の共分散 s_{xy}，相関係数 r_{xy} を求めよ。

(2) 変量 z を $z=-2x+1$ とするとき，y と z の共分散 s_{yz}，相関係数 r_{yz} を求めよ。

(1) $s_{xy}=\dfrac{1}{3}\{(x_1-\overline{x})(y_1-\overline{y})+(x_2-\overline{x})(y_2-\overline{y})+(x_3-\overline{x})(y_3-\overline{y})\}$

$\qquad =\dfrac{1}{3}\{(x_1y_1+x_2y_2+x_3y_3)-\overline{x}(y_1+y_2+y_3)-(x_1+x_2+x_3)\overline{y}+3\overline{x}\cdot\overline{y}\}$

$\qquad =\dfrac{1}{3}(x_1y_1+x_2y_2+x_3y_3)-\overline{x}\cdot\dfrac{y_1+y_2+y_3}{3}-\dfrac{x_1+x_2+x_3}{3}\cdot\overline{y}+\overline{x}\cdot\overline{y}$

$\qquad =\overline{xy}-\overline{x}\cdot\overline{y}-\overline{x}\cdot\overline{y}+\overline{x}\cdot\overline{y}=\overline{xy}-\overline{x}\cdot\overline{y}\quad\cdots\cdots$ ①

$\qquad =4-1\cdot2=\boldsymbol{2}$

x, y の標準偏差をそれぞれ s_x, s_y とすると

$$s_x{}^2 = \overline{x^2} - (\overline{x})^2 = 3 - 1^2 = 2$$
$$s_y{}^2 = \overline{y^2} - (\overline{y})^2 = 10 - 2^2 = 6$$

よって　$s_x = \sqrt{2}$, $s_y = \sqrt{6}$

ゆえに　$r_{xy} = \dfrac{s_{xy}}{s_x s_y} = \dfrac{2}{\sqrt{2} \cdot \sqrt{6}} = \dfrac{1}{\sqrt{3}} \fallingdotseq 0.6$

$\leftarrow \dfrac{1}{\sqrt{3}} = \dfrac{\sqrt{3}}{3}$

$\quad = \dfrac{1.73}{3} = 0.57\cdots$

(2) ① から　$s_{yz} = \overline{yz} - \overline{y} \cdot \overline{z}$

ここで, $z_k = -2x_k + 1$ $(k = 1, 2, 3)$ とすると

$$\overline{yz} = \frac{1}{3}(y_1 z_1 + y_2 z_2 + y_3 z_3)$$
$$= \frac{1}{3}\{y_1(-2x_1+1) + y_2(-2x_2+1) + y_3(-2x_3+1)\}$$
$$= -2 \cdot \frac{1}{3}(x_1 y_1 + x_2 y_2 + x_3 y_3) + \frac{y_1 + y_2 + y_3}{3}$$
$$= -2\overline{xy} + \overline{y}$$

よって　$s_{yz} = -2\overline{xy} + \overline{y} - \overline{y}(-2\overline{x}+1)$

$\quad = -2\overline{xy} + 2\overline{x} \cdot \overline{y}$

$\quad = -2 \cdot 4 + 2 \cdot 1 \cdot 2 = -4$

$\leftarrow \overline{z} = -2\overline{x} + 1$

また, z の標準偏差を s_z とすると

$$s_z = |-2| s_x = 2\sqrt{2}$$

ゆえに　$r_{yz} = \dfrac{s_{yz}}{s_y s_z} = \dfrac{-4}{\sqrt{6} \cdot 2\sqrt{2}} = -\dfrac{1}{\sqrt{3}} \fallingdotseq -0.6$

$\leftarrow z = ax + b$ (a, b は定数) のとき
$\quad s_z = |a| s_x$

参考　$z = ax + b$ のとき, $a > 0$ ならば $r_{yz} = r_{xy}$ であり, $a < 0$ ならば $r_{yz} = -r_{xy}$ である。

本冊 $p.319$ では,「① x, y の平均による点 $(\overline{x}, \overline{y})$ を通る」かつ「② L が最小となる」を仮定して回帰直線の式を導いたが, ① を仮定せず ② のみを仮定しても導くことができる。

大きさが n の2つの変数 x, y のデータを x_1, x_2, $\cdots\cdots$, x_n ; y_1, y_2, $\cdots\cdots$, y_n とし, x, y のデータの平均値をそれぞれ $\overline{x}$, $\overline{y}$, 標準偏差をそれぞれ s_x, s_y とし, x と y の共分散を s_{xy} とする。

また, x^2, y^2, xy のデータの平均値をそれぞれ $\overline{x^2}$, $\overline{y^2}$, $\overline{xy}$ とする。

ここで, 回帰直線の式を $y = ax + b$ とし,

$\quad$ $P_1(x_1, y_1)$, $P_2(x_2, y_2)$, $\cdots\cdots$, $P_n(x_n, y_n)$;

$\quad$ $Q_1(x_1, ax_1 + b)$, $Q_2(x_2, ax_2 + b)$, $\cdots\cdots$,

$\quad$ $Q_n(x_n, ax_n + b)$

とする。このとき,

$\quad$ $L = P_1 Q_1{}^2 + P_2 Q_2{}^2 + \cdots\cdots + P_n Q_n{}^2$ が最小となる

という条件を満たす a, b の値を求めてみよう。

補足　散布図における2点 P_k, Q_k 間の距離を 残差 という。

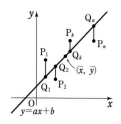

$P_k(x_k,\ y_k)$, $Q_k(x_k,\ ax_k+b)$ $(k=1,\ 2,\ \cdots\cdots,\ n)$ に対し

$$P_kQ_k{}^2=\{y_k-(ax_k+b)\}^2=\{b+(ax_k-y_k)\}^2$$
$$=b^2+2(ax_k-y_k)b+(ax_k-y_k)^2 \qquad \text{←bについて整理する。}$$

ゆえに，L を b の2次式とみて平方完成すると

$$L=nb^2+2\{(ax_1-y_1)+(ax_2-y_2)+\cdots\cdots+(ax_n-y_n)\}b$$
$$+\{(ax_1-y_1)^2+(ax_2-y_2)^2+\cdots\cdots+(ax_n-y_n)^2\}$$
$$=nb^2+2\{a(x_1+x_2+\cdots\cdots+x_n)-(y_1+y_2+\cdots\cdots+y_n)\}b$$
$$+\{(ax_1-y_1)^2+(ax_2-y_2)^2+\cdots\cdots+(ax_n-y_n)^2\}$$
$$=n\Big\{b^2+2\Big(a\cdot\frac{x_1+x_2+\cdots\cdots+x_n}{n}-\frac{y_1+y_2+\cdots\cdots+y_n}{n}\Big)b\Big\}$$
$$+\{(ax_1-y_1)^2+(ax_2-y_2)^2+\cdots\cdots+(ax_n-y_n)^2\}$$
$$=n\{b^2+2(a\bar{x}-\bar{y})b\}+\{(ax_1-y_1)^2+(ax_2-y_2)^2+\cdots\cdots+(ax_n-y_n)^2\}$$
$$=n\{b+(a\bar{x}-\bar{y})\}^2-n(a\bar{x}-\bar{y})^2$$
$$+\{(ax_1-y_1)^2+(ax_2-y_2)^2+\cdots\cdots+(ax_n-y_n)^2\}$$

5章

練習 [データの分析]

ここで，
$$M=-n(a\bar{x}-\bar{y})^2+\{(ax_1-y_1)^2+(ax_2-y_2)^2+\cdots\cdots+(ax_n-y_n)^2\}$$
として，M を a の2次式とみて平方完成すると

$$M=-n\{a^2(\bar{x})^2-2a\bar{x}\cdot\bar{y}+(\bar{y})^2\}+a^2(x_1{}^2+x_2{}^2+\cdots\cdots+x_n{}^2)$$
$$-2a(x_1y_1+x_2y_2+\cdots\cdots+x_ny_n)+(y_1{}^2+y_2{}^2+\cdots\cdots+y_n{}^2)$$
$$=-n\{a^2(\bar{x})^2-2a\bar{x}\cdot\bar{y}+(\bar{y})^2\}+a^2\cdot n\overline{x^2}-2a\cdot n\overline{xy}+n\overline{y^2}$$
$$=n\{\overline{x^2}-(\bar{x})^2\}a^2-2n(\overline{xy}-\bar{x}\cdot\bar{y})a+n\{\overline{y^2}-(\bar{y})^2\}$$
$$=n\{\overline{x^2}-(\bar{x})^2\}\Big\{a^2-2\cdot\frac{\overline{xy}-\bar{x}\cdot\bar{y}}{\overline{x^2}-(\bar{x})^2}\cdot a\Big\}+n\{\overline{y^2}-(\bar{y})^2\}$$
$$=n\{\overline{x^2}-(\bar{x})^2\}\Big\{a-\frac{\overline{xy}-\bar{x}\cdot\bar{y}}{\overline{x^2}-(\bar{x})^2}\Big\}^2-\frac{n(\overline{xy}-\bar{x}\cdot\bar{y})^2}{\overline{x^2}-(\bar{x})^2}+n\{\overline{y^2}-(\bar{y})^2\}$$

よって

$$L=n\{b+(a\bar{x}-\bar{y})\}^2+n\{\overline{x^2}-(\bar{x})^2\}\Big\{a-\frac{\overline{xy}-\bar{x}\cdot\bar{y}}{\overline{x^2}-(\bar{x})^2}\Big\}^2$$
$$-\frac{n(\overline{xy}-\bar{x}\cdot\bar{y})^2}{\overline{x^2}-(\bar{x})^2}+n\{\overline{y^2}-(\bar{y})^2\}$$

したがって，L は

$$b=-(a\bar{x}-\bar{y}) \quad \cdots\cdots ③ \qquad \text{かつ} \qquad a=\frac{\overline{xy}-\bar{x}\cdot\bar{y}}{\overline{x^2}-(\bar{x})^2} \quad \cdots\cdots ④$$

のときに最小となる。

③ から $\qquad \bar{y}=a\bar{x}+b$ $\qquad$ ←点 $(\bar{x},\ \bar{y})$ は直線 $y=ax+b$ 上にある（①）ことが導ける。

また $\quad s_x{}^2 = \overline{x^2} - (\overline{x})^2,$

$$s_{xy} = \frac{1}{n}\{(x_1-\overline{x})(y_1-\overline{y}) + (x_2-\overline{x})(y_2-\overline{y}) + \cdots + (x_n-\overline{x})(y_n-\overline{y})\}$$

$$= \frac{1}{n}\{(x_1y_1 + x_2y_2 + \cdots + x_ny_n) - (x_1+x_2+\cdots+x_n)\overline{y}$$

$$- (y_1+y_2+\cdots+y_n)\overline{x} + n\overline{x}\cdot\overline{y}\}$$

$$= \overline{xy} - \overline{x}\cdot\overline{y} - \overline{y}\cdot\overline{x} + \overline{x}\cdot\overline{y}$$

$$= \overline{xy} - \overline{x}\cdot\overline{y}$$

であるから，④ より $\quad a = \dfrac{s_{xy}}{s_x{}^2}$

したがって，L は $\overline{y} = a\overline{x} + b$ かつ $a = \dfrac{s_{xy}}{s_x{}^2}$ のとき最小となる。

相関係数 r を使うと，$a = \dfrac{s_y}{s_x}r$ となり，③ から，$b = -\dfrac{s_y}{s_x}r\overline{x} + \overline{y}$ となる。

よって，回帰直線の式は次のようになる。

$$y = \frac{s_y}{s_x}rx - \frac{s_y}{s_x}r\overline{x} + \overline{y} \qquad \text{すなわち} \qquad \frac{y-\overline{y}}{s_y} = r\cdot\frac{x-\overline{x}}{s_x}$$

練習
②191
ある企業がイメージキャラクターを作成し，20 人にアンケートを実施したところ，14 人が「企業の印象が良くなった」と回答した。この結果から，企業の印象が良くなったと判断してよいか。仮説検定の考え方を用い，基準となる確率を 0.05 として考察せよ。ただし，公正なコインを 20 枚投げて表が出た枚数を記録する実験を 200 回行ったところ，次の表のようになったとし，この結果を用いよ。

表の枚数	4	5	6	7	8	9	10	11	12	13	14	15	16	17
度数	1	3	8	14	24	30	37	32	23	16	8	3	0	1

　仮説 H_1：企業の印象が良くなった
と判断してよいかを考察するために，次の仮説を立てる。
　　仮説 H_0：企業の印象が良くなったとはいえず，「企業の印象が良くなった」と回答する場合と，そうでない場合がまったくの偶然で起こる

コイン投げの実験結果から，コインを 20 枚投げて表が 14 枚以上出る場合の相対度数は

$$\frac{8+3+0+1}{200} = \frac{12}{200} = 0.06$$

すなわち，仮説 H_0 のもとでは，14 人以上が「企業の印象が良くなった」と回答する確率は 0.06 程度であると考えられる。

これは 0.05 より大きいから，仮説 H_0 は否定できず，仮説 H_1 が正しいとは判断できない。

したがって，**企業の印象が良くなったとは判断できない。**

←① 仮説 H_1（対立仮説）と仮説 H_0（帰無仮説）を立てる。

←② 仮説 H_0 のもとで，確率を調べる。

←③ 基準となる確率との大小を比較する。
0.06＞0.05 から，仮説 H_0 は棄却されない。

練習
③192

Y 地区における政党 B の支持率は $\frac{1}{3}$ であった。政党 B がある政策を掲げたところ，支持率が変化したのではないかと考え，アンケート調査を行うことにした。30 人に対しアンケートをとったところ，15 人が政党 B を支持すると回答した。この結果から，政党 B の支持率は上昇したと判断してよいか。仮説検定の考え方を用い，次の各場合について考察せよ。ただし，公正なさいころを 30 個投げて，1 から 4 までのいずれかの目が出た個数を記録する実験を 200 回行ったところ，次の表のようになったとし，この結果を用いよ。

1～4 の個数	12	13	14	15	16	17	18	19	20	21	22	23	24	25	26	27	計
度数	1	0	2	5	9	14	22	27	32	29	24	17	11	4	2	1	200

(1) 基準となる確率を 0.05 とする。　　(2) 基準となる確率を 0.01 とする。

仮説 H_1：支持率は上昇した　　　　　　　　　　　　←対立仮説
と判断してよいかを考察するために，次の仮説を立てる。

　　仮説 H_0：支持率は上昇したとはいえず，「支持する」と回　←帰無仮説

　　　　　答する確率は $\frac{1}{3}$ である

さいころを 1 個投げて 5 または 6 の目が出る確率は $\frac{1}{3}$ であるから，さいころを 30 個投げて 15 個以上 5 または 6 の目が出た個数を考える。

　（さいころを 30 個投げて 5 または 6 の目が出た個数）
　＝30−（さいころを 30 個投げて
　　　　　　1 から 4 までのいずれかの目が出た個数）
であるから，さいころ投げの実験結果から，次の表が得られる。

1～4 の個数	12	13	14	15	16	17	18	19	20	21	22	23	24	25	26	27	計
5, 6 の個数	18	17	16	15	14	13	12	11	10	9	8	7	6	5	4	3	
度数	1	0	2	5	9	14	22	27	32	29	24	17	11	4	2	1	200

この表から，さいころを 30 個投げて 5 または 6 の目が 15 個以上出る場合の相対度数は

$$\frac{1+0+2+5}{200}=\frac{8}{200}=0.04$$

すなわち，仮説 H_0 のもとでは，15 人以上が「支持する」と回答する確率は 0.04 程度であると考えられる。

(1)　0.04 は基準となる確率 0.05 より小さい。よって，仮説 H_0 は　←0.04＜0.05 から，仮説
正しくなかったと考えられ，仮説 H_1 は正しいと判断してよい。　　H_0 を棄却する。
したがって，支持率は上昇したと判断してよい。

(2)　0.04 は基準となる確率 0.01 より大きい。よって，仮説 H_0 は　←0.04＞0.01 から，仮説
否定できず，仮説 H_1 が正しいとは判断できない。　　　　　　　H_0 は棄却されない。
したがって，支持率は上昇したとは判断できない。

練習
③**193** 1枚のコインを8回投げたところ，裏が7回出た。この結果から，このコインは裏が出やすいと判断してよいか。仮説検定の考え方を用い，基準となる確率を0.05として考察せよ。

仮説 H_1：このコインは裏が出やすい ←対立仮説
と判断してよいかを考察するために，次の仮説を立てる。

  仮説 H_0：このコインは公正である ←帰無仮説
仮説 H_0 のもとで，コインを8回投げて，裏が7回以上出る確率は

$$_8C_8\left(\frac{1}{2}\right)^8\left(\frac{1}{2}\right)^0+{}_8C_7\left(\frac{1}{2}\right)^7\left(\frac{1}{2}\right)^1$$

$$=\frac{1}{2^8}(1+8)=\frac{9}{256}=0.035\cdots\cdots$$

←反復試行の確率。
公正なコインを1枚投げたとき，裏が出る確率は $\frac{1}{2}$，表が出る確率は $1-\frac{1}{2}=\frac{1}{2}$ である。

これは0.05より小さいから，仮説 H_0 は正しくなかったと考えられ，仮説 H_1 は正しいと判断してよい。
したがって，**このコインは裏が出やすいと判断してよい。**

練習
④**194** AとBであるゲームを行う。これまでの結果では，AがBに勝つ確率は $\frac{1}{3}$ であった。次の各場合について，仮説検定の考え方を用い，基準となる確率を0.05として考察せよ。ただし，ゲームに引き分けはないものとする。
(1) このゲームを6回行ったところ，AがBに4回勝った。この結果から，Aは以前より強いと判断してよいか。
(2) このゲームを12回行ったところ，AがBに8回勝った。この結果から，Aは以前より強いと判断してよいか。ただし，公正なさいころを12回繰り返し投げたとき，3の倍数の目がちょうど k 回出る確率 p_k（$0\leq k\leq 7$）は，次の表の通りである。

k	0	1	2	3	4	5	6	7
p_k	0.008	0.046	0.127	0.212	0.238	0.191	0.111	0.048

仮説 H_1：Aは以前より強い ←対立仮説
と判断してよいかを考察するために，次の仮説を立てる。

  仮説 H_0：AがBに勝つ確率は $\frac{1}{3}$ である ←帰無仮説

(1) 仮説 H_0 のもとで，6回中，Aの勝つ回数が4回以上である確率は

←反復試行の確率。
AとBが1回ゲームをするとき，Aが勝つ確率は $\frac{1}{3}$，Bが勝つ確率は $1-\frac{1}{3}=\frac{2}{3}$ である。

$$_6C_6\left(\frac{1}{3}\right)^6\left(\frac{2}{3}\right)^0+{}_6C_5\left(\frac{1}{3}\right)^5\left(\frac{2}{3}\right)^1+{}_6C_4\left(\frac{1}{3}\right)^4\left(\frac{2}{3}\right)^2$$

$$=\frac{1+12+60}{3^6}=\frac{73}{729}=0.100\cdots\cdots$$

これは0.05より大きいから，仮説 H_0 は否定できず，仮説 H_1 が正しいとは判断できない。
したがって，**Aが以前より強いとは判断できない。**

(2)　仮説 H_0 のもとで，12回中，A の勝つ回数が7回以下である
　　確率は，与えられた表から

$$0.008+0.046+0.127+0.212+0.238+0.191+0.111+0.048$$
$$=0.981$$

　　よって，12回中，A の勝つ回数が8回以上である確率は

$$1-0.981=0.019$$

これは 0.05 より小さいから，仮説 H_0 は正しくなかったと考え
られ，仮説 H_1 は正しいと判断してよい。

したがって，**A は以前より強いと判断してよい。**

補足　表の確率 p_k は，
反復試行の確率

$$_{12}C_k\left(\frac{1}{3}\right)^k\left(\frac{2}{3}\right)^{12-k}$$

$(0 \le k \le 7)$

の計算結果である。

←$0.019 < 0.05$ から，仮
説 H_0 を棄却する。

5章
練習 ［データの分析］

EX
②**126**　次の表のデータは，厚生労働省発表の都道府県別にみた人口1人当たりの国民医療費（平成28年度）から抜き出したものである。ただし，単位は万円であり，小数第1位を四捨五入してある。

都道府県名	東京都	新潟県	富山県	石川県	福井県	大阪府
人口1人当たりの国民医療費	30	31	33	34	34	36

(1) 表のデータについて，次の値を求めよ。
　　(a)　平均値　　　　　　　　(b)　分散　　　　　　　　(c)　標準偏差
(2) 表のデータに，ある都道府県のデータを1つ追加したところ，平均値が34になった。このとき，追加されたデータの数値を求めよ。　　　　　　　　　　　　　　　　［富山県大］

(1) (a)　$\dfrac{1}{6}(30+31+33+34+34+36)=\dfrac{198}{6}=\mathbf{33}$（万円）

　　(b)　$\dfrac{1}{6}\{(30-33)^2+(31-33)^2+(33-33)^2$
　　　　　　　　　　　$+(34-33)^2+(34-33)^2+(36-33)^2\}$
　　　　$=\dfrac{1}{6}(9+4+0+1+1+9)=\dfrac{24}{6}=\mathbf{4}$

　　(c)　$\sqrt{4}=\mathbf{2}$（万円）

(2) 追加したデータを x 万円とすると　　$\dfrac{1}{7}(198+x)=34$

　　よって　　　$198+x=238$
　　ゆえに　　　$x=\mathbf{40}$

←仮平均を30として計算すると
$30+\dfrac{1}{6}(0+1+3$
$+4+4+6)=33$（万円）

←データを1つ追加したから，7で割る。

EX
④**127**　変量 x の値を $x_1,\ x_2,\ \cdots\cdots,\ x_n$ とする。このとき，ある値 t からの各値の偏差 $t-x_k$ $(k=1,\ 2,\ \cdots\cdots,\ n)$ の2乗の和を y とする。すなわち $y=(t-x_1)^2+(t-x_2)^2+\cdots\cdots+(t-x_n)^2$ である。このとき，y は $t=\overline{x}$（x の平均値）のとき最小となることを示せ。

$y=(t-x_1)^2+(t-x_2)^2+\cdots\cdots+(t-x_n)^2$
　$=t^2-2x_1t+x_1{}^2+t^2-2x_2t+x_2{}^2+\cdots\cdots+t^2-2x_nt+x_n{}^2$
　$=nt^2-2(x_1+x_2+\cdots\cdots+x_n)t+x_1{}^2+x_2{}^2+\cdots\cdots+x_n{}^2$
　$=n\Big(t^2-2\times\dfrac{x_1+x_2+\cdots\cdots+x_n}{n}t+\dfrac{x_1{}^2+x_2{}^2+\cdots\cdots+x_n{}^2}{n}\Big)$

ここで
　　　　$\overline{x}=\dfrac{x_1+x_2+\cdots\cdots+x_n}{n},\ \ \overline{x^2}=\dfrac{x_1{}^2+x_2{}^2+\cdots\cdots+x_n{}^2}{n}$
よって　　　$y=n(t^2-2\overline{x}t+\overline{x^2})$
　　　　　　　　$=n\{(t-\overline{x})^2-(\overline{x})^2+\overline{x^2}\}$
ゆえに，y は $t=\overline{x}$ のとき最小となる。

検討
左の解答から，ある値 t からの偏差の2乗の和の最小値は，
$n\{\overline{x^2}-(\overline{x})^2\}$ すなわち
（データの大きさ）×
（分散）である，ということがわかる。

EX
④**128**　変量 x のデータが，n 個の実数値 $x_1,\ x_2,\ \cdots\cdots,\ x_n$ であるとする。$x_1,\ x_2,\ \cdots\cdots,\ x_n$ の平均値を $\overline{x}$ とし，標準偏差を s_x とする。式 $y=4x-2$ で新たな変量 y と y のデータ $y_1,\ y_2,\ \cdots\cdots,\ y_n$ を定めたとき，$y_1,\ y_2,\ \cdots\cdots,\ y_n$ の平均値 $\overline{y}$ と標準偏差 s_y を $\overline{x}$ と s_x を用いて表すと，$\overline{y}=^{\text{ア}}\boxed{}$，$s_y=^{\text{イ}}\boxed{}$ となる。
$i=1,\ 2,\ \cdots\cdots,\ n$ に対して，x_i の平均値からの偏差を $d_i=x_i-\overline{x}$ とする。$|d_i|>2s_x$ を満たす i が2個あるとき，データの大きさ n のとりうる値の範囲は $n\geqq^{\text{ウ}}\boxed{}$ である。ただし，$^{\text{ウ}}\boxed{}$ は整数とする。　　　　　　　　　　　　　　　　［関西学院大］

$$\bar{y}=\frac{1}{n}(y_1+y_2+\cdots\cdots+y_n)$$

$$=\frac{1}{n}\{(4x_1-2)+(4x_2-2)+\cdots\cdots+(4x_n-2)\}$$

$$=4\cdot\frac{1}{n}(x_1+x_2+\cdots\cdots+x_n)-\frac{2n}{n}$$

$$={}^{7}4\bar{x}-2$$

また，$i=1,\ 2,\ \cdots\cdots,\ n$ に対して

$$y_i-\bar{y}=(4x_i-2)-(4\bar{x}-2)=4(x_i-\bar{x})$$

よって

$$s_y=\sqrt{\frac{1}{n}\{(y_1-\bar{y})^2+(y_2-\bar{y})^2+\cdots\cdots+(y_n-\bar{y})^2\}}$$

$$=\sqrt{\frac{1}{n}\{4^2(x_1-\bar{x})^2+4^2(x_2-\bar{x})^2+\cdots\cdots+4^2(x_n-\bar{x})^2\}}$$

$$=4\sqrt{\frac{1}{n}\{(x_1-\bar{x})^2+(x_2-\bar{x})^2+\cdots\cdots+(x_n-\bar{x})^2\}}$$

$$={}^{イ}4s_x$$

次に，$i=1,\ 2,\ \cdots\cdots,\ n$ のうち，$i=k,\ l\ (k,\ l$ は 1 以上 n 以下の異なる整数）のみが $|d_i|>2s_x$ を満たすとする。

このとき $d_k{}^2>4s_x{}^2,\ d_l{}^2>4s_x{}^2$

$$s_x{}^2=\frac{1}{n}\{(x_1-\bar{x})^2+(x_2-\bar{x})^2+\cdots\cdots+(x_n-\bar{x})^2\}\ から$$

$$ns_x{}^2=d_1{}^2+d_2{}^2+\cdots\cdots+d_n{}^2$$

$$\geqq d_k{}^2+d_l{}^2$$

$$>4s_x{}^2+4s_x{}^2=8s_x{}^2$$

よって $n>8$

n は整数であるから $n\geqq{}^{ウ}9$

補足 変量 x のデータから $y=ax+b$ $(a,\ b$ は定数）によって新しい変量 y のデータが得られるとき

平均値 $\bar{y}=a\bar{x}+b$
分散 $s_y{}^2=a^2s_x{}^2$
標準偏差 $s_y=|a|s_x$

（本冊 $p.306$ 参照。）

$\leftarrow s_x{}^2$ は x のデータの分散。

5章 EX [データの分析]

EX ④129 受験者数が 100 人の試験が実施され，この試験を受験した智子さんの得点は 84（点）であった。また，この試験の得点の平均値は 60（点）であった。

なお，得点の平均値が m（点），標準偏差が s（点）である試験において，得点が x（点）である受験者の偏差値は $50+\dfrac{10(x-m)}{s}$ となることを用いてよい。

(1) 智子さんの偏差値は 62 であった。したがって，100 人の受験者の得点の標準偏差は ${}^{7}\boxed{}$（点）である。

(2) この試験において，得点が x（点）である受験者の偏差値が 65 以上であるための必要十分条件は $x\geqq{}^{イ}\boxed{}$ である。

(3) 後日，この試験を新たに 50 人が受験し，受験者数は合計で 150 人となった。その結果，試験の得点の平均値が 62（点）となり，智子さんの偏差値は 60 となった。したがって，150 人の受験者の得点の標準偏差は ${}^{ウ}\boxed{}$（点）である。また，新たに受験した 50 人の受験者の得点について，平均値は ${}^{エ}\boxed{}$（点）であり，標準偏差は ${}^{オ}\boxed{}$（点）である。 [類 上智大]

(1) 求める標準偏差を s_1 とすると

$$62 = 50 + \frac{10(84-60)}{s_1}$$

すなわち　　$s_1 = {}^\text{ア}\mathbf{20}$

(2) 求める条件は，(1)の結果を用いると

$$65 \leqq 50 + \frac{10(x-60)}{20}$$

整理すると　　$x \geqq {}^\text{イ}\mathbf{90}$

(3) 150 人の受験者の得点の標準偏差を s とすると

$$60 = 50 + \frac{10(84-62)}{s}$$

すなわち　　$s = {}^\text{ウ}\mathbf{22}$

新たに受験した 50 人の受験者の得点の平均値を $\overline{z}$ とすると

$$60 \cdot 100 + 50 \cdot \overline{z} = 62 \cdot 150$$

ゆえに　　$\overline{z} = {}^\text{エ}\mathbf{66}$

ここで，最初に受験した 100 人の受験者の得点の平均値を $\overline{y}$，得点の 2 乗の平均値を $\overline{y^2}$ とすると

$$s_1{}^2 = \overline{y^2} - (\overline{y})^2$$

すなわち　　$20^2 = \overline{y^2} - 60^2$

ゆえに　　$\overline{y^2} = 4000$

100 人の受験者の得点の 2 乗の和を A とすると

$$\frac{A}{100} = 4000$$

ゆえに　　$A = 400000$ …… ①

また，150 人の受験者の得点の平均値を $\overline{w}$，得点の 2 乗の平均値を $\overline{w^2}$ とすると

$$s^2 = \overline{w^2} - (\overline{w})^2$$

すなわち　　$22^2 = \overline{w^2} - 62^2$

ゆえに　　$\overline{w^2} = 4328$

新たに受験した 50 人の受験者の得点の 2 乗の和を B とすると

$$\frac{A+B}{150} = 4328$$

① から　　$B = 249200$

よって，新たに受験した 50 人の受験者の標準偏差を s_2 とすると

$$s_2{}^2 = \frac{B}{50} - (\overline{z})^2 = \frac{249200}{50} - 66^2$$

$$= 4984 - 4356 = 628$$

したがって　　$s_2 = \sqrt{628} = {}^\text{オ}\mathbf{2\sqrt{157}}$

←150 人の得点の合計についての関係式。

EX
③**130**

ある高校 3 年生 1 クラスの生徒 40 人について，ハンドボール投げの飛距離のデータを取った。[図1] は，このクラスで最初に取ったデータのヒストグラムである。

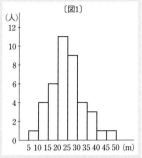

[図1]

(1) この 40 人のデータの第 3 四分位数が含まれる階級を次の ①〜③ から 1 つ選べ。
　① 20 m 以上 25 m 未満
　② 25 m 以上 30 m 未満
　③ 30 m 以上 35 m 未満

(2) このデータを箱ひげ図にまとめたとき，[図1] のヒストグラムと矛盾するものを次の ④〜⑨ から 4 つ選べ。

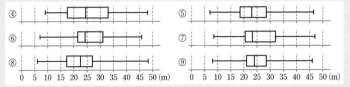

(3) 後日，このクラスでハンドボール投げの記録を取り直した。次に示した A〜D は，最初に取った記録から今回の記録への変化の分析結果を記述したものである。a〜d の各々が今回取り直したデータの箱ひげ図となる場合に，⑩〜⑬ の組合せのうち分析結果と箱ひげ図が矛盾するものを 2 つ選べ。

　⑩　A－a　　　⑪　B－b　　　⑫　C－c　　　⑬　D－d
　A：どの生徒の記録も下がった。　　B：どの生徒の記録も伸びた。

　C：最初に取ったデータで上位 $\dfrac{1}{3}$ に入るすべての生徒の記録が伸びた。

　D：最初に取ったデータで上位 $\dfrac{1}{3}$ に入るすべての生徒の記録は伸び，下位 $\dfrac{1}{3}$ に入るすべての生徒の記録は下がった。

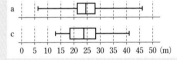
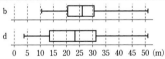

[類 センター試験]

5章
EX
[データの分析]

---

(1) ヒストグラムより，大きい方から 10 番目の記録と 11 番目の記録は 25 m 以上 30 m 未満の階級に含まれることがわかるから，第 3 四分位数もこの階級に含まれる。

　　よって　　②

(2) (1)から，[図1] のヒストグラムと矛盾するのは　　④，⑥，⑦
　　また，[図1] のヒストグラムより，小さい方から 10 番目の記録と 11 番目の記録は 15 m 以上 20 m 未満の階級に含まれることがわかるから，第 1 四分位数もこの階級に含まれる。このことと矛盾するのは　　⑥，⑦，⑨
　　したがって，[図1] のヒストグラムと矛盾するのは
　　　④，⑥，⑦，⑨

(3) ⑩ a の箱ひげ図は最初のデータよりも第 1 四分位数が大きくなっているから，矛盾している。

⑪ b の箱ひげ図は最初のデータよりも最大値，第 3 四分位数，中央値，第 1 四分位数，最小値がすべて大きくなっているから，矛盾しているとはいえない。

⑫ c の箱ひげ図は最初のデータよりも最大値が小さくなっているから，矛盾している。

⑬ d の箱ひげ図は最初のデータよりも最大値と第 3 四分位数が大きくなっており，第 1 四分位数と最小値が小さくなっているから，矛盾しているとはいえない。

よって，分析結果と箱ひげ図が矛盾するものは ⑩，⑫

EX
③131
次の表は，P 高校のあるクラス 20 人について，数学と国語のテストの得点をまとめたものである。数学の得点を変量 x，国語の得点を変量 y で表し，x，y の平均値をそれぞれ $\bar{x}$，$\bar{y}$ で表す。ただし，表の数値はすべて正確な値であり，四捨五入されていないものとする。

生徒番号	x	y	$x-\bar{x}$	$(x-\bar{x})^2$	$y-\bar{y}$	$(y-\bar{y})^2$	$(x-\bar{x})(y-\bar{y})$
1	62	63	3.0	9.0	2.0	4.0	6.0
⋮	⋮	⋮	⋮	⋮	⋮	⋮	⋮
20	57	63	−2.0	4.0	2.0	4.0	−4.0
合 計	A	1220	0.0	1544.0	0.0	516.0	−748.0
平 均	B	61.0	0.0	77.2	0.0	25.8	−37.4
中央値	57.5	62.0	−1.5	30.5	1.0	9.0	−14.0

(1) A と B の値を求めよ。

(2) 変量 x と変量 y の散布図として適切なものを，相関関係，中央値に注意して次の ①〜④ のうちから 1 つ選べ。

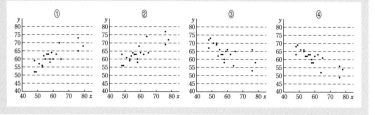

(1) 生徒番号 1 の生徒について，表から
$$x=62, \quad x-\bar{x}=3.0$$
よって $62-\bar{x}=3.0$ ゆえに $B=59.0$
よって $A=59.0×20=1180$

(2) 表から，相関係数 r は $r=\dfrac{-37.4}{\sqrt{77.2×25.8}}<0$ ……（*）

ゆえに，散布図の点は右下がりに分布するから，③，④ のどちらかである。

このうち，x の中央値が 57.5 で，y の中央値が 62.0 のものは
④

（*）変量 x，y の分散をそれぞれ $s_x{}^2$，$s_y{}^2$ とし，x と y の共分散を s_{xy} とすると
$$r=\frac{s_{xy}}{s_x s_y}$$
$$=\frac{-37.4}{\sqrt{77.2}×\sqrt{25.8}}$$

←中央値は，小さい順に並べたとき，10 番目と 11 番目の平均の値である。③ は，y の中央値が 65 である。

EX
④**132** 東京とN市の365日の各日の最高気温のデータについて考える。
N市では温度の単位として摂氏（°C）のほかに華氏（°F）も使われている。華氏（°F）での温度は，摂氏（°C）での温度を $\dfrac{9}{5}$ 倍し，32を加えると得られる。

したがって，N市の最高気温について，摂氏での分散を X，華氏での分散を Y とすると，$\dfrac{Y}{X} = {}^{ア}\boxed{}$ である。

東京（摂氏）とN市（摂氏）の共分散を Z，東京（摂氏）とN市（華氏）の共分散を W とすると，$\dfrac{W}{Z} = {}^{イ}\boxed{}$ である。

東京（摂氏）とN市（摂氏）の相関係数を U，東京（摂氏）とN市（華氏）の相関係数を V とすると，$\dfrac{V}{U} = {}^{ウ}\boxed{}$ である。　　　　　　　　　［類 センター試験］

N市の摂氏での最高気温 x_N のデータを $x_{N_1}, x_{N_2}, \cdots\cdots, x_{N_{365}}$，華氏での最高気温 y_N のデータを $y_{N_1}, y_{N_2}, \cdots\cdots, y_{N_{365}}$ とする。

x_N と y_N の間には，$y_N = \dfrac{9}{5}x_N + 32$ …… ① の関係があるから

$$Y = \left(\dfrac{9}{5}\right)^2 X \qquad \text{よって} \qquad \dfrac{Y}{X} = {}^{ア}\dfrac{81}{25}$$

←変量 x, y のデータの平均値をそれぞれ $\overline{x}$, $\overline{y}$ とし，分散をそれぞれ $s_x{}^2$, $s_y{}^2$ とすると，$y = ax + b$（a, b は定数）のとき
$$\overline{y} = a\overline{x} + b,$$
$$s_y{}^2 = a^2 s_x{}^2$$

東京（摂氏）の最高気温 x_T のデータを $x_{T_1}, x_{T_2}, \cdots\cdots, x_{T_{365}}$，平均値を $\overline{x_T}$，N市の摂氏での平均値を $\overline{x_N}$，華氏での平均値を $\overline{y_N}$ とする。

ここで，① の関係から　　$\overline{y_N} = \dfrac{9}{5}\overline{x_N} + 32$

ゆえに

$$W = \dfrac{1}{365}\{(x_{T_1} - \overline{x_T})(y_{N_1} - \overline{y_N}) + (x_{T_2} - \overline{x_T})(y_{N_2} - \overline{y_N})$$
$$+ \cdots\cdots + (x_{T_{365}} - \overline{x_T})(y_{N_{365}} - \overline{y_N})\}$$

$$= \dfrac{1}{365}\Big\{(x_{T_1} - \overline{x_T})\cdot\dfrac{9}{5}(x_{N_1} - \overline{x_N}) + (x_{T_2} - \overline{x_T})\cdot\dfrac{9}{5}(x_{N_2} - \overline{x_N})$$
$$+ \cdots\cdots + (x_{T_{365}} - \overline{x_T})\cdot\dfrac{9}{5}(x_{N_{365}} - \overline{x_N})\Big\}$$

$$= \dfrac{9}{5}\cdot\dfrac{1}{365}\{(x_{T_1} - \overline{x_T})(x_{N_1} - \overline{x_N}) + (x_{T_2} - \overline{x_T})(x_{N_2} - \overline{x_N})$$
$$+ \cdots\cdots + (x_{T_{365}} - \overline{x_T})(x_{N_{365}} - \overline{x_N})\}$$

$$= \dfrac{9}{5}Z$$

←$y_{N_1} - \overline{y_N}$
$$= \dfrac{9}{5}x_{N_1} + 32$$
$$- \left(\dfrac{9}{5}\overline{x_N} + 32\right)$$
$$= \dfrac{9}{5}(x_{N_1} - \overline{x_N})$$

よって　　$\dfrac{W}{Z} = {}^{イ}\dfrac{9}{5}$

東京（摂氏）の分散を $s_T{}^2$ とすると

$$V = \dfrac{W}{\sqrt{s_T{}^2}\sqrt{Y}} = \dfrac{\dfrac{9}{5}Z}{\sqrt{s_T{}^2}\sqrt{\left(\dfrac{9}{5}\right)^2 X}} = \dfrac{Z}{\sqrt{s_T{}^2}\sqrt{X}} = U$$

ゆえに　　$\dfrac{V}{U} = {}^{ウ}1$

EX
②133

A さんがあるコインを 10 回投げたところ，表が 7 回出た。このコインは表が出やすいと判断してよいか，A さんは仮説検定の考え方を用いて考察することにした。

まず，正しいかどうか判断したい仮説 H_1 と，それに反する仮説 H_0 を次のように立てる。

仮説 H_1：このコインは表が出やすい
仮説 H_0：このコインは公正である

また，基準となる確率を 0.05 とする。

ここで，公正なさいころを 10 回投げて奇数の目が出た回数を記録する実験を 1 セットとし，この実験を 200 セット行ったところ，次の表のようになった。

奇数の回数	1	2	3	4	5	6	7	8	9
度数	2	9	24	41	51	39	23	10	1

仮説 H_0 のもとで，表が 7 回以上出る確率は，上の実験結果を用いると ${}^{\mathcal{T}}\boxed{}$ 程度であることがわかる。このとき，「${}^{\mathcal{T}}\boxed{}$。」と結論する。

${}^{\mathcal{T}}\boxed{}$ に当てはまる数を求めよ。また，${}^{\mathcal{T}}\boxed{}$ に当てはまるものを，次の ⓪〜⑤ のうちから 1 つ選べ。

⓪ 仮説 H_1 は正しくなかったと考えられ，仮説 H_0 が正しい，すなわち，このコインは公正であると判断する
① 仮説 H_1 は否定できず，仮説 H_1 が正しい，すなわち，このコインは表が出やすいと判断する
② 仮説 H_1 は否定できず，仮説 H_0 が正しいとは判断できない，すなわち，このコインは公正であるとは判断できない
③ 仮説 H_0 は正しくなかったと考えられ，仮説 H_1 が正しい，すなわち，このコインは表が出やすいと判断する
④ 仮説 H_0 は否定できず，仮説 H_0 が正しい，すなわち，このコインは公正であると判断する
⑤ 仮説 H_0 は否定できず，仮説 H_1 が正しいとは判断できない，すなわち，このコインは表が出やすいとは判断できない

仮説 H_1：このコインは表が出やすい

と判断してよいかを考察するために，次の仮説を立てる。

仮説 H_0：このコインは公正である

さいころ投げの実験結果から，さいころを 10 回投げて奇数の目が 7 回以上出る場合の相対度数は

$$\frac{23+10+1}{200} = \frac{34}{200} = 0.17$$

仮説 H_0 のもとでは，コインを 10 回投げて，表が 7 回以上出る確率は ${}^{\mathcal{T}}\textbf{0.17}$ 程度であり，これは基準となる確率 0.05 より大きい。よって，仮説 H_0 は否定できず，仮説 H_1 が正しいとは判断できない。

したがって，このコインは表が出やすいとは判断できない。
(${}^{\mathcal{T}}$⑤)

←仮説 H_0 が誤りであったとはいえないが，これは，仮説 H_0 が正しいことを意味しているわけではない。よって，④ は誤り。

EX
③134

仮説 H_1：このさいころは1の目が出やすい　　←対立仮説

と判断してよいかを考察するために，次の仮説を立てる。

仮説 H_0：このさいころの1の目が出る確率は $\dfrac{1}{6}$ である　　←帰無仮説

仮説 H_0 のもとで，さいころを7回投げて，1の目が4回以上出る確率は

←反復試行の確率。
さいころを1回投げたとき，1の目が出る確率は $\dfrac{1}{6}$，1以外の目が出る確率は $1-\dfrac{1}{6}=\dfrac{5}{6}$ である。

$$\quad {}_7C_7\left(\dfrac{1}{6}\right)^7\left(\dfrac{5}{6}\right)^0+{}_7C_6\left(\dfrac{1}{6}\right)^6\left(\dfrac{5}{6}\right)^1$$

$$\qquad\qquad +{}_7C_5\left(\dfrac{1}{6}\right)^5\left(\dfrac{5}{6}\right)^2+{}_7C_4\left(\dfrac{1}{6}\right)^4\left(\dfrac{5}{6}\right)^3$$

$$=\dfrac{1}{6^7}(1+35+525+4375)=\dfrac{4936}{280000}=0.017\cdots\cdots$$

(1)　確率 $0.017\cdots\cdots$ は基準となる確率 0.05 より小さい。よって，仮説 H_0 は正しくなかったと考えられ，仮説 H_1 は正しいと判断してよい。

　　したがって，**このさいころは1の目が出やすいと判断してよい。**

(2)　確率 $0.017\cdots\cdots$ は基準となる確率 0.01 より大きい。よって，仮説 H_0 は否定できず，仮説 H_1 が正しいとは判断できない。

　　したがって，**このさいころは1の目が出やすいとは判断できない。**

参考　解答では，問題文で与えられた $6^7=280000$ を用いて確率を計算したが，正確には $6^7=279936$ であり，

$$\dfrac{4936}{280000}=0.01762\cdots\cdots, \quad \dfrac{4936}{279936}=0.01763\cdots\cdots$$

である。

5章
EX
『データの分析』

総合 1

(1) 整式 $A=x^2-2xy+3y^2$, $B=2x^2+3y^2$, $C=x^2-2xy$ について，$2(A-B)-\{C-(3A-B)\}$ を計算せよ。 　　　　　　　[金沢工大]

(2) $(x-1)(x+1)(x^2+1)(x^2-\sqrt{2}\,x+1)(x^2+\sqrt{2}\,x+1)$ を展開せよ。 　　　　[摂南大]

(3) $xy+x-3y-bx+2ay+2a+3b-2ab-3$ を因数分解せよ。 　　　　[法政大]

(4) $a^4+b^4+c^4-2a^2b^2-2a^2c^2-2b^2c^2$ を因数分解せよ。 　　　　[横浜市大]

➡ 本冊 数学Ⅰ 例題 2, 8, 18

HINT (2) $(A+B)(A-B)$ $=A^2-B^2$ の利用。

(3) どの文字についても 1 次であるから，係数が 簡単な文字に着目。

(1) $2(A-B)-\{C-(3A-B)\}$
$=5A-3B-C$
$=5(x^2-2xy+3y^2)-3(2x^2+3y^2)-(x^2-2xy)$
$=\boldsymbol{-2x^2-8xy+6y^2}$

(2) $(x^2-\sqrt{2}\,x+1)(x^2+\sqrt{2}\,x+1)$
$=\{(x^2+1)-\sqrt{2}\,x\}\{(x^2+1)+\sqrt{2}\,x\}$
$=(x^2+1)^2-(\sqrt{2}\,x)^2$
$=(x^4+2x^2+1)-2x^2$
$=x^4+1$
よって　（与式）$=\underline{(x-1)(x+1)}(x^2+1)(x^4+1)$
$\qquad\qquad\quad =\underline{(x^2-1)(x^2+1)}(x^4+1)$
$\qquad\qquad\quad =(x^4-1)(x^4+1)$
$\qquad\qquad\quad =\boldsymbol{x^8-1}$

←まず，4 番目と 5 番目 の（ ）の積を計算。

←まず，___ を展開。

←次に，___ を展開。

(3) $xy+x-3y-bx+2ay+2a+3b-2ab-3$
$=xy-(b-1)x+(2a-3)y-2a(b-1)+3(b-1)$
$=xy-(b-1)x+(2a-3)y-(2a-3)(b-1)$
$=\{x+(2a-3)\}\{y-(b-1)\}$
$=\boldsymbol{(x+2a-3)(y-b+1)}$

←係数が簡単な x, y に ついて整理。

$\begin{array}{cc}\leftarrow & x\diagdown 2a-3\longrightarrow(2a-3)y \\ & y\diagup -(b-1)\longrightarrow -(b-1)x \\ \hline & \qquad -(b-1)x+(2a-3)y\end{array}$

(4) $a^4+b^4+c^4-2a^2b^2-2a^2c^2-2b^2c^2$
$=a^4-2(b^2+c^2)a^2+b^4-2b^2c^2+c^4$
$=a^4-2(b^2+c^2)a^2+(b^2-c^2)^2$
$=a^4-2(b^2+c^2)a^2+\{(b+c)(b-c)\}^2$
$=a^4-\{(b+c)^2+(b-c)^2\}a^2+(b+c)^2(b-c)^2$
$=\{a^2-(b+c)^2\}\{a^2-(b-c)^2\}$
$=\{a+(b+c)\}\{a-(b+c)\}\{a+(b-c)\}\{a-(b-c)\}$
$=\boldsymbol{(a+b+c)(a-b-c)(a+b-c)(a-b+c)}$

←a について整理する。

←$2(b^2+c^2)$ $=(b+c)^2+(b-c)^2$

別解　$a^4+b^4+c^4-2a^2b^2-2a^2c^2-2b^2c^2$
$=\{(a^2)^2+(b^2)^2+(-c^2)^2+2a^2b^2-2b^2c^2-2c^2a^2\}-4a^2b^2$
$=(a^2+b^2-c^2)^2-(2ab)^2$
$=\{(a^2+b^2-c^2)+2ab\}\{(a^2+b^2-c^2)-2ab\}$
$=\{(a^2+2ab+b^2)-c^2\}\{(a^2-2ab+b^2)-c^2\}$
$=\{(a+b)^2-c^2\}\{(a-b)^2-c^2\}$
$=\boldsymbol{(a+b+c)(a+b-c)(a-b+c)(a-b-c)}$

←$x^2+y^2+z^2+2xy+2yz$ $+2zx=(x+y+z)^2$ にお いて，$x=a^2$, $y=b^2$, $z=-c^2$ とする。

総合 2

定数 a, b, c, p, q を整数とし，次の x と y の多項式 P, Q, R を考える。
$$P=(x+a)^2-9c^2(y+b)^2, \qquad Q=(x+11)^2+13(x+11)y+36y^2$$
$$R=x^2+(p+2q)xy+2pqy^2+4x+(11p-14q)y-77$$

(1) 多項式 P, Q, R を因数分解せよ。

(2) P と Q，Q と R，R と P は，それぞれ x, y の1次式を共通因数としてもっているものとする。このときの整数 a, b, c, p, q を求めよ。　　　　[東北大]

➡ **本冊 数学Ⅰ 例題 14, 16**

(1)
$$P=(x+a)^2-\{3c(y+b)\}^2$$
$$=\{(x+a)+3c(y+b)\}\{(x+a)-3c(y+b)\}$$
$$=\boldsymbol{(x+3cy+a+3bc)(x-3cy+a-3bc)}$$
$$Q=\{(x+11)+4y\}\{(x+11)+9y\}$$
$$=\boldsymbol{(x+4y+11)(x+9y+11)}$$
$$R=x^2+(py+2qy+4)x+2pqy^2+(11p-14q)y-77$$
$$=x^2+(py+2qy+4)x+(py-7)(2qy+11)$$
$$=\boldsymbol{(x+py-7)(x+2qy+11)}$$

(2) $2q$ は偶数であるから，Q と R が共通因数をもつとき
$$2q=4$$
したがって　$q=2$
$3c$ は3の倍数であるから，P と Q が共通因数をもつとき
$$[1]\quad 3c=9\quad かつ\quad a+3bc=11$$
または　$[2]\quad -3c=9\quad かつ\quad a-3bc=11$

[1] の場合　$c=3$, $a+9b=11$ ……①
このとき　$P=(x+9y+11)(x-9y+a-9b)$
P と R が共通因数をもつとき
$$p=-9\quad かつ\quad a-9b=-7 ……②$$
①，② を解いて　$a=2$, $b=1$

[2] の場合　$c=-3$, $a+9b=11$ ……③
このとき　$P=(x-9y+a-9b)(x+9y+11)$
P と R が共通因数をもつとき
$$p=-9\quad かつ\quad a-9b=-7 ……④$$
③，④ を解いて　$a=2$, $b=1$

以上から　$\boldsymbol{a=2}$, $\boldsymbol{b=1}$, $\boldsymbol{c=\pm3}$, $\boldsymbol{p=-9}$, $\boldsymbol{q=2}$

HINT (1) R は，x について整理し，定数項をたすき掛け。

$\leftarrow x+11=X$ とおくと
$Q=X^2+13Xy+36y^2$

$\leftarrow$
$$\begin{array}{ccc} p & \diagdown & -7 \longrightarrow & -14q \\ 2q & \diagup & 11 \longrightarrow & 11p \\ \hline 2pq & -77 & 11p-14q \end{array}$$

$\leftarrow$(1) の結果の式において，Q と R の y の係数と定数項に注目すると，$x+4y+11$ が共通因数となる。仮に，$x+9y+11$ が共通因数となるなら，$2q=9$ となり，q が整数であることに反する。また，P と Q の y の係数に注目すると，P の y の係数は3の倍数であるから，$x+4y+11$ が共通因数となることはない。

総合 3

n を自然数とし，$a=\dfrac{1}{1+\sqrt{2}+\sqrt{3}}$, $b=\dfrac{1}{1+\sqrt{2}-\sqrt{3}}$, $c=\dfrac{1}{1-\sqrt{2}+\sqrt{n}}$, $d=\dfrac{1}{1-\sqrt{2}-\sqrt{n}}$

とする。整式 $(x-a)(x-b)(x-c)(x-d)$ を展開すると，定数項が $-\dfrac{1}{8}$ であるという。このとき，展開した整式の x の係数を求めよ。　　　　[防衛医大]

➡ **本冊 数学Ⅰ 例題 24**

$(x-a)(x-b)(x-c)(x-d)$ を展開すると，定数項は
$$(-a)(-b)(-c)(-d)\quad すなわち\quad abcd$$
となる。

$$abcd = \frac{1}{1+\sqrt{2}+\sqrt{3}} \times \frac{1}{1+\sqrt{2}-\sqrt{3}}$$

$$\times \frac{1}{1-\sqrt{2}+\sqrt{n}} \times \frac{1}{1-\sqrt{2}-\sqrt{n}}$$

$$= \frac{1}{\{(1+\sqrt{2})+\sqrt{3}\}\{(1+\sqrt{2})-\sqrt{3}\}}$$

$$\times \frac{1}{\{(1-\sqrt{2})+\sqrt{n}\}\{(1-\sqrt{2})-\sqrt{n}\}}$$

$$= \frac{1}{(1+\sqrt{2})^2-(\sqrt{3})^2} \times \frac{1}{(1-\sqrt{2})^2-(\sqrt{n})^2}$$

$$= \frac{1}{2\sqrt{2}} \times \frac{1}{3-2\sqrt{2}-n} = \frac{1}{6\sqrt{2}-8-2\sqrt{2}\,n}$$

← $(A+B)(A-B)$
$=A^2-B^2$ が使える。

← $(1+\sqrt{2})^2=3+2\sqrt{2}$
$(1-\sqrt{2})^2=3-2\sqrt{2}$

定数項は $-\dfrac{1}{8}$ であるから $\quad \dfrac{1}{6\sqrt{2}-8-2\sqrt{2}\,n}=-\dfrac{1}{8}$

よって $\quad 2\sqrt{2}\,n=6\sqrt{2} \qquad$ ゆえに $\qquad n=3$

← $6\sqrt{2}-8-2\sqrt{2}\,n$
$=-8$

$(x-a)(x-b)(x-c)(x-d)$ を展開すると，x の係数は
$-abc-abd-acd-bcd$ となる。

a，b，c，d は 0 でない実数であるから

$$-abc-abd-acd-bcd = \frac{1}{8}\left(\frac{1}{d}+\frac{1}{c}+\frac{1}{b}+\frac{1}{a}\right)$$

$$= \frac{1}{8}\{(1-\sqrt{2}-\sqrt{3})+(1-\sqrt{2}+\sqrt{3})$$

$$+(1+\sqrt{2}-\sqrt{3})+(1+\sqrt{2}+\sqrt{3})\}$$

$$= \frac{1}{8} \cdot 4 = \frac{1}{2}$$

← $abcd=-\dfrac{1}{8}$ であるか
ら $\quad abc=-\dfrac{1}{8d}$,
$\qquad abd=-\dfrac{1}{8c}$,
$\qquad acd=-\dfrac{1}{8b}$,
$\qquad bcd=-\dfrac{1}{8a}$

したがって，求める x の係数は $\qquad \dfrac{1}{2}$

総合 4

(1) 2 次方程式 $x^2+4x-1=0$ の解の 1 つを α とするとき，$\alpha-\dfrac{1}{\alpha}={}^{ア}\boxed{}$ であり，
$\alpha^3-\dfrac{1}{\alpha^3}={}^{イ}\boxed{}$ である。

(2) 異なる実数 α，β が $\begin{cases} \alpha^2+\sqrt{3}\,\beta=\sqrt{6} \\ \beta^2+\sqrt{3}\,\alpha=\sqrt{6} \end{cases}$ を満たすとき，$\alpha+\beta={}^{ア}\boxed{}$，$\alpha\beta={}^{イ}\boxed{}$ であり，
$\dfrac{\beta}{\alpha}+\dfrac{\alpha}{\beta}={}^{ウ}\boxed{}$ である。

[(1) 金沢工大, (2) 近畿大]

➡ 本冊 数学Ⅰ 例題 28，29

(1) α は 2 次方程式 $x^2+4x-1=0$ の解であるから
$$\alpha^2+4\alpha-1=0 \quad \cdots\cdots ①$$

$\alpha \neq 0$ であるから，① の両辺を α で割ると $\quad \alpha+4-\dfrac{1}{\alpha}=0$

← $0^2+4\cdot0-1\neq0$ から，
$x=0$ は 2 次方程式の解
ではない。

よって $\quad \alpha-\dfrac{1}{\alpha}={}^{ア}\mathbf{-4}$

ゆえに $\quad \alpha^3-\dfrac{1}{\alpha^3}=\left(\alpha-\dfrac{1}{\alpha}\right)^3+3\alpha\cdot\dfrac{1}{\alpha}\left(\alpha-\dfrac{1}{\alpha}\right)$

$$= (-4)^3+3(-4)={}^{イ}\mathbf{-76}$$

← a^3-b^3
$=(a-b)^3+3ab(a-b)$
← (ア) の結果を利用。

(2) $\quad\alpha^2+\sqrt{3}\,\beta=\sqrt{6}$ …… ①,
$\quad\quad\beta^2+\sqrt{3}\,\alpha=\sqrt{6}$ …… ② とする。

①－② から $\quad\alpha^2-\beta^2-\sqrt{3}\,(\alpha-\beta)=0$

よって $\quad(\alpha-\beta)\{(\alpha+\beta)-\sqrt{3}\,\}=0$

$\alpha\neq\beta$ であるから $\quad\alpha+\beta-\sqrt{3}=0$

ゆえに $\quad\alpha+\beta={}^{\mathcal{F}}\sqrt{3}$

$\leftarrow(\alpha+\beta)(\alpha-\beta)$
$\quad-\sqrt{3}\,(\alpha-\beta)=0$

①＋② から $\quad\alpha^2+\beta^2+\sqrt{3}\,(\alpha+\beta)=2\sqrt{6}$

よって $\quad(\alpha+\beta)^2-2\alpha\beta+\sqrt{3}\,(\alpha+\beta)=2\sqrt{6}$

ゆえに $\quad(\sqrt{3}\,)^2-2\alpha\beta+\sqrt{3}\cdot\sqrt{3}=2\sqrt{6}$

よって $\quad\alpha\beta={}^{\mathcal{イ}}3-\sqrt{6}$

←左辺は α, β の対称式
であるから，基本対称式
$\quad\alpha+\beta,\ \alpha\beta$
で表すことができる。

$\alpha+\beta=\sqrt{3}$, $\alpha\beta=3-\sqrt{6}$ であるから

$$\frac{\beta}{\alpha}+\frac{\alpha}{\beta}=\frac{\alpha^2+\beta^2}{\alpha\beta}=\frac{(\alpha+\beta)^2-2\alpha\beta}{\alpha\beta}$$

$$=\frac{(\sqrt{3}\,)^2-2(3-\sqrt{6}\,)}{3-\sqrt{6}}=\frac{2\sqrt{6}-3}{3-\sqrt{6}}$$

$$=\frac{(2\sqrt{6}-3)(3+\sqrt{6}\,)}{(3-\sqrt{6}\,)(3+\sqrt{6}\,)}=\frac{3+3\sqrt{6}}{9-6}$$

$$={}^{\mathcal{ウ}}1+\sqrt{6}$$

総合

総合
5 不等式 $p(x+2)+q(x-1)>0$ を満たす x の値の範囲が $x<\dfrac{1}{2}$ であるとき，不等式
$q(x+2)+p(x-1)<0$ を満たす x の値の範囲を求めよ。ただし，p と q は実数の定数とする。

〔法政大〕

➡ **本冊 数学Ⅰ 例題 38**

$p(x+2)+q(x-1)>0$ から $\quad(p+q)x>-2p+q$

この不等式を満たす x の値の範囲が $x<\dfrac{1}{2}$ であるから

$\quad p+q<0$ …… ① かつ $\quad\dfrac{-2p+q}{p+q}=\dfrac{1}{2}$ …… ②

②から $\quad2(-2p+q)=p+q$

ゆえに $\quad q=5p$ …… ③

このとき，$q(x+2)+p(x-1)<0$ は

$\quad\quad5p(x+2)+p(x-1)<0$

整理して $\quad2px<-3p$ …… ④

③を①に代入すると $\quad6p<0$ すなわち $p<0$

よって，④から $\quad x>-\dfrac{3p}{2p}$ すなわち $\boldsymbol{x>-\dfrac{3}{2}}$

←まず，$Ax>B$ の形に
整理。

←$p+q>0$ ならば
$x>\dfrac{-2p+q}{p+q}$ となるから，
不等号の向きが $x<\dfrac{1}{2}$
と合わない。よって，
$p+q<0$ である。

←不等号の向きが変わる。

総合 6　1 から 49 までの自然数からなる集合を全体集合 U とする。U の要素のうち，50 との最大公約数が 1 より大きいもの全体からなる集合を V，また，U の要素のうち，偶数であるもの全体からなる集合を W とする。いま A と B は U の部分集合で，次の 2 つの条件を満たすとき，集合 A の要素をすべて求めよ。

(i)　$A \cup \overline{B} = V$　　　　　　　(ii)　$\overline{A} \cap \overline{B} = W$　　　　　〔岩手大〕

➡ 本冊 数学 I 例題 47, 48

$U = \{1, 2, 3, \cdots\cdots, 49\}$ である。また，$50 = 2 \cdot 5^2$ であるから

$V = \{2, 4, \cdots\cdots, 48, 5, 15, 25, 35, 45\}$

$W = \{2, 4, \cdots\cdots, 48\}$

(i) から　　$A \cup \overline{B} = V$

$\overline{A} \cap \overline{B} = \overline{A \cup B}$，(ii) から　　$\overline{A \cup B} = W$

よって　　$A = (A \cup \overline{B}) \cap (A \cup B) = V \cap \overline{W}$

したがって，A の要素は V の要素から W の要素を除いたもので　　**5, 15, 25, 35, 45**

← V は，2 の倍数または 5 の倍数の集合。

←ド・モルガンの法則。

総合 7　$M = \{m^2 + mn + n^2 \mid m, n は負でない整数\}$ とする。

(1)　負でない整数 a, b, x, y について，次の等式が成り立つことを示せ。
　　$(a^2 + ab + b^2)(x^2 + xy + y^2) = (ax + ay + by)^2 + (ax + ay + by)(bx - ay) + (bx - ay)^2$

(2)　7, 31, 217 が集合 M の要素であることを示せ。

(3)　集合 M の各要素 α, β について，積 $\alpha\beta$ の値は M の要素であることを示せ。　〔宮崎大〕

➡ 本冊 数学 I 例題 50

(1)　(右辺) $= a^2x^2 + a^2y^2 + b^2y^2 + 2a^2xy + 2aby^2 + 2abxy$
　　　　　$+ abx^2 - a^2xy + abxy - a^2y^2 + b^2xy - aby^2$
　　　　　$+ b^2x^2 - 2abxy + a^2y^2$
　　　　$= a^2x^2 + abx^2 + b^2x^2 + a^2xy + abxy + b^2xy$
　　　　　$+ a^2y^2 + aby^2 + b^2y^2$
　　　　$= (a^2 + ab + b^2)x^2 + (a^2 + ab + b^2)xy + (a^2 + ab + b^2)y^2$
　　　　$= (a^2 + ab + b^2)(x^2 + xy + y^2)$
　　　　$= (左辺)$

←右辺（複雑な方）を変形。
$(x + y + z)^2$
$= x^2 + y^2 + z^2 + 2xy$
　$+ 2yz + 2zx$

←x について整理。

(2)　$7 = 1^2 + 1 \cdot 2 + 2^2$，$31 = 5^2 + 5 \cdot 1 + 1^2$

　また，(1) から

　　　$217 = 7 \cdot 31 = (1^2 + 1 \cdot 2 + 2^2)(5^2 + 5 \cdot 1 + 1^2)$
　　　　　$= (1 \cdot 5 + 1 \cdot 1 + 2 \cdot 1)^2 + (1 \cdot 5 + 1 \cdot 1 + 2 \cdot 1)(2 \cdot 5 - 1 \cdot 1)$
　　　　　　$+ (2 \cdot 5 - 1 \cdot 1)^2$
　　　　　$= 8^2 + 8 \cdot 9 + 9^2$

　よって，7, 31, 217 は M の要素である。

←$m^2 + mn + n^2$ の形。

←(1) において
　　$a = 1$, $b = 2$,
　　$x = 5$, $y = 1$
とする。

(3)　集合 M の要素 α, β について，次のように表される。

　　　$\alpha = a^2 + ab + b^2$，$\beta = x^2 + xy + y^2$
　　　　　　　(a, b, x, y は負でない整数)

ここで，$b \geqq a$, $x \geqq y$ としても一般性は失われない。……（＊）

このとき，$u = ax + ay + by$, $v = bx - ay$ は負でない整数であり，(1) から $\alpha\beta = u^2 + uv + v^2$ と表される。

よって，$\alpha\beta$ は M の要素である。

（＊）$a^2 + ab + b^2$,
$x^2 + xy + y^2$ は対称式で
あるから，a と b, x と y
の文字を入れ替えられる。
よって，$b \geqq a$, $x \geqq y$ と
しても一般性は失われな
い。

総合 8◇

a, b, c, d を定数とする。また，w は x, y, z から $w=ax+by+cz+d$ によって定まるものとする。以下の命題を考える。

命題1：$x≧0$ かつ $y≧0$ かつ $z≧0 \implies w≧0$

命題2：「$x≧0$ かつ $z≧0$」または「$y≧0$ かつ $z≧0$」$\implies w≧0$

命題3：$z≧0 \implies w≧0$

(1) $b=0$ かつ $c=0$ のとき，命題1が真であれば，$a≧0$ かつ $d≧0$ であることを示せ。

(2) 命題1が真であれば，a, b, c, d はすべて0以上であることを示せ。

(3) 命題2が真であれば，命題3も真であることを示せ。　　　　　　　　　[お茶の水大]

➡ **本冊 数学 I 例題 61**

(1)　$b=c=0$ のとき　　$w=ax+d$

命題1が真であるから，$x=0$ のとき $w≧0$ である。

よって　　$d≧0$

ここで，$a<0$ とする。

このとき，$x=-\dfrac{d+1}{a}$ とすると $x≧0$ であり

$$w=a\cdot\left(-\dfrac{d+1}{a}\right)+d=-1<0$$

ゆえに，$w≧0$ と矛盾する。よって　　$a≧0$

ゆえに，命題1が真であれば，$a≧0$ かつ $d≧0$ である。

←「$x=0$」は「$x≧0$」に含まれる。

←背理法で示すことを考える。

←ある x（$≧0$）で $w≧0$ とならないことを導ければよい。

別解　$b=c=0$ から　　$w=ax+d$

命題1が真であるとする。

すなわち「$x≧0 \implies ax+d≧0$」が成り立つ。

x を変数とする関数 $w=ax+d$ のグラフは直線である。

よって，$x≧0$ を満たすすべての x について $w≧0$ となることから

　　$a≧0$ かつ $d≧0$

ゆえに，命題1が真であれば，$a≧0$ かつ $d≧0$ である。

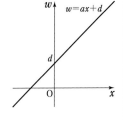

総合

(2)　命題1が真であるとする。

$w=ax+by+cz+d$ …… ① とする。

① に $x=0$, $y=0$ を代入すると　　$w=cz+d$

命題1が真であるから，$z≧0$ のとき，$cz+d≧0$ が成り立つ。

よって，(1)と同様の議論から　　$c≧0$, $d≧0$

また，① に $y=0$, $z=0$ を代入すると　　$w=ax+d$

　　① に $x=0$, $z=0$ を代入すると　　$w=by+d$

これらについても，$x=0$, $y=0$ のときと同様にして

$a≧0$, $b≧0$ となる。

よって，命題1が真であれば，a, b, c, d はすべて0以上である。

←「$x=0$ かつ $y=0$ かつ $z≧0$」は「$x≧0$ かつ $y≧0$ かつ $z≧0$」に含まれる。

(3)　命題2が真であるとする。

このとき，「$x≧0$ かつ $y≧0$ かつ $z≧0$」は

　　「$x≧0$ かつ $z≧0$」または「$y≧0$ かつ $z≧0$」

に含まれるから，命題1も真である。

よって, (2)から $a \geqq 0$, $b \geqq 0$, $c \geqq 0$, $d \geqq 0$
命題2が真であるから,
$y=z=0$ のとき $w=ax+d \geqq 0$
この不等式は, すべての実数 x に
ついて成り立つ。
よって, 関数 $w=ax+d$ のグラフ
を考えると
    $a=0$ かつ $d \geqq 0$
また, 命題2が真であるから, $x=z=0$ のとき
    $w=by+d \geqq 0$
この不等式もすべての実数 y について成り立つから
    $b=0$ かつ $d \geqq 0$
ゆえに, a, b, c, d について
    $a=0$, $b=0$, $c \geqq 0$, $d \geqq 0$
$a=b=0$ であるから $w=cz+d$
$c \geqq 0$, $d \geqq 0$ であるから, $z \geqq 0$ のとき $w=cz+d \geqq 0$
したがって, 命題2が真であれば, 命題3も真である。

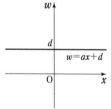

←「$y \geqq 0$ かつ $z \geqq 0$」のとき, $w \geqq 0$ が成り立つ。

←$a>0$ とすると, 直線 $w=ax+d$ は次の図のようになり, $ax+d<0$ となる x が存在してしまう。

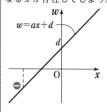

総合
9
(1) $\sqrt{9+4\sqrt{5}}\,x+(1+3\sqrt{5})y=8+9\sqrt{5}$ を満たす整数 x, y の組を求めよ。   〔防衛医大〕
(2) 正の整数 x, y について $\sqrt{12-\sqrt{x}}=y-\sqrt{3}$ が成り立つとき, $x=$ ⁷□, $y=$ ⁱ□ である。   〔星薬大〕

➡ 本冊 数学Ⅰ 例題 63

(1) $\sqrt{9+4\sqrt{5}}=\sqrt{9+2\sqrt{20}}=\sqrt{(5+4)+2\sqrt{5\cdot4}}$
          $=\sqrt{5}+\sqrt{4}=\sqrt{5}+2$
    よって, 与式は
          $(\sqrt{5}+2)x+(1+3\sqrt{5})y=8+9\sqrt{5}$
    すなわち $(2x+y)+(x+3y)\sqrt{5}=8+9\sqrt{5}$
    $2x+y$, $x+3y$ は整数（有理数）, $\sqrt{5}$ は無理数であるから
          $2x+y=8$, $x+3y=9$
    これを解いて $x=3$, $y=2$
    これは x, y が整数であることを満たす。
    したがって, 求める整数 x, y の組は $(x, y)=(3, 2)$

←a, b, c, d を有理数とするとき,
$a+b\sqrt{5}=c+d\sqrt{5}$ ならば $a=c$, $b=d$ である。

(2) $\sqrt{12-\sqrt{x}}=y-\sqrt{3}$ の両辺を2乗すると
          $12-\sqrt{x}=y^2-2\sqrt{3}\,y+3$
    よって $y^2-9=2\sqrt{3}\,y-\sqrt{x}$ ……①
    y は整数であるから, ① より $2\sqrt{3}\,y-\sqrt{x}$ は整数である。
    $2\sqrt{3}\,y-\sqrt{x}=n$ （n は整数）とおくと $2\sqrt{3}\,y-n=\sqrt{x}$
    両辺を2乗すると $12y^2-4\sqrt{3}\,yn+n^2=x$
    $n \neq 0$ と仮定すると $\sqrt{3}=\dfrac{12y^2+n^2-x}{4yn}$ ……②

←根号を含まない式を左辺に, 根号を含む式を右辺にまとめる。

←$\sqrt{x}$ を消す。

←$y>0$

② の右辺は有理数であるから，② は $\sqrt{3}$ が無理数であること に矛盾している。ゆえに　　$n=0$　　　　　　　　←$\sqrt{3}$ が無理数であるこ とを利用している。
よって　　$2\sqrt{3}\,y-\sqrt{x}=0$ ……③
① から　　$y^2-9=0$
ゆえに　　$y=\pm3$　　y は正の整数であるから　　$y=3$
これを ③ に代入して　　$6\sqrt{3}-\sqrt{x}=0$
ゆえに　　$x=(6\sqrt{3}\,)^2=108$
$x=108,\ y=3$ のとき，$12-\sqrt{x}>0,\ y-\sqrt{3}>0$ となるから，適 する。したがって　　$x={}^{ア}108,\ y={}^{イ}3$

総合
⑩◇ 実数 a に対して，a 以下の最大の整数を $[a]$ で表す。
(1) a と b が実数のとき，$a\leqq b$ ならば $[a]\leqq[b]$ であることを示せ。
(2) n を自然数とするとき，$[\sqrt{n}]=\sqrt{n}$ であるための必要十分条件は，n が平方数であること を示せ。ただし，平方数とは整数の 2 乗である数をいう。
(3) n を自然数とするとき，$[\sqrt{n}]-[\sqrt{n-1}]=1$ となるための必要十分条件は，n が平方数で あることを示せ。　　　　　　　　　　　　　　　　　　　　　　　　　　　　　　　　[津田塾大]

➡ **本冊 数学 I 例題 70**

HINT (2)，(3)　A が B であるための必要十分条件であることを示すには，$A\Longrightarrow B$ が成り立つこと と，$B\Longrightarrow A$ が成り立つことを両方証明する。

(1) $[a]\leqq a<[a]+1,\ [b]\leqq b<[b]+1$ から　$[a]\leqq a,\ b<[b]+1$　　←実数 x，整数 n に対し，
よって，$a\leqq b$ のとき　　$[a]\leqq a\leqq b<[b]+1$　　　　　　　　　$n\leqq x<n+1$ ならば
ゆえに，$[a]<[b]+1$ から　　$[b]-[a]>-1$　　　　　　　　　　　　　$[x]=n$
$[b]-[a]$ は整数であるから　　$[b]-[a]\geqq0$　　　　　　　　　　　よって $[x]\leqq x<[x]+1$
したがって　　　　　　　　　　$[a]\leqq[b]$　　　　　　　　　　　　　←$[a]$，$[b]$ はともに整 数。
(2) $[\sqrt{n}]=N$（N は自然数）とする。　　　　　　　　　　　　　←整数であることがわか
$[\sqrt{n}]=\sqrt{n}$ のとき，$\sqrt{n}=N$ であるから　　$n=N^2$　　　　　　りやすいように，$[\sqrt{n}]$
よって，n は平方数である。　　　　　　　　　　　　　　　　　　　を N でおき換えること
逆に，n が平方数であるとき，$n=M^2$（M は自然数）と表される。　とする。
ゆえに　　　$[\sqrt{n}]=[\sqrt{M^2}]=[M]=M$　　　　　　　　　　　　←M は整数であるから
$M=\sqrt{n}$ であるから　　$[\sqrt{n}]=\sqrt{n}$　　　　　　　　　　　　　$[M]=M$
以上から，n を自然数とするとき，$[\sqrt{n}]=\sqrt{n}$ であるための
必要十分条件は，n が平方数であることである。
(3) $[\sqrt{n}]=N$（N は自然数）とする。　　　　　　　　　　　　　←(2) と同様。
$[\sqrt{n}]-[\sqrt{n-1}]=1$ のとき　　$[\sqrt{n-1}]=[\sqrt{n}]-1=N-1$
ここで，$\sqrt{n-1}-1<[\sqrt{n-1}]$ であるから　　　　　　　　　　←$[x]\leqq x<[x]+1$ から
　　　　$\sqrt{n-1}-1<N-1$　　すなわち　　$\sqrt{n-1}<N$　　　　　　$x-1<[x]\leqq x$
よって　　$n-1<N^2$　　すなわち　　$n<N^2+1$ ……①
また，$[\sqrt{n}]\leqq\sqrt{n}$ すなわち $N\leqq\sqrt{n}$ から　　$N^2\leqq n$ ……②
①，② から　　$N^2\leqq n<N^2+1$　　　　　　　　　　　　　　　　←N^2，N^2+1 は連続す
n は自然数であるから　　$n=N^2$　　　　　　　　　　　　　　　　る 2 整数。
したがって，n は平方数である。

逆に，n が平方数であるとき，$n=M^2$（M は自然数）と表される。

よって　　　　　　$[\sqrt{n}\,]=[M]=M$ ……③

$\sqrt{n}>\sqrt{n-1}$ が成り立つから　　$M>\sqrt{n-1}$ ……④

また　　　　　　$n-1=M^2-1$ ……⑤

$(M^2-1)-(M-1)^2=2(M-1)\geqq0$ から　$M^2-1\geqq(M-1)^2$ …⑥

⑤，⑥ から　　　$\sqrt{n-1}=\sqrt{M^2-1}\geqq\sqrt{(M-1)^2}=M-1$

これと ④ から　　$M>\sqrt{n-1}\geqq M-1$

すなわち　　　　$M-1\leqq\sqrt{n-1}<M$

よって　　　　　$[\sqrt{n-1}\,]=M-1$ ……⑦

③，⑦ から　　　$[\sqrt{n}\,]-[\sqrt{n-1}\,]=M-(M-1)=1$

以上から，n を自然数とするとき，$[\sqrt{n}\,]-[\sqrt{n-1}\,]=1$ となるための必要十分条件は，n が平方数であることである。

←$[\sqrt{n}\,]=M$ であるから，
$[\sqrt{n}\,]-[\sqrt{n-1}\,]=1$ を
いうには，
$[\sqrt{n-1}\,]=M-1$
すなわち
$M-1\leqq\sqrt{n-1}<M$ を
示すことが目標となる。
→ 結論から示すものを
はっきりさせる方針
（**結論からお迎え**）。

総合 11　実数 $x,\ y$ が $|2x+y|+|2x-y|=4$ を満たすとき，$2x^2+xy-y^2$ のとりうる値の範囲は ${}^{\mathcal{P}}\boxed{}\leqq 2x^2+xy-y^2\leqq{}^{\mathcal{A}}\boxed{}$ である。

［東京慈恵会医大］

→ 本冊 数学 I 例題 **68, 80**

$|2x+y|+|2x-y|=4$ ……① とする。

[1]　$2x+y\geqq0$ かつ $2x-y\geqq0$ のとき

　　① から　　　$(2x+y)+(2x-y)=4$　　　よって　　　$x=1$

　　このとき　　$2x^2+xy-y^2=2+y-y^2=-(y^2-y)+2$

　　　　　　　　　　　$=-\left(y-\dfrac{1}{2}\right)^2+\dfrac{9}{4}$ ……②

　　$2x+y\geqq0$ かつ $2x-y\geqq0$ から　　$2+y\geqq0$ かつ $2-y\geqq0$

　　ゆえに　　　　$-2\leqq y\leqq2$ ……③

　　②，③ から　　$-4\leqq2x^2+xy-y^2\leqq\dfrac{9}{4}$ ……④

[2]　$2x+y\geqq0$ かつ $2x-y<0$ のとき

　　① から　　　$(2x+y)-(2x-y)=4$　　　よって　　　$y=2$

　　このとき　　$2x^2+xy-y^2=2x^2+2x-4=2(x^2+x)-4$

　　　　　　　　　　　$=2\left(x+\dfrac{1}{2}\right)^2-\dfrac{9}{2}$ ……⑤

　　$2x+y\geqq0$ かつ $2x-y<0$ から　　$2x+2\geqq0$ かつ $2x-2<0$

　　ゆえに　　　　$-1\leqq x<1$ ……⑥

　　⑤，⑥ から　　$-\dfrac{9}{2}\leqq2x^2+xy-y^2<0$ ……⑦

[3]　$2x+y<0$ かつ $2x-y\geqq0$ のとき

　　① から　　　$-(2x+y)+(2x-y)=4$　　　よって　　　$y=-2$

　　このとき　　$2x^2+xy-y^2=2x^2-2x-4=2(x^2-x)-4$

　　　　　　　　　　　$=2\left(x-\dfrac{1}{2}\right)^2-\dfrac{9}{2}$ ……⑧

　　$2x+y<0$ かつ $2x-y\geqq0$ から　　$2x-2<0$ かつ $2x+2\geqq0$

　　ゆえに　　　　$-1\leqq x<1$ ……⑨

HINT　$2x+y,\ 2x-y$ の
符号によって場合分けを
し，条件式の絶対値をは
ずす。

[1]
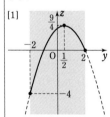

[2]
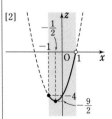

[3]
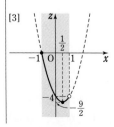

⑧, ⑨ から　　$-\dfrac{9}{2} \leqq 2x^2+xy-y^2 \leqq 0$ …… ⑩

[4]　$2x+y<0$ かつ $2x-y<0$ のとき

　① から　　$-(2x+y)-(2x-y)=4$　　よって　　$x=-1$

　このとき　　$2x^2+xy-y^2=2-y-y^2=-(y^2+y)+2$

　　　　　　　　　　　　　　　　$=-\left(y+\dfrac{1}{2}\right)^2+\dfrac{9}{4}$ …… ⑪

　$2x+y<0$ かつ $2x-y<0$ から　　$-2+y<0$ かつ $-2-y<0$

　ゆえに　　　　$-2<y<2$ …… ⑫

　⑪, ⑫ から　　$-4<2x^2+xy-y^2 \leqq \dfrac{9}{4}$ …… ⑬

求める値の範囲は, ④, ⑦, ⑩, ⑬ を合わせたもので

　　　　$^{ア}-\dfrac{9}{2} \leqq 2x^2+xy-y^2 \leqq {}^{イ}\dfrac{9}{4}$

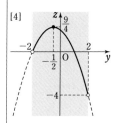

[4]

←点 (x, y) 全体を [1] ～[4] の各場合に分けたから, 求めるのは「合わせた範囲」となる。

総合 12　a は実数とし, b は正の定数とする。x の関数 $f(x)=x^2+2(ax+b|x|)$ の最小値 m を求めよ。更に, a の値が変化するとき, a の値を横軸に, m の値を縦軸にとって m のグラフをかけ。

[京都大]

➡ 本冊 数学Ⅰ 例題 84, 123

総合

$x<0$ のとき
　　$f(x)=x^2+2(ax-bx)=x^2+2(a-b)x$
　　　　$=(x+a-b)^2-(a-b)^2$

$x \geqq 0$ のとき
　　$f(x)=x^2+2(ax+bx)=x^2+2(a+b)x$
　　　　$=(x+a+b)^2-(a+b)^2$

ここで, $b>0$ から　　$-a-b<-a+b$

[1]　$0 \leqq -a-b$ すなわち $a \leqq -b$ のとき
　$y=f(x)$ のグラフは右図の実線部分のようになる。
　よって
　　$m=f(-a-b)=-(a+b)^2$

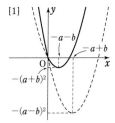

[1]

[2]　$-a-b<0<-a+b$ すなわち $-b<a<b$ のとき
　$y=f(x)$ のグラフは右図の実線部分のようになる。
　よって
　　$m=f(0)=0$

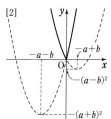

[2]

←まず, 場合分けして絶対値をはずす。

←$y=f(x)$ のグラフは下に凸の放物線, 軸は
　直線 $x=-a+b$

←$y=f(x)$ のグラフは下に凸の放物線, 軸は
　直線 $x=-a-b$

←2 つの軸がともに $0 \leqq x$ の範囲にある場合。

←一方の軸が $x<0$ の範囲にあり, もう一方の軸が $0<x$ の範囲にある場合。

[3] $-a+b \leqq 0$ すなわち $a \geqq b$ のとき
$y=f(x)$ のグラフは右図の実線部分
のようになる。
よって
$$m=f(-a+b)=-(a-b)^2$$

以上から
$$m=\begin{cases} -(a+b)^2 & (a \leqq -b) \\ 0 & (-b < a < b) \\ -(a-b)^2 & (b \leqq a) \end{cases}$$
b は正の定数であるから，a の値を変
化させるとき，m のグラフは右図の
実線部分 のようになる。

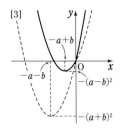

←2つの軸がともに
$x \leqq 0$ の範囲にある場合。

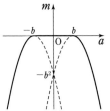

←例えば，
$m=-(a+b)^2$ のグラフ
は，放物線 $m=-a^2$ を a
軸方向に $-b$ だけ平行
移動したものである。

総合 13

x, y を実数とする。

(1) $x^2+5y^2+2xy-2x-6y+4 \geqq$ ア▢ であり，等号が成り立つのは，$x=$ イ▢ かつ
$y=$ ウ▢ のときである。

(2) x, y が $x^2+y^2+2xy-2x-4y+1=0$ …… (＊) を満たすとする。(＊) を y に関する 2 次方
程式と考えたときの判別式は エ▢ である。したがって，x のとりうる値の範囲は
$x \leqq$ オ▢ である。また，(＊) を x に関する 2 次方程式と考えたときの判別式は カ▢ であ
る。したがって，y のとりうる値の範囲は $y \geqq$ キ▢ である。

(3) x, y が (＊) を満たすとき，$x^2+5y^2+2xy-2x-6y+4 \geqq$ ク▢ であり，等号が成り立つの
は，$x=$ ケ▢ かつ $y=$ コ▢ のときである。 [立命館大]

→ **本冊 数学Ⅰ 例題 90, 122**

(1) $x^2+5y^2+2xy-2x-6y+4$
$$=x^2+2(y-1)x+5y^2-6y+4$$
$$=\{x+(y-1)\}^2-(y-1)^2+5y^2-6y+4$$
$$=(x+y-1)^2+4y^2-4y+3$$
$$=(x+y-1)^2+4\left(y-\frac{1}{2}\right)^2+2$$

←まず，x について基本
形にする。

←次に，y について基本
形にする。

$(x+y-1)^2 \geqq 0$，$\left(y-\frac{1}{2}\right)^2 \geqq 0$ であるから

←(実数)$^2 \geqq 0$

$$x^2+5y^2+2xy-2x-6y+4 \geqq {}^\text{ア}\mathbf{2}$$

等号が成り立つのは，$x+y-1=0$ かつ $y-\frac{1}{2}=0$，すなわち

$x={}^\text{イ}\dfrac{\mathbf{1}}{\mathbf{2}}$ かつ $y={}^\text{ウ}\dfrac{\mathbf{1}}{\mathbf{2}}$ のときである。

(2) (＊) を y について整理すると
$$y^2+2(x-2)y+x^2-2x+1=0 \quad \text{……} ①$$
① の判別式を D_1 とすると
$$D_1=\{2(x-2)\}^2-4 \cdot 1 \cdot (x^2-2x+1)$$
$$={}^\text{エ}\mathbf{-8x+12}$$
y に関する 2 次方程式 ① は実数解をもつから $D_1 \geqq 0$

←y が実数であるから，
① は実数解をもつ。

よって　　$-8x+12\geqq0$　　　すなわち　　$x\leqq{}^{オ}\dfrac{3}{2}$

（＊）を x について整理すると
$$x^2+2(y-1)x+y^2-4y+1=0 \quad\cdots\cdots ②$$

② の判別式を D_2 とすると
$$D_2=\{2(y-1)\}^2-4\cdot1\cdot(y^2-4y+1)={}^{カ}8y$$

x に関する2次方程式 ② は実数解をもつから

←x が実数であるから、② は実数解をもつ。

$$D_2\geqq0$$

よって　　$8y\geqq0$　　　すなわち　　$y\geqq{}^{キ}0$ $\cdots\cdots ③$

(3)　x, y が（＊）を満たすとき
$$\begin{aligned}&x^2+5y^2+2xy-2x-6y+4\\&=(x^2+y^2+2xy-2x-4y+1)+4y^2-2y+3\\&=4y^2-2y+3\\&=4\left(y-\dfrac{1}{4}\right)^2+\dfrac{11}{4}\end{aligned}$$

③ より，$y\geqq0$ であるから，$4\left(y-\dfrac{1}{4}\right)^2+\dfrac{11}{4}$ は $y=\dfrac{1}{4}$ で最小値

←2次関数
$z=4\left(y-\dfrac{1}{4}\right)^2+\dfrac{11}{4}\ (y\geqq0)$
は軸 $y=\dfrac{1}{4}$ で最小となる。

$\dfrac{11}{4}$ をとる。

ここで，$y=\dfrac{1}{4}$ を $x^2+y^2+2xy-2x-4y+1=0$ に代入して整

理すると　　$16x^2-24x+1=0$

これを解くと
$$x=\dfrac{-(-12)\pm\sqrt{(-12)^2-16\cdot1}}{16}=\dfrac{3\pm2\sqrt{2}}{4}$$

この x の値は $x\leqq\dfrac{3}{2}$ を満たす。

よって，$x^2+5y^2+2xy-2x-6y+4\geqq{}^{ク}\dfrac{11}{4}$ であり，等号が成り

立つのは，$x={}^{ケ}\dfrac{3\pm2\sqrt{2}}{4}$ かつ $y={}^{コ}\dfrac{1}{4}$ のときである。

総合 14　実数 x に対して，$k\leqq x<k+1$ を満たす整数 k を $[x]$ で表す。

(1)　$n^2-n-\dfrac{5}{4}<0$ を満たす整数 n をすべて求めよ。

(2)　$[x]^2-[x]-\dfrac{5}{4}<0$ を満たす実数 x の値の範囲を求めよ。

(3)　x は(2)で求めた範囲にあるものとする。$x^2-[x]-\dfrac{5}{4}=0$ を満たす x の値をすべて求めよ。

[北海道大]

➡ 本冊 数学Ⅰ 例題 **70, 110**

(1)　$n^2-n-\dfrac{5}{4}=0$ を解くと　　$n=\dfrac{1\pm\sqrt{6}}{2}$

←$4n^2-4n-5=0$ を解の公式を利用して解く。

よって，$n^2-n-\dfrac{5}{4}<0$ を満たす n の範囲は

$$\frac{1-\sqrt{6}}{2}<n<\frac{1+\sqrt{6}}{2}$$

ここで, $2<\sqrt{6}<3$ であるから

$$-1<\frac{1-\sqrt{6}}{2}<-\frac{1}{2},\quad \frac{3}{2}<\frac{1+\sqrt{6}}{2}<2$$

ゆえに, $n^2-n-\dfrac{5}{4}<0$ すなわち $\dfrac{1-\sqrt{6}}{2}<n<\dfrac{1+\sqrt{6}}{2}$ を満た

す整数 n は $\quad \boldsymbol{n=0,\ 1}$

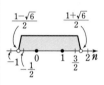

(2) $[x]=n$ とおくと, 不等式は $\quad n^2-n-\dfrac{5}{4}<0$

これを満たす整数 n は, (1)から $\quad n=0,\ 1$
$n=0$ すなわち $[x]=0$ のとき $\quad 0\leqq x<1$
$n=1$ すなわち $[x]=1$ のとき $\quad 1\leqq x<2$
よって, 求める x の値の範囲は $\quad \boldsymbol{0\leqq x<2}$

←$0\leqq x<1$ と $1\leqq x<2$ を
合わせた範囲。

(3) (i) $0\leqq x<1$ のとき

$[x]=0$ であるから, 方程式は $\quad x^2-\dfrac{5}{4}=0$

これを解くと $\quad x=\pm\dfrac{\sqrt{5}}{2}$

これらは, $0\leqq x<1$ を満たさないから不適。

(ii) $1\leqq x<2$ のとき

$[x]=1$ であるから, 方程式は $\quad x^2-\dfrac{9}{4}=0$

これを解くと $\quad x=\pm\dfrac{3}{2}$

$1\leqq x<2$ を満たすものは $\quad x=\dfrac{3}{2}$

(i), (ii)から, 求める x の値は $\quad \boldsymbol{x=\dfrac{3}{2}}$

総合 15 次の条件を満たすような実数 a の値の範囲を求めよ。
(条件):どんな実数 x に対しても $x^2-3x+2>0$ または $x^2+ax+1>0$ が成立する。

[学習院大]

➡ 本冊 数学Ⅰ 例題 116

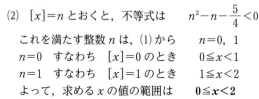

$x^2-3x+2\leqq0$ の解は, $(x-1)(x-2)\leqq0$ から $\quad 1\leqq x\leqq2$
よって, 「$1\leqq x\leqq2$ のすべての x の値に対して, $x^2+ax+1>0$
が成り立つ」……(＊)すなわち「$1\leqq x\leqq2$ における x^2+ax+1
の最小値が正となる」ときの実数 a の値の範囲について考える。
$f(x)=x^2+ax+1$ とすると

$$f(x)=\left(x+\frac{a}{2}\right)^2-\frac{a^2}{4}+1$$

(＊) $x<1$ または $x>2$
の x の値に対して, 常に
$x^2-3x+2>0$ が成り立
つ。よって,
$x^2-3x+2>0$ が成り立
たない x の値に対して,
常に $x^2+ax+1>0$ が成
り立てばよい。

[1] $-\dfrac{a}{2}<1$ すなわち $a>-2$ のとき

最小値は $f(1)=a+2$ であり，$a>-2$ のとき，常に $f(1)>0$
は成り立つ。

[1]
最小

[2] $1\leqq-\dfrac{a}{2}\leqq2$ すなわち $-4\leqq a\leqq-2$ のとき

最小値は $f\left(-\dfrac{a}{2}\right)=-\dfrac{a^2}{4}+1$ であり，$-\dfrac{a^2}{4}+1>0$ から

$\qquad a^2-4<0$ よって $\quad-2<a<2$

これは $-4\leqq a\leqq-2$ を満たさない。

[2]
最小

[3] $2<-\dfrac{a}{2}$ すなわち $a<-4$ のとき

最小値は $f(2)=2a+5$ であり，$2a+5>0$ から

$\qquad a>-\dfrac{5}{2}$

これは $a<-4$ を満たさない。

[1]～[3] から，求める a の値の範囲は $\quad\boldsymbol{a>-2}$

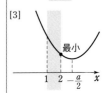
[3]
最小

総合 16 k を実数の定数とする。x の 2 次方程式 $x^2+kx+k^2+3k-9=0$ …… ① について

(1) 方程式 ① が実数解をもつとき，その解の値の範囲を求めよ。

(2) 方程式 ① が異なる 2 つの整数解をもつような整数 k の値をすべて求めよ。 ［類 近畿大］

➡ 本冊 数学Ⅰ 例題 114

総合

(1) 実数 α が方程式 ① の解となるための条件は

$\qquad\alpha^2+k\alpha+k^2+3k-9=0$

すなわち $\quad k^2+(\alpha+3)k+\alpha^2-9=0$ …… ②

を満たす実数 k が存在することである。

② を k の 2 次方程式とみて，その判別式を D とすると

$\qquad D=(\alpha+3)^2-4(\alpha^2-9)=-3\alpha^2+6\alpha+45$

$\qquad\quad=-3(\alpha^2-2\alpha-15)=-3(\alpha+3)(\alpha-5)$

求める条件は，$D\geqq0$ であるから $\quad(\alpha+3)(\alpha-5)\leqq0$

これを解くと $\quad-3\leqq\alpha\leqq5$

したがって，求める解の値の範囲は $\quad\boldsymbol{-3\leqq x\leqq5}$

(2) ① を x について解くと

$\qquad x=\dfrac{-k\pm\sqrt{k^2-4(k^2+3k-9)}}{2}=\dfrac{-k\pm\sqrt{-3(k^2+4k-12)}}{2}$

ここで，$-3(k^2+4k-12)=D'$ とおく。

① が異なる 2 つの整数解をもつとき $\quad D'>0$

よって $\quad k^2+4k-12<0$

ゆえに $\quad(k+6)(k-2)<0$ よって $\quad-6<k<2$

この不等式を満たす整数 k の値は

$\qquad k=-5,\ -4,\ -3,\ -2,\ -1,\ 0,\ 1$ …… ③

一方，方程式 ① は異なる 2 つの整数解をもつから，

$\qquad x=\dfrac{-k\pm\sqrt{D'}}{2}$ において，D' は平方数である。

HINT (1) ① を k の 2
次方程式とみる。

⊘ $x=\alpha$ が解
→ 代入すると成り立つ

←実数解をもつ
$\Longleftrightarrow D\geqq0$

←整数は実数であるから，
異なる 2 つの整数解をも
つならば，異なる 2 つの
実数解をもつ条件 $D'>0$
を満たす必要がある。
ただし，$D'>0$ を満たす
整数 k すべてについて，
**解が整数になるとは限ら
ない。**

$D'=48-3(k+2)^2$ と変形できるから, これに ③ の k の値を代入して D' が平方数となるものを調べると

$$k=0, \ -4$$

$k=0$ のとき, $D'=6^2$ となるから $\quad x=\pm\dfrac{6}{2}=\pm 3$

$k=-4$ のとき, $D'=6^2$ となるから

$$x=\dfrac{4\pm 6}{2} \quad \text{すなわち} \quad x=5, \ -1$$

いずれの場合も, 2 つの解は異なる整数となる。

以上により, 求める k の値は $\quad \boldsymbol{k=0, \ -4}$

→ ③ の各 k の値に対し
$k+2=-3, \ -2, \ -1, \ 0,$
$\qquad\qquad 1, \ 2, \ 3$
よって
$\quad (k+2)^2=0, \ 1, \ 4, \ 9$
このうち, D' が平方数
になるのは, $(k+2)^2=4$
のとき。

総合 17

関数 $y=|x^2-2mx|-m$ のグラフに関する次の問いに答えよ。ただし, m は実数とする。

(1) $m=1$ のときのグラフの概形をかけ。

(2) グラフと x 軸の共有点の個数を求めよ。

[千葉大]

→ 本冊 数学 I 例題 125

(1) $m=1$ のとき

$$y=|x^2-2x|-1 \quad \cdots\cdots ①$$

$x(x-2)\geqq 0$ すなわち $x\leqq 0, \ 2\leqq x$ のとき $\quad y=x^2-2x-1=(x-1)^2-2$

$x(x-2)<0$ すなわち $0<x<2$ のとき

$$y=-(x^2-2x)-1=-(x-1)^2$$

よって, ① のグラフは **右図の実線部分** のようになる。

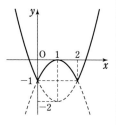

← 絶対値の中の式の符号
で場合分けをして, 絶対
値をはずす。

検討 $y=|x^2-2x|-1$
のグラフは, $y=x^2-2x$
すなわち $y=(x-1)^2-1$
のグラフの $y<0$ の部分
を x 軸に関して対称移
動したものを, 更に y 軸
方向に -1 だけ平行移動
したものである。

(2) $|x^2-2mx|-m=0$ とすると $\quad |x^2-2mx|=m$

グラフと x 軸の共有点の個数は, $y=|x^2-2mx|$ のグラフ C と直線 $y=m$ の共有点の個数に等しい。

[1] $m<0$ のとき, $|x^2-2mx|\geqq 0$ であるから, C と直線 $y=m$ は共有点をもたない。

[2] $m=0$ のとき, C は $y=x^2$ のグラフと一致し, これと直線 $y=0$ の共有点は原点のみである。

← C は x 軸の下側にな
いが, 直線 $y=m$ は x 軸
の下側にある。

[3] $m>0$ のとき, $y=|x^2-2mx|$ について

$x(x-2m)\geqq 0$ すなわち $x\leqq 0, \ 2m\leqq x$ のとき

$$y=x^2-2mx$$
$$\quad =(x-m)^2-m^2$$

$x(x-2m)<0$ すなわち $0<x<2m$

のとき $\quad y=-(x^2-2mx)$
$$\qquad\qquad =-(x-m)^2+m^2$$

ゆえに, C の概形は右図の実線部分のようになる。

← (1) と同様に, 場合分け
をして絶対値をはずす。
なお, C は
$y=x(x-2m)$ のグラフ
の $y<0$ の部分を x 軸に
関して対称移動したもの
である。

C と直線 $y=m$ の共有点の個数は

(i) $m>m^2$ すなわち $0<m<1$ のとき $\quad$ 2 個

← $m(m-1)<0$

(ii) $m=m^2$ すなわち $m=1$ のとき $\quad$ 3 個

← $m(m-1)=0, \ m\neq 0$

(iii) $m<m^2$ すなわち $m>1$ のとき $\quad$ 4 個

← $m(m-1)>0, \ m>0$

以上から，求める共有点の個数は

$m<0$ のとき 0 個，$m=0$ のとき 1 個，$0<m<1$ のとき 2 個，

$m=1$ のとき 3 個，$m>1$ のとき 4 個

総合 18 次の条件を満たす実数 x の値の範囲をそれぞれ求めよ。

(1) $x^2+xy+y^2=1$ を満たす実数 y が存在する。

(2) $x^2+xy+y^2=1$ を満たす正の実数 y が存在しない。

(3) すべての実数 y に対して $x^2+xy+y^2>x+y$ が成り立つ。 〔慶応大〕

➡ 本冊 数学Ⅰ 例題 **115, 126**

(1) $x^2+xy+y^2=1$ から

$$y^2+xy+(x^2-1)=0$$

これを満たす実数 y が存在するから，判別式 D について

$$D\geqq 0$$

$D=x^2-4(x^2-1)=-3x^2+4$ であるから　$3x^2-4\leqq 0$

ゆえに　$\left(x+\dfrac{2}{\sqrt{3}}\right)\left(x-\dfrac{2}{\sqrt{3}}\right)\leqq 0$

よって　$-\dfrac{2}{\sqrt{3}}\leqq x\leqq\dfrac{2}{\sqrt{3}}$

←y についての 2 次方程式とみる。

(2) $f(y)=y^2+xy+(x^2-1)$ とすると

$$f(y)=\left(y+\dfrac{x}{2}\right)^2+\dfrac{3}{4}x^2-1$$

←y についての 2 次関数と考える。

$z=f(y)$ のグラフは下に凸の放物線で，軸は　直線 $y=-\dfrac{x}{2}$

[1] $-\dfrac{x}{2}\leqq 0$ すなわち $x\geqq 0$ のとき

求める条件は　$f(0)\geqq 0$

すなわち　$x^2-1\geqq 0$

よって　$x\leqq -1,\ 1\leqq x$

$x\geqq 0$ との共通範囲は　$x\geqq 1$

←$z=f(y)$ のグラフが y 軸の正の部分と，共有点をもたない条件を考える。

[2] $-\dfrac{x}{2}>0$ すなわち $x<0$ のとき

求める条件は　$\dfrac{3}{4}x^2-1>0$

すなわち　$x^2>\dfrac{4}{3}$

よって　$x<-\dfrac{2}{\sqrt{3}},\ \dfrac{2}{\sqrt{3}}<x$

$x<0$ との共通範囲は　$x<-\dfrac{2}{\sqrt{3}}$

←（頂点の z 座標）>0

以上から　$x<-\dfrac{2}{\sqrt{3}},\ 1\leqq x$

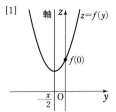

(3) $x^2+xy+y^2>x+y$ から
$$y^2+(x-1)y+(x^2-x)>0$$
よって $\left(y+\dfrac{x-1}{2}\right)^2+\dfrac{3x^2-2x-1}{4}>0$

これがすべての実数 y について成り立つための条件は
$$\dfrac{3x^2-2x-1}{4}>0$$
ゆえに $(3x+1)(x-1)>0$
よって $x<-\dfrac{1}{3},\ 1<x$

← y についての2次不等式とみる。
←「>」を「=」とした y についての2次方程式の判別式 D について,$D<0$ としてもよい。このとき,$D=(x-1)^2-4(x^2-x)<0$ から, $3x^2-2x-1>0$ が得られる。

総合 19

a を実数とし, $f(x)=x^2-2x+2$, $g(x)=-x^2+ax+a$ とする。
(1) すべての実数 s, t に対して $f(s)\geqq g(t)$ が成り立つような a の値の範囲を求めよ。
(2) $0\leqq x\leqq 1$ を満たすすべての x に対して $f(x)\geqq g(x)$ が成り立つような a の値の範囲を求めよ。

[神戸大]
➡ **本冊 数学Ⅰ例題 131, 132**

(1) $f(x)=(x-1)^2+1$, $g(x)=-\left(x-\dfrac{a}{2}\right)^2+\dfrac{a^2}{4}+a$

題意の条件は, [$f(x)$ の最小値]≧[$g(x)$ の最大値] が成り立つことと同じである。

よって $1\geqq\dfrac{a^2}{4}+a$

ゆえに $a^2+4a-4\leqq 0$

これを解くと $-2-2\sqrt{2}\leqq a\leqq -2+2\sqrt{2}$

← $a^2+4a-4=0$ の解は,解の公式から $a=-2\pm 2\sqrt{2}$

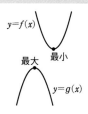

(2) $f(x)-g(x)=h(x)$ とすると
$$h(x)=2x^2-(a+2)x+2-a$$
$$=2\left(x-\dfrac{a+2}{4}\right)^2-\dfrac{1}{8}(a+2)^2+2-a$$
$$=2\left(x-\dfrac{a+2}{4}\right)^2-\dfrac{1}{8}a^2-\dfrac{3}{2}a+\dfrac{3}{2}$$

$y=h(x)$ のグラフは下に凸の放物線で,軸は 直線 $x=\dfrac{a+2}{4}$

題意の条件は, $0\leqq x\leqq 1$ において, [$h(x)$ の最小値]≧0 が成り立つことと同じである。

[1] $\dfrac{a+2}{4}<0$ すなわち $a<-2$ のとき

求める条件は
$$h(0)\geqq 0\ \text{すなわち}\ 2-a\geqq 0$$
よって $a\leqq 2$
$a<-2$ との共通範囲は
$$a<-2$$

←軸の位置によって場合分け。

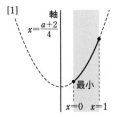

[2] $0 \leqq \dfrac{a+2}{4} \leqq 1$ すなわち $-2 \leqq a \leqq 2$

のとき

求める条件は

$$-\dfrac{1}{8}a^2 - \dfrac{3}{2}a + \dfrac{3}{2} \geqq 0$$

ゆえに $\quad a^2 + 12a - 12 \leqq 0$

これを解くと

$$-6 - 4\sqrt{3} \leqq a \leqq -6 + 4\sqrt{3}$$

$-2 \leqq a \leqq 2$ との共通範囲は

$$-2 \leqq a \leqq -6 + 4\sqrt{3}$$

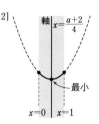

$\leftarrow a^2 + 12a - 12 = 0$ の解は, 解の公式から
$$a = -6 \pm 4\sqrt{3}$$

[3] $1 < \dfrac{a+2}{4}$ すなわち $a > 2$ のとき

求める条件は $\quad h(1) \geqq 0$

すなわち $\quad 2 - a - 2 + 2 - a \geqq 0$

よって $\quad a \leqq 1$

$a > 2$ との共通範囲はない。

以上から, 求める a の値の範囲は,

[1] と [2] で求めた範囲を合わせて

$$a \leqq -6 + 4\sqrt{3}$$

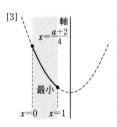

総合

総合 20 ◇ a, b, c, p を実数とする。不等式 $ax^2+bx+c>0$, $bx^2+cx+a>0$, $cx^2+ax+b>0$ をすべて満たす実数 x の集合と, $x > p$ を満たす実数 x の集合が一致しているとする。

(1) a, b, c はすべて 0 以上であることを示せ。

(2) a, b, c のうち少なくとも 1 個は 0 であることを示せ。

(3) $p = 0$ であることを示せ。 〔東京大〕

➡ 本冊 数学Ⅰ 例題113

HINT (1), (2) 背理法を利用。グラフと関連づけて考える。
(3) (2)の結果から, a, b, c のうち 0 が 3 個か 2 個か 1 個かで場合分け。

$ax^2+bx+c>0$, $bx^2+cx+a>0$, $cx^2+ax+b>0$ をすべて満たす実数 x の集合を I とする。

また, $x > p$ を満たす実数 x の集合を J とする。

(1) $a < 0$ であると仮定する。

このとき, $y = ax^2+bx+c$ のグラフは上に凸の放物線であるから, p より十分大きい x に対して, $ax^2+bx+c<0$ となる。

すなわち, I に含まれない J の要素が存在するが, これは $I = J$ であることに矛盾する。

よって $\quad a \geqq 0$

同様にして, $b \geqq 0$, $c \geqq 0$ となるから, a, b, c はすべて 0 以上である。

(1)
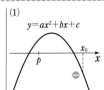
$y = ax^2+bx+c$

上の図で, 実数 x_0 は $x_0 \in J$ であるが $x_0 \notin I$ ($x \in J$ ならば $x \in I$ すなわち, $ax^2+bx+c>0$, $bx^2+cx+a>0$, $cx^2+ax+b>0$ がすべて満たされるはずである。)

(2) a, b, c がすべて正であると仮定する。

$a>0$ から，$y=ax^2+bx+c$ のグラフは下に凸の放物線であり，$x<p$ を満たし，かつ $|x|$ が十分大きい x に対して，$ax^2+bx+c>0$ となる。

同様にして，$x<p$ を満たし，かつ $|x|$ が十分大きい x に対して，$bx^2+cx+a>0$，$cx^2+ax+b>0$ となる。

ゆえに，$|x|$ が十分大きい負の数 x で，I に含まれ J に含まれないものが存在するが，これは $I=J$ であることに矛盾する。

よって，a，b，c のうち少なくとも 1 個は 0 以下である。

これと (1) から，a，b，c のうち少なくとも 1 個は 0 である。

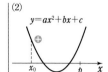

(2)

上の図で，実数 x_0 は $ax_0^2+bx_0+c>0$ を満たすが，$x_0 \notin J$ である。

(3) (1)，(2) から，次の 3 つの場合が考えられる。

     [1] a, b, c はすべて 0

     [2] a, b, c のうち 2 個は 0 で，残りの 1 個は正

     [3] a, b, c のうち 1 個は 0 で，残りの 2 個は正

  [1] a, b, c がすべて 0 の場合

    不等式 $ax^2+bx+c>0$ は $0>0$ となり $I=\varnothing$

    これは $I=J$ に反するから，a, b, c がすべて 0 となることはない。

  [2] a, b, c のうち 2 個が 0 で，残りの 1 個が正である場合

    $a=b=0$ かつ $c>0$ としても一般性を失わない。

    このとき，不等式 $ax^2+bx+c>0$ すなわち $0\cdot x^2+0\cdot x+c>0$ は，$c>0$ から任意の実数 x に対して成り立つ。

    また，不等式 $bx^2+cx+a>0$ は $cx>0$ となり，解は
$$x>0$$

    不等式 $cx^2+ax+b>0$ は $cx^2>0$ となり，解は
$$x<0,\ 0<x$$

    よって，I は $x>0$ を満たす実数 x の集合である。

    $I=J$ であるから $p=0$

  [3] a, b, c のうち 1 個が 0 で，残りの 2 個が正である場合

    $a=0$ かつ $b>0$ かつ $c>0$ としても一般性を失わない。

    このとき，不等式 $ax^2+bx+c>0$ は $bx+c>0$ となり，解は
$$x>-\frac{c}{b}$$

    また，不等式 $bx^2+cx+a>0$ は $bx^2+cx>0$ となり，$-\dfrac{c}{b}<0$ に注意して，解は $x<-\dfrac{c}{b}$, $0<x$

    不等式 $cx^2+ax+b>0$ は $cx^2+b>0$ となり，任意の実数 x に対して成り立つ。

    ゆえに，I は $x>0$ を満たす実数 x の集合である。

    $I=J$ であるから $p=0$

  以上から，$p=0$ である。

←a, b, c に含まれる 0 の個数に注目して場合分け。

←$J\neq\varnothing$

←$ax^2+bx+c>0$，$bx^2+cx+a>0$，$cx^2+ax+b>0$ の式の形から。

←I は 3 つの不等式の解の共通範囲。

←$bx^2+cx>0$ から $bx\left(x+\dfrac{c}{b}\right)>0$

$b>0$, $-\dfrac{c}{b}<0$ であるから $x<-\dfrac{c}{b}$, $0<x$

総合 21 三角形 ABC の最大辺を BC，最小辺を AB とし，AB=c，BC=a，CA=b とする ($a \geqq b \geqq c$)。また，三角形 ABC の面積を S とする。

(1) 不等式 $S \leqq \dfrac{\sqrt{3}}{4} a^2$ が成り立つことを示せ。

(2) 三角形 ABC が鋭角三角形のときは，不等式 $\dfrac{\sqrt{3}}{4} c^2 \leqq S$ も成り立つことを示せ。〔兵庫県大〕

➡ **本冊 数学Ⅰ 例題 162**

$a \geqq b \geqq c$ であるから　$A \geqq B \geqq C$ …… ①

(1) ① から　$A + B + C \geqq C + C + C = 3C$

$A + B + C = 180°$ であるから　$3C \leqq 180°$

よって　$0° < C \leqq 60°$

ゆえに　$0 < \sin C \leqq \dfrac{\sqrt{3}}{2}$

よって　$S = \dfrac{1}{2} ab \sin C \leqq \dfrac{1}{2} ab \cdot \dfrac{\sqrt{3}}{2} = \dfrac{\sqrt{3}}{4} ab$

$a \geqq b$ の両辺に a (>0) を掛けて　$a^2 \geqq ab$

ゆえに　$S \leqq \dfrac{\sqrt{3}}{4} a^2$

←示す不等式から，$S = \dfrac{1}{2} ab \sin C$ を利用することを考える。

注意 等号が成り立つのは，$a = b$ かつ $\sin C = \dfrac{\sqrt{3}}{2}$ のとき，すなわち BC=CA かつ $C = 60°$ から，△ABC が正三角形のときである。

(2) ① から　$A + B + C \leqq A + A + A = 3A$

$A + B + C = 180°$ であるから　$180° \leqq 3A$

すなわち　$A \geqq 60°$

△ABC は鋭角三角形であるから　$60° \leqq A < 90°$

ゆえに　$\dfrac{\sqrt{3}}{2} \leqq \sin A < 1$

よって　$S = \dfrac{1}{2} bc \sin A \geqq \dfrac{1}{2} bc \cdot \dfrac{\sqrt{3}}{2} = \dfrac{\sqrt{3}}{4} bc$

$b \geqq c$ の両辺に c (>0) を掛けて　$bc \geqq c^2$

ゆえに　$S \geqq \dfrac{\sqrt{3}}{4} c^2$

←示す不等式から，$S = \dfrac{1}{2} bc \sin A$ を利用することを考える。

注意 等号が成り立つのは，$b = c$ かつ $\sin A = \dfrac{\sqrt{3}}{2}$ のとき，すなわち CA=AB かつ $A = 60°$ から，△ABC が正三角形のときである。

総合

総合 22◇ 3辺の長さが a, b, c (a, b, c は自然数，$a<b<c$) である三角形の，周の長さを l，面積を S とする。

(1) この三角形の最も大きい角の大きさを θ とするとき，$\cos\theta$ の値を a, b, c で表せ。

(2) (1)を利用して，次の関係式が成り立つことを示せ。
$$16S^2=l(l-2a)(l-2b)(l-2c)$$

(3) S が自然数であるとき，l は偶数であることを示せ。

(4) $S=6$ となる組 (a, b, c) を求めよ。 ［慶応大］

→ 本冊 数学Ⅰ 例題 160, 162

(1) $a<b<c$ であるから，θ は長さ c の辺の対角である。
よって，余弦定理により
$$\cos\theta=\frac{a^2+b^2-c^2}{2ab}$$

←最大の内角は，最大辺の対角。

(2) $16S^2=16\left(\dfrac{1}{2}ab\sin\theta\right)^2=4a^2b^2\sin^2\theta$

$\qquad =4a^2b^2(1+\cos\theta)(1-\cos\theta)$

$\qquad =4a^2b^2\left(1+\dfrac{a^2+b^2-c^2}{2ab}\right)\left(1-\dfrac{a^2+b^2-c^2}{2ab}\right)$

$\qquad =4a^2b^2\cdot\dfrac{2ab+a^2+b^2-c^2}{2ab}\cdot\dfrac{2ab-a^2-b^2+c^2}{2ab}$

$\qquad =\{(a+b)^2-c^2\}\{c^2-(a-b)^2\}$

$\qquad =(a+b+c)(a+b-c)(c+a-b)(c-a+b)$

ここで，$a+b+c=l$ であるから
$\qquad a+b-c=l-2c,\quad c+a-b=l-2b,\quad c-a+b=l-2a$
よって $\qquad 16S^2=l(l-2a)(l-2b)(l-2c)$

←$\sin^2\theta=1-\cos^2\theta$ を代入し，$\cos\theta$ の式に直す。
←(1)の結果を代入。

←$2ab\cdot 2ab=4a^2b^2$

←$(A^2-B^2)(C^2-D^2)$
$=(A+B)(A-B)(C+D)(C-D)$

←例えば，$a+b+c=l$ の両辺から $2c$ を引くと $a+b-c=l-2c$ が導かれる。

検討 ヘロンの公式により，$2s=a+b+c$ とすると
$$S=\sqrt{s(s-a)(s-b)(s-c)} \quad\cdots\cdots ⒜ \quad が成り立つ。$$

$2s=l$ であるから $\quad s=\dfrac{l}{2}$ これを ⒜ に代入して整理すると
$$4S=\sqrt{l(l-2a)(l-2b)(l-2c)}$$
両辺を2乗して $\quad 16S^2=l(l-2a)(l-2b)(l-2c)$

←$S=$
$\sqrt{\dfrac{l}{2}\cdot\dfrac{l-2a}{2}\cdot\dfrac{l-2b}{2}\cdot\dfrac{l-2c}{2}}$

(3) S が自然数であるとき，$16S^2$ は偶数である。
一方，l が奇数であると仮定すると，a, b, c は自然数であるから，l, $l-2a$, $l-2b$, $l-2c$ はすべて奇数である。
よって，$l(l-2a)(l-2b)(l-2c)$ は奇数である。
これは(2)の関係式が成り立つことに矛盾する。
したがって，l は偶数である。

←背理法を利用。l が偶数でない（奇数である）と仮定して矛盾を導く。

(4) $S=6$ のとき $\quad 16\cdot 6^2=l(l-2a)(l-2b)(l-2c)\quad\cdots\cdots ①$
ここで，三角形の辺の長さについて，$a+b>c$ が成り立つから
$\qquad a+b-c>0 \qquad よって \qquad l-2c>0$
これと $a<b<c$ から $\quad 0<l-2c<l-2b<l-2a<l\quad\cdots\cdots ②$
また，(3)より l は偶数であるから，$l-2a$, $l-2b$, $l-2c$ も偶数である。

←三角形の成立条件

←$0<a<b<c$ から $-2c<-2b<-2a<0$

ここで，①から $2^2 \cdot 3^2 = \dfrac{l}{2} \cdot \dfrac{l-2a}{2} \cdot \dfrac{l-2b}{2} \cdot \dfrac{l-2c}{2}$

$\leftarrow$ ① の両辺を16で割る。

これと②から $\dfrac{l-2c}{2} = 1, \dfrac{l-2b}{2} = 2, \dfrac{l-2a}{2} = 3, \dfrac{l}{2} = 6$

$\dfrac{l}{2} = 6$ を解くと $l = 12$

$\leftarrow \dfrac{l-2c}{2}, \dfrac{l-2b}{2}, \dfrac{l-2a}{2}, \dfrac{l}{2}$ は正の整数で $\dfrac{l-2c}{2} < \dfrac{l-2b}{2} < \dfrac{l-2a}{2} < \dfrac{l}{2}$

$l = 12$ を $\dfrac{l-2c}{2} = 1, \dfrac{l-2b}{2} = 2, \dfrac{l-2a}{2} = 3$ にそれぞれ代入して，a，b，c の値を求めると $(a, b, c) = (3, 4, 5)$
これは $a+b+c = 12$ を満たす。

総合 23 △ABC における ∠A の二等分線と辺 BC との交点を D とし，A から D へのばした半直線と △ABC の外接円との交点を E とする。∠BAD の大きさを θ とし，BE = 3，$\cos 2\theta = \dfrac{2}{3}$ とする。

(1) 線分 BC の長さを求めよ。　(2) △BEC の面積を求めよ。

(3) AD : DE = 4 : 1 のとき，線分 AB，AC の長さを求めよ。ただし，AB > AC とする。

〔宮崎大〕

➡ 本冊 数学 I 例題 98，166

(1) ∠BAE = ∠EAC であるから
　$\overgroup{BE} = \overgroup{EC}$　よって　BE = EC = 3
　四角形 ABEC は円に内接しているから
　　∠BEC = 180° − ∠BAC
　　　　　= 180° − 2θ
　△BEC において，余弦定理により
　　BC² = BE² + EC²
　　　　　− 2BE・EC cos∠BEC
　　　　= 3² + 3² − 2・3・3cos(180° − 2θ)
　　　　= 18 + 18 cos 2θ = 18 + 18・$\dfrac{2}{3}$ = 30

　BC > 0 であるから　BC = $\sqrt{30}$

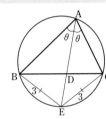

$\leftarrow$ 円周角の大きさが等しいとき，その円周角に対する弧の長さは等しい。

$\leftarrow$ 円に内接する四角形の対角の和は 180°

$\leftarrow \cos(180° − \bullet)$
$= -\cos \bullet$

(2) sin∠BEC = sin(180° − 2θ) = sin 2θ

ここで，$\cos 2\theta = \dfrac{2}{3}$，sin 2θ > 0 から

$$\sin 2\theta = \sqrt{1 - \cos^2 2\theta} = \sqrt{1 - \left(\dfrac{2}{3}\right)^2} = \dfrac{\sqrt{5}}{3}$$

$\leftarrow 0° < 2\theta < 180°$

ゆえに　sin∠BEC = sin 2θ = $\dfrac{\sqrt{5}}{3}$

よって　△BEC = $\dfrac{1}{2}$ BE・EC sin∠BEC

　　　　　　　= $\dfrac{1}{2}$・3・3・$\dfrac{\sqrt{5}}{3}$ = $\dfrac{3\sqrt{5}}{2}$

(3) △ABC : △BEC = AD : DE = 4 : 1
　よって　△ABC = 4△BEC = 6$\sqrt{5}$
　また　△ABC = $\dfrac{1}{2}$ AB・AC sin 2θ = $\dfrac{\sqrt{5}}{6}$ AB・AC

$\leftarrow$ △ABC と △BEC は底辺 BC を共有していると考えると，その面積比は高さの比，すなわち AD : DE に等しい。

ゆえに，$\dfrac{\sqrt{5}}{6}$ AB・AC$=6\sqrt{5}$ から　　AB・AC$=36$ …… ①

△ABC において，余弦定理により

$$BC^2=AB^2+AC^2-2AB\cdot AC\cos 2\theta$$

よって，①，(1)から　　AB$^2+$AC$^2=(\sqrt{30})^2+2\cdot 36\cdot\dfrac{2}{3}=78$

ゆえに，① から

$$(AB+AC)^2=AB^2+AC^2+2AB\cdot AC=78+2\cdot 36=150$$

AB$+$AC>0 であるから　　AB$+$AC$=5\sqrt{6}$ …… ②

←AB，AC の連立方程
式①，②を解く。

② から　　AC$=5\sqrt{6}-$AB …… ③

③ を ① に代入して整理すると　　AB$^2-5\sqrt{6}$ AB$+36=0$

←AB$(5\sqrt{6}-$AB$)=36$

よって　　AB$=\dfrac{-(-5\sqrt{6})\pm\sqrt{(-5\sqrt{6})^2-4\cdot 1\cdot 36}}{2\cdot 1}$

$$=\dfrac{5\sqrt{6}\pm\sqrt{6}}{2}$$

←解の公式を利用。
$(AB-3\sqrt{6})(AB-2\sqrt{6})$
$=0$ と因数分解して解い
てもよい。

ゆえに　　AB$=3\sqrt{6}$，$2\sqrt{6}$

③ から　　AB$=3\sqrt{6}$ のとき　　AC$=2\sqrt{6}$

　　　　　　AB$=2\sqrt{6}$ のとき　　AC$=3\sqrt{6}$

AB$>$AC から　　**AB$=3\sqrt{6}$，AC$=2\sqrt{6}$**

[検討]（② を導くまでは同じ。）　一般に，**和が p，積が q である2数は，2次方程式 $x^2-px+q=0$ の解である** ことを利用する。

←数学Ⅱで学習する。

①，② から，AB，AC は 2次方程式 $x^2-5\sqrt{6}\,x+36=0$ の解である。この方程式を解くと　　$x=3\sqrt{6}$，$2\sqrt{6}$

AB$>$AC であるから　　**AB$=3\sqrt{6}$，AC$=2\sqrt{6}$**

総合 24　右の図のように，円に内接する六角形 ABCDEF があり，それぞれの辺の長さは，AB$=$CD$=$EF$=2$，BC$=$DE$=$FA$=3$ である。

(1) ∠ABC の大きさを求めよ。

(2) 六角形 ABCDEF の面積を求めよ。

[類 東京理科大]

➡ 本冊 数学 I 例題 164

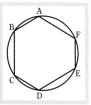

(1) 円の中心を O とすると

$$△OAB\equiv△OCD\equiv△OEF$$

$$△OBC\equiv△ODE\equiv△OFA$$

よって　　∠ABC$=$∠CDE$=$∠EFA

ゆえに　　△ABC$\equiv$△CDE$\equiv$△EFA …… ①

よって，AC$=$CE$=$EA であり，△ACE は正三角形である。

四角形 ABCE は円に内接しているから

$$∠ABC=180°-∠AEC$$

$$=180°-60°=\mathbf{120°}$$

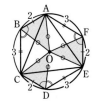

←円に内接する四角形の
対角の和は $180°$

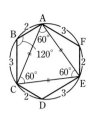

(2) 六角形 ABCDEF の面積を S とすると

$$S=\triangle ABC+\triangle CDE+\triangle EFA+\triangle ACE$$

(1)から $\qquad \triangle ABC=\dfrac{1}{2}\cdot AB\cdot BC\cdot\sin 120°$

$$=\dfrac{1}{2}\cdot 2\cdot 3\cdot\dfrac{\sqrt{3}}{2}=\dfrac{3\sqrt{3}}{2}$$

ここで，①から

$$\triangle ABC=\triangle CDE=\triangle EFA=\dfrac{3\sqrt{3}}{2}$$

また，$\triangle ABC$ において余弦定理により

$$AC^2=2^2+3^2-2\cdot 2\cdot 3\cdot\cos 120°$$

$$=13-12\cdot\left(-\dfrac{1}{2}\right)=19$$

←次に，$\triangle ACE$ の面積を求めるため，線分 AC の長さを求める。

よって $\qquad AC=\sqrt{19}$

$\triangle ACE$ は1辺の長さが $\sqrt{19}$ の正三角形であるから

←$AC=CE=EA$ を(1)で示した。

$$\triangle ACE=\dfrac{1}{2}AC\cdot AE\cdot\sin 60°$$

$$=\dfrac{1}{2}\cdot(\sqrt{19})^2\cdot\dfrac{\sqrt{3}}{2}=\dfrac{19\sqrt{3}}{4}$$

よって $\qquad S=\dfrac{3\sqrt{3}}{2}\times 3+\dfrac{19\sqrt{3}}{4}=\dfrac{37\sqrt{3}}{4}$

総合

総合 25 ◇

半径1の円に内接する四角形 ABCD に対し，

$$L=AB^2-BC^2-CD^2+DA^2$$

とおき，$\triangle ABD$ と $\triangle BCD$ の面積をそれぞれ S，T とする。
また，$\angle A=\theta$ $(0°<\theta<90°)$ とおく。

(1) L を S，T および θ を用いて表せ。
(2) θ を一定としたとき，L の最大値を求めよ。 [横浜市大]

➡ **本冊 数学Ⅰ 例題 165**

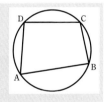

(1) 四角形 ABCD は円に内接するから $\qquad \angle C=180°-\theta$

よって $\qquad S=\dfrac{1}{2}AB\cdot DA\sin\theta$

$$T=\dfrac{1}{2}BC\cdot CD\sin(180°-\theta)$$

$$=\dfrac{1}{2}BC\cdot CD\sin\theta$$

ゆえに $\qquad AB\cdot DA=\dfrac{2S}{\sin\theta},\ BC\cdot CD=\dfrac{2T}{\sin\theta}$ ……Ⓐ

また，$\triangle ABD$ と $\triangle BCD$ において，余弦定理により

$$BD^2=AB^2+DA^2-2AB\cdot DA\cos\theta,$$

$$BD^2=BC^2+CD^2-2BC\cdot CD\cos(180°-\theta)$$

$$=BC^2+CD^2+2BC\cdot CD\cos\theta$$

よって $\quad AB^2+DA^2=BD^2+2AB\cdot DA\cos\theta,$ ……Ⓑ
$\qquad BC^2+CD^2=BD^2-2BC\cdot CD\cos\theta$

HINT (1) 四角形を対角線 BD で分割し，$\triangle ABD$，$\triangle BCD$ に余弦定理を使うと，AB^2+DA^2，BC^2+CD^2 が現れる。

$AB\cdot DA$，$BC\cdot CD$ の値は，それぞれの三角形の面積を用いて表す。

←$\cos(180°-\theta)=-\cos\theta$

ゆえに $\quad L=\underbrace{AB^2+DA^2}-\underbrace{(BC^2+CD^2)}$

$\qquad=BD^2+2AB\cdot DA\cos\theta-(BD^2-2BC\cdot CD\cos\theta)$

←Ⓑを代入。

$\qquad=2(\underline{AB\cdot DA}+\underline{BC\cdot CD})\cos\theta$

$\qquad=2\left(\dfrac{2S}{\sin\theta}+\dfrac{2T}{\sin\theta}\right)\cos\theta=\dfrac{4\cos\theta}{\sin\theta}(S+T)$

←Ⓐを代入。

$\qquad=\dfrac{4}{\tan\theta}(S+T)$

(2) △ABD において，正弦定理により $\qquad\dfrac{BD}{\sin\theta}=2\cdot1$

←外接円の半径は1

したがって $\quad BD=2\sin\theta$（一定）

頂点 A，C から BD に引いた垂線をそれぞれ AP，CQ とすると

$S+T=\dfrac{1}{2}BD\cdot AP+\dfrac{1}{2}BD\cdot CQ$

$\qquad=(AP+CQ)\cdot\dfrac{1}{2}BD=(AP+CQ)\sin\theta$

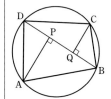

よって $\quad L=\dfrac{4}{\tan\theta}(AP+CQ)\sin\theta=4(AP+CQ)\cos\theta$

AP∥CQ より，AP+CQ が最大になるのは，点 P と点 Q が一致
して，かつ線分 AC が円の直径になるときである。

←AP+CQ≦AC
円の弦の中で最大のもの
は直径である。

このとき $\qquad AP+CQ=2$

よって，L の最大値は $\qquad 4\cdot2\cos\theta=\boldsymbol{8\cos\theta}$

総合 26 AB=2, AC=3, BC=t ($1<t<5$) である三角形 ABC を底面とする直三角柱 T を考える。ただ
し，直三角柱とは，すべての側面が底面と垂直であるような三角柱である。更に，球 S が T の
内部に含まれ，T のすべての面に接しているとする。
(1) S の半径を r，T の高さを h とする。r と h をそれぞれ t を用いて表せ。
(2) T の表面積を K とする。K を最大にする t の値と，K の最大値を求めよ。 〔富山大〕

➡ 本冊 数学Ⅰ 例題 88, 91, 171

(1) 直三角柱 T と球 S を，S の中心 O
を通り △ABC に平行な平面で切る
と，その切り口では右の図のように，
A′B′=2，A′C′=3，B′C′=t の三角形
に点 O を中心とする半径 r の円が内
接している。

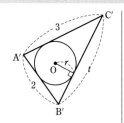

△A′B′C′ において，余弦定理により

←△A′B′C′ の面積を，3
辺の長さのみを利用する
方法，内接円の半径 r と
3 辺の長さを利用する方
法の 2 通りで表すことで，
まず r を求める。

$\qquad\cos\angle B'A'C'=\dfrac{2^2+3^2-t^2}{2\cdot2\cdot3}=\dfrac{13-t^2}{12}$

よって，$\sin\angle B'A'C'>0$ から

$\qquad\sin\angle B'A'C'=\sqrt{1-\left(\dfrac{13-t^2}{12}\right)^2}=\dfrac{\sqrt{-t^4+26t^2-25}}{12}$

ゆえに $\quad△A'B'C'=\dfrac{1}{2}\cdot2\cdot3\cdot\dfrac{\sqrt{-t^4+26t^2-25}}{12}$

←△A′B′C′
$=\dfrac{1}{2}A'B'\cdot A'C'\sin\angle B'A'C'$

$\qquad=\dfrac{\sqrt{-t^4+26t^2-25}}{4}$

また　　　$\triangle A'B'C' = \dfrac{1}{2}r(2+3+t) = \dfrac{r}{2}(5+t)$

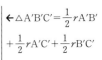

$\leftarrow \triangle A'B'C' = \dfrac{1}{2}r A'B'$
$\qquad + \dfrac{1}{2}r A'C' + \dfrac{1}{2}r B'C'$

よって　　$\dfrac{r}{2}(5+t) = \dfrac{\sqrt{-t^4+26t^2-25}}{4}$

ゆえに　　$r = \dfrac{\sqrt{-t^4+26t^2-25}}{2(5+t)}$

また，直三角柱の高さ h は，球 S の直径に等しいから

$$h = 2r = \dfrac{\sqrt{-t^4+26t^2-25}}{5+t}$$

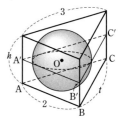

(2)　$K = 2\triangle ABC + 2 \cdot h + 3 \cdot h + t \cdot h = 2\triangle ABC + (5+t)h$

$\qquad = 2 \cdot \dfrac{\sqrt{-t^4+26t^2-25}}{4} + (5+t) \cdot \dfrac{\sqrt{-t^4+26t^2-25}}{5+t}$

$\qquad = \dfrac{3}{2}\sqrt{-t^4+26t^2-25}$

$\qquad = \dfrac{3}{2}\sqrt{-(t^2-13)^2+144}$

$1 < t < 5$ から　　$1 < t^2 < 25$

よって，$-(t^2-13)^2+144$ は $t^2=13$ すなわち $t=\sqrt{13}$ のとき最大値 144 をとり，このとき K も最大となる。

よって，K は $t=\sqrt{13}$ のとき最大値 $\dfrac{3}{2}\sqrt{144}=18$ をとる。

$\leftarrow \sqrt{}$ の中は t^2 の 2 次式 $\longrightarrow$ **基本形**に直し，$\sqrt{}$ の中の式の最大値を求める。

総合

総合
27

1 辺の長さが 1 の立方体 ABCD-EFGH がある。3 点 A, C, F を含む平面と直線 BH の交点を P, P から面 ABCD に下ろした垂線と面 ABCD との交点を Q とする。
(1) 線分 BP, PQ の長さを求めよ。
(2) 四面体 ABCF に内接する球の中心を O とする。点 O は線分 BP 上にあることを示せ。
(3) 四面体 ABCF に内接する球の半径を求めよ。　　[北海道大]
→ 本冊　数学Ⅰ 例題 171

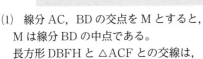

(1)　線分 AC, BD の交点を M とすると，M は線分 BD の中点である。
長方形 DBFH と $\triangle ACF$ との交線は，右の図の線分 FM であり，BH と FM の交点が P である。
$\triangle PMB \circlearrowright \triangle PFH$ であるから
$\qquad BP : HP = MB : FH = 1 : 2$

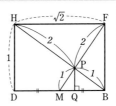

HINT (1) 線分 AC, BD の交点を M とすると，点 P は BH と FM の交点である。長方形 DBFH に現れる相似な三角形に着目する。

よって　　$BP = \dfrac{1}{3}BH = \dfrac{1}{3}\sqrt{1^2 + (\sqrt{2})^2} = \dfrac{\sqrt{3}}{3}$

また　　　$PQ = \dfrac{1}{3}DH = \dfrac{1}{3}$

$\leftarrow \triangle BPQ \circlearrowright \triangle BHD$ で
$\qquad PQ : HD = 1 : 3$

(2) 四面体 ABCF は，△ACF を底面とみると正三角錐である。
したがって，△ACF と内接球 O の接点を R とすると，3 点 B，O，R は一直線上にあり　　　BR⊥△ACF …… ①
また，立方体 ABCD-EFGH は平面 DBFH に関して対称であるから，四面体 ABCF も平面 DBFH，すなわち △BMF に関して対称である。

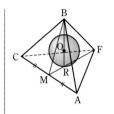

ゆえに　　　　　△ACF⊥△BMF …… ②
△PMB において

$$BP=\frac{\sqrt{3}}{3},\ BM=\frac{BD}{2}=\frac{\sqrt{2}}{2},$$

$$PM=\frac{1}{3}FM=\frac{1}{3}\sqrt{1^2+\left(\frac{\sqrt{2}}{2}\right)^2}=\frac{\sqrt{6}}{6}$$

←△PMB∽△PFH で
PM：PF=1：2

であるから　　$BM^2=BP^2+PM^2$
よって　　　　$\angle BPM=90°$
すなわち　　　$BP⊥FM$
これと ② から　　$BP⊥△ACF$ …… ③
P，R は，△ACF 上の点であるから，①，③ より，P と R は一致する。
よって，点 B，O，P は一直線上にある。
すなわち，点 O は線分 BP 上にある。

[検討] ② または
BP⊥FM のどちらか一方だけで ③ は結論できない。なぜなら，② だけの場合，∠BPM は 90° でない可能性がある。また，BP⊥FM だけで，BP が △ACF 上の他の直線に関して垂直であることまではいえない。

[別解]　① を導くまでは同じ。
① から，△BRA，△BRC，△BRF はいずれも ∠R=90° の直角三角形であり　　BA=BC=BF，BR は共通
よって　　　△BRA≡△BRC≡△BRF
ゆえに，RA=RC=RF であるから，R は △ACF の外心 (外接円の中心) である。ここで，△ACF は正三角形であるから，R は重心でもある。
よって，R は線分 FM 上にあり　　FR：RM=2：1
ゆえに，(1) から P と R は一致する。以後は同様。

←斜辺と他の 1 辺がそれぞれ等しい。

←正三角形では，外心と重心は一致する。
なお，重心は三角形の 3 つの中線の交点のことで，重心は各中線を 2：1 に内分する (数学 A)。

(3)　内接球の半径を r とする。
(2) より，球の中心 O は線分 BP 上にある。O から BM に下ろした垂線を OS とすると　　OP=OS=r
△PQB∽△OSB であるから
　　　BP：PQ=BO：OS

←四面体 ABCF を長方形 DBFH を含む平面で切った切り口の図形に注目。

すなわち　$\dfrac{\sqrt{3}}{3}:\dfrac{1}{3}=\left(\dfrac{\sqrt{3}}{3}-r\right):r$

よって　　$\dfrac{\sqrt{3}}{3}-r=\sqrt{3}\,r$　　　ゆえに　　$(\sqrt{3}+1)r=\dfrac{\sqrt{3}}{3}$

したがって　　$r=\dfrac{\sqrt{3}}{3(\sqrt{3}+1)}=\dfrac{\sqrt{3}(\sqrt{3}-1)}{3(\sqrt{3}+1)(\sqrt{3}-1)}=\dfrac{3-\sqrt{3}}{6}$

別解 四面体 ABCF の体積は

$$\frac{1}{3}\cdot\triangle\text{ABC}\cdot\text{BF}=\frac{1}{3}\cdot\frac{1}{2}\cdot1=\frac{1}{6}$$

これは，$\dfrac{1}{3}(\triangle\text{ACF}+\triangle\text{ABC}+\triangle\text{ABF}+\triangle\text{BCF})r$ に等しい

から $\dfrac{1}{3}\left\{\dfrac{1}{2}\cdot(\sqrt{2})^2\sin60°+3\cdot\dfrac{1}{2}\cdot1^2\right\}r=\dfrac{1}{6}$

ゆえに $(\sqrt{3}+3)r=1$ よって $r=\dfrac{3-\sqrt{3}}{6}$

総合 28 1辺の長さが3の正四面体 ABCD の辺 AB，AC，CD，DB 上にそれぞれ点 P，Q，R，S を，AP＝1，DS＝2 となるようにとる。
(1) △APS の面積を求めよ。
(2) 3つの線分の長さの和 PQ＋QR＋RS の最小値を求めよ。 〔東北学院大〕

➡ **本冊 数学Ⅰ 例題 174**

(1) $\triangle\text{APS}=\dfrac{1}{3}\triangle\text{ABS}$

$=\dfrac{1}{3}\cdot\dfrac{1}{2}\text{AB}\cdot\text{BS}\sin60°$

$=\dfrac{1}{3}\cdot\dfrac{1}{2}\cdot3\cdot1\cdot\dfrac{\sqrt{3}}{2}$

$=\dfrac{\sqrt{3}}{4}$

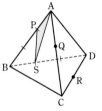

←AP＝$\dfrac{1}{3}$AB から

$\triangle\text{APS}=\dfrac{1}{3}\triangle\text{ABS}$

（AP を底辺とみる）

(2) PQ＋QR＋RS が最小となるのは，下の展開図のように P，Q，R，S が一直線上に並ぶときである。

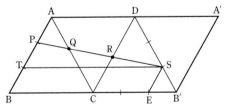

この展開図において，辺 AB 上に点 T を AT＝2 となるようにとると PT＝1，∠PTS＝60°

また，展開図のように，辺 B′C 上に点 E を B′E＝1 となるようにとると，四角形 TBES は平行四辺形である。

ゆえに TS＝5

よって，△PTS に余弦定理を用いると

$\text{PS}^2=\text{PT}^2+\text{TS}^2-2\text{PT}\cdot\text{TS}\cos60°$

$=1^2+5^2-2\cdot1\cdot5\cdot\dfrac{1}{2}$

$=21$

PS＞0 であるから PS＝$\sqrt{21}$

ゆえに，求める最小値は **$\sqrt{21}$**

←TS∥BC から
∠PTS＝60°

←TS∥BE
　TB∥SE

総合

総合 29

ある野生動物を 10 匹捕獲し，0 から 9 の番号で区別して体長と体重を記録したところ，以下の表のようになった。ただし，体長と体重の単位は省略する。

番号	0	1	2	3	4	5	6	7	8	9
体長	60	66	52	69	54	72	74	60	58	61
体重	5.5	5.7	5.9	5.9	6.0	6.2	6.2	6.4	6.5	6.7

(1) この 10 匹の体長の最小値は ア□，最大値は イ□ である。

(2) この 10 匹は 5 匹ずつ A と B の 2 種類に分類できる。1 つの種類の中では体長と体重は正の相関をもつ。10 匹の体長と体重の相関係数は 0.05 以下だが，種類 A の 5 匹に限れば 0.95 以上であり，種類 B の 5 匹も 0.95 以上である。また，番号 2 の個体は種類 B である。このとき，種類 A の 5 匹の番号は小さい方から順に ウ□，エ□，オ□，カ□，キ□ であり，その 5 匹の体長の平均値は ク□ となる。

(3) 10 匹のうち体長の大きい方から 5 匹の体長の平均値は ケ□ である。(2)で求めた平均値と異なるのは，体長の大きい 5 匹のうち番号 コ□ の個体が種類 B だからである。

(4) (2)で求めた種類 A の 5 匹の体重の偏差と体長の偏差の積の和は 6.6，体重の偏差の 2 乗の和の平方根は小数第 3 位を四捨五入すると 0.62，体長の偏差の 2 乗の和の平方根は小数第 1 位を四捨五入すると サ□ である。　　　　　　　　〔慶応大〕

➡ **本冊 数学Ⅰ 例題 187，188**

(1) 10 匹の体長の

最小値は ア**52**，最大値は イ**74**

である。

(2) 10 匹の体長と体重の散布図は，右の図のようになる。

よって，種類 A の 5 匹の番号は小さい方から順に

ウ**0**，エ**1**，オ**3**，カ**5**，キ**6**

この 5 匹の体長の平均値は

$$\frac{60+66+69+72+74}{5} = {}^{\,ク}\mathbf{68.2}$$

←種類 A の 5 匹，B の 5 匹ともに相関係数は 0.95 以上であるから，それぞれ右上がりの直線付近に分布している。

(3) 10 匹のうち体長の大きい方から 5 匹の体長の平均値は

$$\frac{61+66+69+72+74}{5} = {}^{\,ケ}\mathbf{68.4}$$

これが (2) で求めた平均値と異なるのは，体長の大きい 5 匹のうち番号 コ**9** の個体が種類 B だからである。

(4) 種類 A の 5 匹の体長の偏差の 2 乗の和の平方根を s とすると，体長と体重の相関係数は $\dfrac{6.6}{0.62s}$ である。

種類 A の体長と体重の相関係数は 0.95 以上であるから

$$0.95 \leqq \frac{6.6}{0.62s} \leqq 1$$

よって　$\dfrac{6.6}{0.62} \leqq s \leqq \dfrac{6.6}{0.62 \times 0.95}$

ゆえに　$10.64\cdots \leqq s \leqq 11.20\cdots$

したがって，体長の偏差の 2 乗の和の平方根 s は，小数第 1 位を四捨五入すると　サ**11**

←各辺の逆数をとると

$$\frac{1}{0.95} \geqq \frac{0.62s}{6.6} \geqq 1$$

総合
30
2つの変量 x, y の 10 個のデータ (x_1, y_1), (x_2, y_2), ……, (x_{10}, y_{10}) が与えられており, これらのデータから $x_1+x_2+\cdots+x_{10}=55$, $y_1+y_2+\cdots+y_{10}=75$, $x_1^2+x_2^2+\cdots+x_{10}^2=385$, $y_1^2+y_2^2+\cdots+y_{10}^2=645$, $x_1y_1+x_2y_2+\cdots+x_{10}y_{10}=445$ が得られている。また, 2つの変量 z, w の 10 個のデータ (z_1, w_1), (z_2, w_2), ……, (z_{10}, w_{10}) はそれぞれ $z_i=2x_i+3$, $w_i=y_i-4$ $(i=1, 2, \cdots, 10)$ で得られるとする。

(1) 変量 x, y, z, w の平均 $\bar{x}$, $\bar{y}$, $\bar{z}$, $\bar{w}$ をそれぞれ求めよ。

(2) 変量 x の分散を s_x^2 とし, 2つの変量 x, y の共分散を s_{xy} とする。このとき, 2つの等式 $x_1^2+x_2^2+\cdots+x_{10}^2=10\{s_x^2+(\bar{x})^2\}$, $x_1y_1+x_2y_2+\cdots+x_{10}y_{10}=10(s_{xy}+\bar{x}\,\bar{y})$ がそれぞれ成り立つことを示せ。

(3) x と y の共分散 s_{xy} および相関係数 r_{xy} をそれぞれ求めよ。また, z と w の共分散 s_{zw} および相関係数 r_{zw} をそれぞれ求めよ。ただし, r_{xy}, r_{zw} は小数第 3 位を四捨五入せよ。

[類 同志社大]

➡ **本冊 数学 I 例題 190**

(1) $\bar{x}=\dfrac{1}{10}(x_1+x_2+\cdots+x_{10})=\dfrac{1}{10}\times55=\mathbf{5.5}$

$\bar{y}=\dfrac{1}{10}(y_1+y_2+\cdots+y_{10})=\dfrac{1}{10}\times75=\mathbf{7.5}$

$z_i=2x_i+3$, $w_i=y_i-4$ であるから

$\bar{z}=2\bar{x}+3=2\times5.5+3=\mathbf{14}$

$\bar{w}=\bar{y}-4=7.5-4=\mathbf{3.5}$

←2つの変量 g, h に対して $h=ag+b$ (a, b は定数) のとき $\bar{h}=a\bar{g}+b$

総合

(2) $10\{s_x^2+(\bar{x})^2\}$

$=10\times\dfrac{1}{10}\{(x_1-\bar{x})^2+(x_2-\bar{x})^2+\cdots+(x_{10}-\bar{x})^2\}+10(\bar{x})^2$

$=(x_1^2+x_2^2+\cdots+x_{10}^2)-2\bar{x}(x_1+x_2+\cdots+x_{10})$
$\quad+10(\bar{x})^2+10(\bar{x})^2$

$=(x_1^2+x_2^2+\cdots+x_{10}^2)-2\bar{x}\times10\bar{x}+20(\bar{x})^2$

$=x_1^2+x_2^2+\cdots+x_{10}^2$

ゆえに, $x_1^2+x_2^2+\cdots+x_{10}^2=10\{s_x^2+(\bar{x})^2\}$ が成り立つ。

また

$10(s_{xy}+\bar{x}\,\bar{y})$

$=10\times\dfrac{1}{10}\{(x_1-\bar{x})(y_1-\bar{y})+(x_2-\bar{x})(y_2-\bar{y})$
$\quad+\cdots+(x_{10}-\bar{x})(y_{10}-\bar{y})\}+10\bar{x}\,\bar{y}$

$=(x_1y_1+x_2y_2+\cdots+x_{10}y_{10})-\bar{y}(x_1+x_2+\cdots+x_{10})$
$\quad-\bar{x}(y_1+y_2+\cdots+y_{10})+10\bar{x}\,\bar{y}+10\bar{x}\,\bar{y}$

$=(x_1y_1+x_2y_2+\cdots+x_{10}y_{10})-\bar{y}\times10\bar{x}-\bar{x}\times10\bar{y}+20\bar{x}\,\bar{y}$

$=x_1y_1+x_2y_2+\cdots+x_{10}y_{10}$

よって, $x_1y_1+x_2y_2+\cdots+x_{10}y_{10}=10(s_{xy}+\bar{x}\,\bar{y})$ も成り立つ。

←これから
$s_{xy}=\overline{xy}-\bar{x}\,\bar{y}$

(3) (2)から

$$s_{xy} = \frac{1}{10}(x_1y_1 + x_2y_2 + \cdots\cdots + x_{10}y_{10}) - \overline{x}\,\overline{y}$$

$$= \frac{1}{10} \times 445 - 5.5 \times 7.5 = \mathbf{3.25}$$

$$s_x{}^2 = \frac{1}{10}(x_1{}^2 + x_2{}^2 + \cdots\cdots + x_{10}{}^2) - (\overline{x})^2$$

$$= \frac{1}{10} \times 385 - 5.5^2 = 8.25$$

$$s_y{}^2 = \frac{1}{10}(y_1{}^2 + y_2{}^2 + \cdots\cdots + y_{10}{}^2) - (\overline{y})^2$$

$$= \frac{1}{10} \times 645 - 7.5^2 = 8.25$$

ゆえに $\quad r_{xy} = \dfrac{s_{xy}}{s_x s_y} = \dfrac{3.25}{\sqrt{8.25} \times \sqrt{8.25}} = \dfrac{325}{825}$

$$= \frac{13}{33} \fallingdotseq \mathbf{0.39}$$

← $\dfrac{13}{33} = 0.393\cdots$

(2)から $\quad s_{zw} = \dfrac{1}{10}(z_1w_1 + z_2w_2 + \cdots\cdots + z_{10}w_{10}) - \overline{z}\,\overline{w}$

ここで $\quad z_1w_1 + z_2w_2 + \cdots\cdots + z_{10}w_{10}$

$$= (2x_1 + 3)(y_1 - 4) + (2x_2 + 3)(y_2 - 4)$$

$$+ \cdots\cdots + (2x_{10} + 3)(y_{10} - 4)$$

$$= 2(x_1y_1 + x_2y_2 + \cdots\cdots + x_{10}y_{10}) - 8(x_1 + x_2 + \cdots\cdots + x_{10})$$

$$+ 3(y_1 + y_2 + \cdots\cdots + y_{10}) - 12 \times 10$$

$$= 2 \times 445 - 8 \times 55 + 3 \times 75 - 120 = 555$$

よって $\quad s_{zw} = \dfrac{1}{10} \times 555 - 14 \times 3.5 = \mathbf{6.5}$

←本冊 $p.318$ 参考 を利
用すると
$s_{zw} = s_{zy}$
$\quad = 2s_{xy}$
$\quad = 2 \times 3.25$
$\quad = 6.5$

変量 z の標準偏差を s_z，変量 w の標準偏差を s_w とする。

$z_i = 2x_i + 3$ であるから

$$s_z = 2s_x = 2 \times \sqrt{8.25}$$

$w_i = y_i - 4$ であるから

$$s_w = s_y = \sqrt{8.25}$$

ゆえに $\quad r_{zw} = \dfrac{s_{zw}}{s_z s_w} = \dfrac{6.5}{2 \times \sqrt{8.25} \times \sqrt{8.25}} = \dfrac{65}{165}$

$$= \frac{13}{33} \fallingdotseq \mathbf{0.39}$$

平方・立方・平方根の表

n	n^2	n^3	$\sqrt{n}$	$\sqrt{10n}$	n	n^2	n^3	$\sqrt{n}$	$\sqrt{10n}$
1	1	1	1.0000	3.1623	51	2601	132651	7.1414	22.5832
2	4	8	1.4142	4.4721	52	2704	140608	7.2111	22.8035
3	9	27	1.7321	5.4772	53	2809	148877	7.2801	23.0217
4	16	64	2.0000	6.3246	54	2916	157464	7.3485	23.2379
5	25	125	2.2361	7.0711	55	3025	166375	7.4162	23.4521
6	36	216	2.4495	7.7460	56	3136	175616	7.4833	23.6643
7	49	343	2.6458	8.3666	57	3249	185193	7.5498	23.8747
8	64	512	2.8284	8.9443	58	3364	195112	7.6158	24.0832
9	81	729	3.0000	9.4868	59	3481	205379	7.6811	24.2899
10	100	1000	3.1623	10.0000	60	3600	216000	7.7460	24.4949
11	121	1331	3.3166	10.4881	61	3721	226981	7.8102	24.6982
12	144	1728	3.4641	10.9545	62	3844	238328	7.8740	24.8998
13	169	2197	3.6056	11.4018	63	3969	250047	7.9373	25.0998
14	196	2744	3.7417	11.8322	64	4096	262144	8.0000	25.2982
15	225	3375	3.8730	12.2474	65	4225	274625	8.0623	25.4951
16	256	4096	4.0000	12.6491	66	4356	287496	8.1240	25.6905
17	289	4913	4.1231	13.0384	67	4489	300763	8.1854	25.8844
18	324	5832	4.2426	13.4164	68	4624	314432	8.2462	26.0768
19	361	6859	4.3589	13.7840	69	4761	328509	8.3066	26.2679
20	400	8000	4.4721	14.1421	70	4900	343000	8.3666	26.4575
21	441	9261	4.5826	14.4914	71	5041	357911	8.4261	26.6458
22	484	10648	4.6904	14.8324	72	5184	373248	8.4853	26.8328
23	529	12167	4.7958	15.1658	73	5329	389017	8.5440	27.0185
24	576	13824	4.8990	15.4919	74	5476	405224	8.6023	27.2029
25	625	15625	5.0000	15.8114	75	5625	421875	8.6603	27.3861
26	676	17576	5.0990	16.1245	76	5776	438976	8.7178	27.5681
27	729	19683	5.1962	16.4317	77	5929	456533	8.7750	27.7489
28	784	21952	5.2915	16.7332	78	6084	474552	8.8318	27.9285
29	841	24389	5.3852	17.0294	79	6241	493039	8.8882	28.1069
30	900	27000	5.4772	17.3205	80	6400	512000	8.9443	28.2843
31	961	29791	5.5678	17.6068	81	6561	531441	9.0000	28.4605
32	1024	32768	5.6569	17.8885	82	6724	551368	9.0554	28.6356
33	1089	35937	5.7446	18.1659	83	6889	571787	9.1104	28.8097
34	1156	39304	5.8310	18.4391	84	7056	592704	9.1652	28.9828
35	1225	42875	5.9161	18.7083	85	7225	614125	9.2195	29.1548
36	1296	46656	6.0000	18.9737	86	7396	636056	9.2736	29.3258
37	1369	50653	6.0828	19.2354	87	7569	658503	9.3274	29.4958
38	1444	54872	6.1644	19.4936	88	7744	681472	9.3808	29.6648
39	1521	59319	6.2450	19.7484	89	7921	704969	9.4340	29.8329
40	1600	64000	6.3246	20.0000	90	8100	729000	9.4868	30.0000
41	1681	68921	6.4031	20.2485	91	8281	753571	9.5394	30.1662
42	1764	74088	6.4807	20.4939	92	8464	778688	9.5917	30.3315
43	1849	79507	6.5574	20.7364	93	8649	804357	9.6437	30.4959
44	1936	85184	6.6332	20.9762	94	8836	830584	9.6954	30.6594
45	2025	91125	6.7082	21.2132	95	9025	857375	9.7468	30.8221
46	2116	97336	6.7823	21.4476	96	9216	884736	9.7980	30.9839
47	2209	103823	6.8557	21.6795	97	9409	912673	9.8489	31.1448
48	2304	110592	6.9282	21.9089	98	9604	941192	9.8995	31.3050
49	2401	117649	7.0000	22.1359	99	9801	970299	9.9499	31.4643
50	2500	125000	7.0711	22.3607	100	10000	1000000	10.0000	31.6228

三 角 比 の 表

θ	$\sin\theta$	$\cos\theta$	$\tan\theta$	θ	$\sin\theta$	$\cos\theta$	$\tan\theta$
0°	0.0000	1.0000	0.0000	45°	0.7071	0.7071	1.0000
1°	0.0175	0.9998	0.0175	46°	0.7193	0.6947	1.0355
2°	0.0349	0.9994	0.0349	47°	0.7314	0.6820	1.0724
3°	0.0523	0.9986	0.0524	48°	0.7431	0.6691	1.1106
4°	0.0698	0.9976	0.0699	49°	0.7547	0.6561	1.1504
5°	0.0872	0.9962	0.0875	50°	0.7660	0.6428	1.1918
6°	0.1045	0.9945	0.1051	51°	0.7771	0.6293	1.2349
7°	0.1219	0.9925	0.1228	52°	0.7880	0.6157	1.2799
8°	0.1392	0.9903	0.1405	53°	0.7986	0.6018	1.3270
9°	0.1564	0.9877	0.1584	54°	0.8090	0.5878	1.3764
10°	0.1736	0.9848	0.1763	55°	0.8192	0.5736	1.4281
11°	0.1908	0.9816	0.1944	56°	0.8290	0.5592	1.4826
12°	0.2079	0.9781	0.2126	57°	0.8387	0.5446	1.5399
13°	0.2250	0.9744	0.2309	58°	0.8480	0.5299	1.6003
14°	0.2419	0.9703	0.2493	59°	0.8572	0.5150	1.6643
15°	0.2588	0.9659	0.2679	60°	0.8660	0.5000	1.7321
16°	0.2756	0.9613	0.2867	61°	0.8746	0.4848	1.8040
17°	0.2924	0.9563	0.3057	62°	0.8829	0.4695	1.8807
18°	0.3090	0.9511	0.3249	63°	0.8910	0.4540	1.9626
19°	0.3256	0.9455	0.3443	64°	0.8988	0.4384	2.0503
20°	0.3420	0.9397	0.3640	65°	0.9063	0.4226	2.1445
21°	0.3584	0.9336	0.3839	66°	0.9135	0.4067	2.2460
22°	0.3746	0.9272	0.4040	67°	0.9205	0.3907	2.3559
23°	0.3907	0.9205	0.4245	68°	0.9272	0.3746	2.4751
24°	0.4067	0.9135	0.4452	69°	0.9336	0.3584	2.6051
25°	0.4226	0.9063	0.4663	70°	0.9397	0.3420	2.7475
26°	0.4384	0.8988	0.4877	71°	0.9455	0.3256	2.9042
27°	0.4540	0.8910	0.5095	72°	0.9511	0.3090	3.0777
28°	0.4695	0.8829	0.5317	73°	0.9563	0.2924	3.2709
29°	0.4848	0.8746	0.5543	74°	0.9613	0.2756	3.4874
30°	0.5000	0.8660	0.5774	75°	0.9659	0.2588	3.7321
31°	0.5150	0.8572	0.6009	76°	0.9703	0.2419	4.0108
32°	0.5299	0.8480	0.6249	77°	0.9744	0.2250	4.3315
33°	0.5446	0.8387	0.6494	78°	0.9781	0.2079	4.7046
34°	0.5592	0.8290	0.6745	79°	0.9816	0.1908	5.1446
35°	0.5736	0.8192	0.7002	80°	0.9848	0.1736	5.6713
36°	0.5878	0.8090	0.7265	81°	0.9877	0.1564	6.3138
37°	0.6018	0.7986	0.7536	82°	0.9903	0.1392	7.1154
38°	0.6157	0.7880	0.7813	83°	0.9925	0.1219	8.1443
39°	0.6293	0.7771	0.8098	84°	0.9945	0.1045	9.5144
40°	0.6428	0.7660	0.8391	85°	0.9962	0.0872	11.4301
41°	0.6561	0.7547	0.8693	86°	0.9976	0.0698	14.3007
42°	0.6691	0.7431	0.9004	87°	0.9986	0.0523	19.0811
43°	0.6820	0.7314	0.9325	88°	0.9994	0.0349	28.6363
44°	0.6947	0.7193	0.9657	89°	0.9998	0.0175	57.2900
45°	0.7071	0.7071	1.0000	90°	1.0000	0.0000	な し

※解答・解説は数研出版株式会社が作成したものです。

発行所

数研出版株式会社

本書の一部または全部を許可なく複
写・複製すること，および本書の解
説書ならびにこれに類するものを無
断で作成することを禁じます。

〒101-0052 東京都千代田区神田小川町2丁目3番地3
〔振替〕 00140-4-118431
〒604-0861 京都市中京区烏丸通竹屋町上る
大倉町205番地

〔電話〕 代表 (075)231-0161
ホームページ https://www.chart.co.jp
印刷 株式会社 加藤文明社
乱丁本・落丁本はお取り替えします。 220907